절대 독점 수험서 **PASS**

건설기계 정비 _{필기} 산업기사

GoldenBell

★ 불법복사는 지적재산을 훔치는 범죄행위입니다.
저작권법 제97조의 5(권리의 침해죄)에 따라 위반자는 5년 이하의 징역 또는 5천만원 이하의 벌금에 처하거나 이를 병과할 수 있습니다.

머리말

최근에 건설기계정비에 대한 관심이 지속적으로 높아지고 있지만, 건설기계 정비를 위한 전문 인력은 턱없이 부족한 현실이다.

현장에서는 정비 기능사뿐만 아니라 산업기사 자격증을 취득한 사람을 구하기가 하늘의 별 따기다. 수검자 역시 건설기계 정비 자격증 취득을 위해 많은 시간과 노력을 투자하고 싶어도 수험 정보 부재로 난감하기 그지없다.

특히 산업기사는 국가기술자격 시험이 CBT로 전환된 이후, 필기시험과 관련된 서적이 절대 부족한 현실을 외면할 수 없어, 나름 합격으로 가는 길잡이가 되도록 많은 시간과 열정을 쏟아 부어 본다.

본 수험서는 최근 5년 동안 출제되었던 과년도 기출 문제와, 근래 CBT로 출제되었던 건설기계정비 산업기사 필기 시험문제를 퍼즐 게임하듯 분석하고 정리하여, 수검자들이 한눈에 파악과 동시에 쉽게 이해할 수 있도록 집대성하였다.

각 단원별로 핵심 요점을 정리하고, 당해 문제마다 쉽게 이해를 돕기 위해 문제 풀이와 해설을 곁들여 출제가 예상되는 문제들로 구성하였다,

그리고 필기시험에 출제 예상되는 문제를, 과목별 출제 문항 비율에 맞도록 모의고사를 편성하여, 수험생들이 실전에 대비토록 골몰하였다.

아무튼 이 수험서가 『건설기계정비 산업기사 자격증』을 취득하는데, 수험생들에게 합격의 마중물이 되었으면 하는 바람과 함께, 판이 거듭될수록 곳곳에 미흡한 점을 보완하고 출제 문제의 경향에 따라 재편성하리라 마음을 다잡고 있다.

이 책이 만들어지기까지 물심양면으로 도와주신 (주)골든벨 김길현 대표님과 임직원 여러분에게 진심으로 감사의 말씀을 전한다.

2023. 01
저자일동

시험안내

- **자격종목** : 건설기계정비산업기사
- **직무내용**

  건설기계정비에 관한 지식과 기술을 바탕으로 건설기계의 유지 관리와 각종 기기·시험기를 사용하여 현장에서 발생하는 건설기계의 결함이나 고장부위를 점검 및 진단하고, 정비의 현장 지도 및 감독을 하는 중간관리자로서의 역할을 수행하는 직무

- **취득방법**
  ① 시 행 처 : 한국산업인력공단
  ② 관련학과 : 전문계 고등학교 등의 기계 관련학과
  ③ 시험과목
    - 필기 : 1. 건설기계정비 2. 내연기관 3. 유압기기 및 건설기계안전관리
            4. 일반기계공학
    - 실기 : 건설기계정비 작업
  ④ 검정방법
    - 필기 : 객관식 4지 택일형 과목당 20문항(과목당 30분)
    - 실기 : 작업형(5시간 10분 정도)
  ⑤ 합격기준
    - 필기 : 100점을 만점으로 하여 과목당 40점 이상, 전과목 평균 60점이상
    - 실기 : 100점을 만점으로 하여 60점 이상

- **수행직무**

  건설기계의 원활한 작동을 유지하기 위하여 건설기계의 공장부위에 따라 엔진과 관련 부품, 변속기 및 기어 등의 동력전달장치 계통, 램프 배선 밧데리 등의 전기장치, 유압 장치의 정비와 판금, 도작작업 등으로 수행.

- **진로 및 전망**
- 주로 건설기계제작업체, 건설기계정비업체, 검사업체, 대여업체, 건설업체 등으로 진출
- 「건설기계관리법」에 의한 건설기계검사대행업체의 건설기계검사원, 건설기계제작·조립업체의 건설기계제작·조립기술자, 건설기계형식에 관한 승인을 얻거나 형식을 신고한 업체의 건설기계사후관리기술자, 건설기계구조성능시험기관의 건설기계구조성능시험원, 건설기계정비업소의 건설기계정비기술자, 건설기계매매 협회의 중고건설기계성능점검기술자, 「건설기술관리법」에 의한 감리전문회사의 감리원
- 건설기계정비분야는 건설기계의 직접적인 사용대수에 영향을 받기 때문에 건설경기에 매우 민감한 편이지만, 건설기계 자체가 점차 대형화, 정밀화됨에 따라 어느 정도 숙련기능인력수요는 상존한다.

출제기준

■ 적용기간 : 2023.1.1 ~ 2026. 12. 31

필기과목	주요항목	세부항목	세세항목
건설기계정비	1. 기관정비	1. 전자제어장치 정비	1. 전자제어 연료분사장치 2. 전자제어 센서 3. 전자제어 회로점검
		2. 배출가스 저감 장치정비	1. 유해 배출가스 저감장치 2. 기관 배출가스
	2. 차체정비	1. 동력 전달 장치	1. 클러치 및 수동변속기 2. 자동변속기 3. 감속장치 및 휠
		2. 제동장치	1. 제동장치 개요 2. 유압식 제동장치 3. 공기식 제동장치
		3. 조향 및 현가장치	1. 조향장치 2. 현가장치
		4. 무한궤도	1. 트랙 프레임 2. 균형 장치(스프링) 3. 트랙 장치 4. 트랙 장력
	3. 전기·전자장치 정비	1. 전기전자	1. 전기 전자 기초 2. 반도체
		2. 축전지	1. 축전지 점검
		3. 시동 및 예열장치	1. 시동장치 2. 시동장치 회로 3. 예열장치 4. 예열장치 회로
		4. 충전장치	1. 충전장치 2. 충전장치회로
		5. 계기 및 등화장치	1. 등화장치 및 회로 2. 계기장치 3. 보안장치
		6. 냉난방장치	1. 냉난방장치 2. 냉난방장치 회로
	4. 작업장치 정비	1. 건설기계	1. 불도저 2. 굴착기 3. 로더 4. 지게차 5. 스크레이퍼 6. 덤프트럭 7. 기중기 8. 모터그레이더 9. 롤러 10. 노상안정기 11. 콘크리트뱃칭플랜트 12. 콘크리트피니셔 13. 콘크리트살포기 14. 콘크리트믹서트럭 15. 콘크리트펌프 16. 아스팔트믹싱플랜트 17. 아스팔트피니셔 18. 아스팔트살포기 19. 골재살포기 20. 쇄석기 21. 공기압축기 22. 천공기 23. 항타 및 항발기 24. 자갈채취기 25. 준설선 26. 특수건설기계 27. 타워크레인
내연기관	1. 내연기관개요	1. 기관의 정의 및 특징	1. 내연기관의 정의 2. 내연기관의 분류 3. 내연기관의 특징
		2. 기관 작동원리 및 밸브 개폐선도	1. 4행정 사이클 기관 2. 2행정 사이클 기관 3. 밸브 개폐선도
	2. 내연기관의 열이론	1. 열역학의 기초사항	1. 열역학법칙 2. 이상기체의 상태 방정식
		2. 열역학적사이클	1. 오토 사이클 2. 디젤 사이클 3. 사바테 사이클 4. 사이클 비교 5. 연료, 공기 사이클
	3. 내연기관의 성능	1. 기관의 출력	1. 평균유효압력 2. 제동마력 3. 축마력
		2. 기관의 효율	1. 이론 열효율 2. 도시 열효율 3. 제동 열효율 4. 선도 계수 5. 기계 효율
		3. P-V 선도, 연료소비율, 동력계	1. 지압 선도 2. 연료 소비율 3. 동력계의 종류
		4. 흡입 공기	1. 체적 효율 2. 충진 효율
		5. 기관의 연료 및 노크	1. 연료의 분류 2. 가솔린 기관 연료 3. 디젤 기관의 연료 4. 노크의 발생원인 5. 노크 방지책
		6. 연소 배기가스	1. 배기가스 종류 및 방지책
	4. 내연기관 주요부	1. 헤드 및 실린더와 연소실	1. 헤드 및 실린더 2. 연소실의 종류 3. 각 연소실의 장단점
		2. 흡배기밸브장치	1. 흡기 장치 2. 배기 장치
		3. 피스톤 및 피스톤 링	1. 피스톤 구조 2. 피스톤 구비조건 3. 피스톤핀 고정 방식

		4. 크랭크 축 및 플라이 휠	4. 피스톤 링 1. 크랭크축 2. 플라이 휠
	5.내연기관 부속장치	1. 윤활유 및 윤활장치	1. 윤활의 목적 2. 윤활의 종류 3. 윤활유 분류 및 구비조건 4. 윤활 방식 및 장치
		2. 연료 장치	1. 가솔린 기관 연료 장치 2. 디젤 기관의 연료 장치
		3. 소기 및 과급장치	1. 2행정 사이클 기관의 소기 2. 소기의 형식 3. 과급의 종류 및 장점
		4. 냉각장치	1. 냉각 장치 작동 원리 2. 냉각장치 구성 요소
유압기기 및 건설기계 안전관리	1.건설기계 유압기기	1. 유압의 개요	1. 유압기초 2. 유압장치의 구성 및 유압유
		2. 유압기기	1. 유압 펌프 2. 유압 밸브 3. 유압실린더와 유압모터 4. 부속기기
		3. 유압회로	1. 유압회로의 기호 2. 유압회로의 구성 3. 유압회로 및 응용(전자제어시스템 포함)
		4. 유압을 이용한 기계	1. 유압기계의 일반 2. 건설기계
	2.건설기계 안전관리	1. 산업안전 일반	1. 안전기준 및 진단 2. 안전보건표지
		2. 건설기계 정비에 대한 안전	1. 정비에 관한 안전 일반 2. 기관 및 시험기 취급 3. 건설기계 차체 취급 4. 유압장치 취급 5. 작업장치 취급 6. 정비용 기계안전 7. 수공구 및 특수공구 8. 용접
일반 기계공학	1. 기계재료	1. 철과 강	1. 주철 2. 탄소강 3. 합금강 4. 공구강 및 합금강
		2. 비철금속 및 그 합금	1. 구리 2. 알루미늄 3. 니켈 4. 마그네슘 5. 기타 비철금속재료
		3. 비금속 재료	1. 보온재료 2. 패킹 및 벨트용 재료
		4. 표면처리 및 열처리	1. 표면경화 2. 담금질, 풀림, 뜨임, 불림
	2. 기계의 요소	1. 결합용 기계요소	1. 나사 2. 키, 핀, 코터 3. 리벳 및 용접
		2. 축관계 기계요소	1. 축 및 축이음 2. 베어링
		3. 전동용 기계요소	1. 기어 2. 벨트, 체인 로프 3. 마찰차 및 캠
		4. 제어용 기계요소	1. 스프링 2. 브레이크
	3. 기계공작법	1. 주조	1. 주조공정 2. 원형의 종류 3. 주형 및 조형법
		2. 측정 및 손 다듬질	1. 측정기 종류 및 측정법 2. 손 다듬질 공구 및 특징
		3. 소성가공법	1. 소성가공의 개요 및 종류 및 특징 2. 판금 가공 종류 및 특징
		4. 공작기계의 종류및 특성	1. 선반 및 밀링 2. 드릴링 및 연삭
		5. 용접	1. 전기용접 2. 가스용접, 절단 및 가공 3. 특수용접 종류 및 특성
	4. 유체기계	1. 유체기계 기초이론	1. 유압기초 및 일반사항 2. 유압장치의 구성 및 유압유
		2. 유압 기기	1. 유압펌프 및 모터 2. 유압 밸브 3. 유압실린더와 부속기기
		3. 유압 회로	1. 유압회로의 기호 2. 유압회로의 구성 3. 유압회로 및 응용(전자제어시스템 포함)
	5. 재료역학	1. 응력과 변형 및 안전율	1. 응력과 변형 및 안전율, 탄성계수 2. 신축에 따른 열응력
		2. 보속의 응력과 처짐	1. 보의 종류 및 반력 2. 보의 응력과 처짐
		3. 비틀림	1. 단면계수와 비틀림 모멘트

목 차

PART 01 건설기계 정비

Chapter 01 건설기계 기관 정비 … 12
1-1 기관의 본체 … 12
1-2 부속장치 … 22
1-3 전자제어장치 정비 … 31
1-4 배출가스 저감장치 정비 … 34
• 출제예상문제 … 36

Chapter 02 건설기계 차체 정비 … 48
2-1 동력전달장치 … 48
2-2 제동장치 … 52
2-3 조향 및 현가장치 … 57
2-4 무한궤도(트랙장치) … 61
• 출제예상문제 … 64

Chapter 03 건설기계 전기장치 정비 … 77
3-1 전기전자 … 77
3-2 축전지 … 80
3-3 시동장치 및 예열장치 … 84
3-4 충전장치 … 86
3-5 계기 및 등화장치 … 87
3-6 냉·난방장치 … 88
• 출제예상문제 … 90

Chapter 04 건설기계 작업장치 정비 … 101
4-1 주요 건설기계 … 101
4-2 포장용 건설기계 … 109
4-3 해상 및 기타 건설기계 … 114
• 출제예상문제 … 116

PART 02 내연기관

Chapter 01 내연기관의 개요 — 134
1-1 기관의 정의 및 특징 — 134
1-2 기관 작동원리 및 밸브 개폐선도 — 135
• 출제예상문제 — 138

Chapter 02 기관의 열 이론 — 143
2-1 열역학의 기초사항 — 143
2-2 열효율(사이클) — 144
• 출제예상문제 — 147

Chapter 03 기관의 성능 — 156
3-1 기관의 출력 — 156
3-2 기관의 효율 — 157
3-3 P-V선도, 동력계의 종류 — 159
3-4 흡입공기 — 160
3-5 기관의 연료 및 노크 — 160
• 출제예상문제 — 165

Chapter 04 기관의 주요부 — 178
4-1 실린더 헤드 및 연소실 — 178
4-2 실린더 블록 — 181
4-3 피스톤 및 피스톤 링 — 181
4-4 크랭크축 및 플라이휠 — 185
4-5 흡·배기밸브 장치 — 186
• 출제예상문제 — 189

Chapter 05 기관의 부속장치 — 199
5-1 윤활유 및 윤활장치 — 199
5-2 냉각장치 — 201
5-3 연료장치 — 204
5-4 소기 및 과급장치 — 206
• 출제예상문제 — 209

Chapter 06 각종 기관의 특성	218
6-1 가솔린 기관	218
6-2 디젤기관	219
6-3 로터리(방켈) 기관	219
6-4 가스터빈	221
6-5 제트기관의 분류	222
6-6 석유기관	222
6-7 소구기관	223
• 출제예상문제	224

PART 03 유압기기 및 건설기계 안전관리

Chapter 01 유압기기	232
1-1 유압의 개요	232
• 출제예상문제	236
1-2 유압기기	242
• 출제예상문제	250
1-3 유압회로	266
• 출제예상문제	276

Chapter 02 건설기계 안전관리	286
2-1 산업안전 일반	286
• 출제예상문제	289
2-2 건설기계 정비에 대한 안전	296
• 출제예상문제	308

PART 04 일반기계공학

Chapter 01 기계재료	328
1-1 기계재료의 개요	328
1-2 철과 강	329
1-3 비철금속 및 합금	334
1-4 합성수지와 섬유강화 플라스틱	337
1-5 표면처리 및 열처리	338
1-6 금속재료 시험방법	340
• 출제예상문제	342

Chapter 02 기계요소 354
2-1 결합용 기계요소 354
2-2 축관계 기계요소 361
2-3 전동용 기계요소 366
2-4 제어용 기계요소 371
- 출제예상문제 372

Chapter 03 기계공작법 390
3-1 주조 390
3-2 측정 및 손 다듬질 394
3-3 소성가공법 396
3-4 공작기계의 종류 및 특성 399
3-5 용접 407
- 출제예상문제 412

Chapter 04 유체기계 429
4-1 유체기계 기초이론 429
4-2 유압기기 433
4-3 유압회로 436
- 출제예상문제 437

Chapter 05 재료역학 449
5-1 응력과 변형 및 안전율 449
5-2 보의 응력과 처짐 452
5-3 비틀림 459
- 출제예상문제 461

PART 05 CBT 출제예상문제

제 1 회 476
제 2 회 485
제 3 회 495
제 4 회 505
제 5 회 515
제 6 회 525
제 7 회 535
제 8 회 545
제 9 회 555
제 10 회 565
정답 및 해설 575

PART 1
건설기계 정비

Chapter 1	건설기계 기관 정비
Chapter 2	건설기계 차체 정비
Chapter 3	건설기계 전기장치 정비
Chapter 4	건설기계 작업장치 정비

Chapter 1
건설기계 기관 정비

Section 1-1 기관의 본체

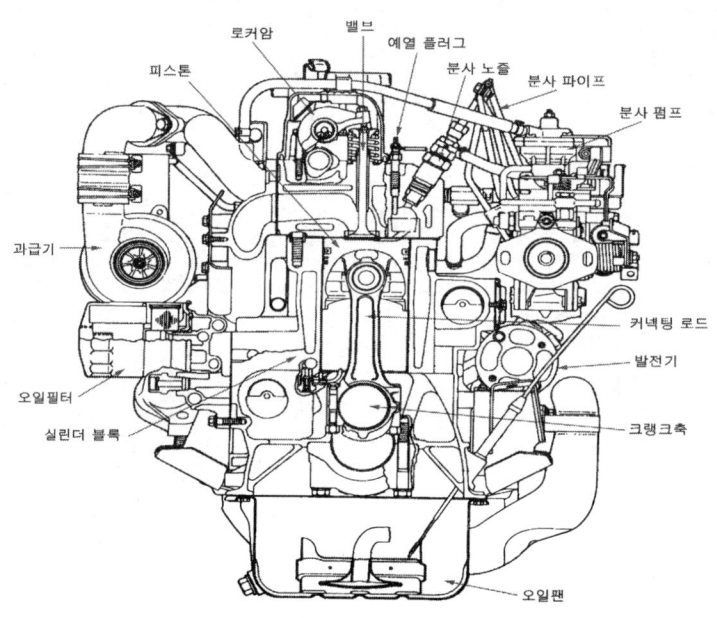

▲ 기관 본체

1 실린더 헤드(cylinder head)와 연소실

1. 실린더 헤드의 개요

실린더 헤드는 헤드 개스킷을 사이에 두고 실린더 블록에 볼트로 설치되며 피스톤, 실린더와 함께 연소실을 형성한다. 실린더 헤드 재질의 구비조건은 다음과 같다.
① 기계적 강도가 높을 것
② 열팽창성이 작을 것
③ 열전도성이 클 것
④ 열 변형에 대한 안정성이 있을 것
⑤ 가볍고, 내식성과 내구성이 클 것

2. 연소실

연소실은 공기와 연료의 연소와 연소가스의 팽창이 시작되는 부분이며, 구비조건은 다음과 같다.
① 연소실은 될수록 구형에 가깝게 할 것
② 화염전파 거리를 짧게 할 것
③ 밸브 면적을 크게 하여 체적효율을 증가시킬 수 있을 것
④ 압축행정에서 적당한 와류를 줄 것

3. 실린더 헤드 정비작업

(1) 실린더 헤드 탈착 방법

① 헤드 볼트를 풀 때는 변형을 방지하기 위하여 대각선의 바깥쪽에서 중앙을 향하여 풀어야 한다.
② 헤드 볼트를 푼 후 실린더 헤드가 잘 떨어지지 않으면 다음과 같이 작업한다.
㉮ 연질 해머(고무 해머, 플라스틱 해머 등)로 두드려 고착을 푼 후 떼어낸다.
㉯ 압축압력이나 자체 중량을 이용한다.
㉰ 헤드 볼트를 푼 후 실린더 헤드가 잘 떨어지지 않을 때 스크루드라이버나 정 등을 사용하여 떼어내서는 절대로 안 된다.

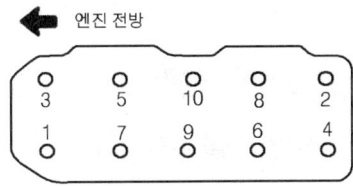
▲ 헤드볼트 푸는 순서

(2) 실린더 헤드 점검

① 균열 점검 : 균열 점검 방법에는 육안 검사, 염색 탐상법, 자기탐상법 등이 있으며, 자기탐상법에 의한 점검이 가장 정확하다. 그리고 균열 원인은 과격한 열부하(기관이 과열되었을 때 급랭시킴)를 들 수 있지만, 겨울철 냉각수 동결에도 원인이 있다.
② 변형점검 : 실린더 헤드 및 블록의 변형점검은 곧은 자(또는 직각자)와 필러(시크니스)게이지를 이용한다. 변형의 원인은 헤드 개스킷 불량, 헤드 볼트의 불균일한 조임, 기관의 과열 및 냉각수 동결 때문이다.

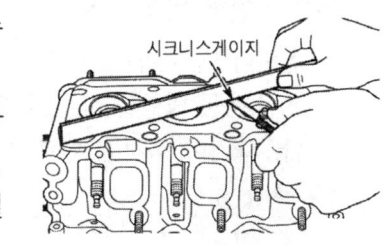
▲ 실린더 헤드 변형점검

(3) 실린더 헤드 설치 방법

① 실린더 블록에 접착제를 바른 후 개스킷을 설치하고, 개스킷 윗면에 접착제를 바른 후 실린더 헤드를 설치한다.
② 헤드 볼트는 중앙에서부터 대각선으로 바깥쪽을 향하여 조인다.
③ 헤드 볼트는 2~3회 나누어 조이며, 최종적으로 규정 값으로 조이기 위하여 토크렌치를 사용한다.

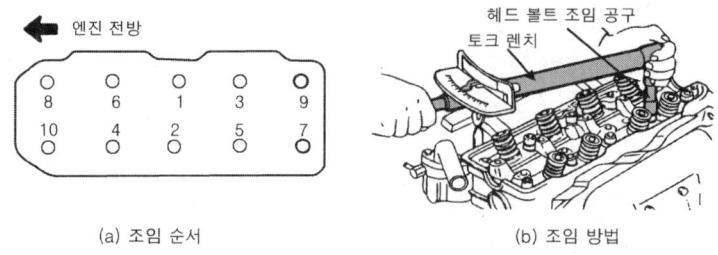

▲ 헤드 볼트 조임 순서

(4) 헤드 개스킷 설치하기

① 기관을 분해한 후 조립할 때 헤드 개스킷을 비롯한 각종 개스킷은 신품으로 교환하여야 한다. 그리고 헤드 개스킷이 파손되면 블로바이(blow by)가 발생하며, 기관 오일과 냉각수가 혼합되어 냉각수에 기포가 생기거나 오일이 뜬다.

② 실린더 구멍, 물재킷 구멍 및 볼트구멍을 정확히 맞추어야 한다.

2 실린더 블록(cylinder block)

1. 실린더 블록의 개요

실린더 블록은 기관의 기초 구조물이며, 위쪽에는 실린더 헤드가 설치고, 아래 중앙부에는 크랭크축 베어링을 사이에 두고 크랭크축이 설치된다. 내부에는 피스톤이 왕복 운동하는 실린더가 마련되어 있으며, 냉각을 위한 물재킷이 실린더를 둘러싸고 있다.

2. 실린더 블록 정비

(1) 실린더 벽의 마모

실린더 벽의 마모는 실린더 윗부분(상사점 부근)에서 가장 크며, 하사점 부근에서도 피스톤이 운동 방향을 바꿀 때 일시 정지하므로 이때 유막이 차단되기 때문에 그 마모가 현저하다. 그러나 하사점 아랫부분은 거의 마모되지 않는다.

> **참고** 실린더 벽의 마모 원인
> ① 농후한 혼합기에 의한 마모
> ② 연소생성물(카본)에 의한 마모
> ③ 흡입 공기 중의 먼지이물질 등에 의한 마모
> ④ 실린더 벽과 피스톤 및 피스톤 링의 접촉에 의한 마모
> ⑤ 크랭크 케이스(오일 팬)내의 기관 오일 오손에 의한 마모
> ⑥ 기관 출력의 감소에 의한 마모
> ⑦ 연료의 불완전 연소에 의한 마모

(2) 실린더 벽 마모량 점검 방법

① 실린더 벽 마모량 점검기구에는 실린더 보어 게이지(cylinder bore gauge), 내측 마이크로미터, 텔레스코핑 게이지와 외측 마이크로미터 등이 있다.
② 실린더 벽 마모량 측정 부위 : 실린더의 상부, 중앙, 하부의 위치에서 크랭크축 방향과 그 직각 방향의 6곳을 측정하여 가장 큰 측정값을 마모량 값으로 한다.

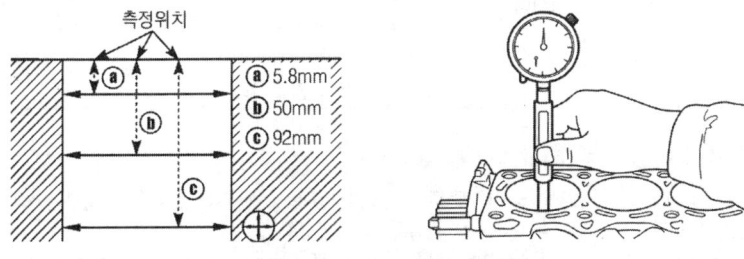

▲ 실린더 벽 마모량 측정 부위

(3) 실린더 보링 작업과 피스톤 오버 사이즈 선정 방법

① 실린더 보링(boring)작업 : 일체형 실린더에서 실린더 벽이 마멸되었을 경우 오버 사이즈(over size) 피스톤에 맞추어 진원으로 절삭하는 작업이다.
② 실린더 보링 값 계산 방법 : 실린더 벽의 마모는 측압 쪽(크랭크축의 직각 방향)이 더욱 심하며, 이를 진원으로 절삭하기 위해서 최대 마모 값을 기준으로 진원 절삭 값 0.2mm를 더 깎는다. 피스톤 오버 사이즈 규격에는 0.25mm, 0.50mm, 0.75mm, 1.00mm, 1.25mm, 1.50mm의 6단계가 있다.

3 피스톤(piston) 및 링

1. 피스톤의 구비조건

① 무게가 가벼울 것
② 고온·고압가스에 충분히 견딜 수 있을 것
③ 열전도율이 좋을 것
④ 열팽창률이 적을 것
⑤ 블로바이(blow by)가 없을 것
⑥ 피스톤 상호간의 무게 차이가 적을 것

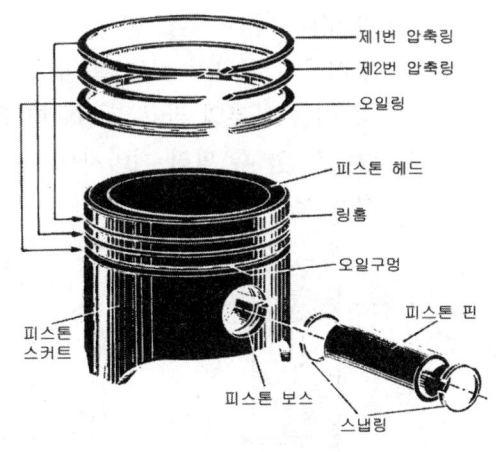

▲ 피스톤의 구조

2 피스톤 간극

피스톤 간극이 작으면	피스톤 간극이 크면
기관 작동 중 열팽창으로 인해 실린더와 피스톤 사이에서 고착(융착, 소결)이 발생한다.	① 압축압력이 저하한다. ② 블로바이가 발생한다. ③ 연소실에 기관 오일이 상승하여 연소된다. ④ 피스톤 슬랩이 발생한다. ⑤ 연료가 기관 오일에 떨어져 희석되어 오일의 수명을 단축시킨다. ⑥ 기관의 시동성능이 떨어진다. ⑦ 기관 출력이 감소한다.

> **참고** 피스톤 슬랩(oiston slap)과 피스톤 측압
> - 피스톤 슬랩(piston slap) : 피스톤 간극이 크면 피스톤이 상·하사점에서 운동 방향을 바꿀 때 실린더 벽에 충격을 주는 현상이며, 저온에서 현저하고, 오프셋(off-set) 피스톤의 사용으로 방지할 수 있다.
> - 피스톤 측압 : 피스톤이 실린더 벽을 미끄럼 운동을 할 때 실린더 벽에 가해지는 압력을 말하며, 동력행정에서 가장 크다. 또 측압은 커넥팅 로드의 길이와 피스톤 행정에 관계된다.

3. 피스톤 링(piston ring)

피스톤 링은 기밀을 유지하기 위하여 링 일부를 절단하여 적당한 탄성을 주어 피스톤 링 홈에 3~5개 정도 설치한 금속제 링이며 압축 링과 오일 링이 있다. 피스톤 링의 작용은 기밀 유지 작용(밀봉 작용), 오일 제어 작용(실린더 벽의 오일 긁어내리기 작용), 열전도 작용(냉각 작용) 등이다.

(1) 피스톤 링 이음 부분

① 링 이음 부분의 간극(절개부 간극 ; end gap) : 제1번 압축 링(top ring)을 가장 크게 한다.
② 링 이음 부분의 조립 방향 : 기관 오일이 연소실에 상승하는 것을 방지하고 블로바이를 방지하기 위하여 링 이음 부분의 위치는 서로 120~180° 방향으로 끼워야 한다.
③ 링 이음 부분의 간극은 실린더에 피스톤 링을 끼우고 피스톤 헤드로 밀어 넣어 수평 상태로 한 후 필러 게이지로 측정한다. 이때 마모된 실린더의 경우에는 가장 마모가 적은 부분에서 측정하여 0.2~0.4mm(한계 1.0mm)이면 정상이다.

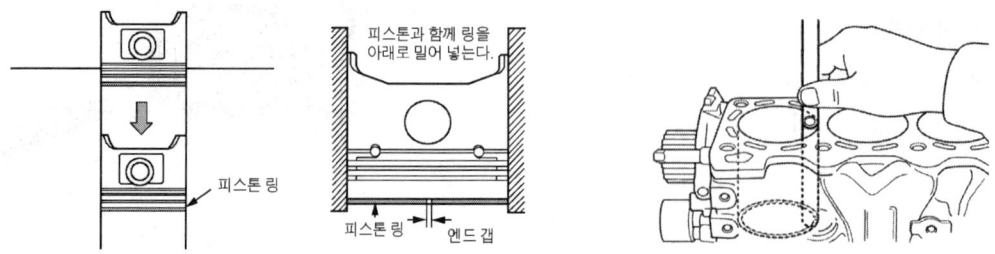

▲ 피스톤 링 이음 부분 간극 측정

3 크랭크축 및 플라이휠

1. 크랭크축(crank shaft)

① 크랭크축의 구조 : 크랭크축은 메인 저널(main journal), 크랭크 핀(crank pin), 크랭크 암(crank arm), 평형추(balance weight) 등의 주요 부분으로 구성되어 있다.

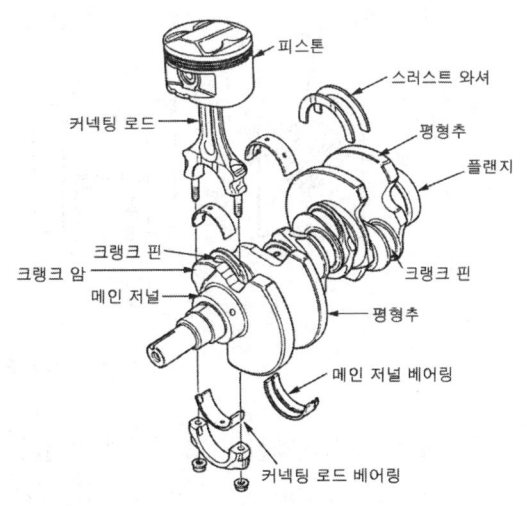

▲ 크랭크축의 구조

(2) 크랭크축의 형식

① 직렬 4실린더형 : 제1번과 제4번, 제2번과 제3번 크랭크 핀이 동일 평면 위에 있으며, 또 각각의 크랭크 핀은 180°의 위상차를 두고 있다. 착화 순서는 1-3-4-2와 1-2-4-3 두 가지가 있다.

② 직렬 6실린더형 : 제1번과 제6번, 제2번과 제5번, 제3번과 제4번의 각 크랭크 핀이 동일 평면 위에 있으며, 각각은 120°의 위상차를 지니고 있다. 크랭크축의 형식에는 우수식(착화 순서 : 1-5-3-6-2-4)과 좌수식(착화 순서 : 1-4-2-6-3-5)이 있다.

(3) 크랭크축 정비

① 휨 점검 : 크랭크축 앞·뒤 메인 저널을 V블록 위에 올려놓고 다이얼게이지의 스핀들을 중앙 메인 저널에 설치한 후 천천히 크랭크축을 회전시키면서 다이얼게이지의 눈금을 읽는다. 이때 최대와 최솟값의 차이가 1/2이 크랭크축 휨 값이다.

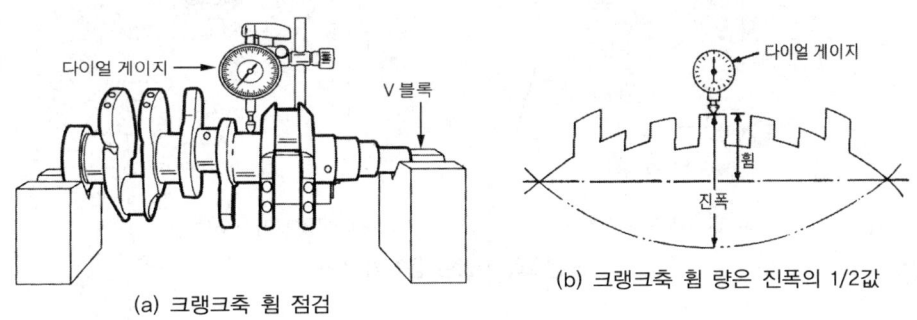

(a) 크랭크축 휨 점검　　(b) 크랭크축 휨 량은 진폭의 1/2값

▲ 크랭크축 휨 측정

② **저널지름 측정 방법** : 메인 저널 및 크랭크 핀의 마모는 외측 마이크로미터로 측정하며, 진원도, 편마모 등을 측정하고, 수정한계 값 이상인 경우에는 수정하거나 크랭크축을 교환한다.

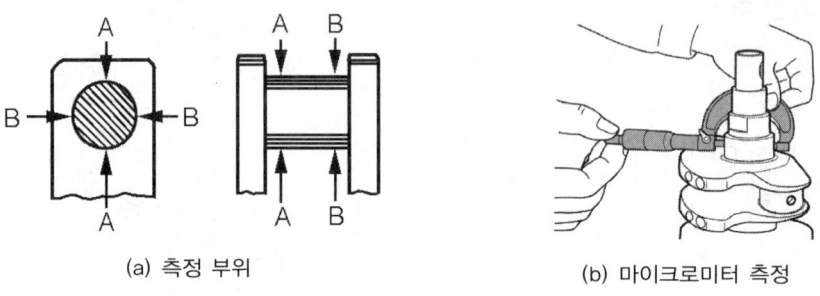

(a) 측정 부위   (b) 마이크로미터 측정

▲ 크랭크축 저널 측정

③ **저널 수정값 계산 방법** : 저널의 언더 사이즈 기준값에는 0.25mm, 0.50mm, 0.75mm, 1.00mm, 1.25mm, 1.50mm의 6단계가 있다. 또 크랭크축 저널을 연마 수정하면 지름이 작아지므로 표준값에서 연마 값을 빼야 한다. 이렇게 하여 그 치수가 작아지므로 언더 사이즈(under size)라 하며 크랭크축 베어링은 표준보다 더 두꺼운 것을 사용하여야 한다.

④ **크랭크축 축방향 움직임(end play) 측정** : 축방향 움직임은 플라이 바로 크랭크축을 한쪽으로 밀고 다이얼게이지(또는 필러게이지)로 점검한다. 축방향 움직임 한계값은 0.25mm이며, 한계값 이상인 경우에는 스러스트 베어링(thrust bearing, 스러스트 플레이트를 사용하는 경우는 플레이트)을 교환한다. 축 방향 움직임이 크면 크랭크축이 앞·뒤로 움직여 소음이 나며 실린더, 피스톤의 편마모나 커넥팅 로드의 변형을 초래한다. 반대로 작으면 크랭크 암과 스러스트 면 사이에서 열이 발생하여 손상을 일으킨다.

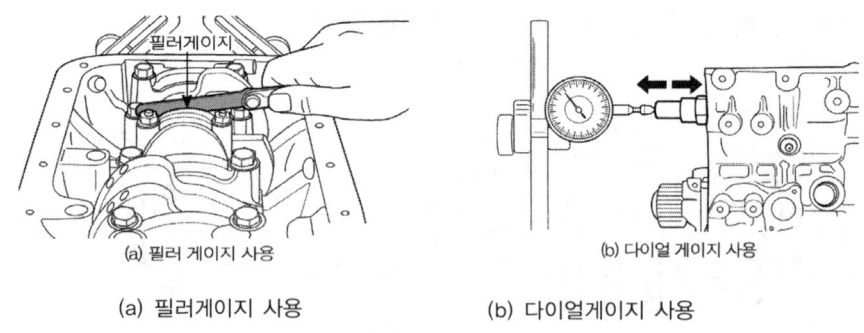

(a) 필러게이지 사용   (b) 다이얼게이지 사용

▲ 크랭크축 축방향 움직임 측정

⑤ **크랭크축 오일 간극 측정** : 크랭크축과 베어링 사이의 간극 및 저널의 편마모는 주로 플라스틱 게이지로 측정한다. 오일 간극 측정 방법은 다음과 같다.

㉮ 베어링 윗면 및 저널에 오일이 있으면 깨끗이 닦아내고 플라스틱 게이지를 설치한다.

㈏ 플라스틱 게이지의 폭을 측정할 때는 플라스틱 게이지를 저널이나 베어링에 둔 채로 측정한다.
㈐ 정밀 삽입식 베어링을 스크레이핑 하거나 심을 사용하지 않는다.
㈑ 플라스틱 게이지를 넣은 채로 크랭크축을 회전시키면 안 된다.

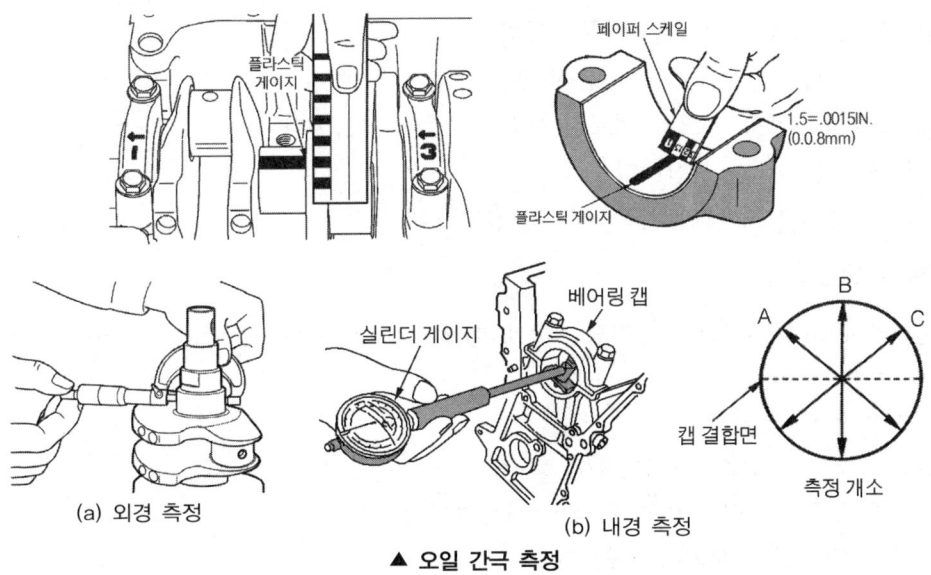

▲ 오일 간극 측정

2. 플라이휠(fly wheel)

크랭크축의 맥동적인 출력을 원활히 하는 작용을 하며, 플라이휠의 무게는 회전속도와 실린더 수에 관계한다.

4 밸브 기구(valve train) 및 밸브

1. 캠축과 캠(cam shaft & cam)

캠축은 기관의 밸브 수와 같은 수의 캠이 배열된 축으로 주요기능은 흡·배기밸브 개폐이다. 4행정 사이클 기관에서는 크랭크축 2회전에 캠축 1회전하는 구조로 되어 있다. 따라서 크랭크축 기어와 캠축 기어의 지름의 비율은 1:2로 되어 있다.

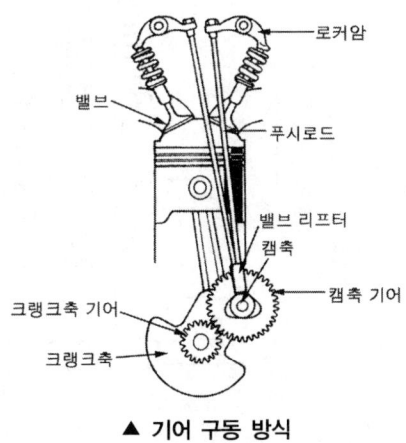

▲ 기어 구동 방식

2. 밸브 리프터(밸브 태핏 : valve lifter or valve tappet)

밸브 리프터는 캠축의 회전운동을 상하운동을 변환시켜 푸시로드로 전달하는 것이며, 유압식 밸브 리프터는 오일의 비압축성과 윤활장치의 순환 압력을 이용한 것이며, 기관의 작동온도변화에 관계없이 밸브간극을 0으로 유지시키도록 한 방식으로, 그 특징은 다음과 같다.

① 밸브간극을 점검·조정하지 않아도 된다.
② 밸브 개폐 시기가 정확하고 작동이 조용하다.
③ 오일이 완충작용을 하므로 밸브기구의 내구성이 향상된다.
④ 밸브 기구의 구조가 복잡하다.
⑤ 윤활장치가 고장이 나면 기관 작동이 정지된다.

3. 흡·배기 밸브(valve)

(1) **밸브의 구비조건** : 흡·배기 밸브는 포핏 밸브(poppet valve)가 사용되며, 구비조건은 다음과 같다.
　① 고온에서 견딜 것
　② 밸브 헤드 부분의 열전도율이 클 것
　③ 고온에서의 장력과 충격에 대한 저항력이 클 것
　④ 고온 가스에 부식되지 않을 것
　⑤ 가열이 반복되어도 물리적 성질이 변화하지 않을 것
　⑥ 관성이 작아지도록 무게가 가볍고 내구성이 클 것
　⑦ 흡·배기가스 통과에 대한 저항이 적은 통로를 만들 것

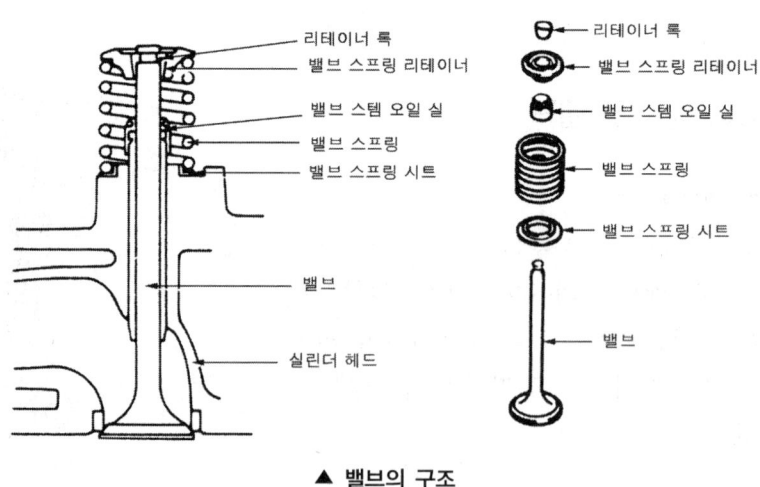

▲ 밸브의 구조

(2) **밸브간극**(valve clearance) : 밸브간극은 기관 작동 중 열팽창을 고려하여 로커 암과 밸브

스템 엔드 사이에 두고 있다. 또 기관의 밸브간극이 너무 크면 정상 온도에서 밸브가 완전히 개방되지 않는다.

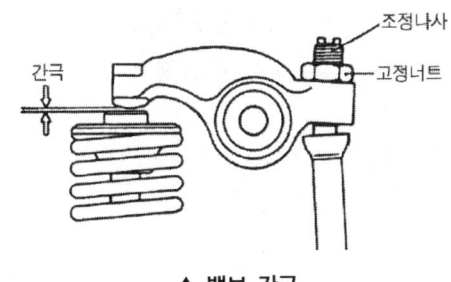

▲ 밸브 간극

(3) **밸브 오버랩** : 상사점 부근에서 매 사이클이 끝날 무렵 흡입밸브와 배기밸브가 동시에 열려 있는 기간이다. 밸브 오버랩을 두는 목적은 배기밸브를 상사점 후에 닫히게 하고, 흡입밸브를 상사점 전에 열리도록 하여 잔류가스를 완전히 배출하고 흡입관 성을 충분히 이용하여 흡입 및 배기 효율을 향상시킨다.

6 압축압력 측정

(1) 압축압력의 측정목적
이 시험은 기관에 이상이 있을 때 또는 기관의 성능이 현저하게 저하되었을 때 분해·수리 여부를 결정하기 위한 것이다.

(2) 압축압력 측정 준비작업
① 축전지의 충전상태를 점검한다.
② 기관을 시동시켜 난기운전(웜업)을 한 후 정지한다.
③ 모든 분사노즐이나 예열플러그를 모두 뺀다.
④ 연료차단 솔레노이드 밸브 커넥터를 분리하여 연료공급을 차단한다.
⑤ 공기청정기 및 팬벨트를 제거한다.

(3) 압축압력 측정순서
① 분사노즐 또는 예열플러그 설치구멍에 압축 압력계를 밀착시킨다.
② 기관을 크랭킹(cranking) 하여 5~8회 압축행정이 되게 한다. 이때 기관의 회전속도는 200~300rpm이다.
③ 첫 압축압력과 맨 나중 압축압력을 기록한다.

(4) 압축압력측정 결과분석
① **정상 압축압력** : 규정 값의 90% 이상이고, 각 실린더 사이의 차이가 10% 이내일 때

② 규정 값 이상일 때 : 규정 값의 10% 이상이면 실린더 헤드를 분해한 후 연소실의 카본을 제거한다.
③ 밸브 불량 : 규정 값보다 낮고 습식시험을 하여도 압축압력이 상승하지 않는다.
④ 실린더 벽 및 피스톤 링 마모 : 계속되는 폭발행정에서 조금씩 상승하며, 습식시험을 하면 압력이 뚜렷하게 상승한다.
⑤ 헤드 개스킷 불량 및 실린더 헤드 변형 : 인접한 실린더의 압축압력이 비슷하게 낮으며, 습식시험을 하여도 압축압력이 상승하지 않는다.

Section 1-2 부속장치

1 윤활장치

1. 기관 오일 공급 방법

① 비산식 : 오일 팬 내의 오일을 크랭크축이 회전할 때의 원심력으로 퍼 올려 뿌려주는 방식이다.
② 압송식 : 기관의 캠축으로 구동되는 오일펌프로 오일을 흡입·가압하여 각 윤활 부분으로 보내는 방식이다.
③ 비산 압송식 : 크랭크축과 캠축 베어링, 밸브기구 등으로는 압송식으로 공급하고, 실린더 벽, 피스톤 링과 핀 등에는 커넥팅로드 대단부에서 뿌려지는 오일로 윤활하는 방식이다.

2. 기관 오일 공급 장치의 구성부품

① 오일 팬(oil pan) : 기관 오일이 담겨지는 용기이며, 기관 오일의 냉각 작용도 한다.
② 펌프 스트레이너(pump strainer) : 오일 팬 섬프 내의 오일을 펌프로 유도해주는 것이며, 오일 속에 포함된 비교적 큰 불순물을 여과하는 스크린이 있다.
③ 오일펌프(oil pump) : 기관의 크랭크축이나 캠축에 의해 구동되며, 오일 팬 내의 오일을 흡입 가압하여 각 윤활 부분으로 보내는 작용을 한다.
④ 오일여과기(oil filter)
　㉮ 오일여과기의 기능 : 윤활장치 내를 순환하는 불순물을 제거하는 세정작용을 한다.
　㉯ 여과방식 : 전류식, 분류식, 샨트식 등이 있으며, 전류식(full-flow filter)은 오일펌프에서 나온 오일의 모두를 여과기를 거쳐서 여과된 후 윤활 부분으로 보내는 방식이다.
⑤ 유압 조절밸브(oil pressure relief valve) : 윤활 회로 내를 순환하는 유압이 과도하게 상승하는 것을 방지하여 유압이 일정하게 유지되도록 하는 작용을 한다.

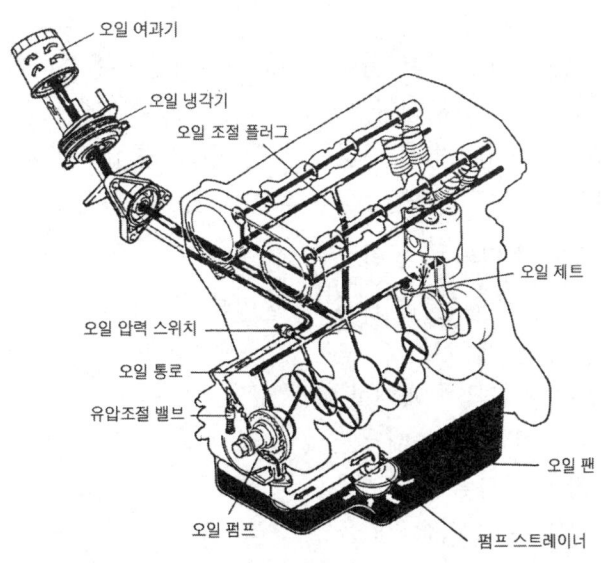

▲ 기관 오일 공급 장치의 구성

참고 유압이 높아지는 원인 및 낮아지는 원인

유압이 높아지는 원인	유압이 낮아지는 원인
① 오일의 점도가 높다. ② 윤활 회로의 일부가 막혔다. ③ 유압조절밸브 스프링의 장력이 과다하다.	① 크랭크축의 오일 간극이 크다. ② 오일펌프의 마모 또는 오일이 누출된다. ③ 오일 양이 부족하다. ④ 유압조절밸브 스프링 장력이 약하다. ⑤ 오일이 연료 등으로 현저하게 희석되었다. ⑥ 오일의 점도가 낮다

3. 기관 오일 점검 및 교환

(1) 기관 오일 색깔 점검

① 검은색 : 심하게 오염된 경우이다. 이때는 점도를 점검해 보고 교환 여부를 결정하도록 한다.

② 우유색 : 냉각수가 혼합된 경우이다. 단, 기관에서 사용하던 오일에 냉각수가 유입되면 회색에 가까운 색이 된다.

(2) 기관 오일을 교환할 때 주의사항

① 기관에 알맞은 오일을 선택한다.
② 주입할 때 불순물이 유입되지 않도록 한다.
③ 첨가제의 작용으로 오일의 열화가 촉진되므로 점도가 다른 오일을 혼합하여 사용하지

않는다.
④ 재생 오일은 사용하지 않도록 한다. 재생 오일이란 사용하다가 빼낸 오일을 말한다.
⑤ 교환 시기에 맞추어서 교환한다.
⑥ 오일량을 점검하면서 규정량을 주입한다. 그리고 보충하고자 할 때는 유면표시기의 "F" 선까지 넣는다.

(3) 기관 오일이 많이 소비되는 원인

기관 오일이 소모되는 주원인은 연소와 누설이다.
① 오일량이 너무 많을 때
② 피스톤과 실린더의 간극이 과대할 때
③ 피스톤 링의 기능이 불량할 때
④ 밸브 스템과 가이드 간극이 클 때
⑤ 밸브 가이드 오일 실이 파손되었을 때
⑥ 크랭크케이스 또는 크랭크축 오일 실이 파손되었을 때
⑦ 오일여과기의 오일 실이 파손되었을 때
⑧ 기관 연소실에서 연소에 의한 소비증대
⑨ 기관 열에 의하여 증발되어 외부로 방출 및 연소

2 냉각장치

1. 냉각장치의 필요성

작동 중인 기관의 폭발행정에서 발생되는 열을 냉각시켜 기관의 온도를 알맞게 유지시키는 장치이며, 기관의 온도는 실린더 헤드 물재킷 내의 온도로 나타내며 약 75~95℃이다.

2. 기관의 냉각 방식

(1) 공랭식(air cooling type)
① **자연통풍식** : 차량이 주행할 때 받는 공기로 냉각시키는 방식이며, 실린더 헤드와 블록과 같이 과열되기 쉬운 부분에 냉각 핀(cooling fin)을 두고 있다.
② **강제통풍식** : 냉각 효과를 높이기 위해 덮개(shroud)와 냉각 팬을 설치하여 냉각시키는 방식이다.

(2) 수랭식(water cooling type)
① **자연순환식** : 냉각수를 대류에 의해 순환시키는 방식이다.
② **강제순환식** : 물 펌프로 실린더 헤드와 블록에 설치된 물재킷 내에 냉각수를 순환시켜 냉각시키는 방식이다.

③ 압력순환식 : 압력조절을 라디에이터 캡의 압력밸브로 하며, 특징은 방열기(라디에이터)를 작게 할 수 있고, 냉각수의 비등점을 높일 수 있으며, 냉각수 손실이 적어 기관의 열효율이 향상된다.
④ 밀봉 압력식 : 팽창된 냉각수가 배출되는 결점을 보완하여 라디에이터 캡을 밀봉하고 냉각수의 팽창과 맞먹는 크기의 보조 물탱크를 설치하고 냉각수가 팽창하였을 때 외부로 배출되지 않도록 한 방식이다.

3. 수랭식의 주요 구조와 그 기능

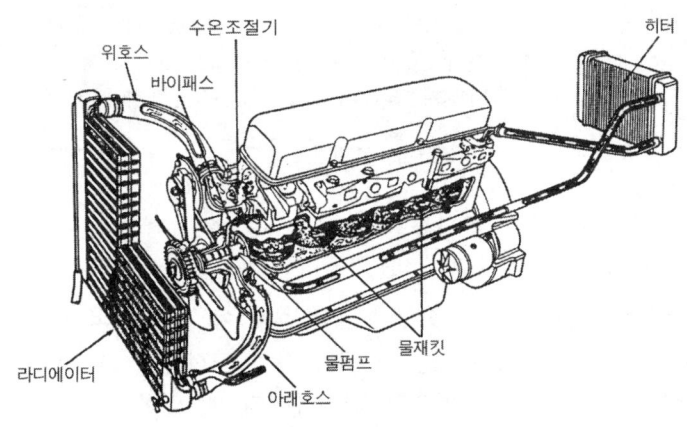

▲ 수랭식의 주요 구조

(1) 물 재킷(water jacket) : 실린더 헤드 및 블록에 일체구조로 된 냉각수가 순환하는 물 통로이다.
(2) 물 펌프(water pump) : 팬벨트를 통하여 크랭크축에 의해 구동되며, 실린더 헤드 및 블록의 물 재킷 내로 냉각수를 순환시키는 원심력 펌프이다.
(3) 냉각 팬(cooling fan) : 물 펌프 축과 일체로 회전하며 라디에이터를 통하여 공기를 흡입하여 라디에이터 통풍을 도와준다.
① 팬 클러치 방식 : 기관의 회전속도에 따라 작동하는 유체 커플링 팬과 냉각수 온도에 따라 작동하는 전자 단판식 팬이 있으며, 팬 클러치의 작동과 관계없이 물 펌프는 항상 회전한다.
② 전동 팬(Motor type fan) : 전동기로 냉각 팬을 구동시키는 것이며, 특징은 다음과 같다.
㉮ 냉각수 온도에 따라 작동한다.
㉯ 형식에 따라 차이가 있을 수 있으나, 약 85~100℃에서 간헐적으로 작동한다.
㉰ 팬벨트가 필요 없다.

(4) 팬벨트(drive belt or fan belt)
  ① 팬벨트의 작용 : 크랭크축 풀리, 발전기 풀리, 물 펌프 풀리 등을 연결 구동한다. 팬벨트는 각 풀리의 양쪽 경사진 부분에 접촉되어야 하며, 반드시 기관의 작동이 정지된 상태에서 걸거나 빼내야 한다.
  ② 팬벨트의 장력 점검·조정방법 : 발전기 풀리와 물 펌프 풀리 사이에서 점검하며, 10kgf의 힘으로 눌렀을 때 13~20mm의 헐거움이면 양호하다.

  참고 팬벨트 장력이 너무 크거나 작으면

팬벨트 장력이 너무 크면(팽팽하면)	팬벨트 장력이 너무 작으면(헐거우면)
① 각 풀리의 베어링 마멸이 촉진된다. ② 물 펌프의 고속회전으로 기관이 과냉할 염려가 있다.	① 물 펌프 회전속도가 느려 기관이 과열되기 쉽다. ② 발전기의 출력이 저하된다. ③ 소음이 발생하며, 팬벨트의 손상이 촉진된다.

(5) 라디에이터(radiator ; 방열기)
  ① 라디에이터의 구비조건
    ㉮ 단위면적 당 방열량이 클 것   ㉯ 가볍고 작으며, 강도가 클 것
    ㉰ 냉각수 흐름저항이 적을 것   ㉱ 공기 흐름저항이 적을 것
  ② 라디에이터의 구조 : 위쪽에 위 탱크, 라디에이터 캡, 오버플로 파이프, 입구파이프 등이 있고, 중간에는 코어(수관과 냉각 핀)가 있으며, 아래쪽에는 출구 파이프와 냉각수 배출용 드레인 플러그가 설치되어 있다.
  ③ 라디에이터 캡(radiator cap) : 냉각수 주입구 뚜껑이며, 냉각장치 내의 비등점(비점)을 높이고, 냉각범위를 넓히기 위하여 압력식 캡을 사용한다. 라디에이터 캡의 작용은 다음과 같다.
    ㉮ 냉각장치 내부압력이 부압이 되면(내부 압력이 규정보다 낮을 때) 진공밸브가 열린다.
    ㉯ 냉각장치 내부압력이 규정보다 높을 때 압력 밸브가 열린다.
  ④ 라디에이터 캡을 열었을 때 냉각수에 기름이 떠 있는 원인
    ㉮ 헤드 개스킷 파손
    ㉯ 헤드볼트의 파손
    ㉰ 오일냉각기에서 오일누출
  ⑤ 라디에이터를 세척한 후의 주수량이 20% 이상 부족할 경우는 교환하여야 한다. 그리고 라디에이터 냉각핀은 압축공기를 이용하여 기관 쪽에서 불어내어 청소한다.
(6) 수온조절기(정온기 ; thermostat)
  실린더 헤드 물 재킷 출구 부분에 설치되어 냉각수 온도에 따라 냉각수 통로를 개폐하여 기관의 온도를 알맞게 유지하는 기구이다.

4. 부동액

부동액은 냉각수가 동결되는 것을 방지하기 위하여 냉각수와 혼합하여 사용하는 액체이며, 그 종류에는 에틸렌글리콜, 메탄올, 글리세린 등이 있다. 현재는 에틸렌글리콜이 주로 사용된다. 부동액의 구비조건은 다음과 같다.

① 휘발성이 없을 것 ② 순환이 잘 될 것 ③ 물과 혼합이 잘 될 것
④ 팽창계수가 작을 것 ⑤ 물보다 비등점이 높을 것

5. 수랭식 기관의 과열 원인

① 팬벨트의 장력이 적거나 파손되었다.
② 냉각 팬이 파손되었다.
③ 라디에이터 코어가 20% 이상 막혔다.
④ 라디에이터 코어가 파손되었거나 오손 되었다.
⑤ 물 펌프의 작동이 불량하거나 라디에이터 호스가 파손되었다.
⑥ 수온조절기가 닫힌 채 고장이 났다.
⑦ 수온조절기가 열리는 온도가 너무 높다.
⑧ 물재킷 내에 스케일이 많이 쌓여 있다.

3 과급 장치

과급기는 기관의 흡입효율(체적효율)을 높이기 위하여 흡입공기에 압력을 가하여 공급하는 일종의 공기펌프이다.

1. 과급기의 사용 목적

① 체적효율이 증대된다. ② 기관의 출력이 증대된다.
③ 기관의 회전력이 증대된다. ④ 연료소비율이 향상된다.
⑤ 착화지연 기간이 짧아진다.
⑥ 평균유효압력이 향상된다.
⑦ 기관의 소형 경량화가 가능하다.

2. 과급기의 분류

① 과급기는 구조상 체적형과 유동형으로 분류된다.
② 4행정 사이클 디젤기관에서는 주로 배기가스로 터빈을 구동하는 원심식 과급기가 사용된다.
③ 배기터빈 과급기에는 기관 오일이 공급된다.
④ 2행정 사이클 디젤기관에서는 체적형의 루트형 소기펌프를 사용한다.

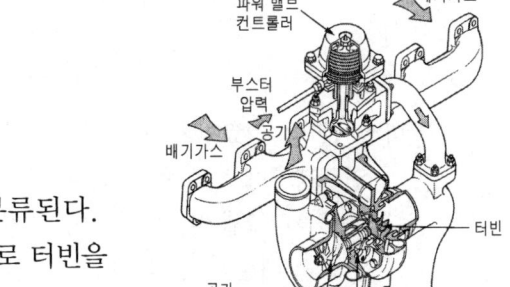

▲ 과급기의 구조

4 연료 장치

1. 디젤기관의 연료
경유는 석유계 원유에서 정제한 탄소와 수소의 유기화합물의 혼합체이다.

2. 경유의 착화성
경유의 착화성은 세탄가(cetane number)로 표시한다. 착화성이 우수한 세탄과 착화성이 불량한 α-메틸나프탈린의 혼합액이며 세탄의 함량비율로 표시한다. 또 발화 촉진제에는 초산에틸, 아초산에틸, 아초산아밀, 초산아밀, 질산에틸 등이 사용된다.

3. 디젤기관의 연료공급 장치(기계제어 방식)
디젤기관의 연료공급 순서는 연료탱크 → 연료공급펌프 → 연료여과기 → 연료분사펌프 → 분사노즐 → 연소실이다.

(1) **연료탱크**(fuel tank) : 겨울철에는 공기 중의 수증기가 응축하여 물이 되어 들어가므로 연료를 탱크에 가득 채워 두어야 한다.

(2) **연료 공급 펌프**(fuel feed pump) : 연료탱크 내의 연료를 흡입 가압하여 분사펌프 저압 부분까지 공급하는 작용을 하며, 연료공급 계통의 공기빼기 작업 및 공급펌프를 수동으로 작동시켜 연료탱크 내의 연료를 분사펌프 저압 부분까지 공급하는 프라이밍 펌프(priming pump)를 두고 있다.

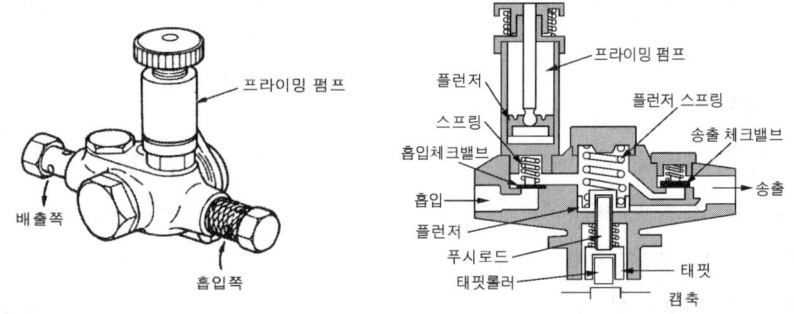

▲ 연료 공급펌프의 구조

① 디젤기관의 연료장치에서 공기빼기 작업
  ㉮ 연료탱크에 연료를 주입한다.
  ㉯ 벤트플러그를 열고 프라이밍 펌프 손잡이를 상하 작동시킨다.
  ㉰ 연료만 배출되면 작동하고 있던 프라이밍 펌프를 누른 상태에서 벤트플러그를 막는다.

② 디젤엔진의 연료 계통에서 공기빼기 작업은 프라이밍 펌프를 작동시키면서 연료 공급 펌프→ 연료여과기→분사펌프 순서로 작업하고 기동전동기로 크랭킹 시키면서 분사노

즐에서 공기를 배출시킨다.
③ 연료공급 펌프(fuel feed pump)의 작용
㉮ 분사펌프 캠축의 캠에 의해 플런저가 상승하면 연료가 배출된다.
㉯ 플런저가 하강하면 흡입밸브가 열리면서 펌프실에 연료가 유입된다.
㉰ 송출압력이 규정 값 이상 되면 플런저가 상승한 상태에서 펌프작용이 정지된다.
㉱ 연료공급 계통의 공기빼기 작업 및 공급 펌프를 수동으로 작동시켜 연료탱크 내의 연료를 분사펌프까지 공급하는 프라이밍 펌프 (priming pump)를 두고 있다.

(3) 연료여과기(fuel filter) 오버플로 밸브의 기능
① 연료 계통의 공기를 배출한다.
② 연료공급 펌프의 소음 발생을 방지한다.
③ 연료여과기 엘리먼트를 보호한다.

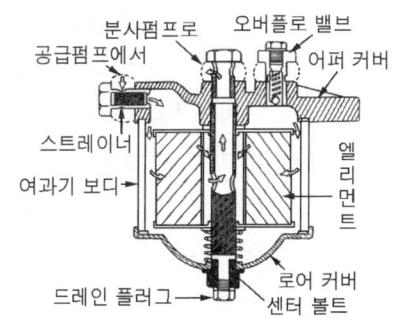

▲ 연료여과기의 구조

(4) 독립형 분사펌프(injection pump)의 구조

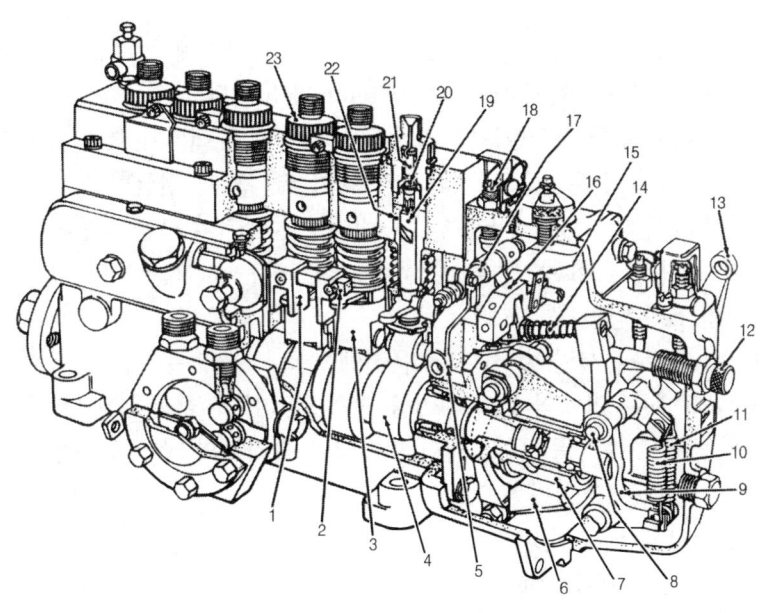

1. 조절 포크
2. 조절 로드
3. 태핏
4. 캠축
5. 스톱 조절레버
6. 조속기
7. 조속기 슬리브
8. 속도 레버축
9. 크랭크 레버
10. 조속기 주 스프링
11. 조속기 공전 스프링
12. 댐퍼
13. 속도조절레버
14. 링크
15. 트립 레버
16. 브리지 링크
17. 과잉 연료장치
18. 최대 연료 정지 스크루
19. 플런저
20. 딜리버리 밸브
21. 체적 변환실
22. 플런저 배럴
23. 딜리버리 밸브 홀더

▲ 독립형 분사펌프의 구조

① **캠축과 태핏** : 분사펌프 캠축은 기관의 크랭크축 기어로 구동되며, 4행정 사이클 기관은 크랭크축의 1/2로 회전한다. 태핏은 펌프 하우징 태핏 구멍에 설치되어 캠에 의해 상하 운동을 하여 플런저를 작동시킨다.

② 플런저 배럴과 플런저
　㉮ 플런저 배럴과 플런저의 작동 : 플런저 배럴 속을 플런저가 상하 미끄럼 운동하여 고압의 연료를 형성하는 부분이다. 그리고 플런저 유효행정이란 플런저가 연료를 압송하는 기간이며, 연료분사량은 플런저의 유효행정으로 결정된다.
　㉯ 리드 파는 방식과 분사시기와의 관계
　　• 정 리드형(normal lead type) : 분사개시 때의 분사시기가 일정한 형식이다.
　　• 역 리드형(revers lead type) : 분사개시 때의 분사시기가 변화하는 형식이다.
　　• 양 리드형(combination lead type) : 분사개시와 말기의 분사시기가 모두 변화하는 리드이다.
③ 딜리버리 밸브(delivery valve ; 송출밸브) : 연료의 역류(분사노즐에서 펌프로의 흐름)를 방지와 후적을 방지하며 분사(고압) 파이프 내에 잔압을 유지한다
④ 조속기(governor) 기능 : 기관의 회전속도나 부하의 변동에 따라서 자동적으로 제어 래크를 움직여 연료 분사량을 조정하는 장치이다.
⑤ 타이머(분사시기 조정기 ; timer) : 기관 회전속도 및 부하에 따라 분사시기를 변화시키는 장치이다.
⑥ 연료 분사량 제어기구
　㉮ 제어 래크 : 조속기나 가속페달에 의해 직선운동을 제어 피니언에 전달한다. 제어 래크의 이동량은 무송출에서 전송출까지 21~25mm 정도이다.
　㉯ 제어 피니언 : 제어 슬리브에 클램프 볼트에 의해 고정되어 제어 래크와 물려 있으며, 제어 래크의 직선운동을 회전운동으로 변환시켜 제어 슬리브에 전달한다.
　㉰ 제어 슬리브 : 위쪽에 제어 피니언이, 아래쪽의 슬릿에는 플런저의 구동 플랜지가 끼워져 있으며, 제어 피니언의 회전운동을 플런저에 전달하는 역할을 한다.
⑦ 분사펌프의 연료 분사량 조정 방법
디젤기관 각 실린더의 연료 분사량이 전부하 운전에서 ± 3 %, 무부하 운전에서 10~15% 이상의 불균율일 때는, 연료의 분사 시기를 먼저 조정한 후 불균율에 해당하는 실린더의 제어 피니언 클램프 볼트를 풀고, 제어 피니언과 슬리브의 상대 위치를 변화시켜 조정한 후 클램프 볼트를 조인다.

(5) 분사(고압) 파이프(fuel injection pipe)
　분사펌프의 각 펌프 출구와 분사노즐을 연결하는 고압 파이프이며, 분사파이프의 양끝에는 고압의 연료가 누출되지 않도록 하기 위해 유니언 피팅(union fitting)으로 확실하게 결합한다.

(6) 분사노즐(injection nozzle)
① 분사노즐의 작용 및 구비조건 : 분사펌프에서 보내온 고압의 연료를 미세한 안개 모양으로 연소실 내에 분사하는 일을 하는 장치이며, 다음과 같은 구비조건을 갖추어야 한다.

㉮ 연료를 미세한 안개 모양으로 하여 쉽게 착화하게 할 것
㉯ 분무를 연소실 구석구석까지 뿌려지게 할 것
㉰ 연료의 분사 끝에서 완전히 차단하여 후적이 일어나지 않을 것
㉱ 고온·고압의 가혹한 조건에서 장시간 사용할 수 있을 것

② 분사노즐의 종류 : 분사노즐의 종류에는 개방형과 밀폐형 노즐이 있으며, 밀폐형에는 구멍형, 핀틀형 및 스로틀형 노즐이 있다. 구멍형 분사노즐의 특징은 다음과 같다.

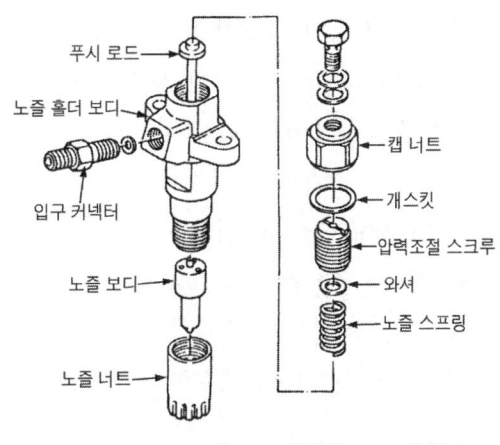

▲ 분사노즐의 분해도

구멍형 분사노즐의 장점	구멍형 분사노즐의 단점
㉮ 분사 압력이 높아 안개화(무화)가 좋다. ㉯ 기관의 시동이 쉽다. ㉰ 연료가 완전 연소될 수 있어 연료소비량이 적다.	㉮ 분사 구멍이 작아 가공이 어렵고, 분사 구멍이 막힐 염려가 있다. ㉯ 분사 압력이 높아 분사펌프, 노즐의 수명이 짧고 또 각 연결부에서 연료가 누출되기 쉽다

Section 1-3 전자제어장치 정비

1 전자제어 디젤기관 연료 장치의 장점

① 유해 배출 가스를 감소시킬 수 있다.
② 연료소비율을 향상시킬 수 있다.
③ 기관의 성능을 향상시킬 수 있다.
④ 운전성능을 향상시킬 수 있다.
⑤ 밀집된(compact) 설계 및 경량화를 이룰 수 있다.
⑥ 모듈(module)화 장치가 가능하다.

2 전자제어 디젤기관의 연소과정

1. 파일럿 분사(Pilot Injection, 착화 분사)

파일럿 분사란 주 분사가 이루어지기 전에 연료를 분사하여 연소가 원활히 되도록 하기 위한 것이며, 파일럿 분사실시 여부에 따라 기관의 소음과 진동을 줄일 수 있다.

2. 주 분사(Main Injection)

주 분사는 파일럿 분사가 실행되었는지 여부를 고려하여 연료 분사량을 계산한다. 주 분사의 기본값으로 사용되는 것은 기관 회전력의 양(가속페달 센서값), 기관 회전속도, 냉각수 온도, 흡입공기 온도, 대기압력 등이다.

3. 사후분사(Post Injection)

사후분사는 유해 배출 가스 감소를 위해 사용하는 것이므로 배출가스에 영향을 미칠 경우에는 사후분사를 하지 않으며, ECU(컴퓨터)에서 판단하여 필요할 때마다 실행시킨다. 그리고 공기 유량 센서 및 배기가스 재순환(EGR)장치 관계 계통에 고장이 있으면 사후분사는 중단된다.

3 ECU의 입출력 요소

1. ECU 입력 요소

① 연료 압력 센서 : 커먼레일(Common Rail)내의 연료압력을 검출하여 ECU로 입력시킨다.

② 공기 유량 센서(AFS) & 흡기온도 센서 : 공기유량 센서는 열막 방식을 이용하며, 주요 기능은 배기가스 재순환 피드백 제어이다. 흡기온도 센서는 부특성 서미스터를 사용하며, 각종 제어(연료분사량, 분사시기, 시동할 때 연료분사량 제어 등)의 보정신호로 사용된다.

③ 가속페달 위치 센서 1 & 2 : 전자제어 가솔린 기관에서 사용하고 있는 스로틀 위치센서와 같은 원리를 사용하며, 가속페달 위치센서 1(main sensor)에 의해 연료분사량과 분사시기가 결정된다. 센서 2는 센서 1을 감시하는 센서로 급출발을 방지하기 위한 것이다.

④ 연료 온도 센서 : 수온센서와 같은 부특성 서미스터이며, 연료온도에 따른 연료분사량 보정 신호로 사용된다.

⑤ 수온 센서 : 냉간 시동에서는 연료 분사량을 증가시켜 원활한 시동이 될 수 있도록 기관의 냉각수 온도를 검출하여 냉각수 온도의 변화를 전압으로 변화시켜 ECU로 입력시킨다.

⑥ 크랭크축 위치 센서(CPS, CKP) : 크랭크축과 일체로 되어 있는 센서 휠(sensor wheel)의 돌기를 검출하여 크랭크축의 각도 및 피스톤의 위치, 기관 회전속도 등을 검출한다. 크랭크축과 연동되는 피스톤의 위치는 연료 분사시기를 결정하는데 중요한 역할을 한다.

⑦ 캠축 위치 센서(CMP) : 상사점 센서라고도 부르며, 홀 센서방식(hall sensor type)을 사용한다. 캠축에 설치되어 캠축 1회전(크랭크축 2회전)당 1개의 펄스 신호를 발생시켜 ECU로 입력시킨다.

⑧ 부스터(booster 압력 센서 : 가변용량 과급기가 설치된 기관에서 사용하는 센서이며, 실제 흡기다기관의 압력(부스터 압력 ; 과급기 작동압력)을 계측하여 목표로 하는 부스터 압력으로 맞추도록 피드백 제어를 하기 위한 센서이다.

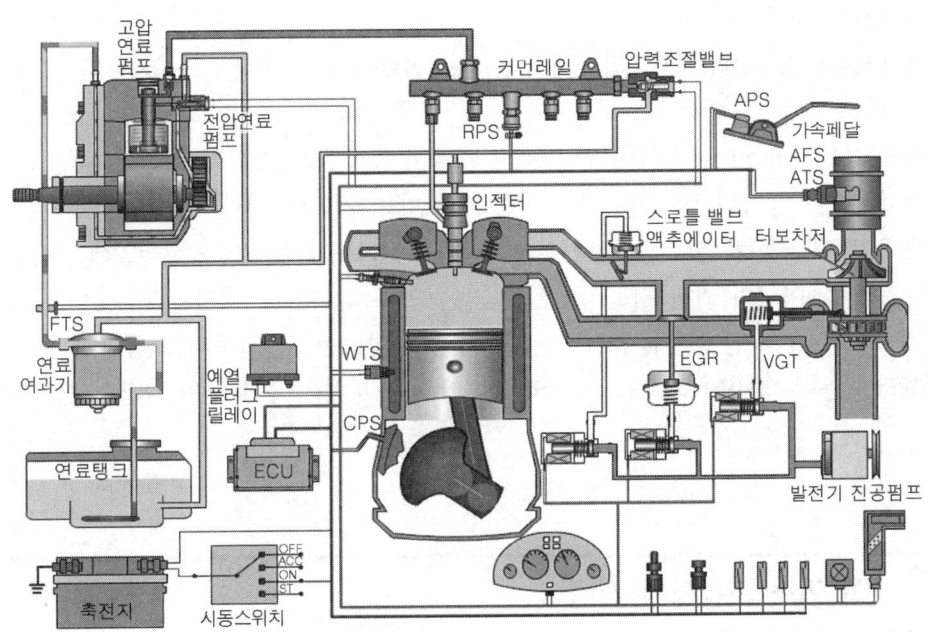

▲ 전자제어 디젤기관의 구성

2. ECU 출력 요소

① 인젝터(Injector) : 고압 연료 펌프로부터 송출된 연료가 커먼레일을 통하여 인젝터로 공급되며, 연료를 연소실에 직접 분사한다.

② 연료압력 제어밸브 : 커먼레일 내의 연료 압력을 조정하는 밸브이며 냉각수 온도, 축전지 전압 및 흡입공기 온도에 따라 보정을 한다.

③ 배기가스 재순환(EGR)밸브 : 기관에서 배출되는 가스 중 질소산화물(NOx) 배출을 억제하기 위한 밸브이다.

4 전자제어 디젤기관의 연료 장치

① 저압 연료 펌프 : 연료펌프 릴레이로부터 전원을 공급받아 고압 연료 펌프로 연료를 압송한다.

② 연료여과기 : 연료 속의 수분 및 이물질을 여과하는 역할을 하며, 연료 가열 장치가 설치되어 있어 겨울철에 냉각된 기관을 시동할 때 연료를 가열한다.

③ 오버플로 밸브(over flow valve) : 저압 연료펌프에서 압송된 연료 압력을 2.8~10.2bar를 유지하도록 제어하며, 과잉압력의 연료는 연료탱크로 복귀시킨다.

④ 연료 온도 센서 : 고압 연료 펌프로 공급되는 연료 온도를 검출하며, 연료 온도가 상승되는

것을 방지한다.
⑤ **고압 연료 펌프** : 저압 연료 펌프에서 공급된 연료를 약 1,350bar의 높은 압력으로 압축하여 커먼레일로 공급한다.
⑥ **커먼레일(Common Rail)** : 고압 연료 펌프에서 공급된 연료를 각 실린더의 인젝터로 분배해주며, 연료 압력센서와 연료 압력 제어밸브가 설치되어 있다.
⑦ **연료 압력 제어밸브(연료 압력 제한 밸브)** : 고압 연료 펌프에서 커먼레일에 압송된 연료의 복귀량을 제어하여 기관 작동상태에 알맞은 연료 압력으로 제어한다.
⑧ **고압 파이프** : 커먼레일에 공급된 높은 압력의 연료를 각 인젝터로 공급한다.
⑨ **인젝터** : 높은 압력의 연료를 ECU의 전류제어를 통하여 연소실에 미립형태로 분사한다.

Section 1-4 배출가스 저감장치 정비

1 블로바이 가스 제어장치

경·중 부하영역에서는 PCV(Positive Crankcase Ventilation)밸브를 통해 흡기다기관으로 들어가고, 급가속 및 고부하 영역에서는 블리더 호스를 통해 흡기다기관으로 들어간다.

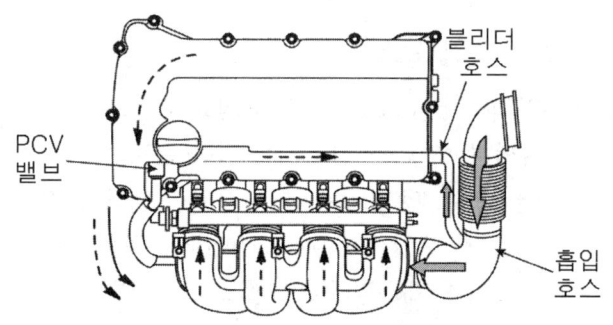

▲ 블로바이 가스 제어장치

2 연료 증발가스 제어장치

연료장치에서 증발되는 가스를 캐니스터(canister)에 포집하였다가 공전 및 난기운전 이외의 기관 가동에서 PCSV(purge Control Solenoid Valve)가 ECU 신호로 작동되어 연소실로 들어간다.

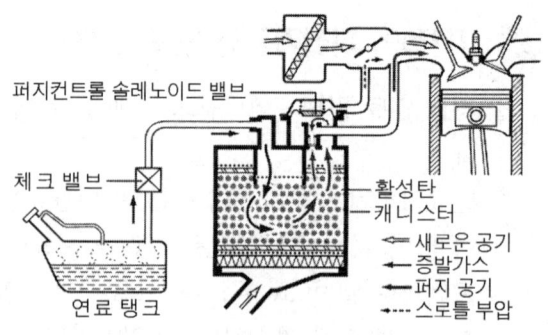

▲ 캐니스터의 구조

3 배기가스 제어장치

1. 배기가스 재순환장치(EGR ; Exhaust Gas Recirculation)

배기가스의 일부를 연소실로 재순환하여 연소온도를 낮춰 질소산화물(NOx) 발생을 억제하는 장치이다. EGR율은 다음과 같이 산출한다.

$$EGR율 = \frac{EGR가스량}{EGR가스량 + 흡입공기량}$$

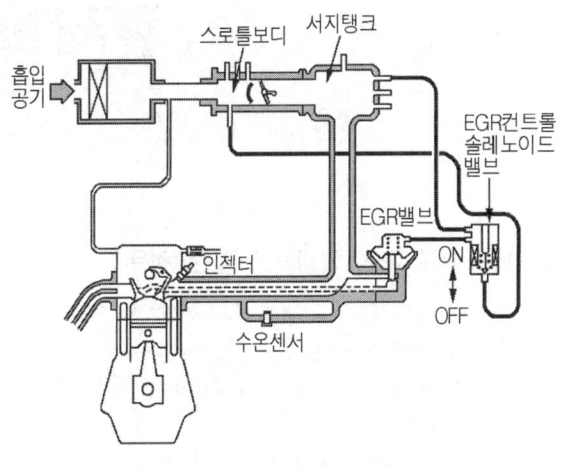

▲ 배기가스 재순환장치

2. 촉매 컨버터

(1) 촉매 컨버터의 개요

① 배기가스 속의 일산화탄소, 탄화수소 및 질소산화물 함유량의 저감시키는 작용을 하며, 촉매작용의 효력을 증대시키기 위해서는 공연비(14.7:1)를 맞추어야 한다.
② 백금과 소량의 리듐을 혼합한 것이 표면에 소성되어 있다.
③ 촉매 장치는 유해 배기가스의 감소를 위하여 설치하며 주로 2차 공기공급 장치와 함께 사용한다.
④ 실린더 파워 밸런스 시험을 할 때 손상에 가장 주의하여야 하는 부품이다.

(2) 촉매 컨버터의 작용

① 일산화탄소(CO)를 이산화탄소(CO_2)로 변환시킨다.
② 탄화수소(HC)를 물(H_2O)과 이산화탄소(CO_2)로 변환시킨다.
③ 질소산화물(NOx)은 질소(N_2)와 이산화탄소(CO_2)로 변화시킨다.

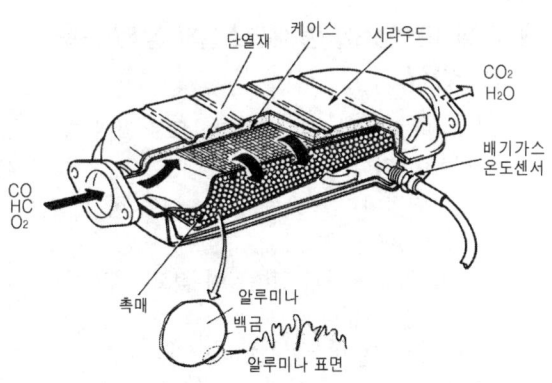

▲ 촉매 컨버터의 구조

Chapter 1 출제예상문제

01 연소실에 대한 설명으로 틀린 것은?
① 연소실은 될수록 구형에 가깝게 할 것
② 화염전파 거리를 길게 할 것
③ 밸브 면적을 크게 하여 체적효율을 증가시킬 수 있을 것
④ 압축행정에서 적당한 와류를 줄 것

해설 연소실의 구비조건은 ①, ③, ④항 이외에 화염 전파 거리를 짧게 할 것

02 디젤기관의 연소실 형상 중 가장 노크 발생이 많은 연소실 형식은?
① 직접분사실식 ② 예연소실식
③ 공기실식 ④ 와류실식

해설 직접 분사실식은 사용 연료의 변화 및 회전속도와 부하 등에 민감하며, 또 짧은 시간 내에 혼합기가 형성되기 때문에 노크를 일으키기 쉽다.

03 디젤기관 연소실 중 예연소실의 장점에 속하는 것은?
① 실린더 헤드의 구조가 간단하므로 열에 대한 변형이 적다.
② 냉각면적이 적으므로 냉각손실이 적고, 연료소비율이 적다.
③ 공기 유입 저항과 열손실이 적고, 예열플러그가 필요 없다.
④ 연료의 선택범위가 넓고 노킹이 적다.

해설 예연소실식 연소실의 장점
① 분사 압력이 낮아 연료 장치의 고장이 적고, 수명이 길다.
② 사용 연료 변화에 둔감하므로 연료의 선택범위가 넓다.
③ 운전상태가 조용하고 노크 발생이 적다.

04 연소실 내에 카본이 부착되었을 때 엔진에 미치는 영향은?
① 조기착화가 일어난다.
② 후화가 일어난다.
③ 밸브의 밀착이 좋아진다.
④ 연소실 체적이 증가한다.

해설 연소실 내에 카본이 부착되면 열점이 형성되어 조기착화가 발생되며, 연소실 체적은 감소된다.

05 디젤기관의 실린더 헤드 정비에 관한 내용 중 틀린 것은?
① 엔진이 과열되거나 동결되면 헤드 변형이 예상된다.
② 헤드 개스킷이 파손되었을 때는 카본이 퇴적되지 않는다.
③ 헤드에 균열이 가면 실린더 간의 압력 차이로 인해 시동이 잘 걸리지 않는다.
④ 스틸 개스킷은 강판만으로 제작하여 초고온, 고압축 디젤엔진에 주로 사용한다.

06 기관의 실린더 마모량을 측정할 때 적당하지 않는 것은?
① 축 방향 쪽이 축의 직각 방향 쪽보다 더욱 마모된다.
② 최소 치수는 실린더 하부에서 알 수 있다.
③ 최대 마모 부분과 최소 마모 부분의 안지름 차이를 마모량 값으로 정한다.
④ 보통 실린더 상, 중, 하 3군데에서 각각 축방향과 축의 직각 방향으로 합계 6군데를 측정한다.

정답 01. ② 02. ① 03. ④ 04. ① 05. ② 06. ①

해설 실린더 마모는 축의 직각 방향 쪽이 축 방향 쪽보다 더욱 마모된다.

07 피스톤과 실린더와의 틈새가 클 때 일어나는 현상 중 틀린 것은?

① 피스톤 슬랩 현상이 생긴다.
② 압축압력이 저하한다.
③ 오일이 연소실로 올라온다.
④ 피스톤과 실린더의 소결이 일어난다.

해설 피스톤과 실린더 사이의 틈새가 작으면 피스톤과 실린더의 소결이 일어난다.

08 피스톤 링 플래터가 일어날 경우 발생하는 현상은?

① 피스톤에 열이 발생한다.
② 배기가스의 색깔이 변한다.
③ 노킹이 일어난다.
④ 블로바이 현상이 나타난다.

해설 피스톤 링 플래터란 기관의 회전속도가 증가함에 따라 피스톤이 운동 방향을 바꿀 때 발생하는 링의 떨림 현상이며, 링의 기능이 상실되어 블로바이 현상이 일어나므로 기관의 출력 저하, 실린더 벽의 마모 촉진, 오일 소비량이 증가한다.

09 크랭크축의 비틀림 진동 방지 방법 중 틀린 것은?

① 크랭크축의 고유진동수를 변경시킨다.
② 감쇄 작용체를 제거한다.
③ 감쇄 작용을 하지 않는 진동체를 다시 설치한다.
④ 폭발순서를 변경한다.

해설 크랭크축의 비틀림 진동 방지 방법은 크랭크축의 고유진동수 변경, 감쇄 작용을 하지 않는 진동체를 다시 설치, 폭발순서를 변경한다.

10 어떤 디젤기관의 폭발순서가 1-2-4-3이다. 3번 실린더가 압축행정을 할 때 1번 실린더는 어떤 행정을 하는가?

① 흡입행정 ② 압축행정
③ 폭발행정 ④ 배기행정

해설 1-2-4-3의 폭발순서에서 3번 실린더가 압축행정을 할 때 4번 실린더는 폭발행정, 2번 실린더는 배기행정, 1번 실린더는 흡입행정을 한다.

11 기관에서 풀리와 댐퍼의 결함으로 인하여 발생되는 현상은?

① 기관의 과도한 진동 ② 실화 현상
③ 동력의 저하 ④ 기관의 과열 현상

해설 기관에서 풀리와 댐퍼에 결함이 발생하면 기관에 과도한 진동이 일어난다.

12 크랭크축의 엔드 플레이를 점검할 때 사용되는 측정기로 가장 알맞은 것은?

① 버니어캘리퍼스
② 필러게이지 또는 다이얼게이지
③ 텔레스코핑 게이지
④ 내측 마이크로미터

해설 크랭크축의 엔드 플레이(축방향 움직임)는 플라이 바로 크랭크축을 한쪽으로 밀고 필러게이지나 다이얼게이지로 측정한다.

13 다이얼게이지로 측정할 수 없는 것은?

① 크랭크축 메인 저널 외경
② 기어의 백래시
③ 크랭크축 휨
④ 회전체의 편심

해설 크랭크축 메인 저널의 외경은 외측 마이크로미터로 측정한다.

정답 07. ④ 08. ④ 09. ② 10. ① 11. ① 12. ② 13. ①

14 밸브 장치에서 소음이 심한 원인 중 맞지 않는 것은?

① 밸브 스프링의 결함
② 푸시 로드 및 로커 암 결함
③ 타이밍 기어의 결함
④ 밸브 리프터의 결함

해설 타이밍 기어에 결함이 있으면 밸브 개폐 시기가 틀려지기 때문에 기관의 출력이 저하하고 연료소비율이 증대된다.

15 엔진의 밸브 기구 중 유압식 밸브 리프터의 장점이 아닌 것은?

① 소음이 적다.
② 밸브간극의 조정이 필요하다.
③ 밸브 개폐시기가 항상 정확하다.
④ 충격을 흡수하므로 밸브 기구의 수명이 길다.

해설 유압식 밸브 리프터의 장점은 ①, ③, ④항 이외에 밸브간극 점검 및 조정이 필요 없다.

16 디젤 기관의 상사점 부근에서 매 사이클이 끝날 무렵 흡기밸브와 배기밸브가 동시에 열려있는 기간을 무엇이라 하는가?

① 리드(load)   ② 래그(lag)
③ 오버 랩(over lap) ④ 런 아웃(run out)

해설 밸브 오버랩이란 상사점 부근에서 매 사이클이 끝날 무렵 흡기밸브와 배기밸브가 동시에 열려있는 기간을 말한다.

17 엔진 밸브의 오버랩을 두는 이유는?

① 배기 온도를 낮게 한다.
② 흡기공기량을 많게 한다.
③ 밸브의 마모를 방지한다.
④ 점화시기를 지연한다.

해설 밸브 오버랩을 두는 목적은 배기밸브를 상사점 후에 닫히게 하고, 흡입밸브를 상사점 전에 열리도록 하여 잔류가스를 완전히 배출하고 흡입 관성을 충분히 이용하여 흡입효율을 향상시킨다.

18 어느 엔진의 흡입밸브 열림이 TDC 전 18°, 닫힘이 BDC 후 30°이고, 배기밸브 열림이 BDC 전 45°, 닫힘이 TDC 후 23°일 때 엔진의 밸브 오버랩은 몇 도인가?

① 41°   ② 48°
③ 63°   ④ 67°

해설 밸브 오버랩
= 흡입밸브 열림 각도 + 배기밸브 닫힘 각도
∴ 18° + 23° = 41°

19 엔진의 윤활 오일 압력이 낮아지는 원인은?

① 오일에 연료가 포함되어 있을 때
② 오일 압력 릴리프 밸브가 닫힌 채로 고착될 때
③ 크랭크축과 베어링 사이의 간극이 작을 때
④ 사용하는 오일의 점도가 너무 높을 때

해설 엔진의 오일 압력이 낮아지는 원인은 오일 팬 내의 오일량 부족, 오일의 점도가 낮아졌을 때, 크랭크축과 베어링 사이의 간극이 클 때, 릴리프 밸브가 열린 채로 고착될 때, 오일이 연료 등으로 희석된 경우이다.

20 오일 쿨러가 막혔을 경우 어떠한 현상이 나타나는가?

① 엔진 오일 압력이 낮아진다.
② 흑색 배기가스가 나온다.
③ 엔진에 과도한 진동이 생긴다.
④ 엔진 시동이 잘 안 걸린다.

해설 오일 쿨러가 막히면 오일의 온도가 높아져 점도가 저하하며, 엔진에 과도한 진동이 발생한다.

정답 14. ③ 15. ② 16. ③ 17. ② 18. ① 19. ① 20. ③

21 건설기계의 운행 중 엔진 오일이 많이 줄어드는 원인은?

① 오일펌프의 불량
② 밸브 가이드의 마모
③ 압력 게이지의 불량
④ 필터의 불량

해설 밸브 가이드가 마모되면 연소실에 오일이 유입되어 연소하므로 오일이 소비된다.

22 크랭크케이스 내의 오일이 연소실 내로 유입되어 배기밸브를 통해 배기다기관으로 유출되는 현상은?

① 블로바이 현상   ② 슬로버링 현상
③ 노킹현상   ④ 채터링 현상

해설 슬로버링 현상이란 크랭크케이스 내의 오일이 연소실 내로 유입되어 배기밸브를 통해 배기관으로 유출되는 현상이다.

23 엔진 오일의 상태를 색으로 점검할 때 적당하지 않은 것은?

① 검은색에 가까운 경우 : 오일이 더러워진 상태에서 교환 시기가 지났을 경우
② 우유색에 가까운 경우 : 오일에 냉각수가 포함되어 있을 때
③ 백색에 가까운 경우 : 엔진이 과열된 상태에서 부동액과 혼합된 경우
④ 회색에 가까운 경우 : 연소가스의 생성물이 혼합된 경우

24 엔진의 팬벨트 장력이 규정보다 작을 경우 생기는 현상은?

① 발전기의 베어링 파손
② 라디에이터 누유
③ 엔진 과열
④ 엔진 오일 압력 저하

해설 엔진의 팬벨트 장력이 규정보다 작으면 물 펌프의 회전속도가 느려져 엔진이 과열한다.

25 디젤기관의 냉각계통 방열기에 압력식 캡을 사용하는 목적은?

① 냉각수의 비등점을 높인다.
② 기관의 빙결을 방지한다.
③ 냉각수의 순환 작용 시 부식을 방지한다.
④ 냉각수 체적을 증대시켜 냉각 효과를 높인다.

해설 압력식 캡을 사용하는 목적은 냉각수의 비등점을 높이기 위함이다.

26 라디에이터 캡을 열고 엔진을 시동하였더니 방열기 상부에서 기포가 발생하고 있었다. 고장 부위로 판단되는 곳은?

① 헤드 개스킷 파손
② 수온조절기 고장
③ 오일 팬 개스킷의 파손
④ 워터 펌프 베어링의 마모

해설 방열기 캡을 열었을 때 냉각수에 기름이 떠 있는 원인은, 헤드 개스킷 파손, 헤드 볼트의 파손, 오일 냉각기에서 오일 누출 등이다.

27 바이메탈 저항식 수온계에 대한 설명 중 틀린 것은?

① 계기부에는 바이메탈을 사용한다.
② 엔진 유닛부에는 서미스터를 사용한다.
③ 수온이 상승하면 서미스터의 저항 값이 증가한다.
④ 지시 값의 오차방지를 위해 전압조정기를 설치한다.

해설 수온이 상승하면 서미스터의 저항 값이 감소한다.

정답 21. ② 22. ② 23. ③ 24. ③ 25. ① 26. ① 27. ③

28 다음 중 부동액의 구비조건이 아닌 것은?

① 휘발성이 없을 것
② 순환이 잘 될 것
③ 물과 혼합이 잘 될 것
④ 팽창계수가 클 것

> 해설 부동액의 구비조건
> ① 비등점이 물보다 높을 것
> ② 빙점(응고점)은 물보다 낮을 것
> ③ 물과 혼합이 잘 될 것
> ④ 휘발성이 없고, 순환이 잘 될 것
> ⑤ 부식성이 없고, 팽창계수가 적을 것
> ⑥ 침전물이 없을 것

29 다음은 엔진 과열의 원인이다. 맞지 않는 것은?

① 방열기 코어에 오물 부착
② 수온조절기의 닫힌 상태로 고장
③ 연료의 질이 나쁠 때
④ 냉각팬 벨트의 느슨함

30 디젤기관에서 과급기를 설치하였을 때 얻어지는 장점이 아닌 것은?

① 과급기를 사용하기 때문에 고급연료를 사용해야 한다.
② 동일 배기량에서 출력이 증가한다.
③ 엔진의 소형 경량화가 가능하다.
④ 연소가 양호하여 연비가 향상된다.

> 해설 과급기의 사용 목적은 체적효율, 기관의 출력, 기관의 회전력 증대, 착화지연 기간이 짧아지고, 연료 소비율, 평균유효압력의 향상, 기관의 소형 경량화가 가능하다.

31 과급기에 대한 설명 중 틀린 것은?

① 구조상 체적형과 유동형 등으로 구분된다.
② 소기 펌프로도 이용된다.
③ 보통 크랭크축에 연결된 벨트로 구동된다.
④ 배기 터빈식 과급기에는 엔진오일이 공급된다.

> 해설 4행정 사이클 디젤기관에서는 배기가스로 터빈을 구동하는 원심식 과급기(터보차저)를 사용한다.

32 건설기계 디젤기관에서 터보차저에 카본이 많고 마찰이 심할 때 발생되는 사항은?

① 실화 현상
② 동력의 저하
③ 엔진 시동이 잘 안 된다.
④ 소음과 함께 시동이 꺼진다.

> 해설 터보차저에 카본이 많고 마찰이 심하면 동력의 저하가 발생한다.

33 디젤기관 연료의 착화성은 무엇인가?

① 프로판가 ② 세탄가
③ 브레인가 ④ 옥탄가

> 해설 디젤기관 연료의 착화성은 세탄가로 나타낸다.

34 건설기계의 디젤엔진에서 연료의 세탄가는?

① 세탄과 이소헵탄의 비
② α메틸 나프탈린과 이소옥탄의 비
③ α메틸 나프탈린과 세탄의 비
④ 이소옥탄과 정헵탄의 비

> 해설 연료의 세탄가란 α 메틸 나프탈린과 세탄의 비율을 말한다.

35 건설기계에 사용되는 디젤유의 세탄가를 높여주는 착화 촉진제는?

① $C_2H_5NO_3$ ② C_6H_{14}
③ C_4H_{10} ④ C_2H_5CH

> 해설 디젤유 착화 촉진제

정답 28. ④ 29. ③ 30. ① 31. ③ 32. ② 33. ② 34. ③ 35. ①

㉮ 초산에틸($C_2H_5NO_3$)
㉯ 초산아밀($C_5H_{11}NO_3$)
㉰ 아초산에틸($C_2H_5NO_2$)
㉱ 아초산아밀($C_5H_{11}NO_2$)
㉲ 질산에틸($C_2H_5ONO_2$)

36 디젤기관의 연료분사 계통 순서가 맞는 것은?

① 연료탱크→연료펌프→연료분사펌프→필터→분사노즐
② 연료탱크→연료펌프→필터→연료분사펌프→분사노즐
③ 연료탱크→필터→연료펌프→연료분사펌프→분사노즐
④ 연료탱크→필터→연료분사펌프→연료펌프→분사노즐

해설 디젤 기관의 연료공급 순서는 연료탱크→연료펌프(공급펌프)→필터→연료분사펌프→분사노즐이다.

37 겨울철에 연료탱크 내에 연료를 가득 채우는 이유로 적당한 것은?

① 연료가 적으면 휘발하여 손실을 가져오므로
② 연료가 적으면 출렁거리고 등판에서는 연료 공급이 되지 않으므로
③ 공기 중의 수증기가 응고하여 물이 되어 들어가므로
④ 연료 게이지에 고장을 가져오므로

해설 겨울철에 연료탱크 내에 연료를 가득 채우는 이유는, 공기 중의 수증기가 응고하여 물이 되어 들어가기 때문이다.

38 디젤기관의 연료 장치에서 공기빼기 작업 중 잘못된 것은?

① 에어 블리드로 기포가 나올 때 에어 블리드를 완전히 조인다.
② 연료탱크에 연료를 주입한다.
③ 연료 필터의 에어 블리드를 풀어 공기가 배출된 다음 잠근다.
④ 플라이밍 펌프 손잡이를 상하 작동시킨다.

해설 디젤 기관의 연료 장치에서 공기빼기 작업은, ②, ③, ④항 이외에 연료만 배출되면 작동하고 있던 프라이밍 펌프를 누른 상태에서 벤트 플러그를 막는다.

39 불도저에서 연료필터를 교환하고 시동을 시도하였으나 실패하여 공기빼기 작업을 하려고 한다. 각 부품별로 공기를 빼는 순서가 맞는 것은?

① 공급펌프→분사펌프→연료여과기→노즐
② 분사펌프→노즐→공급펌프→연료여과기
③ 노즐→분사펌프→연료여과기→공급펌프
④ 공급펌프→연료여과기→분사펌프→노즐

해설 디젤엔진의 연료 계통에서 공기빼기 작업은 프라이밍 펌프를 작동시키면서 연료 공급펌프→연료여과기→분사펌프 순서로 작업하고 기동전동기로 크랭킹 시키면서 분사노즐에서 공기를 배출시킨다.

40 디젤기관 연료 분사펌프의 내부 구성품이 아닌 것은?

① 캠축과 태핏   ② 플런저
③ 딜리버리 밸브   ④ 노즐

해설 분사펌프는 캠축, 태핏, 플런저와 플런저 배럴, 리턴 스프링, 딜리버리 밸브, 제어래크, 제어 피니언, 제어 슬리브 등으로 구성되어 있다.

정답 36. ② 37. ③ 38. ① 39. ④ 40. ④

41 4행정 사이클 디젤엔진 분사펌프의 제어 랙크를 전부하 상태로 하고 분사량을 측정한 결과표이다. 수정하지 않아도 되는 실린더는?(단, 분사량 불균율의 한계는 ±3% 이다.)

실린더 번호	1	2	3	4	5	6
분사량 (cc)	96	106	100	99	89	101

① 2, 5번 ② 2, 4, 6번
③ 1, 3, 4, 6번 ④ 1, 2, 3, 5, 6번

해설 ① 평균 연료분사량=
$$\frac{96+106+100+99+89+101}{6} = 98.5cc$$
② 연료분사량 불균율이 ±3%이므로
 98.5cc×0.03 =2.955cc
③ (−) 불균율=98.5−2.955=95.545cc
④ (+) 불균율=98.5cc+2.955=101.455cc
⑤ 분사량 범위는 95.545cc 이상 101.455cc 이하여야 하므로 2번, 5번 실린더를 수정하여야 한다.

42 보쉬형 연료 분사펌프의 태핏 간극 조정기구는?

① 다이얼게이지 ② 버니어캘리퍼스
③ 두께 게이지 ④ 타이밍 게이지

해설 태핏 간극이란 분사펌프의 플런저가 캠에 의해 최고 위치까지 밀어 올려 졌을 때 플런저 헤드 부분과 배럴 윗면과의 간극이며, 약 0.5mm 정도이다. 점검은 다이얼게이지를 이용한다.

43 3번 실린더의 분사량 불균율이 ±5%이다. 이것을 ±3%로 조정하려면 무엇으로 조정하는가?(단, 불균율 조정 전에 조정할 것은 이미 완료된 것으로 한다.)

① 제어 랙크와 태핏 조정 스크루
② 제어 피니언과 제어 슬리브
③ 딜리버리 밸브와 딜리버리 밸브 스프링
④ 태핏 조정 스크루와 노즐 스프링

해설 디젤엔진에서 각 실린더의 연료 분사량 불균율은, 제어 피니언의 클램프 볼트를 풀고 제어 슬리브를 회전시켜 조정한다.

44 디젤기관의 조속기에서 헌팅 상태가 되면 어떠한 현상이 일어나는가?

① 공전 운전 불안정 ② 고속 불안정
③ 중속 불안정 ④ 공전 속도 정상

해설 헌팅(hunting)이란 기관의 회전속도가 파상적으로 변동되는 현상이며, 회전속도가 주기적인 변화가 유발되어 그 상태가 지속되는 것으로, 조속기 각 부분의 작동이 둔하거나 작동에 시간적인 지연이 있으면 발생하여 공전 운전이 불안정하게 된다.

45 분사 시기 조정을 해야 할 때의 설명이다. 틀리는 것은?

① 플런저를 교환하였을 때
② 각 실린더간의 분사 시기가 다를 때
③ 분사량이 과도할 때
④ 분사펌프를 분해, 조립한 후

해설 분사 시기 조정을 행하는 때는 플런저를 교환하였을 때, 각 실린더간의 분사 시기가 다를 때, 분사펌프를 분해·조립한 후

46 분사노즐의 종류로 틀린 것은?

① 구멍형 ② 플런저형
③ 핀틀형 ④ 스로틀형

해설 밀폐형 분사노즐의 종류에는 구멍형, 핀틀형, 스로틀형이 있다.

47 디젤엔진에서 연료는 분사되지만, 기동이 되지 않는 원인이 아닌 것은?

① 압축압력의 감소
② 연료의 분사 압력이 낮음
③ 점화플러그에 불꽃이 튀지 않음
④ 분사 시기의 부적당

정답 41. ① 42. ① 43. ② 44. ① 45. ③ 46. ② 47. ③

48 흡기 충진 효율의 저하로 기관 출력이 떨어지고 있을 때 대책이 아닌 것은?

① 흡기저항을 감소시키기 위하여 에어 필터를 교환한다.
② 배기 저항을 감소시키기 위하여 구부러진 배기관을 정비한다.
③ 흡입 공기의 온도를 높인다.
④ 맥동효과를 이용하기 위해 흡기관의 길이를 저속에서는 길게, 고속에서는 짧게 할 수 있도록 정비한다.

해설 흡입 공기의 온도가 높으면 공기의 밀도가 낮아져 오히려 충진 효율이 감소하여 기관의 출력이 저하된다.

49 엔진이 과냉시 일어나는 결함이라고 볼 수 없는 것은?

① 워터펌프 내 전해부식이 촉진된다.
② 연료소비율이 증대된다.
③ 불완전 연소로 실린더 내 카본이 퇴적된다.
④ 기동시 회전 저항이 증가한다.

50 디젤기관의 머플러에서 검은 연기가 발생 되는 원인은?

① 연소에 필요한 공기량이 부족할 때
② 외부 온도가 차가울 때
③ 피스톤의 마모 또는 손상
④ 엔진 오일량이 너무 많을 때

해설 머플러에서 검은색의 연기가 발생되는 것은 연소에 필요한 공기가 부족하여 불완전 연소되는 경우이다.

51 가동 중인 디젤기관의 배기색이 흑색으로 나올 때 점검하지 않아도 되는 것은?

① 분사시기
② 분사노즐
③ 연료필터
④ 에어클리너

해설 배기색이 흑색이면 연료 분사 시기, 연료 분사량, 에어클리너 막힘 여부 등을 점검한다.

52 디젤기관에서 연소 음이 너무 클 때의 원인이 아닌 것은?

① 연료의 질이 나쁠 때
② 연료 분사 시기가 맞지 않을 때
③ 새 노즐을 설치했을 때
④ 연료 계통에 공기가 차 있을 때

해설 디젤기관에서 연소 소음이 큰 원인은, 연료의 질이 나쁠 때, 연료 분사 시기가 맞지 않을 때, 연료 계통에 공기가 차 있을 때 등이다.

53 디젤기관의 출력 저하 원인이 아닌 것은?

① 엔진 오일량 레벨 FULL 위치
② 연료 계통의 에어 흡입
③ 연료 분사노즐 분사 상태 불량
④ 에어클리너 상태 불량

54 연료 압력의 피드백, 분사량, 분사시기가 솔레노이드 밸브에 의해서 이루어지는 분사 장치는?

① 분배형 분사장치
② 독립형 분사장치
③ 커먼레일형 분사장치
④ 캠샤프트 리스형 분사장치

해설 CRDI(common rail diesel injection system)는 초고압 직접분사 방식의 디젤 엔진이다. 엔진 컴퓨터는 크랭크축 위치 센서와 캠축 위치 센서에서 입력된 데이터를 기초로 분사 압력을 필요에 따라 정밀하게 다시 조정하여 압축과 분사가 각각 독립적으로 발생할 수 있도록 한다. 연료 분사시기와 양을 조정하는 솔레노이드 밸브가 내장된 인젝터가 설치되어 있으며, 엔진 컴퓨터는 인젝터의 니들 밸브가 열리는 시간을 조정한다.

정답 48. ③ 49. ① 50. ① 51. ③ 52. ③ 53. ① 54. ③

55 전자제어 디젤기관의 장점이 아닌 것은?

① 주행 특성 및 성능이 개선
② 분사펌프의 설치 공간 확보 가능
③ 각 운전 영역에서의 최적 운전이 가능
④ 인젝터 분사량의 독립적인 제어가 가능

> **해설** 전자제어 디젤기관의 장점
> ① 각 운전영역에서의 최적운전이 가능하다.
> ② 인젝터 분사량의 독립적인 제어가 가능하다.
> ③ 주행특성이 개선된다.
> ④ 시동성능 향상 및 유해 배출가스를 저감한다.

56 전자제어 디젤엔진의 특징으로 잘못된 것은?

① 커먼레일 형식에서는 압력이 일정하면 송유율도 일정하다.
② 엔진 회전 속도에 관계없이 항상 일정량을 분사할 수 있다.
③ 커먼레일 형식은 커먼레일 내에 일정한 압력으로 연료를 분사한다.
④ 분사 시기도 인젝터에 의해 전자제어 된다.

> **해설** 커먼레일 형식은 연료를 커먼레일 내에 일정한 압력으로 유지 시켜 인젝터를 통하여 연소실에 분사 시킨다.

57 전자제어 연료분사장치 방식에서 고압의 연료 라인과 관계없는 것은?

① 커먼레일   ② 연료 압력 센서
③ 연료필터   ④ 연료 압력 조절밸브

> **해설** 커먼레일 고압 연료 계통의 구성부품은 고압 연료 펌프, 연료압력 조절밸브, 압력제한 밸브(연료압력 센서), 커먼레일, 인젝터로 되어 있다.

58 전자제어 디젤엔진에서 입력 요소가 아닌 것은?

① 가속 페달 센서
② 배기 온도 센서
③ 오일 압력 스위치
④ 레일 압력 조절 스위치

59 전자제어장치에서 센서로부터 입력된 정보들을 연산, 제어하여 전기적 출력신호로 변환시켜 액추에이터를 작동시키는 것은?

① 제어유닛   ② 입력장치
③ 출력장치   ④ 메모리 부분

> **해설** 제어유닛은 센서로부터 입력된 정보들을 연산, 제어하여 전기적 출력신호로 변환시켜 액추에이터를 작동시킨다.

60 전자제어 연료 분사 장치 중 디젤 분사 장치(EDI)에만 장착된 센서는?

① 차속 센서   ② 컨트롤 래크 센서
③ 흡기온도 센서   ④ 냉각수 온도 센서

> **해설** 컨트롤 래크 센서는 액추에이터에 내장되어 컨트롤 래크의 이동량을 검출하여, 운전조건에 따른 연료 분사량 및 분사 시기 제어용 신호로 이용된다.

61 전자제어 방식의 디젤엔진에서 분사량 계측 방법과 계측기를 나열하였다. 잘못 짝지어진 것은?

① 직접 계측 방법 - 매스 실린더
② 매회 계속 방법 - 와선류식 센서
③ 정용량 압력분배 방법 - 압력센서
④ 중량계측 방법 - 차동 트랜스

62 전자제어 디젤엔진의 분사량 제어에서 ECU가 필요로 하는 정보가 아닌 것은?

① 연료압송 기간   ② 제어량 연산
③ 캠의 위상각   ④ 구동신호 출력

정답 55. ② 56. ③ 57. ③ 58. ④ 59. ① 60. ② 61. ④ 62. ③

63 건설기계의 전자제어 기관에서 안정된 공전 속도를 유지하기 위해 공전 속도 제어시스템이 있다. 공전 속도 제어시스템 작용에 영향을 주는 요소가 아닌 것은?

① 대기압의 상태
② 기관의 냉각수 온도
③ 공전 스위치의 접점 개폐
④ 에어컨의 부하

해설 수 온도, 전조등 점등, 에어컨의 부하, 공전 스위치의 접점 개폐, 파워 스티어링의 부하 등이다.

64 전자제어 디젤기관에서 제어유닛이 제어하는 액추에이터와 거리가 먼 것은?

① 인젝션 펌프 ② 공기온도 센서
③ EGR 밸브   ④ 예열장치

해설 액추에이터는 전기 신호(컴퓨터의 출력신호) 또는 유압을 기계적인 일로 변환시키는 역할을 하는 것으로, 전자제어 디젤기관에서 센서는 감지 신호를 제어유닛에 입력하는 역할을 한다.

65 CRDI 디젤엔진에 장착된 센서와 가장 거리가 먼 것은?

① 흡기 압력 센서 ② 연료 온도 센서
③ 휠 스피드 센서 ④ 냉각수 온도 센서

66 전자제어 디젤엔진의 연료제어 항목과 거리가 먼 것은?

① 분사량 제어   ② 분사각도 제어
③ 분사압력 제어 ④ 분사시기 제어

해설 연료제어 항목에는 분사량 제어, 분사압력 제어, 분사시기 제어가 있다.

67 전자제어 디젤기관의 분사 시기 제어시스템에서 기본 분사 시기를 결정하는 주 입력신호는?

① 흡기압력   ② 냉각수 온도
③ 기관 부하 ④ 기관 회전속도

해설 전자제어 디젤 기관에서 기본 분사 시기를 결정하는 주 입력신호는 기관 회전속도이다.

68 전자제어 디젤기관의 연료 분사에서 주 분사 전에 예비분사를 하는 이유로 틀린 것은?

① 분사시기 지연
② 착화지연기간 단축
③ NOx량을 줄임
④ 소음, 진동 줄임

해설 예비분사(파일럿 분사)는 주 분사가 이루어지기 전에 연료를 분사하여 주 분사의 착화지연 시간을 짧게 하여 연소가 잘 이루어지도록 하기 위한 것으로 기관의 소음과 진동을 감소시키며, NOx 배출량을 감소시킨다.

69 전자제어 디젤기관의 연소과정에서 주분사가 이루어지기 전에 연료를 분사하여 연소가 원활히 되도록 하기 위한 것은?

① 파일럿 분사 ② 메인분사
③ 사후분사   ④ 보충분사

해설 전자제어 디젤기관의 연소과정
① **파일럿 분사**(Pilot Injection, 착화 분사) : 주 분사가 이루어지기 전에 연료를 분사하여 연소가 원활히 되도록 하기 위한 것이며, 파일럿 분사실시 여부에 따라 기관의 소음과 진동을 줄일 수 있다.
② **주 분사**(Main Injection) : 파일럿 분사가 실행되었는지 여부를 고려하여 연료분사량을 계산한다. 주 분사의 기본 값으로 사용되는 것은 기관 회전력의 양(가속페달 센서 값), 기관 회전속도, 냉각수 온도, 흡입공기 온도, 대기압 등이다.
③ **사후분사**(Post Injection) : 유해배출 가스 감소를 위해 사용되는 것이며, 연소가 끝난 후 배기행정에서 연소실에 연료를 공급하여 배기가스를 통해 촉매변환기로 공급한다.

정답 63. ① 64. ② 65. ③ 66. ② 67. ④ 68. ① 69. ①

70 전자제어 디젤기관 시스템에서의 고장 발생 시 최소한의 운행이 가능하도록 하는 기능은?

① 타이머 기능
② 앵글라이히 기능
③ 페일 세이프 기능
④ 트랙션 컨트롤 기능

해설 페일 세이프 기능은 센서 및 액추에이터 등이 고장이 발생되더라도 시스템 자체는 안전하게 작동되도록 하여 안전성을 확보하는 기능이다.

71 전자제어 디젤엔진의 캐비테이션 이로전에 관한 설명으로 거리가 먼 것은?

① 캐비테이션 이로전을 방지하려면 분사 파이프 내의 압력을 변화시킨다.
② 분사 완료와 동시에 압력이 급격히 하강할 때 발생한다.
③ 분사 파이프 내의 압력이 부압으로 된 경우 기포가 발생되는 것을 말한다.
④ 캐비테이션 이로전은 분사 파이프 손상과 유입 불량을 일으킨다.

해설 캐비테이션 이로전(cavitation erosion)이란, 분사파이프 내의 압력이 부압으로 된 경우 기포가 발생되는 현상이며, 분사 완료와 동시에 압력이 급격히 하강할 때 발생하여 분사 파이프 손상과 유입 불량을 일으킨다.

72 전자제어 디젤엔진의 분사시기 계측에 대한 설명으로 틀린 것은?

① 동적 분사시기는 엔진 성능 평가 등에서 사용된다.
② 정적 분사시기는 계측이 용이하여 엔진의 분사펌프 설치 각도의 설정에 사용된다.
③ 동적 분사시기의 계측은 인젝터의 니들 밸브 움직임을 센서로 검출하여 출력을 오실로스코프 상에 옮겨 밸브의 상승 개시 시간을 관찰함으로써 이루어진다.
④ 정적 분사시기의 계측은 캠의 상사점 위치에서 플런저를 상승시킴으로서 상단부가 피드 홀을 닫아 연료 유출을 멈추는 점을 눈으로 관찰함으로써 이루어진다.

73 기관이 공회전 시 에어컨이 작동되면 기관 회전수가 불규칙하게 되는데 이를 방지하기 위한 것은?

① 자동온도 조절기구
② 아이들 업 기구
③ 피에조 저항기구
④ 포텐쇼미터 기구

해설 아이들 업 기구는 기관이 공회전 할 때 에어컨이 작동되면 기관 회전수가 불규칙하게 되는 것을 방지한다.

74 EGR율(배기가스 재순환율)을 바르게 표시한 것은?

① $EGR율 = \dfrac{EGR가스량}{흡입공기량 + EGR가스량} \times 100\%$
② $EGR율 = \dfrac{총\ 배기가스량}{흡입공기량 + EGR가스량} \times 100\%$
③ $EGR율 = \dfrac{EGR가스량}{흡입공기량 - EGR가스량} \times 100\%$
④ $EGR율 = \dfrac{총\ 배기가스량}{흡입공기량 \times EGR가스량} \times 100\%$

75 다음은 배기가스 중의 유해 물질이다. 고압·고온에 의하여 가장 잘 생성되는 물질은 어느 것인가?

① CO
② HC
③ NOx
④ $Pb(C_2H_5)_4$

해설 NOx는 주로 고온·고압에 의하여 쉽게 발생한다.

정답 70. ③ 71. ① 72. ④ 73. ② 74. ① 75. ③

76 배기가스 중 NOx를 감소시키기 위한 방법으로 가장 옳은 것은?

① 배기압력을 높인다.
② 흡기온도를 높인다.
③ 엔진 회전수를 낮춘다.
④ 연소실의 온도를 낮춘다.

해설 NOx는 주로 고온·고압에 의하여 발생하므로 감소시키려면 연소실의 온도를 낮추어야 한다.

77 가솔린 기관의 배기가스 저감장치에 대한 설명으로 옳은 것은?

① EGR장치는 HC와 CO를 저감하기 위함이다.
② 2차 공기공급 장치는 NOx를 저감하기 위한 장치이다.
③ 캐니스터는 증발가스 중의 유해물질인 벤젠을 저감하기 위함이다.
④ 대시포트는 CO와 HC를 저감하기 위한 엔진 제어장치이다.

해설 ① EGR장치는 NOx를 저감하기 위한 부품이다.
② 2차 공기공급 장치는 촉매 컨버터의 정화율을 높이기 위해 사용하는 장치이다.
③ 캐니스터는 증발가스 중의 유해 물질인 HC를 저감하기 위한 부품이다.

78 기관의 흡입 공기에 배기의 일부를 흡입하는 배기가스 재순환의 주목적은, 배기가스 성분 중 주로 어느 것을 감소시키기 위한 것인가?

① CO   ② HC
③ NOX   ④ SOX

해설 배기가스 재순환의 목적은 NOx를 저감시키기 위함이다.

79 디젤 관에서 배기가스 배출 특성에 관한 설명으로 잘못된 것은?

① 분사 시기가 빨라질수록 NOx의 발생량이 줄어든다.
② 분사 시기가 빨라질수록 흑연의 발생이 줄어든다.
③ 공기 과잉율이 크므로 CO의 배출량이 적다.
④ 실린더 벽에 소염층이 형성되지 않으므로 HC의 발생이 적다.

해설 NOx는 고온일 때 많이 발생되기 때문에 EGR 시스템을 이용하여 발생량을 감소시킨다.

80 디젤기관 중 NOx의 생성물이 가장 많이 배출되는 연소실 형식은?

① 직접분사식   ② 와류실식
③ 공기실식   ④ 예연소실식

정답 76. ④ 77. ④ 78. ③ 79. ① 80. ①

Chapter 2
건설기계 차체 정비

Section 2-1 동력전달장치

1 자동변속기(Automatic Transmission)

1. 토크 컨버터(torque converter)

(1) 토크 컨버터의 구조

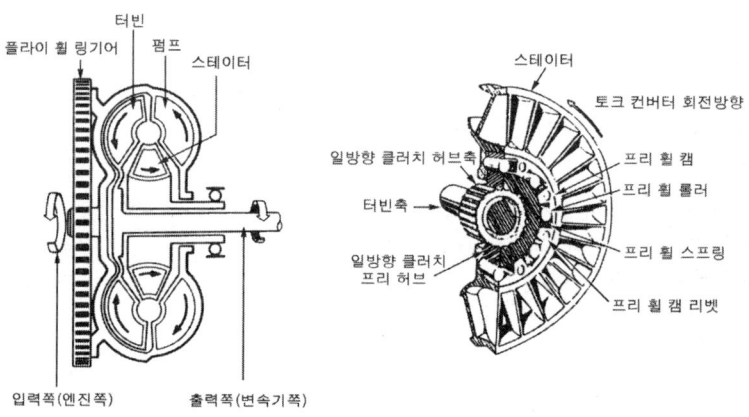

▲ 토크컨버터의 구조

크랭크축에 펌프(pump)를 변속기 입력축에 터빈(turbine)이 연결되어 있으며, 오일의 흐름방향을 바꾸어 주는 스테이터(stater)를 변속기 케이스에 고정된 축에 프리휠(free wheel ; 일방향 클러치)을 통하여 설치되어 있다. 회전력 변환율은 2~3 : 1이며, 유체 클러치에서는 오일의 충돌에 의한 효율 저하를 방지하기 위하여 가이드 링을 두고 있다.

(2) 토크 컨버터 오일의 구비조건
① 점도가 낮고 비중이 클 것
② 착화점이 높고 내산성이 클 것
③ 유성이 좋고 윤활성이 클 것
④ 비등점이 높고 응고점이 낮을 것

2. 유성기어 장치

바깥쪽에 링 기어(ring gear)가 있고, 중앙에는 선 기어(sun gear)를, 링 기어와 선 기어 사이에는 유성기어(planetary gear)가 들어가며, 유성기어를 구동시키기 위한 유성기어 캐리어 등으로 구성되어 있다.

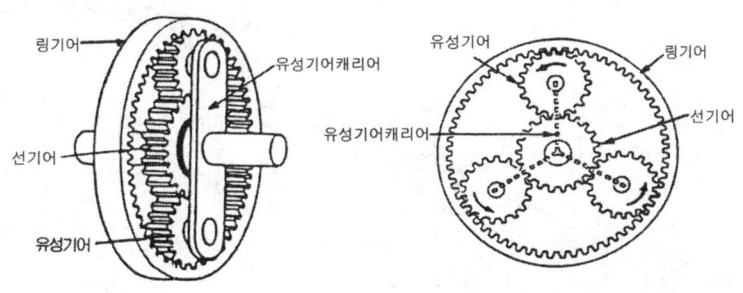

▲ 유성기어 장치의 구조

2 드라이브 라인(drive line)

1. 슬립 이음(slip joint)

슬립 이음은 추진축의 길이 변화를 가능하도록 하기 위해 둔다.

2. 자재 이음(universal joint)

자재이음은 변속기와 종감속 기어 사이의 구동각도 변화를 주는 장치이다. 종류에는 십자형 조인트(훅 조인트), 플렉시블 자재이음, 등속도 자재이음(CV 자재이음), 볼 앤드 트러니언 자재이음 등이 있다.

① 훅 조인트(십자형 자재이음) : 중심부의 십자 축과 2개의 요크로 구성되어 있으며, 십자 축과 요크는 니들 롤러 베어링을 사이에 두고 연결되어 있다. 훅 조인트는 추진축 상의 2개의 요크가 동일평면 내에 있어야 진동을 일으키지 않는다.

② 플렉시블 조인트 : 가죽을 겹친 가용성 원판을 넣고 볼트로 고정한 축 이음이다.

③ 볼 앤드 트러니언 조인트 : 안쪽에 홈이 파진 실린더형의 보디 속에 추진축의 한끝을 끼우고 여기에 핀을 끼운 후 핀의 양끝에 볼을 조립한 것이다.

④ 등속도 자재이음 : 앞바퀴 구동 차량에서 주로 사용하며, 등속 원리는 구동축과 피동축의 접촉점이 축과 만나는 각의 2등분선상에 있다.

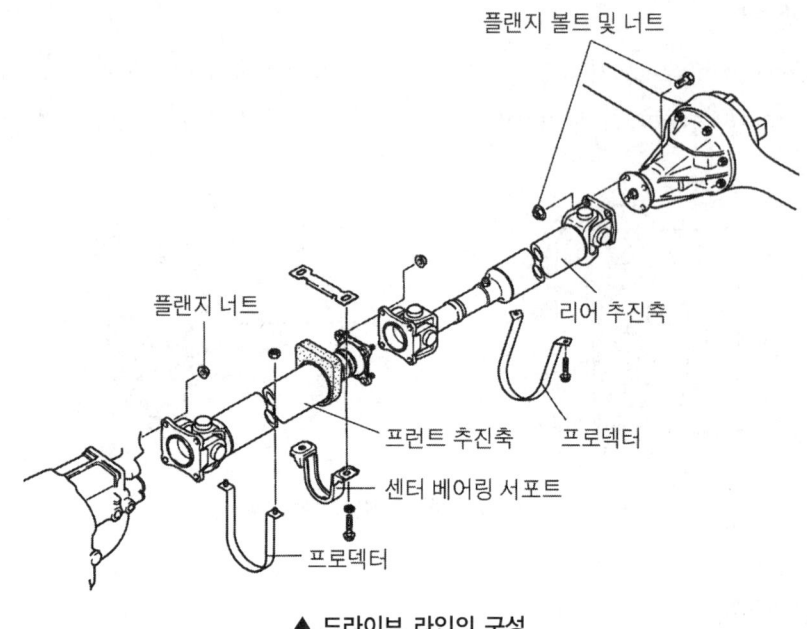

▲ 드라이브 라인의 구성

3. 추진축의 진동원인

① 센터 베어링이 마모되었다.
② 자재 이음(유니버설 조인트) 베어링이 파손되었다.
③ 추진축이 휘었다.
④ 밸런스 웨이트가 떨어졌다.
⑤ 요크 방향이 틀리게 조립되었다.
⑥ 플랜지 부분의 조임이 헐겁다.
⑦ 슬립 조인트의 스플라인이 마모되었다.

3 종감속 기어와 차동장치

1. 종감속 기어(final reduction gear)

종감속 기어는 동력전달 계통에서 최종적으로 구동력 증가를 하는 장치이다.

2. 차동장치(differential Gear System)의 작용

① 선회할 때 좌우 구동 바퀴의 회전속도를 다르게 한다.
② 선회할 때 바깥 바퀴의 회전속도를 증대시킨다.
③ 보통 차동장치는 노면의 저항을 작게 받는 구동 바퀴에 동력을 많이 전달시킨다.

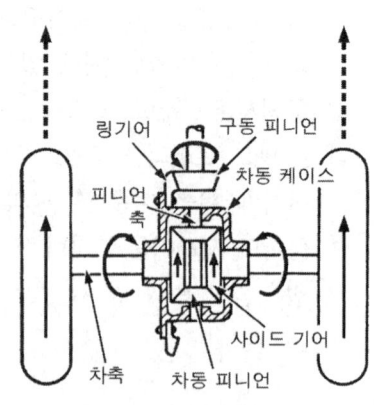

▲ 차동장치의 구성도

3. 차동 제한 장치의 장점

① 연약한 지반에서 작업이 유리하다.
② 미끄럼이 방지되어 타이어 수명을 연장할 수 있다.
③ 고속에서 직진 주행할 때 안전성이 좋다.
④ 요철 노면을 주행할 때 뒷부분의 흔들림을 방지할 수 있다.

4. 트랜스퍼 케이스를 부착한 건설기계의 특징

① 속도가 감소하고 변속비를 증가시킬 수 있다.
② 습지대·활지대 및 사지대의 운전이 가능하다.
③ 견인력이 커 작업이 원활하다.
④ 연료소비율이 크다.　　　　⑤ 마찰저항이 증가된다.

5. 기관의 동력인출 방법(P.T.O : power take off)

① 기관 프런트 PTO(크랭크축 앞 PTO)
② 기관 플라이 휠 PTO　　　③ 트랜스미션(변속기) PTO

4 타이어

1. 타이어의 구조

① 트레드(tread) : 직접 노면과 접촉되어 마모에 견디고 적은 슬립으로 견인력을 증대시키는 부분이다.
② 브레이커(breaker) : 몇 겹의 코드 층을 내열성의 고무로 싼 구조로 되어 있다. 브레이커는 트레드와 카커스의 분리를 방지하고 노면에서의 완충작용도 한다.

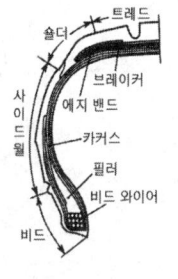 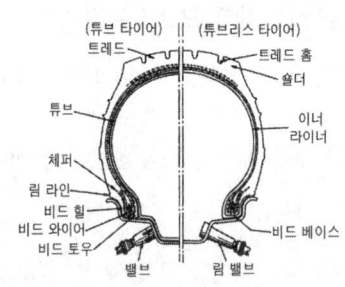

▲ 타이어의 구조

③ 카커스(carcass) : 고무로 피복 된 코드를 여러 겹 겹친 층에 해당되며, 타이어 골격을 이루는 부분이다.
④ 비드부(bead section) : 내부에는 고탄소강의 강선(피아노 선)을 묶으므로 넣고 고무로 피복한 림 상태의 보강 부위로 타이어가 림에 견고하게 고정시키는 역할을 하는 부분이다.

2. 타이어의 호칭치수

① 고압타이어의 호칭치수 : 타이어 바깥지름(inch)×타이어 폭(inch)-플라이 수(ply rating)
② 저압타이어의 호칭치수 : 타이어 폭(inch)- 타이어 안지름(inch)-플라이 수

Section 2-2 제동장치

1 유압브레이크(hydraulic brake)

유압브레이크는 파스칼의 원리를 응용한 것이다.

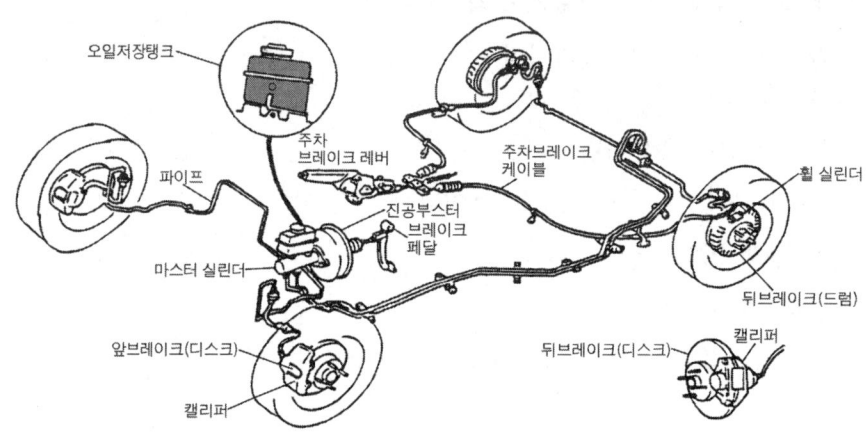

▲ 유압브레이크의 구성

1. 유압브레이크의 구조와 그 작용

① 마스터 실린더(master cylinder) : 브레이크 페달을 밟는 것에 의하여 유압을 발생시킨다.

> **참고** 1. 브레이크 회로에 잔압을 두는 목적
> ㉮ 브레이크 작동 지연을 방지한다.
> ㉯ 베이퍼록을 방지한다.
> ㉰ 회로 내에 공기가 침입하는 것을 방지한다.
> ㉱ 휠 실린더 내에서 오일이 누출되는 것을 방지한다.

> **참고** 2. 베이퍼 록(Vapor lock)
> 브레이크 회로 내의 오일이 비등기화하여 오일의 압력전달 작용을 방해하는 현상이며, 그 원인은 다음과 같다.
> ㉮ 긴 내리막길에서 과도한 풋 브레이크를 사용할 때
> ㉯ 브레이크 드럼과 라이닝의 끌림에 의해 가열될 때
> ㉰ 마스터 실린더, 브레이크슈 리턴 스프링 쇠손에 의한 잔압이 저하되었을 때
> ㉱ 브레이크 오일 변질에 의한 비점의 저하 및 불량한 오일을 사용할 때

② 휠 실린더(wheel cylinder) : 마스터 실린더에서 압송된 유압에 의하여 브레이크슈를 드럼에 압착시킨다.
③ 브레이크슈(brake shoe) : 휠 실린더의 피스톤에 의해 드럼과 접촉하여 제동력을 발생하는 부분이며, 라이닝이 리벳이나 접착제로 부착되어 있다.
④ 브레이크 드럼(brake drum) : 휠 허브에 볼트로 설치되어 바퀴와 함께 회전하며 슈와의 마찰로 제동을 발생시키는 부분이다.
⑤ 브레이크 오일 : 브레이크 오일은 피마자기름에 알코올 등의 용제를 혼합한 식물성 오일이며, 구비조건은 다음과 같다.
　㉮ 점도 변화가 작고, 윤활성이 있을 것
　㉯ 빙점이 낮고, 비등점이 높을 것
　㉰ 베이퍼록을 일으키지 않을 것
　㉱ 화학적 안정성이 크고, 침전물 발생이 없을 것
　㉲ 고무 또는 금속제품을 부식, 연화, 팽창시키지 않을 것

2. 제동력이 불충분한 원인
① 브레이크 오일이 부족할 때
② 브레이크 계통 내에 공기가 유입되었을 때
③ 라이닝의 접촉이 불량할 때
④ 라이닝에 오일이 묻었을 때
⑤ 페이드 현상이 발생되었을 때
⑥ 마스터 실린더에서 오일이 누출될 때
⑦ 휠 실린더에서 오일이 누출될 때
⑧ 브레이크 페달 유격이 클 때

3. 브레이크를 작동할 때 조향 핸들이 한쪽으로 쏠리는 원인
① 좌우 타이어 공기 압력이 불균일하다.
② 앞차축 한쪽의 스프링이 절손되었다.
③ 브레이크 라이닝 간극이 불균일하다.
④ 앞바퀴 정렬이 불량하다.
⑤ 앞바퀴 허브 베어링이 파손되었다.
⑥ 한쪽 쇽업소버가 불량하다.

2 배력식 브레이크

1. 배력식 브레이크의 종류

배력식 브레이크의 종류에는 브레이크 부스터, 마스터 백, 하이드로 백 등이 있으며, 대기압과 흡기다기관의 압력 차이를 이용하여 배력 작용을 한다.

2. 배력식 브레이크의 구조

유압 계통(유압브레이크와 하이드롤릭 실린더)과 진공 계통(동력실린더, 동력피스톤, 릴레이 밸브 및 밸브 피스톤, 체크밸브)으로 나누어진다.

(1) 진공 계통

① 동력실린더(power cylinder) : 강철판을 원형으로 프레스 가공한 것이며, 내부에는 피스톤과 리턴 스프링이 들어 있다.

② 동력 피스톤(power piston) : 진공과 대기압의 양쪽(동력 실린더의 진공실와 대기압실) 압력 차이에 의해 작동하며 강력한 유압을 휠 실린더로 보낸다. 동력 피스톤은 2매의 둥근 강철판을 그 둘레 사이에 가죽 패킹을 끼우고 합친 구조로 되어 있다.

③ 릴레이 밸브와 밸브 피스톤 : 이들의 작동은 마스터 실린더로부터의 유압에 의해 동력실린더 진공실에 진공을 도입하거나 차단한다. 릴레이 밸브는 공기밸브와 진공밸브로 되어 있으며, 공기밸브는 스프링에 의해 닫혀 진 상태로 설치된다. 진공밸브는 중앙에 밸브 시트를 두고 있는 다이어프램과 상대하는 위치에 있으며 다이어프램은 릴레이 피스톤에 의해 작동한다.

(2) 유압 계통

① 하이드롤릭 실린더(hydraulic cylinder) : 실린더의 내부에는 동력 피스톤 푸시로드에 의해 작동하는 하이드롤릭 피스톤이 있다.

② 하이드롤릭 피스톤(hydraulic piston) : 동력 피스톤의 푸시로드 끝에 설치되며 내부에 체크밸브와 요크가 설치되어 있다. 체크밸브는 동력 피스톤이 작동하지 않을 때는 열려 마스터 실린더의 오일이 휠 실린더로 흐를 수 있도록 하고, 동력 피스톤이 작용하여 하이드롤릭 피스톤이 이동하면 요크가 스톱와셔로부터 떨어지기 때문에 닫힌다. 하이드롤릭 피스톤이 각 휠 실린더로 오일을 압송한다.

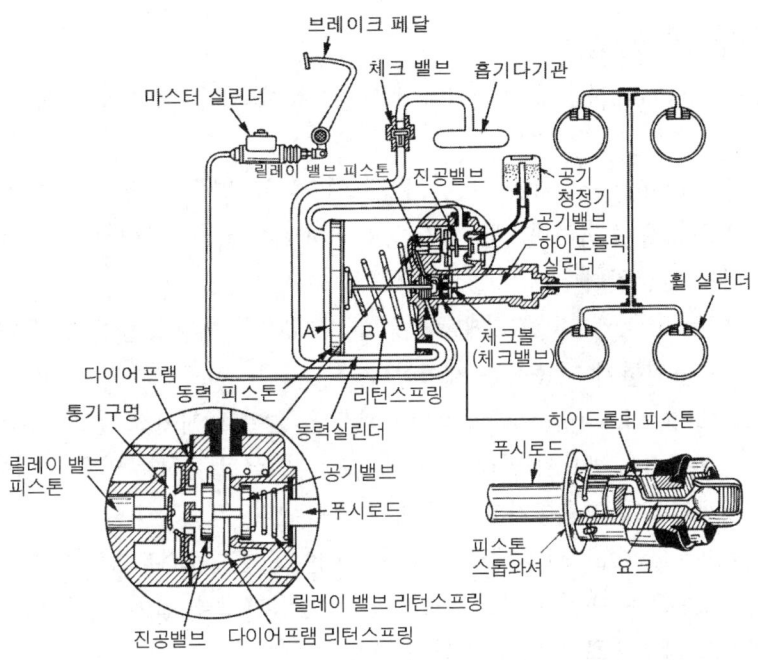

▲ 배력식 브레이크의 구조

3. 하이드로 마스터의 특징

① 탠덤 마스터 실린더를 설치하려면 구조상 2개의 하이드로 백을 필요로 한다.
② 배력장치에 고장이 발생하면 마스터 실린더에서 발생한 유압이 그대로 휠 실린더에 작용한다.
③ 공기빼기 작업은 기관 시동 중에 한다.
④ 구조가 복잡하고 정비가 어렵다.

4. 하이드로 에어백의 장점

① 동력 피스톤의 직경을 작게 할 수 있다.
② 작동이 확실하고 힘이 크다.
③ 공기브레이크에 비해 공기소모량이 적다.

3 공기브레이크(air brake)

1. 공기브레이크의 장점

① 차량의 중량이 커도 사용할 수 있다.
② 공기가 누출되어도 브레이크 성능이 현저하게 저하되지 않아 안전도가 높다.
③ 오일을 사용하지 않기 때문에 베이퍼록이 발생되지 않는다.
④ 페달을 밟는 양에 따라서 제동력이 증가되므로 조작하기 쉽다.

2. 공기브레이크의 구조

① **공기압축기**(air compressor) : 기관의 크랭크축에 의해 V벨트로 구동되며, 압축공기를 생산한다.
② **언로더 밸브**(unloader valve) : 공기탱크의 공기압력을 규정 값으로 일정하게 유지하며, 압력이 상한 값을 초과하면 압축기가 공회전하도록 하고, 압력이 하한 값에 도달하면 압축기가 가동되도록 한다.
③ **브레이크 밸브**(brake valve) : 페달에 의해 개폐되며, 페달을 밟는 양에 따라 공기탱크 내의 압축공기를 도입하여 제동력을 제어한다.
④ **퀵 릴리스 밸브**(quick release valve) : 페달을 밟아 브레이크 밸브로부터 압축공기가 입구를 통하여 작동되면 밸브가 열려 앞 브레이크 체임버로 통하는 양쪽 구멍을 연다. 이에 따라 브레이크 체임버에 압축공기가 작동하여 제동된다.
⑤ **릴레이 밸브**(relay valve) : 페달을 밟아 브레이크 밸브로부터 공기압력이 작동하면 다이어프램이 아래쪽으로 내려가 배출밸브를 닫고 공급밸브를 열어 공기탱크 내의 공기를 직접 뒤 브레이크 체임버로 보내어 제동시킨다.
⑥ **브레이크 챔버**(brake chamber) : 페달을 밟아 브레이크 밸브에서 제어된 압축공기가 체임버 내로 유입되면 다이어프램은 스프링을 누르고 이동한다. 이에 따라 푸시로드가 슬랙 조정기를 거쳐 캠을 회전시켜 브레이크슈가 확장하여 드럼에 압착되어 제동을 한다.

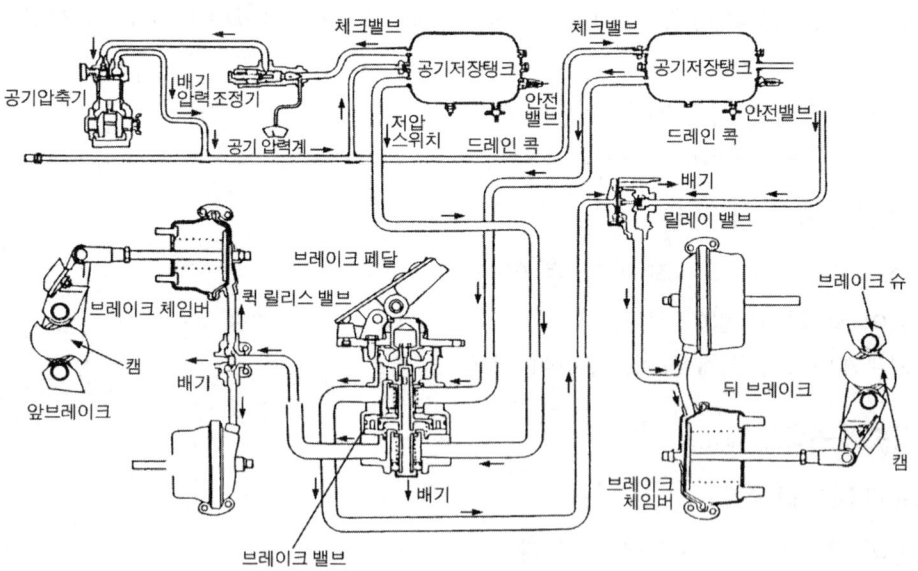

▲ 공기브레이크의 배관 및 구조

4 앤티 롤 장치(anti roll system)

앤티롤 장치는 마스터 실린더와 휠 실린더 사이에 설치되어 있으며, 클러치 페달과 연동되어 작동한다. 언덕길에서 일시 정지 하였다가 다시 출발할 때 차량이 뒤로 구르는 것을 방지한다.

Section 2-3 조향 및 현가장치

1 조향장치

1. 조향장치의 구조

(1) **조향 핸들**(또는 조향 휠, Steering wheel) : 림(rim), 스포크(spoke) 및 허브(hub)로 구성되어 있으며, 조향 핸들이 무거운 원인은 다음과 같다.
① 유압 계통 내에 공기가 유입되었거나 유압이 낮다.
② 오일펌프의 회전이 느리다.
③ 오일펌프의 벨트가 파손되었다.
④ 오일이 부족하다.
⑤ 오일 호스가 파손되었다.
⑥ 타이어의 공기압력이 너무 낮다.

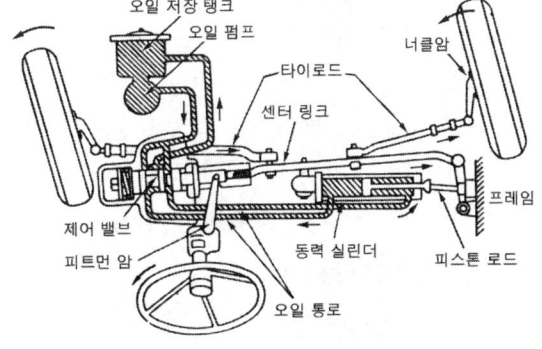

▲ 동력 조향장치의 구조

(2) **조향기어 박스**(steering gear box) :
조향 조작력을 증대시켜 조향 바퀴로 전달하는 장치이며, 종류에는 웜 섹터형, 웜 섹터 롤러형, 볼 너트형, 캠 레버형, 래크와 피니언형, 스크루 너트형, 스크루 볼형 등이 있다.

(3) **피트먼 암**(pitman arm) : 조향핸들의 움직임을 드래그링크로 전달하는 것이며, 그 한쪽 끝에는 테이퍼의 세레이션(serration)을 통하여 섹터 축에 설치되고, 다른 한쪽 끝은 드래그링크에 연결하기 위한 볼 이음으로 되어 있다.

(4) **타이로드**(tie-rod) : 너클 암의 움직임을 반대쪽의 너클 암으로 전달하여 양쪽 바퀴의 관계를 바르게 유지시킨다. 타이로드의 길이를 조정하여 토인(toe-in)을 조정할 수 있다.

(5) **앞차축(액슬)과 조향 너클** : 앞차축과 조향 너클의 설치방식에는 엘리옷형, 역엘리옷형, 마몬형, 르모앙형 등이 있다.
① 엘리옷형(elliot type) : 앞차축 양끝 부분이 요크(yoke)로 되어 있으며, 이 요크에 조향 너클이 설치되고 킹핀은 조향 너클에 고정된다.
② 역 엘리옷형(revers elliot type) : 조향너클에 요크가 설치된 것이며, 킹핀은 앞차축에

고정되고 조향너클과는 부싱을 사이에 두고 설치되며, 가장 많이 사용한다.

③ 마몬형(marmon type) : 앞차축 윗부분에 조향너클이 설치되며, 킹핀이 아래쪽으로 돌출되어 있다.

④ 르모앙형(lemoine type) : 앞차축 아랫부분에 조향너클이 설치되며, 킹핀이 위쪽으로 돌출되어 있다.

(6) 킹핀(king pin) : 킹핀은 앞차축과 너클 스핀을 연결하는 것이다.

(7) 최소 회전 반경 산출 공식

$$R = \frac{L}{\sin \alpha} + r$$

[여기서, L : 축거(축간거리), α : 바깥쪽 앞바퀴의 조향각, r : 바퀴 접지면 중심과 킹핀과의 거리]

2. 동력조향장치(power steering system)

(1) 동력조향장치의 장점

① 조향 조작력이 작아도 된다.
② 조향 조작력에 관계없이 조향 기어비를 선정할 수 있다.
③ 노면으로부터의 충격 및 진동을 흡수한다.
④ 앞바퀴의 시미 현상(좌우 흔들림 현상)을 방지할 수 있다.
⑤ 조향 조작이 경쾌하고 신속하다.

(2) 동력조향장치의 구조

동력조향장치는 작동부, 제어부, 동력부의 3주요부로 구성되어 있고 안전 첵밸브(safety check valve)는 동력조향장치가 고장이 났을 때 수동조작이 가능하도록 해 준다.

3. 허리꺾기 조향 방식(굴절식)의 특징

① 회전반경이 작다.
② 작업능률을 향상 시킬 수 있다.
③ 좁은 장소에서의 작업이 유리하다.
④ 조향용 유압실린더에 의해 차체가 굴절된다.

4. 앞바퀴 정렬(Front Wheel Alignment)

(1) 앞바퀴 정렬의 개요

앞바퀴 정렬의 요소에는 캠버, 캐스터, 토인, 킹핀 경사각 등이 있으며, 역할은 다음과 같다.
① 조향 핸들의 조작을 확실하게 하고 안전성을 준다.
② 조향 핸들에 복원성을 부여한다.
③ 조향 핸들의 조작력을 가볍게 한다.

④ 타이어 마멸을 최소로 한다.

(2) 앞바퀴 정렬 요소의 정의와 필요성

① **캠버**(camber) : 차량을 앞에서 보면 그 앞바퀴가 수직선에 대해 어떤 각도를 두고 설치되어 있는데 이를 캠버라 한다. 캠버의 역할은 다음과 같다.

㉮ 수직 방향 하중에 의한 앞차축의 휨을 방지한다.
㉯ 조향 핸들의 조작을 가볍게 한다.
㉰ 하중을 받았을 때 앞바퀴의 아래쪽(부의 캠버)이 벌어지는 것을 방지한다.

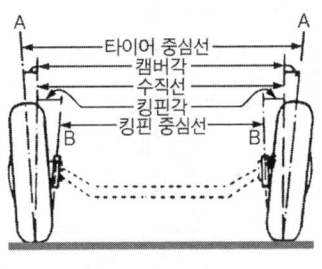

▲ 캠버

② **캐스터**(caster) : 차량의 앞바퀴를 옆에서 보면 조향 너클과 앞차축을 고정하는 킹핀이 수직선과 어떤 각도를 두고 설치되는데 이를 캐스터라 한다.

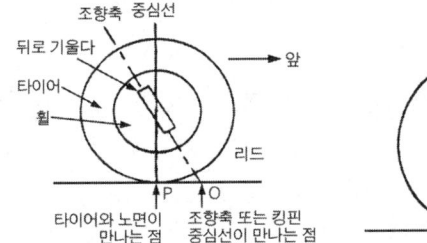 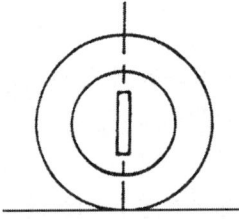 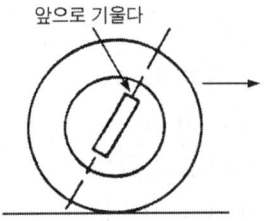

▲ 캐스터의 분류

캐스터의 역할은 다음과 같다.
㉮ 주행 중 조향 바퀴에 방향성(직진성)을 부여한다.
㉯ 조향하였을 때 직진 방향으로의 복원력을 준다.

③ **토인**(toe-in) : 차량의 앞바퀴를 위에서 내려다보면 바퀴 중심선 사이의 거리가 앞쪽이 뒤쪽보다 약간 작게 되어 있는데 이것을 토인이라고 하며, 일반적으로 2~6mm정도이다. 역할은 다음과 같다.

㉮ 앞바퀴를 평행하게 회전시킨다.
㉯ 앞바퀴의 사이드슬립과 타이어 마멸을 방지한다.
㉰ 조향 링키지 마멸에 따라 토 아웃(toe-out)이 되는 것을 방지한다.

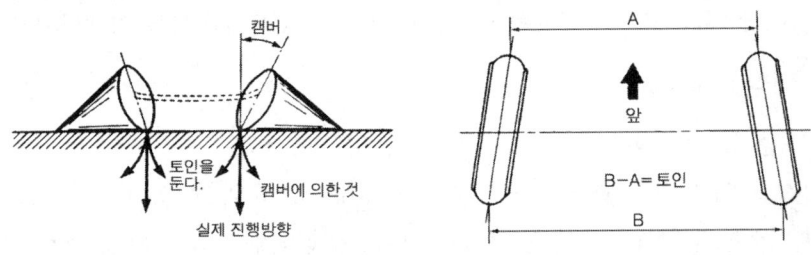

▲ 토인과 토인의 역할

2 현가장치

1. 판스프링(leaf spring)

(1) 판스프링의 개요
① 판스프링은 스프링 강을 적당히 구부린 띠 모양으로 된 것을 몇 장 겹쳐서 그 중심에서 센터 볼트(center bolt)로 조인 것이다.
② 맨 위쪽에 길이가 가장 긴 메인 스프링 판(main spring plate)의 양끝에는 스프링 아이(spring eye)를 두고 섀클 핀(shackle pin)을 통하여 차체에 설치하도록 되어 있다.
③ 스프링 아이 중심사이의 거리를 스팬(span)이라 한다. 판스프링을 차체에 설치한 부분을 브래킷 또는 행거(bracket or hanger)라 하며, 다른 끝은 섀클(shackle)이라 한다.
④ 섀클은 스팬의 길이 변화를 위하여 설치하며, 사용되는 부싱에 따라 고무 부싱 섀클, 나사 섀클, 청동 부싱 섀클 등이 있다.

(2) 판스프링의 특징
① 스프링 자체의 강성에 의해 차축을 정해진 위치에 지지할 수 있어 구조가 간단하다.
② 판간 마찰에 의한 진동 억제 작용이 크다.
③ 내구성이 크다.
④ 판간 마찰 때문에 작은 진동흡수가 곤란하다.

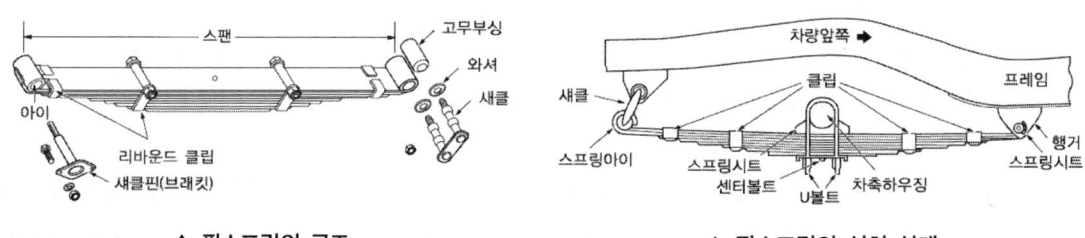

▲ 판스프링의 구조   ▲ 판스프링의 설치 상태

2. 쇽업소버(shock absorber)

쇽업소버는 도로면에서 발생한 스프링의 진동을 신속하게 흡수하여 승차감을 향상시키고, 동시에 스프링의 피로를 감소시키기 위해 설치하는 기구이다. 쇽업소버는 스프링이 압축될 때는 급격히 압축되고 늘어날 때는 천천히 작용하여 스프링의 상하 운동에너지를 열에너지로 변환시킨다.

3. 가스봉입 형식(드가르봉 형식)

(1) 가스봉입 형식의 작동
① 유압식의 일종이며, 프리 피스톤(free piston)을 더 두고 있다.
② 프리 피스톤의 위쪽에는 오일이 들어 있고, 아래쪽에는 고압($30kgf/cm^2$)의 질소가스가 봉입되어 내부에 압력이 걸려 있고 1개의 실린더가 있다.

③ 작동은 쇽업소버가 압축될 때 오일이 오일 실(oil chamber) A(피스톤 아래쪽)의 유압에 의해 피스톤에 설치된 밸브의 바깥둘레가 열려 오일 실 B로 들어온다.
④ 밸브를 통과하는 오일의 유동저항으로 인해 피스톤이 하강함에 따라 프리 피스톤도 가압된다.
⑤ 쇽업소버의 작동이 정지하면 프리 피스톤 아래쪽의 질소가스가 팽창하여 프리 피스톤을 밀어 올려 오일 실 A의 오일을 압력을 가한다.
⑥ 쇽업소버가 늘어날 때는 피스톤의 밸브는 바깥둘레를 지점으로 하여 오일 실 B에서 A로 이동하지만 오일 실 A의 압력이 낮아지므로 프리 피스톤이 상승한다. 또 늘어남이 정지하면 프리 피스톤은 원위치로 복귀한다.

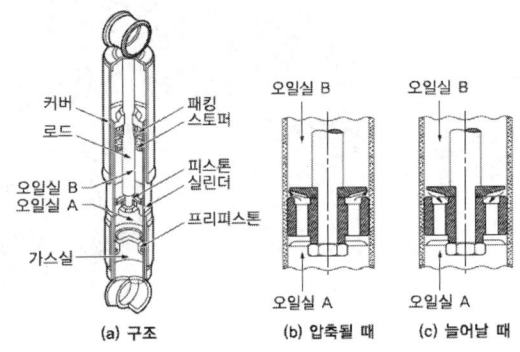

▲ 가스봉입 형식

(2) 가스봉입 형식의 특징
① 구조가 간단하다.
② 작동할 때 오일에 기포가 없어 장시간 작동하여도 감쇠 효과의 감소가 적다.
③ 실린더가 1개이므로 냉각성능이 크다.
④ 내부에 압력이 걸려 있어 분해하는 것은 위험하다.

Section 2-4 무한궤도(트랙장치)

트랙 장치는 트랙에 의해 건설기계를 이동시키는 장치로서 트랙 프레임, 리코일 스프링, 상부 롤러(캐리어 롤러), 하부롤러(트랙 롤러), 프론트 아이들러(전부 유동륜), 스프로킷(기동륜), 트랙 등으로 구성되어 있다.

1 상부롤러(carrier roller)

프론트 아이들러와 스프로킷 사이에 1~2개가 설치되어 트랙이 밑으로 처지지 않도록 받쳐주며, 트랙의 회전을 바르게 유지하는 일을 한다.

2 하부롤러(track roller)

트랙 프레임에 4~7개 정도가 설치되며 건설기계의 전체 중량을 지지하고, 전체 중량을 트랙에 균등하게 분배해주며 트랙의 회전 위치를 바르게 유지한다.

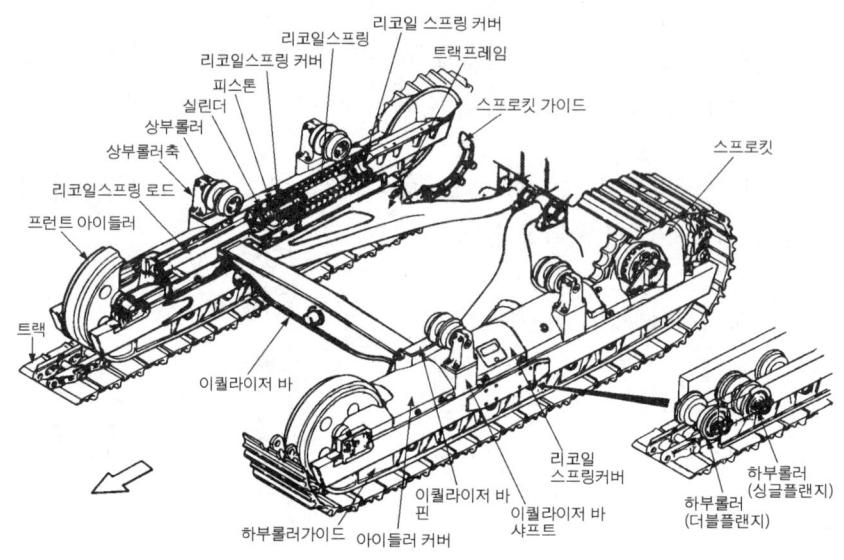

▲ 트랙 프레임의 구조

3 프론트 아이들러(Front Idler ; 전부 유동륜)

트랙의 진로를 조정하면서 트랙을 유도하며 진행 방향을 유도한다.

4 리코일 스프링(Recoil Spring)

서징 현상을 방지하기 위해 안 스프링과 바깥 스프링의 2중으로 된 구조이며, 주행 중 프론트 아이들러가 받는 충격을 완화시켜 트랙 장치의 파손을 방지하는 일을 한다.

5 트랙(track; 무한궤도)

링크·핀·부싱 및 슈 등으로 구성되어 있으며 프론트 아이들러, 상·하부 롤러, 스프로킷에 감겨져 있고 스프로킷에서 동력을 받아 구동된다.

6 스프로킷(구동륜)

최종구동 기어로부터 동력을 받아 트랙을 구동한다.

7 트랙 유격(긴도)

트랙의 유격은 프론트 아이들러와 1번 상부롤러 사이의 간격을 말하며, 건설기계의 종류에 따라 다소 차이는 있으나 일반적으로 25~40mm 정도이다. 유격이 규정 값보다 크면 트랙이 벗겨지기 쉽고, 롤러 및 트랙 링크의 마모가 촉진된다. 반대로 유격이 너무 적으면 암석지 작업을 할 때 트랙이 절단되기 쉬우며, 각종 롤러, 트랙 구성 부품의 마모가 촉진된다.

1. 트랙이 벗겨지는 원인

① 트랙의 유격(긴도)이 너무 클 때
② 트랙을 정열이 불량할 때(프론트 아이들러와 스프로킷의 중심이 일치되지 않았을 때)
③ 고속주행 중 급선회를 하였을 때
④ 프론트 아이들러, 상·하부 롤러 및 스프로킷의 마멸이 클 때
⑤ 리코일 스프링의 장력이 부족할 때
⑥ 경사지에서 작업할 때

2. 트랙을 분리하여야 할 경우

① 트랙 교환할 때
② 트랙이 벗겨졌을 때
③ 스프로킷, 프로트 아이들러를 교환할 때

3. 트랙의 장력을 조정하여야 하는 경우

① 트랙의 이탈 방지   ② 구성부품의 수명 연장
③ 스프로킷의 마모 방지 ④ 트랙 슈의 마모 방지

4. 트랙 유격을 조정하는 방법

트랙의 유격을 조정하는 방법에는 2가지가 사용되는데, 2가지 모두 프런트 아이들러를 전진 및 후진시켜서 조정한다. 그중 한 방법은 조정 너트를 렌치로 돌려서 조정하는 방법이며(구형의 경우), 또 다른 방법은 프런트 아이들러 요크 축에 설치된 그리스 실린더(장력 조절 실린더)에, 그리스를 주유하면 트랙 유격이 적어지고, 그리스를 배출시키면 유격이 많아지게 된다.

트랙 유격 조정 방법은 다음과 같다.
① 건설기계를 평탄한 지면에 주차시킨다.
② 브레이크가 있는 경우에는 브레이크를 사용해서는 안 된다.
③ 전진하다가 정지시켜야 한다(후진하다가 세우면 트랙이 팽팽해진다.).
④ 2~3회 반복 조정하여 양쪽 트랙의 유격을 똑같이 조정하여야 한다.
⑤ 트랙을 들고 늘어지는 양을 점검하기도 한다(굴착기의 경우).

5. 트랙 유격을 측정하는 방법

① 아이들러와 상부 1번 롤러 사이의 트랙 처짐량 측정
② 쇠봉을 이용하여 상부롤러와 링크와의 간극 측정
③ 트랙의 한쪽을 들어 트랙의 처짐량 측정

도자에서는 1번의 측정 방법을 사용하고 굴착기에서는 3번의 측정 방법을 사용한다.

Chapter 2 출제예상문제

01 다음 중 유체 커플링의 구성요소가 아닌 것은?

① 스테이터　② 펌프 회전차
③ 케이싱　　④ 터빈

해설 스테이터는 토크컨버터에서 오일의 흐름 방향을 바꾸어 주는 부품이다.

02 펌프와 터빈의 회전속도가 같을 때 유체 클러치의 토크 변환율은?

① 1:0.5　　② 1:0.98
③ 1:1.25　　④ 1:2.5

해설 펌프와 터빈의 회전속도가 같을 때 유체클러치의 토크변환율은 1 : 0.98이다.

03 토크 컨버터 내에서 오일 흐름 방향을 바꾸어 주는 것은?

① 가이드 링　② 펌프
③ 스테이터　　④ 터빈

해설 토크컨버터는 기관의 크랭크축과 연결되는 펌프(임펠러), 변속기 입력축에 연결되는 터빈(러너), 오일의 흐름방향을 바꾸어주는 스테이터로 구성되어 있다.

04 토크 컨버터에서 임펠러보다 터빈이 고속으로 회전할 때에 대한 설명으로 틀린 것은?

① 스테이터를 임펠러의 반대 방향으로 회전시킨다.
② 스테이터를 터빈과 같은 방향으로 회전시킨다.
③ 터빈에서 스테이터로 들어가는 흐름 속력은 점차 적어진다.
④ 클러치 포인트 이상이 되면 토크 컨버터는 유체 클러치로 작동한다.

해설 임펠러보다 터빈이 고속으로 회전하면 스테이터를 터빈과 같은 방향으로 회전시키고, 터빈에서 스테이터로 들어가는 흐름 속력은 점차 적어진다. 또 클러치 포인트 이상이 되면 토크 컨버터는 유체 클러치로 작동한다.

05 토크컨버터의 구성요소와 관계가 없는 것은?

① 임펠러　② 터빈
③ 스테이터　④ 오일쿨러

해설 토크컨버터(torque convertor)는 기관의 크랭크축과 연결되는 펌프(임펠러), 변속기 입력축에 연결되는 터빈(러너), 오일의 흐름방향을 바꾸어주는 스테이터로 구성되어 있다.

06 토크컨버터의 설명으로 잘못된 것은?

① 펌프, 터빈, 스테이터로 되어 있다.
② 크랭크축에 펌프(임펠러)가 설치된다.
③ 토크 변환비는 항상 1 : 1이다.
④ 변속기 입력축에 터빈(러너)이 설치된다.

해설 토크컨버터에 대한 설명은 ①, ②, ④항 이외에 토크 변환비는 2~3 : 1이다.

07 선기어의 잇수 30, 링 기어의 잇수 60의 유성기어장치에서 선 기어를 고정하고 캐리어를 50회전 출력하였다면 링 기어는 몇 회전하는가?

① 50회전　② 75회전
③ 150회전　④ 180회전

정답 01. ①　02. ②　03. ③　04. ①　05. ④　06. ③　07. ③

해설 $Rn = \dfrac{A+D}{A} \times Ch$

[Rn : 링 기어의 회전수, A : 선 기어 잇수,
D : 링 기어 잇수, Ch : 캐리어 회전수]

∴ $\dfrac{30+60}{30} \times 50 = 150$

08 건설기계의 최종감속장치에서 큰 구동력을 발생시키기 위한 유성기어의 작동조건으로 맞는 것은?

① 링 기어 고정, 선 기어 구동, 캐리어 피동
② 캐리어 고정, 링 기어 구동, 선 기어 피동
③ 선 기어 고정, 캐리어 구동, 링 기어 피동
④ 캐리어 고정, 선 기어 구동, 링 기어 피동

해설 큰 구동력을 발생시키기 위한 유성기어의 작동조건은 링 기어 고정, 선 기어 구동, 캐리어 피동이다.

09 건설기계용 토크 컨버터의 토크 변환율은?

① 1~1.5배 ② 2~3배
③ 4~5배   ④ 6~7배

해설 토크 컨버터의 토크 변환율은 2~3배 이다.

10 타이어식 건설기계에 사용되는 자재이음의 종류에 해당하지 않는 것은?

① 등속 조인트   ② 추진축 조인트
③ 플렉시블 조인트 ④ 트러니언 조인트

해설 자재이음의 종류
① 십자축 조인트(훅 조인트)
② 플렉시블 조인트
③ 등속 조인트(CV 자재이음)
④ 볼 엔드 트러니언 조인트

11 덤프트럭에서 추진축이 진동하는 원인으로 틀린 것은?

① 유니버설 조인트 베어링이 파손되었다.
② 슬립 조인트부에 그리스가 너무 많이 주유되었다.
③ 추진축이 휘었다.
④ 요크 방향이 틀리게 조립되었다.

해설 추진축의 진동 원인은 ①, ③, ④항 이외에 밸런스 웨이트가 떨어졌거나 플랜지 부분의 조임이 헐겁다.

12 휠 구동식 건설기계의 뒤 차축 어셈블리에서 차동장치의 설치 목적으로 옳은 것은?

① 회전할 때 안쪽 바퀴가 바깥쪽 바퀴보다 빨리 회전하기 위해서
② 회전할 때 양쪽 바퀴의 회전속도를 일정하게 유지하기 위해서
③ 회전할 때 양쪽 바퀴의 토크를 증대하기 위하여
④ 회전할 때 바깥쪽 바퀴의 회전속도를 증가하기 위하여

해설 차동장치는 회전할 때 바깥쪽 바퀴의 회전속도를 증가시키는 작용을 한다.

13 차동장치에서 소음이 발생될 때의 원인이 아닌 것은?

① 차동장치 내의 오일 압력이 높을 때
② 차동장치 내의 윤활 오일 부족
③ 차동장치 내 베어링의 마모
④ 스파이더 기어의 마모

해설 차동장치에서 소음이 나는 원인은 오일 부족, 베어링 마모, 스파이더 기어의 마모 등이다.

14 로더의 큰 구동력을 발생시키기 위해 구동 액슬 끝에 설치한 장치는?

① 차동기어 장치
② 유성기어 감속장치
③ 피니언 및 베벨기어 장치
④ 조향클러치 및 브레이크 장치

정답 08. ① 09. ② 10. ② 11. ② 12. ④ 13. ① 14. ②

해설 타이어형 로더는 토크컨버터와 파워 시프트 변속기를 사용하며, 종감속 장치는 각 바퀴에 부착된 유성기어 장치를 사용한다. 유성기어 방식의 종감속 장치는, 차동장치의 동력이 차축을 통해 유성기어로 전달되며, 유성기어는 동력을 감속하여 바퀴로 전달한다.

15 차동제한장치는 어느 때 작용하는가?

① 변속할 때
② 진흙길이나 웅덩이에서 탈출할 때
③ 현장에서 현장으로 이동거리가 길 때
④ 급한 언덕길에서 엔진 브레이크를 작동시킬 때

해설 차동제한장치는 진흙길이나 웅덩이에서 탈출할 때 차동작용을 제한하는 장치이다.

16 휠 로더의 뒤 차축에서 과열하는 현상의 원인이 아닌 것은?

① 기어의 백래시가 적을 때
② 과부하 주행이 지속될 때
③ 베어링 프리로드가 적당할 때
④ 윤활유의 양과 질이 불량할 때

해설 뒤 차축이 과열하는 원인은 과부하 주행이 지속될 때, 기어의 백래시가 적을 때, 윤활유의 양과 질이 불량할 때 등이다.

17 오른쪽 바퀴만 들어서 회전하도록 하여 놓은 덤프트럭의 변속비 2, 링 기어의 잇수 42, 구동 피니언의 잇수 6일 때 오른쪽 바퀴의 회전수는? (단, 추진축 회전수 1,400rpm)

① 100rpm ② 200rpm
③ 400rpm ④ 800rpm

해설 ① $Rf = \dfrac{Rt}{Pt}$

[Rf : 종감속비, Rt : 링 기어의 잇수, Pt : 구동 피니언의 잇수]

$\therefore \dfrac{42}{6} = 7$

② $Th = \dfrac{Pn}{Rf} \times 2$

[Th : 바퀴 회전수, Pn : 추진축 회전수]

$\therefore \dfrac{1400}{7} \times 2 = 400 rpm$

18 기관의 회전수가 4,800rpm, 최고 출력 70ps, 총 감속비가 4.8, 뒤 액슬축의 회전수가 1,000 rpm, 바퀴의 반지름이 320mm일 때 차량의 속도는 얼마인가?

① 약 60km/h   ② 약 80km/h
③ 약 112km/h   ④ 약 121km/h

해설 $V = \pi D \times \dfrac{E_N}{Rt \times Rf} \times \dfrac{60}{1000}$

[V : 차량의 주행속도(km/h), D : 타이어 지름(m), E_N : 기관 회전수(rpm), Rt : 변속비, Rf : 종감속비]

$\therefore 3.14 \times 0.32 \times 2 \times \dfrac{4800}{4.8} \times \dfrac{60}{1000} = 121 km/h$

19 주행속도가 36km/h인 자동차의 브레이크를 작동시켰을 때 제동거리는 약 얼마인가? (단, 타이어와 도로면과의 마찰계수는 0.4이다.)

① 12.76m   ② 25.50m
③ 35.75m   ④ 51.50m

해설 ① $\dfrac{36 km/h}{3.6} = 10 m/s$

② $L = \dfrac{V^2}{2\mu g}$ [L : 제동거리, V : 제동초속도, μ : 마찰계수, g : 중력가속도(9.8m/s²)]

$\therefore \dfrac{10^2}{2 \times 0.4 \times 9.8} = 12.76 m$

정답 15. ② 16. ③ 17. ③ 18. ④ 19. ①

20 왼쪽 바퀴만 들어서 회전하도록 해 놓은 덤프트럭의 변속비가 2이고, 종감속기어의 링기어 잇수가 42, 구동 피니언의 잇수가 6이라면 왼쪽 바퀴의 회전수는?(단, 추진축 회전수 2100rpm)

① 200rpm ② 400rpm
③ 600rpm ④ 900rpm

해설 ① $rf = \dfrac{rz}{pz}$

[rf : 종감속비, rz : 링 기어의 잇수, pz : 구동 피니언의 잇수]

∴ $\dfrac{42}{6} = 7$

② $Th = \dfrac{Pn}{rf} \times 2$

[Th : 바퀴 회전수, Pn : 추진축 회전수]

∴ $\dfrac{2100}{7} \times 2 = 600rpm$

21 전부하 상태에서 엔진의 마력이 40PS 일 때 2,000rpm에서 최대토크를 나타낸다. 안전계수가 1.4라고 하면 클러치의 최대 허용 토크는?

① 약 15kgf·m ② 약 20kgf·m
③ 약 25kgf·m ④ 약 30kgf·m

해설 $T = \dfrac{B_{PS} \times 716 \times S_f}{R}$ [S_f : 안전계수]

∴ $\dfrac{40 \times 716 \times 1.4}{2000} = 20 kgf·m$

22 기관의 마력이 25PS일 때 1,000rpm에서 최대토크를 나타낸다. 이때 클러치에 의해 전달되는 토크는?

① 34.9kgf·m ② 28.6kgf·m
③ 19.9kgf·m ④ 17.9kgf·m

해설 $B_{PS} = \dfrac{TR}{716}$

[B_{PS} : 기관의 출력, T : 토크, R : 회전수]에서

$T = \dfrac{B_{PS} \times 716}{R}$

∴ $\dfrac{25 \times 716}{1000} = 17.9 kgf·m$

23 어떤 도로를 800m 왕복했는데 0.5ℓ의 연료가 소비되었다. 올라갈 때 연료소비율이 2km/ℓ이었다면 내려올 때의 연료소비율은 얼마인가?

① 0.4km/ℓ ② 0.8km/ℓ
③ 4km/ℓ   ④ 8km/ℓ

해설 $\dfrac{0.8}{2} + \dfrac{0.8}{x} = 0.5$ ∴ $x = 8km/ℓ$

24 건설기계에 트랜스퍼 케이스를 부착한 장비의 특징으로 알맞지 않은 것은?

① 속도가 감소하고 변속비를 증가시킬 수 있다.
② 습지대·활지대 및 사지대의 운전이 가능하다.
③ 견인력이 커 작업이 원활하다.
④ 연료소비율이 크고, 마찰저항이 감소된다.

해설 트랜스퍼 케이스를 부착한 장비의 특징은 ①, ②, ③항 이외에 연료소비율이 크고, 마찰저항이 증가된다.

25 저압 타이어의 안지름이 24인치, 바깥지름이 36인치, 폭 13인치, 플라이 수 8인 경우 호칭치수가 바르게 표시된 것은?

① 24-13-8PLY
② 36-24-8PLY
③ 13-24-8PLY
④ 36-13-8PLY

정답 20. ③ 21. ② 22. ④ 23. ④ 24. ④ 25. ③

26 유압식 브레이크 회로에 잔압을 두는 목적으로 틀린 것은?

① 베이퍼록을 방지한다.
② 회로 내에 공기가 침입하는 것을 막는다.
③ 브레이크 작동지연을 발생시켜 급제동을 막는다.
④ 휠 실린더 내에서 오일이 누출되는 것을 방지한다.

해설 마스터 실린더 내의 피스톤 리턴 스프링은 항상 체크밸브를 밀고 있기 때문에, 이 스프링의 장력과 회로 내의 유압이 평형이 되면 체크밸브가 시트에 밀착되어 압력이 남게 되는데 이를 잔압이라 한다. 잔압을 두는 목적은 ①, ②, ④항 이외에 브레이크의 작동지연을 방지한다.

27 유압식 브레이크에서 브레이크가 작동치 않을 경우 그 원인이 아닌 것은?

① 계통 내에 잔압이 있어서
② 작동유 부족
③ 계통 내에 공기 유입
④ 페달 유격 부적당

28 감속 제동장치 중 엔진 브레이크식 제동장치에 관한 설명으로 옳지 않은 것은?

① 기관의 회전 저항을 이용하는 제동이다.
② 흡·배기 행정 시 발생하는 펌핑 손실을 이용한다.
③ 변속 단수는 최고 단수를 사용한다.
④ 엔진 브레이크 사용 시 변속단수에 따라 제동력이 각각 달라진다.

해설 엔진 브레이크는 가속 페달을 놓았을 때 피스톤 헤드에 형성되는 압력과 부압에 의해 제동 효과가 발생된다. 효과가 크지 않기 때문에 긴 내리막길에서 변속 기어를 저속에 놓으면 브레이크 효과가 향상된다.

29 유압식 브레이크에서 제동력의 좌우 편차가 심하여 제동계통을 점검하고자 할 때, 점검 항목이 아닌 것은?

① 에어 콤프레셔의 기능 확인
② 베이퍼 록 확인을 위한 공기빼기 작업
③ 허브 리테이너의 파손 유무 확인을 위해 허브를 분해
④ 휠 실린더 파손 유무 확인을 위해 허브 드럼을 탈거

30 타이어식 건설기계 차량에서 제동력이 불충분한 원인으로 틀린 것은?

① 오일이 부족할 때
② 라이닝에 오일이 묻었을 때
③ 페이드 현상이 발생 되었을 때
④ 브레이크 페달의 유격이 작을 때

31 브레이크 장치에서 가장 일반적으로 사용되며, 두 개의 실린더가 있어 디스크의 양쪽에서 패드를 밀어붙이도록 설계된 캘리퍼 형식은?

① 대향 피스톤형
② 플로팅 캘리퍼형
③ 외주 디스크형
④ 내부 확장형

해설 대향 피스톤형 디스크 브레이크는 두 개의 실린더가 있어 디스크의 양쪽에서 패드를 밀어 붙이도록 설계된 캘리퍼 형식이다.

32 브레이크를 자주 사용하면 마찰열의 축적으로 인해 라이닝의 표면이 경화되어 제동력이 감소하게 되는데, 이 현상을 무엇이라고 하는가?

① 열화 촉진 현상   ② 페이드 현상
③ 공동 현상   ④ 베이퍼록

정답 26. ③ 27. ① 28. ③ 29. ① 30. ④ 31. ① 32. ②

33 지게차의 유압식 브레이크 장치에서 제동이 되지 않는 원인 중 틀린 것은?

① 라이닝의 마모가 클 때
② 라이닝의 마찰계수가 클 때
③ 제동계통에 공기가 차 있을 때
④ 휠 실린더의 피스톤이 고착되어 있을 때

해설 유압 브레이크에서 제동이 잘 되지 않는 원인은 ①, ③, ④항 이외에 라이닝의 마찰계수가 적은 경우이다.

34 휠 구동식 건설장비의 제동장치에서 브레이크 계통에 공기가 들어갔을 때 공기빼기 위치로 적당한 곳은?

① 브레이크 오일 탱크 ② 휠 실린더
③ 유압실린더 ④ 마스터 실린더

해설 브레이크 계통에 공기가 들어갔을 때 휠 실린더의 공기빼기 나사로 작업을 한다.

35 타이어식 건설기계의 제동장치에 사용하는 배력식 브레이크 중 부압과 대기압력 차를 이용하지 않는 것은?

① 브레이크 부스터 ② 공기브레이크
③ 마스터 백 ④ 하이드로 백

36 하이드로 백 릴레이 밸브의 공기밸브는 무엇에 의해 열리는가?

① 릴레이 피스톤 ② 진공과 대기압의 차
③ 스프링 장력 ④ 공기의 압력

해설 릴레이 밸브의 공기밸브는 마스터 실린더의 유압으로 릴레이 피스톤을 작동시킨다.

37 제동 배력장치에서 마스터 백과 하이드로 마스터의 비교 중, 하이드로 마스터의 특징이 아닌 것은?

① 탠덤 마스터 실린더를 설치하려면 구조상 2개의 하이드로 백을 필요로 한다.
② 배력장치에 고장시 마스터 실린더에 생긴 유압은 그대로 휠 실린더에 작용한다.
③ 구조가 간단하고 정비가 쉽다.
④ 공기빼기 작업은 기관 시동 중에 한다.

해설 하이드로 마스터의 특징은 ①, ②, ④항 이외에 구조가 복잡하고 정비가 어렵다.

38 브레이크 시스템 중 하이드로 에어백의 장점이 아닌 것은?

① 동력 피스톤의 직경을 작게 할 수 있다.
② 작동이 확실하고 힘이 크다.
③ 구조가 간단하다.
④ 공기 브레이크에 비해 공기 소모량이 적다.

해설 하이드로 에어백의 장점은 동력 피스톤의 직경을 작게 할 수 있고, 작동이 확실하고 힘이 크며, 공기 브레이크에 비해 공기 소모량이 적다.

39 공기식 브레이크의 작동 공기압력은 일반적으로 얼마 정도인가?

① 1~3kgf/cm² ② 5~7kgf/cm²
③ 10~13kgf/cm² ④ 15~17kgf/cm²

해설 공기식 브레이크의 작동 공기압력은 일반적으로 5~7kgf/cm² 정도이다.

40 중량 9톤의 모터그레이더가 20km/h로 달린다. 브레이크를 작동하기 시작하여 8.8m 후에 정지하였을 경우 브레이크에서 발생하는 열량은? (단, 바퀴와 도로의 마찰계수 0.5, 그 외 마찰은 무시함)

① 약 23.2kcal ② 약 185.4kcal
③ 약 46.3kcal ④ 약 92.4kcal

해설 $Qh = \dfrac{W \times S \times \mu}{4.2(J)}$

[Qh : 브레이크에서 발생하는 열량, S : 정지거리, μ : 마찰계수]

정답 33. ② 34. ② 35. ② 36. ① 37. ③ 38. ③ 39. ② 40. ④

$$\therefore \frac{9000 \times 8.8 \times 0.5 \times 9.8}{4.2} = 92400 cal = 92.4 kcal$$

41 경사 길을 올라가다 정지했을 때 클러치 페달을 밟고 있는 한 브레이크 페달을 놓아도 휠 실린더의 유압이 그대로 남아 있도록 해 주는 장치는?

① 앤티 롤 장치 ② 앤티 호크 장치
③ 앤티 홀더 장치 ④ 로드 센싱 밸브장치

해설 앤티롤 장치는 마스터 실린더와 휠 실린더 사이에 설치되어 있으며, 클러치 페달과 연동되어 작동한다. 언덕길에서 일시정지 하였다가 다시 출발할 때 차량이 뒤로 구르는 것을 방지한다.

42 축간거리가 2.5m이고 바깥쪽 바퀴의 조향각 30°, 안쪽 바퀴의 조향각 35°인 덤프트럭의 최소 회전반경은? (단, 바퀴의 접지면 중심과 킹핀과의 거리는 15cm이다.)

① 3.15m ② 4.85m
③ 5.15m ④ 6.15m

해설 $R = \frac{L}{\sin\alpha} + r$
R : 최소회전반경(m), L : 축간거리(m)
$\sin\alpha$: 최외측 바퀴의 조향각도
r : 킹핀 중심에서부터 타이어 중심선 사이의 거리(m)
$R = \frac{2.5m}{\sin 30} + 0.15m$
$= \frac{2.5m}{0.5} + 0.15m = 5.15m$

43 지게차의 조향장치가 갖추어야 할 조건과 거리가 먼 것은?

① 방향 조작이 원활하게 이루어질 것
② 회전 시 차체에 무리한 힘이 작용되지 않을 것
③ 조향 조작이 주행 중의 충격에 영향을 받지 않을 것
④ 회전반경이 커서 방향 전환시 전도 사고의 위험이 적을 것

해설 조향장치의 구비조건
① 조향 조작이 주행 중의 충격에 영향을 받지 않을 것
② 조향 조작이 경쾌하고 자유로울 것(방향 조작이 원활할 것)
③ 회전반경이 작아서 좁은 곳에서도 방향 변환을 할 수 있을 것
④ 타이어 및 조향장치의 내구성이 클 것
⑤ 노면으로부터의 충격이나 원심력 등의 영향을 받지 않을 것
⑥ 조향 핸들의 회전과 바퀴 선회차이가 크지 않을 것
⑦ 수명이 길고 다루기나 정비하기가 쉬울 것
⑧ 회전할 때 차체에 무리한 힘이 작용되지 않을 것

44 조향장치에서 조향기어로 사용되는 것은?

① 웜 기어 ② 스퍼기어
③ 베벨기어 ④ 피니언 기어

45 조향륜의 조향각을 조정하는 방법으로 옳은 것은?

① 타이로드 각도로 조정한다.
② 피트먼 암 각도로 조정한다.
③ 드래그 링크 길이로 조정한다.
④ 너클 스톱퍼 볼트의 길이로 조정한다.

해설 조향륜의 조향각도 조정은 너클 스톱퍼 볼트의 길이로 조정한다.

46 조향 휠의 지름이 0.5m이고 휠 작용력이 15kgf, 웜기어비가 18 : 1, 기계효율이 90%일 때 섹터축의 회전력은?

① 121.5kgf-m ② 96.5kgf-m
③ 80.75kgf-m ④ 60.75kgf-m

해설 $T = r \times F \times \eta \times Sgr$
[T : 섹터축의 회전력, r : 조향 휠의 반지름,
η : 기계효율, Sgr : 웜기어비]
$\therefore 0.25 \times 15 \times 0.9 \times 18 = 60.75$kgf-m

정답 41. ① 42. ③ 43. ④ 44. ① 45. ④ 46. ④

47 트랙식 건설기계에서의 제동거리와 밀접한 관계가 없는 것은?

① 주행속도(km/h) ② 차량중량(kg)
③ 노면마찰계수   ④ 엔진출력(ps/rpm)

해설 트랙식 건설기계의 제동거리는 주행속도, 차량중량, 노면마찰계수 등과 관계가 있다.

48 덤프트럭에서 추진축이 진동하는 원인으로 틀린 것은?

① 추진축이 휘었다.
② 요크의 방향이 틀리게 조립되었다.
③ 유니버설 조인트 베어링이 파손되었다.
④ 슬립 조인트부에 그리스가 너무 많이 주유되었다.

해설 추진축의 진동원인
① 센터 베어링이 마모되었다.
② 유니버설 조인트 베어링이 파손되었다.
③ 추진축이 휘었다.
④ 밸런스 웨이트가 떨어졌다.
⑤ 요크방향이 틀리게 조립되었다.
⑥ 플랜지 부분의 조임이 헐겁다.
⑦ 슬립 조인트의 스플라인이 마모되었다.

49 동력 조향장치에서 소리가 나는 경우가 아닌 것은?

① V벨트가 미끄러진다.
② 오일 수준이 낮다.
③ 펌프 베어링의 손상
④ 타이어 공기압력이 낮다.

해설 타이어 공기압력이 낮으면 조향 핸들이 무거워진다.

50 타이로드 길이를 가감하면 변화하는 것은?

① 토   ② 킹핀
③ 캠버   ④ 캐스터

해설 타이로드의 길이로 토(toe)를 조절한다.

51 일체 차축식에서 조향 너클 설치방식 중 가장 많이 사용되는 형식은?

① 마몬형   ② 르모앙형
③ 엘리옷형 ④ 역엘리옷형

해설 역 엘리옷(revers elliot type)은 조향 너클에 요크가 설치된 것이며, 킹핀은 앞차축에 고정되고 조향 너클과는 부싱을 사이에 두고 설치되며, 가장 많이 사용한다.

52 앞차축과 조향 너클의 설치방식의 종류가 아닌 것은?

① 앵커형   ② 엘리옷형
③ 마몬형   ④ 르모앙형

해설 조향 너클 설치방식
① 엘리옷형(elliot type) : 앞차축 양끝 부분이 요크(yoke)로 되어 있으며, 이 요크에 조향너클이 설치되고 킹핀은 조향 너클에 고정된다.
② 역 엘리옷형(revers elliot type) : 조향너클에 요크가 설치된 것이며, 킹핀은 앞차축에 고정되고 조향너클과는 부싱을 사이에 두고 설치되며, 가장 많이 사용한다.
③ 마몬형(marmon type) : 앞차축 윗부분에 조향너클이 설치되며, 킹핀이 아래쪽으로 돌출되어 있다.
④ 르모앙형(lemoine type) : 앞차축 아랫부분에 조향너클이 설치되며, 킹핀이 위쪽으로 돌출되어 있다.

53 허리꺾기 조향 방식(굴절식)의 설명 중 틀린 것은?

① 회전반경이 작다.
② 작업능률을 향상시킬 수 있다.
③ 좁은 장소에서의 작업이 불리하다.
④ 조향용 유압실린더에 의해 차체가 굴절된다.

해설 허리꺾기(굴절식) 조향장치의 특징은 ①, ②, ④항 이외에 좁은 장소에서의 작업에 유리하다.

정답 47. ④ 48. ④ 49. ④ 50. ① 51. ④ 52. ① 53. ③

54 휠 구동식 건설기계에서 차동장치의 설치 목적으로 옳은 것은?

① 회전할 때 양쪽 바퀴의 토크를 증대하기 위하여
② 회전할 때 안쪽 바퀴가 바깥쪽 바퀴보다 빨리 회전하기 위해서
③ 회전할 때 양쪽 바퀴의 회전 속도를 동일하게 유지하기 위해서
④ 회전할 때 바깥쪽 바퀴의 회전 속도를 증가하기 위하여

해설 차동장치는 회전할 때 바깥쪽 바퀴의 회전속도를 증가시키는 작용을 한다.

55 휠 구동식 차량에서 정의 캠버이면 바퀴의 위쪽이 어느 쪽으로 기울게 되는가?

① 바깥으로   ② 안으로
③ 앞으로   ④ 뒤로

해설 정의 캠버이면 바퀴의 위쪽이 바깥으로 기운다.

56 타이로드길이를 가감하면 변화하는 것은?

① 토   ② 킹핀
③ 캠버   ④ 캐스터

해설 타이로드의 길이를 변화시키면 토(toe)가 변화한다.

57 타이어식 굴삭기가 평탄한 도로를 주행할 때 방향 안정성이 없다. 이때 가장 알맞은 수정 방법은?

① 토인을 조정한다.
② 정의 캐스터로 조정한다.
③ 부의 캐스터로 조정한다.
④ 캠버를 0으로 조정한다.

해설 평탄한 도로를 주행할 때 방향 안정성이 없으면 정의 캐스터로 조정한다.

58 현가장치에서 판스프링의 절손 원인이 아닌 것은?

① U볼트가 풀렸을 때
② 급제동, 급선회 시
③ 레벨링 밸브의 기능이 불량할 때
④ 쇽업소버의 기능이 불량할 때

해설 판스프링이 절손되는 원인은 U볼트가 풀렸을 때, 급제동, 급선회할 때, 과적재를 하였을 때, 쇽업소버의 기능이 불량할 때

59 일체 차축 현가 방식을 적용한 덤프트럭의 조향장치에서 피트먼 암과 너클 암 또는 센터 암을 연결하는 것은?

① 드래그 바   ② 드래그 로드
③ 드래그 링크 ④ 드래그 라인

해설 드래그 링크(Drag Link)는 일체 차축 현가 방식의 조향장치에서 피트먼 암과 너클 암 또는 센터 암을 연결하는 부품이다.

60 모터그레이더의 토인에 대한 설명 중 틀린 것은?

① 토인은 앞 차륜을 전방에서 보아 위가 아래보다 벌려진 것을 말한다.
② 토인이 틀리면 조향이 무거워져서 차량의 직진성이 불량해진다.
③ 토인이 틀리면 앞 차륜 타이어가 불균일하게 마모된다.
④ 토인의 양은 0~10mm 정도이다.

해설 토인이란 앞바퀴를 위에서 보았을 때, 좌우 타이어 중심선 간의 거리가 앞쪽이 뒤쪽보다 좁은 것을 말한다.

정답 54. ④ 55. ① 56. ① 57. ② 58. ③ 59. ③ 60. ①

61 가스 봉입식 쇽업소버의 설명으로 틀린 것은?

① 질소가스를 봉입한다.
② 장시간 사용하면 오일에 기포가 발생되어 감쇠 효과가 저하한다.
③ 외통이 한 겹으로 되어 있어 방열이 양호하다.
④ 고압이므로 분해시 주의해야 한다.

해설 가스 봉입식 쇽업소버에 대한 설명은 ①, ③, ④항 이외에, 장시간 사용하여도 오일에 기포가 발생되지 않아 감쇠 효과가 저하가 없다.

62 대기의 온도 28℃ 이상의 고온에서도 건설기계의 중요부분 중 SAE #10 오일을 사용하는 부분은?

① 엔진   ② 변속기
③ 유압 계통   ④ 최종구동 계통

63 건설기계에서 롤러, 트랙, 아이들러, 쿠션 스프링, 스프로킷 등의 구성품을 무엇이라고 하는가?

① 전부장치   ② 후부장치
③ 하부추진체 ④ 상부회전체

64 도저의 언더 캐리지 부품이 아닌 것은?

① 트랙 프레임 ② 트랙 롤러
③ 리퍼   ④ 트랙

해설 리퍼는 도저의 뒤쪽에 설치되어, 굳은 지면, 나무뿌리, 암석 등을 파헤치는데 사용하는 작업 장치이다.

65 다음 구성품 중 주유할 필요가 없는 곳은?

① 대각지주
② 트랙
③ 트랙 긴도 조정 실린더
④ 유니버설 조인트

66 건설기계의 부품 중 아이들러의 역할이 아닌 것은?

① 트랙의 안내(유도)를 위하여
② 트랙 장력을 조정하기 위하여
③ 트랙에 구동력을 주기 위하여
④ 주행 중 지면으로부터 받은 충격을 완화하기 위하여

해설 트랙에 구동력을 주는 부품은 스프로킷(기동륜)이다.

67 프런트 아이들러에 대한 설명으로 틀린 것은?

① 트랙 부하에 의해 앞·뒤로 움직인다.
② 트랙 프레임 앞부분에 설치되어 돌아가는 앞바퀴이다.
③ 트랙의 진행방향을 유도한다.
④ 주행 중 전면에서 받는 충격을 완화시킨다.

해설 프런트 아이들러(전부 유동륜)
① 앞뒤로 미끄럼 운동할 수 있는 요크에 설치된다.
② 트랙의 진로를 조정하면서 주행방향으로 트랙을 유도한다.
③ 요크 축 끝에 조정 실린더가 연결되어 트랙 유격을 조정한다.

68 트랙터 리코일 스프링의 역할로서 적당하지 않은 것은?

① 전진할 때 받은 충격을 흡수한다.
② 동력 조정장치(PCU)의 조작을 원활하게 한다.
③ 트랙에서 받은 충격을 흡수한다.
④ 쇽업소버와 비슷한 역할을 한다.

해설 리코일 스프링의 역할은 전진할 때 트랙에서 받은 충격을 흡수하며, 쇽업소버와 비슷한 역할을 한다.

정답 61. ② 62. ③ 63. ③ 64. ③ 65. ② 66. ③ 67. ④ 68. ②

69 무한궤도 형식 주행 구동 방식의 롤러 속에 급유된 윤활유가 흘러나오지 않게 설치하는 것은?

① 플로팅 실   ② 테이퍼 실
③ 로테이팅 실 ④ 리코일 실

해설 플로팅 실(Floating seal)은 롤러 속에 급유된 윤활유가 흘러나오지 않도록 하기 위한 부품이다.

70 무한궤도식 건설기계 상부롤러를 탈착하고자 할 때 가장 먼저 해야 할 작업은?

① 상부롤러 플러그를 풀고 오일을 배출하는 작업
② 트랙 장력 조정용 실린더에서 그리스를 배출하는 작업
③ 트랙과 스프로킷 사이에 각목을 끼우고 트랙을 드는 작업
④ 유압잭을 작동시켜 상부롤러 위에 있는 트랙을 들어 올리는 작업

해설 상부롤러 탈착 방법
① 건설기계를 평탄한 지면에 정차시킨다.
② 트랙 장력 조정용 그리스 실린더에서 그리스를 배출시켜 트랙 장력을 느슨하게 한다.
③ 트랙과 스프로킷 사이에 각목을 끼우고 약간 후진시킨다.
④ 볼트를 풀고 트랙 프레임에서 상부롤러를 분리한다.

71 스프로킷에 대한 설명으로 적합하지 않은 것은?

① 최종구동 링 기어의 허브에서 구동력을 받아 트랙을 구동시켜 준다.
② 허브로부터 분리할 때는 약 30톤의 힘이 필요하므로 유압프레스를 사용한다.
③ 특수강을 단조하여 만들며, 이빨 부분은 열처리되어 내마모성 및 내구력을 가진다.
④ 종류에는 일체식, 분할식, 분해식이 있는데 일체식은 분할식과 분해식보다 정비 및 교환하기 쉽다.

해설 스프로킷에 대한 설명
① 스프로킷은 허브에 원뿔형으로 된 스플라인에 끼워지면, 너트로 고정한다.
② 작동은 최종구동 링 기어로부터 동력을 받아 트랙을 구동한다.
③ 스프로킷의 종류에는 일체식, 분할식 및 분해식이 있으며, 최근에는 교환 및 정비가 쉬운 분해식이나 분할식을 주로 사용한다.
④ 허브로부터 분리할 때는 약 30톤의 힘이 필요하므로 유압프레스를 이용한다.

72 건설기계 트랙 장치에서 스프로킷의 종류가 아닌 것은?

① 분할식   ② 분열식
③ 분해식   ④ 일체식

해설 스프로킷(Sprocket)의 종류에는 일체식, 분할식 및 분해식이 있으며, 최근에는 교환 및 정비가 쉬운 분해식이나 분할식을 주로 사용한다.

73 스프로킷이 한쪽으로 마모되는 이유로 가장 적당한 것은?

① 긴도가 이완되었기 때문에
② 환향을 심하게 하기 때문에
③ 트랙 링크가 새것이기 때문에
④ 롤러 및 아이들러의 직선 배열이 나쁘기 때문에

해설 스프로킷이 한쪽으로 마모되는 이유는 롤러 및 아이들러의 직선 배열이 나쁘기 때문이다.

74 트랙 장력의 조정 목적으로 가장 거리가 먼 것은?

① 트랙 구성부품의 수명 연장
② 트랙이 너무 팽팽하면 트랙의 손상이 매우 크다.
③ 선회베어링의 과다한 마모 방지
④ 트랙의 벗겨짐 방지

정답 69. ① 70. ② 71. ④ 72. ② 73. ④ 74. ③

해설 트랙의 장력을 조정하여야 하는 목적은 트랙 구성부품의 수명 연장, 트랙의 손상 방지, 트랙의 벗겨짐 방지 등이다.

75 트랙의 장력 측정 방법이 아닌 것은?

① 아이들러와 상부 1번 롤러 사이의 트랙 처짐량 측정
② 쇠봉을 이용하여 상부롤러와 링크와의 간극 측정
③ 트랙의 한쪽을 들어 트랙의 처짐량 측정
④ 신품과 비교하여 트랙의 길이 차이를 처짐량으로 측정

해설 트랙의 장력 측정 방법은 ①, ②, ③항이다.

76 트랙 롤러에 대한 설명으로 맞는 것은?

① 싱글 플랜지형과 2중 플랜지형이 있으면, 레이디얼 방향 하중은 플랜지부가 받는다.
② 5개의 롤러가 있을 경우 2번과 4번에는 단일 플랜지형 롤러가 사용되며, 그 외에는 2중 플랜지형이 설치되어 있다.
③ 건설기계의 전체 중량을 트랙 위에 균등하게 분배하면서 회전하고 트랙의 회전위치를 정확하게 유지한다.
④ 흙탕물, 진창, 토사가 묻어서 회전하므로 윤활제의 누설을 방지하고 흙물의 침입을 방지하기 위하여 더스트 실(dust seal)을 사용한다.

해설 트랙 롤러(track roller, 하부롤러)
① 트랙 프레임에 3~7개 정도가 설치되며, 건설기계의 전체중량을 지탱하며, 전체중량을 트랙에 균등하게 분배해 주고 트랙의 회전을 바르게 유지한다.
② 하부롤러는 싱글 플랜지형과 더블 플랜지형을 사용하는데 싱글 플랜지형은 반드시 프런트 아이들러와 스프로킷이 있는 쪽에 설치한다.
③ 싱글 플랜지형과 더블 플랜지형은 하나 건너서 하나씩(교번) 설치한다.

77 무한궤도 방식의 굴삭기 트랙이 벗겨지는 원인이 아닌 것은?

① 트랙의 정렬이 불량할 때
② 고속 주행 중 급선회 하였을 때
③ 트랙의 긴도(장력)가 너무 작을 때
④ 전부 유동륜과 스프로킷의 중심이 맞지 않았을 때

해설 트랙이 벗겨지는 원인
① 트랙이 너무 이완되었을 때(트랙의 유격이 크다.)
② 트랙의 정렬이 불량할 때
③ 고속주행 중 급선회를 하였을 때
④ 프런트 아이들러, 상부와 하부 롤러 및 스프로킷의 마멸이 클 때
⑤ 리코일 스프링의 장력이 부족할 때
⑥ 경사지에서 작업할 때

78 불도저 트랙 슈 중에서 도로 주행 시 사용하는 것으로 포장도로 및 노면 손상을 방지하는 슈는?

① 평활 슈
② 습지용 슈
③ 3중 돌기 슈
④ 단일 돌기 슈

해설 트랙 슈의 종류
① 단일돌기 슈(single groused shoe) : 돌기가 1개인 것으로 견인력이 크며, 중하중용 슈이다.
② 2중 돌기 슈(double groused shoe) : 돌기가 2개인 것으로 중 하중에 의한 슈의 굽음을 방지할 수 있으며, 선회성능이 우수하다.
③ 3중 돌기 슈(triple groused shoe) : 돌기가 3개인 것으로 조향할 때 회전 저항이 적어 선회성이 양호하며, 견고한 지반의 작업장에 알맞다. 굴삭기에서 많이 사용되고 있다.
④ 습지용 슈 : 슈의 단면이 삼각형이며, 접지 면적이 넓어 접지 압력이 작다.
⑤ 평활 슈 : 도로를 주행할 때 포장노면의 파손을 방지하기 위해 사용한다.
⑥ 스노 슈 : 눈 위를 주행할 때 사용한다.

정답 75. ④ 76. ③ 77. ③ 78. ①

79 불도저의 접지 길이 조정 방법은?

① 상부롤러 위치를 변경시켜 조정
② 스프로킷의 위치를 변화시켜 조정
③ 하부롤러 위치를 변경시켜 조정
④ 프런트 아이들러의 위치를 변화시켜 조정

> **해설** 트랙의 접지 길이는 프런트 아이들러(전부 유동륜)의 위치를 변화시켜 조정하는데, 조정 방법에는 조정 볼트를 이용하는 방식과 그리스를 주입하는 방식이 있다.

80 15톤 트랙터의 평균 접지압은? (단, 접지 길이 4m, 트랙 슈의 폭 30cm이다.)

① $1.6 kgf/cm^2$
② $1.066 kgf/cm^2$
③ $0.937 kgf/cm^2$
④ $0.625 kgf/cm^2$

> **해설** 평균 접지압 = $\dfrac{\text{자체중량}}{2 \times \text{접지면적}}$
>
> $\therefore \dfrac{15000}{2 \times 400 \times 30} = 0.625 kgf/cm^2$

81 건설기계의 무한궤도가 무부하 상태에서 이동한 거리를 S_1, 부하 상태에서 이동한 거리를 S_2라 할 때 슬립율(ηs)을 구하는 식은?

① $\eta_s = \dfrac{S_1 - S_2}{S_1} \times 100\%$

② $\eta_s = \dfrac{S_2 - S_1}{S_2} \times 100\%$

③ $\eta_s = \dfrac{S_1 + S_2}{S_1} \times 100\%$

④ $\eta_s = \dfrac{S_2 + S_1}{S_2} \times 100\%$

> **해설** 슬립률 $\eta s = \dfrac{S_1 - S_2}{S_1} \times 100\%$

82 트랙식 건설기계에서의 제동거리와 밀접한 관계가 없는 것은?

① 주행속도(km/h)
② 차량중량(kg)
③ 노면마찰계수
④ 엔진출력(ps/rpm)

> **해설** 트랙식 건설기계의 제동거리는 주행속도, 차량중량, 노면 마찰계수 등과 관계가 있다.

정답 79. ④ 80. ④ 81. ① 82. ④

Chapter 3
건설기계 전기장치 정비

Section 3-1 전기전자

1 전기전자 기초

1. 전류·전압 및 저항

(1) **전류** : 자유전자의 이동을 전류라 하며, 단위는 A(암페어)이다. 전류의 작용은 다음과 같다.
  ① 발열작용 : 전구(lamp), 예열플러그, 시가라이터 등에서 이용한다.
  ② 화학작용 : 축전지, 전기도금 등에서 이용된다.
  ③ 자기작용 : 발전기, 전동기, 솔레노이드, 릴레이 등에서 이용한다.

(2) **전압** : 도체에 전기가 흐를 때의 압력을 전압이라 하며, 단위는 V(볼트)이다.

(3) **저항** : 도체 속을 전자가 이동할 때 전자의 이동을 방해하는 것을 저항이라 하며, 단위는 Ω(옴)이다. 도체의 저항은 그 길이에 비례하고 단면적에 반비례한다. 즉 단면적이 증가하면 저항은 감소한다. 또 일반적인 금속은 온도상승에 따라 저항이 증가하고, 반도체는 감소한다.

2. 전기회로

(1) **옴의 법칙(Ohm' Law)**

도체에 흐르는 전류는 전압에 비례하고, 그 도체의 저항에는 반비례한다.

$$I = \frac{E}{R}, \ E = IR, \ R = \frac{E}{I}$$

[I : 전류(A), E : 전압(V), R : 저항(Ω)]

(2) **저항의 연결 방법**

① 저항의 직렬 연결 : 몇 개의 저항을 한 줄로 연결한 것으로 어느 저항에서나 동일한 전류가 흐르나 전압은 나누어져 흐른다. 합성저항은 다음과 같이 나타낸다.

$$R = R_1 + R_2 + R_3 + \ldots\ldots + R_n$$

② 저항의 병렬 연결 : 몇 개의 저항을 나누어 연결한 것으로 어느 저항에서나 동일한 전압이 흐르나 전류가 나누어져 흐른다. 합성저항은 다음과 같이 나타낸다.

$$\frac{1}{R} = \frac{1}{R_1} + \frac{1}{R_2} + \frac{1}{R_3} + \cdots\cdots + \frac{1}{R_n}$$

(3) 키르히호프의 법칙(Kirchhoff's Law)
① 키르히호프의 제1법칙 : 회로 내의 어떤 한 점에 유입한 전류의 총합과 유출한 전류의 총합은 같다.
② 키르히호프의 제2법칙 : 임의의 폐회로에 있어서 기전력의 총합과 저항에 의한 전압강하의 총합은 같다.

3. 전력

$$P = EI, \quad P = I^2 R, \quad P = \frac{E^2}{R}$$

[P : 전력, E : 전압, I : 전류, R : 저항]

2 반도체

1. 다이오드(정류용 다이오드)

다이오드는 순방향 접속에서만 전류가 흐르는 특성을 지니고 있다. 즉 한쪽 방향에 대해서는 전류를 흐르게 하고 반대 방향에 대해서는 전류의 흐름을 저지하는 정류작용을 한다. 교류발전기의 정류기, 축전지의 충전기 등에서 사용한다.

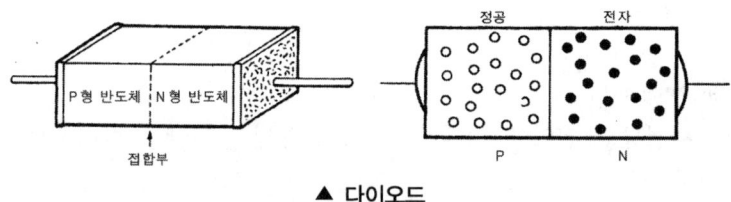

▲ 다이오드

2. 제너다이오드(zener diode)

제너다이오드는 실리콘 다이오드의 일종이며, 어떤 전압 하에서 역방향으로 전류가 통할 수 있도록 제작한 것이며, 역방향 전압이 점차 감소하여 제너 전압 이하가 되면 역방향 전류가 흐르지 못한다.

3. 발광다이오드(LED, light emitting diode)

발광다이오드는 PN 접합면에 순방향 전류를 공급하면 캐리어가 가지고 있는 에너지의 일부가 빛으로 되어 외부로 방사한다. 크랭크 각 센서, TDC 센서, 조향핸들 각속도 센서, 차고센서 등에서 이용된다.

4. 포토다이오드(photo diode)

포토다이오드는 입사광선을 접합부에 쪼이면 빛에 의해 전자가 궤도를 이탈하여 자유전자가 되어 역방향으로 전류가 흐르며, 용도는 배전기 내의 크랭크 각 센서와 TDC센서에서 사용한다.

5. 트랜지스터(TR, transistor)

트랜지스터는 PN형 다이오드의 N형 쪽에 P형을 덧붙인 PNP형과, P형 쪽에 N형을 덧붙인 NPN형이 있으며, 3개의 단자부분에는 인출선이 붙어 있다. 중앙부분을 베이스(B, Base : 제어부분), 양쪽의 P형 또는 N형을 각각 이미터(E ; Emitter) 및 컬렉터(C ; Collector)라 한다.

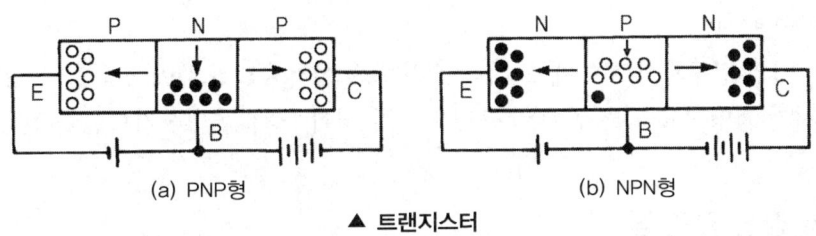

▲ 트랜지스터

[6] 다링톤 트랜지스터(darlington transistor)

다링톤 트랜지스터는 컬렉터에 많은 전류를 흐르게 하기 위해 2개의 트랜지스터를 1개의 반도체 결정에 집적하고 이를 1개의 하우징에 밀봉한 것이다. 1개의 트랜지스터로 2개 분량의 증폭효과를 발휘할 수 있다.

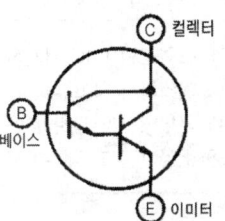

▲ 다링톤 트랜지스터

[7] 포토트랜지스터(photo transistor)

포토트랜지스터는 트랜지스터의 일종으로 베이스가 없으며, 빛을 받아서 컬렉터 전류가 제어되고 빛에 의해 컬렉터 전류가 제어되며, 광량측정, 광 스위치, 각종 sensor에 사용하는 반도체이다.

[8] 사이리스터(SCR, thyristor)

사이리스터는 PNPN 또는 NPNP 접합으로, 스위치작용을 한다. 일반적으로 단방향 3단자를 사용하는데 [+]쪽을 애노드, [-]쪽을 캐소드, 제어

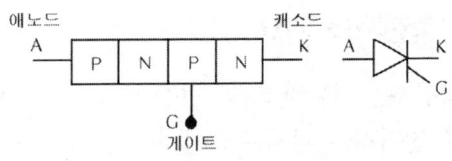

▲ 사이리스터

단자를 게이트라 부른다. 작용은 다음과 같다.
① A(애노드)에서 K(캐소드)로 흐르는 전류가 순방향이며, 순방향 특성은 전기가 흐르지 못하는 상태이다.
② G(게이트)에 (+), K(캐소드)에 (-)전류를 공급하면 A(애노드)와 K(캐소드) 사이가 순간적으로 도통(통전)된다.
③ A(애노드)와 K(캐소드) 사이가 도통된 것은 G(게이트) 전류를 제거해도 계속 도통이 유지되며, A(애노드)전위를 0으로 만들어야 해제된다.

9. 서미스터(thermistor)

금속산화물을 적당히 혼합하여 1,000℃ 이상 고온에서 소결하여 만든 것으로 부특성과 정특성이 있다. 부특성 서미스터는 온도가 상승하면 전기 저항값이 감소하는 반도체 소자이며, 연료잔량 경고등, 수온 센서, 흡기온도 센서, 오일 온도 센서 등에서 사용된다.

10. 홀 효과(hall effect)

홀 효과란 2개의 영구자석 사이에 도체를 직각으로 설치하고 도체에 전류를 공급하면 도체의 한 면에는 전자가 과잉되고 다른 면에는 전자가 부족 되어 도체 양면을 가로질러 전압이 발생되는 현상을 말한다.

11. 반도체의 장점 및 단점

반도체의 장점	반도체의 단점
㉮ 소형·경량이며, 기계적으로 강하다. ㉯ 예열하지 않고 곧 작동한다. ㉰ 내부의 전압강하가 매우 낮다. ㉱ 수명이 길고 내부에서 전력손실이 적다.	㉮ 온도특성이 나쁘다.(실리콘의 경우 150℃ 이상, 게르마늄은 85℃ 이상되면 파괴될 우려가 있다.) ㉯ 과대 전류 및 전압이 가해지면 파손되기 쉽다. ㉰ 정격값을 넘으면 곧 파괴되기 쉽다. ㉱ 온도가 올라가면 특성이 변화한다.

Section 3-2 축전지

1 축전지의 개요

축전지는 전류의 화학작용을 이용한 장치이며, 양극판, 음극판 및 전해액이 가지는 화학적 에너지를 전기적 에너지로 꺼낼 수 있는 기구이다.

2 납산 축전지의 구조와 작용

[1] 납산 축전지의 구조

(1) **극판** : 양극판은 과산화납, 음극판은 해면상 납이다. 그리고 양극판이 음극판보다 더 활성적이므로 양극판과의 화학적 평형을 고려하여 음극판을 1장 더 둔다.

(2) **격리판** : 격리 판은 양극판과 음극판 사이에 끼워져 양쪽 극판의 단락을 방지하는 일을 한다.

(3) **극판군** : 극판군을 1셀이라 하며, 완전 충전되었을 때 약 2.1V의 기전력을 발생한다. 따라서 12V 축전지의 경우에는 6개의 셀이 직렬로 연결되어 있다. 그리고 극판의 장수를 늘리면 축전지 용량이 증가하여 이용전류가 많아진다.

(4) **커버와 케이스 청소** : 축전지의 커버와 케이스의 청소는 탄산소다(탄산나트륨)와 물 또는 암모니아수로 한다.

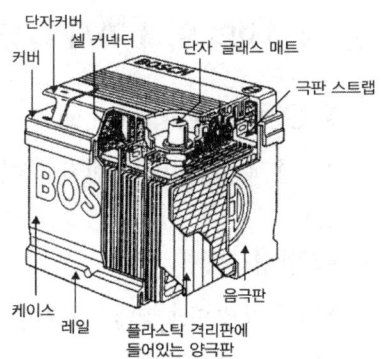

▲ 축전지의 구조

(5) **축전지 단자(terminal) 구별방법**
① 양극은 (+), 음극은(-)의 부호로 구분한다.
② 양극은 적색, 음극은 흑색의 색깔로 구분한다.
③ 양극은 직경이 굵고, 음극은 가늘다.
④ 양극은 POS, 음극은 NEG의 문자로 구분한다.
또, 축전지 단자에서 케이블을 분리할 경우는 반드시 접지단자의 케이블을 먼저 분리하고, 설치할 경우는 나중에 설치하여야 한다.

(6) **전해액(electrolyte)** : 전해액은 순도가 높은 묽은 황산을 사용한다. 비중은 20℃에서 완전 충전되었을 때 1.280이며, 전해액은 온도가 상승하면 비중이 작아지고, 온도가 낮아지면 비중은 커진다. 전해액 비중은 온도 1℃ 변화에 대하여 0.0007이 변화한다. 그리고 전해액을 제조할 때에는 물(증류수)에 황산을 부어서 혼합하도록 한다.

2. 납산 축전지의 작용

(1) **방전 중의 화학작용** : 방전이 진행되면 극판과 황산이 화합하여 양극판의 과산화납과 음극판의 해면상납 모두 황산납이 된다.

(2) **충전 중의 화학작용** : 방전된 축전지를 충전시키면 양극판은 다시 과산화납으로, 음극판은 해면상납으로 환원된다.

(3) 충방전식

(양극) (전해액) (음극) PbO₂ + 2H₂SO₄ + Pb (과산화납) (묽은황산) (해면상납)	방전 → ← 충전	(양극) (전해액) (음극) PbSO₄ + 2H₂O + PbSO₄ (황산납) (물) (황산납)

3 축전지의 여러 가지 특성

1. 방전종지전압(방전 끝 전압)

방전종지전압이란 축전지를 어떤 전압 이하로 방전해서는 안 되는 것을 말하며, 1셀당 1.75V 이다.

2. 축전지 용량

축전지 용량의 단위는 암페어시 용량(AH ; Ampere Hour rate)으로 표시하며, 이것은 일정 방전전류(A)×방전종지전압까지의 연속방전 시간(H)이다. 그리고 축전지 용량의 크기를 결정하는 요소에는 극판의 크기(또는 면적), 극판의 수, 황산(전해액)의 양 등이 있다.

(1) **방전율과 용량의 관계** : 축전지 용량을 표시하는 방법에는 20시간율, 25암페어율, 냉간율 등이 있다.

(2) **축전지 연결에 따른 용량과 전압의 변화**

① 직렬 연결의 경우 : 같은 전압, 같은 용량의 축전지 2개 이상을 (+)단자와 다른 축전지의 (-)단자에 서로 연결하는 방식이며, 전압은 연결한 개수만큼 증가되지만 용량은 1개일 때와 같다.

② 병렬 연결의 경우 : 같은 전압, 같은 용량의 축전지 2개 이상을 (+)단자를 다른 축전지의 (+)단자에, (-)단자는 (-)단자에 접속하는 방식이며, 용량은 연결한 개수만큼 증가하지만 전압은 1개일 때와 같다.

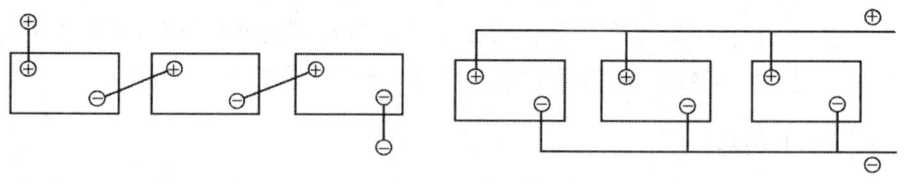

▲ 축전지의 연결 방법

4 축전지의 자기방전(자연 방전)

1. 자기방전의 원인

① 음극판의 작용 물질이 황산과의 화학작용으로 황산납이 되기 때문에

② 전해액에 포함된 불순물이 국부전지를 구성하기 때문에
③ 탈락한 극판 작용 물질이 축전지 내부에 퇴적되기 때문에
④ 축전지 커버 위에 부착된 전해액이나 먼지 등에 의한 누전으로 방전된다.

2. 자기 방전량

자기 방전량은 전해액의 온도가 높고, 비중 및 용량이 클수록 크다.

5 축전지 충전

1. 축전지 충전 방법

① 정전류 충전 : 충전의 시작에서 끝까지 전류를 일정하게 하고 충전을 실시하는 방법이며, 가장 많이 사용하는 충전 방법이다.
② 정전압 충전 : 충전의 전체기간을 일정한 전압으로 충전하는 방법이다.
③ 급속충전 : 급속충전기를 사용하여 시간적 여유가 없을 때 하는 충전이며, 충전전류는 축전지 용량의 50% 정도로 한다. 가능한 짧은 시간 내에 충전을 실시하여야 하며, 매우 큰 전류로 충전을 실시하므로 축전지 수명을 단축시키는 요인이 된다.

2. 축전지를 충전할 때 주의사항

① 충전하는 장소는 반드시 환기장치를 하여야 한다.
② 축전지는 방전상태로 두지 말고 즉시 충전한다.
③ 충전 중 전해액의 온도를 45℃ 이상으로 상승시키지 않는다.
④ 충전 중인 축전지 근처에서 불꽃을 가까이해서는 안 된다.(수소가스가 폭발성 가스이다.)
⑤ 축전지를 과충전 시켜서는 안 된다.(양극판 격자의 산화가 촉진된다.)
⑥ 축전지를 건설기계에서 떼어내지 않고 급속충전을 할 경우는 반드시 축전지와 기동전동기를 연결하는 케이블을 분리하여야 한다.(이것은 발전기 다이오드를 보호하기 위함이다.)

6 MF 축전지(Maintenance Free Battery)

MF 축전지는 자기방전이나 화학반응을 할 때 발생하는 가스로 인한 전해액 감소를 방지하고, 축전지 점검·정비를 줄이기 위해 개발된 것이며 다음과 같은 특징이 있다.
① 증류수를 점검하거나 보충하지 않아도 된다.
② 자기방전 비율이 매우 적다.
③ 장기간 보관이 가능하다.
④ 산소와 수소가스를 다시 증류수로 환원시키는 촉매 마개를 사용한다.

Section 3-3 시동장치 및 예열장치

1 시동장치

1. 기동전동기의 원리

기동전동기의 원리는 플레밍의 왼손 법칙이다. 플레밍의 왼손법칙이란 왼손의 엄지, 인지, 중지를 서로 직각이 되게 펴고 인지를 자력선의 방향으로, 중지를 전류의 방향에 일치시키면 도체에는 엄지의 방향으로 전자력이 작용한다는 법칙이며 기동전동기, 전류계, 전압계 등의 원리이다.

2. 기동전동기의 종류와 특징

① 직권전동기 : 전기자 코일과 계자코일이 직렬로 접속된 것이다. 특징은 기동 회전력이 크고, 부하가 증가하면 회전속도가 낮아지고 흐르는 전류가 커지는 장점이 있으나, 회전속도 변화가 큰 결점이 있다.
② 분권전동기 : 전기자 코일과 계자코일이 병렬로 접속된 것이다.
③ 복권전동기 : 전기자 코일과 계자코일이 직·병렬로 접속된 것이다.

3. 기동전동기의 구조와 기능

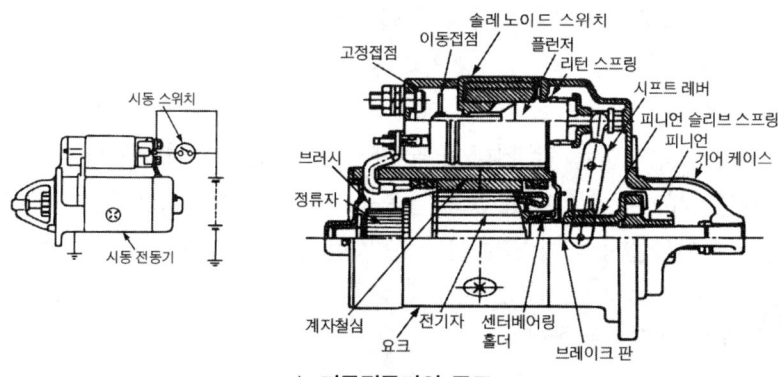

▲ 기동전동기의 구조

① **전기자**(armature) : 전기자 철심은 자력선을 잘 통과시키고 맴돌이 전류를 감소시키기 위해 얇은 철판을 각각 절연하여 성층 철심으로 하였으며, 바깥둘레에는 전기자 코일이 들어가는 홈(slot)이 파여 있다. 그로울러 테스터로 전기자 코일의 단선(개회로), 단락, 접지 시험을 한다.
② **정류자**(commutator) : 브러시에서의 전류를 일정한 방향으로만 전기자 코일로 흐르게 한다.

③ 계철과 계자철심(yoke & pole core) : 계철은 자력선의 통로와 기동전동기의 틀이 되는 부분이며, 안쪽 면에는 계자코일을 지지하여 자극이 되는 계자철심이 나사로 고정되어 있다.

④ 계자코일(field coil) : 계자철심에 감겨져 자력을 발생시키는 것이다.

⑤ 브러시와 브러시 홀더(brush & brush holder) : 정류자를 통하여 전기자 코일에 전류를 출입시키는 작용을 한다. 일반적으로 4개가 설치되며, 스프링 장력에 의해 정류자와 접속되어 홀더 내에서 미끄럼 운동을 한다.

4. 동력 전달 기구

① 벤딕스식(관성 섭동식) : 피니언의 관성과 기동전동기가 무부하에서 고속으로 회전하는 성질을 이용한 것이다.

② 피니언 섭동식(전자식) : 피니언의 미끄럼 운동과 기동전동기 스위치의 개폐를 전자력으로 작동하는 솔레노이드(마그네트) 스위치를 둔 것이다.

③ 전기자 섭동식 : 전기자가 미끄럼 운동을 하여 피니언이 기관의 플라이휠 링 기어에 물리는 방식이다.

2 예열장치

1. 감압장치

감압장치는 크랭킹 할 때 흡입밸브나 배기밸브를 강제로 열어 압축압력을 감소시키므로 기관의 시동을 도와주는 장치이며, 기관의 가동을 정지시킬 때에도 사용한다. 감압하였을 때의 크랭크축의 회전 저항은 압축행정에서의 65% 정도가 되며, 축 형식과 홈 형식이 있다.

2. 예열장치

디젤기관은 압축 착화 기관이므로 겨울철에는 잘 착화하지 못하여 시동이 어렵다. 따라서 예열장치는 연소실이나 흡기다기관 내의 공기를 미리 가열하여 시동을 쉽게 해 주는 장치이다. 그 종류에는 예열플러그와 흡기가열 방식이 있다.

① 예열플러그 방식 : 연소실 내의 압축공기를 직접 예열하는 방식으로 직렬로 결선되는 코일형과 병렬로 결선되는 실드형이 있다.

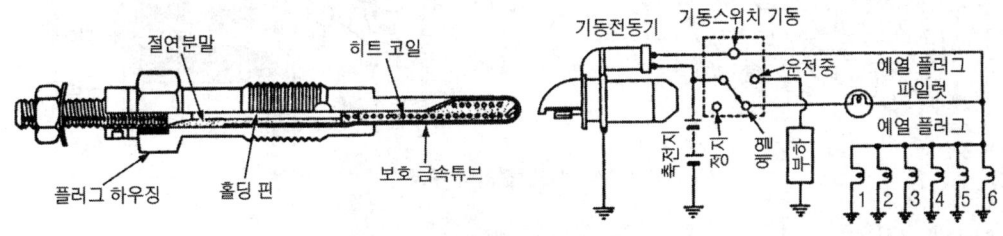

▲ 실드형 예열플러그의 구조와 회로

② 흡기가열 방식 : 흡기다기관 내의 공기를 가열하는 방식으로 흡기히터와 히트레인지가 있다.

Section 3-4 충전장치

1 발전기의 원리

발전기는 플레밍의 오른손 법칙(Fleming's right hand rule)을 이용한다. 플레밍의 오른손 법칙은 오른손 엄지, 인지 및 중지를 서로 직각이 되게 펴고, 인지를 자력선의 방향에, 엄지를 도체의 운동 방향에 일치시키면 중지에 유도기전력의 방향이 표시된다. 발전기의 원리로 사용된다.

2 교류(AC) 충전장치

1. 교류발전기의 특징

① 저속에서도 충전이 가능하다.
② 회전 부분에 정류자가 없어 허용 회전속도 한계가 높다.
③ 실리콘 다이오드로 정류하므로 전기적 용량이 크다.
④ 소형·경량이며, 브러시 수명이 길다.
⑤ 전압조정기만 필요하다.

> **참고** 실린더 벽의 마모 원인
> 교류발전기의 유도기전력의 크기는 단위시간에 자른 자력선의 수에 비례한다. 즉 상대운동의 속도가 빠를수록, 자속의 밀도(전자석의 크기, 코일의 권수)가 클수록 커진다.

2. 교류발전기의 구조

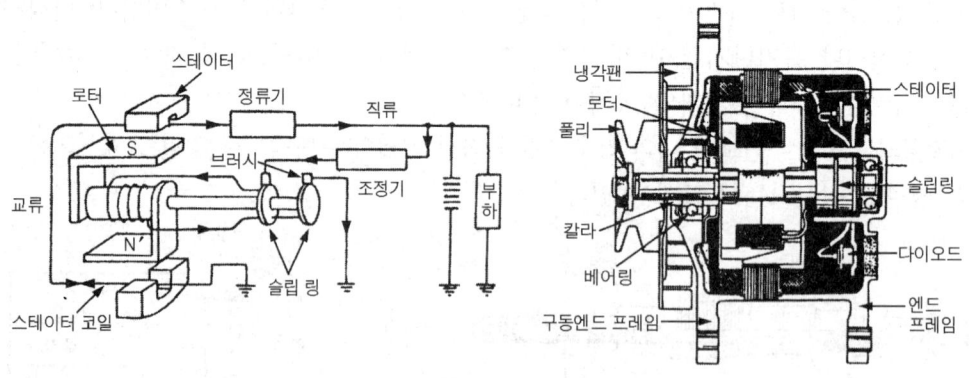

▲ 교류발전기의 구조

① **스테이터(stator, 고정자)** : 스테이터에는 독립된 3개의 코일이 감겨져 있고 여기에서 3상 교류가 유기된다.

② 로터(rotor, 회전자) : 로터의 자극편은 코일에 브러시를 거쳐 슬립링을 통하여 공급된 여자 전류가 흐르면 전자석이 되는 부분이며, 교류발전기 출력은 로터의 전류를 조정하여 조정한다.
③ 정류기(rectifier) : 교류발전기에서는 실리콘 다이오드를 정류기로 사용한다. 다이오드의 기능은 스테이터 코일에서 발생한 교류를 직류로 정류하여, 외부로 공급하고, 또 축전지에서 발전기로 전류가 역류하는 것을 방지한다. 다이오드 수는 (+)쪽에 3개, (-)쪽에 3개씩 6개를 두며, 다이오드의 과열을 방지하기 위해 엔드 프레임에 히트 싱크(heat sink)를 두고 있다
④ 교류발전기 조정기 : 교류발전기의 조정기는 전압조정기만 필요하며, 현재는 트랜지스터형이나 IC 조정기를 사용한다.

Section 3-5 계기 및 등화 장치

1 계기 장치

① 유압계 및 유압 경고등 : 유압계는 기관의 윤활 회로 내의 유압을 측정하기 위한 계기이며, 유압경고등은 윤활 회로에 이상이 있으면 경고등이 점등되는 방식이다.
② 연료계 : 연료탱크 내의 연료 보유량을 표시하는 계기이며, 일반적으로 전기방식을 사용한다.
③ 온도계(수온계) : 실린더 헤드 물재킷 내의 냉각수 온도를 표시하는 것이다.

2 등화 장치

1. 조명의 용어

① 광속 : 광원에서 나오는 빛의 다발이며, 단위는 루멘(lumen, 기호는 lm)이다.
② 광도 : 빛의 세기이며 단위는 칸델라(candle, 기호는 cd)이다.
③ 조도 : 빛을 받는 면의 밝기이며, 단위는 룩스(lux, 기호는 Lx)이다.

2. 전선의 배선방식

배선 방법에는 단선식과 복선식이 있으며, 단선식은 부하의 한끝을 차체에 접지하는 것이며, 접지 쪽에서 접촉 불량이 생기거나 큰 전류가 흐르면 전압강하가 발생하므로 작은 전류가 흐르는 부분에서 사용한다. 복선식은 접지 쪽에도 전선을 사용하는 것으로 주로 전조등과 같이 큰 전류가 흐르는 회로에서 사용된다.

3. 전조등(head light or head lamp)

(1) 실드 빔 방식 : 반사경에 필라멘트를 붙이고 여기에 렌즈를 녹여 붙인 후 내부에 불활성 가스를 넣어 그 자체가 1개의 전구가 되도록 한 것이다. 특징은 다음과 같다.
  ① 대기의 조건에 따라 반사경이 흐려지지 않는다.
  ② 사용에 따르는 광도의 변화가 적다.
  ③ 필라멘트가 끊어지면 렌즈나 반사경에 이상이 없어도 전조등 전체를 교환하여야 한다.

(2) 세미 실드 빔 방식 : 렌즈와 반사경은 녹여 붙였으나 전구는 별개로 설치한 것으로 필라멘트가 끊어지면 전구만 교환하면 된다.

(3) 전조등 회로 : 양쪽의 전조등은 병렬로 접속되어 있다.

(4) 전조등의 조명이 부족한 원인
  ① 접속 부분의 저항이 크다.
  ② 렌즈 내외에 물방울이 부착되었다.
  ③ 전조등 회로에 접지가 불량하다.
  ④ 체결부의 스프링 변형으로 주광축이 맞지 않다.

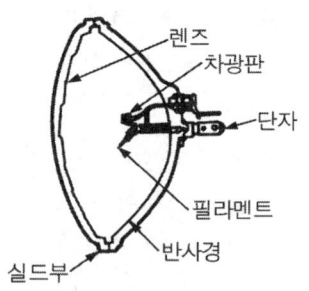

(a) 실드빔식

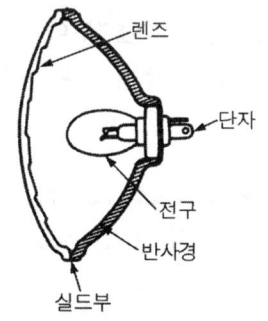

(b) 세미 실드빔식

▲ 전조등의 분류

4. 방향지시등

(1) 방향지시등의 점멸이 느린 원인
  ① 전구의 접지 불량
  ② 축전지의 방전(용량 저하)
  ③ 배선의 접촉 불량

(2) 방향지시등의 좌우 점멸 회수가 다르거나 한쪽만이 작동할 때의 원인
  ① 전구 필라멘트 1개소 단선
  ② 규정 용량 이외의 전구 사용
  ③ 스위치로부터 램프 사이의 단선

Section 3-6 냉·난방장치

1 에어컨의 작동원리

냉동사이클은 증발→압축→응축→팽창 4가지 작용을 순환 반복한다.

2 차량의 열부하

① 관류 부하-차실 벽, 바닥 또는 창으로부터의 이동 열
② 복사 부하-직사광선에 의한 열
③ 승원 부하(승차인원 부하)-승객에 의한 발열
④ 환기 부하-자연 또는 강제 환기

3 냉매

지구환경 문제로 인하여 기존의 냉매는 사용을 억제하고, 대체 가스로 사용되고 있는 에어컨의 냉매는 R-134a이며, 구비조건은 다음과 같다.

① 무색, 무취, 무미일 것
② 가연성, 폭발성 및 사람이나 가축에 무해할 것
③ 저온과 대기압 이상에서 증발하고, 여름철 외부 온도의 저압에서도 액화가 쉬울 것
④ 증발잠열이 크고, 비체적이 적을 것
⑤ 임계온도가 높고, 응고점이 낮을 것
⑥ 화학적으로 안정되고, 금속의 부식성이 없을 것
⑦ 사용온도 범위가 넓을 것
⑧ 냉매 가스의 누출을 쉽게 발견할 수 있을 것

4 에어컨의 구조

① **압축기**(compressor) : 증발기에서 기화된 냉매를 고온·고압가스로 변환시켜 응축기로 보낸다.
② **응축기**(condenser) : 고온·고압의 기체 냉매를 냉각에 의해 액체 냉매 상태로 변화시키는 일을 한다.
③ **리시버 드라이어**(receiver dryer) : 응축기에서 보내온 냉매를 일시 저장하고 항상 액체 상태의 냉매를 팽창밸브로 보내는 역할을 한다.
④ **팽창밸브**(expansion valve) : 고압의 액체 냉매를 분사시켜 저압으로 감압시키는 역할을 한다.
⑤ **증발기**(evaporator) : 주위의 공기로부터 열을 흡수하여 기체 상태의 냉매로 변환시킨다.
⑥ **송풍기**(blower) : 직류 직권 전동기에 의해 구동되며, 공기를 증발기에 순환시킨다.

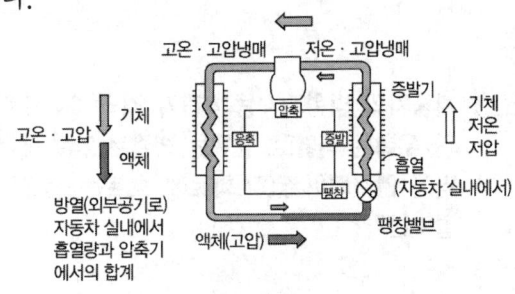

▲ 에어컨의 구성

Chapter 3 출제예상문제

01 저항을 직렬 접속했을 때의 설명으로 틀린 것은?
① 각각의 저항에 전원전압이 분압 된다.
② 어느 저항에서나 동일한 전류가 흐른다.
③ 합성저항은 각 저항의 어느 것보다도 작다.
④ 각 저항에 분압 된 전압의 합은 전원전압과 같다.

해설 직렬 접속의 특징
① 합성 저항은 각 저항의 합과 같다.
② 어느 저항에서나 똑같은 전류가 흐른다.
③ 전압이 나누어져 저항 속을 흐른다. 즉, 각 저항에 가해지는 전압의 합은 전원 전압과 같다.
④ 큰 저항과 매우 작은 저항을 연결하면 매우 작은 저항은 무시된다.

02 24V용 발전기의 발전전류가 40A라고 하면 이 발전기의 저항은 얼마인가?
① 0.4Ω ② 0.6Ω
③ 0.8Ω ④ 0.9Ω

해설 $I = \dfrac{E}{R}$
[I : 전류, E : 전압, R : 저항]에서 $R = \dfrac{E}{I}$
∴ $\dfrac{24V}{40A} = 0.6Ω$

03 기중기의 방향지시등 4개가 각각 6Ω으로 좌, 우측은 직렬로, 앞뒤는 병렬로 24V 배터리에 연결되어 있다. 회로에 흐르는 전류는 얼마인가?

① 0.25A ② 1A
③ 2A ④ 4A

해설 ① $\dfrac{1}{R} = \dfrac{1}{R_1+R_2} + \dfrac{1}{R_3+R_4}$에서
$\dfrac{1}{6+6} + \dfrac{1}{6+6} = \dfrac{2}{12}Ω$ ∴ $R = \dfrac{12}{2} = 6Ω$
② $I = \dfrac{E}{R}$ ∴ $\dfrac{24V}{6Ω} = 4A$

04 12V, 25W 전구 4개를 병렬로 연결한 전조등 회로에서의 소모전류는?
① 100A ② 48A
③ 8.3A ④ 2.1A

해설 $P = EI$
[P : 전력, E : 전압, I : 전류]에서 $I = \dfrac{P}{E}$
∴ $\dfrac{25W \times 4}{12V} = 8.3A$

05 24V의 배터리가 장착된 굴착기에서 기동전동기의 소모전류 시험 결과 220A의 전류가 소모되었다면 출력은?
① 약 4.36PS
② 약 6.27PS
③ 약 7.18PS
④ 약 8.46PS

해설 ① $P = EI$
∴ $24V \times 220A = 5280W = 5.28kW$
② 1PS는 0.736kW이므로 $\dfrac{5.28}{0.736} = 7.18PS$

정답 01. ③ 02. ② 03. ④ 04. ③ 05. ③

06 다음은 트랜지스터의 장점을 설명한 것이다. 맞지 않은 것은?

① 증폭 및 스위칭 작용을 할 수 있다.
② 내부에서의 전력손실이 적다.
③ 소형이며 가볍다.
④ 내부에서의 전압강하가 매우 크다.

해설 트랜지스터의 장점은 ①, ②, ③항 이외에 내부에서의 전압강하가 매우 적다.

07 전압조정기의 전압 검출 및 정전압 회로 등에 사용하는 반도체는?

① 트랜지스터   ② 제너 다이오드
③ 서미스터   ④ 발광 다이오드

해설 다이오드의 종류
① 실리콘 다이오드 : 교류 전기를 직류 전기로 변환시키는 정류용 다이오드이다.
② 제너 다이오드 : 전압이 어떤 값에 이르면 역방향으로 전류가 흐르는 정전압용 다이오드이다.
③ 포토 다이오드 : 접합면에 빛을 가하면 역방향으로 전류가 흐르는 다이오드이다.
④ 발광 다이오드 : 순방향으로 전류가 흐르면 빛을 발생시키는 다이오드이다.

08 엔진 수온계에 사용하는 서미스터에 대한 설명 중 틀린 것은?

① 온도 변화에 따른 저항의 변화가 대단히 민감하다.
② 부특성(NTC) 서미스터는 온도가 증가하면 저항은 감소한다.
③ 온도 변화에 따라 저항의 크기가 변화하는 반도체의 일종이다.
④ 엔진 수온계의 수신부에는 정특성(PTC) 서미스터를 사용한다.

해설 수온계에 사용하는 서미스터는 부특성 서미스터이다.

09 서미스터를 이용하는 센서가 아닌 것은?

① 엔진수온 센서
② 엔진 회전계 센서
③ 경고등식 연료계 센서
④ 에어컨의 내·외기 온도센서

해설 서미스터(Thermistor)는 온도 검출용으로 사용하며, 엔진 회전계는 크랭크 각 센서의 신호를 이용한다.

10 30℃에서 전해액 비중이 1.215일 때 20℃에서의 비중은 얼마나 되겠는가?

① 1.222   ② 1.232
③ 1.252   ④ 1.282

해설 $S_{20} = St + 0.0007 \times (t-20)$
[S_{20} : 표준온도로 환산한 비중,
St : t℃에서 측정한 비중,
t : t℃에서의 전해액 온도(℃)]
∴ $1.215 + 0.0007 \times (30-20) = 1.222$

11 20℃에서 완전 충전된 축전지 전해액의 비중이 1.280이었다면 0℃일 때의 비중은?

① 1.294   ② 1.266
③ 1.303   ④ 1.250

해설 $S_{20} = St + 0.0007 \times (t-20)$
∴ $1.280 = St + 0.0007 \times (0-20)$에서 $St = 1.294$

12 축전지 전해액을 점검한 결과 비중이 1.240이고, 전해액의 온도는 40℃ 이다. 표준상태(20℃)의 비중으로 환산하면?

① 1.254   ② 1.248
③ 1.240   ④ 1.236

해설 $S_{20} = St + 0.0007 \times (t-20)$
[S_{20} : 표준온도로 환산한 비중, St : t℃에서 측정한 비중, t : t℃에서의 전해액 온도(℃)]
∴ $1.240 + 0.0007 \times (40-20) = 1.254$

정답 06. ④ 07. ② 08. ④ 09. ② 10. ① 11. ① 12. ①

13 12V 150AH의 축전지 3개를 직렬로 연결하면?

① 12V 450AH가 된다.
② 12V 150AH가 된다.
③ 36V 450AH가 된다.
④ 36V 150AH가 된다.

해설 축전지의 직렬 연결은 [+]와 [−]를 연결하는 방법으로, 전압은 연결한 개수만큼 증가하나 용량은 1개일 때와 같다. 그리고 병렬 연결은 [+]와 [+], [−]와 [−]를 연결하는 방법으로, 용량은 연결한 개수만큼 증가하나 전압은 1개일 때와 같다.

14 배터리의 용량이 40AH일 때 20시간율 방전전류는 얼마인가?

① 2A   ② 4A
③ 6A   ④ 8A

해설 $AH = A \times H$
[AH : 축전지 용량, A : 방전전류, H : 방전시간에서
$A = \dfrac{AH}{H}$ ∴ $\dfrac{40AH}{20H} = 2A$

15 0℃에서 충전상태가 양호한 축전지의 용량이 180Ah이다. 이 축전지는 300A의 전류로 얼마 동안 사용이 가능한가?

① 16분   ② 26분
③ 36분   ④ 46분

해설 $AH = A \times H$에서 $H = \dfrac{AH}{A}$
∴ $\dfrac{180Ah}{300A} = 0.6h = 36\min$

16 완전 충전된 축전지를 방전종지 전압까지 방전하는데 20A로 6시간 걸렸다. 이것을 완전 충전하는데 10A로 15시간 걸렸다. 이 축전지의 효율은 몇 %인가?

① 60%   ② 70%
③ 80%   ④ 90%

해설 $\eta_{AH} = \dfrac{D_{AH}}{C_{AH}} \times 100$ [η_{AH} : 축전지 효율, D_{AH} : 방전할 때의 용량, C_{AH} : 충전할 때의 용량]
∴ $\dfrac{20A \times 6H}{10A \times 15H} \times 100 = 80\%$

17 충전할 때 축전지 내에서 발생되는 수소가스의 성질은?

① 중성가스   ② 소화 가스
③ 흡연성 가스   ④ 가연성 가스

해설 충전할 때 축전지에서 발생하는 수소가스는 가연성이며, 폭발성 가스이다.

18 배터리 충·방전 시 화학반응식을 나타낸 것으로 ( )안에 알맞은 것은?

$$PbO_2 + 2H_2SO_4 + Pb$$
$$\updownarrow$$
$$PbSO_4 + (\quad) + PbSO_4$$

① $2HSO_2$ ② $2H_2O$
③ $2HSO_3$ ④ $2HSO_4$

해설 $PbO_2 + 2H_2SO_4 + Pb$
⇔ $PbSO_4 + 2H_2O + PbSO_4$

19 배터리 취급상 유의할 사항이 아닌 것은?

① 완전충전 상태로 유지할 것
② 액 보충은 증류수를 보충할 것
③ 보관시는 어둡고 서늘한 곳에 둘 것
④ 과충전시킬 것

해설 배터리 취급상 유의 사항은 ①, ②, ③항 이외에 과충전 시키면 배터리의 수명이 단축된다.

정답 13. ④ 14. ① 15. ③ 16. ③ 17. ④ 18. ② 19. ④

20 배터리 전해액의 비중이 낮을 때 나타나는 현상은?

① 전압이 낮아진다.
② 동파의 우려가 적다.
③ 극판이 과산화납으로 변화된다.
④ 전해액의 황산 함유량이 많아진다.

해설 배터리 전해액의 비중이 낮으면 전압이 낮아진다.

21 축전지에 증류수를 자주 보충해야 되는 이유는?

① 정상적이다.
② 황산화되고 있다.
③ 과충전되고 있다.
④ 과부하가 걸리고 있다.

해설 축전지가 과충전되면 증류수를 자주 보충하여야 한다.

22 납산 축전지 설페이션 현상의 직접적인 원인이 아닌 것은?

① 과방전이 되었을 때
② 전해액에 불순물이 포함
③ 장시간 방전 상태로 방치
④ 터미널과 단자 과다 조임

해설 설페이션의 원인
① 축전지를 과방전 하였을 경우
② 축전지의 극판이 단락되었을 때
③ 전해액의 비중이 너무 높거나 낮을 때
④ 전해액이 부족하여 극판이 노출되었을 때
⑤ 전해액에 불순물이 혼입되었을 때
⑥ 불충분한 충전을 반복하였을 때
⑦ 장기간 방전상태로 방치하였을 경우

23 기동전동기의 회전 방향을 알기 위한 법칙은?

① 렌츠의 법칙
② 베르누이의 법칙
③ 플레밍의 왼손 법칙
④ 플레밍의 오른손 법칙

해설 플레밍의 왼손 법칙이란 왼손의 엄지손가락, 인지 및 가운데 손가락을 서로 직각이 되도록 펴고, 인지를 자력선의 방향에, 가운데 손가락을 전류의 방향에 일치시키면 도체에는 엄지손가락 방향으로 전자력이 작용한다.

24 기동전동기의 종류별 특징에 대한 설명으로 틀린 것은?

① 직권식 전동기는 기동 모터에 주로 사용된다.
② 분권식 전동기는 계자 코일과 전기자 코일이 병렬로 연결되어 있다.
③ 분권식 전동기는 일반적으로 직권식 전동기보다 기동 회전력이 크다.
④ 직권식 전동기는 계자 코일과 전기자 코일이 직렬로 연결되어 있다.

해설 직권식 전동기는 전기자 코일과 계자코일이 직렬로 접속된 것이며, 기동회전력이 크고, 부하가 증가하면 회전속도가 낮아지고 흐르는 전류가 커지는 장점이 있으나 회전속도 변화가 큰 단점이 있다.

25 기동전동기의 전기자가 개회로 되면 어떤 일이 일어나는가?

① 부싱이 파손되기 쉽다.
② 전기자가 고속 회전하기 쉽다.
③ 정류자편이 손상되기 쉽다.
④ 전기자 코일이 단락되기 쉽다.

해설 기동전동기의 전기자가 개회로(단선) 되면 정류자편이 손상되기 쉽다.

정답 20. ① 21. ③ 22. ④ 23. ③ 24. ③ 25. ③

PART1 건설기계 정비

26 건설기계의 시동용 기동전동기에서 홀드인 코일의 주된 역할은?

① 단속기를 움직이는 역할
② 플런저의 위치를 유지하는 역할
③ 전기자 코일에 전원을 공급하는 역할
④ 배터리의 [+]단자와 [−]단자를 연결시키는 역할

해설 기동전동기의 홀드인 코일은 플런저의 위치를 유지하는 역할 즉 플라이휠의 링 기어와 전기자의 피니언 물림상태를 유지한다.

27 굴착기의 시동 회로에 흐르는 전류(A)와 전압(V)을 측정하려고 한다. 축전지의 연결 방법으로 적합한 것은?

① 전류(A)-직렬, 전압(V)-직렬
② 전류(A)-직렬, 전압(V)-병렬
③ 전류(A)-직·병렬, 전압(V)-직렬
④ 전류(A)-병렬, 전압(V)-직·병렬

해설 전류(A)와 전압(V)을 측정할 때는 전류(A)는 직렬, 전압(V)은 병렬한다.

28 굴착기가 시동이 되지 않아 정비하고자 한다. 점검항목으로 잘못된 것은?

① 시동모터 키 릴레이 코일로 전원이 공급되고 있는지 확인한다.
② 키 스위치 작동 후 솔레노이드의 F단자로 전원이 공급되는지 점검했다.
③ 시동모터의 플런저가 작동되지 않아 스테이터 코일의 상태를 점검했다.
④ 릴레이로부터 시동모터의 ST단자로 전원이 공급되는가 확인한다.

해설 시동이 되지 않으면 ①, ②, ④항 이외에, 시동모터의 플런저가 작동되지 않으면 솔레노이드 스위치를 점검한다.

29 6극 60헤르츠(Hz)를 사용하는 유도전동기가 있다. 전부하 슬립이 10%라면 이 전동기의 실제 회전수는 몇 rpm인가?

① 1,080rpm   ② 1,008rpm
③ 2,080rpm   ④ 2,008rpm

해설 $f = \dfrac{PN}{120}$

[f : 주파수, P : 극수, N : 회전수]에서 $N = \dfrac{120f}{P}$

$\therefore \dfrac{60 \times 120 \times 0.9}{6} = 1,080 rpm$

30 기동전동기의 전기자 코일 이상유무를 점검하는데 사용하는 시험기는?

① 메거 옴 시험기
② 레지턴스 시험기
③ 그로울러 시험기
④ 하이드로메터 시험기

해설 그로울러 시험기로 전기자 코일의 단선, 단락, 접지에 대해 점검한다.

31 직류발전기의 종류에 해당되지 않는 것은?

① 직권발전기   ② 분권발전기
③ 타려자 발전기 ④ 복권발전기

해설 타려자 발전기는 별도의 전원을 이용하여 로터 코일을 여자 시키는 방식으로 교류발전기에서 사용한다.

32 교류발전기의 장점이 아닌 것은?

① 무게가 가볍고 출력이 크다.
② 저속 회전에도 축전지 충전이 가능하다.
③ 고속 회전에서도 견딜 수 있다.
④ 별도의 전류 조정기가 필요하다.

해설 교류발전기의 특징
① 소형·경량이며 출력이 크다.

정답 26. ② 27. ② 28. ③ 29. ① 30. ③ 31. ③ 32. ④

② 저속에서의 충전성능이 우수하다.
③ 고속회전에서도 견딜 수 있다.
④ 정류자가 없어 브러시 수명이 길다.
⑤ 실리콘 다이오드로 정류하므로 정류특성이 좋다.
⑥ 전압조정기만 필요하다.

33 교류발전기의 유도기전력의 크기와 관계없는 것은?

① 전자석의 크기
② 로터의 회전수
③ 다이오드의 크기
④ 스테이터 코일의 권수

> **해설** 교류발전기의 유도기전력의 크기는 단위시간에 자른 자력선의 수에 비례한다. 즉 상대운동의 속도가 빠를수록, 자속의 밀도(전자석의 크기, 스테이터 코일의 권수)가 클수록 커진다.

34 다음은 AC 발전기의 각부 명칭과 역할을 기술한 것이다. 틀린 것은?

① 스테이터 코일 : 전기를 발생하는 부분
② 로터 코일과 철심 : 자속을 만드는 부분
③ 전기자 코일 : 전류손실을 방지하는 부분
④ 실리콘 다이오드 : 정류하는 부분

> **해설** 교류 발전기의 구조
> ① 스테이터(stator) : 3상 교류가 유기된다.
> ② 로터(rotor) : 스테이터 내에서 회전하며, 자속을 형성한다.
> ③ 슬립링(slip ring) : 브러시와 접촉하며, 축전지의 여자전류를 로터 코일에 공급한다.
> ④ 브러시(brush) : 로터 코일에 축전지 전류를 공급하는 역할을 한다.
> ⑤ 실리콘 다이오드(silicon diode) : 교류를 정류하며, 역류를 방지한다.

35 교류발전기에서 3개의 독립된 코일을 감아 Y결선으로 하여 3상 교류를 발생시키는 것은?

① 로터
② 릴레이
③ 스테이터
④ 아마추어

36 교류발전기의 구성품에 해당되지 않는 것은?

① 스테이터
② 로터
③ 컷 아웃 릴레이
④ 정류기

> **해설** 교류 발전기는 스테이터, 로터, 다이오드(정류기), 슬립링과 브러시, 엔드 프레임 등으로 구성된 타려자 방식의 발전기이다.

37 교류발전기의 로터 코일에 축전지의 전류를 공급하는 것은?

① 다이오드
② 스테이터
③ 슬립링
④ 레귤레이터

> **해설** AC발전기는 타려자 발전기이므로, 축전지에서 로터 코일에 공급되는 전류를 조절하여 출력을 조절한다.

38 충전장치의 취급상 주의사항으로 틀린 것은?

① 접지 극성에 주의한다.
② 고속 회전 시 B단자를 풀어놓는다.
③ 발전기에 물이 들어가지 않도록 한다.
④ B단자와 F단자를 접지시키지 않는다.

39 건설기계 충전장치에서 교류발전기의 정류 다이오드는 모두 몇 개인가?

① 3
② 5
③ 6
④ 7

> **해설** 교류발전기 정류용 다이오드는 [+]쪽에 3개, [−]쪽에 3개 모두 6개가 스테이터 코일과 연결되어 있다.

정답 33. ③　34. ③　35. ③　36. ③　37. ③　38. ②　39. ③

40 건설기계의 교류발전기에서 고장이 아닌 것은?

① 다이오드 단락
② 전압조정 불량
③ 로터 코일의 단선
④ 컷아웃 릴레이 불량

해설 컷아웃 릴레이는 직류발전기 조정기에서 배터리의 전류가 발전기로 역류하는 것을 방지하는 역할을 한다.

41 교류발전기를 분해한 후 멀티테스터로 측정하고자 할 때 측정이 어려운 사항은?

① 다이오드 양부 판정
② 로터 코일 접지 상태
③ 로터 코일 단선 상태
④ 스테이터 코일 단락 상태

해설 교류발전기 분해 후 멀티테스터로 점검할 수 있는 사항은, 다이오드의 양부 판정, 로터 코일의 단선과 접지 상태, 스테이터 코일의 단선 및 접지 상태이다.

42 타이어식 건설기계에서 주행 중 충전 램프 경고등이 켜질 때의 원인이 아닌 것은?

① 팬벨트의 장력이 크다.
② 축전지 접지 케이블이 이완되었다.
③ 발전기 뒷부분 소켓이 빠졌다.
④ 발전기나 충전장치가 불량하다.

해설 주행 중 충전 램프 경고등이 켜지는 원인은 ②, ③, ④항 이외에, 팬벨트의 장력이 느슨하거나 절단된 경우이다.

43 콘크리트 믹서트럭이 갖추어야 할 등화 장치가 아닌 것은?

① 전조등   ② 작업등
③ 제동등   ④ 차폭등

44 다음은 전조등의 주요 점검 개소를 나열한 것이다. 해당되지 않은 것은?

① 렌즈   ② 퓨즈
③ 반사경   ④ 필라멘트

해설 전조등의 3요소는 렌즈, 반사경, 필라멘트이다.

45 렌즈, 반사경, 필라멘트가 일체로 된 구조이며, 내부에 불활성가스를 봉입하여 완전히 밀폐한 전조등의 형식은?

① 조립식   ② 수온등
③ 실드 빔 형식 ④ 세미실드 빔 형식

해설 실드 빔 전조등은 렌즈, 반사경, 필라멘트가 일체로 된 구조이며, 내부에 불활성 가스를 봉입하여 완전히 밀폐한 형식이다.

46 전조등에서 세미 실드 빔 형식이란?

① 렌즈, 반사경 및 전구를 분리하여 만든 것
② 렌즈, 반사경 및 전규를 일체로 만든 것
③ 렌즈 및 반사경은 일체이나 전구를 분리하여 만든 것
④ 렌즈 및 반사경은 분리하고 전구를 일체로 만든 것

해설 세미 실드 빔 전조등은 렌즈와 반사경은 일체이나 전구를 분리하여 만든 것이다.

47 전기장치에 사용하는 전조등 형식 중 세미 실드 빔 형식은?

① 내부는 진공상태로 되어 있다.
② 불활성 가스가 봉입되어 있다.
③ 전구의 단선시 전구만 교환하면 된다.
④ 필라멘트가 끊어지면 램프 유닛 전체를 교환한다.

해설 세미 실드 빔 형식은 전구의 필라멘트가 끊어지면 전구만 교환하면 된다.

정답 40. ④ 41. ④ 42. ① 43. ② 44. ② 45. ③ 46. ③ 47. ③

48 광도가 12,000cd인 전조등을 켰을 때 광축에 수직인 면의 조도가 480lux였다. 전조등에서 수직면까지의 거리는?

① 0.5m ② 1.5m
③ 5.0m ④ 10.0m

해설 $E = \dfrac{I}{r^2}$

[E : 피조면의 조도(lux), I : 광원의 광도(cd), r : 광원으로부터 거리(m)] 에서 $r = \sqrt{\dfrac{I}{E}}$

∴ $\sqrt{\dfrac{12000\text{cd}}{480\text{lux}}} = 5\text{m}$

49 광원에서 60cm 떨어진 곳의 조도가 500 Lux라면 이 광원에서 200cm 떨어진 곳의 조도는?

① 15Lux ② 20Lux
③ 30Lux ④ 45Lux

해설 $(60cm)^2 \times 500 Lux = (200cm)^2 \times x Lux$

∴ $x Lux = \dfrac{(60cm)^2 \times 500 Lux}{(200cm)^2} = 45 Lux$

50 야간에 운전 중인 건설기계의 전조등 광도가 점차적으로 감소된다면 점검해야 할 부품은?

① 배선 ② 발전기
③ 릴레이 ④ 스위치

해설 야간에 운전 중인 건설기계의 전조등의 광도가 점차적으로 감소된다면, 발전기에 결함이 발생되어 충전이 이루어지지 않는 경우이므로, 발전기를 점검하여야 한다.

51 기관 가동 상태에서 전조등이 점등되지 않을 때 점검하지 않아도 되는 것은?

① 퓨즈의 단선 상태
② 배선의 연결 상태
③ 축전지 용량을 저하 상태
④ 전조등 스위치 불량 상태

52 전조등의 조명이 부족한 원인이 아닌 것은?

① 접속 부분의 저항이 많이 걸린다.
② 렌즈 내외에 물방울이 부착되었다.
③ 전조등 회로에 접지가 확실하게 되어 있다.
④ 체결부의 스프링 변형으로 주광축이 맞지 않다.

해설 전조등 조명이 부족한 원인은 ①, ②, ④항 이외에, 전조등 회로의 접지가 불량하다.

53 축전기식 방향지시등의 특징이 아닌 것은?

① 전류형과 전압형 두 종류가 있다.
② 축전기의 충·방전 작용을 이용한다.
③ 회로 내부에는 다이오드를 사용한다.
④ 축전기, 전자석, 접점으로 구성되어 있다.

해설 축전기 방식 방향지시등의 특징
① 작동 원리상 전류형과 전압형이 있다.
② 축전기의 충전과 방전 작용을 이용하여 릴레이를 작동시켜 방향지시등을 점멸시킨다.
③ 접점, 전자석, 축전기로 되어 있다.
④ 전자석은 하나의 철심에 2개의 코일로 감은 수와 방향이 각각 다르게 되어 있다.

54 방향지시등의 점멸이 느린 원인으로 옳지 않은 것은?

① 전구의 접지 불량
② 축전지의 방전(용량 저하)
③ 배선의 접촉 불량
④ 발전기 'N' 단자의 접촉 불량

해설 방향지시등의 점멸이 느린 원인은 전구의 접지 불량, 축전지의 방전(용량 저하), 배선의 접촉 불량 등이다.

정답 48. ③ 49. ④ 50. ② 51. ③ 52. ③ 53. ③ 54. ④

55 방향지시등 램프의 좌우 점멸 회수가 다르거나 한쪽만이 작동할 때의 고장 원인이 아닌 것은?

① 전구 필라멘트 1개소 단선
② 규정 용량 이외의 전구 사용
③ 스위치로부터 램프 사이의 단선
④ 윙커 유닛(Winker Unit)의 불량

> 해설 방향지시등의 좌우 점멸 회수가 다르거나 한쪽만이 작동할 때의 고장은, 전구 필라멘트 1개소 단선, 규정 용량 이외의 전구 사용, 스위치로부터 램프 사이의 단선 등이다.

56 굴착기에서 시동 스위치를 off 시켜도 엔진이 정지되지 않을 때 점검할 항목과 가장 거리가 먼 것은?

① 시동 스위치를 점검한다.
② 연료차단 솔레노이드의 작동상태를 점검한다.
③ 시동 릴레이(relay) 연결 배선의 전류 흐름을 점검한다.
④ 연료차단 솔레노이드와 연결된 배선의 전류 흐름을 점검한다.

> 해설 시동 스위치를 off 시켜도 엔진이 정지되지 않을 때에는 시동 스위치 점검, 연료 차단 솔레노이드의 작동상태 점검, 연료 차단 솔레노이드와 연결된 배선의 전류흐름을 점검한다.

57 냉동사이클은 카르노 사이클의 4가지 순환 반복 작동을 이용한 것이다. 4가지 작용에 포함되지 않는 것은?

① 증발   ② 흡입
③ 압축   ④ 응축

> 해설 냉동사이클은 증발→압축→응축→팽창 4가지 작용을 순환 반복한다.

58 에어컨에서 압축기의 역할은?

① 저온 고압가스 상태로 콘덴서에 보낸다.
② 저온 저압가스 상태로 콘덴서에 보낸다.
③ 고온 고압가스 상태로 콘덴서에 보낸다.
④ 고온 저압가스 상태로 콘덴서에 보낸다.

> 해설 에어컨의 구조
> ① 압축기(compressor) : 증발기에서 기화된 냉매를 고온·고압가스로 변환시켜 응축기로 보낸다.
> ② 응축기(condenser) : 고온·고압의 기체냉매를 냉각에 의해 액체냉매 상태로 변화시킨다.
> ③ 리시버드라이어(receiver dryer, 건조기) : 냉매 속의 수분 및 불순물을 흡수하고 응축기에서 보내온 냉매를 일시 저장하며, 항상 액체상태의 냉매를 팽창밸브로 보낸다.
> ④ 팽창 밸브(expansion valve) : 고온·고압의 액체냉매를 급격히 팽창시켜 저온·저압의 무상(기체) 냉매로 변화시킨다.
> ⑤ 증발기(evaporator) : 주위의 공기로부터 열을 흡수하여 기체 상태의 냉매로 변환하여 저온화시킨다.
> ⑥ 송풍기(blower) : 직류 직권 전동기에 의해 구동되며, 공기를 증발기에 순환시킨다.

59 건설기계의 에어컨 시스템에서 콘덴서의 역할은?

① 저온·저압의 액상 냉매로 만든다.
② 저온·고압의 액상 냉매로 만든다.
③ 고온·저압의 액상 냉매로 만든다.
④ 고온·고압의 액상 냉매로 만든다.

60 팽창밸브식 에어컨 시스템의 냉매 흐름은?

① 압축기→응축기→건조기→팽창밸브→증발기
② 압축기→건조기→팽창밸브→응축기→증발기
③ 압축기→팽창밸브→증발기→건조기→응축기
④ 압축기→증발기→팽창밸브→건조기→응축기

> 해설 팽창밸브식 에어컨 시스템의 냉매 흐름 : 압축기→응축기→건조기→팽창밸브→증발기

정답 55. ④ 56. ③ 57. ② 58. ③ 59. ④ 60. ①

61 에어컨에서 리시버 드라이어의 역할은?

① 압축기의 열 흡수
② 냉매 속의 수분흡수
③ 증발기에 응축된 열 흡수
④ 증발기에 응축된 수분흡수

해설 리시버 드라이어(receiver dryer)는 냉매 속의 수분 및 불순물을 흡수하고, 응축기에서 보내온 냉매를 일시 저장하며, 항상 액체 상태의 냉매를 팽창밸브로 보내는 작용을 한다.

62 증발기 입구에 설치되어 건조기에서 보내온 고온·고압의 액체 냉매를 통로를 수축한 구멍에 분사하여, 급격히 팽창시켜 기화 작용에 의한 저온·저압의 안개 상태의 냉매를 만드는 역할을 하는 부품은?

① 쿨링 유닛　② 팽창밸브
③ 증발기　　④ 건조기

해설 팽창밸브(expansion valve)는 고온·고압의 액체 냉매를 급격히 팽창시켜 ,저온·저압의 무상(기체) 냉매로 변화시켜 주는 부품이다.

63 냉방장치 정비 시 주의사항으로 틀린 것은?

① 환기가 잘되는 곳에서 작업한다.
② 냉매를 회수할 때는 회수기를 사용한다.
③ 냉매를 취급할 때는 보안경과 장갑을 착용한다.
④ 안전을 위해 냉매를 대기 중에 방출한 후 압축기를 교환한다.

해설 냉매를 대기 중에 방출하면 지구온난화에 영향이 있으므로 냉매를 에어컨 사이클에서 뺄 때는 반드시 냉매 회수기를 사용하여야 한다.

64 건설기계 냉·난방장치에서 주위의 공기로부터 열을 흡수하여 기체 상태의 냉매로 변환시키는 장치는?

① 응축기　② 증발기
③ 압축기　④ 팽창밸브

해설 에어컨의 구조
① 압축기(compressor) : 증발기에서 기화된 냉매를 고온·고압가스로 변환시켜 응축기로 보낸다.
② 응축기(condenser) : 고온·고압의 기체냉매를 냉각에 의해 액체냉매 상태로 변화시킨다.
③ 리시버드라이어(receiver dryer) : 냉매 속의 수분 및 불순물을 흡수하고, 응축기에서 보내온 냉매를 일시 저장하고 항상 액체상태의 냉매를 팽창밸브로 보낸다.
④ 팽창밸브(expansion valve) : 고온·고압의 액체 냉매를 급격히 팽창시켜 저온·저압의 무상(기체) 냉매로 변화시킨다.
⑤ 증발기(evaporator) : 주위의 공기로부터 열을 흡수하여 기체 상태의 냉매로 변환시켜 저온화 시킨다.
⑥ 송풍기(blower) : 직류직권 전동기에 의해 구동되며 공기를 증발기에 순환시킨다.

65 증발기 입구에 설치되어 건조기에서 보내온 고온·고압의 액체 냉매의 통로를 수축한 구멍에 분사하여 급격히 팽창시켜 기화 작용에 의한 저온·저압의 안개 상태의 냉매를 만드는 역할을 하는 부품은?

① 쿨링 유닛　② 팽창밸브
③ 증발기　　④ 건조기

66 열부하가 작은 운전조건에서 에어컨 증발기의 빙결 현상을 방지하기 위한 것은?

① 증발압력 조절밸브　② 팽창밸브
③ 트랜스 듀서　　　　④ 파워 서보

해설 증발 압력 조절밸브는 열부하가 작은 운전조건에서 에어컨 증발기의 빙결 현상을 방지하기 위하여 둔다.

정답　61. ②　62. ②　63. ④　64. ②　65. ②　66. ①

67 에어컨 장치에서 압축기의 작동 불량 원인이 아닌 것은?

① 블로워 모터 고장
② 냉매가 없거나 부족
③ 마그네틱 클러치 코일 불량
④ 에어컨 장치 파이프 연결 불량

> **해설** 압축기의 작동이 불량한 원인은 냉매가 없거나 부족할 때, 마그네틱 클러치 코일이 불량할 때, 에어컨 장치 파이프의 연결이 불량할 때

68 밸런싱 코일식 유압계의 설명 중 틀린 것은?

① 반도체의 증폭 작용을 이용한다.
② 발신부는 일종의 가변 저항기이다.
③ 엔진의 유압에 의해 다이어프램이 저항값을 변화시킨다.
④ 계기부는 두 개의 코일로 구성되며, 코일에 발생되는 전자력에 의해 지침이 움직인다.

> **해설** 밸런싱(평형) 코일식 유압계는 계기 부분(2개의 코일로 구성)과 유닛 부분으로 구성되어 있다. 유닛 부분은 일종의 가변 저항기이며, 다이어프램에 설치되어 있는 이동 암의 움직임에 따라 저항값이 변화된다.

정답 67. ① 68. ①

Chapter 4
건설기계 작업장치 정비

Section 4-1 주요 건설기계

1 굴착기(Excavator)

굴착기의 주요 용도는 토사 굴착작업, 도랑파기 작업, 토사 상차 작업 등이며, 암석·콘크리트 및 아스팔트 등의 파괴를 위한 브레이커(breaker)를 장착하기도 한다.

1. 굴착기의 주요 구조

굴착기의 3주요 부분은 작업 장치, 상부 회전체, 하부주행 장치로 구성되어 있다.

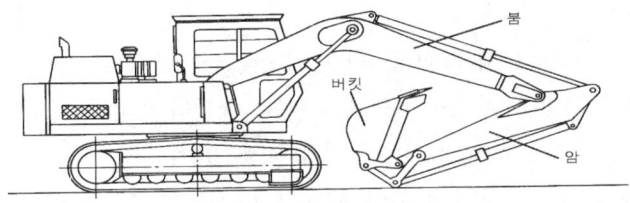

▲ 굴착기의 구조

(1) **작업 장치**(front attachment) : 붐(boom), 암(arm), 버킷(bucket) 등으로 구성되며 3~4개의 유압실린더에 의해 작동된다. 또 굴착기에 설치하여 작업할 수 있는 장치는 셔블(shovel), 백호(back hoe), 브레이커(breaker) 등이 있다.

(2) **상부 회전체** : 하부주행 장치의 프레임 위에 스윙 볼 레이스(swing ball race)와 결합되어 있으며, 앞쪽에는 붐이 설치된다. 이 프레임 위에 기관, 유압펌프, 조종석, 스윙장치, 유압유 탱크, 제어밸브 등이 설치되고, 아래쪽에는 스윙 볼 레이스에 연결되어 360° 선회가 가능하다.

(3) **하부주행 장치**(under carriage) : 무한궤도 형식과 타이어 형식이 있다. 무한궤도 형식은 다른 건설기계와 비슷하나 센터조인트와 주행 모터를 사용하는 방법이 다르다. 굴착기가 주행할 때 동력전달 순서는 기관→유압펌프→제어밸브→센터조인트→주행 모터→스프로킷→트랙 구동이다.

① 센터조인트(center joint) : 상부 회전체의 유압유를 하부주행 장치(주행 모터)로 공급해 주는 부품이다. 또 이 조인트는 상부 회전체가 회전하더라도 호스, 파이프 등이 꼬이지 않고 원활하게 유압유가 공급된다.

② 주행 모터(track motor) : 센터조인트로부터 유압을 받아서 회전하면서 감속 기어·스프로킷 및 트랙을 회전시켜 주행하도록 한다.

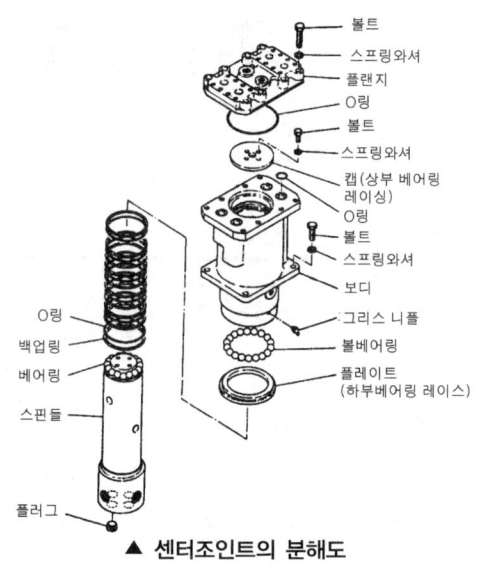

▲ 센터조인트의 분해도

2 지게차(Fork Lift)

지게차는 주로 가벼운 하물의 단거리 운반(100m 이내)하거나 적재 및 적하하기 위한 건설기계이며, 앞바퀴 구동, 뒷바퀴 조향 형식으로 되어 있다.

1. 지게차 작업 장치

① **마스트**(mast) : 백레스트가 가이드 롤러(또는 리프트 롤러)를 통하여 상·하 미끄럼 운동을 할 수 있는 레일이며, 바깥쪽 마스트(out mast)와 안쪽 마스트(inner mast)로 구성되어 있다.

② **백레스트**(back rest) : 포크의 화물 뒤쪽을 받쳐주는 부분이다.

③ **핑거보드**(finger board) : 포크가 설치되며, 백레스트에 지지되어 있고 리프트 체인의 한쪽 끝이 부착되어 있다.

④ **리프트 체인**(트랜스퍼 체인) : 포크의 좌우 수평높이 조정 및 리프트 실린더와 함께 포크의 상하 작용을 도와준다. 리프트 체인의 길이는 핑거보드 롤러의 위치로 조정한다. 리프트 체인에는 기관오일을 주유한다.

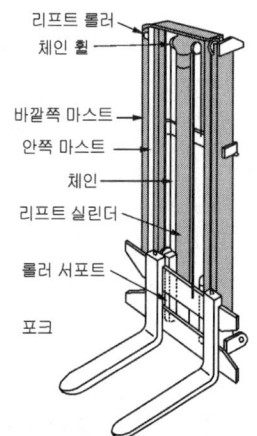

▲ 지게차 마스트의 구성

⑤ **포크**(fork) : L자형의 2개이며, 핑거보드에 체결되어 화물을 받쳐 드는 부분이다. 포크의 상승속도가 느린 원인은 유압유 부족, 컨트롤 밸브의 손상이나 마모, 리프트 실린더(피스톤) 패킹의 마모 등이다.

⑥ **틸트 실린더**(tilt cylinder) : 마스트를 전경 또는 후경 시키는 작용을 하며 복동식이다.

⑦ **리프트 실린더**(lift cylinder) : 포크를 상승 및 하강시키는 작용을 하며, 포크를 상승시킬 때에만 유압이 가해지고, 하강할 때는 포크 및 적재물의 자체 중량에 의하는 단동식이다.

⑧ **평형추**(counter weight) : 지게차 맨 뒤쪽에 설치되어 차체 앞쪽에 화물을 실었을 때 쏠리는 것을 방지해 준다.

2. 지게차의 유압장치

유압장치에는 유압펌프, 제어밸브, 조향제어 밸브, 리프트 실린더, 틸트 실린더로 구성되어 있다.

① 유압펌프 : 기어형식을 주로 사용하며, 크랭크축 풀리에 자재이음을 통하여 구동된다.
② 제어밸브(control valve) : 리프트 실린더 스풀(lift cylinder spool), 틸트 실린더 스풀(tilt cylinder spool), 릴리프 밸브(relief valve), 다운 컨트롤 밸브(down control valve), 틸트록 밸브(tilt lock valve)등으로 구성되어 있다.
③ 인칭 브레이크 장치 : 인칭 페달을 밟으면 변속기 내의 클러치판이 미끄럼마찰을 일으켜 지게차가 천천히 움직이도록 하여 미세한 작업을 할 때 또는 액추에이터의 출력을 증대시킬 때 지게차의 구동을 제한하는 장치이다.

3 도저(Dozer)

도저는 트랙터(tractor)에 블레이드(blade)를 부착하고 10~100m 이내의 작업 거리에서 송토, 굴토, 확토 등을 할 수 있는 건설기계이다.

▲ 도저의 구조

1. 블레이드 설치방식에 의한 분류

① 불도저(스트레이트 도저 : Bulldozer or straight dozer) : 트랙터 앞쪽에 블레이드를 90°로 부착한 것이며, 블레이드를 상하로 조정하면서 작업을 수행할 수 있다.
② 앵글도저(Angle dozer) : 블레이드를 좌우로 20~30° 정도 각도를 지울 수 있어 토사를 한쪽 방향으로 밀어낼 수 있다.
③ 틸트 도저(Tilt dozer) : 수평면을 기준으로 하여 블레이드를 좌우로 15cm(최대30cm) 정도 기울일 수 있어 블레이드 한쪽 끝부분에 힘을 집중시킬 수 있다.
④ U형 도저(U type dozer) : 블레이드 좌우를 U자형으로 한 것이며, 블레이드가 대용량이므로 석탄, 나무 조각, 부드러운 흙 등 비교적 비중이 적은 것의 운반 처리에 적합하다.
⑤ 레이크 도저(rake dozer) : 블레이드 대신에 레이크를 설치하여 나무뿌리나 잡목을 제거하는데 적합하다.
⑥ 트리밍 도저 : 좁은 장소에서 곡물, 소금, 설탕, 철광석 등을 내밀거나 끌어당겨 모으는데 효과적이다.

2. 배토판(블레이드) 제원

① 배토판의 굴삭각 : 절삭날(cutting edge)의 끝을 지면에 내려놓았을 때 절삭날의 표면이 연장선과 지면이 이루는 각도이다.
② 틸트량 : 배토판의 왼쪽 끝이나 오른 끝부분이 지면에 대하여 상하로 움직일 경우의 수직변위이다.
③ 앵글량 : 배토판의 좌우로 대칭되는 양 끝 점을 연결하는 직선이 불도저의 중심 면에 직각인 면과 이루는 각도이다.
④ 배토판의 최대 올림 높이 : 배토판을 최고 위치로 올린 경우, 지면으로부터 절삭날의 끝 부분까지의 높이이다.

4 로더(Loader)

로더는 트랙터 앞쪽에 버킷을 부착하고, 건설공사에서 자갈·모래 및 흙을 퍼서 덤프트럭 등에 적재를 주로 하는 건설기계이며, 무한궤도 형식과 타이어 형식이 있다.

1. 로더의 구조

(1) 동력전달장치 : 타이어 형식은 토크컨버터와 파워시프트 형식의 변속기를 사용하며, 종감속 기어는 각 바퀴에 부착된 유성기어를 사용한다. 종감속 장치로 차동장치의 동력이 차축을 통하여 유성기어로 전달되면 유성기어는 동력을 감속하여 타이어로 전달한다. 구조는 선 기어, 유성기어, 링 기어 등으로 되어 있다. 선 기어는 차축 끝에 설치되어 유성기어를 회전시키고, 유성기어는 링 기어를 회전시킨다. 따라서 타이어는 링 기어로부터 동력을 받아서 회전한다.

▲ 타이어형 로더

(2) 조향(환향) 장치 : 무한궤도 형식은 조향클러치 방식이며, 타이어 형식은 허리꺾기 형식(차체굴절 형식)과 뒷바퀴 조향 형식이 있다.

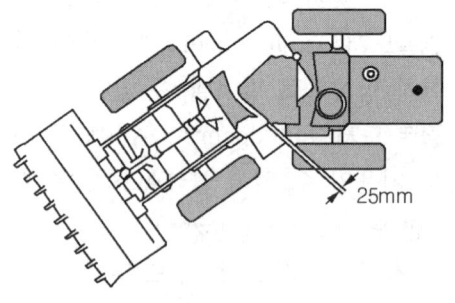
▲ 허리꺾기 조향 형식

① 허리꺾기 형식(center pin) : 앞 차체와 뒤 차체를 2등분으로 나누고 앞·뒤 차체 사이를 핀과 조인트로 결합시켜 자유롭게 조향할 수 있도록 하고 있다. 특징은 다음과 같다.

㉮ 회전반경이 작아 좁은 장소에서의 작업이 용이하며, 작업시간을 단축하여 능률을 향상시킬 수 있다.
㉯ 작업할 때 안전성이 결여되며, 핀과 조인트 부분의 고장이 빈번하다.
② 뒷바퀴 조향 형식 : 안전성은 좋으나 회전반경이 커 좁은 장소에서의 작업이 곤란하고 작업능률이 저하한다. 최근에는 거의 사용되지 않는다.

5 모터그레이더(Motor Grader)

모터그레이더는 지균 작업(평탄 작업), 배수로 굴삭, 매몰 작업, 경사면 절삭, 제설작업, 도로 보수작업 등을 할 수 있는 건설기계이며, 작업 장치에는 블레이드(blade)와 스캐리파이어(쇠스랑 : scarifies)가 있다.

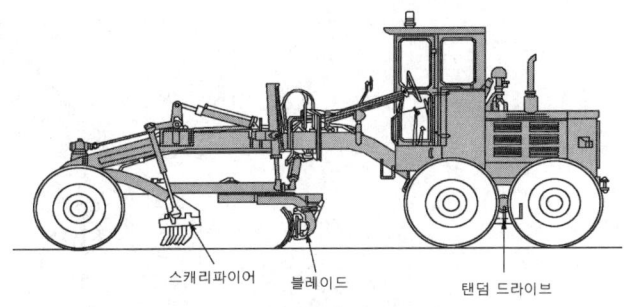

▲ 모터그레이더의 구조

1. 모터그레이더의 구조

모터그레이더의 동력전달장치는 다른 건설기계와 비슷하지만, 앞바퀴를 경사시켜 조향하는 리닝 장치와 탠덤 드라이브를 더 두고 있다.

① 리닝 장치(앞바퀴 경사 장치 : leaning system) : 모터그레이더는 차동장치가 없어 선회할 때 회전반경이 커지는 결점을 보완하기 위하여 앞바퀴를 경사시켜 주며, 좌우 20~30° 정도 경사 시킨다. 리닝 장치를 설치한 목적은 회전반경을 작게 하기 위한 것이다.
② 탠덤 드라이브 장치(tandem drive system) : 4개의 뒷바퀴를 구동시켜서 최대 견인력을 주며 최종감속 작용을 한다. 이 장치는 상하로 움직여서 모터그레이더의 균형을 유지한다. 즉 모터그레이더 본체의 상하·좌우 움직임에도 블레이드의 수평작업이 가능하도록 해 준다. 또 모터그레이더가 주행할 때 직진성능을 주며 완충작용을 도와준다.
③ 경사 스트랩 : 계획된 각도에서 블레이드를 잡아주는 장치이다.
④ 스냅버 바(snubber) : 앞바퀴의 충격이 조향 핸들에 전달되는 것을 방지한다.
⑤ 시어핀(shear pin) : 기계식 동력전달장치에서 작업조정 장치와 변속기 뒤쪽 수직 축에 설치되어 작업 중 과다한 하중이 걸리면 스스로 절단되어 작업조정 장치의 파손을 방지한다. 재질은 특수 연철이며, 기관을 가동을 정지시킨 상태에서 끼워야 한다. 현재의 모터그레이더는 유압장치를 사용하므로 시어핀은 설치되어 있지 않다.

6 기중기(Crain)

기중기는 중하물의 적재 및 적하작업, 기중작업, 토사의 굴토 및 굴착작업, 수직굴토, 항타 및 항발 작업 등을 수행하는 건설기계이며, 무한궤도형, 트럭 탑재형, 휠(타이어)형 등이 있다.

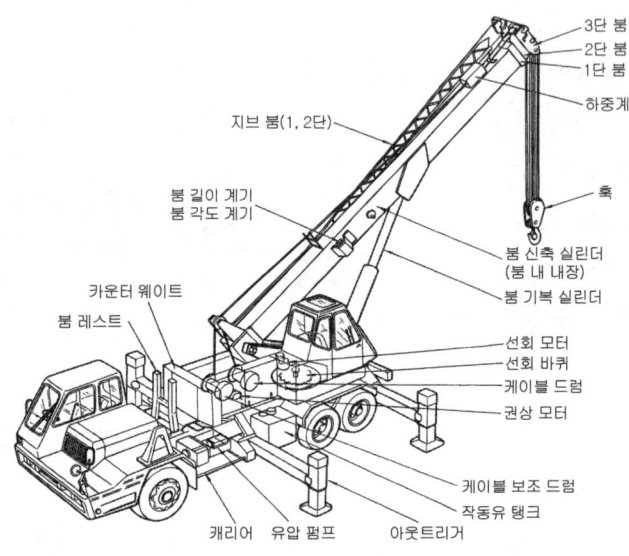

▲ 트럭 탑재형 기중기의 구조

1. 기중기의 붐

① 마스터 붐(master boom) : 가장 기본이 되는 붐이며, 철골구조의 상자(box)형이나 유압으로 작동되는 텔리스코핑형 붐이 사용된다.

② 지브 붐(jib boom) : 마스터 붐의 끝단에 전체 길이를 연장하는 붐이며, 훅(hook) 작업을 할 때만 사용한다.

③ 붐 교환 방법
  ㉮ 기중기를 사용하는 방법(가장 효율적이다)
  ㉯ 트레일러를 이용하는 방법
  ㉰ 드럼이나 각목을 이용하는 방법

2. 기중기 전부(작업) 장치

① 훅(Hook) : 일반 기중용으로 사용되는 작업 장치이다.

② 클람셀(clam shell, 조개 작업 장치) : 수직굴토 작업, 토사상차 작업, 오물제거 작업 등에 주로 사용하는 작업 장치이다.

③ 드래그라인(drag line) : 수중 굴착작업이나 큰 작업 반경을 요구하는 지대에서의 평면 굴

토작업에서 사용한다.
④ **파일 드라이버**(항타 작업 : pile driver) : 교량 건설 및 건물을 신축할 때 기초를 튼튼히 하기 위해 파일을 박는 건설기계이다. 파일 드라이버 작업에서 바운싱(bouncing)이 일어나는 원인은 다음과 같다.
　㉮ 파일이 장애물과 접촉할 때
　㉯ 증기 또는 공기량을 많이 사용할 때
　㉰ 2중 작동 해머를 사용할 때
　㉱ 가벼운 해머를 사용할 때

3. 기중 능력

① **작업 반경**(운전반경) : 상부 회전체 중심에서 화물까지의 수평거리이며 작업 반경과 기중 능력은 다음과 같은 관계가 있다.
　㉮ 작업 반경이 커지면 기중 능력은 감소한다.
　㉯ 기중 작업을 할 때 하중이 무거우면 붐 길이는 짧게 하고 붐 각도는 올린다.

② **붐의 각도**(boom angle)
　㉮ 기중기 작업을 할 때 크레인 붐은 66° 30′이 가장 좋은 각도(최대안전 각도)이다.
　㉯ 붐의 최대 제한 각도는 78°이고, 최소 제한 각도는 20°이다.

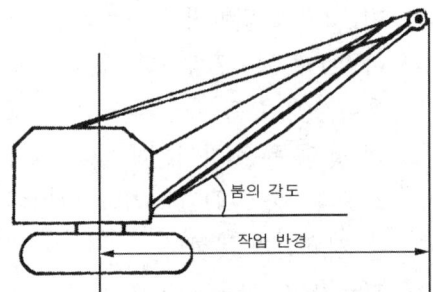

▲ 작업 반경 및 붐의 각도

4. 와이어 로프

① **와이어 로프의 꼬임**
　㉮ Z 꼬임 : 스트랜드를 왼쪽 방향으로 꼰 것
　㉯ 랭 꼬임 : 소선과 스트랜드의 꼬임이 동일 방향인 것
　㉰ S 꼬임 : 스트랜드를 오른쪽 방향으로 꼰 것
　㉱ 보통 꼬임 : 소선과 스트랜드의 꼬임이 서로 반대 방향인 것

② **와이어 로프 교환 시기**
　㉮ 와이어 로프 길이 30cm당 소선이 10% 이상 절단된 때
　㉯ 와이어 로프 호칭지름이 7% 이상 감소된 때
　㉰ 심한 변형이나 부식이 발생된 때
　㉱ 킹크가 심하게 생긴 때

7 롤러(Roller)

롤러는 자체 중량 또는 진동으로 토사 및 아스팔트 등을 다져주는 건설기계이다.

1. 롤러의 종류

롤러의 종류에는 매커덤 롤러, 탬핑롤러, 타이어 롤러, 탠덤 롤러, 진동롤러 등이 있다.

① **탠덤 롤러(Tandem Roller)** : 앞바퀴와 뒷바퀴가 일직선으로 된 것이며, 2바퀴 방식과 3바퀴 방식이 있다. 모두 앞바퀴 조향, 뒷바퀴 구동 방식이며 용도는 아스팔트 마지막 다짐 작업에 가장 효과적이며, 자갈이나 쇄석 골재 등은 다져서는 안 된다.

② **매커덤 롤러(Macadam Roller)** : 앞바퀴 1개, 뒷바퀴가 2개인 것이며, 2개의 뒷바퀴로 구동하고 앞바퀴 1개로는 조향한다. 용도는 기초다짐에 주로 사용되며, 자갈·모래 및 흙 등을 다지는데 매우 효과적이다. 아스팔트 마지막 다짐에는 사용하지 못한다.

③ **진동 롤러(Vibratory Roller)** : 제방 및 도로 경사지 모서리 다짐에 사용되며, 흙·자갈 등의 다짐에도 효과적이다. 자체 중량이 가벼워

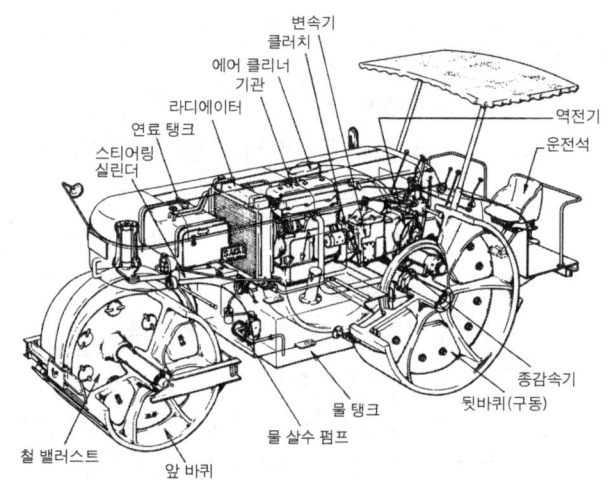

▲ 매커덤 롤러

도 진동에 의한 타격력에 의하여 토사가 다져지므로 매우 강한 다짐 작업을 할 수 있으나 진동에 의해 조종사가 피로감을 많이 느끼므로 장시간 작업을 할 수 없는 결점이 있다.

④ **타이어형 롤러(Tire type roller)** : 흙·아스팔트 마지막 다짐 작업에 효과적이며, 특히 아스팔트 다짐에서 골재를 파괴시키지 아니하고 요철(凹凸)부분을 골고루 다질 수 있는 장점이 있다. 다른 형식의 롤러보다 기동 성능이 좋으며, 타이어의 공기압력과 부가하중(밸러스트)에 따라 전압 능력을 조절할 수 있다. 타이어의 배열은 앞바퀴가 다지지 못한 부분을 뒷바퀴가 다질 수 있도록 되어 있다.

2. 부가 하중 장치(ballast)

롤러의 자체 중량으로는 전압 능력이 부족할 때 부가 하중을 롤(roll)에 실어서 롤러의 중량을 증가시켜 전압 능력을 높이는 장치이다.

> **참고**
> 롤러의 중량은 자체 중량과 부과 하중(ballast)을 부과하거나 주입하였을 때도 표시한다. 예를 들면 8~12ton이라는 것은 자체 중량 8ton에 부가 하중을 4ton을 가중 시킬 수 있으므로 총 12ton이라는 의미이다.

Section 4-2 포장용 건설기계

1 콘크리트 배칭 플랜트와 피니셔

1. 콘크리트 배칭 플랜트(Concrete Batching Plant)

콘크리트 배칭 플랜트는 콘크리트를 구성하는 모든 재료를 저장통으로 공급하는 공급부분, 소정의 배합률로 계량하는 배처(batch)부분 및 혼합하여 소요 성질의 콘크리트를 만드는 혼합 부분 등으로 구성되어 있다.

① 재료 저장통 : 콘크리트 배칭 플랜트의 가장 윗부분에 있으며 재료별로 구분되어 있는데 연속 작업할 때의 공급 부분 기계 능력에 따라 용량이 결정된다. 또 시멘트 사일로 별로 설치하고 계량기를 비치하고 혼합기에 직접 송입하는 방식도 있다.

② 재료공급 장치 : 저장통 아래쪽 입구 부분에 게이트(gate)에 의한 공급 장치가 마련되어 있는데 재료의 종류에 따라 공급방법이 다르다. 일반적으로 골재는 컷오프(cut-off)형이 사용되며, 시멘트 등은 특수한 수송기 또는 밀폐 밸브를 사용한다.

③ 계량장치 : 계량 호퍼, 계량기 및 지시계 등으로 구성되어 있다.

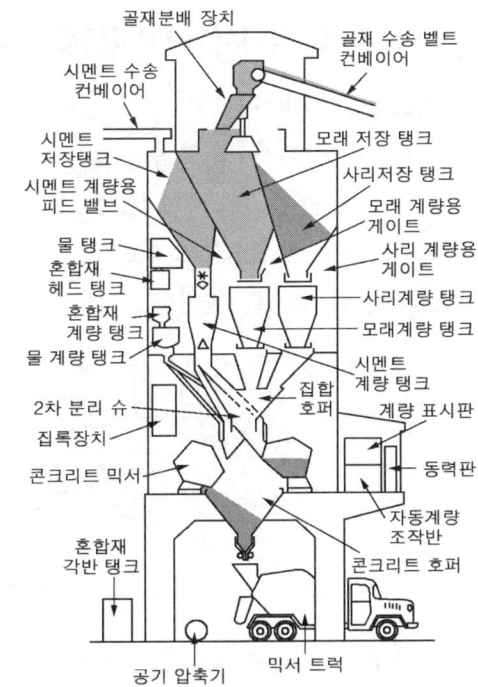

▲ 콘크리트 배칭 플랜트의 구조

2. 콘크리트 살포기와 피니셔

(1) 콘크리트 살포기

(Concrete Spreader)

콘크리트 살포기는 덤프트럭 등에서 공급한 콘크리트를 노면에 깔아주는 건설기계이다.

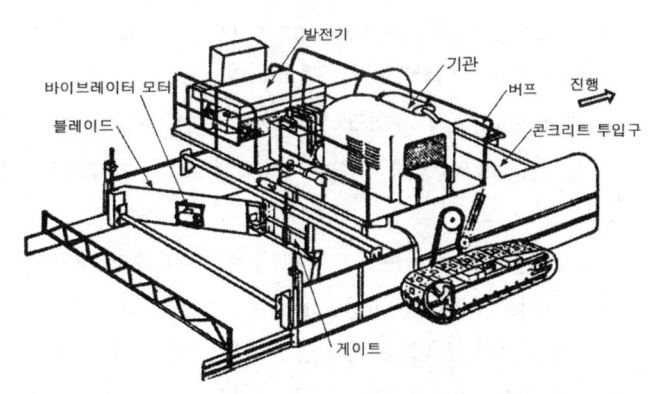

▲ 콘크리트 살포기의 구조

(2) 콘크리트 피니셔(Concrete Finisher)

① 1차 스크리드(first screed ; 앞면 고르기) : 콘크리트 표면을 일정한 두께로 포설(鋪設)하며, 매분 50회 정도 좌우로 요동한다.
② 바이브레이터(vibrator) : 진동과 압력을 주어 다지는 장치이다.
③ 피니싱 스프레드(finishing screed ; 뒷면 고르기) : 예리한 각도의 칼날로 콘크리트를 평탄하게 절삭한다. 즉 바이브레이터로 다져진 콘크리트 표면을 다듬질해 준다.

2 아스팔트 피니셔·믹싱 플랜트 및 살포기

1. 아스팔트 피니셔

아스팔트 피니셔는 아스팔트 플랜트에서 자갈·모래 등을 160℃로 가열하여 건조시키고, 아스팔트는 117℃로 끓여서 자갈 및 모래와 혼합한 골재를 덤프트럭으로 운반해 오면 도로상에 일정한 규격과 두께로 깔아주기 위한 아스팔트 포장 건설기계이다. 아스팔트 피니셔에서 혼합재료(아스콘)가 작업 장치를 통과하는 순서는 호퍼→피더→스프레딩 스크루→스크리드이다.

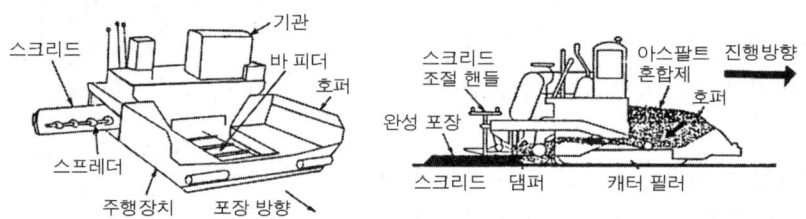

▲ 아스팔트 피니셔의 구조

① 호퍼(receiving hopper) : 덤프트럭으로 운반된 혼합재료(아스팔트)를 저장하는 용기이다.
② 피더(reeder) : 호퍼바닥에 설치되며, 혼합재료를 스프레딩 스크루로 보내준다.
③ 스프레딩 스크루(spreading screw) : 스크리드에 설치되며, 피더에서 공급받는 혼합재료를 균일하게 살포하는 장치이다.
④ 댐퍼(damper) : 스크리드 앞쪽에 설치되며, 노면에 살포된 혼합재료를 요구되는 두께로 포장 면을 85% 정도 다져준다. 포장 두께는 2개의 조정 스크루(두께 조정기)에 의하여 조정된다.
⑤ 스크리드(screede) : 노면에 살포된 혼합 재료를 매끈하게 다듬는 판이다.
⑥ 스크리드 히터(screede heater) : 스크리드를 가열하기 위해 설치한 것이며, 오일 버너(oil burner)가 스위치 조작으로 점화 및 소화된다.
⑦ 스크리드 자동 조절장치 : 스크리드 기준면에 대한 가로, 세로의 변화를 검출할 수 있도록 되어 있으며, 서보기구에 의해 스크리드 암을 자동적으로 조절함으로써 평탄한 포장노면을

얻을 수 있고, 설정포장 두께를 유지할 수 있다. 자동조절 장치에는 그레이드 센서(grade sensor)와 슬로프 센서(slop sensor)가 있으며, 그레이드 센서는 와이어(wire)나 로드(rod)를 이용하여 높이를 검출한다. 또 레벨링 암(leveling arm)의 피벗을 상하로 진동시키는 조절기구가 있다.

⑧ 고정 장치 : 4개의 전자 바이브레이터(vibrator)에 의해 스크리드에 전동을 가하면 고정 장치가 작동하여 균일한 포장을 할 수 있다.

⑨ 혼합재료 이송량 자동제어 장치 : 좌우 2개의 컨베이어와 스크리드가 각각 자동적으로 정지되므로 일정한 높이가 유지된다.

⑩ 주행 장치 : 좌우의 무한궤도에 요동 롤러를 설치하여 노반의 요철에 의하여 스크리드에 미치는 악영향을 제거하여 포장 면의 불균일을 방지해 준다.

2. 아스팔트 믹싱 플랜트

아스팔트 믹싱 플랜트는 아스팔트 도로 공사용 포장 재료를 혼합 생산하는 건설기계이다.

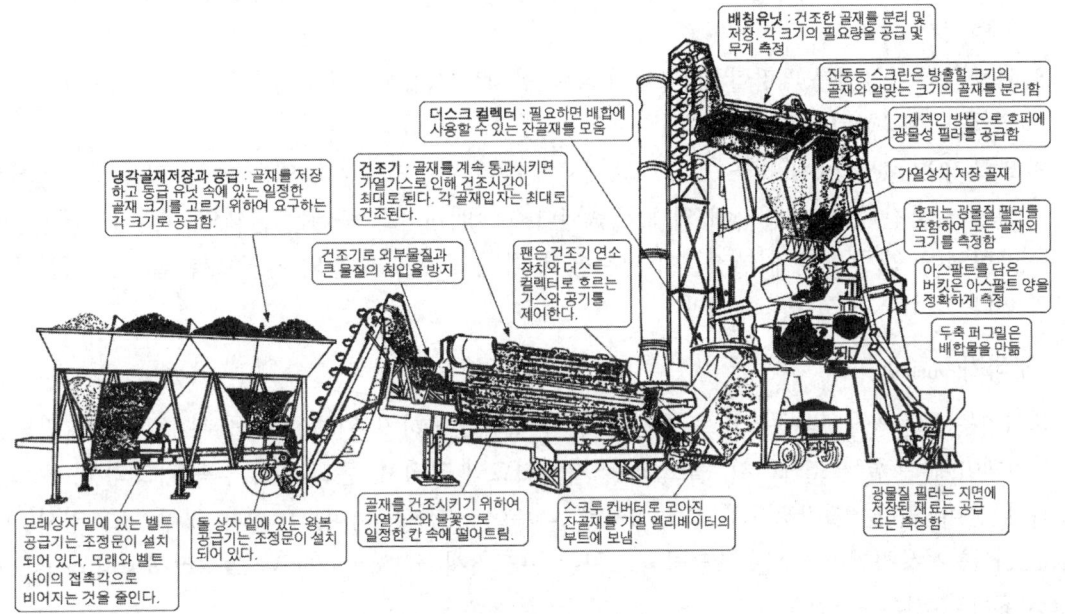

▲ 아스팔트 믹싱 플랜트의 각부 작동도

① 피드 호퍼(feed hopper) : 골재를 저장하며, 벨트 컨베이어를 통해 건조 드럼으로 향하는 엘리베이터로 운반된다. 이때의 골재는 건조 가열되지 않은 상태이므로 콜드 엘리베이터(cold elevator)라고도 한다.

② 버너 : 연소실, 받침대, 송풍기, 연료펌프, 파이프 등으로 되어 있으며, 연료를 20μ 정도의 미립자로 무화(안개화)시켜 분사하면서 연소시킨다. 1차 공기는 연료를 분사시키고 2차 공

기는 연소를 일으켜 유입되는 연료량과 공기를 조정하면서 자갈·모래를 건조시키는 장치이다.

③ 혼합기(mixer) : 2축 퍼그 밀 혼합방식을 사용하며, 이 형식은 2개의 날개가 서로 반대 방향으로 회전하면서 아스팔트를 끓인 것과 자갈·모래를 신속하게 적당한 비율로 혼합하여 준다.

④ 골재가열 건조장치(드라이어 : dryer) : 아스팔트 믹싱 플랜트의 능력(용량·기구 및 형상)에 적합한 열효율을 얻을 수 있도록 설계 제작되어 있다. 버너는 특수 장화염식의 것을 사용하고 있는데 이것은 열효율을 측정함과 동시에 건조 드럼의 손상을 방지할 수 있다.

⑤ 핫 엘리베이터(hot elevator) : 골재가 열 건조 장치에서 건조된 골재를 믹싱 타워(mixing tower)로 운반하기 위하여 원심 배출형의 버킷 엘리베이터를 사용 한다.

⑥ 진동 스크린(screen) : 골재를 입자별로 선별하는 장치이다. 즉 가열된 골재를 스크린으로 쳐 분류하며, 믹싱 타워의 가장 위쪽에 설치되어 있다.

⑦ 아스팔트 캐틀 : 아스팔트 용해용 솥이다. 아스팔트 용해 장치에는 직접 가열 방식과 간접 가열 방식이 있다.

⑧ 계량장치 : 골재를 계량할 때는 누적 계량 방식을 사용하며, 석분이나 아스팔트는 개별계량 방식을 사용한다.

⑨ 배풍기와 집진장치 : 건조기 드럼 내에서 발생한 수증기, 먼지, 연소 가스, 진동 스크린에서 발생한 분진 등은 배풍기에 의해 배출된다. 또 배기가스 중에는 골재의 세립과 티끌 등이 포함되어 있기 때문에 이것들이 굴뚝에서 대기 중으로 방출되지 않도록 집진장치를 두고 있다.

3. 쇄석기(crusher)

쇄석기는 도로공사 및 콘크리트 공사에서 골재를 생산하기 위해 원석을 부수어 작게 만드는 건설기계이며, 종류는 조크러셔, 롤크러셔, 자이러토리 크러셔, 콘크러셔, 임팩트 크러셔, 로드밀 크러셔 등이 있다. 일반적으로 1차, 2차로 나누어 쇄석을 하며, 1, 2차 모두 조크러셔(jaw crusher)를 사용하거나 1차는 조크러셔, 2차는 콘크러셔(con crusher)나 롤크러셔(roll crusher)를 사용하는 경우도 있다.

① 호퍼(feed hopper ; 투입구) : 쇄석하려는 돌을 넣어주는 용기이며, 피드(feed)는 조크러셔에서 왕복 운동하여 돌을 조(jaw)로 보내주는 장치이다.

② 딜리버리 컨베이어(전달 컨베이어 : delivery conveyer) : 딜리버리 컨베이어는 1차 크러셔에서 쇄석된 골재를 2차 크러셔로 운반하거나 골재 선별장으로 운반한다.

③ 진동 스크린(vibration screen) : 일종의 체이며, 진동을 주어서 골재를 크기별로 분류하는 선별 작용을 한다. 스크린의 크기는 메시(mesh)로 표시한다.

④ 엘리베이터 : 골재를 수직으로 이동시키는 장치이다.
⑤ 컨베이어 벨트(conveyer belt) : 피드 컨베이어(공급용), 롤 컨베이어(이송용), 딜리버리 컨베이어(분류용), 샌드 컨베이어 등이 있으며 골재를 이동시켜준다. 그리고 컨베이어 벨트의 장력 조정은 테일 풀리(tail pulley)와 플로팅 풀리(floating pulley)하중으로 한다. 벨트의 속도는 단위 시간당의 벨트의 원주 속도로 표시한다.

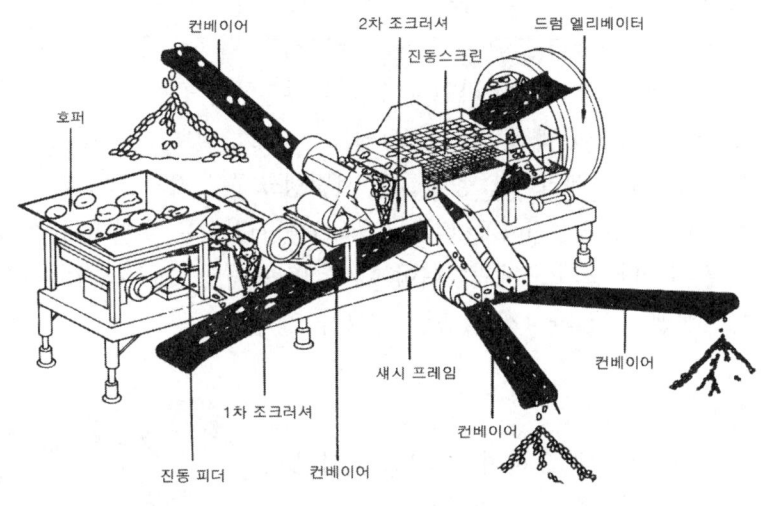

▲ 쇄석기의 구조

3 공기압축기

공기압축기는 압축공기의 압력을 이용하여 천공작업(바위구멍 뚫기), 콘크리트 파괴, 진동, 다지기, 연마, 페인트 분무, 드릴링, 체인톱, 타이어 공기주입 등의 작업을 할 수 있는 건설기계이다. 공기압축기의 공기생산 흐름 순서는 공기청정기→저압 실린더→중간냉각기→고압 실린더→공기탱크이다.

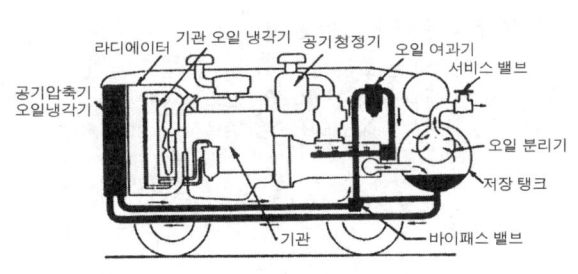

▲ 공기압축기의 구조

① 공기청정기 : 공기압축기 내로 들어가는 공기를 여과한다.
② 저압 실린더 : 제1단계 공기압축기이며, 공기를 인터쿨러를 거쳐 고압 실린더로 압송하는 부분이다.
③ 중간냉각기(inter cooler) : 저압 실린더와 고압 실린더 사이에 부착되어 저압 실린더가 공기를 압축할 때 냉각시켜 고압 실린더로 공급해 주며, 안전밸브가 있어 $3.5kgf/cm^2$(50 psi)

이상의 압력이 걸리는 것을 방지한다. 그리고 1차 압축기의 공기를 냉각시켜주므로 15% 정도의 동력 절감 효과를 얻으며, 압축효율을 향상시킨다.

④ 고압 실린더 : 제2단계 공기압축기이며, 중간냉각기(인터 쿨러)에서 보내준 공기를 압축하여 공기탱크로 보낸다.

⑤ 언로더 밸브(unloader valve) : 공기량을 조정하여 일정 압력으로 유지시켜 탱크로 보내며, 왕복형(피스톤형)은 언로더 밸브가 흡입밸브를 개방하여 공기생산을 중단시키고, 베인형과 스크루형은 조속기에 의하여 기관의 부하를 변환시켜 일정한 공기압력으로 조절해 준다.

⑥ 아프터 쿨러(after cooler) : 공기 라인의 수분을 제거하여 공기압축기의 부식을 방지한다.

⑦ 리시버(receiver) : 드레인 밸브, 블로다운 밸브, 서비스 밸브, 안전밸브 등이 부착되어 있으며 증발한 오일, 물을 제거하는 응축실은 서지탱크에서 작동한다.

⑧ 공기탱크(air tank) : 압축공기(4.9~6.3kgf/cm²)를 저장하는 부분이며, 하부에 있는 배출밸브로 작업 2시간마다 습기를 제거하여야 한다. 또 공기탱크에는 8.45kgf/cm²(120psi)에서 작동하는 안전밸브 1개와 4개의 송출 밸브가 있다.

4 천공기

천공기는 압축공기, 유압 등에 의하여 구동되며, 지면이나 바위 등에 구멍을 뚫을 수 있는 건설기계이다.

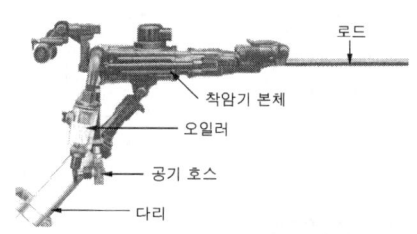

▲ 래그 드릴의 구조

> **참고** 천공기 로드의 회전수 조정
> ① 경암일 때에는 회전수를 늦게 조정한다.
> ② 연암일 때에는 회전수를 빠르게 조정한다.
> ③ 작은 구경일 때에는 회전수를 빠르게 조정한다.

Section 4-3 해상 및 기타 건설기계

1 사리 채취기

사리 채취기는 자갈, 모래 등을 선별하는 건설기계이며, 채취 기구를 구동하기 위한 기관을 설치한 것으로 버킷장치, 선별장치, 파쇄장치, 진동 장치 등이 탑재되어 있다.

2 준설선

준설선이란 수중의 토사·암반 등을 파내는 건설기계이다. 건설기계 범위는 펌프식, 버킷식, 디퍼식 또는 그래브식으로 비자항식인 것이다.

1. 준설선의 종류

① **디퍼식 준설선** : 굳은 지반을 준설하기 위하여 고안된 것으로 육상에서 사용하는 셔블을 선에 설치한 것으로 구조가 복잡하고 작업 능률이 비교적 낮아 특수한 목적 이외에는 사용하지 않는다.

② **버킷식 준설선** : 래더 상의 양 딤블러를 중심으로 버킷 라인이 회전하여 굴착하는 준설선으로 양쪽의 앵커에 의해 좌우로 스윙하며 작업한다.

③ **펌프식 준설선** : 해저의 토사를 물을 매체로 하여 절단기로 절취하며, 이것을 펌프로 빨아올려 파이프라인으로 장거리 배송하는 것이다.

④ **그래브식 준설선** : 소형이고 개폐가 자연스러운 그래브를 붐 끝에 설치하여 기관과 조립되어 있다.

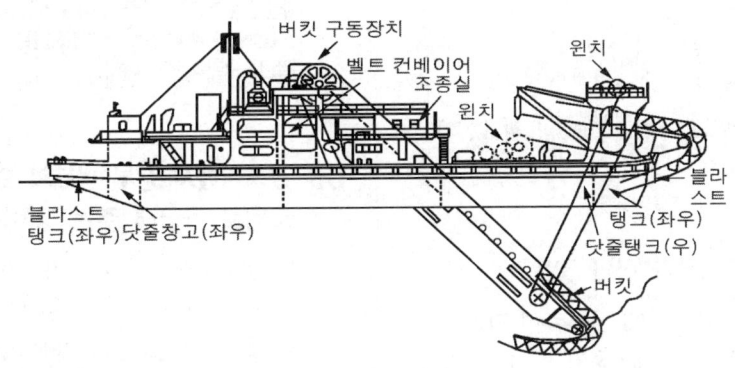

▲ 버킷 준설선

2. 그래브 준설선 버킷의 종류

그래브 준설선의 버킷 종류에는 풀다인 방식, 하프다인 방식, 플레이트 방식이 있다.

3. 버킷 준설선의 장점

① 준설 능력이 크며, 대형 준설공사에 적합하다.
② 준설단가가 싸다.
③ 토질에 따른 영향이 적다.
④ 악천후나 조류 등에 강하다.

> **참고**
> 펌프 준설선의 흡입구가 장애물로 막히면 차압계 및 진공계가 올라가고, 압력계는 내려간다.

Chapter 4 출제예상문제

01 지게차의 일상정비 중 운전 전 점검 사항이 아닌 것은?

① 냉각수 점검 및 보충
② 엔진오일 점검 및 보충
③ 연료 수준 점검 및 보충
④ 브레이크 디스크 마모 점검 및 정비

02 다음 중 트랙터의 용도가 아닌 것은?

① 스크레이퍼의 견인
② 드래그라인의 견인
③ 루터 레이크 리퍼의 견인
④ 토드 그레이더의 견인

[해설] 드래그라인(drag line)은 기중기의 작업 장치의 한 종류이다.

03 굴착기의 3주요부가 아닌 것은?

① 작업 장치   ② 하부주행 장치
③ 상부 회전체   ④ 오거 장치

[해설] 굴착기의 3주요부는 작업 장치, 상부회전체, 하부주행 장치로 되어 있다.

04 굴착기 작업 장치로 적합하지 않은 것은?

① 백호   ② 앵글 블레이드
③ 브레이커   ④ 셔블

[해설] 앵글 블레이드(angle blade)는 도저의 작업 장치에 속한다.

05 유압식 굴착기가 주행할 때 동력전달 순서로 올바른 것은?

① 엔진→유압펌프→주행 모터→센터조인트→제어밸브→구동
② 엔진→유압펌프→센터조인트→제어밸브→주행 모터→구동
③ 엔진→유압펌프→제어밸브→주행 모터→센터조인트→구동
④ 엔진→유압펌프→제어밸브→센터조인트→주행 모터→구동

[해설] 굴착기가 주행할 때 동력 전달 순서는 엔진→유압펌프→제어밸브→센터조인트→주행 모터→스프로킷→트랙 구동이다.

06 굴착기에서 상부 펌프의 오일을 하부 트랙 모터로 공급해 주는 장치는?

① 모듈레이터   ② 터닝조인트
③ 리스트릭터   ④ 바이패스 필터

[해설] 터닝 조인트(센터 조인트)는 굴착기의 상부 회전체 중심 부분에 설치되어 있으며, 상부 회전체의 오일을 하부 주행체(주행모터)로 공급하는 역할을 한다.

07 굴착기의 주행은 무엇으로 하는가?

① 유압모터   ② 유압펌프
③ 환향 클러치 ④ 브레이크 페달

[해설] 무한궤도형 굴착기의 주행은 유압모터를 이용한다.

정답 01. ④ 02. ② 03. ④ 04. ② 05. ④ 06. ② 07. ①

08 굴착기의 작업 장치(어태치먼트)로 가장 거리가 먼 것은?

① 볼 ② 버킷
③ 브레이커 ④ 파일 드라이브

해설 볼(Bowl)은 스크레이퍼에서 토사를 담아 운반하는 작업 장치이다.

09 스윙 장치에서 소음이 나는 원인이 아닌 것은?

① 그리스 주입 과다
② 작동유 부족
③ 링 기어 및 피니언의 과다 마멸
④ 베어링의 과다 마멸

해설 스윙장치에서 소음이 나는 원인은 ②, ③, ④항 이외에 그리스 주입 부족이다.

10 굴착기 유압탱크에 오일 스트레이너의 막힘량이 많거나 너무 조밀할 경우 발생하는 현상은?

① 공동 현상 ② 베이퍼록 현상
③ 페이드 현상 ④ 폐쇄 현상

해설 오일 스트레이너(oil st- rainer)의 막힘량이 많거나 너무 조밀하면, 오일이 원활하지 못하므로 공동 현상이 발생한다.

11 굴착기에서 버킷 실린더 내경이 80mm, 작용압력이 35kgf/cm²일 때 버킷에 작용하는 힘은 얼마인가?

① 280kgf ② 2,800kgf
③ 175.9kgf ④ 1,759kgf

해설 $P = \dfrac{W}{A}$
[P : 작용압력(kgf/cm²), W : 작용하는 힘(kgf), A : 단면적(cm²)]에서 $W = P \times A$
∴ $35 \times 0.785 \times 8^2 = 1758.4 kgf$

12 굴착 적재 사이클 시간이 18s, 디퍼의 공칭 용량이 5m³, 작업효율이 0.85일 때 파워 셔블의 시간당 작업량은? (단, 토량환산 계수는 0.9, 디퍼계수는 1.0이다.)

① 865m³/h ② 765m³/h
③ 650m³/h ④ 600m³/h

해설 $Q = \dfrac{3{,}600 \times q \times K \times f \times E}{C_m} [m^3/h]$
[Q : 시간당 작업량, q : 디퍼(버킷)용량(m³),
K : 디퍼(버킷)계수, f : 토량환산계수,
E : 작업효율, C_m : 사이클 시간(초)]
∴ $\dfrac{3{,}600 \times 5 \times 1 \times 0.9 \times 0.85}{18} = 765 m^3/h$

13 지게차의 포크 상승 속도가 느리다. 그 원인과 가장 거리가 먼 사항은?

① 작동유가 부족하다.
② 컨트롤 밸브의 손상이나 마모
③ 리프트 실린더 패킹의 마모
④ 리프트 체인의 윤활 불량

14 엔진식 지게차의 포크 상승 속도가 느린 원인으로 틀린 것은?

① 작동유 부족 ② 배터리 용량 부족
③ 컨트롤 밸브 손상 ④ 피스톤 패킹 손상

해설 배터리의 용량 부족은 전동식 지게차의 포크 상승속도가 느린 원인이다.

15 지게차 포크의 상승 속도가 느린 원인이 아닌 것은?

① 작동유 부족
② 조작 밸브의 손상 및 마모
③ 피스톤 패킹의 손상
④ 진공펌프 손상

해설 포크의 상승 속도가 느린 원인

정답 08. ① 09. ① 10. ① 11. ④ 12. ② 13. ④ 14. ② 15. ④

① 오일 탱크 내의 유압유가 부족할 때
② 컨트롤밸브가 손상되었거나 마모되었을 때
③ 리프트 실린더 패킹이 손상되었을 때
④ 리프트 실린더에서 로드 쪽으로 작동유가 누출되었을 때

16 지게차 작업 장치에 대한 설명으로 틀린 것은?

① 마스트 : 상·하 미끄럼 운동을 할 수 있는 레일이다.
② 핑거보드 : 포크가 설치되며, 백 레스트에 지지되어 있다.
③ 백 레스트 : 화물이 운전석 쪽으로 넘어지지 않도록 받쳐주는 부분이다.
④ 리프트 체인 : 포크의 상하운동을 도와주고 한쪽 끝은 백 레스트에 다른 한쪽 끝은 마스트 스트랩에 고정된다.

해설 리프트 체인은 포크의 상하운동을 도와주고 한쪽 끝은 핑거보드에 다른 한쪽 끝은 마스트 스트랩에 고정된다.

17 지게차의 리프트 실린더가 2개인 장비에서 좌우 실린더 작동행정이 상이하다. 정비 방법은?

① 리프트 실린더의 캐리지 사이에 심을 넣어 조정한다.
② 리프트 실린더의 로드를 돌려 조정한다.
③ 작동이 늦은 리프트 실린더의 압력을 낮춘다.
④ 작동이 늦은 리프트 실린더의 압력을 높인다.

해설 좌우 실린더 작동행정이 상이하면 리프트 실린더의 캐리지 사이에 심(shim)을 넣어 조정한다.

18 지게차 마스트 상승 높이를 측정한 결과 규정치보다 다르게 측정되었다면 어떻게 조정해야 하는가?

① 리프트 체인의 길이로
② 리프트 실린더의 길이로
③ 리프트 실린더 로드의 길이로
④ 인너 레일과 아웃 레일의 겹침으로

해설 지게차 마스트 높이 조정은 리프트 체인의 길이로 한다.

19 지게차의 리프트 체인에 주유하려고 한다. 다음 중 어느 방법이 맞는가?

① 세척유로 닦아낸 후 그리스를 주유한다.
② 4/5그리스+1/5경유를 혼합하여 주유한다.
③ 엔진오일을 주유한다.
④ 4/5엔진오일+1/5경유를 혼합하여 주유한다.

해설 지게차 리프트 체인에는 엔진오일을 주유한다.

20 전동식 리치형 지게차를 바르게 설명한 것은?

① 포크는 상하로 움직이고 마스트 전·후진된다.
② 포크를 상하로 움직이고 마스트는 고정식이다.
③ 포크와 마스트를 상하·전후로 회전시킬 수 있다.
④ 마스트는 전후로 경사되고 포크는 고정식이다.

해설 리치형 지게차는 배터리를 동력원으로 하고, 카운터 웨이터가 없으며, 리치 래그(reach lag)가 마련되어 있어 포크는 상하로 움직이고, 마스트는 앞뒤로 전·후진할 수 있다.

21 지게차 인칭 밸브 불량시 나타나는 현상은?

① 원동기 회전 정지
② 지게차 주행 정지
③ 작업 장치 작동 정지
④ 유압 펌프 작동 정지

해설 인칭 브레이크 장치는 인칭 페달을 밟으면, 변속기 내의 클러치판이 미끄럼마찰을 일으켜 지게차가 천천히 움직이도록 하여, 미세한 작업을 할 때 또는 액추에이터의 출력을 증대시킬 때, 지게차의 구동을 제한하는 장치이다.

정답 16. ④ 17. ① 18. ① 19. ③ 20. ① 21. ②

22 유체식 클러치형 지게차의 동력전달 순서가 맞는 것은?

① 기관→유체 클러치→변속기→구동차축→추진축→앞바퀴
② 기관→유체 클러치→변속기→추진축→구동차축→최종 구동기어→앞바퀴
③ 기관→조정기→구동 모터→변속기→차동장치→앞바퀴
④ 기관→유체 클러치→변속기→종감속장치→구동차축→앞바퀴

해설 유체 클러치형 지게차의 동력전달 순서는 기관→유체 클러치→변속기→추진축→구동차축→최종 구동기어→앞바퀴

23 전동식 지게차의 동력 전달 순서로 옳은 것은?

① 축전지→컨트롤러→구동 모터→변속기→차동장치→앞바퀴
② 축전지→구동 모터→컨트롤러→변속기→차동장치→앞바퀴
③ 발전기→구동 모터→컨트롤러→주행 모터→차동장치→앞바퀴
④ 발전기→컨트롤러→주행 모터→변속기→차동장치→앞바퀴

해설 전동 지게차 동력 전달 순서는 축전지→컨트롤러→구동 모터→변속기→차동장치→앞바퀴이다.

24 리프트의 제작기준 등을 규정에서 정격 속도의 설명으로 맞는 것은?

① 하물을 싣고 하강할 때의 속도
② 하물을 싣고 상승할 때의 최고속도
③ 하물을 싣고 하강할 때의 평균속도
④ 하물을 싣고 상승할 때의 평균속도

해설 리프트의 정격 속도는 하물을 싣고 상승할 때의 최고속도를 말한다.

25 지게차에서 틸팅 장치의 기능에 대한 설명으로 옳은 것은?

① 마스트를 좌우로 기울게 한다.
② 마스트를 회전시킬 수 있게 한다.
③ 마스트를 전·후방으로 기울게 한다.
④ 마스트를 상·하로 움직일 수 있게 한다.

해설 지게차의 틸팅 장치는 마스트를 전후방으로 기우릴 때 사용한다.

26 지게차의 유압식 브레이크 장치에서 제동이 되지 않는 원인 중 틀린 것은?

① 라이닝의 마모가 클 때
② 라이닝의 마찰계수가 클 때
③ 제동계통에 공기가 차 있을 때
④ 휠 실린더의 피스톤이 고착되어 있을 때

해설 유압 브레이크에서 제동이 잘 되지 않는 원인은 ①, ③, ④항 이외에 라이닝의 마찰계수가 적은 경우이다.

27 도저를 용도별로 분류하였을 때 포함되지 않는 것은?

① 스트레이트 불도저　② 앵글 도저
③ 틸트 도저　　　　　④ 블레이드 도저

해설 도저(dozer)의 종류에는 스트레이트(straight bulldozer) 불도저, 앵글 도저(angle dozer), 틸트 도저(tilt dozer) 등이 있다.

28 블레이드를 수평으로 30° 회전시킬 수 있고 경사지 측면작업, 절토작업 굳은 땅 옆으로 자르기 등의 작업에 가장 효과적인 도저는?

① 타이어 도저　　② 불도저
③ 앵글도저　　　④ 틸트 도저

해설 앵글 도저는 블레이드를 수평으로 30° 회전시킬 수 있고, 경사지 측면 작업, 절토 작업 굳은 땅 옆으로 자르기 등의 작업에 가장 효과적이다.

정답　22. ②　23. ①　24. ②　25. ③　26. ②　27. ④　28. ③

29 불도저 중 나무뿌리와 잡목 제거작업을 할 때 가장 적합한 블레이드는?

① 트리 블레이드　② 푸시 블레이드
③ 트리밍 블레이드　④ 레이크 블레이드

> 해설 레이크 도저는 블레이드 대신에 레이크를 설치하고, 나무뿌리나 잡목을 제거하는 작업에 효과적이다.

30 불도저에서 배토판이 차체의 중심선과 직각을 이루는 면을 기준으로 하여 좌우로 이루는 각도는?

① 배토판의 굴삭각
② 틸트량
③ 앵글량
④ 배토판의 최대 올림 높이

> 해설 앵글량은 배토판의 좌우로 대칭되는 양 끝점을 연결하는 직선이, 불도저의 중심 면에 직각인 면과 이루는 각도이다.

31 동력 전달 계통에 플라이휠 클러치가 장착된 도저에서 PCU 레버를 당겨도 블레이드가 올라가지 않는 이유 중 틀린 것은?

① 클러치 간극 불량
② 클러치 페이싱 오일 부착
③ 브레이크 밴드가 떨어지지 않을 때
④ 브레이크 드럼이 마모되었을 때

32 토크 컨버터를 부착한 도저의 동력전달 순서는?

① 기관→토크 컨버터→자재이음→변속기→환향 클러치→환향 브레이크→스프로킷→트랙
② 기관→자재이음→변속기→토크 컨버터→환향 클러치→환향 브레이크→스프로킷→트랙
③ 기관→변속기→토크 컨버터→자재이음→환향 클러치→환향 브레이크→스프로킷→트랙
④ 기관→환향 클러치→토크 컨버터→자재이음→변속기→환향 브레이크→스프로킷→트랙

> 해설 토크컨버터를 부착한 도저의 동력전달 순서는 기관→토크 컨버터→자재이음→변속기→환향클러치→환향 브레이크→스프로킷→트랙

33 불도저 환향 클러치가 작동되는 과정으로 옳은 것은?

① 스프링 장력으로 풀어지고 유압으로 연결된다.
② 유압으로 풀어지고 스프링 장력으로 연결된다.
③ 유압으로 풀어지고 연결되며, 컨트롤 밸브의 조작으로 작동된다.
④ 스프링 장력으로 물리며 풀어지고, 컨트롤 레버의 조작으로 작동된다.

> 해설 불도저의 환향 클러치(steering clutch)는 양쪽 베벨기어 축 끝의 좌우에 모두 설치되어 있으며, 베벨기어의 동력을 스프로킷으로 전달하거나 차단하여 도저의 진행 방향을 바꾸어 준다. 작동은 유압으로 풀리고, 스프링 장력으로 연결된다.

34 유압 부스터식 조향장치를 가진 도저에서 결함이 있을 경우 점검 개소가 아닌 것은?

① 브레이크　② 클러치
③ 조향클러치 유압장치　④ 리코일 스프링

> 해설 리코일 스프링은 트랙 앞쪽에서 오는 충격을 완화시켜는 부품이다.

35 불도저의 삽날을 들어 올렸을 때 중립에서 아래로 내려오면 그 이유는?

① 유압펌프의 마모
② 릴리프밸브의 압력이 낮음
③ 실린더 로드의 변형
④ 실린더 패킹의 마모

> 해설 실린더 패킹이 마모되어 오일이 누출되면, 삽날을 들어 올렸을 때 중립에서 아래로 내려오게 된다.

정답　29. ④　30. ③　31. ④　32. ①　33. ②　34. ④　35. ④

36 도저의 속도가 6m/s, 견인력이 150kgf 일 때 견인마력은?

① 10ps   ② 12ps
③ 15ps   ④ 20ps

해설 $H_{PS} = \dfrac{FV}{75}$

[H_{PS} : 견인마력, F : 견인력, V : 주행속도]

∴ $\dfrac{150 \times 6}{75} = 12PS$

37 25톤급 불도저의 전진 2단에서 견인력이 7,500kgf이고, 이때 작업속도가 3.6km/h 라고 하면 견인 출력은?

① 73.5kW   ② 100kW
③ 166.7kW ④ 170kW

해설 $H_{kW} = \dfrac{FL}{102}$

[H_{kW} : 견인출력, F : 견인력, L : 이동거리(m), t : 시간(sec)]

∴ $\dfrac{7,500 \times 3.6 \times 1,000}{102 \times 3,600} = 73.5kW$

38 블레이드의 폭 2m, 높이 0.6m인 불도저에서 블레이드의 용량은 몇 m³인가?

① 1.2m³   ② 0.83m³
③ 0.72m³ ④ 0.62m³

해설 $Q = BH^2$

[Q : 블레이드 용량, B : 블레이드 폭, H : 블레이드 높이]

∴ $2 \times 0.6^2 = 0.72m^3$

39 불도저의 블레이드의 용량이 1.28㎥, 폭이 2m일 때, 높이는 얼마인가?

① 0.4m   ② 0.64
③ 0.8m   ④ 2.56m

해설 $Q = BH^2$

[Q : 블레이드 용량(m³), B : 블레이드 폭(m), H : 블레이드 높이(m)]

∴ $2 \times x^2 = 1.28m^3$

$x^2 = \dfrac{1.28}{2} = 0.8m$

40 흙 운반거리 50m, 전진속도 3km/h, 후진속도 4.5km/h, 변속하는 시간 20초, 블레이드 용량 4m³/회 이고, 토량 환산계수 1, 작업효율 0.9인 도저의 1시간당 작업량은 얼마인가?

① 102m³/h   ② 104m³/h
③ 106m³/h   ④ 108m³/h

해설 ① 작업 사이클 시간 $C_m = \dfrac{L}{V_1} + \dfrac{L}{V_2} + t$

[C_m : 작업 사이클 시간, L : 운반거리(m), V_1 : 전진속도(m/분), V_2 : 후진속도(m/분), t : gear 변속시간(초)]

∴ $\dfrac{50 \times 3600}{3 \times 1000} + \dfrac{50 \times 3600}{4.5 \times 1000} + 20sec = 120sec$

② 작업량 산출 공식 $Q = \dfrac{3600 \times q \times f \times E}{C_m}[m^3/h]$

[q : 블레이드 용량(m³), K : 버킷계수, f : 토량환산계수, E : 작업효율, C_m : 사이클 시간(초)]

∴ $\dfrac{3600 \times 4 \times 1 \times 0.9}{120sec} = 108m^3/h$

41 50m 떨어진 곳의 흙을 전진속도 50m/min, 후진속도 80m/min으로 삭토해서 운반하는 도저의 블레이드 용량이 4m³/회이고, 작업효율이 0.9라고 할 때 시간당 작업량은?(단, 기어변환 시간은 0.5분으로 하고, 토량 환산계수는 1.0으로 한다.)

① 약 102m³/hr   ② 약 111m³/hr
③ 약 121m³/hr   ④ 약 132m³/hr

정답 36. ② 37. ① 38. ③ 39. ③ 40. ④ 41. ①

[해설] ① 작업 사이클 시간 $C_m = \dfrac{L}{V_1} + \dfrac{L}{V_2} + t$

[C_m : 작업 사이클 시간, L : 운반거리(m),
V_1 : 전진속도(m/분), V_2 : 후진속도(m/분),
t : gear 변속시간(초)]

$\therefore \dfrac{50 \times 60}{50} + \dfrac{50 \times 60}{80} + 30\text{sec} = 127.5\text{sec}$

② 작업량 산출 공식 $Q = \dfrac{3600 \times q \times f \times E}{C_m}[m^3/h]$

[q : 블레이드 용량(m³), K : 버킷계수,
f : 토량환산계수, E : 작업효율,
C_m : 사이클 시간(초)]

$\therefore \dfrac{3600 \times 4 \times 1 \times 0.9}{127.5\text{sec}} = 101.6 m^3/h$

42 스크레이퍼의 주요 구성품이 아닌 것은?

① 보울 ② 에이프런
③ 롤 ④ 이젝터

[해설] 스크레이퍼의 작업 장치
① 보울 : 흙을 파서 담을 수 있는 적재함이며, 유압에 의해 상·하 운동을 한다.
② 커팅 에지 : 보울 앞부분에 설치되어 굴토력을 증가시킨다.
③ 에이프런 : 보울의 앞면을 형성해 주고 토사의 배출구를 닫아주는 문이다.
④ 이젝터 : 토사를 담을 때 보울의 뒷벽을 구성해 주고, 하역할 때 앞으로 이동하여 토사를 밀어내어 쏟아 주는 부분이다.

43 다음은 로더의 작업을 나타낸 것이다. 이 중 틀린 것은?

① 굴착작업 ② 지면 고르기 작업
③ 송토작업 ④ 벌개 작업

[해설] 로더로 할 수 있는 작업은 굴착작업, 지면 고르기 작업, 상차작업, 송토 작업 등이다.

44 로더에서 큰 구동력을 발생시키기 위해 구동 액슬 끝에 설치한 장치는?

① 차동기어 장치
② 유성기어 감속장치
③ 피니언 및 베벨기어 장치
④ 조향 클러치 및 브레이크 장치

[해설] 로더는 트랙터 앞쪽에 버킷을 부착하고 건설공사에서 자갈모래 및 흙을 퍼서 덤프트럭 등에 적재를 주로 하는 건설기계이며, 무한궤도형과 타이어형이 있다. 무한 궤도형은 도저(dozer)와 같으며, 타이어형은 토크 컨버터와 파워 시프트(power shift) 변속기를 사용하고 종감속 기어장치는 각 바퀴에 부착된 유성기어를 사용한다. 유성기어형 종감속 장치는 차동 기어장치의 동력이 차축을 통하여 유성기어로 전달되며, 유성기어는 동력을 감속하여 타이어로 전달한다.

45 허리꺾기 조향식(굴절식)의 설명 중 틀린 것은?

① 회전반경이 작다.
② 작업능률을 향상시킬 수 있다.
③ 좁은 장소에서의 작업이 불리하다.
④ 조향용 유압 실린더에 의해 차체가 굴절된다.

[해설] 허리꺾기 조향식(굴절식)의 특징
① 회전반경이 작다.
② 좁은 장소에서의 작업이 용이하다.
③ 작업시간을 단축시킬 수 있다.
④ 작업 능률을 향상시킬 수 있다.
⑤ 앞·뒤 차체 사이에 유압 실린더를 좌·우에 1개씩 설치되어 있으며, 조향 핸들을 작동하면 유압 실린더의 신축 작용으로 앞·뒤 차체 사이가 굴절되어 조향하는 방식이다.

46 휠 로더의 압력이 가장 높은 곳은?

① 변속기 메인 압력
② 토크 컨버터 오일 압력
③ 유압 계통 메인 압력
④ 유압 계통 안전밸브 압력

[정답] 42. ③ 43. ④ 44. ② 45. ③ 46. ④

47 로더의 작업량 산출 공식으로 맞는 것은? (단, q : 버킷용량(m^3), K : 버킷계수, f : 토량환산계수, E : 작업효율, C_m : 사이클시간(초))

① $Q = \dfrac{q \times f \times E}{C_m}[m^3/h]$

② $Q = \dfrac{3,600 \times q \times K \times f \times E}{C_m}[m^3/h]$

③ $Q = \dfrac{K \times q \times f \times E}{C_m}[m^3/h]$

④ $Q = \dfrac{360 \times q \times K \times f \times E}{C_m}[m^3/h]$

해설 작업량 산출 공식
$Q = \dfrac{3,600 \times q \times K \times f \times E}{C_m}[m^3/h]$

48 다음 중 스크레이퍼의 작업 사이클을 올바르게 나타낸 것은?

① 적재→적하(산포)→운반→귀환
② 적재→운반→적하(산포)→귀환
③ 운반→적재→적하(산포)→귀환
④ 운반→적하(산포)→적재→귀환

해설 스크레이퍼의 작업 사이클은 적재→운반→적하(산포)→귀환이다.

49 모터그레이더 규격은 무엇으로 표시하는가?

① 작업 가능한 상태의 중량(t)으로 표시
② 최대로 배토 가능한 토사의 량(m^3)으로 표시
③ 배토판의 길이(m)로 표시
④ 시간당 작업 가능한 거리(m)로 표시

해설 모터그레이더는 정지 장치를 가진 자주식인 것으로, 규격은 블레이드(배토판)의 길이(m)로 나타낸다.

50 다음 중 모터그레이더 작업으로 적합지 않은 것은?

① 성토작업 ② 지균작업
③ 산포작업 ④ 쇠스랑작업

해설 모터그레이더는 지균(평탄)작업, 산포작업, 쇠스랑 작업, 배수로 굴착(측구)작업, 매몰 작업, 경사면 절삭작업, 제설작업, 도로 보수작업 등을 할 수 있는 건설기계이다.

51 유압식 모터그레이더에서 회전반경을 적게 하기 위해 전륜을 경사시켜 주는 것은?

① 스티어링 실린더 ② 리닝 장치
③ 어큐뮬레이터   ④ 유압모터

해설 리닝 장치를 설치한 목적은, 회전반경을 작게 하기 위한 것으로, 앞바퀴를 좌우 20~30° 정도 경사시킨다.

52 모터그레이더의 동력 전달 순서로 맞는 것은?

① 엔진→클러치→변속기→감속기어→피니언 베벨기어→탠덤 드라이브→구동바퀴
② 엔진→클러치→변속기→액슬축→탠덤 드라이브→구동바퀴
③ 엔진→클러치→변속기→액슬축→감속기어→탠덤 드라이브→구동바퀴
④ 엔진→클러치→변속기→감속기어→탠덤 드라이브→액슬축→구동바퀴

해설 모터그레이더의 동력 전달 순서는 엔진→클러치→변속기→감속기어→피니언 베벨기어→탠덤 드라이브→구동바퀴이다.

53 모터그레이더의 탠덤장치에 대한 설명으로 틀린 것은?

① 작업 시 직진성능을 좋게 한다.
② 전, 후 휠에 걸리는 하중을 같게 한다.
③ 구동륜이 상하로 요동하여 충격을 완화한다.
④ 좌·우 차륜의 차동작용을 만들어 선회를 쉽게 한다.

정답 47. ② 48. ② 49. ③ 50. ① 51. ② 52. ① 53. ④

해설 탠덤장치는 작업할 때 직진성능을 향상시키고, 전·후 휠에 걸리는 하중을 같게 하며, 구동륜이 상하로 요동하여 충격을 완화한다.

54 그레이더에서 뒤 차축 타이어 4륜을 항상 지면과 접촉하게 하고 주행 중 지면의 충격을 감소시키는 장치는?

① 쇽업소버 ② 탠덤 드라이브
③ 서클 ④ 스캐리파이어

55 모터그레이더의 최종 감속 장치인 탠덤 드라이브의 동력 전달 방식은?

① 체인으로 구동되면서 좌우 4개의 후륜을 같은 회전수로 회전시킨다.
② 벨트로 구동되면서 좌우 2개의 후륜을 같은 회전수로 회전시킨다.
③ 엔진의 동력으로 직접 구동되면서 좌우 4개의 후륜을 같은 회전수로 회전시킨다.
④ 스퍼기어로 구동되면서 2개의 후륜을 같은 회전수로 회전시킨다.

해설 탠덤 드라이브의 동력 전달은 체인으로 구동되며, 좌우 4개의 후륜을 같은 회전수로 회전시킨다.

56 모터그레이더의 스캐리 파이어는 무엇인가?

① 작업 노면을 골라 주는 삽이다.
② 작업 노면을 긁어 파는 쇠스랑이다.
③ 작업 노면과의 충격이 환향 휠에 전달되는 것을 감소시키는 장치이다.
④ 삽을 360도 회전시켜주는 장치이다.

해설 스캐리 파이어는 굳은 땅 파헤치기, 나무뿌리 뽑기 등을 할 수 있는 작업 장치이며, 생크는 모두 11개이나 작업조건에 따라 5개까지 빼내고 작업할 수 있으며, 지균 작업을 할 때는 떼어낸다.

57 그레이더의 서클 회전체에 있어서 쇠스랑 장치를 떼면 몇 도를 회전할 수 있는가?

① 20~30° ② 55°
③ 90° ④ 360°

해설 모터그레이더의 서클 회전체에서 쇠스랑 장치(스캐리 파이어)를 떼어내면 360° 회전시킬 수 있다.

58 크레인의 전부 장치에 포함되지 않는 것은?

① 훅 장치
② 드래그라인
③ 임팩트 브레이크
④ 파일 드라이버

해설 기중기의 6대 작업 장치(attachment)에는 훅(hook), 크람셀(clamshell), 드래그라인(drags line), 셔블(shovel), 파일 드라이버(file drive), 트렌치 호(trench hoe)이다.

59 크레인에 장착하는 작업 장치로 맞지 않은 것은?

① 셔블 ② 클램셀
③ 팔레트 ④ 훅

해설 크레인의 작업 장치
㉮ 훅(갈고리, hook) : 화물의 적재 및 적하 작업 등 일반 작업에 많이 사용된다.
㉯ 셔블(삽, shovel) : 토사 굴착, 적재 등의 작업에 주로 사용된다.
㉰ 드래그라인(긁어 파기, drag line) : 평면굴착, 수중작업, 제방구축 작업에 많이 사용된다.
㉱ 백호(도랑파기, back hoe & trench hoe) : 배수로, 지하실 등의 굴착, 채굴, 매몰 작업에 주로 사용된다.
㉲ 클램셀(조개장치, clamshell) : 수직 토굴작업, 토사 적재작업, 오물제거 작업 등에 쓰인다.
㉳ 파일 드라이버(항타 및 항발, pile driver) : 기둥 박기, 건물의 기초공사 등이 주로 사용된다.
㉴ 어스 드릴(earth drill, 구멍 뚫기) : 큰 지름의 구멍을 뚫는데 사용된다. 시가지의 건축물이나 구조물 등의 기초공사 등에 많이 이용된다.

정답 54. ② 55. ① 56. ② 57. ④ 58. ③ 59. ③

60 크레인에서 지브 붐이란?

① 메인 붐의 하단을 연장하는 보조 붐이다.
② 메인 붐의 중간을 연장하는 보조 붐이다.
③ 메인 붐의 끝단을 연장하는 보조 붐이다.
④ 크람셀 장착시 사용되는 보조 붐이다.

해설 지브 붐(jib boom)이란 메인 붐의 끝단을 연장하는 보조 붐을 말하며, 훅(hook)작업에서만 사용한다.

61 기중기에서 상부에 권상 와이어용 시브가 있고 하부에 훅을 장치한 것은?

① 훅 블록 장치
② 붐 전도 방지 장치
③ 붐 과권 방지 및 경보 장치
④ 권상 과권 경보 장치

해설 ① 훅 블록 : 상부에 권상 와이어용 시브가 배치되어 있고 하부에 훅을 장치한 것으로 일반 기중용으로 사용되는 작업 장치이다.
② 붐 전도 방지장치 : 기중 작업을 할 때 권상 와이어 로프가 절단되거나 험한 지형을 주행할 때 붐에 전달되는 요동으로 붐이 뒤로 넘어가는 것을 방지하는 장치이다.
③ 권과 방지장치 : 권상 와이어로프를 너무 감으면 와이어로프가 절단되거나 훅 3블록이 시브와 충돌하여 기계를 파손시키게 된다. 이를 방지해 주는 장치이다.
④ 붐 기복 정지장치 : 붐 권상 레버를 당겨 붐이 최대 제한 각에 달하면 붐 뒤쪽에 있는 붐 기복 정지장치의 스톱 볼트와 접촉되어 유압 회로를 차단하거나 붐 권상 레버를 중립으로 복귀시켜 붐의 상승을 정지시키는 장치이다.

62 크레인 작업에 있어서 붐의 허용 최대각도 및 최소각도로 가장 적합한 것은?

① 최대 60°, 최소 10°
② 최대 65°, 최소 15°
③ 최대 75°, 최소 5°
④ 최대 78°, 최소 20°

해설 크레인의 최소 붐 제한 각도는 20°이고, 최대 붐 제한 각도는 78°이다.

63 다음은 기중기의 붐 각도에 대해 설명한 것이다. 틀린 것은?

① 붐의 각도가 커지면 작업 반경은 작아진다.
② 붐의 각도가 커지면 기중 능력은 커진다.
③ 작업 반경이 커지면 기중 능력은 작아진다.
④ 화물이 무거울수록 붐 길이를 길게 하고, 각도는 크게 한다.

해설 기중기 붐 각도에 대한 설명은, ①, ②, ③항 이외에 화물이 무거울수록 붐 길이를 짧게 하고, 각도는 크게 한다.

64 기중기 전부 장치인 크람셀로 작업하기 어려운 것은?

① 일반 기중 작업   ② 오물 제거 작업
③ 수직 굴토 작업   ④ 토사 적재 작업

해설 크람셀은 수직굴토 작업, 토사상차 작업, 오물 제거 작업 등에 주로 사용하는 작업 장치이다.

65 크레인 크램 셀의 태그라인이 하는 일은?

① 크램 셀을 개폐하는 일
② 크램 셀을 지지하는 일
③ 크램 셀의 회전을 막는 일
④ 크램 셀을 권항하는 일

해설 태그라인(tag line)은 선회나 기복을 행할 때, 크램셀(clam shell)을 와이어 로프로 가볍게 당겨 흔들리거나 회전을 방지하여, 와이어로프가 꼬이는 것을 방지한다.

66 기중기에 사용되는 와이어로프의 종류에서 소선과 스트랜드를 반대 방향으로 꼰 것은?

① S 꼬임   ② Z 꼬임
③ 보통 꼬임 ④ 랭 꼬임

정답 60. ③ 61. ① 62. ④ 63. ④ 64. ① 65. ③ 66. ③

해설 **와이어로프의 꼬임 방법**
① 보통 꼬임(originary lay) : 소선과 스트랜드의 꼬임 방향이 서로 반대인 것이며, 수명이 짧으나 킹크(kink : 비틀림)발생이 적다.
② 랭 꼬임(lang ; lay) : 소선과 스트랜드의 꼬임이 같은 방향인 것이며, 점 접촉면이 길고 킹크 발생이 크나 수명이 길다.
③ S꼬임 : 스트랜드를 오른쪽으로 꼰 것이다.
④ Z꼬임 : 스트랜드를 왼쪽으로 꼰 것이다.

67 건설기계에 사용되는 와이어로프에서 6×24로 표시된 것이 있다. 6이란?

① 가닥수 ② 최저하중
③ 코어수 ④ 사용한계

해설 6×24에서 6은 가닥(스트랜드)수, 24는 소선수이다.

68 크레인 케이블의 와이어 직경이 0.5인 경우 안전 작업 하중은?

① 1톤 ② 2톤
③ 3톤 ④ 4톤

해설 $T = 4D^2$ ∴ $4 \times 0.5^2 = 1$

69 기중기 작업 시 와이어 로프의 마모가 예상외로 빠른 원인이 아닌 것은?

① 와이어 로프의 급유가 부족하다.
② 활차 베어링의 급유가 부족하다.
③ 와이어 로프의 규격이 원래 규격과 상이하다.
④ 와이어 로프를 감아올리는 드럼의 작동 클러치가 잘 미끄러진다.

해설 **와이어 로프(Wire rope)의 마모가 심한 원인**
① 와이어 로프의 급유부족
② 활차(시브) 베어링의 급유부족
③ 고열의 부하물을 걸고 장시간 작업한 경우
④ 활차의 지름이 적을 때

⑤ 와이어 로프와 활차의 접촉면이 불량할 때
⑥ 와이어 로프의 규격이 원래 규격과 상이할 때

70 크레인의 붐이 상승하지 않는다. 고장 원인으로 해당되지 않는 것은?

① 스윙 멈치 브레이크가 미끄러질 때
② 붐 호이스트 클러치가 미끄러질 때
③ 붐 호이스트 브레이크가 풀리지 않을 때
④ 활차에서 케이블이 빠졌을 때

해설 크레인의 붐이 상승하지 않는 원인은, 붐 호이스트 클러치가 미끄러질 때, 붐 호이스트 브레이크가 풀리지 않을 때, 활차에서 케이블이 빠졌을 때 등이다.

71 기중기의 붐 정비 시 확인하여야 할 사항과 거리가 먼 것은?

① 균열 ② 부식
③ 만곡 ④ 기울기

72 항타기에서 바운싱이 일어나는 원인은?

① 파일이 무거울 때
② 파일이 수직으로 박히지 않을 때
③ 항타의 간격이 일정치 않을 때
④ 가벼운 해머를 사용할 때

해설 **바운싱(bouncing)이 일어나는 원인**
① 파일이 장애물과 접촉할 때
② 증기 또는 공기량을 많이 사용할 때
③ 2중 작동 해머를 사용할 때
④ 가벼운 해머를 사용할 때

73 다음 중 다짐용 포장기계가 아닌 것은?

① 탬핑롤러 ② 탬퍼
③ 진동 컴팩터 ④ 백호

해설 **다짐용 포장기계**
① 타이어 롤러 : 아스팔트 포장 2차 다듬질용

정답 67. ① 68. ① 69. ④ 70. ① 71. ④ 72. ④ 73. ④

② 탠덤롤러 : 아스팔트 포장면의 기초 및 마무리 다듬질용
③ 머캐덤 롤러 : 쇄석기층 다짐, 푸석푸석한 토양 다짐, 아스팔트 기초 다짐용
④ 진동롤러 : 도로 경사지 모서리 다듬질, 쇄석, 모래, 자갈 다듬질용
⑤ 탬핑롤러 : 기초지반 다짐용

74 다짐 롤러 형식 중 맞지 않는 것은?

① 탬핑 롤러   ② 매커덤 롤러
③ 램퍼 롤러   ④ 타이어 롤러

해설 롤러의 종류에는 매커덤 롤러, 탬핑롤러, 타이어 롤러, 탠덤롤러, 진동롤러 등이 있다.

75 타이어 롤러의 차륜 지지방식이 아닌 것은?

① 고정식   ② 진동식
③ 요동식   ④ 독립지지식

해설 타이어 롤러의 차륜 지지방식
① 고정식 : 각 차축이 프레임에 고정되어 있다.
② 상호 요동식 : 프레임에 차축의 중심선이 지지되고 각 바퀴가 상하운동을 한다.
③ 수직 가동식(독립지지식) : 각 바퀴마다 독립된 유압 실린더 또는 공기 스프링 등을 사용하여 개별 상하운동을 한다.

76 자주식과 피견인식이 있는 방식으로 제방 및 도로 경사지 모서리 다짐에 사용되는 롤러 형식은?

① 진동롤러   ② 머캐덤 롤러
③ 타이어형 롤러 ④ 탬핑 롤러

해설 롤러의 종류
① 탬핑롤러 : 강판제의 드럼 바깥둘레에 여러 개의 돌기(tamping toot)가 용접으로 고정되어 있어 흙을 다지는데 매우 효과적이다.
② 머캐덤 롤러 : 앞바퀴 1개, 뒷바퀴가 2개인 것이며, 2개의 뒷바퀴로 구동을 하고 앞바퀴 1개로는 조향을 한다. 용도는 초기 다짐에 주로 사용되며, 자갈·모래 및 흙 등을 다지는데 매우 효과적이며

아스팔트 마지막 다짐에는 사용하지 못한다.
③ 진동롤러 : 제방 및 도로 경사지 모서리 다짐에 사용되며, 또 흙·자갈 등의 다짐에 효과적이다.
④ 타이어 롤러 : 흙·아스팔트 마지막 다짐 작업에 효과적이며 특히 아스팔트 다짐에서 골재를 파괴시키지 않고 요철(凹凸) 부분을 골고루 다질 수 있는 장점이 있다.
⑤ 탠덤롤러 : 앞바퀴와 뒷바퀴가 일직선이며, 2바퀴 방식과 3바퀴 방식이 있다. 모두 앞바퀴 조향, 뒷바퀴 구동방식이며, 용도는 아스팔트 마지막 다짐 작업에 가장 효과적이며, 그러나 자갈이나 쇄석 골재 등은 다져서는 안 된다.

77 콘크리트 배칭 플랜트의 구조가 아닌 것은?

① 골재 가열장치   ② 재료 저장소
③ 공급 장치   ④ 계량 장치

해설 콘크리트 배칭 플랜트는 콘크리트를 구성하는 모든 재료를 저장통(재료 저장소)에 공급하는 공급부분(공급 장치), 소정의 배합률로 계량하는 배처(batch)부분(계량장치) 및 혼합하여 소요 성질의 콘크리트를 만드는 혼합 부분 등으로 구성되어 있다.

78 콘크리트 배칭 플랜트의 계량장치에 대한 설명 중 틀린 것은?

① 플랜트의 대부분이 중량계량식이다.
② 계량기는 계량 호퍼, 운동기구, 지시계 등으로 구성되어 있다.
③ 계량방식은 시멘트, 물, 골재, 혼화제 등을 혼합하여 계량한다.
④ 물과 혼화제를 유량계, 계량용기, 정량펌프로 용량을 계산하는 것도 있다.

79 건설기계 장비 중 상차 장비가 아닌 것은?

① 엑스카베이터   ② 콘크리트 믹서
③ 크롤러 로더   ④ 크람셀 크레인

해설 콘크리트 믹서(concrete mixer)는 계량된 골재, 시멘트, 물, 혼합재료 등을 혼합반죽하여 생 콘크리트를 제조하는 건설기계이다.

정답 74. ③ 75. ② 76. ① 77. ① 78. ③ 79. ②

80 호퍼를 통하여 들어온 콘크리트를 모터의 회전에 의하여 롤러가 평판 튜브를 연속 회전함에 따라 압송하는 콘크리트 펌프의 형식은?

① 피스톤식 콘크리트 펌프
② 유압식 콘크리트 펌프
③ 스퀴즈식 콘크리트 펌프
④ 공기압식 콘크리트 펌프

81 도로 포장 공사 중 아스팔트를 일정한 두께와 폭으로 펴주는 장비는 어느 것인가?

① 아스팔트 믹싱 플랜트
② 아스팔트 스프레더
③ 아스팔트 살포기
④ 아스팔트 피니셔

해설 아스팔트 피니셔는 아스팔트 플랜트에서 자갈·모래 등을 160℃로 가열하여 건조시키고, 아스팔트는 117℃로 끓여서 자갈 및 모래와 혼합한 골재를 덤프트럭으로 운반해 오면 도로상에 일정한 규격과 두께로 깔아주기 위한 것이며, 엔진, 호퍼, 피더, 스크루, 스프레더, 댐퍼, 스크리드 등의 작업 장치를 설치하고 살포, 진동, 고르기 작업을 할 수 있는 아스팔트 포장 건설기계이다.

82 아스팔트 피니셔에 대한 설명으로 틀린 것은?

① 아스팔트 피니셔의 종류에는 타이어식과 무한궤도식이 있다.
② 타이어식은 무한궤도식보다 빠르고 자주적으로 이동할 수 있다.
③ 무한궤도식은 아이들러, 스프로킷, 롤러 등으로 구성되어 있다.
④ 타이어식은 구조 특성상 킹핀, 토인, 캠버, 캐스터의 앞바퀴 정렬을 반드시 맞추어야 한다.

83 아스팔트 피니셔에서 혼합재(아스콘)가 작업 장치를 통과하는 순서가 맞는 것은?

① 호퍼→피더→스프레딩 스크루→스크리드
② 호퍼→스프레딩 스크루→스크리드→피더
③ 스크리드→스프레딩 스크루→호퍼→피더
④ 스크리드→호퍼→스프레딩 스크루→피더

해설 아스팔트 피니셔에서 혼합재(아스콘)가 작업 장치를 통과하는 순서는 호퍼→피더→스프레딩 스크루→스크리드이다.

84 아스팔트 피니셔의 자동 스크리드 조정 장치는 무엇인가?

① 피니셔 혼합재의 흐름을 일률적으로 조정한다.
② 피니셔의 포장 속도를 자동적으로 조정한다.
③ 피니셔의 혼합재 포장 두께를 일정하게 조정한다.
④ 피니셔 혼합재 온도를 일정하게 조정한다.

해설 자동 스크리드 조정 장치는, 아스팔트 피니셔의 혼합재료 포장 두께를 일정하게 조정한다.

85 호퍼, 피더, 스프레더, 스크리드 등의 작업 장치로 이루어진 건설기계는?

① 콘크리트 펌프
② 모터그레이더
③ 아스팔트 피니셔
④ 아스팔트 플랜트

해설 아스팔트 피니셔는 호퍼, 피더, 스프레더, 스크리드 등의 작업 장치로 이루어져 있다.

86 아스팔트 피니셔의 호퍼에 있는 아스콘을 노면으로 이송하여 도로포장을 하려고 한다. 아스콘이 이송 안 되는 원인이 아닌 것은?

① 트랙 절단   ② 피드 절단
③ 체인 절단   ④ 이송 스크루 파손

정답 80. ③ 81. ④ 82. ④ 83. ① 84. ③ 85. ③ 86. ①

해설 아스콘이 이송 안 되는 원인은, 피드(공급 장치) 절단, 체인 절단, 이송 스크루 파손 등이다.

87 아스팔트 피니셔의 작업속도가 3m/min, 포장 폭 2.8m, 두께 6cm, 작업효율이 0.65이다. 시간 당 아스콘의 생산량은?

① 32.76m³/H ② 19.66m³/H
③ 10.92m³/min ④ 23.4m³/H

해설 $Q = v \times B \times t \times \eta$
[Q : 아스콘 생산량, v : 아스팔트 피니셔의 작업속도, B : 포장 폭, t : 포장두께, η : 작업효율]
∴ $3 \times 2.8 \times 0.06 \times 0.65 \times 60 = 19.66$ m³/H

88 노상 안정기에 대한 설명으로 틀린 것은?

① 다짐작업을 할 수 없다.
② 재료를 부설할 수 있다.
③ 기존 노면 위의 흙 등을 굴삭 분쇄한다.
④ 재료를 혼합실에 넣어 첨가제와 혼합이 가능하다.

해설 노상 안정기는 노상에서 전진하여 토사를 파쇄 또는 혼합하며, 재료 부설작업 및 다짐작업이 가능한 건설기계로 혼합 폭과 깊이를 유지할 수 있는 성능을 지니고 있다. 구조는 유제 탱크, 가열 장치, 로터, 푸드, 압송 펌프 등으로 구성된다.

89 쇄석기의 분류이다. 맞지 않는 것은?

① 조 크러셔 ② 로드밀 크러셔
③ 자이러토리 크러셔 ④ 가이드 크러셔

해설 쇄석기는 도로공사 및 콘크리트 공사에서 골재를 생산하기 위해 원석을 부수어 작게 만드는 건설기계이며, 종류는 조 크러셔, 롤 크러셔, 자이러토리 크러셔, 콘 크러셔, 임팩트 크러셔, 로드밀 크러셔 등이 있다.

90 조 쇄석기에 대한 설명 중 맞지 않는 것은?

① 조 쇄석기에 싱글 토글형과 더블 토글형이 있다.
② 조 쇄석기는 1차 파쇄에 적합하다.
③ 조 쇄석기는 원석 투입구가 쇄석기 몸체에 비해 작다.
④ 조 쇄석기는 고정 조와 이동 조를 일정한 가로로 마주 보게 한 것이다.

해설 쇄석기는 도로공사 및 콘크리트 공사에 사용되는 골재를 생산하기 위해 원석을 부수어 자갈을 만드는 건설기계이다. 일반적으로 1차, 2차로 나누어 쇄석을 하며, 1차, 2차 모두 조 크러셔(jaw crusher)를 사용하거나, 1차는 조 크러셔, 2차는 콘 크러셔나 롤 크러셔(roll crusher)를 사용하는 경우도 있다.

91 건설기계 관리법 시행령에서 정한 공기압축기의 규격 표시 방법은?

① 분당 공기의 무게(kgf/min)
② 시간당 공기의 무게(kgf/hr)
③ 분당 공기 생산량(m³/min)
④ 시간당 공기 생산량(m³/hr)

해설 공기압축기의 건설기계 범위는 공기 토출량이 매분 당 2.83m³ (매 cm² 당 7kgf 기준) 이상의 이동식인 것이며, 크기는 압력이 7kgf/cm² 인 공기의 매분 당 토출 능력(m³/min)으로 표시한다.

92 600CFM 용량의 에어 컴프레셔에서 공기 생산 흐름 순서로 옳은 것은?

① 에어클리너→저압 실린더→중간냉각기→고압 실린더→공기저장 탱크
② 에어클리너→저압 실린더→고압 실린더→공기저장 탱크
③ 에어클리너→중간냉각기→고압 실린더→저압 실린더→공기저장 탱크
④ 에어클리너→고압 실린더→저압 실린더→공기저장 탱크

해설 공기압축기의 공기생산 흐름 순서는 에어클리너→저압 실린더→중간냉각기→고압 실린더→공기저장 탱크이다.

정답 87. ② 88. ① 89. ④ 90. ③ 91. ③ 92. ①

93 공기압축기의 언로드 밸브 기능을 맞게 설명한 것은?

① 프리클리너 역할을 한다.
② 공기탱크 내의 압력을 일정하게 유지하는 역할을 한다.
③ 노출된 공기의 역류를 방지하는 역할을 한다.
④ 공기의 압력을 높이는 역할을 한다.

해설 공기압축기의 언로드 밸브(unload valve)는 공기탱크 내의 압력을 일정하게 유지하는 역할을 한다.

94 공기압축기의 작동 중 점검 사항을 기술하였다. 거리가 먼 것은?

① 저장탱크의 오일량을 점검
② 에어나 오일의 누출 여부 점검
③ 이상 음이나 진동 여부 점검
④ 계기판의 눈금 점검

해설 공기압축기의 작동 중 점검 사항은 ②, ③, ④항 이외에, 저장탱크의 공기량 및 압력 점검 등이다.

95 천공기의 종류 중 좁은 곳에서 굴진 작업, 2차 파쇄작업에 효과적이며 방음 및 방진 장치가 붙어 있는 것은?

① 크롤러   ② 싱커
③ 록 크래커 ④ 핸드 해머

해설 핸드 해머(Head hammer)의 특징
① 좁은 장소의 굴진, 2차 파쇄작업 등에 적합하다.
② 크기에 비해 굴진하는 힘이 크다.
③ 방음 및 방진장치가 부착되어 있다.

96 사리채취기 본체에 탑재되어 있지 않는 것은?

① 다짐장치   ② 선별장치
③ 파쇄장치   ④ 진동 장치

해설 사리채취기(자갈채취기)는 자갈, 모래 등을 선별하는 건설기계이며, 채취 기구를 구동하기 위한 기관을 설치한 것으로 버킷장치, 선별장치, 파쇄장치, 진동 장치 등이 탑재되어 있다.

97 준설선의 동력별 분류에 속하지 않는 것은?

① 전동식   ② 디젤식
③ 그래브식   ④ 가스터빈식

해설 준설선의 동력별 분류에 따른 분류에는 전동방식, 디젤기관 방식, 증기터빈 방식, 가스터빈 방식 등이 있다.

98 그래브 준설선의 버킷 종류가 아닌 것은?

① 드래그 헤드식   ② 풀다인식
③ 하프다인식   ④ 플레이트식

해설 그래브 준설선은 대부분 소형이고 개폐가 자연스러운 그래브를 붐 끝에 설치하여 엔진과 조립되어 있으며, 비 자항식과 자항식이 있다. 파 올린 토사는 양현에 계류한 토운선에 적재한 후 만재된 토운선을 예인선으로 예인 선박 항해에 지장이 없는 위치에 투기하는 해상용 건설기계이다. 버킷은 홀다인식, 하프다인식, 플레이트식, 오랜지 파일식이 있다.

99 다음 중 그래브 준설선의 장점이 아닌 것은?

① 심도 조정이 유리하다.
② 규모가 작은 공사에 유리하다.
③ 물 밑바닥을 고르게 작업하기 쉽다.
④ 협소한 장소에서의 작업이 유리하다.

해설 그래브 준설선의 장점 및 단점

그래브 준설선의 장점	그래브 준설선의 단점
① 협소한 장소에서의 작업이 유리하다.	① 준설능력이 적고, 준설단가가 비싸다.
② 심도(深度)조정이 유리하다.	② 준설선의 가격이 비싸다.
③ 규모가 작은 공사에 유리하다.	③ 물 밑바닥을 고르게 작업하기 어렵다.

정답 93. ② 94. ① 95. ④ 96. ① 97. ③ 98. ① 99. ③

100 주로 매립공사 사용하며 준설된 토사를 파이프라인으로 장거리 배송하는 준설선은?

① 디퍼식 준설선　② 버킷식 준설선
③ 펌프식 준설선　④ 그래브식 준설선

해설 준설선의 종류
① **디퍼식 준설선** : 굳은 지반을 준설하기 위하여 고안된 것으로 육상에서 사용하는 셔블을 대선에 설치한 것으로 구조가 복잡하고 작업 능률이 비교적 낮아 특수한 목적 이외에는 사용하지 않는다.
② **버킷식 준설선** : 래더 상의 양 덤블러를 중심으로 버킷 라인이 회전하여 굴착하는 준설선으로 양쪽의 앵커에 의해 좌우로 스윙하며 작업한다.
③ **펌프식 준설선** : 해저의 토사를 물을 매체로 하여 절단기로 절취하며, 이것을 펌프로 빨아올려 파이프라인으로 장거리 배송하는 것이다.
④ **그래브식 준설선** : 소형이고 개폐가 자연스러운 그래브를 붐 끝에 설치하여 기관과 조립되어 있다.

101 다음 중 버킷 준설선의 장점이 아닌 것은?

① 준설 능력이 크며, 대형 준설공사에 적합하다.
② 작업 반경이 크다.
③ 토질에 따른 영향이 적다.
④ 악천후나 조류 등에 강하다.

해설 버킷 준설선의 장점은 ①, ③, ④항 이외에 준설 단가가 싸다.

102 펌프 준설선의 운선 시 흡입구에 장애물이 막혔을 때, 계기에 나타나는 현상을 올바르게 설명한 것은?

① 차압계 및 진공계가 내려가고, 압력계는 올라간다.
② 차압계 및 진공계가 올라가고, 압력계는 내려간다.
③ 차압계, 진공계, 압력계 모두 올라간다.
④ 차압계, 진공계, 압력계 모두 내려간다.

해설 펌프 준설선의 흡입구가 장애물로 막히면 차압계 및 진공계가 올라가고, 압력계는 내려간다.

103 그래브 용량 : 7m³, 사이클 타임 : 1분 40초, 토량환산 계수 : 0.9, 작업효율 : 0.8, 그래프 계수 : 1.2일 때, 이 준설의 시간당 시공 능력(m³)은 얼마인가?

① 197.7m³　② 207.7/m³
③ 217.7/m³　④ 227.7/m³

해설 $Q = \dfrac{3,600 \times B \times f \times e \times g}{cm}$

[Q : 시간당 시공능력, B : 그래브 용량, f : 토량환산 계수, e : 작업효율, g : 그래브 계수, Cm : 1회 작업시간]

$\therefore \dfrac{3,600 \times 7 \times 0.9 \times 0.8 \times 1.2}{100\text{sec}} = 217.7\text{m}^3$

104 다음의 준설선 관련 용어 중 준설 선박이 상하로 동요되는 현상을 나타낸 것은?

① 롤링(rolling)
② 피칭(pitching)
③ 히빙(heaving)
④ 양묘력(break-out power)

해설 히빙(heaving)
① 연약한 점토 지반을 굴착할 경우 굴착된 외측 흙의 중량으로 인하여 굴착 저면의 흙이 활동 전단 파괴를 일으켜 굴착 저면이 부풀어 오르는 현상. 또는 연약 지반 상에 도로나 호안용 공사를 목적으로 토석을 부설했을 때 토석이 침하되면서 양쪽 옆으로 연약 지반층이 부풀어 오르는 현상.
② 파도에 의하여 선박이 상하 방향으로 흔들리는 것.

정답　100. ③　101. ②　102. ②　103. ③　104. ③

PART 2
내연기관

Chapter 1	내연기관의 개요
Chapter 2	기관의 열 이론
Chapter 3	기관의 성능
Chapter 4	기관의 주요부
Chapter 5	기관의 부속장치
Chapter 6	각종 기관의 특성

Chapter 1
내연기관의 개요

Section 1-1 기관의 정의 및 특징

1 내연기관의 정의

기관(engine)이란 열에너지를 기계적 에너지(일)로 변환시키는 장치이며, 그 종류에는 외연기관과 내연기관이 있다. 내연기관은 연료를 기관 내의 연소실에서 연소시켜 그 발생 열로 공기를 팽창시키고, 그 공기의 팽창으로 피스톤이나 터빈의 날개를 작동시켜 동력을 얻는 기관이다.

2 내연기관의 분류

1. 피스톤형(왕복형 또는 용적형)

피스톤형은 작동유체의 폭발압력을 피스톤의 직선 왕복운동으로 받아서 크랭크축에 회전력을 발생시키는 형식이며, 가솔린 기관, 디젤기관, LPG 기관 등이 여기에 속한다.

2. 회전 운동형(유동형)

회전 운동형은 작동유체의 폭발압력을 임펠러로 받아서 축으로 전달하는 형식이며, 로터리 기관, 가스터빈 등이 여기에 속한다.

3. 분사 추진형

분사 추진형은 작동유체의 폭발압력을 일정한 방향으로 기관 외부로 분출시켜 그 반동력을 동력으로 하는 형식이며, 제트기관, 로켓기관이 여기에 속한다.

3 내연기관의 특징

1. 내연기관의 장점

① 연료소비율이 적고, 열효율이 높다.
② 소형·경량으로 제작할 수 있다.
③ 부하에 잘 순응한다.
④ 운전·정지 등의 조작이 쉽다.

2. 내연기관의 단점

① 피스톤형은 압력 변화가 커서 충격과 진동이 심하다.
② 자기 기동이 불가능하므로 시동장치가 필요하다.
③ 저속 운전이 어려우며, 큰 플라이휠이 필요하다.
④ 고온·고압 부분이 많아 냉각 및 윤활에 주의하여야 한다.
⑤ 저질연료 사용이 어려우며, 마멸 및 부식 부분이 많다.

Section 1-2 기관 작동원리 및 밸브 개폐 선도

1 4행정 사이클 기관

1. 4행정 사이클 가솔린 기관의 작동원리

(1) 흡입행정(A→B)

흡입밸브는 열려 있고 배기밸브는 닫혀 있으며, 피스톤은 상사점에서 하사점으로 이동하여 실린더 내에 혼합가스를 흡입한다.

(2) 압축행정(B→C)

흡·배기밸브가 모두 닫힌 가운데 단열압축 하며, 피스톤은 하사점에서 상사점으로 이동한다. 압축비는 6~9 : 1, 압축압력은 8~11kg/cm², 상사점 전 약 10~20°에서 전기 점화한다.

(3) 동력(폭발, 팽창)행정(C→D→E)

① 폭발행정(C→D) : 정적 연소이며, 피스톤이 상사점에 있는 순간에 혼합가스가 연소하여 온도와 압력이 급격하게 상승하는 연소과정이다. 폭발압력은 35~45kg/cm² 정도이다.
② 팽창행정(D→E) : 고온·고압의 연소가스가 팽창하여 피스톤을 밀어내려 동력을 얻는 행정이며, 실린더 내에서는 단열팽창 한다.

(4) 배기행정(E→B→A)

배기밸브가 열려 연소가스를 배출하며 피스톤은 하사점에서 상사점으로 이동한다.

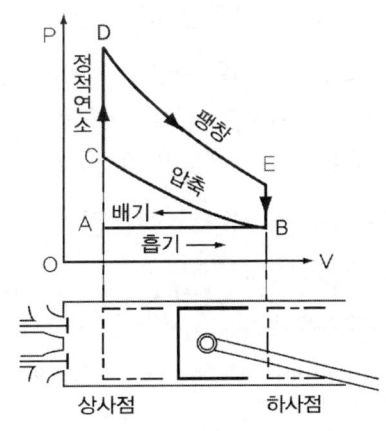

▲ 4행정 사이클 가솔린 기관의 P-V선도

2. 4행정 사이클 디젤기관의 작동원리

① 흡입행정에서는 공기만을 압축한다.
② 압축행정에서 압축비는 15~20 : 1, 압축압력은 30~35kg/cm², 압축온도는 500~550℃ 정도이다.
③ 동력행정을 할 때 연료분사장치로 실린더 내에 고압의 연료를 안개 모양으로 분사시켜 자기 착화시킨다.

2 2행정 사이클 기관

1. 2행정 사이클 가솔린 기관의 작동원리

① 팽창 및 배기행정 : 상사점에서 점화가 되면 연소실 내의 혼합가스가 폭발·연소한다. 이 폭발력에 의해 피스톤이 하강하며, 배기구멍이 열려 배기가스가 배출된다. 즉, 팽창과 배기가 1행정 중에 발생한다. 이 과정 중 피스톤의 하강 압력에 의해 크랭크 케이스 내의 혼합가스는 예압되면서 압력이 높아진다.
② 소기행정 : 피스톤이 하사점 50° 부근에서 크랭크 케이스 내의 혼합가스가 소기구멍을 통해 실린더 내로 유입되어 배기가스를 배출시킨다.
③ 압축행정 : 피스톤이 상승하면서 소기된 혼합가스를 압축한다.

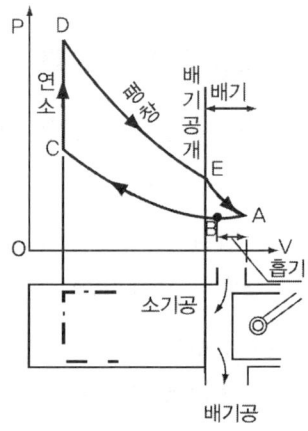

▲ 2행정 사이클 가솔린 기관의 P-V선도

2. 2행정 사이클 디젤기관의 작동원리

2행정 사이클 가솔린 기관과 비슷하나 소기 과정 중에 실린더 내부에 공급되는 것은 혼합가스가 아닌 순수한 공기만이므로 2행정 사이클 가솔린 기관의 최대 단점 중의 하나였던 연료소비량의 문제점을 해결할 수 있다.

3. 2행정 기관의 장단점

2행정 사이클 기관의 장점	2행정 사이클 기관의 단점
① 실린더 수가 적어도 회전력의 변동이 적어 회전이 원활하다. ② 밸브 기구가 없거나 간단하고, 부품 수가 적으며, 이에 따라 고장도 적다. ③ 마력당 무게가 가볍고 값이 싸다.	① 피스톤의 유효행정이 짧아 흡·배기가 불완전하다. ② 연료소비율이 크다. ③ 저속 회전이 어렵고 역화가 발생되기 쉽다. ④ 피스톤과 링의 마모가 크며, 손상되기 쉽다.

3 밸브 개폐 시기 선도

혼합 가스나 공기의 흐름 관성을 유효하게 이용하기 위하여 흡·배기밸브는 정확하게 피스톤의 상사점 및 하사점에서 개폐되지 못한다. 즉 흡입밸브는 상사점 전에서 열려 하사점 후에 닫히고, 배기밸브는 하사점 전에서 열려 상사점 후에 닫힌다.

1. 리드(lead, 앞세우기)

흡·배기밸브를 상사점 또는 하사점 전에 미리 열어주는 것이다. 즉 흡입밸브 열림(S.O)은 상사점 전 10~20°, 배기밸브 열림(E.O)은 하사점 전 40~60° 정도이다.

2. 래그(lag, 늦추기)

흡·배기밸브를 상사점 또는 하사점 후에 닫아주는 것이다. 즉, 흡입밸브 닫힘(S.C)은 45~70°, 배기밸브 닫힘(E.C)은 상사점 후 10~30° 정도이다.

3. 밸브 오버랩(over lap)

피스톤의 상사점 부근에서 매 사이클이 완료될 무렵 흡·배기밸브가 동시에 열려 있는 기간이다. 밸브 오버랩을 두는 이유는 흡입효율 향상 및 잔류 배기가스의 배출 때문이다.

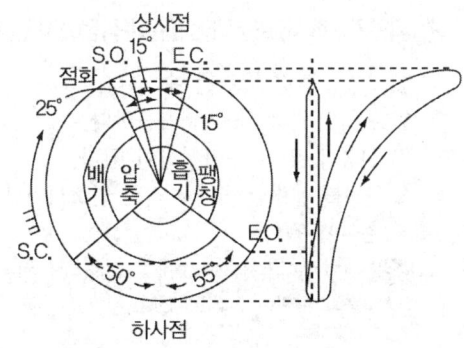

▲ 4행정 사이클 가솔린 기관의 밸브 개폐 시기

4 밸브 설치 방법

① I헤드형(I-head type) : 실린더 헤드에 흡입과 배기밸브를 모두 설치한 형식
② L헤드형(L-head type) : 실린더 블록에 흡입과 배기밸브를 일렬로 나란히 설치한 형식
③ F헤드형(F-head type) : 실린더 헤드에 흡입밸브를, 블록에 배기밸브를 설치한 형식
④ T헤드형(T-head type) : 실린더 블록에 실린더를 중심으로 양쪽에 흡·배기밸브를 설치한 형식

Chapter 1 출제예상문제

01 열기관 중 내연기관에 속하지 않는 것은?
① 가스터빈 ② 제트기관
③ 로터리기관 ④ 증기터빈

02 외연기관과 비교한 내연기관의 장점이 아닌 것은?
① 소형, 경량으로 할 수 있다.
② 저급연료의 사용이 가능하다.
③ 시동에 있어 준비시간이 짧다.
④ 연료를 실린더 내에서 직접 연소시키므로 열손실이 적다.

해설 내연기관의 장점은 ①, ③, ④항이며, 저급연료의 사용이 곤란한 단점이 있다.

03 4행정 사이클 기관에서 크랭크축이 몇 회전할 때 1사이클을 마치는가?
① 1회전 ② 2회전
③ 3회전 ④ 4회전

해설 4행정 사이클 기관은 크랭크축이 2회전, 캠축 1회전으로 1사이클(흡입, 압축 폭발, 배기)을 완성하며, 이때 흡입밸브와 배기밸브가 1번 개폐된다.

04 가솔린 기관에서 동력행정에 대한 설명으로 옳은 것은?
① 피스톤이 BDC에서 TDC로 운동한다.
② 플라이휠의 관성에 의해 동력이 발생된다.
③ 흡기와 배기밸브가 열려 있는 상태이다.
④ 열에너지가 기계적 에너지로 전환되는 행정이다.

해설 기관의 동력행정
① 흡기와 배기밸브는 닫혀 있다.
② 피스톤은 TDC에서 BDC로 운동한다.
③ 열에너지가 기계적 에너지로 전환된다.

05 흡입밸브와 배기밸브가 전부 실린더 헤드에 설치된 기관은 다음 중 어느 것인가?
① L형 ② F형
③ T형 ④ I형

해설 ① I헤드형(I-head type) : 실린더 헤드에 흡입과 배기밸브를 모두 설치한 형식
② L헤드형(L-head type) : 실린더 블록에 흡입과 배기밸브를 일렬로 나란히 설치한 형식
③ F헤드형(F-head type) : 실린더 헤드에 흡입밸브를, 블록에 배기밸브를 설치한 형식
④ T헤드형(T-head type) : 실린더 블록에 실린더를 중심으로 양쪽에 흡·배기밸브를 설치한 형식

06 OHC 방식은 밸브 배열에 의한 분류에서 어떤 분류에 속하는가?
① I헤드형 ② L헤드형
③ F헤드형 ④ T헤드형

해설 OHC 방식은 I헤드형에서 캠축을 실린더 헤드에 설치한 형식을 말한다.

07 4행정 가솔린 기관에서 최대 폭발압력이 발생되는 시기는 언제인가?
① 동력행정이 반쯤 진행되었을 때
② 피스톤이 TDC에 이르렀을 때
③ 동력행정에서 TDC 후 10~15°에서

정답 01. ④ 02. ② 03. ② 04. ④ 05. ④ 06. ① 07. ③

④ 동력행정이 막 일어나는 순간

해설 4행정 가솔린 기관에서 최대 폭발압력이 발생되는 시기는 동력행정에서 TDC후 10~15° 이다.

08 1사이클 중 열 손실이 가장 큰 행정은 어느 것인가?

① 흡입행정　　② 압축행정
③ 팽창행정　　④ 배기행정

해설 1사이클 중 배기가스에 의한 열 손실이 약 30~35% 정도이다.

09 2행정 디젤기관과 4행정 디젤기관을 비교한 설명으로 틀린 것은?

① 기본 구조상 가스교환 장치가 동일하다.
② 4행정 디젤기관은 흡·배기용 포핏 밸브를 개폐시켜 가스교환을 한다.
③ 단류소기식 2행정 디젤기관의 소기 유동 방향은 한 방향이기 때문에 소기효율이 높다.
④ 2행정 디젤기관은 소기펌프 장착 여부에 따라 크랭크 케이스 소기식과 독립 펌프 소기식으로 구분된다.

해설 2행정 사이클 기관의 장점 및 단점

2행정 사이클 기관의 장점	2행정 사이클 기관의 단점
① 회전력이 균일하다.	① 배기 작용이 불완전하다.
② 동일 배기량에서 4행정 사이클 기관보다 1.7배의 출력을 얻을 수 있다.	② 체적효율이 저하한다.
③ 기관 마력당 무게가 가볍고 제작비가 싸다.	③ 실린더 벽이 마모되기 쉽다.
④ 흡배기밸브를 생략할 수 있고, 취급이 쉬우며, 고장이 적다.	④ 압축압력 및 평균 유효압력이 감소한다.
⑤ 역전 운전이 가능하다.	⑤ 연료소비량이 많다.

10 다음 중 2행정 사이클 기관에 관한 설명으로 틀린 것은?

① 연료소비율이 크다.
② 기관의 마력 당 중량이 크다.
③ 실린더 벽이 과열되기 쉽다.
④ 밸브가 없거나 있어도 그 기구가 간단하다.

11 2행정 기관의 장점을 설명한 것으로 부적당한 것은 어느 것인가?

① 역전 운전이 가능하다.
② 구조가 간단하고 그 취급도 쉽다.
③ 같은 출력을 가진 기관의 경우 2행정 기관의 크기가 4행정 기관에 비해 훨씬 작다.
④ 연료소비량이 많아서 열효율이 높다.

12 장 행정기관의 특징으로 틀린 것은?

① 피스톤 행정이 길어 흡입공기량을 많이 확보할 수 있다.
② 피스톤 측압이 발생되는 것을 피할 수 없다.
③ 회전속도가 비교적 낮으며, 기관의 높이가 높다.
④ 큰 회전력을 얻을 수 있다.

해설 장 행정기관은 피스톤 행정이 길어 흡입공기량을 많이 확보할 수 있으며, 피스톤 측압을 감소시킬 수 있고, 큰 회전력을 얻을 수 있는 장점이 있으며, 회전속도가 비교적 낮으며, 기관의 높이가 높은 단점이 있다.

13 밸브 개폐 시기에 대한 설명으로 맞지 않는 것은?

① 체적효율을 증대시키기 위해 밸브 오버랩을 둔다.
② 하사점을 지난 후에 흡기밸브를 닫히도록 하는 것은 과급 효과를 얻어 체적효율을 증대시키기 위해서다.
③ 배기밸브가 하사점 전에 열리도록 하는 것은 블로다운 현상을 이용하여 출력손실을 저감하기 위해서다.
④ 밸브 개폐 시기는 기관이 사용되는 전속도

정답 08. ④　09. ①　10. ②　11. ④　12. ②　13. ④

영역에서 일정해야 한다.

해설 밸브 개폐 시기에 대한 설명은 ①, ②, ③항 이외에 기관의 회전속도에 따라서 달라져야 한다.

14 행정 사이클 기관에서 흡·배기밸브가 동시에 열려있는 구간으로 옳은 것은?

① 소기 ② 래그
③ 오버랩 ④ 리드

해설 오버랩은 4행정 사이클 기관에서 흡·배기밸브가 동시에 열려있는 구간이다.

15 밸브가 사점에 이르기 전에 개폐하는 것?

① 리드 ② 래그
③ 블로 ④ 오버랩

해설 ① 리드(valve lead) : 흡입 및 배기밸브가 상사점 또는 하사점 전에 열리는 것
② 래그(lag) : 흡입 및 배기밸브가 상사점 또는 하사점 후에 닫히는 것
③ 밸브 오버랩 : 상사점 부근에서 흡입 및 배기밸브가 동시에 열려 있는 기간

16 디젤기관에서 밸브 오버랩에 대한 설명으로 틀린 것은?

① 체적효율이 감소된다.
② 흡입행정에서 흡입효율이 높아진다.
③ 배기밸브는 하사점 전에 열려 상사점 후에 닫힌다.
④ 흡입밸브는 상사점 전에 열려 하사점 후에 닫힌다.

해설 밸브 오버랩을 두는 목적
배기 밸브를 상사점 후에 닫히게 하고 흡입 밸브를 상사점 전에 열리도록 하여 잔류 가스를 완전히 배출하고 흡입 관성을 충분히 이용하여 흡입 및 배기 효율을 향상시킨다.

17 그림과 같은 밸브 개폐 시기 선도에서 밸브 오버랩은 몇 도인가?

① 30° ② 55°
③ 65° ④ 95°

해설 밸브 오버랩
= 흡입밸브 열림 시기+배기밸브 닫힘 시기
∴ 15° +15° = 30°

18 그림과 같은 밸브 개폐 선도에서 밸브 오버랩은 크랭크 각도로 몇 도가 되는가?

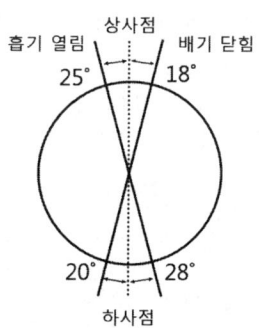

① 23° ② 33°
③ 43° ④ 53°

해설 밸브 오버랩
= 흡입밸브 열림 각도 + 배기밸브 닫힘 각도
∴ 25° +18° = 43°

정답 14. ③ 15. ① 16. ① 17. ① 18. ③

19 어떤 4행정 사이클 기관의 밸브 개폐 시기가 다음과 같을 때, 흡기밸브가 열려 있는 각도는? (단, 흡기밸브 : 열림 : TDC 전 15°, 닫힘 : BDC 후 45°, 배기밸브 : 열림 : BDC 전 45°, 닫힘 : TDC 후 10°)

① 210°   ② 220°
③ 230°   ④ 240°

해설 흡기밸브 열림 각도
= 흡기밸브 열림 + 180° + 흡기밸브 닫힘
∴ 15° + 180° + 45° = 240°

20 흡기밸브가 열려있는 각도가 245°이고 흡기밸브의 열리는 시기는 상사점 전방 16°라면 흡기밸브의 닫힘의 시기는?

① 하사점 전 49°   ② 하사점 후 49°
③ 하사점 전 79°   ④ 하사점 후 79°

해설 흡기밸브 닫힘 시기 = 흡기밸브가 열려 있는 각도 − (180° + 흡기밸브 열림 시기)
∴ 245° − (180° + 16°) = 49° 따라서 흡기밸브는 하사점 후에 닫히므로 하사점 후 49°이다.

21 2행정 사이클 엔진에서 혼합기에 와류를 촉진시키고 압축비를 높게 하며, 잔류가스를 배출시키기 위해 피스톤 헤드에 설치된 돌출부는?

① 디플렉터   ② 리드 밸브
③ 크랭크 케이스 ④ 밸브 스템

해설 디플렉터는 2행정 사이클 엔진에서 혼합기에 와류를 촉진시키고 압축비를 높게 하며 잔류가스를 배출시키기 위해 피스톤 헤드에 설치한 돌출 부분이다.

22 블로다운에 대한 설명으로 옳은 것은?

① 밸브와 밸브시트 사이에서 가스가 누출되는 현상
② 압축행정 시 피스톤과 실린더 사이에서 공기가 누출되는 현상
③ 폭발행정 말기에 배기밸브가 열려 배기가스 자체 압력에 의하여 배기가스가 배출되는 현상
④ 피스톤이 상사점 근방에서 흡·배기 밸브가 동시에 열려 흡기가 잔류 가스를 배출시키는 현상

해설 블로다운(blow down)이란 폭발행정 말기에 배기밸브가 열려 배기가스의 자체 압력에 의하여 배기가스가 배출되는 현상이다.

23 기관의 점화 순서를 결정할 때 고려할 사항으로 틀린 것은?

① 연소가 동일 간격으로 일어날 것
② 실린더 설치 번호순으로 연소할 것
③ 크랭크축에 비틀림 진동이 일어나지 않도록 할 것
④ 한 베어링에 연속적인 폭발 하중을 받지 않도록 할 것

해설 점화 순서를 정할 때 고려하여야 할 사항
① 폭발은 같은 간격으로 일어나게 한다.
② 크랭크축에 비틀림 진동이 일어나지 않게 한다.
③ 인접한 실린더에 연이어서 폭발이 발생하지 않도록 한다.
④ 혼합가스가 각 실린더에 동일하게 분배되게 한다.
⑤ 한 베어링에 연속적인 폭발 하중을 받지 않도록 한다.

24 압축비의 정의로 옳은 것은?

① 행정체적을 제곱한 값에 연소실 체적을 나눈 값이다.
② 연소실 체적과 행정체적을 뺀 값에 연소실 체적을 나눈 값이다.
③ 연소실 체적과 행정체적을 더한 값에 연소실 체적을 곱한 값이다.
④ 연소실 체적과 행정체적을 더한 값에 연소실 체적을 나눈 값이다.

해설 압축비란 연소실 체적과 행정체적을 더한 값에 연소실 체적을 나눈 값이다.

정답 19. ④ 20. ② 21. ① 22. ③ 23. ② 24. ④

25 흡입행정에서 발생한 주기를 가진 압력이 흡입관 내에 잔존하면서, 다음 사이클에 영향을 주어 체적효율이 향상되는 효과는?

① 흡기 간섭 효과 ② 공명 효과
③ 맥동 효과 ④ 멀티밸브 효과

해설 맥동효과란 흡입행정에서 발생한 주기를 가진 압력이 흡입관 내에 잔존하면서 다음 사이클에 영향을 주어 체적효율이 향상되는 효과이다.

26 연소실 체적이 25,500mm³이고 행정체적이 450cm³인 기관의 압축비는 얼마인가?

① 18.6 ② 17.7
③ 15.3 ④ 1.02

해설 $\epsilon = 1 + \dfrac{Vs}{Vc}$
[ϵ : 압축비, Vs : 행정체적(cm³),
Vc : 연소실체적(cm³)]
∴ $1 + \dfrac{450}{25.5} = 18.6$

27 피스톤 지름이 50mm, 크랭크 반지름 25mm인 기관에서 압축비를 8로 만들면 연소실의 체적은?

① 12cm³ ② 14cm³
③ 86cm³ ④ 98cm³

해설 $Vc = \dfrac{A \times R \times 2}{\epsilon - 1}$
[Vc : 연소실 체적, A : 피스톤 단면적,
R : 크랭크 반지름, ϵ : 압축비]
∴ $\dfrac{0.785 \times 5^2 \times 2.5 \times 2}{8-1} = 14cm^3$

28 압축비가 8.3, 피스톤 행정이 78mm인 4행정 4실린더 기관이 있다. 연소실 체적이 63cm³라 할 때 실린더 내경은 약 몇 mm인가?

① 9.2 ② 15
③ 86 ④ 92

해설 ① $Vs = (\epsilon - 1) \times Vc$
[Vs : 행정체적(cm³), ϵ : 압축비,
Vc : 연소실 체적]
∴ $(8.3-1) \times 63 = 459.9cc$

② $Vs = 0.785 \times D^2 \times L$ 에서 $D = \sqrt{\dfrac{Vs}{0.785 \times L}}$
[D : 실린더 내경, L : 피스톤 행정]
∴ $\sqrt{\dfrac{459.9}{0.785 \times 7.8}} = 8.6cm = 86mm$

29 피스톤 속도가 12m/s이고, 기관의 회전수가 3,600rpm이다. 이 피스톤의 행정은?

① 100mm ② 213mm
③ 87mm ④ 300mm

해설 $S = \dfrac{2NL}{60}$ 에서 $L = \dfrac{60 \times S}{2N}$
[L : 피스톤 행정, S : 피스톤 평균속도,
N : 기관 회전속도]
∴ $\dfrac{60 \times 12 \times 1000}{2 \times 3600} = 100mm$

30 기관 실린더의 행정이 150mm, 지름이 150mm이고, 기관 회전속도가 3,000rpm인 기관의 밸브 지름(mm)은? (단, 밸브 포트를 통과하는 가스의 속도는 60m/s이다.)

① 30 ② 45
③ 55 ④ 75

해설 $d = D\sqrt{\dfrac{S}{V}}$, $S = \dfrac{2NL}{60}$
[d : 밸브지름(mm), D : 실린더 지름(mm),
S : 피스톤 평균속도(m/s),
V : 밸브 구멍을 통과하는 가스의 속도(m/s),
N : 기관 회전속도(rpm), L : 행정(m)]
① $S = \dfrac{2 \times 3,000 \times 150}{60 \times 1,000} = 15m/s$
② $d = 150\sqrt{\dfrac{15}{60}} = 75mm$

정답 25. ③ 26. ① 27. ② 28. ③ 29. ① 30. ④

Chapter 2
기관의 열 이론

Section 2-1 열역학의 기초사항

1 열역학 법칙

1. 열역학 제 0법칙

온도가 서로 다른 물체를 접촉시키면, 높은 온도의 물체는 온도가 내려가고 낮은 온도의 물체는 온도가 올라가서, 두 물체의 온도 차이가 없어져 열평형이 된다는 법칙이다.

2. 열역학 제 1법칙

임의의 계(系)에 열 형태로 주어지는 에너지는, 계가 실시하는 일과 계 내부에너지 변화의 합과 같다는 법칙이다. 또 열은 기계적 일로 변하고 또 기계적 일은 열로 변할 수 있으며, 이때 기계적 일과 열의 비율이 일정하다는 법칙이다.

3. 열역학 제 2법칙

하나의 열원에서 얻어지는 열을 모두 역학적인 일로 바꿀 수 없다는 것. 열은 저온계로부터 고온계로 계의 상태변화를 수반하지 않고서는 이동할 수 없다는 법칙이다. 또 열은 고온의 물체에서 저온의 물체로 흐르지만, 역으로 자연 그대로는 불가능하다. 따라서 열이 기계적 일로 변화하는 것은 고온의 물체에서 열이 공급되는 경우에 이루어진다는 법칙이다.

2 이상기체의 상태방정식

이상기체는 보일-샬의 법칙에 만족하고 상태방정식 $PV = RT$ 또는 $PV = GRT$를 만족하는 기체를 말한다. 즉, 압력이 0에 근접하고 기체의 밀도가 매우 낮아져 기체 분자 사이에 작용하는 분자력이 0일 때의 기체, 또 분자 사이의 충돌은 완전탄성체로 볼 수 있는 기체이다.

Section 2-2 열효율(사이클)

1 이론 공기 사이클의 가정

① 동작 유체는 이상기체이다.
② 비열은 온도에 따라 변화하지 않는 것으로 본다.
③ 압축행정과 팽창행정의 단열지수는 같다.
④ 사이클 과정을 하는 동작 물질의 양은 일정하다.
⑤ 각 과정은 가역사이클이다.
⑥ 압축 및 팽창과정은 등 엔트로피(단열) 과정이다.
⑦ 높은 열원에서 열을 받아 낮은 열원으로 방출한다.
⑧ 연소 중 열해리 현상은 일어나지 않는다.

2 오토(정적) 사이클

오토 사이클은 2개의 정적 과정과 2개의 단열 과정으로 구성되어 있다.

1. 가열량과 방열량

- 가열량 : $Q_1 - GCv(T_3 - T_2)$
- 방열량 : $Q_2 - GCv(T_4 - T_1)$

2. 이론 열효율

$$\eta o = \frac{Q_1 - Q_2}{Q_1} = 1 - \frac{Q_2}{Q_1} = 1 - \frac{T_4 - T_1}{T_3 - T_2}$$
$$= 1 - \frac{T_4 - T_1}{\epsilon^{k-1}(T_4 - T_1)} = 1 - \left(\frac{1}{\epsilon}\right)^{k-1}$$

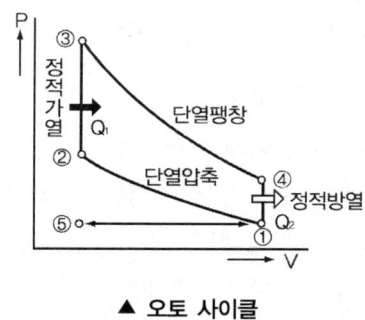

▲ 오토 사이클

[$\epsilon = \frac{V_1}{V_2}$: 압축비, $k = \frac{Cp}{Cv}$: 비열비(단열지수), Cp : 정압비열, Cv : 정적비열]

3 디젤(정압) 사이클

디젤 사이클은 2개의 단열과정과 1개의 정압 과정 및 1개의 정적 과정으로 구성되어 있다.

1. 가열량과 방열량

- 가열량 : $Q_1 = GCp(T_3 - T_2)$
- 방열량 : $Q_2 = GCp(T_4 - T_1)$

2. 이론 열효율

$$\eta d = \frac{Q_1 - Q_2}{Q_1} = 1 - \frac{Q_2}{Q_1} = 1 - \frac{Cv(T_4 - T_1)}{Cp(T_3 - T_2)}$$

$$= 1 - \left[\frac{1}{k} \times \frac{T_4 - T_1}{T_3 - T_2}\right] = 1 - \left[\frac{1}{k} \times \frac{T_1(\sigma^k - 1)}{T_1\epsilon^{k-1}(\sigma - 1)}\right]$$

$$= 1 - \left[\left(\frac{1}{\epsilon}\right)^{k-1} \times \frac{\sigma^k - 1}{k(\sigma - 1)}\right]$$

$$\left[\sigma : \frac{V_3}{V_2}(\text{단절비 또는 체절비})\right]$$

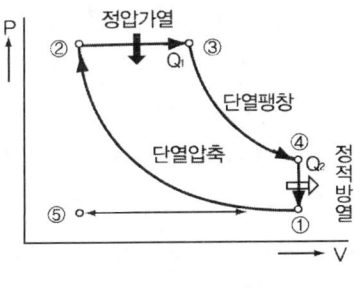

▲ 디젤 사이클

4 사바테(복합) 사이클

사바테 사이클은 2개의 단열과정과 2개의 정적 과정 및 1개의 정압 과정으로 구성되어 있다.

1. 가열량과 방열량

- 가열량 : $Q_1 = Qv + Qp = G[Cv(T_3 - T_2) + Cp(T_4 - T_3)]$
- 방열량 : $Q_2 = GCv(T_5 - T_1)$

2. 이론 열효율

$$\eta s = 1 - \frac{Q_2}{Q_1} = 1 - \left[\left(\frac{1}{\epsilon}\right)^{k-1} \times \frac{\rho\sigma^k - 1}{(\rho - 1) + k\rho(\sigma - 1)}\right]$$

$$\left[\rho : \frac{P_3}{P_2}(\text{압력상승비 또는 폭발비})\right]$$

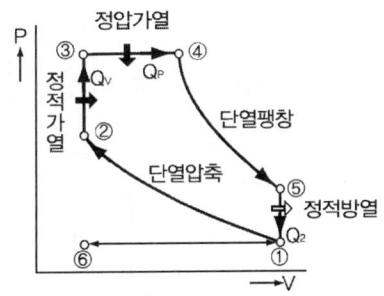

▲ 사바테 사이클

5 사이클 비교

3사이클은 어느 것이나 압축비를 높이면 열효율은 증가하지만
① 오토(Otto) 사이클은 공급 열량에는 관계없이 압축비의 증가만으로 열효율은 높아진다.
② 디젤(Diesel) 사이클은 압축비의 증가와 함께 열효율이 높아지나, 체절비의 증가와 더불어 열효율이 감소하므로 공급 열량에 관계된다.
③ 사바테(Sabathe) 사이클은 압축비 및 압력비의 증가와 함께 열효율은 높아지고, 체절비의

증가와 더불어 열효율이 저하되므로 역시 디젤 사이클과 마찬가지로 공급 열량에 관계한다. 이론적으로 다음과 같은 비교가 된다.

① 공급 열량 및 압축비가 일정할 때의 열효율 비교 : 오토사이클(ηo)〉사바테 사이클(ηs)〉디젤 사이클(ηd)
② 공급 열량 및 최대 압력이 일정할 때의 열효율 비교 : 디젤 사이클(ηd)〉사바테 사이클(ηs)〉오토사이클(ηo)
③ 열량의 공급과 기관 수명 및 최고압력 억제에 의한 열효율 비교 : 사바테 사이클(ηs)〉디젤 사이클(ηd)〉오토사이클(ηo)

6 카르노 사이클

카르노 사이클은 내연기관의 이상적인 사이클이며, 그 역 사이클은 냉동기의 이상적 사이클이 된다. 2개의 정온 팽창과 2개의 단열팽창으로 이루어져 있다.

카르노 사이클에서 출입하는 열량 Q_1, Q_2와 높은 온도의 열원과 낮은 온도의 열원 T_1, T_2 사이에는 다음 관계가 있다.

- $\dfrac{Q_2}{Q_1} = \dfrac{T_{\mathrm{II}}}{T_{\mathrm{I}}}$

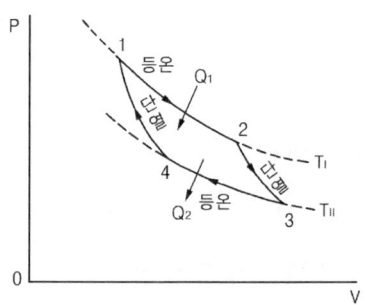

▲ 카르노 사이클의 $P-V$ 선도

카르노 사이클 열효율 $\eta c = \dfrac{W}{Q_1} = 1 - \dfrac{Q_2}{Q_1}$ 따라서 카르노 사이클의 열효율은

$$\eta c = 1 - \dfrac{Q_2}{Q_1} = 1 - \dfrac{T_{\mathrm{II}}}{T_{\mathrm{I}}}$$

Chapter 2 출제예상문제

01 1kWh는 약 몇 kcal인가?

① 539 ② 560 ③ 632 ④ 860

해설 1kWh=860kcal

02 1cal란 1g의 물의 온도를 1℃ 높이는데 필요한 열량으로 정의되는데, 여기서 1℃라는 것은 몇 ℃에서부터 몇 ℃까지 올리는데 필요한 열량인가?

① 0 → 1℃ ② 9.5 → 10.5℃
③ 14.5 → 15.5℃ ④ 19.5 → 20.5℃

해설 1cal란 1g의 물의 온도를 14.5℃에서부터 15.5℃로 올리는데 필요한 열량을 말한다.

03 다음 중 절대 압력으로 맞는 것은?

① 절대 압력 = 게이지 압력 − 대기압
② 절대 압력 = 게이지 압력 × 대기압
③ 절대 압력 = 게이지 압력 + 대기압
④ 절대 압력 = 게이지 압력 ÷ 대기압

해설 각종 압력
① 게이지 압력 : 대기압을 기준으로 한 압력
② 절대압력 : 완전진공을 기준으로 한 압력, 즉 게이지 압력+대기압
③ 진공압력 : 대기압 이하의 압력, 즉 (음(−)의 게이지 압력

04 내부에너지가 40kJ인 가스가 열을 받아 외부에 2,000N·m의 일을 하고, 내부에너지는 68kJ로 증가하였다면 받아들인 열량은 약 몇 kJ인가?

① 30 ② 35 ③ 40 ④ 45

해설 $dU = \delta Q - \delta W = 68kJ - (40kJ - 2kJ) = 30kJ$

05 압력 2.5kgf/cm², 체적 0.3m³의 기체가 일정 압력하에 22,500kgf·cm의 일을 하였다. 체적의 팽창된 양은 몇 m³인가?

① 0.9 ② 1.2
③ 1.5 ④ 1.8

해설 $W = P_2(V_2 - V_1)$ [W : 일(kgf·m),
P_2 : 상태변화 후 압력(kgf/m²),
V_1 : 최초의 체적(m³),
V_2 : 상태변화 후의 체적(m³)]
∴ $22,500 = 2.5 \times 10^4 (V_2 - 0.3)$에서 $V_2 = 1.2m^3$

06 200m의 높이로부터 물 100kg을 낙하시킨 경우 일을 열량으로 나타내면 몇 kJ인가?

① 196 ② 212 ③ 232 ④ 256

해설 $Q = mgh$ [Q : 열량, m : 중량, g : 중력가속도, h : 낙하높이]
∴ $\dfrac{100kg \times 9.8 \times 200m}{1000} = 196kJ$

07 일반적인 기체의 정압비열 Cp와 정적비열 Cv와의 관계 중에서 옳은 것은?

① $Cp > Cv$ ② $Cp < Cv$
③ $Cp = Cv$ ④ $Cp \leq Cv$

해설 일반적인 기체에서는 정압비열(Cp)이 정적비열(Cv)보다 크다.

정답 01. ④ 02. ③ 03. ③ 04. ① 05. ② 06. ① 07. ①

08 정압비열(C_p)과 정적비열(C_v)의 관계식으로 옳은 것은?(단, 기체상수는 R이라 한다.)

① $C_p + C_v = R$ ② $C_p - C_v = R$
③ $C_p + C_v = 0$ ④ $C_p - C_v = 0$

09 정압비열 Cp, 정적비열 Cv, 및 비열비 k와의 관계식 중 옳은 것은?

① $Cv = \dfrac{AR}{k+1}$ ② $Cp = \dfrac{AR}{k-1}$
③ $Cv = \dfrac{k}{k-1}AR$ ④ $Cp = \dfrac{k}{k-1}AR$

해설 Cp, Cv 및 k와의 관계식은 $Cp = \dfrac{k}{k-1}AR$

10 압력 P=50,000Pa, 체적 V_1=0.5m³의 기체가 일정 압력으로 팽창하여 체적 V_2=0.8m³로 될 때 기체가 행한 외부 일은?

① 1,000N·m ② 15,000N·m
③ 20,000N·m ④ 25,000N·m

해설 $W = P \times (V_2 - V_1)$
∴ $50,000 \times (0.8 - 0.5) = 15,000 N \cdot m$

11 압력(P) = 50kPa, 체적(V_1) = 0.5m³의 기체가 일정 압력하에서 팽창하여 체적(V_2)= 0.8m³이 될 때 기체가 행한 외부 일은 몇 N·m인가?

① 1,000 ② 15,000
③ 20,000 ④ 25,000

해설 $W = P(V_2 - V_1)$
∴ $50kPa \times (0.8m^3 - 0.5m^3) \times 10^3 = 15,000 N \cdot m$

12 열역학 제1법칙으로 맞는 것은?

① 에너지 보존에 관한 법칙이다.
② 에너지 변환에 관한 법칙이다.
③ 에너지 축소에 관한 법칙이다.
④ 열과 일이 동질성이 없음 증명한 법칙이다.

해설 열역학 제1법칙은 열은 에너지의 한 형태로서 열은 일로 또는 일은 열로 변환시킬 수 있다는 에너지 보존의 법칙이다.

13 완전가스의 엔탈피에 관한 설명 중 맞는 것은?

① 온도만의 함수이다.
② 온도와 압력의 함수이다.
③ 압력만의 함수이다.
④ 온도, 압력 및 비체적의 함수이다.

해설 완전가스의 엔탈피는 온도만의 함수이다.

14 열기관의 효율이 100%가 될 수 없음을 설명한 법칙은?

① 열역학 제0법칙 ② 열역학 제1법칙
③ 열역학 제2법칙 ④ 보일의 법칙

해설 열역학 제2법칙은 하나의 열원에서 얻어지는 열을 모두 역학적인 일로 바꿀 수 없다는 법칙이다.

15 0℃에서 1kg의 얼음을 융해시켜 0℃의 물로 만들었을 때 엔트로피의 변화는 약 몇 kJ/kg·K인가?(단, 얼음의 융해열은 333kJ/kg이다.)

① 3.22 ② 2.22
③ 1.22 ④ 0.22

해설 $dS = \dfrac{dQ}{T}$ ∴ $\dfrac{333}{273+0} = 1.22$

정답 08. ② 09. ④ 10. ② 11. ② 12. ① 13. ① 14. ③ 15. ③

16. 이론 공기 사이클에 대한 것으로 틀린 것은?

① 작동유체는 공기만으로 구성된다.
② 압축행정과 팽창행정은 단열 등엔트로피 변화이다.
③ 열해리 현상으로 열손실이 많다.
④ 작동유체의 비열은 온도와 무관하며 일정하다.

해설 공기 표준 사이클로 간주하기 위한 가정은 ①, ②, ④항 이외에 사이클 변화과정 중 열해리 현상이나 분자 수의 변화 등은 일어나지 않는 것으로 본다.

17 내연기관의 사이클을 이론적으로 조사하기 위해 이론 공기 표준 사이클로 가정하기 위한 가정으로 적합하지 않은 것은?

① 동작 물질은 혼합가스로 한다.
② 동작 물질의 비열은 일정하다고 가정한다.
③ 압축 및 팽창과정은 등 엔트로피 과정이다.
④ 연소과정 중 열해리 현상 등에 의한 열손실이 없다.

해설 이론 공기 표준 사이클로 가정하기 위한 가정은 ②, ③, ④항 이외에 동작 물질은 공기만으로 작동한다.

18 이상적 연료 사이클에 있어서 필요한 가정이 아닌 설명은?

① 기체와 기통 벽 사이에 열 교환이 없다.
② 마찰이 존재하지 않는다.
③ 비가역 단열과정이다.
④ 연료와 공기가 완전 혼합한다.

해설 이상적 연료 사이클에 있어서 필요한 가정은 ①, ②, ④항 이외에 각 과정은 가역사이클이다.

19 가솔린 기관의 열역학적 사이클은?

① 오토 사이클
② 디젤 사이클
③ 브레이턴 사이클
④ 스털링 사이클

해설 내연기관의 기본 사이클
① 정적(오토) 사이클 : 가솔린 기관, 가스기관의 열역학적 사이클
② 정압(디젤) 사이클 : 저속 디젤기관의 열역학적 사이클
③ 복합(사바테)사이클 : 고속 디젤기관의 열역학적 사이클
④ 브레이턴 사이클 : 가스터빈의 열역학적 사이클
⑤ 카르노 사이클 : 이상적인 열기관 사이클

20 브레이턴 사이클에 관한 설명으로 옳은 것은?

① 가스터빈의 이상 사이클이다.
② 증기 원동기의 이상 사이클이다.
③ 가솔린 기관의 이상 사이클이다.
④ 압축 착화 기관의 이상 사이클이다.

21 오토사이클에서 열을 공급하는 과정은?

① 정압과정 ② 단열과정
③ 정적과정 ④ 등엔트로피 과정

해설 오토사이클에서 열을 공급하는 과정은 정적과정이다.

22 디젤기관에 비해 가솔린 기관에서 압축비를 높이지 못하는 이유는?

① 노킹이 발생하므로
② 효율이 떨어지므로
③ 기관이 과열되므로
④ 연료의 소비가 많아지므로

해설 가솔린 기관에서 압축비를 높이지 못하는 이유는 노킹이 발생하기 때문이다.

정답 16. ③ 17. ① 18. ③ 19. ① 20. ① 21. ③ 22. ①

23 그림과 같은 오토 사이클에서 과정 3→4는 어떤 과정인가?

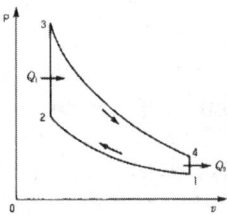

① 단열팽창 과정　② 정적팽창 과정
③ 등온팽창 과정　④ 등온가열 과정

해설 1→2는 공기의 단열압축 과정, 2→3은 정적가열 과정, 3→4는 단열팽창 과정, 4→1은 정적방열 과정이다.

24 오토사이클의 열효율에 대한 설명 중 맞는 것은?

① 압축비가 증가하고 단절비가 증가할수록 증가한다.
② 압력상승비가 증가할수록 감소한다.
③ 단절비가 감소할수록 증가한다.
④ 압축비와 비열비가 증가할수록 열효율이 좋아진다.

해설 오토사이클은 압축비와 비열비가 증가할수록 열효율이 높아지며, 디젤 사이클과 사바테 사이클은 압축비, 압력상승비가 증가할수록, 또 단절비가 감소할수록 열효율이 높아진다.

25 압축비가 8이고, 비열비가 1.4인 오토 사이클의 열효율은 약 몇 % 인가?

① 46.5　② 53.5
③ 56.5　④ 62.5

해설 $\eta o = 1 - \left(\dfrac{1}{\varepsilon}\right)^{k-1}$
[ηo : 오토 사이클의 이론열효율, ε : 압축비, k : 비열비]
$\therefore 1 - \left(\dfrac{1}{8}\right)^{0.4} = 0.565 = 56.5\%$

26 압축비가 9인 가솔린 기관의 이론 열효율 (%)은?(단, 공기의 비열비는 1.3이다.)

① 약 47.3　② 약 48.3
③ 약 49.3　④ 약 50.3

해설 $\eta_o = 1 - \left(\dfrac{1}{\varepsilon}\right)^{k-1}$
[ηo : 오토 사이클의 이론열효율, ε : 압축비, k : 비열비]
$\therefore 1 - \left(\dfrac{1}{9}\right)^{1.3-1} = 0.4827 \fallingdotseq 48.3\%$

27 오토사이클 기관에서 열효율이 50%일 때 압축비는 약 얼마인가? (단, 비열비는 1.4이다.)

① 3.7　② 4.7
③ 5.7　④ 6.7

해설 $\eta o = 1 - \left(\dfrac{1}{\varepsilon}\right)^{k-1}$ 에서 $\varepsilon = \left(\dfrac{1}{1-\eta o}\right)^{\frac{1}{k-1}}$
$\therefore \left(\dfrac{1}{1-0.5}\right)^{\frac{1}{1.4-1}} = 5.66$

28 간극 체적이 행정체적의 20%인 가솔린 기관의 이론적 열효율은? (단, 비열비 k=1.4이다.)

① 31.3%　② 50.4%
③ 51.2%　④ 61.3%

해설 ① $\varepsilon = 1 + \dfrac{Vs}{Vc}$
[ε : 압축비, Vs : 행정체적, Vc : 연소실 체적]
$\therefore 1 + \dfrac{100}{20} = 6$
② $1 - \left(\dfrac{1}{6}\right)^{0.4} = 51.2\%$

정답 23. ①　24. ④　25. ③　26. ②　27. ③　28. ③

29 압축비가 15.6이고 초기압력 P1이 1.0atm인 공기를 단열·압축하는 경우 압축압력 P2는 약 몇 atm인가?(단, 공기의 비열비는 1.4)

① 6.41　　② 15.6
③ 21.84　　④ 46.81

해설 $P_2 = P_1 \times \epsilon^k$ (P_1 : 초기압력(atm), P_2 : 압축압력(atm), ϵ : 압축비, k : 비열비)
∴ $P_2 = 1atm \times 15.6^{1.4} = 46.81 atm$

30 압축비 6.5인 오토 사이클의 유효열 중 56%가 도시 일이라 할 때, 도시 열효율을 다음 중에서 얼마인가? (단, k=1.4이다)

① 24.6%　　② 29.5%
③ 31.5%　　④ 35.6%

해설 ① $\eta o = 1 - \left(\frac{1}{\epsilon}\right)^{k-1}$ ∴ $1 - \left(\frac{1}{6.5}\right)^{0.4} = 52.7\%$
② $\eta i = \eta o \times W i$ [ηi : 도시 열효율, $W i$: 도시 일]
∴ 52.7×0.56=29.5%

31 그림과 같은 정적 사이클의 P-V 선도에서 실린더 총체적은?

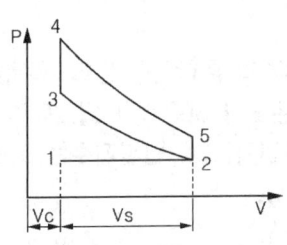

① Vc　　② Vs
③ Vs−Vc　　④ Vs+Vc

해설 실린더 총체적은 연소실 체적(V_c)+행정체적(V_s)이다.

32 다음 그림과 같은 정적 사이클의 P-V선도에서 실린더 총 체적은?

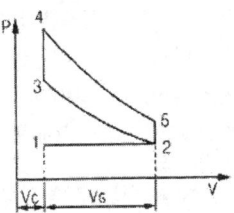

① Vc　　② Vs
③ Vs−Vc　　④ Vs+Vc

해설 실린더 총 체적은 연소실 체적(Vc)+행정체적(Vs)이다.

33 디젤기관의 이론 사이클인 정압 사이클의 P-V 선도 구성으로 맞는 것은?

① 2개의 정적과정과 2개의 단열과정
② 2개의 정적과정과 2개의 등온과정
③ 1개의 정압과정과 1개의 정적과정과 2개의 등온과정
④ 1개의 정압과정과 1개의 정적과정과 2개의 단열과정

해설 정압 사이클의 P-V 선도 구성은 1개의 정압과정과 1개의 정적과정과 2개의 단열과정으로 이루어져 있다.

34 다음 사이클에서 1-2 과정은 무슨 과정인가?

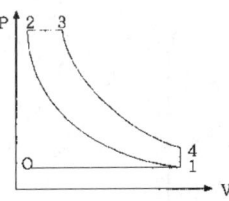

① 정압과정　　② 정적과정
③ 정온과정　　④ 단열과정

해설 ① 1-2 : 단열압축 과정, ② 2-3 : 정압가열 과정, ③ 3-4 : 단열팽창 과정, ④ 4-1 : 정적방열 과정

정답　29. ④　30. ②　31. ④　32. ④　33. ④　34. ④

35 디젤기관의 사이클은 어떤 사이클에 속하는가?

① 정압 사이클 ② 정적 사이클
③ 밀러 사이클 ④ 재생 사이클

해설 내연기관의 기본 사이클
① 정적(오토) 사이클 : 가솔린 기관, 가스 기관의 기본 사이클
② 정압(디젤) 사이클 : 저속 디젤 기관의 기본 사이클
③ 복합(사바테)사이클 : 고속 디젤 기관의 기본 사이클

36 압축비를 ϵ, 체절비(또는 단절비)를 σ, 비열비를 κ라 할 때 디젤 사이클의 열효율(η_{thd})을 옳게 나타낸 식은?

① $\eta_{thd} = 1 - \dfrac{1}{\epsilon^{\kappa-1}} \cdot \dfrac{\epsilon^{\kappa}-1}{\kappa(\sigma-1)}$

② $\eta_{thd} = 1 - \dfrac{1}{\epsilon^{\kappa-1}} \cdot \dfrac{\sigma^{\kappa}-1}{\kappa(\sigma-1)}$

③ $\eta_{thd} = 1 - \dfrac{1}{\epsilon^{\kappa-1}} \cdot \dfrac{\sigma-1}{\kappa(\sigma^{\kappa}-1)}$

④ $\eta_{thd} = 1 - \dfrac{1}{\epsilon^{\kappa-1}} \cdot \dfrac{\epsilon-1}{\epsilon(\sigma^{\kappa}-1)}$

37 그림과 같은 디젤 사이클의 P-V선도에서 분사 단절비(cut-off ratio)를 표시하는 식은?

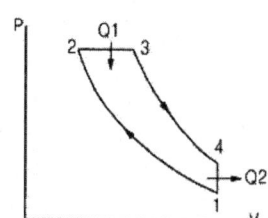

① $\dfrac{V_3}{V_2}$ ② $\dfrac{V_3}{V_4}$ ③ $\dfrac{V_2}{V_1}$ ④ $\dfrac{V_2}{V_4}$

38 디젤 사이클에서 압축비가 ϵ=12, 체적비 σ=2.0일 때 이론 열효율은? (단, 비열비 k=1.4이다.)

① 약 30% ② 약 37%
③ 약 47% ④ 약 57%

해설 $\eta d = 1 - \left[\left(\dfrac{1}{\epsilon}\right)^{k-1} \times \dfrac{\sigma^k-1}{k\times(\sigma-1)}\right]$

[ηd : 디젤 사이클의 이론 열효율, ϵ : 압축비, k : 비열비, σ : 체적비]

$\therefore 1 - \left[\left(\dfrac{1}{12}\right)^{0.4} \times \dfrac{2^{1.4}-1}{1.4\times(2-1)}\right] = 0.567 = 56.7\%$

39 압축비(ϵ) 16, 체적비(σ) 2.0, 압력비(ρ) 1.5인 복합 사이클의 열효율은 몇 % 인가? (단, 비열비(k)=1.4로 한다.)

① 37.6 ② 58.4
③ 62.5 ④ 73.2

해설 $\eta s = 1 - \left[\left(\dfrac{1}{\epsilon}\right)^{k-1} \dfrac{\rho\sigma^k-1}{(\rho-1)+k\rho(\sigma-1)}\right]$

[ϵ : 압축비, k : 비열비, ρ : 폭발비(압력상승비), σ : 체절비 또는 단절비]

$\therefore 1 - \left[\left(\dfrac{1}{16}\right)^{1.4-1} \times \dfrac{1.5\times 2^{1.4}-1}{(1.5-1)+1.4\times 1.5\times(2-1)}\right]$
$= 0.625 = 62.5\%$

40 100℃의 혼합기를 단열·압축하여 압축 후의 온도가 603℃가 되었다면 압축비는 약 얼마인가?(단, 단열지수는 1.4로 한다.)

① 1.24 ② 3.38
③ 8.45 ④ 9.25

해설 $\varepsilon = \left(\dfrac{T_2}{T_1}\right)^{\frac{1}{k-1}}$

[ε : 압축비, T_1 : 초기 온도(K), T_2 : 압축 후 온도(K), k : 단열지수]

$\therefore \varepsilon = \left[\dfrac{(273+603)}{(273+100)}\right]^{\frac{1}{1.4-1}} = 8.45$

정답 35. ① 36. ② 37. ① 38. ④ 39. ③ 40. ③

41 다음 중 고속 디젤기관의 기본 사이클은 어느 것인가?

① 정압 사이클
② 브레이턴 사이클
③ 카르노 사이클
④ 복합 사이클

42 사바테 사이클에 대한 설명 중 틀린 것은?

① 복합사이클
② 가솔린 기관의 이론 사이클
③ 단절비가 1이면 정적 사이클
④ 폭발비가 1이면 정압 사이클

해설 사바테 사이클은 고속 디젤기관의 이론 사이클이며, 복합 사이클이라고 한다. 이 사이클은 단절비가 1이면 정적 사이클, 폭발비가 1이면 정압 사이클이다.

43 다음 사이클에서 1~2 과정은 무슨 과정인가?

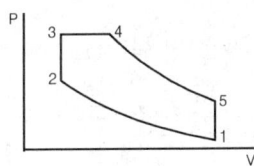

① 정압과정
② 정적과정
③ 정온과정
④ 단열과정

해설 ① 과정 1→2 : 단열과정. ② 과정 2→3 : 정적연소. ③ 과정 3→4 : 정압연소 ④ 과정 4→5 : 팽창과정. ⑤ 과정 5→1 : 배기시작

44 아래 그림과 같은 복합사이클의 P-V 선도에서 3→4 과정 사이의 관계를 표시하고 있는 식은?

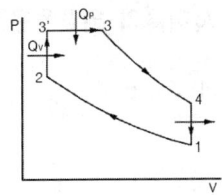

① $\dfrac{T_3}{T_4}=\left(\dfrac{V_4}{V_3}\right)^{k-1}$ ② $\dfrac{T_4}{T_3}=\left(\dfrac{V_1}{V_4}\right)^{k-1}$

③ $\dfrac{T_3}{T_4}=\left(\dfrac{V_3}{V_4}\right)^{k-1}$ ④ $\dfrac{T_4}{T_3}=\left(\dfrac{V_3}{V_4}\right)^{k-1}$

해설 복합사이클의 P-V 선도에서 3→4(정압연소) 과정 사이의 관계를 표시하는 공식은
$\dfrac{T_3}{T_4}=\left(\dfrac{V_4}{V_3}\right)^{k-1}$

45 G=2kg/sec 의 유량으로 P_1=1 ata, P_2=1.5 ata 까지 과급기를 써서 공기를 단열압축 할 경우, 이론 마력은 몇 PS 인가? (단, T_1=228, R=29.27kg·m/kg·K, 비열비 k=1.40 이다.)

① 79 ② 28 ③ 97 ④ 51

해설 $H_{ps}=\dfrac{k\times G\times R\times T}{75\times(k-1)}\times\left[\left(\dfrac{P_2}{P_1}\right)^{\frac{k-1}{k}}-1\right]$

[H_{ps} : 이론마력, k : 비열비, G : 유량, R : 가스 상수(kg·m/kg·K), T : 온도(K), P_1 : 최초 압력, P_2 : 최종 압력]

$\therefore \dfrac{1.4\times 2\times 29.27\times 288}{75\times(1.4-1)}\times\left[(1.5)^{\frac{1.4-1}{1.4}}-1\right]=96.69PS$

46 공급 열량 및 압축비가 일정할 때 오토 사이클, 디젤 사이클 및 복합 사이클의 열효율 $\eta_{tho}, \eta_{thd}, \eta_{ths}$ 의 비교를 바르게 나타낸 것은?

① $\eta_{tho}>\eta_{ths}>\eta_{thd}$
② $\eta_{ths}<\eta_{tho}<\eta_{thd}$
③ $\eta_{ths}>\eta_{thd}>\eta_{tho}$
④ $\eta_{tho}>\eta_{thd}>\eta_{ths}$

해설 공급열량 및 압축비가 일정할 때 열효율은 $\eta_{tho}>\eta_{ths}>\eta_{thd}$ 순서로 된다.

정답 41. ④ 42. ② 43. ④ 44. ① 45. ③ 46. ①

47 이론 사이클로서 다음 중 가역사이클은?

① 오토 사이클(Otto cycle)
② 랭킨 사이클(Rankine cycle)
③ 브레이톤 사이클(Brayton cycle)
④ 카르노 사이클(Carnot cycle)

해설 가역사이클에 속하는 것은 카르노 사이클(Carnot cycle)이다.

48 최고압력 또는 최고온도가 같을 경우 이론 열효율이 가장 높은 사이클은?

① 사바테 사이클   ② 복합 사이클
③ 정압 사이클   ④ 정적 사이클

해설 최고압력 또는 최고온도가 같을 경우 정압 사이클의 이론 열효율이 가장 높다.

49 고열원 및 저열원의 온도가 동일한 사이클 중 효율이 가장 좋은 것은?

① 정적 사이클   ② 정압 사이클
③ 복합 사이클   ④ 카르노사이클

해설 고열원 및 저열원의 온도가 동일한 사이클 중 효율이 가장 좋은 것은 카르노 사이클이다.

50 카르노 사이클 기관이 100℃에서 200℃ 사이에서 동작한다고 하면 열효율은?

① 21.1%   ② 28.8%
③ 78.9%   ④ 25.0%

해설 $\eta c = 1 - \dfrac{T_2}{T_2}$ ∴ $1 - \dfrac{273+100}{273+200} = 21.1\%$

51 카르노 사이클에서 4.9kJ의 일을 얻기 위해 8.37kJ의 열을 공급했다. 저열원의 온도가 15℃ 일 때 고열원의 온도는 약 몇 ℃인가?

① 148   ② 363   ③ 421   ④ 694

해설 $T_1 = T_2 \times \dfrac{Q_1}{Q_1 - W}$

∴ $(273+15) \times \dfrac{8.37}{8.37-4.9} = 695K = 421℃$

52 카르노 사이클 엔진이 0℃와 100℃ 사이에서 작동하는 것과 100℃와 200℃ 사이에서 작동하는 것 중 어느 것이 효율이 더 좋은가?

① 0℃와 100℃ 사이에서 작동하는 것
② 10℃와 200℃ 사이에서 작동하는 것
③ 비교할 수 없다.
④ 양쪽이 똑같다.

해설 ① 0~100℃ 사이의 효율 : $\eta c = 1 - \dfrac{T_2}{T_2}$

∴ $1 - \dfrac{273}{273+100} \times 100 = 26.8\%$

② 100~200℃ 사이의 효율 : $\eta c = 1 - \dfrac{T_2}{T_2}$

∴ $1 - \dfrac{273+100}{273+200} \times 100 = 21.1\%$

53 가역과정으로 이루어진 사이클은?

① 카르노 사이클   ② 정적 사이클
③ 사바테 사이클   ④ 정압 사이클

해설 카르노 사이클은 가역과정인 2개의 등온과정과 2개의 단열과정으로 이루어진다. 즉, 등온팽창→단열팽창→등온압축→단열압축으로 되어있다.

54 압력비를 Φ, 단열지수를 k라 할 때 단순 가스터빈 사이클의 열효율은?

① $\left(1 - \dfrac{1}{\Phi}\right)^{\frac{1}{k-1}}$ ② $1 - \left(\dfrac{1}{\Phi}\right)^{k-1}$

③ $1 - \left(\dfrac{1}{\Phi}\right)^{\frac{k}{k-1}}$ ④ $1 - \left(\dfrac{1}{\Phi}\right)^{\frac{k-1}{k}}$

정답 47. ④ 48. ③ 49. ④ 50. ① 51. ③ 52. ① 53. ① 54. ④

55 브레이턴 사이클의 압력비가 5일 때 이론 열효율은? (단 비열비 k=1.4이다.)

① 약 26.5% ② 약 36.9%
③ 약 42.3% ④ 약 48.2%

해설 $\eta B = 1 - \left(\dfrac{1}{\gamma}\right)^{\frac{k-1}{k}}$

[ηB : 이론 열효율, γ : 압력비$\left(\dfrac{P_2}{P_1}\right)$, k : 비열비]

∴ $1 - \left(\dfrac{1}{5}\right)^{\frac{0.4}{1.4}} = 0.369 = 36.9\%$

56 정적 연소 사이클 터빈에서 최고압력 P_2=3.8kgf/cm², 최저압력 P_1=1kgf/cm²일 경우 단열 압축하여 일을 할 때의 이론 열효율은 얼마인가? (단, k=1.4이다)

① ηB=24.5% ② ηB=28.6%
③ ηB=31.7% ④ ηB=37.1%

해설 $\eta B = 1 - \left(\dfrac{1}{\gamma}\right)^{\frac{k-1}{k}}$

∴ $1 - \left(\dfrac{1}{3.8}\right)^{\frac{0.4}{1.4}} = 0.317 = 31.7\%$

57 가스터빈의 이상 사이클인 브레이턴 사이클의 열효율이 36.8% 일 경우 압력비는 약 얼마인가?(단, 비열비는 1.4이다.)

① 3 ② 4
③ 5 ④ 6

해설 $\eta B = 1 - \left(\dfrac{1}{\gamma}\right)^{\frac{k-1}{k}}$ 에서 $\gamma = \left(\dfrac{1}{1-\eta B}\right)^{\frac{k}{k-1}}$

∴ 압력비 = $\left(\dfrac{1}{1-0.368}\right)^{\frac{1.4}{0.4}} = 4.98$

58 정압과 정적의 과정을 모두 포함하고 고속 디젤 기관에 적용되는 사이클은?

① 오토 사이클
② 사바테 사이클
③ 디젤 사이클
④ 브레이튼 사이클

해설 고속 디젤 기관에 적용되는 열역학 사이클은 사바테(복합) 사이클이다.

59 17℃의 공기 1kgf/cm²로부터 8kgf/cm²까지 단열 압축할 경우 압축 후의 온도는? (단, k=1.4이다.)

① 136℃ ② 252℃
③ 368℃ ④ 493℃

해설 $T_2 = T_1 \times \left(\dfrac{P_2}{P_1}\right)^{\frac{k-1}{k}}$

[T_2 : 압축 후의 온도(°K), T_1 : 최초의 온도(°K), P_2 : 압축 후의 압력(kgf/cm²), P_1 : 최초의 압력(kgf/cm²)]

① $(273+17) \times \left(\dfrac{8}{1}\right)^{\frac{0.4}{1.4}} = 525.63K$
② 525.63K−273=252.63℃

정답 55. ② 56. ③ 57. ③ 58. ② 59. ②

Chapter 3
기관의 성능

Section 3-1 기관의 출력

1 평균유효압력

피스톤의 행정 중 실제의 압력 BCDE를 이와 같은 체적 ABFGA로 그린 압력을 평균유효압력(Pm)이라 한다.

$$Pm = \frac{W_{th}}{V_B - V_A}$$

[Pm : 평균유효압력(kg/cm²), W_{th} : 일량(kg-m), $V_B - V_A$: 행정체적(cm³)]

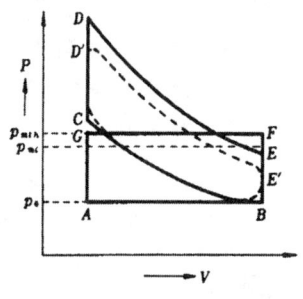

▲ 평균유효압력

2 도시(지시)마력

도시마력은 실린더 내에서의 폭발압력을 측정한 마력이다.

1. 4행정 사이클 기관의 도시마력

$$I_{PS} = \frac{Pmi \times 0.785 \times D^2 \times L \times N \times Z}{75 \times 60 \times 2} = \frac{Pmi \times A \times L \times N \times Z}{75 \times 60 \times 2}$$

[I_{PS} : 도시마력, Pmi : 도시평균유효압력, D : 실린더 안지름, L : 피스톤 행정, N : 기관 회전속도, Z : 실린더 수, A : 실린더 단면적]

2. 2행정 사이클 기관의 도시마력

$$I_{PS} = \frac{Pmi \times 0.785 \times D^2 \times L \times N \times Z}{75 \times 60} = \frac{Pmi \times A \times L \times N \times Z}{75 \times 60}$$

3 제동 마력(축마력)

제동 마력은 크랭크축에서 동력계로 측정한 마력이며, 실제 기관의 출력으로 이용할 수 있다.

1. 4행정 사이클 기관의 제동 마력

$$B_{PS} = \frac{Pmb \times 0.785 \times D^2 \times L \times N \times Z}{75 \times 60 \times 2} = \frac{Pmb \times A \times L \times N \times Z}{75 \times 60 \times 2}$$

또 제동 마력은 위 공식을 정리하여 다음과 같이 나타낸다.

① 마력(PS)인 경우 : $B_{ps} = \dfrac{TN}{716}$ [T : 축의 회전력, N : 축의 회전속도]

② 전력(kW)인 경우 : $H_{kW} = \dfrac{TN}{974}$

2. 2행정 사이클 기관의 제동 마력

$$B_{PS} = \frac{Pmb \times 0.785 \times D^2 \times L \times N \times Z}{75 \times 60} = \frac{Pmb \times A \times L \times N \times Z}{75 \times 60}$$

4 기관의 성능곡선도

기관에서 운전 중에 축 출력(제동마력), 축 회전력, 연료소비율과의 관계를 나타내는 선도이다. 선도에 따르면 중속에서는 흡입 기간이 길어 체적효율이 향상되므로 최고 압력이 높아져 축 출력이 가장 크며, 고속·저속에서는 중속에 비해 출력이 저하한다.

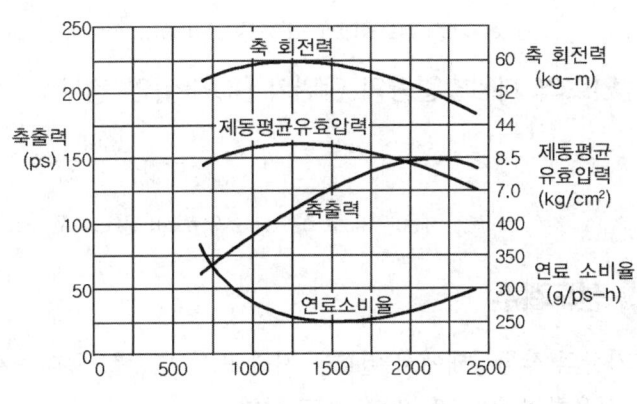

▲ 기관의 성능 곡선도

Section 3-2 기관의 효율

1 이론 열효율

$$\eta_{th} = \frac{A W_{th}}{Q}$$

[η_{th} : 이론 열효율, A : 일의 열당량, W_{th} : 연소가스가 하는 이론적 일(kg·m), Q : 공급열량]

2 도시 열효율

$$\eta_i = \frac{AW_i}{Q}$$

[η_i : 도시 열효율, W_i : 연소가스가 하는 도시일(kg·m)]

3 제동 열효율

$$\eta b = \frac{AW_b}{Q} = \frac{발생\ 열량}{연료\ 발열량(연료소비량 \times 저위\ 발열량)}$$

[ηb : 제동 열효율, A : 일의 열당량, W_b : 연소가스가 하는 제동일(kg-m)]

1. 연료의 저위발열량의 단위가 [kcal/kg]인 경우

$$\eta e = \frac{632.3}{be \times Hu} \times 100$$

[ηe : 제동 열효율(%), be : 연료소비율(kg/ps-h), Hu : 연료의 저위 발열량(kcal/kg)]

2. 연료의 저위발열량의 단위가 [kJ/kg]인 경우

$$\eta e = \frac{3600}{be \times Hu} \times 100$$

[ηe : 제동 열효율(%), be : 연료소비율(kg/kW·h), Hu : 연료의 발열량(kJ/kg)]

4 선도계수

기관의 작동상태에서 열효율 저하 또는 열손실 증대관계를 표시하기 위한 방법으로 선도계수를 사용하며, 약 70~80% 정도로 한다.

$$\eta = \frac{W_i}{W_{th}} = \frac{\dfrac{\eta_i Q}{A}}{\dfrac{\eta_{th} Q}{A}} = \frac{\eta_i}{\eta_{th}}$$

[η : 선도계수, W_i : 도시 일량, W_{th} : 이론적 일량, η_i : 도시 열효율, η_{th} : 이론 열효율]

5 기계효율

기계효율은 제동마력을 지시마력으로 나눈 값이다.

$$\eta m = \frac{W_b}{W_i} = \frac{B_{ps}}{I_{PS}} = \frac{Pmb}{Pmi}$$

Section 3-3 P-V선도, 동력계의 종류

1 P-V선도(지압선도)

지압계를 이용하여 실제 기관의 운전상태로부터 얻은 압력(P)-체적(V) 선도를 지압선도라 하며, 실린더 내의 가스 상태 변화를 압력과 체적 즉 압력과 피스톤 행정과의 관계로 표시한 것을 말한다.

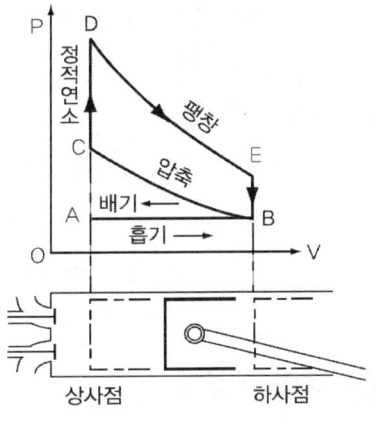

▲ 4행정 사이클 기관의 P-V선도

2 동력계의 종류

동력계란 기관의 제동 마력을 측정하는 장치이며, 종류에는 동력을 소비하여 출력을 측정하는 흡수동력계와 동력 전달 과정에서 축의 비틀림을 이용하여 출력을 측정하는 비틀림 동력계가 있다.

1. 흡수동력계

프로니 동력계, 물 동력계, 전기동력계, 공기동력계 등이 있다.

① 프로니 동력계(prony dynamo meter) : 기관의 동력을 고체마찰에 의해 측정하는 방식이며, 값이 싸고 취급이 쉬워 저속용으로 사용된다. 고속에서는 안정된 회전을 얻기가 곤란한 결점이 있다.

② 물 동력계(water dynamo meter) : 기관의 동력을 측정하는데 물을 사용하며, 물의 내부마찰과 와류를 이용한다. 측정기관에 무리가 없으며, 측정값이 정확하다.

③ 전기동력계(electric dynamo meter) : 기관의 출력을 전력으로 바꾸는 일종의 발전기이며, 고정된 케이스가 계자를 움직일 수 있도록 설치되어 있어 여기서 전달되는 회전력을 측정하여 동력을 산출한다. 브레이크에 걸리는 힘이 균일하고 브레이크 작용 및 전동기로의 기관 시동도 쉽고, 기계적 손실을 측정할 수 있으나 값이 비싼 결점이 있다.

④ 공기동력계(air dynamo meter) : 팬 또는 추진축을 기관에 연결하고 공기를 교반시켜 동력을 측정한다. 동력측정보다는 내구성 운전 등과 같은 일정 부하로 장시간 운전할 때 사용한다.

2. 비틀림 동력계

전동축에 하중이 작용하면 축이 비틀리게 되는데 이 비틀림 각도가 회전력에 비례하는 것을 이용한 장치이다.

Section 3-4 흡입 공기

1 체적효율

실린더 행정체적에 대한 실제 실린더 내에 흡입된 공기에 대한 비율을 말한다. 즉 새로운 공기의 흡입 정도를 표시하는 척도라고 할 수 있다. 실제 기관의 흡기다기관의 절대압력, 온도를 각각 P, T로 나타내면

$$\eta v = \frac{(Ps \cdot Ts) \text{하에서 실제로 흡입한 새로운 공기의 체적}}{\text{행정체적}}$$

$$= \frac{(Ps \cdot Ts) \text{하에서 실제로 흡입한 새로운 공기의 중량}}{(Ps \cdot Ts) \text{하에서 행정체적을 차지하는 새로운 공기의 중량}}$$

[Ps : 절대 압력(kgf/cm²), Ts : 절대 온도(°K)]

2 충진 효율

실제로 흡입한 공기의 중량과 표준 상태(760mmHg, 15℃)하에서의 이론 흡입공기량과의 비율을 충진 효율이라 한다. 충진 효율 개선 방법은 다음과 같다.

① 압축비를 높인다.
② 열을 가능한 한 일로 많이 전환시킨다.
③ 연소가스의 온도를 높인다.
④ 열손실을 감소시킨다.
⑤ 흡기저항 및 배압을 감소시킨다.

$$\eta c = \frac{(Ps \cdot Ts) \text{하에서 실제로 흡입한 새로운 공기의 중량}}{(P_1 \cdot T_1) \text{하에서 행정체적을 차지하는 새로운 공기의 중량}}$$

[P_1 : 표준상태 하에서의 압력(kgf/cm²), T_1 표준상태 하에서의 온도(°K)]

Section 3-5 기관의 연료 및 노크

1 연료의 분류

1. 지방족

지방족 연료는 쇄상 결합을 하고 있으며, 연소하기 쉽다.

① 파라핀계(C_nH_{2n+2}) : 탄소 원자가 포화 쇄상 결합을 하고 있으며, 탄소 원자가 일렬로 결합된 것을 노멀(normal)파라핀, 측상 결합한 것을 이소(iso) 파라핀이라 한다.

② 오리핀계(C_nH_{2n}) : 탄소 원자가 직선으로 불포화 쇄상 결합을 하고 있으며, 수소 원자 2개가 부족하여 2중 결합을 1개 지닌다.

2. 나프텐족(C_nH_{2n})

포화환상 결합을 하고 있으며, 연소하기 어려워 탄소 원자가 단결합에 의해서 다른 2개의 탄소 원자와 환상으로 결합한 것이다.

3. 방향족(C_nH_{2n-6})

불포화 환상결합을 하고 있으며, 6개의 탄소 원자가 1개씩 걸러서 2중 결합과 단결합으로 환상 결합한 것이다.

2 가솔린 기관의 연료

1. 가솔린 연료의 구비조건

① 적당한 휘발성이 있을 것
② 연소속도가 빠를 것
③ 앤티노크성(내폭성 : 옥탄가)이 클 것
④ 체적 및 무게가 적고 발열량이 클 것
⑤ 연소퇴적물(카본)의 발생이 적을 것
⑥ 온도에 관계없이 유동성이 클 것
⑦ 내식성이 크고 저장 안전성이 있을 것

2. 기화성 측정법

ASTM 증류법과 평형공기 증류법이 있으며, ASTM 증류법은 연료 10cc를 플라스크에 넣고 가열하면서 최초의 한 방울이 매스 실린더에 떨어질 때의 온도를 기록한다. 또 전체 연료의 5%, 20%에서 10% 간격으로 100%까지의 온도를 기록하는 방법이다.

① 초유점(initial point) : 계량컵에 처음 한 방울의 시료가 떨어질 때의 온도를 말한다.
② ASTM 10%점 : 10%가 모였을 때의 온도이며, 10%점의 온도가 너무 낮으면 베이퍼록(vapor)이나 퍼컬레이션(percolation)을 유발하며 동시에 연료탱크에서의 증발 손실도 크다.
③ ASTM 30~60%점 : 가속성능에 큰 영향을 주며, 이 점의 온도가 높을수록 가속 성능이 불량해지고 처음 시동 후 난기운전에 걸리는 시간이 길어진다. 또 이 점의 온도가 너무 낮으면 기온이 높을 때 퍼컬레이션으로 저속 운전에 장해가 발생한다.

④ 종점(end point) : 시료가 완전히 증류될 때의 온도이다.

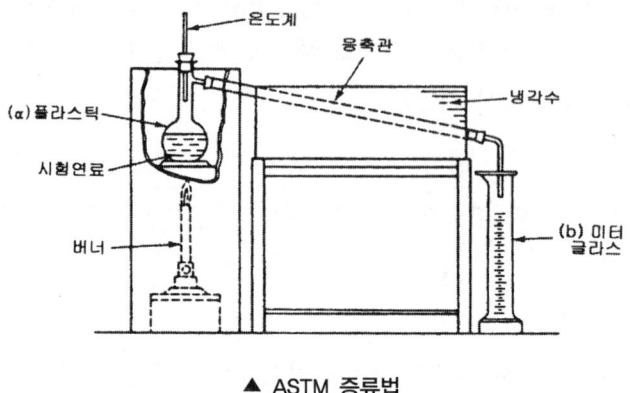

▲ ASTM 증류법

> **참고** 퍼컬레이션(percolation)
> 농후한 혼합가스에 의한 엔진 시동 불능의 고장으로, 자동차를 긴 시간 동안 주행한 후에 엔진을 일단 정지시켰다가 잠시 후 다시 시동하려고 하여도 연소가 전혀 일어나지 않는 현상이다.

3. 앤티 노크성(anti knock property)

(1) 옥탄가(Octane Number)

가솔린의 앤티 노크성(내폭성)을 표시하는 수치이며, 노크를 가장 일으키기 어려운 이소옥탄(iso-octane; C_8H_{18})과 노크를 가장 일으키기 쉬운 노멀헵탄(normal heptane : C_7H_{16})을 사용하며, 다음의 공식으로 나타낸다.

$$옥탄가 = \frac{이소옥탄}{이소옥탄 + 노멀헵탄} \times 100\%$$

(2) 퍼포먼스 넘버(Performance Number)

- $PN = \dfrac{2800}{128 - ON}$
- $ON = 128 - \dfrac{2800}{PN}$

3 디젤기관의 연료

디젤기관 연료의 착화 늦음의 크기를 표시하는 방법으로 착화성을 사용한다.

1. 세탄가(Cetane Number)

세탄가란 경유의 착화성을 표시하는 것이며, 표준연료는 착화성이 가장 우수한 세탄($C_{16}H_{34}$)

과 착화성이 매우 불량한 α-메틸나프탈린($C_{11}H_{10}$)을 사용한다. 세탄의 세탄가를 100으로 하고 α-메틸나프탈린의 세탄가를 0으로 하여 체적량으로 표시된 계산 공식으로 구할 수 있다.

$$세탄가 = \frac{세탄}{세탄 + \alpha - 메틸나프탈린} \times 100\%$$

4 기관의 노크 발생 원인 및 방지책

1. 가솔린 기관의 노크

(1) 가솔린 기관의 노크 발생원인
① 제동 평균 유효압력이 높을 때
② 흡입온도 및 압력이 높을 때
③ 실린더가 과열되었을 때
④ 기관 회전속도가 낮아 화염전파속도가 느릴 때
⑤ 혼합비가 희박할 때
⑥ 점화시기가 빠를 때
⑦ 기관에 과부하가 걸렸을 때

(2) 가솔린 기관에서 노크가 발생할 때의 영향
① 연소실내 온도 상승 및 배기가스 온도가 낮아진다.
② 최고 압력 상승 및 평균유효압력이 낮아진다.
③ 조기 점화 발생으로 기관의 출력이 저하한다.
④ 타격 소음이 발생하며, 기관 각부의 응력이 증가한다.

(3) 가솔린 기관의 노크 방지 방법
① 화염전파 거리를 짧게 하는 연소실 형상을 사용한다.
② 자연 발화온도가 높은 연료를 사용한다.
③ 동일 압축비에서 혼합기의 온도를 낮추는 연소실 형상을 사용한다.
④ 연소속도가 빠른 연료를 사용한다.
⑤ 점화시기를 늦춘다.
⑥ 고옥탄가의 가솔린을 사용한다.
⑦ 연소실 내의 퇴적된 카본을 제거한다.

2. 디젤기관의 노크

(1) 디젤기관의 노크 발생원인
① 연료의 분사 상태가 나쁘고, 기관 온도가 낮다.
② 연료의 세탄값이 낮다.
③ 착화지연시간(발화지연)이 길다.
④ 압축비·압축압력이 낮다.
⑤ 연료 분사 시기가 틀리다.
⑥ 기관의 온도, 흡입 공기의 온도가 낮다.

(2) 디젤기관의 노크 방지 방법
① 세탄가가 높은 연료를 사용한다.
② 압축비, 압축압력, 압축온도를 높게 한다.
③ 실린더 벽의 온도를 높게 유지한다.
④ 흡기온도 및 압력을 높게 유지한다.
⑤ 연료의 분사 시기를 알맞게 조정한다.
⑥ 착화지연기간 중에 연료 분사량을 적게 한다.
⑦ 착화지연기간을 짧게 한다.

Chapter 3 출제예상문제

01 기관 작동 시 평균유효압력을 증대시킬 수 있는 방법으로 틀린 것은?

① 압축비의 증가
② 과급장치의 적용
③ 흡기손실의 저감
④ 실린더 수의 증가

해설 평균유효 압력을 증대시킬 수 있는 방법은 압축비의 증가, 흡기손실의 저감, 과급장치 적용 등이다.

02 내연기관에 대한 설명으로 틀린 것은?

① 가솔린 1kgf을 완전 연소시키는데 약 15kgf 정도의 공기가 필요하다.
② 가솔린 기관은 화염전파 거리가 길어지면 노크가 발생한다.
③ 디젤 노크 방지책은 실린더 벽의 온도를 낮춘다.
④ 혼합연료의 옥탄가는 표준연료의 이소옥탄 체적으로 표시한다.

03 내연기관에서 가솔린 200cc의 완전연소를 위해 필요한 공기는 몇 kgf인가?(단, 가솔린 비중 0.8, 이론공연비 14.7 : 1이다.)

① 1.81　② 2.35
③ 2.81　④ 3.35

해설 $A_g = G_v \times \rho \times A_{Fr}$
[A_g : 필요한 공기량, G_v : 가솔린의 체적, ρ : 가솔린의 비중, A_{Fr} : 혼합비]
∴ $0.2\ell \times 0.8 \times 14.7 = 2.35 kgf$

04 실린더 내경 35cm, 행정 25cm, 회전수가 500rpm인 4행정 단 실린더 기관의 평균유효압력이 5kgf/cm²이면 그 출력은 몇 [PS] 인가?

① 55.6　② 66.7
③ 77.8　④ 85.2

해설 $I_{ps} = \dfrac{P_{mi} \times A \times L \times N \times Z}{75 \times 60}$
[I_{ps} : 지시마력, P_{mi} : 평균유효압력(kg/cm²),
A : 실린더 단면적(cm²), L : 피스톤 행정(m),
N : 회전속도(rpm)〈2행정 사이클=N, 4행정 사이클=$N/2$〉, Z : 실린더 수]
∴ $\dfrac{5 \times 0.785 \times 35^2 \times 25 \times 500}{75 \times 60 \times 2 \times 100} = 66.8 PS$

05 피스톤 지름이 10cm이고 행정길이가 8cm인 4행정, 4기통 엔진이 3,000rpm, 평균유효압력 20bar 일 때 출력은 약 몇 kW인가?

① 91.7　② 101.7
③ 113.7　④ 125.7

해설 $I_{ps} = \dfrac{P_{mi} \times A \times L \times N \times Z}{102 \times 60}$
[I_{ps} : 지시마력, P_{mi} : 평균유효압력(kg/cm²),
A : 실린더 단면적(cm²), L : 피스톤 행정(m),
N : 회전속도(rpm)〈2행정 사이클=N, 4행정 사이클=$N/2$〉, Z : 실린더 수]
∴
$\dfrac{20 \times 1.0204 \times 0.785 \times 10^2 \times 8 \times 3,000 \times 4}{102 \times 60 \times 2 \times 100} = 125.65 kW$

※ 1bar=1.0204kgf/cm²

정답 01. ④　02. ③　03. ②　04. ②　05. ④

06 총배기량 2,000cc, 회전수 4,500rpm인 4행정 사이클 기관의 축 마력이 80PS인 경우 제동평균 유효압력은 몇 kgf/cm²인가?

① 4　② 8　③ 12　④ 16

해설 $B_{ps} = \dfrac{Pmb \times A \times L \times N \times Z}{75 \times 60}$

[B_{ps} : 축마력, P_{mb} : 제동평균유효압력]에서

$Pmb = \dfrac{B_{ps} \times 75 \times 60}{A \times L \times N \times Z}$

∴ $\dfrac{80 \times 75 \times 60 \times 2 \times 100}{2,000 \times 4,500} = 8 kgf/cm^2$

07 4행정 사이클 기관의 총배기량이 2L, 축 마력 50PS, 회전수 3,600rpm인 경우 제동평균유효압력은?

① 약 0.6MPa　② 약 1.25MPa
③ 약 16MPa　④ 약 86MPa

해설 $Pmb = \dfrac{B_{ps} \times 75 \times 60}{A \times L \times N \times Z}$

∴ $\dfrac{50 \times 75 \times 60 \times 2 \times 100}{2 \times 1,000 \times 3,600} = 6.25 kgf/cm^2 = 0.625 MPa$

08 1kW는 몇 마력(PS)인가?

① 약 0.73　② 약 0.95
③ 약 1.25　④ 약 1.36

해설 1kW=1.36PS, 1PS=0.735kW

09 어떤 기관을 출력 1kW로 한 시간 운전하였다. 이 기관이 한 일량은?

① 750kJ　② 1,800kJ
③ 3,600kJ　④ 7,200kJ

해설 1W·h=3,600J 이므로, 1kW=3,600kJ

10 토크가 75kgf·m, 회전수가 3,600rpm인 기관의 출력은 몇 마력(PS)인가?

① 377　② 379
③ 381　④ 383

해설 $B_{ps} = \dfrac{TN}{716}$ [T : 토크(회전력), N : 회전수]

∴ $\dfrac{75 \times 3,600}{716} = 377 PS$

11 축 토크가 300N·m이고 회전수가 2,500rpm일 때 출력은 약 몇 kW인가?

① 24.5　② 44
③ 78.5　④ 97

해설 $H_{kW} = \dfrac{TR}{974 \times 9.8}$

[H_{kW} : 출력, T : 축 토크, R : 회전수]

∴ $\dfrac{300 \times 2,500}{974 \times 9.8} = 78.5 kW$

12 4행정 사이클 기관에서 총배기량이 3.6ℓ, 회전수가 3,400rpm, 도시평균 유효압력이 0.8MPa일 때 도시마력은 약 몇 kW인가?

① 51.2　② 61.6
③ 71.2　④ 81.6

해설 ① 1MPa=10.197kgf/cm²

② $I_{ps} = \dfrac{P_{mi} \times A \times L \times N \times Z}{102 \times 60}$

[I_{ps} : 지시마력, P_{mi} : 평균유효압력, A : 실린더 단면적, L : 피스톤 행정, N : 회전속도(rpm)(2행정 사이클=N, 4행정 사이클=N/2), Z : 실린더 수]

∴ $\dfrac{0.8 \times 10.197 \times 3,600 \times 3,400}{102 \times 60 \times 2 \times 100} = 81.6 kW$

정답　06. ②　07. ①　08. ④　09. ③　10. ①　11. ③　12. ④

13 프로니 브레이크를 사용하여 디젤기관의 동력을 시험하였더니 기관의 회전속도가 2,400 rpm에서 저울의 계량이 250kgf이었다. 이때 기관의 제동 마력은? (단 브레이크에 불평형 하중은 26kgf, 암의 길이는 0.6m이다.)

① 약 450.4PS ② 약 350.0PS
③ 약 225.2PS ④ 약 900.8PS

해설 $B_{ps} = \dfrac{TN}{716}$

∴ $\dfrac{(250-26) \times 0.6 \times 2,400}{716} = 450.4 PS$

14 브레이크 암의 길이가 75cm인 동력계를 사용하여 동력시험을 한 결과 회전수가 350rpm일 때 동력계에 걸린 하중이 300N이었다. 기관의 제동마력은?

① 약 6.25kW ② 약 7.5kW
③ 약 8.25kW ④ 약 9.5kW

해설 $H_{kW} = \dfrac{TN}{974}$

∴ $\dfrac{300N \times 0.75m \times 350}{974 \times 9.8} = 8.25 kW$

15 제동 출력이 60kW일 때 회전수가 1,600rpm 이면 이 기관의 회전력은 약 몇 N·m 인가?

① 208N·m ② 258N·m
③ 308N·m ④ 358N·m

해설 $H_{kW} = \dfrac{TN}{974}$에서 $T = \dfrac{974 \times H_{kW}}{N}$

∴ $\dfrac{974 \times 60 \times 9.8}{1,600} = 358 N \cdot m$

16 기관성능 곡선에서 연료소비율을 나타내는 곡선은?

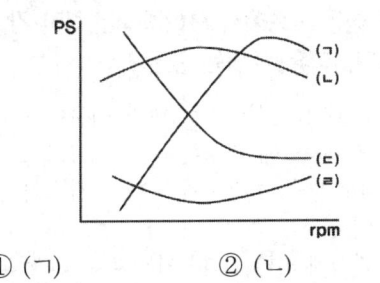

① (ㄱ) ② (ㄴ)
③ (ㄷ) ④ (ㄹ)

해설 (ㄱ) : 축마력 (ㄴ) : 토크 (ㄹ) : 연료소비율

17 내연기관은 고속에서 중속보다 회전력이 더 저하되는데 그 주된 이유는?

① 체적효율이 낮아지기 때문이다.
② 환기가 너무 잘 되기 때문이다.
③ 혼합비가 너무 진하기 때문이다.
④ 점화시기가 많이 진각되기 때문이다.

해설 고속에서 회전력이 저하하는 원인은 체적효율이 낮아지기 때문이다.

18 기관의 성능 곡선도에 대한 설명으로 틀린 것은?

① 기관 회전속도가 중속일 때 연료소비율이 적다.
② 기관의 스로틀 밸브의 열림 정도에 따라 출력, 토크, 연료소비율이 달라진다.
③ 회전속도가 증가함에 따라 감소하는 출력은 흡입온도를 개선하여 토크를 증가시킬 수 있다.
④ 최대 토크를 발생시키는 회전속도에서 최대 출력을 발생시키는 회전속도까지를 기관의 탄성영역이라 한다.

해설 회전속도가 증가함에 따라 감소하는 출력은 충진률을 개선하여 토크를 증가시킴으로서 보상할 수 있다.

정답 13. ① 14. ③ 15. ④ 16. ④ 17. ① 18. ③

19 가솔린 기관의 성능곡선에서 보면 회전속도가 높은 고속에서 오히려 회전력이 감소되고 있다. 이유로 맞는 것은?

① 기계적 손실이 감소하기 때문이다.
② 연소속도에 피스톤 속도가 따르지 못하여 피스톤을 하강시키는 힘이 감소하기 때문이다.
③ 관성에 의한 점화시기가 너무 진각 되기 때문이다.
④ 혼합비가 너무 농후하여지기 때문이다.

해설 고속에서 회전력이 저하하는 원인은, 연소속도에 피스톤 속도가 따르지 못하여 피스톤을 하강시키는 힘이 감소하기 때문이다.

20 기관의 제동 열효율과 연료소비율의 관계는?

① 반비례한다.   ② 제곱에 비례한다.
③ 비례한다.   ④ 제곱에 반비례한다.

해설 기관의 제동 열효율과 연료소비율은 반비례한다.

21 제동 연료소비율을 낮추기 위한 방법으로 틀린 것은?

① 압축비를 증가시킨다.
② 배기압력을 낮게 한다.
③ 마찰손실을 적게 한다.
④ 흡기관의 유동저항을 크게 한다.

해설 제동 연료소비율을 낮추려면 압축비를 높이고, 배기압력과 마찰손실을 줄이고, 흡기관의 유동저항을 적게 하여야 한다.

22 도시 열효율을 ηi, 선도계수를 ηd, 이론 열효율을 ηth, 기계효율을 ηm이라 할 때 제동 열효율 ηe를 구하는 식은?

① $\eta e = \eta th \times \eta d$
② $\eta e = (\eta th / \eta d) \times \eta m$
③ $\eta e = \eta th \times (\eta d / \eta m)$
④ $\eta e = \eta th \times \eta d \times \eta m$

23 연소 결과로 발생되는 H_2O는 어느 상을 나타낼 때 고위발열량을 내게 되는가?

① 기상   ② 고상
③ 액상   ④ 고상과 액상 모두

해설 고위발열량은 총발열량이라고도 칭하며, 연소 후 열량계의 온도가 100℃ 이하로 낮아지기 때문에 연소가스 중의 수증기는 응축하여 물이 되고 이 과정에서 잠열을 방출하게 되는데, 그 잠열까지를 포함하여 열량을 계산한 것이 고위 발열량이다.

24 기관의 제동 마력을 Le(PS), 연료소비량을 B(kgf/h), 연료의 저위발열량을 Hu(kcal/kgf)라 하면 제동 열효율을 ηe를 구하는 식은?

① $\eta e = \dfrac{632 \times Le}{Hu \times B} \times 100(\%)$

② $\eta e = \dfrac{Hu \times Le}{632 \times B} \times 100(\%)$

③ $\eta e = \dfrac{632 \times Hu}{B \times Le} \times 100(\%)$

④ $\eta e = \dfrac{632 \times Le \times B}{Hu} \times 100(\%)$

해설 제동 열효율 $\eta e = \dfrac{632 \times LE}{Hu \times B} \times 100(\%)$

25 연료소비율이 160g/PS·h인 가솔린 기관의 제동 열효율은 몇 %인가? (단, 가솔린의 저위발열량은 10,500kcal/kg이다.)

① 22.5%   ② 37.6%
③ 45.8%   ④ 62.7%

정답 19. ② 20. ① 21. ④ 22. ④ 23. ③ 24. ① 25. ②

해설 $\eta e = \dfrac{632.3}{be \times Hu} \times 100$

[ηe : 제동 열효율(%), be : 연료소비율(kg/ps-h), Hu : 연료의 저위발열량(kcal/kg)]

$\therefore \dfrac{632.3}{0.16 \times 10500} \times 100 = 37.6\%$

26 디젤기관의 연료소비율이 400g/kW·h이고, 연료의 발열량이 40,000kJ/kg이라 하면, 제동열효율은?

① 약 27.5% ② 약 22.5%
③ 약 17.5% ④ 약 15%

해설 $\eta e = \dfrac{3,600}{be \times Hu} \times 100$

[ηe : 제동열효율, be : 연료소비율, Hu : 연료의 발열량]

$\therefore \dfrac{3,600}{0.4 \times 40,000} \times 100 = 22.5\%$

27 가솔린의 저위발열량이 50,000kJ/kg이고, 가솔린 1kg의 보유 에너지 중 30%가 유효한 일로 바꾸어진다면, 40kN의 무게를 가진 물체를 이동시킬 수 있는 거리는?

① 280m ② 375m
③ 420m ④ 525m

해설 $R = \dfrac{H_e \times \eta}{W}$

[R : 물체를 이동시킬 수 있는 거리, H_e : 가솔린의 저위발열량, η : 유효한 일로 바꾼 효율, W : 물체의 무게]

$\therefore \dfrac{50,000 \times 0.3}{40} = 375m$

28 저위발열량이 44kJ/g인 연료로 기관을 운전할 때 연료소비율은 약 몇 g/kW·h인가?(단, 효율이 45%이다.)

① 182 ② 125
③ 130 ④ 134

해설 $\eta = \dfrac{1}{f \times H_\ell}$ 에서 kW와 h의 단위 관계에서

$\eta = \dfrac{60 \times 60}{f \times H_\ell}$ [η : 열효율, f : 연료소비율(g/kWh), H_ℓ : 저위발열량(kJ/g)]

$f = \dfrac{3,600}{\eta H_\ell} = \dfrac{3,600}{0.45 \times 44} = 181.82$ (g/kWh)

29 저위발열량이 44MJ/kg, 제동 마력이 68kW, 제동 열효율이 35%인 기관의 매시간당 연료소비량은 약 몇 kg/h인가?

① 15.9 ② 17
③ 17.9 ④ 19

해설 $\eta e = \dfrac{3,600 \times H_{kW}}{B \times Hu} \times 100$

[ηe : 제동열효율, H_{kW} : 제동마력, B : 연료소비량, Hu : 연료의 저위 발열량]에서

$B = \dfrac{3,600 \times H_{kW}}{\eta e \times Hu}$

$\therefore \dfrac{3,600 \times 68}{35 \times 44,000} \times 100 = 15.9 kg/h$

30 제동 마력이 150ps인 디젤기관이 12시간 동안 연료를 320ℓ를 소비하였을 때 연료소비율은?(단, 비중은 0.9이다.)

① 16g/PS·h ② 17g/PS·h
③ 160g/PS·h ④ 177g/PS·h

해설 $be = \dfrac{V \times \gamma}{B_{ps} \times h}$

[be : 연료소비율, V : 연료의 체적, γ : 연료의 비중, B_{ps} : 제동 마력, h : 시간]

$\therefore \dfrac{320 \times 0.9 \times 1,000}{150 \times 12} = 160 g/ps \cdot h$

정답 26. ② 27. ② 28. ① 29. ① 30. ③

31 제동 열효율이 30%, 연료의 저위발열량이 44MJ/kg, 제동 마력이 68kW인 기관의 연료소비량은 몇 kg/h인가?

① 11.36kg/h ② 14.29kg/h
③ 16.95kg/h ④ 18.55kg/h

해설 $\eta e = \dfrac{3,600 \times H_{kW}}{B \times Hu} \times 100$ [ηe : 제동 열효율(%),
H_{kW} : 제동 마력, B : 연료소비량(kg/h),
Hu : 연료의 저위발열량(MJ/kg)]에서
$B = \dfrac{3,600 \times H_{kW}}{\eta e \times Hu}$
∴ $\dfrac{3,600 \times 68}{30 \times 44,000} \times 100 = 18.56 kg/h$

32 제동 연료소비율이 340g/kW·h인 기관의 열효율은 약 몇 %인가?(단, 저위발열량은 44,000 kJ/kg이다.)

① 24.06 ② 28.75
③ 30.23 ④ 35.25

해설 $\eta e = \dfrac{3,600}{be \times Hu} \times 100$
[ηe : 제동열효율, be : 연료소비율,
Hu : 연료의 발열량]
∴ $\dfrac{3,600}{0.34 \times 44,000} \times 100 = 24.06\%$

33 연료소비율이 236g/KW·h 이고, 저위발열량이 42MJ/kg인 연료를 사용하는 기관의 정미 열효율은 얼마인가?

① 약 26.4% ② 약 36.3%
③ 약 46.2% ④ 약 50.3%

해설 $\eta e = \dfrac{3,600}{be \times Hu} \times 100$ [ηe : 제동열효율,
be : 연료소비율, Hu : 연료의 발열량]
∴ $\dfrac{3,600}{0.236 \times 42 \times 10^3} \times 100 = 36.3\%$

34 기관에서 성능시험 결과 40kW에서 1분간에 180g의 연료를 소비하였다. 연료소비율은 몇 g/kW·h 인가?

① 190 ② 210
③ 230 ④ 270

해설 $be = \dfrac{V \times \gamma}{H_{kW} \times h}$
[be : 연료소비량, V : 연료소비율, γ : 연료의 비중,
H_{kW} : 동력, h : 시간]
∴ $\dfrac{180g \times 60}{40kW \times 1min} = 270 g/kW\cdot h$

35 디젤기관이 2시간 동안에 36ℓ의 연료를 소비하여 103kW의 동력을 얻었을 때 제동 연료소비량(g/kWh)은 약 몇 g/(kW·h)인가?(단, 연료의 비중은 0.8이다)

① 139.8 ② 174.8
③ 218.4 ④ 279.68

해설 $be = \dfrac{V \times \gamma}{H_{kW} \times h}$ [be : 연료소비량 V : 연료소비율,
γ : 연료의 비중, H_{kW} : 동력, h : 시간]
∴ $\dfrac{36 \times 0.8 \times 1000}{103 \times 2} = 139.8 g/kWh$

36 어느 연료 1kgf의 발열량은 9,600kcal이다. 시간당 연료가 18kgf 소요되고, 발생 열량이 모두 일로 된다면 발생 동력은 몇 PS인가?

① 197.9 ② 200.9
③ 273.4 ④ 327.3

해설 $H_{ps} = \dfrac{Be \times Hu \times J \times \eta}{75}$ [H_{ps} : 발생동력,
Be : 연료소비량(kgf/sec), Hu : 발열량(kcal),
J : 일량(427kgf·m/kcal), η : 열효율]
∴ $\dfrac{18 \times 9,600 \times 427}{75 \times 60 \times 60} = 273.28 PS$

정답 31. ④ 32. ① 33. ② 34. ④ 35. ① 36. ③

37 기관의 마력이 25PS일 때 1,000rpm에서 최대 토크를 나타낸다. 이때 클러치에 의해 전달되는 토크(kgf·m)는?

① 17.9   ② 19.9
③ 28.6   ④ 34.9

해설 $B_{PS} = \dfrac{TR}{716}$
$[B_{PS}$: 기관의 출력, T : 토크, R : 회전수$]$
$T = \dfrac{B_{PS} \times 716}{R}$
$\therefore \dfrac{25 \times 716}{1,000} = 17.9 kgf \cdot m$

38 소형 굴삭기의 디젤기관이 전부하에서 2,100rpm, 출력이 190PS일 때 이 기관의 토크는?

① 약 48kgf·   ② 약 65kgf·m
③ 약 87kgf·m   ④ 약 91kgf·m

해설 $B_{PS} = \dfrac{TR}{716}$ $[B_{PS}$: 출력, T : 토크, R : 회전수$]$
에서 $T = \dfrac{716 \times B_{PS}}{R}$
$\therefore \dfrac{716 \times 190}{2,100} = 64.7 = 65 kgf \cdot m$

39 130PS인 디젤기관의 연료 소모량이 180g/PS-h라면 4시간 동안 사용한 연료는 몇 ℓ인가? (단, 연료 비중은 0.83이다.)

① 28ℓ ② 113ℓ
③ 136ℓ ④ 627ℓ

해설 $be = \dfrac{V \times \gamma}{B_{ps} \times h}$ 에서 $V = \dfrac{B_{ps} \times h \times be}{\gamma}$
$[be$: 연료소비율, V : 연료의 체적, γ : 연료의 비중, B_{ps} : 제동마력, h : 시간$]$
$\therefore \dfrac{130PS \times 4h \times 0.18 kgf/PS \cdot h}{0.83} = 112.8\ell$

40 어느 디젤기관을 10시간 연속 100PS로 운전한 결과 100ℓ의 연료가 소모되었다. 이 기관의 1시간당 연료소비량은 몇 g인가? (단, 연료의 비중은 0.83이다.)

① 83g/ps-h   ② 90g/ps-h
③ 75g/ps-h   ④ 80g/ps-h

해설 $F = \dfrac{\gamma \times Be}{t \times H_{ps}}$
$[F$: 연료소비량(g/PS-h), γ : 연료의 비중, Be : 연료소모량, t : 시간, H_{ps} : 출력(PS)$]$
$\therefore \dfrac{0.83 \times 100 \times 1000}{10 \times 100} = 83 g/PS-h$

41 내연기관의 열손실을 측정하였더니 냉각에 의한 손실이 29%, 배기 및 복사에 의한 손실이 31%이었다. 이 기관의 기계효율이 80%라면 정미 열효율은 몇 %인가?

① 40   ② 32
③ 28   ④ 23

해설 ① 지시열효율=100−(29%+31%)=40%
② 정미열효율=기계효율×지시열효율
=(0.8×0.4)×100=32%

42 실린더의 직경이 100mm이고, 행정이 120mm인 4행정 6실린더 엔진의 실제 공기흡입량이 3,000cc일 때 체적효율은?

① 약 47%   ② 약 53%
③ 약 63%   ④ 약 65%

해설 ① $V = 0.785 \times D^2 \times L \times Z$ $[V$: 총배기량,
D : 실린더 내경, L : 행정길이, Z : 실린더 수$]$
$\therefore 0.785 \times 10^2 \times 12 \times 6 = 5652 cc$
② $\eta v = \dfrac{Q}{V} \times 100$ $[\eta v$: 흡입(체적)효율,
Q : 실제 흡입공기량$]$ $\therefore \dfrac{3000}{5652} \times 100 = 53\%$

정답 37. ① 38. ② 39. ② 40. ① 41. ② 42. ②

43 보시형 연료 분사펌프의 분사 시기를 맞추려고 한다. 분사 지연시간과 착화지연이 1/600초라면 크랭크축 회전이 1,800rpm일 때 기관 피스톤의 상사점 몇도 이전에 분사가 시작되어야 하는가?

① 15° ② 18°
③ 20° ④ 25°

해설 $It = 6Rt$ [It : 분사시기, R : 크랭크축 회전속도, t : 착화지연시간]
∴ $6 \times 1800 \times \dfrac{1}{600} = 18°$

44 정미 평균 유효압력과 도시 평균 유효압력의 비율을 나타내는 용어는 어느 것인가?

① 선도계수   ② 기계효율
③ 연료소비율 ④ 마찰계수

해설 기계효율이란 정미 평균 유효압력과 도시 평균 유효압력의 비율을 말한다.

45 제동 마력을 지시마력으로 나눈 값을 무엇이라고 하는가?

① 열효율   ② 체적효율
③ 기계효율   ④ 동력효율

해설 기계효율은 제동 마력을 지시마력으로 나눈 값이다.

46 내연기관에서 도시 열효율(ηi)을 구하는 식으로 옳은 것은?

① $\eta i = \dfrac{\text{총공급열량}}{\text{도시일에 사용된 열량}}$

② $\eta i = \dfrac{\text{도시일에 사용된 열량}}{\text{총공급열량}}$

③ $\eta i = \dfrac{\text{총공급열량}}{\text{유효일에 사용된 열량}}$

④ $\eta i = \dfrac{\text{유효일에 사용된 열량}}{\text{총공급열량}}$

47 디젤기관에서 도시 연료소비율의 향상을 위해 필요한 사항으로 틀린 것은?

① 압축비 감소   ② 냉각손실 저감
③ 펌프손실 저감 ④ 착화지연시간 단축

해설 도시 연료소비율의 향상방법은 압축비의 상승, 냉각손실 저감, 펌프손실 저감, 작동시간 손실 저감, 착화지연시간 단축 등이다.

48 기관효율에 대한 설명으로 옳은 것은?

① 1사이클 중 1개의 실린더에서 수행된 일과 행정체적과의 비율
② 일을 하기 위해 발생한 동력과 마찰에 의해 손실된 동력의 비율
③ 기관에 공급된 총열량 중에서 일로 변환된 열량이 차지하는 비율
④ 실린더에 흡입된 공기질량과 행정체적에 상당하는 대기질량과의 비율

해설 기관효율이란 기관에 공급된 총열량 중에서 일로 변환된 열량이 차지하는 비율이다.

49 다음 중 내연기관의 기계효율을 높이는 방법으로 틀린 것은?

① 윤활이 잘 되도록 한다.
② 기관의 평형을 좋게 한다.
③ 베어링 마찰계수를 크게 한다.
④ 배기가스의 배출 저항을 줄인다.

해설 기계효율을 높이는 방법
① 윤활이 잘되도록 할 것
② 기관의 평형을 양호하게 할 것
③ 배기가스의 배출 저항을 줄일 것
④ 회전 저항을 감소시킬 것
⑤ 구동 중 저항력을 줄일 것

정답 43. ② 44. ② 45. ③ 46. ② 47. ① 48. ③ 49. ③

50 총배기량이 1,620cc 인 4행정 사이클 엔진에서 회전수 2,000rpm, 도시 평균 유효압력 8.0 kgf/cm² 일 때 축 마력이 23 PS 이다. 이 엔진의 기계효율은?

① 0.08% ② 77.5%
③ 79.9% ④ 83.7%

해설 ① $I_{ps} = \dfrac{PALRZ}{75 \times 60}$

[I_{ps} : 지시마력, P : 평균유효압력(kg/cm²),
A : 단면적(cm²), L : 피스톤 행정(m),
R : 회전속도(2행정 사이클=R, 4행정 사이클=$R/2$),
Z : 실린더 수]

∴ $\dfrac{8 \times 1,620 \times 2,000}{75 \times 60 \times 2 \times 100} = 28.8 PS$

② $\eta m = \dfrac{B_{ps}}{I_{ps}} \times 100$ [ηm : 기계효율]

∴ $\dfrac{23}{28.8} \times 100 = 79.86\%$

51 6실린더 4행정 사이클 디젤엔진의 실린더 지름 230mm, 행정 260mm, 매분 회전수 700rpm, 평균유효압력 10kgf/cm²일 때 지시마력은 얼마인가?

① 약 108PS ② 약 504PS
③ 약 252PS ④ 약 126PS

해설 $I_{ps} = \dfrac{PALRZ}{75 \times 60}$ [I_{ps} : 지시마력,
P : 평균유효압력(kg/cm²), A : 단면적(cm²),
L : 피스톤 행정(m), R : 회전속도(rpm)(2행정 사이클=R, 4행정 사이클=$R/2$), Z : 실린더 수]

∴ $\dfrac{10 \times 0.785 \times 23^2 \times 26 \times 700 \times 6}{75 \times 60 \times 2 \times 100} = 503.8 PS$

52 표준 대기압력 하에서 운전되는 기관의 체적효율 ηv와 충전효율 ηc와의 관계를 바르게 표시한 식은?

① ηc=0.5ηv ② ηc=ηv
③ ηc=1.5ηv ④ ηc=2ηv

해설 표준 대기압력 하에서 운전되는 기관의 체적효율 η v와 충전효율 η c는 같다.

53 기관의 체적효율을 구하기 위해 필요한 항목은?

① 연료의 중량과 연소실 체적
② 연료의 중량과 실린더 행정체적
③ 실제로 흡입되는 공기 중량과 연소실 체적
④ 실제로 흡입되는 공기 중량과 실린더 행정체적

해설 체적효율을 구하려면 실제로 흡입되는 공기중량과 실린더 행정체적을 알아야 한다.

※ 체적효율 = $\dfrac{\text{실제 흡입한 공기 중량}}{\text{실린더 체적의 공기 중량}} \times 100$

54 실린더 내 체적효율을 산출할 수 있는 식은?

① $\dfrac{\text{표준 대기압하에서 실제로 흡입한 새로운 공기의 체적}}{\text{실린더 체적}}$
② $\dfrac{\text{표준 대기압하에서 실제로 흡입한 새로운 공기의 체적}}{\text{행정체적}}$
③ $\dfrac{\text{표준 대기압하에서 실제로 흡입한 새로운 공기의 체적}}{\text{연소실 체적}}$
④ $\dfrac{\text{표준 대기압하에서 실제로 흡입한 새로운 공기의 체적}}{\text{연소실 체적을 차지하는 공기의 중량}}$

해설 체적효율
= $\dfrac{\text{표준 대기압하에서 실제로 흡입한 새로운 공기의 체적}}{\text{행정체적}}$

55 4행정 사이클 기관의 흡기량이 이론량(행정체적)보다 감소되어 흡입되는 이유로 거리가 먼 것은?

① 흡·배기밸브 개폐 시기 조정이 불완전하다.
② 흡·배기의 관성이 피스톤 운동을 따르지 못한다.
③ 흡기압력은 대기압보다 낮고 실린더 온도는 대기압보다 높다.
④ 흡기다기관에서 진공이 누설되었다.

정답 50. ③ 51. ② 52. ② 53. ④ 54. ② 55. ④

56 어느 4행정 1사이클 4실린더 스퀘어 엔진의 실제 흡입공기량이 1,117.5cc이다. 체적효율은? (단, 실린더 지름은 78mm이다.)

① 80%　　② 75%
③ 70%　　④ 65%

> **해설** $\eta v = \dfrac{Q}{V} \times 100$　　[ηv : 체적효율,
> Q : 실제 흡입공기량, V : 총배기량]
> ∴ $\dfrac{1,117.5}{0.785 \times 7.8^2 \times 7.8 \times 4} \times 100 = 74.9\%$

57 행정체적이 500cc인 단 실린더 기관이 3,000rpm으로 운전할 때 흡입되는 공기 중량이 0.73kgf/min 이면 체적효율은 약 몇 %인가? (단, 흡입공기 비중량은 1.15kgf/m³이다.)

① 75　　② 80
③ 85　　④ 90

> **해설** $\eta v = \dfrac{Q}{V} \times 100$
> ∴ $\dfrac{0.73 \times 10^6 \times 2}{500 \times 3,000 \times 1.15} \times 100 = 84.6\%$

58 가솔린 300cm³을 완전히 연소시킬 때 약 몇 m³의 공기가 필요한가?(단, 혼합비는 14.7 : 1, 가솔린의 비중은 0.73, 공기의 밀도는 1.206kg/m³이다.)

① 2.67　　② 3.22
③ 3.66　　④ 4.41

> **해설** $Ag = \dfrac{Gv \times \rho \times AFr}{Av}$　[Ag : 필요한 공기량,
> Gv : 가솔린의 체적, ρ : 가솔린의 비중,
> AFr : 혼합비, Av : 공기의 밀도]
> ∴ $\dfrac{0.3 \times 0.73 \times 14.7}{1.206} = 2.67 m^3$

59 기관의 충진 효율을 개선하는 방법과 거리가 먼 것은?

① 가변 흡기장치를 사용한다.
② 흡배기 저항을 저감시킨다.
③ 흡기온도의 상승을 억제한다.
④ 흡기 간섭이 발생하는 흡기관을 사용한다.

> **해설** 충진효율을 개선하는 방법은 가변 흡기장치의 사용, 흡배기 저항 저감, 흡기 온도의 상승 억제, 흡기 간섭을 방지하는 흡기관의 사용이다.

60 기관의 흡기량을 증대시키는 방법으로 틀린 것은?

① 과급을 통한 방법
② 흡기관 형상의 변경
③ 배기장치 배압의 증가
④ 밸브 개폐 시기의 제어

> **해설** 기관의 흡기량을 증가시키는 방법은 과급을 통한 방법, 흡기관 형상의 변경, 배기장치 배압의 감소, 밸브 개폐 시기의 제어 등이다.

61 4행정 사이클 기관의 흡기량이 이론량(행정체적)보다 감소되어 흡입되는 이유로 거리가 먼 것은?

① 흡기다기관에서 진공이 누설되었다.
② 흡배기 밸브 개폐시기 조정이 불완전하다.
③ 흡배기의 관성이 피스톤 운동을 따르지 못한다.
④ 흡기압력은 대기압보다 낮고 실린더 온도는 대기압보다 높다.

> **해설** 흡기량이 이론량(행정체적)보다 감소되어 흡입되는 이유는 흡배기 밸브의 개폐시기 조정이 불완전하고, 흡·배기의 관성이 피스톤 운동을 따르지 못하며, 흡기압력은 대기압보다 낮고 실린더 온도는 대기압보다 높기 때문이다.

정답 56. ②　57. ③　58. ①　59. ④　60. ③　61. ①

62 체적효율의 향상 방법이 아닌 것은?

① 배기 저항의 저감
② 잔류 가스량 저감
③ 흡기온도 상승
④ 흡기압력 강하 방지

해설 체적효율의 향상 방법은 배기 저항의 저감, 잔류 가스량 저감, 흡기압력 강하 방지이다.

63 공기과잉률을 가장 바르게 표시한 것은?

① 연소에 필요한 이론적 공기량과 실제로 드는 연료량과의 비
② 연소에 필요한 이론적 공기량과 실제로 드는 공기량과의 비
③ 연소에 필요한 이론적 공기량과 실린더 수와의 비
④ 연소에 필요한 이론적 공기량과 연료 비중과의 비

해설 공기과잉률이란 연소에 필요한 이론적 공기량과 실제로 드는 공기량과의 비율을 말한다.

64 가솔린 기관의 완전 연소시 공기과잉율(λ)은?

① $\lambda > 1$ ② $\lambda = 1$
③ $\lambda < 1$ ④ $\lambda = 0$

65 가솔린 기관 연료의 구비조건이 아닌 것은?

① 발열량이 클 것
② 인화점이 낮을 것
③ 옥탄가가 높을 것
④ 공기와 혼합이 잘 될 것

해설 가솔린의 구비 조건
① 퍼컬레이션(percolation)이 일어나지 말 것
② 공기와 혼합이 잘 될 것
③ 인화점이 높을 것
④ 연소 후 유해화합물을 남기지 않을 것
⑤ 적당한 휘발성(기화성능)이 있을 것
⑥ 연소속도가 빠르고, 온도에 관계없이 유동성이 클 것
⑦ 앤티노크성(내폭성 : 옥탄가)이 클 것
⑧ 체적 및 무게가 적고 발열량이 클 것
⑨ 연소 퇴적물의 발생이 적을 것
⑩ 내부식성이 크고 저장 안전성이 있을 것

66 가솔린 연료의 ASTM 증류곡 선에 있어, 가솔린 기관의 베이퍼록이나 퍼컬레이션 현상에 가장 관계가 깊은 것은?

① 초유점 ② ASTM 10%점
③ ASTM 30~60%점 ④ 종점

해설 ASTM 10%점 : 10%가 모였을 때의 온도이며, 10%점의 온도가 너무 낮으면 베이퍼록(vapor lock)이나 퍼컬레이션(percolation)을 유발하며, 동시에 연료탱크에서의 증발 손실도 크다.

67 비중 0.7, 저위발열량이 10,500kcal/kg인 연료를 사용하여 10분 동안 시험하였더니 연료소비량이 6ℓ이었다. 이 기관의 연료 마력은 약 몇 PS 인가?

① 210 ② 420
③ 500 ④ 615

해설 $F_{ps} = \dfrac{CW}{10.5t}$ [F_{ps} : 연료마력(PS), C : 연료의 중량(비중×부피), W : 저위 발열량(kcal/kg), t : 시험시간(min)]

$\therefore \dfrac{0.7 \times 6 \times 10,500}{10.5 \times 10} = 420 PS$

68 LPG 연료의 장점이 아닌 것은?

① 옥탄가가 높다.
② 기화성이 좋다.
③ 단위 체적당 발열량이 낮다.
④ 윤활유의 희석이나 오염이 거의 없다.

해설 LPG 연료의 장점은 ①, ②, ④항 이외에 비교적 발열량이 높은 편이다.

정답 62. ③ 63. ② 64. ② 65. ② 66. ② 67. ② 68. ③

69 가솔린 기관에서 노킹이 일어나기 쉬운 조건이 아닌 것은?

① 제동(정미) 평균 유효압력이 높을 때
② 흡기온도가 높을 때
③ 실린더 온도가 높을 때
④ 회전속도가 높을 때

해설 가솔린 기관 노크 발생 원인은 ①, ②, ③항 이외에 기관의 회전속도가 낮아 화염전파 속도가 느릴 때, 혼합기가 희박할 때, 기관에 과부하가 걸린 때

70 가솔린 기관의 노크를 방지하는 방법 중 틀린 것은?

① 정상 연소를 위하여 압축비를 높인다.
② 흡기온도와 압력을 낮춘다.
③ 화염전파 거리를 짧게 한다.
④ 연소실 내의 퇴적 카본을 제거한다.

해설 가솔린 기관의 노크 방지책은 ②, ③, ④항 이외에 고옥탄가의 가솔린을 사용한다.

71 다음 중 노킹이 심하게 일어날 때 나타나는 현상과 거리가 먼 것은?

① 출력 상승   ② 금속성 소음 발생
③ 기관 과열   ④ 기관 진동

해설 노킹이 심하게 일어나면 출력감소, 금속성 소음 발생, 기관 과열, 기관 진동 등이 발생한다.

72 압축행정 중 점화시기에 도달하기 전에 배기밸브, 카본 등의 과열에 의하여 점화되는 현상을 무엇이라고 하는가?

① 포스트 이그니션
② 데토네이션
③ 프리 이그니션
④ 정상 연소

해설 프리 이그니션(조기 점화)(pre-ignition)이란 압축 행정중 점화시기에 도달하기 전에 점화플러그 또는 배기밸브 등의 과열에 의하여 점화되는 현상을 말한다.

73 조기 점화가 일어나는 직접적 원인은?

① 점화장치의 마모 때문이다.
② 너무 농후한 연료공급 때문이다.
③ 정상점화 이전에 표면점화가 일어나기 때문이다.
④ 누전에 의해 점화플러그가 작동하기 때문이다.

해설 조기 점화란 압축행정중 점화시기에 도달하기 전에 점화플러그 또는 배기밸브 등의 과열에 의하여 표면점화가 발생하는 현상이다.

74 경유의 구비 조건으로 틀린 것은?

① 발열량이 클 것
② 세탄가가 높을 것
③ 자연 발화점이 낮을 것
④ 황(S)의 함유량이 높을 것

해설 경유의 구비조건
① 황(S)의 함유량이 적을 것
② 자연 발화점이 낮을 것
③ 세탄가가 높고, 발열량이 클 것
④ 점도가 적당할 것
⑤ 온도변화에 따른 점도변화가 적을 것

75 디젤기관의 발화 촉진제로 적합하지 않은 것은?

① 초산에틸   ② 초산아밀
③ 아초산아밀   ④ 아황산아밀

해설 디젤기관의 연료의 발화 촉진제에는 초산에틸, 질산에틸, 초산아밀, 아초산 에틸 등이 있다.

정답 69. ④ 70. ① 71. ① 72. ③ 73. ③ 74. ④ 75. ④

76 디젤기관에서 노크를 일으키는 원인이 아닌 것은?

① 압축압력이 높다.
② 흡기온도가 낮다.
③ 냉각수 온도가 낮다.
④ 연료 분사시기가 빠르다.

해설 디젤기관 노크의 원인
① 연료의 분사상태가 나쁘고, 기관 온도가 낮다.
② 연료의 세탄값이 낮다.
③ 착화지연 기간(발화지연)이 길다.
④ 압축비·압축압력이 낮다.
⑤ 연료 분사시기가 틀리다.
⑥ 기관의 온도, 흡입공기의 온도가 낮다.

77 디젤기관 노크의 경감책으로 옳은 것은?

① 압축비를 높게 한다.
② 착화지연 시간을 길게 한다.
③ 연소실벽 온도를 낮게 한다.
④ 분사 시 공기압력을 낮게 한다.

해설 디젤기관 노크 방지 방법
① 세탄가가 높은 연료를 사용한다.
② 압축비, 압축압력, 압축온도를 높게 한다.
③ 실린더 벽의 온도를 높게 유지한다.
④ 흡기온도 및 압력을 높게 유지한다.
⑤ 연료의 분사시기를 알맞게 조정한다.
⑥ 착화지연 기간 중에 연료분사량을 적게 한다.
⑦ 착화지연 기간을 짧게 한다.

78 기관의 배기가스 색이 흑색이 되는 원인으로 가장 적합한 것은?

① 뜨개실의 유면이 낮기 때문이다.
② 연소실에 윤활유가 올라와 연소하기 때문이다.
③ 짙은 혼합비 때문이다.
④ 희박한 혼합비 때문이다.

해설 혼합비가 농후하거나 공기청정기가 막히면 배기가스 색이 흑색으로 된다.

79 탄소 1kgf을 완전 연소시키는데 필요한 산소량은 몇 kgf인가?

① 1.87kgf   ② 2.67kgf
③ 3.67kgf   ④ 2.24kgf

해설 탄소 1kgf을 완전 연소시키는데 필요한 산소량은 2.67kgf이며, 탄소 1[kgf]를 완전 연소시키면 탄산가스가 3.67kgf이 생성된다.

80 희박 연소 기관에 대한 설명으로 틀린 것은?

① 고속 회전시 희박 연소 제어를 실시한다.
② 이론공연비보다 적은 양의 연료를 혼합하여 연소한다.
③ 연소 촉진을 위해 흡입 포트 내에 컨트롤 밸브를 설치하여 연소실에 스월을 발생시킨다.
④ 공전 상태에서 매니폴드 스로틀 밸브를 닫아 급속 연소를 유도하여 기관의 회전수를 저하시킨다.

해설 희박 연소 기관은 이론 공연비보다 적은 양의 연료를 혼합하여 연소시키며, 연소 촉진을 위해 흡입포트 내에 컨트롤 밸브를 설치하여 연소실에 스월을 발생시킨다. 또 공전상태에서 매니폴드 스로틀 밸브를 닫아 급속연소를 유도하여 기관의 회전수를 저하시킨다.

81 디젤기관에서 배기가스 배출 특성에 관한 설명으로 틀린 것은?

① HC는 연료분사의 후적에 의한 혼합 불충분으로 발생한다.
② NOx의 발생량을 줄이기 위해서 연소실의 온도를 높여야 한다.
③ 공기 과잉율이 높은 상태에서 연소하여 CO의 배출량이 적다.
④ 대기 중에 배출되는 PM의 저감을 위해 배기가스 후처리 장치를 사용한다.

해설 NOx의 발생량을 줄이기 위해서 연소실의 온도를 낮추어야 한다.

정답 76. ① 77. ① 78. ③ 79. ② 80. ① 81. ②

Chapter 4
기관의 주요부

Section 4-1 실린더 헤드 및 연소실

1 실린더 헤드

실린더 헤드는 헤드 개스킷을 사이에 두고 실린더 블록에 볼트로 설치되며, 피스톤, 실린더와 함께 연소실을 형성한다.

1. 실린더 헤드 개스킷의 구비조건
① 내압성이 풍부할 것
② 내열성이 있을 것
③ 가스·냉각수 및 엔진 오일 등이 새는 것을 방지할 것
④ 적당한 강도와 유연성이 있을 것

2 연소실의 종류

1. 가솔린 기관의 연소실

(1) 가솔린 기관 연소실의 개요

연소실은 주로 실린더 헤드에 의하여 형성되며, 여기서 혼합가스의 연소와 연소가스의 팽창이 시작된다. 설계상 주의할 사항은 다음과 같다.
① 화염 전파에 소요되는 시간이 짧을 것
② 연소실 내의 표면적을 최소화시킬 것
③ 가열되기 쉬운 돌출 부분이 없을 것
④ 밸브 및 밸브 구멍에 충분한 면적을 주어서 흡·배기 작용이 원활하게 되도록 할 것
⑤ 압축행정에서 와류가 일어나도록 할 것

(2) I-헤드형 기관의 연소실

실린더 헤드에 흡·배기밸브와 밸브 기구의 일부, 점화플러그 설치구멍, 흡·배기 통로 및 물재킷 등이 설치되어 있어, 그 구조는 매우 복잡하나 압축비를 높일 수 있고, 밸브의 면적도 크게 할 수 있어 열효율 및 체적효율이 높아져 출력을 증가시킬 수 있다. 연소실 종류에는 반구형, 쐐기형, 지붕형, 욕조형 등이 있다.

2. 디젤기관의 연소실

디젤기관 연소실의 종류에는 단실식(single chamber type)인 직접 분사실식과, 복실식(double chamber type)인 예연소실식, 와류실식, 공기실식 등이 있다.

3 디젤기관 각 연소실의 장·단점

1. 직접 분사실식 연소실 장점 및 단점

직접 분사식 디젤기관의 장점	직접 분사식 디젤기관의 단점
① 연료소비량이 적다. ② 연소실 체적에 대한 표면적 비율이 작기 때문에 냉각손실이 적다. ③ 연소실이 간단하고 열효율이 높다. ④ 실린더 헤드의 구조가 간단하여 열 변형이 적다. ⑤ 냉간 시동이 쉬워 예열플러그가 필요 없다.	① 연료의 분사 압력이 가장 높다. ② 분사펌프 및 분사노즐의 수명이 짧다. ③ 다공형 노즐을 사용하기 때문에 가격이 비싸다. ④ 노크를 일으키기 쉽다. ⑤ 사용 연료의 변화에 대하여 민감하다. ⑥ 회전속도와 부하 등의 변화에 대하여 민감하다. ⑦ 저질연료 사용이 곤란하다.

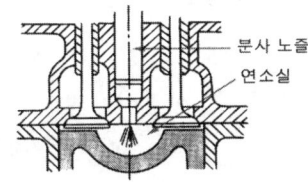

▲ 직접분사실식 연소실

2. 예연소실 연소실 장점 및 단점

예연소실 연소실 장점	예연소실 연소실 단점
① 연료의 분사 개시 압력이 비교적 낮아 연료 장치의 고장이 적고, 수명이 길다. ② 사용 연료의 변화에 둔감하다. ③ 운전상태가 조용하고, 노크가 잘 일어나지 않는다. ④ 공기와 연료의 혼합이 잘되고 기관에 유연성이 있다.	① 실린더 헤드의 구조가 복잡하다. ② 예연소실 체적에 대한 표면적 비율이 크기 때문에 냉각손실이 크다. ③ 시동 보조 장치인 예열장치가 필요하다. ④ 시동성능 및 냉각손실을 고려하여 압축비가 높아야 하므로 출력이 높은 기동전동기가 필요하다. ⑤ 연료소비량이 직접분사실식 연소실보다 많다.

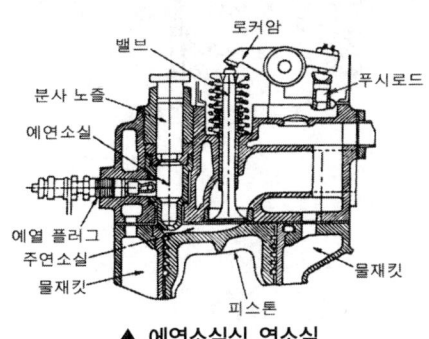

▲ 예연소실식 연소실

3. 와류실식 연소실의 장점 및 단점

와류실식의 장점	와류실식의 단점
① 압축행정에서 발생하는 강한 와류를 이용하므로 회전속도 및 평균 유효 압력이 높다. ② 분사 압력이 낮아도 된다. ③ 기관 회전속도 범위가 넓고, 고속 운전이 원활하다. ④ 연료소비율이 비교적 적으나 직접분사식보다는 못하다.	① 실린더 헤드의 구조가 복잡하다. ② 분출구멍의 조임 작용, 연소실 표면적에 대한 체적비율이 커 열효율이 낮다. ③ 저속에서 노크 발생이 크다. ④ 시동 보조 장치인 예열플러그가 필요하다.

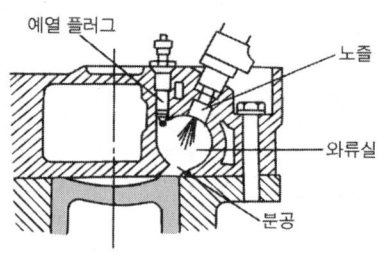

▲ 와류실식 연소실

[4] 공기실식 연소실의 장점 및 단점

공기실식 연소실의 장점	공기실식 연소실의 단점
① 연소가 완만하기 때문에 어느 형식보다 작동이 정숙하다. ② 최고 폭발압력이 디젤엔진 중에서 가장 낮은 50[kgf/㎠] 정도이다. ③ 연료를 직접 분사실식과 같이 주연소실 내에 분사하므로 시동성이 좋으며, 예열을 사용하지 않을 때가 많다. ④ 핀틀 노즐의 사용이 가능하다.	① 연료분사 시기의 오차에 따라 작동상태의 변화가 크고 취급이 어렵다. ② 후연소의 경향이 있으며, 배기 온도가 높다. ③ 연료소비율이 비교적 많다.

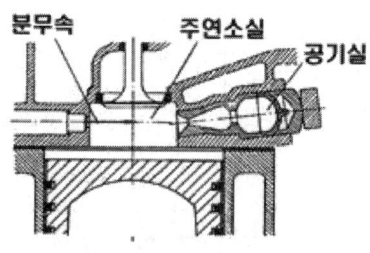

▲ 공기실식 연소실

Section 4-2 실린더 블록(cylinder block)

실린더 블록은 기관의 기초 구조물이며, 위쪽에는 실린더 헤드가 설치되어 있고, 아래 중앙 부분에는 크랭크축 베어링을 사이에 두고 크랭크축이 설치된다. 내부에는 피스톤이 왕복운동을 하는 실린더(cylinder)가 마련되어 있으며, 실린더 냉각을 위한 물재킷이 실린더를 둘러싸고 있다.

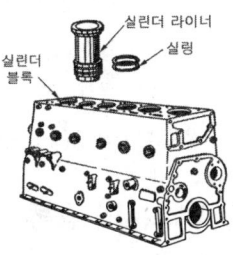

▲ 실린더 블록의 구조

1. 실린더 벽 마모량 점검

① 실린더 벽 마모량 점검기구
  ㉮ 실린더 보어 게이지
  ㉯ 내측 마이크로미터
  ㉰ 텔레스코핑 게이지와 외측 마이크로미터
② 실린더 벽 마모량 측정 방법
  ㉮ 실린더 벽의 상, 중, 하 3개소에서 각각 축 방향과 축의 직각 방향으로 모두 6개소를 측정한다.
  ㉯ 최대 마모 부분과 최소 마모 부분의 안지름 차이를 마모량 값으로 결정한다.
  ㉰ 축의 직각 방향 쪽(측압 쪽)의 마모가 더욱 크다.

Section 4-3 피스톤 및 피스톤 링

1 피스톤의 구조

피스톤은 헤드, 링 지대, 스커트 부분, 보스 부분으로 구성되어 있으며, 피스톤 헤드의 형상에는 다음과 같은 것이 사용되고 있다.
① 볼록형과 쐐기형은 반구형 연소실에 알맞으며, 높은 압축비를 얻기 쉽다.
② 불규칙형은 2행정 사이클 기관에서 연소가스의 배출이나 미연소 가스의 와류를 돕도록 디플렉터를 둔다.
③ 밸브 노치형은 밸브 양정을 충분히 하기 위한 것으로 높은 압축비 기관에 사용한다.
④ 오목형은 연소실 형상을 둥글게 하여 압축 혼합기의 냉각면적이 연소실 체적에 대해 최소가 되도록 하며, 연소실이 작고 온도분포가 균일하다.

2 피스톤의 구비조건

① 강성이 있고 무게가 가벼울 것
② 고온 고압가스에 충분히 견딜 것
③ 열전도율이 좋을 것
④ 열팽창률이 적은 것
⑤ 블로바이(blow by)가 일어나지 않을 것

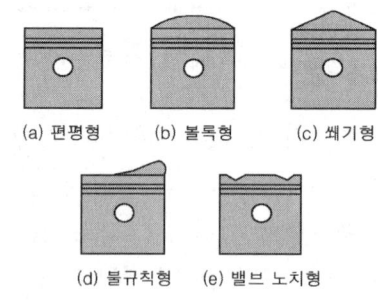

▲ 피스톤 헤드의 형상

3 피스톤의 종류

1. 캠연마 피스톤(cam ground piston)

이 피스톤은 상온에서 피스톤 보스 부분을 짧은 지름, 스커트 부분을 긴 지름으로 하는 타원형으로 하고, 온도상승에 따라 보스 부분의 지름이 증대되어 기관의 정상 온도에서 진원에 가깝게 되어 전체 면이 접촉하게 되는 피스톤으로, 알루미늄 합금 피스톤의 대표적이다.

2. 스플릿 피스톤(split piston)

이 피스톤은 측압이 적은 부분의 스커트 윗부분에 세로로 홈을 두어 스커트 부분으로 열이 전달되는 것을 제한하는 피스톤이다.

3. 인바 스트럿 피스톤(invar strut piston)

이 피스톤은 열팽창률이 매우 적은 인바 스트럿(strut)이나 링(ring)을 스커트 부분에 넣고, 일체 주조한 피스톤이다. 기관 작동 중 일정한 피스톤 간극을 유지할 수 있다.

4. 슬리퍼 피스톤(slipper piston)

이 피스톤은 측압을 받지 않는 스커트 부분을 잘라 낸 피스톤이다. 무게와 피스톤 슬랩을 감소시킬 수 있으나, 스커트를 잘라 낸 부분에 기관 오일이 고이기 쉽다.

5. 오프셋 피스톤(off-set piston)

이 피스톤은 슬랩을 방지하기 위하여 피스톤 핀의 위치를 중심으로부터 1.5mm 정도 편심(off-set)시켜 상사점에서 경사변환 시기가 늦어지게 한 형식이다.

6. 솔리드 피스톤(solid piston)

이 피스톤은 스커트 부에 홈(slot)이 없고, 통형(solid)으로 된 형식이며, 기계적 강도가 높아 가혹한 운전조건의 디젤기관에서 주로 사용한다.

4 피스톤 간극

1. 피스톤 간극이 작으면
기관 작동 중 열팽창으로 인해 실린더와 피스톤 사이에서 고착(융착, 소결)이 발생한다.

2. 피스톤 간극이 크면
① 블로바이(연소실 가스가 피스톤과 실린더 사이로 빠져나가는 현상) 현상이 발생된다.
② 압축압력이 저하된다.
③ 기관의 출력이 저하된다.
④ 기관 오일이 희석되거나 카본에 오염된다.
⑤ 연료소비량이 증대된다.
⑥ 피스톤 슬랩(피스톤 간극이 너무 크면 피스톤이 상·하사점에서 운동 방향을 바꿀 때 실린더 벽에 충격을 주는 현상) 현상이 발생된다.

5 피스톤 링(piston ring)

1. 피스톤 링의 역할
① 기밀을 유지한다. - 밀봉작용
② 피스톤의 열을 실린더 벽에 전달한다. - 열전도 작용
③ 오일 링은 실린더 벽의 윤활유를 제어한다. - 오일제어 작용

2. 피스톤 링의 구비조건
① 적당한 장력을 가지고 균등한 면압으로 실린더 벽에 밀착되어야 한다.
② 고온·고압 하에서 장력이 감소되지 않으며, 내마모성이 있어야 한다.
③ 가공 면이 매끈하여 마찰이 적고 열전도가 좋아야 한다.
④ 블로우 바이를 일으키지 않아야 한다.

3. 피스톤 링의 특징
① 실린더 내에 설치되어 있을 때보다 실린더 밖에서의 직경이 더 크다.
② 기관이 작동 중에는 압축 링의 경우 링의 장력 이외에 링의 안쪽에 작용하는 가스 압력에 의해 실린더 벽에 대한 압착력은 더욱 증대된다.
③ 피스톤 링의 장력이 너무 크면 마멸을 촉진시키며, 소결의 원인이 된다.
④ 피스톤 링 엔드 갭(절개부)이 너무 작으면 고온에서 링이 파손되거나 소결되기 쉽다.

4. 피스톤 링을 조립할 때 주의사항
① 링의 순서가 바뀌지 않게 주의한다.

② 링의 면이 바뀌지 않게 주의한다.
③ 링 절개부가 120~180°의 각도를 두고 설치되도록 한다.
④ 링 절개부가 축 방향이나 축 직각 방향을 향해서는 안 된다.

5. 링 플러터 현상

기관의 회전속도가 증가함에 따라 피스톤이 운동 방향을 바꿀 때 발생하는 피스톤 링의 떨림 현상이며, 방지 방법은 다음과 같다.
① 링 절개부 부근에 면압의 분포를 높게 한다.
② 피스톤 링의 장력을 높여서 면압을 증가시킨다.
③ 피스톤 링의 무게를 줄여 관성력을 감소시킨다.
④ 실린더 벽에서 긁어내린 기관 오일을 배출시킬 수 있는 홈을 링 랜드에 설치한다.

6 피스톤 핀 고정방식

1. 고정식

이 방식은 피스톤 핀을 피스톤 보스 부분에 고정하는 것이며, 커넥팅 로드 소단부에 구리합금의 부싱(bushing)이 들어간다.

2. 반부동식(요동식)

이 방식은 피스톤 핀을 커넥팅 로드 소단부에 고정시키는 것이다.

3. 전부동식

피스톤 핀을 피스톤 보스 부분, 커넥팅 로드 소단부 등 어느 부분에도 고정시키지 않는 것으로, 핀의 양 끝에 스냅 링(snap ring)이나 엔드 와셔(end washer)를 두어 피스톤 핀이 밖으로 이탈되는 것을 방지한다.

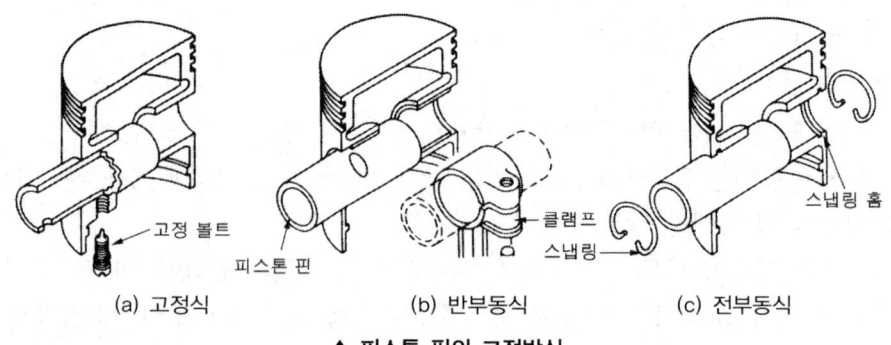

▲ 피스톤 핀의 고정방식

Section 4-4 크랭크축(crank shaft) 및 플라이휠

1 크랭크축(Crank shaft)

크랭크축은 메인 저널(main journal), 크랭크 핀(crank pin), 크랭크 암(crank arm), 평형추(balance weight) 등으로 되어 있으며, 피스톤의 왕복운동을 회전운동을 바꾼다.

1. 크랭크축의 구비 조건
① 정적 및 동적 평형이 잡혀 있어야 한다.
② 강도와 강성이 충분하여야 한다.
③ 내마멸성이 커야 한다.

2. 크랭크축의 재질

크랭크축의 재질은 고탄소강, 크롬-몰리브덴(Cr-Mo)강, 니켈-크롬(Ni-Cr)강 등으로 단조하여 제작한다. 최근에는 크랭크축 강성이 높은 것이 요구됨에 따라 미하나이트 주철 또는 구상흑연 주철제 크랭크축도 사용된다.

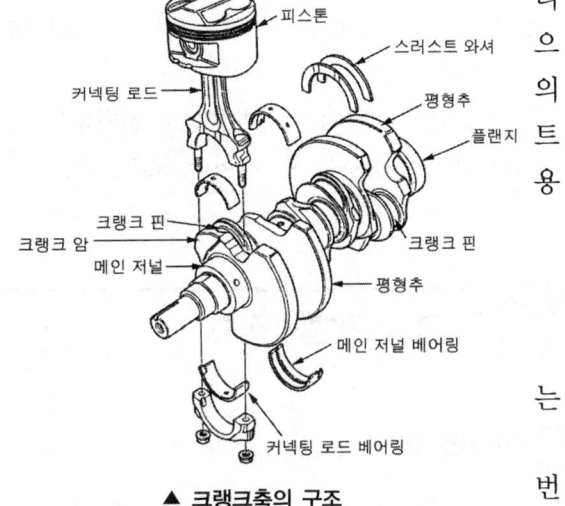

▲ 크랭크축의 구조

3. 기관의 크랭크축과 점화(분사) 순서

(1) 직렬 4실린더 기관의 점화 순서
① 4실린더 기관의 크랭크축 위상차 180°이다.
② 크랭크 핀은 1번과 4번, 2번과 3번이 같은 방향이다.
③ 점화 순서는 1-3-4-2 또는 1-2-4-3의 두 종류가 있다.
④ 4실린더 기관은 크랭크축의 1/2회전마다 폭발이 일어난다.

(2) 직렬 6실린더 기관의 점화 순서
① 6실린더 기관의 크랭크축 위상차는 120°이다.
② 크랭크 핀은 1번과 6번, 2번과 5번, 3번과 4번이 같은 방향이다.
③ 점화 순서는 우수식은 1-5-3-6-2-4, 좌수식은 1-4-2-6-3-5가 대표적이다.
④ 6실린더가 한 번씩 폭발하려면 크랭크축은 2회전 하여야 한다.

4. 보상축(counter balance shaft)

보상축은 특정한 언밸런스(unbalance)상태이며, 이 언밸런스에 의한 불평형은 크랭크 기구의 불평형에 대항하도록 배열되어 있다. 감쇠시켜야 할 진동은 크랭크축 회전속도의 2배에 해당하는 주파수를 가져야 하므로, 보상축은 크랭크축 회전속도의 2배로 구동된다.

① 기관에서 보상축을 설치하는 이유는 실린더 축선 방향의 진동을 줄이기 위함이다.
② 크랭크축의 비틀림 진동이 생기는 직접적인 원인은 실린더 내의 연소가스의 압력 변화 때문이다.

2 플라이휠(fly wheel)

① 플라이휠의 뒷면에는 기관의 동력을 단속하는 클러치가 설치된다.
② 기관의 시동을 끄면 기관은 압축행정이 겹치거나 압축행정 말기에 정지되므로 항상 일정한 위치에서 정지된다.
③ 플라이휠 바깥둘레에는 기동전동기의 피니언 기어와 맞물리는 링 기어가 있다.
④ 플라이휠 링 기어는 열박음으로 설치되므로 링 기어가 파손된 경우는 링 기어만 교환한다.

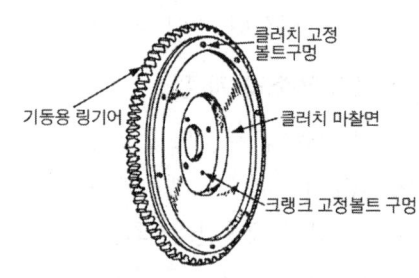

○ 플라이휠의 구조

Section 4-5 흡·배기밸브 장치

1 캠축과 캠(cam shaft & cam)

4행정 사이클 기관에서는 크랭크축 2회전에 캠축이 1회전하는 구조로 되어 있다. 따라서 크랭크축 기어와 캠축 기어의 지름의 비율은 1:2로 되어 있다

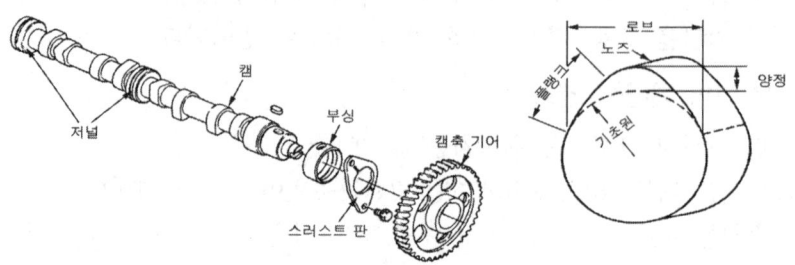

▲ 밸브 개폐 기구의 구조

2 유압식 밸브 리프터

오일의 비압축성과 윤활장치의 순환 압력을 이용하여 작용케 한 것이며, 기관의 작동온도 변화에 관계없이 밸브간극을 0으로 유지시키도록 한 방식이다. 유압식 밸브 리프터의 특징은 다음과 같다.

① 밸브간극을 점검·조정하지 않아도 된다.
② 밸브 개폐 시기가 정확하고 작동이 조용하다.
③ 오일이 완충작용을 하므로 내구성이 향상된다.
④ 밸브 개폐 기구의 구조가 복잡하다.
⑤ 윤활장치가 고장이 나면 기관의 작동이 정지된다.

3 흡배기밸브

1. 밸브의 구비조건

① 열전도가 양호할 것
② 작동온도에서 열팽창률이 적을 것
③ 내식성이 클 것
④ 고온 강도 및 경도가 높을 것
⑤ 높은 온도에서 견딜 것
⑥ 가열이 반복되어도 물리적 성질이 변화하지 않을 것

2. 밸브 스프링 서징

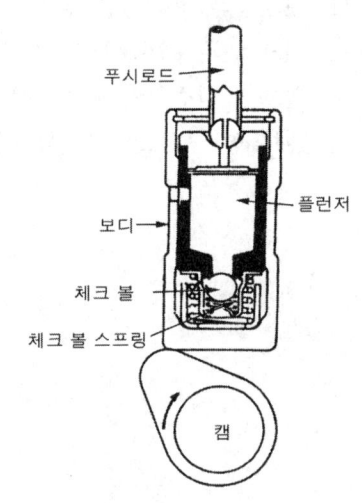

▲ 유압식 밸브 리프터의 구조

밸브 스프링의 서징은 캠에 의한 밸브의 개폐 회수가 밸브 스프링의 고유 진동수와 동일할 때 일어나는 공진현상이며, 방지 방법은 다음과 같다.

① 피치가 서로 다른 2중 스프링을 사용한다.
② 정해진 양정 내에서 충분한 스프링 정수를 얻도록 한다.
③ 원추형 스프링을 사용한다.
④ 부등 피치 스프링을 사용한다.

3. 밸브 스프링의 점검 사항

① 자유 높이 : 규정 높이의 3% 이상 감소한 경우 교환한다.
② 직각도 : 자유 높이 100 mm에 대하여 3 mm 이상 변형된 경우 교환한다.
③ 장력 : 규정 장력의 15% 이상 감소 되었을 때는 교환한다.

4. 밸브간극(valve clearance)

기관 작동 중 열팽창을 고려하여 로커 암과 밸브 스템 끝 사이에 둔 간극이다.

밸브간극이 너무 적을 때	밸브간극이 너무 클 때
① 밸브가 빨리 열리고, 늦게 닫힌다. ② 실화를 일으킨다. ③ 압축가스가 누출되어 동력이 감소된다. ④ 역화(Back fire)가 일어나기 쉽다.	① 밸브가 늦게 열리고 빨리 닫힌다. ② 밸브가 열릴 때 충격으로 소음이 발생된다. ③ 흡입공기량이 적고 배기가 불충분하다. ④ 밸브가 적게 열려 흡·배기 효율이 저하된다.

5. 밸브 회전 기구를 두는 이유

① 밸브 스틱(stick)을 방지한다.
② 밸브 면과 시트, 밸브 스템과 가이드의 편마모를 방지한다.
③ 밸브를 회전시켜 밸브 헤드의 온도가 상승되지 않도록 유도한다.
④ 밸브 면과 시트의 카본퇴적을 방지한다.

Chapter 4 출제예상문제

01 디젤기관에서 냉각손실이 가장 적은 연소실의 형식으로 옳은 것은?

① 와류실식 ② 직접분사식
③ 지붕형식 ④ 예연소실식

해설 직접 분사실식은 피스톤 헤드를 오목하게 하여 연소실을 형성시키며 디젤기관의 연소실 중 냉각손실이 가장 적고, 연료소비율이 낮으며 연소압력이 가장 높다. 다공형 분사노즐을 사용한다.

02 디젤기관의 연소실 중 열효율이 가장 좋은 것은?

① 직접 분사실식 ② 공기실식
③ 와류실식 ④ 예연소실식

해설 디젤기관의 연소실 중 직접 분사실식의 열효율이 가장 높다

03 다음 중 연소 최대 압력이 가장 높은 디젤기관의 연소실은?

① 와류실식 ② 예연소실식
③ 직접분사실식 ④ MAN-M형 연소실

해설 연소압력
① 직접분사실식 : 200~300kgf/cm²
② 예연소실 : 100~120kgf/cm²
③ 와류실식과 공기실식 : 100~140kgf/cm²

04 다음 디젤기관의 연소실 형식 중 단실식 연소실은?

① 직접 분사실식 ② 와류실식
③ 예연소실식 ④ 공기실식

해설 디젤기관 연소실의 종류에는 단실식인 직접 분사실식, 복실식인 예연소실식. 와류실식, 공기실식 등이 있다.

05 디젤기관의 직접 분사실식 연소실에 대한 설명으로 틀린 것은?

① 열손실이 적고 연료소비율이 낮다.
② 구조가 간단하여 열에 의한 변형이 적다
③ 분사 압력이 높아 분사펌프 및 노즐의 수명이 짧다.
④ 연료분사 상태의 변화에 민감하게 반응하지 않는다.

해설 직접 분사실식 연소실의 장점 및 단점

직접 분사실식 연소실의 장점	직접 분사실식 연소실의 단점
① 열효율이 높고, 연료소비율이 작다.	① 분사압력이 가장 높아 분사펌프와 노즐의 수명이 짧다.
② 실린더 헤드(연소실)의 구조가 간단하다.	② 사용연료 변화에 매우 민감하다.
③ 연소실 체적에 대한 표면적 비율이 작아 냉각손실이 작다.	③ 기관의 회전속도 및 부하의 변화에 민감하고 노크 발생이 쉽다.
④ 기관 시동이 쉽다.	④ 분사상태가 조금만 달라져도 기관의 성능이 크게 변화한다.
	⑤ 다공형 분사노즐을 사용하므로 값이 비싸다.
	⑥ 질소산화물(NOx)의 발생률이 크다.

정답 01. ② 02. ① 03. ③ 04. ① 05. ④

06 직접 분사식 디젤기관의 장점이 아닌 것은?

① 열효율이 높다.
② 구조가 간단하고 연료소비율이 낮다.
③ 연소실 면적이 작아서 냉각손실이 적다.
④ 회전수가 낮아 노크가 잘 일어나지 않는다.

해설 직접 분사실식 연소실의 장점 및 단점

직접분사실식 연소실의 장점	직접분사실식 연소실의 단점
① 열효율이 높고, 연료소비율이 적다.	① 분사 압력이 가장 높아 분사 펌프와 노즐의 수명이 짧다.
② 실린더 헤드 (연소실)의 구조가 간단하다.	② 사용 연료의 변화에 매우 민감하다.
③ 연소실 체적에 대한 표면적 비율이 작아 냉각 손실이 적다.	③ 기관의 회전속도 및 부하의 변화에 민감하고 노크 발생이 쉽다.
④ 기관 시동이 쉽다.	④ 분사 상태가 조금만 달라져도 기관의 성능이 크게 변화한다.
	⑤ 다공형 분사노즐을 사용하므로 값이 비싸다.
	⑥ 질소산화물(NOx)의 발생률이 크다.

07 예연소실식 디젤기관의 분사 압력은 대략 몇 kgf/cm² 정도인가?

① 160~232　② 20~47
③ 260~300　④ 80~150

해설 디젤기관 연소실의 분사 압력
① 직접 분사실식 : 200~400kgf/cm²
② 예연소실식 : 80~150kgf/cm²
③ 와류실과 공기실 : 100~140kgf/cm²

08 디젤엔진의 예연소실식 연소실의 장점을 설명한 것으로 틀린 것은?

① 사용 연료의 변화에 민감하지 않다.
② 연료의 분사 압력이 낮아도 되므로 연료 장치의 고장이 적고 수명도 길다.
③ 운전상태가 정숙하고 디젤 노크가 적다.
④ 연소실의 표면적 대 체적비가 적기 때문에 냉각손실이 적다.

해설 예연소실식 연소실의 장점은 ①, ②, ③항이며, 연소실의 표면적 대 체적비가 크기 때문에 냉각손실이 큰 단점이 있다.

09 디젤기관에서 예연소실식 연소실의 특징에 해당되지 않는 것은?

① 주연소실에서 혼합기를 완전 연소시킨다.
② 예열플러그가 필요하다.
③ 착화지연이 길어서 노킹이 심하다.
④ 직접분사식 보다 연료소비량이 많다.

해설 예연소실식 연소실의 장점 및 단점

예연소실식 연소실의 장점	예연소실식 연소실의 단점
① 공기과잉률이 낮아 평균유효압력이 높다.	① 연료소비량이 200~250g/ps-h로 많다.
② 주연소실 내의 압력이 비교적 낮기 때문에 운전이 정숙하다.	② 시동보조 장치인 예열플러그가 필요하다.
③ 연료의 분사압력이 낮아 연료장치의 고장이 적다.	③ 연소실 체적이 크기 때문에 냉각손실이 크다.
④ 착화지연이 짧다.	④ 압축비를 크게 하기 때문에 출력이 큰 기동전동기가 필요하다.
⑤ 사용 연료의 선택 범위가 넓다.	⑤ 실린더 헤드의 구조가 복잡하고 열 변형의 우려가 있다.
⑥ 부하 및 회전속도 변화에 대하여 유연성이 있다.	

10 고압의 연료를 분사하여 확산연소에 의한 압력 차에 의해 생성되는 연소실의 와류는?

① 연소 와류　② 압입 와류
③ 흡입 와류　④ 토출 와류

해설 연소 와류는 고압의 연료를 분사하여 확산연소에 의한 압력 차에 의해 생성되는 연소실의 와류이다.

11 디젤기관의 와류실식 연소실의 장점이 아닌 것은?

① 구조가 단순하다.
② 고속 운전 특성이 우수하다.
③ 평균 유효압력이 전반적으로 높다.
④ 분사 압력이 낮아도 와류로 혼합기 형성이 가능하다.

해설 **와류실식 연소실의 장점 및 단점**

와류실식 연소실의 장점	와류실식 연소실의 단점
① 연소가 급속하게 이루어지므로 회전 속도 및 평균 유효 압력이 높다.	① 실린더 헤드의 구조가 복잡하다.
② 열효율이 예연소실에 비해 약간 높다.	② 직접분사실식 보다 열효율이 낮다.
③ 운전이 정숙하고 고속 운전 특성이 우수하다.	③ 시동 보조 장치인 예열플러그를 사용하여야 한다.
④ 분사 압력이 비교적 낮다.	④ 저속에서 노킹이 일어나기 쉽다.
⑤ 분사 압력이 낮아도 와류로 혼합기 형성이 가능하다.	

12 건설기계에 사용되는 기관에서 피스톤의 구비조건으로 적당하지 않은 것은?

① 건설기계용이므로 강성이 있고 중량이 많이 나갈 것
② 고온 고압가스에 충분히 견딜 것
③ 열전도율이 좋을 것
④ 열팽창률이 적은 것

해설 피스톤의 구비조건은 ②, ③, ④항 이외에 강성이 있고 무게가 가벼울 것

13 피스톤의 스커트 윗부분에 세로 홈을 두어 스커트부에 열이 전도되는 것을 제한하는 피스톤은?

① 스플릿 피스톤
② 솔리드 피스톤
③ 캠 연마 피스톤
④ 인바 스트럿 피스톤

해설 **피스톤의 종류**
① **캠 연마 피스톤** : 상온에서 피스톤 보스 부분을 짧은지름, 스커트 부분을 긴 지름으로 하는 타원형으로 하고, 온도상승에 따라 보스 부분의 지름이 증대되어 기관의 정상 온도에서 진원에 가깝게 되어 전체 면이 접촉하게 되는 피스톤으로 알루미늄 합금 피스톤의 대표적이다.
② **솔리드 피스톤** : 스커트 부에 홈(slot)이 없고, 통형(solid)으로 된 형식이며, 기계적 강도가 높아 가혹한 운전조건의 디젤기관에서 주로 사용한다.
③ **인바 스트럿 피스톤** : 피스톤은 열팽창률이 매우 적은 인바제 스트럿(strut)이나 링(ring)을 스커트 부분에 넣고, 일체 주조한 피스톤이다.

14 왕복기관의 피스톤 헤드 구조에 대한 설명으로 틀린 것은?

① 볼록형과 쐐기형은 반구형 연소실에 알맞으며, 높은 압축비를 얻기 쉽다.
② 불규칙형은 2행정 사이클 기관에서 연소가스의 배출이나 미연소 가스의 와류를 돕도록 디플렉터를 둔다.
③ 밸브 노치형은 밸브 양정을 충분히 하기 위한 것으로 낮은 압축비 기관에 사용한다.
④ 오목형은 연소실의 형상을 둥글게 하여 압축 혼합기의 냉각면적이 연소실 체적에 대해 최소가 되도록 하여 연소실이 작고 온도분포가 균일하다.

해설 피스톤 헤드의 구조에 대한 설명은 ①, ②, ④항 이외에 밸브노치형은 밸브 양정을 충분히 하기 위한 것으로 높은 압축비 기관에 사용한다.

정답 11. ① 12. ① 13. ① 14. ③

15 기관의 연소실에서 발생하는 블로바이의 설명으로 가장 적합한 것은?

① 연소실 내에서 신기와 배기가 서로 공존하는 현상
② 신기가 연소실에 들어오는 양만큼 배기가 연소실에서 빠져나가는 현상
③ 신기와 배기가 연소실 내에서 경계층을 이루고 있는 현상
④ 연소실 가스가 피스톤과 실린더 사이로 빠져나가는 현상

해설 블로바이란 연소실 가스가 피스톤과 실린더 사이로 빠져나가는 현상을 말한다.

16 내연기관에서 피스톤과 실린더의 간극이 클 때 일어나는 현상들로 틀린 것은?

① 피스톤 슬랩이 일어난다.
② 피스톤의 소결이 일어난다.
③ 압축압력이 저하한다.
④ 오일이 연소실로 올라간다.

해설 피스톤 간극이 작으면 피스톤의 소결이 발생한다.

17 가솔린 기관의 압축압력이 8kgf/cm², 실린더 내경이 80mm인 4기통 기관에서 압축할 때, 피스톤을 누르는 힘의 힘은 얼마인가?

① 1,407kgf   ② 1,507kgf
③ 1,607kgf   ④ 1,707kgf

해설 $F = 0.785 \times D^2 \times P \times Z$
[F : 피스톤을 누르는 힘, D : 실린더 내경, P : 압축압력, Z : 실린더 수]
∴ $0.785 \times 8^2 \times 8 \times 4 = 1,607 kgf$

18 실린더 행정이 80mm, 내경이 80mm인 엔진의 회전수가 2,000rpm일 때 이 엔진의 피스톤의 평균속도는?

① 2.67m/s   ② 5.33m/s
③ 8.0m/s   ④ 9.33m/s

해설 $S = \dfrac{2NL}{60}$ [S : 피스톤 평균속도(m/s), N : 기관 회전수(rpm), L : 피스톤 행정(m)]
∴ $\dfrac{2 \times 2,000 \times 80}{60 \times 1,000} = 5.33 m/s$

19 피스톤 평균속도가 10m/s이고, 기관 회전수가 3,000rpm인 경우 피스톤 행정 L은 몇 cm인가?

① 0.1   ② 10
③ 100   ④ 60

해설 $S = \dfrac{2NL}{60}$ 에서 $L = \dfrac{60 \times S}{2N}$
∴ $\dfrac{60 \times 10}{2 \times 3,000} = 0.1 m = 10 cm$

20 각속도가 150rad/s인 경우의 회전수는 약 몇 rpm인가?

① 1,332   ② 1,432
③ 2,664   ④ 2,864

해설 $\omega = \dfrac{2\pi N}{60}$ [ω : 각속도(rad/sec), N : 회전수(rpm)]에서 $N = \dfrac{60\omega}{2\pi}$
∴ $\dfrac{60 \times 150}{2 \times 3.14} = 1,432 rpm$

21 피스톤 링의 역할 중 틀린 것은?

① 기밀을 유지한다.
② 피스톤의 열을 실린더 벽에 전달한다.
③ 오일 링은 실린더 벽 오일의 점도를 제어한다.
④ 오일 링은 실린더 벽의 윤활유를 제어한다.

정답   15. ④   16. ②   17. ③   18. ②   19. ②   20. ②   21. ③

해설 피스톤 링의 3대 작용은 기밀작용(밀봉 작용), 오일 제어 작용(실린더 벽의 오일 긁어내리기 작용), 열전도작용이다.

22 내연기관에서 피스톤의 구비조건으로 거리가 먼 것은?

① 내구력이 큰 재질일 것
② 열전도가 좋고 열팽창이 클 것
③ 내열성 및 내압성이 우수할 것
④ 중량이 가벼워 관성이 영향을 적게 받을 것

해설 피스톤의 구비조건
① 강성이 있고 무게가 가벼울 것
② 고온·고압가스에 충분히 견딜 것
③ 열전도율이 좋을 것
④ 열팽창률이 적을 것
⑤ 마찰계수가 작을 것

23 다음 중 피스톤 링의 특징에 대한 설명 중 틀린 것은?

① 실린더 내에 설치되어 있을 때보다 실린더 밖에서의 직경이 더 크다.
② 기관이 작동 중에는 압축 링의 경우 링의 장력 외에 링의 안쪽에 작용하는 가스 압력에 의해 실린더 벽에 대한 압착력은 더욱 증대된다.
③ 링의 장력이 너무 크면 마멸을 촉진시키며, 소결의 원인이 된다.
④ 링 엔드 갭이 너무 작으면 저온시에는 링이 파손되거나 소결되기 쉽다.

해설 피스톤 링에 대한 설명은 ①, ②, ③항 이외에 피스톤 링의 엔드 갭이 너무 작으면 고온에서 링이 파손되거나 소결되기 쉽다.

24 피스톤 링 조립시 주의사항으로 맞지 않는 것은?

① 링의 순서가 바뀌지 않게 주의한다.
② 링의 면이 바뀌지 않게 주의한다.
③ 절개부가 120~180°의 각도를 두고 설치되도록 한다.
④ 절개부가 축 직각 방향에 설치되도록 주의하여 조립한다.

해설 피스톤 링을 피스톤에 조립할 때 주의할 사항은 ①, ②, ③항 이외에 링 절개부가 축 방향이나 축 직각 방향을 향해서는 안 된다.

25 피스톤 링 플러터 현상의 방지법으로 틀린 것은?

① 피스톤 링을 작게 만들어 면압을 감소시킨다.
② 피스톤 링의 무게를 줄여 관성력을 감소시킨다.
③ 피스톤 링의 지름방향 폭을 넓혀 링의 장력을 증가시킨다.
④ 실린더 벽에서 긁어내린 윤활유를 배출시킬 수 있는 홈을 링 랜드에 설치한다.

해설 피스톤 링 플러터(Piston Ring Flutter) 현상 방지 방법
① 피스톤 링의 장력을 높여 면압을 증가시킬 것
② 피스톤 링의 무게를 줄여 관성력을 감소시킬 것
③ 피스톤 링 이음 부분의 면압 분포를 높일 것
④ 실린더 벽에서 긁어내린 윤활유를 배출시킬 수 있는 홈을 링 랜드에 둘 것
⑤ 고온·고압에 견딜 수 있도록 내열성이 양호할 것
⑥ 실린더와의 접촉을 견딜 수 있도록 내마멸성이 양호할 것
⑦ 연소열을 실린더 벽으로 전달하여 냉각작용이 되도록 열전도가 양호할 것
⑧ 피스톤 링의 지름방향 폭을 넓혀 링의 장력을 증가시킬 것

26 피스톤 핀을 커넥팅 로드 소단부에 고정시키는 방법은?

① 반부동식 ② 전부동식
③ 고정식   ④ 3/4부동식

해설 피스톤 핀의 설치 방법
① 고정식 : 피스톤 핀을 피스톤 보스에 볼트로 고정하는 방식이다.
② 반부동식(요동식) : 피스톤 핀을 커넥팅 로드 소단부로 고정하는 방식이다.
③ 전부동식 : 피스톤 보스, 커넥팅 로드 소단부 등 어느 부분에도 고정하지 않는 방식이다.

27 기관에서 크랭크축이 갖추어야 할 구비조건과 거리가 먼 것은?

① 정적 및 동적 평형이 잡혀 있어야 한다.
② 매입성과 길들임성이 커야 한다.
③ 강도와 강성이 충분하여야 한다.
④ 내마멸성이 커야 한다.

해설 크랭크축의 구비 조건은 ①, ③, ④항이며, ②항은 기관 베어링의 구비 조건이다.

28 크랭크축의 구조에 대한 설명으로 틀린 것은?

① 메인 저널의 수는 실린더의 수보다 1개 적다.
② 뒤쪽에는 오일 실과 오일 실링거 등이 설치된다.
③ 앞쪽에는 타이밍 기어 또는 타이밍 체인 스프로킷 등이 설치된다.
④ 회전 운동시 발생되는 관성력의 균형을 유지하는 밸런스 웨이트가 있다.

해설 메인 저널의 수는 실린더의 수보다 1개 더 많다.

29 4행정 기관의 크랭크 기구에서 발생하는 진동을 감쇠시키기 위한 장치로 거리가 먼 것은?

① 메탈 베어링
② 진동댐퍼
③ 평형추
④ 보상축(카운터 밸런스)

해설 4행정 기관의 크랭크 기구에서 발생하는 진동을 감쇠시키기 위한 장치에는 진동댐퍼, 평형추, 보상축(카운터 밸런스)이 있다.

30 왕복기관의 캠과 태핏에 오프셋하는 주된 이유로 가장 적절한 것은?

① 열전도를 높이기 위하여
② 정숙한 운전을 위하여
③ 측압을 감소시키기 위하여
④ 한 부분만의 마모를 감소시키기 위하여

해설 태핏 밑면 한 부분만의 마모를 방지하기 위해 태핏 중심과 캠의 중심을 오프셋(off-set) 시키고 있다.

31 4행정 사이클 4실린더 기관의 크랭크축과 점화(분사) 순서에 대한 설명으로 틀린 것은?

① 크랭크축 위상차는 180°이다.
② 크랭크축의 1/4회전마다 폭발이 일어난다.
③ 점화 순서는 1-3-4-2 또는 1-2-4-3 이다.
④ 크랭크 핀은 1번과 4번 실린더, 2번과 3번 실린더가 같은 방향이다.

해설 4실린더 기관은 크랭크축의 1/2회전마다 폭발이 일어난다.

32 실린더의 점화 순서가 1-3-4-2인 4행정 사이클 기관에서 3번 실린더가 압축행정을 할 때 4번 실린더의 행정은?

① 흡입행정 ② 압축행정
③ 폭발행정 ④ 배기행정

해설 1-3-4-2 점화 순서에서 3번 실린더가 압축행

정답 26. ① 27. ② 28. ① 29. ① 30. ④ 31. ② 32. ①

정을 할 때 1번 실린더는 폭발행정, 2번 실린더는 배기행정, 4번 실린더는 흡입행정을 각각 한다.

해설 크랭크축의 비틀림 진동이 생기는 직접적인 원인은 실린더 내의 연소가스의 압력 변화 때문이다.

33 6실린더 가솔린 기관의 점화 순서가 1-5-3-6-2-4이다. 3번 실린더가 폭발행정을 시작하는 순간 4번 실린더는 어떤 행정을 하는가?

① 흡입 ② 압축
③ 폭발 ④ 배기

해설 점화 순서가 1-5-3-6-2-4에서 3번 실린더가 폭발행정을 시작하는 순간 5번 실린더는 폭발행정 끝, 1번 실린더는 배기행정 중, 4번 실린더는 흡입행정 시작, 2번 실린더는 흡입행정 끝, 6번 실린더는 압축행정 중을 각각 한다.

34 직렬 4기통 기관에서 보상축을 설치하는 직접적인 이유는?

① 소음을 줄이기 위해 설치한다.
② 회전관성을 감소시키기 위해 설치한다.
③ 실린더 축선 방향의 진동을 줄이기 위해 설치한다.
④ 크랭크축의 진동과 공진이 되도록 하기 위해 설치한다.

해설 기관에서 보상축(counter balance shaft)을 설치하는 이유는 실린더 축선 방향의 진동을 줄이기 위함이다.

35 동적 균형이 이루어진 기관에서 크랭크축의 비틀림 진동이 생기는 직접적인 원인으로 가장 적합한 것은?

① 배기밸브가 너무 일찍 열려서
② 실린더 내의 연소가스의 압력 변화에 의해서
③ 흡기밸브가 너무 일찍 열려서
④ 피스톤 링의 마모로

36 기관이 회전할 때 회전 평형에 영향을 미치는 부품으로 나열된 것은?

① 크랭크축, 크랭크축 풀리, 실린더 블록
② 크랭크축, 플라이휠, 크랭크축 풀리
③ 크랭크축, 플라이휠, 실린더 헤드
④ 크랭크축, 캠축, 실린더 블록

해설 기관의 평형에 영향을 미치는 부품은 크랭크축, 플라이휠, 피스톤, 크랭크축 풀리 등이다.

37 플라이휠의 크기를 결정하는데 고려해야 할 사항이 아닌 것은?

① 축 마력 ② 림의 중량
③ 림의 직경 ④ 크랭크축의 재질

38 기관의 플라이휠에 대한 설명으로 틀린 것은?

① 중량이 가벼워야 한다.
② 원심력과 인장력이 작용한다.
③ 회전 중 회전관성이 작아야 한다.
④ 중심부는 얇으며 바깥쪽 주위는 두꺼워야 한다.

해설 플라이휠은 관성의 법칙을 이용한 장치이므로 회전 중 회전관성이 커야 한다.

39 내연기관에서 폭발행정에 의해 발생되는 맥동 회전을 관성력을 이용하여 원활한 회전으로 바꿔주는 역할을 하는 부품은 어느 것인가?

① 크랭크축 ② 커넥팅 로드
③ 플라이휠 ④ 밸런스 웨이트

정답 33. ① 34. ③ 35. ② 36. ② 37. ④ 38. ③ 39. ③

해설 플라이휠은 폭발행정에 의해 발생되는 맥동 회전을 관성력을 이용하여 원활한 회전으로 바꿔주는 역할을 한다.

40 2-질량 플라이휠의 장점으로 틀린 것은?

① 진동 소음을 최소화시킨다.
② 동기화 기구의 마멸이 적다.
③ 클러치의 압력판이 필요 없다.
④ 클러치 디스크의 댐퍼 스프링이 필요 없다.

해설 2-질량 플라이휠의 장점
① 변속기와 차체의 소음 최소화(딸가닥거리는-, 덜커덩거리는-, 윙윙거리는 소음)
② 동기화 기구의 마멸이 적다.
③ 클러치-디스크에 비틀림 댐퍼가 필요 없다.
④ 동력 전달 기구 부품의 보호

41 다음 중 크랭크축 베어링의 구비조건 중 마찰 면에 유입된 이물질을 베어링 면 자체 내에 묻어 버리는 성질은 무엇인가?

① 하중 부담 능력
② 내피로성
③ 매입성
④ 순응성

해설 베어링의 마찰 면에 유입된 이물질을 베어링 면 자체 내에 묻어 버리는 성질을 매입성이라 한다.

42 크랭크축 메인 저널의 오일 간극 점검 및 저널에 베어링을 조립할 때 주의사항으로 잘못된 것은?

① 플라스틱 게이지의 폭을 측정할 때는 플라스틱 게이지를 저널이나 베어링에 둔 채로 측정한다.
② 베어링 윗면에는 오일을 잘 바른 후 베어링을 끼우고 그 밀착 상태와 오일 구멍이 맞는지 확인한다.
③ 정밀 삽입식 베어링을 원칙적으로 스크레이핑 하거나 심을 사용하지 않는다.
④ 플라스틱 게이지를 넣은 채로 크랭크축을 회전시키면 안 된다.

해설 크랭크축 저널의 오일 간극 점검 방법은 ①, ③, ④항 이외에, 베어링 윗면에 오일이 있으면 깨끗이 닦아내고, 오일 구멍을 피해 플라스틱 게이지를 설치한다.

43 중공으로 된 밸브 스템의 내부에 채워져 냉각 효과를 돕는 물질은?

① 알루미늄   ② 리듐
③ 나트륨   ④ 바륨

해설 중공으로 된 밸브 스템의 내부에 나트륨을 채워 냉각 효과를 돕는다.

44 흡·배기 밸브의 재료가 갖추어야 할 조건이 아닌 것은?

① 내식성이 클 것
② 팽창성이 클 것
③ 열전도가 양호할 것
④ 고온 강도 및 경도가 높을 것

해설 밸브 재료의 구비조건
① 고온에서 견딜 것
② 밸브 헤드 부분의 열전도율이 클 것
③ 고온에서의 장력과 충격에 대한 저항력이 클 것
④ 고온 가스에 부식되지 않을 것
⑤ 가열이 반복되어도 물리적 성질이 변화하지 않을 것
⑥ 관성을 적게 하기 위해 무게가 가볍고 내구성이 클 것
⑦ 흡배기가스 통과에 대한 저항이 적은 통로를 만들 것
⑧ 열팽창률이 적을 것

정답 40. ③ 41. ③ 42. ② 43. ③ 44. ②

45 고속 회전을 목적으로 하는 왕복기관에서 흡입밸브와 배기밸브의 크기는?

① 흡입밸브를 크게 한다.
② 배기밸브를 크게 한다.
③ 양 밸브의 치수를 동일하게 한다.
④ 1, 3번 배기밸브를 크게 한다.

해설 흡입효율을 높이기 위해 흡입밸브 헤드의 지름을 배기밸브 헤드의 지름보다 크게 한다.

46 밸브 오버랩에 대한 설명으로 옳은 것은?

① 매 사이클이 끝날 무렵, 상사점 부근에서 흡기밸브와 배기밸브가 함께 닫혀 있는 구간
② 매 사이클이 끝날 무렵, 상사점 부근에서 흡기밸브와 배기밸브가 함께 열려 있는 구간
③ 매 사이클이 끝날 무렵, 하사점 부근에서 흡기밸브와 배기밸브가 함께 닫혀 있는 구간
④ 매 사이클이 끝날 무렵, 하사점 부근에서 흡기밸브와 배기밸브가 함께 열려 있는 구간

해설 밸브 오버랩이란 매 사이클이 끝날 무렵, 상사점 부근에서 흡기밸브와 배기밸브가 함께 열려 있는 구간이다.

47 기관의 흡·배기밸브에서 밸브의 서징 현상을 방지하는 방법으로 틀린 것은?

① 피치가 서로 다른 2중 스프링을 사용한다.
② 동일한 코일스프링의 수를 많게 한다.
③ 원추형 스프링을 사용한다.
④ 코일을 부등 피치로 한다.

해설 밸브 스프링의 서징은 캠에 의한 밸브의 개폐 회수가 밸브 스프링의 고유 진동수와 동일할 때 일어나며, 부등 피치의 스프링 사용, 고유 진동수가 다른 2중 스프링 사용 등으로 공진을 상쇄하여 방지시킬 수 있다.

48 가솔린 기관에서 흡입밸브의 밀착이 불량할 때 일어나는 현상은?

① 조기점화   ② 후화
③ 역화   ④ 정화

해설 흡입밸브의 밀착이 불량하면 역화가 발생한다.

49 다음 중 밸브 기구의 기능을 잘못 설명한 것은?

① 새로운 가스를 흡입하는 시점과 흡입 기간을 제어한다.
② 배기가스를 배출하는 시점과 배출 기간을 제어한다.
③ 밸브 개폐 시기, 간극 등은 기관의 출력에 영향을 준다.
④ 밸브 개폐 시기는 캠축의 회전 각도로 표시한다.

해설 밸브 기구의 기능은 ①, ②, ③항 이외에 밸브 개폐 시기는 크랭크축의 회전각 도로 표시한다.

50 밸브의 구조 중 실린더 헤드의 밸브시트와 직접 접촉하여 밸브 헤드의 열을 전달하는 부분은?

① 밸브 엔드   ② 밸브 스템
③ 밸브 페이스   ④ 밸브 가이드

해설 밸브의 구조
① 밸브 헤드(valve head) : 고온·고압가스에 노출되므로 특히 배기밸브는 열부하가 매우 크다. 헤드부분의 지름은 흡입효율을 증대시키기 위해 흡입밸브 헤드지름을 크게 한다.
② 밸브 페이스(valve face, 밸브 면) : 밸브시트(seat)에 밀착되어 연소실 내의 기밀유지 작용을 하며, 밸브 헤드의 열을 시트로 전달한다.
③ 밸브 스템 : 밸브 가이드 내부를 상하 왕복 운동하며 밸브 헤드가 받는 열을 가이드를 통해 방출하고, 밸브의 개폐를 돕는다.
④ 밸브 가이드(valve guide) : 밸브의 상하운동 및 시트와 밀착을 바르게 유지하도록 밸브 스템을 안

정답 45. ① 46. ② 47. ② 48. ③ 49. ④ 50. ③

내해 준다.
⑤ **밸브 스프링** : 밸브가 닫혀있는 동안 밸브시트와 밸브 페이스를 밀착시켜 기밀이 유지되도록 한다.
⑥ **밸브시트(valve seat)** : 밸브 페이스 밀착되어 연소실의 기밀유지 작용과 밸브헤드의 냉각작용을 한다.

51 흡기다기관 진공 게이지를 연결하고 기관의 운전상태를 점검한 내용으로 틀린 것은?

① 기관의 공회전 상태에서는 약 400~500mmHg 정도이면 정상이다.
② 공회전 상태에서 정상치보다 게이지 부압이 높으면 밸브의 밀착 불량이다.
③ 실린더 헤드부에서 누출이 되면 게이지 부압이 심하게 오르내리며, 불안정하다.
④ 배기 계통이 막히면 처음엔 정상치를 나타내지만, 곧바로 게이지 부압이 "0" 부근으로 낮아진다.

52 기관 본체의 기계소음에 해당되지 않는 것은?

① 피스톤 슬랩음 ② 베어링 타음
③ 태핏의 타음   ④ 냉각 팬 소음

해설 냉각 팬 소음은 기관 부속장치의 소음이다.

53 기관 운전 시 발생하는 소음과 관계가 없는 것은?

① 유체소음 ② 연소소음
③ 냉각소음 ④ 기계소음

정답 51. ② 52. ④ 53. ③

Chapter 5

기관의 부속장치

Section 5-1 윤활유 및 윤활장치

1 윤활의 목적

① 마멸 방지 및 마찰감소 작용
② 밀봉 작용-기밀 유지 작용
③ 냉각 작용-열전도 작용
④ 세척 작용-청정 작용
⑤ 응력 분산 작용-충격완화 작용
⑥ 방청 작용-부식방지 작용

2 윤활유 분류 및 구비조건

1. 윤활유의 분류

① SAE 분류 : SAE 번호로 점도를 표시하며, 번호가 클수록 점도가 높다. 즉 여름에는 겨울보다 SAE 번호가 큰 기관 오일(점도가 높은)을 사용한다.
② API 분류 : 기관의 운전조건에 의해 분류한 것으로 가솔린 기관과 디젤기관으로 분류된다.

운전요건 기 관	좋은 조건	중간 조건	가혹한 조건
가솔린 기관	ML	MM	MS
디젤 기관	DG	DM	DS

2. 윤활유의 구비조건

① 점도가 적당하고, 점도 지수가 클 것
② 청정력이 크고, 기포 발생이 적을 것
③ 열과 산의 저항력이 클 것
④ 비중이 적당하고, 응고점이 낮을 것
⑤ 인화점과 발화점이 높을 것

> **참고** 점도와 점도지수
> - 점도(viscosity) : 오일의 가장 중요한 성질이다.
> - 점도지수 : 오일의 점도는 온도가 상승하면 점도가 낮아지고, 온도가 낮아지면 점도가 높아지는 성질이 있는데 이 변화 정도를 표시하는 것이며, 점도지수가 높은 오일일수록 점도 변화가 작다.

3 윤활 방식 및 장치

1. 윤활 방식

① 비산식 : 커넥팅로드 대단부에 주걱(dipper)을 설치하고 오일 팬 내의 오일을 윤활 부분에 뿌려서 윤활한다.
② 압력식 : 캠축으로 구동되는 오일펌프로 오일을 흡입·가압하여 각 윤활 부분으로 보낸다.
③ 비산 압력식 : 크랭크축, 캠축, 밸브 기구 등은 압력식으로 윤활하고 실린더 벽, 피스톤 링 및 피스톤 핀 등은 비산식으로 윤활한다.

2. 윤활장치 구성품

(1) 오일펌프 : 크랭크축 또는 캠축에 의해 구동되어 오일 팬 내의 오일을 흡입·가압하여 각 윤활 부분으로 공급한다. 오일펌프의 종류에는 기어펌프, 로터리 펌프, 베인 펌프, 플런저 펌프 등이 있다.

(2) 오일 스트레이너 : 고운 스크린으로 되어 있으므로, 오일 팬 섬프 내의 오일을 흡입할 때 입자가 큰 불순물을 제거하여, 오일펌프에 유도하는 작용을 한다.

(3) 유압 조절밸브 : 유압회로 내에 압력이 과도하게 상승하는 것을 방지하는 역할을 한다.

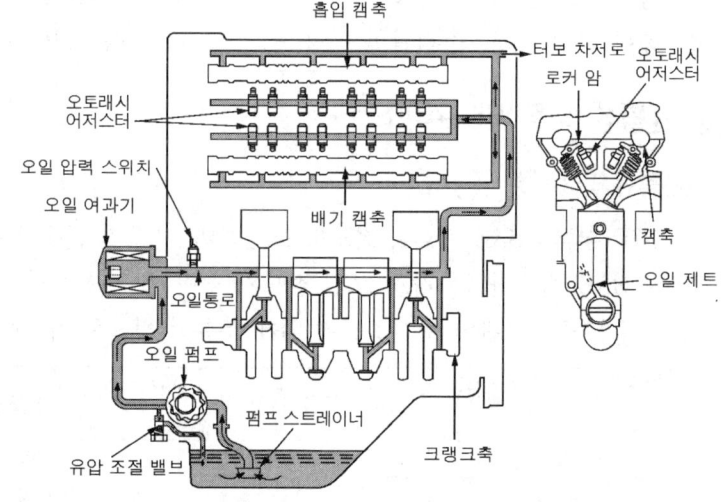

▲ 윤활장치

| 참고 | 실유압이 높아지는 원인 및 낮아지는 원인 |

유압이 높아지는 원인	유압이 낮아지는 원인
① 기관의 온도가 낮아 오일의 점도가 높다. ② 윤활 회로의 일부가 막혔다 ③ 유압 조절밸브 스프링의 장력이 과다하다.	① 크랭크축 베어링의 과다 마멸로 오일 간극이 커졌다. ② 오일펌프의 마멸 또는 윤활 회로에서 오일이 누출된다. ③ 오일 팬의 오일 양이 부족하다. ④ 유압 조절밸브 스프링 장력이 약하거나 파손되었다. ⑤ 기관 오일이 연료 등으로 현저하게 희석되었다. ⑥ 기관 오일의 점도가 낮다

(4) 오일여과기 : 오일 속의 수분, 연소생성물, 금속분말, 슬러지 등의 미세한 불순물을 제거하는 세정작용을 한다. 오일 여과 방식은 다음과 같다.
   ① 분류식 : 오일펌프에서 송출된 오일의 일부만 여과하여 오일 팬으로 바이패스시키고, 나머지 여과되지 않은 오일을 윤활 부분에 공급하여 윤활 작용을 하는 방식으로 베어링이 손상될 우려가 있다.
   ② 샨트식 : 오일펌프에서 송출된 오일 일부만을 여과하여 오일 팬으로 바이패스되지 않고 윤활 부분으로 공급하며, 여과되지 않은 나머지 오일도 윤활 부분에 공급하여 혼합되어 윤활 작용을 한다.
   ③ 전류식 : 오일펌프에서 송출된 오일 모두를 여과하여 윤활 부분으로 공급하는 방식이며, 깨끗한 오일로 윤활 작용을 하므로 베어링 손상이 없는 장점이 있다. 그러나 엘리먼트가 막혔을 때 공급부족 현상을 방지하기 위한 바이패스 밸브가 설치되어 있다.
(5) 유면 표시기(오일 레벨 게이지) : 오일 팬 내의 유면 높이를 측정할 때 사용하는 금속 막대이며, 오일량은 오일 게이지 Low와 Full 표시 사이에서 Full에 가까이 있으면 좋다.
(6) 오일냉각기 : 오일의 온도가 125~130℃ 이상이 되면, 오일의 성능이 급격히 저하되어 유막이 형성되지 않으므로 미끄럼 운동 부분이 소결된다. 따라서 오일의 높은 온도를 냉각시켜 70~80℃ 정도로 유지한다.

3. 엔진오일 교환시 주의사항

① 기관에 알맞은 오일을 선택한다.
② 주입할 때 불순물이 유입되지 않도록 한다.
③ 점도가 다른 오일을 혼합하여 사용하지 않는다.(첨가제의 작용으로 오일의 열화가 촉진된다.)
④ 재생 오일은 사용하지 않도록 한다. 재생 오일이란 사용하다가 빼낸 오일을 말한다.
⑤ 교환 시기에 맞추어서 교환한다.
⑥ 오일 양을 점검하면서 규정량을 주입한다. 그리고 보충하고자 할 때는 유면 표시기의 "F"선까지 넣는다.
⑦ 기관 오일이 소모되는 주원인은 연소와 누설이다.

Section 5-2 냉각장치

1 공랭식(air cooling system)

기관을 직접 대기와 접촉시켜 냉각하는 방식으로 냉각수의 보충, 동결, 냉각수의 누수 등이 없는 장점이 있으나 기관의 온도가 변화되기 쉽고 냉각이 불균일하여 과열되기 쉬운 단점이 있다. 종류에는 자연통풍식과 강제통풍식이 있다.

> **참고** 기관이 과냉되면 일어나는 현상
> ① 기관의 출력이 저하한다.
> ② 연료소비율이 증가한다.
> ③ 불완전 연소로 실린더 내 카본이 퇴적된다.
> ④ 냉각수에 의하여 제거되는 열량은 일반적으로 30~35%이다.

2 수랭식

실린더 블록과 실린더 헤드에 냉각수 통로를 설치하여 이곳에 냉각수를 순환시켜 냉각하는 방식이며, 냉각 작용이 균일하다. 종류에는 자연순환식, 강제순환식, 압력순환식, 밀봉압력식 등이 있다.

> **참고** 냉각 효과에 영향을 주는 요소
> ① 냉각 매질의 종류
> ② 방열기의 크기와 재질
> ③ 냉각 매질과 피 냉각체 간의 온도 차
> ④ 냉각 팬의 송풍량과 냉각 매질의 유동속도

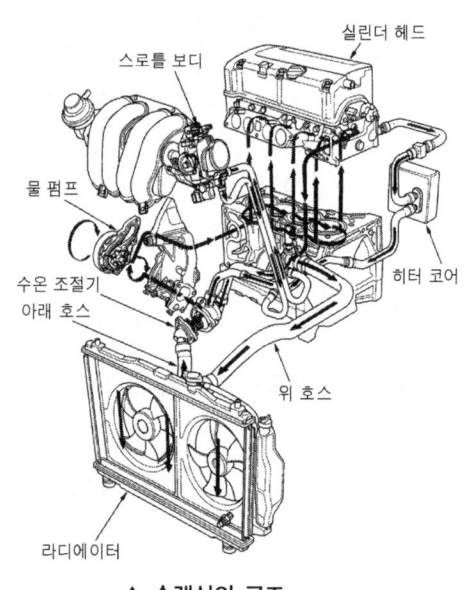

▲ 수랭식의 구조

1. 물재킷(물 통로)

실린더 블록과 실린더 헤드에 설치된 냉각수 통로이다.

2. 물 펌프

냉각수를 순환시키는 기능을 하며 벨트에 의해 구동되어 냉각수를 강제적으로 순환하는 원심력 펌프를 사용한다.

3. 팬벨트(또는 구동벨트)

크랭크축, 발전기, 물 펌프, 풀리를 연결 구동하며, 내구성 향상을 위해 섬유질과 고무로 짠 이음이 없는 V형을 사용한다. 벨트의 중앙을 엄지손가락으로 10kg의 힘으로 눌러 13~20mm 정도의 헐거움이 있어야 한다. 또 팬벨트는 풀리의 양쪽 경사진 부분에 접촉되어야 미끄러지지 않는다.

참고 팬벨트 장력이 너무 크거나 작으면	
팬벨트 장력이 너무 클 때(팽팽할 때)	팬벨트 장력이 너무 작을 때(헐거울 때)
① 각 풀리의 베어링 마모가 촉진된다. ② 물 펌프의 고속 회전으로 기관이 과냉될 염려가 있다.	① 물 펌프 회전속도가 느려 기관이 과열되기 쉽다. ② 발전기의 출력이 저하된다. ③ 소음이 발생하며, 팬벨트의 손상이 촉진된다.

4. 냉각 팬

기관과 라디에이터 사이에 설치되어 팬벨트 또는 전동기에 의해 구동되며, 라디에이터로 냉각수가 순환할 때 공기를 빨아들여 냉각 효과를 증대시키고, 배기다기관의 과열도 방지한다.

① 유체 커플링 팬 : 유체마찰을 이용하여 2,000rpm 이상에서 냉각 팬과 물 펌프를 분리 회전시키는 방식이다.

② 전동 팬 : 축전지 전원으로 구동되는 냉각 팬이며, 장점은 라디에이터 설치 위치가 자유롭고, 히터의 난방과 기관 난기운전(웜업)이 빨라지며, 일정한 바람의 양을 확보할 수 있어 충분한 냉각 효과를 얻을 수 있다. 값이 비싸고 냉각 팬을 구동하는 소비전력과 소음이 큰 단점이 있다.

5. 라디에이터(방열기)

(1) 라디에이터의 기능

실린더 헤드 및 블록에서 뜨거워진 냉각수가 라디에이터 위 탱크로 들어오면, 수관(튜브)을 통하여 아래 탱크로 흐르는 동안 차량의 주행속도와 냉각 팬에 의하여, 유입되는 대기와의 열 교환이 냉각 핀(cooling fin)에서 이루어져 냉각된다. 구비조건은 다음과 같다.

① 단위 면적당 방열량이 클 것   ② 가볍고 작으며, 강도가 클 것
③ 냉각수 흐름 저항이 적을 것   ④ 공기 흐름 저항이 적을 것

(2) 라디에이터의 구조

① 라디에이터 코어의 재질 및 구조 : 코어는 냉각수가 흐르는 수관과 냉각핀으로 구성되어 있으며, 재질은 열전도성이 큰 얇은 판재의 구리나 황동이다.

② 라디에이터 캡(radiator cap) : 냉각수 주입구 뚜껑이며, 냉각장치 내의 비등점(비점)을 높이고, 냉각범위를 넓히기 위하여 압력 캡을 사용한다. 압력 캡의 압력은 게이지 압력으로 $0.2 \sim 0.9 kgf/cm^2$ 정도이며 이때 냉각수 비등점은 112℃ 정도이다.

6. 온도조절기(수온조절기)

실린더 헤드의 냉각수 통로 출구에 설치되어, 기관 내부의 냉각수 온도변화에 따라 자동적으로 통로를 개폐하여, 냉각수 온도를 75~95℃가 되도록 조절한다.

① 벨로즈형(bellows type) : 벨로즈 내에 에테르이나 알코올을 봉입하여, 냉각수의 온도에 따라 팽창이나 수축 작용으로 밸브가 개폐되는 방식이다.

② 펠릿형(pellet type) : 실린더에는 왁스와 합성고무가 봉입되어, 냉각수의 온도에 의해 왁스가 녹아서 팽창하여, 합성고무를 수축할 때 실린더가 스프링을 누르고 밸브를 여는 방식이다.

7. 부동액

냉각수가 동결되는 것을 방지하기 위하여 냉각수와 혼합하여 사용하는 액체이며, 그 종류에는 에틸렌글리콜, 메탄올, 글리세린 등이 있으며 현재는 에틸렌글리콜을 주로 사용한다.

(1) 부동액의 구비조건
① 침전물이 발생되지 않을 것　　② 냉각수와 혼합이 잘 될 것
③ 내식성이 크고 팽창계수가 작을 것　④ 비등점이 높고 응고점이 낮을 것
⑤ 휘발성이 없고 유동성이 좋을 것　⑥ 부식 등으로 냉각장치에 손상을 주지 않을 것
⑦ 온도변화에 따른 부식을 일으키지 않을 것

Section 5-3 연료 장치

1 디젤기관의 연소 과정

디젤기관의 연소과정은 착화지연 기간(연소준비 기간)→화염전파 기간(급격 연소 기간)→직접 연소 기간(제어연소 기간)→후기 연소 기간(후 연소 기간)이다.

① **착화지연기간** : 분사된 연료의 입자가 공기의 압축열에 의해 증발하여 연소를 일으킬 때까지의 기간
② **화염전파기간** : 분사된 연료 전체에 화염이 전파되어 동시에 연소되는 기간
③ **직접연소기간** : 연료가 분사됨과 동시에 연소가 일어나며 비교적 느리게 압력이 상승되는 연소구간
④ **후 연소기간** : 직접 연소 기간에 연소하지 못한 연료가 연소, 팽창하는 기간

2 디젤기관 연료 장치

1. 공급 펌프

공급 펌프는 연료를 일정 압력(약 $3kg/cm^2$)으로 가압하여 분사펌프에 연료를 공급하는 것으로 분사펌프 캠축에 의해 구동되며, 프라이밍 펌프(priming pump)가 설치되어 있다. 프라이밍 펌프의 작용은 다음과 같다.

① 손으로 작동시킨다.
② 연료 장치의 공기를 뺄 때 사용한다.
③ 기관의 정지 상태에서 연료를 분사펌프까지 보낸다.

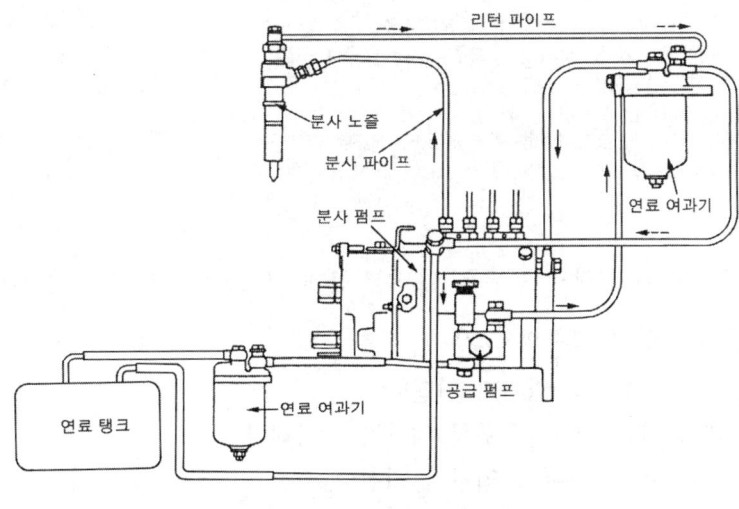

▲ 디젤기관 연료 장치

2. 연료여과기

연료 속에 미세한 모래나 이물질이 혼합되면 펌프 엘리먼트에 손상을 입혀 분무의 기능에 큰 장애를 미치게 된다. 이것을 여과하는 기구이다.

3. 분사펌프

분사펌프는 공급 펌프와 여과기로부터 공급받은 연료를 고압으로 압축하여 폭발순서에 따라서 각 실린더의 분사노즐로 압송하는 펌프이다. 분사펌프에는 연료 분사량을 조정하는 조속기(거버너)와 분사 시기를 조정하기 위한 타이머가 부착되어 있다. 조속기는 기관 회전속도를 검출하여 목표 설정 회전속도와의 회전속도 차이에 따른 연료 분사량을 제어한다.

기능상으로는 공전(idling) 속도에서 최고 회전속도까지 모든 범위에서 회전속도를 제어하는 전속도 조속기, 공전속도와 최고 회전속도만을 제어하는 최고·최저속도 조속기가 있다. 또 기구적으로는 메케니컬 조속기, 뉴매틱 조속기, 컴바인드 조속기, 유압 조속기, 전자 조속기 등이 있다.

① 메케니컬 조속기(기계식 조속기) : 분사펌프 캠축과 함께 회전하는 원심추의 원심력을 하여하여 연료분사량을 제어한다.
② 뉴매틱 조속기(공기식 조속기) : 흡기다기관에 설치된 벤투리의 부압이 기관 회전속도의 상승에 따라 커지는 것을 이용하여 다이어프램이 부압을 받아 연료 분사량을 조절한다.

③ 컴바인드 조속기 : 공기식 거버너(부압 이용)와 기계식 거버너(원심력 이용)를 조합하여 저속에서는 공기식 거버너를 사용하고, 고속 회전에서는 기계식 거버너를 이용하는 방식이다.

> **참고** **딜리버리 밸브의 구조와 작용**
> ① 플런저 배럴 내에 가압된 연료를 분사파이프에 보내는 송출밸브이다.
> ② 플런저 배럴 위쪽에 밸브시트, 개스킷, 스프링, 스템 등으로 구성되어 있다.
> ③ 플런저의 유효행정 후 스프링에 의해 급속히 밸브가 닫혀져 연료의 역류를 방지한다.
> ④ 분사노즐의 후적을 방지한다.
> ⑤ 분사파이프 내의 잔압을 연료분사 압력의 70~80% 정도로 유지한다.

4. 분사노즐

분사펌프로부터 공급된 고압의 연료를 미세한 안개 모양으로 연소실에 분사한다.

(1) 분사노즐에서 연료 입자의 크기

① 분사 압력이 낮을수록 입자가 커진다.
② 연소실 내 공기밀도가 높을수록 입자가 작아진다.
③ 주위 온도가 낮을 때 분사 입자가 커진다.

(2) 분사노즐의 구비조건

① 착화가 쉽게 이루어지도록 연료의 입자를 미세한 안개 모양으로 분사할 것
② 연소실 전체에 분무가 균일하게 분포되도록 분사할 것
③ 가혹한 조건에서도 장기간 사용할 수 있도록 내구성일 것
④ 분사 끝에서 연료를 완전히 차단하여 후적이 발생되지 않을 것

(3) 연료분사의 요건

① 무화(안개 모양)가 좋을 것
② 관통도가 있을 것
③ 분포(분산)가 좋을 것
④ 분산도가 알맞을 것
⑤ 분사율과 노즐 유량계수가 적당할 것

Section 5-4 소기 및 과급 장치

1 흡기계통에 외기 도입 덕트를 설치하는 방법

① 비·눈 등이 흡입되지 않도록 동압을 받는 곳을 피한다.
② 차가운 외기를 도입하는 장소를 택한다.

③ 흡기 맥동에 의한 소음을 저감시키는 장소를 택한다.

2 소기작용 및 소기의 형식

1. 소기작용

소기작용이란 2행정 사이클 기관에서 피스톤의 하강 행정 말기에 소기구멍이 열리고 크랭크 실내에 미리 압축되었던 혼합기가 실린더 안으로 밀려들어 오면서 배기가스를 밀어내는 작용을 말한다.

2. 소기의 방식

소기 방식에는 단류 소기형(uniflow scavenging type), 횡단 소기형(cross scavenging type), 루프 소기형(loop scavenging type) 등이 있다. 단류 소기형에서는 포핏 밸브(poppet valve)로 배기를 한다.

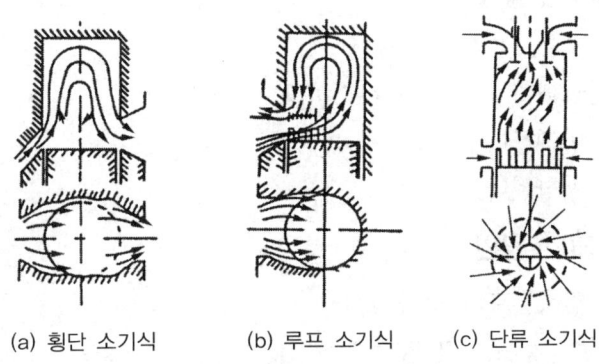

(a) 횡단 소기식   (b) 루프 소기식   (c) 단류 소기식

▲ 2행정 사이클 기관의 소기형식

3 과급기의 종류 및 장점

기관의 흡입효율을 높이기 위해 흡입 공기에 압력을 가하는 펌프이며, 기관의 출력, 회전력 증대 및 연료소비율 향상과 착화지연을 짧게 한다.

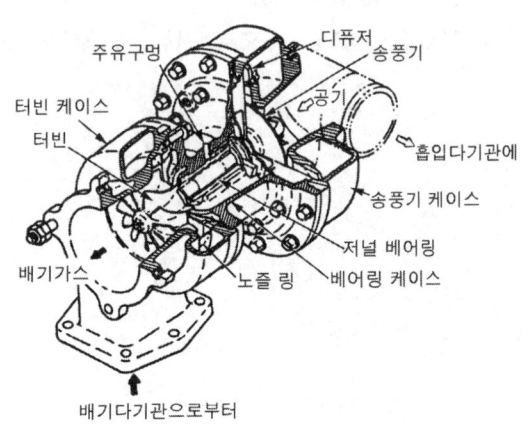

▲ 과급기의 구조

1. 과급기의 종류

① 기계식 과급기(크랭크축으로부터 기어나 체인으로 구동하는 것) : 루트형
② 배기가스 과급기(배기가스로 구동하는 것) : 배기터빈 과급기(터보차저)
③ 전동기로 구동되는 것(원심 과급기)
④ 용적형 과급기의 종류 : 루츠 과급기, 회전날개 과급기, 리솔룸 과급기

⑤ 유동형 과급기의 종류 : 원심 과급기, 축류 과급기

2. 과급기의 장점

① 연소가 양호하며, 연료소비율이 3~5% 감소된다.
② 기관 중량이 10~15% 증가하며, 출력은 35~45% 이상 증가시킨다.
③ 압축 초기의 압축압력이 높아 착화지연 기간을 짧게 한다.

4 소음기(muffler)

엔진의 배기가스를 그대로 대기 중에 방출시키면 급격히 팽창하여 격렬한 폭음을 발생하게 되는데, 소음기는 이 폭음을 막아주는 장치이다.

1. 배압이 기관에 미치는 영향

① 출력이 떨어진다.
② 기관이 과열하므로 냉각수 온도가 상승한다.
③ 피스톤의 운동을 방해한다.
④ 기관 회전속도가 저하된다.

2. 검은 연기가 배출되는 원인

① 압축압력이 낮아 압축온도가 낮을 때
② 분사노즐에서 관통력과 무화가 약할 때
③ 분사 시기가 나쁠 때(분사 시기가 빠를 때)
④ 분사노즐로부터 분사 상태가 나쁠 때
⑤ 공기청정기의 막힘
⑥ 연료공급 과다 등으로 인한 불완전 연소

Chapter 5 출제예상문제

01 내연기관용 윤활유의 기능으로 틀린 것은?

① 냉각작용 ② 기밀작용
③ 발화작용 ④ 세척작용

해설 윤활유의 기능에는 마찰감소 및 마멸 방지작용, 기밀(밀봉)작용, 냉각작용, 세척(청결)작용, 응력분산 (충격흡수)작용, 방청(부식방지)작용 등이 있다.

02 윤활유에 대한 설명으로 틀린 것은?

① 운동 부분의 마찰 및 마멸을 감소시킨다.
② 윤활유의 온도가 오르면 점도가 높아진다.
③ 엔진에서 발생하는 열을 흡수하므로 냉각이 필요하다.
④ 유막을 형성하여 공기나 수분에 의해 금속이 부식되는 것을 막아준다.

해설 윤활유의 온도가 상승하면 점도는 낮아진다.

03 디젤기관에서 윤활유의 점도에 대한 설명으로 틀린 것은?

① 점도는 높을수록 좋다.
② 점도가 낮으면 하중이 증가한다.
③ 점도가 높으면 동력손실이 증대된다.
④ 점도지수가 큰 경우 점도 변화는 작다.

해설 윤활유 점도에 대한 설명은 ②, ③, ④항 이외에 점도가 적당할 것

04 기관에 사용되는 윤활유의 첨가제로 틀린 것은?

① 기포 방지제 ② 유동점 상승제
③ 부식 방지제 ④ 점도지수 향상제

해설 윤활유 첨가제에는 산화방지제(부식방지제), 청정분산제, 응고점 강하제(또는 유동점 강하제), 점도지수 향상제, 기포방지제(소포제), 유성향상제, 유동점 강하제 등이 있다.

05 윤활유의 작용에 대한 설명으로 적합하지 않은 것은?

① 윤활유는 기관에서 많은 열을 흡수하므로 냉각시켜야 한다.
② 윤활유의 온도가 오르면 점도가 높아진다.
③ 마찰 부분에 유막을 형성하여 소음과 진동을 감소시킨다.
④ 기관 부품이 가진 열을 흡수하므로 부품들이 과열하지 않게 보호한다.

해설 윤활유의 작용은 ①, ③, ④항 이외에 윤활유의 온도가 높아지면 점도가 낮아진다.

06 가솔린 기관에서 윤활유 점도가 필요 이상으로 높아짐으로 나타나는 현상이 아닌 것은?

① 유압이 높아진다.
② 유막 형성이 잘 안 된다.
③ 마찰계수가 증가한다.
④ 유성이 저하한다.

해설 윤활유 점도가 너무 높아지면 유압이 높아지고, 유막 형성이 잘 안 되며, 마찰계수가 증가한다.

정답 01. ③ 02. ② 03. ① 04. ② 05. ② 06. ④

07 내연기관용 윤활유의 점도, 점도지수와 연료 소비율의 관계에 대한 설명으로 옳은 것은?

① 점도지수와 연료소비율은 서로 관계없다.
② 점도가 높을수록 연료 소비율은 감소한다.
③ 점도지수가 클수록 연료소비율은 감소한다.
④ 점도지수가 작을수록 연료소비율은 감소한다.

08 4행정 기관의 윤활장치에서 주로 쓰이는 오일 공급 방식은?

① 고압식과 저압식
② 비산식과 압송식
③ 가열식과 냉각식
④ 펌프식과 진공식

해설 4행정 사이클 기관의 윤활 방식에는 비산식, 압력식, 비산 압력식 등이 있다.

09 오일펌프에서 보내준 윤활유의 일부만을 여과하여 공급하며, 여과되지 않은 윤활유도 공급하는 복합방식은 어느 것인가?

① 전류식   ② 분류식
③ 샨트식   ④ 반켈식

해설 샨트식은 오일펌프에서 보내준 윤활유의 일부만을 여과하여 공급하며, 여과되지 않은 윤활유도 공급하는 복합방식이다.

10 가솔린 기관에서 오일 압력이 규정 이상 높아지는 원인으로 맞는 것은?

① 기관 오일에 연료가 희석되었다.
② 기관 오일의 점도가 지나치게 높다.
③ 기관의 회전속도가 낮다.
④ 유압조절밸브 스프링의 장력이 작다.

해설 유압이 높아지는 원인은 기관 오일의 점도가 너무 높을 때, 유압조절밸브 스프링의 장력이 클 때, 기관의 회전속도가 높을 때

11 엔진 오일의 색깔이 흰 회색(우유색)이라면 그 원인은?

① 오일에 가솔린이 유입됐다.
② 오일에 불순물(철가루)이 유입됐다.
③ 오일에 연소가스의 불순물이 유입됐다.
④ 오일에 냉각수가 포함되었다.

해설 엔진 오일의 색깔이 흰 회색(우유색)인 원인은, 오일에 냉각수가 포함되었기 때문이다.

12 기관 윤활유의 열화가 기관성능에 미치는 영향 중 거리가 먼 것은?

① 완전 윤활의 저해
② 피스톤 링의 고착과 융착
③ 압축압력 상승으로 인한 노킹
④ 유막보존 능력감소

해설 윤활유가 열화 되면 완전 윤활의 저해, 피스톤 링의 고착과 융착, 유막보존 능력감소 등이 발생한다.

13 다음은 내연기관의 냉각계통에 해당되는 부품 또는 부속품이다. 이 중에서 특히 공랭식에 속하는 것은?

① 물재킷   ② 물 펌프
③ 냉각 핀   ④ 방열기

해설 공랭식은 실린더 헤드와 블록 등 과열하기 쉬운 부분에 냉각핀을 두고 냉각시키는 방식이다.

14 엔진이 과냉시 일어나는 결함이라고 볼 수 없는 것은?

① 워터펌프 내 전해부식이 촉진된다.
② 연료소비율이 증대된다.
③ 불완전 연소로 실린더 내 카본이 퇴적된다.
④ 기동시 회전 저항이 증가한다.

정답 07. ④ 08. ② 09. ③ 10. ② 11. ④ 12. ③ 13. ④ 14. ①

해설 엔진이 과냉되면 ②, ③, ④항 이외에 기관의 출력이 저하한다.

해설 실린더 헤드는 고온·고압에서 강도와 열팽창률이 적어야 한다.

15 기관에서 냉각장치의 기능이 아닌 것은?
① 연소실의 냉각 ② 흡입공기의 가열
③ 윤활유의 냉각 ④ 내구, 신뢰성의 확보

해설 흡입 공기를 가열하는 장치는 예열 플러그이다.

16 가솔린 기관에서 냉각수에 의하여 제거되는 열량은 일반적으로 얼마 정도인가?
① 약 10~15% ② 약 20~30%
③ 약 30~35% ④ 약 40~45%

해설 냉각수에 의하여 제거되는 열량은 일반적으로 30~35%이다.

17 엔진의 냉각장치에서 공랭식과 비교한 수냉식의 장점으로 틀린 것은?
① 냉각작용이 균일하다.
② 차량 실내의 난방이 용이하다.
③ 구조가 간단하여 경제적이다.
④ 기관의 연소소음을 감소시킨다.

해설 수냉식의 장점은 냉각 작용이 균일하고, 차량 실내의 난방이 용이하며, 기관의 연소 소음을 감소시킨다.

18 수냉식 실린더 헤드에 대한 설명으로 틀린 것은?
① 기관의 열을 낮추기 위한 냉각수 통로가 있다.
② 고온·고압에서 강도와 열팽창률이 커야 한다.
③ 냉각수의 유출이 없도록 실린더 블록과의 기밀 유지가 요구된다.
④ 조기 점화 방지를 위하여 연소실 내 가열되기 쉬운 돌출부가 없어야 한다.

19 냉각장치의 냉각 효과에 영향을 크게 주는 요소가 아닌 것은?
① 방열기의 무게
② 냉각 매질의 종류
③ 냉각 팬의 송풍량
④ 방열기의 방열 표면적 넓이

해설 냉각 효과에 영향을 주는 요소
① 방열기의 크기와 재질
② 냉각 매질의 종류
③ 냉각 매질과 피냉각 물체 사이의 온도차
④ 냉각 팬의 송풍량과 냉각 매질의 유동속도
⑤ 방열기의 방열 표면적 넓이

20 기관을 냉각시키는 작용을 하는데 필요한 부품이 아닌 것은?
① 물 펌프 ② 냉각팬
③ 공기량 센서 ④ 수온조절기

21 기관의 냉각장치에서 방열기 캡에 있는 고압 밸브의 역할은?
① 냉각시스템에 있는 튜브가 수축되는 것을 도와준다.
② 냉각시스템이 냉각될 때 냉각수가 방열기로 유입되도록 한다.
③ 냉각시스템의 내부 압력을 대기압보다 0.2~0.3bar 정도 낮게 유지되도록 한다.
④ 방열기 내부 압력을 대기압보다 높게 하여 냉각수 온도가 약 104~108℃ 정도가 되어도 비등하지 않도록 한다.

해설 방열기 캡에 있는 고압(압력) 밸브는 방열기의 내부 압력을 대기압보다 높게 유지시켜 냉각수 온도가 104~108℃가 되어도 냉각수가 비등하지 않도록 한다.

정답 15. ② 16. ③ 17. ③ 18. ② 19. ① 20. ③ 21. ④

22 냉각계통의 수온조절기에 대한 설명으로 틀린 것은?

① 입구 제어식과 출구 제어식이 있다.
② 주로 사용되는 펠릿형에는 질소가 밀봉되어 있다.
③ 일반적으로 실린더 헤드 물재킷의 출구 부분에 설치된다.
④ 냉각수 온도에 따라 냉각수 통로를 개폐하여 기관의 온도를 유지한다.

해설 펠릿형은 왁스 케이스 내에 왁스와 합성고무를 봉입한다.

23 부동액으로 사용되는 에틸렌글리콜의 특징으로 맞지 않는 것은?

① 냄새가 없으며 휘발하지 않는다.
② 도료를 침식하지 않는다.
③ 끓는점이 약 197.2℃ 이다.
④ 물과 잘 섞이지 못한다.

해설 에틸렌글리콜의 특징
① 비등점이 197.2℃, 응고점이 최고 -50℃이다.
② 도료(페인트)를 침식하지 않는다.
③ 냄새가 없고 휘발하지 않으며, 불연성이다.
④ 기관 내부에 누출되면 교질상태의 침전물이 생긴다.
⑤ 금속부식성이 있으며, 팽창계수가 크다.

24 기관을 시동할 때 특히 겨울철 시동 때에 농후한 혼합비가 되도록 하는 기화기의 장치는?

① 니들밸브   ② 에어 블리더
③ 초크밸브   ④ 벤투리 밸브

해설 초크 밸브는 겨울철 시동 때에 농후한 혼합비가 되도록 하는 기화기의 장치이다.

25 기관의 기화기식 연료 장치에서 혼합기의 양을 조절하는 것과 가장 관계가 큰 것은?

① 스로틀 밸브의 개도
② 초크 밸브의 개도
③ 니들 밸브의 크기
④ 메인 노즐의 구멍 크기

해설 기화기 연료 장치에서 혼합기의 양을 조절하는 것은 스로틀(throttle) 밸브의 개도이다.

26 벤투리에서 단면적과 유속은?

① 서로 반비례한다.
② 서로 비례한다.
③ 유속은 단면적의 제곱에 비례한다.
④ 유속은 단면적의 제급에 반비례한다.

해설 벤투리에서의 흐름은 단면적이 큰 곳은 유체의 흐름속도는 느리고 압력이 높다. 그러나 단면적이 작은 곳은 유체의 흐름속도가 빠르고 압력은 낮다.

27 기화기의 주요 구성 부분에서 대부분의 운전 상태에서 연료를 분출시키는 곳은?

① 메인노즐   ② 저속노즐
③ 에어 블리더   ④ 벤투리 목부

해설 기화기의 메인 노즐에서 대부분의 운전 상태에서 연료를 분출한다.

28 어떤 디젤기관이 압축 상사점에서 체적이 1/17로 압축되고, 동시에 온도가 20℃부터 500℃로 되었다고 한다. 이때의 압축압력은? (단, 대기압은 1(at) 이다.)

① 약 45(at)   ② 약 50(at)
③ 약 75(at)   ④ 약 100(at)

해설 $P_2 = \dfrac{P_1 \times T_2}{T_1}$

[P_2 : 상태변화 후 압력, P_1 : 초기압력, T_2 : 상태변화 후 온도, T_1 : 최초의 온도.]

∴ $\dfrac{17 \times (273+500)}{(273+20)} = 44.84 at$

정답 22. ② 23. ④ 24. ③ 25. ① 26. ① 27. ① 28. ①

29 다음의 기관 중에서 연소실 내에서의 연소압력이 가장 높은 기관은 어느 것인가?

① 가솔린 기관 ② 순수 디젤기관
③ 자동차용 디젤기관 ④ 소구기관

해설 자동차용 디젤기관의 연소압력은 약 55~65 kgf/cm² 정도로 가장 높다.

30 디젤기관의 연소 진행 과정에 속하지 않는 기간은?

① 착화지연기간 ② 인화연소기간
③ 제어연소기간 ④ 급격연소기간

해설 디젤기관의 연소 4단계는 착화지연기간(연소준비기간)→화염전파기간(급격연소기간)→직접연소기간(제어연소기간)→후기 연소기간(후 연소기간)이다.

31 다음 중 디젤기관에 필요하지 않는 연료 장치는?

① 연료 분사펌프 ② 기화기
③ 연료 분사노즐 ④ 급유펌프

32 다이어프램형 연료공급 펌프에서 다이어프램 직경이 50mm, 스프링 장력이 60N일 때 연료공급 압력은?

① 2N/cm² ② 3N/cm²
③ 5N/cm² ④ 7N/cm²

해설 $P = \dfrac{F}{A}$ [P : 연료압력 F : 스프링장력 A : 단면적]

∴ $\dfrac{60N}{0.785 \times 5^2} = 3.05 N/cm^2$

33 프라이밍 펌프의 작용으로 가장 거리가 먼 것은?

① 연료 공급 펌프의 소음 작용을 방지한다.
② 손으로 작동시키며, 연료 공급 펌프에 설치되어 있다.
③ 연료 장치의 공기빼기 작업 때 사용한다.
④ 기관의 정지 상태에서 연료를 분사펌프까지 보낸다.

해설 연료 공급 펌프의 소음감소 작용은 연료여과기의 오버플로 밸브가 한다.

34 디젤기관의 연료 분사 장치 중 연료 분사량을 조절하는 것은?

① 연료 공급펌프 ② 연료 여과기
③ 연료 분사펌프 ④ 연료 분사노즐

해설 디젤기관의 연료 분사량은 분사펌프에서 플런저의 유효행정을 변화시켜 조절한다.

35 디젤기관의 회전속도 또는 부하의 변동에 따라 연료의 분사량을 조절하여 회전속도를 제어하는 장치는?

① 타이머 ② 조속기
③ 앵글라이히 장치 ④ 패스트 아이들 장치

해설 조속기는 기관의 회전속도나 부하의 변동에 따라서 자동적으로 제어래크를 움직여 연료분사량을 가감하는 장치이다.

36 디젤기관의 거버너(조속기)에 대한 설명으로 틀린 것은?

① 원활한 운전상태의 유지를 위해 공전속도를 제어한다.
② 최저속도에서 제어래크를 이용하여 분사시기를 조절한다.
③ 기관의 회전속도에 따라 분사펌프로부터 분사되는 연료량을 제어한다.
④ 최고 회전속도를 제한하여 과도한 회전속도 상승으로 인한 손상을 방지한다.

정답 29. ③ 30. ② 31. ② 32. ② 33. ① 34. ③ 35. ② 36. ②

해설 거버너는 기관의 회전속도에 따라 분사펌프로부터 분사되는 연료량을 제어하여 원활한 운전상태의 유지를 위해 공전속도를 제어하며, 최고 회전속도를 제한하여 과도한 회전속도 상승으로 인한 손상을 방지한다.

37 디젤기관의 연료분사펌프에서 딜리버리 밸브의 역할이 아닌 것은?

① 연료의 역류를 방지한다.
② 분사노즐의 후적을 방지한다.
③ 고압파이프의 잔압을 증가시킨다.
④ 펌프의 고압실과 분사파이프 사이를 차단한다.

해설 딜리버리 밸브의 구조와 작용
① 플런저 배럴 내에 가압된 연료를 분사 파이프에 보내는 송출밸브이다.
② 플런저 배럴 위쪽에 밸브시트, 개스킷, 스프링, 스템 등으로 구성된다.
③ 플런저의 유효행정 후 스프링에 의해 급속히 밸브가 닫혀 연료의 역류를 방지한다.
④ 분사노즐의 후적을 방지한다.
⑤ 분사 파이프 내의 잔압을 유지한다.

38 디젤기관의 분사노즐에서 유립의 크기에 대한 설명으로 틀린 것은?

① 분사 압력이 낮을수록 유립이 커진다.
② 연소실 내 공기밀도가 높을수록 입자가 작아진다.
③ 배압이 클 때 입자가 작아진다.
④ 주위 온도가 낮을 때 분사 입자가 커진다.

해설 분사노즐에서 유립(연료 입자)은 분사 압력 및 주위 온도가 낮을 때 커지고, 연소실 내 공기밀도가 높을수록 작아진다.

39 다음 중 디젤엔진 연료 분사 노즐의 요구조건이 아닌 것은?

① 연료의 무화를 쉽게 할 것.
② 가혹한 조건에서 수명이 짧을 것.
③ 분무가 구석구석 뿌려지게 할 것.
④ 후적이 일어나지 않을 것.

해설 분사노즐의 구비조건은 ①, ③, ④항 이외에 가혹한 조건에서도 장기간 사용할 수 있도록 내구성이 클 것

40 디젤기관에서 연료의 연소를 위해 필요한 연료분무 상태로 틀린 것은?

① 무화가 좋아야 한다.
② 후적이 있어야 한다.
③ 관통력이 커야 한다.
④ 분산이 골고루 이루어져야 한다.

해설 연료 분무의 3요소는 무화, 관통력, 분산이다.

41 디젤기관의 분배형 분사펌프에서 분사 압력과 분사 지속 시간에 영향을 미치는 것은?

① 캠 플레이트
② 압력조절밸브
③ 딜리버리밸브
④ 하이드롤릭 헤드 어셈블리

해설 캠 플레이트(캠 디스크)는 플런저 스프링의 장력으로 롤러 홀더에 압착되어 플런저와 함께 회전하며, 캠 플레이트에 1개의 볼록 부분에 의해 구동축이 1회전할 때 플런저는 4회의 왕복운동을 한다.

42 디젤기관의 연료 분사현상과 관계가 먼 것은?

① 무화   ② 관통
③ 점도   ④ 분산

해설 디젤기관 연료 분사의 3요소는 무화, 관통력, 분산(분포)이다.

정답 37. ③ 38. ③ 39. ② 40. ② 41. ① 42. ③

43 가솔린 자동차의 흡기계에 외기 도입 덕트를 설치하는 방법으로서 잘못된 것은?

① 비·눈 등이 흡입되지 않도록 동압을 받는 곳을 피한다.
② 정압을 받는 곳을 피한다.
③ 차가운 외기를 도입하는 장소를 택한다.
④ 흡기 맥동에 의한 소음을 저감시키는 장소를 택한다.

> **해설** 흡기계통에 외기 도입 덕트를 설치하는 방법
> ① 비·눈 등이 흡입되지 않도록 동압을 받는 곳을 피한다.
> ② 차가운 외기를 도입하는 장소를 택한다.
> ③ 흡기 맥동에 의한 소음을 저감시키는 장소를 택한다.

44 기관의 흡기계통에서 충진효율을 향상시키기 위한 방법에 대한 설명으로 틀린 것은?

① 가변흡기 시스템을 적용하여 기관 속도에 따라 흡입 통로를 조절한다.
② 저속 충진효율 향상을 위해 흡기 매니폴드의 길이를 짧게 한다.
③ 고속 충진효율 향상을 위해 흡기 밸브를 멀티 밸브화 한다.
④ 과급 시스템을 통해 공기를 압축하여 흡기로 보낸다.

> **해설** 저속 충진효율을 향상시키기 위해서는 흡기 매니폴드의 길이를 저속에서는 길게 한다.

45 유해 배기가스 저감장치 중 삼원촉매장치의 촉매로 사용되는 것이 아닌 것은?

① 백금 ② 로듐
③ 파라듐 ④ 황산염

> **해설** 삼원촉매장치의 촉매로 사용되는 것은 백금, 로듐, 파라듐이다.

46 다음 중 소기효율(ηs)의 정의로 가장 적합한 것은?

① 소기 후 흡입한 신기량과 소기 전 잔류가스량과의 비
② 소기 후 흡입한 신기량과 소기 후 실린더 내의 전체 가스량과의 비
③ 소기 후 잔류 가스량과 실린더 내의 전체 가스량과의 비
④ 행정체적을 차지하는 소기 후 신기량과 잔류가스량과의 비

> **해설** 소기효율이란 소기 후 흡입한 신기량(새로운 공기량)과 소기 후 실린더 내의 전체 가스량과의 비율을 말한다.

47 기관의 효율 중에서 2행정 기관의 작동에 가장 큰 영향을 주는 것은 어느 것인가?

① 열효율 ② 체적효율
③ 기계효율 ④ 소기효율

> **해설** 소기란 잔류 배기가스를 내보내고 새로운 공기를 실린더에 공급하는 과정이며, 2행정 사이클 기관의 작동에서 가장 큰 영향을 주는 것이 소기효율이다.

48 2행정 사이클 기관에서 피스톤이 하강 행정의 말에 소기구가 열리고, 크랭크 실내에 미리 압축되었던 혼합기가 실린더 안으로 밀려 들어 오면서 배기가스를 밀어내는 작용은?

① 소기작용 ② 흡입작용
③ 압축작용 ④ 폭발작용

> **해설** 소기작용이란 2행정 사이클 기관에서 피스톤이 하강 행정의 말에 소기구가 열리고 크랭크 실내에 미리 압축되었던 혼합기가 실린더 안으로 밀려들어 오면서 배기가스를 밀어내는 작용을 말한다.

정답 43. ② 44. ② 45. ④ 46. ② 47. ④ 48. ①

49 2행정 기관의 소기 형식에 속하지 않는 것은?

① 횡단형 소기 ② 루프형 소기
③ 수직형 소기 ④ 단류형 소기

해설 2행정 사이클 디젤기관의 소기방식에는 단류소기식, 횡단소기식, 루프소기식이 있다.

50 기관에서 산소센서를 설치하는 이유로 옳은 것은?

① 흡입 공기량을 측정하여 출력 제어
② 출력당 회전수를 측정하여 연료 공급량 제어
③ 대기 중의 산소농도를 측정하여 배기가스 제어
④ 배기가스 중의 산소농도를 측정하여 공기비 제어

해설 산소센서를 설치하는 이유는 배기가스 중의 산소농도를 측정하여 공기비를 제어하기 위함이다.

51 디젤기관의 과급기에 대한 설명으로 틀린 것은?

① 기관의 동력을 이용한 과급 방식이 있다.
② 배기가스 배압을 이용한 과급 방식이 있다.
③ 흡입공기량을 증가시켜 연비를 향상시킬 수 있으나 출력이 떨어진다.
④ 대기압력보다 높은 압력으로 실린더에 공기를 압송하는 장치이다.

해설 과급기를 설치하면 기관의 출력이 35~45% 정도 향상된다.

52 디젤기관 배기가스 후처리 장치 중 고형미립자(PM)를 감소시키는 것은?

① NSC ② EGR
③ SCR ④ DPF

해설 디젤기관 배기가스 후처리 장치는 대기오염물질을 줄이기 위해 설치하는 장치로 SCR(선택적 촉매환원법 ; NOx, CO 저감), EGR(배기가스 재순환 장치 ; NOx 저감), DPF(디젤 미립자 필터 : PM 저감) 등이 있다. SCR은 촉매, EGR은 순환, DPF는 필터를 통해 배기가스를 줄이는 장치라 할 수 있다.

53 가솔린 기관의 배출가스 중 NOx가 발생하기 가장 쉬운 조건은?

① 농후 혼합비인 경우
② 평균 공연비가 큰 경우
③ 연소온도가 낮은 경우
④ 공기의 습도가 높은 경우

해설 질소산화물(NOx) 발생과정 : 질소는 잘 산화(酸化)하지 않으나 높은 온도·높은 압력 및 전기불꽃 등이 존재하는 곳에서는 산화하여 질소산화물을 발생시킨다. 특히 2,000℃ 이상의 높은 온도의 연소에서는 급격히 증가한다. 또 이론공연비 부근에서 최댓값을 나타낸다.

54 자동차에 사용되는 과급기를 구동 방식에 따라 분류한 것으로 틀린 것은?

① 배기터빈 과급기 ② 전기구동식 과급기
③ 기계구동식 과급기 ④ 흡기 정압 과급기

55 내연기관에서 과급을 하는 주된 목적으로 옳은 것은?

① 흡·배기소음을 줄이기 위하여
② 기관의 출력을 증대시키기 위하여
③ 기관의 윤활유 소비를 줄이기 위하여
④ 실린더 내 평균유효압력을 낮추기 위하여

해설 기관에서 과급을 하는 주된 목적은, 실린더 내에 흡입공기량을 증가시켜 출력을 증대시키기 위함이다.

정답 49. ③ 50. ④ 51. ③ 52. ④ 53. ② 54. ④ 55. ②

56 과급 장치를 사용할 때 가장 크게 개선되는 효율은?

① 충진효율　② 기계효율
③ 전달효율　④ 연소효율

해설 과급장치는 충진 효율(흡입효율)을 높여 기관의 출력, 회전력, 연료소비율을 향상시키기 위하여 사용한다.

57 과급 장치의 장점에 대한 설명으로 틀린 것은?

① 모든 회전속도 영역에서 출력이 일정하다.
② 연료 품질 개선으로 유해 배출물 저감효과가 있다.
③ 행정체적을 증가시키지 않고도 출력을 증대시킬 수 있다.
④ 과급에 의해 급기 중 산소량이 증대되어 착화지연이 단축된다.

해설 과급장치는 행정체적을 증가시키지 않고도 출력을 증대시킬 수 있고, 과급에 의해 급기 중 산소량이 증대되어 착화지연이 단축되며, 연료품질 개선으로 유해배출물 저감효과가 있다.

58 과급기에 대한 설명으로 틀린 것은?

① 과급기는 기계 과급법과 배기터빈 과급법 등이 있다.
② 과급기로 인해 터보 래그 현상이 발생하여 출력이 떨어진다.
③ 과급기는 밀도를 높인 공기를 실린더에 공급하여 출력을 높이기 위하여 사용된다.
④ 과급기를 설치하면 압력이 높아지므로 기관 본체 구성부품의 보강이 필요하다.

해설 과급기는 기계 과급법과 배기터빈 과급법 등이 있으며, 밀도를 높인 공기를 실린더에 공급하여 출력을 높이기 위하여 사용된다. 과급기를 설치하면 압력이 높아지므로 기관 본체 구성부품의 보강이 필요하다.

59 원심형 압축기에서 디퓨저의 기능은?

① 운동에너지를 압력 상승으로 전환시키는 것
② 압력을 운동에너지로 전환시키는 것
③ 속도를 증가시키는 것
④ 속도를 일정하게 하는 것

해설 디퓨저(diffuser)란 유체의 속도(운동) 에너지를 압력 에너지(압력 상승)로 바꾸는 장치이다.

60 과급기의 터보 래그 현상을 개선하는 방법으로 틀린 것은?

① 터보 과급기의 관성 중량을 감소시킨다.
② 가속페달을 연속하여 밟는다.
③ 분사 시기를 제어한다.
④ 급기 압력을 제어한다.

해설 과급기의 터보 래그(Turbo lag)란 과급기를 장착한 기관에서 가속페달을 밟는 순간부터 기관의 출력이 목표에 도달할 때까지의 시간지연(time lag)을 말하며, 개선 방법은 과급기의 관성 중량을 감소시키고, 분사 시기 및 급기 압력을 제어한다.

61 과급기가 장착된 디젤기관에서 흡입 공기를 냉각시키기 위한 장치는?

① 가변흡기장치
② 인터쿨러장치
③ 흡입공기 압축장치
④ 배기가스 재순환 장치

해설 인터쿨러는 과급기와 흡기다기관 사이에 설치되어 과급된 공기를 냉각시켜 공기의 밀도를 증가시키는 효과를 얻기 위해 설치되어 있으며, 공기의 온도가 높으면 밀도가 낮아져 노킹이 발생되고 체적효율이 저하되기 때문에, 이것을 방지하기 위함이다.

정답　56. ①　57. ①　58. ②　59. ①　60. ②　61. ②

Chapter 6
각종 기관의 특성

Section 6-1 가솔린 기관

1 가솔린 기관의 장점

① 고속 운전 성능이 좋다. ② 시동이 비교적 용이하다.
③ 회전이 정숙하고 소음과 진동이 적다.

2 가솔린 분사 방식의 장점

① 증기 폐쇄(베이퍼록)이나 퍼컬레이션 현상을 방지할 수 있다.
② 기관의 저온 시동이 용이하다.
③ 정시 분사 방법으로 열효율을 높일 수 있다.
④ 연료 분사량의 조정으로 정확한 혼합비 조정이 가능하다.
⑤ 충전효율 개선, 연료소비율 저감, 고속 토크 향상, 가·감속 특성을 개선할 수 있다.

3 직접 분사(GDI)기관의 특징

① 희박한 공연비(25~40 : 1)에서도 연소가 가능하다.
② 연료가 회전하면서 분사되는 고압 스월 인젝터를 사용한다.
③ 흡·배기 캠축을 구동할 때 소음을 감소시키기 위해 기어 내부에 스프링이 장착된 2중 기어를 사용한다.
④ 연료가 실린더 내에 직접 분사되므로 흡기다기관에서의 월웨팅 현상이 감소한다.
⑤ 질소산화물을 저감시키기 위해 2개의 EGR 스텝모터가 설치되어 있다.
⑥ 촉매변환기 뒤에 산소센서가 설치되어 촉매의 활성화를 최적화한다.
⑦ ETS(electronic throttle system)는 ECU의 제어 신호에 의해 스로틀 모터가 구동된다.

4 기계효율을 높이는 방법

① 윤활이 잘되도록 할 것 ② 기관의 평형을 양호하게 할 것
③ 배기가스의 배출 저항을 줄일 것 ④ 회전 저항을 감소시킬 것
⑤ 구동 중 저항력을 줄일 것

Section 6-2 디젤기관

1 디젤기관의 장점

① 열효율이 높고, 연료소비율이 적다.
② 인화점이 높은 경유를 연료로 사용하므로 그 취급이나 저장에 위험이 적다.
③ 대형기관 제작이 가능하다.
④ 경부하일 때 효율이 나쁘지 않다.(저속에서 큰 회전력이 발생한다.)
⑤ 배기가스가 가솔린 기관보다 덜 유독하다.
⑥ 점화장치가 없어 이에 따른 고장이 적다.
⑦ 2행정 사이클 기관이 비교적 유리하다.

2 디젤기관의 단점

① 연소압력이 커 기관 각부를 튼튼하게 하여야 한다.
② 기관의 출력 당 무게와 형체가 크다.
③ 운전 중 진동과 소음이 크다.
④ 연료 분사 장치가 매우 정밀하고 복잡하며, 제작비가 비싸다.
⑤ 압축비가 높아 큰 출력의 기동전동기가 필요하다.

3 가솔린 기관과 디젤기관의 비교

① 실린더 내로 흡입하는 기체는 가솔린 기관은 공기와 가솔린의 혼합기이고, 디젤기관은 공기이다.
② 출력의 제어 방법으로 가솔린 기관은 흡입 혼합기의 양을 제어하고, 디젤기관은 연료분사량을 제어한다.
③ 적용될 수 있는 실린더 직경의 범위는 가솔린 기관보다 디젤기관이 더 크다.
④ 점화 방법으로 가솔린 기관은 전기점화, 디젤기관은 압축 착화이다.

Section 6-3 로터리(방켈) 기관

1954년 독일의 Felix Wankel에 의해 발명된 가솔린 기관의 한 종류이다.

1 로터리(방켈) 기관의 기본 구조

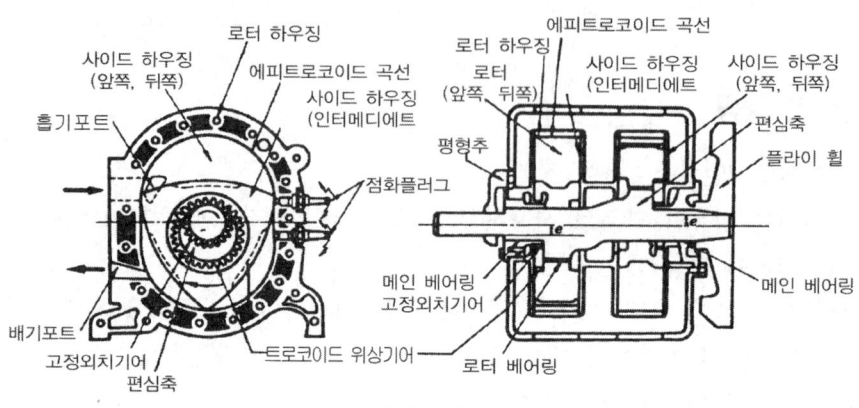

▲ 로터리 기관의 구조

① 작동실을 구성하는 하우징은 로터 하우징과 사이드 하우징으로 구성되어 있다.
② 로터 하우징 내에는 로터와 이것의 안쪽 기어에 의해 구동되는 출력축이 있다.
③ 로터의 내측 기어와 출력축의 기어비율은 3 : 2이며, 로터가 1회전하면 출력축은 3회전한다. 이 사이에 로터의 3면은 각각 1사이클을 하게 되므로 합계 3사이클을 하는 것이 된다. 따라서 출력축 1회전에 대해 1사이클이 완료되므로 로터리 기관은 2행정 사이클 기관과 같은 방법으로 출력 계산이 행해진다.
④ 흡·배기밸브가 없다.
⑤ 점화플러그는 일반적으로 2개가 설치된다.

2 로터리 기관의 장점 및 단점

로터리 기관의 장점	로터리 기관의 단점
① 회전운동을 하므로 진동이 없다.	① 하우징·로터 등의 제작이 어렵다.
② 로터 1회전으로 3사이클을 수행하므로 동일 배기량 당 출력이 피스톤형 기관보다 크다.	② 하우징 각부의 온도 차이에 의한 열팽창 차이 및 열변형의 처리가 어렵다.
③ 크랭크 기구가 없으므로 기계적 손실이 적다.	③ 로터와 하우징의 밀봉이 어렵다.
④ 고속 회전이 용이하다.	④ 로터와 하우징의 윤활이 곤란하다.
⑤ 기관 마력당의 중량 및 체적이 적다.	⑤ 정비가 어렵다.
⑥ 회전력 변동 및 소음이 적다.	
⑦ 연소실 온도가 낮아 NOx발생이 적다.	
⑧ 옥탄가 50~70 정도의 연료도 사용할 수 있다.	

Section 6-4 가스터빈(Gas Turbine)

1 가스터빈의 특징

가스터빈은 압축기로 압축한 공기를 연료의 연소 또는 원자로의 발생열 등으로 가열하여 고온·고압으로 만들고 이것으로 터빈을 돌려 이때의 에너지를 직접 회전력으로 변환시키는 내연기관이며, 장점 및 단점은 다음과 같다.

가스터빈의 장점	가스터빈의 단점
① 마력 당 중량이 가볍다.	① 터빈 날개가 고온 작동유체와 접촉하므로 가혹한 응력상태에 놓인다.
② 구조가 간단하고 진동 및 회전력 변동이 적다	② 열효율이 낮고, 연료소비율이 크다.
③ 저질연료 사용이 가능하다.	③ 저속 회전용으로는 부적합하다.
④ 내구성과 신뢰성이 크다.	④ 연소 소음이 크다.
⑤ 냉간 시동이 쉽고 운전조작이 간단하다.	⑤ 시동출력이 커야 한다.

1 가스터빈의 구성

가스터빈의 원동소를 구성하는 3요소는 공기압축기, 연소실 또는 연소기 및 터빈이다.

1. 공기압축기

공기압축기는 터빈으로 구동되며 흡입 공기를 압축하는 것으로 원심식 공기압축기와 축류식 공기압축기가 있다.

2. 연소기

연소기는 공기와 연료를 혼합하여 연속적으로 연소시키는 장치이며, 압축공기가 흐르는 수많은 구멍이 있고 연료를 연속적으로 분사시키는 분사 노즐과 시동할 때 점화시키는 점화장치가 마련되어 있다.

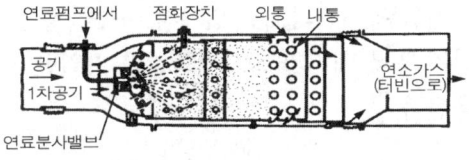

▲ 연소기의 구조

3. 터빈

터빈은 연소가스에 의해 회전력을 얻는 부분이며, 노즐과 날개로 구성되어 있다.

4. 열 교환기

열 교환기는 공기압축기와 연소기 사이에 부착되며, 여러 개의 파이프를 병렬로 설치한다. 파이프 속에는 공기가 흐르고 바깥쪽은 배기가스가 흘러서 배기의 열을 공기로 전달하며 흡입 공기 온도를 높이도록 되어 있다. 배기 열량의 회수율은 약 50~80% 정도이다.

Section 6-5 제트기관의 분류

① 제트추진 기관 : 연소가스를 분출시켜 직접 추진력을 얻는 형식
② 터보 제트기관(turbo-jet engine) : 연소가스로 터빈을 구동시켜 압축기를 구동하고 그 분출 가스의 추진력에 의해 추진되는 형식
③ 터보 프롭기관(turbo-prop engine) : 가스터빈에 연결된 추진축에 위해 추진력과 연소가스의 분출에 따른 추력을 함께 이용하는 형식
④ 램 제트기관(ram-jet engine) : 압축기 없이 디퓨저에 의해 속도 에너지를 압력 에너지로 바꾸어 이 압축공기에 의해 연료를 연소시키는 형식
⑤ 펄스 제트기관(pulse-jet engine) : 체크밸브로부터 연소실에 유입되는 공기가 노즐에서 분사되는 연료와 혼합하여 폭발할 때 연소가스의 추진 관으로부터 분출되는 추력을 이용하는 형식
⑥ 터보 팬 기관(turbo-fan engine) : 터보제트에 팬을 부착하는 것이며, 기관을 크게 하지 않고도 추진력을 증대시킬 수 있는 형식

Section 6-6 석유기관

가솔린 기관과 구조면에서 비슷하지만 석유를 연료로 사용하는 기관이며, 연료의 기화를 촉진하기 위해 배기가스로 기화기를 가열한다. 시동할 때는 가솔린으로 시동하므로 2중 기화기를 사용한다.

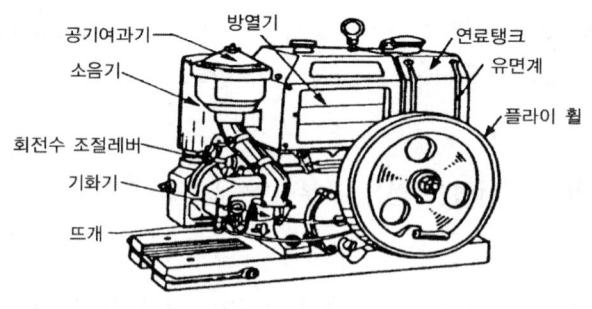

▲ 석유기관의 구조

1 석유기관의 특징

① 시동할 때는 가솔린을 사용하고 정상적인 운전에서는 석유로 전환한다.
② 조속기를 두어 일정한 회전속도를 유지한다.
③ 압축비가 가솔린 기관보다 낮다.
④ 같은 크기의 가솔린 기관에 비해 출력이 낮다.

2 석유기관 기화기의 구비조건

① 주 연료와 가솔린의 변환이 쉬울 것.
② 전부하 운전에서 성능이 균일할 것.
③ 전부하 운전에서 무 조정 운전이 가능할 것.
④ 연료 액면의 변화가 적을 것.
⑤ 기화 성능이 양호할 것.
⑥ 소형 석유기관에 히트 링(heat ring)을 장착하는 이유는 연소 효과를 높이기 위함이다.

Section 6-7 소구기관

소구기관(Hot Bulb Engine)은 흡입 공기의 압축 말기에 소구(Hot Bulb)의 열 면에 연료를 분사하여 점화시키는 기관으로 표면 착화기관 또는 세미디젤기관(Semi Diesel Engine)이라고도 한다. 소구기관의 특징은 다음과 같다.

① 구조가 간단하여 제작·보수 및 조작이 용이하다.
② 장시간 무부하 저속 운전을 할 수 있다.
③ 저질연료를 사용할 수 있다.
④ 연료소비율이 크다.

Chapter 6 출제예상문제

01 내연기관에 대한 설명으로 틀린 것은?
① 디젤 노크 방지책은 실린더 벽의 온도를 낮춘다.
② 가솔린 1kg을 완전 연소시키는데 약 15kg의 공기가 필요하다.
③ 가솔린 기관은 화연전파거리가 길어지면 노크가 발생한다.
④ 혼합연료의 옥탄가는 표준연료의 이소옥탄 체적으로 표시한다.
해설 디젤 노크를 방지하려면 실린더 벽의 온도, 흡입공기 온도, 압축비 등을 높여야 한다.

02 가솔린 기관에 대한 설명으로 틀린 것은?
① 노크 방지를 위해 실린더 벽의 온도를 높인다.
② 가솔린 기관은 화연전파거리가 길어지면 노크가 발생한다.
③ 가솔린의 옥탄가가 높을수록 비정상적인 점화가 잘 일어나지 않는다.
④ 이론 공연비상 가솔린과 완전 연소시키기 위한 공기의 비는 1 : 14.7이다.
해설 가솔린 기관에서 노크를 방지하려면 실린더 벽의 온도를 낮추어야 한다.

03 가솔린을 분사하여 공기와 혼합하는 분사식의 장점이 아닌 것은?
① 증기 폐쇄의 발생시 분사가 정확하다.
② 저온 시동이 가능하다.
③ 정시 분사 방법으로 열효율을 높일 수 있다.
④ 분사량의 조정으로 정확한 혼합비 조정이 가능하다.
해설 가솔린 분사 방식의 장점은 ②, ③, ④항 이외에 증기 폐쇄(베이퍼록)이나 퍼컬레이션 현상을 방지할 수 있다.

04 가솔린 기관에서 기화기 방식에 비해 전자제어 연료 분사 방식의 장점이 아닌 것은?
① 충전효율 개선
② 연료소비율 저감
③ 고속토크 저감
④ 가·감속 특성 개선
해설 전자제어 연료분사 방식의 장점은 충전효율 개선, 연료소비율 저감, 고속 토크 향상, 가감속 특성 개선 등이다.

05 전자제어 가솔린 엔진(MPI)에서 이론 공연비의 산정에 필요한 것은?
① 냉각수량
② 엔진오일량
③ 흡입공기량
④ 노멀헵탄량
해설 전자제어 가솔린 기관은 공기유량 센서에서 검출한 흡입공기량을 기준으로 이론공연비가 산정된다.

06 전자제어 가솔린 엔진에서 피스톤의 위치를 감지하여 연료 분사시기를 결정하는데 사용되는 센서는?
① 산소센서
② 대기압 센서
③ 모터 포지션 센서
④ 크랭크 각 센서
해설 크랭크 각 센서는 피스톤의 위치를 감지하여 기관의 회전속도를 계산하고 연료 분사시기 및 점화시기를 결정하는데 사용한다.

정답 01. ① 02. ① 03. ① 04. ③ 05. ③ 06. ④

07 가솔린 직접 분사식 엔진인 GDI 엔진의 특징이라고 볼 수 없는 것은?

① 희박한 공연비(25~40 : 1)에서도 연소가 가능하다.
② 연료가 회전하면서 분사되는 고압 스월 인젝터를 사용한다.
③ 흡·배기 캠축을 구동할 때 소음을 줄이기 위해 기어 내부에 스프링이 장착된 이중기어를 사용한다.
④ 연료는 고압으로 흡입밸브 입구에서 분사시켜 준다.

해설 가솔린 직접 분사 기관의 특징은 ①, ②, ③항 이외에 연료가 실린더 내에 직접 분사되므로 흡다 기관에서의 월웨팅 현상이 감소한다.
월웨팅 현상 : 저온 조건에서 연료를 분사하게 되면 낮은 온도로 인하여 분사된 연료의 미립화가 늦게 진행되면서 피스톤이나 연소실 벽면에 연료가 부착하는 현상

08 스파크 점화 기관에서 화염전파 거리를 단축시키기 위한 방법으로 틀린 것은?

① 연소실은 되도록 조밀하게 한다.
② 점화플러그로부터 연소실 끝까지의 거리를 최소화하는 위치로 배치한다.
③ 점화플러그 수를 적게 한다.
④ 실린더 수를 많게 하여 각각의 실린더 지름을 감소시킨다.

해설 스파크 점화 기관의 화염전파 거리를 단축시키는 방법은 ①, ②, ④항 이외에 점화플러그 수를 늘리는 방법이 있다.

09 점화장치에서 스파크 전압에 대하여 맞는 설명은?

① 연소실 압축비 증가에 따라 요구전압이 증가한다.
② 전극 온도가 높아지면 요구전압은 증가한다.
③ 가스 온도가 증가하면 요구전압은 감소한다.
④ 속도가 증가하면 요구전압은 감소한다.

해설 스파크 전압은 가스 온도가 증가하면 요구전압이 감소한다.

10 다음 중 디젤기관이 갖는 특징이 아닌 것은?

① 고옥탄가 연료를 사용
② 출력을 분사량으로 제어
③ 자기 착화
④ 대출력 기관이 가능

해설 디젤기관의 특징은 자기(압축)착화 방식이며, 출력을 연료분사량으로 제어하고, 대출력 기관 제작이 가능하다.

11 디젤기관에 대한 설명으로 올바른 것은?

① 연료소비율이 가솔린 기관보다 높다.
② 열효율이 가솔린 기관보다 나쁘다.
③ 고속 회전에는 부적당하고 저속 회전이 용이하다.
④ 연료비가 가솔린 기관보다 많이 든다.

해설 디젤기관은 가솔린 기관에 비해 열효율이 높고, 연료소비량이 적으며, 고속 회전에는 부적당하나 저속 회전이 용이하다.

12 가솔린 기관과 디젤기관을 비교한 것으로 적합하지 않은 것은?

① 실린더 내에 흡입하는 기체가 가솔린 기관은 공기와 가솔린의 혼합기이고, 디젤기관은 공기이다.
② 출력의 제어 방법으로 가솔린 기관은 흡입 혼합기의 양을 제어하고, 디젤기관은 연료 분사량을 제어한다.
③ 적용될 수 있는 실린더 직경의 범위는 디젤기관보다 가솔린 기관이 더 크다.
④ 점화 방법으로 가솔린 기관은 전기점화, 디젤기관은 압축 착화이다.

정답 07. ④ 08. ③ 09. ③ 10. ① 11. ③ 12. ③

해설 실린더 직경의 범위는 가솔린 기관보다 디젤기관이 더 크다.

13 4행정 사이클 디젤기관의 성능에 영향을 미치는 인자로 가장 관계가 적은 것은?

① 부스트 압력   ② 흡기관 온도
③ 배기관 온도   ④ 배압

14 왕복기관의 기계효율을 향상시키는 방법으로 틀린 것은?

① 관성을 증가시킨다.
② 회전 저항을 감소시킨다.
③ 구동 중 저항력을 줄인다.
④ 기관의 평형을 양호하게 한다.

> **해설** 기계효율을 높이는 방법
> ① 윤활이 잘되도록 할 것
> ② 기관의 평형을 양호하게 할 것
> ③ 배기가스의 배출 저항을 줄일 것
> ④ 회전 저항을 감소시킬 것
> ⑤ 구동 중 저항력을 줄일 것

15 기관의 배기량을 나타내는 것은?

① 연소실 체적   ② 실린더 체적
③ 크랭크실 체적   ④ 행정체적

> **해설** 기관의 배기량이란 행정체적을 말한다.

16 실린더의 총 체적이 320cm³, 압축비 8인 기관의 행정체적은 얼마인가?

① 280cm³   ② 240cm³
③ 360cm³   ④ 40cm³

> **해설** $Vc = \dfrac{V}{\epsilon}$, $Vs = V - Vc$ [V : 실린더 체적]
> $Vc = \dfrac{320}{8} = 40cc$, ∴ $Vs = 320 - 40 = 280cc$

17 압축비 7.25, 행정체적 250cm³인 기관이 있다. 연소실 체적은 얼마인가?

① 34.5cm³   ② 40cm³
③ 69cm³   ④ 80cm³

> **해설** $Vc = \dfrac{Vs}{\epsilon - 1}$
> [Vc : 연소실 체적, Vs : 행정체적, ϵ : 압축비]
> ∴ $\dfrac{250}{7.25 - 1} = 40$

18 기관의 회전속도가 4,500rpm이다. 연소 지연시간이 1/600초라고 하면 연소 지연시간 동안에 크랭크축의 회전각은?

① 30°   ② 35°
③ 40°   ④ 45°

> **해설** $It = 6Rt$
> [It : 연소 지연시간 동안에 크랭크축의 회전각, R : 기관의 회전속도, t : 연소 지연시간]
> ∴ $6 \times 4500 \times \dfrac{1}{600} = 45°$

19 다음 중 회전 피스톤 기관에 속하는 것은?

① 디젤기관   ② 방켈 기관
③ 가스터빈 기관   ④ 가솔린 기관

> **해설** 회전 피스톤 기관을 로터리 기관 또는 방켈 기관이라고도 한다.

20 로터리 기관의 장점으로 틀린 것은?

① 연료와 윤활유의 소비가 적다.
② 왕복 피스톤 기관에 비해 구성 부품수가 적다.
③ 왕복 피스톤기관에 비해 단위 출력 당 중량이 가볍다.
④ 밸브 기구가 생략되어 밸브 기구에 의한 소음이 없다.

정답 13. ③   14. ①   15. ④   16. ①   17. ②   18. ④   19. ②   20. ①

해설 로터리 기관의 특징
① 방켈 기관이라고도 부르며, 회전운동을 하므로 진동이 없다.
② 로터 1회전 당 3사이클을 수행하며, 크랭크 기구가 없어 기계적 손실이 적다.
③ 구조가 간단해 경량화가 가능하며, 고속회전이 용이하다.
④ 편심축이 필요하며, 회전력 변동 및 소음이 적다.
⑤ 연료소비율이 크며, 탄화수소 발생량이 많다.
⑥ 화염전파거리가 길다.

21 로터리(방켈) 기관의 단점이 아닌 것은?

① 연료소비율이 많다.
② 화염전파거리가 길다.
③ 탄화수소 발생량이 많다.
④ 연료에 대한 민감성이 낮다.

22 로터리 기관에 대한 설명으로 틀린 것은?

① 윤활유 소비가 많다.
② 화염전파 거리가 짧다.
③ 흡배기밸브가 없다.
④ 회전 피스톤과 편심축이 사용된다.

해설 로터리 기관의 특징
① 방켈 기관이라고도 부르며, 회전운동을 하므로 진동이 없다.
② 로터 1회전 당 3사이클을 수행하며, 크랭크 기구가 없어 기계적 손실이 적다.
③ 흡배기밸브가 없고, 회전 피스톤과 편심축이 사용된다.
④ 구조가 간단해 경량화가 가능하며, 고속회전이 용이하다.
⑤ 회전력 변동 및 소음이 적다.
⑥ 연료소비율 및 윤활유 소비가 크며, 탄화수소 발생량이 많다.
⑦ 화염전파거리가 길다.

23 로터리 기관의 특징과 거리가 먼 것은?

① 방켈 기관으로도 칭함
② 진동이 큼
③ 편심 축이 존재
④ 구조가 간단하고 경량화 가능

해설 로터리 기관의 특징은 ①, ③, ④항 이외에 회전운동을 하므로 진동이 없다.

24 외연기관에 속하며, 일정량의 가스가 실린더에 봉입되어 있고, 가스가 가열되거나 냉각되면서 압력이 증가되거나 감소됨에 따라 피스톤이 왕복운동을 하여 동력을 얻어내는 기관은?

① 방켈 기관   ② 제트기관
③ 스털링 기관 ④ 증기기관

해설 스털링 기관은 외연기관에 속하며, 원리는 왕복운동 하는 피스톤 양쪽에 기체를 밀폐한 실린더를 설치 후 한쪽 실린더는 가열하고 다른 쪽 실린더는 냉각하면 실린더의 압력 차이에 의해 피스톤이 저온 쪽으로 움직이는 것을 동력으로 추축하는 방식이다.

25 가스터빈의 이상 사이클은 어느 것인가?

① 카르노 사이클   ② 스털링 사이클
③ 브레이턴 사이클 ④ 에릭슨 사이클

해설 가스터빈의 이상 사이클은 브레이턴 사이클이다.

26 다음 설명에 해당되는 기관은?

> 속도형 고속 압축기로 공기를 계속적으로 압축하고, 압축된 공기 중에 연료를 분사, 연속적으로 연소시킨다. 이때 발생되는 연소가스로 터빈을 구동시키면 출력에 비해 소형·경량의 기관이 된다.

① 가스터빈 기관   ② 방켈 기관
③ 터보 기관   ④ 하이브리드 기관

해설 가스터빈 기관은 압축기로 압축한 공기를 연료

정답 21. ④ 22. ② 23. ② 24. ③ 25. ③ 26. ①

의 연소 또는 원자로의 발생열 등으로 가열하고 고온 고압으로 만들고 이것으로 터빈을 구동하여 이때의 에너지를 직접 회전력으로 변환시키는 열기관이다.

② 연료 소비가 많다.
③ 열효율이 피스톤 기관보다 낮다.
④ 부품 수가 많고 구조가 복잡하다.

27 가스터빈 기관에 대한 설명으로 틀린 것은?

① 압축 터빈과 동력터빈으로 구성된다.
② 압축 터빈과 동력터빈이 회전 방향은 반대이다.
③ 연소실에 점화플러그와 분사노즐이 설치되어 있다.
④ 출력 중 상당 부분이 동력 터빈에 소요되고 나머지 출력에 의하여 압축 터빈이 구동된다.

30 가스터빈이 왕복식 내연기관에 비해 장점이 아닌 것은?

① 저속 운전시 성능이 양호하다.
② 기구가 간단하고 토크 변동이 적다.
③ 동일마력에서는 소형 경량화 할 수 있다.
④ 연소가 용이하고 저급의 연료도 사용할 수 있다.

31 가스터빈 기관의 구조에서 주요 구성요소로 틀린 것은?

① 터빈 ② 압축기
③ 연소실 ④ 크랭크축

해설 가스터빈의 주요 구성요소는 압축기, 연소실, 터빈, 열교환기이다.

28 왕복 피스톤 기관과 가스터빈 기관을 비교했을 때 가스터빈의 단점이 아닌 것은?

① 연료소비율이 높다.
② 수명이 길다.
③ 가속 지연을 피할 수 없다.
④ 흡배기 소음이 크다.

해설 가스터빈의 장점 및 단점

가스터빈의 장점	가스터빈의 단점
① 동일 출력에서 소형경량이다.	① 터빈 날개가 고온의 작동유체와 접촉하므로 가혹한 응력을 받는다.
② 구조가 간단하고 진동 및 토크 변동이 적다.	② 열효율이 낮고 연료 소비가 크다.
③ 저급의 연료 사용이 가능하다.	③ 저속 회전용으로는 부적합하다.
④ 내구성 및 신뢰성이 높다.	④ 작동 소음이 크다.
⑤ 냉간 시동이 쉽고 운전 조작이 간단하다.	⑤ 시동 출력이 커야 한다.

32 브레이튼 사이클의 순서로 적합한 것은?

① 단열 팽창→등압 냉각→단열 압축→등압 가열
② 단열 압축→등압 가열→단열 팽창→등압 냉각
③ 등압 냉각→단열 압축→단열 팽창→등압 가열
④ 등압 냉각→단열 팽창→등압 가열→단열 압축

해설 브레이튼(brayton) 사이클 : 정압 연소를 행하는 가스터빈의 기본 사이클이며 동작유체를 공기로 하고 손실은 없다고 가정하며 압축·팽창은 단열변화, 수열과 방열은 등압변화 아래에서 행해지는 이상적인 사이클이다.

29 가스터빈의 특징으로 틀린 것은?

① 토크 변동이나 진동이 적고 고속 회전이 가능하다.

정답 27. ④ 28. ② 29. ④ 30. ① 31. ④ 32. ②

33 압축기 없이 다퓨저에 의해 속도 에너지를 압력 에너지로 바꾸어 이 압축공기에 의해 연료를 연소시키는 제트기관은?

① 터보 제트 기관
② 터보 프롭 기관
③ 램 제트 기관
④ 펄스 제트 기관

해설 램 제트기관(ram-jet engine)은 압축기 없이 다퓨저에 의해 속도 에너지를 압력 에너지로 바꾸어 이 압축공기에 의해 연료를 연소시킨다.

34 석유기관 기화기의 구비조건에 관한 서술로 부적당한 것은 어느 것인가?

① 주 연료와 가솔린의 변환이 용이할 것
② 전체 회전범위에 대하여 기관성능이 균일할 것
③ 연료 액면 변동이 많아서 다량의 연료가 분출될 것
④ 기화 성능이 양호할 것

해설 석유기관의 기화기 구비조건은 ①, ②, ④항 이외에 연료 액면의 변화가 적을 것.

35 소형 석유기관에 히트 링을 장착하는 이유 중 가장 옳은 것은?

① 연소 효과를 높이기 위한 것.
② 윤활유 소비를 줄이기 위한 것.
③ 압축비를 높이기 위한 것.
④ 시동용 가솔린을 쓰지 않게 하기 위한 것.

해설 소형 석유기관에 히트 링(heat ring)을 장착하는 이유는 연소 효과를 높이기 위함이다.

36 소구기관의 특징에 대한 설명으로 틀린 것은?

① 연료소비율이 크다.
② 저질연료를 사용할 수 있다.
③ 세미 가솔린 기관이라고도 한다.
④ 구조가 간단하여 제작, 보수, 조작이 용이하다.

해설 소구기관의 특징
① 구조가 간단하여 제작, 보수, 조작이 용이하다.
② 장시간 무부하 저속 운전을 할 수 있다.
③ 저질 연료를 사용할 수 있다.
④ 수명이 길고 과부하에서 내구력이 크다.
⑤ 역전장치가 필요 없다.
⑥ 연료소비율이 크다.

37 소구기관이 어선용으로 많이 사용되는 이유와 관계가 가장 먼 것은?

① 제작·보수 및 운전 조작이 용이하다.
② 연료소비율이 적고 진동이 적다.
③ 수명이 길고 과부하에서 내구력이 크다.
④ 역전 장치가 필요 없다.

38 표면 점화 기관이라고도 부르는 기관은?

① 가솔린 기관   ② 소구기관
③ 디젤 기관   ④ 방켈 기관

해설 ① 가솔린 기관 : 전기불꽃 점화, ② 소구기관 : 표면 점화, ③ 디젤기관 : 압축 착화, ④ 방켈(로터리) 기관 : 전기불꽃 점화

39 다음에서 전기점화 기관이 아닌 것은?

① 가솔린 기관   ② 가스기관
③ 석유기관   ④ 소구기관

정답 33. ③ 34. ④ 35. ① 36. ③ 37. ② 38. ② 39. ④

PART 3
유압기기 및 건설기계 안전관리

| Chapter 1 | 유압기기 |
| Chapter 2 | 건설기계 안전관리 |

Chapter 1
유압기기

Section 1-1 유압의 개요

1 파스칼의 원리(Pascal's Principle)

밀폐된 용기 내에 유체를 가득 채우고 그 용기에 힘을 가하면 그 내부의 압력은 용기의 각 면에 수직으로 작용하며, 용기 내의 어느 곳이든지 똑같은 압력으로 작용한다.

> **참고** 표준대기압
> =760torr(토리첼리)=760mmHg=10,332mmH$_2$O=1.0332(kg/cm^2)
> =14.7PSI=101,332N/m^2=1,013.25hPa=1,013mbar

2 유압장치의 장점 및 단점

1. 유압장치의 장점

① 작은 동력원으로 큰 힘을 낼 수 있다. 즉 소형장치로 큰 출력을 발생한다.
② 속도제어 및 힘의 연속적 제어가 쉽다.
③ 미세조작 및 원격조작이 쉬우며, 진동이 작고, 작동이 원활하다.
④ 전기·전자의 조합으로 자동제어가 쉽다.
⑤ 과부하에 대한 안전장치가 간단하고 정확하다.
⑥ 에너지 축적이 가능하고, 운동 방향을 쉽게 변경할 수 있다.
⑦ 윤활성, 내마모성, 방청성이 좋다.
⑧ 무단변속이 가능하고, 정확한 위치 제어를 할 수 있다.
⑨ 힘의 전달 및 증폭이 용이하다.

2. 유압장치의 단점

① 배관이 까다롭고 유압유가 누출되는 경우가 많다.
② 유압유의 온도에 따라 유압 기계의 속도가 변화한다.
③ 에너지 손실이 크다
④ 고압 사용으로 인한 위험성 및 이물질(공기·수분 및 먼지)에 민감하다.
⑤ 고장 원인 발견이 어렵고, 구조가 복잡해 점검이 어렵다.

⑥ 폐유에 의한 주변 환경이 오염될 수 있다.

3 유압유

1. 유압유의 구비조건

① 강인한 유막(오일 막)을 형성하여야 한다.
② 적당한 점도와 유동성이 있어야 한다.
③ 비중이 적당하고 비압축성이어야 한다.
④ 내부식성이 크고, 인화점 및 발화점이 높아야 한다.
⑤ 점도지수가 높고 및 체적탄성계수가 커야 한다.
⑥ 열 방출이 잘 되고, 내화성이 커야 한다.
⑦ 기포 발생이 적고 실(seal) 재료와의 적합성이 좋아야 한다.
⑧ 물·공기 및 먼지 등을 신속하게 분리할 수 있어야 한다.
⑨ 밀도가 적고, 독성과 휘발성이 없어야 한다.
⑩ 유압장치에 사용되는 재료에 대하여 불활성이어야 한다.

2. 유압유의 점도

① 유압유의 가장 중요한 성질은 점도이다.
② 유압유의 점도가 너무 높으면 유동의 저항이 증가하여 마찰에 의한 열 발생이 크고, 유압펌프의 동력 소비가 증가한다.
③ 유압유의 점도가 너무 낮으면 유압펌프나 유압모터의 용적효율이 감소하고, 내부 오일누설이 증가하며, 압력 유지가 곤란하다. 또 마모가 증대되며, 유압이 낮아진다.
④ 유압유의 점도는 온도가 상승하면 낮아지고, 온도가 낮아지면 높아지는 성질이 있는데 이 변화 정도를 표시하는 것을 점도지수라 한다. 점도지수가 높은 유압유일수록 점도 변화가 적다.

3. 난연성 유압유

① 난연성 유압유에는 비함수계의 것(내화성을 갖는 합성물)과 함수계의 것이 있다.
② 비함수계의 것으로서는 인산에스테르와 폴리올에스테르가 대표적이다.
③ 함수계 작동유에는 수중유적형(O/W), 유중수적형(W/O), 물-글리콜계 등이 있다.
④ 수중유적형(O/W)은 첨가제를 함유한 광유를 1~10% 물속에 유화시킨 것이다.
⑤ 유중수적형(W/O)은 물을 40~50% 오일 속에 분산시킨 것이며 어느 것이나 유화제, 방청제, 마모방지제, 방부제 등의 첨가제가 사용되고 있다.
⑥ 물-글리콜형은 글리콜, 폴리글리콜(증점제)의 수용액속에 방청제와 마모방지제의 첨가제

를 넣은 것이며 수분량은 40~50%이다.

4. 기름의 열화를 찾아내는 방법
① 색깔의 변화나 수분, 침전물의 유무 확인
② 흔들었을 때 거품이 없어지는 여부 확인
③ 자극적인 악취 확인

5. 작동유의 온도가 상승하는 원인
① 작동유가 부족할 때
② 작동유가 노화되었을 때
③ 작동유의 점도가 부적당할 때
④ 릴리프밸브가 과도하게 작동할 때
⑤ 유압펌프의 효율이 불량할 때
⑥ 오일냉각기의 냉각핀이 오손되었을 때
⑦ 냉각팬의 회전속도가 느릴 때
⑧ 유압펌프에서 내부 누설이 증가할 때
⑨ 밸브의 누유가 많고 무부하 시간이 짧을 때

6. 유체기계 펌프에서 캐비테이션(cavitation ; 공동현상)
① 유동하고 있는 액체의 압력이 국부적으로 저하되어 포화증기압 또는 공기분리압에 달하여 증기를 발생시키거나, 또는 용해 공기 등이 분리되어 기포를 일으키는 현상으로, 이것들이 흐르면서 터지게 되면 국부적으로 초고압이 발생되어 소음, 진동이 발생된다. 이것들은 유체 중의 기체 용유량, 유체의 점도, 속도 등의 변화에 영향을 준다.
② 발생원인
　㉮ 흡입 스트레이너의 막힘
　㉯ 작동유의 점도가 너무 높다.
　㉰ 유압펌프의 회전수가 너무 빠르다.
　㉱ 유압펌프 흡입관 연결부에서 공기가 혼입된다.
　㉲ 유온 상승 및 용적효율의 저하
　㉳ 급격한 유로의 차단
③ 문제점
　㉮ 유압장치내 소음과 진동이 발생된다.
　㉯ 유압펌프와 작동기의 효율이 저하된다.
　㉰ 유압펌프 내부에 매우 높은 압력이 발생한다.
　㉱ 캐비테이션 발생 부분의 금속이 부식된다.

㉰ 유압모터가 브레이크 작용할 때도 발생한다.
④ 대책
㉮ 적당한 점도의 작동유를 선택한다.
㉯ 작동유 중에 물, 공기 및 먼지 등의 이물질이 유입되지 않도록 한다.
㉰ 오일 스트레이너를 정기적으로 점검/교환한다.
㉱ 유압펌프의 회전수를 낮춘다.
㉲ 흡입관의 굵기를 유압 본체의 연결구와 같은 크기로 한다.
㉳ 한랭한 경우 작동유 온도가 30℃ 이상 되도록 난기운전을 실시한다.
㉴ 캐비테이션 발생시 유압회로의 압력변화를 없애준다.

7. 채터링 현상

① 직동형 릴리프 밸브에서 포핏이 밸브시트를 두드려서 비교적 높은 음을 발생시키는 일종의 자력진동 현상이다.
② 그림의 밸브로 회로 압력을 조종할 때 A부분의 회로 압력이 릴리프밸브의 설정 압력에 가까워지면 포핏이 조금 위로 올려져 B부분의 밸브시트와의 사이에 근소한 틈새를 만든다. 이 틈새로 A부분의 고압의 오일이 고속으로 빠져나오게 되고 A부가 가지고 있는 오일의 압력 에너지가 B부분에서 속도 에너지로 바뀌므로 이 부분의 압력이 갑자기 내려가게 된다.
③ 이 급격한 압력 저하와 스프링의 힘에 의해 포핏은 맹렬하게 시트면에 부딪힌다. 또다시 압력이 상승하여 포핏은 상승하게 되고 이같은 동작을 높은 소리를 내면서 반복하게 되는 현상
④ 직동형 릴리프 밸브는 압력 조정 범위가 좁고 채터링에 의한 밸브시트의 홈이 생기므로 밸런스 피스톤형 릴리프밸브를 사용한다.

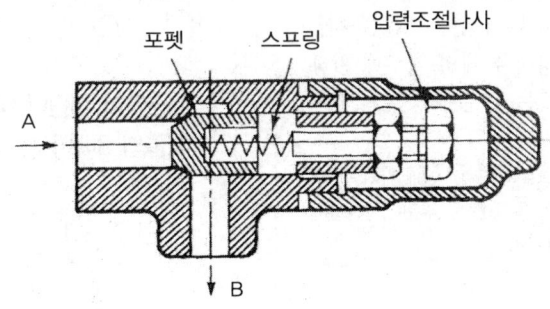

Chapter 1 출제예상문제

01 다음 중 압력의 단위로 옳은 것은?

① Pa   ② kg/m³
③ J/s   ④ kgf/cm³

해설 압력의 단위는 kgf/cm², PSI, Pa(kPa, MPa), mmHg, bar, atm, mAq 등을 사용한다.

02 다음 중 표준 1기압을 나타내는 물리량이 아닌 것은?

① 10.1325bar   ② 10.332mAq
③ 101.325kPa   ④ 760mmHg

해설
1기압=101325Pa=1013.25hPa=101.325kPa
=0.101325MPa=10.332mAq
=1013250dyne/cm²=1013.25mb=1.01325bar
=1.033227kgf/cm²=14.696psi=760mmHg

03 파스칼의 원리를 맞게 설명한 것은?

① 힘은 질량과 가속도의 곱이다.
② 압력과 체적의 곱은 일정하다.
③ 압력, 속도, 위치 수두의 합은 일정하다.
④ 밀폐된 용기 속에 정지 유체의 일부에 가해지는 압력은 유체 모든 부분에 동일한 힘으로 전달된다.

해설 파스칼의 원리란 "밀폐된 용기 속에 정지 유체의 일부에 가해지는 압력은 유체 모든 부분에 동일한 힘으로 전달된다."는 원리이다.

04 유압프레스에서 힘의 전달 작동원리는 어느 이론에 기초를 둔 것인가?

① 파스칼의 원리   ② 토리첼리의 원리
③ 보일샤를의 원리   ④ 아르키메데스의 원리

05 일정한 유량으로 유체가 흐를 때 관의 안지름이 2배인 관으로 교체할 경우 유속은 몇 배가 되는가?

① $\frac{1}{2}$ ② $\frac{1}{4}$
③ $\frac{1}{8}$ ④ $\frac{1}{16}$

해설 일정한 유량으로 유체가 흐를 때 관의 안지름이 2배인 관으로 교체할 경우 유속은 1/4배가 된다.

06 일정한 유량으로 유체가 흐를 때 관의 안지름이 절반인 관으로 교체할 경우 유속은 몇 배가 되는가?

① 2   ② 3   ③ 4   ④ 5

해설 일정한 유량으로 유체가 흐를 때, 관의 안지름이 절반(1/2)인 관으로 교체할 경우 유속은 4배가 된다.

07 그림에서 실린더 B의 반지름은 실린더 A의 반지름의 3배이다. 힘 F_1과 F_2 사이의 관계는?

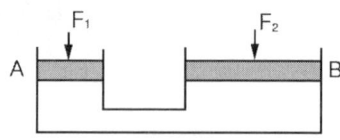

① $F_1 = 3F_2$ ② $F_1 = 9F_2$
③ $F_2 = 3F_1$ ④ $F_2 = 9F_1$

정답 01. ① 02. ① 03. ④ 04. ① 05. ② 06. ③ 07. ④

08 그림과 같은 장치의 두 피스톤의 지름이 각각 25cm와 5cm이다. 지름 25cm 피스톤을 1cm 만큼 움직이면 지름 5cm인 작은 피스톤은 몇 cm나 움직이겠는가? (단, 작동유 누설과 압력은 무시한다.)

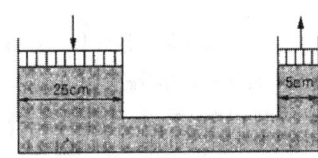

① 5   ② 15   ③ 20   ④ 25

해설 $L_2 = \dfrac{A_2 \times L_1}{A_1}$

[L_2 : 지름이 작은 피스톤의 이동거리,
A_2 : 큰 피스톤의 단면적,
L_1 : 지름이 큰 피스톤의 이동거리,
A_1 : 작은 피스톤의 단면적]

∴ $\dfrac{0.785 \times 25^2 \times 1}{0.785 \times 5^2} = 25cm$

09 실린더 로드의 부하가 없는 곳(A측)에 P_A = 60kgf/cm²의 압력을 보내며 B측의 출구를 닫으면 B측에 발생하는 압력 P_B는 약 몇 kgf/cm²인가?(단, 실린더 내경 50mm, 로드의 지름 25mm이다.)

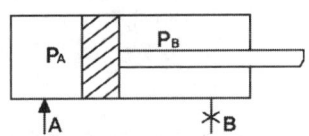

① 40   ② 60   ③ 80   ④ 100

해설 ① P_A에서 발생하는 힘(F)=P×A
[P : 유압, A : 실린더 단면적]
∴ $60kgf/cm^2 \times 0.785 \times 5^2 = 1177.5kgf$

② P_B의 유압(P)= $\dfrac{F}{A}$

∴ $\dfrac{1177.5kgf}{(0.785 \times 5^2) - (0.785 \times 2.5^2)} = 80kgf/cm^2$

10 내경 50mm인 유압실린더에 의해 1,500 kgf의 추력을 발생시키려고 할 때 필요로 하는 최소유압은 몇 kgf/cm²인가? (단, 피스톤의 자중, 마찰 등은 무시하고 복귀유의 압력은 0으로 한다.)

① 64.25   ② 76.43
③ 87.64   ④ 92.82

해설 $P = \dfrac{F}{A}$ [P : 유압(kgf/cm²),
F : 추력(kgf), A : 단면적(cm²)]

∴ $\dfrac{1,500}{0.785 \times 5^2} = 76.4 kgf/cm^2$

11 안지름 Φ25mm의 관을 통하여 유량을 80 ℓ/min로 공급할 때 수송관 내의 유속은 약 몇 m/s인가?

① 2.21   ② 2.32
③ 2.52   ④ 2.72

해설 $V = \dfrac{Q}{A}$

[V : 유속(m/sec), Q : 유량(m³/sec),
A : 단면적(m²), 1ℓ : 0.001m³]

∴ $\dfrac{80 \times 0.001}{0.785 \times 0.025^2 \times 60} = 2.72 m/s$

12 내경 20mm의 관에 0.05m³/min의 작동유가 흐르고 있다. 관내의 유속은 약 몇 m/s 인가?

① 1.65   ② 2.01
③ 2.65   ④ 3.01

해설 $V = \dfrac{Q}{A}$ [V : 유속, Q : 유량, A : 단면적]

∴ $\dfrac{0.05 m^3/min}{0.785 \times 0.02^2 \times 60} = 2.65 m/s$

정답 08. ④ 09. ③ 10. ② 11. ④ 12. ③

13 유압 시스템의 오일 토출량이 매분 49ℓ이고 실린더 튜브의 내경이 10cm인 유압실린더의 추력이 2.5kgf라면 이 유압실린더의 속도는 몇 cm/sec인가?

① 7.8 ② 8.2
③ 9.6 ④ 10.4

해설 $V = \dfrac{Q}{A}$ ∴ $\dfrac{49 \times 10^3}{0.785 \times 10^2 \times 60} = 10.4 cm/s$

14 유압 관로 유량이 15L/min 일 때 안지름 60mm의 실린더에서 피스톤 속도는 약 몇 cm/s 인가?

① 530.8 ② 8.84
③ 53.08 ④ 88.4

해설 $V = \dfrac{Q}{A}$ ∴ $\dfrac{15 \times 10^5}{0.785 \times 60^2 \times 60} = 8.84 cm/s$

15 램의 지름 150mm, 추력 $F=5$ton, 피스톤 속도 4m/min 일 때 필요한 유량은 약 몇 l/min 인가?

① 70.7 ② 80.7
③ 85.7 ④ 95.7

해설 Q = AV [Q : 유량, A : 공작물의 단면적, V : 흐름속도(유속)]
∴ $\dfrac{0.785 \times 150^2 \times 4}{1000} = 70.65 l/min$

16 어떤 작동유에 압력을 10kgf/cm²에서 40kgf/cm²까지 증가시켰을 때 체적이 0.2[%] 감소했다고 한다. 이때의 압축률은 약 몇 cm²/kgf 인가?

① 4.66×10^{-5} ② 0.06
③ $6.66 \times^{-5}$ ④ 7.66×10^{-5}

해설 $\varepsilon r = \dfrac{v}{P_2 - P_1}$
[εr : 압축률, v : 체적감소율, P_1, P_2 : 압력]
∴ $\dfrac{0.002}{40-10} = 0.0000666 = 6.66 \times 10^{-5}$

17 기름의 압축률이 6.8×10^{-5} cm²/kgf일 때 압력을 0에서 300kgf/cm²까지 압축하면 체적은 약 몇 %가 감소하는가?

① 2.04% ② 0.023%
③ 2.27% ④ 0.0204%

해설 $\varepsilon = \dfrac{v}{P_2 - P_1}$ [ε : 압축율, v : 체적감소율, P_1, P_2 : 압력]에서 $v = \varepsilon(P_2 - P_1)$
∴ $\dfrac{6.8 \times (300 - 0)}{1000} = 2.04\%$

18 기름의 압축률이 6×10^{-5}m²/N일 때 압력을 0에서 200N/m²까지 압축하면 체적은 몇 % 감소하는가?

① 1.2 ② 1.6
③ 2.2 ④ 2.6

해설 $\varepsilon = \dfrac{v}{P_2 - P_1}$ [ε : 압축율, v : 체적감소율, P_1, P_2 : 압력]에서 $v = \varepsilon(P_2 - P_1)$
∴ $\dfrac{6 \times (200 - 0)}{1000} = 1.2\%$

19 공압과 비교하여 유압이 가지는 장점이 아닌 것은?

① 높은 압력으로 큰 힘을 낼 수 있다.
② 보다 정밀하게 제어할 수 있다.
③ 저속에서도 제어성이 높다.
④ 먼 거리로 에너지를 운반할 수 있다.

해설 유압의 장점은 높은 압력으로 큰 힘을 낼 수

정답 13. ④ 14. ② 15. ① 16. ③ 17. ① 18. ① 19. ④

있고, 정밀한 제어가 가능하며, 저속에서도 제어성이 높다.

20 유압 기술의 일반적인 특징으로 거리가 먼 것은?

① 무단 변속이 가능하다.
② 자동제어가 불가능하다.
③ 소형장치로 큰 출력을 얻을 수 있다.
④ 방청과 윤활이 자동적으로 이루어진다.

해설 **유압장치의 장점**
① 윤활성, 내마멸성, 방청성이 좋다.
② 속도제어와 힘의 연속적 제어가 용이하다.
③ 작은 동력원으로 큰 힘을 낼 수 있다(소형장치로 큰 출력을 발생한다).
④ 과부하에 대한 안전장치가 간단하고 정확하다.
⑤ 운동방향을 쉽게 변경할 수 있다.
⑥ 전기·전자의 조합으로 자동제어가 용이하다.
⑦ 에너지 축적이 가능하며, 힘의 전달 및 증폭이 용이하다.
⑧ 무단 변속이 가능하고, 정확한 위치제어를 할 수 있다.
⑨ 미세조작 및 원격조작이 가능하다.
⑩ 진동이 작고, 작동이 원활하다.

21 유압장치의 특징으로 적절하지 않은 것은?

① 무단 변속이 가능하다.
② 고압에서 누유의 위험이 있다.
③ 오일에 기포가 섞여 작동이 불량할 수 있다.
④ 먼지나 이물질에 의한 고장의 우려가 없다.

22 작동유의 일반적인 성질에 관한 설명으로 올바른 것은?

① 점도지수가 낮을수록 좋다.
② 소포성이 높을수록 좋다.
③ 항유화성이 낮을수록 좋다.
④ 산가가 높을수록 좋다.

해설 작동유는 점도지수, 소포성(거품 방지성), 항유화성, 산가 등이 높아야 한다.

23 다음 중 유압유의 구비조건으로 거리가 먼 것은?

① 기름 중의 공기를 빠르게 분리시킬 수 있어야 한다.
② 장시간 사용하여도 화학적으로 안정하여야 한다.
③ 열을 방출시키지 않아야 한다.
④ 비압축성이어야 한다.

해설 **유압유(작동유)의 구비조건**
① 비압축성이며, 부식의 발생을 방지할 수 있을 것
② 산화 안정성이 있을 것.
③ 소포성능(거품 방지성능)과 윤활성이 좋을 것
④ 점도지수가 높을 것
⑤ 냄새가 없고 내화성이 크며, 열 방출이 잘 될 것
⑥ 장시간 사용하여도 화학적으로 안정될 것
⑦ 인화점 및 발화점이 높을 것

24 유압 작동유의 다음 성질 중 가장 중요한 것은?

① 점도   ② 비중량
③ 밀도   ④ 비체적

해설 작동유의 성질 중 가장 중요한 것은 점도이다.

25 유압 작동유가 구비해야 할 조건으로 적절하지 않은 것은?

① 비압축성일 것
② 점도지수가 작을 것
③ 화학적으로 안정적일 것
④ 압력변화에 따른 체적변화가 작을 것

해설 점도지수가 낮으면 작동유가 온도에 따라 민감하게 점도가 변화하므로 점도지수는 높아야 한다.

정답 20. ② 21. ④ 22. ② 23. ③ 24. ① 25. ②

26 작동유에서 점도지수에 관한 설명으로 틀린 것은?

① 점도지수는 온도에 따른 작동유 점도의 변화를 나타내는 값이다.
② 점도지수가 클수록 온도변화에 따른 점도 변화가 크다.
③ 점도지수가 작은 작동유를 사용하면 예비운전 시간이 길어질 수가 있다.
④ 일반적으로는 점도지수가 큰 작동유를 선정하는 것이 유리하다.

해설 점도지수는 온도에 따른 작동유 점도의 변화를 나타내는 값이며, 점도지수가 클수록 온도변화에 따른 점도 변화가 작다.

27 유압회로에서 유압유의 점도가 너무 클 경우, 일어나는 현상으로 거리가 먼 것은?

① 유동의 저항이 지나치게 증가한다.
② 마찰에 의한 열이 많이 발생한다.
③ 각 부분 사이에 누설손실이 커진다.
④ 마찰손실에 의한 펌프의 동력 소비가 증가한다.

해설 유압유의 점도가 너무 높으면 유동저항이 증가하여 마찰에 의한 열 발생 커지고, 유압펌프의 동력 소비가 증가한다.

28 작동유의 점도가 너무 높을 경우, 유압장치에 발생하는 문제로 맞는 것은?

① 내부 누설 및 외부 누설
② 내부마찰의 증대와 온도 상승
③ 펌프효율 저하에 따른 온도 상승
④ 정밀한 조절과 제어 곤란 등의 현상 발생

29 건설기계 유압장치에 사용되는 작동유의 점도가 지나치게 낮은 경우 나타나는 현상이 아닌 것은?

① 유동저항이 증대하여 압력손실이 증가한다.
② 유압유 누설의 원인이 된다.
③ 압력 유지가 곤란하게 된다.
④ 섭동부의 마모가 증대된다.

해설 작동유의 점도가 지나치게 낮으면 ②, ③, ④항 이외에, 유동저항은 감소하지만 유압은 낮아진다.

30 온도변화에 따라 점도 변화의 비율을 나타내기 위하여 사용되는 지수는?

① 내화지수   ② 점도효율
③ 점도지수   ④ 점도변화율

해설 점도지수 : 오일의 점도는 온도가 상승하면 점도가 낮아지고, 온도가 낮아지면 점도가 높아지는 성질이 있는데 이 변화 정도를 표시하는 것이며, 점도지수가 높은 오일일수록 점도 변화가 적다.

31 유압유의 특성에서 물리적인 것과 화학적인 것이 있다. 다음 중 화학적인 특성인 것은?

① 점도지수   ② 밀도
③ 유동점   ④ 산화안정성

32 작동유의 산성을 나타내는 척도인 것은?

① 점도지수   ② 수포성
③ 인화점   ④ 중화수

33 작동유의 안정성에 대하여 가장 중요한 영향을 갖는 것은?

① 온도   ② 금속의 촉매작용
③ 압력   ④ 외부로부터의 이물질

해설 작동유의 안정성에 가장 큰 영향을 주는 요소는 온도이다.

정답 26. ② 27. ③ 28. ② 29. ① 30. ③ 31. ④ 32. ④ 33. ①

34 유압 작동유를 석유계 작동유와 난연성 작동유로 구분할 때 난연성 작동유에 속하는 것은?

① 순광유
② R & O형 유압 작동유
③ 내마모형 유압 작동유
④ 인산에스테르형 작동유

해설 난연성 작동유는 화학적으로 합성하여 만든 것으로 인산에스텔 또는 인산에스텔에 염소계 탄화수소, 광물성 작동유를 첨가한 것이다. 유동성, 윤활성, 착화방지성이 우수하며, 금속성에 대한 부식성이 거의 없다.

35 유압기기의 작동유체 속의 오염물질인 수분의 영향에 관한 설명으로 틀린 것은?

① 캐비테이션이 발생한다.
② 작동유의 방청성을 저하시킨다.
③ 작동유의 윤활성을 저하시킨다.
④ 작동유의 산화 및 열화를 저하시킨다.

해설 작동유의 수분에 의한 영향은 ①, ②, ③항 이외에, 산화 및 열화를 촉진시킨다.

36 유압장치에서 오일 탱크의 유온이 상승하였다. 다음 유온 상승의 주된 원인이 아닌 것은?

① 회로 내 압력손실이 증가하였다.
② 탱크용량이 지나치게 크다.
③ 제어밸브의 허용 용량이 부족하다.
④ 오일냉각기의 고장이다.

해설 유온 상승의 주된 원인은 회로 내의 압력손실 증가, 제어밸브의 허용 용량 부족, 오일냉각기 고장 등이다.

37 점성계수의 단위로 올바른 것은?

① $kgf \cdot m/s^2$
② $kgf \cdot m^2/s^2$
③ $kgf \cdot s/m^2$
④ $kgf \cdot s^2/m^2$

해설 점성계수의 단위는 $kgf \cdot s/m^2$ 이다.

38 유압 기계에서 작업 장치로 유압 실린더의 압력을 천천히 빼어, 기계 손상의 원인이 되는 회로의 충격을 작게 하는 것을 무엇이라 하는가?

① 컷 오프
② 오일 미스트
③ 디컴프레션
④ 유압 드레인

해설 디컴프레션이란 유압 실린더의 압력을 천천히 빼어, 기계 손상의 원인이 되는 회로의 충격을 작게 하는 것이다.

39 유압장치를 사용하여 힘을 증대하는 기계는?

① 진동 개폐 밸브
② 토크 컨버터
③ 쇼크업소버
④ 유압 잭

40 현장에서 기름의 열화를 찾아내는 방법으로 맞지 않는 것은?

① 색깔의 변화나 수분, 침전물의 유무 확인
② 흔들었을 때 거품이 없어지는 여부 확인
③ 자극적인 악취 확인
④ 기름을 가열하였을 때 냉각되는 시간 확인

해설 기름의 열화를 찾아내는 방법은, 색깔의 변화나 수분, 침전물의 유무 확인, 흔들었을 때 거품이 없어지는 여부 확인, 자극적인 악취 확인 등이다.

41 굴삭기 유압탱크의 오일 스트레이너의 막힘량이 많거나 너무 조밀하면 어떤 현상이 발생할 수 있는가?

① 공동현상
② 베이퍼록 현상
③ 페이드 현상
④ 폐쇄 현상

해설 유압탱크의 오일 스트레이너의 막힘량이 많거나 너무 조밀하면, 유압유가 충분히 공급되지 않기 때문에 공동현상이 발생된다.

정답 34. ④ 35. ④ 36. ② 37. ③ 38. ③ 39. ④ 40. ④ 41. ①

Section 1-2 유압기기

유압기기의 구성요소는 유압구동장치(기관), 유압발생장치, 유압제어장치 등으로 되어 있다.

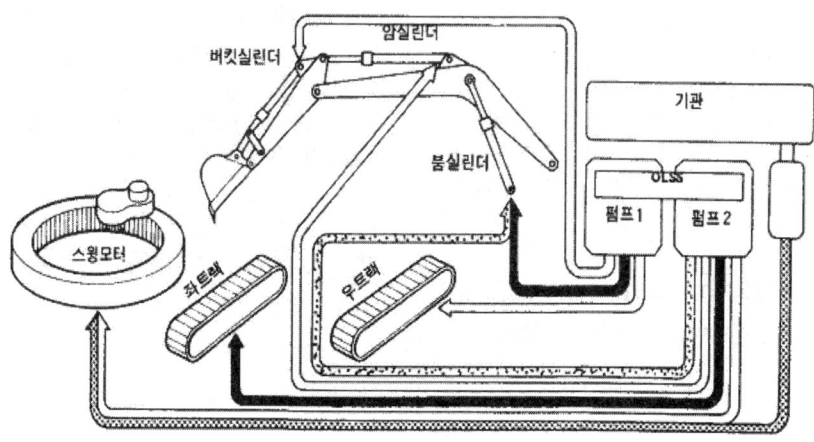

▲ 유압장치의 구성

1 유압펌프(hydraulic pump)

유압펌프는 기관의 기계적 에너지를 받아 유압 에너지로 변환시키는 것이며, 그 종류에는 기어 펌프, 플런저펌프, 베인 펌프 등이 있다. 유압펌프의 효율은 다음과 같다.
① 용적효율은 이론적 펌프 토출량에 대한 실제 토출량의 비율을 말한다.
② 기계적 효율은 구동장치로부터 동력에 대하여 펌프가 유압유에 작용한 이론 동력의 비율이다.
③ 유압펌프의 용적효율은 사용압력에 따라 변화한다.
④ 전체효율은 용적효율과 기계적 효율의 곱으로 표시한다.

1. 유압펌프의 종류와 특징

(1) 기어펌프(Gear Pump)

① 기어펌프의 작동원리 : 구동 기어가 회전하면 이것과 맞물린 피동 기어도 회전을 하며, 이때 펌프실 내의 부압 발생으로 유압유가 흡인되어, 기어 이(tooth) 사이에 끼여서 출구로 운반되어 토출되는 정용량형 펌프이다. 정용량형 펌프란 펌프의 회전속도에 따라 토출량이 변화하는 형식이다.

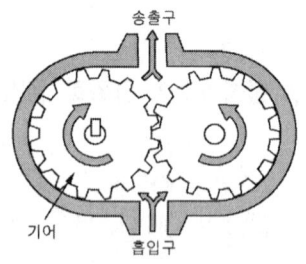

▲ 기어펌프의 구조

② 기어펌프의 장점 및 단점

기어펌프의 장점	기어펌프의 단점
㉮ 구조가 간단하다.	㉮ 토출량의 맥동이 커 소음과 진동이 크다.
㉯ 흡입저항이 작아 공동현상 발생이 적다.	㉯ 수명이 비교적 짧다.
㉰ 고속회전이 가능하다.	㉰ 대용량의 펌프로 하기가 곤란하다.
㉱ 가혹한 조건에 잘 견딘다.	

> **참고** **폐입 현상**
> 외접 기어펌프에서 토출측(압력측)까지 운반된 유압유의 일부가 기어의 두 치형 사이의 틈새에 폐쇄되어 흡입측으로 되돌려지는 현상으로 유압유의 압축과 팽창이 반복되어 축 동력의 증가, 기어의 진동, 캐비테이션 등이 발생된다.

(2) 플런저 펌프(Plunger Pump : 피스톤 펌프)

① 플런저 펌프의 작동원리 : 펌프실 내의 플런저가 실린더 내를 왕복운동을 하면서 펌프작용을 하며, 맥동적 출력을 하나 다른 펌프에 비하여 일반적으로 최고 압력의 토출이 가능하고, 펌프효율에서도 전체압력 범위가 높다.

② 플런저 펌프의 장점 및 단점

플런저 펌프의 장점	플런저 펌프의 단점
㉮ 가변용량이 가능하다.	㉮ 흡입성능이 나쁘다.
㉯ 고압에서 누설이 작아 효율이 가장 좋다.	㉯ 소음이 크고 최고 회전속도가 약간 낮다.
㉰ 수명이 길다.	㉰ 구조가 복잡하다.

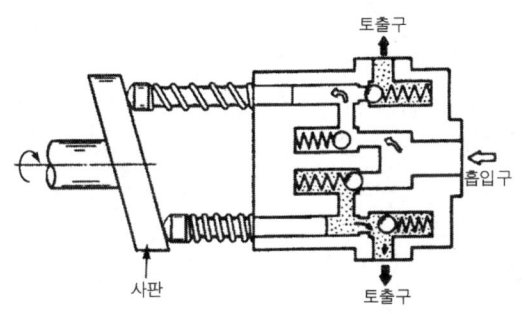 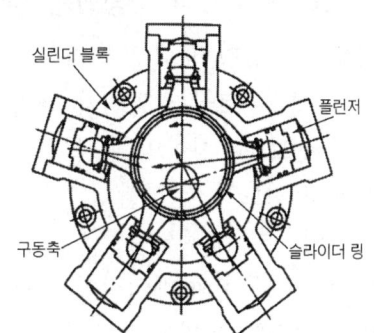

▲ 플런저 펌프

(3) 베인 펌프(Vane Pump)

① 베인 펌프의 작동원리 : 캠 링(cam ring) 속에 로터(rotor)가 들어 있으며, 이 로터에는 여러 개의 베인(vane : 날개)이 있어, 로터가 회전할 때 펌프작용을 한다.

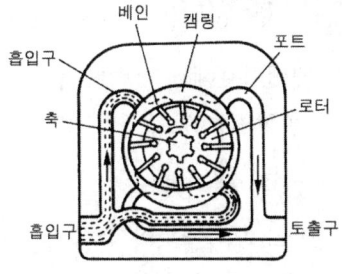

▲ 베인 펌프의 구조

② 베인 펌프의 장점 및 단점

베인 펌프의 장점	베인 펌프의 단점
① 정용량형과 가변 용량형이 있다. ② 회전력이 안정되어 소음이 적다. ③ 로터를 회전시키면 로터와 캠링의 내벽과 밀착된 상태가 되므로 기밀을 유지하게 된다. ④ 카트리지 방식으로 보수가 용이하다. ⑤ 소형·경량이며, 맥동과 소음이 적다. ⑥ 구조가 간단하고 성능이 좋다.	① 최고압력이 낮다. ② 흡입성능이 낮다.

2. 유압펌프의 구동 및 크기 표시 방법

건설기계의 유압펌프는 대부분 기관의 플라이휠에 의해 구동되며, 크기는 주어진 속도(또는 압력)와 그때의 토출량(GPM 또는 LPM)으로 표시한다.

3. 유압펌프의 동력

$$H_{kW} = \frac{PQ}{102 \times 60}$$

[H_{kW} : 펌프의 소요동력 P : 토출압력, Q : 송출유량]

4. 유압펌프에서 소음이 발생되는 원인

① 스트레이너 용량이 너무 작다.
② 흡입관 접합부로부터 공기가 유입된다.
③ 기관과 펌프 축 사이의 편심 오차가 크다.
④ 작동유의 점도가 너무 높다.
⑤ 작동유의 양이 부족하다
⑥ 유압펌프 구동축의 베어링이 마모되었다.
⑦ 유압펌프 상부 커버의 볼트가 풀려 있다.

2 제어밸브(Control Valve)

제어밸브에는 압력제어밸브(일의 크기 결정), 유량제어밸브(일의 속도 결정), 방향제어밸브(일의 방향 결정) 등 3가지가 있다.

1. 압력 제어밸브

압력 제어밸브의 종류에는 릴리프 밸브, 리듀싱 밸브, 시퀀스 밸브, 언로더 밸브, 카운터 밸런스 밸브 등이 있다.

(1) 릴리프 밸브(relief valve)
① 유압회로에서 유압이 규정 값에 도달하면 밸브가 열려서 유압유의 일부 또는 전량을 복귀하는 쪽으로 보내 회로 압력을 일정하게 하고, 최고 압력을 규제하여 유압기기를 보호하는 역할을 한다. 유압펌프와 제어밸브 사이에 설치되어 있다.
② 크랭킹 압력이란 체크밸브 또는 릴리프 밸브 등에서 압력이 상승하여 밸브의 포핏이 열리기 시작할 때의 압력이며, 크랭킹 압력은 설정 압력보다 높을 수도 있다.
③ 압력 오버라이드란 전유량 압력과 크랭킹 압력의 차이를 말한다.
④ 채터링(chattering)이란 밸브시트를 두들겨서 비교적 높은 소음을 내는 일종의 자려 진동현상이다.

(2) 리듀싱 밸브(감압밸브 : reducing valve)
① 분기회로의 압력을 주회로의 압력보다 낮은 압력으로 유지하려 할 때 사용된다.
② 연결구가 2개인 2-way 리듀싱 밸브와 연결구가 3개인 3-way 리듀싱 밸브 등이 있다.

(3) 시퀀스 밸브(sequence valve)
2개 이상의 분기회로에서 액추에이터(유압실린더나 모터)의 순차적인 작동순서를 제어하기 위한 밸브이다.

(4) 언로드 밸브(무부하 밸브 ; unload valve)
① 불필요한 유압유를 방출시켜 유압펌프에 부하가 걸리지 않도록 한다. 즉 유압회로 내의 압력이 설정 압력에 이르렀을 때 이 압력을 떨어뜨리지 않고 유압펌프 토출량을 그대로 유압유 탱크로 되돌리기 위하여 사용한다.
② 외부 파일럿 압력이 정해진 압력에 도달하면, 입구 쪽에서 유압유 탱크 쪽으로의 자유 흐름을 허락한다.
③ 언로드 밸브 등에서 유압펌프를 무부하 상태로 하는 것을 컷 아웃(cut out)라 한다.

(5) 카운터 밸런스 밸브(counter balance valve)
한쪽 방향의 흐름에는 설정된 배압을 부여하고 반대 방향의 흐름에는 자유 흐름이 되어 자유낙하를 방지하는 밸브이다.

2. 방향 제어밸브

방향 제어 밸브의 종류에는 스풀밸브, 체크밸브, 셔틀밸브, 디셀러레이션 밸브 등이 있다.
① 스풀(spool)밸브 : 1개의 회로에 여러 개의 밸브 면을 두고 미끄럼 운동이나 회전운동으로 유압유의 흐름방향을 변환시킨다.
② 체크밸브(check valve) : 한쪽 방향으로의 흐름은 자유로우나 역방향의 흐름을 허용하지 않는 밸브이다.

③ 디셀러레이션 밸브(deceleration valve) : 감속 회로에 사용되는 것은 적당한 캠 기구로 스풀을 이동시켜 유량의 증감 또는 개폐 작용을 하는 것으로 상시 개방형과 상시 폐쇄형 등으로 구분한다.

3. 유량제어 밸브

유량제어 밸브는 액추에이터의 운동 속도를 조정하기 위하여 사용되는 밸브이며, 종류에는 교축밸브, 급속 배기 밸브, 분류밸브(dividing valve), 니들밸브(needle valve), 오리피스 밸브(orifice valve), 포핏밸브, 스로틀 체크밸브(throttle check valve) 스톱밸브(stop valve) 등이 있다.

(1) 분류밸브
① 동기회로에서 두 개의 실린더가 같은 속도로 움직일 수 있도록 제어한다.
② 압력 유체원에서 2개 이상의 관로를 분류시킬 때 각각의 관로 압력에 관계없이 일정 비율로 유량을 분할하여 흐르도록 한다.

(2) 오리피스(orifice)
면적을 감소시킨 통로이며, 그 길이가 단면 치수에 비해 비교적 짧은 경우의 흐름의 조임을 말한다. 이때 압력강하는 유압유의 점도에 따라 큰 영향을 받지 않는다.

3 액추에이터(actuator)-유압실린더와 유압모터

액추에이터는 유압펌프에서 보내준 유압유의 압력 에너지를 직선운동(유압실린더)이나 회전운동(유압모터)을 하여 기계적인 일로 바꾸는 기구이다.

1. 유압실린더

유압실린더는 유압 에너지를 이용하여 직선운동의 기계적인 일을 하는 액추에이터이다. 유압실린더의 종류에는 단동형과 복동형이 있다. 단동형은 한쪽 방향에 대해서만 유효한 일을 하고, 복귀는 중력이나 복귀스프링에 의해 작동하는 형식이다. 복동형은 피스톤의 양쪽에 작동유를 교대로 공급하여 양방향의 운동을 유압으로 작동시키는 형식이다.

그리고 피스톤 없이 로드(rod) 자체가 피스톤 역할을 하는 것도 있다. 이를 램형 실린더(ram type cylinder)라 부르는데, 로드는 피스톤보다 조금 작게 설계한다. 또 로드의 끝은 약간 턱을 지게 하거나, 링을 끼워 로드가 빠져나가지 못하도록 한다. 유압실린더의 종류에는 단동 실린더 피스톤(piston)형, 단동 실린더 램(ram)형, 복동 실린더 양 로드(double rod)형, 다단형 실린더 등이 있다.

2. 유압모터의 특징

유압모터는 유압 에너지를 이용하여 연속적으로 회전운동을 시키는 액추에이터이며, 그 종류에는 기어 모터, 플런저 모터, 베인 모터 등 3가지가 있다.

유압모터의 장점	유압모터의 단점
① 넓은 범위의 무단변속이 용이하다.	① 유압유의 점도 변화에 의하여 유압모터의 사용에 제약이 있다.
② 소형·경량으로서 큰 출력을 낼 수 있다.	② 유압유는 인화하기 쉽다.
③ 변속·역전 제어도 용이하다.	③ 유압유에 먼지나 공기가 침입하지 않도록 특히 보수에 주의해야 한다.
④ 속도나 방향의 제어가 용이하다.	④ 공기와 먼지 등이 침투하면 성능에 영향을 준다.
⑤ 작동이 신속·정확하다.	
⑥ 전동모터에 비하여 급정지가 쉽다.	

4 부속기기

1. 유압유 탱크(hydraulic oil tank)

(1) 유압유 탱크의 작용 : 적정 유량을 확보하고, 유압유의 기포 발생 방지 및 기포의 소멸 작용과 적정 유온을 유지한다.

(2) 유압유 탱크의 구비조건
① 배유구(드레인 플러그)와 유면계를 설치하여야 한다.
② 흡입관과 복귀관 사이에 격판(배플)을 설치하여야 한다.
③ 스트레이너(strainer) 용량은 유압펌프의 토출량보다 커야 한다.
④ 유면은 적정위치 "F"에 가깝게 유지하여야 한다.
⑤ 발생한 열을 방산할 수 있어야 한다.
⑥ 공기 및 수분 등의 이물질을 분리할 수 있어야 한다.
⑦ 크기는 중력에 의하여 복귀되는 장치 내의 모든 유압유 받아들일 수 있는 크기로 하여야 한다.(유압펌프 토출량의 2~3배가 표준이다.)
⑧ 공기청정기 통기 용량은 토출량의 2배 이상이 되어야 한다.

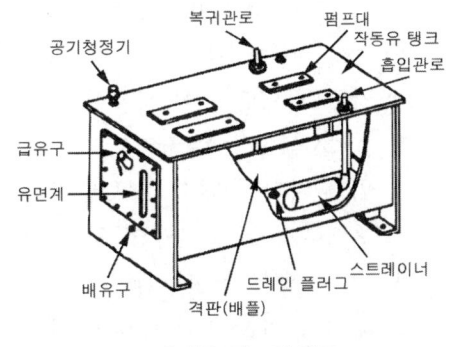

▲ 유압유 탱크의 구조

2. 어큐뮬레이터(축압기 ; Accumulator)

어큐뮬레이터는 유압펌프에서 발생한 유압을 저장하고, 맥동을 소멸시키는 장치이며, 그 기능은 압력 보상, 체적변화 보상, 에너지 축적, 유압회로의 보호, 맥동 감쇄, 충격압력 흡수, 일정 압력 유지 등이다. 기체 압축형 어큐뮬레이터에 사용되는 가스는 질소이다.

3. 오일 실(Oil seal)

유압회로의 유압유 누출을 방지하기 위해 사용하며, 종류에는 O-링, U패킹, 금속패킹, 더스트 실, 백업 링 등이 있다. 유압기기에서의 백업 링(Back-up ring)을 설치하는 목적은 O링이 빠져나오는 것을 방지하기 위함이다. 패킹에는 다음과 같은 것이 있다.

① 그랜드 패킹 : 여과기, 펌프 등의 축 밀봉부품으로 유체의 누출량을 감소시키는 방법으로 회전축이나 미끄럼 운동을 하는 축에서 주로 사용된다. 축의 원둘레를 패킹 박스로 둘러쌓아 그 틈으로 패킹을 끼워 넣고 축 방향으로 압축시켜 패킹과 축을 밀착시킨다.

② 메케니컬 실 : 고온, 고압하에서 고속도 회전을 하는 축으로부터 유체의 누출을 방지하기 위한 부품이다. 축과 함께 회전하는 금속 부분과 글랜드(gland)에 고정된 금속 부분을 완전히 밀착시켜서 미끄럼 운동을 하면서 기밀을 유지한다.

③ 셀프 실 패킹 : 밀봉하는 유체의 압력에 의하여 밀봉하는 패킹이다. O링을 비롯하여 립 실(lip seal) 등은 모두 셀프 실 방식의 패킹이라 한다.

④ 레비린스 패킹 : 기체가 누설되는 통로에 여러 개의 핀(fin)을 교대로 배치하여 연속적으로 교축과 확대시킴으로써 압력 저하와 에너지 손실을 일으키게 하고 누설을 막게 하는 장치로, 접촉 운동이 없으므로 마찰 저항은 고려할 필요가 없으나 누설을 완전히 막을 수 없는 단점이 있다.

4. 고무호스

① 고무호스를 사용하는 곳은 금속관의 사용이 곤란한 곳, 두 금속관의 중심이 일치하지 않는 곳, 상태 위치가 변화하는 곳 등이다.

② 플렉시블 호스는 주로 링크 연결부위의 움직이는 부분에 안전을 위하여, 고압의 내구성이 강한 것으로 많이 사용하는 호스이다.

③ 플렉시블 호스는 작업할 때 구부러짐이 생기고 유압에 의해 진동이 발생되기 때문에, 프레임과 마찰이 되지 않도록 하고, 직각으로 구부리거나 충격을 가해서는 안 되며, 호스를 보호하기 위해 외부에 보호 코일을 감아야 한다.

④ 릴리프밸브가 불량하면 유압라인에서 고압호스가 자주 파열된다.

⑤ 플레어 이음(flared joint)의 원뿔 각도는 45°이다.

⑥ 유압호스 보관 방법

 ㉮ 건조한 장소에 보관한다.

 ㉯ 햇볕이 잘 들지 않는 실내에 보관한다.

 ㉰ 장기간(1년 이상) 보관하지 않는다.

 ㉱ 호스 양 끝에는 이물질이 들어가는 것을 막기 위해 캡(마개)을 씌운다.

5 유압 시스템의 플러싱(flushing) 작업

1. 플러싱의 목적 및 방법

플러싱이란 유압장치 내의 심한 오염이나 불순물 등이 혼입되었을 때 이물질 등을 제거하기 위해 실시하는 배관 청소작업으로, 플러싱 시기는 다음과 같다.

① 유압기기 파손에 의해 금속가루가 유압 계통 전체에 이르렀을 때(작동유 탱크 청소)
② 작동유의 오염이 심할 경우 (작동유 탱크 청소)
③ 작동유 중에 물이 다량 혼입되었을 경우 (산세 후 방청 처리)
④ 배관계통을 전체 분해했을 경우

2. 플러싱 방법

① 작동유와 동일한 것으로 제작사가 추천하는 것을 사용한다.
② 기관을 시동하여 2~3시간 정도 운전 후 작동유 탱크내의 오일을 완전히 배출한다.
③ 유압기기 전체를 플러싱 오일이 순환할 수 있도록 플러싱 회로를 만든다.
 (서보밸브 등 정밀한 밸브는 떼어내고, 라인필터는 엘리먼트를 빼낸다.)
④ 경유를 사용하여 탱크를 세척한 후 플러싱 오일을 탱크용량의 60% 이상 주입한다.
⑤ 전 계통을 순환할 수 있게 플러싱 한다.
 (이때 유온은 40~50℃이며, 압력은 10~30kg/㎠ 정도로 24시간 이상 플러싱 한다.)
⑥ 유압필터의 오염도를 보고 필요한 경우에는 2차 플러싱을 한다.
⑦ 필터 엘레멘트를 교환하고 새로운 작동유를 주입한다.

3. 플러싱 효과 증대 방법

① 플러싱 중에 가끔 변환 밸브를 작동시킨다.
② 플러싱 중에 배관을 해머로 가볍게 두드려준다.

4. 플러싱 작업시 주의할 사항

① 플러싱 용제를 사용시 까다로운 용제를 사용하지 말 것
② 회로내에 잔류하는 플러싱 오일을 충분히 배유할 것
③ 금속, 시일, 패킹, 호스, 페인트 등에 적합성이 있는가 검토한 후 사용할 것
④ 플러싱 오일은 제작사에서 추천하는 오일을 사용할 것.

Chapter 1 출제예상문제

01 유압장치의 주요 구성요소가 아닌 것은?
① 유압 동력장치 ② 유압 제어밸브
③ 유압 부하 ④ 유압 작동기 및 배관

해설 유압장치는 유압 동력장치, 유압 제어밸브, 유압 작동기 및 배관 등으로 구성되어 있다.

02 다음은 유압펌프 효율에 대한 설명이다. 틀린 것은?
① 용적효율은 이론적 펌프 토출량에 대한 실제 토출량의 비율을 말한다.
② 기계적 효율은 구동장치로부터 동력에 대하여 펌프가 유압유에 작용한 이론 동력의 비율이다.
③ 유압펌프의 용적효율은 사용 압력에 관계없이 항상 일정하다.
④ 전체효율은 용적효율과 기계적 효율의 곱으로 표시한다.

해설 유압펌프 효율에 관한 설명은 ①, ②, ④항 이외에, 유압펌프의 용적효율은 사용압력에 따라 변화한다.

03 고정용량형 펌프를 설명한 것으로 올바른 것은?
① 압력이 높아지면 펌프 내부의 누설이 증가하여 약간의 토출량 감소가 발생한다.
② 펌프에서 토출되는 에너지의 양이 항상 일정하다.
③ 토출측 압력변화에 따라 토출되는 유체의 체적이 비례하여 변한다.
④ 기호로 표시할 때 펌프의 기호 위에 화살표 시를 한다.

해설 고정용량형 펌프는 압력이 높아지면, 펌프 내부의 누설이 증가하여 약간의 토출량 감소가 발생한다.

04 기어펌프의 폐입 현상에 대한 설명으로 옳지 않은 것은?
① 폐입 현상의 방지책으로 토출 홈을 만들어 준다.
② 오일은 폐입 부분에서 압축 시에는 고압이, 팽창 시에는 진공이 형성된다.
③ 폐입으로 인하여 생기는 용적의 변화는 진동과 소음 발생의 원인이 된다.
④ 폐입 현상은 기어펌프의 기어 물림율과 관계가 없다.

해설 기어펌프의 폐입 현상
① 토출된 유량 일부가 입구 쪽으로 귀환하여 토출량 감소, 축 동력증가 및 케이싱 마모, 기포발생 등의 원인을 유발하는 현상이다.
② 폐입현상은 소음과 진동의 원인이 되며, 폐입된 부분의 유압유는 압축 시에는 고압이, 팽창 시에는 진공이 형성된다.
③ 기어 측면에 접하는 펌프 측판에 토출 홈을 만들어 방지한다.

05 다음 중 기어펌프에서 맥동 원인이 되는 폐입 현상을 방지하기 위해 사용하는 방법으로 가장 적절한 것은?
① 피스톤 로드 강도를 크게 한다.
② 기어 펌프의 토출압을 낮춘다.
③ 백래시를 적게 한다.
④ 릴리프 홈을 만든다.

해설 외접기어 펌프의 폐입 현상
① 토출된 유량 일부가 입구 쪽으로 귀환하여 토출량

정답 01. ③ 02. ③ 03. ① 04. ④ 05. ④

감소, 축 동력증가 및 케이싱 마모, 기포 발생 등의 원인을 유발하는 현상이다.
② 폐입 현상은 소음과 진동의 원인이 되며, 폐입된 부분의 유압유는 압축 시에는 고압이, 팽창 시에는 진공이 형성된다.
③ 기어 측면에 접하는 펌프 측판(side plate)에 릴리프(토출) 홈을 만들어 방지한다.

06 기어펌프의 폐입 현상에 관한 설명으로 올바른 것은?

① 기어 소음이 감소한다.
② 기어 진동이 소멸된다.
③ 캐비테이션이 발생한다.
④ 펌프의 효율이 높아진다.

해설 폐입 현상이란 외접 기어펌프에서 토출측(압력측)까지 운반된 유압유의 일부가, 기어의 두 치형 사이의 틈새에 폐쇄되어 흡입측으로 되돌려지는 현상으로, 유압유의 압축과 팽창이 반복되어 축 동력의 증가, 기어의 진동, 캐비테이션 등이 발생된다.

07 다음 베인 펌프에 대한 설명으로 가장 거리가 먼 것은?

① 토출 압력의 맥동이 적다.
② 베인의 마모에 의한 압력 저하가 거의 없다.
③ 비교적 고장이 많으며 작동유의 점도에 제한이 없다.
④ 펌프 출력에 비해 형상 치수가 작다.

해설 베인 펌프의 특징
① 정용량형과 가변용량형이 있다.
② 토크가 안정되어 소음이 적다.
③ 로터를 회전시키면 로터와 캠링의 내벽과 밀착된 상태가 되므로 기밀을 유지하게 된다.
④ 카트리지 방식으로 보수가 용이하다.
⑤ 소형·경량이며, 맥동과 소음이 적다.
⑥ 구조가 간단하고 성능이 좋다.

08 원통형 케이싱 안에 편심 회전자가 있고 그 회전자의 홈 속에 판 모양의 깃이 원심력 또는 스프링 장력에 의하여 벽에 밀착되면서 회전하여 액체를 압송하는 펌프는?

① 베인 펌프   ② 기어펌프
③ 나사펌프   ④ 피스톤펌프

해설 베인 펌프는 둥근 케이싱 속에 편심 된 로터(회전자)가 설치되어 있으며, 로터의 홈 속에 베인(날개)을 설치하고 베인이 케이싱 벽에 밀착하면서 회전하여 액체를 압송하는 형식이다.

09 용량이 같은 다단 펌프 2개를 1개의 본체 내에 직렬로 연결시킨 것으로 고압으로 대출력이 요구되는 곳에 주로 사용되는 베인 펌프는?

① 2단 베인 펌프   ② 2중 베인 펌프
③ 2단 복합 펌프   ④ 피스톤 펌프

해설 2단 베인 펌프는 용량이 같은 다단 펌프 2개를 1개의 본체 내에 직렬로 연결시킨 것으로 고압으로 대출력이 요구되는 곳에 주로 사용된다.

10 피스톤 펌프의 일반적인 특징에 대한 설명으로 틀린 것은?

① 베어링에 걸리는 하중이 작아서 베어링 수명이 길다.
② 최고 토출압력은 높은 편이다.
③ 부품수가 많고 구조가 복잡하다.
④ 평균적으로 가격은 고가인 편이다.

해설 피스톤 펌프의 장점 및 단점

피스톤 펌프의 장점	피스톤 펌프의 단점
① 플런저(피스톤)가 직선운동을 한다.	① 베어링에 가해지는 부하가 크다.
② 축은 회전 또는 왕복운동을 한다.	② 가격이 비싸고, 구조가 복잡하여 수리가 어렵다.
③ 가변용량에 적합하다. 즉 토출유량의 변화범위가 크다.	③ 흡입능력이 가장 낮다.
④ 최고 토출압력은 높은 편이다.	

정답 06. ③ 07. ③ 08. ① 09. ① 10. ①

11 유압펌프 중에서 210kgf/cm² 이상의 고압용으로 적합한 펌프는?

① 로브 펌프　　② 기어 펌프
③ 베인 펌프　　④ 피스톤 펌프

> **해설** 피스톤 펌프는 유압펌프 중 가장 고압, 고효율이며, 맥동적 출력을 하나 다른 펌프에 비하여 일반적으로 최고 압력 토출이 가능하고, 펌프효율에서도 전체 압력 범위가 높다.

12 유압펌프 중 나사펌프의 특징 설명으로 틀린 것은?

① 운전이 정숙하다.
② 점도가 낮은 기름을 사용할 수 있다.
③ 맥동이 없는 안정된 압력의 기름을 토출한다.
④ 기어펌프처럼 폐입 현상이 나타난다.

> **해설** 나사 펌프의 특징은 운전이 정숙하고, 점도가 낮은 기름을 사용할 수 있으며, 맥동이 없는 안정된 압력의 기름을 토출한다.

13 가변용량 펌프에서 일정한 회전속도로서 흐름 비율을 변경시키는 방법은?

① 계통 내의 저항을 감소시킨다.
② 릴리프밸브의 압력을 낮춘다.
③ 회전경사판의 각도를 변경시킨다.
④ 펌프의 회전 방향을 변경시킨다.

> **해설** 회전경사판의 각도를 변경시켜 가변용량 펌프에서 일정한 회전속도로 흐름 비율을 변경시킨다.

14 내경 100mm 유압실린더에 의해 15,000kgf의 추력을 발생시키고자 할 때 필요로 하는 최소 유압은? (단, 피스톤의 자중과 마찰 등은 생략하며, 복귀 유압력은 무시한다.)

① 150kgf/cm²　　② 191kgf/cm²
③ 354kgf/cm²　　④ 73.2kgf/cm²

> **해설** $P = \dfrac{W}{A}$ [P : 유압, W : 하중, A : 단면적]
> $\therefore \dfrac{15000}{0.785 \times 10^2} = 191 kgf/cm^2$

15 토출량이 2,500cm³/sec, 토출압력 70kgf/cm²인 회전펌프의 효율이 80%일 때 소요 동력은?

① 약 21.45 kw　　② 약 13.73 kw
③ 약 27.46 kw　　④ 약 42.90 kw

> **해설** $H_{kW} = \dfrac{PQ}{102 \times \eta}$ [H_{kW} : 펌프의 소요동력, P : 토출압력, Q : 토출량, η : 효율]
> $\therefore \dfrac{70 \times 2{,}500}{102 \times 0.8 \times 100} = 21.45 kW$

16 유압펌프의 토출압력이 8MPa이고, 펌프의 토출 유량이 25L/min 일 경우 펌프의 동력은 약 몇 kW인가?

① 33.33　　② 3.33
③ 20.00　　④ 2.00

> **해설** $H_{kW} = \dfrac{PQ}{102 \times 60}$ [H_{kW} : 펌프의 소요동력, P : 토출압력, Q : 송출유량]
> $\therefore \dfrac{8 \times 10^2 \times 25}{102 \times 60} = 3.3 kW$

17 펌프 토출량이 40ℓ/min, 토출압력이 60kgf/cm² 전효율이 80%일 때, 유압펌프를 구동하는 전동기의 용량은 약 몇 kW 이상이어야 하는가?

① 2kW　　② 3kW
③ 4kW　　④ 5kW

정답 11. ④　12. ④　13. ③　14. ②　15. ①　16. ②　17. ④

해설 $H_{kW} = \dfrac{PQ}{102 \times 60 \times \eta}$

$\therefore \dfrac{60 \times 40 \times 1,000}{102 \times 60 \times 0.8 \times 100} = 4.9 kW$

18 유압을 이용한 하역 운반기계에서 최대출력 3kW의 전동기를 사용하여 펌프를 가동할 때 최대 토출량을 20L/min으로 하면 송출 압력은 약 몇 MPa까지 허용할 수 있는가? (단, 펌프의 전효율은 90%이다.)

① 6.5　　② 7.3
③ 8.2　　④ 9.4

해설 $H_{kW} = \dfrac{PQ}{102 \times 60 \times \eta}$ 에서

$P = \dfrac{102 \times 60 \times \eta \times H_{kW}}{Q}$

$\therefore \dfrac{102 \times 60 \times 0.9 \times 3}{20 \times 100} = 8.2 MPa$

19 유압펌프의 용적효율을 ηv, 기계효율을 ηt라 할 때 전효율 η를 구하는 식은? (단, 압력효율은 무시한다.)

① $\eta = \eta t \times \eta v$　　② $\eta = \dfrac{\eta v}{\eta t}$

③ $\eta = \dfrac{\eta t}{\eta v}$　　④ $\eta = (1 - \dfrac{\eta v}{\eta t})$

20 유동하고 있는 액체의 압력이 국부적으로 저하되어, 증기나 함유 기체를 포함하는 기포가 발생하는 현상은?

① 용해 현상　　② 맥동 현상
③ 액화 현상　　④ 공동 현상

해설 공동 현상(캐비테이션)은 유동하고 있는 액체의 압력이 국부적으로 저하되어, 증기나 함유 기체를 포함하는 기포가 발생한다.

21 유압 제어 밸브의 기능이 아닌 것은?

① 유량 조정　　② 유온 조절
③ 압력제어　　④ 흐름의 방향 전환

해설 유압 제어밸브의 기능
① 압력제어 밸브(일의 크기 결정)
② 유량제어 밸브(일의 속도 결정)
③ 방향전환 밸브(일의 방향 결정)

22 유압장치의 설명으로 옳은 것은?

① 힘의 크기를 유량제어밸브, 속도를 압력제어밸브, 일의 방향을 방향제어밸브로 제어한다.
② 힘의 크기를 방향제어밸브, 속도를 유량제어밸브, 일의 방향을 유압 액추에이터로 제어한다.
③ 힘의 크기를 압력제어밸브, 속도를 유량제어밸브, 일의 방향을 방향제어밸브로 제어한다.
④ 힘의 크기를 유량제어밸브, 속도를 유압 액추에이터, 일의 방향을 방향제어밸브로 제어한다.

해설 제어밸브의 기능
① 일의 크기를 결정하는 압력제어밸브
② 일의 속도를 결정하는 유량제어밸브
③ 일의 방향을 결정하는 방향제어밸브

23 유압회로에서 압력에 따라 액추에이터로 작동순서를 제어하거나 일정한 배압을 형성시켜 안정을 도모하는 등의 기능을 담당하는 밸브는?

① 유량 제어밸브　　② 압력 제어밸브
③ 압력 스위치　　④ 방향 제어밸브

해설 압력제어 밸브는 유압회로에서 압력에 따라 액추에이터로 작동순서를 제어하거나, 일정한 배압을 형성시켜 안정시키는 기능을 담당한다.

정답　18. ③　19. ①　20. ④　21. ②　22. ③　23. ②

24 다음 중 압력 제어밸브에 해당되지 않는 것은?

① 감압 밸브 ② 체크 밸브
③ 시퀀스 밸브 ④ 릴리프 밸브

해설 압력 제어밸브는 유압회로에서 압력에 따라 액추에이터로 작동순서를 제어하거나 일정한 배압을 형성시켜 안정을 도모하는 등의 기능을 담당하는 밸브이며, 그 종류에는 릴리프 밸브, 리듀싱(감압) 밸브, 시퀀스(순차) 밸브, 언로드(무부하)밸브, 카운터 밸런스 밸브 등이 있다.

25 릴리프밸브에 관한 일반적인 특성으로 틀린 것은?

① 회로의 파괴를 방지한다.
② 압력을 일정하게 유지한다.
③ 회로 내의 압력을 설정 값 이하로 제한한다.
④ 공기 흐름의 방향을 변환시켜 액추에이터를 제어하기 위해 사용한다.

해설 릴리프밸브는 유압펌프와 제어밸브 사이에 설치되며, 유압회로 내의 압력상승을 제한하여 안정된 압력의 오일을 공급하는 유압요소이다.

26 유압회로의 최고압력을 제한하여 회로 내의 과부하를 방지하는 압력 제어밸브는?

① 방향제어밸브 ② 릴리프밸브
③ 분류밸브 ④ 스로틀 밸브

해설 릴리프밸브는 유압펌프와 제어밸브 사이에 설치되며, 유압회로 내의 압력상승을 제한하여 안정된 압력의 오일을 공급하는 압력제어밸브이다.

27 압력 릴리프밸브의 작동압력에 관한 특성을 설명한 것으로 가장 적합한 것은?

① 직동형 릴리프밸브에서 크래킹 압력은 설정압의 10% 정도이다.
② 크래킹 압력은 밸브의 포핏이 열리기 시작하는 압력으로 설정압보다 높을 수도 있다.

③ 작업 요소의 속도 조정은 크래킹 압력과 전개압력과의 차이인 압력 오버라이드 구간에서는 불가능하다.
④ 일반적으로 간접 작동형(파일럿 조작형) 릴리프밸브의 크래킹 압력이 직동형보다 낮다.

해설 크래킹 압력이란, 체크밸브 또는 릴리프밸브 등에서 압력이 상승하여 밸브의 포핏이 열리기 시작할 때의 압력이며, 크래킹 압력은 설정 압력보다 높을 수도 있다.

28 릴리프 밸브가 정상상태에서 밸브의 포핏이 이동하여 배출구로부터 기름이 탱크로 돌아올 때의 압력은?

① 설정 압력 ② 전량 압력
③ 서지 압력 ④ 크래킹 압력

해설 크래킹 압력이란 릴리프밸브에서 압력이 상승하여 밸브의 포핏이 열려 배출구로부터 기름이 탱크로 되돌아 올 때의 압력이며, 크래킹 압력은 설정압력 보다 높을 수도 있다.

29 체크 밸브, 릴리프밸브 등에서 압력이 상승하고 밸브가 열리기 시작하여 어느 일정한 흐름의 양이 인정되는 압력은?

① 오버라이드 압력 ② 오리피스 압력
③ 크래킹 압력 ④ 리시드 압력

해설 크래킹 압력이란 체크밸브 또는 릴리프밸브 등에서 압력이 상승하여 밸브의 포핏이 열리기 시작할 때의 압력이며, 크래킹 압력은 설정 압력보다 높을 수도 있다.

30 다음 중 릴리프밸브에서 압력 오버라이드의 설명으로 가장 적합한 것은?

① 전압력과 토출압력의 차이
② 크래킹 압력과 토출압력의 차이
③ 전유량 압력과 크래킹 압력의 차이
④ 크랭크 압력과 서지 압력의 차이

정답 24. ② 25. ④ 26. ② 27. ② 28. ④ 29. ③ 30. ③

해설 압력 오버라이드란 전유량 압력과 크랭킹 압력의 차이를 말한다.

31 감압밸브나 릴리프밸브 등에서 밸브 시트를 건드려 소음과 진동이 발생하고, 정상적인 압력제어가 어렵게 되는 일종의 자력 진동 현상은?

① 크래킹 현상 ② 릴리핑 현상
③ 채터링 현상 ④ 스틱 슬립현상

해설 채터링(chattering)이란 감압밸브나 릴리프 밸브 등에서 밸브 시트를 두들겨서 비교적 높은 소음을 내는 일종의 자력 진동현상이다.

32 릴리프밸브 등에서 밸브 시트를 두들겨서 비교적 높은 음을 발생시키는 일종의 자력 진동 현상은?

① 스틱 슬립 현상 ② 채터링 현상
③ 서징 현상 ④ 마찰 현상

33 유압장치에 사용되는 압력제어 밸브 중 감압밸브의 용도는?

① 실린더의 전진 속도를 빠르게 하거나 느리게 한다.
② 회로 내의 압력을 주 회로보다 저압으로 해서 사용하는 경우다.
③ 압력 변화를 전기신호로 바꾸어 주는 전공 전환기이다.
④ 유압실린더를 정해진 순서에 따라 작동시킨다.

해설 감압밸브(리듀싱 밸브)는 분기회로에서 사용되며, 회로 내의 압력을 주회로의 압력보다 낮은 압력으로 유지하려고 할 때 사용된다.

34 유압회로에서 사용되는 감압밸브에 대한 설명으로 틀린 것은?

① 감압밸브는 압력조절밸브라고도 한다.
② 감압밸브는 특정 부분의 압력이 주회로의 압력보다 낮은 압력이 사용되도록 하는 밸브이다.
③ 압력 릴리프 밸브와는 달리 입구 압력을 제어하는 밸브이다.
④ 감압밸브는 연결구가 2개인 2-way 감압밸브와 연결구가 3개인 3-way 감압밸브 등이 있다.

해설 감압밸브에 대한 설명은 ①, ②, ④항 이외에, 출구 압력을 규정 값으로 제어한다.

35 유압원의 주 회로에서 유압실린더 등이 2개 이상의 분기회로를 가질 때 유압실린더를 일정한 순서로 순차작동 시키는 밸브는?

① 시퀀스 밸브 ② 언로딩 밸브
③ 스로틀 밸브 ④ 카운터 밸런스 밸브

해설 시퀀스 밸브(Sequence Valve)는 2개 이상의 분기회로에서 유압실린더나 모터에 순차적인 작동순서를 부여하기 위한 밸브이다.

36 입구 압력 또는 외부 파일럿 압력이 정해진 값에 도달하면 입구 쪽에서 출구 쪽으로의 흐름을 허락하는 압력제어밸브는?

① 스풀밸브 ② 언로드 밸브
③ 시퀀스 밸브 ④ 카운터 밸런스 밸브

해설 시퀀스 밸브는 입구압력 또는 외부 파일럿 압력이 정해진 값에 도달하면 입구 쪽에서 출구 쪽으로의 흐름을 허용하는 압력제어밸브이다.

정답 31. ③ 32. ② 33. ② 34. ③ 35. ① 36. ③

37 유압기기 중 불필요한 오일을 방출시켜 펌프에 부하가 걸리지 않도록 하는 밸브를 무엇이라 하는가?

① 감압밸브 ② 교축밸브
③ 카운터 밸런스 밸브 ④ 무부하 밸브

해설 무부하 밸브(unloading valve)는 유압기기 중 불필요한 유압을 방출시켜 유압펌프에 부하가 걸리지 않도록 한다. 즉 유압회로 내의 유압이 설정 압력에 이르렀을 때, 이 유압을 떨어뜨리지 않고 펌프 송출량을 그대로 유압유 탱크로 복귀시키기 위해 사용한다.

38 회로 내의 압력이 설정 압력에 이르렀을 때 이 압력을 떨어뜨리지 않고 펌프 송출량을 그대로 기름 탱크에 되돌리기 위하여 사용하는 밸브는?

① 시퀀스 밸브 ② 릴리프 밸브
③ 언로딩 밸브 ④ 카운터 밸런스 밸브

39 외부 파일럿 압력이 정해진 압력에 도달하면, 입구 쪽에서 탱크 쪽으로의 자유 흐름을 허락하는 압력 제어밸브는?

① 스로틀 밸브 ② 리듀싱 밸브
③ 언로드 밸브 ④ 디셀러레이션 밸브

해설 언로드 밸브(무부하 밸브)는 유압기기 중 불필요한 오일을 방출시켜 펌프에 부하가 걸리지 않도록 한다. 즉 외부 파일럿 압력이 정해진 압력에 도달하면 입구 쪽에서 탱크 쪽으로의 자유흐름을 허락한다.

40 언로드 밸브 등에서 압력원 쪽을 무부하로 하는 것을 나타내는 용어는?

① 언더 랩 ② 컷 아웃
③ 인터 플로 ④ 언더컷

해설 ① 언더 랩(under lap) : 미끄럼 밸브 등에서 밸브가 중립 점에 있을 때, 이미 포트가 열려 있어 유압유가 흐르도록 겹친 상태
② 컷 아웃(cut out) : 언로드 밸브 등에서 유압펌프를 무부하 상태로 하는 것
③ 인터 플로(inter flow) : 밸브의 변환 도중에서 과도적으로 발생하는 밸브 포트 사이의 흐름

41 부하의 낙하를 방지하기 위하여 배압을 유지하는 압력 제어밸브는?

① 릴리프 밸브 ② 스로틀 밸브
③ 무부하 밸브 ④ 카운터 밸런스 밸브

해설 카운터 밸런스 밸브는 한쪽방향의 흐름에는 설정된 배압을 부여하고 반대방향의 흐름에는 자유 흐름이 되어 자유낙하를 방지하는 밸브이다.

42 유압시스템 회로 내에서 일정한 배압을 유지시켜 무거운 물체 등이 중력에 의하여 자유 낙하는 것을 방지하는데 유효한 회로로 부하가 급격히 감소되더라도 피스톤이 급진하지 않도록 제어하는 회로는?

① 부스터 회로 ② 레지스터 회로
③ 인터로크 회로 ④ 카운터 밸런스 회로

해설 카운터 밸런스 회로는 유압 시스템 회로 내에서 일정한 배압을 유지시켜 무거운 물체 등이 중력에 의하여 자유 낙하는 것을 방지하는데 유효한 회로로 부하가 급격히 감소되더라도 피스톤이 급진하지 않도록 제어한다.

43 수압펌프, 주유소의 주유기 등에서 기름이나 물 등의 유체 위치 수두를 보존하기 위해 사용하는 기기로 한 쪽 방향의 흐름만 허용하고, 역류를 허용하지 않는 밸브는?

① 스로틀 밸브 ② 스톱밸브
③ 셔틀밸브 ④ 체크밸브

해설 밸브의 기능
① **스로틀 밸브** : 밸브 내의 통로면적을 외부로부터

정답 37. ④ 38. ③ 39. ③ 40. ② 41. ④ 42. ④ 43. ④

바꾸어 유압유의 통로에 저항을 부여하여 유량을 조정하는 유량제어밸브이다.
② **스톱밸브**: 유압유의 흐름 방향과 평행하게 개폐되는 유량제어밸브이다.
③ **셔틀밸브**: 2개 이상의 입구와 1개의 출구가 설치되어 있으며, 출구가 최고 압력의 입구를 선택하는 기능을 지닌 방향제어밸브이다.
④ **체크밸브**: 유압회로에서 역류를 방지하고 회로내의 잔류압력을 유지한다. 즉 유압유의 흐름을 한쪽으로만 허용하고 반대방향의 흐름을 제어하는 방향제어밸브이다.

44 유압제어밸브 중 방향 제어밸브에 속하지 않는 것은?

① 체크밸브　　② 셔틀밸브
③ 감속밸브　　④ 카운터 밸런스 밸브

해설 방향제어 밸브는 유압실린더나 유압모터의 작동방향을 바꾸는데 사용하며, 체크밸브, 스풀밸브, 셔틀밸브, 감속(디셀러레이션)밸브 등이 있다.

45 스풀 밸브의 설명으로 가장 적합한 것은?

① 유량을 감속시킬 때 사용하는 밸브이다.
② 회로 내의 과부하를 방지하는 밸브이다.
③ 온도제어 밸브이다.
④ 미끄럼식 밸브이다.

해설 스풀 밸브(spool valve)는 유압 작동기(액추에이터)의 방향전환 밸브로서, 원통형 슬리브 면에 내접하여 축 방향으로 미끄럼 이동하여 유로를 개폐한다.

46 감속 회로에 사용되는 것은 적당한 캠 기구로 스풀을 이동시켜 유량의 증감 또는 개폐 작용을 하는 것으로 상시 개방형과 상시 폐쇄형 등으로 구분하는 밸브는?

① 리듀싱 밸브　　② 언로드 밸브
③ 디셀러레이션 밸브　　④ 릴리프 밸브

해설 디셀러레이션 밸브(Deceleration valve)는 감속 회로에 사용되며, 적당한 캠 기구로 스풀을 이동시켜 유량의 증감 또는 개폐 작용을 하는 것으로, 상시 개방형과 상시 폐쇄형 등이 있다.

47 방향 전환 밸브에 있어서 밸브와 주 관로와의 접속구 수를 무엇이라 하는가?

① 스풀 수　　② 위치 수
③ 포트 수　　④ 방 수

해설 방향 전환 밸브에서 밸브와 주 관로와의 접속구 수를 포트 수라고 한다.

48 굴삭기 작업속도와 관계있는 밸브는?

① 유량 제어밸브　　② 유압 제어밸브
③ 방향 전환밸브　　④ 시퀀스 밸브

해설 유압장치의 속도는 유량 제어밸브로 조절한다.

49 다음 중 유량 제어밸브가 아닌 것은?

① 시퀀스 밸브　　② 교축밸브
③ 니들밸브　　④ 포트밸브

해설 유량제어 밸브의 종류에는 교축밸브, 급속배기밸브, 분류밸브, 니들밸브, 오리피스 밸브, 포트밸브, 스로틀 체크밸브, 스톱밸브 등이 있다.

50 유압기기에서 동기회로에서 두 개의 실린더가 같은 속도로 움직일 수 있도록 제어해 주는 밸브는?

① 정지 밸브　　② 체크 밸브
③ 분류 밸브　　④ 한계 밸브

해설 분류밸브는 두 개의 실린더가 같은 속도로 움직일 수 있도록 제어한다. 즉 유압원으로부터 2개 이상의 유압 관로를 나누어 흐르게 할 때, 각각의 관로 압력의 크기에 관계없이 일정한 비율로 유량을 분할시켜 흐르도록 한다.

정답 44. ④　45. ④　46. ③　47. ③　48. ①　49. ①　50. ③

51 2개의 유입 관로의 압력에 관계없이 정해진 출구 유량이 유지되도록 합류하는 밸브는?

① 스로틀 밸브 ② 셔틀밸브
③ 분류밸브   ④ 집류밸브

해설 집류 밸브는 2개의 유입회로에서의 유량을 일정비율로 합류하는 기능을 가진 밸브이며 이 밸브를 설치하면 실린더에서 내보내진 유압유를 동일 용량으로 집류하게 되어 2개의 실린더는 같은 속도로 되돌아오게 된다.

52 KS에서 길이가 단면 치수에 비해서 비교적 짧은 조임구로 정의된 유공압 요소는?

① 오리피스   ② 초크
③ 캐비테이션 ④ 서지압

해설 오리피스(orifice)는 면적을 감소시킨 통로이며, 그 길이가 단면 치수에 비해 비교적 짧은 경우의 흐름의 조임을 말한다. 이때 압력강하는 유압유의 점도에 따라 큰 영향을 받지 않는다.

53 방향 제어밸브 중 파일럿 작동형 체크밸브와 함께 유압 작업 요소의 중간 정지에 사용하는 밸브로 가장 적합한 것은?

① ABT 접속형 밸브
② PAB 접속형 밸브
③ PT 접속형 밸브
④ 연결구 카운터 밸브

해설 ① ABT 접속형 밸브 : 1개의 유압펌프로 여러 개의 실린더를 작동시킬 수 있으며, 실린더를 수동으로 자유로이 움직일 수도 있다.
② PT 접속(탠덤 센터)형 밸브 : 유압펌프를 무부하로 하고 그 위에 실린더의 위치 정하기 및 고정을 할 수 있고, 밸브를 순차 배열하여 여러 개의 직렬로 사용이 가능하다. 또 파일럿 작동형 체크밸브와 함께 유압 작업 요소의 중간 정지에 사용하는 밸브로 가장 적합하다.

54 유압 액추에이터의 기능 설명으로 가장 적합한 것은?

① 작동유의 압력 에너지를 기계적 에너지로 바꾼다.
② 작동유를 일정한 장소에 저장한다.
③ 작동유의 유량을 조절하는 밸브의 일종이다.
④ 작동유의 압력을 축적하는 용기이다.

해설 액추에이터(actuator)는 유압펌프에서 공급된 압력 에너지를 기계적 에너지로 변환시키는 장치로서, 직선운동으로 변환시키는 유압실린더와, 회전운동으로 변환시키는 유압모터가 있다.

55 유압유가 가지고 있는 에너지를 직선 왕복운동으로 바꾸어 기계적인 일을 하는 액추에이터는?

① 유압실린더   ② 유압요동 모터
③ 유압모터   ④ 유압펌프

56 유압실린더의 구성요소가 아닌 것은?

① 실린더 튜브 ② 피스톤
③ 로킹 빔   ④ 실린더 커버

57 다음 중 실린더만으로 전·후진 양방향의 힘과 속도가 같은 실린더는?

① 양로드식 복동 실린더
② 텔레스코픽 실린더
③ 램형 실린더
④ 디지털 실린더

정답 51. ④ 52. ① 53. ① 54. ① 55. ① 56. ③ 57. ①

58 실린더 2개 이상이 서로 맞물려 있어 높이에 제한이 있는 등, 실린더의 로드 길이에 비해 긴 로드 행정 거리를 필요할 때 사용하는 것으로, 기중기에 부착하는 다단 실린더라고도 하는 그림과 같은 실린더의 명칭은?

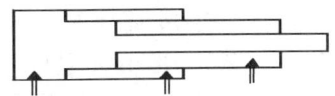

① 복동 텔레스코프형 실린더
② 로드레스형 실린더
③ 하이드로 체커
④ 충격형 실린더

해설 복동 텔레스코프형 실린더는 실린더 2개 이상이 서로 맞물려 있어 높이에 제한이 있는 등, 실린더의 로드 길이에 비해 긴 로드 행정 거리를 필요할 때 사용하는 것으로, 다단 실린더라고도 한다.

59 실린더 면적과 실린더와 피스톤 로드 사이의 고리형 면적의 비가 회로 기능상 중요한 복동 실린더는?

① 램형 실린더   ② 차동 실린더
③ 벨로스형 실린더   ④ 다위치형 실린더

해설 차동 실린더란 피스톤 헤드 쪽과 로드 쪽의 수압면적을 이용하여 실린더 전진행정에서 유압펌프의 토출유량과 피스톤 로드 쪽 토출유량을 합류시켜 피스톤의 전진속도를 높이는 실린더이며, 실린더 면적과 실린더와 피스톤 로드 사이의 고리형 면적의 비율이 회로 기능상 중요하다.

60 실린더의 선정 시 주의사항으로 적절하지 않은 것은?

① 행정 길이가 긴 경우는 로드의 강도를 고려한다.
② 충격에 대한 완충 능력이 부족하다면 외부 완충기의 설치를 검토한다.
③ 부하에 대한 실린더 길이의 선정 기준으로 좌굴 강도를 기준으로 할 수 있다.
④ 빠른 속도를 필요로 하는 경우 부하율을 크게 잡는다.

해설 빠른 속도를 필요로 하는 경우 부하율을 작게 잡는다.

61 다음 중 유압 시스템에서 실린더가 불규칙적으로 작동되는 고장 원인이 아닌 것은?

① 밸브의 작동 불량   ② 과부하 작동
③ 펌프의 성능 불량   ④ 작동유 과다

해설 실린더가 불규칙적으로 작동되는 원인은, 제어밸브의 작동 불량, 과부하 상태에서의 작동, 유압펌프의 성능 불량, 작동유 부족 등이다.

62 유압실린더의 작동이 불확실한 이유로서 적당하지 않은 것은?

① 작동유의 온도상승이 지나치게 크다.
② 실린더 내의 기름이 충만 되어 있다.
③ 작동유에 이물질이 유입되어 있다.
④ 패킹이 손상되어 있다.

해설 유압실린더의 작동이 불확실한 이유는 ①, ③, ④항 이외에 실린더 내의 작동유가 부족하다.

63 유압실린더의 정비에 대한 안전 및 유의사항 중 잘못된 것은?

① 실린더를 탈거하기 전에 회로 내의 잔압을 완전히 제거한다.
② 실린더를 분해하기 전에 작동유를 배출시킨다.
③ 실린더와 피스톤에 손상이 가지 않도록 주의한다.
④ 부품을 세척할 때는 휘발성이 좋은 가솔린을 사용한다.

정답 58. ① 59. ② 60. ④ 61. ④ 62. ② 63. ④

해설 유압 실린더의 정비에 대한 안전 및 유의 사항은 ①, ②, ③항 이외에, 부품을 세척할 때는 솔벤트를 사용해야 한다.

64 유압실린더의 과도한 자연 낙하 현상의 발생 원인이 아닌 것은?

① 컨트롤 밸브 스풀의 마모
② 작동압력이 높을 때
③ 실린더의 내부 마모
④ 실린더 실링의 마모

해설 유압실린더의 과도한 자연 낙하 현상(표류 현상, Drift)의 발생 원인은 ①, ③, ④항 이외에 작동 압력이 낮을 때

65 지게차가 적재중량의 화물을 들지 못하는 원인과 가장 거리가 먼 것은?

① 유압펌프의 마모
② 마스트 체인의 마모
③ 릴리프밸브의 낮은 설정 압력
④ 유압회로 내에 공기혼입 또는 작동유 부족

66 건설기계 유압 계통에서 유압 작동 실린더가 작동시 떨리는 이유는?

① 작동유의 점도가 낮다.
② 작동유의 점도가 높다.
③ 계통 내에 공기가 흡입되었다.
④ 펌프의 오일 압력이 높다.

67 유압실린더의 작동속도가 정상보다 느릴 경우 발생되는 원인은?

① 계통 내의 유압 저하
② 계통 내의 흐름 용량 부족
③ 릴리프밸브 조정이 너무 높을 때
④ 메인 릴리프밸브의 조정 불량

해설 유압 계통 내의 흐름 용량이 부족하면 유압실린더의 작동속도가 정상보다 느려진다.

68 유압 시스템의 오일 토출량이 매분 49ℓ 이고, 실린더 튜브의 내경이 10cm인 유압 실린더의 추력이 2.5kN이라면, 이 유압 실린더의 속도는 몇 cm/sec인가?

① 7.8   ② 8.2
③ 9.6   ④ 10.4

해설 $V = \dfrac{Q}{A}$ ∴ $\dfrac{49 \times 10^3}{0.785 \times 10^2 \times 60} = 10.4 cm/s$

69 펌프 토출량이 0.01m3/s이고, 사용하는 유압실린더의 피스톤 직경이 85mm일 경우 이 유압실린더의 전진운동 속도는 약 몇 m/s인가?

① 0.88   ② 1.76
③ 3.52   ④ 5.28

해설 $V = \dfrac{Q}{A}$
[V : 유속(m/s), Q : 유량(m³/s, A : 단면적(m² 0)
∴ $V = \dfrac{0.01}{0.785 \times 0.085^2} = 1.76 m/s$

70 유압 기계에서 작업 장치로 유압실린더의 압력을 천천히 빼어, 기계 손상의 원인이 되는 회로의 충격을 작게 하는 것을 무엇이라 하는가?

① 디컴프레션   ② 오일 미스트
③ 유압 드레인   ④ 컷오프

해설 디컴프레션(decompression)이란 프레스 등으로 유압실린더의 압력을 천천히 빼내어, 기계 손상의 원인이 되는 회로의 충격을 감소시키는 것이다.

정답 64. ② 65. ② 66. ③ 67. ② 68. ④ 69. ② 70. ①

71 유압모터의 일반적인 특징에 관한 설명으로 틀린 것은?

① 소형 경량으로서 큰 출력을 낼 수 있다.
② 속도나 방향 제어가 용이하다.
③ 지정 속도 이하로도 원활한 작동과 함께 요구 토크를 만족할 수 있다.
④ 수명은 사용 조건에 따라 다르다.

해설 유압모터의 특징은 ①, ②, ④항 이외에 넓은 범위의 무단변속이 용이하다.

72 어느 베인 모터의 공급 압력이 80kgf/cm² 이고, 1회전당 유량이 40cc/rev, 1,200rpm 으로 회전하고 있다. 이 모터의 최대토크는 약 몇 kgf·m인가?

① 4.7   ② 5.1
③ 6.3   ④ 7.4

해설 $T = \dfrac{PQ}{2\pi}$ ∴ $\dfrac{80 \times 40}{2 \times 3.14 \times 100} = 5.1 kgf \cdot m$

73 유압 베인 모터의 1회전당 유량이 20cc이고 기름의 공급 압력이 60N/cm² 일 때 유량이 20ℓ/min이면 발생할 수 있는 최대 토크는 약 몇 N·m 인가?

① 1.91   ② 2.29
③ 3.59   ④ 4.48

해설 $T = \dfrac{PQ}{2\pi}$ [T : 토크, P : 공급 압력, Q : 유량]
∴ $\dfrac{60 \times 20}{2 \times 3.14 \times 100} = 1.91 N \cdot m$

74 오일 탱크로서 역할을 다하기 위해서 그 구조상 조건에서 다음 중 충분한 조건이 아닌 것은?

① 유면을 알 수 있도록 유면계를 설치해야 한다.
② 공기청정기 통기 용량은 토출량의 2배 이상 되어야 한다.
③ 흡입관과 복귀관 사이에 격판을 설치해야 한다.
④ 스트레이너의 용량은 유압펌프 토출량과 같게 한다.

해설 오일 탱크의 구비조건은 ①, ②, ③항 이외에, 스트레이너(strainer)용량은 유압펌프의 토출량보다 커야 한다.

75 펌프의 보조로 사용하며, 유압 에너지를 축적하고 압력을 보상해주는 기기는?

① 어큐뮬레이터   ② 스트레이너
③ 개스킷   ④ 오일 쿨러

해설 축압기의 주요 기능은 펌프의 맥동 흡수, 충격 압력의 완충, 압력 에너지의 축적, 압력 및 체적 보상, 유독, 유해성 유체 수송 등이다.

76 축압기(accumulator)의 주 용도는?

① 작동 후의 폐유를 재생시키는 장치
② 유압유를 저장하여 유압펌프에 계속 공급
③ 유체의 누설 또는 외부로부터의 이물질 침입 방지
④ 유압 에너지의 축적 및 유압회로에서의 맥동, 서지 압력의 흡수

해설 어큐뮬레이터의 기능
① 대 유량의 작동유를 순간적으로 공급해 준다.
② 유압펌프의 맥동을 제거해 준다.
③ 충격 압력을 흡수한다.
④ 유압 에너지를 축척하고 압력을 보상해 준다.

정답 71. ③ 72. ② 73. ① 74. ④ 75. ① 76. ④

77 다음 중 어큐뮬레이터의 주요 사용 목적으로 옳지 않은 것은?

① 압력 감소용
② 에너지 축적용
③ 충격압력의 완충용
④ 펌프 토출압 맥동 감쇄

해설 축압기의 주요 기능은 펌프의 맥동 흡수, 서지압력 흡수, 충격압력의 완충, 압력에너지의 축적, 압력 및 체적 보상 등이다.

78 어큐뮬레이터의 설치 및 사용에 관한 일반적인 주의사항으로 옳지 않은 것은?

① 어큐뮬레이터는 수직으로 설치한다.
② 어큐뮬레이터를 사용하지 않을 때 충진된 가스는 제거한다.
③ 질소가스를 일정 압력으로 충진하기 전에 유압을 연결하지 않아야 한다.
④ 서지압 흡수용으로 사용할 경우 서지압 발생원으로부터 멀리 설치한다.

해설 서지압 흡수용으로 사용할 경우 서지압 발생원으로부터 가까이에 설치한다.

79 가스 오일식 축압기에 사용되는 가장 적합한 가스는?

① 질소가스　　② 탄산가스
③ 산소가스　　④ 아세틸렌가스

80 유압회로에 사용되는 어큐뮬레이터의 사용상의 주의사항 설명으로 틀린 것은?

① 어큐뮬레이터의 규정보다 높은 압력으로 충전하여서는 안 된다.
② 어큐뮬레이터를 분해할 때 구멍에 먼지 등이 들어가지 않도록 한다.
③ 어큐뮬레이터에는 건조한 질소와 같은 가스를 충전해서는 안 된다.
④ 어큐뮬레이터를 분해할 때는 먼저 가스와 유압을 제거한다.

해설 어큐뮬레이터의 사용상의 주의사항은 ①, ②, ④항 이외에, 어큐뮬레이터에 주입되는 가스는 질소이다.

81 유압장치 또는 회로 내에 얇은 금속판을 장치하여 압력이 높아지면 얇은 판이 파괴되고, 오일을 탱크로 흐르게 하여 압력을 감소시키는 기기는?

① 압력 스위치　　② 유체(유압) 퓨즈
③ 감압 퓨즈　　　④ 전기 퓨즈

해설 유체퓨즈는 회로 압력이 설정압력을 초과하면 막이 유체압력에 의해 파열되어 유압유를 탱크로 귀환시키고 동시에 압력상승을 막아 기기를 보호하는 역할을 하는 유압기기이다.

82 유압기기에서 오일 중의 이물질을 제거하여 청정한 작동유를 만들기 위해 사용하는 것은?

① 패킹　　② 증압기
③ 밸브　　④ 여과기

83 유압장치에서 동작유의 오염은 기기를 손상시킨다. 이 때문에 펌프의 흡입 관로에 설치하여 흡입되는 불순물을 제거할 목적으로 사용되는 것은?

① 스트레이너　　② 릴리프밸브
③ 개스킷　　　　④ 패킹

해설 스트레이너는 유압펌프의 흡입 관로에 설치하여, 흡입되는 불순물을 제거할 목적으로 사용한다.

정답 77. ①　78. ④　79. ①　80. ③　81. ②　82. ④　83. ①

84 유압장치에 사용하는 필터의 종류 중 단층식 필터와 비교한 적층식 필터에 대한 설명으로 틀린 것은?

① 차지하는 용적이 적다.
② 압력손실이 적다.
③ 고압용으로 사용하기 적합하다.
④ 미세입자의 여과능력이 우수하다.

> **해설** 적층식 필터의 특징
> ① 적층식 필터는 직물, 합성수지 등을 압축하거나 여러 층으로 만든 것이다.
> ② 단층식과 비교하여 미세입자의 여과능력이 우수하다.
> ③ 압력손실이 적으며, 비교적 고압용으로 사용한다.
> ④ 차지하는 용적이 비교적 크다.

85 건설기계 유압장치에서 유압 오일 냉각을 위한 구비조건이다. 거리가 먼 것은?

① 촉매작용이 없을 것.
② 코어 내부와 외부에 이물 협착이 안 될 것.
③ 오일 흐름의 저항이 클 것.
④ 냉각 효과가 좋을 것.

> **해설** 유압 오일 냉각을 위한 구비조건은 ①, ②, ④항 이외에, 오일 흐름의 저항이 적을 것 등이다.

86 본체와의 결합 각도가 37°및 45°의 2종류가 있는 파이프 이음 방식은?

① 용접 이음 ② 세이프 이음
③ 플레어 이음 ④ 플랜지 이음

> **해설** 플레어 이음은 본체와의 결합 각도가 37°및 45°의 2종류가 있다.

87 유압장치에 사용되는 패킹의 재질이 갖추어야 할 조건으로 틀린 것은?

① 상대 금속을 부식시키지 말 것
② 운동체의 마모를 적게 할 것
③ 오일의 누설을 방지할 수 있을 것
④ 압축 영구 변형이 크고 탄성이 적을 것

> **해설** 패킹 재료의 구비조건
> ① 오일의 누설을 방지할 수 있을 것
> ② 운동체의 마모를 적게 할 것
> ③ 사용온도 범위가 넓을 것
> ④ 마찰계수가 적을 것
> ⑤ 상대금속을 부식시키지 말 것
> ⑥ 압축 영구 변형이 작고 탄성이 있을 것

88 단면 형상에 따라 V형, U형, L형, J형, SEA형 등으로 분류되고 누설 방지 기능을 발휘하며, 주로 왕복운동에 사용하는 것은?

① O링 ② 개스킷
③ 컵 패킹 ④ 오일 실

> **해설** 패킹은 단면 형상에 따라 V형, U형, L형, J형, SEA형 등으로 분류되고, 누설 방지 기능을 발휘하며, 주로 왕복운동에 사용한다.

89 다음 중 성형 패킹의 종류에 속하지 않는 것은?

① C 패킹 ② W 패킹
③ U 패킹 ④ V 패킹

90 유압용 실 중 스퀴즈 패킹의 대표적인 O 링의 특징 설명으로 틀린 것은?

① 장착 및 떼어내기가 용이하고 구조가 간단하다.
② 마찰 저항이 비교적 크다.
③ 고정부분 및 운동 부분의 양쪽에 사용된다.
④ 일반적으로 시판되고 있는 O 링의 재질은 니트릴 고무가 표준이다.

> **해설** O 링은 원형 단면을 가진 링(ring) 모양의 니트릴 고무제 패킹으로, 유체의 누출 방지를 목적으로

정답 84. ① 85. ③ 86. ③ 87. ④ 88. ③ 89. ① 90. ②

사용한다. 특징은 작은 공간에 설치할 수 있고, 취급이 쉬우며, 고압 하에서 장시간 사용이 가능하므로 기계의 효율을 높일 수 있다.

91 유압기기에서의 백업 링을 설치하는 주요 목적은?

① 오링의 경도를 크게 하기 위하여
② 오링의 틈새를 크게 하기 위하여
③ 오링의 움직임을 좋게 하기 위하여
④ 오링이 빠져나오는 것을 방지하기 위하여

해설 유압기기에서의 백업 링(Back-up ring)을 설치하는 주목적은 O링이 빠져나오는 것을 방지하기 위함이다.

92 유압장치 운동부 분에 사용되는 비접촉형 실은 어느 것인가?

① 그랜드 패킹   ② 메케니컬 실
③ 셀프 실 패킹   ④ 레비린스 패킹

해설 레비린스 패킹(labyrinth packing)은 기체가 누설되는 통로에 여러 개의 핀(fin)을 교대로 배치하여, 연속적으로 교축과 확대시킴으로써 압력 저하와 에너지 손실을 일으키게 하고 누설을 막게 하는 장치로, 접촉 운동이 없으므로 마찰 저항은 고려할 필요가 없으나, 누설을 완전히 막을 수 없는 단점이 있다.

93 유압장치에 사용되는 실(seal)의 종류 중 접촉형 실이 아닌 것은?

① 웨어링 링
② 셀프 실 패킹
③ 메커니컬 실
④ 다이어프램 실

해설 접촉형 실(seal)의 종류에는 셀프 실 패킹, 메커니컬 실, 다이어프램 실 등이 있다.

94 다음 중 유량제어밸브 같은 이물질에 민감한 유압 부품 앞에 설치하는데 적합한 필터는?

① 흡입 필터   ② 압력 필터
③ 복귀 필터   ④ 표면 필터

95 유압 관로에서 필요에 따라 유체의 일부 또는 전부를 분기시키는 관로를 의미하는 용어는?

① 브레이크 관로   ② 시퀀스 관로
③ 바이패스 관로   ④ 카운터 관로

해설 바이패스 관로는 필요에 따라 유체의 일부 또는 전부를 분기시키는 관로이다.

96 펌프의 배관 시 주의사항에 관한 설명으로 틀린 것은?

① 배관은 흡입 저항이 펌프의 흡입저항을 넘지 않도록 해야 한다.
② 공기흡입은 소음 발생의 원인이 되므로 흡입 쪽의 기밀에 주의한다.
③ 강관으로 배관할 때는 펌프가 편 하중을 받지 않도록 해야 한다.
④ 드레인 배관의 환구류는 흡입관에서 되도록 가깝게 설치한다.

해설 드레인 배관의 환구류는 흡입관에서 되도록 멀리 설치한다.

97 굴착기 유압탱크의 오일 스트레이너의 막힘량이 많거나 너무 조밀하면 어떤 현상이 발생할 수 있는가?

① 공동현상   ② 베이퍼록 현상
③ 페이드 현상   ④ 폐쇄 현상

해설 유압탱크의 오일 스트레이너의 막힘량이 많거나 너무 조밀하면, 유압유가 충분히 공급되지 않기 때문에 공동현상이 발생된다.

정답 91. ④ 92. ④ 93. ① 94. ② 95. ③ 96. ④ 97. ①

98 고·저압에 관계없이 대형관의 이음으로서 사용되며 분해 보수가 용이한 관이음은?

① 플랜지 이음 ② 나사 이음
③ 용접 이음   ④ 융착 슬리브 이음

해설 플랜지 이음은 양쪽 위 축 끝에 주철이나 강으로 만든 플랜지를 고정하고 볼트로 조인 것이며, 분해 수리가 쉽다.

99 플러싱에 대한 설명으로 틀린 것은?

① 플러싱은 유압 시스템의 배관계통과 시스템 구성에 사용되는 유압기기의 이물질을 제거하는 작업이다.
② 플러싱 방법은 플러싱 오일을 사용하는 방법과 산세정법 또는 화학물질을 이용하는 방법 등이 있다.
③ 플러싱 작업이 정상적으로 수행되면, 나무망치 등을 이용한 햄머링 작업도 병행하는 것이 좋다.
④ 플러싱 작업 시 플러싱 유의 온도는 일반적인 유압 시스템의 유압유 온도보다 낮은 20~30℃ 정도로 수행한다.

해설 플러싱에 대한 설명은 ①, ②, ③항 이외에 플러싱 작업을 할 때 플러싱 유(oil)의 온도는 유압 시스템의 유압유 온도와 같아야 한다.

100 건설기계 유압장치의 일부인 유압탱크의 기능에 속하지 않는 것은?

① 유압 작동유의 저장
② 냉각 및 열의 발산
③ 기포의 제거
④ 탱크 내 먼지나 이물질의 보유

해설 오일 탱크의 기능은 유압유 저장, 유압의 저장, 기포 제거(공기 방울 제거)이다.

101 유압유 속에 공기가 혼입되면 유압장치의 작동이 원활히 될 수 없는데, 이때 문제점이 아닌 것은?

① 숨돌리기 현상
② 캐비테이션
③ 산화 안정성 현상
④ 유압유 열화 촉진 현상

해설 유압 계통에 공기가 혼입되면 숨돌리기 현상, 캐비테이션(공동현상), 유압유의 열화 촉진 현상 등이 발생한다.

정답 98. ① 99. ④ 100. ④ 101. ③

Section 1-3 유압회로

1 유압회로의 기호

1. 기본적인 유압기호

표시 사항	기 호	표시 사항	기 호	
관로	L > 10E, L < 5E L : 선의 길이, E : 선의 두께	필터, 열교환기, 루브 리케이터, 배수기	◇	
관로, 통로의 접속점	d ≒ 5E	밸브	총칭하여 부를 경우에는 밸브라 하고, 수식어를 붙일 경우에는 ○○ 밸브라 한다. 例 : 압력제어 밸브	
축, 레버 로드	D < 5E			
펌프, 압축기, 모터, 압력원	○	대원 (大圓)	흐름방향	↑↑↓
계측기	○	중원대 (中圓大)	회전방향	↶↷
체크밸브 계수	○	중원소 (中圓小)	조립유닛	▭
			조정이 가능할 경우	↗
링크, 연결부, 롤러	○	소원 (小圓)	흐름방향, 유체 출입구	▼ ▽	흑색은 액체 백색은 기체

2. 관로 및 접속

명 칭	기 호	명 칭	기 호
주관로	————————	통기관로	
[비고] 흡입관로, 압력관로, 리턴관로		[비고] 주로 액체 관로의 경우에 사용된다.	
파일럿 관로	— — — — —	출구 닫힘 상태	
[비고] 공기압력 회로에 한하여 혼동할 염려가 없을 때는 간략한 기호로 실선을 사용해도 좋다.			
드레인 관로	·············	열림(접속)의 상태	
관로의 접속			
		[비고] 출구의 관로←는 기기와 접속되어 있다.	
플렉시블 관로		고정스로틀 초크	
관로의 교차			
[비고] 혼동할 염려가 있을 때는 +의 사용을 꾀하는 것이 바람직하다.		오리피스	
흐름의 방향 유체의 흐름	→——→	금속이음 〈연결되지 않은 상태〉 ① 체크밸브가 없다. ② 체크밸브 부착 (셀프 실 이음)	
기체의 흐름	▷——▷		
[비고] 기호를 관로에 가깝게 표시해도 좋다.	→ ▷		
밸브 내의 흐름의 방향		〈연결된 상태〉 ① 체크밸브가 없다. ② 한쪽만 체크밸브가 부착(셀프 실 이음) ③ 양쪽 체크밸브부착 (셀프 실 이음)	
기름 탱크에 연결된 관로 관 끝을 액중에 넣지 않은 관로			
관 끝을 액중에 넣은 관로		회전이음	(1) 일관로의 경우 (2) 이관로의 경우
헤드 탱크에 연결된 관로			
[비고] 관의 끝에 작동유 탱크에 연결된 선에는 들어가지 않도록 할 것.			

명 칭	기 호	명 칭	기 호
기계식의 연결 회전축	(1) 1방향일 경우 (2) 양 방향의 경우	신호전달로 전기신호 그 외의 신호	
		기계식연결 연결부	
[비고] 회전 방향을 나타내는 화살표는 그 원호의 중심을 원동기 쪽으로 접속시킨다.		고정점부착 연결부	
레버, 로드		[비고] 연결부는 가동 또는 고정의 어느 것이라도 좋고 또한 직각으로 되지 않아도 좋다.	

3. 펌프 및 모터

명 칭	기 호	비 고	명 칭	기 호	비 고
정용량형 유압펌프	(1) (2)	삼각형은 유체의 출구를 나타낸다. 삼각형의 높이는 원 직경의 약 1/5로 한다. ① 1방향만의 흐름일 경우 ② 양방향의 흐름일 경우	정용량형 유압모터	(1) (2)	삼각형은 유체의 입구를 나타낸다. ① 한 방향으로 만 흐를 경우 ② 양방향으로 흐를 경우
가변용량형 유압펌프	(1) (2)		가변용량형 유압모터	(1) (2)	
유압기 및 송풍기			공기압 모터	(1) (2)	
진공펌프					

4. 실린더 [(1)은 상세한 기호, (2)는 간략한 기호를 나타낸다.]

명 칭	기 호	명 칭	기 호
단동 실린더 스프링 없음	(1) (2)	쿠션이 부착된 실린더편 쿠션형	(1) (2)
스프링 부착	(1) (2)	양 큐션형	(1) (2)
램형 실린더		[비고] 쿠션이 부착된 것을 나타내는 ⊢는 실린더의 쿠션이 듣는 정지 끝에 향하도록 기입한다. ↗는 외부로부터 조정가능할 경우에 표시한다.	
복동 실린더편 로드형	(1) (2)	텔레스코프형 실린더	단동 복동
양로드형	(1) (2)	다이어프램형 실린더	
차동 실린더	(1) (2)	압력 전달기	
압력 변환기 같은 종류 유체	(1) (2)	압력변환기 다른 종류(異種)유체	(1) (2)
[비고] 이것이 공기압력일 경우			

5. 제어방식

명 칭	기 호	명 칭	기 호	명 칭	기 호
스프링방식		인력방식 페달방식		실린더방식 〈복동형〉	(1)
조정스프링 방식		푸시로드 방식			(2)
파일럿방식 직접 작동형 [비고] 이것은 공기압력일 경우	(1) (2)	스프링 방식		[비고] ① 상세기호, ② 간략기호	
		롤러 방식		유압모터방식 1방향형	
간접작동식	(1) (2) (3)	편작동 롤러 방식		2방향형	
		[비고] 푸시로드 방식의 기호를 기계방식의 기본 기호로서 사용해도 좋다.		전동기방식 1방향형	M
[비고] ① 가압하여 제어할 경우 ② 감압하여 제어할 경우		실린더방식 〈단동형〉 스프링 없음	(1) (2)	2방향형	M
인력방식 〈기본기호〉				전자방식 단코일형 복코일형	
레버방식		스프링 부착	(1) (2)		
푸시버튼방식					
조합시킨 방식 〈순차 작동방식〉 전자 - 유압제어 전자 - 공기압제어		2개 이상의 제어 방식을 사용하여 기기를 제어 하더라도 기기의 기호에서 한번 작동한 장방형에는 외부로부터 받는 제차의 제어 기호를 기입하고 기기에 인접하는 장방형에는 최종적으로 기기를 작동시키는 제2차 제어 기호를 기입한다. 2개 이상의 제어방식 어느 것이라도 좋고 기기를 제어시키는 것으로서 열기(列記)된 장방형에는 여러 가지 기호를 기입한다.			
〈선택작업방식〉 전자 또는 유압제어 전자 또는 공기압제어					
보조방식 위치정지방식		세로가 짧은 선은 위치가 멈춰진 것을 나타낸다. *표의 개소에는 록을 떼어낸 제어 방식을 표시하는 임의의 기호를 기입한다. 중간 위치에 멈춰지지 않고 그 양끝 위치에 기기를 멈춘다.			
록 방식					
오버센터 방식					

6. 압력 제어밸브

명 칭	기 호	명 칭	기 호	명 칭	기 호
기본표시 상시 닫힘		외부 파일럿 방식		시퀀스 밸브 내부 파일럿 방식	
상시 열림				외부 파일럿 방식	
		[비고] ▽는 대기방출을 의미한다. ① 유압용, ② 공기압용 내부 파일럿 방식의 기호는 작동형에도 사용된다.			
릴리프 밸브 및 안전밸브 내부 파일럿		정비(定比) 릴리프 밸브		감압밸브 〈릴리프 없음〉 내부 파일럿 방식	
		언로드 밸브		외부 파일럿 방식	
외부 파일럿 방식		정차감압 밸브		〈릴리프부착〉 내부 파일럿 방식	
〈릴리프부착〉 외부 파일럿 방식		정비감압 밸브		간이표시	*
[비고] ① 유압용, ② 공기압용				[비고] 정방형의 *는 숫자, 문자를 기입하고 밸브의 사양을 별기(別記)한 색인으로 할 수 있다.	

7. 유량 제어밸브

명 칭	기 호	명 칭	기 호	명 칭	기 호
가변교축 밸브 인력방식	(1) (2)	[비고] 기본 표시는 전항(前項)의 비고 1에 준하지만 가변 교축 밸브에서는 관로를 나타내는 실선과 흐름의 방향을 나타내는 화살표를 이동시켜 기입하는 것으로 하고 흐름이 교차되는 것을 표시한다. (1) 상세기호, (2) 간략기호	〈가변형〉 가변형 (기본기호)	〈가변형〉 가변형 (기본기호)	
				릴리프 부착	
기계방식	(이것은 롤러 방식의 예에 있음)	유량조정밸브 〈고정형〉		온도보상 부착	
분류(分流) 밸브		간이표시	※	정방형의 *표는 숫자, 문자를 기입하고 밸브의 사양을 별기(別記)한 색인으로 할 수 있다.	

8. 방향 제어밸브

명 칭	기 호	명 칭	기 호
기본표시 2포트 2위치 변환 밸브		4포트 2위치 변환 밸브 스프링 오프세트 전자 내부 파일럿방식	(1) 상세기호 (2) 간이기호
4포트 3위치 변환 밸브			
4포트 교축 변환 밸브			
2포트 2위치 변환 밸브 인력방식 스프링오프셋 전자방식		5포트 2위치 변환 밸브 외부 파일럿방식	

명칭	기호	명칭	기호
3포트 2위치 변환 밸브 외부파일럿 방식 스프링 오프셋 전자 방식		교축 변환 밸브 2포트 교축 변환 밸브(트레이서 밸브) 3포트 교축 변환 밸브 4포트 교축 변환 밸브(트레이서 밸브) 전기압축서보 밸브 일단식 자동식	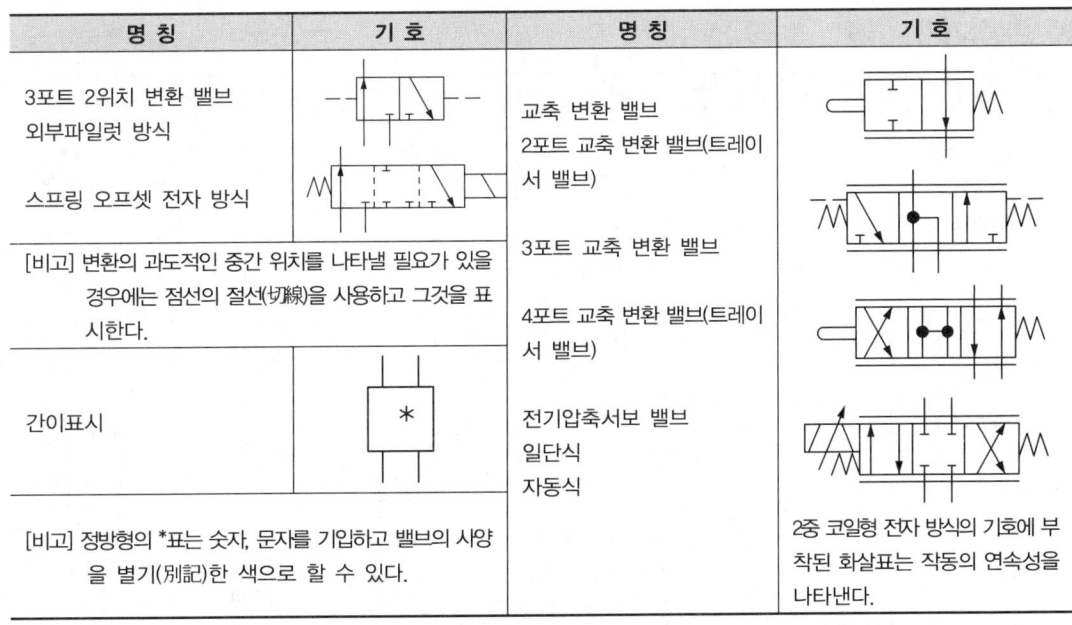
[비고] 변환의 과도적인 중간 위치를 나타낼 필요가 있을 경우에는 점선의 절선(切線)을 사용하고 그것을 표시한다.			
간이표시	[*]		
[비고] 정방형의 *표는 숫자, 문자를 기입하고 밸브의 사양을 별기(別記)한 색으로 할 수 있다.			2중 코일형 전자 방식의 기호에 부착된 화살표는 작동의 연속성을 나타낸다.

예			예 외		
BR접속	ABR접속	크로즈드 센터	오픈 센터	교축 오픈센터	교축 ABR 접속

9. 체크밸브

명칭	기호	명칭	기호
체크밸브		고정교축 체크밸브	
파일럿 조작 체크밸브	① 제어신호에 따라 열릴 경우	셔틀밸브	
	② 제어신호에 따라 닫힐 경우	급속배기 밸브	

10. 부속기기

명 칭	기 호	명 칭	기 호	명 칭	기 호
작동유 탱크 개방탱크 예압탱크		필터 〈배수기 없음〉 〈배수기 부착〉 인력방식 자동방식		가열기	
				루브리게이터	
책 또는 콕				방음기	
압력스위치				압력계	
어큐뮬레이터	[비고] 유압용	[비고] 공기압력의 흡입 필터 및 작동유 탱크 내에 설치된 탱크용 필터에 대해 간략한 기호를 사용해도 좋다.		접점부착 압력계	
공기탱크	[비고] 공기압용			온도계	
전동기	M	에어드라이어		유량계 순간지시방식 적산지시방식	
내연기관 그외의열기관	M	온도조절기			
압력원	(1) ● (2) ○	냉각기		계측기의 간이표시	*
				[비고] 원내의 *표에는 본 규격에서 정한 이외의 계측기 내용을 나타내는 임의의 기호를 기입하여 사용한다. 또한 숫자, 문자를 기입하고 계측기의 사양을 별기(別記)한 색인으로 할 수 있다.	
[비고] ① 유압용, ② 공기압용		[비고] 냉각용 배관을 표시한 경우			
배수기 인력방식 자동방식		공기압조정 유닛	(1) (2) [비고] ① 상세기호, ② 간이기호		

2 유압회로의 구성

1. 폐회로
폐회로는 유압펌프에서 송출한 유압유로 액추에이터를 작동시킨 후 복귀하는 유압유를 다시 유압펌프의 흡입구멍에서 흡입하도록 하는 회로이며, 특징은 다음과 같다.
① 동력손실이 적어 열 발생이 적다. ② 회로 내의 압력은 부하에 의해 발생한다.
③ 액추에이터의 속도제어는 가변용량형 펌프의 토출량 변화로 이루어진다.

2. 속도(유량) 제어회로
① 미터 인 회로 : 유량제어밸브를 실린더의 입구 쪽에 설치한 회로로 공급 쪽 관로 내의 흐름을 제어함으로써 속도를 제어하는 회로이다.
② 미터 아웃 회로 : 부하가 급격히 감소하여 스핀들이 급진하는 것을 방지하기 위하여 실린더 출구 쪽에 유량조절 밸브를 설치한 회로로 펌프의 송출압력은 유량제어밸브에 의한 배압과 부하 저항에 따라 정해지는 회로이다.
③ 블리드 오프 회로 : 실린더 입구의 분기회로에 유량제어밸브를 설치하여 실린더 입구 측의 불필요한 유압유를 배출시켜 작동효율을 증진시킨 속도제어 회로이다.

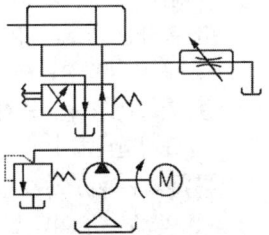
▲ 블리드 오프 회로

3. 조압 회로의 종류
① 감압 회로 : 압력원이 1개인 경우에 회로 내 일부의 압력을 감압하기 위하여 사용한다.
② 카운터밸런스 회로 : 부하가 급격히 감소하더라도 피스톤이 급격히 하강하지 않도록 제어하는 회로이며, 일정한 배압을 유지시켜 램이 중력에 의해 자유낙하 하는 것을 방지한다.
③ 시퀀스 회로 : 액추에이터를 순차적으로 작동시키기 위한 회로이다.
④ 축압기 회로(어큐뮬레이터 회로) : 유압펌프 출구 가까이에 축압기를 설치하여 밸브를 변환할 때 발생하는 서지 압력을 흡수하고 유압펌프의 순간적인 과부하 방지 및 회로에서의 진동, 소음, 배관의 느슨함에 의해서 발생되는 누유 및 파손 등을 방지하는 회로이다.

4. 차동 회로
차동 회로란 유압실린더의 좌·우 양쪽의 포트로 동시에 유압유를 공급하고 피스톤이 양쪽에서 받는 힘의 차이로 작동하는 것을 이용한 회로이며, 특징은 다음과 같다.
① 피스톤의 수압 면적 비율을 이용한다. ② 피스톤의 작동속도가 빨라진다.
③ 사이클 시간이 단축된다.

5. 로킹 회로
로킹 회로는 액추에이터에 가해지는 부하의 변동, 회로 압력의 변화, 그 밖의 조작 등에 관계없이 유압실린더를 필요한 임의의 위치에 고정시켜 자유 운동을 방지하기 위한 회로이다.

Chapter 1 출제예상문제

01 유압·공기압 기호의 표시 방법과 해석의 기본사항에 대한 설명으로 틀린 것은?
① 포트는 관로와 기호 요소의 접점으로 나타낸다.
② 기호는 해당 기기의 외부 포트의 존재를 표시하나, 그 실제 위치를 나타낼 필요는 없다.
③ 복잡한 기호의 경우, 기능상 사용되는 접속구는 생략한다.
④ 기호는 기능, 조작 방법 및 외부 접속구를 표시한다.

> **해설** 유압 기호의 표시 방법
> ① 기호에는 흐름의 방향을 표시한다.
> ② 각 기기의 기호는 정상상태 또는 중립상태를 표시한다.
> ③ 오해의 위험이 없는 경우에는 기호를 회전하거나 뒤집어도 된다.
> ④ 기호에는 각 기기의 구조나 작용압력을 표시하지 않는다.
> ⑤ 기호가 없어도 바르게 이해할 수 있는 경우에는 드레인 관로를 생략해도 된다.
> ⑥ 기호는 해당기기의 외부 포트의 존재를 표시하나 그 실제 위치를 나타낼 필요는 없다.
> ⑦ 포트는 관로와 기호요소의 접점으로 나타낸다.

02 유압 관로에서 필요에 따라 유체의 일부 또는 전부를 분기시키는 관로는?
① 통기 관로 ② 드레인 관로
③ 바이패스 관로 ④ 통로

> **해설** 바이패스 관로는 유압관로에서 필요에 따라 유체의 일부 또는 전부를 분기시키는 관로이다.

03 다음의 유압 회로도에서 ④는 무슨 밸브인가?
① 감압밸브
② 릴리프 밸브
③ 시퀀스 밸브
④ 감속밸브

04 다음 그림은 압력제어 밸브의 어떤 상태의 기호인가?
① 상시 열림
② 상시 작동
③ 상시 닫힘
④ 틀린 기호

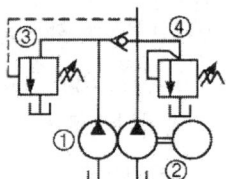

05 그림과 같은 유압회로에서 릴리프밸브는?

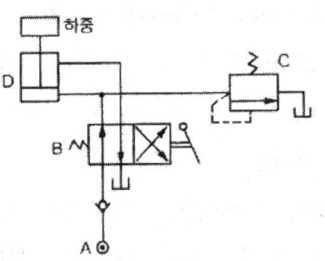

① A ② B
③ C ④ D

정답 01. ③ 02. ③ 03. ② 04. ③ 05. ③

06 다음 그림과 같은 유압 기호는 어느 것을 나타내는 기호인가?

① 가변 용량형 펌프
② 감압밸브
③ 언로더 밸브
④ 카운터밸런스 밸브

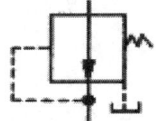

07 다음 그림과 같은 유공압 밸브 기호의 명칭은?

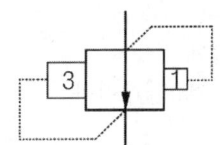

① 릴리프밸브 ② 시퀀스 밸브
③ 파일럿 전환밸브 ④ 일정비율 감압밸브

08 아래 그림은 압력제어 회로이다. 여기서 ①은 무엇을 나타내는 기호인가?

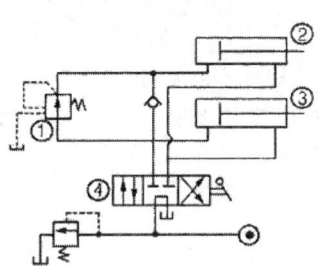

① 스톱밸브 ② 감압밸브
③ 릴리프밸브 ④ 실린더

09 다음 그림과 같은 유압 도면 기호는 무슨 밸브를 나타내는가?

① 릴리프밸브
② 안전밸브
③ 시퀀스밸브
④ 무부하 밸브

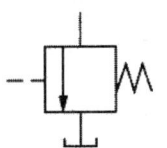

10 다음과 같은 밸브 기호의 명칭은?

① 직렬형 유량 조정 밸브
② 바이패스형 유량 조정 밸브
③ 체크 붙이 유량 조정 밸브
④ 온도보상 유량 조정 밸브

11 다음 기호로 표시되는 것은?

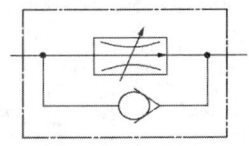

① 가변 교축 밸브
② 바이패스형 유량 조정 밸브
③ 유량 조정 밸브(체크 밸브 붙이)
④ 직렬형 유량 조정 밸브(온도보상 붙이)

12 아래 유압 기호의 명칭은?

① 무부하 밸브
② 감압 밸브
③ 체크 밸브
④ 릴리프 밸브

13 다음 유압 기호의 명칭은?

① 단동 실린더
② 공기압 모터
③ 유압 모터
④ 유압 펌프

14 다음 유압 기호 중 유압펌프를 상징하는 기호는?

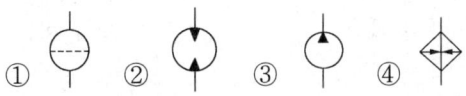

해설 ②항은 정용량형 유압모터, ③항은 정용량형 유압펌프, ④항은 가열기(히터)이다.

15 그림의 유압 기호는 무엇을 나타내는가?

① 릴리프밸브 ② 카운터 밸런스 밸브
③ 감압밸브 ④ 체크밸브

16 다음의 유압 기호가 나타내는 것은?

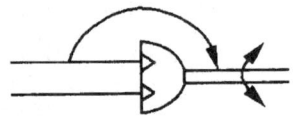

① 유압 요동형 펌프
② 가변 용량형 유압펌프
③ 요동형 액추에이터
④ 고정 용량형 유압펌프

17 다음의 기호가 표시하는 것은?

① 주관로 ② 전기신호선
③ 유압(동력)원 ④ 공기압(동력)원

18 그림과 같은 유압 기호가 의미하는 조작 방식은?

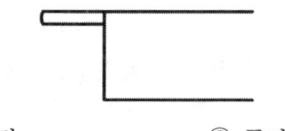

① 인력 ② 플런저
③ 페달 ④ 누름 버튼

19 다음 그림은 유압 공기압 도면 기호에서 어떤 기호의 명칭을 가지고 있는가?

① 유압계
② 유면계
③ 저압계
④ 회전속계

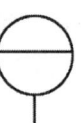

20 그림과 같은 유압기 호가 의미하는 것은?

① 공기탱크
② 기름 탱크
③ 기체식 어큐뮬레이터
④ 냉각기

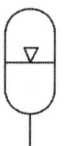

21 그림과 같은 유체 조정기기의 유압 기호로서 옳은 것은?

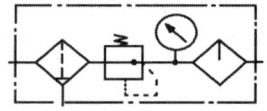

① 가열·냉각온도 조절기
② 공기압 조정 유닛
③ 유량 계측 검류기
④ 기름 분무 분리기

22 그림과 같은 유압 기호는 어떤 기기를 표시하는 기호인가?

① 공기탱크 ② 압력 스위치
③ 압력원 ④ 내연기관

정답 15. ④ 16. ③ 17. ③ 18. ② 19. ② 20. ③ 21. ② 22. ①

23 그림과 같은 유압 기호가 나타내는 유압기기 명칭은?

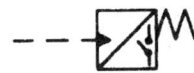

① 소음기 ② 리밋 스위치
③ 경음기 ④ 압력 스위치

24 다음 그림 기호의 명칭은?

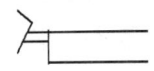

① 인력 ② 버튼
③ 레버 ④ 페달

25 그림과 같은 공유압 기호의 명칭가?

① 누름 버튼 ② 누름-당김 버튼
③ 당김 버튼 ④ 레버 버튼

26 방향제어밸브의 중립 위치에서 유로의 형식을 구분할 때 다음 기호는 어디에 해당하는가?

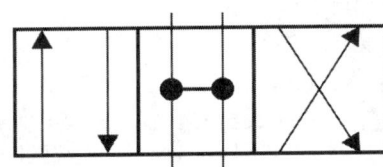

① 오픈센터 ② 탠덤센터
③ 세미오픈 센터 ④ 펌프 클로즈드 센터

해설 오픈센터는 중립일 때 모든 포트가 통해져 있기 때문에 펌프를 무부하로 하여 실린더는 수동으로 자유로이 움직일 수 있다.

27 보기 기호의 설명으로 가장 적합한 명칭은?

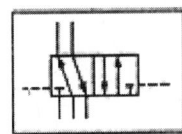

① 4포트 전자 파일럿 전환 밸브
② 4포트 공압 파일럿 전환 밸브
③ 5포트 전자 파일럿 전환 밸브
④ 5포트 공압 파일럿 전환 밸브

28 다음 전환 밸브의 기호가 나타내는 포트 수와 위치 수로 옳은 것은?

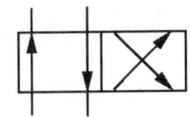

① 2포트 2위치 밸브
② 4포트 2위치 밸브
③ 2포트 4위치 밸브
④ 4포트 4위치 밸브

29 다음 중 시퀀스 회로에 대한 설명으로 가장 적절한 것은?

① 미리 정해진 순서에 따라 제어 작동의 각 단계를 순차 진행해 가는 제어회로
② 제어 동작이 밸브의 개폐와 같은 2개의 정해진 상태만을 취하는 제어회로
③ 회로 내 압력을 제어하는 것을 목적으로 하는 회로
④ 회로 내 흐름의 방향을 바꾸는 제어회로

해설 시퀀스 회로는 유압회로에 발생하는 여러 가지 기계동작을 미리 정해진 순서에 따라 자동적으로 작동시키는 회로이다.

정답 23. ④ 24. ④ 25. ③ 26. ① 27. ④ 28. ② 29. ①

30 유압 기본 회로에서 폐회로의 특성 설명으로 틀린 것은?

① 동력손실이 적어 열 발생이 적다.
② 회로 내의 압력은 부하에 의해 발생한다.
③ 펌프 한 대에 대하여 유압모터 여러 대를 사용하는 것이 원칙이다.
④ 액추에이터의 속도제어는 가변 펌프의 토출량의 변화로 이루어진다.

해설 폐회로는 유압펌프에서 송출한 작동유로 액추에이터를 작동시킨 후 복귀하는 작동유를 다시 유압펌프의 흡입구멍에서 흡입하도록 하는 회로이며, 특징은 ①, ②, ④항이다.

31 다음 중 유압 속도제어 회로에 해당되지 않는 것은?

① 미터 인 회로
② 블리드 아웃 회로
③ 미터 아웃 회로
④ 블리드 오프 회로

해설 유량(속도) 제어 회로
① 미터 인 회로 : 유량 제어밸브를 액추에이터의 입구 쪽에 설치한 회로로 공급 쪽 관로 내의 흐름을 제어함으로써 속도를 제어하는 회로이다.
② 미터 아웃 회로 : 부하가 급격히 감소하여 스핀들이 급진하는 것을 방지하기 위하여 유량 제어밸브를 액추에이터 출구 쪽에 설치한 회로로 펌프의 송출 압력은 유량 제어 밸브에 의한 배압과 부하 저항에 따라 정해지는 회로이다.
③ 블리드 오프 회로 : 실린더 입구의 분기회로에 유량 제어 밸브를 설치하여 실린더 입구 쪽의 불필요한 유압유를 배출시켜 작동효율을 증진시킨 속도제어 회로이다.

32 유량 제어밸브를 액추에이터의 입구 측에 설치한 회로로 공급 쪽 관로 내의 흐름을 제어함으로써 속도를 제어하는 회로는?

① 미터인 회로
② 미터 아웃 회로
③ 브레이크 회로
④ 인터로크 회로

해설 미터인 회로는 유량제어 밸브를 액추에이터의 입구 쪽에 설치한 회로로 공급 쪽 관로 내의 흐름을 제어하여 속도를 제어한다.

33 실린더에 유입되는 유량을 제어하는 속도제어 회로로서, 연삭기, 밀링의 이송에 적합한 회로는?

① 미터인 회로
② 미터 아웃 회로
③ 블리드 온 회로
④ 블리드 오프 회로

34 다축 보링머신에서 부하가 급격히 감소하여 스핀들이 급진하는 것을 방지하기 위하여, 실린더 출구 측에 유량조절 밸브를 설치한 회로로, 펌프의 송출압력은 유량제어 밸브에 의한 배압과 부하 저항에 따라 정해지는 회로는?

① 미터인 회로
② 미터 아웃 회로
③ 블리드 오프 회로
④ 감속 회로

해설 미터 아웃 회로(meter out circuit)는 다축 보링머신에서 부하가 급격히 감소하여 스핀들이 급진하는 것을 방지하기 위하여, 실린더 출구 측에 유량조절 밸브를 설치한 회로로, 펌프의 송출압력은 유량제어 밸브에 의한 배압과 부하 저항에 따라 정해진다.

정답 30. ③ 31. ② 32. ① 33. ① 34. ②

35 액추에이터 공급 쪽 관로에 설정된 바이패스 관로의 흐름을 제어하여 속도를 제어하는 회로로, 실린더에 유입되는 유량이 부하에 따라 변하므로 피스톤 이송을 정확하게 조절하기 어려운 회로는?

① 블리드 오프 회로
② 카운터밸런스 회로
③ 미터-아웃 회로
④ 미터-인 회로

해설 블리드 오프 회로(bleed-off circuit)는 실린더 입구의 분기회로에 유량제어 밸브를 설치하여, 실린더 입구 측의 불필요한 유압유를 배출시켜 작동효율을 증진시킨 속도제어 회로이다.

36 유압회로 중에 발생하는 서지압을 흡수할 목적으로 사용되는 회로는?

① 감압 회로   ② 무부하 회로
③ 동조 회로   ④ 축압기 회로

해설 축압기 회로(어큐뮬레이터 회로)는 유압펌프 출구 가까이에 어큐뮬레이터를 설치하고, 밸브를 변환할 때 발생하는 서지 압력을 흡수하고, 유압펌프의 순간적인 과부하 방지 및 회로에서의 진동소음 및 배관의 느슨함에 의해 발생 되는 누유 및 파손 등을 방지하는 회로이다.

37 미리 정해진 순서에 따라 제어 작동의 각 단계를 순차적으로 진행해 가는 회로는?

① 감압 회로   ② 증압 회로
③ 시퀀스 회로   ④ 정토크 회로

해설 시퀀스 회로는 유압회로에 발생하는 여러 가지 기계 동작을, 미리 정해진 순서에 따라 자동적으로 작동시키는 회로이다.

38 실린더에 부하가 급격히 제거되었을 때, 관성력 때문에 피스톤이 급진하는 것을 방지하기 위해 사용하는 회로는?

① 시퀀스 회로   ② 언로드 회로
③ 카운터 밸런스 회로   ④ 감압회로

해설 카운터 밸런스 회로(counter valance circuit)는 부하가 급격히 감소하더라도 피스톤이 급격히 하강하지 않도록 제어하는 회로로서, 일정한 배압을 유지시켜 램이 중력에 의해 자유낙하 하는 것을 방지한다.

39 부하가 급격히 감소하더라도 피스톤이 급격히 하강하지 않도록 제어하는 회로로서, 일정한 배압을 유지시켜 램이 중력에 의해 자유낙하 하는 것을 방지하는 보기와 같은 유압회로의 명칭은?

〈보기〉

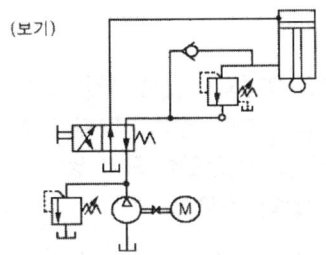

① 카운터 밸런스 회로   ② 재생 회로
③ 감속 회로   ④ 브레이크 회로

40 다음 내용은 차동 회로에 관한 설명이다. 틀린 것은?

① 피스톤의 전진 속도 증가
② 사이클 시간 단축
③ 출력 증대
④ 피스톤 양쪽의 수압 면적비를 이용

해설 차동 회로란 유압실린더의 좌우 양쪽의 포트로 동시에 작동유를 공급하고, 피스톤이 양쪽에서 받는 힘의 차이로 작동하는 것을 이용한 회로이며, 피스톤의 수압면적 비율을 이용하며, 피스톤의 작동 속도가 빨라지고, 사이클 시간이 단축된다.

정답   35. ①   36. ④   37. ③   38. ③   39. ①   40. ③

41 다른 수압 면적을 가진 유압 실린더 등을 사용하여 시스템의 일부 압력을 높여주는 회로로 가장 적합한 것은?

① 증압 회로 ② 서지 회로
③ 감압 회로 ④ 무부하 회로

42 실린더의 부하 변동에 관계없이 임의의 위치에 고정시킬 수 있는 회로의 명칭은?

① 부스터 회로 ② 언로더 회로
③ 로킹 회로   ④ 시퀀스 회로

해설 로킹 회로는 액추에이터에 가해지는 부하의 변동, 회로 압력의 변화, 그 밖의 조작 등에 관계없이 유압실린더를 필요한 임의의 위치에 고정시켜, 자중에 의한 자유 운동을 방지하기 위한 회로이다.

43 프레스 작업에서 일정 시간 그대로 놓아두면 자중에 의하여 램이 하강한다. 자중에 의하여 하강하지 않도록 하기 위한 방법으로 가장 적합한 것은?

① 축압기 회로를 구성한다.
② 로크 회로를 구성한다.
③ 무부하 회로를 구성한다.
④ 압력설정 회로를 구성한다.

44 펌프의 송출압력과 송출량을 일정히 하고 정변위 유압모터의 변위량을 변화시켜 유압모터의 속도를 변화시키면서 정마력 구동이 얻어지는 회로는?

① 카운터 밸런스 회로
② 직렬 배치 회로
③ 파일럿 조작 회로
④ 정출력 구동회로

해설 정출력 구동회로는 펌프의 송출 압력과 송출량을 일정히 하고 정변위 유압모터의 변위량을 변화시켜 유압모터의 속도를 변화시키면서 정마력 구동이 얻어지는 회로이다.

45 다음 유압회로 중 동조 회로로 사용하는 회로가 아닌 것은?

① 시퀀스 밸브와 전자 변환밸브를 이용한 회로
② 유량조절밸브를 이용한 회로
③ 유압실린더의 직렬 회로
④ 유압모터를 이용한 회로

해설 동조 회로로 사용하는 회로에는 유량조절밸브를 이용한 회로, 유압실린더의 직렬 회로, 유압모터를 이용한 회로 등이 있다.

46 회로 압력이 설정 압력을 초과하면 막이 유체압에 의해 파열되어 유압유를 탱크로 귀환시키고, 동시에 압력상승을 막아 기기를 보호하는 역할을 하는 유압기기는?

① 압력 스위치 ② 유체 퓨즈
③ 체크밸브   ④ 릴리프밸브

해설 유체퓨즈는 회로 압력이 설정 압력을 초과하면 막이 유체압력에 의해 파열되어 유압유를 탱크로 귀환시키고, 동시에 압력상승을 막아 기기를 보호한다.

47 유압 구동 기계의 관성 때문에 이상 압력이 생기거나 이상 음이 발생 되어, 유압장치가 과열되는 것을 방지하기 위해 사용되는 회로는?

① 제동회로 ② 증압회로
③ 재생회로 ④ 출력회로

해설 제동회로는 유압 구동 기계의 관성 때문에 이상 압력이 생기거나 이상 소음이 발생 되어, 유압장치가 과열되는 것을 방지하기 위해 사용된다.

정답 41. ① 42. ③ 43. ② 44. ④ 45. ① 46. ② 47. ①

48 유압 기호를 구성하는 기호 요소 중에서 1점 쇄선의 용도는?

① 주 관로 ② 제어기기
③ 전기신호 ④ 포위선

해설 유압 공기압 도면 기호에서 1점 쇄선의 용도는 포위선이다.

49 기호 요소 중에서 실선이 나타내는 용도가 아닌 것은?

① 주관로
② 전기 신호선
③ 드레인 관로
④ 밸브 사이의 관로

해설 실선의 용도는 주관로, 전기 신호선, 밸브 사이의 관로 등이다.

50 그림과 같은 유압 기본 로직 회로에서 A와 B의 압력이 만족할 때 출력 C가 되는 회로는?

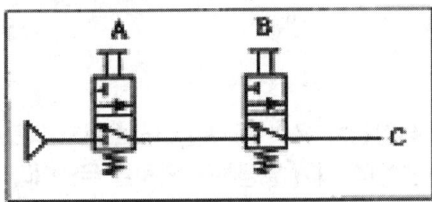

① AND 회로 ② OR 회로
③ NOT 회로 ④ NOR 회로

해설 AND 회로는 A와 B의 압력이 만족할 때 출력 C가 되는 회로이다.

51 그림과 같은 유압회로의 명칭은?

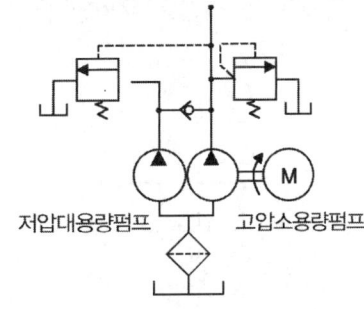

① 로크 회로 ② Hi-Lo 회로
③ 재생 회로 ④ 축압기 회로

52 그림과 같은 유압회로의 명칭으로 가장 적절한 것은?

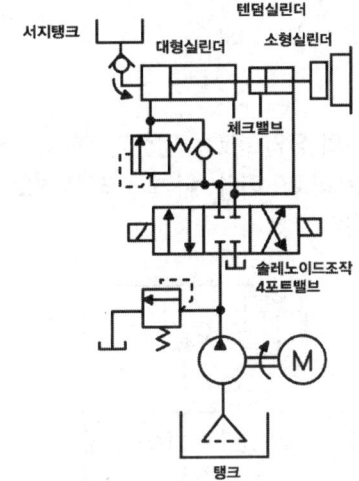

① 증강 회로
② 브레이크 회로
③ 정토크 구동 회로
④ 정출력 구동 회로

정답 48. ④ 49. ③ 50. ① 51. ② 52. ①

53 다음 유압 회로도는 트럭에 연결된 회로이다. 이 회로의 명칭은 무엇인가?

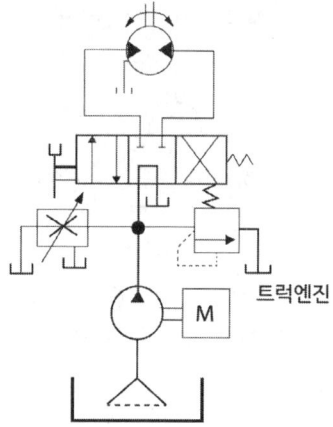

① 정토크 구동회로
② 정출력 구동회로
③ 시퀀스 회로
④ 브레이크 회로

54 다음의 유압회로는 건설기계에서 사용되고 있는 회로도이다. 이 회로의 명칭으로 옳은 것은?

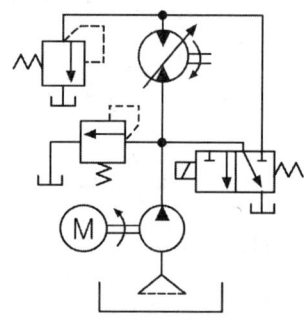

① 카운터 밸런스 회로
② 직렬배치 회로
③ 파일럿 조작회로
④ 정출력 구동회로

55 기기의 통로나 관로에서부터 탱크나 매니폴드 등에 돌아오는 액체 또는 액체가 돌아오는 현상을 무엇이라 하는가?

① 누설　　　② 자유 흐름
③ 복귀　　　④ 행정체적

해설 ① 누설(leakage) : 정상상태로는 흐름을 정지시킨 장소 또는 흐르는 것이 좋지 않은 장소를 통하는 비교적 적은 흐름
② 자유 흐름(free flow) : 제어되지 않은 자유로운 흐름
③ 복귀(drain) : 기기의 통로나 관로에서부터 탱크나 매니폴드(manifold) 등에 돌아오는 액체 또는 액체가 돌아오는 현상
④ 행정체적(displacement) : 용적형 펌프 또는 모터의 1회전마다 배출시키는 기하학적인 체적

56 유압장치를 정비작업 할 때 주의사항 중 바르지 못한 것은?

① 유압라인 제거 전 유압탱크로부터 압력 제거
② 유압펌프 정비시 부품 망실에 주의
③ 압력 상태하에서 라인을 두드려서 누유 확인
④ 실린더 로드 등 유압기기를 정비할 때 긁힘이나 손상에 주의

57 유압장치 용어 중 계통 내 흐름의 과도적인 변동에 의해 발생하는 압력을 무엇이라 하는가?

① 배압　　　② 서지압
③ 맥동　　　④ 전압

해설 서지압이란 과도적으로 발생하는 이상 압력의 최댓값을 말한다. 즉 유압회로 내의 밸브를 갑자기 닫았을 때, 유압유의 속도 에너지가 압력 에너지로 변하면서 일시적으로 큰 압력증가가 생기는 현상이다.

정답　53. ①　54. ④　55. ③　56. ③　57. ②

58 건설기계에 사용되는 유압기기의 마모 원인과 가장 거리가 먼 것은?

① 먼지의 침입
② 정상적인 윤활 온도
③ 돌기 부분의 접촉
④ 부식

59 전기 신호에 의하여 전기회로의 개폐를 절환하는 기기로서, 전기회로의 보호 또는 제어의 목적으로 사용되는 스위치는 다음 중 어느 것인가?

① 릴레이 스위치
② 마이크로 스위치
③ 토글 스위치
④ 서멀 스위치

해설 릴레이(relay) 스위치는 전기 신호에 의하여 전기회로의 개폐를 절환하는 기기로서, 전기회로의 보호 또는 제어의 목적으로 사용한다.

60 물체의 위치, 방위, 자세 등을 제어하는 서보 기구의 특징이 아닌 것은?

① 제어되는 것은 기계적 변위이다.
② 목표치는 광범위하게 변화한다.
③ 피드 백(feed back)제어이다.
④ 원격제어를 할 수 없다.

해설 서보(servo) 기구의 특징
① 제어되는 것은 기계적 변위이다.
② 목표치는 광범위하게 변화한다.
③ 피드백(feed back)제어이다.
④ 압력 및 원격제어가 가능하다.
⑤ 단위 중량당의 출력이 크므로 소형으로써 대출력을 얻을 수 있다.

61 그림은 전기 유압식 서보 기구의 블록선도이다. 빈칸에 들어갈 요소로 적절한 것은?

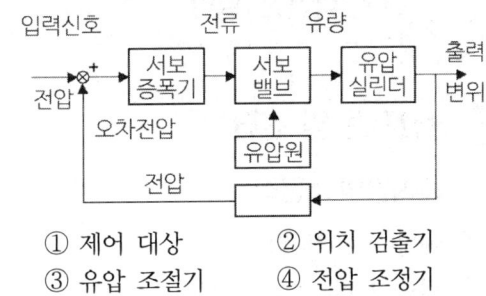

① 제어 대상
② 위치 검출기
③ 유압 조절기
④ 전압 조정기

62 전기나 그 밖의 입력신호에 따라서 비교적 높은 압력의 공급원으로부터, 기름의 유량과 압력을 상당한 응답속도로 제어하는 서보 유압밸브의 특징이 아닌 것은?

① 제어되는 것은 기계적 변위이다.
② 단위 중량당의 출력이 크므로 소형으로써 대출력을 얻을 수 있다.
③ 피드백(feed back) 제어이다.
④ 압력제어를 할 수 없다.

정답 58. ② 59. ① 60. ④ 61. ② 62. ④

Chapter 2
건설기계 안전관리

Section 2-1 산업안전 일반

1 안전기준 및 진단

1. 재해예방의 4원칙

① 예방 가능의 원칙 ② 손실 우연의 원칙
③ 원인 계기(연계)의 원칙 ④ 대책 선정의 원칙

2. 하인리히의 도미노(5단계) 이론

하인리히의 도미노 이론에서 재해와 가장 인접하여 있는 사항으로 불안전 행동 및 상태를 제거하면 사고와 재해로 연결되지 않는다고 하였으며, 도미노 이론은 다음과 같다.

① 제1단계 : 유전적 요인 및 사회적 환경
② 제2단계 : 개인적 결함
③ 제3단계 : 불안전 행동 및 불안전 상태
④ 제4단계 : 사고
⑤ 제5단계 : 재해

3. 재해율의 정의

① 천인율 : 평균 재적 근로자 1,000명에 대하여 발생한 재해 자수를 나타내는 것.
② 도수율 : 연근로 시간에 대한 재해 발생 건수를 1,000,000시간당 발생한 재해의 빈도를 나타내는 것.
② 강도율 : 연근로 1,000시간당 재해로 인하여 근무하지 못한 총근로 손실일수를 나타내는 것.

2 안전보건 표지

안전·보건표지의 종류에는 금지표지, 경고표지, 지시표지, 안내표지가 있다.

① 금지표지는 특정의 통행을 금지시키는 표지이며, 적색 원형(바탕은 흰색, 기본 모형은 빨강색, 관련 부호 및 그림은 검정색)이다.

② 경고표지는 위험물 또는 위험물에 대한 주의를 환기시키는 표지이며, 흑색 삼각형의 황색표지(바탕은 노랑색, 기본모형 관련부호 및 그림은 검정색)이다.
③ 지시표지는 보호구 착용을 지시하는 명령 표지이며, 청색 원형 바탕에 백색(바탕은 파랑색, 관련 그림은 흰색)이다.
④ 안내표지는 비상구, 의무실, 구급용구 등의 위치를 알리는 표지이며, 녹색 사각형(바탕은 흰색, 기본 모형 및 관련 부호는 녹색 또는 바탕은 녹색, 관련 부호 및 그림은 흰색)이다.

1. 금지표시	출입금지	보행금지	차량통행금지	사용금지
	탑승금지	금연	화기금지	물체이동금지
2. 경고표지	인화성물질 경고	산화성물질 경고	폭발물 경고	독극물 경고
	부식성물질 경고	방화성물질 경고	고압전기 경고	메달린물체 경고
	낙하물 경고	고온 경고	저온 경고	몸균형상실 경고
	레이저광선 경고	유해물질 경고	위험장소 경고	
3. 지시표지	보안경 착용	방독마스크 착용	방진마스크 착용	보안면 착용
	안전모 착용	귀마개 착용	안전화 착용	안전장갑 착용

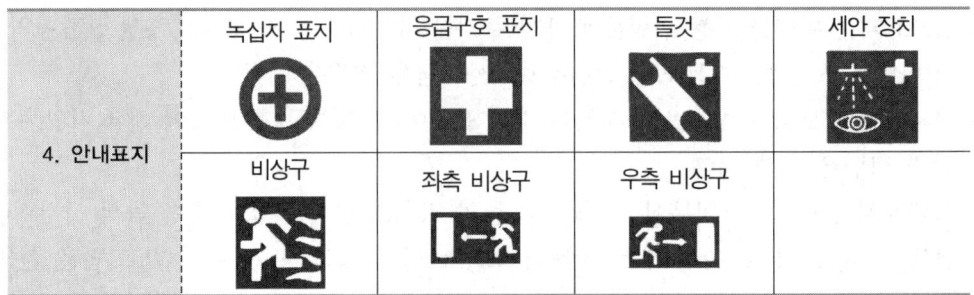

▲ 안전표지의 종류

3 색채의 용도

① 빨간색 : 위험, 방화(금지, 고압선, 폭발물, 화학류, 화재방지에 관계되는 물체에 표시)
② 청색 : 조심, 금지(수리, 조절 및 검사 중인 그 밖의 장비의 작동을 방지하기 위해 표시)
③ 흑색 및 백색 : 통로표시, 방향지시 및 안내표시
④ 보라색 : 방사능의 위험을 경고하기 위한 표시
⑤ 녹색 : 안전, 구급(안전에 직접 관련된 설비와 구급용 치료 설비를 식별하기 위해 표시)
⑥ 노란색 : 주의(충돌, 추락, 전도 및 그 밖의 비슷한 사고의 방지를 위해 물리적 위험성을 표시)
⑦ 오렌지색(주황색) : 기계의 위험경고(기계 또는 전기설비의 위험 위치를 식별하고 기계의 방호 조치를 제거함으로서 노출되는 위험성을 인식하기 위해 표시)

4 작업장에서의 복장

① 작업복은 몸에 맞는 것을 입는다.
② 상의의 옷자락이 밖으로 나오지 않도록 한다.
③ 기름이 밴 작업복은 될 수 있는 한 입지 않는다.
④ 작업복은 몸에 맞는 것을 착용할 것
⑤ 작업에 따라 보호구 및 기타 물건을 착용할 수 있을 것
⑥ 소매나 바지 자락이 조여질 수 있을 것
⑦ 작업장에서 작업복을 착용하는 이유는 재해로부터 작업자의 몸을 지키기 위함이다.

Chapter 2 출제예상문제

01 효율적인 안전관리를 위한 4가지의 기본관리 사이클이 아닌 것은?
① 계획 ② 예산
③ 실시 ④ 조치

02 재해예방의 4원칙에 해당되지 않는 것은?
① 원인 계기의 원칙
② 손실 우연의 원칙
③ 대책선정의 원칙
④ 사고 현장 보존의 원칙
해설 재해예방의 4원칙은 ①, ②, ③항 이외에 예방 가능의 원칙이다.

03 다음 중 재해방지 이론이 아닌 것은?
① 도미노 이론 ② 방지이론
③ 재해 피라미드 ④ 빙산의 법칙
해설 재해방지 이론에는 도미노 이론, 재해 피라미드, 빙산의 법칙 등이 있다.

04 산업재해를 통계적 수치로 나타낸 것이 아닌 것은?
① 강도율 ② 천인율
③ 도수율 ④ 가동률
해설 재해율의 정의
① **연천인율** : 1년 동안 1,000명의 근로자가 작업할 때 발생하는 사상자의 비율 즉 (재해자 수/평균근로자 수)×1,000
② **도수율** : 연 근로 시간에 대한 재해 발생 건수를 1,000,000시간당 발생한 재해의 빈도를 나타내는 것.
③ **강도율** : 연 근로 1,000시간당 재해로 인하여 근무하지 못한 총 근로 손실일수를 나타내는 것.

05 하인리히의 도미노(5단계) 이론에서 재해와 가장 인접하여 있는 사항으로, 무엇을 제거하면 사고와 재해로 연결되지 않는다고 했는가?
① 개인적 결함
② 사회적 결함
③ 불안전 행동 및 상태
④ 선천적 결함
해설 하인리히의 도미노(5단계) 이론에서 재해와 가장 인접하여 있는 사항인, 불안전 행동 및 상태를 제거하면 사고와 재해로 연결되지 않는다고 하였다.

06 하인리히의 재해 강도 법칙에서 전체 사고 중 치명 상해는 몇 % 정도 차지하는가?
① 0.1% ② 0.3%
③ 0.5% ④ 0.7%
해설 하인리히의 재해 강도 법칙에서 전체 사고 중 치명 상해는 0.3% 정도 차지한다.

07 다음 중 안전의 3요소가 아닌 것은?
① 교육 요소 ② 기술 요소
③ 관리 요소 ④ 자본 요소
해설 안전의 3요소는 교육 요소, 기술 요소, 관리 요소이다.

정답 01. ② 02. ④ 03. ② 04. ④ 05. ③ 06. ② 07. ③

08 사고 예방의 3요소가 아닌 것은?
① 태만　　　　② 교육
③ 지도감독　　④ 기술개선

09 재해 사고의 원인에서 발생에 이르는 과정의 5단계 정리인 도미노 이론의 사고 예방 중심 문제로서 가장 중점을 두어 강조한 사항은?
① 사고 발생의 연쇄성
② 사회적 환경과 유전적 요소
③ 개인적인 결함
④ 불안전한 행동 및 불안전한 상태

해설 도미노(Domino) 이론의 사고 예방 중심 문제로 가장 중점을 두고 강조한 사항은, 불안전한 행동 및 불안전한 상태이다.

10 안전 작업 분석 방법에 해당되지 않는 것은?
① 제거　　② 계획
③ 재조정　④ 결함

11 안전 확보의 성과가 아닌 것은?
① 생산성 향상　　② 작업 의욕 고취
③ 이익률 증대　　④ 자기만족

해설 안전 확보의 성과는 생산성 향상, 작업 의욕 고취, 이익률 증대이다.

12 기계 안전사고의 물적 원인 중 기계 및 설비에 대한 사항이 아닌 것은?
① 기계 배치가 잘못된 것
② 작업 면적이 너무 협소한 것
③ 동력전달장치에 방호장치가 없는 것
④ 기계의 작업장에 안전장치가 없는 것

13 다음 중에서 피로의 요인 중 외부 인자에 속하지 않는 것은?
① 작업조건　　　② 환경조건
③ 생활조건　　　④ 책임감 및 경험조건

해설 피로의 요인 중 외부 인자에 속하는 것으로는 작업조건, 환경조건, 생활 조건 등이다.

14 다음 중 안전사고의 원인으로 인적요인이 아닌 것은?
① 작업 방법의 잘못　② 근로조건
③ 신체조건　　　　　④ 작업환경

15 재해 원인 중 간접원인이 아닌 것은?
① 인적 원인　　② 관리적 원인
③ 교육적 원인　④ 기술적 원인

해설 재해 원인 중 간접원인은 기술적 원인, 교육적 원인, 신체적 원인, 정신적 원인, 관리적 원인이 있다.

16 작업장의 안전사고 방지대책이 아닌 것은?
① 재해조사　　② 사실의 발견
③ 시정책의 적용　④ 안전조직의 구성

해설 사고 예방 원리 5단계 순서는 조직→사실의 발견→평가 분석→시정책의 선정→시정책의 적용이다.

17 안전 작업 중 제일 먼저 고려해야 할 사항은?
① 기술과 방법을 응용
② 위험 요소를 제거하는 일
③ 안전교육 실시
④ 개인용 보호 장치 사용

정답 08. ①　09. ④　10. ②　11. ④　12. ②　13. ④　14. ④　15. ①　16. ①　17. ②

18 다음 중 강도율의 정의로 가장 적합한 것은?

① 연 노동시간 합계 1,000만 시간당 근로손실일수
② 재해 근로자 1,000명당 그 기간의 근로재해 건수
③ 연 노동시간 합계 100만 시간당 재해의 발생 건수
④ 연 근로시간 1,000시간당 발생한 근로손실일수

해설 재해율의 정의
① **연천인율**: 평균 재적 근로자 1,000명에 대하여 발생한 재해자수를 나타내는 것.
② **도수율**: 연 근로시간에 대한 재해 발생 건수를 1,000,000시간당 발생한 재해의 빈도를 나타내는 것.
③ **강도율**: 연 근로시간 1,000시간당 재해로 인하여 근무하지 못한 총 근로 손실일수를 나타내는 것.

19 100명의 근로자를 보유하고 있는 공장에서 1년간 3명의 부상자가 발생하였다면 연천인율은?

① 10　　② 20
③ 30　　④ 40

해설 연천인율 = $\dfrac{\text{연간 재해자 수}}{\text{연평균 근로자 수}} \times 1000$

∴ $\dfrac{3}{100} \times 1000 = 30$

20 재해통계를 나타낼 때 연천인율 계산 공식으로 맞는 것은?

① 연천인율 = $\dfrac{\text{연평균 사상자 수}}{\text{연평균 근로자 수}} \times 1000$
② 연천인율 = $\dfrac{\text{연평균 재해자 수}}{\text{연평균 근로자 수}} \times 1000$
③ 연천인율 = $\dfrac{\text{연간 재해자 수}}{\text{연평균 근로자 수}} \times 1000$
④ 연천인율 = $\dfrac{\text{재해자 수}}{\text{연평균 근로자 수}} \times 1000$

해설 **연천인율**: 1년 동안 1,000명의 근로자가 작업할 때 발생하는 사상자의 비율 즉 (연간재해자 수/연평균근로자 수)×1000

21 재해 손실비용의 계산방식 중 하인리히 방식으로 맞는 것은?

① 보험비용
② 직접 손실비용
③ 보험비용+비보험비용
④ 직접 손실비용+간접 손실비용

해설 하인리히는 재해 손실비용을 직접 손실비용과 간접 손실비용으로 구분하여 그 비율이 1 : 4가 된다고 정의하였다.

22 다음 중 상해 종류별 분류에 해당되지 않는 것은?

① 감전　　② 골절
③ 자상　　④ 타박상

23 재해 손실금액 중 직접 손비가 아닌 것은?

① 상병 위례문금　　② 요양비
③ 요양 보상비　　④ 장례비

24 근로자를 상시 작업시키는 작업장에 대한 표준조도 기준에 맞지 않는 것은?

① 초정밀 작업 1500룩스
② 정밀 작업 1000룩스
③ 보통 작업 400룩스
④ 단순 작업 200룩스

해설 작업장의 표준 기준 조도(KS A3011)

정답 18. ④　19. ③　20. ③　21. ④　22. ①　23. ①　24. ①

기준조도 작업 등급	최저허용 조도	표준기준 조도	최대허용 조도
초정밀 작업	1500	2000	3000
정밀 작업	600	1000	1500
보통 작업	300	400	600
단순 작업	150	200	300
거친 작업	60	100	150

25 산업안전 사고에서 작업장 시설물의 결함에 의한 사고가 아닌 것은?

① 기구의 노화
② 기계의 정비 불량
③ 주변장치 미비
④ 지식 부족

26 사고방지를 위한 시정책 중 근로자에게 해당하는 사항은?

① 안전 제도 및 규칙준수
② 개인 기술의 미비점 개선
③ 기계, 장비 및 시설의 개선
④ 교육과 훈련의 미비점 보완

27 안전관리자의 직무와 관계가 가장 먼 것은?

① 재해 원인의 조사와 대책 수립
② 사업장 순회 점검·지도 및 조치의 건의
③ 건설물 설비작업의 보수 및 보존
④ 사업의 안전에 관한 교육 및 훈련

28 다음 방호장치 중 격리형 방호장치의 종류가 아닌 것은?

① 완전 차단형 방호장치
② 덮개형 방호장치
③ 포집형 방호장치
④ 안전 방책

해설 격리형 방호장치의 종류에는 완전 차단형 방호장치, 덮개형 방호장치, 안전 방책 등이 있다.

29 안전표지 중 금지표지의 형태는?

① 흰색 바탕에 적색 테두리와 빗선
② 삼각형의 노란색 바탕에 검정 테두리
③ 원형의 파란색 바탕에 흰색
④ 사각형의 흰색 바탕에 내용 및 문자

해설 금지표지는 특정의 행위를 금지시키는 표지이며, 적색 원형 테두리에 바탕은 흰색, 기본 모형은 빨강색, 관련 부호 및 그림은 검정색이다.

30 산업안전보건법에 의한 금지표지의 종류가 아닌 것은?

① 출입 금지
② 보행 금지
③ 물체 이동 금지
④ 산화성 물질사용 금지

해설 금지표지의 종류 : 출입 금지, 보행 금지, 차량 통행 금지, 사용 금지, 탑승 금지, 금연, 화기 금지, 물체이동 금지

31 산업안전보건법상 안전·보건 표지의 용도별 색채로 틀린 것은?

① 녹색 - 안내
② 파란색 - 경고
③ 빨간색 - 금지
④ 노란색 - 경고

해설 안내표지(7종)
① 색채 : 바탕은 흰색, 기본 모형 및 관련 부호는 녹색(바탕은 녹색, 기본 모형 및 관련 부호는 흰색)
② 종류 : 녹십자 표지, 응급구호 표지, 들것, 세안장치, 비상용기구, 비상구, 좌측 비상구, 우측 비상구

정답 25. ④ 26. ② 27. ③ 28. ③ 29. ① 30. ④ 31. ②

32 안전·보건표지의 종류와 형태 중 바탕은 파란색이고 관련 그림이 흰색인 것은?

① 안내표지   ② 지시표지
③ 금지표지   ④ 경고표지

해설 지시표지 : 보호구 착용을 지시하는 명령 표지이며, 바탕은 파란색, 관련 그림은 흰색이다.

33 안전·보건표지의 용도별 색채로 틀린 것은?

① 안내 표지판 : 녹색
② 지시 표지판 : 하얀색
③ 금지 표지판 : 빨간색
④ 경고 표지판 : 노란색

해설 색체가 나타내는 의미
① 빨간색 : 위험, 방화(금지, 고압선, 폭발물, 화학류, 화재방지에 관계되는 물체에 표시)
② 청색 : 조심, 금지(수리, 조절 및 검사 중인 그 밖의 장비의 작동을 방지하기 위해 표시)
③ 흑색 및 백색 : 통로표시, 방향지시 및 안내표시
④ 보라색 : 방사능의 위험을 경고하기 위한 표시
⑤ 녹색 : 안전, 구급(안전에 직접 관련된 설비와 구급용 치료 설비를 식별하기 위해 표시)
⑥ 노란색 : 주의(충돌, 추락, 전도 및 그 밖의 비슷한 사고의 방지를 위해 물리적 위험성을 표시)
⑦ 오렌지색(주황색) : 기계의 위험경고(기계 또는 전기설비의 위험위치를 식별하고 기계의 방호조치를 제거함으로서 노출되는 위험성을 인식하기 위해 표시)

34 크레인의 훅, 낮은 보, 충돌위험이 있는 기둥, 피트 끝, 바닥의 돌출물, 계단의 디딤면 등을 표시하는데 사용되는 안전 색채로 적합한 것은?

① 청색   ② 녹색
③ 흰색   ④ 노란색

해설 노란색은 주의(충돌, 추락, 전도 및 그 밖의 비슷한 사고의 방지를 위해 물리적 위험성을 표시)를 나타내는 색채이다.

35 방사능 위험표시 색깔로 맞는 것은?

① 적색   ② 청색
③ 노랑색   ④ 보라색

36 건설기계 정비 작업장에서 갖추어야 할 작업복장에 대한 내용이다. 맞지 않는 것은?

① 작업복은 몸에 맞는 것을 착용한다.
② 상의의 옷자락이 밖으로 나오도록 한다.
③ 기름이 밴 작업복은 입지 않도록 한다.
④ 소매나 바짓자락은 조여지도록 한다.

해설 작업 복장은 ①, ③, ④항 이외에 상의의 옷자락이 밖으로 나오지 않도록 한다.

37 정비 작업시의 복장으로 맞지 않는 것은?

① 몸에 맞는 작업복을 착용한다.
② 액세서리를 착용하지 않는다.
③ 수건을 허리춤에 끼거나 몸에 감는다.
④ 상의 옷자락이 밖으로 나오지 않도록 한다.

38 다음 작업 중에서 장갑을 끼고 작업을 해도 좋은 것은?

① 드릴작업   ② 선반작업
③ 용접작업   ④ 밀링작업

39 보호구의 구비조건으로 맞지 않는 것은?

① 전도성이 좋아야 한다.
② 착용이 간편해야 한다.
③ 작업에 방해가 되지 않아야 한다.
④ 공업규격 또는 공인기관의 검정을 필한 제품이 좋다.

정답 32. ② 33. ② 34. ④ 35. ④ 36. ② 37. ③ 38. ③ 39. ①

40 안전모의 사용 방법 및 보관 방법 중 틀린 것은?

① 큰 충격을 받은 것과 외관에 손상이 있는 것은 사용을 피해야 한다.
② 안전모를 차에 싣고 다닐 때는 뒤창 밑에 두어서는 안 된다.
③ 통풍을 목적으로 모체에 구멍을 뚫을 경우에는 드릴로 구멍을 낸다.
④ 모체가 오염되어 유기 용제를 사용해야 하는 경우 강도에 영향이 없어야 한다.

41 귀마개를 해야 하는 작업으로 가장 바른 것은?

① 톱 작업　　② 선반 작업
③ 리벳팅 작업　④ 전기용접 작업

42 화재에서 연소의 기본 3요소란 무엇인가?

① 고온+연소+가연물
② 가연물+산소+가스
③ 산소+가연물+점화원
④ 산소+가연물+공기

해설 연소의 기본 3요소란 산소, 가연물, 점화원이다.

43 전기 화재의 원인으로 거리가 먼 것은?

① 누전　　② 단락
③ 접지　　④ 과전류

44 다음 동력 전달장치 중 가장 재해가 많은 것은?

① 벨트　　② 차축
③ 커플링　④ 기어

45 건설기계를 정비할 때 화재방지를 위한 주의 사항 중 옳지 않은 것은?

① 소화기 위치와 사용 방법을 잘 알아둔다.
② 분해 부품을 솔벤트 또는 가솔린으로 세척한다.
③ 축전지 충전상태는 비중계를 사용해서 점검한다.
④ 인화성 물질은 환기가 잘 되는 별도의 장소에 보관한다.

해설 분해 부품은 솔벤트 또는 경유나 석유로 세척한다.

46 유류 저장 창고를 선정하는데 있어 안전에 위배되는 것은?

① 가능한 한 사용 목적과 가까운 곳에 위치할 것
② 밝은색 페인트칠을 하여 항상 청결을 유지할 것
③ 물 빠짐이 좋은 곳이며 소화기를 창고 내에 비치할 것
④ 통풍에 지장이 없으면 불필요한 창문, 문 등은 수를 줄일 것

47 TBM(Tool Box Meeting)이란?

① 상사의 지시된 작업에 따른 공구를 하나하나 준비하는 것을 말한다.
② 작업원 전원이 상호 대화로 스스로 생각하고 납득하는 작업장 안전 회의를 말한다.
③ 지시나 명령의 전달 회의를 말한다.
④ 공구함을 준비한 다음 작업하라는 것을 말한다.

해설 TBM(Tool Box Meeting)이란 작업원 전원이 상호 대화로, 스스로 생각하고 납득하는 작업장 안전 회의를 말한다.

정답　40. ③　41. ③　42. ③　43. ③　44. ①　45. ②　46. ③　47. ②

48 다음 중 안전율을 가장 작게 취할 수 있는 하중은?

① 충격하중 ② 교번하중
③ 반복하중 ④ 정하중

49 블록 게이지와 같은 정밀 측정 및 검사의 실내 온도로 적당한 것은?

① 약 7℃ ② 약 20℃
③ 약 38℃ ④ 약 70℃

50 화재 또는 폭발의 가능성이 있는 건설기계 작업장에서의 주의할 점으로 거리가 먼 것은?

① 화기의 사용을 금한다.
② 인화성 물질의 사용을 금한다.
③ 불연성 재료와 공구의 사용을 금한다.
④ 점화원이 될 수 있는 기계, 공구의 사용을 금한다.

51 산업현장에서 산업재해를 예방하기 위한 안전·보건표지 중 다음과 같은 표시가 뜻하는 것은?

① 탑승금지 ② 장비사용금지
③ 차량통행금지 ④ 물체이동금지

정답 48. ④ 49. ② 50. ③ 51. ③

Section 2-2 건설기계 정비에 대한 안전

1 정비에 관한 안전 일반

1. 건설기계 정비에 대한 안전 수칙

① 사용 목적과 적합한 공구를 사용한다.
② 연료를 공급할 때는 소화기를 비치한다.
③ 차륜(바퀴)을 정비할 때는 잭과 스탠드를 고정하고 작업한다.
④ 전기장치 시험기를 사용할 때 정전이 되면 스위치를 OFF로 한다.
⑤ 중량 부품을 들어 올릴 때는 적합한 호이스트 장치를 사용한다.
⑥ 라디에이터의 캡, 그리스의 연결부 또는 유압장치의 캡을 열 때는 조심한다.
⑦ 건설기계의 세척이나 윤활유를 주입할 때는 기관의 작동을 정지한 상태에서 한다.
⑧ 정비하는 장소는 환기가 잘되어야 한다.

2. 건설기계의 안전관리 사항

① 건설기계가 움직일 때 승차하지 않는다.
② 사용 전에는 반드시 점검·정비한다.
③ 건설기계에 의한 재해가 발생할 때를 대비하여 대책을 강구한다.
④ 굴삭기 조종할 때 조종원 이외의 승차는 절대로 금한다.
⑤ 건설기계를 주·정차할 때는 작업 장치(굴삭기와 로더의 버킷, 불도저 삽날, 지게차의 포크)는 지면에 내려놓는다.

3. 건설기계 정비작업을 위한 준비 및 안전 사항

① 기관 가동상태에서는 정비작업을 실시하지 않는다.
② 기관을 가동상태로 정비·점검 작업을 할 경우는 주차브레이크 등 차량 구동 방지 장치를 한다.
③ 기관을 가동상태로 정비작업을 할 때는 모든 조종레버를 중립에 위치시킨다.
④ 기관을 가동상태로 장비·점검 작업을 할 때는 다른 사람들과 함께 작업하는 것이 안전하다.

4. 정비사가 정비 작업할 때 지켜야 할 사항

① 정비에 필요한 공구, 시험기, 특수공구 등은 작업 전에 준비한다.
② 복잡한 부분을 분해할 때는 조립작업이 용이하도록 기능상이나 외관상 악영향이 없는 곳에

표시하거나 메모한다.
③ 공구 및 부속품은 지정된 장소에서 경유, 솔벤트 등으로 세척한다.
④ 오일 실, 개스킷, O-링 등은 반드시 신품으로 교체한다.

2 기관 및 시험기 취급

1. 건설기계에서 기관 정비 전의 안전 조치사항
① 축전지 [-] 케이블을 떼어내고 작업할 것
② 기관을 탈착할 때는 전용 공구를 사용할 것
③ 에어컨 배관 부분에 누수 점검은 전용 테스터기를 사용할 것
④ 기관을 회전시킬 때 냉각팬 등에 손이 닿지 않도록 주의한다.

2. 건설기계에서 기관을 점검·정비할 때 안전 사항
① 기관은 중량물이므로 분해·조립할 때는 작업대에 견고하게 고정시킨다.
② 흡기·배기 매니폴드를 분리한 후 실린더 헤드를 분해하여야 한다.
③ 연료 라인 및 호스를 탈거하기 위해서는 연료라인 내의 잔여 압력을 먼저 해제한다.
④ 라디에이터 캡을 열 때는 냉각장치 내의 압력을 제거하며, 서서히 연다.

3. 기관의 실린더 헤드 분해점검 및 조립할 때 유의할 사항
① 헤드를 분리할 때 드라이버와 펀치로 떼어내서는 안 된다.
② 개스킷의 윗면과 아랫면을 구분하여 조립한다.
③ 볼트 구멍의 오일을 제거한다.
④ 개스킷은 새것으로 교환한다.
⑤ 진동 댐퍼를 분리할 때는 풀러를 사용한다.

4. 과열된 기관의 라디에이터 점검 방법
① 계통내의 압력을 제거시키기 위해 서서히 라디에이터 캡을 탈착한다.
② 라디에이터 캡을 탈착하기 전에 계통을 냉각시킨다.
③ 라디에이터 캡을 탈착할 때는 안면 보호를 위해 라디에이터 측면에 서서 캡을 천천히 연다.
④ 과열된 기관은 시동을 정지시킨 후 냉각수를 보충한다.

5. 디젤기관 연료분사펌프를 탈착할 때 주의사항
① 연료 분사펌프 기어가 빠지지 않을 경우는 풀러를 이용한다.
② 전용 공구를 사용한다.
③ 분사펌프나 연료 파이프 등에 이물질이 들어가지 않게 한다.

④ 분사펌프를 탈착하기 전에 연료의 누출 흔적이나 연료 분사시기를 점검한 다음 탈착한다.

6. 분사노즐 시험 및 취급할 때의 주의사항
① 분사된 연료는 피부를 투과할 수 있으므로 피부에 직접 닿지 않도록 한다.
② 분사노즐의 모든 부분품은 깨끗이 세척하고 이물질이나 물이 들어가지 않도록 한다.
③ 분해된 부품은 다른 분사노즐 부품들과 섞이지 않도록 한다.
④ 시험은 노즐 분사 압력 시험기로 한다.

7. 건설기계 전기배선도 작업에서 주의할 점
① 배선 작업에서의 접촉과 차단은 신속히 하는 것이 좋다.
② 배선 차단할 때는 먼저 어스(접지)를 분리하고, 연결할 때는 어스를 나중에 연결한다.
③ 절연된 전극이 접지되지 않도록 하여야 한다.
④ 배선을 연결할 때는 부하 측으로부터 전원 측으로 접속하고 스위치는 OFF로 한다.
⑤ 계기를 사용할 때는 최대 측정범위를 초과해서 사용하지 말아야 한다.
⑥ 축전지에 케이블을 연결할 때는 단락되지 않도록 유의해야 한다.

8. 배터리 전해액을 만드는 방법
① 배터리 전해액을 만들 때는 증류수에 황산을 조금씩 넣으면서 서서히 혼합한다.
② 전해액을 만들 때는 과열되지 않게 하고 내산성 용기를 사용하여 혼합한다.
③ 순수한 황산의 비중은 1.835~1.870 정도이며, 증류수와의 혼합비율은 4(황산) : 6(증류수) 정도이다.
④ 계량 그릇은 비커를 사용하고 비중계로 비중을 측정한다.

9. 축전지를 충전할 때 주의사항
① 충전기를 사용할 때는 (-)단자의 케이블을 분리한다.
② 과충전되면 축전지가 과열되며, 전해액이 감소된다.
③ 충전 장소는 반드시 환기장치를 해야 한다.
④ 충전할 때 전해액의 온도가 45℃ 이상 상승해서는 안 된다.
⑤ 전해액이 부족하면 증류수를 보충한다.
⑥ 충전상태는 비중계로 비중을 측정하여 알아본다.

10. 기동전동기 작업 및 시험할 때 안전 사항
① 기동전동기 부하시험을 할 때 기관 회전 부분에 다치지 않도록 주의한다.
② 기동전동기 탈·부착할 때 축전지 (-)단자의 케이블을 분리 후 작업한다.
③ 기관시동이 걸린 상태에는 기동전동기 분리를 하지 않는다.

④ 기동전동기를 부착할 때 고정 볼트는 규정 토크로 조인다.
⑤ 기동전동기의 연속 사용 시간은 15초 이내이다.

3 건설기계 차체 취급

1. 클러치 점검 · 정비할 때 주의사항

① 클러치 커버와 압력판에 맞춤표시를 한다.
② 프레스를 사용하여 스프링을 압축한 다음 커버 조임 볼트를 푼다.
③ 클러치 커버 조임 볼트는 대각선 방향으로 2~3회 걸쳐 푼다.
④ 릴리스 베어링은 영구 주유 방식을 사용하므로 솔벤트로 세척해서는 안 된다.

2. 변속기 점검 · 정비할 때 주의사항

① 차량을 잭으로 들어 올리고 견고한 스탠드로 받치고 작업한다.
② 차량 밑에서 작업을 할 때는 보안경을 착용하고 작업한다.
③ 변속기 어셈블리는 무겁기 때문에 주의해서 취급하여야 한다.
④ 변속기를 조립할 때는 볼트 및 너트는 규정 토크로 조인다.

3. 추진축 및 종감속 장치의 탈 · 부착 작업할 때 안전 및 주의사항

① 추진축에 설치되어 있는 평형추를 떼어내서는 안 된다.
② 추진축의 플렌지 요크 볼트는 규정 토크로 조여야 한다.
③ 차량 밑에서 작업을 할 때는 보안경을 착용하고 작업한다.
④ 종감속 장치의 캐리어를 떼어 낼 때는 고무망치로 두들겨 떼어 낸다.

4. 잭과 블록을 사용할 때 주의사항

① 잭을 이용하여 건설기계를 들어 올릴 때 충분한 용량의 잭을 사용한다.
② 올바르고, 견고한 위치에 잭을 설치한다.
③ 잭을 이용하여 건설기계를 들어 올린 후 견고한 블록(스탠드)을 설치한다.

5. 유압식 제동장치를 정비할 때 주의사항

① 브레이크 라이닝은 오일이 묻지 않도록 주의한다.
② 볼트, 너트는 규정 토크로 조인다.
③ 드럼과 라이닝 사이의 틈새 및 페달 유격을 정확히 조정한다.
④ 페달에 스펀지 현상이 있으면 유압회로의 공기빼기 작업을 실시한다.
⑤ 마스터 실린더를 분해 후 부품 세척은 알코올로 한다.

4 유압장치 취급

1. 유압장치의 정비에 대한 안전 사항
① 버킷은 반드시 지면에 내려놓는다.
② 작동유의 선택은 제작회사의 추천 오일을 사용한다.
③ 트랙 및 바퀴 앞뒤에 받침목을 받친다.
④ 미끄럼 방지를 위하여 안전화를 착용한다.

2. 유압유 속에 공기가 혼입되면
① 숨돌리기 현상이 발생한다.
② 캐비테이션이 발생한다.
③ 산화안정성이 저하한다.
④ 유압유의 열화 촉진 현상이 발생한다.

3. 유압장치 회로에서 서보밸브의 사용상 주의사항
① 배관은 산세척 및 플러싱을 충분히 한 다음 운전에 들어간다.
② 작동유는 서보밸브에 적합한 것을 선정한다.
③ 서보밸브의 유압원은 전용으로 하는 것이 좋다.
④ 서보밸브의 운전온도 범위를 고려한다.

4. 플렉시블 호스 부착 방법
① 부착할 때 사용 중에 호스의 뒤틀림 변형을 최소로 한다.
② 호스의 표면층을 마멸시킬 염려가 없도록 배치한다.
③ 호스가 잡아당겨지지 않도록 필요한 여유분의 길이를 가져야 한다.
④ 장치의 작동 중에 호스가 급격하게 구부러지지 않도록 한다.
⑤ 호스가 다른 부품과 접촉할 우려가 있으면 스프링을 설치한다.

5. 작동유에 물(수분)이 흡입되었을 때 나타나는 현상
① 윤활 능력이 저하된다.
② 녹이 생겨 마모의 원인이 된다.
③ 금속의 촉매작용에 의한 작동유의 산화를 촉진시킨다.
④ 작동유의 수명을 단축시킨다.

6. 사용 중인 오일의 성능을 평가하기 위한 시료를 채취할 때 주의사항
① 운전되고 난 직후 오일의 온도가 상온 상태일 때 채취한다.
② 깨끗한 시료 용기를 사용하되 채취하고자 하는 오일을 이용하여 3번 이상 씻어낸 후 채취

한다.
③ 시료 채취의 통로(튜브, 코크 등)에 이물질이 없는지 확인하고 어느 정도의 오일을 뽑아낸 후에 채취한다.

5 작업 장치 취급

1. 무한궤도식 굴착기를 트럭에 적재하는 방법
① 경사대를 설치한 후 탑승시킨다.
② 언덕을 이용하여 탑승한다.
③ 트레일러를 바닥이 낮은 지형에 밀어 넣고 탑승한다.
④ 발판 위에서는 장비를 절대로 조향해서는 안 된다.
⑤ 작업 장치는 반드시 앞쪽으로 향하게 하고 서서히 발판 위를 올라간다.
⑥ 적재할 트럭의 주차브레이크를 완전히 작동시키고 바퀴에 고임목을 고인다.
⑦ 좌·우 발판을 트럭 본체의 후미 중심에 좌·우로 균등하게 배열하고 단단히 고정한다.

2. 굴착기로 작업할 때 안전한 작업 방법
① 작업할 때 주변의 안전 상태를 확인 후 장비를 가동한다.
② 작업복을 착용한다.
③ 작업할 때는 실린더의 스트로크 끝에서 약간 여유를 남기고 운전한다.
⑤ 배수구는 후진하면서 굴착한다.

3. 휠 로더의 안전 작업 수칙
① 장비에는 운전자 이외는 승차시키지 않는다.
② 장비를 사용하지 않을 때는 버킷을 지면에 내려놓는다.
③ 운행할 때는 버킷은 50cm 정도 높이를 유지하여야 한다.
④ 후진할 때는 항상 뒤쪽을 살펴본다.
⑤ 앞차축 정비작업을 할 때 버킷으로 지면을 누르고 고임목을 설치한다.
⑥ 버킷에 적재물을 싣고, 급경사를 운행할 때는 후진으로 주행한다.

4. 지게차를 운전 및 정지할 때 주의사항
① 주행할 때는 포크를 지면에서 약 20cm 정도 들고 이동한다.
② 주·정차할 때는 포크를 지면에 내려놓고 주차브레이크를 작동시킨다.
③ 기관의 공전 상태에서 지게차를 정차시킬 때는 마스트를 뒤로 틸트해 둔다.
④ 기관을 정지시킨 때에는 마스트를 앞으로 틸트해 둔다.

5. 스크레이퍼 장비를 조작할 때의 주의사항

① 스크레이퍼 조작이 능숙한 운전자가 조작한다.
② 경사지에서는 방향을 바꾸지 않도록 한다.
③ 스크레이퍼의 중심을 높이고 운전하면 전복되기 쉽다.
④ 고르지 못한 지반을 운전할 때는 전복에 주의하여야 한다.

6. 기중기 붐에 대한 안전 및 유의 사항

① 상자형 붐에는 용접 등 열을 가하지 않는다.
② 붐은 급회전하지 않도록 한다.
③ 붐의 길이와 안전 각도를 꼭 유지한다.
④ 유압장치를 탈착할 경우는 반드시 잔압을 해제시킨 후 작업하여야 한다.

7. 기중기 안전장치의 기능

① 과권 경보 장치 : 와이어로프가 지나치게 감지지 않도록 규정 위치를 지나면 경보가 울리는 장치
② 과부하 방지 장치 : 정격하중을 초과할 때 권상 와이어로프에 걸리는 장력에 따라 경보기가 자동으로 울리도록 하는 장치
③ 붐 전도 방지 장치 : 기중 작업을 할 때 권상 와이어로프가 절단되거나 험지를 주행할 때 붐에 전달되는 요동으로 붐이 기울어지는 것을 방지하는 장치
④ 붐 기복 정지 장치 : 붐 권상 레버를 당겨 붐이 최대 제한 각도에 도달하면 붐 뒤쪽에 있는 붐 기복 정지 장치의 스톱 볼트와 접촉되어 유압을 차단하거나 붐 권상 레버를 중립으로 복귀시켜 붐 상승을 정지시키는 장치
⑤ 아웃트리거 : 타이어 기중기에서 전, 후, 좌, 우 방향에 안전성을 주어 기중 작업을 할 때 전도되는 것을 방지

6 기계 안전

1. 드릴링 머신 작업 안전 수칙

① 장갑을 끼고 작업해서는 안 된다.
② 공작물을 반드시 바이스에 고정시킨다.
③ 얇은 판을 뚫을 때는 나무판을 밑에 댄다.
④ 드릴 회전 중에는 칩을 제거해서는 안 된다.

2. 전동공구를 사용할 때 주의사항

① 회전하고 있는 공구는 정지한 후 작업대 위에 놓는다.
② 전기 그라인더 커버의 열림 부분 각도는 180°이다.
③ 전기 센더(sender)의 커버는 작업자 쪽을 가리도록 한다.
④ 전기 드릴을 사용할 때 장갑을 끼고 작업해서는 안 된다.
⑤ 고압의 전류가 흐르는 부분은 표시하여 주의를 준다.
⑥ 전기 작업을 할 때는 절연용 보호구를 착용한다.
⑦ 정전이 되면 가장 먼저 스위치를 OFF로 한다.
⑧ 스위치의 개폐는 오른손으로 하고 물기가 있는 손으로 전기장치나 기구에 손을 대지 않는다.

3. 선반 작업의 안전 사항

① 칩이 비산하면 보호안경 또는 차폐막을 설치한다.
② 절삭공구의 장착이 너무 길면 파손되기 쉽다.
③ 가공품의 장착이 끝나면 척 렌치류는 곧 벗겨 놓는다.
④ 바이트 탈착 및 부착은 기계를 정지시킨 다음에 한다.

4. 탭 작업의 주의사항

① 절삭유를 충분히 주유하면서 사용한다.
② 전진 2/3회전 할 때마다 반대로 조금씩 돌린다.
③ 조정 탭 렌치는 두 손으로 균등하게 힘을 가하여 돌린다.
④ 탭 구멍을 드릴로 뚫을 때 나사의 유효지름보다 크게 뚫어서는 안 된다.

5. 연삭 작업(그라인더)의 안전 수칙

① 연삭숫돌은 정해진 사용 면 이외는 사용하지 않는다.
② 작업할 때는 반드시 보호안경을 쓴다.
③ 연삭숫돌은 규격에 맞는 크기의 것을 규정 속도로 사용한다.
④ 연삭숫돌과 워크 레스트(work rest)의 간격은 1~3mm로 유지한다.
⑤ 작업장에 가루가 유출되지 않도록 한다.
⑥ 연삭액의 온도는 일정온도 이상으로 상승되지 않도록 한다.
⑦ 폭발성 가스가 있는 곳에서는 연삭기를 사용하지 않는다.
⑧ 작업대는 숫돌의 중심과 같은 위치에 설치하는 것이 좋다.

6. 기계작업을 할 때 주의사항

① 기어와 벨트 전동 부분에는 보호 커버를 씌운다.
② 기계를 빨리 정지시키기 위하여 스위치를 OFF하고 손이나 공구 등을 사용하여 정지시켜서

는 절대로 안 된다.
③ 운전 중에는 기계로부터 이탈하지 말아야 한다.
④ 기계에 주유할 때는 운전을 정지한 상태에서 오일 건을 사용하여 주유한다.
⑤ 작업 중 닿아서 말려 들어갈 염려가 있는 높이 1.8m 이내의 범위에 있는 풀리와 벨트 부분에는 가드(guard) 설치, 덮개 설치, 표지 설치 등의 조치를 한다.

7. 운반기계를 사용하여 작업할 때 주의사항

① 출입구, 사거리, 커브에 이르면 운반기계의 취급에 주의한다.
② 둥근 물건은 차대에서 구르지 않도록 쐐기를 끼운다.
③ 여러 가지 물건을 쌓을 때는 무거운 것은 밑에, 가벼운 것은 위에 쌓는다.
④ 적재하중을 규정 중량보다 초과해서는 안 된다.

7 수공구

1. 수공구의 재해방지에 관한 주의사항

① 사용 전에 이상 유무를 반드시 점검한다.
② 작업에 적합한 수공구를 이용한다.
③ 작업자에게 필요한 보호 장구를 착용시킨다.
④ 수공구 사용 전에 충분한 사용법을 숙지한다.
⑤ 무리한 공구 사용 취급을 금한다.

2. 수공구 사용 중 주의사항

① 공구 상자를 이용하여 정리하면서 사용한다.
② 해머나 정을 사용할 때는 주위에 인화물이 없어야 한다.
③ 수공구는 움직이는 기계 위에 놓아서는 안 된다.
④ 렌치에 파이프를 끼워서 사용해서는 안 된다.
⑤ 해머의 타격면이 넓어진 것은 수정한 후 사용한다.
⑥ 잘 풀리지 않는 볼트는 오일을 넣어 스며들도록 한 후 푼다.
⑦ 용도에 맞지 않는 공구는 사용하지 않는다.
⑧ 렌치를 사용할 때 몸 안쪽으로 당기서 사용한다.
⑨ 해머의 머리 부분에는 쐐기를 박는다.
⑩ 볼트나 너트의 크기에 알맞은 스패너를 선택하여 바르게 사용한다.
⑪ 스패너에 다른 스패너 또는 파이프를 연결하여 사용해서는 안 된다.
⑫ 조정 렌치를 사용할 때는 고정 조(jaw)에 잡아당기는 힘이 가해지도록 한다.

3. 공구에 의한 재해예방 대책

① 마모 및 충격에 강한 것을 선택한다.
② 공구는 안전한 장소에 보관한다.
③ 작업에 적당한 것을 선택 사용한다.
④ 공구의 올바른 취급 및 사용 방법을 익힌다.

4. 수공구 보관 방법

① 공구는 보관 상자에 넣어 습기나 수분이 없는 곳에 보관한다.
② 숫돌은 건조하고 통풍이 잘되는 곳에 보관한다.
③ 날이 있거나 끝이 뾰족한 물건은 뚜껑을 씌워 보관한다.
④ 종류와 크기를 구분하여 보관한다.

5. 해머 작업을 할 때 주의사항

① 해머 작업을 할 때 처음과 끝은 약하게 때린다.
② 쐐기를 박아서 자루가 단단한 것을 사용한다.
③ 담금질된 재료(열처리된 재료)는 타격해서는 안 된다.
④ 작업 전에 장비 상태의 이상 유무를 점검한 후 사용한다.
⑤ 재료에 변형이나 요철이 있을 때 해머를 타격하면 한쪽으로 튕겨서 부상 당할 수 있으므로 주의한다.
⑥ 장갑을 끼고 작업하지 말 것
⑦ 타격할 때는 처음과 마지막에는 힘을 많이 가하지 말 것
⑧ 녹슨 것을 때릴 때는 반드시 보안경을 쓸 것
⑨ 대형 해머로 작업할 때는 자기 역량에 알맞은 것을 사용할 것
⑩ 타격면이 찌그러진 것은 사용하지 말 것
⑪ 기름 묻은 손으로 작업하지 말 것
⑫ 해머를 사용하여 상향작업을 할 때는 반드시 보호안경을 착용할 것

8 특수공구 및 용접

1. 공기압축기 사용상 주의사항

① 공기압축기의 점검 및 청소는 반드시 전원을 차단 후에 실시한다.
② 공기압축기의 운전은 최대 사용압력을 초과하여 운전해서는 안 된다.
③ 공기압축기의 분해는 모든 압축공기를 배출한 뒤에 해야 한다.
④ 공기압축기에는 압력 방출장치를 설치하여 사용하여야 한다.

⑤ 압축공기를 이용하여 작업복의 먼지를 털어 내서는 안 된다.
⑥ 신호 입력 요소의 이물질을 청소한다.
⑦ 윤활 기구의 급유 기능을 점검한다.
⑧ 압력조절기의 압력조정 상태를 확인한다.

2. 가스용접에 사용되는 고압가스 용기의 취급 방법

① 용기의 온도는 40℃ 이하로 유지시킨다.
② 빈 용기와 충전된 용기는 확실히 구별하여 보관한다.
③ 아세틸렌 및 산소 용기는 세워서 사용한다.
④ 운반 및 이동할 때는 밸브를 완전히 잠그고, 캡을 확실하게 고정한다.
⑤ 아세틸렌가스나 산소의 누출 여부는 비눗물을 사용하여 확인한다.

3. 산소용접을 할 때의 안전 사항

① 작업에 적당한 차광안경을 쓰고, 화상 방지용 보호 장갑을 착용한다.
② 작업 중 역화가 발생하였을 때는 산소 밸브를 빨리 잠근다.
③ 봄베나 아세틸렌 용기는 전용 운반 기구를 사용한다.
④ 산소 용기와 그 부속품은 오일이나 그리스로 정비를 해서는 안 된다.
⑤ 산소는 산소병에 35℃에서 150기압으로 압축 충전한다.
⑥ 아세틸렌의 사용압력은 1기압이며, 1.5기압 이상이면 폭발할 위험성이 있다.
⑦ 산소봄베에서 산소의 누출 여부는 비눗물을 사용한다.
⑧ 산소통의 메인 밸브가 얼었을 때 40℃ 이하의 물로 녹여야 한다.
⑨ 아세틸렌 도관은 적색, 산소 도관은 흑색으로 구별한다.

4. 가스용접에서 토치 취급 방법

① 작업에 적당한 팁을 선택하고 산소와 아세틸렌의 압력을 조정 유지한다.
② 토치에 점화할 때는 전용의 라이터를 이용한다.
③ 팁이 과열된 경우는 산소만 다소 분출시키면서 냉각시킨다.
④ 작업을 시작하기 전에는 호스나 토치의 연결부분이 완전히 체결되었는지를 확인하고 사용한다.
⑤ 팁이 막혔을 때는 팁 구멍 클리너로 청소한다.
⑥ 토치는 함부로 분해해서는 안 된다.
⑦ 토치를 보관할 때 오일을 발라서는 안 된다.

5. 아세틸렌 발생기에서 역류 역화의 원인

① 가스 압력과 가스량이 부족할 때

② 팁이 과열되었을 때
③ 토치의 팁에 석회가 끼었을 때
④ 산소 공급이 과다할 때,
⑤ 토치의 성능이 불량할 때

6. 고압가스 용기의 도색
① 산소-녹색 ② 수소-주황색
③ 아세틸렌-노란색 ④ 암모니아-백색
⑤ 탄산가스-청색 ⑥ 염소-갈색
⑦ 프로판-회색 ⑧ 아르곤-회색

Chapter 1 출제예상문제

01 안전 점검에서 점검 시기의 분류에 속하지 않는 것은?

① 일상점검   ② 특별점검
③ 정기점검   ④ 감사점검

02 안전진단을 하기 위해서 경영자나 기술부서장 및 관리 감독자에 의하여 비정기적으로 실시되는 점검은?

① 일상점검   ② 특별점검
③ 정기점검   ④ 수시점검

해설 수시점검은 안전진단을 하기 위해서 경영자나 기술부서장 및 관리 감독자에 의하여 비정기적으로 실시한다.

03 건설기계 정비에 대한 안전 수칙으로 틀린 것은?

① 사용 목적과 적합한 공구를 사용한다.
② 연료를 공급할 때는 소화기를 비치한다.
③ 차륜(바퀴)을 정비할 때는 잭과 스탠드를 고정하고 작업한다.
④ 전기장치 시험기를 사용시 정전이 되면 스위치 ON 상태에서 기다린다.

04 건설기계의 취급 및 정비 시 주의할 사항 중 거리가 먼 것은?

① 중량 부품을 들어 올릴 때는 적합한 호이스트 장치를 사용한다.
② 라디에이터의 캡, 그리스의 연결부 또는 유압장치의 캡을 열 때는 조심한다.
③ 건설기계의 세척이나 윤활유 주입시는 기관을 시동상태에서 한다.
④ 정비하는 장소는 환기가 잘 되는지 확인한다.

해설 건설기계의 취급 및 정비시 주의할 사항은 ①, ②, ④항 이외에, 건설기계의 세척이나 윤활유를 주입할 때는 기관의 작동을 정지한 상태에서 한다.

05 건설기계의 안전관리 사항이 아닌 것은?

① 장비가 움직일 때 승차하지 않는다.
② 사용 전에는 반드시 점검·정비한다.
③ 자재 및 근로자 관리가 용이하도록 한다.
④ 장비에 의한 재해 발생시에 대비하여 대책을 강구한다.

06 건설기계 정비를 위한 공구 사용 중 안전과 관계가 없는 것은?

① 작업에 맞는 공구의 선택
② 신속한 작업을 위한 공구 사용
③ 올바른 취급과 사용
④ 안전한 장소에 보관

07 건설기계 정비 시 안전조치 사항으로 틀린 것은?

① 손에 있는 악세사리(반지, 시계)는 제거하고 작업을 할 것
② 기관의 가동 중 회전 부위에 손이 닿지 않도록 주의할 것
③ 기관을 탈착할 때는 전용 공구를 사용할 것
④ 전장부품 교환 시 축전지 (+)케이블을 떼어내고 작업할 것

정답 01. ④ 02. ④ 03. ④ 04. ③ 05. ③ 06. ② 07. ④

08 정비사가 정비 작업할 때 지켜야 할 사항 중 틀린 것은?

① 정비에 필요한 공구, 시험기, 특수공구 등은 작업 전에 준비한다.
② 복잡한 부분을 분해할 때는 조립작업이 용이하도록 기능상이나 외관상 악영향이 없는 곳에 각인하거나 메모한다.
③ 공구 및 부속품은 지정된 장소에서 경유, 솔벤트 등으로 세척한다.
④ 오일 실, 개스킷, O-링, 로크 와셔, 코터핀 등은 세척유에 깨끗하게 세척하여 조립한다.

해설 정비작업을 할 때 지켜야 할 사항은 ①, ②, ③항 이외에 ,오일 실, 개스킷, O-링 등은 반드시 신품으로 교환한다.

09 건설기계의 일상 점검·정비에 대한 설명으로 틀린 것은?

① 운전 전 하체부의 소음 발생 여부를 점검한다.
② 운전 전 냉각수 수준을 점검하여 부족한 경우 보충한다.
③ 각종 레버를 조작하여 작업장치의 작동상태를 점검한다.
④ 유압회로 정비 시 엔진을 정지하고 잔압을 우선 제거한다.

10 엔진 정비작업 중의 안전 사항으로 틀린 것은?

① 정비 작업장에 소화기를 비치한다.
② 엔진을 가동할 때는 환기장치가 되어 있는지 확인한다.
③ 각종 볼트를 풀 때는 규정된 공구를 사용하여야 한다.
④ 엔진 냉각수 점검 시 엔진을 정지시키지 않고 측정해야 정확하다.

11 건설기계에서 기관을 점검·정비할 때 안전 사항으로 적합하지 않은 것은?

① 기관은 중량물이므로 분해·조립시는 작업대에 견고하게 고정시킨다.
② 작업시간 단축을 위해서 흡기·배기 매니폴드가 장착된 상태로 실린더 헤드를 분해한다.
③ 연료 라인 및 호스를 탈거하기 위해서는 연료라인 내의 잔여 압력을 먼저 해제한다.
④ 라디에이터 캡을 열 때는 냉각장치 내의 압력을 제거하며, 서서히 연다.

해설 기관을 점검·정비할 때 안전 사항은 ①, ③, ④항이며, 흡기·배기 매니폴드를 분리한 후 실린더 헤드를 분해한다.

12 기관 조립 시 주의사항 중 옳지 않은 것은?

① 기관을 떼어낼 때는 기관 전용 걸이를 사용한다.
② 건식 라이너 삽입 시에는 해머로 때려 넣는다.
③ 피스톤과 커넥팅 로드를 조립시에는 조립 방향에 주의한다.
④ 크랭크샤프트에서 메인 베어링 캡은 토크 렌치를 사용하여 규정의 토크로 조인다.

13 크랭크축에서 진동을 완충시키기 위하여 진동 댐퍼를 두고 있다. 진동 댐퍼를 분리하기 위해서는 무엇을 사용하는 것이 좋은가?

① 정과 해머
② 탭과 드릴 머신
③ 풀러
④ 파이프 렌치

해설 진동 댐퍼는 크랭크축의 비틀림 진동을 방지하는 기구이며, 분리할 때는 풀러를 사용한다.

정답 08. ④ 09. ① 10. ④ 11. ② 12. ② 13. ③

14 기관의 작업 중 벨트를 풀리에 걸 때 어떤 상태에서 걸어야 하는가?

① 회전이 정지된 상태
② 회전이 저속인 상태
③ 회전이 중속인 상태
④ 회전이 고속인 상태

15 과열된 기관의 라디에이터를 점검 및 정비하는 방법 중 틀린 것은?

① 캡을 탈착하기 전에 계통을 냉각시킨다.
② 계통내의 압력을 제거하기 위해 서서히 캡을 탈착한다.
③ 캡을 탈착할 때는 안면 보호를 위해 라디에이터 측면에 서서 캡을 천천히 연다.
④ 과열된 기관의 라디에이터 캡을 열고 즉시 찬물을 보충시켜 냉각시킨다.

16 건설기계의 연료탱크 작업 후 탱크에 연료를 가득 채우는 이유는?

① 수분 응축을 최소화하기 위해
② 최대의 수분 응축을 위해
③ 빠른 작업교대를 위해
④ 많은 연료 확보를 위해

해설 작업 후 탱크에 연료를 가득 채우는 이유는 수분 응축을 최소화하기 위함이다.

17 디젤기관 연료분사펌프를 탈착할 때 주의사항 중 틀린 것은?

① 연료 분사펌프 기어가 빠지지 않을 경우 해머로 두들긴다.
② 전용 공구를 사용한다.
③ 분사펌프나 연료 파이프 등에 이물질이 들어가지 않게 한다.
④ 분사펌프를 탈착하기 전에 연료의 누출 흔적이나 연료 분사시기를 점검한 다음 탈착한다.

18 분사노즐 시험 및 취급할 때의 주의사항 중 틀린 것은?

① 분사된 연료는 피부를 투과할 수 있으므로 피부에 직접 닿지 않도록 한다.
② 분사노즐의 모든 부분품은 깨끗이 세척하고 이물질이나 물이 들어가지 않도록 한다.
③ 분해된 부품은 다른 분사노즐과 함께 보관한다.
④ 시험은 노즐 분사 압력 시험기로 한다.

19 디젤기관의 압축압력을 점검할 때 안전에 관한 사항으로 가장 적합한 것은?

① 기관을 점검할 때 회전하는 물체에 손이나 옷자락이 닿지 않도록 한다.
② 압축압력 측정할 때 측정하지 않는 실린더의 점화플러그 홀은 닫혀있는 상태로 한다.
③ 점화 1차 회로는 연결한 상태로 압축압력을 측정한다.
④ 압축압력을 정확하게 읽기 위하여 압력계를 눈에 가까이 한다.

20 건설기계 전기배선도에서 주의할 점을 나열한 것이다. 이 중에서 잘못된 것은?

① 배선 작업에서의 접촉과 차단은 신속히 하는 것이 좋다.
② 배선 차단시는 먼저 접지를 떼고 차단한다.
③ 배선 연결시는 우선 접지를 붙이고 연결한다.
④ 배선 작업장은 건조해야 한다.

해설 배선을 차단할 때는 먼저 접지를 떼고 차단하며, 배선을 연결할 때는 접지를 나중에 연결한다.

정답 14. ① 15. ④ 16. ① 17. ① 18. ③ 19. ① 20. ③

21 다음 중 배터리 전해액을 만드는 방법으로 틀린 것은?

① 황산에 증류수를 조금씩 넣으면서 서서히 혼합한다.
② 순수한 황산의 비중은 1.835~1.87 정도로서 보통 증류수와의 혼합비율은 4(황산) : 6(증류수) 정도이다.
③ 전해액을 만들 때는 과열되지 않게 하고 내산성 용기를 사용하여 혼합한다.
④ 계량 그릇은 비커를 사용하고 비중계로 비중을 측정한다.

해설 배터리 전해액을 만들 때는 증류수에 황산을 조금씩 넣으면서 서서히 혼합한다.

22 눈에 배터리 액(묽은 황산)이 들어갔을 때 가장 먼저 취해야 할 안전조치는?

① 알코올로 소독한다.
② 암모니아수로 닦는다.
③ 중탄산 소다수로 닦는다.
④ 즉시 맑은 물로 씻어낸다.

23 건설기계에서 납산 축전지 사용 시 안전 및 유의 사항으로 옳은 것은?

① 전해액이 옷이나 피부에 닿으면 걸레로 닦는다.
② 방전된 축전지를 부하시험으로 확인한다.
③ 축전지는 단자를 단락시켜야 한다.
④ 축전지의 충전은 환기가 잘 되는 장소에서 하여야 한다.

24 충전장치 점검 정비 시 안전 및 주의사항으로 가장 거리가 먼 것은?

① 교류발전기에서는 특히 극성에 유의하여야 한다.
② 충전회로를 분리할 때에는 엔진을 정지시키고 한다.
③ 다이오드는 열에 강하므로 냉각시킬 필요는 없다.
④ 축전지를 단락시키지 않아야 한다.

25 축전지 충전 시 주의사항으로 바르지 못한 것은?

① 벤트 플러그가 있는 경우 모두 풀어 통풍이 잘되게 한다.
② 폭발성 가스가 발생하므로 화기를 가까이 하지 말아야 한다.
③ 충전 중 전해액의 온도가 45℃ 이상 되지 않도록 한다.
④ 완전한 충전상태가 되면 충전기 전압을 조금만 올려도 된다.

26 축전지에서 케이블을 분리할 경우 올바른 방법은?

① 접지 터미널을 먼저 뗀다.
② 동시에 양 케이블을 뗀다.
③ 절연되어 있는 케이블을 먼저 뗀다.
④ 분리하는 순서는 정해진 것이 없다.

해설 축전지에서 케이블을 분리할 때에는 접지 케이블을 먼저 분리하고, 설치할 때에는 접지 케이블을 나중에 설치한다.

27 건설기계 전기장치 취급시 주의사항이 아닌 것은?

① 배터리 선을 분리할 때는 접지선을 먼저 분리한다.
② 차체 전기용접을 할 때는 배터리 접지선을 분리한다.
③ 퓨즈를 교환할 때는 규정된 용량의 퓨즈를 사용한다.
④ 기동전동기 연속 사용 시간은 60초 이내로 한다.

정답 21. ① 22. ④ 23. ④ 24. ③ 25. ④ 26. ① 27. ④

해설 기동전동기의 연속 사용 시간은 15초 이내이다.

28 다음 중 클러치의 차단 불량원인이 아닌 것은?

① 클러치 각부의 마멸이 있을 때
② 디스크의 흔들림이 과대할 때
③ 클러치 페달의 유격이 너무 작을 때
④ 유압장치의 공기 혼입 및 오일 누설이 있을 때

해설 클러치 페달의 유격이 너무 적으면 클러치가 미끄러져, 엔진의 동력이 변속기로 원활하게 전달되지 못한다.

29 건설기계의 동력전달장치 정비 및 검사 시 안전 사항으로 거리가 먼 것은?

① 회전체가 있는 곳에는 안전 커버를 설치한다.
② 압축기나 절단기는 반드시 안전장치를 설치한 후 사용한다.
③ 천천히 움직이는 회전체는 작동시키면서 정비 및 검사를 한다.
④ 작업시간을 줄이기 위해 회전하는 풀리에 벨트를 걸지 않는다.

30 동력조향장치 분해 정비 작업 방법 중 틀린 것은?

① 유압실린더 로드를 움직이면 유압 오일이 흘러나오므로 주의한다.
② 오일 출입구의 유압호스를 제거할 때 먼지가 들어가지 않도록 한다.
③ 기관이 가동된 상태에서 작업을 진행한다.
④ 오일 실(seal)은 신품으로 교환한다.

31 건설기계 차량의 변속기 점검·정비를 할 때 주의사항으로 적합하지 않은 것은?

① 차량을 잭으로 들어 올리고 견고한 스탠드로 받치고 작업한다.
② 차량 밑에서 작업을 할 때는 보안경을 착용하고 작업한다.
③ 변속기 어셈블리는 무겁기 때문에 주의해서 취급하여야 한다.
④ 변속기를 조립할 때는 중요 부위의 일부 볼트만 규정 토크로 조인다.

32 추진축 및 종감속 장치의 탈·부착 작업을 할 때 안전 및 주의사항으로 적합하지 않은 것은?

① 추진축에 설치되어 있는 평형추를 떼어내서는 안 된다.
② 추진축의 플랜지 요크 볼트는 규정된 토크로 조여야 한다.
③ 건설기계 차량 밑에서 작업을 할 때는 보안경을 착용하고 작업한다.
④ 종감속 장치의 캐리어를 떼어 낼 때는 쇠망치로 두들겨 떼어낸다.

해설 추진축 및 종감속 장치의 탈·부착 작업을 할 때 안전 및 유의 사항은. ①, ②, ③항 이외에 종감속 장치의 캐리어를 떼어 낼 때는 고무망치로 두들겨 떼어낸다.

33 건설기계 차량의 허브 작업을 할 때 안전 사항으로 가장 적합한 것은?

① 잭으로 들어 올린 후 견고한 스탠드로 받치고 작업한다.
② 잭으로 들어 올린 상태에서 작업한다.
③ 작업하고자 하는 반대편의 프레임을 잭으로 들어 올리고 작업한다.
④ 차체를 로프로 고정시키고 작업한다.

해설 차량의 허브 작업을 할 때는 잭으로 들어 올린 후 견고한 스탠드로 받치고 작업한다.

정답 28. ③ 29. ③ 30. ③ 31. ④ 32. ④ 33. ①

34 잭과 블록을 사용할 때 알맞지 않는 것은?

① 잭을 이용하여 장비를 들어 올릴 때 충분한 용량의 잭을 사용한다.
② 장비가 올바르고, 견고한 위치에 잭을 설치한다.
③ 잭을 이용하여 장비를 들어 올린 후 견고한 블록을 설치한다.
④ 블록이 없을 경우는 잭만을 이용하여 장비를 들어 올린 후 작업한다.

35 유압식 제동장치의 정비에 대한 주의사항으로 틀린 것은?

① 브레이크 라이닝은 오일에 담가서 사용한다.
② 볼트, 너트는 규정 토크로 조인다.
③ 드럼과 라이닝 사이의 틈새 및 페달 유격을 정확히 조정한다.
④ 페달에 스펀지 현상이 있으면 유압회로의 공기빼기 작업을 실시한다.

36 유압장치의 정비에 대한 안전 사항 중 틀린 것은?

① 버킷은 지면으로부터 30cm 높이에 정지시킨다.
② 작동유의 선택은 제작회사의 추천 오일을 사용한다.
③ 트랙 및 바퀴 앞뒤에 받침목을 받친다.
④ 미끄럼 방지를 위하여 안전화를 착용한다.

해설 유압장치를 정비할 때는 ②, ③, ④항 이외에, 버킷은 지면에 내려놓는다.

37 유압장치 회로에서 서보밸브의 사용상 주의 사항이다. 거리가 먼 것은?

① 배관은 산세척 및 플러싱을 충분히 한 다음 운전에 들어간다.
② 작동유는 서보밸브에 적합한 것을 선정한다.
③ 서보밸브의 유압원은 전용으로 하는 것이 좋다.
④ 서보밸브의 운전온도 범위는 고려할 필요가 없다.

38 유압장치에 유압 전달용 플렉시블 호스를 부착하는 요령이다. 맞지 않는 것은?

① 부착시 모든 사용 중에 호스의 뒤틀림 변형을 최소로 한다.
② 호스의 표면층을 마멸시킬 염려가 없도록 배치한다.
③ 호스가 잡아당겨지지 않게 하기 위하여 필요한 여유분의 길이를 가져야 한다.
④ 장치의 작동 중에 호스가 급격하게 구부러지도록 반드시 스프링을 설치한다.

39 건설기계에 사용하는 유압 작동유에 물(수분)이 흡입되었을 때 나타나는 현상이 아닌 것은?

① 윤활 능력이 저하된다.
② 녹이 생겨 마모의 원인이 된다.
③ 금속의 촉매작용에 의한 기름의 산화를 촉진시킨다.
④ 작동유의 수명을 연장시킨다.

40 연료 보관용 드럼통의 올바른 보관 방법은?

① 드럼통을 세워 놓는다.
② 마개는 느슨히 잠근다.
③ 직사광선에 닿도록 보관한다.
④ 통풍이 잘되는 실내에 보관한다.

정답 34. ④ 35. ① 36. ① 37. ④ 38. ④ 39. ④ 40. ④

41 사용 중인 오일의 성능을 평가하기 위해서 사용유의 시료 채취시 주의사항이 아닌 것은?

① 윤활 계통이 운전되고 난 직후 오일의 온도가 상온 상태에서 채취한다.
② 각종 요구되는 시험 항목을 시험하기에 충분한 양의 시료(약 3리터)를 채취한다.
③ 깨끗한 시료 용기를 사용하되 채취하고자 하는 오일을 이용하여 3번 이상 씻어낸 후 채취한다.
④ 시료 채취의 통로(튜브, 코크 등)에 이물질이 없는지 확인하고 어느 정도의 오일을 뽑아낸 후에 채취한다.

42 건설기계 유압장치에서 유압 오일 냉각을 위한 구비조건으로 거리가 먼 것은?

① 촉매작용이 없을 것
② 코어 내부와 외부에 오물 협착이 안 될 것
③ 오일 흐름에 저항이 클 것
④ 냉각 효과가 좋을 것

43 트랙의 장력 조정 시 주의사항 중 틀린 것은?

① 장비를 평탄한 곳에 위치하고 조정한다.
② 조정할 곳이 경사지게 하여 작업성을 도모한다.
③ 장력은 작업조건에 따라 달리한다.
④ 후부 상부롤러와 스프로킷 사이에서 트랙 슈의 처진 상태가 25mm 정도면 정상이다.

해설 트랙 장력을 조정할 때 주의사항은 ①, ③, ④항 이외에, 지면이 평탄한 곳에서 작업한다.

44 트랙 스프링 세트를 안전하게 분해하기 위하여 사용하는 공구로 적합한 것은?

① 유압잭   ② 지그
③ 프레스   ④ 카트리지 푸시

45 정비를 위해 크롤러형 굴착기를 트레일러에 탑승시키는 방법 중 위험도가 큰 것은?

① 경사대를 설치한 후 탑승시킨다.
② 붐을 이용하여 잭업 한 후 탑승한다.
③ 언덕을 이용하여 탑승한다.
④ 트레일러를 바닥이 낮은 지형에 밀어 넣고 탑승한다.

해설 크롤러형 굴착기를 트레일러에 탑승시키는 방법
① 경사대를 설치한 후 탑승시킨다.
② 언덕을 이용하여 탑승한다.
③ 트레일러를 바닥이 낮은 지형에 밀어 넣고 탑승한다.

46 무한궤도식 굴착기를 트럭에 적재하는 방법으로 안전하지 못한 것은?

① 발판 위에서는 장비를 절대로 조향해서는 안 된다.
② 작업 장치는 반드시 뒤쪽으로 향하게 하고 서서히 발판 위를 올라간다.
③ 적재할 트럭의 주차브레이크를 완전히 작동시키고 바퀴에 고임목을 고인다.
④ 좌·우 발판을 트럭 본체의 후미 중심에 좌·우로 균등하게 배열하고 단단히 고정한다.

해설 무한궤도형 굴착기를 트럭에 적재하는 방법은 ①, ③, ④항 이외에, 작업 장치는 반드시 앞쪽으로 향하게 하고 서서히 발판 위를 올라간다.

47 굴착기의 버킷을 안전하게 탈거하려면 어떻게 하는가?

① 버킷을 크레인을 이용하여 들어 올린다.
② 버킷 실린더의 로드를 최대로 수축시켜 놓는다.
③ 버킷의 밑 부분이 평탄한 지면에 닿도록 내려놓는다.
④ 시동을 끄고 조작 레버를 움직여 회로 내의

정답 41. ② 42. ③ 43. ② 44. ② 45. ② 46. ② 47. ③

잔압을 제거한다.

해설 굴삭기의 버킷을 탈거할 때는 버킷의 밑 부분이 평탄한 지면에 닿도록 내려놓는다.

48 굴착기 작업시 안전한 작업 방법으로 틀린 것은?

① 작업시 주변의 안전 상태를 확인 후 장비를 가동한다.
② 작업복을 착용해야 한다.
③ 작업 시는 실린더의 스트로크 끝에서 약간 여유를 남기고 운전한다.
④ 배수구 굴착 방법에는 주행 방향에 맞추어 전진하면서 굴착한다.

해설 굴착기로 작업할 때 안전한 작업 방법은 ①, ②, ③항 이외에, 배수구는 후진하면서 굴착한다.

49 굴착기 유압장치에서 진동 및 이상 음의 과대시 원인으로 가장 거리가 먼 것은?

① 펌프 흡입라인의 저항 과대
② 흡입라인 공기 흡입
③ 릴리프밸브의 떨림
④ 밸브류의 실 마모

50 운전자의 시야가 제한되거나 위험한 지역에서 굴착작업을 할 때 가장 안전한 조치는?

① 작업 전방 100m 앞에 위험 표지판을 세워 놓는다.
② 굴착 위치에 신호수를 두어 신호수의 신호를 따른다.
③ 작업 반경 내에 라인을 치고 위험 깃발을 달아 놓는다.
④ 운전석에 보조자를 태우고 보조자의 신호에 따라 작업한다.

해설 운전자의 시야가 제한되거나 위험한 지역에서 굴착작업을 할 때는, 굴착 위치에 신호수를 두어 신호수의 신호를 따른다.

51 휠 로더의 안전 작업 수칙 중 맞지 않는 것은?

① 버킷이 채워지지 않았으면 항상 높이 들고 주행한다.
② 후진할 때는 항상 뒤쪽을 살펴본다.
③ 앞차축 정비작업을 할 때 버킷으로 지면을 누르고 고임목을 설치한다.
④ 버킷에 적재물을 싣고, 급경사를 운행할 때는 후진으로 주행한다.

해설 휠 로더를 운행할 때는 ②, ③, ④항 이외에, 버킷은 50cm 정도 높이를 유지하여야 한다.

52 다음 지게차의 운전 및 정지시 주의사항 중 틀린 것은?

① 주행할 때는 포크를 지면에서 약 20cm정도 들고 이동한다.
② 주·정차할 때는 포크를 지면에 내려놓고 주차브레이크를 작동시킨다.
③ 기관의 공전 상태에서 지게차를 정차시킬 때는 마스트를 뒤로 틸트해 둔다.
④ 기관을 정지시킨 때에는 뒤로 틸트해 둔다.

해설 지게차의 운전 및 정지시 주의사항은 ①, ②, ③항 이외에, 기관을 정지시킨 때에는 마스트를 앞으로 틸트해 둔다.

53 스크레이퍼 장비를 조작할 때의 주의사항으로 틀린 것은?

① 스크레이퍼 조작이 능숙한 운전자가 조작한다.
② 경사지에서는 방향을 바꾸지 않도록 한다.
③ 스크레이퍼 중심은 높아도 관계가 없다.
④ 고르지 못한 지반을 운전시 전복에 주의하여야 한다.

해설 스크레이퍼를 운전할 때 주의사항은 ①, ②, ④항 이외에, 스크레이퍼의 중심을 높이고 운전하면 전

정답 48. ④ 49. ④ 50. ② 51. ① 52. ④ 53. ③

복되기 쉽다.

54 다음 기중기의 종류 중 주행속도는 느리나 안전성이 큰 것은?

① 크로울러 형 ② 휠 형
③ 트럭 형 ④ 렉카 형

55 산업안전보건기준에 관한 규칙에서 이동식 크레인의 안전기준으로 틀린 것은?

① 이동식 크레인을 사용하여 화물을 운반하는 경우는 해지 장치를 사용하여야 한다.
② 이동식 크레인의 특성상 협소한 장소에서 작업이 이루어짐을 고려하여 작업 경사각에 제한을 두지 않는다.
③ 이동식 크레인의 구조 부분을 구성하는 강재 등의 변형이나 절단을 방지하기 위해 설계기준을 준수하여야 한다.
④ 이동식 크레인의 과도한 압력상승을 방지하기 위한 안전밸브에 대하여 최대의 정격하중을 건 때의 압력 이하로 작동되도록 조정하여야 한다.

해설 이동식 크레인을 사용하여 작업을 하는 경우 이동식 크레인의 명세서에 적혀 있는 지브의 경사각(인양하중이 3톤 미만인 이동식 크레인의 경우에는 제조한 자가 지정한 지브의 경사각)의 범위에서 사용하도록 하여야 한다.

56 크레인 재해사고를 방지하기 위해 설치한 안전장치가 아닌 것은?

① 횡행 장치
② 권과 방지 장치
③ 일주 방지 장치
④ 과대 전류방지 장치

57 타이어식 기중기에서 전, 후, 좌, 우 방향에 안전성을 주어 기중작업 시 전도되는 것을 방지해 주는 장치는?

① 아웃트리거 장치 ② 과권 경보장치
③ 붐 전도 방지장치 ④ 붐 기복 정지장치

해설 아웃트리거 : 타이어 기중기에서 전후, 좌우 방향에 안전성을 주어 기중 작업을 할 때 전도되는 것을 방지한다.

58 체인의 사용상 주의점 중 맞지 않는 것은?

① 고리걸이용 체인은 파단 하중이 확실한 것을 사용해야 한다.
② 뒤틀린 상태의 체인을 사용하지 않는다.
③ 체인의 안전계수가 3 이상인 것을 사용해야 한다.
④ 체인을 직접 가열하지 않는다.

해설 체인의 안전계수
(안전계수 = $\frac{절단하중(극한강도)}{안전하중(허용응력)}$)가 5 이상인 것을 사용해야 한다.

59 항타기를 사용하기 위하여 조립할 때 점검해야 할 사항 중 적당치 않은 것은?

① 기계의 연결부 풀림 또는 손상 유무
② 버킷, 디퍼의 손상 유무
③ 권상기의 설치상태 이상 유무
④ 버팀의 설치, 방법, 고정상태의 이상 유무

해설 항타기는 파일 드라이버 즉 기둥 박이용 건설기계이므로 버킷이나 디퍼를 사용하지 않는다.

60 콘크리트 펌프 호퍼 내에서 콘크리트가 응결되거나 흡입구가 막히는 긴박한 상황이 자주 발생될 때 점검할 곳은?

① 혼합 장치 ② 교반 장치
③ 급수 장치 ④ 배송 장치

정답 54. ① 55. ② 56. ① 57. ① 58. ③ 59. ② 60. ②

61 콘크리트믹서 트럭을 점검 및 정비할 때의 주의사항으로 틀린 것은?

① 평탄한 곳에 주차하고, 바퀴에 고임목을 고인다.
② 드럼을 급격히 역회전시켜 드럼의 회전상태를 점검한다.
③ 드럼의 상부 또는 호퍼를 정비할 때는 미끄러짐에 주의한다.
④ 드럼의 내부를 정비할 때는 반드시 엔진을 정지시키고, 엔진 시동 금지 표지판을 붙인다.

62 대형 건설 차량의 타이어 비드는 어떠한 구조로 되어야 안전한가?

① 외줄 비드 피아노선
② 격자 비드 피아노선
③ 트리플 비드 피아노선
④ 싱글 비드 피아노선

해설 대형 건설 차량의 타이어 비드는 트리플 비드 피아노선 구조이어야 한다.

63 다음은 덤프트럭에 설치할 수 있는 안전장치들이다. 틀린 것은?

① 전방 충돌로부터 차체를 보호하기 위한 보조 범퍼 설치
② 적재물 낙하 방지를 위한 자동 덮개 설치
③ 후방의 차량 충돌을 방지하기 위한 후면 안전판 설치
④ 측방 차체 훼손을 막기 위한 측면 보호대 설치

해설 덤프트럭에 설치할 수 있는 안전장치
① 적재물 낙하 방지를 위한 자동 덮개 설치
② 후방의 차량 충돌을 방지하기 위한 후면 안전판 설치
③ 측방 차체 훼손을 막기 위한 측면 보호대 설치

64 아스팔트 믹싱 플랜트의 골재공급 장치 중 작업자의 신체일부가 말려드는 위험을 막는 방호장치가 없어도 되는 부분은?

① 컨베이어   ② 진동 스크린
③ 벨트 및 롤러   ④ 체인과 스프로킷

65 리프트의 제작기준 등을 규정함에 있어 정격속도란?

① 화물을 싣고 하강할 때의 속도
② 화물을 싣고 상승할 때의 최고속도
③ 화물을 싣고 하강할 때의 평균속도
④ 화물을 싣고 상승할 때의 평균속도

해설 리프트의 정격속도란 화물을 싣고 상승할 때의 최고속도를 말한다.

66 드릴 작업 시 지켜야 할 사항이 아닌 것은?

① 공작물과 드릴을 수직으로 유지하며 작업한다.
② 작업 중 쇳가루를 입으로 불어서 제거한다.
③ 공작물을 단단히 고정시킨다.
④ 보호안경을 착용한다.

67 드릴 작업 중 가공물이 드릴과 함께 회전하기 쉬운 때는?

① 처음과 끝
② 처음과 구멍을 뚫기 시작할 때
③ 중간쯤 뚫었을 때
④ 구멍의 끝까지 거의 다 뚫었을 때

해설 가공물이 드릴과 함께 회전하기 쉬운 때는 구멍의 끝까지 거의 다 뚫었을 때이다.

정답 61. ② 62. ③ 63. ① 64. ② 65. ② 66. ② 67. ④

68 드릴링 머신을 사용하여 얇은 판에 구멍을 뚫을 때 안전대책으로 가장 거리가 먼 것은?

① 보안경을 착용한다.
② 장갑을 착용하지 않는다.
③ 목재 등을 밑에 받치고 작업한다.
④ 칩은 드릴링 가공 중 맨손으로 제거한다.

해설 칩은 드릴링 가공이 끝난 다음에 솔로 제거하여야 한다.

69 전동공구 사용시 주의사항으로 바르지 못한 것은?

① 회전하고 있는 공구는 정지한 후 작업대 위에 놓는다.
② 전기 그라인더 커버의 열림 부분 각도는 180°이다.
③ 전기 센터의 커버는 작업자 쪽을 가리지 않으면 안 된다.
④ 전기 드릴을 사용할 때 감전 사고 예방을 위해 장갑을 끼고 작업한다.

70 선반 작업 시 안전 사항으로 틀린 것은?

① 바이트 탈착은 기계를 정지시킨 다음에 한다.
② 칩의 비산 시 보호안경을 쓰거나 차폐막을 설치한다.
③ 가공물의 장착이 끝나면 척 렌치류는 바로 분리해 놓는다.
④ 절삭공구의 장착은 최대한 길게 하고, 절삭성이 나쁘면 즉시 바꾼다.

71 밀링 작업에 대한 설명 중 틀린 것은?

① 급속 이송은 한 방향으로만 한다.
② 표면 거칠기는 손으로 검사해야 정확히 알 수 있다.
③ 급송 이송시 백래시 제거 장치를 작동해서는 안 된다.
④ 하향 절삭은 백래시 제거 장치가 작동하고 있을 때 한다.

72 밀링 장비 사용 시 안전 사항으로 틀린 것은?

① 회전하는 커터를 손으로 점검하지 않는다.
② 상하 이송 장치의 핸들을 사용한 후 풀어 둔다.
③ 커터 교환을 할 때 반드시 스위치를 내려 놓는다.
④ 작업효율을 위해 밀링 테이블 위에 공구류를 비치한다.

73 안전 점검에서 점검 시기의 분류에 속하지 않는 것은?

① 일상 점검   ② 특별 점검
③ 정기 점검   ④ 감사 점검

74 세이퍼 작업시 주의사항에 대하여 설명하였다. 맞는 것은?

① 바이트가 이동하는 램은 공작율 보다 20~30mm 정도 크게 한다.
② 바이트는 가급적 공작물을 보다 길게 물린다.
③ 램의 행정을 조정하는 핸들은 작업 전이나 작업 중에 조립된 상태로 둘 것
④ 칩이 비산하는 방향에 유효공간을 둘 것

정답 68. ④   69. ④   70. ④   71. ②   72. ④   73. ④   74. ①

75 탭 작업시 주의사항으로 바르지 못한 것은?

① 절삭유를 충분히 주유하면서 사용한다.
② 전진 2/3회전 할 때마다 반대로 조금씩 돌린다.
③ 조정 탭 렌치는 두 손으로 균등하게 힘을 가하여 돌린다.
④ 탭 구멍을 드릴로 나사의 유효지름보다 다소 크게 뚫는다.

해설 탭 작업시 주의사항은 ①, ②, ③항 이외에, 탭 구멍을 드릴로 뚫을 때 나사의 유효지름보다 크게 뚫어서는 안 된다.

76 핸드 탭으로 암나사를 낼 때 안전 사항으로 옳은 것은?

① 탭을 회전시킬 때는 탭 렌치를 이용한다.
② 탭을 회전시킬 때는 조정 렌치를 이용한다.
③ 탭을 회전시킬 때는 파이프 렌치를 이용한다.
④ 탭을 회전시킬 때는 조합 플라이어를 이용한다.

77 그라인더 작업 시 안전 수칙으로 틀린 것은?

① 연삭숫돌은 정해진 사용면 이외는 사용하지 않는다.
② 연삭숫돌은 규격에 맞는 크기의 것을 규정 속도로 사용한다.
③ 연삭숫돌과 워크 레스트(work rest)의 간격은 1~3mm 정도로 유지한다.
④ 연삭작업을 할 때는 일감을 연삭숫돌로 세게 눌러 작업속도를 늘린다.

78 연삭, 연마 작업을 할 때 주의사항으로 바르지 못한 것은?

① 작업장에 가루가 유출되지 않도록 한다.
② 연삭기의 보수 점검은 매주 1회 행하여 실시한다.
③ 연삭 액의 온도는 일정온도 이상으로 상승되지 않도록 한다.
④ 폭발성 가스가 있는 곳에서는 연삭기를 사용하지 않는다.

79 연삭작업 시 숫돌 관련 주의사항으로 틀린 것은?

① 숫돌은 축에 무리가 없도록 장착한다.
② 숫돌의 장착이나 시운전은 반드시 지정된 자가 실시한다.
③ 숫돌을 장착하기 전에 외관과 균열을 점검한다.
④ 휴대용 연삭기는 발로 누르거나 바이스에 물려서 연삭기 대용으로 사용해도 된다.

80 프레스의 방호장치에 해당되는 것은

① 유압 프레스식 ② 너클 프레스식
③ 호퍼 방호식   ④ 양수 조작식

81 프레스 안전장치 중 한 줄 또는 여러 줄의 빔을 설치해 두고 그 일부가 손에 의해 차단되면 기계가 움직이지 않게 되는 안전장치는?

① 조작형 안전장치
② 광선식 안전장치
③ 고정 커버식 안전장치
④ 게이트 가드식 안전장치

해설 광선식 안전장치 한 줄 또는 여러 줄의 빔(beam)을 설치해 두고 그 일부가 손 등에 의해 차단되면 기계가 움직이지 않게 되는 안전장치이다.

정답 75. ④ 76. ① 77. ④ 78. ② 79. ④ 80. ④ 81. ②

82 리프트의 유지 및 관리 시 주의사항 중 틀린 것은?

① 리프트의 상태와 현장 실정에 적합한 정비 및 관리가 이루어지도록 한다.
② 방호장치를 제거하거나 기능을 정지시킨 후 사용 시 최저속도로 조작한다.
③ 작업구역에 관계자 외에는 출입을 금지한다.
④ 적재하중을 초과하는 하중을 걸어서 사용해서는 안 된다.

> **해설** 방호장치를 제거해서는 안된다.

83 다음 중 기계작업을 할 때의 주의사항으로 적합하지 않은 것은?

① 기어와 벨트 전동 부분에는 보호 커버를 씌운다.
② 작업 기계를 빨리 정지시키기 위하여 스위치를 OFF하고 손이나 공구 등을 사용하여 정지시킨다.
③ 운전 중에는 기계로부터 이탈하지 말아야 한다.
④ 기계에 주유할 때는 운전을 정지한 상태에서 오일 건을 사용하여 주유한다.

84 작업 중 닿아서 말려 들어갈 염려가 있는 높이 1.8m 이내의 범위에 있는 풀리와 벨트 부분에 취하는 조치와 관계가 먼 것은?

① 가드 설치 ② 덮개 설치
③ 표지 설치 ④ 스위치 설치

85 운반기구로 중량물을 옮길 때의 안전 사항으로 틀린 것은?

① 적절한 운반기구를 사용한다.
② 커브에서는 운반 속도를 줄인다.
③ 무게 중심을 유지하면서 운반한다.
④ 적재량을 준수하고 용적량은 초과할 수 있다.

86 수공구 사용 방법에 대한 설명으로 맞는 것은?

① 렌치에 파이프를 끼워 사용한다.
② 해머의 타격면이 넓어진 것을 그냥 사용한다.
③ 잘 풀리지 않는 볼트는 파이프 렌치를 사용하여 푼다.
④ 볼트와 너트 조임 작업은 오픈엔드렌치 보다는 옵셋 렌치를 사용한다.

> **해설** 수공구 사용 방법
> ① 렌치에 파이프를 끼워서 사용해서는 안 된다.
> ② 해머의 타격면이 넓어진 것은 수정한 후 사용한다.
> ③ 잘 풀리지 않는 볼트는 오일을 넣어 스며들도록 한 후 푼다.

87 건설기계 정비작업 시 수공구 취급에 대한 안전 수칙이다. 일반적인 수공구 사용시의 주의사항으로 잘못된 것은?

① 용도에 맞지 않는 공구는 사용하지 않는다.
② 렌치를 사용할 때는 몸 바깥쪽으로 밀면서 사용한다.
③ 해머의 머리 부분에는 쐐기를 박는다.
④ 렌치를 사용할 때는 너트에 맞는 것을 사용한다.

> **해설** 수공구 취급에 대한 안전수칙은 ①, ③, ④항 이외에, 렌치를 사용할 때는 몸 안쪽으로 당기서 사용한다.

정답 82. ② 83. ② 84. ④ 85. ④ 86. ④ 87. ②

88 다음 중 일반 수공구를 사용하여 작업을 할 때 안전 및 주의사항으로 가장 적합하지 않은 것은?

① 스패너를 사용할 때는 볼트나 너트의 크기에 알맞은 스패너를 선택하여 바르게 사용한다.
② 작업을 쉽게 한다는 생각으로 스패너에 다른 스패너 또는 쇠 파이프를 연결하여 사용해서는 안 된다.
③ 스패너나 렌치류를 사용하여 너트를 풀 때는 몸 바깥쪽으로 밀어서 풀어야 한다.
④ 조정 렌치를 사용할 때는 조정 조에 잡아당기는 힘이 가해져서 안 된다.

해설 스패너나 렌치류를 사용하여 너트를 풀 때는 몸쪽으로 당겨서 풀어야 한다.

89 공구에 의한 재해예방 대책이 아닌 것은?

① 마모에는 강하나 충격에 약한 것을 선택한다.
② 공구는 안전한 장소에 보관한다.
③ 작업에 적당한 것을 선택 사용한다.
④ 공구의 올바른 취급 및 사용 방법을 익힌다.

90 정비 공구류의 사용 및 관리 방법으로 틀린 것은?

① 공구에 먼지, 오일, 그리스가 묻어 있지 않도록 한다.
② 공구를 던지거나 떨어뜨리는 행위를 하지 않는다.
③ 중량물을 올리기 위해서는 기중 장치를 사용한다.
④ 세척유는 현장에서 구하기 쉬운 휘발유, 경유 등을 사용한다.

91 다음 공구 사용 중 틀린 것은?

① 조정 렌치는 아래턱 방향으로 당겨 사용한다.
② 스패너 자루에 파이프를 끼워 사용해서는 안 된다.
③ 토크 렌치를 사용하여 규정의 토크로 조인다.
④ 해머는 담금질한 부분을 두드려야 한다.

해설 해머로 담금질한 부분을 타격하면 파손되어 위험하다.

92 공구의 작업 안전에 대한 설명 중 맞는 것은?

① 플라이어를 이용하여 볼트 및 너트 등을 조인다.
② 스크루드라이버를 정이나 지렛대 대용으로 사용한다.
③ 망치, 정 또는 펀치를 사용할 경우 보안경을 착용한다.
④ 끝부분이 버섯 모양으로 퍼진 정은 망치로 퍼진 부분을 날카롭게 한다.

93 수공구 보관 방법 중 바르지 못한 것은?

① 수공구는 한곳에 모아서 보관한다.
② 숫돌은 건조하고 통풍이 잘되는 곳에 보관한다.
③ 날이 있거나 끝이 뾰족한 물건은 뚜껑을 씌워 보관한다.
④ 종류와 크기를 구분하여 보관한다.

94 공구와 관련한 설명으로 틀린 것은?

① 공구는 안전한 장소에 보관한다.
② 작업에 적절한 공구를 선택하여 사용한다.
③ 공구의 올바른 취급 및 사용 방법을 익힌다.
④ 마모에는 강하나 충격에 약한 것을 선택한다.

정답 88. ③ 89. ① 90. ④ 91. ④ 92. ③ 93. ① 94. ④

95 게이지 블록의 정밀 측정 시 실내 온도로 적절한 것은?

① 약 7℃   ② 약 20℃
③ 약 38℃ ④ 약 70℃

96 공구 보관시 올바른 방법은?

① 가지런히 벽에 세워서 보관
② 끝이 날카로운 공구는 아래로 세워서 보관
③ 공장이나 바닥에 안쪽 옆으로 보관
④ 보관 상자에 넣어 습기나 수분이 없는 곳에 보관

해설 공구는 보관 상자에 넣어 습기나 수분이 없는 곳에 보관한다.

97 스패너 사용 시 주의사항으로 틀린 것은?

① 스패너를 두 개로 잇거나 자루에 파이프를 끼워서 사용해서는 안 된다.
② 스패너를 너트에 억지로 끼워 밀면서 사용한다.
③ 스패너를 망치 대용으로 사용하지 않는다.
④ 스패너의 입이 너트 폭과 동일한 것을 사용하고 입이 변형된 것은 사용하지 않는다.

98 토크 렌치 사용 방법으로 틀린 것은?

① 핸들을 잡고 몸 바깥쪽으로 밀어낸다.
② 조임력은 규정 값에 정확히 맞도록 한다.
③ 손잡이에 파이프를 끼우고 돌리지 않도록 한다.
④ 여러 곳을 작업하는 경우 조임력의 변화를 작업 전 한 번 더 확인한다.

해설 핸들을 잡고 몸 안쪽으로 잡아당긴다.

99 복스 렌치가 오픈엔드렌치보다 더 많이 사용하는 이유는?

① 가볍다.
② 값이 싸다.
③ 볼트·너트 주위를 완전히 감싸게 되어 미끄러지지 않는다.
④ 여러 가지 볼트와 너트에 사용할 수 있다.

100 다음 중에서 바이스를 사용할 때 주의할 점으로 틀린 것은?

① 바이스의 턱 쇠에 그물 모양의 홈을 두어 공작물을 물린다.
② 공작물의 상처를 방지하기 위해 댐쇠(구리, 납판)를 사용한다.
③ 공작물을 바이스 조(jaw)의 측면에 조심해서 물린다.
④ 파이프를 물릴 경우는 특수한 조(jaw)를 사용한다.

101 다음 중 해머 작업을 할 때 가장 적합한 작업 방법은?

① 열처리된 재료는 강하게 때린다.
② 해머의 쐐기는 안전사고와는 무관하다.
③ 해머 작업을 할 때 처음과 끝은 약하게 때린다.
④ 해머의 중량은 가급적 무거운 것을 선택한다.

102 해머 작업의 주의사항으로 틀린 것은?

① 기름 묻은 손으로 작업하지 않는다.
② 타격 가공하려는 곳에 시선을 집중한다.
③ 해머의 타격면에는 반드시 기름을 바른다.
④ 아무리 강한 재료라도 처음부터 세게 때리지 않는다.

정답 95. ② 96. ④ 97. ② 98. ① 99. ③ 100. ③ 101. ③ 102. ③

103 다이얼 게이지 사용 시 주의사항으로 틀린 것은?

① 스핀들에는 그리스를 주유해서는 안 된다.
② 게이지를 사용하기 전에 지시 안정도를 검사 확인하여야 한다.
③ 1.2m 이상의 높이에서는 게이지를 떨어뜨리지 않도록 유의하여야 한다.
④ 게이지가 마그네틱 스탠드에 잘 고정되어 있는지 검사하여야 한다.

104 정이나 펀치 등을 오래 사용하면 머리 부분이 버섯 형태로 변형된다. 이러한 경우 가장 적합한 처리 방법은?

① 정이나 펀치 등을 폐기한다.
② 망치로 버섯 형태 부분을 날카롭게 만든다.
③ 그라인더로 버섯 형태 부분을 연마한다.
④ 쇠톱으로 버섯 형태 부분을 절단한다.

105 작업장 통로 및 바닥 재해 방지대책 중 틀린 것은?

① 발이 빠지거나 중량물의 낙하 등 위험시는 신발 바닥이 두꺼운 운동화를 착용한다.
② 사용하지 않는 운반차 등은 통로에 방치하지 말고 지정된 장소에 두도록 한다.
③ 기계와 기계, 기계와 설비 사이의 통로 폭을 80cm 이상 확보한다.
④ 재료 찌꺼기나 폐품은 그 종류별로 회수 상자를 두어 수집 정리한다.

[해설] 작업장 통로 및 바닥 재해 방지대책은 ②, ③, ④항 이외에, 작업화를 신도록 한다.

106 공기압 장치 시스템에서 매주 점검해야 할 부분과 가장 거리가 먼 것은?

① 신호 입력 요소의 이물질 청소
② 윤활기의 급유 기능 점검
③ 압력조절기의 압력조정 상태 확인
④ 필터와 카트리지 청소

[해설] 공기압 장치 시스템에서 매주 점검해야 할 부분은, 신호 입력 요소의 이물질 청소, 윤활기의 급유 기능 점검, 압력조절기의 압력조정 상태 확인 등이다.

107 압축공기를 이용하는 공구의 사용법 설명 중 틀린 것은?

① 공기 건조기를 사용하면 수명이 길어진다.
② 압축공기를 이용하여 작업복의 먼지를 털어 낸다.
③ 압축공기 탱크의 수분을 정기적으로 배출시킨다.
④ 공구 사용시는 규정압력 이상이 되지 않도록 주의한다.

[해설] 압축공기를 이용하는 공구는 ①, ③, ④항 이외에, 압축공기를 이용하여 작업복의 먼지를 털어 내서는 안 된다.

108 에어 공구 사용 시 안전 사항으로 틀린 것은?

① 리벳팅 작업 시 칩이 튀어나가는 것을 막을 수 있는 장치를 할 것
② 압축기는 사용 전 안전밸브의 작동과 오일 상태를 점검할 것
③ 소음이 심한 공구사용 시 귀마개를 사용할 것
④ 임팩트 렌치는 최대 토크로 사용할 것

109 건설기계의 에어컨디셔닝 계통 작업 시 준비해야 하는 것으로 가장 적합한 것은?

① 보안경 ② 라이터
③ 목장갑 ④ 보호 덧신

정답 103. ③ 104. ③ 105. ① 106. ④ 107. ② 108. ④ 109. ①

110 에어 임팩트 렌치를 사용하여 작업을 할 때 주의사항으로 가장 거리가 먼 것은?

① 사용 공기압은 5~7kgf/cm²를 표준으로 하고 10kgf/cm² 이상의 압력은 가급적 사용해서는 안 된다.
② 너트를 체결할 때는 너트를 먼저 임팩트 렌치의 소켓에 끼워 넣어서 조인다.
③ 가동 후 5초 이상 경과하여도 체결이 되지 않을 때는 압축공기가 새는 곳이 있는지, 체결력이 작은 공구인지 점검한다.
④ 회전 방향을 확인하기 위한 시험가동 외는 소켓만을 부착한 상태로 공회전시키지 않는다.

111 차광용 안경을 착용하고 해야 하는 작업은?

① 용접 작업   ② 해머 작업
③ 도장 작업   ④ 그라인더 작업

112 가스용접에 대한 안전 및 주의사항 중 틀린 것은?

① 가스누설을 점검할 때는 비눗물을 사용한다.
② 역화방지기는 산소 조정기와 호스 사이에 설치한다.
③ 가스용기는 충격을 가하지 않도록 취급에 주의한다.
④ 가스용기는 세워 놓고 작업하며, 직사광선을 피한다.

113 산소용접을 할 때의 안전 사항으로 적합하지 않은 것은?

① 용접작업을 할 때는 반드시 작업에 적당한 차광안경을 쓰고, 화상 방지용 보호 장갑을 착용한다.
② 작업 중 역화가 발생하였을 때는 아세틸렌 밸브만 빨리 잠근다.
③ 봄베나 아세틸렌 용기는 전용 운반기구를 사용한다.
④ 산소 용기와 그 부속품은 기름이나 그리스로 정비를 해서는 안 된다.

해설 작업 중 역화가 발생하였을 때는 산소 밸브부터 빨리 잠근다.

114 가스용접 등에 사용되는 고압가스 용기의 안전한 취급사항이 아닌 것은?

① 용기의 온도는 40℃ 이하로 유지시킨다.
② 빈 용기와 충전된 용기는 확실히 구별하여 보관한다.
③ 아세틸렌 용기는 가능하면 눕혀놓고 사용한다.
④ 운반 및 이동시는 밸브를 완전히 잠그고, 캡을 확실하게 고정한다.

115 용접작업(산소-아세틸렌)과 관련한 주의사항 중 틀린 것은?

① 아세틸렌 도관은 적색으로 구별한다.
② 아세틸렌 사용압력은 5기압이며, 3.0기압 이상이면 폭발할 위험성이 있다.
③ 산소봄베에서 산소의 누출 여부는 비눗물로 확인한다.
④ 산소통의 메인 밸브가 얼었을 때 약 40℃ 이하의 물로 녹여야 한다.

해설 아세틸렌 사용압력은 1기압이며, 1.5기압 이상이면 폭발할 위험성이 있다.

116 가스용접에 사용되는 고압 충전용기의 저장온도로 맞는 것은?

① 40℃ 이하   ② 50℃ 이하
③ 60℃ 이하   ④ 70℃ 이하

정답 110. ② 111. ① 112. ② 113. ② 114. ③ 115. ② 116. ①

해설 가스용접에 사용되는 고압 충전용기의 저장온도는 40℃ 이하이다.

117 가스용접에서 토치 취급 방법으로 틀린 것은?

① 작업에 적당한 팁을 선택하고 산소와 아세틸렌의 압력을 조정 유지한다.
② 토치에 점화할 때는 성냥 등을 사용하여 점화한다.
③ 팁이 과열되었을 때는 적은 양의 산소만 통하게 하여 서서히 냉각시킨다.
④ 작업을 시작하기 전에는 호스나 토치의 연결 부분이 완전히 체결되었는가를 확인하여 사용한다.

해설 토치에 점화할 때는 산소 라이터를 사용하여 점화한다.

118 산소-아세틸렌 용접에 역화가 발생하는 원인이 아닌 것은?

① 산소 공급이 과다할 때
② 토치 성능이 불량할 때
③ 토치의 팁이 과열되었을 때
④ 가스 압력과 유량이 적당할 때

해설 역류·역화의 원인
① 산소 공급이 과다할 때
② 토치의 성능이 불량할 때
③ 가스 압력과 유량이 부적당할 때
④ 팁이 과열되었을 때
⑤ 토치의 팁에 슬래그가 끼었을 때

119 가스용접 작업 중 역화 현상이 발생한 경우의 조치로 맞는 것은?

① 잠시 기다린다.
② 토치를 물에 넣는다.
③ 산소 밸브를 먼저 잠근다.
④ 아세틸렌 밸브를 먼저 잠근다.

해설 가스용접 작업 중 역화가 발생하면 산소 밸브부터 잠그도록 한다.

120 다음 중에서 아크용접을 할 때 기공이 생기는 원인이 되는 것은?

① 용접봉이 가늘 때
② 용접봉이 굵을 때
③ 용접봉이 건조하였을 때
④ 용접봉에 습기가 있었을 때

해설 용접봉에 습기가 있으면 아크 용접할 때 기공이 생기는 원인이 된다.

121 다음 중 고압가스 용기 색상을 잘못 짝지은 것은?

① 산소-녹색
② 아세틸렌-황색
③ 액화천연가스(LPG)-회색
④ 액화염소-백색

해설 고압가스 용기의 도색 ① 산소-녹색 ② 수소-주황색 ③ 아세틸렌-노란색 ④ 암모니아-백색 ⑤ 탄산가스-청색 ⑥ 염소-갈색 ⑦ 프로판-회색 ⑧ 아르곤-회색

122 타이어 유지 및 정비에 관한 안전 사항으로 가장 거리가 먼 것은?

① 타이어 압력조정 시 가능하면 타이어 트레드 정면에서 실시한다.
② 규정압력 이상으로 타이어에 공기를 주입하지 않는다.
③ 타이어가 저압 상태에서는 주행하지 않는다.
④ 타이어 및 휠의 상태를 매일 점검한다.

정답 117. ② 118. ④ 119. ③ 120. ④ 121. ④ 122. ①

123 매연 테스터를 사용하여 건설기계의 매연 측정 시 주의사항으로 가장 거리가 먼 것은?

① 공회전 상태에서 측정한다.
② 테스터에 공급되는 공기압력은 규정압력을 준수한다.
③ 매연 테스터는 충격이나 추락이 발생하지 않는 안전한 장소에 설치한다.
④ 시료 채취관은 배기관 벽면으로부터 5mm 이상 떨어지도록 설치한다.

해설 디젤기관 매연 측정 방법
① 무부하 급가속 모드는 가속페달을 최대로 밟아 엔진 최고 회전수에 도달, 4초간 유지 후 공회전 상태에서 5~6초간 유지하는 과정을 3회 반복한다.
② 시료 채취관을 배기관 벽면으로부터 5mm 이상 떨어지도록 설치하고 5cm 이상의 깊이로 삽입한다.
③ 시료 채취를 위한 급가속 시 가속페달을 밟을 때부터 놓을 때까지 소요 시간은 4초 이내로 한다.
④ 3회 연속 측정한 매연농도를 산술평균하여 소수점 이하는 버린 값을 최종 측정치로 한다.
⑤ 3회 측정 후 최대치와 최소치가 10%를 초과한 경우 재측정한다.

정답 123. ①

PART 4
일반기계공학

Chapter 1	기계재료
Chapter 2	기계요소
Chapter 3	기계공작법
Chapter 4	유체기계
Chapter 5	재료역학

Chapter 1

기계재료

Section 1-1 기계재료의 개요

1 금속의 기계적 성질

금속의 기계적 성질에는 강도[외력에 대한 저항력], 연성[늘어나는 성질], 전성[눌렀을 때 넓게 펴지는 성질], 취성[재료가 부스러지는 정도를 나타내는 성질], 인성[질긴 성질], 소성[변형이 남는 성질], 탄성[변형이 원래의 상태로 복귀되는 성질], 가소성[소성변형을 일으키는 성질], 크리프[금속재료를 특정 온도에서 장시간 하중을 가하면 변형이 증가하는 현상] 등이 있다.

2 금속의 물리적·화학적 성질

물리적 성질에는 비중, 용융온도(용융점), 열전도율, 선팽창계수, 전기전도율, 자성(자석의 힘을 지니는 성질) 등이 있고, 화학적 성질에는 이온화 현상, 부식 등이 있다.

3 금속의 조직과 변태

1. 금속의 조직

금속의 1개의 결정격자를 X선으로 보면 원자들이 규칙적으로 배열되어 있는데 이것을 결정격자라 한다. 결정격자에는 **체심입방격자**(B.C.C), **면심입방격자**(F.C.C), **조밀육방격자**(H.C.P) 등이 있다. 철(Fe)은 상온에서 체심입방격자이다.

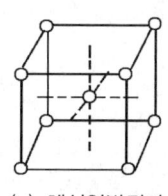
(a) 체심입방격자

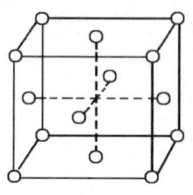
(b) 면심입방격자

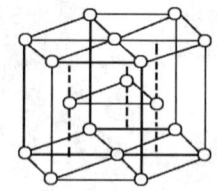
(c) 조밀육방격자

▲ 금속의 조직

2. 금속의 변태

① 자기변태 : 금속을 가열하면 원자의 배열에는 변화가 없으나 A_2변태점(768℃) 부근에서는 급격히 자기(magnetic)의 크기에 변화를 일으키는 변태를 말한다.
② 동소변태 : 온도 변화에 의해 금속의 결정격자가 다른 결정격자로 변하는 현상을 말한다.
→ 순철의 동소체(α, γ, δ)

> **참고** 순철의 변태점
> A_0변태점 : 210℃, A_1변태점 : 720℃, A_2변태점(자기변태점) : 768℃, A_3변태점(동소변태점) : 910℃, A_4변태점 : 1400℃

4 Fe-C 평형상태도에서 일어나는 반응

① 포정반응 : 어떤 합금의 용액과 다른 합금 성분의 고체 상태가 작용해 새로운 종류의 고체 상태를 만드는 항온 가역 반응을 말한다.
② 공정반응 : 두 개의 금속 성분이 용융되어 있을 때는 용합이 되어 균일한 액체를 형성하고 있으나, 응고 후에는 각각 다른 성분의 결정으로 분리되는 반응을 말한다.
③ 공석반응 : 공석반응은 공정반응과 유사한 고체 상태의 반응이나 하나의 고체 상태가 두 개의 고체 상태로 전이되는 반응을 말한다.

Section 1-2 철(Cast iron)과 강(Steel)

1 주철(cast iron)

탄소 함유량이 1.7~6.68%(일반적으로 2.5~4.5%)인 주조용 철이다.

1. 주철의 장점

① 용융점이 낮고 유동성이 양호하다.
② 마찰저항이 좋고 가격이 싸다.
③ 절삭성능이 우수하다.
④ 압축강도가 인장강도에 비해 3~4배 정도 크다.
⑤ 주조성능이 우수하므로 복잡한 형상의 부품 성형이 가능하다.
⑥ 녹이 잘 슬지 않고, 도색이 쉽다.
⑦ 내마모성이 우수하고, 알칼리나 물에 대한 내식성이 크다.

2. 주철의 단점

① 충격값, 연신율이 작고 취성이 크다.
② 취성이 커서 소성변형이 어렵다.
③ 단조, 담금질, 뜨임 등이 불가능하다.
④ 인장강도, 휨강도가 작고 충격에 대해 약하다.
⑤ 내열성은 400℃까지는 좋으나 그 이상의 온도에서는 나빠진다.
⑥ 질산, 염산 등에 대한 내식성이 나쁘다.

3. 주철의 종류

(1) 파단면의 색깔에 따른 분류

① 회주철(gray cast iron) : 일반적으로 사용하는 보통 주철이며, 주철조직에 유리탄소(free carbon)와 시멘타이트(Fe_3C)가 혼재하고 있으며, 주조와 절삭이 쉬워 일반 공작기계의 베드용으로 사용된다.
② 백주철(white cast iron) : 흑연의 함유량이 적고 대부분 탄소가 화합 탄소로 존재할 경우는 그 파단면이 흰색을 띠게 되는 주철이다.
③ 반주철(mottled cast iron) : 회주철과 백주철이 혼합된 조직으로 되어 있는 주철이다.

(2) 탄소 함유량에 따른 분류

① 아공정 주철 : 탄소 함유량이 2.0~4.3%이며, 조직은 오스테나이트와 레데부라이트이다.
② 공정주철 : 탄소 함유량이 4.3%이며, 조직은 레데부라이트(오스테나이트와 시멘타이트)이다.
③ 과공정 주철 : 탄소 함유량이 4.3~6.68%이며, 조직은 레데부라이트와 시멘타이트이다.

(3) 특수주철

① 미하나이트 주철(Meehanite cast iron) : 회주철의 탄소 함유량을 감소시키고 접종하여 미세 흑연을 균일하게 분포시키고, 규소(Si), 칼슘-규소(Ca-Si) 분말을 첨가하여 흑연의 핵 형성을 촉진시켜 재질을 개선한 주철이다.
② 가단주철(malleable cast iron) : 주철의 결점인 여리고 약한 성질을 개선하기 위하여 먼저 백주철을 만들고 이것을 장시간 열처리하여 탄소 상태를 분해 또는 소실시켜 인성 또는 연성을 증가시킨 주철이다.
③ 구상흑연주철(spheroidal graphite cast iron) : 강인주철, 덕타일 주철 또는 노듈러 주철이라고도 부르며, 황(S)이 적은 선철을 녹여 세륨(Ce)이나 마그네슘(Mg)을 첨가하고, 다시 페로실리콘을 0.4~0.8% 첨가하여 흑연을 구슬 모양(구상)으로 만든 것이다. 인장강도가 70(kgf/mm^2) 정도로 주철의 종류 중에서 가장 높다.

④ 칠드주철(chilled metal) : 주조할 때 주형에 접한 표면을 급랭시켜 표면은 시멘타이트가 되게 하고, 내부는 서서히 냉각시켜 펄라이트가 되게 한 주철이다.

2 탄소강(carbon steel)

탄소강은 철과 탄소의 합금으로 탄소 함유량이 1.7% 이하인 것을 말한다.

1. 탄소강에 함유된 성분과 영향

① 인(P) : 강의 경도와 강도를 증가시키고 결정 입자를 거칠게 하며, 상온 취성(냉간 취성)을 일으킨다.
② 황(S) : 적열(고온)취성을 일으키며, 인장강도, 연신율, 충격값이 저하된다. 강의 유동성을 방해하여 용접성이 나쁘며, 기공이 발생하지만, 망간과 화합하여 절삭성능을 개선한다.
③ 망간(Mn) : 황(S)의 피해를 제거하며, 고온 가공을 쉽게 한다. 강도, 경도, 인성을 증가하며, 고온에서 결정 입자의 성장을 방해한다. 소성을 증가시키고 주조성능을 향상시키며, 담금질 효과를 크게 한다.
④ 규소(Si) : 강의 경도, 탄성한계, 인장강도가 증가한다. 연신율 및 충격값을 감소시킨다. 상온에서 가단성, 전성을 감소시키며, 결정 입자가 거칠어진다.

2. 탄소 함유량에 따른 분류

① 아공석강 : 탄소 함유량이 0.85%C 이하인 페라이트와 펄라이트의 공석강을 말한다.
② 공석강 : 탄소 함유량이 0.85%C인 펄라이트 조직인 강을 말한다.
③ 과공석강 : 탄소 함유량이 0.85%C 이상의 시멘타이트와 펄라이트의 공석강을 말한다.

3. 제강 방법에 따른 분류

① 킬드강(killed steel) : 진정강이라고도 부르며, 정련된 용강에 규소강, 망간강 또는 알루미늄 분말 등의 강한 탈산제를 충분히 첨가하여 완전히 탈산한 강이다.
② 림드강(rimmed steel) : 강에 산소를 충분히 남기고, 강괴를 형성하는 동안에 C+O⇌CO의 반응이 일어나는 것을 이용하여 적당히 부풀어 오르게 한다. 킬드강에 비해 강괴(ingot)의 표면이 고우며, 분괴(分塊)의 생산 비율도 좋고 값이 싸다.
③ 세미킬드강(semi killed steel) : 탈산하는 정도가 킬드강과 림드강의 중간 정도의 강이다.

4. 탄소강의 조직

(1) 표준조직

① 페라이트(Ferrite) : 900℃ 이하에서 안정된 체심입방격자의 철에 합금원소 또는 불순물이 녹아서 된 고용체이다. 상온에서는 강자성체이나 768℃에서 자기변태를 일으킨다.

② 펄라이트(Pearlite) : 탄소 함유량 0.76%의 강을 약 750℃ 이상의 고온에서 서서히 냉각하면, 650~600℃에서 변태를 일으켜 나타난다.

③ 시멘타이트(Cementite) : 고용한계 이상으로 탄소가 고용되면 탄소와 철이 화합하여 탄화철(Fe_3C)이 되며, 백색이고 매우 단단하며 여린 결정이다. Fe-C 상태도에서 탄소가 약 6.67% 함유되었을 때 나타나는 조직이다. 210℃에서 자기변태를 일으키며, 강 조직 중에서 경도가 가장 크다.

(2) 담금질 조직

① 오스테나이트(Austenite) : 강을 가열했을 때 나타나는 조직으로 910~1,400℃ 사이 γ철에 탄소를 잘 고용하는 γ고용체이다.

② 마텐자이트(Martensite) : 오스테나이트 조직으로 한 후 물속에 급랭하여 나타나는 침상조직으로 열처리 조직 중 경도가 최대이며, 부식에 대한 저항이 크고 강자성체이며, 경도와 강도는 크나 취성이 있고 연성이 작은 조직이다.

③ 트루스타이트(Troostite) : 탄소강에서는 큰 덩어리를 물 담금질하였을 때 중심 부분에 나타나거나 강재를 오일 또는 온수 속에서 담금질하였을 때 나타난다.

④ 소르바이트(Sorbite) : 오일 속에서 담금질의 냉각 속도가 트루스타이트 조직보다 느릴 때 얻어지는 조직이며, 부식에 약하고 트루스타이트 조직보다 유연하고 점성이 강하다.

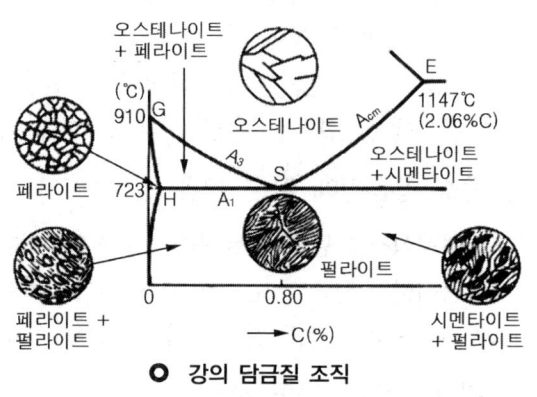

○ 강의 담금질 조직

(3) 각 조직의 경도 순서

: 마르텐사이트 > 트루스타이트 > 솔바이트 > 오스테나이트 > 페라이트

3 합금강(특수강)

탄소강의 성질을 개량할 목적으로 크롬·니켈·망간·몰리브덴·텅스텐 등과 같은 원소를 하나 이상 첨가하여 만든 강이다.

1. 합금의 특성

① 주조성능과 담금질 효과가 향상된다.
② 내식성, 내열성 및 내산성이 증가한다.
③ 인장강도, 경도 및 전기저항이 증가한다.

④ 열전도율, 전성과 연성 및 단면수축률이 감소한다.
⑤ 용융점이 낮아지고, 색채가 아름다워진다.

2. 합금강(특수강)의 종류

(1) **니켈강**(Ni steel) : 강에 니켈(Ni)을 첨가하면 조직이 치밀해지고, 강도가 커져 내식성, 내마모성이 증가한다. 기어, 스핀들, 크랭크축, 추진축 등에서 사용된다.

(2) **크롬강**(Cr steel) : 강에 크롬(Cr)을 첨가하면 경도가 증가하고 인성이 향상되어 내마모성, 내식성, 내열성 등이 증가한다. 킹핀, 조향기어, 차동기어 등에서 사용된다.

(3) **니켈-크롬 강**(Ni-Cr steel) : 강성과 인성이 크고, 탄성한계가 높고 담금질 효과가 크다. 또 내마모성, 내열성이 크며, 용접은 가능하지만, 주조성능이 불량하다. 크랭크축, 커넥팅 로드 등에서 사용된다.

(4) **크롬-몰리브덴강**(Cr-Mo steel) : 고온 강도가 크고, 용접성이 좋으며, 크랭크축, 차축, 내열용 부품(500℃ 이하), 기어 등에서 사용된다.

(5) **스테인리스강**(stainless steel) : 니켈-크롬강의 일종이며, 내식성, 내산성은 크나 절삭성이 불량하지만, 수중에서의 내식성이 가장 크다.
  ① 13크롬 스테인리스강 : 강에 크롬을 12~13% 첨가한 것으로 담금질에 의해 경화되는 특성이 있다.
  ② 18크롬 스테인리스강 : 강에 크롬을 17~20% 첨가한 것으로 내식성이 우수하여 해수용 펌프 및 밸브 재료로 사용된다.
  ③ 18-8크롬-니켈 스테인리스강 : 강에 크롬 18%, 니켈 8%를 첨가한 것으로 비자성이며, 인성과 전성이 크고 가공경화가 잘 된다.

(6) **텅스텐 강** : 경도, 내마멸성, 고온 강도가 크므로 공구, 내열용 재료로 사용된다.

(7) **스프링 강** : 탄성한계가 높고, 피로에 대하여 강력함이 요구되므로 탄성한계를 높이는 망간강, 규소-망간강 등을 사용한다.

(8) **불변강**
  ① 인바(invar)강 : 철에 니켈 36%, 망간 0.4%를 함유한 것으로 열팽창률이 작다.
  ② 슈퍼 인바(super invar, 초인바)강 : 니켈(Ni) 29~40%(32%), 코발트(Co) 5%, 철 63%이며, 인바 강보다 열팽창률이 작고 주로 줄자나 정밀기계부품용으로 사용된다.
  ③ 엘린바(elinvar) : 니켈(Ni) 36%, 크롬(Cr) 12%를 함유한 것으로 탄성이 변화하지 않으며, 시계나 정밀계측기 부품에 사용된다.
  ④ 퍼멀로이(permalloy) : 니켈을 75~80% 함유한 것으로 자성재료에 주로 사용된다.
  ⑤ 플래티나이트(platinite) : 철(Fe)-니켈(Ni) 42~46%, 코발트(Co) 18%를 함유한 것으로 전구나 진공관 도선에 사용된다.

4 공구강 및 공구 재료

1. 탄소공구강(carbon tool steel)
불순물이 적은 0.60~1.50%의 탄소를 함유한 공구용으로 사용되는 고탄소강을 말한다.

2. 합금공구강(Alloy Tool Steel)
탄소강에 망간, 니켈, 크롬, 몰리브덴, 텅스텐, 바나듐 등의 합금원소를 1가지 이상 첨가한 공구강을 말한다.

3. 고속도강
표준성분은 탄소(C) 0.7~0.8%의 탄소강에 텅스텐(W) 18%, 크롬(Cr) 4%, 바나듐(V) 1%를 첨가한 것이다.

4. 스텔라이트(stellite, 주조합금 공구 재료)
비철합금 공구 재료의 일종이며, 탄소(C) 2~4%, 크롬(Cr) 15~33%, 텅스텐(W) 10~17%, 코발트(Co) 40~50%, 철(Fe)의 합금이다.

5. 초경합금(hard metal)
코발트(Co), 텅스텐(W), 크롬(Cr) 등의 분말형의 탄화물을 프레스로 성형하여 소결시킨 것이다. WC-Co 계열, WC-TiC-TaC-Co 계열, WC-TiC-Co 계열의 3종이 있다

6. 세라믹(ceramic)
세라믹(ceramics)은 도자기 전체를 말하지만, 공구 재료로도 사용되며, 알루미나(Al_2O_3)를 주성분으로 결합제를 이용, 소결하여 만든 것으로 내열성은 1,500℃ 정도이고 열전도율이 낮다. 내마모성이 풍부하지만, 취성이 있다.

Section 1-3 비철금속 및 합금

1 구리(copper, Cu)

1. 구리의 특성
① 비중이 8.9이고 용융점 이외는 변태점이 없으며, 전기 및 열전도성이 매우 우수하다.
② 철강 재료에 비하여 내식성이 커 공기 중에서는 거의 부식되지 않는다.
③ 아연(Zn), 주석(Sn), 니켈(Ni), 은(Ag) 등과 쉽게 합금을 만들 수 있다.

④ 유연하고 전성과 연성이 커 가공이 쉽다.
⑤ 표면에 녹색의 염기성 탄산구리의 녹이 생겨 보호 피막의 역할로 내식성이 크다.

2. 구리합금의 종류

(1) 황동(brass) : 구리(Cu)와 아연(Zn)의 합금이다.
① 7-3황동 : 구리 70%, 아연 30%이며 냉간 가공성이 좋다.
② 6-4황동 : 구리 60%, 아연 40%이며, 주조성, 열간 가공성이 좋다.
③ 톰백(tambac) : 구리 85%, 아연 15%인 황동으로 주로 장식용으로 사용된다.
④ 네이벌 황동 : 6-4황동에 주석 1%를 첨가한 황동으로 내삭성이 우수하다.
⑤ 델타메탈 : 6-4황동에 철을 1~2%를 첨가한 황동으로 내식성과 강도가 우수하다.

(2) 청동(bronze) : 구리(Cu)와 주석(Sn)의 합금이다.
① 인청동 : 청동에 인(P)을 첨가한 것이며 내식성, 내마모성, 인성, 내피로성이 커서 베어링, 기어, 펌프 부품, 선박용 부품 등에 사용된다.
② 포금(gun metal) : 구리(88%), 주석(10%), 아연(2%)의 합금이다.
③ 베릴륨청동 : 청동에 베릴륨 2~3% 첨가한 합금으로 베어링, 스프링 재료로 사용된다.

2 알루미늄(aluminum, Al)

1. 알루미늄과 알루미늄 합금 특징
① 비중이 2.7로 작고, 용융점이 600℃ 정도이다.
② 전성과 연성이 좋고, 주조가 쉽다.
③ 표면에 산화막이 형성되어 있어 내식성이 우수하다.
④ 열전도성 및 전기전도성이 구리(Cu) 다음으로 좋다.
⑤ 두랄루민은 비강도(강도/비중)가 연강의 약 3배 정도이다.

2. 알루미늄 합금의 종류
① 하이드로날륨(hydronalium) : 알루미늄에 마그네슘을 4~7%를 첨가한 것으로 알루미늄이 바닷물에 약한 것을 개량하기 위하여 개발된 합금이다.
② 두랄루민(Duralumin) : 알루미늄에 구리와 마그네슘을 첨가하여 시효 경화성을 가지게 한 고력 알루미늄 합금으로 1906년 9월 독일인 A. 빌름이 발명하였다.
③ 초두랄루민(super duralumin) : 두랄루민에서 마그네슘 함유량을 높인 것으로, 열처리하고 시효경화를 완료시키면 인장강도가 최고 50kgf/mm²가 된다.
④ 로 엑스(LO-EX, low extension alloy) : 알루미늄, 규소, 니켈, 구리의 합금이며, 내열성이 크고 열팽창 계수가 적어 기관의 피스톤의 재료로 사용된다.

⑤ 실루민(silumin) : 주조용 알루미늄 경합금의 일종으로, 알루미늄과 규소의 합금이다.
⑥ Y합금(Y-alloy) : 알루미늄, 구리, 니켈, 마그네슘의 합금이다. 내열성이 우수하며, 단조와 주조에 모두 사용된다. 용도는 내연기관용 피스톤이나 실린더 헤드 등이다.
⑦ 라우탈(Lautal) : 알루미늄에 구리, 규소를 가한 주조용 합금으로 490~510℃로 담금질한 후 120~145℃에서 16~48시간 뜨임을 하면 기계적 성질이 향상된다.

3 니켈 합금의 종류

니켈은 비중이 8.9 정도이고 내산성, 내식성이 우수하고, 전기저항성이 매우 큰 재료이다.

1. 모넬메탈(Monel metal)

모넬메탈은 내산합금의 일종으로 니켈(Ni) 64~69%, 구리(Cu) 26~32%가 주성분이다.

2. 양은(german silver)

양은은 양백이라고도 부르며, 구리(Cu)+니켈(Ni)+아연(Zn)의 합금이다.

3. 콘스탄탄(constantan)

니켈(Ni)에 구리(Cu) 46%를 첨가한 구리-니켈의 합금으로 전기저항·열기전력이 온도에 의해서 매우 조금만 변화하므로, 표준 전기저항선·온도측정용 열전대로 사용된다.

4 베어링 합금 및 그 구비조건

1. 베어링 합금재료

화이트메탈(배빗메탈), 켈밋메탈, 인청동, 연청동 등이 있다.

(1) 화이트메탈(white metal)의 특징

① 주석(Sn)-안티몬(Sb)-구리(Cu)계열의 베어링 합금이다.
② 주석계 화이트메탈과 납계 화이트메탈로 구분한다.
③ 주석계 화이트메탈을 배빗메탈(Babbit metal)이라고도 한다.
④ 고속·고하중용 베어링용으로는 부적당하다.

(2) 켈밋메탈(Kelmet metal)

켈밋메탈은 동(구리)에 납을 30~40% 첨가한 것으로 미끄럼베어링에 사용된다.

(3) 오일라이트

오일리스 베어링(oilless bearing)이라고 부르며, 구리, 주석, 흑연 분말을 소결한 합금으로 만든 것으로 그 다공성을 이용하여 여기에 윤활유를 침투시킨 것이다. 회전 중에 윤활유가 나와 윤활제 역할을 하며, 주유가 곤란한 부분에서 사용한다.

2. 베어링 합금의 구비조건

① 마찰계수가 작을 것
② 내마모성이 클 것
③ 피로강도와 내식성이 클 것
④ 열 변형이 적고 열전도성이 클 것
⑤ 강도와 강성 및 충격하중에 강할 것

Section 1-4 합성수지와 섬유강화 플라스틱

1 합성수지

1. 합성수지의 특징

① 가볍고 튼튼하며, 투명한 것이 많고 착색이 자유롭다.
② 내식성 및 전기절연성이 좋다.
③ 가공성이 크고, 성형이 간단하다.
④ 산, 알칼리, 유류, 약품 등에 강하다.
⑤ 열에 약하며, 표면 경도가 낮기 때문에 내마모성이나 내구성이 떨어진다.

2. 합성수지의 종류와 용도

(1) 열경화성수지의 종류와 그 특성 : 페놀수지, 멜라민수지, 에폭시수지, 실리콘수지, 요소수지 등이 있다.

① 페놀수지(Phenol resin) : 페놀, 크레졸 등과 포르말린을 반응시켜 제조한 것으로 베이클라이트(bakelite)라는 상품명으로 널리 알려져 있다.
② 요소수지(Urea resin) : 우레아 수지라고도 하며, 강도, 내수성, 내열성, 전기절연성 등에서는 다소 떨어지나, 가공성 및 착색이 쉽고 아름다운 상품을 제작하는데 적당하다.
③ 멜라민수지(melamine resin) : 무색의 가벼운 침상 결정체이며, 요소수지보다 강도, 내수성, 내열성이 우수하고, 포르말린, 석탄산, 요소 등과 합성하여 각종 성형품, 접착제, 페인트, 섬유 제조 등에 사용되며 150℃에도 잘 견딘다.
④ 실리콘수지(silicon resin) : 내열성과 내수성이 우수하고, 전기절연성이 좋다. 일반적인 합성수지보다 내열성이 100℃ 이상 우수하며, 기계가공성도 좋다.
⑤ 에폭시수지 : 플라스틱으로 경화된 수지이며, 수축이 적고, 양호한 화학적 저항, 우수한 전기적 특성, 강한 물리적 성질을 가지고 있다. 판재제작, 용기성형, 페인트, 접착제 등으로 사용된다.

(2) 열가소성수지의 종류와 그 특성 : 스티렌 수지, 염화비닐 수지, 아크릴 수지, 폴리에스테르 등이 있다.

① 염화비닐(vinyl chloride) : 석회석, 석탄, 소금 등을 원료로 하며 PVC라고도 부른다. 내산성, 내알칼리성이 풍부하며, 황산·염산·수산화나트륨 등의 약품이나 바닷물에 녹거나 부식되는 경우가 없다.

② 스티렌수지(styrene resin) : 스트롤 수지라고도 부르며, 비중이 1.05~1.07 정도로 가벼운 편이다. 성형이 쉽고, 화학약품에 대하여 안정하므로 전기재료, 장식품 등으로 사용되는 대표적인 열가소성수지다.

③ 폴리에틸렌(polyethylene) : 무색, 투명하며, 내수성과 전기절연성이 크고, 산과 알칼리에도 강하다. 또 120~180℃로 가열하면 끈끈한 액체가 되기 때문에 사출성형이 쉽다.

④ 아크릴 수지(acrylic resin) : 투명성이 좋고, 탄성이 크며, 햇빛에 노출되어도 변색이 잘되지 않으므로 안전유리의 중간층 재료, 케이블의 피복 재료, 페인트 등에 사용된다.

3. 합성수지의 성형가공 방법

합성수지의 성형 방법에는 압축성형, 사출성형, 압출성형, 공기취입 성형, 열성형, 열용융 성형, 강화 플라스틱 성형, 발포성형, 롤 성형, 주조 성형, 캘린더(calender)법 등이 있다.

2 섬유강화 플라스틱

1. 섬유강화 플라스틱의 장점

① 비중은 강의 약 1/3~1/4 정도로 경량이다.
② 비탄성 에너지가 크고, 내식성 및 설계 자유도가 크다.

2. 섬유강화 플라스틱의 단점

① 섬유로 강화되기 때문에 섬유방향만 강화되는 이방성이다.
② 피로강도, 층간 전단강도, 가로 탄성계수, 내열강도가 낮다.
③ 내마모성이 적고, 판스프링의 경우 구멍 부분의 강도가 떨어진다.

Section 1-5 표면처리 및 열처리

1 표면경화(surface hardening)

표면경화란 표면만 경화시키고 금속 내부는 원재료의 재질대로 있도록 하는 열처리 방법이며,

그 종류에는 침탄법(탄소 침투), 질화법(질소 침투), 청화법(탄소와 질소를 동시에 침투), 화염경화법, 고주파 경화법 등이 있다.

1. 침탄 방법

침탄 방법은 저탄소강의 표면에 탄소를 침투시켜 높은 탄소강으로 만든 후 담금질하는 것이다.

2. 질화 방법

질화 방법은 암모니아 가스 속에 강을 넣고 장시간 가열하여 철과 질소가 작용하여 질화철이 되도록 하는 것이다.

> **참고** 질화법의 특징
> ① 침탄법보다 경도가 높고, 질화한 후의 열처리가 필요 없다.
> ② 질화 후 수정이 불가능하다.
> ③ 질화층은 여리지만 경화에 의한 변형이 적다.
> ④ 고온으로 가열하여도 경도가 낮아지지 않는다.

3. 청화 방법

청화 방법은 NaCN, KCN 등의 청화물질이 철과 작용하여 금속 표면에 질소와 탄소가 동시에 침투되도록 하는 것이다.

4. 화염경화 방법

화염경화 방법은 산소-아세틸렌 불꽃으로 강의 표면만 가열하여 열이 중심 부분에 전달하기 전에 급랭시키는 것이다.

5. 고주파 경화 방법

고주파 경화 방법은 금속 표면에 코일을 감고 고주파 전류로 표면만 고온으로 가열 후 급랭시키는 것이다.

2 담금질, 풀림, 뜨임, 불림

1. 담금질(Quenching)

담금질은 강을 A_1 변태점 이상으로 가열하여 기름이나 물속에서 급랭시켜 강도와 경도를 증가시킨다.

2. 풀림(Annealing)

풀림의 목적은 열처리로 가공된 재료의 연화, 가공경화 된 재료의 연화, 가공 중의 내부응력 제거 등이다.

3. 뜨임(Tempering)

뜨임은 담금질한 강에 인성을 주기 위하여 A_1변태점 이하의 적당한 온도로 가열한 후 서서히 냉각시킨다.

4. 불림(Normalizing)

불림은 금속을 A_3변태점 이상에서 30~60℃의 온도로 가열한 후 대기 중에서 서서히 냉각시켜 조직을 미세화하고 내부응력을 제거한다.

5. 서브제로(sub-zero)

고탄소강이나 고합금강은 일반적으로 실온에서 담금질한 상태로는 오스테나이트 조직이 잔류하기 때문에 다시 -80℃ 정도로 냉각하면 조직 전체가 마텐자이트로 변화된다. 이 상태에서 다시 실온으로 복귀시킨 다음 저온 뜨임을 하여 β마텐자이트로 하기 위한 열처리이다. 심랭처리라고도 한다.

Section 1-6 금속재료 시험방법

1 금속재료의 인장시험

인장시험은 소재의 인장강도, 연신율, 항복점, 탄성계수, 단면수축률 등을 측정한다.

2 금속재료의 경도시험 방법

1. 브리넬 경도 시험기

브리넬 경도 시험기는 고탄소강 볼(ball)에 일정한 하중을 걸어서 시험편의 시험 면에 30초 동안 누르고, 시험편의 눌린 오목 부분의 단면적으로 나누어 경도를 표시한다.

2. 비커스 경도 시험기

비커스 경도 시험기는 다이아몬드 사각뿔 형(대면 각도 136°) 압입자를 사용하여 시험편에 눌러 생긴 피라미드 모양의 오목 부분의 대각선을 측정하여 표로서 경도를 구한다.

3. 로크웰 경도 시험기

로크웰 경도 시험기는 B 스케일(1/16inch 볼 : 100kgf의 시험하중)과 C 스케일(다이아몬드 원추 꼭지 각도 120° : 150kgf의 시험하중)을 사용하여 시험하중으로 인하여 생긴 자국의 깊이 차이로 경도를 표시한다.

4. 쇼어 경도 시험기

쇼어 경도 시험기는 경도시험기 중 현장에서 사용되는 것으로 일정한 높이에서 자유 낙하시킨 둥근 다이아몬드의 끝에 있는 강재 해머가 튕겨져 올라온 높이를 측정하여 경도를 나타낸다.

3 충격시험

충격시험은 금속재료의 인성을 알아보는 시험이며, 샤르피 방식과 아이조이드 방식이 있다.

4 비파괴 검사법

비파괴검사(Non-Destructive Testing, NDT)란 제품을 파괴하지 않고 재질, 성능, 상태, 결함의 유무 확인 등의 검사를 할 수 있는 방법이다.

비파괴검사 종류에는 방사선투과검사, 초음파 탐상검사, 자분 탐상검사, 침투 탐상검사, 와전류 탐상검사, 누설검사, 육안검사, 음향방출검사, 적외선 탐상검사 등 여러 가지가 있으며, 과학기술의 발전과 더불어 급격히 발전하고 있다.

Chapter 1 출제예상문제

01 금속재료의 물리적 성질이 아닌 것은?

① 비중　　② 열전도율
③ 취성　　④ 선팽창계수

해설 금속재료의 물리적 성질에는 색깔, 비중, 비열, 열전도율, 선팽창계수, 전기전도율, 자성 등이 있다.

02 다음 금속 중 열전도성이 가장 우수한 것은?

① 주철　　② 알루미늄
③ 구리　　④ 연강

해설 열전도성의 순서는 은(Ag)→구리(Cu)→금(Au)→알루미늄(Al)→니켈(Ni)→철(Fe)이다.

03 철(Fe)이 상온에서 나타나는 결정격자는?

① 조밀육방격자　　② 체심입방격자
③ 면심입방격자　　④ 사방입방격자

해설 철(Fe)이 상온에서 나타나는 결정격자는 체심입방격자이다.

04 온도 변화에 의해 금속의 결정격자가 다른 결정격자로 변하는 현상은?

① 동형변태　　② 동소변태
③ 자기변태　　④ 소성변형

해설 동소변태란 온도 변화에 의해 금속의 결정격자가 다른 결정격자로 변화하는 현상을 말한다.

05 탄소강의 A_1변태점은 몇 도인가?

① 684℃　　② 723℃
③ 768℃　　④ 941℃

해설 A_1변태점 : 723℃, A_2변태점(자기변태점) : 768℃

06 탄소강의 열간가공과 냉간가공을 구분하는 온도는?

① 연성 온도　　② 취성 온도
③ 재결정 온도　　④ A_1 변태온도

해설 소성가공에서 재결정 온도 이상에서의 가공을 열간가공이라 하고 재결정 온도 이하에서의 가공을 냉간가공이라 한다.

07 다음 중 Fe-C 평형상태도에서 일어나는 3개의 반응에 속하지 않는 것은?

① 포정반응　　② 공정반응
③ 공석반응　　④ 편석반응

해설 Fe-C 평형상태도에서 일어나는 3개의 반응에는 포정반응, 공정반응, 공석반응이 있다.

08 Fe-C 평형상태도에서 공정점의 탄소 함유량은 몇 %인가?

① 0.86　　② 1.7
③ 4.3　　④ 6.67

해설 Fe-C 평형상태도에서 공정점(1,145℃)의 탄소함유량은 4.3%C 이고 공석점(723℃)의 탄소 함유량은 0.8%이다.

정답 01. ③　02. ③　03. ②　04. ②　05. ②　06. ③　07. ④　08. ③

09 γ-Fe에 탄소가 최대 2.11% 고용된 γ고용체로 면심입방격자 결정구조를 가지고 있으며, A_1 변태점 이상에서 주로 존재하는 철강의 기본조직은?

① 오스테나이트　② 페라이트
③ 펄라이트　　　④ 시멘타이트

해설 오스테나이트(austenite)는 탄소를 고용하고 있는 γ철, 즉 γ고용체이며, 담금질 강 조직의 일종이다. 결정 구조는 면심입방격자(face-centered-cubic-lattice)로서 강을 A_1 변태점 (726℃) 이상으로 가열하였을 때 이루어지는 조직이다. 탄소의 용해도는 1140℃에서 2.1%이며, 탄소 함유량이 많은 오스테나이트 일수록 경도가 커진다. 오스테나이트는 비자성체이며 전기저항이 크다. 경도는 마텐자이트보다 적지만 인장강도와 비교하면 연신이 크다. 또 상온에서는 불안정한 조직으로서 상온 가공을 하면 마텐자이트로 변화한다.

10 탄소강에 관한 설명으로 옳지 않은 것은?

① 탄소량이 증가하면 비중도 증가한다.
② 탄소강의 탄성률은 온도가 증가함에 따라 감소한다.
③ 탄소강은 200~300℃에서 청열취성(메짐)이 발생한다.
④ 아공석강 영역에서 탄소량이 증가하면 경도는 증가하나, 연신율은 감소한다.

해설 탄소강(carbon steel)은 규소·망간·인·황을 불순물로 함유하고 있지만, 철과 탄소의 합금 중에서 열처리가 가능한 0.05~2.1%의 탄소를 함유한 것이며, 탄소량이 증가할수록 이 펄라이트의 비율이 증가하여 0.9% 탄소에서 모두 펄라이트가 된다. 탄소량이 많을수록 시멘타이트가 증가하여 1.5%에서 약 10%가 된다. 따라서 0.9% 까지는 탄소가 증가하는 데 따라 단단해진다.

11 탄소강에서 인(P)이 증가하면 충격치는 급격히 저하되고 가공시 균열을 발생시키는 약하고 여린 취성재료가 된다. 이때 취성을 무엇이라고 하는가?

① 고온취성　② 청열취성
③ 상온취성　④ 적열취성

해설 상온 취성은 냉간취성 혹은 저온취성이라고도 부르며, 인(P)의 함유량이 증가하면 발생한다.

12 탄소강에 어떤 성분을 결합하면 연신율을 그다지 감소시키지 않고 강도 및 소성을 증가시키고, 황에 의한 취성을 방지하는가?

① P　② Mn
③ Si　④ S

해설 망간(Mn)은 연신율을 그다지 감소시키지 않고 강도, 경도, 인성 및 소성을 증가시키며, 황에 의한 취성을 방지한다.

13 탄소강에서 적열취성을 일으키는 원인이 되는 원소로 가장 적합한 것은?

① 탄소(C)　② 실리콘(Si)
③ 인(P)　　④ 황(S)

해설 황(S)의 성질은 적열(고온)취성을 일으키고, 인장강도, 연신율, 충격값을 저하시키나 절삭성능은 향상시킨다.

14 강철 재료를 순철, 강 및 주철의 3종류로 분류할 때 순철로 구분되는 재료의 탄소 함유량으로 적합한 것은?

① 0.01% 이하　② 0.1% 이하
③ 0.02% 이하　④ 0.2% 이하

해설 순철의 탄소 함유량은 0~0.02% 이하이며, 전성과 연성이 풍부하여 기계 재료로는 적당하지 못하나 전기재료로는 적합하다.

정답 09. ①　10. ①　11. ③　12. ②　13. ④　14. ③

15 내마모성과 경도를 동시에 요구하는 탄소강의 경우 가장 적합한 탄소 함유량은 몇 %인가?

① 0.05~0.1 ② 0.2~0.3
③ 0.35~0.45 ④ 0.65~1.2

> **해설** 0.65%C 이상의 고탄소강은 공구강, 핀, 레일, 스프링과 같은 내마모성, 경도, 높은 항복점을 요구하는 부품에서 사용된다.

16 회주철의 일반적인 탄소 함량은?

① 2~4% ② 1~1.5%
③ 1.5~2% ④ 3.0~3.6%

> **해설** 탄소 함유량이 3~5%이면 회주철로 분류한다.

17 주철조직에 유리탄소와 Fe_3C가 혼재하고 있으며, 주조와 절삭이 쉬워 일반 공작기계의 베드용으로 사용되는 보통 주철은?

① 반주철 ② 백주철
③ 회주철 ④ 페라이트 주철

> **해설** ① 백주철(white cast iron)은 시멘타이트(Fe_3C) 입자와 펄라이트(pearlite) 기지 조직으로 이루어졌으며, 파단면이 밝은 흰색인 합금을 말한다.
> ② 회주철(gray cast iron)은 유리된 탄소와 Fe_3C가 혼재하고 있는 주철이며, 흑연을 많이 석출하여 파단면이 회색이고 질이 무르다.
> ③ 반주철(mottled cast iron)은 회주철과 백주철의 혼합된 조직의 주철이다.

18 주철의 결점인 여리고 약한 인성을 개선하기 위하여 먼저 백주철을 만들고 이것을 장시간 열처리하여 탄소 상태를 분해 또는 소실시켜 인성 또는 연성을 증가시킨 주철은?

① 회주철 ② 칠드주철
③ 합금주철 ④ 가단주철

> **해설** 가단주철은 주철의 결점인 여리고 약한 인성을 개선하기 위하여 먼저 백주철을 만들고 이것을 장시간 열처리하여 탄소 상태를 분해 또는 소실시켜 인성 또는 연성을 증가시킨 주철이며, 인장강도가 높아 차량의 프레임이나 캠 및 기어용 부품 등에 적합하다.

19 다음 주철 중 인장강도가 높아 차량의 프레임이나 캠 및 기어용 부품 등에 적합한 것은?

① 회주철 ② 칠드주철
③ 백주철 ④ 가단주철

20 주조할 때 주형에 접한 표면을 급랭시켜 표면은 시멘타이트가 되게 하고, 내부는 서서히 냉각시켜 펄라이트가 되게 한 주철은?

① 백주철 ② 회주철
③ 칠드주철 ④ 가단주철

> **해설** 칠드주철은 주조할 때 주형에 접한 표면을 급랭시켜 표면은 시멘타이트가 되게 하고, 내부는 천천히 냉각시켜 펄라이트가 되게 한 것이다.

21 다음 중 인장강도가 가장 높은 주철은?

① 합금주철 ② 가단주철
③ 고급주철 ④ 구상흑연주철

> **해설** 구상흑연주철은 용융된 주철을 주입하기 전에 용융금속에 Mg, Ce, Mg-Cu 등을 첨가하고, Fe-Si로 접종하여 흑연을 구상화시킨 것이다. 강도와 연성이 크며 주철 중에서 인장강도가 가장 높다.

22 탄소량 0.85%에서 생기는 펄라이트 조직만의 탄소강을 무엇이라 부르는가?

① 공석강 ② 아공석강
③ 과공석강 ④ 시멘타이트

정답 15. ④ 16. ④ 17. ③ 18. ④ 19. ④ 20. ③ 21. ④ 22. ①

해설 ① **아공석강** : 0.85%C 이하인 페라이트와 펄라이트의 공석강
② **공석강** : 0.85%C인 펄라이트 조직
③ **과공석강** : 0.85%C 이상의 시멘타이트와 펄라이트의 공석강

23 탄소강에 하나 또는 여러 종류의 합금원소를 첨가하여 여러 가지의 목적에 적합하도록 성질을 개선한 강을 무엇이라 하는가?

① 과공석강　　② 고탄소강
③ 합금강　　　④ 중금속

해설 탄소강에 하나 또는 여러 종류의 합금원소를 첨가하여 여러 가지의 목적에 적합하도록 성질을 개선한 강을 합금강 또는 특수강이라 부른다.

24 절삭, 단조, 주조 및 용접 등이 용이하며 열처리로 재질을 개선시킬 수 있어 볼트, 너트, 축계 및 치차류의 용도로 다양하게 사용할 수 있는 강으로 가장 적합한 것은?

① 연강　　　　② 반연강
③ 경강　　　　④ 고탄소강

해설 ① 연강은 탄소 함유량 0.2% 정도의 강이다.
② 반연강은 탄소 함유량이 0.2~0.3% 정도이며, 절삭, 단조, 주조 및 용접 등이 용이하며, 열처리로 재질을 개선시킬 수 있어 볼트, 너트, 축 및 기어의 용도로 사용할 수 있다.
③ 경강은 탄소 함유량이 0.5~0.8% 정도이며, 담금질로 경화하여 축, 공구 재료 등 강도를 요하는 소재에 사용된다.
④ 고탄소강은 탄소함유량 0.5% 이상의 강을 말한다.

25 기계구조용으로 많이 사용되는 KS 재료기호 SM35C의 설명으로 가장 적합한 것은?

① 최저 인장강도 35kgf/mm²인 기계구조용 탄소강

② 최저 인장강도 35kgf/cm²인 기계구조용 탄소강
③ 탄소 함유량이 약 35% 정도인 기계구조용 탄소강
④ 탄소 함유량이 약 0.35% 정도인 기계구조용 탄소강

해설 SM35C은 탄소 함유량이 약 0.35% 정도인 기계구조용 탄소강을 말한다.

26 다음 재료 중 수중에서의 내식성이 가장 좋은 것은?

① 일반 구조용 압연강제
② 열간 압연강판
③ 기계 구조용 압연강제
④ 스테인리스강

해설 스테인리스강은 철의 내식성의 부족을 개선할 목적으로 만든 내식용 강이며, 수중(水中)에서 내식성이 가장 좋다.

27 18-8 스테인리스강에서 18-8의 표준성분은?

① 규소 18%, 니켈 8%
② 니켈 18%, 크롬 8%
③ 규소 18%, 크롬 8%
④ 크롬 18%, 니켈 8%

해설 18-8 스테인리스강은 크롬 18%, 니켈 8%를 함유한 것이다.

28 담금질강의 냉각조건에 따른 변화조직이 아닌 것은?

① 마르텐자이트　② 트루스타이트
③ 소르바이트　　④ 시멘타이트

해설 강의 담금질 조직에는 오스테나이트, 마르텐자이트, 펄라이트, 트루스타이트, 소르바이트 등이 있다.

정답 23. ④　24. ②　25. ④　26. ④　27. ④　28. ④

29 강을 가열했을 때 나타나는 조직으로 910~1,400℃ 사이 γ철에 탄소를 잘 고용하는 γ고용체는?

① 오스테나이트 ② 페라이트
③ 펄라이트 ④ 시멘타이트

해설 오스테나이트는 강을 가열했을 때 나타나는 조직으로 910~1,400℃ 사이 γ철에 탄소를 잘 고용하는 γ고용체로, 결정구조는 면심입방격자이다. 비자성이며, 전기저항이 크고 경도는 HV≒100~200 정도이다.

30 오스테나이트를 상온 가공하였을 때 얻어지며 강의 담금질 조직 중 가장 단단하며 자성이 강하고 상온에서 불안정한 조직인 것은?

① 베나이트 ② 펄라이트
③ 트루스타이트 ④ 마르텐사이트

해설 마르텐사이트(martensite)는 오스테나이트를 상온 가공하였을 때 얻어지며, 강의 담금질 조직 중 가장 경도가 높고 자성이 강하나 상온에서 불안정한 조직이다.

31 탄소강의 조직 중에서 강도가 가장 큰 조직은?

① 오스테나이트 ② 마르텐사이트
③ 트루스타이트 ④ 솔바이트

해설 각 조직의 경도순서 : 마르텐사이트>트루스타이트>솔바이트>오스테나이트>페라이트

32 강의 조직 중 경도가 가장 낮은 것은?

① 오스테나이트 ② 시멘타이트
③ 마르텐자이트 ④ 펄라이트

33 다음 중 Fe-C 상태도에서 탄소가 약 6.67% 함유되었을 때 나타나는 조직은?

① 시멘타이트 ② 페라이트
③ 오스테나이트 ④ 펄라이트

34 공구강의 한 종류로 텅스텐(W) 85~95%, 코발트(Co) 5~6%의 소결합금이며, 상품명은 비디아, 탕갈로이, 카볼로이 등으로 불리는 것은?

① 스텔라이트 ② 고속도강
③ 초경합금 ④ 다이아몬드

해설 공구강의 종류
① 고속도강 : 표준성분은 탄소(C) 0.7~0.8%의 탄소강에 텅스텐(W) 18%, 크롬(Cr) 4%, 바나듐(V) 1%를 첨가한 것이다.
② 스텔라이트(stellite, 주조합금 공구재료) : 비철합금 공구 재료의 일종이며, 탄소(C) 2~4%, 크롬(Cr) 15~33%, 텅스텐(W) 10~17%, 코발트(Co) 40~50%, 철(Fe) 5%의 합금이다.
③ 초경합금(hard metal) : 코발트(Co) 5~6%, 텅스텐(W) 85~95%, 크롬(Cr) 등의 분말형 탄화물을 프레스로 성형하여 소결시킨 것이며, 상품명은 비디아, 탕갈로이, 카볼로이 등으로 불리며 WC-Co계열, WC-TiC-TaC-Co계열, WC-TiC-Co계열의 3종이 있다

35 구리의 일반적인 성질에 관한 설명으로 올바른 것은?

① 전성·연성이 낮아 가공이 어렵다.
② 전기와 열의 전도성이 나쁘다.
③ 화학적 저항력이 약하여 매우 잘 부식된다.
④ Zn, Sn, Ni, Ag 등과 용이하게 합금을 만든다.

36 동 및 동 합금에 대한 다음 설명 중 올바른 것은?

① 황동은 구리와 주석의 합금이다.
② 전기전도율이 은(Ag) 다음으로 크다.
③ 청동은 구리와 아연의 합금이다.
④ 인청동은 내마멸성이 나쁘며, 베어링으로 사용할 수 없다.

정답 29. ① 30. ④ 31. ② 32. ① 33. ① 34. ③ 35. ④ 36. ②

> **해설** 동과 동합금의 특징
> ① 황동은 구리(Cu)와 아연(Zn)의 합금이다.
> ② 전기전도율이 은(Ag) 다음으로 크다.
> ③ 청동은 구리(Cu)와 주석(Sn)의 합금이다.
> ④ 인청동은 구리나 청동에 인(P)을 첨가한 것이며, 내마멸성과 내식성이 커 베어링 재료로 사용된다.

37 황동에는 7:3 황동과 6:4 황동이 있다. 황동의 주성분으로 가장 적당한 것은?

① 구리(Cu)+망간(Mn)
② 구리(Cu)+아연(Zn)
③ 구리(Cu)+니켈(Ni)
④ 구리(Cu)+규소(Si)

38 6·4 황동에 1~2%의 철을 첨가한 것으로 강도가 크고 내식성이 좋아 광산, 선박, 화학기계에 쓰이는 것은?

① 7·3황동 ② 톰백
③ 델타메탈 ④ 인청동

> **해설** 델타메탈은 6·4 황동에 1~2%의 철을 첨가한 것으로 강도가 크고 내식성이 좋다.

39 비중이 1.74이고 실용 금속 중 가장 가벼우나 고온에서는 발화하는 성질을 가진 금속은?

① Cu ② Ni ③ Al ④ Mg

> **해설** 마그네슘(Mg)은 비중이 1.74이고 실용 금속 중 가장 가벼우나 고온에서는 발화하는 성질이 있다.

40 비철 합금의 설명으로 틀린 것은?

① 7:3 황동은 연신율이 크고 인장강도가 높다.
② 6:4 황동은 가공이 쉽고, 볼트, 너트, 밸브 등에 사용된다.
③ 델타메탈은 해수 등에 대한 내식성이 우수하다.
④ 네이벌 황동은 6:4 황동에 1%의 Mn을 첨가한 것이다.

> **해설** 네이벌 황동은 6:4 황동에 주석(Sn)을 첨가한 것이며 주석이 함유되어 있기 때문에 강도가 커짐과 동시에 내식성이 커져서 함선의 축, 기어, 플랜지, 볼트 등에 쓰인다.

41 다음 중 비중이 2.7이며, 내부식성, 강도, 연성이 좋은 합금원소는?

① 알루미늄 ② 아연
③ 니켈   ④ 납

> **해설** 알루미늄은 비중이 2.7이며, 합금원소를 첨가하여 강도를 높이고, 내부식성과 연성이 좋은 합금으로 개선하여 자동차 트랜스미션 케이스, 피스톤, 엔진 블록 등으로 사용한다.

42 알루미늄에 관한 일반적인 설명으로 틀린 것은?

① 은백색으로 비중이 2.7 정도이다.
② Mg보다도 비중이 작아서 중량 경감이 요구되는 자동차, 항공기 등에 많이 사용된다.
③ 공기 중에 산화가 잘되지 않아서 내식성이 우수하다.
④ Al에 Cu, Mg, Si 등의 금속을 첨가하거나 석출경화, 시효경화 및 풀림 등의 처리를 통하여 기계적 성질을 개선할 수 있다.

> **해설** 알루미늄은 원자량이 26.981g/mol, 녹는점은 660.32℃, 끓는 점 2519℃, 비중은 2.70이다. 은백색의 가볍고 무른 금속으로 지구의 지각을 이루는 주요 구성 원소 중 하나이다. 가볍고 내구성이 큰 특성을 이용해 원자재 및 재료로 많이 사용된다. 마그네슘(Mg)은 원자량 24.3050g/mol, 녹는점 650℃, 끓는점 1,100℃, 비중 1.741이다.

43 알루미늄(Al)+구리(Cu)+마그네슘(Mg)의 합금으로 시효경화를 일으키며, 인장강도가 큰 알루미늄 합금은?

① 하이드로날륨 ② Y-합금
③ 두랄루민   ④ 라우탈

정답 37. ② 38. ③ 39. ④ 40. ④ 41. ① 42. ② 43. ③

해설 알루미늄 합금 중 두랄루민(Al+Cu4%+Mg 0.5~1%의 합금)은 강력, 단련용으로 가볍고 강하며, 내식성이 별로 좋지 못하나 500~520℃에서 담금질을 하면 시효경화 하는 특징이 있다.

44 내열용 Al 합금에 해당되지 않는 것은?

① Y합금(Y alloy)
② 두랄루민(duralumin)
③ 로우엑스(Lo-Ex)
④ 코비탈륨(cobitalium)

해설 내열용 알루미늄 합금에는 Y합금(Y alloy), 로우엑스(Lo-Ex), 코비탈륨 등이 있다.

45 다음 중 피스톤의 재료로 많이 사용되는 로우 엑스(Lo-ex)의 합금 주요 원소는?

① Cu, Si, Al
② Cu, Si, Sb
③ Pt, Sb, Al
④ Pt, Sb, Mn

해설 로우엑스 피스톤은 Cu 0.8~1.5% + Mg 0.7~1.3% + Ni 1.0~2.5% + Si 11~13% + Fe 0.7% 나머지는 Al 의 합금으로 Y합금에 비하여 비중(2.7)이 적고 열전도성이 우수하며, 팽창 계수가 적다. 또한 주조성이 우수하고 내압성, 내마멸성, 내식성이 우수하며, 고온에서 강도 및 경도의 감소가 적은 내열성은 Y 합금보다는 약간 못하다.

46 Y합금의 주요 구성성분이 아닌 것은?

① 주석
② 구리
③ 니켈
④ 알루미늄

해설 Y합금은 알루미늄+구리+마그네슘+니켈의 합금이며, 내열성이 커 실린더 헤드나 피스톤의 재료로 사용된다.

47 두랄루민의 주요 성분 원소로 옳은 것은?

① 알루미늄 – 구리 – 니켈 – 철
② 알루미늄 – 니켈 – 규소 – 망간
③ 알루미늄 – 마그네슘 – 아연 – 주석
④ 알루미늄 – 구리 – 마그네슘 – 망간

해설 두랄루민은 알루미늄, 구리, 마그네슘, 망간의 합금으로 강력 단련용으로 가볍고 강하며, 내식성이 별로 좋지 못하나 500~520℃에서 담금질을 하면 시효경화 하는 특징이 있다. 항공기, 자동차 보디의 재료로 사용된다.

48 다음 중 내식용 알루미늄 합금에 속하지 않는 것은?

① Al-Mn계의 알민
② Al-Mg-Si계의 알드리
③ Al-Mg계의 하이드로날륨
④ Al-Cu-Ni-Mg계의 Y합금

해설 내식용 알루미늄 합금의 종류
① 하이드로날륨(Al-Mg계) : 바닷물(해수), 알칼리성에 대한 내식성이 강하며, 용접성이 양호하다.
② 알민(Al-Mn 1~1.5%) : 내식성과 용접성이 우수하다.
③ 알드리(Al-Mg-Si계) : 강도와 인성이 있고 큰 가공 변형에도 잘 견딘다.
④ 알클래드 : 강력 알루미늄 합금표면에 순수한 알루미늄 또는 내식성 알루미늄 합금을 피복한 것으로 내식성과 강도를 증가시킬 수 있다.

49 다음 중 Al 합금으로 자동차나 항공기의 실린더에 많이 사용되는 합금은?

① 고속도강
② KS강
③ 실루민
④ Y합금

해설 Y합금은 알루미늄+구리+마그네슘+니켈의 합금이며 내열성이 커 실린더 헤드나 피스톤의 재료로 사용된다.

50 다음의 금속재료 중에서 베어링 메탈과 가장 관계가 적은 것은?

① 화이트메탈
② 배빗메탈
③ 켈밋메탈
④ 모넬메탈

정답 44. ② 45. ① 46. ① 47. ④ 48. ④ 49. ④ 50. ④

해설 모넬메탈은 니켈+철+구리의 합금이며, 내식성이 우수하여 터빈날개, 증기 밸브 등에 사용된다.

51 화이트메탈에 대한 설명 중 틀린 것은?

① 주석계 화이트메탈과 납계 화이트메탈로 구분한다.
② 주석계 화이트메탈을 배빗메탈(Babbit metal)이라고도 한다.
③ 철도 차량용 베어링 재료로 이용된다.
④ 다공질 재료에 윤활유를 흡수시켜 제조한다.

해설 화이트메탈(white metal)의 특징
① Sn-Sb-Cu계 합금이다.
② 주석계 화이트메탈과 납계 화이트메탈로 구분한다.
③ 주석계 화이트메탈을 배빗메탈(Babbit metal)이라고도 한다.
④ 철도 차량용 베어링 재료로 이용된다.
⑤ 고속고하중용 베어링용으로는 부적당하다.

52 주석계 화이트메탈 설명으로 틀린 것은?

① 베어링용 합금이다.
② 배빗메탈이라고도 한다.
③ Sn-Sb-Cu계 합금이다.
④ 고속, 고하중용 베어링으로는 사용할 수 있다.

53 베어링 합금인 켈밋 메탈의 설명으로 옳은 것은?

① 구리에 철을 30~40% 첨가한 것이다.
② 구리에 납을 30~40% 첨가한 것이다.
③ 구리에 인을 30~40% 첨가한 것이다.
④ 구리에 주석을 30~40% 첨가한 것이다.

해설 켈밋(kelmet) 메탈은 구리에 납을 30~40% 첨가한 것이다.

54 구리, 주석, 흑연의 분말을 혼합하여 성형을 한 후 가열하고, 윤활제를 첨가하여 소결한 것으로 주유가 곤란한 부분의 베어링으로 사용하는 것은?

① 포금
② 인청동
③ 켈밋
④ 오일라이트

해설 오일라이트(oilite)는 오일리스 베어링(oilless bearing)이라고 부르며, 구리, 주석, 흑연의 분말을 소결한 합금으로 만든 것으로 그 다공성을 이용하여 여기에 윤활유를 침투시킨 것이다. 회전 중에 윤활유가 나와 윤활제 역할을 하며, 주유가 곤란한 부분에서 사용한다.

55 베어링 재료에 요구되는 성질로 거리가 먼 것은?

① 하중 및 피로에 대한 충분한 강도를 가져야 한다.
② 마찰계수가 크고 녹아 붙지 않아야 한다.
③ 열전도율이 크고 내마모성이 커야 한다.
④ 내식성이 크고 유막의 형성이 용이해야 한다.

해설 베어링 재료의 구비조건은 ①, ③, ④항 이외에 마찰계수가 작고 녹아 붙지 않을 것

56 비중 8.9의 은백색을 띄며, 내식성과 내열성이 커서 화학공업, 화폐, 도금용으로 널리 사용되는 금속은?

① 주석(Sn)
② 아연(Zn)
③ 납(Pb)
④ 니켈(Ni)

해설 니켈은 용융점 1,455℃, 비등점 2,732℃, 비중은 8.9이다. 공기 중에서 변하지 않고 산화반응도 일으키지 않아 도금이나 합금 등을 통해 동전의 재료로 사용된다.

정답 51. ④ 52. ④ 53. ② 54. ④ 55. ② 56. ④

57 티탄에 대한 내용으로 틀린 것은?

① 로켓, 차량, 기계 기구 등에서 구조용 재료로 이용된다.
② 스테인리스강이나 모넬메탈처럼 내식성이 강하다.
③ 비중이 강보다 가벼우나 알루미늄보다는 무겁다.
④ 용융점이 강보다 낮고 주조성이 우수하다.

> **해설** 티탄은 비중에 비하여 강도가 크므로 항공기, 로켓 재료로 점차 중요성이 높게 평가되고 있으며, 용융점이 강보다 높고, 고온에서의 강도와 내식성이 좋다. 황산과 염산에는 침식되나 강한 알칼리성, 유화물에는 강하다.

58 다음의 특징을 갖는 금속은?

- 비중이 4.5 정도이다.
- 단조 및 열간가공이 가능하다.
- 스테인리스강과 비슷한 내식성이 있다.

① 니켈(Ni)   ② 구리(Cu)
③ 아연(Zn)   ④ 티탄(Ti)

> **해설** 티탄은 비중이 4.5 정도이고, 단조 및 열간 가공이 가능하며 스테인리스강과 비슷한 내식성이 있다.

59 금속재료의 시험에서 인장시험에 의해서 산출하는 것이 아닌 것은?

① 항복강도   ② 연신율
③ 단면수축률   ④ 피로강도

> **해설** 금속재료의 시험에서 인장시험에 의해서 산출하는 것은 항복강도, 연신율, 단면수축률 등이다.

60 인장시험 편에서 변형량에 관한 설명으로 올바른 것은?

① 하중에 반비례한다.
② 단면적에 비례한다.
③ 길이의 제곱에 반비례한다.
④ 탄성계수에 반비례한다.

> **해설** 인장시험 편에서 변형량은 탄성계수에 반비례한다.

61 비금속재료 중 하나인 합성수지의 일반적인 특징에 해당하지 않는 것은?

① 가공성이 크고 성형이 간단하다.
② 전기전도성이 좋다.
③ 열에 약하다.
④ 투명한 것이 많고 착색이 자유롭다.

> **해설** 합성수지의 성질
> ① 가볍고 튼튼하며, 투명한 것이 많고 착색이 자유롭다.
> ② 내식성 및 전기절연성이 좋다.
> ③ 가공성이 크고, 성형이 간단하다.
> ④ 산, 알칼리, 유류, 약품 등에 강하다.
> ⑤ 열에 약하며, 표면 경도가 낮기 때문에 내마모성이나 내구성이 떨어진다.

62 페놀계 수지로서 페놀, 크레졸 등과 포르말린을 반응시켜 제조하는 것이며 전기 절연체, 전화기 등에 사용되는 수지로 가장 적합한 것은?

① 베이클라이트   ② 멜라민 수지
③ 카보런덤   ④ 실리콘 수지

> **해설** 베이클라이트(bakelite)는 페놀과 포름알데히드(실제는 그 수용액인 포르말린을 사용한다)와의 반응으로 생기는 열경화성수지로 헥시온(Hexion)사(社)의 상표이다. 전기절연성·기계적 강도·내열성이 우수하다. 제1차의 반응 때 산성으로 하면 노볼락 수지가 되고, 알칼리성으로 하면 레졸계가 된다. 나무 분말이나 안료를 섞거나 종이에 침투시켜서 형틀에 넣고 가압·가열해서 성형시킨다.

63 다음 중 열경화성 수지가 아닌 것은?

① 페놀수지   ② 아크릴수지
③ 요소수지   ④ 멜라민 수지

정답 57. ④ 58. ④ 59. ④ 60. ④ 61. ② 62. ① 63. ②

해설 열경화성 수지의 종류에는 페놀수지, 멜라민수지, 에폭시수지, 요소수지 등이 있다.

64 플라스틱으로 경화된 수지로서 수축이 적고, 양호한 화학적 저항, 우수한 전기적 특성, 강한 물리적 성질을 가지고 있으며, 판재 제작, 용기성형, 페인트, 접착제 등으로 사용되는 열경화성 수지는?

① 에폭시수지 ② 페놀수지
③ 비닐수지 ④ 아크릴수지

해설 에폭시수지는 플라스틱으로 경화된 수지로서 수축이 적고, 양호한 화학적 저항, 우수한 전기적 특성, 강한 물리적 성질을 가지고 있으며, 판재 제작, 용기 성형, 페인트, 접착제 등으로 사용되는 열경화성 수지이다.

65 합성수지의 일반적인 성형가공 방법이 아닌 것은?

① 압축성형 ② 사출성형
③ 단조성형 ④ 주조성형

해설 합성수지의 일반적인 성형가공 방법에는 압축성형, 사출성형, 주조성형 등이 있다.

66 자동차 스프링 등에 응용되는 섬유강화 플라스틱의 특징이 아닌 것은?

① 비중은 강의 약 1/3~1/4 정도이다.
② 비탄성 에너지가 크다.
③ 내식성이 우수하다.
④ 층간 전단강도가 높다.

해설 섬유 강화 플라스틱의 장점은 ①, ②, ③항이며, 층간 전단강도가 낮다.

67 다음 중 일반적인 플라스틱의 성질과 가장 거리가 먼 것은?

① 전기절연성이 좋다.
② 단단하나 열에는 약하다.
③ 무겁고 기계적 강도가 강하다.
④ 가공 및 성형성이 용이하다.

해설 플라스틱의 특징
① 가볍고 튼튼하며, 투명한 것이 많고 착색이 자유롭다.
② 내식성 및 전기절연성이 좋다.
③ 가공성이 크고, 성형이 간단하다.
④ 산, 알칼리, 유류, 약품 등에 강하다.
⑤ 열에 약하며, 표면 경도가 낮기 때문에 내마모성이나 내구성이 떨어진다.

68 FRP라고도 하며 우수한 경량성 재료로 폴리에스테르와 에폭시가 수지 재료인 복합재료는?

① 섬유강화 금속 ② 섬유강화 콘크리트
③ 섬화강화 세라믹 ④ 섬유강화 플라스틱

해설 섬유강화 플라스틱(FRP, fiber reinforced plastics) : 플라스틱을 매트릭스로 하여 유리섬유, 탄소섬유, 알라미드 섬유 등으로 강화한 복합재료의 총칭. 보강재로는 유리섬유·탄소섬유 및 케블라(Kevlar)라고 하는 방향족 나일론 섬유가 사용되고, 매트릭스에는 불포화 폴리에스테르와 에폭시 수지 등의 열경화성수지 또는 폴리아미드, 폴리아세탈, 폴리에틸렌 등의 열가소성 수지가 사용된다.

69 강화유리란 보통 판유리를 600℃ 정도의 가열온도로 열처리한 것인데 다음 중 그 특징이라고 볼 수 없는 것은?

① 유리 파편의 결정질이 크다.
② 유리의 강도가 크다.
③ 곡선 유리의 자유화가 쉽다.
④ 안전성이 높다.

해설 강화유리는 유리의 강도가 크고, 곡선 유리의 자유화가 쉬우며, 안전성이 높다.

정답 64. ① 65. ③ 66. ④ 67. ③ 68. ④ 69. ①

70 표면 경화법에 관한 설명 중 틀린 것은?

① 표면경화의 대표적인 것은 기어, 캠, 캠축 등이 있다.
② 강제품은 내마모성 및 인성이 요구된다.
③ 기계적인 성질을 내부까지 변형시킬 때 사용된다.
④ 표면경화 방법으로 침탄법, 질화법, 고주파 담금질, 화염 담금질 등이 있다.

[해설] 표면 경화법이란 재질이 강인한 강재의 표면을 경화하면 표면은 마모에 강해지고, 내부에는 원래 재료의 재질대로 있으므로 충격에 견딜 수 있도록 하는 방법이다.

71 다음 중 화학적 표면경화법이 아닌 것은?

① 침탄법   ② 질화법
③ 하드 페이싱   ④ 침탄 질화법

[해설] 표면경화란 금속재료의 표면만 경화시키고 금속 내부는 원재료의 재질대로 있도록 하는 열처리 방법이며, 그 종류에는 침탄법(탄소침투), 질화법(질소침투), 청화법(탄소와 질소를 동시에 침투), 화염 경화법, 고주파 경화법 등이 있다.

72 철강의 표면 경화법 중 강재를 가열하여 그 표면에 Al을 고온에서 확산 침투시켜 표면을 경화하는 것은?

① 실리콘나이징   ② 크로마이징
③ 세라다이징   ④ 칼로라이징

[해설] 표면을 경화하는 방법
① 크로마이징(chromizing) : 크롬(Cr) 침투처리
② 칼로라이징(calorizing) : 알루미늄(Al) 침투처리
③ 실리콘나이징(siliconizing) : 규소(Si) 침투처리
④ 보론나이징(boronizing) : 붕소(B) 침투처리

73 기어나 피스톤 핀 등과 같이 마모 작용에 강하고 동시에 충격에도 강해야 할 때 강의 표면을 경화하기 위하여 열처리하는 방법이 아닌 것은?

① 침탄법   ② 침탄질화법
③ 저온 풀림법   ④ 고주파법

74 강의 표면 경화하는 침탄법과 질화법의 특징 설명으로 틀린 것은?

① 질화법은 담금질할 필요가 없다.
② 경화층이 얇으나 경도는 침탄 한 것보다 크다.
③ 질화법은 마모 및 부식에 대한 저항이 작다.
④ 질화법은 변형이 적으나 경화시간이 많이 걸린다.

[해설] 질화법의 특징
① 침탄법보다 경도가 높고, 질화한 후의 열처리가 필요 없다.
② 질화 후 수정이 불가능하다.
③ 질화층은 여리지만 경화에 의한 변형이 적다.
④ 고온으로 가열을 하여도 경도가 낮아지지 않는다.

75 다음 중 열처리 방법으로 급랭시켜 재질을 경화시키는 방법은?

① 불림   ② 풀림
③ 담금질   ④ 뜨임

[해설] 담금질은 강의 경도 또는 강도를 증가시키기 위하여 730~800℃로 가열한 후 물이나 기름 속에서 급랭하여 재료를 경화시키는 열처리이다.

76 강의 열처리 방법 중 담금질 후에 재질의 인성을 부여하기 위하여 A_1변태점 이하에서 다시 가열하여 조직을 연화시키는 방법은?

① 풀림   ② 불림
③ 표면경화   ④ 뜨임

[해설] 뜨임은 경도가 큰 재료에 인성만 부여할 목적으로, A_1변태점 이하로 가열하여 서서히 냉각하는 열처리 방법이다.

정답 70. ③ 71. ③ 72. ④ 73. ③ 74. ③ 75. ③ 76. ④

77 아공석강에서 Ac3 점에서 40~60℃ 높은 범위에서 가열하여 노 내에서 서냉시키는 방법으로 주로 가공경화 된 재료를 연화시키거나 내부응력 제거 및 불순물의 방출 등을 할 수 있는 열처리 방법은?

① 불림 ② 뜨임
③ 담금질 ④ 풀림

해설 풀림(annealing)의 목적은 가공에서 생긴 내부응력을 낮추고, 조직을 균일화, 미세화하며, 열처리로 인하여 경화된 재료를 연화시킨다.

78 탄소강을 담금질했을 때 나타나는 다음 조직 중 경도가 가장 낮은 것은?

① 오스테나이트 ② 트루스타이트
③ 마텐자이트 ④ 소르바이트

해설 각 조직의 경도 순서 : 시멘타이트〉마텐자이트〉트루스타이트〉소르바이트〉펄라이트〉오스테나이트〉페라이트

79 뜨임이란 열처리의 용어 설명으로 가장 적합한 것은?

① 담금질한 것을 풀림 하기 위해 가열하여 서냉한 것을 뜻한다.
② 경도를 높게 하기 위하여 가열 냉각하는 조작을 말한다.
③ 담금질한 강철에 인성이 필요할 때 A_1점 이하의 적당한 온도로 가열하여 인성을 증가시키는 것이다.
④ 경도는 약간 후퇴시키더라도 취성을 주기 위하여 가열 처리한 것이다.

80 열처리 작업 중 풀림을 하는 목적과 거리가 먼 것은?

① 경도를 증가시킨다.
② 내부응력을 저하시킨다.
③ 조직의 균일화, 표준화시킨다.
④ 일반적으로 강의 경도가 낮아져서 재료를 연화시킨다.

해설 풀림의 목적은 가공에서 생긴 내부응력 감소, 조직의 균일화 및 미세화, 열처리로 인하여 경화된 재료를 연화이다.

81 가공 경화된 재료를 연한 재질 상태로 돌아가게 하는 열처리 방법은?

① 불림 ② 풀림
③ 뜨임 ④ 담금질

82 특정한 온도영역에서 이전의 입자들을 대신하여 변형이 없는 입자가 새롭게 형성되는 현상은?

① 전위 ② 회복
③ 슬립 ④ 재결정

해설 재결정이란 특정한 온도영역에서 이전의 입자들을 대신하여 변형이 없는 입자가 새롭게 형성되는 현상이다.

83 무기 재료의 특징으로 틀린 것은?

① 취성 파괴의 특성을 가진다.
② 전기 절연체이며 열전도율이 낮다.
③ 일반적으로 밀도와 선팽창계수가 크다.
④ 강도와 경도가 크고 내열성과 내식성이 높다.

해설 무기 재료의 특징
① 전기 절연체이다.
② 내열성과 내식성이 높다.
③ 열전도율이 낮다.
④ 취성 파괴의 특성을 갖는다.
⑤ 강도와 경도가 크다.

정답 77. ④ 78. ① 79. ③ 80. ① 81. ② 82. ④ 83. ③

Chapter 2
기계요소

Section 2-1 결합용 기계요소

1 나사(screw)

1. 리드와 피치

나사를 1회전 시켰을 때 나사산의 1점이 축 방향으로 진행한 거리를 리드(l)라 하며, 서로 인접한 나사산의 축 방향 거리를 피치(p)라 한다. 즉 $l = np$이다. 여기서 n은 줄 수를 의미한다.

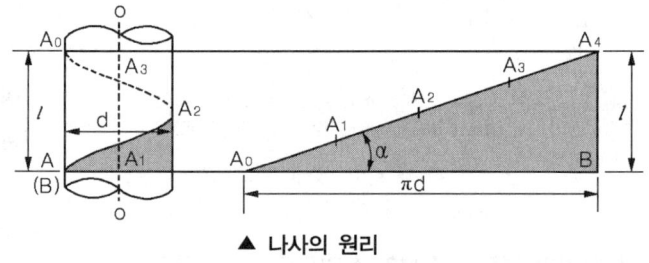

▲ 나사의 원리

2. 나사의 분류

나사의 호칭지름은 수나사의 외경을 의미하고, 유효지름은 나사 마이크로미터나 삼침법을 이용하여 측정한다.

(1) **체결용 나사**

나사산의 단면이 삼각형인 나사이며, 미터나사(나사산의 각도 60°), 유니파이 나사(나사산의 각도 60°), 휘트워드 나사(나사산의 각도 55°) 등이 있다.

(2) **동력전달용 나사**

① **사각나사** : 나사산의 형상이 사각형이며, 마찰저항이 적고 나사효율이 좋아 잭(jack), 나사 프레스, 선반의 이송 나사 등의 동력전달용으로 사용된다.

② **사다리꼴나사** : 단면이 사다리꼴 모양의 나사이며, 가공이 쉽고 정밀도가 높으며, 마모에 의한 조정이 쉬워 공작기계의 이송용으로 사용된다. 나사산의 각도는 미터 계열은 30°, 인치 계열(애크미 나사)은 29°이다.

③ **톱니나사** : 힘이 한쪽 방향으로 작용하는 압착기, 바이스 등에 사용되며 나사산의 각도는 30°와 45°가 있다.

④ 둥근 나사(너클 나사) : 나사산과 골 부분이 둥글게 되어 있어 격동하는 힘이 작용되는 부분이나 전구의 이음 부분과 같은 곳에 사용되며, 먼지나 모래 등이 나사산에 들어갈 염려가 있는 곳에서 사용된다.

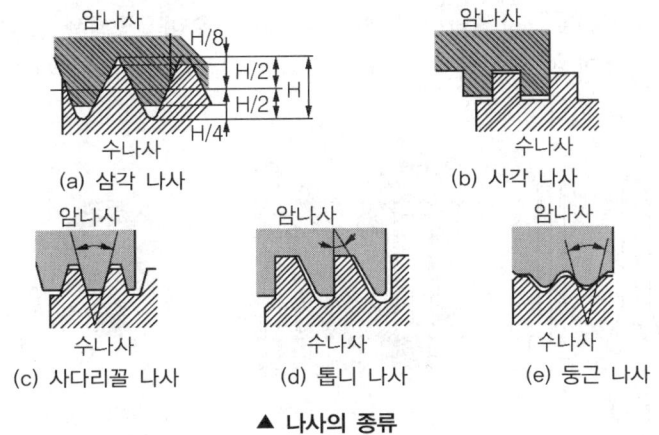

▲ 나사의 종류

3. 나사의 자립 조건

나사의 자립 조건이란 마찰각도(ρ)가 리드각도(α)보다 커야 하는 관계, 즉 $\rho > \alpha$를 말하며, 나사가 자립상태를 유지하는 나사의 효율은 50% 이하여야 한다.

4. 볼트와 너트(bolt & nut)

(1) 볼트(bolt)

① 일반볼트

㉮ 관통볼트(through bolt) : 연결할 두 부분에 구멍을 뚫고 볼트를 끼운 후 반대쪽에 너트로 조인다.

㉯ 탭 볼트(tap bolt) : 관통을 시킬 수 없는 경우 한쪽에만 구멍을 뚫고 다른 한쪽에는 중간 정도까지만 구멍을 뚫은 후 탭으로 나사산을 파고 볼트를 끼운다.

㉰ 스터드 볼트(stud bolt) : 자주 분해·조립하는 부분에 사용하며, 양끝에 나사산을 파고 나사 구멍에 끼우고 연결할 부품을 관통시켜 합친 후 너트로 조인다.

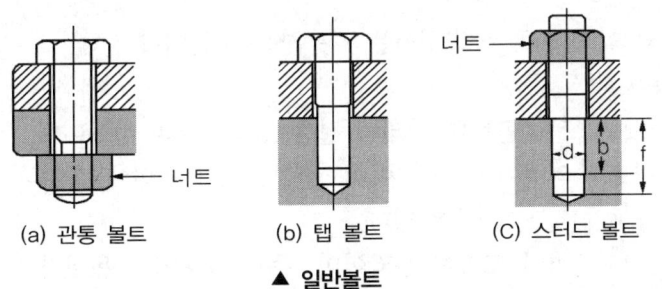

▲ 일반볼트

② 특수볼트
  ㉮ 기초볼트(foundation bolt) : 기계 구조물의 토대 고정용이다.
  ㉯ 스테이 볼트(stay bolt) : 기계의 부품을 일정한 간격을 두고 고정할 때 사용한다.
  ㉰ 아이(eye)볼트 : 링(ring) 모양의 고리가 있으며, 물건을 들어 올릴 때 사용한다.
  ㉱ T 볼트 : T형의 홈에 볼트 머리를 끼우고 위치를 이동하면서 임의의 위치에 물체를 고정할 수 있다.

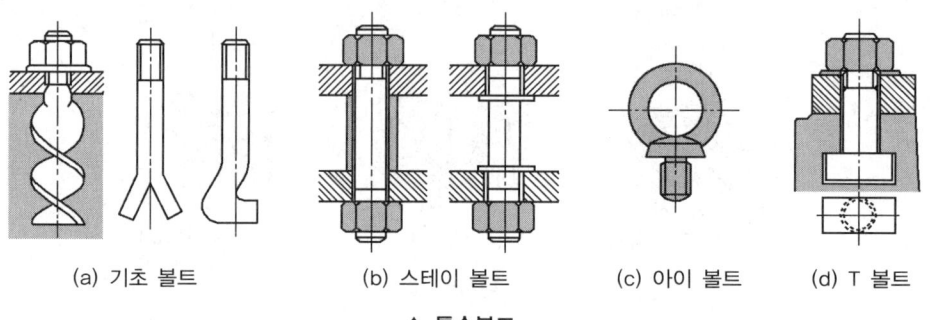

(a) 기초 볼트　　(b) 스테이 볼트　　(c) 아이 볼트　　(d) T 볼트

▲ 특수볼트

③ 볼트의 설계
  ㉮ 축 하중(인장하중)만 받는 경우의 볼트 지름(호칭 지름)
  $$d = \sqrt{\frac{2W}{\sigma}}$$
  [d : 볼트의 지름(mm), W : 하중(kgf), σ : 볼트재료의 인장응력(kgf/mm²)]

  ㉯ 인장하중과 수평하중을 동시에 받는 경우의 볼트 지름
  $$d = 2\sqrt{\frac{W_s}{\pi\tau}}$$
  [W_s : 수평하중(kgf), τ : 전단응력(kgf/mm²)]

  ㉰ 축 하중과 비틀림 모멘트를 동시에 받는 경우의 볼트 지름
  $$d = \sqrt{\frac{8W}{3\sigma}}$$

(2) 너트

너트는 볼트와 함께 물체를 고정하는 사용하는 부품이다.

① 너트의 종류
  ㉮ 육각 너트 : 관통볼트의 머리와 같은 정육각형의 너트이며, 가장 널리 사용된다.
  ㉯ 둥근 너트 : 외형이 둥근 것이며, 바깥둘레나 윗면에 홈이나 구멍을 뚫고 여기에 조임 공구가 걸리게 되어 있다.
  ㉰ 사각 너트 : 머리 모양이 사각이며, 주로 목재에 사용된다.

㉣ 플랜지 너트 : 육각 너트의 대각선보다 큰 자리 면이 부착된 너트이며, 볼트의 구멍이 클 때, 접촉면이 거칠 때, 큰 면압을 피하려고 할 때 사용된다.
㉤ 캡 너트(cap nut) : 너트의 한 끝이 막힌 것이며, 유체가 누출되는 것을 방지한다.
㉥ 홈붙이 너트 : 너트에 분할 핀을 꽂아 너트의 풀림 방지에 사용된다.
㉦ 아이 너트(eye nut) : 머리에 링(ring)이 달린 것이며, 아이볼트와 같은 목적으로 사용된다.
㉧ 나비 너트 : 손으로 조일 수 있도록 나비 모양의 손잡이가 달린 것이다.

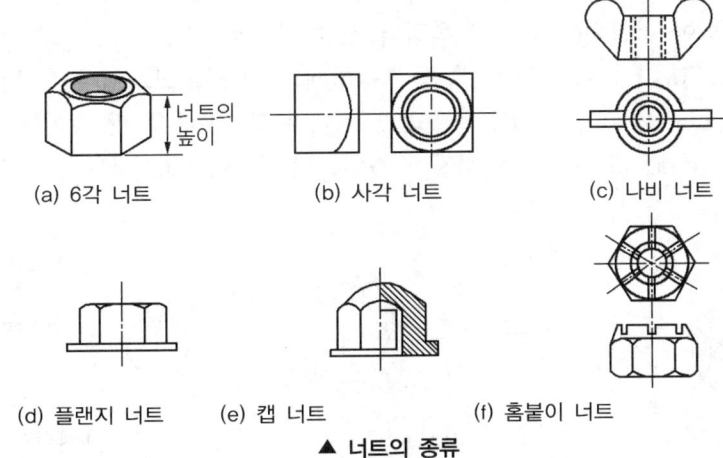

▲ 너트의 종류

② 너트의 풀림 방지 방법
㉮ 로크 너트(lock nut, 이중 너트)를 사용한다.
㉯ 분할 핀을 사용한다.
㉰ 세트 스크루를 사용한다.
㉱ 와셔를 사용한다.

5. 와셔(washer)

와셔는 작은 나사, 볼트, 너트 등의 자리와 체결 부분과의 사이에 넣는 부품이며 용도는 다음과 같다.
① 볼트 구멍이 볼트 지름보다 너무 클 때
② 볼트 자리 표면이 거칠 때
③ 접촉면이 기울어져 있을 때
④ 목재나 고무와 같이 압축에 대해서 약한 것을 조일 때
⑤ 볼트 및 너트의 풀림을 방지하고자 할 때

2 키(key), 핀(pin), 코터(cotter)

1. 키(key)

키는 기어나 벨트 풀리 등을 회전축에 고정할 때, 또는 회전을 전달함과 동시에 축 방향으로 이동할 수 있도록 할 때 사용하며, 전단력을 받기 때문에 축 보다 약간 강한 재질을 사용한다.

(1) 키의 종류

① 안장키(saddle key, 새들 키) : 축에는 키 홈을 파지 않고 보스(boss)에만 키 홈을 판 후 키를 박아 마찰력에 의하여 회전력 전달하는 것이다.

② 평 키(flat key) : 키가 닿는 축을 편평하게 깎아내고 보스에 홈을 판 것이다.

③ 묻힘 키(sunk key, 성크 키) : 축과 보스에 모두 키 홈을 판 것이다.

④ 접선 키(tangential key) : 역회전이 가능하게 하도록 120° 각도를 두고 2개소에 키를 둔 것이다.

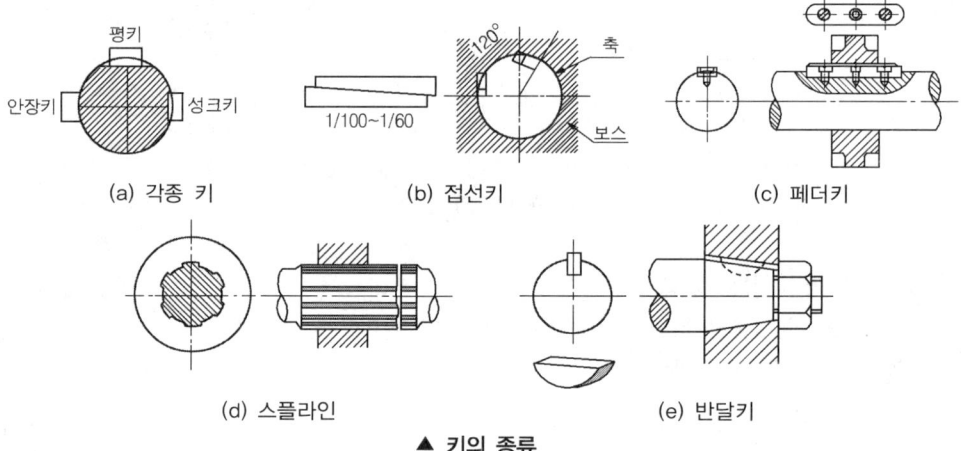

▲ 키의 종류

⑤ 페더 키(feather key, 미끄럼 키) : 회전력 전달과 동시에 보스를 축 방향으로 미끄럼 시킬 필요성이 있을 때 사용한다.

⑥ 스플라인(spline) : 축과 보스의 원 둘레에 4~20개의 요철을 두고 회전력을 전달함과 동시에 보스를 축 방향으로 이동시키고자 할 때 사용한다.

⑦ 반달 키(woodruff key, 우드러프 키) : 축에 홈을 깊게 파서 강도가 약해지는 결점이 있으나 키와 키 홈의 가공이 쉽고 키가 자동적으로 자리를 쉽게 잡을 수 있어 테이퍼 축에서 많이 사용한다.

⑧ 세레이션(serration) : 축과 보스에 작은 삼각형의 키와 홈을 판 후 고정한다.

⑨ 원뿔 키(cone key) : 축과 보스에 키 홈을 파지 않고 축 구멍을 테이퍼 구멍으로 하여 속이 빈 원뿔을 박아서 마찰만으로 밀착시키는 키이며, 편심되지 않고 축의 어느 위치

에서나 설치할 수 있다.

(2) 키의 설계

$$\tau = \frac{2T}{bld}$$

[τ : 전단응력(kgf/cm²), T : 전달 회전력(kg·cm), b : 키의 폭(cm), l : 키의 길이(cm), d : 축의 지름(cm)]

2. 핀(pin)

핀은 2개 이상의 기계 부품 결합용이나 보조용으로 사용되며, 하중이 작은 부분의 부품 설치 및 분해·조립하는 부품의 위치결정에 주로 사용된다. 종류는 다음과 같다.

① **평행 핀**(dowel pin) : 굵기가 고른 핀이며, 기계 부품의 조립 및 고정할 때 부품의 위치를 결정하는 데 사용된다.

② **테이퍼 핀**(taper pin) : 1/50의 테이퍼를 지닌 핀이며, 축에 보스를 고정시킬 때 사용된다. 크기는 작은 쪽의 지름을 호칭지름으로 나타낸다.

③ **분할 핀**(split pin) : 축에 끼운 링이 빠지는 것을 방지하기 위하여 사용하여 끝부분을 두 갈래로 벌려 굽혀 빠지지 않도록 한다.

④ **스프링 핀**(spring pin) : 세로방향으로 쪼개져 있어 구멍의 크기가 핀보다 작아도 망치로 때려 박을 수 있는 핀으로 충격이나 진동을 받는 곳에 사용하며, 지지력이 매우 큰 장점이 있다.

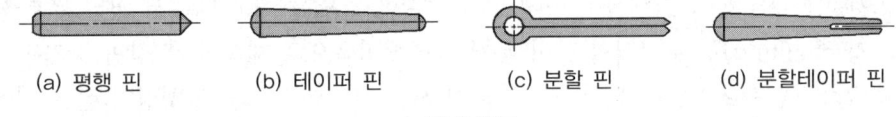

(a) 평행 핀　　　(b) 테이퍼 핀　　　(c) 분할 핀　　　(d) 분할테이퍼 핀

▲ 핀의 종류

3. 코터(cotter)

코터는 한쪽 또는 양쪽에 기울기를 갖는 평판 모양의 쐐기이며, 축의 회전력을 전달하기보다는 인장력이나 압축력을 받는 2개의 축을 연결하는 기계요소이다.

즉 축 방향의 인장이나 압축을 받는 2개의 봉을 연결하는 것으로 분해가 가능한 부분에서 사용한다.

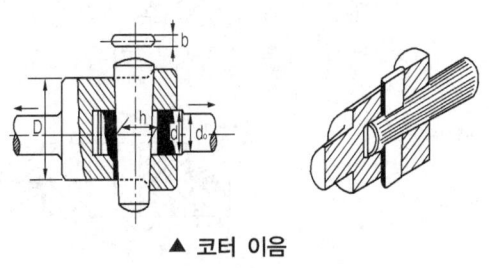

▲ 코터 이음

3 리벳(rivet)

1. 리벳의 개요

보일러나 철교, 철골 구조물 등의 강판이나 형강을 영구적으로 연결 및 접합하는 이음을 리벳이음이라 한다.

2. 리벳의 장점 및 단점

(1) 리벳이음의 장점
① 용접 이음과 달리 고열에 의한 잔류응력이 발생하지 않으므로 취성 파괴가 일어나지 않는다.
② 대형 구조물일 경우 현장조립을 할 때 용접 이음보다 쉽다.
③ 경합금 등 용접이 곤란한 재료에도 신뢰성이 크다.

(2) 리벳이음의 단점
① 기밀을 요하는 결합에는 부적합하다.
② 이음 부분 판재의 두께에 제한받는다.
③ 이음 부분이 겹쳐야 하므로 모재의 낭비가 있으며, 무게가 무거워진다.

3. 리벳 작업순서

① 드릴링(drilling) : 강판이나 형강에 리벳이 들어갈 구멍을 뚫는다.
② 리밍(reaming) : 뚫린 구멍을 리머로 정밀하게 다듬는다.
③ 리벳팅(riveting) : 리벳을 구멍에 넣고 양쪽에 스냅을 대고 때려서 머리 부분을 만든다.
④ 코킹(caulking) : 보일러와 같이 용기를 리벳이음으로 제작한 후 강판의 가장자리를 끌과 같은 공구로 기밀을 유지하기 위하여 하는 작업이다. 즉, 리벳팅이 끝난 뒤에 리벳머리 주위나 강판의 가장자리를 정으로 때려 그 부분을 밀착시켜서 틈을 없애는 작업이다.
⑤ 플러링(fullering) : 5mm 이상의 강판 리벳이음에서 코킹 작업이 끝난 후 더욱더 기밀을 안전하게 유지하기 위하여 강판을 공구로 때려 붙이는 작업이다. 즉 리벳팅에서 기밀이 요구될 때 리벳팅 후 냉각상태에서 판의 끝을 75~85° 정도로 깎아준 후 코킹 작업을 하여 판을 밀착시킨 다음 더욱 기밀을 유지하기 위한 작업이다.

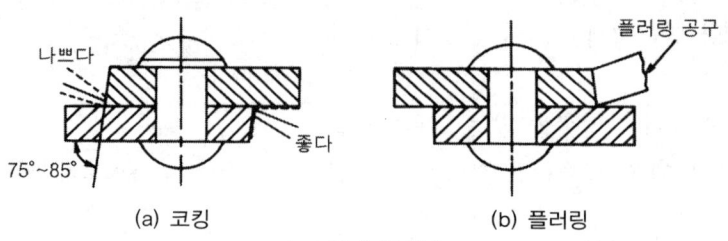

▲ 코킹과 플러링

4. 리벳과 판의 효율

리벳 효율이란 1피치 사이 리벳의 전단하중과 1피치 사이 구멍을 뚫기 전의 판 하중과의 비율을 말하고, 판 효율은 1피치 사이 구멍 있는 판 하중과 1피치 사이 구멍 없는 판 하중의 비율을 말한다.

$$\text{리벳 효율, } \eta_r = \frac{n\pi d^2 \tau}{4pt\sigma} \qquad \text{판 효율, } \eta_P = 1 - \frac{d}{p}$$

[n : 1피치 내의 리벳의 전단면수, d : 리벳의 지름(mm), τ : 리벳의 허용 전단응력(kgf/mm²), p : 피치(mm), t : 강판의 두께(mm), σ : 강판 재료의 허용 인장응력(kgf/mm²)]

5. 1줄 겹치기 리벳이음에서 강판의 인장응력

$$\sigma = \frac{W}{t(p-d)}$$

[W : 하중(kgf), t : 강판의 두께(mm), p : 피치(mm), d : 리벳의 지름(mm)]

Section 2-2 축(shaft)관계 기계요소

1 축 및 축이음(Shaft & Shaft coupling)

1. 축(shaft)

(1) 작용하는 힘에 따른 분류

① 차축(axle) : 주로 휨을 받는 회전축 또는 정지축이다.
② 스핀들(spindle) : 주로 비틀림 작용을 받으며, 모양이나 치수가 정밀하고 변형량이 짧은 회전축이다.
③ 전동축 : 주로 비틀림과 휨을 받으며, 주축(main shaft), 선축(line shaft), 중간축(counter shaft)으로 분류된다.

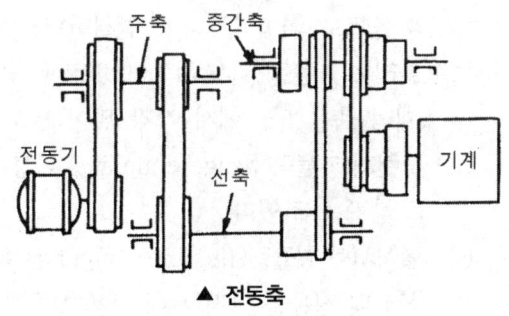

▲ 전동축

(2) 모양에 따른 분류

① 직선축 : 일반적으로 사용하는 곧은 축이다.
② 크랭크축 : 왕복운동 기관의 직선운동을 회전운동으로 바꾸는 데 사용된다.

③ 플렉시블축(flexible shaft) : 축의 방향이 자유롭게 변화할 수 있는 축이며, 주로 작은 동력 전달용으로 사용된다.

(3) 축에 관련된 공식

① 비틀림 모멘트 T(kgf·mm)만을 받는 축 지름

$$d = \sqrt[3]{\frac{16T}{\tau_a \pi}} \quad [\tau_a : \text{축의 허용 비틀림 응력(kgf/mm}^2)]$$

② 굽힘 모멘트 M(kgf·mm)만을 받는 축 지름

$$d = \sqrt[3]{\frac{32M}{\sigma_a \pi}} \quad [\sigma_a : \text{축의 허용 굽힘 응력(kgf/mm}^2)]$$

③ T와 M을 동시에 받는 축 지름 설계

$$d = \sqrt[3]{\frac{16T_e}{\tau_a \pi}} \quad [T_e = \sqrt{M^2 + T^2}]$$

$$d = \sqrt[3]{\frac{32M_e}{\sigma_a \pi}} \quad [M_e = \frac{1}{2}(M + T_2)]$$

④ 축의 비틀림 모멘트(T)와 전달동력(H_{kW}, H_{PS}) 관계

$$T = 97,400 \frac{H_{kW}}{N} \ (kgf \cdot cm)$$

$$T = 71,620 \frac{H_{PS}}{N} \ (kgf \cdot cm) \quad [N : \text{회전속도(rpm)}]$$

2. 축 이음(Coupling)

(1) **셀러 커플링** : 내면이 원추형인 원통에 2개의 원추 키 모양의 슬릿을 가진 원추를 넣고 3개의 볼트로 죄어 두 축을 연결한다.

(2) **슬리브 커플링**(sleeve coupling) : 머프(muff) 커플링이라고 부르며, 주철제 원통 속에 2개의 축을 양쪽에서 각각 밀어 넣고 키로 고정한다.

(3) **플랜지 커플링**(flange coupling) : 양쪽 위 축 끝에 주철이나 강으로 만든 플랜지를 고정하고 볼트로 조인다.

(4) **플렉시블 커플링**(flexible coupling) : 두 축의 중심선을 완전히 일치시키기 어려운 경우나 충격 및 진동을 방지할 때 사용하며, 가죽이나 고무 등 탄성이 있는 물체를 축 사이에 넣고 축을 연결한다.

(5) **올덤 커플링**(oldham coupling) : 두 축이 평행하고 두 축의 중심선이 약간 일치하지 않는 경우에, 각속도의 변화 없이 회전력을 전달시키려고 할 때 사용한다.

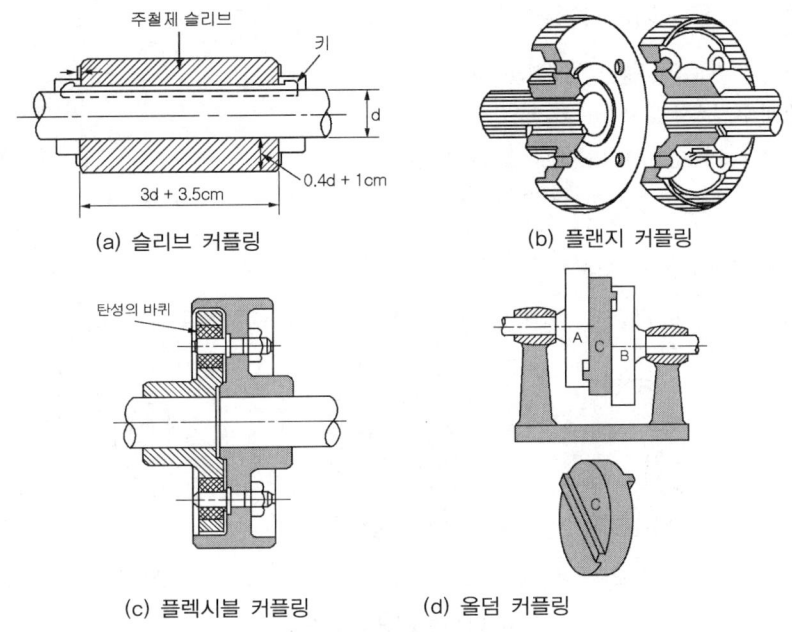

▲ 커플링의 종류

(5) **유니버설 조인트**(universal joint) : 자재 이음 또는 훅 조인트라고도 하며, 두 축이 같은 평면 내에 있으면서 그 중심선이 30° 이하의 각도로 교차한 상태로 회전력을 전달한다.

(6) **클러치**(clutch) : 운전 중 필요에 따라 한 축에서 다른 축으로 동력을 차단할 필요가 있을 때 사용하는 축 이음이며, 특징은 다음과 같다.
① 주동축의 운전 중에도 차단할 수 있다.
② 무단 변속에도 작은 충격으로 차단시킬 수 있다.
③ 회전력이 걸리면 미끄럼이 일어나 안전장치의 작용을 한다.
④ 클러치의 재료는 온도상승에 의한 마찰계수 변화가 작을 것

2 베어링(bearing)

1. 베어링의 종류

① **레이디얼 베어링**(radial bearing) : 전동축이 회전할 때 축에 직각 방향으로 힘이 작용하는 축에 사용한다.
② **스러스트 베어링**(thrust bearing) : 축 방향으로 하중을 받는다.
③ **테이퍼 베어링**(taper bearing) : 반지름 방향과 축방향의 하중이 동시에 작용할 때 적합하다.

2. 베어링 재료에 요구되는 성질

① 하중 및 피로에 대한 충분한 강도를 가져야 한다.
② 마찰계수가 작고 녹아 붙지 않아야 한다.
③ 열전도율이 크고 내마모성이 커야 한다.
④ 내식성이 크고 유막의 형성이 용이해야 한다.

3. 미끄럼 베어링(sliding bearing)

미끄럼 베어링은 축과 베어링 면이 직접 접촉하며, 미끄럼 운동을 한다.

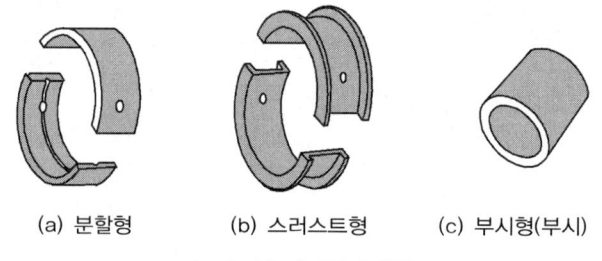

(a) 분할형　　(b) 스러스트형　　(c) 부시형(부시)

▲ 미끄럼 베어링의 종류

(1) 미끄럼 베어링 재료가 구비하여야 할 성질

① 열에 융착(녹아 붙음)되지 않을 것
② 마멸이 적고 면압 강도가 클 것
③ 피로한도가 클 것
④ 내식성이 높을 것

(2) 미끄럼 베어링의 특징

① 미끄럼 베어링 장점
　㉮ 구조가 간단하고, 값이 싸다.
　㉯ 베어링 수리가 쉽고, 충격에 견디는 힘이 크다.
　㉰ 베어링에 작용하는 하중이 클 때 사용한다.
　㉱ 유막에 의한 감쇠력이 우수하다.
② 미끄럼 베어링의 단점
　㉮ 시동할 때 마찰저항이 크다.
　㉯ 급유에 주의하여야 한다.

4. 구름 베어링(rolling bearing)

구름(롤링) 베어링은 축과 베어링 면 사이에 전동체인 롤러나 볼을 끼워 구름 운동을 한다.

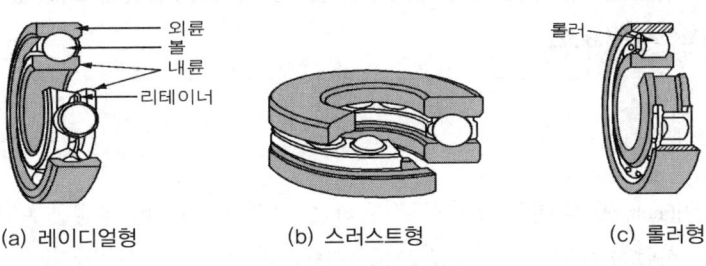

▲ 구름 베어링의 종류

(1) 구름 베어링의 장점
① 마찰저항이 적어 동력손실이 적다.
② 급유가 편리하고 밀봉 장치의 교정이 쉽다.
③ 베어링 저널의 길이를 짧게 할 수 있다.
④ 과열의 위험이 적고, 기계를 소형화할 수 있다.
⑤ 축의 중심을 정확히 유지할 수 있다.

(2) 구름 베어링의 단점
① 값이 비싸고, 충격에 약하다.
② 축 사이가 매우 짧은 곳에서는 사용할 수 없다.

(3) 구름 베어링의 호칭 번호

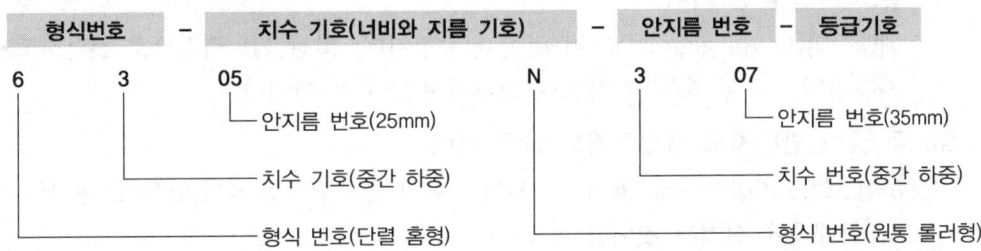

(4) 구름 베어링의 수명 시간
① 볼 베어링의 수명 시간

$$L_h = 500 \times \left(\frac{C}{P}\right)^3 \times \frac{33.3}{N} = \frac{16670}{N} \times \left(\frac{C}{P}\right)^3$$

② 롤러 베어링의 수명 시간

$$L_h = 500 \times \left(\frac{C}{P}\right)^{\frac{10}{3}} \times \frac{33.3}{N} = \frac{16670}{N} \times \left(\frac{C}{P}\right)^{\frac{10}{3}}$$

[L_h : 베어링의 수명시간, C : 기본 동적 부하용량, P : 베어링의 하중]

Section 2-3 전동용 기계요소

1 기어(Gear)

차례로 물리는 이(tooth)에 의해서 운동을 전달하는 기계요소이다. 장점은 미끄럼 없이 일정 속도비로 큰 동력을 전달하는 것이고, 단점으로는 소음과 진동이 발생한다.

1. 기어의 종류

(1) 두 축이 서로 평행한 기어

① 스퍼기어(spur gear) : 평행한 두 축 사이에 회전운동을 전달하고 기어 이(톱니)의 줄이 축에 평행하다. 제작이 용이하고 가장 많이 사용한다.
② 내접기어(internal gear) : 회전 방향이 같고, 큰 감속비를 필요로 할 때 사용한다.
③ 헬리컬 기어(helical gear) : 이가 축에 경사진 것이며, 여러 개의 이를 물릴 수 있어 충격, 소음, 진동이 적다. 큰 회전력을 전달할 수 있으나 축이 측압을 받는 결점이 있다.
④ 더블 헬리컬 기어(double helical gear) : 방향이 서로 반대인 헬리컬 기어를 같은 축에 일체로 한 것이며 축 방향의 압력을 제거할 수 있다.
⑤ 래크와 피니언(rack & pinion) : 래크는 직선운동을 하고, 피니언은 회전운동을 하는 것이며, 래크는 기어의 지름이 무한대(∞)이다.

(2) 두 축이 만나는 기어

① 베벨기어(bevel gear) : 기어 면이 원뿔형이며, 회전력을 직각으로 전달하고자 할 때 사용한다. 즉 두 축이 직각으로 교차하여 맞물려 회전한다.

(3) 두 축이 만나지도 평행하지도 않은 기어

① 하이포이드 기어(hypoid gear) : 기어의 이가 쌍곡선으로 되어 있으며, 피니언이 중심선상 아래쪽에 설치된 것이다.
② 스크루(screw) 기어 : 헬리컬 기어의 축을 엇갈리게 한 것이다.
③ 웜과 웜 기어(worm & worm gear) : 웜은 1~2줄 이상의 줄 수를 가진 나사 모양의 것이며, 이것과 물리는 것이 웜 기어이다. 소형이고 큰 감속비를 얻을 수 있으며, 물림이 조용하고, 원활하며, 역회전이 불가능하다. 그러나 전동효율이 낮은 편이다.

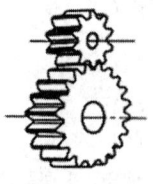 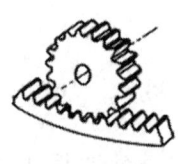 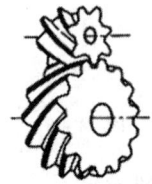 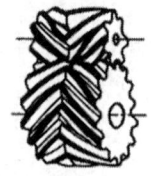

(a) 스퍼 기어   (b) 내접 기어   (c) 헬리컬 기어   (d) 더블 헬리컬 기어

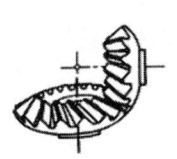  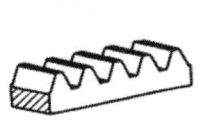 

(e) 베벨 기어　　(f) 하이포이드 기어　　(g) 래크　　(h) 웜과 웜 기어

▲ 기어의 종류

2. 기어의 각 부분 명칭

① **피치원**(pitch circle) : 원통 마찰차로 가상할 때 마찰차가 접촉하고 있는 원에 상당하는 부분 즉, 기어의 중심이 되는 원을 말한다.
② **원주피치**(circular pitch) : 피치원 상의 이에서 이 사이의 거리를 말한다.
③ **기초원**(base circle) : 이 모양의 곡선을 만드는 원을 말한다.
④ **이끝원**(addendum circle) : 기어의 이 끝을 연결하는 원을 말한다.
⑤ **이뿌리 원**(tooth circle) : 기어의 이뿌리를 연결하는 원을 말한다.
⑥ **이 끝 높이**(addendum) : 피치원에서 이끝원까지의 거리를 말한다.
⑦ **백래시**(back lash) : 한 쌍의 기어가 물렸을 때 이의 뒷면에 생기는 간극을 말한다.
⑧ **기어와 피니언**(gear & pinion) : 한 쌍의 기어가 서로 물려 있을 때 큰 쪽을 기어라 하고, 작은 쪽을 피니언이라 한다.

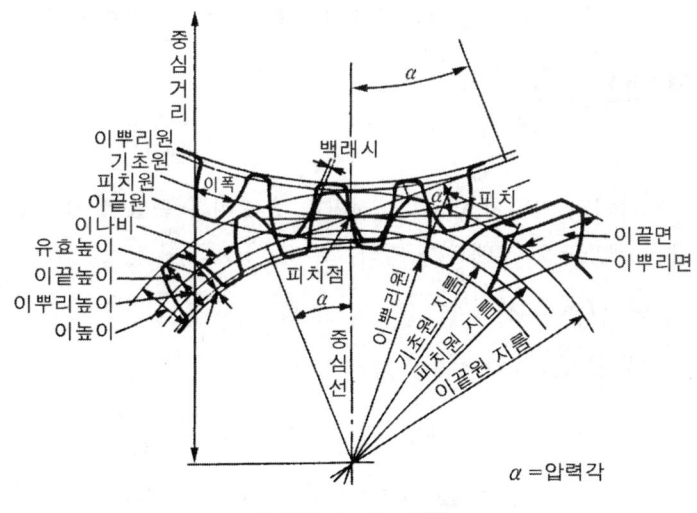

▲ 기어의 각 부분 명칭

3. 기어의 이 크기를 표시하는 방법

① **모듈**(module, m) : 피치원의 지름(D)을 잇수(Z)로 나눈 값이며, 같은 기어에서 모듈이 클수록 잇수는 적어지고, 이는 커진다.

$$m = \frac{D}{Z}$$

② **지름 피치**(diameter pitch, D_P) : 모듈과 반대되는 것이며, 피치원의 지름(지름 피치의 경우는 피치원의 지름을 inch로 나타낸다.)으로 잇수를 나눈 값이다.

$$D_P = \frac{25.4}{m} = \frac{25.4Z}{D}$$

③ **원주 피치**(circular pitch, C_P) : 원주 피치는 피치원 상에서 이에서 서로 인접하고 있는 이까지의 거리이다.

$$C_P = \frac{\pi D}{Z}$$

4. 기어의 바깥지름과 중심거리

① **바깥지름**(D_o) : 표준기어에서 이 끝 높이의 2배를 피치원의 지름에 합한 것이다.

$$D_o = m(2 + Z)$$

② **마주한 기어의 중심거리**(C)

$$C = \frac{(D_1 + D_2)}{2} = \frac{m(Z_1 + Z_2)}{2}$$

[D_1, D_2 : 기어의 피치원 지름, Z_1, Z_2 : 기어의 잇수]

2 벨트(Belt) 및 체인(chain)

1. 벨트

벨트 전동은 2축 사이의 거리가 멀거나, 정확한 속도비를 필요로 하지 않는 곳의 동력 전달에 사용된다. 벨트에는 평벨트와 V벨트가 있다.

(1) 평벨트 길이 산출 공식

① 평행 걸기(바로 걸기)의 경우

$$L \fallingdotseq 2C + \frac{\pi}{2}(D_1 + D_2) + \frac{(D_2 - D_1)^2}{4C}$$

[C : 벨트의 중심거리, D_1, D_2 : 두 풀리의 지름]

② 십자 걸기(엇걸기)의 경우

$$L ≒ 2C + \frac{\pi}{2}(D_1 + D_2) + \frac{(D_1 + D_2)^2}{4C}$$

(2) 벨트의 전달동력

$$H_{kW} = \frac{(T_1 - T_2) \times v}{102}$$

[H_{kW} : 전달동력, T_1 : 긴장측의 장력, T_2 : 이완측의 장력, v : 속도]

(3) V벨트의 특징

V벨트의 길이는 두께의 가운데 부분의 길이(유효둘레를 인치로 표시)로 나타내나 때로는 바깥둘레나 안 둘레의 길이로 나타내기도 한다. 벨트의 굵기는 단면 각 부분의 치수로 나타내며, 각 부분 치수에 의해서 M, A, B, C, D, E의 6가지 형식이 있으며 M에서 E쪽으로 갈수록 크다. 특징은 다음과 같다.

① 미끄럼이 적어 속도 비율을 크게 할 수 있다.
② 고속 운전을 할 수 있다.
③ 장력이 작아 베어링에 걸리는 부담 하중이 적다.
④ 운전이 정숙하다.
⑤ 이음 부분이 없어 전체가 균일한 강도를 지닌다.
⑥ 벨트가 끊어졌을 때 접합이 불가능하다.
⑦ 십자걸기로는 사용 불가능하다.

2. 체인 및 로프

(1) 체인전동의 특징

① 체인 길이를 쉽게 조절할 수 있다.
② 미끄럼이 없어 정확한 속도 비율을 유지할 수 있다.
③ 전동효율이 높다.
④ 유지나 수리가 쉽다.
⑤ 두 축이 평행하지 않으면 전동이 어렵다.

(2) 로프전동의 특징

① 축간거리가 비교적 먼 곳에서 사용한다.
② 벨트에 비해 미끄럼이 많고, 수명이 짧다.
③ 전동효율은 80~90% 정도이다.

3 마찰차(friction wheel)

1. 마찰차의 개요

마찰차는 원통형, 원뿔형 바퀴를 서로 밀어붙여서 양쪽 바퀴의 마찰력으로 동력을 전달하는 것이며, 종류에는 원통 마찰차, 원뿔 마찰차, 홈붙이 마찰차, 변속 마찰차(에번스 마찰차) 등이 있으며, 마찰차의 사용범위는 다음과 같다.

① 전달할 회전력 비교적 적고, 일정한 속도 비율이 요구되지 않는 곳
② 양축 사이를 자주 단속할 필요성이 있는 곳
③ 회전속도가 큰 곳
④ 기어를 사용하기가 곤란한 곳

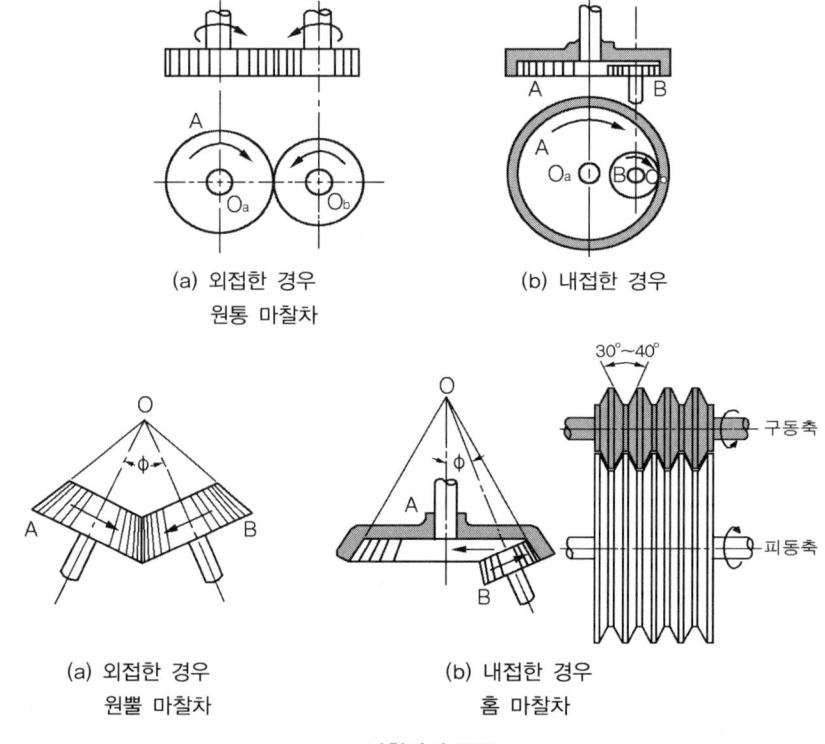

▲ 마찰차의 종류

[2] 마찰차의 특징

① 운전이 정숙하고, 동력 전달의 단속 작용이 원활하게 이루어진다.
② 무단 변속이 가능한 구조로 할 수 있다.
③ 과부하일 경우 미끄럼에 의해 다른 부분의 손상을 방지할 수 있다.
④ 효율이 그다지 높지 못하고, 일정한 속도 비율을 얻을 수 없다.

Section 2-4 제어용 기계요소

1 스프링(spring)

1. 스프링의 하중과 상수

(1) 스프링 하중 : 스프링에 하중을 가하면 하중에 비례하여 인장 또는 압축, 휨 등이 발생한다. 지금 하중을 W[kgf], 변위량을 δ[mm]라 하면

$$W = k\delta \quad \text{여기서, } k \text{는 스프링 상수}$$

(2) 스프링 상수 k_1, k_2의 2개를 접속할 때 스프링 상수 k는
  ① 병렬일 경우 : $k = k_1 + k_2$
  ② 직렬일 경우 : $\dfrac{1}{k} = \dfrac{1}{k_1} + \dfrac{1}{k_2}$

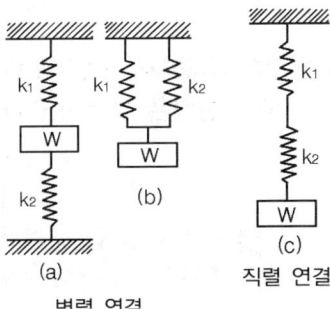

▲ 스프링 상수

2 브레이크(brake)

1. 브레이크의 종류

① 반지름 방향으로 밀어붙이는 형식 : 블록 브레이크, 밴드 브레이크, 내부 확장 브레이크 등이 있다.
② 축 방향으로 밀어붙이는 형식 : 원판 브레이크, 원추 브레이크 등이 있다.
③ 자동적으로 걸리는 형식 : 나사 브레이크, 캠 브레이크, 원심력 브레이크 등이 있다.

2. 블록 브레이크 토크

$$T = f\dfrac{D}{2} = \dfrac{\mu W D}{2}$$

여기서, T : 브레이크 토크[kgf·mm], f : 제동력[kgf], D : 브레이크 드럼의 지름[mm]
μ : 드럼과 블록 사이의 마찰계수, W : 드럼과 블록 사이의 작용력[kgf]

Chapter 2 출제예상문제

01 2줄 나사의 피치가 0.5mm일 때, 이 나사의 리드는?

① 1mm ② 1.5mm
③ 0.25mm ④ 0.5mm

해설 $L = nP$ [L : 리드, n : 줄 수, P : 피치]
∴ 2×0.5mm = 1mm

02 3줄 나사에서 피치가 1.5mm라면 2회전할 때 이동량은 몇 mm인가?

① 3 ② 6
③ 9 ④ 12

해설 $L = nPR$ [L : 리드, n : 줄수, P : 피치, R : 회전수] ∴ 3×1.5mm×2=9mm

03 두 줄 나사를 두 바퀴 돌렸더니 축 방향으로 12mm 이동하였다면 이 나사의 피치(p)와 리드(l)는 각각 얼마인가?

① p=3mm, l=3mm
② p=6mm, l=3mm
③ p=3mm, l=6mm
④ p=6mm, l=6mm

해설 ① $P = \dfrac{L}{n}$ [P : 피치, L : 리드, n : 줄 수]
∴ $\dfrac{12mm}{2 \times 2} = 3mm$
② $l = nP$ [l : 리드, n : 줄 수, P : 피치]
∴ 2×3mm=6mm

04 다음은 나사에 대한 설명이다. 틀린 것은?

① 나사를 1회전시켰을 때 축 방향으로 진행한 거리를 리드라고 한다.
② 오른나사는 시계방향으로 회전할 때 전진하는 나사이다.
③ 유효지름은 수나사의 최대지름이며, 나사의 크기를 나타낸다.
④ 사각나사는 힘이 작용하는 방향이 축선과 평행하며, 나사 효율이 좋다.

해설 유효지름이란 수나사와 암나사가 접촉하고 있는 부분의 평균지름, 즉 나사산의 두께와 골의 틈새가 같은 가상원통의 지름을 말한다.

05 다음 중 나사산 단면이 3각형 형태가 아닌 것은?

① 미터나사 ② 휘트워드 나사
③ 유니파이 나사 ④ 애크미 나사

해설 나사산 단면이 3각형 형태인 것에는 미터나사, 휘트워드 나사, 유니파이 나사 등이 있다.

06 다음 중 삼각나사에 대한 일반적인 설명으로 옳은 것은?

① 동력전달용으로 적합하다.
② 나사 효율이 좋다.
③ 마찰계수가 크다.
④ 자립 작용이 없다.

해설 삼각나사(triangular thread) : 나사산의 단면이 삼각형 나사의 총칭. 나사산의 꼭짓점을 편평하게 하고 골 부분을 둥글게 한다. 나사산의 각도는 60° 이외에 55°로 한 것도 있다. 주로 체결부분의 나사로 사용하며 종류에는 미터나사·유니파이나사 등이 있다. 제작이 쉽고 사각나사나 사다리꼴나사에 비해 나사면의 마찰계수가 커서 고정하는데 적합하다.

정답 01. ① 02. ③ 03. ③ 04. ③ 05. ④ 06. ③

07 M5×0.8로 표기되는 나사에 관한 설명으로 옳지 않은 것은?

① 미터나사이다.
② 나사의 피치는 0.8mm이다.
③ 암나사는 지름 5mm의 드릴로 가공한다.
④ 나사를 180° 회전시키면 축 방향으로 0.4mm 이동한다.

> 해설 M5×0.8에서 M은 미터나사, 5는 바깥지름, 0.8은 피치를 나타내며, 나사를 180° 회전시키면 리드는 0.4mm 이다.

08 결합용 나사의 리드각(λ)과 마찰각(ρ)의 관계에서 자립상태를 바르게 표현한 것은?

① $\lambda \leq \rho$ ② $\lambda = 0.5\rho$
③ $\lambda > \rho$ ④ $\lambda = 2\rho$

> 해설 마찰각도(ρ)가 리드(경사)각도(λ)보다 커야 하는데 이것을 나사의 자립조건이라 한다.

09 15ton의 인장하중을 받는 볼트 호칭지름으로 다음 중 가장 적합한 것은? (단, 안전율 3, 재료 인장강도는 5,400kgf/cm²이며, 골 지름/바깥지름(d_1/d)=0.62로 가정한다)

① M30 ② M36
③ M42 ④ M48

> 해설 ① $\sigma_a = \dfrac{\sigma_t}{S}$
> [σ_a : 인장응력, σ_t : 인장강도, S : 안전율]
> $\therefore \dfrac{5,400}{3} = 1,800 kgf/cm^2$
> ② $d_o = \sqrt{\dfrac{W}{0.785 \times \left(\dfrac{d_1}{d}\right) \times \sigma a}}$
> $\therefore \sqrt{\dfrac{15,000}{0.785 \times 0.62 \times 1800}} = 4.14cm = 41.4mm$
> 따라서 M42를 선택한다.

10 하중 30kN을 지지하는 훅 볼트의 미터나사 크기로 적절한 것은?(단, 나사 재질의 허용응력은 60MPa이고, 나사의 골지름(d_1)은 'd_1=0.8×바깥지름'이다.)

① M20 ② M24
③ M28 ④ M32

> 해설 $d = \sqrt{\dfrac{2W}{\sigma a}}$
> [d : 볼트의 지름, W : 하중, σa : 허용응력]
> $\therefore \sqrt{\dfrac{2 \times 30 \times 1,000}{60}} = 31.6$, 따라서 M32를 선택한다.

11 허용 인장응력이 10kgf/mm²인 아이볼트에 축 방향으로 1ton의 하중이 작용하는 경우, 허용 인장 응력을 고려한 아이볼트로 다음 중 가장 적합한 것은?

① M12 ② M16
③ M24 ④ M28

> 해설 $d = \sqrt{\dfrac{4W}{\sigma_a}}$
> [d : 볼트의 지름, W : 하중, σ_a : 허용 인장응력]
> $\therefore \sqrt{\dfrac{4 \times 1000}{10}} = 12.77$ 따라서 M16을 선택한다.

12 추력이 한 방향으로만 작용할 때 사용되는 것으로 주로 바이스, 압착기 등에 사용되는 나사로 가장 적합한 것은?

① 톱니나사 ② 너클 나사
③ 볼나사   ④ 삼각나사

> 해설 톱니나사는 추력이 한 방향으로만 작용할 때 사용되는 것으로 주로 바이스, 압착기 등에 사용된다.

정답 07. ③ 08. ① 09. ③ 10. ④ 11. ② 12. ①

13 시멘트 기계와 같이 모래, 먼지 등이 들어가기 쉬운 부분에 주로 사용되는 나사는?

① 유니파이 나사 ② 톱니나사
③ 둥근나사   ④ 관용나사

해설 둥근나사는 시멘트 기계와 같이 모래, 먼지 등이 들어가기 쉬운 부분에 주로 사용되는 나사이다.

14 너트의 종류 중 한쪽 끝부분이 관통되지 않아 나사면을 따라 증기나 기름 등의 누출을 방지하기 위해 주로 사용되는 너트는?

① 캡 너트   ② 나비 너트
③ 홈 붙이 너트   ④ 원형 너트

해설 너트의 용도
① **캡 너트** : 나사의 틈이나 접촉면에서 유체의 유출을 방지할 경우에 사용한다.
② **나비 너트** : 손으로 돌려서 조일 수 있는 곳에 사용한다.
③ **홈 붙이 너트** : 너트의 위쪽에 분할 핀을 끼워 너트의 풀림을 장지할 때 사용한다.
④ **원형 너트** : 6각 너트를 사용할 수 없을 때 사용되며, 너트를 돌리기 위한 스패너를 걸 수 있게 되어 있다.

15 스패너를 사용하지 않고 손으로 조일 수 있는 너트는?

① 캡 너트   ② 나비너트
③ 홈 붙이 너트   ④ 육각너트

해설 나비너트는 손으로 조일 수 있도록 나비 모양의 손잡이가 달려 있다.

16 너트의 이완 방지 방법 중 잘못된 것은?

① 이중 너트를 사용
② 고정나사(set screw)를 사용
③ 스프링 와셔를 사용
④ 개스킷을 사용

해설 너트 풀림 방지방법에는 분할 핀 사용, 2중 너트(로크너트)사용, 스프링와셔 사용, 고정나사(set screw) 사용 등이 있다.

17 2개의 너트를 사용하여 충분히 죈 후 안쪽의 너트를 풀어 너트의 풀림을 방지하는 방법은?

① 2줄 나사에 의한 방법
② 로크 너트에 의한 방법
③ 멈춤 나사에 의한 방법
④ 자동 죔 너트에 의한 방법

해설 로크 너트에 의한 방법이란 2개의 너트를 사용하여 충분히 죈 다음 2개의 스패너를 사용하여 바깥쪽 너트를 스패너로 고정한 후 너트를 다른 스패너로 풀리는 방향으로 돌려 조여 너트의 풀림을 방지하는 것이다.

18 다음 중 와셔의 사용 용도가 아닌 것은?

① 내압력이 낮은 고무 면일 때 사용
② 너트에 맞지 않는 볼트일 때 사용
③ 볼트 구멍이 볼트의 호칭용 규격보다 클 때 사용
④ 너트와 볼트의 머리 접촉면이 고르지 않을 때 사용

해설 와셔의 사용 목적
① 볼트의 구멍의 지름이 볼트보다 너무 클 때
② 볼트 시트 면의 재료가 약해서 넓은 면으로 지지하여야 할 때
③ 진동이나 회전이 있는 곳의 볼트나 너트의 풀림 방지

19 자동차나 소형 전자부품 조립시 많이 사용하고 있으며 스프링 작용을 할 수 있는 톱니에 의하여 체결 볼트와 너트의 풀림을 방지할 수 있고, 여러 번 사용할 수 있는 이점이 있는 와셔는?

① 혀달린 와셔   ② 평 와셔
③ 고무 와셔   ④ 톱니 와셔

정답 13. ③ 14. ① 15. ② 16. ④ 17. ② 18. ② 19. ④

해설 톱니 와셔는 자동차나 소형 전자부품을 조립할 때 많이 사용하며 스프링 작용을 할 수 있는 톱니에 의하여 체결볼트와 너트의 풀림을 방지할 수 있고, 여러 번 사용할 수 있다.

20 축에는 키 홈이 없고, 축의 원호에 접할 수 있도록 하고 보스에 만 키 홈을 파는 경하중용에 사용하는 키는?

① 안장키 ② 접선 키
③ 평 키 ④ 반달 키

해설 안장키(saddle key)는 축은 그대로 두고 보스(boss)에만 키 홈을 파서 키를 박아 마찰에 의해 회전력을 전달하므로 큰 힘의 전달에는 부적당하다.

21 축과 보스에 모두 키 홈을 판 것으로 고정된 상태로 사용되는 키(key)는?

① 코터 ② 원뿔 키
③ 묻힘 키 ④ 안장 키

해설 묻힘 키는 축과 보스의 양쪽에 키 홈을 판 것으로 고정된 상태로 사용되며 가장 널리 사용되는 일반적인 키이다.

22 아주 큰 회전력을 전달하거나 양방향으로 회전하는 축에 120° 또는 180°의 각도로 두 곳에 설치하는 키는?

① 접선 키 ② 원뿔 키
③ 미끄럼 키 ④ 안장 키

해설 접선 키(tangential key)는 축의 접선방향으로 키 홈을 파고 기울기가 있는 2개의 키를 120° 또는 180° 각도로 두 곳에 때려 박으면 기울기가 쐐기의 역할을 하여 큰 회전력을 전달하거나 양방향으로 회전하는 축에 사용할 수 있도록 한 것이다.

23 토크를 전달함과 동시에 보스를 축 방향으로 이동시킬 때 사용하는 키는?

① 평 키 ② 안장 키
③ 페더 키 ④ 접선 키

해설 페더 키(feather key)는 미끄럼 키라고도 하며, 보스를 축 방향으로 미끄럼 이송시킴과 동시에 회전력을 전달하기 위한 것이며, 보스에 키를 고정하는 경우와 축에 키를 고정하는 경우가 있다.

24 큰 토크를 축에서 보스로 전달시키려면 1개의 키(key)만으로 전달시키는 것은 불가능하므로 4개~수십 개의 키를 같은 간격으로 축과 일체로 만든 것은?

① 스플라인 ② 미끄럼 키
③ 접선키 ④ 성크 키

해설 스플라인은 4~20개의 이를 같은 간격으로 축에 깎은 것으로 매우 큰 회전력을 전달할 수 있으며, 축 방향으로 미끄럼을 하고 축과 보스와의 중심축을 정확하게 맞출 수 있다.

25 보스와 축 사이의 윗면과 아랫면을 죄고 측면에 틈새를 둔 끼워 맞춤으로 키의 상단과 하단 면에 압축응력이 발생하는 키의 종류가 아닌 것은?

① 경사 키 ② 평키
③ 평행 키 ④ 성크 키

해설 상단과 하단 면에 압축응력이 발생하는 키의 종류에는 경사키, 평키, 성크 키 등이 있다.

26 키가 전달할 수 있는 토크(T)의 크기를 큰 것부터 작은 순서로 나열한 것은?

① 성크키〉스플라인〉새들키〉평키
② 스플라인〉성크키〉평키〉새들키
③ 평키〉새들키〉성크키〉스플라인
④ 새들키〉성크키〉스플라인〉평키

정답 20. ① 21. ③ 22. ① 23. ③ 24. ① 25. ③ 26. ②

해설 토크의 크기가 큰 것부터 작은 순서는 스플라인→성크키→평키→새들키이다.

27 미끄럼 키와 같이 회전 토크를 전달시키는 동시에 축방향의 이동도 할 수 있는 것은?

① 묻힘 키 ② 스플라인
③ 반달 키 ④ 안장 키

해설 스플라인은 4~20개의 이빨을 같은 간격으로 축에 깎은 것으로 매우 큰 회전력을 전달할 수 있으며, 축 방향으로 미끄럼을 하고 축과 보스와의 중심축을 정확하게 맞출 수 있다.

28 체결용 요소인 나사의 풀림 방지용으로 사용되지 않는 것은?

① 이중 너트 ② 캡 나사
③ 분할 핀   ④ 스프링 와셔

해설 너트 풀림 방지방법에는 분할 핀 사용, 이중 너트(로크 너트)사용, 스프링 와셔 사용, 고정나사(set screw) 사용, 철사 사용 등이 있다.

29 한쪽 또는 양쪽에 기울기를 갖는 평판 모양의 쐐기로서, 인장력이나 압축력을 받는 2개의 축을 연결하는데 주로 사용되는 결합용 기계요소는?

① 키   ② 판
③ 코터 ④ 나사

해설 코터는 한쪽 또는 양쪽에 기울기를 갖는 평판 모양의 쐐기이며, 축의 토크를 전달하기 보다는 인장력이나 압축력을 받는 2개의 축을 연결하는 기계요소이다.

30 축에 끼운 링이 빠지는 것을 방지하기 위하여 사용하여 끝부분을 두 갈래로 벌려 굽혀 빠지지 않도록 하는 기계요소인 것은?

① 테이퍼 핀 ② 코터
③ 분할 핀   ④ 코킹

해설 분할 핀은 축에 끼운 링이 빠지는 것을 방지하기 위하여 사용하여 끝 부분을 두 갈래로 벌려 굽혀 빠지지 않도록 하는 기계요소이다.

31 리벳이음을 용접이음과 비교한 설명으로 틀린 것은?

① 용접 이음과는 달리 초기응력에 의한 잔류변형이 생기지 않으므로 취약 파괴가 일어나지 않는다.
② 구조물 등에서 현장 조립할 때는 용접 이음보다 쉽다.
③ 경합금을 이용할 때는 용접 이음보다 신뢰성이 떨어진다.
④ 용접 이음과 같이 강판 등을 영구적으로 접합할 때 사용한다.

해설 리벳이음의 특징은 ①, ②, ④항 이외에 경합금 등 용접이 곤란한 재료에도 신뢰성이 크다.

32 리벳팅이 끝난 뒤에 리벳머리 주위나 강판의 가장자리를 정으로 때려 그 부분을 밀착시켜서 틈을 없애는 작업은?

① 코킹 ② 호닝
③ 랩핑 ④ 클러칭

해설 코킹(caulking)이란 리벳팅이 끝난 뒤에 리벳 머리 주위 또는 강판의 가장 자리를 정으로 때려 그 부분을 밀착 시켜 틈을 없애는 작업이다.

33 리벳이음에서 1피치 내의 리벳 전단면의 수가 증가함에 따라 리벳의 효율은?

① 증가한다. ② 감소한다.
③ 관계없다. ④ 반비례한다.

정답 27. ② 28. ② 29. ③ 30. ③ 31. ③ 32. ① 33. ①

해설 1피치 내의 리벳 전단면의 수가 증가함에 따라 리벳효율은 증가한다.

34 리벳이음에서 리벳 효율을 나타낸 공식으로 옳은 것은? (단, 리벳 효율은 전단파괴에 의하여 구하며, n : 1피치 내의 리벳의 전단면 수, P 피치(mm), σ : 강판 재료의 허용인장 응력(kgf/cm²), t : 강판의 두께(mm), d : 리벳의 지름(mm), τ : 리벳의 허용 전단응력(kgf/cm²)이다.)

① $\eta = 1 - \dfrac{d}{P}$ ② $\eta = \dfrac{4Pt\sigma}{\pi d^2 \tau}$

③ $\eta = 1 - \dfrac{P}{d}$ ④ $\eta = \dfrac{n\pi d^2 \tau}{4Pt\sigma}$

해설 리벳 효율은 $\eta = \dfrac{n\pi d^2 \tau}{4Pt\sigma}$으로 나타낸다.

35 강판의 두께 12mm, 리벳의 지름 20mm, 피치 50mm의 1줄 겹치기 리벳 이음에서 1피치 당 하중이 1,200kgf일 경우, 강판의 인장응력은 몇 kgf/mm²인가?

① 3.33 ② 6.42
③ 7.53 ④ 8.61

해설 $\sigma = \dfrac{W}{(p-d)t}$
[σ : 인장응력, W : 1피치 당 하중, p : 피치, d : 리벳 지름, t : 강판 두께]
$\therefore \dfrac{1200}{(50-20) \times 12} = 3.3 kgf/mm^2$

36 판의 두께 15mm, 리벳의 지름 16mm, 리벳 구멍의 지름 17mm, 피치 65mm인 1줄 리벳 겹치기 이음에서 1피치마다 1,500kgf의 하중이 작용할 때 판의 효율은?

① 73.8% ② 75.4%
③ 76.9% ④ 77.5%

해설 $\eta_P = 1 - \dfrac{d}{p} \times 100$ $\therefore 1 - \dfrac{17}{65} \times 100 = 73.8\%$

37 2개의 축이 같은 평면 내에 있으면서 그 중심선이 30° 이내의 각도로 교차하고 있는 경우의 축 이음으로 가장 적합한 것은?

① 고정 커플링
② 올덤 커플링
③ 플렉시블 커플링
④ 유니버설 커플링

해설 유니버설 커플링(자재이음)은 훅 조인트라고도 하며, 두 축이 같은 평면 내에 있으면서 2축이 교차하는 경우에 사용되며, 그 중심선이 30° 이하의 각도로 교차한 상태로 토크를 전달한다.

38 다음 중 플렉시블 커플링의 특징으로 가장 거리가 먼 것은?

① 약간의 굽힘을 허용한다.
② 어느 정도의 진동에 견딜 수 있다.
③ 축 중심이 일치하지 않을 때 사용한다.
④ 마찰력으로 동력을 전달할 때 사용한다.

해설 플렉시블 커플링은 축 중심이 일치하지 않을 때 사용하며, 어느 정도의 진동에 견딜 수 있고, 약간의 굽힘을 허용한다.

39 주로 굽힘 작용을 받으면서 회전력은 거의 전달하지 않는 축으로 가장 적당한 것은?

① 차축 ② 프로펠러 샤프트
③ 기어 축 ④ 공작기계의 주축

해설 차축은 주로 굽힘 작용을 받으면서 회전력은 거의 전달하지 않는 축이다.

정답 34. ④ 35. ① 36. ① 37. ④ 38. ④ 39. ①

40 축의 설계와 관련되는 용어에서 임계속도란 무엇인가?

① 축이 회전 가능한 최대의 회전속도
② 축의 회전속도가 축의 공진 진동수와 일치할 때의 속도
③ 축의 이음 부분이 마모되기 시작하는 때의 회전수
④ 진동 축에서 안전율이 10일 때의 회전수

해설 축의 임계속도란 축의 회전속도가 축의 공진진동수와 일치할 때의 속도이다.

41 회전수 2,000rpm에서 최대 토크가 35N·m로 계측된 축의 전달 동력은 약 몇 kW인가?

① 7.3   ② 10.3
③ 15.3 ④ 20.3

해설 $H_{kW} = \dfrac{TN}{974}$

[H_{kW} : 전달동력, T : 토크, N : 회전수]

$\therefore \dfrac{2,000 \times 35}{974 \times 9.81} = 7.31 kW$

42 100rpm으로 5kW를 전달하는 축에 작용하는 토크는 몇 N·m인가?

① 478   ② 578
③ 678   ④ 778

해설 $T = 974 \dfrac{H_{kW} \times 9.81}{N}$

$\therefore 974 \dfrac{5 \times 9.81}{100} = 477.6 N \cdot m$

43 속이 찬 회전축의 전달 마력이 7kW인 축에 350rpm으로 작동한다면 축의 전달 토크는 약 몇 N·m인가?

① 101   ② 151
③ 191   ④ 231

해설 $T = 974 \dfrac{H_{kW} \times 9.81}{N}$

$\therefore 974 \times \dfrac{7 \times 9.81}{350} = 191 N \cdot m$

44 축의 지름 d, 축 재료에 걸리는 전단응력이 τ일 때 비틀림 모멘트 T는?

① $\dfrac{\pi}{32} d^4 \tau$ ② $\dfrac{\pi}{32} d^3 \tau$
③ $\dfrac{\pi}{16} d^4 \tau$ ④ $\dfrac{\pi}{16} d^3 \tau$

45 매분 120회전을 하여 200kW를 전달하는 전동축에서 작용하는 비틀림 모멘트는 약 몇 N·m인가?

① 13,917   ② 15,917
③ 17,917   ④ 19,917

해설 $T = 974 \times \dfrac{H_{kW} \times 9.81}{N}$

$\therefore 974 \times \dfrac{200 \times 9.81}{120} = 15,919 N \cdot m$

46 그림과 같이 하중이 작용하는 차축의 지름은 몇 mm인가? (단, 축에 작용하는 하중은 3000kgf, 축 길이는 800mm, 허용 휨 응력은 5kgf/mm²이다.)

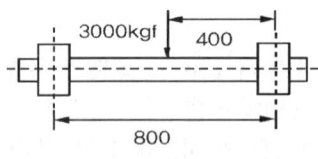

① 86   ② 98
③ 101   ④ 107

정답 40. ② 41. ① 42. ① 43. ③ 44. ④ 45. ② 46. ④

해설 ① $M = \dfrac{Wl}{4}$ [M : 휨 모멘트, W : 축에 작용하는 하중, l : 축 길이]

∴ $\dfrac{3,000 \times 800}{4} = 600,000 kg \cdot mm$

② $d = \sqrt[3]{\dfrac{32M}{\pi\sigma}}$ [d : 축의 지름, σ : 허용 휨 응력]

∴ $\sqrt[3]{\dfrac{32 \times 600,000}{\pi \times 5}} = 106.9mm$

47 내면이 원추형인 원통에 2개의 원추 키 모양의 슬릿을 가진 원추를 넣고 3개의 볼트로 죄어 두 축을 연결하는 것은?

① 슬리브 커플링 ② 분할 머프 커플링
③ 셀러 커플링 ④ 플랜지 커플링

해설 셀러 커플링은 내면이 원추형인 원통에 2개의 원추 키 모양의 슬릿을 가진 원추를 넣고 3개의 볼트로 죄어 두 축을 연결하는 것이다.

48 플렉시블 커플링의 설명으로 틀린 것은?

① 어느 정도의 진동을 흡수할 수 있다.
② 두 축의 수축과 팽창이 일어날 때 원활하게 전동하기 위하여 적용한다.
③ 두 축이 어느 정도의 각도(15~30°)로 교차할 때 사용한다.
④ 양쪽의 중심선이 정확이 일치하기 곤란한 곳에 사용한다.

해설 플렉시블 커플링은 두 축의 중심선을 완전히 일치시키기 어려운 경우나 충격 및 진동을 방지할 때 사용하며, 가죽이나 고무 등 탄성이 있는 물체를 축 사이에 넣고 축을 연결한다. 이 커플링은 구동축과 피동축의 경사각이 3~5° 이상되면 진동을 일으키기 쉬워 전동효율이 저하된다.

49 훅 조인트라고도 하며, 두 축이 같은 평면 내에 있으면서 그 중심선이 어느 각도로 교차하고 있을 때 사용하는 축 이음인 것은?

① 슬리브 커플링 ② 분할 머프 커플링
③ 유니버설 커플링 ④ 플렌지 커플링

해설 유니버설 커플링은 훅 조인트 또는 자재이음이라고도 부르며, 두 축이 30° 이하의 각도로 교차한 상태로 회전력을 전달한다.

50 다음 중 무단 변속을 만들 수 없는 마찰차는?

① 구면 마찰차 ② 원추 마찰차
③ 원통 마찰차 ④ 원판 마찰차

51 다음 중 마찰 클러치의 장점이 아닌 것은?

① 주동축의 운전 중에도 단속이 가능하다.
② 무단 변속에도 적은 충격으로 단속시킬 수 있다.
③ 토크가 걸리면 미끄럼이 일어나 안전장치의 작용을 한다.
④ 클러치의 재료는 온도상승에 의한 마찰계수 변화가 커야 한다.

해설 마찰 클러치의 장점은 ①, ②, ③항 이외에 클러치의 재료는 온도상승에 의한 마찰계수 변화가 작아야 한다.

52 원판 클러치에서 마찰면의 마모가 균일하다고 가정할 때 바깥지름 300mm, 안지름 250mm, 클러치를 미는 힘 500N, 마찰계수가 0.2라고 할 경우 클러치 전달 토크는 몇 N·mm인가?

① 11,390 ② 13,750
③ 17,530 ④ 18,275

해설 $T = \left(\dfrac{r_1 + r_2}{2}\right) P\mu$
[T : 전달 토크, r_1 : 바깥쪽 반지름,

정답 47. ③ 48. ③ 49. ③ 50. ③ 51. ④ 52. ②

r_2 : 안쪽 반지름, P : 클러치를 미는 힘,
μ : 마찰계수]

$\therefore \left(\dfrac{150+125}{2}\right) \times 500 \times 0.2 = 13{,}750\text{N·mm}$

53 마찰판의 수가 4인 다판 클러치에서 접촉면의 안지름 50mm, 바깥지름 90mm, 스러스트 하중이 600N을 작용시킬 때 토크는 몇 kN·mm인가?(단, 마찰계수는 μ=0.3이다.)

① 25.2　　　　② 252
③ 2,520　　　　④ 25,200

해설 $T = \dfrac{1}{2} \times P \times (r_1 + r_2) \times \mu \times n$ [T : 토크,
P : 전체 스프링의 힘, r_1, r_2 : 클러치판의 반지름,
μ : 마찰계수, n : 마찰 면의 수]

$\therefore \dfrac{1}{2} \times 600 \times (45+25) \times 0.3 \times 4$
$= 25{,}200\text{N·mm} = 25.2\text{kN·mm}$

54 전동축이 회전할 때 축에 직각 방향으로만 힘이 작용하는 축에 사용하는 베어링으로 가장 적합한 것은?

① 레이디얼 볼 베어링
② 원추 롤러 베어링
③ 스러스트 볼 베어링
④ 피봇 저널 베어링

해설 레이디얼 볼 베어링은 전동축이 회전할 때 축에 직각 방향으로만 힘이 작용하는 축에 사용하는 베어링으로 가장 적합하다.

55 미끄럼 베어링 재료가 구비하여야 할 성질이 아닌 것은?

① 열에 녹아 붙음이 잘 일어나지 않을 것
② 마멸이 적고 면압 강도가 클 것
③ 피로한도가 작을 것
④ 내식성이 높을 것

해설 미끄럼 베어링 재료의 구비조건
① 열에 녹아 붙음이 일어나기 어려울 것
② 마멸이 적을 것
③ 면압 강도가 클 것
④ 내식성이 높을 것
⑤ 피로한도가 클 것

56 저널과 베어링이 직접 미끄럼에 의해 접촉을 하는 베어링은?

① 슬라이딩 베어링　② 롤러 베어링
③ 니들 베어링　　　④ 볼 베어링

해설 슬라이딩 베어링은 저널과 베어링이 직접 미끄럼에 의해 접촉을 하는 형식이다.

57 미끄럼 베어링과 비교한 구름 베어링의 특징이 아닌 것은?

① 기동 토크가 작다.
② 충격 흡수력이 우수하다.
③ 폭은 작으나 지름이 크게 된다.
④ 표준형 양산품으로 호환성이 높다.

해설 구름 베어링의 특징
① 마찰 저항이 적어 기동 토크가 작다.
② 동력손실이 적다.
③ 밀봉 장치의 교정이 쉽고 윤율 방법이 편리하다.
④ 저널의 길이를 짧게 할 수 있다.
⑤ 윤활유 소비가 적다.
⑥ 표준형 양산품으로 호환성이 높다.
⑦ 지름이 크게 된다.

58 볼 베어링의 호칭 번호가 6008 경우 안지름은 몇 mm인가?

① 8　　② 16　　③ 20　　④ 40

해설 볼 베어링의 호칭차수(6008)는 6 : 형식 번호(단열), 0 : 지름 번호(특별 경 하중용), 08 : 안지름 번호, 안지름 20mm 이상 500mm 미만은 안지름을 5로 나

정답 53. ①　54. ①　55. ③　56. ①　57. ②　58. ④

눈 수가 안지름 번호이다. 따라서 08×5=40mm 그리고 00인 경우는 안지름이 10mm, 01은 안지름 12mm, 02는 안지름 15mm, 03은 안지름 17mm이다.

P : 베어링 하중, N : 회전속도]

$$\therefore 500 \times \left(\frac{3,000}{500}\right)^3 \times \frac{33.3}{500} = 7200 \text{시간}$$

59 외부로부터 윤활유 또는 윤활제의 공급 없이 특수한 조건에서도 사용 가능한 베어링은?

① 블루 메탈 베어링
② 화이트 메탈 베어링
③ 오일리스 베어링
④ 주석 베어링 메탈 베어링

해설 오일리스 베어링(oilless bearing) : 주유가 필요 없는 베어링이다. 구리, 주석 및 흑연의 분말을 혼합시켜 성형한 후 가열하고 윤활유를 4~5% 침투시킨 후 소결한 베어링으로서 주유가 곤란한 부분에 사용한다.

60 베어링에 오일 실(oil seal)을 사용하는 목적은?

① 열 발산을 높이기 위하여
② 축 하중을 지지하기 위하여
③ 유막이 끊어지지 않도록 하기 위하여
④ 기름이 새는 것과 먼지 등의 침입을 막기 위하여

해설 베어링에 오일 실(oil seal)을 사용하는 이유는 기름이 새는 것과 먼지 등의 침입을 막기 위함이다.

61 500rpm으로 회전하고 있는 볼 베어링에 500 kgf의 레이디얼 하중이 작용하고 있다. 이 베어링의 기본 동적 부하용량이 3,000kgf일 때, 베어링의 정격수명은? (단, 하중계수는 1로 한다.)

① 6,400시간
② 7,200시간
③ 8,400시간
④ 9,600시간

해설 $L_h = 500 \times \left(\frac{C}{P}\right)^3 \times \frac{33.3}{N}$
[여기서, L_h : 베어링의 수명, C : 기본부하 용량,

62 평행한 두 축 사이에 회전운동을 전달하고 기어 이(톱니)의 줄이 축에 평행한 기어는?

① 스퍼기어
② 헬리컬 기어
③ 베벨기어
④ 웜 기어

해설 스퍼기어(spur gear)는 평행한 두 축 사이에 회전운동을 전달하고 기어 이(톱니)의 줄이 축에 평행한 기어이다.

63 기어의 종류를 분류할 때 두 축의 상대위치가 평행이 아닌 것은?

① 스퍼기어
② 베벨기어
③ 래크
④ 헬리컬 기어

해설 두 축이 서로 평행한 기어에는 스퍼기어, 내접기어, 헬리컬 기어, 더블 헬리컬 기어, 래크와 피니언 등이 있다.

64 기어 전동에서 원동축과 종동축이 서로 평행하지 않는 경우에 사용되는 기어는?

① 스퍼 기어
② 내접 기어
③ 헬리컬 기어
④ 하이포이드 기어

해설 두 축이 만나지도 평행하지도 않는 경우 사용하는 기어 : 하이포이드 기어, 스크루 기어, 웜과 웜기어

65 언더컷을 방지하기 위해 표준이의 래크 공구로 표준 절삭량보다 낮게 절삭하여, 기준 피치선의 피치원보다 다소 바깥쪽으로 절삭한 기어는?

① 스퍼기어
② 인터널 기어
③ 전위기어
④ 헬리컬 기어

정답 59. ③ 60. ④ 61. ② 62. ① 63. ② 64. ④ 65. ③

해설 전위기어란 큰 기어의 이뿌리 높이를 길게 하고, 이와 반대로 작은 기어의 이뿌리 높이는 짧게 하고 이 끝 높이를 길게 절삭한 것이며, 언더컷을 피하려고 할 때, 이의 강도를 개선하려고 할 때, 중심거리를 변화시키려고 할 때 사용한다.

66 회전운동을 직선운동으로 변환시키는 기어는?
① 스큐기어 ② 래크와 피니언
③ 인터널 기어 ④ 크라운 기어

해설 회전운동을 직선운동으로 변환시키는 기어는 래크와 피니언이다.

67 기어의 각 부 명칭에 대한 설명 중 틀린 것은?
① 피니언 : 서로 물리는 2개의 기어 중 작은 것
② 원주 피치 : 피치 원주에서 측정한 하나의 이에서 다음 이까지의 거리
③ 모듈 : 피치원 지름을 잇수로 나눈 값
④ 지름 피치 : 기어의 잇수를 이뿌리원으로 나눈 값

해설 지름피치는 피치원의 지름(지름피치의 경우는 피치원의 지름은 inch 단위로 나타냄)으로 잇수를 나눈 값

68 한 쌍의 기어가 맞물려서 회전할 때 잇수가 작은 기어를 무엇이라고 하는가?
① 웜기어 ② 큰 기어
③ 랙기어 ④ 피니언

해설 피니언이란 서로 물리는 2개의 기어 중 잇수가 작은 기어를 말한다.

69 표준 스퍼기어에서 기어의 잇수가 25개, 피치원의 지름이 75mm일 때 모듈은 얼마인가?
① 3 ② 9.42
③ 0.33 ④ 6

해설 $m = \dfrac{D}{Z}$ [m : 기어의 모듈, D : 피치원의 직경, Z : 기어의 잇수] ∴ $\dfrac{75}{25} = 3$

70 잇수 Z=24, 모듈 m=2의 표준 평기어의 바깥지름은?
① 52 ② 48 ③ 42 ④ 26

해설 $D_o = m(Z+2)$ ∴ $2 \times (24+2) = 52$

71 표준 스퍼기어에서 모듈이 3일 때, 기어의 원주피치는 약 몇 mm인가?
① 3 ② 3.14
③ 6.28 ④ 9.42

해설 $C_P = \pi m$ ∴ $3.14 \times 3 = 9.42$

72 모듈이 8인 외접한 한 쌍의 표준 스퍼기어의 잇수가 각각 21, 73일 때 중심거리는 몇 mm인가?
① 188 ② 376
③ 752 ④ 1,504

해설 $C = \dfrac{m(Z_1 + Z_2)}{2}$
[C : 중심거리, m : 모듈, Z_1, Z_2 : 기어의 잇수]
∴ $\dfrac{8 \times (21+73)}{2} = 376$

73 표준 스퍼기어에서 모듈이 3, 잇수가 40개이고, 압력 각이 14.5°일 때 기어의 피치원 지름은 몇 mm인가?
① 60 ② 120
③ 180 ④ 360

해설 $D = mZ = 3 \times 40 = 120$

정답 66. ② 67. ④ 68. ④ 69. ① 70. ① 71. ④ 72. ② 73. ②

74 외접한 한 쌍의 표준 평기어의 중심거리가 100mm이고, 한쪽 기어의 피치원 지름이 80mm일 때 상대 기어의 피치원 지름은 몇 mm인가?

① 40mm   ② 90mm
③ 120mm ④ 160mm

해설 $D_2 = (2 \times C) - D_1$ [D_2 : 상대기어의 피치원 지름, C : 중심거리, D_1 : 한쪽 기어의 피치원 지름]
∴ $(2 \times 100) - 80 = 120mm$

75 스퍼기어의 원동축 피니언이 3,000rpm으로 잇수가 20개 일 때, 1,000rpm으로 감속하려면 종동축 기어의 잇수는?

① 30개   ② 40개
③ 60개   ④ 80개

해설 $Z_2 = \dfrac{N_2 \times Z_1}{N_1}$ ∴ $\dfrac{3,000 \times 20}{1,000} = 60$

76 다음 중 기어의 언더컷이 발생하는 원인으로 옳은 것은?

① 잇수가 많을 때
② 이 끝이 둥글 때
③ 잇수비가 아주 클 때
④ 이 끝 높이가 낮을 때

해설 언더컷은 이의 간섭으로 이 끝부분이 이뿌리 부분에 파고 들어갈 때 깎여지는 현상이며, 작은 기어의 잇수가 매우 적거나 또는 잇수비가 매우 클 때 발생한다.

77 그림과 같은 기어 열에서 각 기어의 잇수가 Z_1=40, Z_2=20, Z_3=40 일 때 O_1기어를 시계 방향으로 1회전시켰다면 O_3기어는 어느 방향으로 몇 회전하는가?

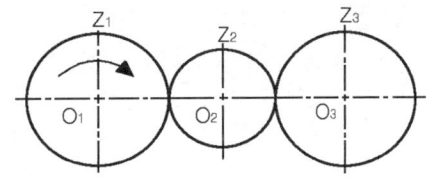

① 시계방향으로 1회전
② 시계방향으로 2회전
③ 시계반대방향으로 1회전
④ 시계반대방향으로 2회전

해설 $O_3 = O_1 \times \dfrac{Z_1}{Z_3}$ ∴ $1 \times \dfrac{40}{40} = 1$, ∴ O_3의 회전방향은 O_1의 회전방향과 같기 때문에 시계방향으로 1회전이다.

78 그림과 같이 4개의 기어로 1,200rpm을 100 rpm으로 감속하려 한다. 이 감속기의 잇수가 $Z_1 = 20$, $Z_2 = 80$, $Z_3 = 20$일 경우에 Z_4의 잇수는 몇 개인가?

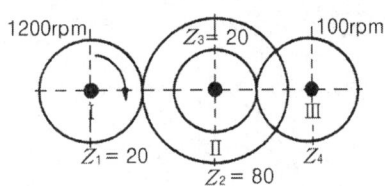

① 20개   ② 40개
③ 60개   ④ 80개

해설 $N_1 \times \dfrac{Z_1}{Z_2} \times \dfrac{Z_3}{Z_4}$ 에서 $1200 \times \dfrac{20}{80} \times \dfrac{20}{Z_4} = 100$
∴ $Z_4 = \dfrac{6,000}{100} = 60$

79 피치원 지름이 40mm, 잇수가 20인 표준 스퍼기어의 이 끝 높이는 약 몇 mm인가?

① 0.64   ② 2
③ 3.14   ④ 6.28

정답 74. ③ 75. ③ 76. ③ 77. ① 78. ③ 79. ②

해설 보통이의 경우 h=m의 관계
[h : 이 끝 높이, D : 피치원 지름, Z : 잇수]
$\therefore \frac{40}{20} = 2mm$

80 잇수 $Z=24$, 모듈 $m=2$의 표준기어가 있다. 피치원의 반지름 R은 얼마인가?

① 52 ② 12
③ 48 ④ 24

해설 $R = \frac{mZ}{2} \quad \therefore \frac{2 \times 24}{2} = 24mm$

81 외접하는 한 쌍의 표준 평치차 중심거리가 360mm, 모듈이 8, 속도비가 1 : 5이면 피니언의 바깥지름은 몇 mm인가?

① 120 ② 128
③ 136 ④ 144

해설 ① $D_1 = 2 \times 360 \times \frac{5}{6} = 600mm$
② $D_2 = 2 \times 360 \times \frac{1}{6} = 120mm$
③ $Z = \frac{D_2}{m} \quad \therefore \frac{120}{8} = 15$
④ $D_o = m \times (Z+2) \quad \therefore 8 \times (2+15) = 136mm$

82 감속비가 $Z_1 : Z_2 = 1 : 4$, 모듈(M)이 4, 피니언 잇수(Z_1)가 40개인 스퍼기어의 중심거리는 몇 mm인가?

① 200 ② 300
③ 400 ④ 500

해설 $C = \frac{M(Z_1 + Z_2)}{2}$
[C : 중심거리, M : 모듈, Z_1, Z_2 : 기어의 잇수]
$\therefore \frac{4 \times (40+160)}{2} = 400$

83 평벨트 풀리를 벨트와의 접촉면 중앙을 약간 높게 하는 이유는?

① 강도를 크게 하기 위하여
② 외관상 보기 좋게 하기 위하여
③ 축간거리를 맞추기 위하여
④ 벨트의 벗겨짐을 방지하기 위하여

해설 평벨트 풀리를 벨트와의 접촉면 중앙을 약간 높게 하는 이유는 벨트의 벗겨짐을 방지하기 위함이다.

84 평벨트 바로 걸기의 경우 축의 중심거리가 1000mm, 원동차의 지름 D_1=250mm, 종동차의 지름 D_2=500mm 일 때 평벨트의 길이는?

① 2193.7(mm) ② 2318.7(mm)
③ 3193.7(mm) ④ 3318.7(mm)

해설 $L ≒ 2C + \frac{\pi}{2}(D_2 + D_1) + \frac{(D_2 - D_1)^2}{4C}$

$\therefore 2 \times 1000 + \frac{3.14}{2} \times (500+250) + \frac{(500-250)^2}{4 \times 1000}$

$= 3193.1mm$

85 벨트 풀리의 지름이 D_1=100mm, D_2=200mm이고, 축간거리가 400mm일 때 십자걸이의 벨트의 길이는 약 몇 mm인가?

① 877.5 ② 927.5
③ 1277.5 ④ 1327.2

해설 십자걸이의 벨트 길이
$L ≒ 2C + \frac{\pi}{2}(D_2 + D_1) + \frac{(D_2 + D_1)^2}{4C}$

$\therefore 2 \times 400 + \frac{3.14}{2} \times (200+100) + \frac{(200+100)^2}{4 \times 400}$

$= 1327.25mm$

정답 80. ④ 81. ③ 82. ③ 83. ④ 84. ③ 85. ④

86 평 벨트 전동장치에서 벨트의 원주 속도 V =10m/sec, 긴장측의 장력이 T_1=150kgf, 이완측의 장력은 T_2=30kgf일 때 유효장력은?

① 30kgf   ② 120kgf
③ 150kgf ④ 180kgf

해설 유효장력 $T_e = T_1 - T_2$
∴ $150 kgf - 30 kgf = 120 kgf$

87 벨트 전동장치에서 유효장력을 P라 할 때 벨트에 작동하는 초기장력은 대략 P의 몇 배로 하면 되는가? (단, 장력비 $e^{\mu\theta}$=2이고 초기장력은 긴장측 장력에 이완측 장력을 합산한 값의 반으로 한다.)

① 1.25P   ② 1.5P
③ 1.75P   ④ 2P

해설 벨트 전동장치에서 장력비가 2이고 긴장측 장력과 이완측 장력을 합한 값의 1/2로 하기 때문에 $\frac{2+1}{2} = 1.5P$이다.

88 속도가 4m/s로 전동하고 있는 벨트의 인장측 장력이 1,250N, 이완측 장력이 515N일 때, 전달 동력(kW)은 약 얼마인가?

① 2.94   ② 28.82
③ 34.61   ④ 69.22

해설 $H_{kW} = \frac{T_e \times V}{102}$ [H_{kw} : 전달동력(kW), T_e : 유효장력(N), V : 벨트의 속도(m/s)]
$H_{kW} = \frac{(1250N - 515N) \times 4m/s}{102} = 28.82 kW$

89 동일한 동력을 전달하는 평벨트 전동과 비교한 V벨트 전동의 특징이 아닌 것은?

① 미끄럼이 적고 속도비가 크다.
② 벨트의 이음부가 없어 운전이 가능하여 정숙하다.
③ V홈이 있어 벨트가 벗겨질 염려가 없다.
④ 장력이 크므로 베어링에 걸리는 부하가 크다.

해설 V벨트의 특징
① 미끄럼이 적고 속도비가 크다.
② 고속 운전을 할 수 있다.
③ 장력이 작아 베어링에 걸리는 부담 하중이 적다.
④ 운전이 정숙하다.
⑤ 이음 부분이 없어 전체가 균일한 강도를 지닌다.

90 다음 중 평벨트 전동과 비교했을 때 V벨트 전동의 특징이 아닌 것은?

① 속도비를 크게 할 수 있다.
② 벨트가 끊어졌을 때 쉽게 접합할 수 있다.
③ 미끄럼이 적고 효율이 좋다.
④ 주행상태가 원활하고 정숙하다.

91 V벨트의 속도를 5m/s로 하여 20kW를 전달하려면 인장측의 장력은 몇 kgf인가?(단, 인장측의 장력은 이완측의 장력의 2배이다.)

① 408   ② 816
③ 1,124 ④ 1,632

해설 ① 유효장력 $T_e = \frac{102 \times H_{kW}}{V}$
[H_{kW} : 전달동력, V : V벨트의 속도]
∴ $\frac{102 \times 20}{5} = 408 kgf$

② 인장측의 장력 $T_1 = T_e \times \frac{e^{\mu\theta}}{e^{\mu\theta} - 1}$
∴ $408 \times \frac{2}{2-1} = 816 kgf$

정답 86. ② 87. ② 88. ② 89. ④ 90. ② 91. ②

92 롤러 체인전동의 특징으로 틀린 것은?

① 유지 보수가 용이하다.
② 고속 회전에 부적당하다.
③ 진동과 소음이 발생하기 쉽다.
④ 일정한 속도비로 전동이 불가능하다.

해설 체인전동의 특성
① 체인 길이를 쉽게 조절할 수 있다.
② 미끄럼이 없어 정확한 속도비를 유지할 수 있다.
③ 전동효율이 높고, 다축 전동이 용이하다.
④ 유지 및 수리가 쉽다.
⑤ 두 축이 평행하지 않으면 전동이 어렵다.
⑥ 고속회전에는 부적당 하다.
⑦ 진동과 소음이 발생하기 쉽다.

93 체인의 평균속도가 3m/s, 전달 동력이 6kW일 때 체인에 걸리는 하중은 몇 kgf인가?

① 18   ② 54   ③ 108   ④ 204

해설 $H_{kW} = \dfrac{W \times v}{102}$ [W : 체인에 걸리는 하중]에서

$W = \dfrac{H_{kW} \times 102}{v}$ ∴ $\dfrac{6 \times 102}{3} = 204 kgf$

94 매분 200회전하는 지름 300mm의 평 마찰차를 400N으로 밀어붙이면 약 몇 kW의 동력을 전달시킬 수 있는가?(단, 접촉부 마찰계수는 0.3이다.)

① 0.288   ② 0.377   ③ 268   ④ 377

해설 $P_{kW} = \dfrac{\pi DNP\mu}{1002 \times 60 \times 9.8}$ [P_{kW} : D : 지름, N : 회전수, P : 밀어붙이는 힘, μ : 마찰계수]

∴ $\dfrac{3.14 \times 300 \times 200 \times 400 \times 0.3}{102 \times 60 \times 9.8 \times 10^3} = 0.377 kW$

95 다음 감아 걸기 전동장치에서 축간거리를 가장 멀리 할 수 있는 것은?

① 로프 전동장치   ② 타이밍벨트 전동장치
③ V-벨트 전동장치   ④ 체인 전동장치

96 원통 마찰차 전동장치에서 원동차 지름이 180mm이고 속도비가 1/3일 때 두 축의 중심거리는? (단, 미끄럼이 없는 것으로 가정한다.)

① 120mm   ② 100mm
③ 360mm   ④ 420mm

해설 $C = \dfrac{D_1 + D_2}{2} = \dfrac{180 + 540}{2} = 360 mm$
[C : 중심거리, D_1, D_2 : 마찰차의 지름]

97 그림의 단식블록 브레이크에서 브레이크에 가해지는 힘(F)은?(단, W는 브레이크 드럼과 브레이크 블록 사이에 작용하는 힘, μ는 마찰계수, f는 마찰력이다.)

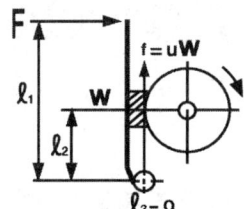

① $F = \dfrac{\mu W \ell_2}{\ell_1}$ ② $F = \dfrac{W \ell_1}{\ell_2}$

③ $F = \dfrac{W \ell_2}{\ell_1}$ ④ $F = \dfrac{\mu W \ell_1}{\ell_2}$

98 3kW, 1,800rpm인 전동기로 300rpm인 펌프를 회전시킬 경우 두 축간거리가 600mm인 V벨트에서 원동 풀리의 지름이 D_1=120mm일 때, 종동 풀리 지름 D_2는 몇 mm인가?

① 360   ② 480   ③ 720   ④ 900

정답 92. ④ 93. ④ 94. ② 95. ① 96. ③ 97. ③ 98. ③

해설 $D_2 = \dfrac{Mn \times D_1}{Pn}$

[D_2 : 종동풀리의 지름, Mn : 전동기의 회전속도, D_1 : 원동풀리의 지름, Pn : 펌프의 회전속도]

∴ $\dfrac{1,800 \times 120}{300} = 720mm$

99 다음 중 스프링 재료가 갖추어야 할 가장 중요한 성질은?

① 소성   ② 탄성
③ 가단성 ④ 전성

해설 스프링 재료로서 갖추어야 할 가장 중요한 성질은 탄성이다.

100 스프링의 평균지름(D)을 소선의 지름(d)으로 나눈 비는?

① 스프링 상수
② 스프링 지수
③ 스프링의 종횡비
④ 코일의 유효 감김 수

해설 스프링 지수란 스프링의 평균지름(D)을 소선의 지름(d)으로 나눈 비율을 말한다.

101 스프링에 작용하는 진동수가 스프링의 고유 진동수와 같거나 공진하는 현상을 무엇이라 하는가?

① 완화현상   ② 지수현상
③ 피로현상   ④ 서징현상

해설 스프링에 작용하는 진동수가 스프링의 고유 진동수와 같거나 공진하는 현상을 스프링의 서징현상이라 한다.

102 스프링 정수가 2kgf/mm인 코일스프링을 5cm 압축하려면 필요한 힘은?

① 1kgf   ② 10kgf
③ 100kgf ④ 1000kgf

해설 $Cp = Cs \times Sl$ [Cp : 코일스프링을 압축(또는 늘리는데)하는데 필요한 힘, Cs : 스프링 정수, Sl : 코일스프링을 압축하는 길이]
∴ 2kgf/mm × 50mm = 100kgf

103 스프링에 작용하는 하중 P, 스프링 상수 k, 변형량이 δ일 때 스프링의 관계식으로 옳은 것은?

① $P = \dfrac{1}{2}k\delta$ ② $P = \dfrac{k}{\delta}$
③ $P = k\delta$ ④ $P = k\delta^2$

104 두 개의 스프링을 그림과 같이 연결하였을 때 합성스프링 상수 k를 구하는 식은?

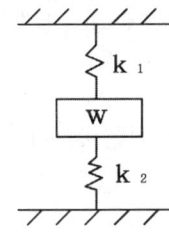

① $k = k_1 - k_2$ ② $k = k_1 + k_2$
③ $k = \dfrac{1}{k_1} - \dfrac{1}{k_2}$ ④ $k = \dfrac{1}{k_1} + \dfrac{1}{k_2}$

해설 **스프링 상수**
① 직렬연결의 합성 스프링 상수 : $k = \dfrac{1}{k_1} + \dfrac{1}{k_2}$
② 병렬연결의 합성 스프링 상수 : $k = k_1 + k_2$

정답 99. ② 100. ② 101. ④ 102. ③ 103. ③ 104. ②

105 그림과 같은 스프링에 무게 W의 추를 달았더니 δ만큼 늘어났다. 이 계의 스프링 상수 (k)는 얼마인가? (단, g는 중력가속도이다.)

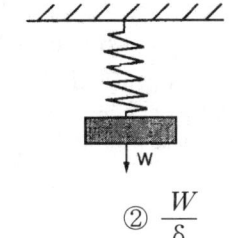

① $\dfrac{W}{g}$ ② $\dfrac{W}{\delta}$

③ $\dfrac{g}{W}$ ④ $\dfrac{\delta}{W}$

106 스프링 상수가 5kgf/cm 인 코일스프링에 30kgf 의 하중을 작용시키면 처짐은 몇 mm인가?

① 10 ② 30 ③ 60 ④ 90

해설 $\delta = \dfrac{W}{k}$
[δ : 스프링의 처짐량, W : 하중, k : 스프링 상수]
∴ $\dfrac{30\text{kgf}}{5\text{kgf/cm}} = 6\text{cm} = 60\text{mm}$

107 그림에서 스프링 상수가 k_1=0.4N/mm, k_2=0.2N/mm일 때 전체 스프링상 수는 몇 N/mm인가?

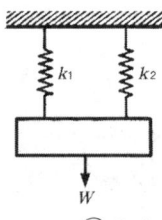

① 0.16 ② 0.4
③ 0.6   ④ 0.13

해설 병렬 연결이므로 전체 스프링 상수 $k = k_1 + k_2$
∴ 0.4N/mm+0.2N/mm=0.6N/mm이다.

108 스프링 장치에 인장하중 P=100N일 때 스프링 장치의 하중 방향의 처짐량은? (단, 스프링 상수 k_1=20N/cm이고, k_2=10N/cm이다.)

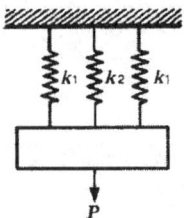

① 1.67cm ② 2cm
③ 2.5cm   ④ 20cm

해설 ① 병렬 연결이므로 $k = k_1 + k_2 + k_1$
∴ $20N/cm + 10N/cm + 20N/cm = 50N/cm$
② $\delta = \dfrac{W}{k}$ ∴ $\dfrac{100N}{50N/cm} = 2cm$

109 코일스프링에서 코일의 평균지름 D=50mm이고, 유효 권수가 10, 소선 지름이 d=6mm이고, 축방향 하중 10N이 작용할 때 비틀림에 의한 전단응력은 약 몇 MPa인가?

① 1.5   ② 3.0
③ 5.9   ④ 15.9

해설 $\tau = \dfrac{8WD}{\pi d^3}$ [τ : 전단응력, W : 축방향 하중, D : 코일의 평균지름, d : 소선지름]
∴ $\dfrac{8 \times 10 \times 5}{3.14 \times 0.6^3 \times 100} = 5.89 MPa$

110 마찰 면을 축 방향으로 눌러 제동하는 브레이크는?

① 밴드 브레이크   ② 원심 브레이크
③ 원판 브레이크   ④ 블록 브레이크

해설 마찰 면을 축 방향으로 눌러 제동하는 브레이크 종류에는 원판 브레이크(disc brake)와 원추 브레이크(cone brake)가 있다.

정답 105. ② 106. ③ 107. ③ 108. ② 109. ③ 110. ③

111 드럼의 지름이 400mm인 브레이크 드럼에 브레이크 블록을 누르는 힘 280N이 작용하고 있을 때 브레이크의 제동력은 몇 N인가?(단, 마찰계수는 0.15이다.)

① 42N   ② 60N
③ 8,400N   ④ 16,800N

해설 $f = \mu W$ [f : 제동력, μ : 마찰계수, W : 브레이크 블록을 미는 힘]
∴ $0.15 \times 280N = 42N$

112 브레이크 드럼에 5,000N·cm의 토크가 작용하고 있는 축을 정지시키는데 필요한 최소 제동력은 몇 N인가? (단, 브레이크 드럼의 지름은 50cm이고, 마찰계수는 0.1이다)

① 10   ② 20
③ 100   ④ 200

해설 $f = \dfrac{2T}{D}$ [f : 제동력, T : 드럼에 작용하는 토크, D : 드럼의 지름]
∴ $\dfrac{2 \times 5000}{50} = 200N$

113 그림과 같은 브레이크 드럼에 25,000N·mm의 토크가 우회전으로 작용할 때 브레이크 레버에 가해지는 힘은? (단, c<0, D=700mm, a= 1,700mm, b=500mm, c=80mm, μ=0.2로 한다.)

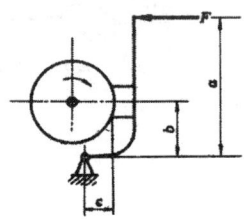

① 408.5N   ② 308.4N
③ 208.6N   ④ 101.7N

해설 ① $T = \dfrac{\mu WD}{2}$ [T : 브레이크 드럼에 작용하는 토크, μ : 마찰계수, W : 브레이크 드럼과 브레이크 블록사이에 작용하는 힘, D : 브레이크 드럼의 지름] 에서 $W = \dfrac{2T}{\mu D}$

∴ $\dfrac{2 \times 25,000}{0.2 \times 700} = 357N$

② $F = \dfrac{W}{a}(b - \mu c)$

∴ $\dfrac{357}{1,700} \times (500 - 0.2 \times 80) = 101.64N$

114 밴드 브레이크 제동장치에서 밴드의 최소 두께 t(mm)를 구하는 식은?(단, 밴드의 허용인장응력 σ(N/mm²), 밴드의 폭은 b (mm), 밴드의 최대 긴장측 장력은 F_1(N)이다.

① $t = \dfrac{\sigma \cdot b}{F_1}$ ② $t = \dfrac{F_1}{\sigma \cdot b}$
③ $t = \dfrac{\sigma}{b \cdot F_1}$ ④ $t = \dfrac{b \cdot F_1}{\sigma}$

115 일정한 방향의 회전으로 발생한 원심력에 의해 자동으로 작동되는 브레이크는?

① 캠 브레이크   ② 블록 브레이크
③ 내확 브레이크   ④ 원판 브레이크

해설 캠 브레이크(cam brake) : 전동축에 부착되어 있는 캠의 작용으로 한쪽 방향에서는 브레이크 작용을 일으키고, 반대 방향에서는 회전을 자유로이 허용하는 구조를 가진 브레이크이다.

정답 111. ① 112. ④ 113. ④ 114. ② 115. ①

Chapter 3
기계공작법

Section 3-1 주조(Casting)

1 주조공정

어떤 제품을 제작할 경우, 이 제품과 같은 형상으로 만든 목재를 **원형**이라 하며, 이 원형을 모래 속에 묻고 모래를 다진 후 이 원형을 빼내면 원형과 같은 형상의 공간이 생기게 되는데 이것을 **주형**(mould)이라 한다. 이 공간에 용융된 금속을 넣고 응고시켜 빼내면 제품은 원형과 같은 형상의 제품이 되는데, 이 제품을 만드는 과정을 **주조**라 하며, 이 제품을 **주물**이라 한다. 원형(목형) 제작상의 주의사항은 다음과 같다.

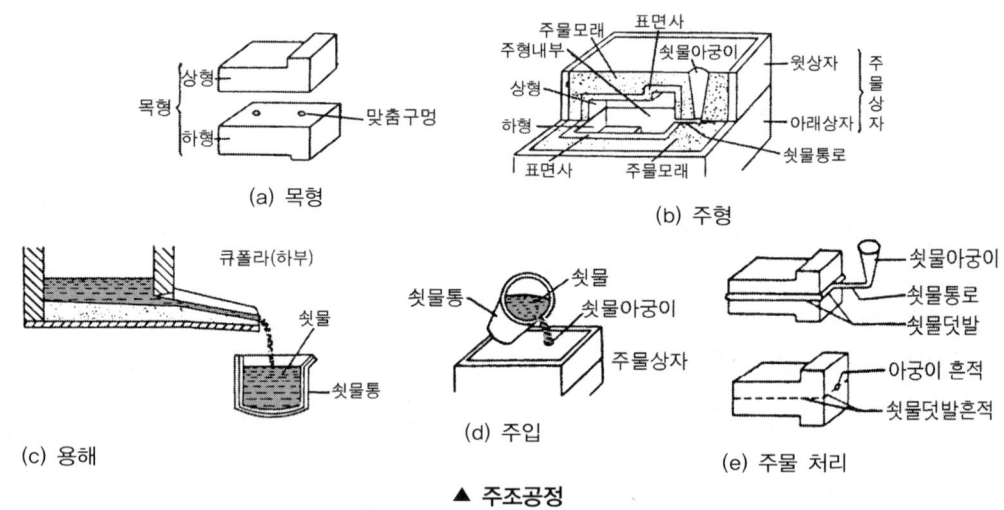

▲ 주조공정

1. 수축여유(shrinkage allowance)

용융된 금속이 냉각·응고할 때 수축이 발생하게 되므로 목형을 제작할 때, 이 수축에 해당하는 수축여유 값을 두어야 하는 것이다.

2. 가공여유(machining allowance)

손 다듬질 또는 기계 다듬질을 할 때 필요한 치수를 목형에 덧붙여야 하는데 이 여유 치수를 가공여유라 하며, 가공의 정밀도, 주형의 크기에 따라 다르다.

3. 목형 기울기(taper, 구배)

주형에서 목형을 빼내기 쉽게 하려고 목형의 수직면에 약간의 기울기를 둔다.

4. 라운딩(rounding)

금속이 응고할 때 모서리가 있으면 주조조직의 경계가 생겨 약해지므로 이를 피하기 위하여 모서리에 살붙임을 하여 둥글게 만든다.

5. 코어 프린트(core print)

코어의 위치를 결정하거나, 주형에 쇳물을 부었을 때 쇳물의 부력에 코어가 움직이지 않도록 하거나 쇳물을 주입하였을 때 코어에서 발생하는 가스를 배출시키기 위해 코어에 코어 프린트를 부착한다.

6. 덧붙임(stop off)

얇고 넓은 판자 모양의 목형은 변형하기 쉬우므로 넓은 면에 각제로 보충하거나, 주조할 때 두께가 같지 않으면 응고할 때 냉각 속도가 달라서 응력에 대한 변형 및 균열이 발생하므로 이것을 방지하기 위해 주형이나 목형에 덧붙임을 부착하여 보강한다.

7. 덧쇳물(feeder)

주형 내에서 쇳물이 응고될 때, 수축으로 인해 쇳물이 부족할 경우 공급하는 부분이다.

2 원형(목형, 모형)의 종류

1. 현형(solid pattern)

제작할 제품과 거의 같은 모양의 원형에 수축여유·가공여유 등을 고려하여 만든 목형을 현형이라 한다.
① 단체 목형 : 레버, 뚜껑 등 주물의 모양이 간단할 경우 사용한다.
② 분할 목형 : 목형을 주형에서 빼내기 쉽게 하기 위해 사용한다.
③ 조합 목형 : 제품의 모양이 복잡한 주물에서 이용한다.

2. 부분 목형(section pattern)

목형이 매우 크고, 대칭이며 기어 같이 동일한 형상이 연속적으로 이루어질 때 사용한다.

3. 회전 목형(sweeping pattern)

제품을 중심축에서 직각 방향으로 절단하였을 때 단면이 둥근 원 모양인 제품의 주형을 제작할 때 이용한다.

4. 긁기 목형(strickle pattern)

주조제품의 단면이 일정하고 가늘고 긴 모양일 경우에 사용한다.

5. 골격 목형(skeleton pattern)

대형 곡관 등과 같이 제작하고자 하는 주조제품의 수량이 적고 그 형상이 대형일 때 제작비용 절약을 위해 골격만 나무로 만들고 그 틈새는 주물사로 메운다.

6. 코어 목형(core box)

주물에 중공(中空) 부분을 만들 경우에 목형을 이용하여 주형을 만들고 이 주형에 코어 목형으로 만든 코어(core)를 넣는다. 또 코어를 지지하기 위해 목형에는 코어 프린트를 부착한다.

> **참고** 주물의 무게 산출 공식
> $W_m = \dfrac{S_m}{S_p} \times W_P$ [W_m: 주물의 무게(kgf), S_m: 주철의 비중, S_p: 목형의 비중, W_p: 목형의 무게(kgf)]

3 주형 및 조형 방법

1. 주물사 구비조건

① 가스 및 공기가 잘 빠질 것
② 반복사용에 따른 형상 변화가 거의 없을 것
③ 내열성이 크고 화학적 변화가 생기지 않을 것
④ 주형제작이 용이하고 쇳물의 압력에 견딜 수 있는 강도를 갖출 것
⑤ 주물사의 시험 항목에는 강도, 경도, 통기도 등이 있다.

2. 용해로(furnace)

① 평로(open-hearth furnace) : 축열실과 반사로를 사용하여 장입물을 용해 정련하는 방법으로 우수한 강을 얻을 수 있고 다량 생산에 적합하다.
② 큐폴라(cupola, 용선로) : 강판제의 원통 내벽을 내화벽돌로 쌓고 내화점토를 바른 것으로 선철의 용해에 사용되며 용량은 1시간당의 용해 능력으로 나타낸다.
③ 반사로(reverberatory furnace) : 용해 온도가 낮은 동, 황동, 청동 등 비철금속을 용해시키는데 주로 사용한다.

④ 도가니로(crucible furnace) : 흑연과 내화점토로 만든 도가니를 노 속에 넣고 도가니 안에 원료 금속을 넣어 외부의 코크스, 중유, 가스 등의 열원에 의해 용해하는 것이다. 구리합금, 경합금, 합금강과 같이 정확한 성분을 필요로 하는 금속을 용해하는데 적합하다. 규격은 한 번에 용해 가능한 구리의 중량(kgf)으로 표시한다.

⑤ 전기로(electric furnace) : 전기를 열원으로 사용하므로 온도가 내려가거나, 주물의 질이 저하되는 것을 방지할 수 있다.

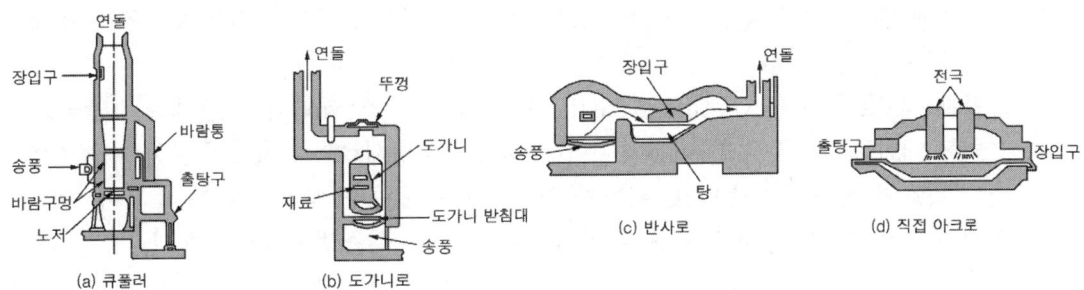

▲ 용해로의 종류

3. 주물의 검사방법

① 육안 검사 : 주물의 육안 검사에는 외관검사, 파면검사, 형광 검사방법 등이 있다.
② 물리적 검사 : 주물의 물리적 검사에는 타진음향법, 압력시험법, 현미경시험법, 자기탐상법, 방사선 검사법, 초음파탐상법 등이 있다.
③ 화학적 검사 : 주물의 화학적 검사에는 화학분석법, 부식시험 등이 있다.
④ 기계적 검사 : 주물의 기계적 검사에는 인장강도, 압축시험, 경도시험, 마모시험, 충격시험, 피로시험 등이 있다.

4. 특수 주조방법

(1) 칠드 주조(chilled casting) : 용융된 쇳물을 금속 주형 속에 주입하면 금속 주형과 접촉하는 부분은 급랭되어 칠드 층을 이루게 되므로 단단하게 된다. 그러나 내부는 서서히 냉각된 관계로 연한 주물이 된다.

(2) 원심주조(centrifugal casting) : 고속으로 회전하는 원통형의 주형 내부에 용융된 쇳물을 주입하면 원심력에 의해서 쇳물은 원통 내면에 균일하게 부착되며, 이때 그대로 냉각시키면 속이 빈 주물이 된다.

(3) 정밀 주조 방법

① 다이캐스팅(die casting) : 용융 금속을 금속 주형에 고속, 고압으로 주입하여 정밀도가 높은 알루미늄 합금 주물을 다량 생산하고자 할 때 사용한다. 즉 정밀금속 주형에 알루미늄(Al)합금, 구리(Cu)합금, 아연(Zn)합금, 마그네슘(Mg)합금 등의 용융 금속을 고속,

고압으로 주입하여 주물을 얻는 방법이다. 특징은 다음과 같다.
㉮ 주물의 형상이 정확하고 끝손질할 필요가 거의 없다.
㉯ 아연, 알루미늄 합금의 대량 생산용으로 사용한다.
㉰ 단면이 얇은 주물의 주조가 가능하다.
㉱ 형태에 제한이 있고 대형주물의 주조에는 부적합하며 설비비가 고가이다.
② 셸 몰드법(shell mould process) : 규소 모래와 열경화성수지를 배합한 분말을 가열된 금형에 뿌려 주형을 만들고 이것을 2개 합하여 주형을 만들어 여기에 쇳물을 부어 주물을 만드는 방법이다.
③ 인베스트먼트 주조(investment casting) : 모형을 왁스(wax)와 같은 재료로 만들고 여기에 내화물질을 바르고, 이것에 용융된 내화성 주형재료를 부착시켜 굳힌 다음 가열하면 왁스가 녹아서 유출되고, 왁스가 있던 자리가 중공이 되므로 주형이 되며, 여기에 쇳물을 주입시켜 주물을 만드는 방법이다. 로스트 왁스법이라고도 한다.

Section 3-2 측정 및 손 다듬질

1 측정

1. 아베의 원리(Abbe's principle)

"표준자와 피측정물은 같은 축선 상에 있어야 한다."라는 원리이다. 같은 축선 상에 있지 않을 경우에는 측정오차가 발생한다. 아베의 원리에 어긋나는 측정기로는 버니어캘리퍼스와 내측 마이크로미터가 있다.

2. 측정기구

(1) 버니어캘리퍼스(vernier calipers) : 아들자는 어미자의 n눈금을 $(n+1)$눈금으로 등분한 눈금을 새긴 것으로, 어미자 눈금을 벗어난 치수를 읽을 때는 아들자와 어미자의 눈금이 겹친 곳을 읽어 이때 아들자의 눈금에 $\frac{1}{n+1}$을 곱한 것이 그 치수가 된다.

이것은 아들자 한 눈금의 길이가 $\frac{n}{n+1}$이므로, 어미자와 아들자의 한 눈금 길이 차이는 $1-\frac{n}{n+1}=\frac{1}{n+1}$이 된다. 아들자의 x번째가 어미자의 눈금과 합쳐지면 그 읽는 치수는 $\frac{x}{n+1}$가 된다.

(2) **마이크로미터**(micrometer) : 피치가 정확한 나사의 끼워 맞춤을 이용하여 치수를 측정하는 기구이며, 스핀들과 같은 축에 있는 1줄 나사인 수나사(mm 방식에서는 피치가 0.5mm가 많음)와 암나사가 맞물려 있어 스핀들이 1회전하면 수나사가 있는 스핀들은 같은 축에 고정되어 있으며 딤블의 1회전에는 0.5mm의 진행(리드)이 이루어지므로 딤블의 1눈금은 $0.5mm \times \dfrac{1}{50} = \dfrac{1}{100} = 0.01mm$ 이다. 그리고 나사 마이크로미터는 나사의 유효지름을 측정할 때 사용한다.

(3) **다이얼 게이지**(dial gauge) : 측정자의 움직임을 기어를 이용한 확대 기구로 확대하여 이것을 지침의 움직임으로 나타내는 비교측정기(comparator)이다. 회전축의 흔들림, 기어의 백래시, 축방향 흔들림, 평면도 검사 가공면(원통면, 평면)검사 등에 사용된다.

(4) **블록 게이지**(block gauge) : 횡단면이 직사각형으로 각 면이 매우 정밀하게 다듬질 되어 있으며, 비교측정의 표준이 된다.

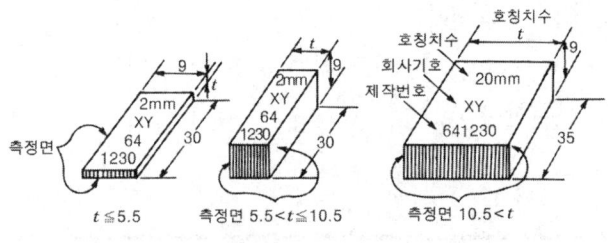

▲ 블록 게이지

(5) **사인 바**(sine bar) : 높은 정밀도를 필요로 할 때 직각 삼각형의 삼각함수인 사인을 이용하여 희망하는 각도를 만들기 위한 측정공구이다. 사인 바로 각도를 측정할 때 45° 이상되면 오차가 커지기 쉽다.

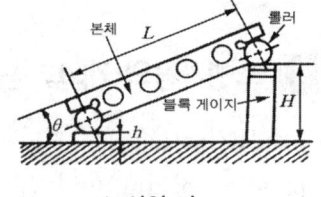

▲ 사인 바

$$\sin\theta = \dfrac{H-h}{L}$$

[$\sin\theta$: 각도, H, h : 블록게이지의 높이, L : 롤러의 중심 사이의 거리]

2 손 다듬질 공구 및 특징

정, 줄, 스크레이퍼 등의 수공구를 이용하여 절삭작업을 행하는 것을 손 다듬질이라 하며, 손 다듬질에는 금긋기, 정, 줄, 스크레이퍼, 탭 작업 등이 있다.

1. 금긋기 작업

금긋기 작업에 사용되는 공구는 V 블록(V block), 금 긋기용 바늘(scriber), 서피스 게이지(surface gauge), 금긋기 평형대, 컴퍼스, 트램멜, 펀치, 직각자, 각도기, 스크루 잭 등이 있다.

2. 손 다듬질 공구의 용도

① 정 작업 : 패널을 절단하거나 용접 패널을 떼어낼 때 사용하는 도구이며, 장방형으로 한쪽에 날이 서 있어서 반대편을 두드려 사용한다.
② 스크레이퍼 : 줄이나 기계로 다듬질 한 면을 조금씩 절삭하여 더욱 정밀도가 높은 면으로 다듬질하는 공구로 평면 절삭에 사용하는 평면 스크레이퍼와 큰 절삭력으로 곡면을 절삭하는 곡면 스크레이퍼로 분류한다.
③ 탭과 다이스 : 탭은 암나사를 가공하는 공구이며, 다이스는 수나사를 가공하는 공구이다.
④ 리머 : 드릴로 뚫어 놓은 구멍을 정확한 치수의 지름으로 넓히거나 안쪽 면을 깨끗하게 다듬질하는 데 사용하는 공구이다
⑤ 줄 : 철공 줄(file)의 호칭치수는 자루 부분을 뺀 날이 있는 부분의 길이로 나타내며 황목, 중목, 세목으로 분류한다.

Section 3-3 소성가공법

1 소성가공의 개요, 종류 및 특징

소성(plasticity)을 지닌 재료에 소성변형을 주어 목적하는 제품을 만드는 기술을 소성가공(plastic working)이라 한다.

1. 소성가공의 개요

(1) 가공경화 : 재료에 탄성한계 이상의 응력을 가해 소성변형을 일으키면 가공하기 전의 본래 재료보다 강해지는데 이러한 현상을 가공경화(work hardening)라 한다.
(2) 재결정 온도 : 상온에서 가공을 받아 변형된 금속의 결정 입자를 적당한 온도로 가열하면 변형된 결정 입자가 파괴되어 점차로 미세한 다각형 모양의 결정 입자로 변화된다. 이것을 금속의 재결정이라 하고, 재결정을 시작하는 가장 낮은 온도를 재결정온도라 한다. 철과 구리의 재결정 온도는 각각 450℃, 200℃ 정도이다.
(3) 냉간가공과 열간가공 : 금속의 소성가공은 소재를 변형시켜 가공하는데, 변형을 일으키기 위해 가열하는 온도에 따라서 냉간가공(cold working)과 열간가공(hot working)으로 나

눌 수 있다. 재결정 온도 이하의 낮은 온도에서의 가공을 냉간가공, 재결정 온도 이상 높은 온도에서의 가공을 열간가공이라 한다.

① 냉간가공의 특징
  ㉮ 가공 면이 깨끗하고 정확한 치수가공이 가능하다.
  ㉯ 연신율이 작아지며, 제품의 치수가 정확하다.
  ㉰ 재료의 변형저항이 크므로 동력소모가 크다.
  ㉱ 재료 내부에 응력이 잔류하게 되어 자연균열이 발생할 수 있다.

② 열간가공의 특징
  ㉮ 재결정 온도 이상으로 가열하므로 가공이 쉽다.
  ㉯ 거친 가공에 적합하다.
  ㉰ 표면이 가열되어 있어 산화로 인해 정밀가공이 어렵다.

2. 소성가공의 종류

소성가공을 가공 방법에 따라 분류하면 인발가공, 압출가공, 압연가공, 전조가공, 단조가공, 프레스 가공, 판금가공 등이 있다.

(1) **인발 가공(drawing)** : 드로잉이라고도 하며 다이(die) 구멍에 재료를 통과시켜 잡아당기면 단면적이 감소되어 다이 구멍의 형상과 같은 단면의 봉, 선, 파이프 등을 만드는 가공 방법이다. 인발 가공에 영향을 미치는 요소로는 인발력, 다이 각도, 윤활, 역장력 등이 있다. 인발의 가공도는 단면수축률로 나타낸다.

$$\phi = \frac{A - A_1}{A} \times 100$$

[ϕ : 단면수축률(%), A : 시험 전 단면적(cm^2), A_1 : 시험 후 단면적(cm^2)]

(2) **압출 가공(extrusion)** : 컨테이너 속에 있는 재료를 램으로 눌러 빼는 가공 방법으로 봉, 선, 파이프 등의 제작에서 사용된다.

(3) **압연 가공(rolling)** : 상온 또는 고온에서 회전하는 2개의 롤러(roller) 사이에 재료를 통과시켜 단면적을 감소시키고, 길이를 늘이는 가공 방법이다. 압연의 가공도는 압연 전후의 압하율로 나타낸다.

(4) **전조 가공(form rolling)** : 다이나 롤러를 사용하여 소재를 회전시키면서 부분적으로 압력을 가하여 변형시켜 제품을 만든 가공 방법이다. 주로 나사, 기어, 볼 등을 만든다.

(5) **단조 가공(forging)** : 재료를 적당한 온도로 가열하고 힘을 가해 소요의 형상으로 변형시키며, 재료의 조직개선과 성형이 주목적이다.

2 판금가공(sheet metal working) 종류 및 특징

1. 판금가공의 특징
판금가공은 소재로 여러 가지 형상을 만드는 가공이며, 특징은 다음과 같다.
① 복잡한 형상을 쉽게 가공할 수 있다.
② 제품이 가볍고 튼튼하다.
③ 제품의 표면이 아름답고, 표면처리가 쉽다.
④ 대량생산에 적합하며, 제품의 원가가 싸다.
⑤ 수리가 쉽고 재료가 절약된다.

2. 판금(전단)작업의 종류
① 블랭킹(blanking) : 다이와 펀치를 이용하여 판재를 필요한 치수의 모양으로 따내어 제품을 만들어내는 작업이다.
② 피어싱(piercing) : 판재에 펀칭을 하여 불필요한 부분을 뽑아 버리고, 남는 것이 제품이 되는 작업 즉, 재료에 필요한 치수와 모양의 구멍을 뚫는 작업이다.
③ 전단(shearing) : 판재를 잘라서 어떤 형상을 만드는 작업이다.
④ 트리밍(trimming) : 판재를 드로잉 가공으로 만든 후 둥글게 절단하는 작업이다.
⑤ 세이빙(shaving) : 뽑기나 구멍 뚫기를 한 제품의 가장자리에 붙어 있는 파단면 등이 편평하지 못하므로 제품의 끝을 약간 깎아 다듬질하는 작업이다.
⑥ 노칭(notching) : 측면을 가공하여 예리한 모서리를 만드는 작업이다.

3. 전단가공에 필요한 힘
펀치와 다이로 블랭킹 또는 펀칭할 때 필요한 힘 $P[\text{kgf}]$는 다음과 같이 구한다.
$$P = lt\tau$$
[l : 전체전단 길이(mm), t : 판 두께(mm), τ : 전단저항(kgf/mm²)]

4. 스프링 백(spring back)
스프링 백(spring back)이란 소성재료를 굽힘 가공을 할 때 재료를 굽힌 후 힘을 제거하면 판재의 탄성으로 인하여 탄성변형 부분이 원래의 상태로 복귀하여 그 굽힘 각도나 굽힘 반지름이 열려 커지는 현상이며, 프레스 작업 중 판금가공에서 주로 발생한다.

5. 압축작업의 종류
압축작업에는 압인(코인) 가공, 엠보싱 가공, 스웨징 가공 등이 있다.

Section 3-4 공작기계의 종류 및 특성

1 절삭이론

1. 칩(chip)의 기본형태

① **유동형 칩** : 연성재료를 절삭 가공 할 때 절삭 저항이 가장 적고, 절삭가공 면이 매끈한 칩의 형식이다.

② **전단형 칩** : 칩이 계속 연결은 되지만 끊어지는 결이 가로 방향으로 되어 약간 거친 느낌이 드는 칩이 되는 것이며, 다듬질면도 유동형에 비해 뒤떨어진다.

③ **열단형(경작형) 칩** : 점성이 큰 가공물을 경사각이 적은 절삭공구로 가공할 때 칩이 경사면에 점착되어 원활하게 흘러나가지 못하고 절삭공구의 전진에 따라 압축되어 가공재료 일부에 터짐 현상이 발생하는 칩의 형태. 즉 칩의 일반적인 형태가 절삭력으로 가공된 면이 뜯어낸 것과 같은 형태의 표면이나 땅을 파는 것과 같이 불규칙한 면으로 가공된다.

④ **균열형 칩** : 열단형 칩의 경우와 같이 절삭공구 앞면의 강하게 압축되어 날 끝에서 양쪽으로 균열이 발생한다. 그리고 여리므로 날 끝에서 생긴 균열이 재료의 표면까지 발생하면서 칩이 분리된다.

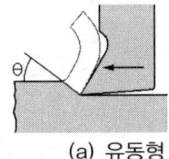
(a) 유동형
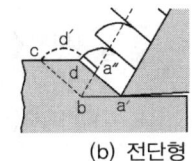
(b) 전단형
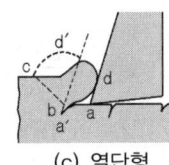
(c) 열단형
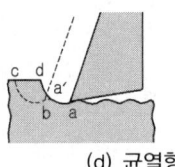
(d) 균열형

▲ 각종 칩의 모양

2. 구성 인선(built up edge)

금속을 절삭할 때 칩과 공구 경사면 사이에 높은 압력과 큰 마찰저항 및 절삭 열에 의하여 칩의 일부가 가공경화 되어 절삭 날 끝에 부착되어 절삭 날과 함께 절삭하므로, 절삭 날의 경사면과 여유 면의 마모를 촉진시키고 가공을 거칠게 하는 현상이다.

(1) 구성 인선이 발생하는 원인

① 절삭 깊이가 깊고, 이송량이 너무 적을 때
② 절삭 속도가 30~50m/min 이하일 때
③ 절삭 날 끝의 경사각(30° 이하)이 적을 때
④ 절삭 날 끝 경사각이 거칠고, 절삭유가 부적당할 때
⑤ 절삭 날 끝의 온도가 상승하여 융착 온도가 되었을 때

(2) 구성 인선 방지 방법

① 절삭 깊이를 얕게 한다.
② 상면 경사각을 크게 한다.
③ 절삭 속도를 고속으로 한다.
④ 마찰저항이 적은 공구를 사용한다.

3. 절삭 저항의 3분력

절삭 저항의 3분력의 크기는 주분력 > 배분력 > 이송분력(횡분력)이다.

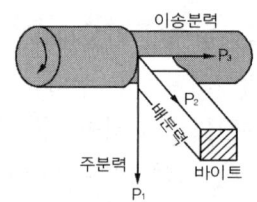

▲ 절삭 저항의 3분력

4. 절삭동력과 절삭 속도

(1) 절삭동력

$$H_{PS} = \frac{PV}{75 \times 60} \text{ 또는 } H_{kW} = \frac{PV}{102 \times 60}$$

[H_{PS}, H_{kW} : 절삭동력[PS, kW], P : 절삭저항[kgf], V : 절삭속도[m/min]]

(2) 절삭 속도

$$V = \frac{\pi D N}{1000} (\text{m/min}), \quad N = \frac{1000V}{\pi D}$$

[D : 공작물의 지름(mm), N : 회전속도(rpm)]

5. 절삭유의 작용

① 냉각 작용
② 마찰감소(윤활) 작용
③ 칩 제거 작용
④ 날 끝 마모 방지 작용

6. 공구의 수명

절삭을 시작하여 공구를 재연삭할 필요가 발생하기까지의 실제 절삭 시간을 공구 수명이라 한다. 공구 수명 판정 기준은 다음과 같다.

① 가공 면에 광택이 있는 색조나 반점이 생길 때
② 공구 인선의 마모가 일정량에 도달하였을 때
③ 완성 치수의 변화량이 일정량에 도달했을 때

④ 절삭 저항의 이송 분력과 배분력이 급격히 증가할 때

7. 절삭공구 인선의 파손

① **크레이터 마모**(crater wear) : 바이트의 경사면에 오목한 홈이 발생하는 마모 현상으로 날 끝이 손상된다.
② **플랭크 마모**(flank wear) : 바이트의 여유 면에 절삭 방향과 평행하게 마모되는 것으로 다듬질 면이 거칠고 제작치수에 영향을 준다.
③ **치핑**(chipping) : 절삭공구 인선의 파손 중에서 공구 인선의 일부가 미세하게 탈락되는 현상, 즉 절삭 날의 강도가 절상 저항에 견딜 수 없어 절삭 날 끝이 떨어지는 현상이며, 절삭 속도가 낮을 때 일어나기 쉽다.

2 선반(Lathe) 및 밀링머신(milling machine)

1. 선반

선반은 공작물이 회전운동을 하고, 절삭공구(바이트)에는 직선 이송을 주어 절삭 가공을 하는 기계이며, 선반에서 가공할 수 있는 작업은 바깥 지름(외경) 절삭, 끝 면 절삭, 정면 절삭, 절단, 테이퍼 절삭, 곡면 절삭, 구멍 뚫기, 보링 작업, 널링 작업, 나사 절삭 등이 있다.

(1) 선반의 종류

① **수직 선반**(vertical lathe) : 대형의 가공물이나 불규칙한 가공물을 편리하게 가공할 수 있다.
② **터릿 선반**(turret lathe) : 터릿 공구대를 설치하여 여러 개의 바이트를 부착하여 차례로 회전시키면서 가공하는 선반이다.
③ **정면선 반**(face lathe) : 선반의 베드를 가능한 한 짧게 하여 주로 공작물의 면(面) 절삭에 쓰이는 것으로 직경이 큰 공작물의 가공에 주로 쓰인다.
④ **모방선반**(copying lathe) : 자동모방 장치를 이용하여 제품과 동일한 모양의 모형이나 형판을 따라 공구대가 자동으로 바이트를 안내하여 형판과 같은 윤곽으로 턱 붙이 부분, 테이퍼 및 곡면 등을 모방 절삭하는 선반이다.

(2) 보통선반(engine lathe)의 구조

보통선반은 베드, 주축대, 왕복대, 심압대, 이송장치 등의 주요 부분으로 구성되어 있다.
① **주축대**(head stock) : 주축대는 베드 윗면의 왼쪽 끝에 고정되어 있으며, 공작물의 지지, 회전 및 변경 또는 동력 전달을 하는 일련의 기어 장치로 구성되어 있다.
② **왕복대**(carriage) : 왕복대는 베드 위 주축대와 심압대 중간에 설치되어 있으며, 바이트 및 각종 공구를 설치한 공구대를 평행하게 앞뒤·좌우로 이송시키며 새들과 에이프런으로 구성되어 있다.

③ 심압대(tail stock) : 심압대는 베드 위에서 주축대와 마주 보는 위치에 있으며 공작물의 오른쪽 끝을 센터(center)로 지지한다.
④ 베드(bad) : 베드는 주축대, 왕복대, 심압대 등 중요한 부분을 지지하고 있는 부분이다.
⑤ 이송 장치(lead screw) : 이송장치는 왕복대의 자동이송이나 나사를 절삭할 때, 적당한 회전속도를 얻기 위해 주축에서 운동을 전달받아 이송축 또는 리드 스크루까지 전달하는 장치이다.

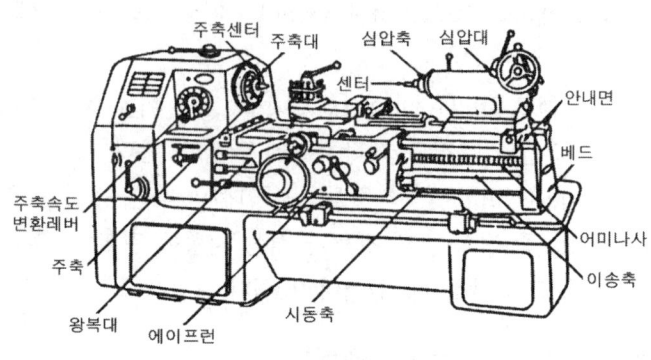

▲ 보통선반의 구조

(3) 선반의 부속 부품

① 면판(face plate) : 많은 구멍과 홈이 파여 있으며, 척(chuck)을 떼어 내거나 부착하는 것으로 모양이 불규칙하거나 큰 공작물을 센터나 척에 물릴 수 없을 때 사용한다.
② 회전판(driving plate) : 양 센터 작업을 할 때 사용하는 것으로 공작물을 돌리개에 고정하고 회전판에 끼워 작업한다.
③ 돌리개(driving dog) : 주축의 회전을 돌림판이 받아서 공작물을 고정시키며, 양 센터 작업을 할 때 사용한다.
④ 센터(center) : 선단이 원뿔형이고 대형 가공물에 사용되며, 자루부는 테이퍼 되어 있다.
⑤ 맨드릴(심봉, mandrel) : 구멍이 있는 공작물에서 그 구멍을 기준으로 하여 가공할 때 사용하는 부속품이다.
⑥ 척(chuck)의 종류와 그 특징
척은 주축 끝에 있는 나사에 끼워 공작물을 고정하는 데 사용한다.
　㉮ 단동척(independent chuck) : 4개의 조(jaw)가 각각 움직일 수 있어 불규칙한 형상의 공작물을 고정하는 데 적합하다.
　㉯ 연동척(universal chuck) : 3개의 조가 동시에 움직이는 구조이며, 원형이나 육각형의 공작물을 고정하는데 편리하다.
　㉰ 전자척(magnetic chuck) : 전자석에 의하여 철강 제품을 흡착하는 것으로 얇은 판을 고정하는 데 적합하다.
　㉱ 공기척(air chuck) : 압축공기를 이용하는 척으로 조를 이동시켜 공작물을 고정한다.
　㉲ 콜릿척(collet chuck) : 자동선반이나 터릿 선반 등에서 환봉재 고정식으로 대량생

산에 적합하다.
㈏ 양용척(combination chuck) : 단동척과 연동척을 겸한 것이며, 척 뒷면 핀의 위치를 바꿈으로써 필요에 따라 단동척과 연동척으로 고쳐서 사용한다.

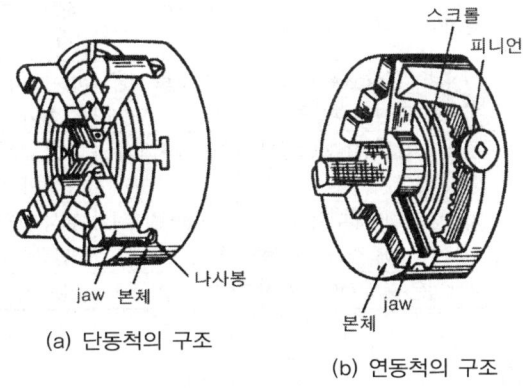

(a) 단동척의 구조 (b) 연동척의 구조

▲ 척의 종류

⑦ 방진구(work rest) : 방진구는 가늘고 긴 공작물을 가공할 때, 절삭력이나 자체 중량에 의해 구부러지거나 떨림을 방지하기 위한 장치이다.
⑧ 바이트(bite) : 선반 작업에서 사용하는 절삭공구를 바이트라 한다.
⑨ 체이싱 다이얼 : 선반에서 나사 깎기 작업시 사용한다.

2. 밀링머신(milling machine)

원판 또는 원통의 둘레에 많은 날을 가진 밀링커터라는 절삭공구를 회전시켜 공작물을 이송하며 절삭하는 공작기계이다. 수평과 수직의 평면 깎기, T-홈 깎기 등을 빠르고 정밀도가 높게 가공할 수 있으며, 특별한 장치를 하여 기어 가공, 비틀림 홈 깎기, 정육면체의 외형 평면 깎기 등을 할 수 있다. 밀링커터의 분당 이송량 산출 공식은 다음과 같다.

$$f = f_z \times Z \times N, \quad N = \frac{1000\,V}{\pi D}$$

[f : 분당 이송량(m/min), f_z : 날 1개당 이송(mm), Z : 커터의 날 수,
N : 회전속도(rpm), V : 절삭속도(m/min), D : 공작물의 지름(mm)]

(1) 상향 절삭과 하향 절삭

커터의 절삭 방향에는 상향 절삭과 하향 절삭이 있는데,
① 상향 절삭은 절삭공구의 회전 방향과 공작물의 진행 방향이 반대 방향의 절삭을 말하며, 올려 깎기라고도 한다.
② 하향 절삭은 절삭공구의 회전 방향과 공작물의 진행 방향이 같은 방향의 절삭을 말한다.

(2) 상향 절삭과 하향 절삭 비교

절삭 방법 내용	상향 절삭	하향 절삭
이송 나사의 백래시	절삭에 큰 영향이 없다.	백래시를 완전히 제거하여야 한다.
기계 강성에 미치는 영향	강성이 낮아도 무방하다.	작업 시 충격이 크기 때문에 높은 강성이 필요하다.
공작물의 고정	절삭날이 공작물을 들어올리는 방향으로 작용하므로 고정이 불안하다.	절삭날이 공작물을 누르는 형태여서 고정이 안정적이다.
날끝의 수명	절삭 가공시 마찰열로 접촉면의 마모가 커서 수명이 짧다.	절삭 날에 마찰 작용이 적어 날의 마모가 적고 수명이 길다.
마찰 저항	가공 시작부터 끝까지 절삭 저항이 점차 증가하여 절삭날에 작용하는 충격이 적다.	절삭 가공할 때 마찰력은 적으나 하향으로 큰 충격력이 작용한다.
다듬질면	광택면은 좋게 보이나 하향 절삭보다 거칠다.	가공면이 깨끗하고 고정밀 절삭이 가능하다.

3 드릴 및 연삭 작업

1. 드릴의 기본 작업

① 드릴링(drilling) : 구멍을 뚫는 작업이다.
② 스폿 페이싱(spot facing) : 너트가 닿는 부분을 절삭하여 자리를 만드는 작업이다.
③ 카운터 보링(counter boring) : 작은 나사, 둥근 머리 볼트의 머리를 공작물에 묻히게 하기 위해 턱 있는 구멍을 뚫는 가공이다.
④ 카운터 싱킹(counter sinking) : 접시머리 볼트의 머리 부분이 묻히도록 원뿔 자리를 파는 작업이다.
⑤ 보링(boring) : 뚫린 구멍이나 주조한 구멍을 넓히는 작업이다.
⑥ 리밍(reaming) : 뚫린 구멍 안쪽 면을 리머로 다듬는 작업이다.
⑦ 태핑(tapping) : 드릴로 뚫은 구멍의 안쪽 면에 탭을 이용하여 암나사를 가공하는 작업이다.

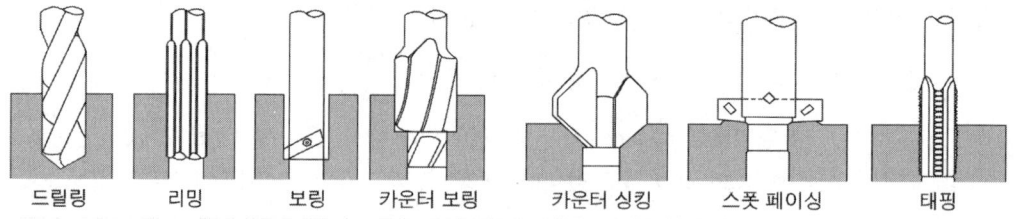

▲ 드릴 작업의 종류

2. 드릴의 구조

① 드릴 날 끝 각도 : 트위스트 드릴의 날 끝 각도는 118°이며, 일반재료 118°, 경각 150°, 연강 125°, 스테인리스강 125~135°, 주철 90~100°, 황동과 구리합금 100~118°, 구리 100°, 알루미늄 140°이다.

② 탱(tang) : 드릴 자루가 테이퍼인 드릴의 끝부분을 납작하게 한 부분으로 드릴이 미끄러져 헛돌지 않고, 테이퍼 부분이 상하지 않도록 하면서 회전력을 주는 부분이다.

③ 날 여유 각도 : 드릴이 용이하게 재료를 파고 들어갈 수 있도록 드릴의 절삭 날에 주어진 각을 날 여유 각도라 한다. 표준 날 여유 각도는 12~15°이며, 일반재료 12~15°, 스테인리스강 10~12°, 주철 및 구리 12°, 황동과 구리합금 12~15°, 경강 7~10°이다.

④ 비틀림 각도 : 비틀림 각도는 35°이며, 단단한(경질) 재료는 각도가 작은 것을, 연한(연질) 재료는 큰 것을 사용한다.

⑤ 백 테이퍼(back taper) : 구멍 안쪽 면과 드릴과의 접촉저항을 방지하기 위하여 선단에서 자루에 가까워짐에 따라 조금씩 가늘어지는 것을 말한다.

⑥ 웨브(web) : 좌우로 등을 대고 있는 2개의 홈 사이의 얇은 벽을 말하며, 각도는 135°가 표준이다. 웨브는 드릴 선단에서 자루 쪽으로 갈수록 두꺼우며, 두께가 두꺼울수록 절삭저항이 커진다.

3. 드릴링 머신의 종류

① 직립 드릴링 머신 : 비교적 소형 공작물 가공에 편리한 드릴링 머신이다.

② 탁상 드릴링 머신 : 작업대 위에 설치하는 소형 드릴링 머신이며, 드릴의 지름이 비교적 작고 깊이가 얕은 작은 구멍을 뚫을 때 사용한다.

③ 레이디얼 드릴링 머신 : 공작물이 큰 경우에는 공작물의 이동이 어렵고 또 주축이 구멍 위치까지 닿지 않는 경우도 있다. 이와 같이 큰 공작물을 고정시키고, 주축의 드릴 부분을 움직여서 구멍을 뚫는 드릴링 머신이다.

④ 다축 드릴링 머신 : 한꺼번에 여러 개의 구멍을 뚫거나 공정 수가 많은 구멍을 가공할 때 가장 적합하다.

4. 연삭

연삭숫돌은 회전 절삭공구이며, 여러 개가 모인 절삭공구로 계속하여 절삭하는 것이 밀링머신의 절삭과 비슷하다. 연삭 작업은 정밀가공 방법의 일종으로 바이트, 밀링머신 등의 절삭공구로 절삭할 수 없는 담금질을 한 강, 특수 합금강 등을 연삭하거나, 절삭한 뒤에 깎은 자국을 평면으로 다듬질하는 것이다.

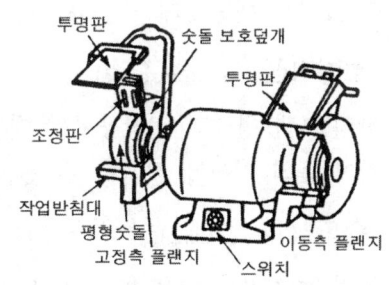

▲ 탁상용 그라인더 구조

① **연삭숫돌의 자생 작용** : 연삭이 계속 진행되면 자동적으로 입자가 탈락되면서 새로운 예리한 입자에 의해서 연삭이 진행되는 것을 말한다.

② **연삭숫돌의 요소** : 연삭숫돌이 GC 36 K B V로 표시된 경우 GC는 숫돌 입자, 36은 입도, K는 결합도, B는 조직, V는 결합제를 의미한다.

③ 연삭숫돌에서 발생하는 현상과 수정
  ㉮ 글레이징(glazing, 무딤)이란 숫돌바퀴의 입자가 탈락되지 않고 마멸에 의해 납작하게 된 그대로 연삭되는 상태이다.
  ㉯ 트루잉(truing)이란 숫돌의 연삭 면을 숫돌과 축에 대하여 평행 또는 일정한 형태로 성형시키는 것이다.
  ㉰ 로딩(loading, 눈메움)이란 숫돌 입자의 표면이나 기공에 칩이 끼어 연삭성이 나빠지는 현상이다.
  ㉱ 드레싱(dressing)이란 연삭숫돌 표면에 무디어진 입자나 기공을 메우고 있는 칩을 제거하여 본래의 형태로 숫돌을 수정하는 방법이다.

4 특수가공

1. 호닝(honing)

원통의 내면을 보링, 리밍, 연삭 등의 가공을 한 후에 공구를 회전 및 직선 왕복 운동시켜 진원도, 진직도, 표면 거칠기 등을 더욱 향상시키기 위한 가공 방법이다. 가공정밀도는 3~10㎛ 정도이다.

2. 슈퍼 피니싱(super finishing)

매우 작은 입자의 숫돌 표면에 극히 작은 압력으로 가압하면서 가공물의 표면을 따라 축 방향으로 진동을 주면서 원통의 내면, 외면 및 평면을 가공하는 방법이며, 숫돌 입자의 재질은 Al_2O_3이다. 가공정밀도는 0.1~0.3㎛ 정도이다.

3. 래핑(lapping)

공작물과 랩 공구 사이에 미세한 분말 상태의 랩제와 윤활유를 넣고 이들 사이에 상대운동을 시켜 표면을 매끈하게 가공하는 방법이다. 가공정밀도는 0.0125~0.025㎛ 정도이다.

4. 호빙머신(hobbing machine)

창성법(랙 형태의 절삭공구를 대고 원반의 주위를 깎는 가공법)으로 평기어, 헬리컬기어 및 웜기어 등의 기어를 절삭할 수 있는 가장 일반적인 기어 절삭용 공작기계이다.

5. 숏피닝(shot peening)

주철, 주강제의 작은 볼(ball) 모양의 숏(shot)을 고속으로 공작물 표면에 분사하여 표면을 매끈하게 함과 동시에 경화층을 얻을 수 있으며, 숏이 해머작용을 하여 피로강도, 기계적 성질을 향상시킨다.

Section 3-5 용접(welding)

1 용접의 개요

접합할 부분을 부분적으로 가열 용융하거나 반용융 상태가 되게 하여 접합시키는 작업을 말하며, 용접은 다른 접합 방법에 비해 다음과 같은 장점 및 단점이 있다.

1. 용접의 장점
① 기밀 유지성이 좋으며, 재료를 절감할 수 있다.
② 공정 수가 감소되며, 가공모양을 자유롭게 할 수 있다.
③ 제품의 성능과 수명 및 이음 효율이 향상된다.

2. 용접의 단점
① 용접 부분의 결함 검사가 어렵다.
② 응력집중에 대해 매우 민감하다.
③ 모재의 재질에 따라 용접성능이 좌우된다.
④ 모재가 열 영향을 받아 변형된다.

2 전기용접(아크용접)

전기회로에 2개의 금속 또는 탄소 단자를 전극으로 하여 서로 접촉시켜 아크(arc)를 발생시키며, 이 때 고온의 열이 발생되어 전극 단자에서 적은 양의 분자가 기화하게 되어 전기회로가 형성되면 전류가 계속 흐르게 되므로 이 열(약 3,000~5,000℃)로 금속을 용융시켜 접하는 방법이다. 그림은 정극성의 경우로 모재 용융이 깊고, 용접봉 용융이 느리다.

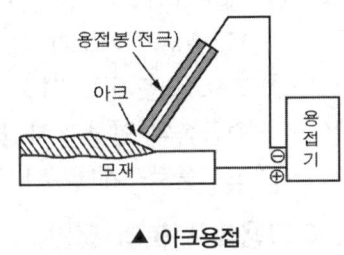

▲ 아크용접

1. 아크용접의 종류
① 금속 아크용접(metal arc welding) : 모재와 금속 용접봉(전극)과의 사이에 아크를 발생시켜 그 열로 용접봉과 모재를 녹여 용착 금속을 형성하는 방법으로 교류(AC)와 직류(DC)가 있으나 현재는 교류를 주로 사용한다.
② 탄소 아크용접(carbon arc welding) : 탄소아크에 의해 용접열을 공급하고 용착 금속은 별도로 용가 재료를 사용하여 이것을 녹여 모재를 접합하는 것으로, 직류전원이 쓰이나 많이는 사용하지 않는 방법이다.

2. 피복제의 역할 및 종류

(1) 피복제의 역할
① 대기 중의 산소나 질소의 침입을 방지하고 용착 금속을 보호한다.
② 아크를 안정되게 하며, 용융점이 낮은 가벼운 슬래그(slag)를 만든다.
③ 슬래그 제거가 쉽고, 파형이 고운 비드(bead)를 만든다.
④ 용착금 속의 탈산 및 정련 작용을 한다.
⑤ 용착 금속에 적당한 합금원소를 첨가한다.
⑥ 용적(globule)을 미세화하고, 용착효율을 높인다.
⑦ 모든 자세의 용접을 가능하게 하며, 용착 금속의 응고와 냉각 속도를 지연시킨다.
⑧ 전기절연 작용을 한다.

(2) 피복제의 종류
산화규소, 산화알루미늄, 산화티탄, 철, 망간, 산화나트륨, 규산나트륨, 석회석 등이 있으며, 대표적인 피복제의 종류에는 다음과 같은 것이 있다.

① **철분산화철계(E4327)** : 산화철 및 철분을 주성분으로 한 피복제이며, 수평 용접(필릿 용접)용 용접봉으로 중판의 용접에 사용된다.
② **저수소계(E4316)** : 저수소계는 수소량이 적어 내균열성이 우수한 용접 부분을 얻을 수 있다. 또, 강력한 탈산 효과가 있어 기공 발생도 적고 인성이 우수한 용접금속이 생성되므로, 피복아크용접봉 중에서는 가장 신뢰성이 우수한 용접 부분이 얻어진다.
③ **일미나이트계(E4301)** : 비저수소계 용접봉으로 저수소계에서 발생하기 쉬운 아크 스타트 부분의 기포가 적어 안정된 내기공성을 얻을 수 있다.
④ **고산화티탄계(E4313)** : 용접 비드는 광택이 있는 아름다운 외관을 보여준다. 그러나 용접금속의 인성과 내균열성이 약간 떨어져 두꺼운 판의 용접에는 적합하지 않다.
⑤ **고셀룰로즈계(E4311)** : 가스 발생 계통의 대표적 용접봉이다.

3. 아크용접 부분의 결함

(1) **오버랩**(over lap) : 용융된 금속이 모재와 잘 융합되지 않고 표면에 덮여 있는 상태를 말하며, 모재에 대해 용접봉이 굵을 때, 용접전류가 약할 때, 용접 속도가 늦을 때 발생한다.
(2) **스패터**(spatter) : 용접 중에 비산되는 슬래그 및 금속 입자가 모재에 부착된 것을 말하며, 높은 전압, 용융속도가 빠를 때, 아크의 길이가 길 때 일어난다.
(3) **용입 불량** : 모재의 용융 속도가 용접봉의 용융 속도보다 느릴 때 일어나며 낮은 전압, 낮은 속도일 때 발생한다.
(4) **언더 컷**(under cut) : 용접 경계 부분에서 생기는 홈이며, 용접전류가 크고, 용접 속도가 빠를 때 일어난다. 언더컷을 방지하는 방법은 다음과 같다.

① 용접전류와 용접 속도를 낮춘다.
② 정확한 용접 각도를 유지한다.
③ 아크 길이가 적당하게 한다.
④ 모재의 두께 및 폭에 적합한 용접봉을 선택한다.
(5) 기공(blow hole) : 용착 금속 속에 남아 있는 가스로 인한 구멍을 말하며, 용접전류가 과대할 때, 용접봉에 습기가 많을 때, 모재에 불순물이 있을 때 일어난다.

3 가스용접(gas welding), 절단 및 가공

1. 가스용접

가스용접은 용접의 일종이며, 가연성 가스와 산소를 혼합 연소시켜 고온의 불꽃을 용접 부분에 대어 용접 부분을 용융시켜 접합하는 방법이다. 가연성 가스에는 아세틸렌가스, 프로판가스, 수소 등이 있으나 아세틸렌가스를 가장 많이 사용한다. 그 이유는 산소-아세틸렌 불꽃이 다른 가스 불꽃보다 온도가 높아 경제적이기 때문이다.

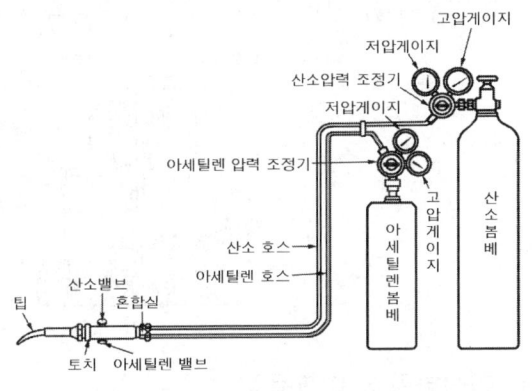

▲ 가스 용접장치

2. 가스절단(gas cutting)

금속의 절단 부분을 산소-아세틸렌 불꽃으로 가열하여 850~900℃로 되었을 때 갑자기 많은 양의 산소를 불어 넣으면 금속은 산소 때문에 연소하고 용융점이 낮은 산화철이 되어 용해됨과 동시에 산소의 압력으로 날려서 절단된다. 금속이 절단되는 정도는 다음과 같다.
① 절단이 잘되는 금속 : 연강, 순철, 주강
② 절단이 조금 어려운 금속 : 경강, 합금강, 고속도강
③ 절단이 어느 정도 곤란한 금속 : 주철
④ 절단이 되지 않는 금속 : 구리, 황동, 청동, 알루미늄, 납, 주석, 아연, 스테인리스강

4 특수용접 종류 및 특성

1. 서브머지드 아크 용접

잠호 용접 혹은 유니언 멜트 용접이라고도 하며, 전자동 용접으로 용접부에 용제를 쌓아두고 그 속에 전극 와이어를 넣어, 모재와의 사이에 아크를 발생시켜 용제와 모재를 용융시켜 용접하는 방식이다. 특징은 다음과 같다.
① 용접 홈의 가공정밀도가 좋아야 한다.

② 일정 조건으로 용접이 시공되므로 강도가 크고 신뢰도가 높다.
③ 열에너지의 손실이 적고 용접 속도가 수동용접과 비교하여 10배 정도 이상이다.
④ 용접선이 직접 보이지 않기 때문에 반자동용접이 곤란하다.
⑤ 자동 용접의 경우에도 이음매의 경로 추적 성능이 우수한 고가의 장치가 필요하다.

2. 불활성가스 아크용접

아르곤, 헬륨 등 고온에서도 금속과 반응을 하지 않는 불활성가스의 분위기 속에서 텅스텐(TIG 용접)과 금속선(MIG 용접)을 전극으로 하여 모재와의 사이에서 아크를 발생시켜 용접하는 방법으로 알루미늄, 구리합금과 같은 특수금속을 용접할 수 있다.

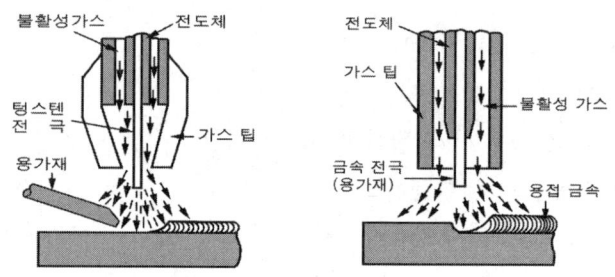

▲ TIG 용접과 MIG 용접

3. 이산화탄소 아크용접

용접 부분에 이산화탄소 가스(실드 가스)를 분사시켜 금속 와이어(전극봉)과 모재와의 사이에 발생하는 아크를 공기와 차단시킨 상태에서 열에 의해 모재를 가열 융합시켜 용접하는 방법이다.

4. 테르밋 용접(thermit welding)

알루미늄 분말, 산화철 분말과 점화제의 혼합반응으로 열을 발생시켜 용접하는 방법이다.

5. 전기저항 용접

전기저항 용접을 압접이라 부르며, 그 종류에는 점(spot)용접, 심(seam)용접, 맞대기 용접, 플래시 용접 등이 있다.

(1) 전기저항 용접의 원리

금속을 접합하거나 맞대어 놓고 여기에 전류를 흐르게 하면 접촉저항으로 금속 안에 열이 발생한다. 주울의 법칙($Q = 0.24I^2Rt$)을 응용한 용접방법이다.

(2) 전기저항 용접의 종류

① **점용접**(spot welding) : 접합하려는 2개의 모재를 겹쳐서 고정된 전극 사이에 끼워 놓고 가동 전극을 판에 접촉시켜 전류가 흐르도록 하고 전극으로 압력을 가해 용접하는 방법이다. 용접전류, 통전시간, 전극의 가압력 등 3요소가 필요하다. 점용접의 장점은

다음과 같다.
㉮ 표면이 편평하고 외관이 아름답다.
㉯ 재료가 절약된다.
㉰ 변형발생이 작다.
㉱ 구멍을 가공할 필요가 없다.
㉲ 로봇을 이용한 자동화가 용이하다.

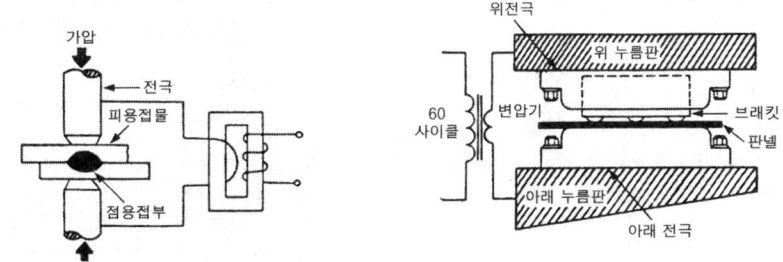

▲ 점용접과 프로젝션 용접의 구성

② **심 용접**(seam welding) : 원판상(롤러)의 전극에 재료를 끼워 압력을 가하면서 전류를 통하게 하여 접합하는 방법이다.
③ **포일 심 용접**(foil seam welding) : 모재를 맞대어 놓고 이음부에 동일재질의 얇은 박판을 대고 가압하는 용접이다.
④ **맞대기 용접** : 2개의 모재를 용접기에 설치하여 맞대고 전류를 통해서 접촉 부분을 용융시켜 접합하는 방법이다. 종류에는 업셋 용접과 플래시용접이 있다.
⑤ **플래시 용접**(flash welding) : 두 재료를 천천히 가까이 접촉시키면 접촉점에 단락 대전류가 흘러 접촉저항과 대전류 밀도에 의하여 국부적으로 발열하여 잠시 과열 용융되어 불꽃이 비산하면서 용접되는 방법이다.
⑥ **프로젝션 용접**(돌기 용접, projection welding) : 용접 부분에 돌기를 설치하고 돌기에 전류를 집중시켜 압력을 가하여 접합시키는 방법이다.

Chapter 3 출제예상문제

01 목형의 종류에서 현형에 속하는 것이 아닌 것은?

① 단체형　　② 분할형
③ 조립형　　④ 회전형

해설 현형은 제작할 제품과 동일한 형상으로 다듬질 여유 및 수축여유를 첨가한 목형으로 단체형, 분할형, 조립형이 있다.

02 제품이 대형이고 제작 수량이 적은 경우 제품 형태의 중요 부분만을 골격으로 만들어 사용하는 목형은?

① 골격형　　② 긁기형
③ 회전형　　④ 코어형

해설 목형의 종류
① 회전형 : 제품을 중심축에서 직각방향으로 절단하였을 때 단면이 둥근 원모양인 제품의 주형을 제작할 때 이용한다. 즉 제작하고자 하는 주물이 1개의 축을 중심으로 된 경우에 사용하며 비용과 시간을 절약할 수 있다.
② 긁기형(strickle pattern) : 주조 제품의 단면이 일정하고 가늘고 긴 모양일 경우에 사용한다. 즉, 직관이나 곡관 등 제품의 단면이 같을 때 안내판을 사용하여 주형으로 만든다.
③ 골격형(skeleton pattern) : 주물 형상이 크고 소량의 주조 제품을 요구할 때 그 형상의 골격을 제작한 후 그 간격의 공간을 점토 등의 물질로 메워 제작한다.
④ 코어형(core box) : 주물에 중공(中空) 부분을 만들 경우에는 목형을 이용하여 주형을 만들고 이 주형에 코어 목형으로 만든 코어(core)를 넣는다. 또 코어를 지지하기 위해 목형에는 코어 프린트를 부착한다.

03 속이 빈 모양의 목형을 주형 내부에서 지지할 수 있도록 목형에 덧붙여 만든 돌출부는?

① 라운딩　　② 코어 프린트
③ 목형 기울기　　④ 보정 여유

해설 코어 프린트(core print)는 속이 빈 모양의 목형을 주형 내부에서 지지할 수 있도록 목형에 덧붙여 만든 돌출부분이다. 또 코어의 위치를 정하거나, 주형에 쇳물을 부었을 때 쇳물의 부력으로 코어가 움직이지 않도록 하거나 또는 코어에서 발생하는 가스를 배출하기 위해 부착한다.

04 바닥이 넓은 축열실 반사로를 이용하여 선철을 용해 정련하는 제강법은?

① 평로　　② 전기로
③ 전로　　④ 용광로

해설 평로는 축열실을 노 밑에 갖추고 1,800℃의 고온을 얻어, 선철을 강으로 만들 수 있다.

05 용해 온도가 낮은 동, 황동, 청동 등 비철금속을 용해시키는데 주로 사용하는 용해로는?

① 큐폴라　　② 전기로
③ 반사로　　④ 평로

해설 반사로(reservatory furnace)는 많은 금속을 값싸게 용해할 수 있으며, 대형 주물 및 고급 주물을 용해할 때나 특수 배합의 주물을 사용할 때 이용된다. 주로 주철, 구리, 청동, 황동을 용해할 때 주로 사용된다.

정답 01. ④　02. ①　03. ②　04. ①　05. ③

06 다음 중 도가니로의 규격은 어떻게 표시하는가?

① 시간당 용해 가능한 구리의 중량(kgf)
② 시간당 용해 가능한 구리의 부피(m³)
③ 한 번에 용해 가능한 구리의 중량(kgf)
④ 한 번에 용해 가능한 구리의 부피(m³)

해설 도가니로의 규격은 한 번에 용해 가능한 구리의 중량(kgf)으로 표시한다.

07 주형 주물사의 구비조건으로 옳지 않은 것은?

① 주물 표면에서 이탈이 용이할 것
② 가스 및 공기가 잘 빠지지 않을 것
③ 내열성이 크고 화학적인 변화가 없을 것
④ 반복 사용에 따른 형상 변화가 거의 없을 것

해설 주물사의 구비조건
① 가스 및 공기가 잘 빠질 것
② 반복사용에 따른 형상변화가 거의 없을 것
③ 내열성이 클 것
④ 화학적 변화가 생기지 않을 것
⑤ 주형제작이 용이할 것
⑥ 쇳물의 압력에 견딜 수 있을 것
⑦ 주물 표면에서 이탈이 용이할 것

08 다음 중 주물사의 시험 항목이 아닌 것은?

① 입도   ② 유분도
③ 점토분   ④ 통기도

해설 주물사의 시험 항목에는 입도, 점토분, 강도, 경도, 통기도 등이 있다.

09 목형의 무게가 5.2kgf이고, 목형의 비중이 0.45인 육송을 사용한 주형에서 주조한 제품의 주철의 비중을 7.4라고 하면 주철의 무게는 몇 kgf인가?

① 45.2   ② 56.7
③ 72.8   ④ 85.5

해설 $W_m = \dfrac{S_m}{S_p} W_p$ [W_m : 주물의 중량, S_m : 주물의 비중, S_p : 목형의 비중, W_p : 목형의 중량]

$\therefore \dfrac{7.4}{0.45} \times 5.2 = 85.5 kgf$

10 목형의 중량이 3.0kgf일 때 6·4 황동 주물의 중량은 몇 kgf인가? (단, 목형의 비중은 0.4, Cu의 비중은 8.9, Zn의 비중은 7.0이다.)

① 54.13   ② 58.22
③ 61.05   ④ 67.05

해설 $W_m = \dfrac{S_m}{S_p} W_p$

$\therefore \dfrac{(8.9 \times 0.6) + (7.0 \times 0.4)}{0.4} \times 3.0 = 61.05 kgf$

11 다음 중 주물에 기공의 유무를 검사하는 방법이 아닌 것은?

① 자기 탐상법   ② 방사선 탐상법
③ 형광 탐상법   ④ 초음파 탐상법

해설 주물에 기공(blow hole)의 유무를 검사하는 방법에는 자기 탐상법, 방사선 탐상법, 초음파 탐상법 등이 있다.

12 다음 중 주물의 결함에 속하지 않는 것은?

① 수축공   ② 기공
③ 편석   ④ 압탕

해설 압탕이란 주조에 주입한 쇳물의 압력을 증가하기 위하여 쇳물을 가득 채우는 빈 곳이다.

정답 06. ③ 07. ② 08. ② 09. ④ 10. ③ 11. ③ 12. ④

13 용해된 금속을 금형에 고압으로 주입하여 주물을 만드는 주조법은?

① 칠드주조   ② 원심주조법
③ 다이캐스팅   ④ 셸몰드법

해설 다이캐스팅은 용해된 금속에 압력을 가하여 금형에 부어 주물을 만드는 방법이다. 주물 표면이 매끈하고 치수 정밀도가 높고, 제품이 균일하게 되므로 다듬질할 필요가 전혀 없으며, 강도가 크고 복잡한 모양의 얇은 주물의 생산에 이용된다.

14 기계의 분진이나 쇠 부스러기를 청소하기 위해서 사용하는 공구로 다음 중 가장 적당한 것은?

① 줄   ② 스크레이퍼
③ 정   ④ 브러시

15 측정된 버니어캘리퍼스의 측정값은 몇 mm인가?(단, 아들자의 최소눈금은 1/50mm이다.)

① 5.01mm   ② 5.05mm
③ 5.10mm   ④ 5.15mm

16 버니어캘리퍼스의 어미자의 1눈금이 1mm이고, 아들자의 눈금은 어미자의 19mm를 20등분하였을 때 읽을 수 있는 최소 눈금은?

① 0.02mm   ② 0.20mm
③ 0.50mm   ④ 0.05mm

해설 최소눈금 $= 1 - \frac{19}{20} = \frac{20}{20} - \frac{19}{20} = \frac{1}{20} = 0.05mm$

17 어미자의 눈금이 1mm이고, 어미자 49mm를 50등분하였다면 버니어 하이트 게이지의 최소 측정값은?

① 0.01mm   ② 0.02mm
③ 0.025mm   ④ 0.05mm

해설 최소 측정값 : $1 - \frac{49}{50} = 0.02mm$

18 사용하는 측정기의 최소 측정단위가 1㎛이면 몇 mm까지 측정이 가능한가?

① $\frac{1}{100}$ ② $\frac{1}{1,000}$
③ $\frac{1}{10,000}$ ④ $\frac{1}{100,000}$

해설 사용하는 측정기의 최소 측정단위가 1㎛이면 $\frac{1}{1,000}$ mm까지 측정이 가능하다.

19 외측 마이크로미터에서 측정력을 일정하게 하는 것은?

① 딤블   ② 앤빌
③ 래칫 스톱   ④ 클램프

20 다음 중 비교측정의 표준이 되는 게이지는?

① 한계게이지   ② 마이크로미터
③ 블록게이지   ④ 센터게이지

해설 블록게이지는 공업용으로 사용되는 여러 가지 측정기구의 표준게이지이며, 직사각형의 강편이다. 여러 개가 1세트로 되어 있으며 가장 표준적인 것은 103개가 세트로 된 것을 사용한다.

정답 13. ③ 14. ④ 15. ③ 16. ④ 17. ② 18. ② 19. ③ 20. ③

21 측정 방법에 따라 직접측정, 비교측정, 간접측정, 절대 측정으로 구분할 수 있는데 다음 중 비교측정법으로 측정하는 것은?

① 마이크로미터 ② 다이얼 게이지
③ 사인바   ④ 테보 게이지

해설 측정 방법
① **직접측정(절대측정)**: 측정기로부터 실제치수를 측정. 강철자
② **비교측정**: 블록게이지와 다이얼 게이지
③ **간접측정**: 사인바, 삼침법 등 계산이 수반되는 측정이다.
④ **한계 게이지(Go 게이지)**: 제품의 최대최소 허용차를 정하고 판정하여 공작물의 실제치수를 측정한다.

22 다이얼 게이지로 측정하는 것이 가장 적합한 것은?

① 캠축의 휨
② 나사의 피치
③ 피스톤의 외경
④ 피스톤과 실린더의 간극

해설 다이얼 게이지는 회전축의 흔들림, 축 방향 흔들림, 평면도 검사, 기어의 백래시 등을 검사할 때 적합하다.

23 다음 중 손 다듬질 작업에서 일반적으로 쓰이지 않는 측정기는?

① 암페어미터   ② 마이크로미터
③ 하이트 게이지 ④ 버니어캘리퍼스

24 금긋기용 공구 중 가공물의 중심을 잡거나 가공물을 이동시켜 평행선을 그을 때 사용되는 공구는?

① 서피스 게이지   ② 스크레이퍼
③ 리머   ④ 펀치

해설 서피스 게이지(surface gauge): 공작물에 금을 긋거나 공작물의 중심내기, 선반 가공에서의 바이트의 높이 조정 등 여러 가지 용도로 사용된다.

25 다음 중 원의 중심 위치를 표시하는데 사용하는 공구로 적절한 것은?

① 톱   ② 줄   ③ 리머   ④ 펀치

26 각도 측정기인 사인바는 일정 각도 이상을 측정하면 오차가 커지는데, 일반적으로 몇 도 이하에서 사용하는가?

① 30°   ② 45°   ③ 60°   ④ 75°

해설 사인바는 45° 이하에서 사용하여야 한다.

27 L=50 mm의 사인바(sine bar)에 의하여 경사각 θ=20°를 만드는 데 필요한 게이지 블록의 높이 차이(h)는 약 몇 mm로 조합하여야 하는가?

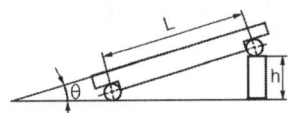

① 16.40   ② 17.10
③ 18.20   ④ 19.30

해설 $h = L \times \sin\theta$ [h: 게이지 블록의 높이차이, L: 사인 바의 길이, $\sin\theta$: 경사각도]
∴ 50mm × sin20° = 17.10mm

28 정반의 취급요령으로 틀린 것은?

① 온도 변화가 많은 곳은 피하여 설치한다.
② 사용면 위에서 펀치 작업을 피한다.
③ 소형 정반은 변형되기 쉬우므로 베이스를 사용한다.
④ 사용 후 기름을 칠하고 보관한다.

정답 21. ② 22. ① 23. ① 24. ① 25. ④ 26. ② 27. ② 28. ③

29 암나사를 수기 가공으로 작업을 할 때 사용되는 공구는?

① 탭　　　　　② 리머
③ 다이스　　　④ 스크레이퍼

해설 탭(tap)은 암나사를 수기 가공으로 작업을 할 때 사용되는 공구이다.

30 탭 가공에서 탭의 파손 원인으로 거리가 먼 것은?

① 막힘 구멍의 밑바닥에 탭 선단이 닿았을 경우
② 탭이 경사지게 들어간 경우
③ 너무 무리하게 힘을 가했을 경우
④ 구멍이 너무 클 경우

31 나사에서 3침법의 측정이 가장 적합한 것은?

① 유효지름　　② 피치
③ 골지름　　　④ 외경

해설 나사의 유효지름은 3침법으로 측정하는 것이 가장 적합하다.

32 나사 마이크로미터는 나사의 무엇을 측정하는가?

① 암나사의 안지름
② 수나사의 골지름
③ 수나사의 유효지름
④ 암나사의 골지름

해설 나사 마이크로미터는 수나사의 유효지름을 측정한다.

33 측정치의 통계적 용어에 관한 설명으로 옳은 것은?

① 치우침 – 참값과 모평균과의 차이
② 오차 – 측정치와 시료평균과의 차이
③ 편차 – 측정치와 참값과의 차이
④ 잔차 – 측정치와 모평균과의 차이

해설 용어의 정의
① 치우침(bias) : 참값과 모평균과의 차이
② 오차(error) : 측정치과 참값의 차이
③ 편차(deviation) : 측정치와 모평균과의 차이
④ 잔차(residual) : 측정치와 이론값의 차이
※ 참값 : 물체의 무게, 길이, 부피 등의 실제 값을 말한다.
※ 모평균 : 측정치를 모두 합한 다음 총수로 나눈 값으로서 측정치의 산술 평균을 말한다.

34 다음 중 소성가공에 해당되지 않는 것은?

① 압연가공　　② 단조가공
③ 주조가공　　④ 인발가공

해설 소성가공에는 인발, 압축, 전단, 압연, 전조, 단조, 프레스, 판금가공 등이 있다.

35 소성가공 방법이 아닌 것은?

① 롤링　　　　② 호닝
③ 벌징　　　　④ 드로잉

해설 소성가공의 종류 : 압연(rolling)가공, 압출가공(extrusion), 인발가공(drawing), 전조(component rolling)가공, 프레스 가공(press working), 전단가공(shearing work), 굽힘 가공(bending work), 드로잉 가공(drawing work), 엠보싱 가공(embossing work), 압인가공(coining work), 스피닝(spinning), 단조(forging), 벌징(bulging)

36 다음 재료 중 소성가공이 가장 어려운 것은?

① 저탄소강　　② 구리
③ 알루미늄　　④ 주철

해설 주철은 취성이 커 단조나 소성가공이 어려워 주조용으로 사용된다.

정답　29. ①　30. ④　31. ①　32. ③　33. ①　34. ③　35. ②　36. ④

37 철, 구리, 황동 등의 금속 소성가공에서 냉간가공 중에 나타날 수 있는 현상은?

① 풀림 ② 변태
③ 재결정 ④ 가공경화

> **해설** 가공경화란 탄성한계 이상의 응력을 가해 소성변형을 일으키면 가공하기 전의 본래 재료보다 강해지는 현상이며, 금속의 소성가공에서 냉간가공 중에 나타난다.

38 냉간가공과 열간가공을 구분하는 것은?

① 가공경화 ② 변형경화
③ 나선전위 ④ 재결정 온도

> **해설** 소성가공에서 열간가공과 냉간가공을 구분하는 기준은 재결정온도이다.

39 냉간가공의 특징이 아닌 것은?

① 가공면이 매끄럽고 곱다.
② 가공도가 크다.
③ 연신율이 작아진다.
④ 제품의 치수가 정확하다.

> **해설** 냉간가공의 특징은 가공 면이 매끄럽고 고우며, 연신율이 작아지고, 제품의 치수가 정확하다.

40 다음 중 소성가공에서 인발을 바르게 설명한 것은?

① 회전하는 2~3개의 롤러 사이에 넣고 가공하는 방법
② 일정한 틈을 통과시켜 잡아당겨 늘리는 가공 방법
③ 재료를 통 속에 넣고 압축하며 뽑아내는 가공 방법
④ 판재를 형틀에 의하여 변형시켜 가공하는 방법

> **해설** 인발(drawing)은 드로잉이라고도 하며 다이(die)구멍에 재료를 통과시켜 잡아당기면 단면적이 감소되어 다이 구멍의 형상과 같은 단면의 봉(棒), 선(線), 파이프 등을 만드는 가공 방법이다. 인발의 가공도는 단면 감소율로 나타낸다.

41 소성가공법 중 냉간가공과 비교한 열간가공의 특징이 아닌 것은?

① 가공 면이 아름답고 정밀한 형상의 가공 면을 얻는다.
② 재결정온도 이상으로 가열하므로 가공이 쉽다.
③ 거친 가공에 적합하다.
④ 표면이 가열되어 있어 산화로 인해 정밀 가공이 어렵다.

> **해설** 열간가공은 재결정온도 이상으로 가열하므로 가공이 쉽고 거친 가공에 적합하지만, 표면이 가열되어 있어 산화로 인해 정밀가공이 어렵다.

42 판금가공의 종류에 해당되지 않는 것은?

① 접합 가공 ② 단조 가공
③ 성형 가공 ④ 전단 가공

> **해설** 판금가공(sheet metal working)의 종류 : 접합, 성형, 타출, 펀칭, 전단, 굽힘, 트리밍, 세이빙 등이 있다.

43 소성가공에서 냉간가공이 열간가공보다 좋은 점은?

① 가공하기가 쉽다.
② 안전율이 증가한다.
③ 가공면이 아름답고 정밀하다.
④ 유동성이 좋아진다.

> **해설** 냉간가공의 특징은 가공 면이 매끄럽고 고우며, 연신율이 작아지고, 제품의 치수가 정확하다.

정답 37. ④ 38. ④ 39. ② 40. ② 41. ① 42. ② 43. ③

44 시험 전 시험편 지름이 Φ40이었고, 시험 후의 시험편 지름이 Φ30이었다. 이 경우의 단면수축률(%)은?

① 25.0　　② 43.75
③ 65.0　　④ 75.25

해설 $\Phi = \dfrac{A_0 - A_1}{A_0} \times 100$

[Φ : 단면수축률(%), A_0 : 시험 전 단면적(cm²), A_1 : 시험 후 단면적(cm²)]

∴ $\dfrac{(0.785 \times 4^2) - (0.785 \times 3^2)}{0.785 \times 4^2} \times 100 = 43.75\%$

45 압출가공에 대한 설명이다. 거리가 먼 것은?

① 속이 빈 용기를 만드는 데는 충격압출이 적합하다.
② 압출에 의한 표면 결함은 소재 온도가 가공 속도를 늦춤으로써 방지할 수 있다.
③ 단면의 형태가 다양한 직선, 곡선 제품의 생산이 가능하다.
④ 납 파이프나 건전지 케이스를 생산하는데 적합하다.

해설 압출가공에 대한 설명은 ①, ②, ④항 이외에 직선, 곡선 제품은 생산이 어렵다.

46 다이 또는 롤러를 사용하여 재료를 회전시키면서 압력을 가하여 제품을 만드는 가공 방법으로 나사의 가공에 가장 적합한 것은?

① 압연 가공(rolling)
② 압출 가공(extruding)
③ 전조 가공(form rolling)
④ 프레스 가공(press working)

해설 전조가공(form rolling)은 다이나 롤러를 사용하여 소재를 회전시키면서 부분적으로 압력을 가하여 변형시켜 제품을 만든 가공 방법이다. 주로 나사, 기어, 볼 등을 만든다.

47 2개의 회전하고 있는 롤러 사이에 소재를 통과시켜 단면적을 감소시켜 길이를 늘이는 소성가공 방법은?

① 압출　② 인발　③ 압연　④ 단조

해설 압연은 2개의 회전하고 있는 롤러 사이에 소재를 통과시켜 단면적을 감소시켜 길이를 늘이는 소성가공 방법이다.

48 테이퍼 구멍을 가진 다이에 재료를 잡아당겨 통과시켜 가공제품이 다이 구멍의 최소 단면 형상 치수를 갖게 하는 가공법은?

① 전조 가공　② 절단 가공
③ 인발 가공　④ 프레스 가공

해설 인발은 드로잉이라고도 하며 다이(die)구멍에 재료를 통과시켜 잡아당기면 단면적이 감소되어 다이 구멍의 형상과 같은 단면의 봉(棒), 선(線), 파이프 등을 만드는 가공 방법이다. 인발의 가공도는 단면 감소율로 나타낸다.

49 압출가공에 관한 설명으로 틀린 것은?

① 속이 빈 용기의 생산에는 충격압출이 적합하다.
② 납 파이프나 건전지 케이스의 생산에 적합하다.
③ 단면의 형태가 다양한 직선과 곡선 제품의 생산이 가능하다.
④ 압출에 의한 표면 결함은 소재 온도와 가공 속도를 늦춤으로써 방지할 수 있다.

해설 압출가공은 컨테이너 속에 있는 재료를 램으로 눌러 빼는 가공 방법으로 봉, 선, 파이프 등의 제작에서 사용된다.

50 동전 제작 시 사용되는 방법으로 다이에 요철을 만들어 압축하는 가공은?

① 사이징　　② 압인가공
③ 컬링　　　④ 엠보싱

정답　44. ②　45. ③　46. ③　47. ③　48. ③　49. ③　50. ②

해설 압인가공(coining)은 동전이나 메달을 제작할 때 사용되는 방법으로 다이에 요철을 만들어 압축하는 가공 방법이다.

51 다음은 전단가공의 종류에 대한 설명이다. 틀린 것은?

① 블랭킹 : 펀치로 판재를 필요한 치수의 모양으로 따내는 작업
② 전단 : 판재를 필요한 길이의 치수로 절단하는 작업
③ 세이빙 : 드로잉을 한 제품의 귀 또는 단조 부품의 거스러미를 제거하는 작업
④ 피어싱 : 필요한 치수 모양으로 구멍을 만드는 작업

해설 세이빙(shaving)은 뽑기나 구멍 뚫기를 한 제품의 가장자리에 붙어 있는 파단면 등이 편평하지 못하므로 제품의 끝을 약간 깎아 다듬질하는 작업이다.

52 프레스 가공을 분류할 때 전단가공의 종류에 속하지 않는 것은?

① 엠보싱   ② 블랭킹
③ 트리밍   ④ 세이빙

해설 엠보싱은 압축가공에 속하며, 얇은 재료를 한 쌍의 펀치로 다이의 요철이 서로 반대가 될 수 있게 하여 성형하는 가공 방법으로 소재의 두께를 변화시키지 않고 변형시켜 그 변형된 모양이 뒷면에도 나타나 앞뒷면의 요철은 서로 반대가 된다.

53 그림과 같이 판, 원통 또는 원통 용기의 끝부분에 원형단면의 테두리를 만드는 가공법은?

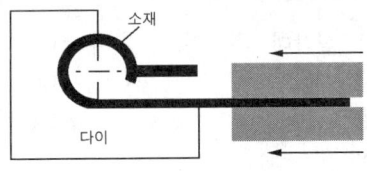

① 버링   ② 비딩
③ 컬링   ④ 시밍

해설 굽힘 작업의 종류
① 버링(Burring) : 평판에 구멍을 뚫고 그 구멍보다 큰 지름의 펀치를 밀어 넣어서 구멍에 플랜지를 만드는 가공방법이다.
② 비딩(beading) : 판금 성형 가공의 일종으로 편평한 판금 또는 성형된 판금에 줄 모양의 돌기(bead)를 넣는 가공방법이다. 평판에 오픈 비딩을 연속적으로 넣으면 파형 성형이 된다.
③ 컬링(Curling) : 판 또는 용기의 가장자리부분에 원형 단면의 테두리를 만드는 가공방법이다.
④ 시밍(Seaming) : 2장의 판재의 끝부분을 굽히면서 겹쳐 눌러 접합하는 가공방법이다.

54 유압프레스에서 용량이 5kN이고, 프레스 효율이 80%, 단조물의 유효 단면적이 300mm²일 때, 단조 재료의 변형저항은 약 몇 N/mm²인가?

① 10.3   ② 13.3
③ 15.3   ④ 16.7

해설 $\sigma = \dfrac{Q}{A} \times \eta$ [σ : 변형저항, Q : 프레스 용량, A : 유효단면적, η : 프레스 효율]

$\therefore \dfrac{5 \times 1{,}000N}{300mm^2} \times 0.8 = 13.3 N/mm^2$

55 스프링 백 현상과 가장 관련 있는 작업은?

① 용접   ② 절삭
③ 열처리 ④ 프레스

해설 스프링 백(spring back)이란 소성 재료를 굽힘가공을 할 때 재료를 굽힌 후 힘을 제거하면 판재의 탄성으로 인하여 탄성 변형 부분이 원래의 상태로 복귀하여 그 굽힘 각도나 굽힘 반지름이 열려 커지는 현상이며, 프레스 작업이나 판금 가공에서 주로 발생한다.

정답 51. ③ 52. ① 53. ③ 54. ② 55. ④

56 판재를 굽힘 가공 시 탄성의 영향으로 굽힘 각의 정밀도가 나지 않는 경우가 있는데 가장 큰 이유는?

① 가공경화　② 이송 굽힘
③ 시효경화　④ 스프링 백

해설 스프링 백(spring back)이란 소성재료를 굽힘 가공을 할 때 재료를 굽힌 후 힘을 제거하면 판재의 탄성으로 인하여 탄성변형 부분이 원래의 상태로 복귀하여 그 굽힘 각도나 굽힘 반지름이 열려 커지는 현상이며, 프레스 작업이나 판금가공에서 주로 발생한다.

57 연강 재료의 절삭 가공시 절삭 저항이 가장 적고 절삭 가공 면이 매끈한 칩의 형식은?

① 전단형　② 유동형
③ 균열형　④ 열단형

해설 유동형 칩은 칩이 계속 길게 연결되어 흘러가듯 나오는 것으로, 절삭 작용이 원활하고 다듬질 면이 양호할 때 발생한다. 즉 연성재료를 절삭 가공 할 때 절삭 저항이 가장 적고, 절삭가공 면이 매끈한 칩의 형식이다.

58 절삭 가공에서 발생하는 칩의 일반적인 형태가 절삭력으로 가공된 면이, 뜯어낸 것과 같은 형태의 표면이나 땅을 파는 것과 같이 불규칙한 면으로 가공되는, 일명 열단형 칩이라고도 하는 칩은?

① 유동형 칩　② 경작형 칩
③ 전단형 칩　④ 균열형 칩

해설 경작형 칩은 열단형 칩이라고도 하며, 가공된 면이, 뜯어낸 것과 같은 형태의 표면이나 땅을 파는 것과 같이 불규칙한 면으로 가공된다.

59 선반 가공 중에 발생할 수 있는 구성 인선을 방지할 수 있는 대책으로 거리가 먼 것은?

① 절삭 깊이를 낮게 한다.
② 경사각을 작게 한다.
③ 절삭공구의 인선을 예리하게 한다.
④ 절삭 속도를 크게 한다.

해설 구성 인선 방지 방법
① 절삭 깊이를 얕게 한다.
② 상면 경사각을 크게 한다.
③ 절삭속도를 고속으로 한다.
④ 마찰저항이 적은 공구를 사용한다.
⑤ 절삭공구의 인선을 예리하게 한다.

60 선반의 3분력의 크기가 순서대로 된 것은?

① 주분력>배분력>이송분력
② 주분력>이송분력>배분력
③ 배분력>주분력>이송분력
④ 배분력>이송분력>주분력

해설 선반의 3분력의 크기가 순서는 주분력>배분력>이송분력이다.

61 선반에서 일반적으로 할 수 있는 작업은?

① 나사 절삭
② 사각 추 가공
③ 기어 절삭
④ 묻힘 키 홈 가공

해설 선반에서 가공할 수 있는 작업은 바깥지름(외경) 절삭, 끝 면 절삭, 정면 절삭, 절단, 테이퍼 절삭, 곡면 절삭, 구멍 뚫기, 보링 작업, 너링 작업, 나사 절삭 등이 있다.

62 다음 중 선반의 4대 주요 구성 부분에 속하지 않는 것은?

① 심압대　② 주축대
③ 바이트　④ 왕복대

해설 선반은 주축대, 왕복대, 심압대, 베드로 구성되어 있다.

정답　56. ④　57. ②　58. ②　59. ②　60. ①　61. ①　62. ③

63 선반의 부속장치로 심압축에 꽂아서 사용하는 것으로 선단이 원뿔형이고, 대형 가공물에 사용되며, 자루부는 테이퍼 되어 있는 것은?

① 척(chuck)   ② 센터
③ 심봉   ④ 돌림판

해설 센터는 선반의 부속장치로 심압 축에 꽂아서 사용한다. 선단이 원뿔형이고, 대형 가공물에 사용되며, 자루 부분은 테이퍼 되어 있다.

64 다음 공작기계 중 부속장치로 척, 센터, 돌림판, 돌리개, 심봉, 방진구 등이 있는 것은?

① 선반   ② 플레이너
③ 보링머신   ④ 밀링머신

해설 척, 센터, 돌림판, 돌리개, 심봉, 방진구 등은 선반의 부속장치들이다.

65 다음 중 공구 재료로서 필요한 성질이 아닌 것은?

① 취성이 커야 한다.
② 인성이 커야 한다.
③ 내마멸성이 커야 한다.
④ 피삭재에 피해 충분히 경도가 높아야 한다.

해설 공구 재료로서 필요한 성질은 강성, 인성, 내마멸성이 커야 하며, 또 피삭재에 피해 충분히 경도가 높아야 한다.

66 절삭공구 인선의 파손 중에서 공구 인선의 일부가 미세하게 탈락되는 현상을 무엇이라고 하는가?

① 크레이터 마모   ② 플랭크 마모
③ 치핑   ④ 구성인선

해설 치핑(chipping)이란 절삭공구 인선의 파손 중에서 공구 인선의 일부가 미세하게 탈락되는 현상, 즉 절삭 날의 강도가 절상 저항에 견딜 수 없어 절삭 날 끝이 떨어지는 현상이며, 절삭 속도가 낮을 때 일어나기 쉽다.

67 나사 절삭시 바이트의 각도 위치를 교정하는 게이지는?

① 피치 게이지   ② 틈새 게이지
③ 센터 게이지   ④ 플러그 게이지

해설 센터 게이지(center gauge)는 선반으로 나사를 절삭할 때 나사 절삭 바이트의 날 끝 각도를 점검하거나 바이트를 바르게 부착하는데 사용한다.

68 선반 작업에서 공작물의 지름 D(mm), 1분간의 회전수 N(r/min)일 때, 절삭 속도 V(m/min)는?

① $V = \pi D N$ ② $V = \dfrac{\pi D N}{1,000}$
③ $V = \dfrac{\pi D}{1,000 N}$ ④ $V = \dfrac{\pi N}{1,000 D}$

해설 절삭속도 $V = \dfrac{\pi D N}{1,000}$

69 선반을 이용하여 300rpm으로 지름이 45cm인 환봉을 절삭하려 한다. 이 때 절삭 속도는 약 몇 m/min 인가?

① 254   ② 25.4
③ 424   ④ 42.4

해설 $V = \dfrac{\pi D N}{100}$ [V : 절삭속도, D : 공작물의 지름, N : 공작물의 회전속도]

$\therefore \dfrac{3.14 \times 45 \times 300}{100} = 424 m/min$

정답 63. ② 64. ① 65. ① 66. ③ 67. ③ 68. ② 69. ③

70 지름이 100mm인 탄소 강재를 선반 가공할 때 1회 가공 소요 시간은 약 몇 초인가? (단, 회전수는 400rpm이고, 이송은 0.3mm/rev이며, 탄소 강재의 길이는 50mm이다.)

① 20초   ② 25초
③ 30초   ④ 40초

해설
① $V = \dfrac{\pi DN}{1,000} = \dfrac{3.14 \times 100 \times 400}{1,000} = 125.6 m/min$

② $t = \dfrac{\pi D \ell}{V \times f \times 1,000}$ [t : 절삭시간, D : 지름, ℓ : 탄소강재의 길이, V : 절삭속도, f : 이송속도]

∴ $\dfrac{3.14 \times 100 \times 50}{125.6 \times 0.3 \times 1,000} = 0.417 mim = 25 sec$

71 공작물을 회전시키고, 공구는 직선운동으로 공작물을 가공하는 공작기계는?

① 드릴   ② 밀링
③ 연삭   ④ 선반

해설 선반은 공작물을 회전시키고, 공구(바이트)는 직선운동으로 공작물을 가공한다.

72 정육면체의 외형 평면가공에 가장 적합한 공작기계는?

① 밀링머신   ② 태핑 머신
③ 선반   ④ 슬로터

해설 밀링머신은 원판 또는 원통의 둘레에 많은 날을 가진 밀링커터라는 절삭공구를 회전시켜 공작물을 이송하며 절삭하는 공작기계이다. 수평과 수직의 평면 깎기, T-홈 깎기 등을 빠르고 정밀도가 높게 가공할 수 있으며, 특별한 장치를 하여 기어가공, 비틀림 홈 깎기, 정육면체의 외형 평면 깎기 등을 할 수 있다.

73 다음 공작기계 중 평면 절삭하려고 할 때 가장 적합한 기계는?

① 보링 머신   ② 선반
③ 드릴링 머신   ④ 세이퍼

해설 세이퍼는 비교적 소형 공작물을 평면 절삭하는데 적합하며, 프레임, 램, 공구대, 테이블 구동 및 변속 장치 등으로 되어 있고, 램은 프레임 상부의 홈이 있는 안내면을 왕복 운동하며, 테이블은 램과 직각 방향으로 상하좌우 이동을 한다.

74 다음 중 일반적으로 황동에 구멍 뚫기 작업에 사용하는 드릴의 날끝 각으로 가장 알맞은 것은?

① 90~120°   ② 118°
③ 100°   ④ 60°

해설 황동에 구멍 뚫기 작업에 사용하는 드릴의 날끝 각은 118°가 알맞다.

75 드릴이 용이하게 재료를 파고 들어갈 수 있도록 드릴의 절삭 날에 주어진 각의 명칭은?

① 날 여유각   ② 보링 각
③ 평면가공 각   ④ 홈절삭 각

해설 드릴이 용이하게 재료를 파고 들어갈 수 있도록 드릴의 절삭 날에 주어진 각을 날 여유 각이라 한다.

76 드릴 날의 종류 중 황동이나 기타 연금속의 구멍을 뚫는데 사용되는 것은?

① 멀티플루트 드릴
② 오일구멍 드릴
③ 직선세로 홈 드릴
④ 스텝 드릴

정답 70. ②   71. ④   72. ①   73. ④   74. ②   75. ①   76. ③

77 드릴 가공에 대한 일반적인 설명 중 틀린 것은?

① 재료에 기공이 있으면 가공이 용이하다.
② 드릴의 날 끝 각은 공작물의 재질에 따라 다르다.
③ 겹쳐진 구멍을 뚫을 때는 먼저 뚫은 구멍에 같은 종류의 재료를 메우고 구멍을 뚫는다.
④ 탭이 파손될 경우는 나사 뽑기 기구를 사용한다.

78 다음 중 드릴링 머신에서 작업할 수 없는 가공방법은?

① 보링   ② 카운터보링
③ 리밍   ④ 브로칭

해설 드릴링 머신 작업의 종류에는 드릴링을 비롯하여 보링, 리밍, 카운터 보링, 탭 작업, 카운터 싱킹, 스폿 페이싱 등이 있다.

79 다음 중 6각 구멍 붙이 볼트의 머리를 묻기 위한 가공법은?

① 카운터 보링   ② 보링
③ 카운터 싱킹   ④ 리밍

해설 6각 구멍 붙이 볼트의 머리를 묻기 위한 가공법을 카운터 보링이라 한다.

80 선삭 가공이나 드릴로 뚫어진 구멍의 형상과 치수를 정밀하게 다듬질하는 작업을 하는 것은?

① 탭핑   ② 다이스 작업
③ 리밍   ④ 스크레이퍼 작업

해설 리밍은 뚫어진 구멍의 형상과 치수를 정밀하게 다듬질하는 작업이다.

81 연삭숫돌의 구성 3요소가 아닌 것은?

① 조직   ② 입자
③ 기공   ④ 결합제

해설 연삭숫돌을 구성하는 3요소는 입자, 결합제, 기공이며, 5인자는 입자의 종류, 조직, 입도, 결합제의 종류, 결합도 이다.

82 연삭숫돌은 자동적으로 닳아 떨어져 나가서 새로운 날을 형성하므로 커터와 바이트처럼 연삭하지 않아도 되는데 이러한 현상을 무엇이라 하는가?

① 자생작용   ② 트루잉
③ 글레이징   ④ 드레싱

해설 자생 작용이란 연삭숫돌이 자동적으로 닳아 떨어져 나가서 새로운 날을 형성하므로 커터와 바이트처럼 연삭하지 않아도 되는 현상이다.

83 연삭숫돌의 작업과 관련된 용어 설명 중 맞는 것은?

① 글레이징이란 숫돌차를 정형하는 작업이다.
② 트루잉이란 숫돌 입자의 자생 작용이 잘 안되어 입자가 마모되는 현상이다.
③ 로딩이란 숫돌입자의 표면이나 기공에 칩이 끼어 연삭성이 나빠지는 현상이다.
④ 드레싱이란 연삭 휠에서 결합제가 숫돌입자를 지지하고 있는 힘이다.

해설 ① 글레이징(glazing)이란 숫돌바퀴의 입자가 탈락되지 않고 마멸에 의해 납작하게 된 그대로 연삭되는 상태이다.
② 트루잉(truing)이란 숫돌의 연삭 면을 숫돌과 축에 대하여 평행 또는 일정한 형태로 성형시키는 것이다.
③ 드레싱(dressing)이란 숫돌 면의 표면층을 깎아 떨어뜨려 절삭성능이 나빠진 숫돌 면에 날카로운 날 끝을 발생시켜 주는 것이다.

정답 77. ① 78. ④ 79. ① 80. ③ 81. ① 82. ① 83. ③

84 절삭 및 비절삭 가공 중에서 절삭가공에 속하는 것은?

① 주조 ② 단조
③ 판금 ④ 호닝

해설 호닝은 원통의 내면을 보링, 리밍, 연삭 등의 가공을 한 후에 공구를 회전 및 직선 왕복 운동시켜 진원도, 표면 거칠기 등을 더욱 향상시키기 위한 가공 방법이다.

85 작은 입자의 숫돌로 작은 압력으로 일감을 누르면서 가공물에 이송을 주고, 동시에 숫돌에 진동을 주어 단시간에 원통의 내면이나 외면 및 평면을 다듬질 가공하는 것은?

① 슈퍼 피니싱 ② 브로칭
③ 호닝 ④ 래핑

해설 슈퍼 피니싱은 매우 작은 입자의 숫돌 표면에 극히 작은 압력으로 가압하면서 가공물의 표면을 따라 축 방향으로 진동을 주면서 원통의 내면, 외면 및 평면을 가공하는 방법이다. 숫돌 입자의 재질은 알루미나(Al_2O_3)를 사용한다.

86 숫돌이나 연삭 입자를 사용하지 않는 것은?

① 호닝 ② 래핑
③ 브로치 ④ 슈퍼피니싱

해설 브로치(broach)는 가공하는 모양과 비슷한 많은 날이 차례로 치수를 늘리면서 축선 방향으로 배열되어 있는 봉 모양의 공구로, 이것을 브로칭머신의 축에 장치하고, 축방향으로 밀거나 끌어당겨서 가공한다. 다른 공작기계로는 가공하기 어려운 원형 이외의 구멍 등의 가공을 브로치를 통과시킴으로써 비교적 간단히 가공할 수 있기 때문에 자동차용 부품·전기 부품 등의 일반가공용으로 널리 이용된다.

87 다음 중 자동 분할 장치를 가지고 있는 밀링 머신 부속품은?

① 분할대 ② 회전 테이블
③ 슬로팅 장치 ④ 밀링 바이스

해설 밀링머신의 부속장치
① 분할대 : 주축대와 심압대가 한 쌍으로 되어 있어 이것을 테이블에 부착시킨 후 공작물을 지지하여 공작물의 주위를 임의의 수로 분할(차동 분할)할 수 있는 장치이다.
② 회전 테이블 : 보통 직선 이송만을 행하는 밀링 머신에서 회전 이송을 할 수 있도록 만든 장치로 연속 정면 절삭이나 원주형 또는 반원형 모양의 윤곽 절삭을 가능토록 한 것이다.
③ 슬로팅 장치 : 수평 및 만능 밀링 머신의 주축에 부착시켜 슬로터와 같이 회전 운동을 왕복 운동으로 변환시켜 커터를 상하로 움직여 키 홈을 절삭한다.
④ 밀링 바이스 : 밀링 머신의 테이블에 고정시켜 공작물을 고정시키기 위하여 사용하는 바이스

88 쇼트피닝에 관한 설명으로 틀린 것은?

① 쇼트라는 작은 덩어리를 가공품에 분사한다.
② 피닝 효과는 열응력을 향상시킨다.
③ 자동차용 코일 또는 판스프링 가공에 쓰인다.
④ 두께가 큰 재료는 효과가 적고 균열의 원인이 될 수 있다.

해설 쇼트피닝은 (shot peening)작은 볼(ball)의 쇼트를 40~50m/sec의 고속으로 공작물 표면에 분사하여 표면을 매끈하게 하는 동시에 0.2mm의 경화층을 얻게 되며, 쇼트가 해머와 같은 작용을 하며, 피로강도나 기계적 성질을 향상시킨다.

89 화염온도가 가장 높고 발열량에 비하여 가격도 저렴하여 가스용접에 많이 사용하는 가스는?

① 수소 ② 프로판
③ 일산화탄소 ④ 아세틸렌

해설 아세틸렌은 화염온도가 가장 높고 발열량에 비하여 가격도 저렴하여 가스용접에 많이 사용한다.

정답 84. ④ 85. ① 86. ③ 87. ① 88. ② 89. ④

90 가스용접에서 용제를 사용하지 않아도 되는 것은?

① 주철 ② 연강
③ 반경강 ④ 구리합금

해설 연강은 가스용접을 할 때 용제(Flux)를 사용하지 않아도 된다.

91 다음 중에서 가스절단이 가장 쉬운 금속은?

① 구리 ② 알루미늄
③ 주철 ④ 연강

해설 절단이 잘되는 금속 : 연강, 순철, 주강

92 아크용접에서 용접 입열이란 무엇을 말하는가?

① 용접봉에서 모재로 용융 금속이 옮겨가는 상태
② 단위시간 당 소비되는 용접봉의 중량
③ 용접봉이 녹기 시작하는 온도
④ 용접부에 외부에서 주어지는 열량

해설 용접 입열이란 용접부에 외부에서 주어지는 열량을 말한다.

93 두께가 같은 10mm인 강판의 겹치기이음의 전면 필렛 용접에서 작용하중이 5,000N이면, 용접부의 허용응력이 6N/mm²일 때 용접부 유효길이는 약 몇 mm 이상이어야 하는가?

① 50 ② 59
③ 64 ④ 72

해설 용접부 응력 $\sigma = \dfrac{0.707 W}{tl}$ 에서 용접부 길이

$\ell = \dfrac{0.707 W}{t \times \sigma}$ [ℓ : 용접부 길이, W : 작용하중, t : 두께, σ : 용접부의 허용응력]

$\therefore \dfrac{0.707 \times 5000}{10 \times 6} = 58.9 mm$

94 용접봉 피복제의 역할이 아닌 것은?

① 아크를 안정시킨다.
② 용착 금속의 급냉을 방지한다.
③ 용착 금속의 탈산 · 정련 작용을 한다.
④ 용융점이 높은 슬래그를 많이 만든다.

해설 피복제의 역할
① 대기 중의 산소나 질소의 침입을 방지하고 용착금속을 보호한다.
② 아크를 안정되게 하며, 용융점이 낮은 가벼운 슬래그(slag)를 만든다.
③ 슬래그 제거가 쉽고, 파형이 고운 비드(bead)를 만든다.
④ 용착금속의 탈산 및 정련작용을 한다.
⑤ 용착금속에 적당한 합금 원소를 첨가한다.
⑥ 용적(globule)을 미세화하고, 용착효율을 높인다.
⑦ 모든 자세의 용접을 가능하게 하며, 용착 금속의 응고와 냉각 속도를 지연시킨다.
⑧ 전기절연 작용을 한다.

95 다음 전기용접봉의 피복제 중 내균열성이 가장 좋은 것은?

① 철분산화철계
② 저수소계
③ 일미나이트계
④ 고산화티탄계

해설 저수소계는 수소량이 적어 내균열성이 우수한 용접 부분을 얻을 수 있다. 또, 강력한 탈산 효과가 있어 기공 발생도 적고 인성이 우수한 용접금속이 생성되므로, 피복 아크 용접봉 중에서는 가장 신뢰성이 우수한 용접 부분이 얻어진다.

정답 90. ② 91. ④ 92. ④ 93. ② 94. ④ 95. ②

96 아크용접에서 언더컷의 발생 원인과 방지책이 아닌 것은?

① 전류가 너무 낮을 때 발생한다.
② 용접 속도를 늦추어 방지한다.
③ 아크 길이가 너무 길 때 발생한다.
④ 적정한 용접봉을 선택하여 방지한다.

해설 언더컷(under cut)은 용접전류가 너무 높을 때, 아크 길이가 너무 길 때, 용접봉 선택이 부적당할 때, 용접 속도가 너무 빠를 때 발생한다.

97 용접에서 언더컷에 대한 설명으로 옳은 것은?

① 과잉의 용착 금속이 용착부 밖으로 덮인 비드의 상태를 말한다.
② 용접 중에 용착 금속 내에 녹아 들어간 슬래그가 용착 금속 내에 혼입되어 있는 결함을 말한다.
③ 용착 금속 내에 포함되어 있는 가스나 응고할 때 생긴 수소 등의 가스가 밖으로 방출되지 못하여 생긴 작은 공간을 말한다.
④ 용접전류가 과다할 경우 용융이 지나치게 되어 비드 가장자리에 홈 또는 오목한 현상이 생기는 것을 말한다.

해설 아크용접 부분의 결함
① **오버랩(over lap)** : 용융 금속이 모재와 잘 융합되지 않고 표면에 덮여 있는 상태이며, 모재에 대해 용접봉이 굵을 때, 용접전류가 약할 때, 용접속도가 늦을 때 발생한다.
② **스패터(spatter)** : 용접 중에 비산되는 슬래그 및 금속입자가 모재에 부착된 상태이며, 높은 전압, 용융속도가 빠를 때, 아크의 길이가 길 때 일어난다.
③ **용입 불량** : 모재의 용융 속도가 용접봉의 용융 속도보다 느릴 때 일어나며 낮은 전압, 낮은 속도일 때 발생한다.
④ **언더컷(under cut)** : 용접전류가 과다할 경우 용융이 지나치게 되어 비드 가장자리에 홈 또는 오목한 현상이 생기는 상태이며, 방지 방법은 다음과 같다.
  ㉮ 용접전류와 용접 속도를 낮춘다.
  ㉯ 정확한 용접 각도를 유지하고, 아크 길이가 적당하게 한다.
  ㉰ 모재의 두께 및 폭에 대하여 적합한 용접봉을 선택한다.
⑤ **기공(blow hole)** : 용착 금속 속에 남아 있는 가스로 인한 구멍이며, 용접전류가 과대할 때, 용접봉에 습기가 많을 때, 모재에 불순물이 있을 때 일어난다.

98 피복 아크 용접봉의 구비조건이 아닌 것은?

① 슬래그 제거가 쉬울 것
② 용착 금속의 성질이 우수할 것
③ 용접 시 유해가스가 발생하지 않을 것
④ 심선보다 피복제가 약간 빨리 녹을 것

해설 피복 아크용접봉의 구비조건
① 용착 금속의 모든 성질을 우수하게 할 것
② 용접작업이 쉽게 될 것
③ 심선보다 피복제가 약간 늦게 녹을 것
④ 용접봉 저장 중에 변질되지 않을 것
⑤ 습기에 용해되지 않을 것
⑥ 용접할 때 유해가스가 발생하지 않을 것
⑦ 슬래그 제거가 쉬울 것
⑧ 값이 싸고 경제적일 것

99 전기 저항용접의 종류가 아닌 것은?

① 점(spot) 용접
② 심(seam) 용접
③ 프로젝션(projection) 용접
④ 플라즈마(plasma) 용접

해설 전기 저항용접은 압접이라고도 하며 종류에는 점(spot) 용접, 심(seam) 용접, 프로젝션(projection) 용접, 맞대기 용접 등이 있다.

정답 96. ① 97. ④ 98. ④ 99. ④

100 다음 중 용접의 종류 중 압접에 해당하는 것은?

① 미그용접 ② 원자수소용접
③ 레이저용접 ④ 스폿용접

101 다음 중 스폿 용접에 관한 설명으로 맞는 것은?

① 알루미늄 용접이 불가능하다.
② 가스용접의 일종이다.
③ 가압력이 필요 없다.
④ 로봇을 이용한 자동화가 용이하다.

해설 스폿용접은 용접하려는 재료를 서로 접촉시켜 놓고 전류를 통하면 접촉저항과 금속자체의 고유저항으로 인하여 열이 발생하며, 이 열로 접촉부분이 가열되어 접합된다. 따라서 가압력이 필요하며, 로봇을 이용한 자동화가 용이하다.

102 스폿용접의 3대 요소가 아닌 것은?

① 가압력 ② 열전도율
③ 용접전류 ④ 통전시간

해설 스폿(점)용접의 3대 요소는 용접전류 통전시간, 가압력이다.

103 자동차 제작시 자동화가 용이해서 자동차 차체 용접에 가장 많이 사용되는 용접은?

① 산소용접 ② 아크용접
③ 레이저 용접 ④ 스폿용접

104 전기저항 용접으로 원판상의 전극에 재료를 끼워 가압하면서 전류를 통하게 하여 접합하는 용접방법은?

① 프로젝션 용접 ② 심 용접
③ 맞대기 용접 ④ 테르밋 용접

해설 심(seam)용접은 전기저항 용접의 한가지이며, 원판상의 전극에 재료를 끼워 가압하면서 전류를 통하게 하여 접합하는 용접방법이다.

105 잠호 용접이라고도 하며, 전자동 용접으로 용접부에 용제를 쌓아두고 그 속에 전극 와이어를 넣어 모재와의 사이에 아크를 발생시켜 용제와 모재를 용융시켜 용접하는 방식의 용접은?

① 불활성 가스 아크 용접
② 탄산가스 아크 용접
③ 서브머지드 아크 용접
④ 일렉트로 슬래그 용접

해설 서브머지드 아크 용접은 잠호 용접이라고도 하며, 전자동 용접으로 용접부에 용제를 쌓아두고 그 속에 전극 와이어를 넣어 모재와의 사이에 아크를 발생시켜 용제와 모재를 용융시켜 용접하는 방식이다.

106 서브머지드 아크 용접의 특징 설명으로 틀린 것은?

① 용접 홈의 가공정밀도가 좋아야 한다.
② 일정 조건하에서 용접이 시공되므로 강도가 크고 신뢰도가 높다.
③ 열에너지의 손실이 적고 용접 속도가 수동용접과 비교하여 10배 정도 이상이다.
④ 비드가 불규칙할 경우와 하향용접 이외의 경우에도 매우 적합한 자동 용접이다.

해설 그 외에도 용접선이 짧거나 용접선이 구부러진 경우에는 용접장치의 조작이 어렵다.

107 알루미늄 분말, 산화철 분말과 점화제의 혼합반응으로 열을 발생시켜 용접하는 방법은?

① 테르밋 용접 ② 일렉트로 슬랙 용접
③ 피복 아크용접 ④ 불활성가스 아크용접

정답 100. ④ 101. ④ 102. ② 103. ④ 104. ② 105. ③ 106. ④ 107. ①

해설 테르밋 용접은 알루미늄 분말, 산화철 분말과 점화제의 혼합반응으로 열을 발생시켜 용접하는 방법이다.

108 용융용접의 일종으로서 아크열이 아닌 와이어와 용융 슬래그 속에서 전극 와이어를 연속적으로 공급하여 통전된 전류의 저항열을 이용하여 용접하는 것은?

① 이산화탄소 아크용접
② 테르밋 용접
③ 불활성 가스 아크용접
④ 일렉트로 슬래그 용접

해설 일렉트로 슬래그 용접이란 용융용접의 일종으로서 아크열이 아닌 와이어와 용융 슬래그 속에서 전극 와이어를 연속적으로 공급하여 통전된 전류의 저항 열을 이용하여 용접한다. 매우 두꺼운 소재의 용접이 가능하다.

109 용접 이음부에 입상의 용제를 공급하고, 이 용제 속에서 전극과 모재 사이에 아크를 발생시켜 연속적으로 용접하는 방법은?

① TIG 용접
② MIG 용접
③ 서브머지드 아크 용접
④ 이산화탄소 아크 용접

해설 서브머지드 아크 용접은 용접 이음의 표면에 쌓아 올린 미세한 입상(粒狀)의 플럭스 속에 비피복 전극 와이어를 집어넣고, 모재와의 사이에 생기는 아크열로 용접하는 방법이다. 피복제에는 용융형, 소결형, 본드 플럭스형 등이 있다. 이 방법의 장점은 큰 전류를 사용함으로써 능률이 커지고 용접금속의 품질이 좋아진다. 서브머지드 아크 용접은 주로 조선, 강관 제조, 압력용기, 저장탱크 등의 비교적 긴 아래보기 용접선으로 되어 있고, 연속용접이 가능한 판재의 용접에 적합하다.

110 다음 용접부의 검사 중 비파괴 검사법에 해당하는 것은?

① 인장시험
② 피로시험
③ 크리프시험
④ 침투탐상시험

해설 용접부분의 비파괴 검사방법에는 침투탐상검사, 외관검사, 내압 검사, 자기탐상 검사, X선 검사, 초음파 탐상법 등이 있으며, 파괴검사에는 금속 조직 검사, 분석검사 등이 있다.

111 축열실과 반사로를 사용하여 장입물을 용해 정련하는 방법으로 우수한 강을 얻을 수 있고 다량 생산에 적합한 용해로는?

① 전로
② 평로
③ 전기로
④ 도가니로

해설 제강법 및 제철법의 종류
① **평로** : 제강용 반사로를 말한다. 사각형 내화물을 붙인 얕은 노저와 곡면에 가까운 천장이 있고, 노저에 선철·고철·철광석 등을 배합해서 넣고 노의 좌우에 있는 풍구의 한쪽으로부터 주입되는 연료와 송풍에 의해 용철 속의 탄소와 불순물을 산화제거하여 강을 만드는 제강법이다.
② **전기로** : 전류의 열 효과를 이용한 노를 말한다. 저항로, 아크로, 유도 전기로의 세 가지가 있으며 조작이 간편하며, 용도는 금속의 정련, 용융, 열처리 등 이용 범위가 넓은 제강법이다.
③ **전로** : 제강·제동에 사용되는 환원로서 형식은 제강용과 제동용이 있다. 제강용은 원통의 주입구를 오그라들게 하여 옆으로 비스듬히 열어 놓은 형태이고 제동(구리제련)용 전로는 원기둥을 옆으로 놓은 형태이다.
④ **도가니로** : 금속을 용해하는 노를 말하며, 지금(地金)이 연소가스에 직접 접촉되지 않으므로 금속의 성분은 변화를 거의 받지 않으나 열효율이 낮아서 용해비가 많이 든다. 정확한 성분을 필요로 하는 금속의 용해에 적합한 제강법이다.

정답 108. ④ 109. ③ 110. ④ 111. ②

Chapter 4
유체기계

Section 4-1 유체기계 기초이론

1 유체기계의 분류

1. 펌프(pump)의 종류

(1) 터보형 펌프의 종류

① 원심펌프 : 벌류트펌프, 터빈펌프

② 사류펌프(diagonal flow pump)

③ 축류펌프(axial flow pump)

(2) 용적형 펌프의 종류

① 왕복형 : 피스톤펌프, 플런저펌프

② 회전형 : 기어펌프, 베인펌프, 나사펌프 등

(3) 특수 펌프

특수 펌프의 종류에는 마찰펌프, 분사펌프(제트펌프), 기포펌프, 수격펌프, 진공펌프 등

2. 원심 펌프(centrifugal pump)

1개 또는 여러 개의 회전하는 임펠러(회전차)에 의해 액체의 펌프작용, 즉 액체의 이송작용을 하거나 압력을 발생하는 펌프이다.

(1) 유량 : 일정한 유량으로 유체가 흐를 때 파이프의 지름을 2배로 하면 유속은 1/4배가 된다.

$$Q = AV, \quad A = \frac{Q}{V}$$

[Q : 유량(m³/sec), V : 유속(m/sec), A : 단면적(m²)]

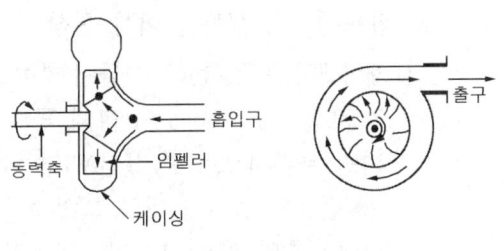

▲ 원심펌프의 구조

(2) 양정(head)

양정이란 펌프 입구와 출구에서 액체의 단위 무게가 가지는 에너지의 차이를 말한다.

① 실양정(actual head)

$$H_a = H_s + H_d$$

[H_a : 실양정, H_s : 흡입 실양정, H_d : 유출 실양정]

② 전양정(total head) : 전양정이란 실제 양정(H_a)과 손실수두(H_L)를 합친 양정을 말한다. 즉, 전양정=흡입양정+송출양정이다.

(3) 마찰 손실수두

$$h_f = \lambda \frac{\ell}{d} \frac{V^2}{2g}$$

[h_f : 마찰손실 수두, λ : 관의 마찰계수, ℓ : 파이프 길이,
d : 파이프 안지름, V : 흐름속도, g : 중력 가속도(9.8m/s²)]

(4) 펌프의 축 동력

① 마력(PS)인 경우

$$H_{PS} = \frac{\gamma QH}{75 \times 60 \times \eta}$$

[γ : 물의 비중량(kgf/m³), Q : 송출유량(m³/min, H : 전양정(총양정), η : 펌프의 효율]

② 전력(kW)인 경우

$$H_{kW} = \frac{\gamma QH}{102 \times 60 \times \eta}$$

(5) 펌프에서 발생하는 이상 현상

① 캐비테이션(공동현상) : 물이 파이프 속을 흐르고 있을 때 흐르는 물속의 어느 부분의 정압(static pressure)이 그때 물의 온도에 해당하는 증기압력(vapor pressure) 이하로 되면 부분적으로 증기(기포)가 발생하는 현상이며, 방지대책은 다음과 같다.

㉮ 펌프의 설치 높이와 회전속도를 낮게 한다.
㉯ 단 흡입 펌프이면 양 흡입 펌프를 사용한다.
㉰ 흡입 비속도와 흡입양정을 낮게 한다.
㉱ 2대 이상의 펌프를 사용한다.
㉲ 임펠러(회전차)가 물속에 완전히 잠기도록 한다.

② 서징 현상(surging) : 송출압력과 송출유량 사이에 주기적 변동으로 한숨을 쉬는 것과 같은 소음과 진동을 내는 펌프의 운전 중에 발생하는 현상이다.

③ 수격현상(water hammering) : 관속을 충만하게 흐르고 있는 액체의 속도를 급격히 변화시키면 액체에 심한 압력 변화가 발생하는 현상을 말한다.

3. 왕복펌프(reciprocating pump)

왕복펌프는 피스톤 또는 플런저의 왕복운동에 의하여 액체를 흡입하여 소요의 압력으로 송출하므로 주기적인 맥동이 발생한다. 송출유량은 적으나 높은 압력을 요구할 때 사용한다.

(1) 왕복펌프의 공기실

피스톤 또는 플런저에서 송출되는 유량 변동을 일정하게 하도록 실린더 바로 뒤쪽에 공기실을 설치한다.

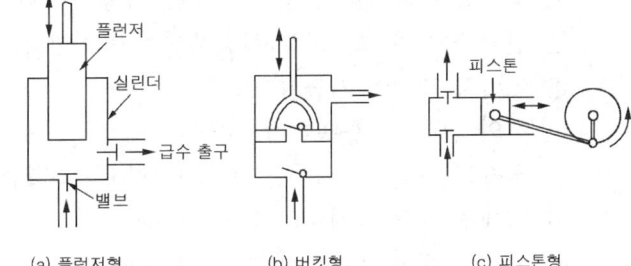

▲ 왕복펌프의 종류

(2) 왕복펌프의 밸브 구비요건

① 밸브의 개폐가 정확할 것
② 물이 밸브를 통과할 때 저항을 가능한 한 최소한으로 할 것
③ 누설을 정확하게 방지할 것
④ 밸브의 무게가 가벼울 것
⑤ 내구성이 있을 것
⑥ 밸브의 닫힘과 열림이 원활할 것

4. 수차(hydraulic turbine)

① **중력수차**(gravity hydraulic turbine) : 물이 낙하할 때 중력에 의해 움직이는 것이다.
② **충격수차**(impulse hydraulic turbine) : 물이 가지는 에너지 중에 속도 에너지에 의해 발생하는 물의 충격으로 수차를 회전시키는 것이다. 펠톤 수차가 여기에 속한다.
③ **반동수차**(reaction hydraulic turbine) : 물이 임펠러를 통과하는 사이에 물이 가지는 압력과 속도 에너지를 수차에 주어 수차를 회전시키는 것이다. 프란시스 수차, 프로펠러 수차, 카플란수차 등이 여기에 속한다.

5. 축류 펌프

축류 펌프의 특징은 유량이 매우 크고 낮은 양정에 적합하다.

2 유압 기초 및 일반사항

1. 파스칼의 원리

밀폐된 용기 내에 액체를 가득 채우고, 그 용기에 힘을 가하면 그 내부의 압력은 용기의 각 면에 작용하여 용기 내의 어느 곳이든지 동일한 압력이 작용한다는 원리이다.

2. 유압의 특징

(1) 유압장치의 장점
① 윤활 성능, 내마모성, 내식성(방청성)이 좋다.
② 속도제어(speed control)가 용이하다.
③ 힘의 연속적 제어가 용이하다.
④ 작은 동력원으로 큰 힘을 낼 수 있다. 즉 소형장치로 큰 출력을 발생한다.
⑤ 과부하에 대한 안전장치가 간단하고 정확하다.
⑥ 충격을 완화하기 때문에 장기간 사용할 수 있다.
⑦ 전기·전자의 조합으로 자동제어가 용이하다.
⑧ 에너지 축적이 가능하다.
⑨ 힘의 전달 및 증폭이 용이하다.
⑩ 유량의 조절로 무단 변속이 가능하고, 정확한 위치 제어를 할 수 있다.
⑪ 미세조작 및 원격조작이 용이하다.
⑫ 입력에 대한 출력의 응답이 빠르다.
⑬ 회전 및 직선운동이 자유롭다.
⑭ 각종 제어밸브에 의한 압력·유량 및 방향제어가 간단하다.
⑮ 진동이 작고, 작동이 원활하다.

(2) 유압장치의 단점
① 고압 사용으로 인한 위험성 및 이물질(공기·먼지 및 수분)에 민감하다.
② 폐유에 의한 주변 환경이 오염될 수 있다.
③ 고장 원인의 발견이 어렵고, 구조가 복잡하다.
④ 유압유의 온도영향으로 정밀한 속도와 제어가 어렵다(유압유의 온도에 따라 속도가 변화한다).
⑤ 유압유가 높은 압력이 될 때는 파이프를 연결하는 부분에서 새기 쉽다.

3 유압장치의 구성 및 유압유

1. 유압장치의 구성
유압장치의 구성은 구동장치(기관이나 전동기 등), 유압 발생장치(유압펌프), 유압 제어장치 등으로 되어 있다.

2. 유압유
유압장치에서 사용되는 유압유의 구비조건은 다음과 같다.
① 동력을 확실히 전달하기 위하여 비압축성일 것
② 유압유 중의 물·먼지 등의 불순물과 분리가 잘 될 것

③ 장시간 사용하여도 화학적 변화가 적을 것(물리적으로나 화학적으로 안정되어 장기간 사용에 견딜 것)
④ 녹이나 부식 발생이 방지될 것 즉 부식방지 성능(산화 안정성)이 있을 것
⑤ 체적탄성 계수가 크고, 밀도가 작을 것
⑥ 내열성이 크고 거품이 적을 것
⑦ 화학적 안정성 및 윤활 성능이 클 것
⑧ 점도지수가 높을 것(넓은 온도 범위에서 점도 변화가 적을 것) 즉 온도에 의한 점도 변화가 적을 것
⑨ 적당한 유동성과 점성을 갖고 있을 것
⑩ 유압장치에 사용되는 재료에 대해 불활성(화학반응을 잘 일으키지 않는 성질)일 것

Section 4-2 유압기기

1 유압펌프 및 모터

1. 유압펌프

유압펌프는 기관의 기계적 에너지를 받아서 유압 에너지로 변환시키는 것이며, 유압펌프에는 토출되는 유량의 변환 여부에 따라 정용량(고정형) 형식과 가변용량 형식이 있다. 유압펌프의 종류에는 기어펌프, 트로코이드(로터리) 펌프, 나사 펌프, 베인 펌프, 플런저(피스톤) 펌프 등이 있다.

펌프 동력(L_p)은,

$$L_p = \frac{PQ}{102} \ (kW) \qquad L_p = \frac{PQ}{75} \ (PS)$$

[P : 송출압력(kgf/m³), Q : 송출유량((L/min))]

2. 유압모터

유압모터는 유압 에너지를 이용하여 연속적으로 회전운동을 시키는 기구이며, 그 기구는 유압펌프와 비슷하지만 구조는 다른 점이 많다. 그 종류에는 기어 모터, 플런저 모터, 베인 모터 등 3가지로 구분한다.

2 유압 밸브

1. 압력제어밸브

압력제어밸브의 종류에는 릴리프 밸브, 감압(리듀싱)밸브, 시퀀스 밸브, 무부하(언로더)밸브,

카운터 밸런스 밸브 등이 있다.

① 릴리프 밸브(relief valve) : 유압회로에서 유압이 규정 값에 도달하면 밸브가 열려서 유압유의 일부 또는 전체 양을 복귀하는 쪽으로 탈출시켜 회로 압력을 일정하게 하거나 최고 압력을 규제하여 유압기기를 보호하는 역할을 한다.

② 감압밸브(리듀싱 밸브; reducing valve) : 분기회로에서 입구 압력을 감압하여 출구를 설정 유압으로 유지한다.

③ 시퀀스 밸브(순차 밸브; sequence valve) : 2개 이상의 분기회로가 있을 때 순차적인 작동을 하기 위한 것이다.

④ 무부하 밸브(언로드 밸브, unload valve) : 유압회로의 압력이 설정 압력에 도달하였을 때 유압펌프로부터 전체유량을 오일 탱크로 복귀시킨다.

⑤ 카운터 밸런스 밸브(counter balance valve) : 유압실린더 등이 중력에 의한 자유낙하를 방지하기 위해 배압을 유지한다.

2. 방향제어밸브

방향 제어밸브의 종류에는 스풀밸브, 체크밸브, 디셀러레이션 밸브, 셔틀밸브 등이 있다.

① 스풀(spool)밸브 : 1개의 회로에 여러 개의 밸브 면을 두고 직선운동이나 회전운동으로 유압유의 흐름 방향을 변환시킨다.

② 체크밸브(check valve) : 한쪽 방향으로의 흐름은 자유로우나 역방향의 흐름을 허용하지 않는다.

③ 디셀러레이션 밸브(deceleration valve, 감속밸브) : 유압실린더를 행정 최종단에서 실린더의 속도를 감속하여 서서히 정지시키고자 할 때 사용된다.

④ 셔틀밸브(shuttle valve) : 1개의 출구와 2개 이상의 입구를 지니고 있으며, 출구가 최고 압력 쪽 입구를 선택하는 기능이 있다.

> **참고** 4포트 3위치 방향 전환 밸브의 중간위치 형식
> ① 오픈 센터형 : 중립일 때 모든 포트가 통해져 있기 때문에 펌프를 무부하로 하여 실린더는 수동으로 자유로이 움직일 수 있다.
> ② ABR 접속형 : 1개의 펌프로 여러 개의 실린더를 작동시킬 수 있고, 실린더를 수동으로 자유롭게 움직일 수 있다. 또 전자 파일럿 전환 밸브의 파일럿용 솔레노이드 밸브로 자주 사용된다.
> ③ 클로즈 센터형 : 중립일 때 모든 포트가 서로 막혀 있기 때문에 1개의 펌프로 여러 개의 실린더를 작동시킬 수 있고 또한 실린더의 위치 정하기나 고정도 할 수 있다.
> ④ 탠덤 센터형 : 4포트 3위치 방향 전환 밸브의 중간 위치 형식 중 센터 바이패스형 이라고도 하며, 중립 위치에서 펌프를 무부하 시킬 수 있고 실린더를 임의의 위치에 고정시킬 수 있다.

3. 유량제어밸브

유량제어밸브의 종류에는 교축밸브, 분류밸브, 니들밸브, 오리피스 밸브 등이 있다.

① 교축밸브(throttle valve) : 점도가 달라져도 유량이 그다지 변화하지 않도록 하기 위해 설치한다. 압력강하에 필요한 밸브로 조리개 작용으로 유량을 제어한다.
② 분류밸브(flow dividing valve) : 유압원에서 2개 이상의 유압 관로를 분류할 때 각각의 유압회로의 압력에 관계없이 일정한 비율로 유량을 나누어서 흐르도록 한다.
③ 니들밸브(needle valve) : 안지름이 작은 파이프에서 미세한 유량을 조정하는 데 사용된다.
④ 오리피스 밸브(orifice valve) : 면적을 감소시킨 통로에서 그 길이가 단면적 치수에 비하여 비교적 짧은 경우의 흐름을 교축한다.

3 유압실린더와 부속기기

1. 유압실린더

유압실린더는 유압 에너지를 이용하여 직선운동의 기계적인 일을 하는 장치를 말한다. 유압실린더의 종류에는 단동형과 복동형이 있다.
① 단동형 : 한쪽 방향에 대해서만 유효한 일을 하고, 복귀는 중력이나 복귀스프링에 의해 작동하는 형식이다.
② 복동형 : 실린더의 양쪽 방향에서 유효한 일을 한다. 따라서 유압이 작동되는 반대쪽의 유압유는 오일탱크로 되돌아간다.

2. 부속기기

① 스트레이너와 오일필터 : 스트레이너(strainer)는 오일탱크 내의 유압펌프 입구 쪽에 설치하는 것으로 케이스를 사용하지 않고 엘리먼트를 직접 탱크 내에 부착하는 구조로 되어 있다. 그리고 필터의 여과 입도가 너무 조밀하면(여과 입도수(mesh)가 너무 높으면) 캐비테이션(공동현상)이 발생하기 쉽다.
② 축압기(어큐뮬레이터) : 유압펌프에서 발생한 유압을 저장하고 맥동을 소멸시키는 장치이며, 그 기능은 압력보상, 체적변화 보상, 에너지 축적, 유압회로 보호, 맥동 감쇠, 충격압력 흡수, 일정 압력 유지 등이다.
③ 유압 파이프와 호스 : 강철 파이프를 사용하며, 호스는 플렉시블 호스(철심 고압호스)를 사용하며, 연결 부분에는 유니언 조인트(피팅)가 마련되어 있다.
④ 유압유 탱크의 기능
  ㉮ 적정 유량의 확보
  ㉯ 유압유의 기포 발생 방지 및 기포의 소멸
  ㉰ 적정 유압유 온도 유지

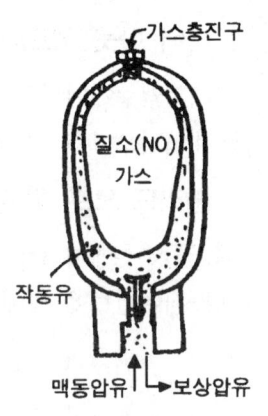

▲ 어큐뮬레이터

Section 4-3 유압회로

1 기본 유압회로

1. 개방회로(open circuit)

개방회로는 유압유가 탱크에서 유압펌프로 흡입·배출되어 유압 제어밸브를 거쳐 액추에이터에서 일한 후 다시 유압 제어밸브를 거쳐 유압유 탱크로 복귀되는 회로이며, 가장 많이 사용한다.

2. 밀폐회로(closed circuit)

밀폐회로는 유압펌프에서 배출된 유압유가 유압 제어밸브를 거쳐 액추에이터에서 일을 한 후 유압 제어밸브를 거쳐 유압펌프로 복귀하며 유압유 탱크로는 되돌아가지 않는 회로이다.

2 속도제어 회로

유압회로의 속도 제어회로에는 미터 인 회로, 미터 아웃 회로, 블리드 오프 회로가 있다.

1. 미터 인 회로(meter in circuit)

유압 액추에이터의 입력 측에 유량 제어밸브를 직렬로 연결하여 액추에이터로 유입되는 유량을 제어함으로써 속도를 제어하는 회로이다.

2. 미터 아웃 회로(meter out circuit)

유압 액추에이터의 출력 측에 유량 제어밸브를 직렬로 연결하여 액추에이터로 유입되는 유량을 제어함으로써 속도를 제어하는 회로이다.

3. 블리드 오프 회로(bleed off circuit)

유압 액추에이터로 유입되는 유량 일부를 유압유 탱크로 바이패스 시키고, 이 관로에 부착된 유량 제어밸브에 의해 유량을 제어하여 액추에이터의 속도를 제어하는 회로이다.

Chapter 4 출제예상문제

01 유압 기초이론과 관련하여 유체의 체적탄성 계수 단위로 옳은 것은?

① m^2/s ② kg/m^3
③ N/m^2 ④ $N·s/m^2$

02 유압펌프의 전효율(η_t)을 구하는 식으로 옳은 것은?

① $\dfrac{축동력}{유체동력}$ ② $\dfrac{펌프 동력}{축동력}$
③ $\dfrac{전압 동력}{축동력 \times 용적 효율}$ ④ $\dfrac{정압 동력}{전압 동력}$

해설 유압펌프의 전효율 = $\dfrac{펌프동력}{축동력}$

03 유체기계의 펌프에서 터보형에 속하지 않는 것은?

① 왕복식 ② 원심식
③ 사류식 ④ 축류식

해설 터보형(Turbo type) 펌프의 종류
① 원심식 펌프 : 볼류트 펌프(volute pump), 터빈 펌프(turbine pump)
② 사류식 펌프(diagonal type pump)
③ 축류식 펌프(axial type pump)

04 터보형 원심식 펌프의 한 종류로서 회전자의 바깥둘레에 안내 깃이 없는 펌프는?

① 플런저 펌프 ② 볼류트 펌프
③ 베인 펌프 ④ 터빈 펌프

해설 볼류트 펌프는 안내 깃이 없는 와류형 펌프 중에서 가장 간단한 것으로 스크루형으로 되어 있는 방과 프로펠러로 되어 있다. 프로펠러를 고속도로 회전시켜 그 원심력을 이용하여 물을 송출하는 것으로 소형으로 되어 있기 때문에, 양수 고도가 30m 이하의 경우에 가장 널리 사용된다.

05 용적형 펌프에 해당하는 피스톤펌프는 어느 형식에 속하는 펌프인가?

① 왕복식 펌프 ② 원심식 펌프
③ 사류펌프 ④ 회전식 펌프

해설 용적형 펌프의 종류
① 왕복형 : 피스톤펌프(플런저펌프)
② 회전형 : 기어펌프, 베인펌프
③ 특수형 : 마찰펌프, 분사펌프, 기포펌프, 수격펌프

06 펌프 중에서 왕복운동으로 압력을 활용하는 펌프는?

① 제트펌프 ② 원심펌프
③ 피스톤펌프 ④ 기어펌프

해설 피스톤펌프는 왕복운동으로 압력을 활용하는 펌프이다.

07 내경 600mm의 파이프를 통하여 물이 3m/s의 속도로 흐를 때 유량은 약 몇 m3/s인가?

① 0.85 ② 1.7
③ 3.4 ④ 6.8

해설 $Q = AV$
[Q : 유량, A : 단면적, V : 흐름속도(유속)]
∴ $\dfrac{3.14 \times 0.6m \times 0.6m \times 3m/s}{4} = 0.8478 m^3/s$

정답 01. ③ 02. ② 03. ① 04. ② 05. ① 06. ③ 07. ①

08 공작물을 단면적 100cm²인 유압실린더로 1분에 2m의 속도로 이송시키기 위해 필요한 유량은 몇 L/min인가?

① 10L/min ② 20L/min
③ 30L/min ④ 40L/min

해설 $Q = AV$
[Q : 유량, A : 단면적, V : 흐름속도(유속)]
∴ $\frac{100cm^2 \times 2m/min}{10} = 20L/min$

09 관로 내를 흐르는 유체의 평균 유속이 3m/sec이고, 유량이 9.9m³/sec일 때 관의 단면적은?

① 3.3m² ② 29.7m²
③ 0.3m² ④ 1.65m²

해설 $Q = AV$에서 $A = \frac{Q}{V}$ ∴ $\frac{9.9m^3/s}{3m/s} = 3.3m^2$

10 펌프에서 관의 길이 ℓ [m], 마찰계수 f, 유체의 평균 유속 V[m/sec]일 때 관의 마찰 손실 수두 hf를 구하는 공식은? (단, 관은 한 변이 b[m]인 정사각형이며, Rh는 수력 반지름이고, 원 관의 지름 d[m]이다.)

① $h_f = f\frac{\ell}{d}\frac{V^2}{2g}$ ② $h_f = f\frac{d}{\ell}\frac{V}{2g}$
③ $h_f = f\frac{4\ell}{R_h}\frac{V^2}{2g}$ ④ $h_f = \frac{f}{4}\frac{\ell}{R_h}\frac{V^2}{2g}$

해설 관의 마찰손실 수두 h_f를 구하는 공식
$h_f = \frac{f}{4}\frac{\ell}{R_h}\frac{V^2}{2g}$ 이다.

11 안지름 50cm의 파이프로 1.7m/sec의 물을 흘러가게 할 때 파이프의 길이가 50m일 때의 마찰 손실수두는? (단, 관 마찰계수 λ =0.03이다.)

① 0.442m ② 0.523m
③ 0.785m ④ 0.973m

해설 $h_f = \lambda \frac{\ell}{d}\frac{V^2}{2g}$ [h_f : 마찰 손실수두, λ : 관의 마찰] 계수, ℓ : 파이프 길이, d : 파이프 안지름, V : 흐름속도, g : 중력 가속도(9.8%)]
∴ $0.03 \times \frac{50}{0.5} \times \frac{1.7^2}{2 \times 9.8} = 0.44m$

12 10m/s의 속도로 흐르는 물의 속도수두는 약 몇 m 인가?(단, 중력가속도는 9.8m/s² 이다.)

① 2.8 ② 3.2
③ 3.8 ④ 5.1

해설 $Hv = \frac{v^2}{2g}$ [Hv : 속도수두, v : 유체속도, g : 중력가속도(9.8m/s²)]
∴ $\frac{10^2}{2 \times 9.8} = 5.1m$

13 원심펌프에서 송출압력 0.2N/mm², 흡입 진공압력 0.05N/mm², 압력계와 진공계 사이의 높이차 600mm일 때, 펌프의 전양정(m)은?(단, 흡입관과 송출관의 지름은 같다.)

① 16.5 ② 26.1
③ 30.6 ④ 36.3

해설 $H = \frac{Pd - Ps}{\gamma} + y$ [H : 전양정, Pd : 송출압력, Ps : 흡입진공 압력, γ : 물의 비중량(9800N/m³), y : 압력계와 진공계 사이의 높이차이]
∴ $\frac{(0.2 + 0.05) \times 10^6}{9800} + 0.6 = 26.1m$

정답 08. ② 09. ① 10. ④ 11. ① 12. ④ 13. ②

14 유효낙차 100m이고, 유량 200m³/sec인 수력 발전소의 수차에서 이론 출력을 계산하면 몇 kW인가?

① 412×10^3 ② 326×10^3
③ 196×10^3 ④ 116×10^3

해설 $H_{kW} = \dfrac{\gamma QH}{102}$ [Q : 유량, H : 양정]

∴ $\dfrac{10^3 \times 100 \times 200}{102} = 196 \times 10^3 kW$

15 펌프의 송출압력이 90N/cm², 송출량이 60ℓ/min인 유압펌프의 펌프 동력은 몇 W인가?

① 700   ② 800   ③ 900   ④ 1,000

해설 $H_{kW} = \dfrac{PQ}{102 \times 60}$
[H_{kW} : 동력, P : 송출압력, Q : 유량]

∴ $\dfrac{90 \times 60 \times 1,000}{102 \times 60 \times 100 \times 9.8} = 0.9kW = 900W$

16 유압펌프에서 송출량이 10L/min 이고 0.5 MPa로 압력이 작용할 경우 유압펌프의 동력은 약 몇 W인가?

① 45.06   ② 66.67
③ 83.33   ④ 120.42

해설 $H_{kW} = \dfrac{PQ}{102 \times 60}$
[H_{kW} : 출력, P : 펌프의 송출압력, Q : 유량]

∴ $\dfrac{10 \times 0.5 \times 10^6}{102 \times 60 \times \times 9.8} = 83.36 W$

17 총 양정이 3m, 공급유량 2.5m³/min인 펌프의 동력은 약 몇 kW가 필요한가? (단, 유체의 비중은 0.82이고, 펌프효율은 0.90이다.)

① 0.56   ② 1.12   ③ 2.24   ④ 4.48

해설 $H_{kW} = \dfrac{\gamma QH}{102 \times 60 \times \eta}$ [H_{kW} : 펌프의 동력, γ : 물의 비중, Q : 유량, H : 양정, η : 효율]

∴ $\dfrac{0.82 \times 1,000 \times 2.5 \times 3}{102 \times 60 \times 0.9} = 1.12kW$

18 전양정 5.5m, 유량 10m³/min인 급수 펌프의 전효율이 90%일 때 이 펌프의 축 동력으로 가장 적합한 것은?

① 7.5(kW)   ② 9(kW)
③ 10(kW)   ④ 15(kW)

해설 $H_{kW} = \dfrac{\gamma QH}{102 \times 60 \times \eta}$

∴ $\dfrac{1,000 \times 10 \times 5.5}{102 \times 60 \times 0.9} ≒ 10kW$

19 유량이 6m³/min, 손실양정 6m, 실양정 30m인 급수 펌프를 1,750rpm으로 운전할 때 소요 동력은 약 몇 kW인가? (단, 펌프효율은 0.88이다.)

① 20   ② 30   ③ 35   ④ 40

해설 $H_{kW} = \dfrac{\gamma QH}{102 \times 60 \times \eta}$ [여기서, γ : 유체의 비중, Q : 공급유량(m³/min), H : 총양정(m), η : 펌프효율]

∴ $\dfrac{1,000 \times 6 \times (6+30)}{102 \times 0.88 \times 60} = 40kW$

20 급수 펌프의 전양정이 30m이고, 유량이 5m³/min, 효율은 82%이다. 이 펌프를 구동시키는데 필요한 전동기의 축동력은 약 몇 kW인가? (단, 물의 비중량은 9,800N/m³이다.)

① 25   ② 30   ③ 35   ④ 50

해설 $H_{kW} = \dfrac{\gamma QH}{102 \times 60 \times \eta}$

∴ $\dfrac{9,800 \times 5 \times 30}{102 \times 0.82 \times 60 \times 10} = 30kW$

정답 14. ③   15. ③   16. ③   17. ②   18. ③   19. ④   20. ②

21 원심펌프에서 전효율이 80%, 송출유량이 2m³/min이다. 이 펌프의 수력효율이 90%, 기계효율이 90%일 때 체적효율은 약 몇 %인가?

① 92 ② 95
③ 97 ④ 99

해설 전효율(η)=기계효율(η_m)×체적효율(η_v)×수력효율(η_h)에서
$$\eta_v = \frac{\eta}{\eta_m \times \eta_h} = \frac{0.8}{0.9 \times 0.9} \times 100 = 98.765\%$$

22 일정 유량으로 유체가 흐를 때, 관의 지름을 두 배로 하면 유속은 몇 배인가?

① 1/4 ② 1/2
③ 2 ④ 4

해설 일정 유량으로 유체가 흐를 때, 관의 지름을 2배로 하면 유속은 1/4배로 된다.

23 70m의 물속의 수압은 수은주의 높이로 약 몇 m인가? (단, 물의 비중은 1, 수은의 비중은 13.6이다.)

① 0.68 ② 36.4
③ 3.68 ④ 5.15

해설 수은은 비중이 13.6이므로 $\frac{70m}{13.6} = 5.15m$

24 수력기계에서 공동현상이 발생하는 주원인은?

① 고속 회전 때문이다.
② 낮은 대기압력 때문이다.
③ 고압 때문이다.
④ 높은 대기압력 때문이다.

해설 수력기계에서 공동현상(cavitation)이 발생하는 주원인은 고속 회전과 저압 때문이다.

25 다음 중 펌프의 캐비테이션의 방지책이 아닌 것은?

① 펌프의 설치 높이를 가능하면 낮춘다.
② 펌프의 회전수를 높게 한다.
③ 편 흡입을 양 흡입 펌프로 고쳐서 사용한다.
④ 흡입 비속도를 적게 한다.

해설 펌프의 캐비테이션(공동현상) 방지책은 ①, ③, ④항 이외에 펌프의 회전수를 낮게 한다.

26 펌프를 운전할 때 출구와 입구의 압력 변동이 생기고 유량이 변하는 현상을 무엇이라고 하는가?

① 수격현상 ② 공동현상
③ 서징현상 ④ 유체고착 현상

해설 ① 수격현상(water hammering) : 관속을 충만하게 흐르고 있는 액체의 속도를 급격히 변화시키면 액체에 심한 압력 변화가 발생하는 현상이다.
② 공동현상(캐비테이션) : 물이 관속을 흐르고 있을 때 흐르는 물속의 어느 부분의 정압(static pressure)이 그때의 물의 온도에 해당하는 증기압력 이하로 되면 부분적으로 증기가 발생하는 현상이다.
③ 서징(surging)현상 : 펌프를 운전할 때 출구와 입구의 압력 변동이 생기고 유량이 변하는 현상이다.

27 유체의 회로 속에 용해 공기가 기포로 되어 있는 상태를 어떤 현상이라고 하는가?

① 노킹 현상 ② 공동 현상
③ 조기착화 현상 ④ 인화 현상

해설 공동현상(캐비테이션)이란 외부에서 가해진 기계적인 힘에 의하여 유체 중에 기포가 생기는 것으로, 유체 중에 국부적으로 속도가 빠른 부분이 생기면, 그 부분의 압력이 내려가 액체 중에 녹아 있던 기체가 기포로 되어 나타나는 현상이다. 캐비테이션 현상이 발생된 경우 유압유는 과포화 상태이다.

정답 21. ④ 22. ① 23. ④ 24. ① 25. ② 26. ③ 27. ②

28 유압회로 내에 캐비테이션 현상이 발생했을 경우 유압유의 상태는?

① 과냉 상태 ② 포화 상태
③ 과포화 상태 ④ 표준 상태

29 저장탱크에서 유입되는 유입구의 형상 중 관로에 생기는 부차적인 손실 계수가 가장 작은 것은?

① 탱크 벽면에서 90° 각을 이루고 만날 때
② 탱크 벽면에서 45° 각도로 모따기 하여 만날 때
③ 탱크 벽면에서 크게 라운딩한 형상으로 만날 때
④ 탱크 벽면에서 유입관이 앞으로 돌출하였을 때

해설 저장탱크에서 유입되는 유입구의 형상 중 관로에 생기는 부차적인 손실 계수가 가장 작은 것은, 탱크 벽면에서 크게 라운딩한 형상으로 만날 때이다.

30 다음 중 유압의 기초적인 원리라 할 수 있는 파스칼의 원리에 대한 설명이 아닌 것은?

① 유체의 압력은 면에 직각으로 작용한다.
② 각 점에서의 압력은 모든 방향으로 같다.
③ 가한 압력은 유체 각부에 같은 세기로 전달된다.
④ 유체의 압력은 압력을 직접 받는 면이 가장 크다.

해설 파스칼의 원리
① 유체의 압력은 면에 직각으로 작용한다.
② 각 점에서의 압력은 모든 방향으로 같다.
③ 가한 압력은 유체 각부에 같은 세기로 전달된다.

31 밀폐된 용기의 정지 유체에 가해진 압력이 모든 방향으로 균일하게 전달되는 원리는?

① 벤추리의 원리
② 파스칼의 원리
③ 베르누이의 원리
④ 토리첼리의 원리

해설 파스칼의 원리는 밀폐된 용기의 정지 유체에 가해진 압력이 모든 방향으로 균일하게 전달되는 원리이다.

32 유압의 특성에 대한 설명으로 틀린 것은?

① 과부하에 대한 안전장치가 필요하다.
② 작은 힘으로 큰 출력을 얻을 수 있다.
③ 열 발생에 대한 냉각장치가 필요 없다.
④ 힘과 속도를 자유롭게 변속시킬 수 있다.

해설 유압의 특징
① 윤활 성능, 내마모성, 내식성(방청성)이 좋다.
② 속도제어와 힘의 연속적 제어가 용이하다.
③ 소형장치로 큰 출력을 발생한다.
④ 과부하에 대한 안전장치가 간단하고 정확하다.
⑤ 충격을 완화하기 때문에 장기간 사용할 수 있다.
⑥ 전기·전자의 조합으로 자동제어가 용이하다.
⑦ 에너지 축적이 가능하며, 힘의 전달 및 증폭이 용이하다.
⑧ 유량의 조절로 무단 변속이 가능하고, 정확한 위치제어를 할 수 있다.
⑨ 미세조작 및 원격조작이 용이하다.
⑩ 입력에 대한 출력의 응답이 빠르다.
⑪ 회전 및 직선운동이 자유롭다.
⑫ 각종 제어밸브에 의한 압력·유량 및 방향제어가 간단하다.
⑬ 진동이 작고, 작동이 원활하다.
⑭ 열의 냉각장치(오일 쿨러)를 필요로 한다.

33 유압 작동유가 구비해야 할 성질로 올바른 것은?

① 열전달율이 낮을 것
② 열팽창 계수가 클 것
③ 압축률(압축성)이 높을 것
④ 증기압이 낮고, 비점이 높을 것

정답 28. ③ 29. ③ 30. ④ 31. ② 32. ③ 33. ④

해설 작동유가 구비해야 할 성질
① 열전달율이 높을 것
② 열팽창 계수가 작을 것
③ 압축률(압축성)이 낮을 것
④ 증기압이 낮고, 비점이 높을 것

34 유압펌프는 크게 용적형 펌프와 비용적형 펌프로 분류할 수 있고, 또 용적형 펌프에는 회전펌프와 피스톤펌프로 분류할 수 있다. 이때 회전펌프에 속하는 것은?

① 터빈펌프 ② 벌류트펌프
③ 축류펌프 ④ 베인 펌프

해설 회전펌프에는 기어펌프, 베인펌프, 나사펌프 등이 있다.

35 유압펌프의 종류 중 회전식이 아닌 것은?

① 피스톤 펌프 ② 기어펌프
③ 베인 펌프   ④ 나사 펌프

해설 회전펌프의 종류에는 기어펌프, 베인 펌프, 나사펌프 등이 있다.

36 다음 중 기어펌프에 속하지 않는 것은?

① 로브 펌프   ② 트로코이드 펌프
③ 스크루 펌프 ④ 베인 펌프

37 건설차량, 건설기계, 산업차량, 트랙터, 콤바인 등에 사용되는 펌프로서 구조가 소형이며 간단하고 가격도 싸다. 다만 가변용량이 곤란하며 누설이 많아 최고압력이 7MPa 이하인 펌프는 어느 것인가?

① 베인 펌프   ② 기어펌프
③ 피스톤펌프   ④ 다단펌프

해설 기어펌프는 건설차량, 건설기계, 산업차량, 트랙터 등에 사용되는 펌프로서 구조가 소형이며 간단하고 값도 싸지만 가변 용량이 곤란하며 누설이 많아 최고 압력이 7MPa 이하인 펌프이다.

38 베인펌프의 특징에 관한 설명으로 틀린 것은?

① 작동유의 점도에 제한이 있다.
② 비교적 고장이 적고 수리 및 관리가 용이하다.
③ 베인의 마모에 의한 압력 저하가 발생되지 않는다.
④ 기어펌프나 피스톤 펌프에 비해 토출압력의 맥동현상이 적다.

해설 베인펌프의 특징은 비교적 고장이 적고 수리 및 관리가 용이하며, 베인의 마모에 의한 압력 저하가 발생되지 않는다. 또 기어펌프나 피스톤펌프에 비해 토출압력의 맥동현상이 적다.

39 유압펌프 중 피스톤펌프에 대한 설명으로 옳지 않은 것은?

① 베인펌프라고도 한다.
② 누설이 작아 체적 효율이 좋다.
③ 피스톤의 왕복운동을 이용하여 유압 작동유를 흡입하고 토출한다.
④ 작은 크기로 토출압력을 높게 할 수 있고 토출량을 크게 할 수 있다.

해설 피스톤펌프는 피스톤의 왕복운동을 이용하여 유압 작동유를 흡입하고 토출하며, 작은 크기로 토출압력을 높게 할 수 있다. 또한 토출량을 크게 할 수 있고, 누설이 작아 체적효율이 좋다.

정답 34. ④ 35. ① 36. ④ 37. ② 38. ① 39. ①

40 그림에서 화살표 방향으로 100kgf/cm²의 압력을 갖는 오일을 밀어 넣을 때 피스톤의 상태는 어떻게 되는가? (단, 피스톤의 단면적 10cm², 실린더 로드의 단면적은 4cm²임)

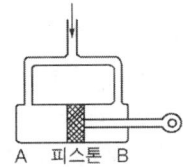

① 움직이지 않는다.
② 우측에서 좌측으로 움직인다(A방향)
③ 좌측에서 우측으로 움직인다(B방향)
④ A, B 방향으로 왕복 운동한다.

41 펌프의 토출압력이 60kgf/cm², 토출량이 30ℓ/min인 유압펌프의 펌프 동력은 몇 마력(PS)인가?

① 3   ② 4   ③ 5   ④ 6

해설 $H_{PS} = \dfrac{PQ}{75 \times 60}$

[H_{PS} : 마력, P : 토출압력, Q : 토출량]

∴ $\dfrac{60 \times 30 \times 1000}{75 \times 60 \times 100} = 4PS$

42 배출압력 105kgf/cm², 배출량 30ℓ/min의 유압펌프를 구동하는데 필요한 동력은 몇 kW 인가?

① 0.04   ② 6.5
③ 196   ④ 390

해설 $H_{kW} = \dfrac{PQ}{102 \times 60 \times \eta}$

[H_{kW} : 동력(kw), P : 배출압력(kgf/cm²), Q : 배출량(ℓ/min), η : 효율]

∴ $\dfrac{105 \times 30 \times 1,000}{102 \times 60 \times 0.8 \times 100} = 6.43 kW$

43 단동 피스톤펌프에서 실린더 직경 20cm, 행정 20cm, 회전수 80rpm, 체적효율 90%이면 토출유량(m³/min)은?

① 0.261   ② 0.271
③ 0.452   ④ 0.502

해설 $Q = \eta_v ALN$ [Q : 토출유량, η_v : 체적효율, A : 실린더 단면적, L : 행정, N : 회전속도]

∴ $0.9 \times 0.785 \times 0.2^2 \times 0.2 \times 80 = 0.452 m^3/min$

44 다음 유압기기의 구성요소 중 유압 액추에이터인 것은?

① 유압펌프   ② 유압실린더
③ 제어밸브   ④ 유압조절밸브

해설 유압기기에서 유압모터와 유압실린더는 유압을 받아 회전 또는 직선 운동하는 것으로 액추에이터라 한다.

45 다음은 압력 제어밸브의 사용 용도이다. 틀린 것은?

① 안전밸브 : 액추에이터에 설치되어 과부하로부터 펌프를 보호한다.
② 카운터 밸런스 밸브 : 실린더에 인장하중이 걸리거나 부하의 관성에 의한 인장하중 효과가 발생되면 실린더가 끌리게 되는데 이를 방지한다.
③ 시퀀스 밸브 : 압력 릴리프 밸브에서 설정된 압력이 초과되면 다른 유압 부품으로 유로를 연결시켜주는데 사용된다.
④ 감압밸브 : 낮은 입구 압력을 높은 출구 압력으로 만들어 주는데 사용된다.

해설 감압밸브(리듀싱 밸브)는 작동체를 주회로보다 낮은 압력으로 작동시키고자 할 때 분기회로에 사용한다.

정답 40. ③ 41. ② 42. ② 43. ③ 44. ② 45. ④

46 유압장치에서 압력제어 밸브가 하는 일로 가장 중요한 것은?

① 유량조정 ② 일의 속도 결정
③ 일의 방향 결정 ④ 일의 크기 결정

> **해설** 유압 제어밸브의 기능
> ① 압력 제어밸브 : 일의 크기 결정
> ② 유량 제어밸브 : 일의 속도 결정
> ③ 방향 제어밸브 : 일의 방향 결정

47 회로 내의 최고 압력을 설정하고, 압력의 상승을 제한하는 밸브는?

① 릴리프밸브 ② 유압 구동 밸브
③ 방향 제어밸브 ④ 유량 제어밸브

> **해설** 릴리프 밸브(relief valve)는 유압회로에서 유압이 규정 값에 도달하면 밸브가 열려서 유압유의 일부 또는 전체 양을 복귀하는 쪽으로 탈출시켜 회로 압력을 일정하게 하거나 최고 압력을 규제하여 유압기기를 보호한다.

48 압력 제어밸브의 종류가 아닌 것은?

① 시퀀스 밸브 ② 감압 밸브
③ 릴리프 밸브 ④ 스풀 밸브

> **해설** 압력 제어밸브의 종류
> ① 릴리프밸브(relief valve) : 유압장치의 과부하 방지와 유압기기의 보호를 위하여 최고 압력을 규제하고 유 회로 내의 필요한 압력을 유지하는 밸브이다.
> ② 감압밸브(reducing valve) : 유압실린더 내의 유압은 동일하여도 각각 다른 압력으로 나눌 수 있으며, 유압회로에서 입구 압력을 감압하여 유압실린더 출구 설정 유압으로 유지한다.
> ③ 시퀀스 밸브(sequence valve) : 2개 이상의 분기회로가 있을 때 순차적인 작동을 하기 위한 압력 제어밸브로 2개 이상의 분기회로에서 실린더나 모터의 작동순서를 결정하는 자동 제어 밸브이다.
> ④ 언로더 밸브(unloader valve) : 유압회로의 압력이 설정 압력에 도달하였을 때 유압펌프로부터 전체 유량을 작동유 탱크로 리턴시키는 밸브이다.
> ⑤ 카운터 밸런스 밸브(counter balance valve) : 유압 실린더의 복귀 쪽에 배압을 발생시켜 피스톤이 중력에 의하여 자유낙하하는 것을 방지하여 하강 속도를 제어하기 위해 사용된다.

49 압력제어 밸브 중에서 릴리프 밸브의 설명으로 맞는 것은?

① 회로의 일부에 배압을 발생시키고자 할 때 사용하는 밸브
② 회로내의 최고 압력을 낮추어 압력을 일정하게 하는 밸브
③ 두 개 이상의 분기회로를 가진 회로 내에서 작동순서를 제어하는 밸브
④ 유량이나 입구 측의 압력크기와는 관계없이 미리 설정한 2차측 압력을 일정하게 해주는 밸브

> **해설** ① 카운터 밸런스 밸브 : 회로의 일부에 배압을 발생시키고자 할 때 사용하는 밸브이다.
> ② 릴리프 밸브 : 회로내의 최고 압력을 낮추어 압력을 일정하게 하는 밸브이다.
> ③ 시퀀스 밸브 : 2개 이상의 분기회로를 가진 회로 내에서 작동순서를 제어하는 밸브이다.
> ④ 감압(리듀싱)밸브 : 유량이나 입구 측의 압력크기와는 관계없이 미리 설정한 2차측 압력을 일정하게 해주는 밸브이다.

50 작동체를 주회로보다 낮은 압력으로 작동시키고자 할 때 분기회로에 사용되는 밸브는?

① 카운터 밸런스 밸브 ② 시퀀스 밸브
③ 릴리프 밸브 ④ 감압 밸브

51 건설기계 유압회로에서 언로드 밸브에 대한 설명 중 맞는 것은?

① 출구측 압력을 입구측 압력보다 낮게 유지시킨다.
② 분기회로가 있는 유압회로에서 작동순서를 제어한다.
③ 회로 내의 압력이 일정치에 달하면 펌프를 무부하로 만든다.
④ 유압 액추에이터의 운동방향을 결정해 준다.

> **해설** 언로드 밸브는 회로 내의 압력이 일정치에 달하면 펌프를 무부하로 만든다.

정답 46. ④ 47. ① 48. ④ 49. ② 50. ④ 51. ③

52 유체를 한쪽 방향으로만 흐르게 하여 역류를 방지하는 밸브는?

① 슬루스 밸브　② 스톱밸브
③ 볼 밸브　　　④ 체크밸브

> **해설** 체크밸브는 역류를 방지하며 유체를 한쪽 방향으로만 흐르게 하는 작용을 한다.

53 2개의 액추에이터에 같은 유량을 분배하여 그 속도를 같게 하는 경우에 사용되는 밸브는?

① 분류 밸브
② 감압 밸브
③ 시퀀스 밸브
④ 카운터 밸런스 밸브

> **해설** 분류 밸브는 2개의 액추에이터에 같은 유량을 분배하여 그 속도를 같게 하는 경우에 사용된다.

54 작동유의 점도와 관계없이 유량을 조정할 수 있는 밸브는?

① 셔틀 밸브　② 체크 밸브
③ 교축 밸브　④ 릴리프 밸브

> **해설** 밸브의 기능
> ① 셔틀 밸브 : 3포의 밸브로 자체의 압력에 의하여 자동적으로 선택한다. 2개의 입구 중 어느 쪽이든 유압이 높은 쪽이 출구와 통하고 낮은 쪽의 입구는 포핏 밸브에 의해 자동적으로 닫힌다.
> ② 체크 밸브 : 역류를 방지하는 밸브 즉, 한쪽 방향으로의 흐름은 자유로우나 역방향의 흐름을 허용하지 않는 밸브이다.
> ③ 교축 밸브 : 교축 밸브는 점도가 달라져도 유량이 그다지 변화하지 않도록 설치된 밸브이다.
> ④ 릴리프 밸브 : 유압장치의 과부하 방지와 유압기기의 보호를 위하여 최고 압력을 규제하고 유압회로 내의 필요한 압력을 유지하는 밸브이다.

55 유압회로에서 어큐뮬레이터(축압기)의 역할로 거리가 먼 것은?

① 회로 내 충격압력의 흡수
② 펌프 등에서 발생하는 맥동제거
③ 유압을 일정하게 유지
④ 유압유의 여과 및 냉각

> **해설** 어큐뮬레이터(축압기)는 유압유 저장용의 용기이며, 그 기능은 유압 에너지 압력의 맥동 제거, 압력 보상, 충격완화, 에너지 저장, 유압을 일정하게 유지 등이다.

56 안지름이 16cm, 추력 F=5ton, 피스톤의 속도 V=40m/min인 유압실린더에서 필요로 하는 유압은 몇 kgf/cm²인가?

① 14.3　② 24.9
③ 31.2　④ 46.7

> **해설** $P = \dfrac{F}{A}$
> [P : 유압, F : 추력, A : 유압실린더의 단면적]
> ∴ $\dfrac{5,000}{0.785 \times 16^2} = 24.88 kgf/cm^2$

57 그림의 실린더 A부 단면적이 4,000mm², 축 d부를 뺀 B부 단면적 3,000mm²일 때 압력 P_1=30kgf/cm², P_2=5kgf/cm²이면 추력 F는 몇 kgf인가?

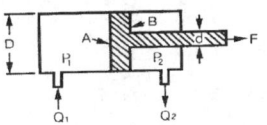

① 850　② 1050
③ 1200　④ 1350

> **해설** $F = 0.785 \times D^2 \times P_1 - 0.785 d^2 \times P_2$
> ∴ (40cm² ×30kgf/cm²)−(30cm² ×5kgf/cm²)
> =1050kgf

정답　52. ④　53. ①　54. ③　55. ④　56. ②　57. ②

58 유압모터로 어떤 물체를 300N·m의 토크로 분당 1,000회전 시키려고 한다. 이때 모터에 필요한 동력은 몇 kW인가? (단, 효율은 100%이다.)

① 31.4 ② 41.9
③ 314   ④ 419

해설 $H_{kW} = \dfrac{TN}{974 \times 9.8}$ [H_{kW}: 동력, T: 토크, N: 회전속도] ∴ $\dfrac{300 \times 1,000}{974 \times 9.8} = 31.4 kW$

59 압력 P=70kgf/cm², 송출유량 25ℓ/min인 유압모터에서 발생할 수 있는 최대 토크는? (단, 유압모터의 회전수는 1,250rpm)

① 2.23kgf·m   ② 223kgf·m
③ 7.04kgf·m   ④ kgf·m

해설 ① $qn = \dfrac{Q}{R}$ [qn: 1회전 당 유량, Q: 송출유량, R: 유압모터의 회전수]
∴ $\dfrac{25 \times 10^3}{1250} = 20 cc/rev$
② $T = \dfrac{P \times qn}{2\pi}$ ∴ $\dfrac{70 \times 20}{2 \times 3.14} = 223 kgf \cdot cm = 2.23 kgf \cdot m$

60 흡입관 하부에 스트레이너를 설치하는 이유로 다음 중 가장 적합한 것은?

① 불순물 침투 방지
② 유량조절
③ 양정을 높이기 위해
④ 역류 방지

해설 흡입관 하부에 스트레이너(strainer)를 설치하는 이유는 불순물 침투 방지이다.

61 유압장치에 사용되는 유압유 저장용의 용기로 어큐뮬레이터라고도 하는 유압 부속기기는?

① 축압기   ② 유압 필터
③ 증압기   ④ 유압 유닛

해설 축압기(어큐뮬레이터)는 유압유 저장용의 용기를 말한다.

62 4포트 3위치 방향 전환 밸브의 중간위치 형식 중 센터 바이패스형 이라고도 하며, 중립위치에서 펌프를 무부하 시킬 수 있고 실린더를 임의의 위치에 고정시킬 수 있는 것은?

① 오픈 센터형   ② ABR 접속형
③ 클로즈 센터형   ④ 탠덤 센터형

해설 ① 오픈 센터형: 중립일 때 모든 포트가 통해져 있기 때문에 펌프를 무부하로 하여 실린더는 수동으로 자유로이 움직일 수 있다.
② ABR 접속형: 1개의 펌프로 여러 개의 실린더를 작동시킬 수 있고, 실린더를 수동으로 자유롭게 움직일 수 있다. 또 전자 파일럿 전환 밸브의 파일럿용 솔레노이드 밸브로 자주 사용된다.
③ 클로즈 센터형: 중립일 때 모든 포트가 서로 막혀 있기 때문에 1개의 펌프로 여러 개의 실린더를 작동시킬 수 있고 또한 실린더의 위치 정하기나 고정도 할 수 있다.
④ 탠덤 센터형: 4포트 3위치 방향 전환 밸브의 중간위치 형식 중 센터 바이패스형 이라고도 하며, 중립위치에서 펌프를 무부하 시킬 수 있고 실린더를 임의의 위치에 고정시킬 수 있다.

63 유체 에너지를 기계적 에너지로 변환시키는 장치는?

① 여과기   ② 액추에이터
③ 컨트롤 밸브 ④ 압력제어 밸브

해설 유압펌프에서 보내준 유압 에너지를 기계적 에너지로 변환하는 것을 액추에이터라 하며, 종류에는 회전운동을 하는 유압모터와 직선 왕복운동을 하는 유압실린더가 있다.

정답 58. ① 59. ① 60. ① 61. ① 62. ④ 63. ②

64 2개의 입구와 1개의 공동 출구를 가지고, 출구는 입구 압력의 작용에 의하여 입구의 한쪽 방향에 자동적으로 접속되는 밸브는?

① 리밋 밸브   ② 셔틀 밸브
③ 2압 밸브   ④ 급속 배기 밸브

해설 셔틀 밸브는 2개의 입구와 1개의 공동 출구를 가지고, 출구는 입구 압력의 작용에 의하여 입구의 한쪽 방향에 자동적으로 접속되는 밸브이다.

65 다음 패킹재료의 구비조건으로 가장 적절하지 않은 것은?

① 강인하고 내구력이 클 것
② 사용온도 범위가 넓을 것
③ 유연하고 탄력성이 있을 것
④ 내열 및 화학적 변화가 클 것

해설 패킹재료의 구비조건은 강인하고 내구력이 클 것, 사용온도 범위가 넓을 것, 유연하고 탄력성이 있을 것, 내열성이 크고 및 화학적 변화가 없을 것

66 성능이 같은 2대의 펌프를 직렬로 연결하는 경우 양정과 유량의 관계는?

① 유량 및 양정 모두 변함없다.
② 유량 및 양정 모두 2배로 된다.
③ 유량은 변화가 없고 양정이 2배로 된다.
④ 양정은 변화가 없고 유량이 2배로 된다.

해설 성능이 같은 2대의 펌프를 직렬로 연결하면 유량은 변화가 없고 양정이 2배로 되고, 병렬로 연결하면 양정은 변함이 없고 유량이 2배로 된다.

67 유압회로에서 액추에이터를 작동시키지 않는 시간에는 펌프에서 송출되어 나온 작동유체를 저압으로 탱크에 복귀시키는 회로는?

① 감압 회로   ② 동기 회로
③ 무부하 회로   ④ 미터인 회로

해설 무부하 회로는 액추에이터를 작동시키지 않는 시간에는 펌프에서 송출되어 나온 작동유체를 저압으로 탱크에 복귀시킨다.

68 공압 실린더와 연결되어 스로틀 밸브를 조정하여 정밀한 속도제어를 위해 사용되는 것은?

① 어큐뮬레이터   ② 루브리케이터
③ 속도제어 밸브   ④ 하이드로 체크유닛

해설 하이드로 체크유닛은 공압 실린더와 연결되어 스로틀 밸브를 조정하여 정밀한 속도제어를 위해 사용된다.

69 다음 중 압축기 뒤에 설치되어 압축공기를 저장하는 공기탱크의 기능으로 틀린 것은?

① 맥동을 방지하거나 평준화한다.
② 다량의 공기 소비시 급격한 압력 상승을 방지한다.
③ 비상시에도 일정 시간 운전이 가능하다.
④ 압력용기이므로 법적 규제를 받는다.

해설 공기탱크의 기능은 맥동을 방지하거나 평준화하고, 비상시에도 일정 시간 운전 가능하도록 하며, 압력용기이므로 법적 규제를 받는다.

70 공기압 회로 중 압축공기 필터의 내용으로 맞지 않는 것은?

① 수분 먼지가 침입하는 것을 방지하기 위해 설치한다.
② 공기 출구부에 설치한다.
③ 드레인 배출 방식으로 수동식과 자동식이 있다.
④ 필터는 오염의 정도에 따라서 엘리먼트를 선정할 필요가 있다.

정답 64. ② 65. ④ 66. ③ 67. ③ 68. ④ 69. ② 70. ②

해설 압축공기 필터의 기능은 ①, ③, ④항 이외에 공기 입구 부분에 설치한다.

71 클램프 상태에 있는 회로에서 압력 저하에 따른 위험방지 목적으로 공기탱크와 압축기 사이에 설치하여 압축기 정지시 역류 방지용 등에 사용되는 밸브는?

① 체크밸브　　② 셔틀밸브
③ 2압 밸브　　④ 게이트 밸브

해설 체크밸브는 역류를 방지하며, 유체를 한쪽 방향으로만 흐르게 하는 작용을 한다.

72 동력 H(W)를 구하는 공식으로 옳은 것은? (단, T는 회전 토크(N·m), N은 회전수(rpm)이다.)

① $H = \dfrac{T}{2\pi N}$　　② $H = \dfrac{T \times 60}{2\pi N}$

③ $H = T \times 2\pi N$　　④ $H = T \times \dfrac{2\pi N}{60}$

73 1N의 힘은 몇 kg중인가?

① 1/9.8　　② 1/980
③ 980　　④ 9.8

해설 1N의 힘은 1/9.8kg중이다.

74 표준 대기압을 나타낸 것 중 틀린 것은?

① 1atm　　② 760mmHg
③ 14.7PSI　　④ 10.0332kgf/cm²

해설 표준 대기압=760torr(토리첼리)=760mmHg=10,332mmH₂O=1.0332(kg/cm²)=14.7PSI=101,332N/m²=1,013.25hPa=1,013mbar

75 유압장치에서 오일필터의 종류를 나타낸 것이다. 이 중 틀린 것은?

① 흡입 스트레이너　　② 고압 필터
③ 코일 필터　　④ 자석 스트레이너

76 건설기계 유압장치에서 릴리프밸브에 의하여 펌프 송출압력이 일정치를 넘지 않게 하는 회로는?

① 무부하 회로　　② 감압 회로
③ 압력 설정 회로　　④ 시퀀스 회로

해설 압력 설정 회로는 유압장치에서 릴리프밸브에 의하여 펌프 송출압력이 일정치를 넘지 않게 하는 회로이다.

77 미터 아웃 속도제어와 비교하여 미터 인 속도제어의 장점에 관한 설명으로 틀린 것은?

① 피스톤 실에 상대적으로 낮은 마찰만 걸리게 되므로 내구수명이 길어진다.
② 조절된 유압유가 실린더 측으로 인입되어 낮은 속도의 조절 면에서 유리하다.
③ 당기는 힘이 자동적으로 발생하여 부가적인 카운터밸런스 회로 등이 필요하지 않다.
④ 상대적으로 낮은 압력이 유지되어 방향 제어 밸브 내의 누유 발생이 일어날 확률이 적다.

해설 미터 인 속도제어의 장점은 피스톤 실에 상대적으로 낮은 마찰만 걸리게 되므로 내구수명이 길며, 조절된 유압유가 실린더 측으로 인입되어 낮은 속도의 조절 면에서 유리하고 상대적으로 낮은 압력이 유지되어 방향 제어밸브 내의 누유 발생이 일어날 확률이 적다.

정답 71. ①　72. ④　73. ①　74. ④　75. ③　76. ③　77. ③

Chapter 5

재료역학

Section 5-1 응력과 변형 및 안전율

1 응력과 변형 및 안전율, 탄성계수

1. 하중(load)

기계나 구조물이 외부에서 받는 힘을 하중(load)라 하며, 하중은 작용하는 방법이나 속도에 따라 다음과 같이 분류한다.

(1) 하중이 작용하는 방향에 따른 분류

① 인장하중(tensile load) : 재료의 축 방향으로 늘어나게 하는 하중을 말한다.
② 압축하중(compressive load) : 재료를 누르는 하중을 말한다.
③ 전단하중(shearing load) : 재료의 단면에 나란히 작용하는 하중을 말한다.
④ 굽힘 하중(bending load) : 재료를 구부리려는 하중을 말한다.
⑤ 비틀림 하중(torsion load) : 재료를 비틀려고 하는 하중을 말한다.

(2) 하중이 걸리는 속도에 따른 분류

① 정하중(static load) : 시간에 따라 변화하지 않고 하중의 크기 및 방향이 일정한 하중을 말한다.
② 동하중(dynamic load) : 하중의 크기와 방향이 시간에 따라 변화하는 하중을 말한다.
  ㉮ 교번하중 : 하중의 크기와 방향이 주기적으로 변화하는 하중이다.
  ㉯ 반복하중 : 같은 방향으로 반복하여 작용하는 하중이다.
  ㉰ 충격하중 : 순간적으로 격렬하게 작용하는 하중으로 안전율을 가장 크게 하여야 한다.

2. 응력(stress)

물체에 하중을 작용시키면 그 내부에는 하중에 저항하는 내력이 발생한다. 이 내력을 단면적으로 나눈 것을 응력이라 한다. 즉 단위 면적에 대한 내력의 크기를 말한다. 일반적으로 응력이 크고 작은 것에 따라 하중에 대한 안전도를 알 수 있다. 단면에 수직으로 작용하는 응력을 수직응력(normal stress), 이것에는 인장하중에 따라 발생하는 인장응력(tensile stress)과 압축하중에 따라 발생하는 압축응력(compressive stress)이 있다. 또 리벳이 전단하중을 받을 때 발생하는 응력과 같이 단면에 따라 발생하는 응력을 전단응력(shearing stress)이라 한다.

인장과 압축의 경우 하중을 $W[\text{kgf}]$, 단면적을 $A[\text{mm}^2]$라 하면 수직 응력 σ는 다음 공식으로 나타낸다.

$$\sigma = \frac{W}{A}[\text{kgf/mm}^2]$$

전단하중을 $W_s[\text{kgf}]$, 전단응력이 발생한 단면적을 $A[\text{mm}^2]$라 하면 전단응력 τ는 다음 공식으로 나타낸다.

$$\tau = \frac{W_s}{A}[\text{kgf/mm}^2]$$

그리고 봉에 비틀림 모멘트와 굽힘 모멘트가 작용할 경우 봉에 발생하는 전단응력 τ와 굽힘응력 σ_b는 각각 다음 공식으로 나타낸다.

$$\tau = \frac{16T}{\pi d^3} \qquad \sigma_b = \frac{32M}{\pi d^3}$$

[T : 비틀림 모멘트(kgf·cm), M : 굽힘 모멘트(kgf·cm), d : 봉의 지름(cm)]

3. 변형률

물체에 하중을 작용시키면 변형한다. 이 변형량과 본래의 길이와의 비율을 말한다. 인장 또는 압축에서 λ만큼 변형되었다고 하면, λ를 본래의 길이 l로 나눈 것을 세로 변형률이라 하며 ϵ로 나타낸다. 변형률은 단위가 없다.

$$\epsilon = \frac{\lambda}{l} \quad \text{또는} \quad \epsilon = \frac{l' - l}{l}$$

[l' : 변형 후 길이, l : 본래의 길이]

4. 후크의 법칙(Hook's law)

대부분의 재료에서는 그 재료에 따라 정해진 일정한 응력의 범위 안에서 응력과 변형률이 서로 비례한다. 이것을 후크의 법칙이라 한다.

인장과 압축의 경우에서는 $E = \frac{\sigma}{\epsilon}$ 또는 $\sigma = E\epsilon$ 이고, 전단의 경우에서는 $G = \frac{\tau}{\gamma}$ 또는 $\tau = G\gamma$ 이다. 여기서, E와 G는 비례상수이며, E를 세로탄성계수, G를 전단탄성계수라 한다.

그리고 하중을 $W[\text{kgf}]$, 단면적을 $A[\text{mm}^2]$, 길이를 $l[\text{mm}]$라 할 때 변형량(신장량) λ은 다음 공식으로 나타낸다.

$$\lambda = \frac{Wl}{AE}$$

5. 포와송 비(Poisson's ratio)

 포와송 비란 횡(가로) 변형률을 종(세로) 변형률로 나눈 값. 즉 인장하중을 받았을 때 종변형률에 대한 횡변형률의 비율을 말한다. 재료의 횡변형률(ϵ')과 종변형률(ϵ)의 비율은 탄성한계 이내에서 항상 일정한 값을 갖는다.

$$\text{포와송 비}(\nu) = \frac{\text{횡변형률}}{\text{종변형률}} = \frac{\epsilon'}{\epsilon} = \frac{\dfrac{\delta}{d}}{\dfrac{\lambda}{l}} = \frac{l\delta}{d\lambda}$$

 여기서, d[mm]는 시험편의 직경을 의미하고 δ는 직경 변화량을 나타낸다.

6. 재료의 강도와 허용응력

(1) 응력-변형률 선도

연강의 시험편을 재료 시험기에 걸어서 잡아당기면 점차 하중이 커지며, 하중과 늘어나는 양의 관계를 측정한다. 이때 하중을 시험편의 본래의 단면적으로 나눈 것을 응력으로 세로축에 잡고, 늘어난 양을 본래의 길이로 나눈 값을 변형률로 가로축에 잡으면 다음 그림과 같은 응력 변형률 선도가 생긴다.

① **비례한도** : 하중을 걸기 시작해서부터 A점에 도달할 때까지는 응력과 변형률은 서로 비례하여 증가한다. 이 범위 안에서는 후크의 법칙이 성립한다.

② **탄성한도** : B점에서 하중을 제거하면 응력도 늘어난 양도 본래의 상태로 되돌아가는 성질을 탄성이라 하고, 점 B의 응력을 탄성한도라 한다.

③ **항복점** : 하중을 증가하여도 C점에 도달하면 응력은 증가하지 않고 변형률만 증가하여 D점에 도달한다. 이때 점 C의 응력을 상항복점, 점 D의 응력을 하항복점이라 한다.

④ **극한강도** : 항복점을 지나면 응력과 변형률이 다시 증가하여 점 E에서 최대응력이 된다. 이 점의 응력을 극한강도라 하며, 인장의 경우는 인장강도, 압축의 경우는 압축강도라 한다.

⑤ **파괴점** : E점을 지나면 응력이 감소하며, 시험편의 일부가 끊어지기 시작하여 점 F에서 파괴된다.

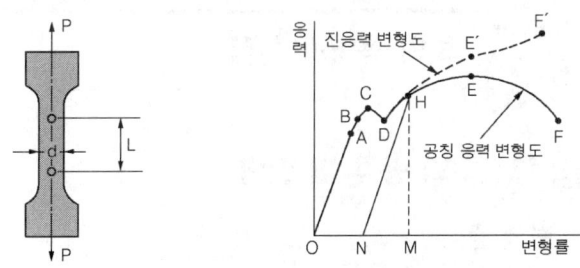

A : 비례한도(proportional limit)   B : 탄성한도(elastic limit)
C : 상 항복점(upper yield point)   D : 하 항복점(lower yield point)
E : 극한강도(ultimate strength)
F' : 실제 파괴강도(actual rupture strength)
F : 파괴강도(rupture strength)   NM : 탄성변형(elastic strain)

▲ 응력 변형률 선도

(2) 허용응력과 안전율

기계를 설계할 때 그 사용 조건을 잘 고려하여 응력이 안전한 값 이하로 되게 설계하여야 한다. 이와 같은 일정한 한도의 응력을 허용응력(allowable stress)이라 한다. 재료가 파괴될 때까지의 최대응력, 즉 극한강도를 허용응력으로 나눈 값을 안전계수 혹은 안전율(S)이라 한다.

$$S = \frac{극한강도}{허용응력}$$

① 탄소강 재료를 사용하는 경우의 사용응력, 허용응력, 탄성한도의 크기 관계는 탄성한도 〉 허용응력 ≧ 사용응력이다.
② 안전율을 결정하는 요소에는 하중의 불확실 정도, 재료 강도의 불확실 정도, 작용 하중과 응력 해석을 통하여 구해진 재료 강도 사이의 관계에 대한 불확실성, 인명의 안전과 경제성, 과도한 안전계수를 선택함에 다른 비용 등이 있다.
③ 탄성한도 내에서 인장하중을 받는 봉의 허용응력이 2배가 되면 안전율은 처음에 비해 1/2배가 된다.

2 신축에 따른 열응력

열응력(σ_h)이란 온도 변화에 의한 신축이 방해되었기 때문에 발생하는 응력이며, 열응력에 영향을 미치는 주요 인자에는 선팽창계수, 세로 탄성계수, 온도 차이 등이 있다.

$$\sigma_h = E \times \alpha \times (t_2 - t_1) \quad [E : 세로탄성계수, \; \alpha : 선팽창계수, \; t_1, t_2 : 온도]$$

Section 5-2 보의 응력과 처짐

1 보(beam)의 종류 및 반력

1. 보의 종류

(1) 정정보

① 외팔보 : 보의 한쪽 끝만을 고정한 것이며, 고정된 끝을 고정단, 다른 쪽을 자유단이라 한다.
② 단순보 : 양끝에서 받치고 있는 보이며, 양단 지지보라고도 한다.
③ 돌출보 또는 내다지보 : 지점의 바깥쪽에 하중이 걸리는 보이다.

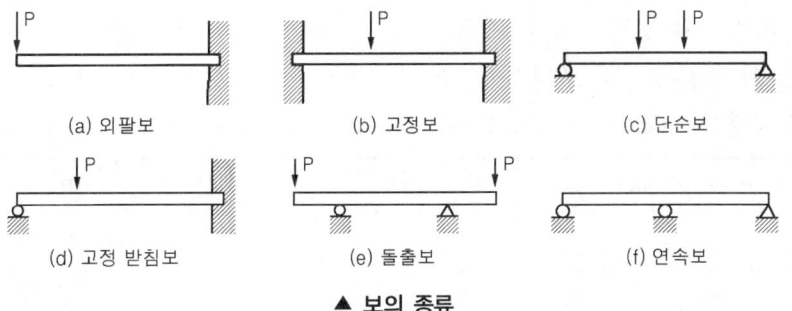

(a) 외팔보　　(b) 고정보　　(c) 단순보
(d) 고정 받침보　(e) 돌출보　　(f) 연속보

▲ 보의 종류

(2) 부정정보

① 고정보 : 양 끝을 모두 고정한 보이며, 가장 튼튼하다.
② 고정 받침보 : 한쪽 끝은 고정이 되고, 다른 쪽 끝은 받쳐져 있는 보이다.
③ 연속보 : 3개 이상의 지점, 즉 2개 이상의 스팬을 가진 보이다.

2. 보의 반력

(1) 굽힘 모멘트

아래 그림에서 자유단 a에 하중 W를 걸면, 자유단에서 x의 거리에는 단면 c에 작용하는 하중 W의 모멘트는 다음 공식과 같다.

$$M = Wx$$

이것을 단면 c의 굽힘 모멘트라 한다. 이 공식에서 굽힘 모멘트는 거리에 비례하므로 굽힘 모멘트는 자유단에서 0, 고정단에서 최대가 되므로 최대 굽힘 모멘트 M_{max}는 다음 공식과 같다.

$$M_{max} = Wl$$

또, 굽힘 모멘트의 방향에는 2가지가 있으므로 이것을 [+]와 [−]의 부호로 구별하도록 한다.

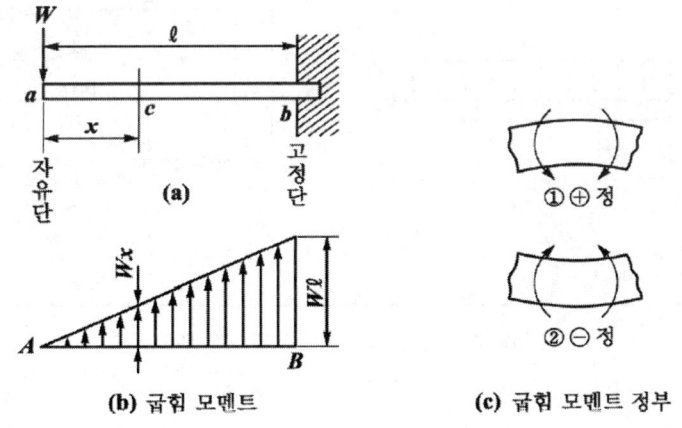

(a)
(b) 굽힘 모멘트
(c) 굽힘 모멘트 정부

▲ 외팔보의 굽힘 모멘트

(2) 전단력 선도와 굽힘 모멘트 선도

다음 표와 그림은 각종 보의 하중 조건에 따른 전단력 선도(SFD, shear force diagram)와 굽힘 모멘트 선도(BMD, bending moment diagram) 경향을 나타냈다.

하중의 종류	SFD	BMD
집중하중	직선(수평)	직선(경사)
등분포하중	직선(경사)	곡선

▲ 하중 종류에 따른 SFD와 BMD 경향

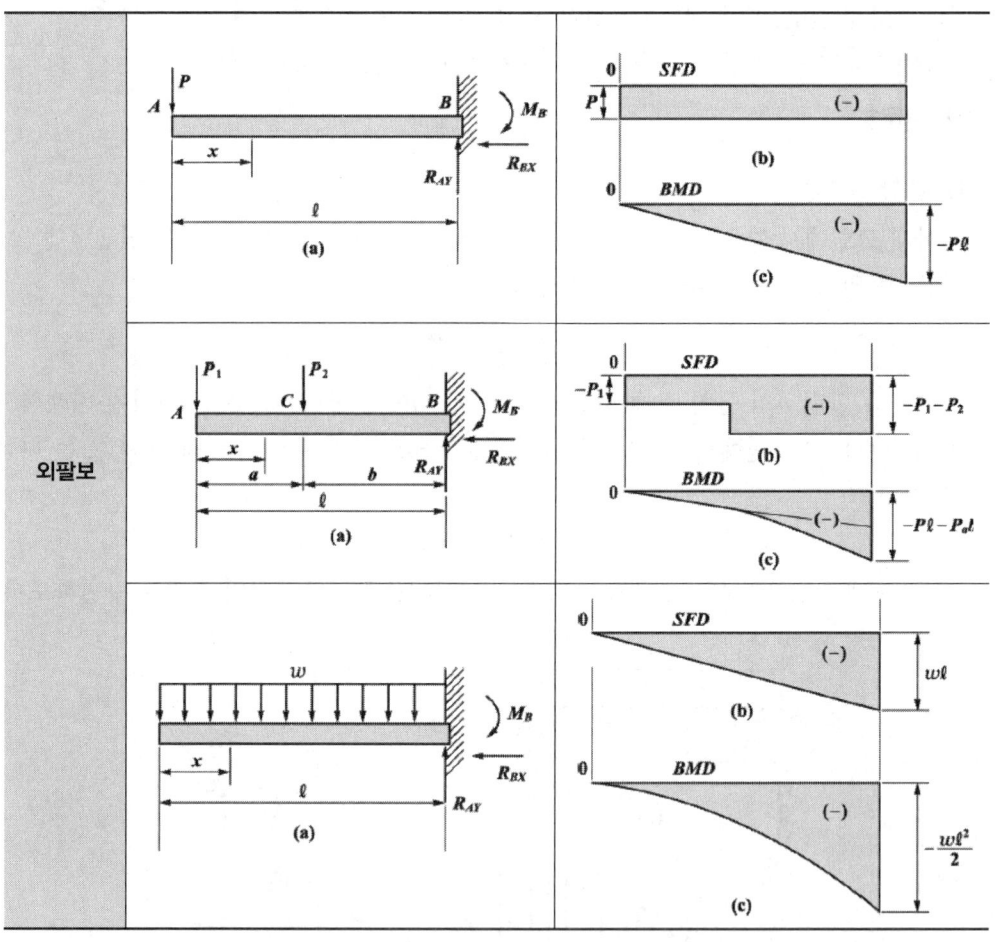

▲ 외팔보의 하중 종류에 따른 SFD와 BMD 경향

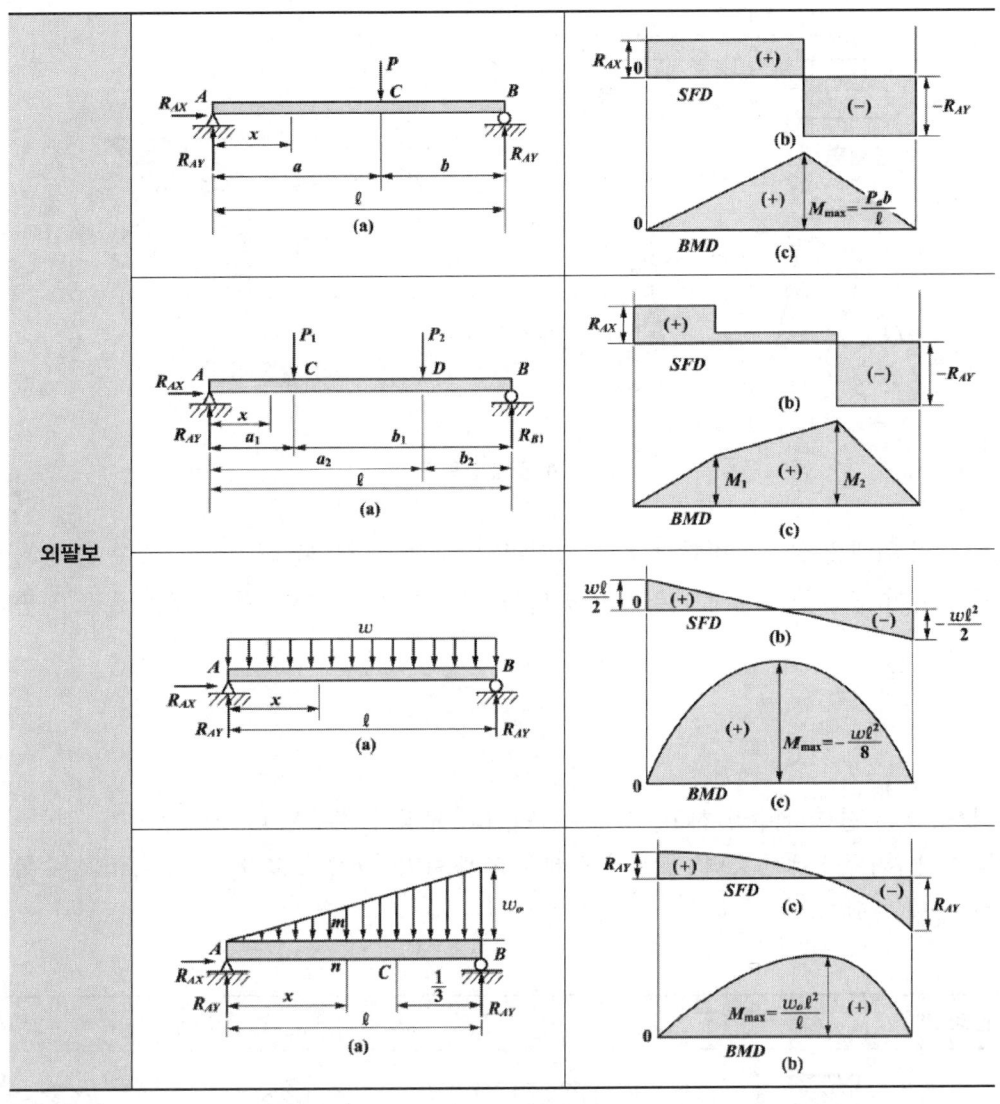

▲ 단순보의 하중 종류에 따른 SFD와 BMD 경향

(2) 굽힘응력

아래 그림과 같은 보에 굽힘 모멘트를 작용시키면 ac 쪽은 인장을 받고, bd 쪽은 압축되어 굽힘응력이 발생한다. 그러나 중립면은 아무런 변화가 없으며, 이 면을 기준으로 하여 거리 y에 비례하여 응력이 커진다.

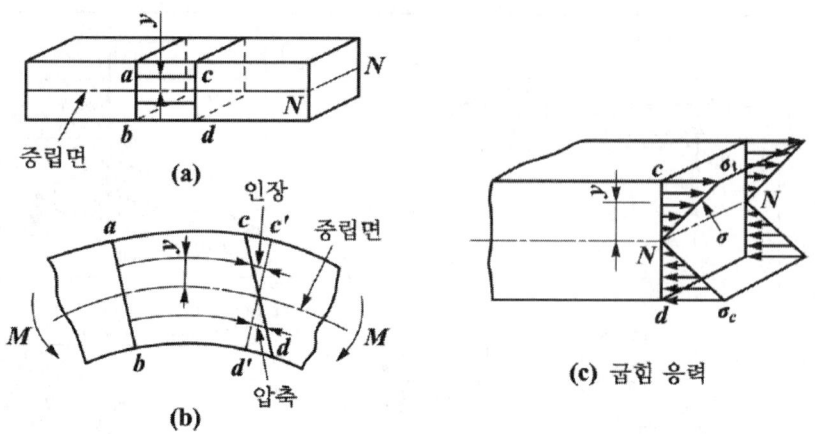

▲ 굽힘 응력

인장 쪽의 최대응력은 그 바깥의 응력 σ_t이며, 압축 쪽의 최대응력은 그 바깥쪽 응력 σ_c이다. 단면의 모양이 중립축에 대해 대칭이면 σ_t와 σ_c의 크기가 같아지므로 이것을 σ_b로 하면

$$\sigma_b = \frac{M}{Z}$$

여기서, Z는 단면 계수라 하고, 그 값은 단면의 모양과 치수에 따라 결정되며, 길이의 3승 단위를 쓴다. 위 공식에서 응력 σ_b는 단면 계수 Z에 반비례하므로 Z가 큰 보(beam)일수록 굽힘 작용에 대해 강해진다.

번호	1	2	3	4
단면				
Z	$\dfrac{1}{6}bh^2$	$\dfrac{1}{6} \cdot \dfrac{b_2 h_2^3 - b_1 h_1^3}{h_2}$	$\dfrac{\pi}{32}d^3$	$\dfrac{\pi}{32} \cdot \dfrac{d_1^4 - d_1^3}{d_2}$

▲ 주요 단면의 단면계수(Z)

	A	I	Z	I_p	Z_p
한변 길이가 h 인 정사각형	h^2	$\dfrac{h^4}{12}$	$\dfrac{h^3}{6}$	$\dfrac{h^4}{6}$	$\dfrac{h^3}{3}$
밑변이 b, 높이가 h인 직사각형	bh	$\dfrac{bh^3}{12}$	$\dfrac{bh^2}{6}$	$\dfrac{bh^3}{6}$	$\dfrac{bh^2}{3}$
지름이 d인 원형	$\dfrac{\pi d^2}{4}$	$\dfrac{\pi d^4}{64}$	$\dfrac{\pi d^3}{32}$	$\dfrac{\pi d^4}{32}$	$\dfrac{\pi d^3}{16}$

▲ 각종 단면의 면적(A), 단면 2차모멘트(I), 단면계수(Z)

2 보의 처짐

(1) 보의 처짐 특성

① 단순보의 한 지지 점으로부터 스팬 길이의 1/3되는 점에 한 개의 집중하중이 작용할 때 최대 처짐이 생기는 위치는 중앙점 부근이다.
② 단순보의 전 길이(L)에 걸쳐 균일 분포하중이 작용할 때 최대 굽힘 모멘트는 중앙($\frac{1}{2}L$) 지점에서 일어난다.
③ 균일분포 하중을 받는 단순보의 처짐
 ㉮ 처짐량은 보의 길이의 4제곱에 비례한다.
 ㉯ 처짐량은 단면 2차 모멘트에 반비례한다.
 ㉰ 처짐량은 종탄성계수에 반비례한다.
④ 단면이 사각형인 단순보의 중앙에 집중하중이 작용할 때 최대 처짐
 ㉮ L(지지점 사이의 거리)의 3승에 비례한다.
 ㉯ 하중에 정비례한다.
 ㉰ 보의 폭에 반비례한다.

(2) 보의 처짐각과 처짐량 공식

① 최대 처짐각

$$i_{\max} = \alpha \frac{Wl^2}{EI} = \alpha \frac{wl^3}{EI}$$

② 최대 처짐량

$$\delta_{\max} = \beta \frac{Wl^3}{EI} = \beta \frac{wl^4}{EI}$$

보의 종류	α	i_{max} 위치	β	δ_{max} 위치	반력 R	전달력 F_{max}	굽힘 M_{max}
(외팔보, 끝단 집중하중 W)	1/2	자유단	1/3	자유단	W	$-W$	$-Wl$
(외팔보, 등분포하중 $W=wl$)	1/6	자유	1/8	자유단	wl	$-wl$	$-\dfrac{wl^2}{2}$
(단순보, 중앙 집중하중 W)	1/16	양단	1/48	중앙	$\dfrac{W}{2}$	$-\dfrac{W}{2}$	$\dfrac{Wl}{4}$
(단순보, 등분포하중 $W=wl$)	1/24	양단	5/384	중앙	$\dfrac{wl}{2}$	$\pm\dfrac{wl}{2}$	$\dfrac{wl^2}{8}$
(양단고정보, 중앙 집중하중 W)	1/64	양단에서 1/4곳	1/192	중앙			
(양단고정보, 등분포하중 $W=wl$)	$\dfrac{\sqrt{3}}{216}$	양단에서 0.211l	1/384	중앙			

▲ 각종 보의 설계 data

Section 5-3 비틀림

1 원형 단면축의 비틀림

① 전단 변형률

$$\gamma = \frac{r\theta}{l}$$

② 전단 변형률에 의해 생기는 전단응력 τ 는 가로 탄성계수를 G로 하면

$$\tau = G\gamma = G\frac{r\theta}{l} \text{ 또는 } \tau = G\frac{\theta}{l}r$$

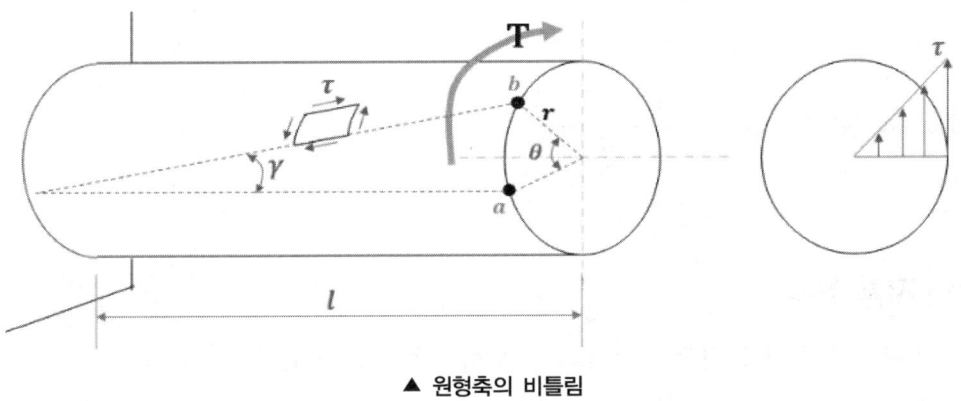

▲ 원형축의 비틀림

③ 비틀림각도(θ)

$$\theta = \frac{TL}{GI_P} \qquad [I_P : \text{극단면 2차모멘트}]$$

2 극단면 2차 모멘트와 극단면계수

직각 단면의 중심 O에서 3축 XX, YY, ZZ가 서로 직각으로 교차한다. 중심 O로부터 임의의 거리 ρ에 미소 면적 dA를 취하고, ZZ축에 대한 극단면 2차 모멘트 I_P는

$$I_P = \int_A \rho^2 \, dA = \int_A (x^2 + y^2) \, dA$$
$$= \int_A x^2 \, dA + \int_A y^2 \, dA = I_X + I_Y$$

이므로 단면을 원형으로 하면 $I_X = I_Y = \dfrac{\pi d^4}{64}$ 이 되어

$$I_P = 2I = 2 \times \dfrac{\pi d^4}{64} = \dfrac{\pi d^4}{32}$$

단면을 중공(中空)으로 하고, 바깥지름을 d_2, 안지름을 d_1으로 하면

$$I_P = \dfrac{\pi}{32}\left(d_2^{\,4} - d_1^{\,4}\right)$$

그리고 극단면계수 $Z_P = \dfrac{I_P}{r}$ 이므로 원형 단면은

$$Z_P = \dfrac{\dfrac{\pi d^4}{32}}{\dfrac{d}{2}} = \dfrac{\pi d^3}{16}$$

중공 원 단면은 $Z_P = \dfrac{\dfrac{\pi}{32}(d_2^{\,4} - d_1^{\,4})}{\dfrac{d}{2}} = \dfrac{\pi}{16}\left(\dfrac{d_2^{\,4} - d_1^{\,4}}{d_2}\right)$ 이다.

3 축의 지름 설계

원형 축의 비틀림 모멘트 및 비틀림 전단응력은 다음과 같다.

$$T = \tau Z_P = \tau \dfrac{\pi d^3}{16} \text{에서 } \tau = \dfrac{16T}{\pi d^3}$$

$$\therefore d = \sqrt[3]{\dfrac{16T}{\pi \tau}}$$

그리고 중공축의 경우에는

$$T = \tau \cdot Z_p = \tau \dfrac{\pi}{16}\left(\dfrac{d_2^{\,4} - d_1^{\,4}}{d_2}\right) \text{에서 } \tau = \dfrac{16Td_2}{\pi(d_2^{\,4} - d_1^{\,4})}$$

Chapter 5 출제예상문제

01 비례한도 이내에서 응력과 변형률이 정비례한다는 것은 다음 중 어느 법칙인가?
① 오일러의 법칙 ② 변형률의 법칙
③ 훅의 법칙 ④ 모어의 법칙

해설 훅의 법칙은 비례한도 이내에서 응력과 변형률이 정비례한다는 법칙이다.

02 같은 재료에서도 하중의 상태에 따라 안전율을 정해야 하는데, 다음 중 안전율을 가장 크게 정해야 하는 하중은?
① 충격하중 ② 반복하중
③ 교하중 ④ 정하중

해설 충격하중은 안전율을 가장 크게 정해야 한다.

03 단면적 5cm²인 막대에 수직으로 20kgf의 압축하중이 작용한다면 이때의 압축응력은 몇 kgf/cm² 인가?
① 1 ② 2
③ 4 ④ 8

해설 $\sigma = \dfrac{W}{A}$ [σ : 응력, W : 하중, A : 단면적]

$\therefore \dfrac{20kgf}{5cm^2} = 4kgf/cm^2$

04 동일한 크기의 전단응력이 작용하는 원형 단면 보의 지름을 2배로 하면 전단응력은 얼마로 감소하는가?
① 1/16 ② 1/8
③ 1/4 ④ 1/2

해설 동일한 크기의 전단응력이 작용하는 원형 단면 보의 지름을 2배로 하면 전단응력은 1/4로 감소한다.

05 직경 4cm의 원형 단면봉에 200kN의 인장하중이 작용할 때, 봉에 발생하는 인장응력은 약 몇 N/mm² 인가?
① 159.15 ② 169.42
③ 179.56 ④ 189.85

해설 $\sigma = \dfrac{W}{A}$ $\therefore \dfrac{200 \times 1,000}{0.785 \times 40^2} = 159.23 N/mm^2$

06 재료의 인장강도가 3,200N/mm²인 재료를 안전율 4로 설계할 때 허용응력은 약 몇 N/mm² 인가?
① 400 ② 600
③ 800 ④ 1,600

해설 $\sigma a = \dfrac{W}{S}$
[σa : 허용인장응력, W : 인장강도, S : 안전율]

$\therefore \dfrac{3,200N/mm^2}{4} = 800N/mm^2$

07 인장강도가 4,200kgf/mm²인 연강봉이 있다. 안전율이 10이면 허용응력은 몇 kgf/mm²인가?
① 42,000 ② 42
③ 280 ④ 420

정답 01. ③ 02. ① 03. ③ 04. ③ 05. ① 06. ③ 07. ④

해설 $\sigma_a = \dfrac{\sigma_u}{S}$ [σ_a : 허용응력, σ_u : 인장강도, S : 안전율] ∴ $\dfrac{4,200}{10} = 420 kgf/mm^2$

08 최대인장력 2,000N을 받을 수 있는 단면적 20mm²인 특수강의 안전율이 4일 때, 허용 인장 응력은 몇 MPa인가?

① 25 ② 40
③ 250 ④ 400

해설 $\sigma = \dfrac{W}{A \times S}$ ∴ $\dfrac{2,000N}{20mm^2 \times 4} = 25MPa$

09 길이 1,000mm, 지름 6mm인 둥근 축에 2,000N·mm의 비틀림 모멘트가 작용할 때 축에 생기는 최대 전단응력은 몇 N/mm²인가?

① 23.6 ② 47.2
③ 141.6 ④ 283.2

해설 $\tau_a = \dfrac{16T}{\pi d^3}$ [τ_a : 전단응력, T : 비틀림 모멘트, d : 지름] ∴ $\dfrac{16 \times 2,000}{3.14 \times 6^3} = 47.2 N/mm^2$

10 축의 지름 d, 축 재료에 작용하는 전단응력이 τ일 때 비틀림 모멘트(T)는?

① $T = \dfrac{\pi}{32}d^3\tau$ ② $T = \dfrac{\pi}{32}d^2\tau$
③ $T = \dfrac{\pi}{16}d\tau$ ④ $T = \dfrac{\pi}{16}d^3\tau$

해설 비틀림 모멘트 $T = \dfrac{\pi}{16}d^3\tau$

11 전동축에 전달하고자 하는 동력(H)를 2배로 증가시키면 이 축에 작용하는 비틀림 모멘트(T)의 크기는?(단, 회전수는 일정하다.)

① T ② 1/2T
③ 2T ④ 4T

12 조립된 기계 부품의 세부 항목에 대한 안전율을 결정하는 데는 여러 가지 변수가 있다. 안전율을 결정하는 요소가 아닌 것은?

① 재료의 품질
② 하중과 응력 계산의 정확성
③ 공작기계의 정도
④ 하중의 종류에 따른 응력의 성질

해설 안전율을 결정하는 요소에는 재료의 품질, 하중과 응력 계산의 정확성, 하중의 종류에 따른 응력의 성질 등이 있다.

13 그림과 같은 탄소강의 응력(σ)-변형률(ε)선도에서 각 점에 대한 내용으로 적절하지 않는 것은?

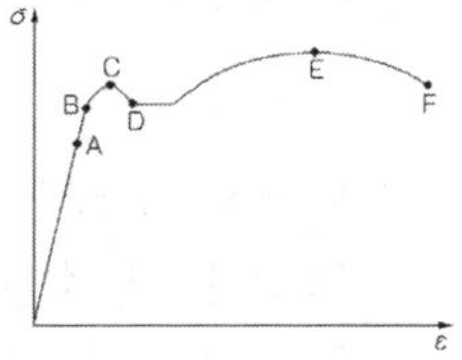

① A : 비례한도
② B : 탄성한도
③ E : 극한강도
④ F : 항복점

해설 A : 비례한도, B : 탄성한도, C : 상항복점, D : 하항복점, E : 극한강도, F : 파괴강도

14 탄성한도 내에서 인장하중을 받는 봉의 허용응력이 2배가 되면 안전율은 처음에 비해 몇 배가 되는가?

① 1/2배 ② 2배
③ 1/4배 ④ 4배

해설 탄성한도 내에서 인장하중을 받는 봉의 허용응력이 2배가 되면 안전율은 처음에 비해 1/2배가 된다.

정답 08. ① 09. ② 10. ④ 11. ③ 12. ③ 13. ④ 14. ①

15 안전율을 나타내는 식으로 옳은 것은?

① $\dfrac{\text{인장강도}}{\text{허용응력}}$ ② $\dfrac{\text{사용응력}}{\text{허용응력}}$

③ $\dfrac{\text{허용응력}}{\text{인장강도}}$ ④ $\dfrac{\text{허용응력}}{\text{사용응력}}$

해설 안전율 = $\dfrac{\text{인장강도}}{\text{허용응력}}$

16 강 구조물 재료에서 인장강도(σ_u), 허용응력(σ_a), 사용응력(σ_w)과의 관계로 다음 중 적합한 것은?

① $\sigma_u > \sigma_a \geqq \sigma_w$ ② $\sigma_u > \sigma_w \geqq \sigma_a$
③ $\sigma_w > \sigma_u \geqq \sigma_a$ ④ $\sigma_w > \sigma_a \geqq \sigma_u$

해설 인장강도, 허용응력, 사용응력의 관계는 $\sigma_u > \sigma_a \geqq \sigma_w$ 이다.

17 그림과 같은 4각형 단면의 외팔보에 발생하는 최대 굽힘응력은 어느 식으로 표시되는가?

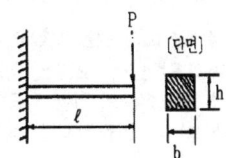

① $\dfrac{12p\ell}{bh^2}$ ② $\dfrac{6p\ell}{b^2h}$

③ $\dfrac{6p\ell}{bh^2}$ ④ $\dfrac{12p\ell}{b^2h}$

18 100N·m의 굽힘 모멘트를 받는 단순보가 있다. 이 단순보의 단면이 직사각형이며 폭이 20mm, 높이가 40mm일 때 최대 굽힘응력은 약 몇 N/mm²인가?

① 12.4   ② 15.6
③ 18.8   ④ 20.2

해설 $\sigma = \dfrac{6M}{bh^2}$
[σ : 굽힘 응력, M : 굽힘 모멘트, b : 폭, h : 높이]
$\therefore \dfrac{6 \times 100 \times 1,000}{20 \times 40^2} = 18.75 N/mm^2$

19 50,000N·cm의 굽힘 모멘트를 받는 단순보의 단면 계수가 100cm³면 이 보에 발생되는 굽힘 응력은 몇 N/cm²인가?

① 250   ② 500
③ 750   ④ 1,000

해설 $\sigma = \dfrac{M}{Z}$ $\therefore \dfrac{50,000}{100} = 500 N/cm^2$

20 6개가 합성된 겹판 스프링으로 각각의 폭 50mm, 두께 9mm, 스프링의 길이가 600mm, 하중이 70N이면 최대응력은 약 몇 MPa 인가?

① 13.25   ② 10.37
③ 7.89   ④ 5.57

해설 $\sigma = \dfrac{6\ell P}{nbt^2}$ [σ : 최대응력, ℓ : 스프링의 길이, n : 스프링 수, b : 스프링의 폭, t : 스프링의 두께]
$\therefore \dfrac{6 \times 600 \times 70}{6 \times 50 \times 9^2} = 10.37 MPa$

21 폭이 5cm, 높이가 10cm 의 단면을 갖는 보에 굽힘모멘트 10,000kgf·cm 가 작용할 때 보에 생기는 최대 굽힘 응력 σa은 약 몇 kgf/cm² 인가?

① 120   ② 240
③ 340   ④ 480

해설 $\sigma = \dfrac{6M}{bh^2}$ $\therefore \dfrac{6 \times 10,000}{5 \times 10^2} = 120 kgf/cm^2$

정답 15. ① 16. ① 17. ③ 18. ③ 19. ② 20. ② 21. ①

22 구조물의 AB 부재에 작용하는 인장력은 약 몇 N 인가?

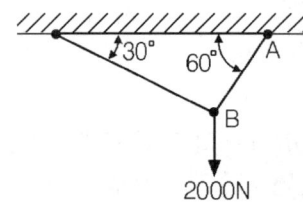

① 1,232　　② 1,309
③ 1,732　　④ 2,309

해설　Ta = cosα × Wa
[Ta : 인장력, cosα : 각도, Wa : 인장하중]
∴ cos30° × 2,000N = 1732N

23 압축하중 2,400kgf를 받고 있는 연강 축에 발생하는 압축응력이 960kgf/cm²일 경우 축의 지름은 약 몇 mm인가?

① 9.28　　② 10.24
③ 17.85　　④ 30.36

해설　$\sigma = \dfrac{W}{A}$에서 $d = \sqrt{\dfrac{4W}{\pi \times \sigma}}$
∴ $\sqrt{\dfrac{4 \times 2,400}{\pi \times 960}} = 1.785cm = 17.85mm$

24 허용 인장응력이 100N/mm²인 아이볼트에 축 방향으로 1t의 화물을 들어 올리는 경우, 이 볼트의 골지름은 최소 몇 mm 이상이어야 하는가?

① 9.8　　② 11.2
③ 13.4　　④ 16.9

해설　$d = \sqrt{\dfrac{2W}{\sigma a}}$
[d : 볼트의 지름, W : 하중, σa : 허용 인장응력]
∴ 골 지름은 바깥지름의 80% 정도이므로
$\dfrac{\sqrt{2 \times 1,000 \times 9.8}}{100} \times 0.8 = 11.2mm$

25 그림과 같이 주어진 구조물에 인장하중이 작용할 때 구조물의 자중을 고려해서 최대응력이 발생하는 지점은?

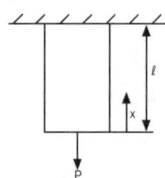

① $x = 0$　　② $x = \ell/2$
③ $x = \ell$　　④ 모든 위치에서 동일

26 양단에 베어링으로 지지되어 있으며, 그 중앙에 회전체 1개를 가진 원형 단면 축에 대한 위험속도의 계산에 필요한 설계인자로서 가장 거리가 먼 것은?

① 축의 길이
② 전단탄성계수
③ 회전체의 무게
④ 축의 단면 2차 모멘트

해설　축을 설계할 때 고려할 사항은 축의 길이 회전체의 무게, 축의 단면 2차 모멘트, 축의 충분한 강도, 피로 및 충격, 응력집중의 영향, 축의 고유진동을 살펴 사용 회전속도가 안전한지를 검토 등이다.

27 비틀림 모멘트가 작용하는 원형축에 관한 설명으로 옳지 않은 것은?

① 비틀림 응력은 반지름에 비례한다.
② 비틀림 각은 원형축 길이에 비례한다.
③ 비틀림 응력은 극관성 모멘트에 반비례한다.
④ 축의 중심에서 최대 비틀림 응력이 발생된다.

해설　비틀림 모멘트가 작용하는 원형축은 비틀림 응력은 반지름에 비례하고, 비틀림 각은 원형축 길이에 비례하며, 비틀림 응력은 극관성 모멘트에 반비례한다.

정답　22. ③　23. ③　24. ②　25. ③　26. ②　27. ④

28 비틀림을 받는 축의 비틀림을 작게 하는 방법으로 옳은 것은?

① 가로탄성계수의 값과 축의 지름을 크게 한다.
② 가로탄성계수의 값과 축의 지름을 작게 한다.
③ 가로탄성계수의 값을 작게, 축의 지름은 크게 한다.
④ 가로탄성계수의 값은 크게, 축의 지름은 작게 한다.

해설 비틀림을 작게 하려면 가로 탄성계수의 값과 축의 지름을 크게 한다.

29 원형 단면축이 비틀림 모멘트를 받을 때 생기는 최대 전단응력에 관한 설명으로 옳지 않은 것은?

① 극단면 계수에 비례한다.
② 비틀림 모멘트에 비례한다.
③ 극관성 모멘트에 반비례한다.
④ 축 지름의 3제곱에 반비례한다.

해설 원형 단면축이 비틀림 모멘트를 받을 때 생기는 최대 전단응력은 비틀림 모멘트에 비례하고, 극관성 모멘트와 축 지름의 3제곱에 반비례한다.

30 비틀림을 받는 원형 봉에서의 최대 전단응력을 구하는 식은?

① (비틀림 모멘트×봉의 지름)/극관성 모멘트
② (비틀림 모멘트×봉의 반지름)/극관성 모멘트
③ (비틀림 모멘트×봉의 지름)/극단면계수
④ (비틀림 모멘트×봉의 반지름)/극단면계수

해설 비틀림을 받는 원형 봉에서의 최대 전단응력을 구하는 공식=(비틀림 모멘트×봉의 반지름)/극관성 모멘트

31 강재 원형봉을 토션바로 사용하고자 할 때 원형봉에 발생하는 최대 전단응력에 대한 설명으로 틀린 것은?

① 최대 전단응력은 비틀림 각에 비례한다.
② 최대 전단응력은 원형봉의 길이에 반비례한다.
③ 최대 전단응력은 전단 탄성계수에 반비례한다.
④ 최대 전단응력은 원형봉 반지름에 비례한다.

해설 원형봉에 발생하는 최대 전단응력은 비틀림 각에 비례, 원형봉의 길이에 반비례, 원형봉 반지름에 비례한다.

32 자동차 현가장치 중 코일스프링의 코일 자체에 작용하는 가장 큰 응력은?

① 열에 의한 열응력
② 스프링 자중에 의한 응력
③ 굽힘 모멘트에 의한 굽힘 응력
④ 비틀림 모멘트에 의한 전단응력

해설 코일스프링이 인장 또는 수축될 때 감겨있는 코일 자체에 작용하는 응력은 비틀림 모멘트에 의한 전단응력이다.

33 충격응력에 대한 설명으로 옳은 것은?

① 체적에 비례한다.
② 재료의 탄성계수에 반비례한다.
③ 운동에너지를 증가시킴으로써 응력이 감소한다.
④ 단면적이나 길이를 증가시킴으로써 응력이 감소한다.

해설 충격응력은 단면적이나 길이를 증가시키면 감소한다.

34 열응력에 대한 설명으로 옳지 않은 것은?

① 재료의 온도 차에 비례한다.
② 재료의 단면적에 비례한다.
③ 재료의 세로 탄성계수에 비례한다.
④ 재료의 선팽창계수에 비례한다.

정답 28. ① 29. ① 30. ② 31. ③ 32. ④ 33. ④ 34. ②

해설 열응력은 세로 탄성계수, 온도 차이, 재료의 선 팽창계수에 비례한다.

35 재료의 성질에서 열응력과 가장 관계 깊은 인자는?
① 경도 ② 전단강도
③ 피로한도 ④ 선팽창계수

해설 열응력과 가장 관계 깊은 것은 선팽창계수이다.

36 양끝을 고정한 연강봉이 온도 20℃에서 가열되어 40℃가 되었다면 재료 내부에 발생하는 열응력은 몇 N/cm2인가?(단, 세로탄성계수는 2,100,000N/cm2, 선팽창계수는 0.000012/℃이다.)
① 50.4 ② 504
③ 544 ④ 5,444

해설 $\sigma_t = E \times \alpha \times \Delta t$
[σ_t : 열응력, E : 탄성계수, α : 선 팽창계수, Δt : 온도 변화량]
$\sigma_t = 2,100,000 \times 0.000012 \times (40-20) = 504\ N/cm^2$

37 축 길이 150mm, 직경 5mm의 축이 850N·mm의 토크를 받을 때, 축에서 발생되는 비틀림 각은 몇 °인가?(단, 축 재료의 횡탄성계수는 8.3×105 N/mm2이다.)
① 0.05 ② 0.14
③ 1.40 ④ 2.55

해설 ① $\theta_1 = \dfrac{32 Tl}{\pi d^4 G}$ [T : 축이 받는 토크, l : 축의 길이, d : 축의 지름, G : 횡탄성계수]
∴ $\dfrac{32 \times 850 \times 150}{3.14 \times 5^4 \times 8.3 \times 10^5} = 0.0025$
② $\theta_2 = \dfrac{\theta_1 \times 180}{\pi}$ ∴ $\dfrac{0.0025 \times 180}{3.14} = 0.143°$

38 다음 중 변형률(ε)의 단위로 맞는 것은?
① kgf ② kgf/cm
③ kgf/cm² ④ 단위 없음

해설 변형률은 단위가 없다.

39 다음 중 변형률의 종류가 아닌 것은?
① 세로 변형률 ② 가로 변형률
③ 전단 변형률 ④ 비틀림 변형률

해설 변형률(Strain)의 종류
① 세로 변형률 : 재료의 길이 변화량의 비율
② 가로 변형률 : 재료의 굵기 변화량의 비율
③ 전단 변형률 : 전단하중을 받는 두 평면 사이의 거리에 대한 미끄럼 변형량의 비율

40 단면적 20cm²의 재료에 6,000kgf의 전단하중이 작용하고 있을 때 이 재료의 전단 변형률은? (단, $G = 0.8 \times 10^6$ kgf/cm²이다.)
① 2.81×10^{-4} ② 3.75×10^{-4}
③ 2.81×10^{-3} ④ 3.75×10^{-3}

해설 ① 전단응력 $\tau = \dfrac{W}{A}$ ∴ $\dfrac{6000}{20} = 300 kgf/cm^2$
② 전단변형률 $\gamma = \dfrac{\tau}{G}$ [G : 횡탄성계수]
∴ $\dfrac{300}{0.8 \times 10^6} = 3.75 \times 10^{-4}$

41 길이 30cm의 봉이 인장력을 받아 1.5mm 신장되었을 때 길이 방향 변형률은?
① 1.33×10^{-3} ② 5×10^{-2}
③ 5.0×10^{-3} ④ 1.33×10^{-2}

해설 $\epsilon = \dfrac{l'}{l}$ [ϵ : 변형률, l' : 늘어난 길이, l : 본래의 길이] ∴ $\dfrac{1.5}{300} = 0.005 = 5 \times 10^{-3}$

정답 35. ④ 36. ② 37. ② 38. ④ 39. ④ 40. ② 41. ③

42 인장시험에 나타난 각 점 중 훅의 법칙(Hooke's law)이 적용되는 범위는?

① 비례한도　　② 극한강도
③ 파단점　　　④ 항복점

해설 훅의 법칙은 비례한도 이내에서 응력과 변형률이 정비례한다는 법칙이다.

43 원래 길이가 1m이고, 2500N의 하중을 받아 늘어난 길이가 0.02m일 때 이 재료의 세로 변형율(ϵ)은 어느 것인가?

① 20　　② 2
③ 0.2　 ④ 0.02

해설 $\epsilon = \dfrac{l'-l}{l}$

[ϵ : 변형률, l' : 늘어난 길이, l : 본래의 길이]

∴ $\dfrac{1.02-1}{1} = 0.02$

44 한 변의 길이가 8cm인 정 4각 단면의 봉에 온도를 20℃ 상승시켜도 길이가 늘어나지 않도록 하는데 28,000 N 이 필요하다면 이 봉의 선팽창계수는? (단, 탄성계수는 $E=2.1 \times 10^6 N/cm^2$ 이다.)

① 1.14×10^{-6}　　② 1.04×10^{-5}
③ 1.14×10^{-6}　　④ 1.04×10^{-4}

해설 $\alpha = \dfrac{W}{E \times A \times t}$　　[α : 선팽창 계수,

W : 길이가 늘어나지 않도록 하는데 필요한 힘, E : 탄성계수, t : 온도]

∴ $\dfrac{28,000N}{2.1 \times 10^6 \times 8 \times 8 \times 20} = 1.04^{-5}/℃$

45 지름 30mm, 길이 200mm 둥근 봉에 인장하중이 작용하여 길이가 200.12mm로 늘어났다. 세로 변형률은 얼마인가?

① 15×10^{-2}　　② 15×10^{-3}
③ 6×10^{-3}　　　④ 6×10^{-4}

해설 $\epsilon = \dfrac{l'-l}{l}$

∴ $\dfrac{200.12-200}{200} = 0.0006 = 6 \times 10^{-4}$

46 재료의 성질을 나타내는 세로 탄성계수(영률 E)의 단위가 맞는 것은?

① N　　　② N/cm^2
③ N·m　 ④ N/cm

해설 재료의 성질을 나타내는 세로 탄성계수(영률 E)의 단위는 N/cm^2 이다.

47 길이가 2m이고 직경이 1cm인 강선에 작용하는 인장하중이 1,600N일 때, 늘어난 강선의 길이는 약 몇 mm인가? (단, 탄성계수 (E) = 210kPa이다.)

① 0.194　　② 0.181
③ 0.158　　④ 0.133

해설 $\delta = \dfrac{P\ell}{AE}$　[δ : 늘어난 길이, P=하중,

ℓ =길이, A=단면적, E=세로탄성 계수]

∴ $\dfrac{1,600 \times 200}{0.785 \times 1^2 \times 210 \times 10^4} = 0.194mm$

48 포와송 비(poisson's ratio)에 대한 설명으로 옳은 것은?

① 종변형률과 횡변형률의 곱이다.
② 수직응력과 종탄성계수를 곱한 값이다.
③ 횡변형률을 종변형률로 나눈 값이다.
④ 전단응력과 횡탄성계수의 곱이다.

해설 포와송 비(poisson's ratio)란 횡(가로)변형률을 종(세로)변형률로 나눈 값이다.

정답 42. ①　43. ④　44. ②　45. ④　46. ②　47. ①　48. ③

49 안전계수와 포와송 비를 나타낸 식으로 가장 옳게 짜지어진 것은?

① 안전계수=허용응력/인장강도, 포와송 비= 세로변형률/가로변형률
② 안전계수=허용응력/인장강도, 포와송 비= 가로변형률/세로변형률
③ 안전계수=인장강도/허용응력, 포와송 비= 세로변형률/가로변형률
④ 안전계수=인장강도/허용응력, 포와송 비= 가로변형률/세로변형률

해설 ① 안전계수 = $\dfrac{\text{인장강도}}{\text{허용응력}}$
② 포와송비 = $\dfrac{\text{가로변형률}}{\text{세로변형률}}$

50 재료의 인장강도 σ_u=7,200MPa, 허용응력 σ_a=900MPa일 때 안전율(S)은?

① 4   ② 6
③ 8   ④ 10

해설 $S = \dfrac{\sigma u}{\sigma a}$ [S : 안전율, σu : 인장강도, σa : 허용응력] ∴ $S = \dfrac{7,200}{900} = 8$

51 등분포하중의 경우 전단력과 굽힘 모멘트의 변화 상태에 대한 다음 설명 중 올바른 것은?

① 전단력이 변화하지 않을 때는 휨 모멘트도 기준선에 평행한 직선이다.
② 전단력이 직선적으로 변화할 때는 휨 모멘트도 직선적으로 변화한다.
③ 전단력이 직선적으로 변화할 때는 휨 모멘트는 2차 함수로 변화한다.
④ 전단력이 0일 때는 휨 모멘트는 3차 곡선적으로 변화한다.

해설 전단력과 굽힘 모멘트의 변화 상태는 전단력이 직선적으로 변화할 때는 휨 모멘트는 2차 함수로 변화한다.

52 비틀림 모멘트(T)와 휨 모멘트(M)를 동시에 받는 재료의 상당 비틀림 모멘트(Te)는?

① $M\sqrt{1+(T/M)^2}$ ② $T\sqrt{1+(T/M)^2}$
③ $\sqrt{M^2+2T^2}$ ④ $\sqrt{(M+T)^2}$

53 비틀림이 작용할 때 재료의 단면에 생기는 응력은?

① 인장   ② 압축
③ 전단   ④ 굽힘

해설 비틀림이 작용할 때 재료의 단면에 생기는 응력은 전단응력이다.

54 재료역학에서의 보에 대한 설명이다. 틀린 것은?

① 정정보는 보의 지점반력을 정역학적 평형조건을 이용하여 구할 수 있는 보이다.
② 외팔보는 보의 한쪽 끝만 고정한 것이며, 단순보라고도 한다.
③ 돌출보는 보가 지점 밖으로 돌출한 보이다.
④ 양단고정보는 양끝이 고정된 보를 말한다.

해설 외팔보는 보의 한쪽 끝만 고정한 것이며, 단순보는 양끝에서 받치고 있는 보이며, 양단 지지보라고도 한다.

55 보의 지지 방법에 따른 분류 중 부정정보의 종류인 것은?

① 단순지지보   ② 외팔보
③ 내다지보   ④ 양단고정보

정답 49. ④ 50. ③ 51. ③ 52. ① 53. ③ 54. ② 55. ④

해설 보의 종류
① 정정보의 종류 : 외팔보, 단순보, 돌출보
② 부정정보의 종류 : 양단고정보, 고정 받침보, 연속보

56 단순보의 전 길이(L)에 걸쳐 균일 분포하중이 작용할 때 최대 굽힘 모멘트는 보의 어느 지점에서 일어나는가?

① 중앙($\frac{1}{2}L$)지점

② 양끝에서 $\frac{1}{3}L$ 되는 지점

③ 양끝 지점

④ 양끝에서 $\frac{1}{4}L$ 되는 지점

해설 단순보의 전 길이(L)에 걸쳐 균일 분포하중이 작용할 때 최대 굽힘 모멘트는 중앙($\frac{1}{2}L$)지점에서 일어난다.

57 그림과 같이 길이가 ℓ 인 보에 집중하중 P 가 작용할 때, 최대 굽힘 모멘트는?

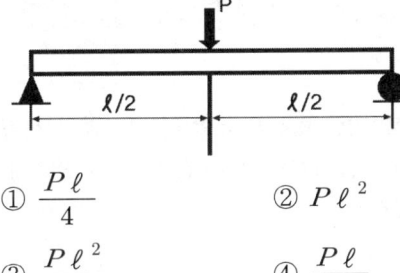

① $\frac{P\ell}{4}$
② $P\ell^2$
③ $\frac{P\ell^2}{2}$
④ $\frac{P\ell}{2}$

58 보 속의 굽힘응력에 대한 설명으로 옳은 것은?

① 중립면으로부터의 거리에 비례한다.
② 중립면에서 굽힘 응력이 최대로 된다.

③ 세로탄성계수에 반비례한다.
④ 굽힘 곡률 반지름에 비례한다.

59 그림과 같은 외팔보에 2kN의 집중하중이 작용할 때, 지지점 A에서의 굽힘응력은 약 몇 MPa인가?(단, 길이 50cm, 8.5cm×8.5cm)

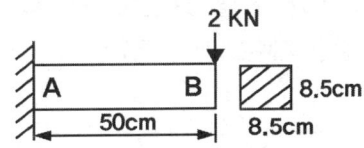

① 2.44
② 4.88
③ 9.77
④ 19.54

해설 $Q_{max} = \frac{6P\ell}{bh^2}$ [P : 하중, ℓ : 보의 길이, b : 보의 너비, h : 보의 높이]

$\therefore \frac{6 \times 2 \times 1,000 \times 50}{8.5 \times 8.5^2 \times 100} = 9.77 MPa$

60 그림과 같은 단면을 가진 외팔보에 등분포하중이 작용할 때 보에 발생하는 최대 굽힘응력은 약 몇 N/cm² 인가?

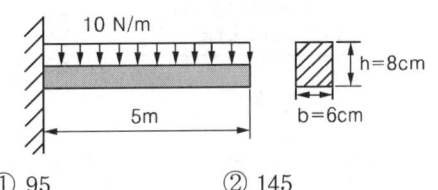

① 95
② 145
③ 195
④ 245

해설 ① $M_{max} = \frac{Wl^2}{2}$
[M_{max} : 최대 굽힘 모멘트(N·cm), W : 등분포하중(N), l : 보의 길이(m)]

$\therefore \frac{10 \times 5^2}{2} = 125 N \cdot m = 12500 N \cdot cm$

정답 56. ① 57. ① 58. ① 59. ③ 60. ③

② $\sigma_{max} = \dfrac{M_{max} \times 6}{b \times h^2}$

[σ_{max} : 최대 굽힘응력(N/cm²), b : 폭(cm), h : 높이(cm)]

∴ $\dfrac{12,500 \times 6}{6 \times 8^2} = 195.3 N/cm^2$

61 길이가 l 인 양단 단순 지지보에 균일 분포 하중 W가 작용할 때 최대 처짐량은?(단, 굽힘 강성 계수는 EI이다.)

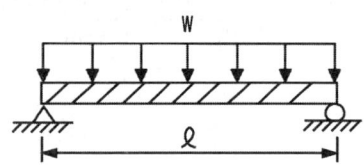

① $\dfrac{5Wl^4}{384EI}$
② $\dfrac{Wl^3}{48EI}$
③ $\dfrac{Wl^4}{8EI}$
④ $\dfrac{Wl}{3EI}$

62 그림과 같이 균일 분포하중을 받는 단순보에서 최대 굽힘응력은?

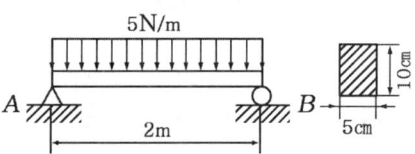

① 30kPa ② 40kPa
③ 60kPa ④ 80kPa

해설 $\sigma_{max} = \dfrac{M_{max}}{Z} = \dfrac{\frac{Pl}{4}}{\frac{bh^2}{6}} = \dfrac{6Pl}{4bh^2}$

[σ_{max} : 최대 굽힘 응력, M_{max} : 최대 굽힘 모멘트, P : 하중, l : 스팬의 길이, b : 너비, h : 높이, $1Pa = 1N/m^2$]

∴ $\dfrac{6 \times 5 \times 2}{4 \times 0.05 \times 0.1^2} = 30,000 N/m^2 = 30 kPa$

63 한 변의 길이가 9cm인 정사각형 외팔보의 최대 굽힘응력이 120kgf/cm²일 때, 최대 몇 kgf-cm까지의 굽힘모멘트에 견디는가?

① 12,540 ② 14,580
③ 16,720 ④ 18,420

해설 $M = \sigma Z = \sigma = \dfrac{bh^2}{6}$

∴ $\dfrac{120 \times 9 \times 9^2}{6} = 14,580 kgf \cdot cm$

64 허용굽힘응력 60N/mm인 단순지지보가 1×10⁶N·mm의 최대 굽힘 모멘트를 받을 때 필요한 단면 계수의 최소값은 몇 mm³인가?

① 1,667   ② 16,667
③ 17,660 ④ 26,667

해설 $Z_a = \dfrac{M_{max}}{\sigma a}$ [Z_a : 단면계수의 최소값, M_{max} : 최대 굽힘모멘트, σa : 허용굽힘응력]

∴ $\dfrac{1 \times 10^6}{60} = 16,667 mm^3$

65 비틀림이 발생하는 원형 단면봉의 직경을 2배로 증가시킬 때 비틀림 각은 어떻게 되는가?

① $\dfrac{1}{2}\theta$ ② $\dfrac{1}{4}\theta$
③ $\dfrac{1}{8}\theta$ ④ $\dfrac{1}{16}\theta$

해설 원형의 단면 봉에 비틀림 모멘트(T)가 작용할 때 생기는 비틀림 각(θ)은 축 지름의 4제곱에 반비례한다.

정답 61. ① 62. ① 63. ② 64. ② 65. ④

66 보의 중간 지점(L/2)에서의 처짐값은?(단, 여기서 EI는 굽힘 강성이다.)

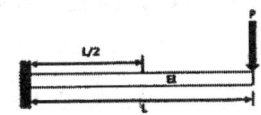

① $\dfrac{7}{96}\dfrac{PL^3}{EI}$ ② $\dfrac{5}{48}\dfrac{PL^3}{EI}$

③ $\dfrac{7}{24}\dfrac{PL^3}{EI}$ ④ $\dfrac{3}{8}\dfrac{PL^3}{EI}$

67 그림과 같은 단순보의 R_A, R_B의 값으로 적당한 것은?

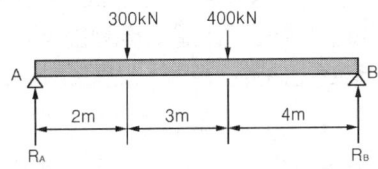

① R_A=467.4kN, R_B=232.6kN
② R_A=432.3kN, R_B=267.7kN
③ R_A=411.1kN, R_B=288.9kN
④ R_A=396.8kN, R_B=303.2kN

해설 ①

$R_A = \dfrac{300\text{kN} \times (3\text{m}+4\text{m}) + 400\text{kN} \times 4\text{m}}{9\text{m}} = 411.1\text{kN}$

② $R_B = 300\text{kN} + 400\text{kN} - R_A = 288.9\text{kN}$

68 그림과 같은 보에서 지점 B가 5N까지의 반력을 지지할 수 있다. 하중 12N은 A점에서 몇 m까지 이동할 수 있는가?

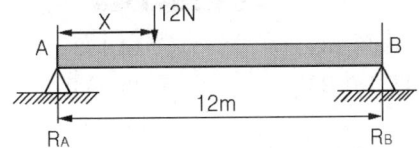

① 2 ② 3
③ 4 ④ 5

해설 $P=12$N, $R_B=5$N

$\sum M_A = 0$에 의해 $R_B \times l + Px = 0$ $x = \dfrac{R_B \times l}{P}$

∴ $\dfrac{5\text{N} \times 12\text{m}}{12\text{N}} = 5\text{m}$

69 그림과 같이 직사각형 단면(b×h)을 갖는 외팔보의 끝단부 처짐량에 대한 설명 중 맞는 것은?

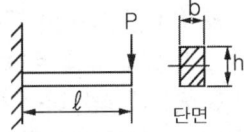

① 처짐량은 보의 길이의 제곱(ℓ^2)에 비례한다.
② 처짐량은 보 높이의 세제곱(h^3)에 반비례한다.
③ 처짐량은 하중(P)에 반비례한다.
④ 처짐량은 보의 너비(b)에 비례한다.

해설 외팔보의 끝단부 처짐량

$\delta_{\max} = \dfrac{1}{3}\dfrac{Wl^3}{EI} = \dfrac{12Wl^3}{3Ebh^3}$

70 그림과 같은 균일 분포하중 ω(kgf/m)가 받는 외팔보의 자유단에 반력 P(kgf)를 작동시켜 처짐이 0이 되도록 하려면 이때의 하중은?

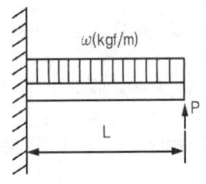

① $P = \dfrac{8\omega\ell}{3}$ ② $P = \dfrac{3\omega\ell}{8}$

③ $P = \dfrac{3\omega\ell}{48}$ ④ $P = \dfrac{48\omega\ell}{3}$

정답 66. ② 67. ③ 68. ④ 69. ② 70. ②

71 단순보의 한 지지 점으로부터 스팬 길이의 1/3되는 점에 한 개의 집중하중이 작용할 때 최대 처짐이 생기는 위치는?

① 지지점과 하중이 작용하는 점의 중간점
② 하중이 작용하는 지점
③ 중앙점 부근
④ 양단 지지점

해설 단순 보의 한 지지 점으로부터 스팬 길이의 1/3되는 점에 한 개의 집중하중이 작용할 때 최대 처짐이 생기는 위치는 중앙점 부근이다.

72 동일한 크기의 전단응력이 작용하는 볼트 A와 볼트 B가 있다. A 볼트에 작용하는 전단하중이 B 볼트에 작용하는 전단하중의 4배라고 하면, A 볼트의 지름은 B 볼트의 몇 배인가?

① 0.5 ② 2
③ 4   ④ 6

73 중앙에 집중하중 P를 받는 길이 ℓ의 단순보에 대한 설명 중 틀린 것은? (단, 보의 자중은 무시하고 굽힘 강성은 EI로 한다)

① 보의 최대 처짐은 중앙에서 일어난다.
② 보의 양 끝단에서의 굽힘 모멘트는 0(zero)이다.
③ 보의 최대 처짐을 나타내는 값은 $\frac{W\ell^3}{3EI}$이다.
④ 보의 한 지점에서의 반력은 P/2이다.

해설 보의 최대 처짐을 나타내는 값은 $\frac{W\ell^3}{48EI}$이다.

74 단면이 사각형인 단순보의 중앙에 집중하중이 작용할 때 최대 처짐에 대한 설명 중 틀린 것은? (단, 지지점 사이의 거리를 L이라 한다.)

① 보의 높이의 제곱에 반비례한다.
② L의 3승에 비례한다.
③ 하중에 정비례한다.
④ 보의 폭에 반비례한다.

해설 단면이 사각형인 단순보의 중앙에 집중하중이 작용할 때 최대 처짐은 L(지지점 사이의 거리)의 3승에 비례하며, 하중에 정비례하고, 보의 폭에 반비례한다.

75 중앙에 집중하중 W를 받는 양단지지 단순보에서 최대 처짐을 나타내는 식은?(단, E=세로탄성계수, I=2차 모멘트, l=보의 길이)

① $\frac{Wl^2}{48EI}$ ② $\frac{Wl^3}{48EI}$
③ $\frac{Wl^2}{24EI}$ ④ $\frac{Wl^4}{48EI}$

해설 보의 최대 처짐을 나타내는 값은 $\frac{Wl^3}{48EI}$이다.

76 그림과 같이 한 변이 20cm인 정사각형에 직경 ϕ8cm의 구멍이 뚫린 단면의 도심 축에 대한 단면 2차 모멘트는 몇 cm^4인가?

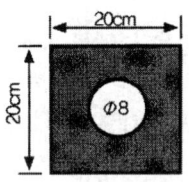

① 13,132   ② 14,132
③ 151,321 ④ 161,321

해설 $I = \dfrac{bh^3}{12} - \dfrac{\pi d^4}{64}$

$\therefore \dfrac{20 \times 20^3}{12} - \dfrac{3.14 \times 8^4}{64} = 13,132.34 cm^4$

77 다음 중 지름 10mm인 원형 단면에서 가장 큰 값은?

① 단면적 ② 극관성 모멘트
③ 단면계수 ④ 단면 2차 모멘트

해설 ① 단면적 : $\dfrac{\pi \times D^2}{4} = \dfrac{3.14 \times 10^2}{4} = 78.5$

② 극관성 모멘트 : $\dfrac{\pi \times D^4}{16} = \dfrac{3.14 \times 10^4}{16} = 1962.5$

③ 단면계수 : $\dfrac{\pi \times D^3}{32} = \dfrac{3.14 \times 10^3}{32} = 98.13$

④ 2차 모멘트 : $\dfrac{\pi \times D^4}{64} = \dfrac{3.14 \times 10^4}{64} = 490.63$

78 축에 작용하는 비틀림 모멘트를 T, 전단탄성계수를 G, 극관성모멘트를 I_P, 길이를 l 이라 할 때 전체 비틀림 각은?

① $\dfrac{TI_P}{Gl}$ ② $\dfrac{Tl}{GI_P}$
③ $\dfrac{TG}{I_P l}$ ④ $\dfrac{Gl}{TI_P}$

79 비례한도 내에서 인장시험을 할 때 늘어난 길이 ΔL에 관한 공식으로 옳은 것은?(단, E는 재료의 세로탄성계수, P는 인장하중, L은 시험편의 초기 길이, A는 시험편의 초기 단면적이다.)

① $\Delta L = \dfrac{PA}{LE}$ ② $\Delta L = \dfrac{LE}{PA}$
③ $\Delta L = \dfrac{PL}{AE}$ ④ $\Delta L = \dfrac{AE}{PL}$

정답 77. ② 78. ② 79. ③

PART 5
CBT 출제예상문제

1회 ~ 9회

CBT 출제예상문제

▶ 정답 565쪽

제1과목 건설기계정비

1 교류발전기의 유도기전력의 크기와 관계없는 것은?
① 자속의 세기
② 전기자의 회전수
③ 다이오드의 크기
④ 전기자 코일의 권수

2 기동전동기의 홀드인 코일의 주된 역할은?
① 단속기를 움직이는 역할
② 플런저의 위치를 유지하는 역할
③ 전기자 코일에 전원을 공급하는 역할
④ 배터리의 [+]단자와 [−]단자를 연결시키는 역할

3 펌프와 터빈의 회전속도가 같을 때 유체클러치의 토크 변환율은?
① 1:0.5
② 1:0.98
③ 1:1.25
④ 1:2.5

4 교류발전기의 특징 중 거리가 먼 것은?
① 크기가 작고 가볍다.
② 발전기 수명이 길다.
③ 전압 조정기가 필요 없다.
④ 저속에서의 충전성능이 우수하다.

5 사리채취기 본체에 탑재되어 있지 않은 것은?
① 다짐장치
② 선별장치
③ 파쇄장치
④ 버킷장치

6 열부하가 작은 운전조건에서 에어컨 증발기의 빙결 현상을 방지하기 위한 것은?
① 증발압력 조절밸브
② 팽창밸브
③ 트랜스 듀서
④ 파워 서보

7 전자제어 디젤기관의 연소과정에서 주분사가 이루어지기 전에 연료를 분사하여 연소가 원활히 되도록 하기 위한 것은?
① 파일럿 분사
② 메인분사
③ 사후분사
④ 보충분사

8 유압식 브레이크 회로에 잔압을 두는 목적으로 틀린 것은?
① 베이퍼록을 방지한다.
② 회로 내에 공기가 침입하는 것을 막는다.
③ 브레이크 작동 지연을 발생시켜 급제동을 막는다.
④ 휠 실린더 내에서 오일이 누출되는 것을 방지한다.

9 굴착기에서 상부 펌프의 오일을 하부 트랙 모터로 공급해 주는 장치는?
① 모듈레이터 ② 터닝조인트
③ 리스트릭터 ④ 바이패스 필터

10 크레인 케이블의 와이어 직경이 0.5inch인 경우 안전 작업 하중은?
① 1톤 ② 2톤 ③ 3톤 ④ 4톤

11 그레이더에서 뒤차축 타이어 4륜을 항상 지면과 접촉하게 하고 주행 중 지면을 충격을 감소시키는 장치는?
① 쇽업소버 ② 탠덤 드라이브
③ 섀클 ④ 스캐리파이어

12 스프링 정수가 2kgf/mm인 코일스프링을 5cm 압축하려면 필요한 힘은?
① 1kgf ② 10kgf
③ 100kgf ④ 1,000kgf

13 전자제어 디젤기관의 연료 장치가 아닌 것은?
① 고압연료 펌프 ② 연료온도센서
③ 서모스탯 ④ 커먼레일

14 크레인에서 크램셸의 태크 라인이 하는 일은?
① 크램셸을 개폐하는 일
② 크램셸을 지지하는 일
③ 크램셸의 회전을 막는 일
④ 크램셸을 권항하는 일

15 배터리 충방전 시 화학반응식을 나타낸 것으로 ( )안에 알맞은 것은?

$$PbO_2 + 2H_2SO_4 + Pb \leftrightarrow PbSO_4 + (\quad) + PbSO_4$$

① $2HSO_2$ ② $2H_2O$
③ $2HSO_3$ ④ $2HSO_4$

16 다음 중 부동액의 구비조건이 아닌 것은?
① 순환이 잘 될 것
② 휘발성이 없을 것
③ 팽창계수가 클 것
④ 물과 혼합이 잘 될 것

17 바이메탈 저항식 수온계에 대한 설명 중 틀린 것은?
① 계기부에는 바이메탈을 사용한다.
② 엔진 유닛부에는 서미스터를 사용한다.
③ 수온이 상승하면 서미스터의 저항값이 증가한다.
④ 지시값의 오차 방지를 위해 전압조정기를 설치한다.

18 휠 구동식 건설장비의 제동장치에서 브레이크 계통에 공기가 들어갔을 때 공기빼기 위치로 적당한 곳은?
① 브레이크 오일 탱크
② 휠 실린더
③ 유압 실린더
④ 마스크 실린더

19 유압식 모터그레이더에서 회전반경을 작게 하기 위해 전륜을 경사시켜 주는 것은?
① 스티어링 실린더 ② 리닝 장치
③ 어큐뮬레이터 ④ 유압모터

20 블레이드의 폭 2m이고, 높이가 0.6m인 불도저에서 블레이드의 용량은 얼마인가?
① 1.2m³ ② 0.83m³
③ 0.72m³ ④ 0.62m³

제2과목 내연기관

21 제동 연료소비율이 340g/kW·h인 기관의 열효율은 약 몇 %인가?(단, 저위발열량은 44,000kJ/kg이다.)
① 24.06 ② 28.75
③ 30.23 ④ 35.25

22 기관에 사용되는 윤활유의 첨가제로 틀린 것은?
① 기포 방지제 ② 유동점 상승제
③ 부식 방지제 ④ 점도지수 향상제

23 기관의 흡기계통에서 충진 효율을 향상시키기 위한 방법에 대한 설명으로 틀린 것은?
① 가변 흡기 시스템을 적용하여 기관 속도에 따라 흡입 통로를 조절한다.
② 저속 충진효율 향상을 위해 흡기 매니폴드의 길이를 짧게 한다.
③ 고속 충진 효율 향상을 위해 흡기 밸브를 멀티 밸브화 한다.
④ 과급 시스템을 통해 공기를 압축하여 흡기로 보낸다.

24 디젤기관의 발화 촉진제로 적합하지 않은 것은?
① 초산에틸 ② 초산아밀
③ 아초산아밀 ④ 아황산아밀

25 내연기관에서 과급을 하는 주된 목적으로 옳은 것은?
① 흡·배기 소음을 줄이기 위하여
② 기관의 출력을 증대시키기 위하여
③ 기관의 윤활유 소비를 줄이기 위하여
④ 실린더 내 평균유효압력을 낮추기 위하여

26 수냉식 냉각장치의 장점으로 옳은 것은?
① 고장 가능성이 낮다.
② 냉각 작용이 균일하다.
③ 기관의 무게가 가볍다.
④ 즉시 정상 작동온도가 된다.

27 희박 연소 기관에 대한 설명으로 틀린 것은?
① 고속 회전 시 희박 연소 제어를 실시한다.
② 이론공연비보다 적은 양의 연료를 혼합하여 연소한다.
③ 연소 촉진을 위해 흡입포트 내에 컨트롤 밸브를 설치하여 연소실에 스월을 발생시킨다.
④ 공전 상태에서 매니폴드 스로틀 밸브를 닫아 급속 연소를 유도하여 기관의 회전수를 저하시킨다.

28 피스톤 링의 플러터 현상을 방지하는 방법으로 틀린 것은?

① 비중이 큰 강철 재질의 링을 사용한다.
② 피스톤 링의 장력을 높여 면압을 증가시킨다.
③ 피스톤 링의 무게를 줄여 관성력을 감소시킨다.
④ 실린더 벽에서 긁어내린 윤활유를 배출시킬 수 있는 홈을 만든다.

29 기관이 회전할 때 회전 평형에 영향을 미치는 부품으로 나열된 것은?

① 크랭크축, 크랭크축 풀리, 실린더 블록
② 크랭크축, 플라이휠, 크랭크축 풀리
③ 크랭크축, 플라이휠, 실린더 헤드
④ 크랭크축, 캠축, 실린더 블록

30 1kWh는 약 몇 kcal인가?

① 539   ② 560
③ 632   ④ 860

31 가역과정으로 이루어진 사이클은?

① 카르노 사이클   ② 정적 사이클
③ 사바테 사이클   ④ 정압 사이클

32 2행정 사이클 엔진에서 혼합기에 와류를 촉진시키고 압축비를 높게 하며 잔류 가스를 배출시키기 위해 피스톤 헤드에 설치된 돌출부는?

① 디플렉터
② 리드 밸브
③ 크랭크 케이스
④ 밸브 스템

33 중공으로 된 밸브 스템의 내부에 채워져 냉각 효과를 돕는 물질은?

① 알루미늄   ② 리듐
③ 나트륨   ④ 바륨

34 디젤기관의 회전속도 또는 부하의 변동에 따라 연료의 분사량을 조절하여 회전속도를 제어하는 장치는?

① 타이머   ② 조속기
③ 앵글라이히 장치 ④ 패스트 아이들 장치

35 로터리(방켈) 기관의 단점이 아닌 것은?

① 연료소비율이 많다.
② 화염전파 거리가 길다.
③ 탄화수소 발생량이 많다.
④ 연료에 대한 민감성이 낮다.

36 기관의 흡기량을 증대시키는 방법으로 틀린 것은?

① 과급을 통한 방법
② 흡기관 형상의 변경
③ 배기장치 배압의 증가
④ 밸브 개폐 시기의 제어

37 디젤기관의 연료분사펌프에서 딜리버리 밸브의 역할이 아닌 것은?

① 연료의 역류를 방지한다.
② 분사노즐의 후적을 방지한다.
③ 고압 파이프의 잔압을 증가시킨다.
④ 펌프의 고압실과 분사 파이프 사이를 차단한다.

38 다음 중 절대 압력으로 맞는 것은?
① 절대 압력 = 게이지 압력 − 대기압
② 절대 압력 = 게이지 압력 × 대기압
③ 절대 압력 = 게이지 압력 + 대기압
④ 절대 압력 = 게이지 압력 ÷ 대기압

39 압력(P) = 50kPa, 체적(V1) = 0.5m³의 기체가 일정 압력하에서 팽창하여 체적(V2)= 0.8m³이 될 때 기체가 행한 외부 일은 몇 N·m인가?
① 1,000   ② 15,000
③ 20,000 ④ 25,000

40 제동 마력이 150PS인 디젤기관이 12시간 동안 연료를 320L 소비하였을 때 연료 소비율은?(단, 연료의 비중은 0.9이다.)
① 16g/PS·h   ② 17g/PS·h
③ 160g/PS·h ④ 177g/PS·h

제3과목　유압기기 및 건설기계안전관리

41 그림과 같은 유압회로의 명칭으로 가장 적절한 것은?

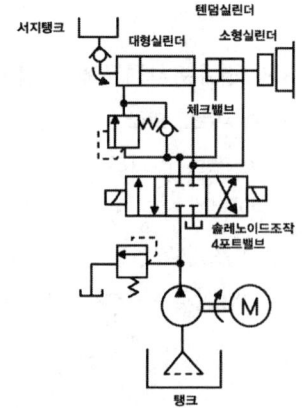

① 증강 회로
② 브레이크 회로
③ 정토크 구동 회로
④ 정출력 구동 회로

42 기어펌프의 폐입 현상에 대한 설명으로 옳지 않은 것은?
① 폐입 현상의 방지책으로 토출 홈을 만들어 준다.
② 오일은 폐입 부분에서 압축 시에는 고압이, 팽창 시에는 진공이 형성된다.
③ 폐입으로 인하여 생기는 용적의 변화는 진동과 소음 발생의 원인이 된다.
④ 폐입 현상은 기어펌프의 기어 물림율과 관계가 없다.

43 그림과 같은 유체 조정기기의 유압 기호로서 옳은 것은?

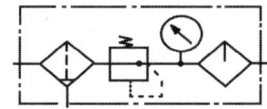

① 가열·냉각온도 조절기
② 공기압 조정 유닛
③ 유량 계측 검류기
④ 기름 분무 분리기

44 유압장치 또는 회로 내에 얇은 금속판을 장치하여 압력이 높아지면 얇은 판이 파괴되고, 오일을 탱크로 흐르게 하여 압력을 감소시키는 기기는?
① 압력 스위치   ② 유체(유압) 퓨즈
③ 감압 퓨즈   ④ 전기 퓨즈

45 기름의 압축률이 $6 \times 10^{-5} m^2/N$일 때 압력을 0에서 $200N/m^2$까지 압축하면 체적은 몇 % 감소하는가?

① 1.2 ② 1.6 ③ 2.2 ④ 2.6

46 다음 베인 펌프에 대한 설명으로 가장 거리가 먼 것은?

① 토출압력의 맥동이 적다.
② 베인의 마모에 의한 압력 저하가 거의 없다.
③ 비교적 고장이 많으며 작동유의 점도에 제한이 없다.
④ 펌프 출력에 비해 형상 치수가 작다.

47 유압 기계에서 작업 장치로 유압실린더의 압력을 천천히 빼어, 기계 손상의 원인이 되는 회로의 충격을 작게 하는 것을 무엇이라 하는가?

① 컷 오프
② 오일 미스트
③ 디컴프레션
④ 유압 드레인

48 릴리프 밸브에 관한 일반적인 특성으로 틀린 것은?

① 회로의 파괴를 방지한다.
② 압력을 일정하게 유지한다.
③ 회로 내의 압력을 설정값 이하로 제한한다.
④ 공기흐름의 방향을 변환시켜 액추에이터를 제어하기 위해 사용한다.

49 유압 시스템의 오일 토출량이 매분 49L이고, 실린더 튜브의 내경이 10cm인 유압 실린더의 추력이 2.5kN이라면, 이 유압 실린더의 속도는 몇 cm/sec인가?

① 7.8 ② 8.2 ③ 9.6 ④ 10.4

50 본체와의 결합 각도가 37° 및 45°의 2종류가 있는 파이프 이음 방식은?

① 용접 이음
② 세이프 이음
③ 플레어 이음
④ 플랜지 이음

51 기계 안전사고의 물적 원인 중 기계 및 설비에 대한 사항이 아닌 것은?

① 기계 배치가 잘못된 것
② 작업 면적이 너무 협소한 것
③ 동력전달장치에 방호장치가 없는 것
④ 기계의 작업점에 안전장치가 없는 것

52 귀마개를 해야 하는 작업으로 가장 바른 것은?

① 톱 작업
② 선반 작업
③ 리벳팅 작업
④ 전기용접 작업

53 안전 · 보건 표지의 용도별 색채로 틀린 것은?

① 안내 표지판 : 녹색
② 지시 표지판 : 하얀색
③ 금지 표지판 : 빨간색
④ 경고 표지판 : 노란색

54 과열된 기관의 라디에이터를 점검 및 정비하는 방법 중 틀린 것은?

① 캡을 탈착하기 전에 계통을 냉각시킨다.
② 계통 내의 압력을 제거하기 위해 서서히 캡을 탈착한다.
③ 캡을 탈착할 때는 안면 보호를 위해 라디에이터 측면에 서서 캡을 천천히 연다.
④ 과열된 기관의 라디에이터 캡을 열고 즉시 찬물을 보충시켜 냉각시킨다.

55 사고 예방의 3요소가 아닌 것은?
① 태만
② 교육
③ 지도 감독
④ 기술 개선

56 해머 작업의 주의 사항으로 틀린 것은?
① 기름 묻은 손으로 작업하지 않는다.
② 타격 가공하려는 곳에 시선을 집중한다.
③ 해머의 타격면에는 반드시 기름을 바른다.
④ 아무리 강한 재료라도 처음부터 세게 때리지 않는다.

57 건설기계의 동력전달장치 정비 및 검사 시 안전 사항으로 거리가 먼 것은?
① 회전체가 있는 곳에는 안전 커버를 설치한다.
② 압축기나 절단기는 반드시 안전장치를 설치한 후 사용한다.
③ 천천히 움직이는 회전체는 작동시키면서 정비 및 검사한다.
④ 작업시간을 줄이기 위해 회전하는 풀리에 벨트를 걸지 않는다.

58 다이얼 게이지 사용 시 주의사항으로 틀린 것은?
① 스핀들에는 그리스를 주유해서는 안 된다.
② 게이지를 사용하기 전에 지시 안정도를 검사 확인하여야 한다.
③ 1.2m 이상의 높이에서는 게이지를 떨어뜨리지 않도록 유의하여야 한다.
④ 게이지가 마그네틱 스탠드에 잘 고정되어 있는지 검사하여야 한다.

59 크레인 재해 사고를 방지하기 위해 설치한 안전장치가 아닌 것은?
① 횡행 장치
② 권과 방지 장치
③ 일주 방지 장치
④ 과대 전류방지 장치

60 가스용접에 사용되는 고압 충전용기의 저장 온도로 맞는 것은?
① 40℃ 이하
② 50℃ 이하
③ 60℃ 이하
④ 70℃ 이하

제4과목 일반기계공학

61 성능이 같은 2대의 펌프를 직렬로 연결하는 경우 양정과 유량의 관계는?
① 유량 및 양정 모두 변함없다.
② 유량 및 양정 모두 2배로 된다.
③ 유량은 변화가 없고 양정이 2배로 된다.
④ 양정은 변화가 없고 유량이 2배로 된다.

62 직경 4cm의 원형 단면봉에 200kN의 인장하중이 작용할 때 봉에 발생하는 인장응력은 약 몇 N/mm² 인가?
① 159.15
② 169.42
③ 179.56
④ 189.85

63 다음 패킹재료의 구비조건으로 가장 적절하지 않은 것은?
① 강인하고 내구력이 클 것
② 사용온도 범위가 넓을 것
③ 유연하고 탄력성이 있을 것
④ 내열 및 화학적 변화가 클 것

64 다음 중 비중이 2.7이며, 내부식성, 강도, 연성이 좋은 합금원소는?
① 알루미늄 ② 아연
③ 니켈 ④ 납

65 재료의 인장강도 σ_u=7,200MPa, 허용응력 σ_a=900MPa 일 때 안전율(S)은?
① 4 ② 6 ③ 8 ④ 10

66 M5×0.8로 표기되는 나사에 관한 설명으로 옳지 않은 것은?
① 미터나사이다.
② 나사의 피치는 0.8mm 이다.
③ 암나사는 지름 5mm 의 드릴로 가공한다.
④ 나사를 180° 회전시키면 축 방향으로 0.4mm 이동한다.

67 기계구조용으로 많이 사용되는 KS 재료기호 SM35C의 설명으로 가장 적합한 것은?
① 최저 인장강도 35 kgf/mm²인 기계 구조용 탄소강
② 최저 인장강도 35 kgf/cm²인 기계 구조용 탄소강
③ 탄소 함유량이 약 35% 정도인 기계 구조용 탄소강
④ 탄소 함유량이 약 0.35% 정도인 기계 구조용 탄소강

68 10m/s의 속도로 흐르는 물의 속도수두는 약 몇 m 인가?(단, 중력가속도는 9.8m/s²이다.)
① 2.8 ② 3.2
③ 3.8 ④ 5.1

69 다음 중 주물사의 시험 항목이 아닌 것은?
① 입도 ② 유분도
③ 점토분 ④ 통기도

70 자동차 현가장치 중 코일스프링의 코일 자체에 작용하는 가장 큰 응력은?
① 열에 의한 열응력
② 스프링 자중에 의한 응력
③ 굽힘 모멘트에 의한 굽힘 응력
④ 비틀림 모멘트에 의한 전단응력

71 금긋기용 공구 중 가공물의 중심을 잡거나 가공물을 이동시켜 평행선을 그을 때 사용되는 공구는?
① 서피스 게이지 ② 스크레이퍼
③ 리머 ④ 펀치

72 동일한 크기의 전단응력이 작용하는 볼트 A와 볼트 B가 있다. A 볼트에 작용하는 전단 하중이 B 볼트에 작용하는 전단 하중의 4배라고 하면, A 볼트의 지름은 B 볼트의 몇 배인가?
① 0.5 ② 2 ③ 4 ④ 6

73 보의 중간 지점(L/2)에서의 처짐값은?(단, 여기서 EI는 굽힘 강성이다.)

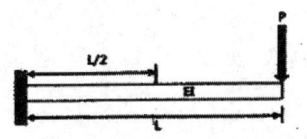

① $\dfrac{7}{96}\dfrac{PL^3}{EI}$ ② $\dfrac{5}{48}\dfrac{PL^3}{EI}$
③ $\dfrac{7}{24}\dfrac{PL^3}{EI}$ ④ $\dfrac{3}{8}\dfrac{PL^3}{EI}$

74 롤러 체인전동의 특징으로 틀린 것은?
① 유지 보수가 용이하다.
② 고속 회전에 부적당하다.
③ 진동과 소음이 발생하기 쉽다.
④ 일정한 속도비로 전동이 불가능하다.

75 유체 에너지를 기계적 에너지로 변환시키는 장치는?
① 여과기
② 액추에이터
③ 컨트롤 밸브
④ 압력제어 밸브

76 소성가공 방법이 아닌 것은?
① 롤링
② 호닝
③ 벌징
④ 드로잉

77 용접 이음부에 입상의 용제를 공급하고, 이 용제 속에서 전극과 모재 사이에 아크를 발생시켜 연속적으로 용접하는 방법은?
① TIG 용접
② MIG 용접
③ 서브머지드 아크 용접
④ 이산화탄소 아크 용접

78 동력 H(W)를 구하는 공식으로 옳은 것은? (단, T는 회전 토크(N·m), N은 회전수(rpm)이다.)
① $H = \dfrac{T}{2\pi N}$
② $H = \dfrac{T \times 60}{2\pi N}$
③ $H = T \times 2\pi N$
④ $H = T \times \dfrac{2\pi N}{60}$

79 정육면체의 외형 평면가공에 가장 적합한 공작기계는?
① 밀링머신
② 태핑 머신
③ 선반
④ 슬로터

80 베어링에 오일 실을 사용하는 목적은?
① 열 발산을 높이기 위하여
② 축 하중을 지지하기 위하여
③ 유막이 끊어지지 않도록 하기 위하여
④ 기름이 새는 것과 먼지 등의 침입을 막기 위하여

제2회 CBT 출제예상문제

▶ 정답 569쪽

제1과목 건설기계정비

1 건설기계의 시동용 기동전동기에서 홀드인 코일의 주된 역할은?

① 단속기를 움직이는 역할
② 플런저의 위치를 유지하는 역할
③ 전기자 코일에 전원을 공급하는 역할
④ 배터리의 [+]단자와 [−]단자를 연결시키는 역할

2 축전지에서 케이블을 분리할 경우 올바른 방법은?

① 접지 터미널을 먼저 뗀다.
② 동시에 양 케이블을 뗀다.
③ 절연되어있는 케이블을 먼저 뗀다.
④ 분리하는 순서는 정해진 것이 없다.

3 다음 중 그래브 준설선의 장점이 아닌 것은?

① 심도 조정이 유리하다.
② 규모가 작은 공사에 유리하다.
③ 물 밑바닥을 고르게 작업하기 쉽다.
④ 협소한 장소에서의 작업이 유리하다.

4 기중기 작업 시에 와이어로프의 마모가 예상 외로 빠른 원인이 아닌 것은?

① 와이어로프의 급유가 부족하다.
② 활차 베어링의 급유가 부족하다.
③ 와이어로프의 규격이 원래 규격과 상이하다.
④ 와이어로프 감아올리는 드럼의 작동 클러치가 잘 미끄러진다.

5 팽창밸브식 에어컨 시스템의 냉매 흐름은?

① 압축기→응축기→건조기→팽창밸브→증발기
② 압축기→건조기→팽창밸브→응축기→증발기
③ 압축기→팽창밸브→증발기→건조기→응축기
④ 압축기→증발기→팽창밸브→건조기→응축기

6 지게차의 유압식 브레이크 장치에서 제동이 되지 않는 원인 중 틀린 것은?

① 라이닝의 마모가 클 때
② 라이닝의 마찰계수가 클 때
③ 제동계통에 공기가 차 있을 때
④ 휠 실린더의 피스톤이 고착되어 있을 때

7 에어클리너 필터의 세척 방법으로 틀리는 것은?

① 솔벤트에 의한 세척
② 압축공기에 의한 세척
③ 냉각수에 의한 세척
④ 세척제에 의한 세척

8 피스톤과 실린더와의 틈새가 클 때 일어나는 현상 중 틀린 것은?

① 피스톤 슬랩 현상이 생긴다.
② 압축압력이 저하한다.
③ 오일이 연소실로 올라온다.
④ 피스톤과 실린더의 소결이 일어난다.

9 충전장치의 취급상 주의사항으로 틀린 것은?

① 접지 극성에 주의한다.
② 고속 회전 시 'B'단자를 풀어놓는다.
③ 발전기에 물이 들어가지 않도록 한다.
④ 'B단자'와 'F단자'를 접지시키지 않는다.

10 배출가스 중 NOx를 저감하기 위해 설치하는 전용 장치는?

① EGR 장치
② 삼원촉매장치
③ 캐니스터 장치
④ 블로바이가스 환원 장치

11 다음은 트랜지스터의 장점을 설명한 것이다. 맞지 않은 것은?

① 증폭 및 스위칭 작용을 할 수 있다.
② 내부에서의 전력손실이 적다.
③ 소형이며 가볍다.
④ 내부에서의 전압강하가 매우 크다.

12 블레이드 용량이 $1.28m^3$인 불도저의 블레이드 폭이 2m일 때 높이는?

① 0.4m   ② 0.64m
③ 0.8m   ④ 2.56m

13 건설기계에서 롤러, 트랙, 아이들러, 쿠션 스프링, 스프로킷 등이 구성품으로 이루어진 것은?

① 전부장치   ② 후부장치
③ 하부추진체   ④ 상부회전체

14 트랜스퍼 케이스를 부착한 건설기계의 특징으로 틀린 것은?

① 견인력이 커 작업이 원활하다.
② 연료소비율이 크고, 마찰저항이 감소된다.
③ 습지대·활지대 및 사지대의 운전이 가능하다.
④ 속도가 감소하고 변속비를 증가시킬 수 있다.

15 왼쪽 바퀴만 들어서 회전하도록 해 놓은 덤프트럭의 변속비가 2이고, 종감속기어의 링 기어 잇수가 42, 구동 피니언의 잇수가 6이라면 왼쪽 바퀴의 회전수는?(단, 추진축 회전수 2,100rpm)

① 200rpm   ② 400rpm
③ 600rpm   ④ 900rpm

16 기관 가동 상태에서 전조등이 점등되지 않을 때 점검하지 않아도 되는 것은?

① 퓨즈의 단선 상태
② 배선의 연결 상태
③ 축전지 용량을 저하 상태
④ 전조등 스위치 불량 상태

17 휠 구동식 건설기계의 제동장치에서 브레이크 계통에 공기가 들어갔을 때 공기빼기 위치로 적당한 곳은?

① 휠 실린더   ② 마스터 실린더
③ 릴리스 실린더 ④ 브레이크 리저버

18 일체 차축 현가 방식을 적용한 덤프트럭의 조향장치에서, 피트먼 암과 너클 암 또는 센터 암을 연결하는 것은?

① 드래그 바 ② 드래그 로드
③ 드래그 링크 ④ 드래그 라인

19 흙 운반거리 50m, 전진속도 3km/h, 후진속도 4.5km/h, 변속하는 시간 20초, 블레이드 용량 4m³/회 이고, 토량 환산계수 1, 작업효율 0.9인 도저의 1시간당 작업량은?

① 102m³/h ② 104m³/h
③ 106m³/h ④ 108m³/h

20 아스팔트 피니셔에 대한 설명으로 틀린 것은?

① 아스팔트 피니셔의 종류에는 타이어식과 무한궤도식이 있다.
② 타이어식은 무한궤도식보다 빠르고 자주적으로 이동할 수 있다.
③ 무한궤도식은 아이들러, 스프로킷, 롤러 등으로 구성되어 있다.
④ 타이어식은 구조 특성상 킹핀, 토인, 캠버, 캐스터의 앞바퀴 정렬을 반드시 맞추어야 한다.

제2과목 내연기관

21 기관의 제동 마력을 Le(PS), 연료소비량을 B(kgf/h), 연료의 저위발열량을 Hu(kcal/kgf)라 하면 제동열효율(ηe)은?

① $\eta e = \dfrac{632 \times Le}{Hu \times B} \times 100(\%)$

② $\eta e = \dfrac{Hu \times Le}{632 \times B} \times 100(\%)$

③ $\eta e = \dfrac{632 \times Hu}{B \times Le} \times 100(\%)$

④ $\eta e = \dfrac{632 \times Le \times B}{Hu} \times 100(\%)$

22 내연기관에서 폭발행정에 의해 발생되는 맥동 회전을 관성력을 이용하여 원활한 회전으로 바꿔주는 역할을 하는 부품은 어느 것인가?

① 크랭크축 ② 커넥팅로드
③ 플라이휠 ④ 밸런스 웨이트

23 조기 점화가 일어나는 직접적 원인은?

① 점화장치의 마모 때문이다.
② 너무 농후한 연료공급 때문이다.
③ 정상 점화 이전에 표면 점화가 일어나기 때문이다.
④ 누전에 의해 점화플러그가 작동하기 때문이다.

24 기관의 점화 순서를 결정할 때 고려할 사항으로 틀린 것은?

① 연소가 동일 간격으로 일어날 것
② 실린더 설치 번호순으로 연소할 것
③ 크랭크축에 비틀림 진동이 일어나지 않도록 할 것
④ 한 베어링에 연속적인 폭발 하중을 받지 않도록 할 것

25 내연기관에 대한 설명으로 틀린 것은?
① 디젤 노크 방지책은 실린더 벽의 온도를 낮춘다.
② 가솔린 1kg을 완전 연소시키는데 약 15kg의 공기가 필요하다.
③ 가솔린 기관은 화염전파 거리가 길어지면 노크가 발생한다.
④ 혼합연료의 옥탄가는 표준연료의 이소옥탄 체적으로 표시한다.

26 가스터빈의 이상 사이클인 브레이턴 사이클의 열효율이 36.8% 일 경우, 압력비는 약 얼마인가?(단, 비열비는 1.4이다.)
① 3   ② 4   ③ 5   ④ 6

27 경유의 구비조건으로 틀린 것은?
① 자연 발화점이 낮을 것
② 황(S)의 함유량이 높을 것
③ 세탄가가 높고, 발열량이 클 것
④ 적당한 점도를 지니며, 온도변화에 따른 점도 변화가 적을 것

28 그림과 같은 밸브 개폐 선도에서 밸브 오버랩은 크랭크 각도로 몇 도가 되는가?

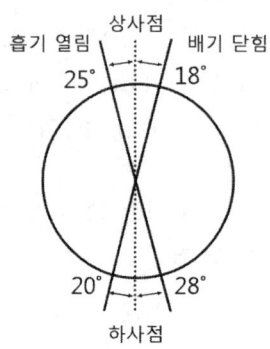

① 23°   ② 33°
③ 43°   ④ 53°

29 기관의 배기가스 색이 흑색이 되는 원인으로 가장 적합한 것은?
① 뜨개실의 유면이 낮기 때문이다.
② 연소실에 윤활유가 올라와 연소하기 때문이다.
③ 짙은 혼합비 때문이다.
④ 희박한 혼합비 때문이다.

30 다음 중 연소 최대 압력이 가장 높은 디젤기관의 연소실은?
① 와류실식
② 예연소실식
③ 직접분사실식
④ MAN-M 형 연소실

31 피스톤 지름이 10cm이고, 행정길이가 8cm인 4행정, 4기통 엔진이 3,000rpm, 평균유효압력 20bar일 때 출력은 약 몇 kW인가?
① 91.7   ② 101.7
③ 113.7   ④ 125.7

32 내연기관은 고속에서 중속보다 회전력이 더 저하되는데 그 주된 이유는?
① 체적효율이 낮아지기 때문이다.
② 환기가 너무 잘 되기 때문이다.
③ 혼합비가 너무 진하기 때문이다.
④ 점화시기가 많이 진각되기 때문이다.

33 압축비를 ϵ, 체절비(또는 단절비)를 σ, 비열비를 κ라 할 때 디젤 사이클의 열효율(η_{thd})을 옳게 나타낸 식은?

① $\eta_{thd} = 1 - \dfrac{1}{\epsilon^{\kappa-1}} \cdot \dfrac{\epsilon^{\kappa}-1}{\kappa(\sigma-1)}$

② $\eta_{thd} = 1 - \dfrac{1}{\epsilon^{\kappa-1}} \cdot \dfrac{\sigma^{\kappa}-1}{\kappa(\sigma-1)}$

③ $\eta_{thd} = 1 - \dfrac{1}{\epsilon^{\kappa-1}} \cdot \dfrac{\sigma-1}{\kappa(\sigma^{\kappa}-1)}$

④ $\eta_{thd} = 1 - \dfrac{1}{\epsilon^{\kappa-1}} \cdot \dfrac{\epsilon-1}{\epsilon(\sigma^{\kappa}-1)}$

34 피스톤의 스커트 윗부분에 세로 홈을 두어 스커트부에 열이 전도되는 것을 제한하는 피스톤은?

① 스플릿 피스톤
② 솔리드 피스톤
③ 캠 연마 피스톤
④ 인바 스트럿 피스톤

35 저위발열량이 44MJ/kg, 제동 마력이 68kW, 제동 열효율이 35%인 기관의 매 시간당 연료 소비량은 약 몇 kg/h인가?

① 15.9   ② 17
③ 17.9   ④ 19

36 과급기가 장착된 디젤기관에서 흡입 공기를 냉각시키기 위한 장치는?

① 가변 흡기 장치
② 인터쿨러 장치
③ 흡입 공기 압축 장치
④ 배기가스 재순환 장치

37 가솔린 기관의 배출가스 중 NOx가 발생하기 가장 쉬운 조건은?

① 농후 혼합비인 경우
② 평균 공연비가 큰 경우
③ 연소온도가 낮은 경우
④ 공기의 습도가 높은 경우

38 연료 장치에 요구되는 특징으로 틀린 것은?

① 부하 변동에 따른 혼합비율이 신속하게 대응되어야 한다.
② 연소가 시작되기 전까지 완전 기화된 혼합기를 공급한다.
③ 최근 전자제어의 발달로 혼합비는 다소 고르지 않아도 된다.
④ 감속이나 가속 등 전환기에 혼합비가 정밀하게 제어되어야 한다.

39 0℃에서 1kg의 얼음을 융해시켜 0℃의 물로 만들었을 때 엔트로피의 변화는 약 몇 kJ/kgK인가?(단, 얼음의 융해열은 333kJ/kg이다.)

① 3.22   ② 2.22
③ 1.22   ④ 0.22

40 가솔린 300cm³을 완전히 연소시키는데 약 몇 m³의 공기가 필요한가?(단, 혼합비는 14.7:1, 가솔린의 비중은 0.73, 공기의 밀도는 1.206kg/m³이다.)

① 2.67   ② 3.22
③ 3.66   ④ 4.41

제3과목 유압기기 및 건설기계안전관리

41 기호 요소 중에서 실선이 나타내는 용도가 아닌 것은?
① 주관로 ② 전기 신호선
③ 드레인 관로 ④ 밸브 사이의 관로

42 다음 중 압력의 단위로 옳은 것은?
① Pa ② kg/m³
③ J/s ④ kgf/cm³

43 기기의 통로나 관로에서부터 탱크나 매니폴드 등에 돌아오는 액체 또는 액체가 돌아오는 현상을 무엇이라 하는가?
① 누설 ② 자유 흐름
③ 복귀 ④ 행정체적

44 용량이 같은 다단 펌프 2개를 1개의 본체 내에 직렬로 연결시킨 것으로 고압으로 대출력이 요구되는 곳에 주로 사용되는 베인 펌프는?
① 2단 베인 펌프 ② 2중 베인 펌프
③ 2단 복합 펌프 ④ 피스톤 펌프

45 기름의 압축률이 6.8×10^{-5} cm²/kgf일 때, 압력을 0에서 300kgf/cm²까지 압축하면 체적은 약 몇 %가 감소하는가?
① 2.04% ② 0.023%
③ 2.27% ④ 0.0204%

46 릴리프 밸브가 정상상태에서 밸브의 포핏이 이동하여 배출구로부터 기름이 탱크로 돌아올 때의 압력은?
① 설정 압력 ② 전량 압력
③ 서지 압력 ④ 크래킹 압력

47 그림과 같은 유압 기호가 의미하는 조작 방식은?
① 인력
② 플런저
③ 페달
④ 누름 버튼

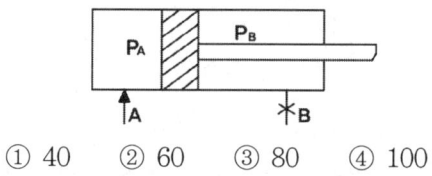

48 실린더 로드의 부하가 없는 곳(A측)에 PA = 60kgf/cm²의 압력을 보내며 B측의 출구를 닫으면 B측에 발생하는 압력 PB는 약 몇 kgf/cm²인가?(단, 실린더 내경 50mm, 로드의 지름 25mm이다.)

① 40 ② 60 ③ 80 ④ 100

49 유압 관로에서 필요에 따라 유체의 일부 또는 전부를 분기시키는 관로는?
① 통기 관로 ② 드레인 관로
③ 바이패스 관로 ④ 통로

50 축압기(accumulator)의 주 용도는?
① 작동 후의 폐유를 재생시키는 장치
② 유압유를 저장하여 유압펌프에 계속 공급
③ 유체의 누설 또는 외부로부터의 이물질 침입 방지
④ 유압 에너지의 축적 및 유압회로에서의 맥동, 서지 압력의 흡수

51 콘크리트믹서 트럭을 점검 및 정비할 때의 유의 사항으로 틀린 것은?
① 평탄한 곳에 주차하고, 바퀴에 고임목을 고인다.
② 드럼을 급격히 역회전시켜 드럼의 회전상태를 점검한다.
③ 드럼의 상부 또는 호퍼를 정비할 때는 미끄러짐에 주의한다.
④ 드럼의 내부를 정비할 때는 반드시 엔진을 정지시키고, 엔진 시동 금지 표지판을 붙인다.

52 산업현장에서 산업재해를 예방하기 위한 안전·보건 표지 중 다음과 같은 표시가 뜻하는 것은?

① 탑승금지
② 장비사용금지
③ 차량통행금지
④ 물체이동금지

53 안전진단을 하기 위해서 경영자나 기술부서장 및 관리 감독자에 의하여 비정기적으로 실시되는 점검은?
① 일상점검 ② 특별점검
③ 정기점검 ④ 수시점검

54 엔진 정비작업 중의 안전 사항으로 틀린 것은?
① 정비 작업장에 소화기를 비치한다.
② 엔진을 가동할 때는 환기장치가 되어 있는지 확인한다.
③ 각종 볼트를 풀 때는 규정된 공구를 사용하여야 한다.
④ 엔진 냉각수 점검 시 엔진을 정지시키지 않고 측정해야 정확하다.

55 재해통계를 나타낼 때 연천인율 계산 공식으로 맞는 것은?
① 연천인율 = $\dfrac{\text{연평균사상자수}}{\text{연평균근로자수}} \times 10,000$
② 연천인율 = $\dfrac{\text{연평균재해자수}}{\text{연평균근로시간수}} \times 1,000$
③ 연천인율 = $\dfrac{\text{연간재해자수}}{\text{연평균근로자수}} \times 1,000$
④ 연천인율 = $\dfrac{\text{재해자수}}{\text{연평균근로자수}} \times 100$

56 건설기계 차량의 허브 작업을 할 때 안전 사항으로 가장 적합한 것은?
① 잭으로 들어 올린 후 견고한 스탠드로 받치고 작업한다.
② 잭으로 들어 올린 상태에서 작업한다.
③ 작업하고자 하는 반대편의 프레임을 잭으로 들어 올리고 작업한다.
④ 차체를 로프로 고정시키고 작업한다.

57 선반 작업 시 안전 사항으로 틀린 것은?
① 바이트 탈착은 기계를 정지시킨 다음에 한다.
② 칩의 비산 시 보호안경을 쓰거나 차폐막을 설치한다.
③ 가공물의 장착이 끝나면 척 렌치류는 바로 분리해 놓는다.
④ 절삭공구의 장착은 최대한 길게 하고, 절삭성이 나쁘면 즉시 바꾼다.

58 정비 공구류의 사용 및 관리 방법으로 틀린 것은?

① 공구에 먼지, 오일, 그리스가 묻어 있지 않도록 한다.
② 공구를 던지거나 떨어뜨리는 행위를 하지 않는다.
③ 중량물을 올리기 위해서는 기중 장치를 사용한다.
④ 세척유는 현장에서 구하기 쉬운 휘발유, 경유 등을 사용한다.

59 단조 작업 시 주의사항으로 옳은 것은?

① 가열재에 묻은 스케일은 깨끗한 걸레로 제거한다.
② 겨울철에는 공구를 가능한 한 예열하여 사용한다.
③ 공동작업 시 본인 의사에 따라 열심히 하는 것이 바람직하다.
④ 작업 중인 옆 사람과 일상적인 대화를 주고받으며 작업에 임한다.

60 건설기계의 일상점검·정비에 대한 설명으로 틀린 것은?

① 운전 전 하체부의 소음 발생 여부를 점검한다.
② 운전 전 냉각수 수준을 점검하여 부족한 경우 보충한다.
③ 각종 레버를 조작하여 작업장치의 작동상태를 점검한다.
④ 유압회로 정비 시 엔진을 정지하고 잔압을 우선 제거한다.

제4과목 일반기계공학

61 유압펌프의 전효율(η_t)을 구하는 식으로 옳은 것은?

① $\dfrac{축동력}{유체동력}$ ② $\dfrac{펌프\ 동력}{축동력}$
③ $\dfrac{전압\ 동력}{축동력 \times 용적\ 효율}$ ④ $\dfrac{정압\ 동력}{전압\ 동력}$

62 회로 내의 최고압력을 설정하고, 압력의 상승을 제한하는 밸브는?

① 릴리프밸브 ② 유압 구동 밸브
③ 방향 제어밸브 ④ 유량 제어밸브

63 키(key)가 전달할 수 있는 토크(T)의 크기를 큰 것부터 작은 순서로 나열한 것은?

① 성크키〉스플라인〉새들키〉평키
② 스플라인〉성크키〉평키〉새들키
③ 평키〉새들키〉성크키〉스플라인
④ 새들키〉성크키〉스플라인〉평키

64 3줄 나사에서 피치가 1.5mm라면 2회전할 때의 이동량은 몇 mm인가?

① 3 ② 6
③ 9 ④ 12

65 스프링에 작용하는 하중 P, 스프링 상수 k, 변형량이 δ일 때 스프링의 관계식으로 옳은 것은?

① $P = \dfrac{1}{2}k\delta$ ② $P = \dfrac{k}{\delta}$
③ $P = k\delta$ ④ $P = k\delta^2$

66 감속비가 $Z_1 : Z_2 = 1 : 4$, 모듈(M)이 4, 피니언 잇수(Z_1)가 40개인 스퍼기어의 중심거리는 몇 mm인가?
① 200 ② 300
③ 400 ④ 500

67 나사 절삭 시 바이트의 각도 위치를 교정하는 게이지는?
① 피치 게이지 ② 틈새 게이지
③ 센터 게이지 ④ 플러그 게이지

68 베어링 합금인 켈밋 메탈의 설명으로 옳은 것은?
① 구리에 철을 30~40% 첨가한 것이다.
② 구리에 납을 30~40% 첨가한 것이다.
③ 구리에 인을 30~40% 첨가한 것이다.
④ 구리에 주석을 30~40% 첨가한 것이다.

69 특정한 온도영역에서 이전의 입자들을 대신하여 변형이 없는 입자가 새롭게 형성되는 현상은?
① 전위 ② 회복
③ 슬립 ④ 재결정

70 비틀림을 받는 축의 비틀림을 작게 하는 방법으로 옳은 것은?
① 가로탄성계수의 값과 축의 지름을 크게 한다.
② 가로탄성계수의 값과 축의 지름을 작게 한다.
③ 가로탄성계수의 값을 작게, 축의 지름은 크게 한다.
④ 가로탄성계수의 값은 크게, 축의 지름은 작게 한다.

71 측정된 버니어 캘리퍼스의 측정값은 몇 mm인가?(단, 아들자의 최소눈금은 1/50mm이다.)

① 5.01 ② 5.05
③ 5.10 ④ 5.15

72 다음 중 화학적 표면 경화법이 아닌 것은?
① 침탄법 ② 질화법
③ 하드 페이싱 ④ 침탄 질화법

73 길이가 L인 양단 단순 지지보에 균일 분포하중 W가 작용할 때 최대 처짐량은?(단, 굽힘 강성 계수는 EI이다.)

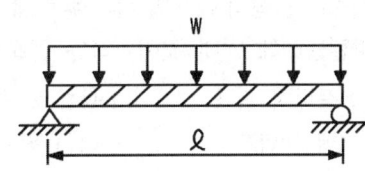

① $\dfrac{5W\ell^4}{384EI}$ ② $\dfrac{W\ell^3}{48EI}$

③ $\dfrac{W\ell^4}{8EI}$ ④ $\dfrac{W\ell}{3EI}$

74 길이가 2m이고 직경이 1cm인 강선에 작용하는 인장하중이 1,600N일 때, 늘어난 강선의 길이는 약 몇 mm인가?(단, 탄성계수(E) = 210kPa이다.)
① 0.194 ② 0.181
③ 0.158 ④ 0.133

75 다음 중 주물의 결함에 속하지 않는 것은?
① 수축공　② 기공
③ 편석　④ 압탕

76 내마모성과 경도를 동시에 요구하는 탄소강의 경우 가장 적합한 탄소 함유량은 몇 %인가?
① 0.05~0.1　② 0.2~0.3
③ 0.35~0.45　④ 0.65~1.2

77 축의 지름 d, 축 재료에 작용하는 전단응력이 τ일 때 비틀림 모멘트(T)는?
① $T=\dfrac{\pi}{32}d^3\tau$　② $T=\dfrac{\pi}{32}d^2\tau$
③ $T=\dfrac{\pi}{16}d\tau$　④ $T=\dfrac{\pi}{16}d^3\tau$

78 터보형 원심식 펌프의 한 종류로서 회전자의 바깥둘레에 안내 깃이 없는 펌프는?
① 플런저 펌프　② 볼류트 펌프
③ 베인 펌프　④ 터빈 펌프

79 축 길이 150mm, 직경 5mm의 축이 850N·mm의 토크를 받을 때, 축에서 발생되는 비틀림 각은 몇 °인가?(단, 축 재료의 횡탄성계수는 8.3×10^5N/mm²이다.)
① 0.05　② 0.14
③ 1.40　④ 2.55

80 아크 용접에서 언더컷의 발생 원인과 방지책이 아닌 것은?
① 전류가 너무 낮을 때 발생한다.
② 용접 속도를 늦추어 방지한다.
③ 아크 길이가 너무 길 때 발생한다.
④ 적정한 용접봉을 선택하여 방지한다.

CBT 출제예상문제

▶ 정답 572쪽

제1과목   건설기계정비

1. 배터리 전해액의 비중이 낮을 때 나타나는 현상은?
   ① 전압이 낮아진다.
   ② 동파의 우려가 적다.
   ③ 극판이 과산화납으로 변화된다.
   ④ 전해액의 황산 함유량이 많아진다.

2. 지게차의 일상정비 중 운전 전 점검 사항이 아닌 것은?
   ① 냉각수 점검 및 보충
   ② 엔진오일 점검 및 보충
   ③ 연료 수준 점검 및 보충
   ④ 브레이크 디스크 마모 점검 및 정비

3. 전자제어 디젤엔진의 특징을 설명한 것으로 틀린 것은?
   ① 운전상태에 따라 분사시기가 제어된다.
   ② 인젝터 분사 횟수는 수차례 나누어 제어할 수 있다.
   ③ 부품 수의 증가로 연비와 배출가스가 증가된다.
   ④ 기관의 작동상태에 따라 분사 압력을 제어할 수 있다.

4. 기관의 마력이 25PS일 때 1,000rpm에서 최대토크를 나타낸다. 이때 클러치에 의해 전달되는 토크는?
   ① 34.9kgf·m   ② 28.6kgf·m
   ③ 19.9kgf·m   ④ 17.9kgf·m

5. 기중기 작업 시 와이어 로프의 마모가 예상외로 빠른 원인이 아닌 것은?
   ① 와이어로프의 급유가 부족하다.
   ② 활차 베어링의 급유가 부족하다.
   ③ 와이어로프의 규격이 원래 규격과 상이하다.
   ④ 와이어로프를 감아올리는 드럼의 작동 클러치가 잘 미끄러진다.

6. 건설기계의 무한궤도가 무부하 상태에서 이동한 거리를 S_1, 부하 상태에서 이동한 거리를 S_2라 할 때 슬립율(ηs)을 구하는 식은?
   ① $\eta_s = \dfrac{S_1 - S_2}{S_1} \times 100\%$
   ② $\eta_s = \dfrac{S_2 - S_1}{S_2} \times 100\%$
   ③ $\eta_s = \dfrac{S_1 + S_2}{S_1} \times 100\%$
   ④ $\eta_s = \dfrac{S_2 + S_1}{S_2} \times 100\%$

7 24V의 배터리가 장착된 굴삭기에서 기동전동기의 소모전류 시험 결과 220A의 전류가 소모되었다면 출력은?

① 약 4.36PS   ② 약 6.27PS
③ 약 7.18PS   ④ 약 8.46PS

8 무한궤도 방식의 굴삭기 트랙이 벗겨지는 원인이 아닌 것은?

① 트랙의 정렬이 불량할 때
② 고속 주행 중 급선회하였을 때
③ 트랙의 긴도(장력)가 너무 작을 때
④ 전부 유동륜과 스프로킷의 중심이 맞지 않았을 때

9 허리꺾기 조향식(굴절식)의 설명 중 틀린 것은?

① 회전반경이 작다.
② 작업 능률을 향상시킬 수 있다.
③ 좁은 장소에서의 작업이 불리하다.
④ 조향용 유압 실린더에 의해 차체가 굴절된다.

10 아스팔트 피니셔의 자동 스크리드 조정장치는 무엇인가?

① 피니셔 혼합재의 흐름을 일률적으로 조정한다.
② 피니셔의 포장 속도를 자동적으로 조정한다.
③ 피니셔의 혼합재 포장 두께를 일정하게 조정한다.
④ 피니셔 혼합재 온도를 일정하게 조정한다.

11 엔진 수온계에 사용하는 서미스터에 대한 설명 중 틀린 것은?

① 온도변화에 따른 저항의 변화가 대단히 민감하다.
② 부특성(NTC) 서미스터는 온도가 증가하면 저항은 감소한다.
③ 온도변화에 따라 저항의 크기가 변화하는 반도체의 일종이다.
④ 엔진 수온계의 수신부에는 정특성(PTC) 서미스터를 사용한다.

12 전부하 상태에서 엔진의 마력이 40PS 일 때 2,000rpm에서 최대토크를 나타낸다. 안전계수가 1.4라고 하면 클러치의 최대 허용 토크는?

① 약 15kgf·m   ② 약 20kgf·m
③ 약 25kgf·m   ④ 약 30kgf·m

13 냉동사이클은 카르노 사이클의 4가지 순환 반복 작동을 이용한 것이다. 4가지 작용에 포함되지 않는 것은?

① 증발   ② 흡입
③ 압축   ④ 응축

14 지게차의 조향장치가 갖추어야 할 조건과 거리가 먼 것은?

① 방향 조작이 원활하게 이루어질 것
② 회전 시 차체에 무리한 힘이 작용되지 않을 것
③ 조향 조작이 주행 중의 충격에 영향을 받지 않을 것
④ 회전반경이 커서 방향 전환시 전도 사고의 위험이 적을 것

15 전자제어 디젤기관 시스템에서의 고장 발생 시 최소한의 운행이 가능하도록 하는 기능은?

① 타이머 기능
② 앵글라이히 기능
③ 페일 세이프 기능
④ 트랙션 컨트롤 기능

16 굴삭기에서 시동 스위치를 off 시켜도 엔진이 정지되지 않을 때 점검할 항목과 가장 거리가 먼 것은?

① 시동 스위치를 점검한다.
② 연료 차단 솔레노이드의 작동상태를 점검한다.
③ 시동 릴레이 연결 배선의 전류 흐름을 점검한다.
④ 연료 차단 솔레노이드와 연결된 배선의 전류 흐름을 점검한다.

17 덤프트럭에서 추진축이 진동하는 원인으로 틀린 것은?

① 추진축이 휘었다.
② 요크의 방향이 틀리게 조립되었다.
③ 유니버설 조인트 베어링이 파손되었다.
④ 슬립 조인트부에 그리스가 너무 많이 주유되었다.

18 엔진식 지게차의 포크 상승 속도가 느린 원인으로 틀린 것은?

① 작동유 부족
② 배터리 용량 부족
③ 컨트롤 밸브의 손상
④ 피스톤 패킹의 손상

19 교류발전기에서 3개의 독립된 코일을 감아 Y결선으로 하여 3상 교류를 발생시키는 것은?

① 로터
② 릴레이
③ 스테이터
④ 아마추어

20 배기가스 중 NOx를 감소시키기 위한 방법으로 가장 옳은 것은?

① 배기압력을 높인다.
② 흡기온도를 높인다.
③ 엔진 회전수를 낮춘다.
④ 연소실의 온도를 낮춘다.

제2과목　　내연기관

21 디젤기관 노크의 경감책으로 옳은 것은?

① 압축비를 높게 한다.
② 착화지연 시간을 길게 한다.
③ 연소실벽 온도를 낮게 한다.
④ 분사 시 공기압력을 낮게 한다.

22 열기관 중 내연기관에 속하지 않는 것은?

① 가스터빈
② 제트기관
③ 로터리기관
④ 증기터빈

23 압축비(ε) 16, 체절비(σ) 2.0, 압력비(ρ) 1.5인 복합사이클의 열효율은 몇 %인가?(단, 비열비(k)=1.4로 한다.)

① 37.6
② 58.4
③ 62.5
④ 73.2

24 브레이턴 사이클에 관한 설명으로 옳은 것은?
① 가스터빈의 이상 사이클이다.
② 증기 원동기의 이상 사이클이다.
③ 가솔린 기관의 이상 사이클이다.
④ 압축착화기관의 이상 사이클이다.

25 다음 중 터보차저의 구동 에너지로 사용되는 것은?
① 기관의 냉각수에 의해 구동
② 기관의 신기 흡입 가스로 인해 구동
③ 기관의 크랭크샤프트에 의해 구동
④ 기관의 배기가스에 의해 구동

26 4행정 사이클 기관에서 흡·배기밸브가 동시에 열려 있는 구간으로 옳은 것은?
① 소기 ② 래그
③ 오버랩 ④ 리드

27 내연기관용 윤활유의 기능으로 틀린 것은?
① 냉각작용 ② 기밀작용
③ 발화작용 ④ 세척작용

28 전자제어 디젤기관의 입력신호로 틀린 것은?
① 공기 유량 센서
② 연료 압력 제어 센서
③ 캠샤프트 위치 센서
④ 크랭크샤프트 위치 센서

29 디젤기관에서 냉각손실이 가장 적은 연소실의 형식으로 옳은 것은?
① 와류실식 ② 직접분사식
③ 지붕형식 ④ 예연소실식

30 플라이휠의 크기를 결정하는데 고려해야 할 사항이 아닌 것은?
① 축 마력 ② 림의 중량
③ 림의 직경 ④ 크랭크축의 재질

31 기관 작동 시 평균유효압력을 증대시킬 수 있는 방법으로 틀린 것은?
① 압축비의 증가
② 과급 장치의 적용
③ 흡기 손실의 저감
④ 실린더 수의 증가

32 자동차에 사용되는 과급기를 구동 방식에 따라 분류한 것으로 틀린 것은?
① 배기터빈 과급기
② 전기구동식 과급기
③ 기계구동식 과급기
④ 흡기 정압 과급기

33 압축비가 8이고, 비열비가 1.4인 오토 사이클의 열효율은 약 몇 % 인가?
① 46.5 ② 53.5
③ 56.5 ④ 62.5

34 엔진의 팬벨트 장력이 규정보다 작을 경우에 생기는 현상은?
① 발전기의 베어링 파손
② 라디에이터 누유
③ 엔진 과열
④ 엔진 오일 압력 저하

35 피스톤 링 플러터 현상의 방지법으로 틀린 것은?

① 피스톤 링을 작게 만들어 면압을 감소시킨다.
② 피스톤 링의 무게를 줄여 관성력을 감소시킨다.
③ 피스톤 링의 지름방향 폭을 넓혀 링의 장력을 증가시킨다.
④ 실린더 벽에서 긁어내린 윤활유를 배출시킬 수 있는 홈을 링 랜드에 설치한다.

36 소구기관의 특징에 대한 설명으로 틀린 것은?

① 연료소비율이 크다.
② 저질연료를 사용할 수 있다.
③ 세미 가솔린 기관이라고도 한다.
④ 구조가 간단하여 제작, 보수, 조작이 용이하다.

37 실린더의 점화 순서가 1-3-4-2인 4행정 사이클 기관에서 3번 실린더가 압축행정일 때 4번 실린더의 행정으로 옳은 것은?

① 흡입행정 ② 압축행정
③ 폭발행정 ④ 배기행정

38 실린더 내 체적효율을 산출할 수 있는 식으로 맞는 것은?

① $\dfrac{\text{표준 대기압하에서 실제로 흡입한 새로운 공기의 체적}}{\text{실린더 체적}}$

② $\dfrac{\text{표준 대기압하에서 실제로 흡입한 새로운 공기의 체적}}{\text{행정체적}}$

③ $\dfrac{\text{표준 대기압하에서 실제로 흡입한 새로운 공기의 체적}}{\text{연소실 체적}}$

④ $\dfrac{\text{표준 대기압하에서 실제로 흡입한 새로운 공기의 체적}}{\text{연소실 체적을 차지하는 공기의 중량}}$

39 기관의 성능 곡선도에 대한 설명으로 틀린 것은?

① 기관 회전속도가 중속일 때 연료소비율이 적다.
② 기관의 스로틀 밸브의 열림 정도에 따라 출력, 토크, 연료소비율이 달라진다.
③ 회전속도가 증가함에 따라 감소하는 출력은 흡입온도를 개선하여 토크를 증가시킬 수 있다.
④ 최대 토크를 발생시키는 회전속도에서 최대출력을 발생시키는 회전속도까지를 기관의 탄성영역이라 한다.

40 기관에서 산소센서를 설치하는 이유로 옳은 것은?

① 흡입 공기량을 측정하여 출력 제어
② 출력당 회전수를 측정하여 연료 공급량 제어
③ 대기 중의 산소농도를 측정하여 배기가스 제어
④ 배기가스 중의 산소농도를 측정하여 공기비 제어

제3과목 유압기기 및 건설기계안전관리

41 유압장치에 사용하는 필터의 종류 중 단층식 필터와 비교한 적층식 필터에 대한 설명으로 틀린 것은?

① 차지하는 용적이 적다.
② 압력손실이 적다.
③ 고압용으로 사용하기 적합하다.
④ 미세입자의 여과능력이 우수하다.

42 유압 작동유의 구비조건으로 옳지 않은 것은?

① 소포성이 높을 것
② 화학적 변화가 적을 것
③ 인화점이 낮을 것
④ 비압축성 유체일 것

43 유압 기초이론과 관련하여 유체의 체적탄성계수 단위로 옳은 것은?

① m^2/s ② kg/m^3
③ N/m^2 ④ $N·s/m^2$

44 다음의 유압회로는 건설기계에서 사용되고 있는 회로도이다. 이 회로의 명칭으로 옳은 것은?

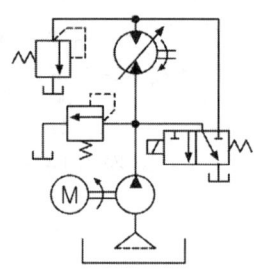

① 카운터 밸런스 회로
② 직렬배치 회로
③ 파일럿 조작 회로
④ 정출력 구동 회로

45 2개의 유입 관로의 압력에 관계없이 정해진 출구 유량이 유지되도록 합류하는 밸브는?

① 스로틀 밸브   ② 셔틀밸브
③ 분류밸브   ④ 집류밸브

46 유압 관로 유량이 15L/min일 때 안지름 60mm의 실린더에서 피스톤 속도는 약 몇 cm/s 인가?

① 530.8   ② 8.84
③ 53.08   ④ 88.4

47 피스톤 펌프의 일반적인 특징에 대한 설명으로 틀린 것은?

① 베어링에 걸리는 하중이 작아서 베어링 수명이 길다.
② 최고 토출압력은 높은 편이다.
③ 부품 수가 많고 구조가 복잡하다.
④ 평균적으로 가격은 고가인 편이다.

48 그림과 같은 공유압 기호의 명칭은?

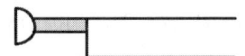

① 누름 버튼   ② 누름-당김 버튼
③ 당김 버튼   ④ 레버 버튼

49 유압 시스템의 플러싱 작업에 대한 설명으로 틀린 것은?

① 플러싱은 유압 시스템의 배관계통과 시스템 구성에 사용되는 유압기기의 이물질을 제거하는 작업이다.
② 플러싱 방법은 플러싱 오일을 사용하는 방법과 산세정법 또는 화학물질을 이용하는 방법 등이 있다.
③ 플러싱 작업이 정상적으로 수행되면, 나무망치 등을 이용한 햄머링 작업도 병행하는 것이 좋다.
④ 플러싱 작업 시 플러싱 유의 온도는 일반적인 유압 시스템의 유압유 온도보다 낮은 20~30℃ 정도로 수행한다.

50 유압펌프의 토출압력이 8MPa이고, 펌프의 토출 유량이 25L/min일 경우 펌프의 동력은 약 몇 kW인가?
① 33.33   ② 3.33
③ 20.00   ④ 2.00

51 핸드 탭으로 암나사를 낼 때 안전 사항으로 옳은 것은?
① 탭을 회전시킬 때는 탭 렌치를 이용한다.
② 탭을 회전시킬 때는 조정 렌치를 이용한다.
③ 탭을 회전시킬 때는 파이프 렌치를 이용한다.
④ 탭을 회전시킬 때는 조합 플라이어를 이용한다.

52 밀링 장비 사용 시 안전 사항으로 틀린 것은?
① 회전하는 커터를 손으로 점검하지 않는다.
② 상하 이송 장치의 핸들을 사용한 후 풀어둔다.
③ 커터 교환을 할 때 반드시 스위치를 내려놓는다.
④ 작업효율을 위해 밀링 테이블 위에 공구류를 비치한다.

53 아세틸렌 발생기에서 역류 역화의 원인 중 가장 거리가 먼 것은?
① 팁이 과열되었을 때
② 토치의 팁에 슬래그가 끼었을 때
③ 아세틸렌가스 공급이 과다할 때
④ 가스 압력과 가스량이 부적당할 때

54 타이어 유지 및 정비에 관한 안전 사항으로 가장 거리가 먼 것은?
① 타이어 압력조정 시 가능하면 타이어 트레드 정면에서 실시한다.
② 규정압력 이상으로 타이어에 공기를 주입하지 않는다.
③ 타이어가 저압 상태에서는 주행하지 않는다.
④ 타이어 및 휠의 상태를 매일 점검한다.

55 동력조향장치 분해 정비작업 방법 중 틀린 것은?
① 유압실린더 로드를 움직이면 유압 오일이 흘러나오므로 주의한다.
② 오일 출입구의 유압호스를 제거할 때 먼지가 들어가지 않도록 한다.
③ 기관이 가동된 상태에서 작업을 진행한다.
④ 오일 실은 신품으로 교환한다.

56 다이얼 게이지 사용 시 주의사항으로 틀린 것은?
① 스핀들에 주유한다.
② 정해진 지지대를 사용한다.
③ 게이지를 바닥에 떨어뜨리지 않도록 유의한다.
④ 게이지가 마그네틱 스탠드에 잘 고정되어 있는지 조사한다.

57 안전 점검에서 점검 시기의 분류에 속하지 않는 것은?
① 일상점검   ② 특별점검
③ 정기점검   ④ 감사점검

58 드릴 작업 시 지켜야 할 사항이 아닌 것은?
① 공작물과 드릴을 수직으로 유지하며 작업한다.
② 작업 중 쇳가루를 입으로 불어서 제거한다.
③ 공작물을 단단히 고정시킨다.
④ 보호안경을 착용한다.

59 평균 근로자 수 100명이 근무하고 있는 공장에서 1년간 3명의 부상자가 발생하였다면 연천인율은?
① 10 ② 20 ③ 30 ④ 40

60 에어 공구 사용 시 안전 사항으로 틀린 것은?
① 리벳팅 작업 시 칩이 튀어 나가는 것을 막을 수 있는 장치를 할 것
② 압축기는 사용 전 안전밸브의 작동과 오일 상태를 점검할 것
③ 소음이 심한 공구 사용 시 귀마개를 사용할 것
④ 임팩트 렌치는 최대 토크로 사용할 것

제4과목 일반기계공학

61 비교측정의 표준이 되는 게이지는?
① 한계 게이지 ② 센터 게이지
③ 게이지 블록 ④ 마이크로미터

62 선반 작업에서 공작물의 지름 D(mm), 1분간의 회전수 N(r/min)일 때, 절삭 속도 V(m/min)는?

① $V = \pi D N$ ② $V = \dfrac{\pi D N}{1,000}$
③ $V = \dfrac{\pi D}{1,000 N}$ ④ $V = \dfrac{\pi N}{1,000 D}$

63 속이 빈 모양의 목형을 주형 내부에서 지지할 수 있도록 목형에 덧붙여 만든 돌출부는?
① 라운딩 ② 코어 프린트
③ 목형 기울기 ④ 보정 여유

64 그림과 같은 외팔보에 2kN의 집중하중이 작용할 때, 지지점 A에서의 굽힘 응력은 약 몇 MPa인가?(단, 길이 50cm, 8.5cm×8.5cm)

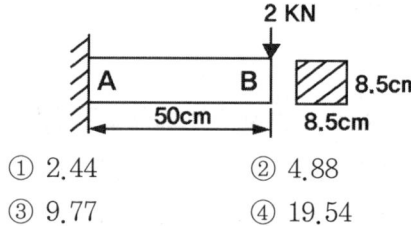

① 2.44 ② 4.88
③ 9.77 ④ 19.54

65 2개의 너트를 사용하여 충분히 죈 후 안쪽의 너트를 풀어 너트의 풀림을 방지하는 방법은?
① 2 줄 나사에 의한 방법
② 로크 너트에 의한 방법
③ 멈춤 나사에 의한 방법
④ 자동 죔 너트에 의한 방법

66 다음 중 기어의 언더컷이 발생하는 원인으로 옳은 것은?
① 잇수가 많을 때
② 이 끝이 둥글 때
③ 잇수 비가 아주 클 때
④ 이 끝 높이가 낮을 때

67 회주철의 일반적인 탄소 함량은?
① 2~4%   ② 1~1.5%
③ 1.5~2%   ④ 3.0~3.6%

68 용접봉 피복제의 역할이 아닌 것은?
① 아크를 안정시킨다.
② 용착금속의 급냉을 방지한다.
③ 용착금속의 탈산·정련 작용을 한다.
④ 용융점이 높은 슬래그를 많이 만든다.

69 비틀림 모멘트(T)와 휨모멘트(M)를 동시에 받는 재료의 상당 비틀림 모멘트(Te)는?
① $M\sqrt{1+(T/M)^2}$ ② $T\sqrt{1+(T/M)^2}$
③ $\sqrt{M^2+2T^2}$ ④ $\sqrt{(M+T)^2}$

70 저널과 베어링이 직접 미끄럼에 의해 접촉하는 베어링은?
① 슬라이딩 베어링   ② 롤러 베어링
③ 니들 베어링   ④ 볼 베어링

71 인장시험에 나타난 각 점 중 훅의 법칙이 적용되는 범위는?
① 비례한도   ② 극한강도
③ 파단점   ④ 항복점

72 유압의 특성에 대한 설명으로 틀린 것은?
① 과부하에 대한 안전장치가 필요하다
② 작은 힘으로 큰 출력을 얻을 수 있다.
③ 열 발생에 대한 냉각장치가 필요 없다.
④ 힘과 속도를 자유롭게 변속시킬 수 있다.

73 하중 30kN을 지지하는 훅 볼트의 미터나사 크기로 적절한 것은?(단, 나사 재질의 허용응력은 60MPa이고, 나사의 골지름(d_1)은 'd_1=0.8×바깥지름'이다.)
① M20   ② M24
③ M28   ④ M32

74 압출가공에 관한 설명으로 틀린 것은?
① 속이 빈 용기의 생산에는 충격 압출이 적합하다.
② 납 파이프나 건전지 케이스의 생산에 적합하다.
③ 단면의 형태가 다양한 직선과 곡선 제품의 생산이 가능하다.
④ 압출에 의한 표면결함은 소재 온도와 가공 속도를 늦춤으로써 방지할 수 있다.

75 원심 펌프에서 송출압력 0.2N/mm², 흡입 진공압력 0.05N/mm², 압력계와 진공계 사이의 높이차 600mm일 때, 펌프의 전양정(m)은?(단, 흡입관과 송출관의 지름은 같다.)
① 16.5   ② 26.1
③ 30.6   ④ 36.3

76 다음의 특징을 갖는 금속은?

- 비중이 4.5 정도이다.
- 단조 및 열간 가공이 가능하다.
- 스테인리스강과 비슷한 내식성이 있다.

① 니켈(Ni)   ② 구리(Cu)
③ 아연(Zn)   ④ 티탄(Ti)

77 충격응력에 대한 설명으로 옳은 것은?
① 체적에 비례한다.
② 재료의 탄성계수에 반비례한다.
③ 운동에너지를 증가시킴으로써 응력이 감소한다.
④ 단면적이나 길이를 증가시킴으로써 응력이 감소한다.

78 강의 표면에 알루미늄(Al)을 침투시켜 내식성을 증가시키는 침투법은?
① 크로마이징
② 칼로라이징
③ 보론나이징
④ 실리콘나이징

79 그림의 단식블록 브레이크에서 브레이크에 가해지는 힘(F)은?(단, W는 브레이크 드럼과 브레이크 블록 사이에 작용하는 힘, μ는 마찰계수, f는 마찰력이다.)

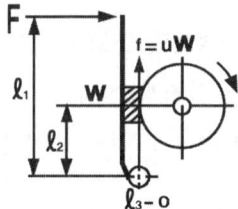

① $F = \dfrac{\mu W \ell_2}{\ell_1}$
② $F = \dfrac{W \ell_1}{\ell_2}$
③ $F = \dfrac{W \ell_2}{\ell_1}$
④ $F = \dfrac{\mu W \ell_1}{\ell_2}$

80 다음 중 압력 제어밸브에 해당되지 않는 것은?
① 감압 밸브
② 체크 밸브
③ 시퀀스 밸브
④ 릴리프 밸브

CBT 출제예상문제

▶ 정답 576쪽

제1과목 건설기계정비

1 전자제어 디젤기관의 장점이 아닌 것은?
① 주행 특성 및 성능이 개선
② 분사펌프의 설치 공간 확보 가능
③ 각 운전 영역에서의 최적 운전이 가능
④ 인젝터 분사량의 독립적인 제어가 가능

2 기동전동기의 종류별 특징에 대한 설명으로 틀린 것은?
① 직권식 전동기는 기동 모터에 주로 사용된다.
② 분권식 전동기는 계자 코일과 전기자 코일이 병렬로 연결되어 있다.
③ 분권식 전동기는 일반적으로 직권식 전동기보다 기동 회전력이 크다.
④ 직권식 전동기는 계자 코일과 전기자 코일이 직렬로 연결되어 있다.

3 타이로드 길이를 가감하면 변화하는 것은?
① 토   ② 킹핀
③ 캠버   ④ 캐스터

4 기중기에 사용되는 와이어로프의 종류에서 소선과 스트랜드를 반대 방향으로 꼰 것은?
① S 꼬임   ② Z 꼬임
③ 보통 꼬임 ④ 랭 꼬임

5 건설기계의 최종감속장치에서 큰 구동력을 발생시키기 위한 유성기어의 작동조건으로 맞는 것은?
① 링 기어 고정, 선 기어 구동, 캐리어 피동
② 캐리어 고정, 링 기어 구동, 선 기어 피동
③ 선 기어 고정, 캐리어 구동, 링 기어 피동
④ 캐리어 고정, 선 기어 구동, 링 기어 피동

6 준설선의 사용동력에 따른 분류로 틀린 것은?
① 전동식   ② 디젤식
③ 그래브식   ④ 가스 터빈식

7 저항을 직렬 접속했을 때의 설명으로 틀린 것은?
① 각각의 저항에 전원전압이 분압 된다.
② 어느 저항에서나 동일한 전류가 흐른다.
③ 합성저항은 각 저항의 어느 것보다도 작다.
④ 각 저항에 분압 된 전압의 합은 전원전압과 같다.

8 지게차 미스트 상승 높이를 측정한 결과 규정치보다 다르게 측정되었다면 어떻게 조정해야 하는가?

① 리프트 체인의 길이로
② 리프트 실린더의 길이로
③ 리프트 실린더 로드의 길이로
④ 인너 레일과 아웃 레일의 겹침으로

9 광도가 12,000cd인 전조등을 켰을 때 광축에 수직인 면의 조도가 480Lux였다. 전조등에서 수직면까지의 거리는?

① 0.5m   ② 1.5m
③ 5.0m   ④ 10.0m

10 EGR율(배기가스 재순환율)을 바르게 표시한 것은?

① $EGR율 = \dfrac{EGR가스량}{흡입공기량 + EGR가스량} \times 100\%$

② $EGR율 = \dfrac{총\ 배기가스량}{흡입공기량 + EGR가스량} \times 100\%$

③ $EGR율 = \dfrac{EGR가스량}{흡입공기량 - EGR가스량} \times 100\%$

④ $EGR율 = \dfrac{총\ 배기가스량}{흡입공기량 \times EGR가스량} \times 100\%$

11 축전지에 증류수를 자주 보충해야 되는 이유는?

① 정상적이다.
② 황산화되고 있다.
③ 과충전되고 있다.
④ 과부하가 걸리고 있다.

12 크레인 작업에 있어서 붐의 허용 최대각도 및 최소각도로 가장 적합한 것은?

① 최대 60°, 최소 10°
② 최대 65°, 최소 15°
③ 최대 75°, 최소 5°
④ 최대 78°, 최소 20°

13 트랙터 리코일 스프링의 역할로서 적당하지 않은 것은?

① 전진할 때 받은 충격을 흡수한다.
② 동력 조정장치(PCU)의 조작을 원활하게 한다.
③ 트랙에서 받은 충격을 흡수한다.
④ 쇽업소버와 비슷한 역할을 한다.

14 휠 로더의 작업 능력 산출 공식은?(단, Q : 시간당 작업량(m³/h), q : 버킷용량(m³), Cm : 사이클 시간(분), f : 토량환산계수, E : 작업효율)

① $Q = \dfrac{60 \times f \times E}{C_m}$

② $Q = \dfrac{60 \times q \times f \times E}{C_m}$

③ $Q = \dfrac{60 \times q \times f \times C_m}{E}$

④ $Q = \dfrac{360 \times q \times f \times E}{C_m}$

15 건설기계용 토크 컨버터의 토크 변환율은?

① 1~1.5 배   ② 2~3 배
③ 4~5 배   ④ 6~7 배

16 유압식 브레이크에서 제동력의 좌우 편차가 심하여 제동계통을 점검하고자 할 때, 점검 항목이 아닌 것은?

① 에어 콤프레셔의 기능 확인
② 베이퍼록 확인을 위한 공기빼기 작업
③ 허브 리테이너의 파손 유무 확인을 위해 허브를 분해
④ 휠 실린더 파손 유무 확인을 위해 허브 드럼을 탈거

17 굴삭기의 시동 회로에 흐르는 전류(A)와 전압(V)을 측정하려고 한다. 축전지의 연결 방법으로 적합한 것은?

① 전류(A)-직렬, 전압(V)-직렬
② 전류(A)-직렬, 전압(V)-병렬
③ 전류(A)-직·병렬, 전압(V)-직렬
④ 전류(A)-병렬, 전압(V)-직·병렬

18 다음 건설기계 중 벨트 콘베어가 없는 것은?

① 쇄석기
② 콘크리트 펌프
③ 아스팔트 믹싱 플랜트
④ 콘크리트 배칭 플랜트

19 30℃에서 전해액 비중이 1.215일 때 20℃에서의 비중은 얼마나 되겠는가?

① 1.222 ② 1.232
③ 1.252 ④ 1.282

20 건설기계 냉·난방장치에서 주위의 공기로부터 열을 흡수하여 기체 상태의 냉매로 변환시키는 장치는?

① 응축기 ② 증발기
③ 압축기 ④ 팽창밸브

제2과목　내연기관

21 피스톤 링 조립시 주의사항으로 맞지 않는 것은?

① 링의 순서가 바뀌지 않게 주의한다.
② 링의 면이 바뀌지 않게 주의한다.
③ 절개부가 120~180°의 각도를 두고 설치되도록 한다.
④ 절개부가 축 직각 방향에 설치되도록 주의하여 조립한다.

22 로터리 기관의 장점으로 틀린 것은?

① 연료와 윤활유의 소비가 적다.
② 왕복 피스톤 기관에 비해 구성 부품 수가 적다.
③ 왕복 피스톤 기관에 비해 단위 출력당 중량이 가볍다.
④ 밸브 기구가 생략되어 밸브 기구에 의한 소음이 없다.

23 내부에너지가 40kJ인 가스가 열을 받아 외부에 2,000N·m의 일을 하고, 내부에너지는 68kJ로 증가하였다면 받아들인 열량은 약 몇 kJ인가?

① 30 ② 35
③ 40 ④ 45

24 디젤기관의 거버너(조속기)에 대한 설명으로 틀린 것은?

① 원활한 운전상태의 유지를 위해 공전속도를 제어한다.
② 최저 속도에서 제어 래크를 이용하여 분사시기를 조절한다.
③ 기관의 회전속도에 따라 분사펌프로부터 분사되는 연료량을 제어한다.
④ 최고 회전속도를 제한하여 과도한 회전속도 상승으로 인한 손상을 방지한다.

25 유해 배기가스 저감장치 중 삼원촉매장치의 촉매로 사용되는 것이 아닌 것은?

① 백금   ② 로듐
③ 파라듐 ④ 황산염

26 디젤기관에서 연료의 연소를 위해 필요한 연료 분무 상태로 틀린 것은?

① 무화가 좋아야 한다.
② 후적이 있어야 한다.
③ 관통력이 커야 한다.
④ 분산이 골고루 이루어져야 한다.

27 가솔린 기관에서 흡입밸브의 밀착이 불량할 때 일어나는 현상은?

① 조기점화 ② 후화
③ 역화   ④ 정화

28 내연기관에서 피스톤의 구비조건으로 거리가 먼 것은?

① 내구력이 큰 재질일 것
② 열전도가 좋고 열팽창이 클 것
③ 내열성 및 내압성이 우수할 것
④ 중량이 가벼워 관성이 영향을 적게 받을 것

29 축 토크가 300N·m이고 회전수가 2,500rpm일 때 출력은 약 몇 kW인가?

① 24.5   ② 44
③ 78.5   ④ 97

30 기관의 체적효율을 구하기 위해 필요한 항목은?

① 연료의 중량과 연소실 체적
② 연료의 중량과 실린더 행정체적
③ 실제로 흡입되는 공기 중량과 연소실 체적
④ 실제로 흡입되는 공기 중량과 실린더 행정체적

31 카르노 사이클에서 4.9kJ의 일을 얻기 위해 8.37kJ의 열을 공급했다. 저열원의 온도가 15℃ 일 때 고열원의 온도는 약 몇 ℃인가?

① 148   ② 363
③ 421   ④ 694

32 냉각계통의 수온조절기에 대한 설명으로 틀린 것은?

① 입구 제어식과 출구 제어식이 있다.
② 주로 사용되는 펠릿형에는 질소가 밀봉되어 있다.
③ 일반적으로 실린더 헤드 물재킷의 출구 부분에 설치된다.
④ 냉각수 온도에 따라 냉각수 통로를 개폐하여 기관의 온도를 유지한다.

33 가솔린 기관에서 동력행정에 대한 설명으로 옳은 것은?

① 피스톤이 BDC에서 TDC로 운동한다.
② 플라이휠의 관성에 의해 동력이 발생된다.
③ 흡기와 배기밸브가 열려 있는 상태이다.
④ 열에너지가 기계적 에너지로 전환되는 행정이다.

34 1cal란 1g의 물의 온도를 1℃ 높이는데 필요한 열량으로 정의되는데, 여기서 1℃라는 것은 몇 ℃에서부터 몇 ℃까지 올리는데 필요한 열량인가?

① 0~1℃   ② 9.5~10.5℃
③ 14.5~15.5℃   ④ 19.5~20.5℃

35 과급기가 장착된 디젤기관에서 흡입 공기를 냉각시키기 위한 장치는?

① 가변 흡기 장치
② 인터쿨러 장치
③ 흡입 공기 압축 장치
④ 배기가스 재순환 장치

36 기관성능 곡선에서 연료소비율을 나타내는 곡선은?

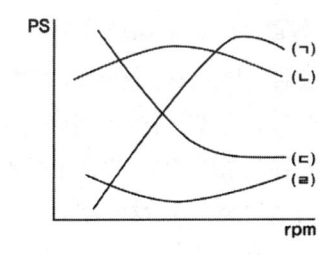

① (ㄱ)   ② (ㄴ)
③ (ㄷ)   ④ (ㄹ)

37 4행정 기관의 윤활장치에서 주로 쓰이는 오일 공급 방식은?

① 고압식과 저압식
② 비산식과 압송식
③ 가열식과 냉각식
④ 펌프식과 진공식

38 오토사이클에서 열을 공급하는 과정은?

① 정압과정   ② 단열과정
③ 정적과정   ④ 등엔트로피 과정

39 디젤기관의 직접 분사실식 연소실에 대한 설명으로 틀린 것은?

① 열손실이 적고 연료소비율이 낮다.
② 구조가 간단하여 열에 의한 변형이 적다
③ 분사 압력이 높아 분사펌프 및 노즐의 수명이 짧다.
④ 연료분사 상태의 변화에 민감하게 반응하지 않는다.

40 2행정 디젤기관과 4행정 디젤기관을 비교한 설명으로 틀린 것은?

① 기본 구조상 가스교환 장치가 동일하다.
② 4행정 디젤기관은 흡·배기용 포핏 밸브를 개폐시켜 가스교환을 한다.
③ 단류 소기식 2행정 디젤기관의 소기 유동 방향은 한 방향이기 때문에 소기효율이 높다.
④ 2행정 디젤기관은 소기펌프 장착 여부에 따라 크랭크케이스 소기식과 독립 펌프 소기식으로 구분된다.

제3과목 유압기기 및 건설기계안전관리

41 다음 기호의 명칭은?

① 단동 실린더
② 공기압 모터
③ 유압 모터
④ 유압 펌프

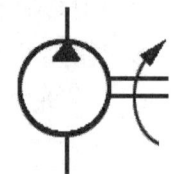

42 유압 시스템 회로 내에서 일정한 배압을 유지시켜 무거운 물체 등이 중력에 의하여 자유낙하 하는 것을 방지하는데, 유효한 회로로 부하가 급격히 감소되더라도 피스톤이 급진하지 않도록 제어하는 회로는?

① 부스터 회로   ② 레지스터 회로
③ 인터로크 회로   ④ 카운터밸런스 회로

43 내경 20mm의 관에 0.05m³/min의 작동유가 흐르고 있다. 관내의 유속은 약 몇 m/s인가?

① 1.65   ② 2.01
③ 2.65   ④ 3.01

44 유압 작동유를 석유계 작동유와 난연성 작동유로 구분할 때 난연성 작동유에 속하는 것은?

① 순광유
② R & O형 유압 작동유
③ 내마모형 유압 작동유
④ 인산에스테르형 작동유

45 수압펌프, 주유소의 주유기 등에서 기름이나 물 등의 유체 위치 수두를 보존하기 위해 사용하는 기기로, 한 쪽 방향의 흐름만 허용하고, 역류를 허용하지 않는 밸브는?

① 스로틀 밸브   ② 스톱밸브
③ 셔틀밸브   ④ 체크밸브

46 유압장치에 사용되는 실(seal)의 종류 중 접촉형 실이 아닌 것은?

① 웨어링 링   ② 셀프 실 패킹
③ 메커니컬 실   ④ 다이어프램 실

47 다음 유압 회로도는 트럭에 연결된 회로이다. 이 회로의 명칭은 무엇인가?

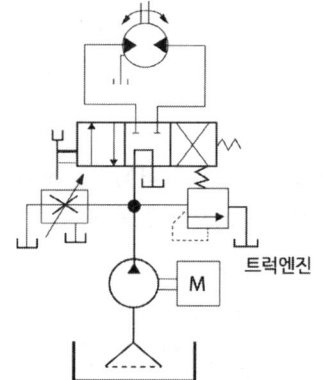
트럭엔진

① 정토크 구동회로   ② 정출력 구동회로
③ 시퀀스 회로   ④ 브레이크 회로

48 유압 기호의 표시 방법과 해석의 기본사항에 대한 설명 중 옳지 않은 것은?

① 기호는 원칙적으로 통상의 운휴상태 또는 기능적인 중립 상태를 나타낸다.
② 복잡한 기호의 경우, 기능상 사용되는 접속구는 일반적으로 생략한다.
③ 기호는 해당 기기의 외부 포트의 존재를 표시하나 그 실제 위치를 나타낼 필요는 없다.
④ 포트는 관로와 기호 요소의 접점으로 나타낸다.

49 그림은 전기 유압식 서보기구의 블록선도이다. 빈칸에 들어갈 요소로 적절한 것은?

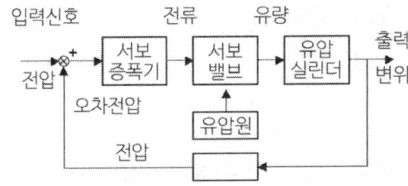

① 제어 대상 ② 위치 검출기
③ 유압 조절기 ④ 전압 조정기

50 유압회로의 최고압력을 제한하여 회로 내의 과부하를 방지하는 압력 제어밸브는?
① 방향 제어밸브 ② 릴리프 밸브
③ 분류밸브 ④ 스로틀 밸브

51 효율적인 안전관리를 위한 4가지의 기본 관리 사이클(cycle)이 아닌 것은?
① 계획 ② 예산
③ 실시 ④ 조치

52 가스용접 작업 중 역화 현상이 발생한 경우의 조치로 맞는 것은?
① 잠시 기다린다.
② 토치를 물에 넣는다.
③ 산소 밸브를 먼저 잠근다.
④ 아세틸렌 밸브를 먼저 잠근다.

53 수공구 사용 방법에 대한 설명으로 맞는 것은?
① 렌치에 파이프를 끼워 사용한다.
② 해머의 타격면이 넓어진 것을 그냥 사용한다.
③ 잘 풀리지 않는 볼트는 파이프 렌치를 사용하여 푼다.
④ 볼트와 너트 조임 작업은 오픈엔드렌치보다는 옵셋 렌치를 사용한다.

54 화재 또는 폭발의 가능성이 있는 건설기계 작업장에서의 주의할 점으로 거리가 먼 것은?
① 화기의 사용을 금한다.
② 인화성 물질의 사용을 금한다.
③ 불연성 재료와 공구의 사용을 금한다.
④ 점화원이 될 수 있는 기계, 공구의 사용을 금한다.

55 눈에 배터리 액(묽은 황산)이 들어갔을 때 가장 먼저 취해야 할 안전조치는?
① 알코올로 소독한다.
② 암모니아수로 닦는다.
③ 중탄산 소다수로 닦는다.
④ 즉시 맑은 물로 씻어낸다.

56 재해 손실 비용의 계산방식 중 하인리히 방식으로 맞는 것은?
① 보험비용
② 직접 손실 비용
③ 보험비용+비보험비용
④ 직접 손실비용+간접 손실 비용

57 그라인더 작업 시 안전 수칙으로 틀린 것은?
① 연삭숫돌은 정해진 사용면 이외는 사용하지 않는다.
② 연삭숫돌은 규격에 맞는 크기의 것을 규정 속도로 사용한다.
③ 연삭숫돌과 워크 레스트의 간격은 1~3mm 정도로 유지한다.
④ 연삭 작업을 할 때는 일감을 연삭숫돌로 세게 눌러 작업속도를 늘린다.

58 안전·보건 표지의 종류와 형태 중 바탕은 파란색이고 관련 그림이 흰색인 것은?

① 안내표지 ② 지시표지
③ 금지표지 ④ 경고표지

59 컴프레서 취급 방법에 대한 설명으로 틀린 것은?

① 운전 전에 벨트 장력을 점검·조정한다.
② 에어 탱크의 수분은 매월 정기적으로 배출한다.
③ 흡기 및 배기밸브는 정기적으로 분해 청소한다.
④ 사용 전에 컴프레서의 윤활유 유량을 확인한다.

60 매연 테스터를 사용하여 건설기계의 매연측정 시 주의사항으로 가장 거리가 먼 것은?

① 공회전 상태에서 측정한다.
② 테스터에 공급되는 공기압력은 규정압력을 준수한다.
③ 매연 테스터는 충격이나 추락이 발생하지 않는 안전한 장소에 설치한다.
④ 시료 채취관은 배기관 벽면으로부터 5mm 이상 떨어지도록 설치한다.

제4과목 일반기계공학

61 다음 중 기어펌프에 속하지 않는 것은?

① 로브 펌프 ② 트로코이드 펌프
③ 스크루 펌프 ④ 베인 펌프

62 버니어캘리퍼스의 어미자의 1눈금이 1mm이고, 아들자의 눈금은 어미자의 19mm를 20등분하였을 때 읽을 수 있는 최소 눈금은?

① 0.02mm ② 0.20mm
③ 0.50mm ④ 0.05mm

63 원형 단면축이 비틀림 모멘트를 받을 때 생기는 최대 전단응력에 관한 설명으로 옳지 않은 것은?

① 극단면 계수에 비례한다.
② 비틀림 모멘트에 비례한다.
③ 극관성 모멘트에 반비례한다.
④ 축 지름의 3 제곱에 반비례한다.

64 γ-Fe에 탄소가 최대 2.11% 고용된 γ고용체로 면심입방격자 결정구조를 가지고 있으며, A_1 변태점 이상에서 주로 존재하는 철강의 기본조직은?

① 오스테나이트 ② 페라이트
③ 펄라이트 ④ 시멘타이트

65 허용 인장응력이 100N/mm²인 아이볼트에 축 방향으로 1t의 화물을 들어 올리는 경우, 이 볼트의 골지름은 최소 몇 mm 이상이어야 하는가?

① 9.8 ② 11.2
③ 13.4 ④ 16.9

66 단면적 5cm²인 막대에 수직으로 20kgf의 압축하중이 작용한다면, 이때의 압축 응력은 몇 kgf/cm² 인가?

① 1 ② 2
③ 4 ④ 8

67 미끄럼 베어링 재료가 구비하여야 할 성질이 아닌 것은?
① 열에 녹아 붙음이 잘 일어나지 않을 것
② 마멸이 적고 면압 강도가 클 것
③ 피로한도가 작을 것
④ 내식성이 높을 것

68 유압회로에서 어큐뮬레이터(축압기)의 역할로 거리가 먼 것은?
① 회로 내 충격압력의 흡수
② 펌프 등에서 발생하는 맥동 제거
③ 유압을 일정하게 유지
④ 유압유의 여과 및 냉각

69 밀폐된 용기에 넣은 정지 유체의 일부에 가해지는 압력은 유체의 모든 부분에 동일한 힘으로 전달된다는 유압장치의 기초가 되는 원리 또는 법칙은?
① 뉴턴의 제1법칙
② 보일-샤를의 법칙
③ 파스칼의 원리
④ 아르키메데스의 원리

70 다음 중 무단변속을 만들 수 없는 마찰차는?
① 구면 마찰차   ② 원추 마찰차
③ 원통 마찰차   ④ 원판 마찰차

71 판재를 굽힘 가공 시 탄성의 영향으로 굽힘각의 정밀도가 나지 않는 경우가 있는데 가장 큰 이유는?
① 가공경화   ② 이송 굽힘
③ 시효경화   ④ 스프링 백

72 페놀계 수지로서 페놀, 크레졸 등과 포르말린을 반응시켜 제조하는 것이며 전기 절연체, 전화기 등에 사용되는 수지로 가장 적합한 것은?
① 베이클라이트
② 멜라민 수지
③ 카보런덤
④ 실리콘 수지

73 알루미늄에 관한 일반적인 설명으로 틀린 것은?
① 은백색으로 비중이 2.7 정도이다.
② Mg 보다도 비중이 작아서 중량 경감이 요구되는 자동차, 항공기 등에 많이 사용된다.
③ 공기 중에 산화가 잘되지 않아서 내식성이 우수하다.
④ Al 에 Cu, Mg, Si 등의 금속을 첨가하거나 석출경화, 시효경화 및 풀림 등의 처리를 통하여 기계적 성질을 개선할 수 있다.

74 선반 가공 중에 발생할 수 있는 구성 인선을 방지할 수 있는 대책으로 거리가 먼 것은?
① 절삭 깊이를 낮게 한다.
② 경사각을 작게 한다.
③ 절삭공구의 인선을 예리하게 한다.
④ 절삭 속도를 크게 한다.

75 바닥이 넓은 축열실 반사로를 사용하여 선철을 용해, 정련하는 제강법은?
① 평로   ② 전기로
③ 전로   ④ 용광로

76 그림과 같이 균일 분포하중을 받는 단순보에서 최대 굽힘 응력은?

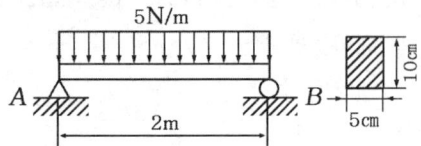

① 30kPa   ② 40kPa
③ 60kPa   ④ 80kPa

77 2줄 나사의 피치가 0.5mm일 때, 이 나사의 리드는?

① 1mm   ② 1.5mm
③ 0.25mm   ④ 0.5mm

78 비례한도 이내에서 응력과 변형률이 정비례한다는 것은 다음 중 어느 법칙인가?

① 오일러의 법칙   ② 변형률의 법칙
③ 훅의 법칙   ④ 모어의 법칙

79 다음 용접부의 검사 중 비파괴 검사법에 해당하는 것은?

① 인장시험   ② 피로시험
③ 크리프시험   ④ 침투탐상시험

80 두 개의 스프링을 그림과 같이 연결하였을 때 합성스프링 상수 k를 구하는 식은?

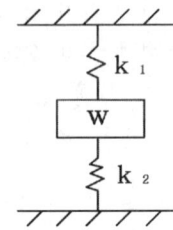

① $k = k_1 - k_2$ ② $k = k_1 + k_2$
③ $k = \dfrac{1}{k_1} - \dfrac{1}{k_2}$ ④ $k = \dfrac{1}{k_1} + \dfrac{1}{k_2}$

CBT 출제예상문제

▶ 정답 580쪽

| 제1과목 | 건설기계정비 |

1 다음 중 다짐용 포장기계가 아닌 것은?
① 탬핑 롤러 ② 탬퍼
③ 진동 컴팩터 ④ 백호

2 콘크리트 배칭 플랜트의 계량장치에 대한 설명 중 틀린 것은?
① 플랜트의 대부분이 중량계량식이다.
② 계량기는 계량 호퍼, 운동기구, 지시계 등으로 구성되어 있다.
③ 계량방식은 시멘트, 물, 골재, 혼화제 등을 혼합하여 계량한다.
④ 물과 혼화제를 유량계, 계량용기, 정량펌프로 용량을 계산하는 것도 있다.

3 토크 컨버터에서 임펠러보다 터빈이 고속으로 회전할 때의 설명으로 틀린 것은?
① 스테이터를 임펠러의 반대 방향으로 회전시킨다.
② 스테이터를 터빈과 같은 방향으로 회전시킨다.
③ 터빈에서 스테이터로 들어가는 흐름 속력은 점차 적어진다.
④ 클러치 포인트 이상이 되면 토크 컨버터는 유체클러치로 작동한다.

4 배기가스 재순환장치(EGR)는 어떤 배출가스를 줄이기 위한 장치인가?
① HC ② CO
③ SO4 ④ NOx

5 건설기계의 교류발전기에서 고장이 아닌 것은?
① 다이오드 단락
② 전압조정 불량
③ 로터 코일의 단선
④ 컷아웃 릴레이 불량

6 타이어식 건설기계 차량에서 제동력이 불충분한 원인으로 틀린 것은?
① 오일이 부족할 때
② 라이닝에 오일이 묻었을 때
③ 페이드 현상이 발생 되었을 때
④ 브레이크 페달의 유격이 작을 때

7 호퍼, 피더, 스프레더, 스크리드 등의 작업 장치로 이루어진 건설기계는?
① 콘크리트 펌프
② 모터그레이더
③ 아스팔트 피니셔
④ 아스팔트 플랜트

8 가스 봉입식 쇽업소버의 설명으로 틀린 것은?
① 질소가스를 봉입한다.
② 고압이므로 분해 시 주의해야 한다.
③ 외통이 한 겹으로 되어 있어 방열이 양호하다.
④ 장시간 사용하면 오일에 기포가 발생되어 감쇠 효과가 저하한다.

9 전자제어 디젤엔진의 연료제어 항목과 거리가 먼 것은?
① 분사량 제어
② 분사각도 제어
③ 분사압력 제어
④ 분사시기 제어

10 기동전동기의 전기자 코일 이상 유무를 점검하는데 사용하는 시험기는?
① 메거옴 시험기
② 레지턴스 시험기
③ 그로울러 시험기
④ 하이드로메터 시험기

11 축전지 전해액을 점검한 결과 비중이 1.240이고, 전해액의 온도는 40℃이다. 표준상태(20℃)의 비중으로 환산하면?
① 1.254
② 1.248
③ 1.240
④ 1.236

12 광도가 12,000cd인 전조등을 켰을 때 광축에 수직인 면의 조도가 480lux이면 전조등에서 수직면까지의 거리는?
① 0.5m
② 1.5m
③ 5.0m
④ 10.0m

13 모터그레이더의 탠덤 장치에 대한 설명으로 틀린 것은?
① 작업 시 직진성능을 좋게 한다.
② 전, 후 휠에 걸리는 하중을 같게 한다.
③ 구동륜이 상·하로 요동하여 충격을 완화한다.
④ 좌·우 차륜의 차동 작용을 만들어 선회를 쉽게 한다.

14 오른쪽 바퀴만 들어서 회전하도록 해 놓은 덤프 트럭의 변속비가 2, 링 기어의 잇수 42, 구동 피니언의 잇수가 6일 때 오른쪽 바퀴의 회전수 몇 rpm인가?(단, 추진축 회전수 1,400rpm이다.)
① 100
② 200
③ 400
④ 800

15 에어컨 장치에서 압축기의 작동 불량 원인이 아닌 것은?
① 블로워 모터 고장
② 냉매가 없거나 부족
③ 마그네틱 클러치 코일 불량
④ 에어컨 장치 파이프 연결 불량

16 트랙 롤러에 대한 설명으로 맞는 것은?
① 싱글 플랜지형과 2중 플랜지형이 있으면, 레이디얼 방향 하중은 플랜지부가 받는다.
② 5개의 롤러가 있을 경우 2번과 4번에는 단일 플랜지형 롤러가 사용되며, 그 외에는 2중 플랜지형이 설치되어 있다.
③ 건설기계의 전체 중량을 트랙 위에 균등하게 분배하면서 회전하고 트랙의 회전 위치를 정확하게 유지한다.
④ 흙탕물, 진창, 토사가 묻어서 회전하므로 윤활제의 누설을 방지하고 흙물의 침입을 방지하기 위하여 더스트 실(dust seal)을 사용한다.

17 전자제어장치에서 센서로부터 입력된 정보들을 연산, 제어하여 전기적 출력신호로 변환시켜 액추에이터를 작동시키는 것은?

① 제어유닛   ② 입력장치
③ 출력장치   ④ 메모리 부분

18 토크 컨버터 내에서 오일 흐름 방향을 바꾸어 주는 것은?

① 가이드 링   ② 펌프
③ 스테이터   ④ 터빈

19 지게차 작업 장치에 대한 설명으로 틀린 것은?

① 마스트 : 상·하 미끄럼 운동을 할 수 있는 레일이다.
② 핑거보드 : 포크가 설치되며, 백 레스트에 지지되어 있다.
③ 백 레스트 : 화물이 운전석 쪽으로 넘어지지 않도록 받쳐주는 부분이다.
④ 리프트 체인 : 포크의 상하운동을 도와주고 한쪽 끝은 백 레스트에 다른 한쪽 끝은 마스트 스트랩에 고정된다.

20 굴삭기의 작업 장치(어태치먼트)로 가장 거리가 먼 것은?

① 볼   ② 버킷
③ 브레이커   ④ 파이드라이브

제2과목 내연기관

21 다음 중 피스톤 링의 특징에 대한 설명 중 틀린 것은?

① 실린더 내에 설치되어 있을 때보다 실린더 밖에서의 직경이 더 크다.
② 기관이 작동 중에는 압축 링의 경우 링의 장력 외에 링의 안쪽에 작용하는 가스 압력에 의해 실린더 벽에 대한 압착력은 더욱 증대된다.
③ 링의 장력이 너무 크면 마멸을 촉진시키며, 소결의 원인이 된다.
④ 링 엔드 갭이 너무 작으면 저온시에는 링이 파손되거나 소결되기 쉽다.

22 기관의 냉각장치에서 방열기 캡에 있는 고압 밸브의 역할은?

① 냉각시스템에 있는 튜브가 수축되는 것을 도와준다.
② 냉각시스템이 냉각될 때 냉각수가 방열기로 유입되도록 한다.
③ 냉각시스템의 내부 압력을 대기압보다 0.2~0.3bar 정도 낮게 유지되도록 한다.
④ 방열기 내부 압력을 대기압보다 높게 하여 냉각수 온도가 약 104~108℃ 정도가 되어도 비등하지 않도록 한다.

23 제동 출력이 60kW일 때 회전수가 1,600rpm 이면 이 기관의 회전력은 약 몇 N·m 인가?

① 208N·m   ② 258N·m
③ 308N·m   ④ 358N·m

24 4행정 사이클 기관에서 흡·배기밸브가 동시에 열려 있는 구간으로 옳은 것은?
① 소기
② 래그
③ 오버랩
④ 리드

25 내연기관용 윤활유의 점도, 점도지수와 연료소비율의 관계에 대한 설명으로 옳은 것은?
① 점도지수와 연료소비율은 서로 관계없다.
② 점도가 높을수록 연료소비율은 감소한다.
③ 점도지수가 클수록 연료소비율은 감소한다.
④ 점도지수가 작을수록 연료소비율은 감소한다.

26 디젤기관의 분배형 분사펌프에서 분사 압력과 분사 지속시간에 영향을 미치는 것은?
① 캠 플레이트
② 압력 조절 밸브
③ 딜리버리 밸브
④ 하이드롤릭 헤드 어셈블리

27 기관의 충진 효율을 개선하는 방법과 거리가 먼 것은?
① 가변 흡기장치를 사용한다.
② 흡배기 저항을 저감시킨다.
③ 흡기온도의 상승을 억제한다.
④ 흡기 간섭이 발생하는 흡기관을 사용한다.

28 디젤기관에 비해 가솔린 기관에서 압축비를 높이지 못하는 이유는?
① 노킹이 발생하므로
② 효율이 떨어지므로
③ 기관이 과열되므로
④ 연료의 소비가 많아지므로

29 흡·배기 밸브의 재료가 갖추어야 할 조건이 아닌 것은?
① 내식성이 클 것
② 팽창성이 클 것
③ 열전도가 양호할 것
④ 고온 강도 및 경도가 높을 것

30 브레이튼 사이클의 순서로 적합한 것은?
① 단열 팽창→등압 냉각→단열 압축→등압 가열
② 단열 압축→등압 가열→단열 팽창→등압 냉각
③ 등압 냉각→단열 압축→단열 팽창→등압 가열
④ 등압 냉각→단열 팽창→등압 가열→단열 압축

31 디젤기관에서 노크를 일으키는 원인이 아닌 것은?
① 압축압력이 높다.
② 흡기온도가 낮다.
③ 냉각수 온도가 낮다.
④ 연료분사 시기가 빠르다.

32 디젤기관의 과급기에 대한 설명으로 틀린 것은?
① 기관의 동력을 이용한 과급 방식이 있다.
② 배기가스 배압을 이용한 과급 방식이 있다.
③ 흡입공기량을 증가시켜 연비를 향상시킬 수 있으나 출력이 떨어진다.
④ 대기압력보다 높은 압력으로 실린더에 공기를 압송하는 장치이다.

33 경유의 구비조건으로 틀린 것은?
① 발열량이 클 것
② 세탄가가 높을 것
③ 자연 발화점이 낮을 것
④ 황(S)의 함유량이 높을 것

34 압력 2.5kgf/cm², 체적 0.3m³의 기체가 일정 압력하에 22,500kgf·cm의 일을 하였다. 체적의 팽창된 양은 몇 m³인가?
① 0.9   ② 1.2
③ 1.5   ④ 1.8

35 디젤기관의 사이클은 어떤 사이클에 속하는가?
① 정압 사이클   ② 정적 사이클
③ 밀러 사이클   ④ 재생 사이클

36 디젤기관의 와류실식 연소실의 장점이 아닌 것은?
① 구조가 단순하다.
② 고속 운전 특성이 우수하다.
③ 평균 유효압력이 전반적으로 높다.
④ 분사 압력이 낮아도 와류로 혼합기 형성이 가능하다.

37 내연기관에서 도시 열효율(ηi)을 구하는 식으로 옳은 것은?
① $\eta i = \dfrac{총공급열량}{도시일에 사용된 열량}$
② $\eta i = \dfrac{도시일에 사용된 열량}{총공급열량}$
③ $\eta i = \dfrac{총공급열량}{유효일에 사용된 열량}$
④ $\eta i = \dfrac{유효일에 사용된 열량}{총공급열량}$

38 그림과 같은 정적 사이클의 P-V 선도에서 실린더 총체적은?

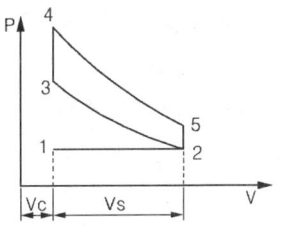

① Vc ② Vs
③ $Vs - Vc$ ④ $Vs + Vc$

39 가솔린 기관 연료의 구비조건이 아닌 것은?
① 발열량이 클 것
② 인화점이 낮을 것
③ 옥탄가가 높을 것
④ 공기와 혼합이 잘 될 것

40 4행정 사이클 4실린더 기관의 크랭크축과 점화(분사) 순서에 대한 설명으로 틀린 것은?
① 크랭크축 위상차는 180°이다.
② 크랭크축의 1/4 회전마다 폭발이 일어난다.
③ 점화 순서는 1-3-4-2 또는 1-2-4-3 이다.
④ 크랭크 핀은 1번과 4번 실린더, 2번과 3번 실린더가 같은 방향이다.

제3과목 유압기기 및 건설기계안전관리

41 유압장치를 사용하여 힘을 증대하는 기계는?
① 진동 개폐 밸브   ② 토크 컨버터
③ 쇼크업소버   ④ 유압 잭

42 외부 파일럿 압력이 정해진 압력에 도달하면, 입구 쪽에서 탱크 쪽으로의 자유 흐름을 허락하는 압력 제어밸브는?
① 스로틀 밸브　② 리듀싱 밸브
③ 언로드 밸브　④ 디셀러레이션 밸브

43 압력 제어밸브에 해당되지 않는 것은?
① 감압 밸브　② 체크 밸브
③ 시퀀스 밸브　④ 릴리프 밸브

44 다음 중 어큐뮬레이터의 주요 사용 목적으로 옳지 않은 것은?
① 압력 감소용
② 에너지 축적용
③ 충격압력의 완충용
④ 펌프 토출압 맥동 감쇄

45 어떤 작동유의 압축률이 6.8×10^{-5} 일 때 압력을 0에서 100MPa까지 압축하면 체적은 약 몇 %가 감소하는가?
① 0.48%　② 0.58%
③ 0.68%　④ 0.78%

46 펌프의 송출압력과 송출량을 일정히 하고 정변위 유압모터의 변위량을 변화시켜 유압모터의 속도를 변화시키면서 정마력 구동이 얻어지는 회로는?
① 카운터밸런스 회로
② 직렬 배치 회로
③ 파일럿 조작 회로
④ 정출력 구동회로

47 유압 베인 모터의 1회전 당 유량이 20cc이고 기름의 공급 압력이 $60N/cm^2$ 일 때, 유량이 20L/min이면 발생할 수 있는 최대 토크는 약 몇 N·m 인가?
① 1.91　② 2.29
③ 3.59　④ 4.48

48 다음 중 기어펌프에서 맥동 원인이 되는 폐입 현상을 방지하기 위해 사용하는 방법으로 가장 적절한 것은?
① 피스톤 로드 강도를 크게 한다.
② 기어펌프의 토출압을 낮춘다.
③ 백래시를 적게 한다.
④ 릴리프 홈을 만든다.

49 다음 기호로 표시되는 것은?

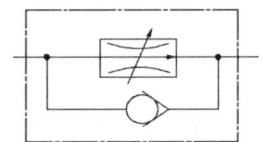

① 가변 교축 밸브
② 바이패스형 유량 조정 밸브
③ 유량 조정 밸브(체크 밸브 붙이)
④ 직렬형 유량 조정 밸브(온도보상 붙이)

50 다음 중 유압 속도제어 회로에 해당되지 않는 것은?
① 미터 인 회로
② 블리드 아웃 회로
③ 미터 아웃 회로
④ 블리드 오프 회로

51 충전장치 점검 정비 시 안전 및 유의 사항으로 가장 거리가 먼 것은?
① 교류발전기에서는 특히 극성에 유의하여야 한다.
② 충전회로를 분리할 때는 엔진을 정지시키고 한다.
③ 다이오드는 열에 강하므로 냉각시킬 필요는 없다.
④ 축전지를 단락시키지 않아야 한다.

52 프레스 안전장치 중 한 줄 또는 여러 줄의 빔을 설치해 두고, 그 일부가 손에 의해 차단되면 기계가 움직이지 않게 되는 안전장치는?
① 조작형 안전장치
② 광선식 안전장치
③ 고정 커버식 안전장치
④ 게이트 가드식 안전장치

53 토크렌치 사용 방법으로 틀린 것은?
① 핸들을 잡고 몸 바깥쪽으로 밀어낸다.
② 조임력은 규정 값에 정확히 맞도록 한다.
③ 손잡이에 파이프를 끼우고 돌리지 않도록 한다.
④ 여러 곳을 작업하는 경우 조임력의 변화를 작업 전 한 번 더 확인한다.

54 사고방지를 위한 시정 방법 중 근로자에게 해당하는 사항은?
① 안전 제도 및 규칙준수
② 개인 기술의 미비점 개선
③ 기계, 장비 및 시설의 개선
④ 교육과 훈련의 미비점 보완

55 건설기계의 에어컨디셔닝 계통 작업 시 준비해야 하는 것으로 가장 적합한 것은?
① 보안경
② 라이터
③ 목장갑
④ 보호 덧신

56 가스용접에 대한 안전 및 유의 사항 중 틀린 것은?
① 가스누설을 점검할 때는 비눗물을 사용한다.
② 역화방지기는 산소 조정기와 호스 사이에 설치한다.
③ 가스용기는 충격을 가하지 않도록 취급에 주의한다.
④ 가스용기는 세워 놓고 작업하며, 직사광선을 피한다.

57 에어 임팩트 렌치를 사용하여 작업을 할 때 주의사항으로 가장 거리가 먼 것은?
① 사용 공기압은 $5\sim7kgf/cm^2$를 표준으로 하고 $10kgf/cm^2$ 이상의 압력은 가급적 사용해서는 안 된다.
② 너트를 체결할 때는 너트를 먼저 임팩트 렌치의 소켓에 끼워 넣어서 조인다.
③ 가동 후 5초 이상 경과하여도 체결이 되지 않을 때는 압축공기가 새는 곳이 있는지, 체결력이 작은 공구인지 점검한다.
④ 회전 방향을 확인하기 위한 시험가동 외는 소켓만을 부착한 상태로 공회전시키지 않는다.

58 축전지 충전 시 주의사항으로 바르지 못한 것은?
① 벤트 플러그가 있는 경우 모두 풀어 통풍이 잘되게 한다.
② 폭발성 가스가 발생하므로 화기를 가까이 하지 말아야 한다.
③ 충전 중 전해액의 온도가 45℃ 이상 되지 않도록 한다.
④ 완전한 충전상태가 되면 충전기 전압을 조금만 올려도 된다.

59 작업장의 안전사고 방지대책이 아닌 것은?
① 재해조사
② 사실의 발견
③ 시정책의 적용
④ 안전 조직의 구성

60 방사능 위험표시 색깔로 맞는 것은?
① 적색   ② 청색
③ 노랑색 ④ 보라색

제4과목 일반기계공학

61 한쪽 또는 양쪽에 기울기를 갖는 평판 모양의 쐐기로서, 인장력이나 압축력을 받는 2개의 축을 연결하는데 주로 사용되는 결합용 기계요소는?
① 키   ② 판
③ 코터   ④ 나사

62 비틀림 모멘트(T)와 굽힘 모멘트(M)를 동시에 받는 재료의 상당 비틀림 모멘트(Te)를 나타내는 식은?
① $M\sqrt{1+(\frac{T}{M})^2}$ ② $T\sqrt{1+(\frac{T}{M})^2}$
③ $\sqrt{M^2+2T^2}$ ④ $\frac{1}{2}(M+\sqrt{M^2+T^2})$

63 측정치의 통계적 용어에 관한 설명으로 옳은 것은?
① 치우침 – 참값과 모평균과의 차이
② 오차 – 측정치와 시료 평균과의 차이
③ 편차 – 측정치와 참값과의 차이
④ 잔차 – 측정치와 모평균과의 차이

64 무기 재료의 특징으로 틀린 것은?
① 취성 파괴의 특성을 가진다.
② 전기 절연체이며 열전도율이 낮다.
③ 일반적으로 밀도와 선팽창계수가 크다.
④ 강도와 경도가 크고 내열성과 내식성이 높다.

65 테이퍼 구멍을 가진 다이에 재료를 잡아당겨서 가공제품이 다이 구멍의 최소 단면 형상 치수를 갖게 하는 가공법은?
① 전조 가공 ② 절단 가공
③ 인발 가공 ④ 프레스 가공

66 축열식 반사로를 사용하여 선철을 용해, 정련하는 제강법은?
① 평로   ② 전기로
③ 전로   ④ 도가니로

67 압력 제어밸브의 종류가 아닌 것은?
① 시퀀스 밸브 ② 감압 밸브
③ 릴리프 밸브 ④ 스풀 밸브

68 미끄럼 베어링과 비교한 구름 베어링의 특징이 아닌 것은?
① 기동 토크가 작다.
② 충격 흡수력이 우수하다.
③ 폭은 작으나 지름이 크게 된다.
④ 표준형 양산품으로 호환성이 높다.

69 다음 중 변형률의 종류가 아닌 것은?
① 세로 변형률 ② 가로 변형률
③ 전단 변형률 ④ 비틀림 변형률

70 다음 중 지름 10mm인 원형 단면에서 가장 큰 값은?
① 단면적 ② 극관성 모멘트
③ 단면계수 ④ 단면 2차 모멘트

71 양끝을 고정한 연강봉이 온도 20℃에서 가열되어 40℃가 되었다면 재료 내부에 발생하는 열응력은 몇 N/cm2인가?(단, 세로탄성계수는 2,100,000N/cm2, 선팽창계수는 0.000012/℃이다.)
① 50.4 ② 504
③ 544 ④ 5,444

72 피복 아크 용접봉에서 피복제 역할이 아닌 것은?
① 용융 금속을 보호한다.
② 아크를 안정하게 한다.
③ 아크의 세기를 조절한다.
④ 용착금속에 필요한 합금원소를 첨가한다.

73 작동유의 점도와 관계없이 유량을 조정할 수 있는 밸브는?
① 셔틀 밸브 ② 체크 밸브
③ 교축 밸브 ④ 릴리프 밸브

74 너트의 종류 중 한쪽 끝부분이 관통되지 않아 나사면을 따라 증기나 기름 등의 누출을 방지하기 위해 주로 사용되는 너트는?
① 캡 너트 ② 나비 너트
③ 홈 붙이 너트 ④ 원형 너트

75 다음 중 자동 분할 장치를 가지고 있는 밀링 머신 부속품은?
① 분할대 ② 회전 테이블
③ 슬로팅 장치 ④ 밀링 바이스

76 속도가 4m/s로 전동하고 있는 벨트의 인장측 장력이 1,250N, 이완측 장력이 515N일 때, 전달 동력(kW)은 약 얼마인가?
① 2.94 ② 28.82
③ 34.61 ④ 69.22

77 Fe-C 평형 상태도에서 공정점의 탄소 함유량은 몇 %인가?
① 0.86 ② 1.7
③ 4.3 ④ 6.67

78 내경 600mm의 파이프를 통하여 물이 3m/s의 속도로 흐를 때 유량은 약 몇 m³/s인가?
① 0.85
② 1.7
③ 3.4
④ 6.8

79 스프링 백 현상과 가장 관련 있는 작업은?
① 용접
② 절삭
③ 열처리
④ 프레스

80 두랄루민의 주요 성분 원소로 옳은 것은?
① 알루미늄 - 구리 - 니켈 - 철
② 알루미늄 - 니켈 - 규소 - 망간
③ 알루미늄 - 마그네슘 - 아연 - 주석
④ 알루미늄 - 구리 - 마그네슘 - 망간

CBT 출제예상문제

▶ 정답 584쪽

제1과목   **건설기계정비**

1. 전자제어 디젤기관 시스템에서의 고장 발생 시 최소한의 운행이 가능하도록 하는 기능은?
   ① 타이머 기능   ② 앵글라이히 기능
   ③ 페일 세이프 기능   ④ 트랙션 컨트롤 기능

2. 연료 압력의 피드백, 분사량, 분사시기가 솔레노이드 밸브에 의해서 이루어지는 분사 장치는?
   ① 분배형 분사장치
   ② 독립형 분사장치
   ③ 커먼레일형 분사장치
   ④ 캠샤프트 리스형 분사장치

3. 건설기계 충전장치에 사용되는 발전기에 대한 설명으로 틀린 것은?
   ① 직류발전기의 정류자는 전기자에서 발생한 교류를 직류로 바꾸어 준다.
   ② 교류발전기에서 발생되는 전압은 항상 일정하므로 전압 조정기가 필요 없다.
   ③ 직류발전기의 조정기에는 컷아웃 릴레이, 전류 조정기, 전압 조정기가 필요하다.
   ④ 교류발전기에서 발생되는 전류는 어느 한계값 이상 높아지지 않으므로 전류 조정기가 필요 없다.

4. 냉방장치 정비 시 주의사항으로 틀린 것은?
   ① 환기가 잘되는 곳에서 작업한다.
   ② 냉매를 회수할 때는 회수기를 사용한다.
   ③ 냉매를 취급할 때는 보안경과 장갑을 착용한다.
   ④ 안전을 위해 냉매를 대기 중에 방출한 후 압축기를 교환한다.

5. 덤프트럭에서 추진축이 진동하는 원인으로 틀린 것은?
   ① 추진축이 휘었다.
   ② 요크의 방향이 틀리게 조립되었다.
   ③ 유니버설 조인트 베어링이 파손되었다.
   ④ 슬립 조인트부에 그리스가 너무 많이 주유되었다.

6. 50m 떨어진 곳의 흙을 전진속도 50m/min, 후진속도 80m/min으로 삭토 해서 운반하는 도저의 블레이드 용량이 4m³/ 회이고, 작업효율이 0.9라고 할 때 시간당 작업량은?(단, 기어변환 시간은 0.5분으로 하고, 토량 환산 계수는 1.0으로 한다.)
   ① 약 $102m^3/hr$
   ② 약 $111m^3/hr$
   ③ 약 $121m^3/hr$
   ④ 약 $132m^3/hr$

7 배기가스 중 NOx를 감소시키기 위한 방법으로 가장 옳은 것은?

① 배기압력을 낮춘다.
② 흡기온도를 높인다.
③ 엔진 회전수를 낮춘다.
④ 연소실의 온도를 낮춘다.

8 기관의 마력이 25PS일 때 1,000rpm에서 최대 토크를 나타낸다. 이때 클러치에 의해 전달되는 토크(kgf·m)는?

① 17.9   ② 19.9
③ 28.6   ④ 34.9

9 기중기에서 상부에 권상 와이어용 시브가 있고, 하부에 훅을 장치한 것은?

① 훅 블록 장치   ② 붐 전도방지 장치
③ 권과방지 장치   ④ 붐 기복정지 장치

10 프런트 아이들러에 대한 설명으로 틀린 것은?

① 트랙 부하에 의해 앞·뒤로 움직인다.
② 트랙 프레임 앞부분에 설치되어 돌아가는 앞바퀴이다.
③ 트랙의 진행 방향을 유도한다.
④ 주행 중 전면에서 받는 충격을 완화시킨다.

11 축간거리가 2.5m이고 바깥쪽 바퀴의 조향각이 30°, 안쪽 바퀴의 조향각이 35°인 덤프트럭의 최소 회전 반경(m)은?(단, 바퀴의 접지면 중심의 킹핀과의 거리는 15cm이다.)

① 3.15   ② 4.85
③ 5.15   ④ 6.15

12 주로 매립공사 사용하며 준설된 토사를 파이프라인으로 장거리 배송하는 준설선은?

① 디퍼식 준설선
② 버킷식 준설선
③ 펌프식 준설선
④ 그래브식 준설선

13 납산 축전지 설페이션 현상의 직접적인 원인이 아닌 것은?

① 과방전이 되었을 때
② 전해액에 불순물이 포함
③ 장시간 방전 상태로 방치
④ 터미널과 단자 과다 조임

14 스크레이퍼의 주요 구성품이 아닌 것은?

① 보올   ② 에이프런
③ 롤   ④ 이젝터

15 감속 제동장치 중 엔진 브레이크식 제동장치에 관한 설명으로 옳지 않은 것은?

① 기관의 회전저항을 이용하는 제동이다.
② 흡·배기 행정시 발생하는 펌핑 손실을 이용한다.
③ 변속 단수는 최고 단수를 사용한다.
④ 엔진 브레이크 사용 시 변속 단수에 따라 제동력이 각각 달라진다.

16 타이어식 건설기계에 사용되는 자재 이음의 종류에 해당하지 않는 것은?

① 등속 조인트   ② 추진축 조인트
③ 플렉시블 조인트 ④ 트러니언 조인트

17 전압 조정기의 전압 검출 및 정전압 회로 등에 사용하는 반도체는?
① 트랜지스터   ② 제너 다이오드
③ 서미스터   ④ 발광 다이오드

18 굴삭기에서 시동 스위치를 off시켜도 엔진이 정지되지 않을 때 점검할 항목과 가장 거리가 먼 것은?
① 시동 스위치를 점검한다.
② 연료 차단 솔레노이드의 작동상태를 점검한다.
③ 시동 릴레이 연결 배선의 전류 흐름을 점검한다.
④ 연료 차단 솔레노이드와 연결된 배선의 전류 흐름을 점검한다.

19 지게차의 리프트 실린더가 2개인 장비에서 좌우 실린더 작동행정이 상이하다. 정비 방법은?
① 리프트 실린더의 캐리지 사이에 심(shim)을 넣어 조정한다.
② 리프트 실린더의 로드를 돌려 조정한다.
③ 작동이 늦은 리프트 실린더의 압력을 낮춘다.
④ 작동이 늦은 리프트 실린더의 압력을 높인다.

20 밸런싱 코일식 유압계의 설명 중 틀린 것은?
① 반도체의 증폭 작용을 이용한다.
② 발신부는 일종의 가변 저항기이다.
③ 엔진의 유압에 의해 다이어프램이 저항값을 변화시킨다.
④ 계기부는 두 개의 코일로 구성되며, 코일에 발생되는 전자력에 의해 지침이 움직인다.

제2과목 내연기관

21 밸브 개폐 시기에 대한 설명으로 맞지 않는 것은?
① 체적효율을 증대시키기 위해 밸브 오버랩을 둔다.
② 하사점을 지난 후에 흡기 밸브를 닫히도록 하는 것은 과급 효과를 얻어 체적효율을 증대시키기 위해서다.
③ 배기밸브가 하사점 전에 열리도록 하는 것은 블로다운 현상을 이용하여 출력손실을 저감하기 위해서다.
④ 밸브 개폐 시기는 기관이 사용되는 전속도 영역에서 일정해야 한다.

22 가솔린의 저위발열량이 50,000kJ/kg이고, 가솔린 1kg의 보유 에너지 중 30%가 유효한 일로 바꾸어진다면 40kN의 무게를 가진 물체를 이동시킬 수 있는 거리는?
① 280m   ② 375m
③ 420m   ④ 525m

23 로터리 기관에 대한 설명으로 틀린 것은?
① 윤활유 소비가 많다.
② 화염전파 거리가 짧다.
③ 흡·배기밸브가 없다.
④ 회전 피스톤과 편심축이 사용된다.

24 전자제어 가솔린 엔진에서 피스톤의 위치를 감지하여 연료분사 시기를 결정하는데 사용되는 센서는?
① 산소센서   ② 대기압 센서
③ 모터포지션 센서   ④ 크랭크 각 센서

25 과급 장치의 장점에 대한 설명으로 틀린 것은?
① 모든 회전속도 영역에서 출력이 일정하다.
② 연료 품질 개선으로 유해 배출물 저감 효과가 있다.
③ 행정체적을 증가시키지 않고도 출력을 증대시킬 수 있다.
④ 과급에 의해 급기 중 산소량이 증대되어 착화지연이 단축된다.

26 내연기관에서 가솔린 200cc의 완전연소를 위해 필요한 공기는 몇 kgf인가?(단, 가솔린 비중 0.8, 이론공연비 14.7 : 1이다.)
① 1.81   ② 2.35
③ 2.81   ④ 3.35

27 밸브의 구조 중 실린더 헤드의 밸브시트와 직접 접촉하여 밸브 헤드의 열을 전달하는 부분은?
① 밸브 엔드   ② 밸브 스템
③ 밸브 페이스   ④ 밸브 가이드

28 윤활유에 대한 설명으로 틀린 것은?
① 운동 부분의 마찰 및 마멸을 감소시킨다.
② 윤활유의 온도가 오르면 점도가 높아진다.
③ 엔진에서 발생하는 열을 흡수하므로 냉각이 필요하다.
④ 유막을 형성하여 공기나 수분에 의해 금속이 부식되는 것을 막아준다.

29 디젤엔진의 배기가스 후처리 장치(DPF)에 대한 설명이다. ( )에 들어갈 내용으로 옳은 것은?

> 배기가스 중 ( )을(를) 여과기를 이용하여 물리적으로 포집한 후 연소시켜 제거하는 장치이다.

① CO   ② PM
③ NOx   ④ HC

30 가솔린 엔진에 사용되는 연료의 구비조건으로 틀린 것은?
① 공기와 혼합이 잘 될 것
② 충분한 내 노크성이 있을 것
③ 퍼컬레이션이 쉽게 일어날 것
④ 연소 후 유해 화합물을 남기지 않을 것

31 기관의 플라이휠에 대한 설명으로 틀린 것은?
① 중량이 가벼워야 한다.
② 원심력과 인장력이 작용한다.
③ 회전 중 회전관성이 작아야 한다.
④ 중심부는 얇으며 바깥쪽 주위는 두꺼워야 한다.

32 전자제어 가솔린 엔진(MPI)에서 이론 공연비의 산정에 필요한 것은?
① 냉각수량   ② 엔진오일량
③ 흡입공기량   ④ 노멀헵탄량

33 디젤기관에서 도시 연료소비율의 향상을 위해 필요한 사항으로 틀린 것은?
① 압축비 감소   ② 냉각손실 저감
③ 펌프손실 저감   ④ 착화지연시간 단축

34 최고압력 또는 최고 온도가 같을 경우, 이론 열효율이 가장 높은 사이클은?
① 사바테 사이클　② 복합 사이클
③ 정압 사이클　　④ 정적 사이클

35 피스톤 링 플러터링 현상을 방지하는 방법으로 틀린 것은?
① 링의 장력을 크게 한다.
② 링의 관성력을 작게 한다.
③ 링 홈의 상·하 간격을 좁게 한다.
④ 윤활유를 도피시킬 수 있는 홈을 링 랜드에 설치한다.

36 엔진의 냉각장치에서 공랭식과 비교한 수냉식의 장점으로 틀린 것은?
① 냉각 작용이 균일하다.
② 차량 실내의 난방이 용이하다.
③ 구조가 간단하여 경제적이다.
④ 기관의 연소 소음을 감소시킨다.

37 수냉식 실린더 헤드에 대한 설명으로 틀린 것은?
① 기관의 열을 낮추기 위한 냉각수 통로가 있다.
② 고온고압에서 강도와 열팽창률이 커야 한다.
③ 냉각수의 유출이 없도록 실린더 블록과의 기밀 유지가 요구된다.
④ 조기 점화 방지를 위하여 연소실 내 가열되기 쉬운 돌출부가 없어야 한다.

38 기관효율에 대한 설명으로 옳은 것은?
① 1사이클 중 1개의 실린더에서 수행된 일과 행정체적과의 비율
② 일을 하기 위해 발생한 동력과 마찰에 의해 손실된 동력의 비율
③ 기관에 공급된 총열량 중에서 일로 변환된 열량이 차지하는 비율
④ 실린더에 흡입된 공기질량과 행정체적에 상당하는 대기질량과의 비율

39 디젤기관에서 배기가스 배출 특성에 관한 설명으로 틀린 것은?
① HC는 연료분사의 후적에 의한 혼합 불충분으로 발생한다.
② NO_x의 발생량을 줄이기 위해서 연소실의 온도를 높여야 한다.
③ 공기 과잉율이 높은 상태에서 연소하여 CO의 배출량이 적다.
④ 대기 중에 배출되는 PM의 저감을 위해 배기가스 후처리 장치를 사용한다.

40 밸브 오버랩에 대한 설명으로 옳은 것은?
① 매 사이클이 끝날 무렵, 상사점 부근에서 흡기밸브와 배기밸브가 함께 닫혀있는 구간
② 매 사이클이 끝날 무렵, 상사점 부근에서 흡기밸브와 배기밸브가 함께 열려 있는 구간
③ 매 사이클이 끝날 무렵, 하사점 부근에서 흡기밸브와 배기밸브가 함께 닫혀있는 구간
④ 매 사이클이 끝날 무렵, 하사점 부근에서 흡기밸브와 배기밸브가 함께 열려 있는 구간

제3과목 유압기기 및 건설기계안전관리

41 다음의 기호가 표시하는 것은?

① 주관로 ② 전기 신호선
③ 유압(동력)원 ④ 공기압(동력)원

42 유동하고 있는 액체의 압력이 국부적으로 저하되어, 증기나 함유 기체를 포함하는 기포가 발생하는 현상은?

① 용해 현상 ② 맥동 현상
③ 액화 현상 ④ 공동 현상

43 릴리프 밸브 등에서 밸브 시트를 두들겨서 비교적 높은 음을 발생시키는 일종의 자력 진동 현상은?

① 스틱 슬립 현상 ② 채터링 현상
③ 서징 현상 ④ 마찰 현상

44 그림에서 실린더 B의 반지름은 실린더 A의 반지름의 3배이다. 힘 F_1과 F_2 사이의 관계는?

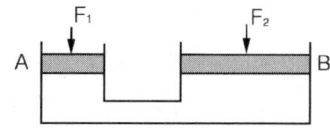

① $F_1 = 3F_2$ ② $F_1 = 9F_2$
③ $F_2 = 3F_1$ ④ $F_2 = 9F_1$

45 유압장치에 사용되는 패킹의 재질이 갖추어야 할 조건으로 틀린 것은?

① 상대 금속을 부식시키지 말 것
② 운동체의 마모를 적게 할 것
③ 오일의 누설을 방지할 수 있을 것
④ 압축 영구 변형이 크고 탄성이 적을 것

46 액추에이터 공급 쪽 관로에 설정된 바이패스 관로의 흐름을 제어하여 속도를 제어하는 회로로, 실린더에 유입되는 유량이 부하에 따라 변하므로 피스톤 이송을 정확하게 조절하기 어려운 회로는?

① 블리드 오프 회로
② 카운터밸런스 회로
③ 미터-아웃 회로
④ 미터-인 회로

47 다음 중 시퀀스 회로에 대한 설명으로 가장 적절한 것은?

① 미리 정해진 순서에 따라 제어 작동의 각 단계를 순차 진행해 가는 제어회로
② 제어 동작이 밸브의 개폐와 같은 2개의 정해진 상태만을 취하는 제어회로
③ 회로 내 압력을 제어하는 것을 목적으로 하는 회로
④ 회로 내 흐름의 방향을 바꾸는 제어회로

48 다음 중 유압유의 구비조건으로 거리가 먼 것은?

① 기름 중의 공기를 빠르게 분리시킬 수 있어야 한다.
② 장시간 사용하여도 화학적으로 안정하여야 한다.
③ 열을 방출시키지 않아야 한다.
④ 비압축성이어야 한다.

49 유압 기술의 일반적인 특징으로 거리가 먼 것은?
① 무단 변속이 가능하다.
② 자동제어가 불가능하다.
③ 소형장치로 큰 출력을 얻을 수 있다.
④ 방청과 윤활이 자동적으로 이루어진다.

50 유압공기압 기호의 표시 방법과 해석의 기본 사항에 대한 설명으로 틀린 것은?
① 포트는 관로와 기호 요소의 접점으로 나타낸다.
② 기호는 해당 기기의 외부 포트의 존재를 표시하나, 그 실제 위치를 나타낼 필요는 없다.
③ 복잡한 기호의 경우, 기능상 사용되는 접속구는 생략한다.
④ 기호는 기능, 조작 방법 및 외부 접속구를 표시한다.

51 타이어식 기중기에서 전, 후, 좌, 우 방향에 안전성을 주어 기중 작업 시 전도되는 것을 방지해 주는 장치는?
① 아웃트리거 장치
② 과권 경보장치
③ 붐 전도 방지 장치
④ 붐 기복 정지 장치

52 전기 화재의 원인으로 거리가 먼 것은?
① 누전　　　② 단락
③ 접지　　　④ 과전류

53 다음 동력전달장치 중 가장 재해가 많은 것은?
① 벨트　　　② 차축
③ 커플링　　④ 기어

54 산업안전보건법에 의한 금지표지의 종류가 아닌 것은?
① 출입 금지
② 보행 금지
③ 물체 이동 금지
④ 산화성 물질사용 금지

55 산업안전보건기준에 관한 규칙에서 이동식 크레인의 안전기준으로 틀린 것은?
① 이동식 크레인을 사용하여 화물을 운반하는 경우는 해지 장치를 사용하여야 한다.
② 이동식 크레인의 특성상 협소한 장소에서 작업이 이루어짐을 고려하여 작업 경사각에 제한을 두지 않는다.
③ 이동식 크레인의 구조 부분을 구성하는 강재 등의 변형이나 절단을 방지하기 위해 설계기준을 준수하여야 한다.
④ 이동식 크레인의 과도한 압력상승을 방지하기 위한 안전밸브에 대하여 최대의 정격하중을 건 때의 압력 이하로 작동되도록 조정하여야 한다.

56 산소-아세틸렌 용접에 역화가 발생하는 원인이 아닌 것은?
① 산소공급이 과다할 때
② 토치 성능이 불량할 때
③ 토치의 팁이 과열되었을 때
④ 가스 압력과 유량이 적당할 때

57 산업재해를 통계적 수치로 나타낸 것이 아닌 것은?
 ① 강도율 ② 천인율
 ③ 도수율 ④ 가동률

58 드릴링 머신을 사용하여 얇은 판에 구멍을 뚫을 때 안전대책으로 가장 거리가 먼 것은?
 ① 보안경을 착용한다.
 ② 장갑을 착용하지 않는다.
 ③ 목재 등을 밑에 받치고 작업한다.
 ④ 칩은 드릴링 가공 중 맨손으로 제거한다.

59 스패너 사용 시 주의사항으로 틀린 것은?
 ① 스패너를 두개로 잇거나 자루에 파이프를 끼워서 사용해서는 안 된다.
 ② 스패너를 너트에 억지로 끼워 밀면서 사용한다.
 ③ 스패너를 망치 대용으로 사용하지 않는다.
 ④ 스패너의 입이 너트 폭과 동일한 것을 사용하고 입이 변형된 것은 사용하지 않는다.

60 연삭 작업 시 숫돌 관련 유의 사항으로 틀린 것은?
 ① 숫돌은 축에 무리가 없도록 장착한다.
 ② 숫돌의 장착이나 시운전은 반드시 지정된 자가 실시한다.
 ③ 숫돌을 장착하기 전에 외관과 균열을 점검한다.
 ④ 휴대용 연삭기는 발로 누르거나 바이스에 물려서 연삭기 대용으로 사용해도 된다.

제4과목　일반기계공학

61 외부로부터 윤활유 또는 윤활제의 공급 없이 특수한 조건에서도 사용 가능한 베어링은?
 ① 블루 메탈 베어링
 ② 화이트 메탈 베어링
 ③ 오일리스 베어링
 ④ 주석 베어링 메탈 베어링

62 공작물을 단면적 100cm²인 유압실린더로 1분에 2m의 속도로 이송시키기 위해 필요한 유량은 몇 L/min 인가?
 ① 10L/min ② 20L/min
 ③ 30L/min ④ 40L/min

63 작은 입자의 숫돌로 작은 압력으로 일감을 누르면서 가공물에 이송을 주고, 동시에 숫돌에 진동을 주어 단시간에 원통의 내면이나 외면 및 평면을 다듬질 가공하는 것은?
 ① 슈퍼 피니싱 ② 브로칭
 ③ 호닝 ④ 래핑

64 보의 지지 방법에 따른 분류 중 부정정보의 종류인 것은?
 ① 단순지지보 ② 외팔보
 ③ 내다지보 ④ 양단고정보

65 열응력에 대한 설명으로 옳지 않은 것은?
 ① 재료의 온도차에 비례한다.
 ② 재료의 단면적에 비례한다.
 ③ 재료의 세로 탄성계수에 비례한다.
 ④ 재료의 선팽창계수에 비례한다.

66 2개의 입구와 1개의 공동 출구를 가지고, 출구는 입구 압력의 작용에 의하여 입구의 한쪽 방향에 자동적으로 접속되는 밸브는?
① 리밋 밸브 ② 셔틀 밸브
③ 2압 밸브 ④ 급속 배기 밸브

67 탄소강을 담금질했을 때 나타나는 다음 조직 중 경도가 가장 낮은 것은?
① 오스테나이트 ② 트루스타이트
③ 마텐자이트 ④ 소르바이트

68 축과 보스에 모두 키 홈을 판 것으로 고정된 상태로 사용되는 키(key)는?
① 코터 ② 원뿔 키
③ 묻힘 키 ④ 안장 키

69 프와송 비에 대한 설명으로 옳은 것은?
① 종변형률과 횡변형률의 곱이다.
② 수직응력과 종탄성계수를 곱한 값이다.
③ 횡변형률을 종변형률로 나눈 값이다.
④ 전단응력과 횡탄성계수의 곱이다.

70 허용굽힘응력 60N/mm인 단순지지보가 1×10^6 N·mm의 최대 굽힘 모멘트를 받을 때, 필요한 단면계수의 최소값은 몇 mm³인가?
① 1,667 ② 16,667
③ 17,660 ④ 26,667

71 FRP라고도 하며 우수한 경량성 재료로 폴리에스테르와 에폭시가 수지 재료인 복합재료는?
① 섬유강화 금속
② 섬유강화 콘크리트
③ 섬화강화 세라믹
④ 섬유강화 플라스틱

72 다음 중 내식용 알루미늄 합금에 속하지 않는 것은?
① Al-Mn 계의 알민
② Al-Mg-Si 계의 알드리
③ Al-Mg 계의 하이드로날륨
④ Al-Cu-Ni-Mg 계의 Y 합금

73 다이얼 게이지로 측정하는 것이 가장 적합한 것은?
① 캠축의 힘
② 나사의 피치
③ 피스톤의 외경
④ 피스톤과 실린더의 간극

74 판금가공의 종류에 해당되지 않는 것은?
① 접합 가공 ② 단조 가공
③ 성형 가공 ④ 전단 가공

75 다음 중 삼각 나사에 대한 일반적인 설명으로 옳은 것은?
① 동력 전달용으로 적합하다.
② 나사 효율이 좋다.
③ 마찰계수가 크다.
④ 자립 작용이 없다.

76 작은 입자의 숫돌로 작은 압력으로 일감을 누르면서 가공물에 이송을 주고, 동시에 숫돌에 진동을 주어 단시간에 원통의 내면이나 외면 및 평면을 다듬질 가공하는 것은?

① 슈퍼 피니싱 ② 브로칭
③ 호닝 ④ 래핑

77 일정한 방향의 회전으로 발생한 원심력에 의해 자동으로 작동되는 브레이크는?

① 캠 브레이크
② 블록 브레이크
③ 내부 확장 브레이크
④ 원판 브레이크

78 작은 입자의 숫돌로 작은 압력으로 일감을 누르면서 가공물에 이송을 주고, 동시에 숫돌에 진동을 주어 단시간에 원통의 내면이나 외면 및 평면을 다듬질 가공하는 것은?

① 슈퍼 피니싱 ② 브로칭
③ 호닝 ④ 래핑

79 기어 전동에서 원동축과 종동축이 서로 평행하지 않는 경우에 사용되는 기어는?

① 스퍼 기어 ② 내접 기어
③ 헬리컬 기어 ④ 하이포이드 기어

80 축열실과 반사로를 사용하여 장입물을 용해 정련하는 방법으로 우수한 강을 얻을 수 있고 다량 생산에 적합한 용해로는?

① 전로 ② 평로
③ 전기로 ④ 도가니로

CBT 출제예상문제

▶ 정답 589쪽

제1과목 건설기계정비

1. 콘크리트 믹서트럭이 갖추어야 할 등화 장치가 아닌 것은?
   ① 전조등 ② 작업등
   ③ 제동등 ④ 차폭등

2. 기중기에 사용되는 와이어로프의 종류에서 소선과 스트랜드를 반대 방향으로 꼰 것은?
   ① S 꼬임 ② Z 꼬임
   ③ 보통 꼬임 ④ 랭 꼬임

3. 부동액의 구비조건이 아닌 것은?
   ① 순환이 잘 될 것
   ② 휘발성이 없을 것
   ③ 팽창계수가 클 것
   ④ 물과 혼합이 잘 될 것

4. 유체식 클러치형 지게차의 동력 전달 순서가 맞는 것은?
   ① 기관→유체 클러치→변속기→구동차축→추진축→앞바퀴
   ② 기관→유체 클러치→변속기→추진축→구동차축→최종 구동기어→앞바퀴
   ③ 기관→조정기→구동 모터→변속기→차동장치→앞바퀴
   ④ 기관→유체 클러치→변속기→종감속장치→구동차축→앞바퀴

5. 휠 구동식 건설기계에서 차동장치의 설치 목적으로 옳은 것은?
   ① 회전할 때 양쪽 바퀴의 토크를 증대하기 위하여
   ② 회전할 때 안쪽 바퀴가 바깥쪽 바퀴보다 빨리 회전하기 위해서
   ③ 회전할 때 양쪽 바퀴의 회전속도를 동일하게 유지하기 위해서
   ④ 회전할 때 바깥쪽 바퀴의 회전속도를 증가하기 위하여

6. 저항을 직렬 접속했을 때의 설명으로 틀린 것은?
   ① 각각의 저항에 전원전압이 분압 된다.
   ② 어느 저항에서나 동일한 전류가 흐른다.
   ③ 합성저항은 각 저항의 어느 것보다도 작다.
   ④ 각 저항에 분압 된 전압의 합은 전원전압과 같다.

7. 준설선의 사용동력에 따른 분류로 틀린 것은?
   ① 전동식 ② 디젤식
   ③ 그래브식 ④ 가스 터빈식

8 불도저 트랙 슈 중에서 도로 주행 시 사용하는 것으로 포장도로 및 노면 손상을 방지하는 슈는?

① 평활 슈 ② 습지용 슈
③ 3중 돌기 슈 ④ 단일 돌기 슈

9 건설기계 트랙 장치에서 스프로킷의 종류가 아닌 것은?

① 분할식 ② 분열식
③ 분해식 ④ 일체식

10 건설기계 관리법 시행령에서 정한 공기압축기의 규격 표시 방법은?

① 분당 공기의 무게(kgf/min)
② 시간당 공기의 무게(kgf/hr)
③ 분당 공기 생산량(m^3/min)
④ 시간당 공기 생산량(m^3/hr)

11 휠 구동형 차량에서 정의 캠버이면 바퀴의 위쪽이 어느 쪽으로 기울게 되는가?

① 바깥으로 ② 안으로
③ 앞으로 ④ 뒤로

12 주행속도가 36km/h인 자동차의 브레이크를 작동시켰을 때 제동거리는 약 얼마인가?(단, 타이어와 도로면과의 마찰계수는 0.4이다.)

① 12.76m ② 25.50m
③ 35.75m ④ 51.50m

13 전자제어 디젤엔진의 분사시기 계측에 대한 설명으로 틀린 것은?

① 동적 분사 시기는 엔진 성능 평가 등에서 사용된다.
② 정적 분사 시기는 계측이 용이하여 엔진의 분사펌프 설치 각도의 설정에 사용된다.
③ 동적 분사시기의 계측은 인젝터의 니들 밸브 움직임을 센서로 검출하여 출력을 오실로스코프 상에 옮겨 밸브의 상승 개시 시간을 관찰함으로써 이루어진다.
④ 정적 분사시기의 계측은 캠의 상사점 위치에서 플런저를 상승시킴으로써, 상단부가 피드 홀을 닫아 연료 유출을 멈추는 점을 눈으로 관찰함으로써 이루어진다.

14 지게차 포크의 상승 속도가 느린 원인이 아닌 것은?

① 작동유 부족
② 조작 밸브의 손상 및 마모
③ 피스톤 패킹의 손상
④ 진공펌프 손상

15 교류발전기의 로터 코일에 축전지의 전류를 공급하는 것은?

① 다이오드 ② 스테이터
③ 슬립링 ④ 레귤레이터

16 기중기의 붐 정비 시 확인하여야 할 사항과 거리가 먼 것은?

① 균열 ② 부식
③ 만곡 ④ 기울기

17 휠 로더의 작업량 산출 공식은?(단, Q : 시간당 작업량(m³/h), q : 버킷용량(m³), C_m : 사이클 시간(분), f : 토량 환산계수, E : 작업효율)

① $Q = \dfrac{60 \times f \times E}{C_m}$

② $Q = \dfrac{60 \times q \times f \times E}{C_m}$

③ $Q = \dfrac{60 \times q \times f \times C_m}{E}$

④ $Q = \dfrac{360 \times q \times f \times E}{C_m}$

18 건설기계의 에어컨 시스템에서 콘덴서의 역할은?

① 저온·저압의 액상 냉매로 만든다.
② 저온·고압의 액상 냉매로 만든다.
③ 고온·저압의 액상 냉매로 만든다.
④ 고온·고압의 액상 냉매로 만든다.

19 휠 로더의 뒤 차축에서 과열하는 현상의 원인이 아닌 것은?

① 기어의 백래시가 적을 때
② 과부하 주행이 지속될 때
③ 베어링 프리로드가 적당할 때
④ 윤활유의 양과 질이 불량할 때

20 30℃에서 전해액 비중이 1.215일 때 20℃에서의 비중은 얼마인가?

① 1.222 ② 1.232
③ 1.252 ④ 1.282

제2과목   내연기관

21 다음 중 내연기관의 기계효율을 높이는 방법으로 틀린 것은?

① 윤활이 잘되도록 한다.
② 기관의 평형을 좋게 한다.
③ 베어링 마찰계수를 크게 한다.
④ 배기가스의 배출 저항을 줄인다.

22 간극 체적이 행정체적의 20%인 가솔린 기관의 이론적 열효율은?(단, 비열비 $k=1.4$이다.)

① 31.3% ② 50.4%
③ 51.2% ④ 61.3%

23 디젤기관의 거버너(조속기)에 대한 설명으로 틀린 것은?

① 원활한 운전상태의 유지를 위해 공전 속도를 제어한다.
② 최저 속도에서 제어래크를 이용하여 분사 시기를 조절한다.
③ 기관의 회전속도에 따라 분사펌프로부터 분사되는 연료량을 제어한다.
④ 최고 회전속도를 제한하여 과도한 회전속도 상승으로 인한 손상을 방지한다.

24 정압비열 Cp, 정적비열 Cv, 및 비열비 k와의 관계식 중 옳은 것은?

① $Cv = \dfrac{AR}{k+1}$ ② $Cp = \dfrac{AR}{k-1}$

③ $Cv = \dfrac{k}{k-1}AR$ ④ $Cp = \dfrac{k}{k-1}AR$

25 6실린더 가솔린 기관의 점화 순서가 1-5-3-6-2-4이다. 3번 실린더가 폭발행정을 시작하는 순간 4번 실린더는 어떤 행정을 하는가?

① 흡입 ② 압축
③ 폭발 ④ 배기

26 왕복기관의 캠과 태핏에 오프셋(off-set)하는 주된 이유로 가장 적절한 것은?

① 열전도를 높이기 위하여
② 정숙한 운전을 위하여
③ 측압을 감소시키기 위하여
④ 한 부분만의 마모를 감소시키기 위하여

27 압축비가 9인 가솔린 기관의 이론 열효율(%)은?(단, 공기의 비열비는 1.3이다.)

① 약 47.3 ② 약 48.3
③ 약 49.3 ④ 약 50.3

28 총배기량 2,000cc, 회전수 4,500rpm인 4행정 사이클 기관의 축 마력이 80PS인 경우 제동 평균 유효압력은 몇 kgf/cm²인가?

① 4   ② 8
③ 12 ④ 16

29 2-질량(mass) 플라이휠의 장점으로 틀린 것은?

① 진동 소음을 최소화시킨다.
② 동기화 기구의 마멸이 적다.
③ 클러치의 압력판이 필요 없다.
④ 클러치 디스크의 댐퍼 스프링이 필요 없다.

30 디젤기관에서 밸브 오버랩에 대한 설명으로 틀린 것은?

① 체적효율이 감소된다.
② 흡입행정에서 흡입효율이 높아진다.
③ 배기밸브는 하사점 전에 열려 상사점 후에 닫힌다.
④ 흡입밸브는 상사점 전에 열려 하사점 후에 닫힌다.

31 아래 그림과 같은 복합사이클의 P-V 선도에서 3→4 과정 사이의 관계를 표시하고 있는 식은?

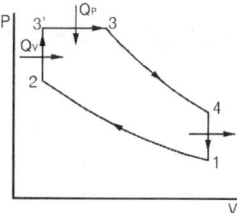

① $\dfrac{T_3}{T_4} = \left(\dfrac{V_4}{V_3}\right)^{k-1}$ ② $\dfrac{T_4}{T_3} = \left(\dfrac{V_1}{V_4}\right)^{k-1}$

③ $\dfrac{T_3}{T_4} = \left(\dfrac{V_3}{V_4}\right)^{k-1}$ ④ $\dfrac{T_4}{T_3} = \left(\dfrac{V_3}{V_4}\right)^{k-1}$

32 가솔린 300cm³을 완전히 연소시킬 때 약 몇 m³의 공기가 필요한가?(단, 혼합비는 14.7 : 1, 가솔린의 비중은 0.73, 공기의 밀도는 1.206kg/m³이다.)

① 2.67 ② 3.22
③ 3.66 ④ 4.41

33 디젤기관 배기가스 후처리 장치 중 고형미립자(PM)를 감소시키는 것은?

① NSC ② EGR
③ SCR ④ DPF

34 가스터빈 기관의 구조에서 주요 구성요소로 틀린 것은?
① 터빈   ② 압축기
③ 연소실   ④ 크랭크축

35 저위발열량이 44kJ/g인 연료로 기관을 운전할 때 연료소비율은 약 몇 g/kW·h인가?(단, 효율이 45%이다.)
① 182   ② 125
③ 130   ④ 134

36 4행정 가솔린 기관에서 최대 폭발압력이 발생되는 시기는 언제인가?
① 동력행정이 반쯤 진행되었을 때
② 피스톤이 TDC에 이르렀을 때
③ 동력행정에서 TDC 후 10~15°에서
④ 동력행정이 막 일어나는 순간

37 연소 결과로 발생되는 H_2O는 어느 상을 나타낼 때 고위발열량을 내게 되는가?
① 기상   ② 고상
③ 액상   ④ 고상과 액상 모두

38 기관에서 냉각장치의 기능이 아닌 것은?
① 연소실의 냉각
② 흡입 공기의 가열
③ 윤활유의 냉각
④ 내구, 신뢰성의 확보

39 소기효율에 큰 영향을 주지 않는 사항은?
① 흡기 밸브   ② 소기 압력
③ $\dfrac{행정}{안지름비}$ ④ 기관 회전수

40 디젤기관에서 연료의 연소를 위해 필요한 연료 분무 상태로 틀린 것은?
① 무화가 좋아야 한다.
② 후적이 있어야 한다.
③ 관통력이 커야 한다.
④ 분산이 골고루 이루어져야 한다.

제3과목 유압기기 및 건설기계안전관리

41 유압 프레스에서 힘의 전달 작동원리는 어느 이론에 기초를 둔 것인가?
① 파스칼의 원리
② 토리첼리의 원리
③ 보일·샤를의 원리
④ 아르키메데스의 원리

42 방향 제어밸브의 중립 위치에서 유로의 형식을 구분할 때 다음 기호는 어디에 해당하는가?

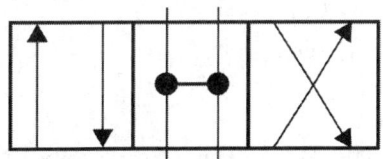

① 오픈센터
② 탠덤센터
③ 세미오픈 센터
④ 펌프 클로즈드 센터

43 유압기기에서의 백업 링을 설치하는 주요 목적은?

① 오링의 경도를 크게 하기 위하여
② 오링의 틈새를 크게 하기 위하여
③ 오링의 움직임을 좋게 하기 위하여
④ 오링이 빠져나오는 것을 방지하기 위하여

44 유압장치의 설명으로 옳은 것은?

① 힘의 크기를 유량 제어밸브, 속도를 압력 제어밸브, 일의 방향을 방향 제어밸브로 제어한다.
② 힘의 크기를 방향 제어밸브, 속도를 유량 제어밸브, 일의 방향을 유압 액추에이터로 제어한다.
③ 힘의 크기를 압력 제어밸브, 속도를 유량 제어밸브, 일의 방향을 방향 제어밸브로 제어한다.
④ 힘의 크기를 유량 제어밸브, 속도를 유압 액추에이터, 일의 방향을 방향 제어밸브로 제어한다.

45 부하의 낙하를 방지하기 위하여 배압을 유지하는 압력 제어밸브는?

① 릴리프 밸브
② 스로틀 밸브
③ 무부하 밸브
④ 카운터밸런스 밸브

46 램의 지름 150mm, 추력 F=5ton, 피스톤 속도 4m/min일 때 필요한 유량은 약 몇 l/min 인가?

① 70.7
② 80.7
③ 85.7
④ 95.7

47 입구 압력 또는 외부 파일럿 압력이 정해진 값에 도달하면 입구 쪽에서 출구 쪽으로의 흐름을 허락하는 압력 제어밸브는?

① 스풀밸브
② 언로드밸브
③ 시퀀스밸브
④ 카운터밸런스 밸브

48 어큐뮬레이터의 설치 및 사용에 관한 일반적인 주의사항으로 옳지 않은 것은?

① 어큐뮬레이터는 수직으로 설치한다.
② 어큐뮬레이터를 사용하지 않을 때 충진된 가스는 제거한다.
③ 질소가스를 일정 압력으로 충진하기 전에 유압을 연결하지 않아야 한다.
④ 서지압 흡수용으로 사용할 경우 서지압 발생원으로부터 멀리 설치한다.

49 실린더 면적과 실린더와 피스톤 로드 사이의 고리형 면적의 비가 회로 기능상 중요한 복동 실린더는?

① 램형 실린더
② 차동 실린더
③ 벨로스형 실린더
④ 다위치형 실린더

50 일정한 유량으로 유체가 흐를 때 관의 안지름이 2배인 관으로 교체할 경우 유속은 몇 배가 되는가?

① $\frac{1}{2}$
② $\frac{1}{4}$
③ $\frac{1}{8}$
④ $\frac{1}{16}$

51 크레인의 훅, 낮은 보, 충돌위험이 있는 기둥, 피트 끝, 바닥의 돌출물, 계단의 디딤면 등을 표시하는데, 사용되는 안전 색채로 적합한 것은?

① 청색
② 녹색
③ 흰색
④ 노란색

52 가스용접에서 사용하는 토치의 취급상 주의사항으로 틀린 것은?
① 점화되어있는 토치를 아무 곳에나 방치하지 않는다.
② 토치를 망치 등 다른 용도로 사용해서는 안 된다.
③ 팁을 바꿔 끼울 때는 반드시 양쪽 밸브를 모두 닫은 후에 실시한다.
④ 토치를 보관할 때는 항상 기름을 발라 녹슬지 않게 한다.

53 다음 중 상해 종류별 분류에 해당되지 않는 것은?
① 감전 ② 골절
③ 자상 ④ 타박상

54 건설기계 정비에 대한 안전 수칙으로 틀린 것은?
① 사용 목적에 적합한 공구를 사용한다.
② 연료를 공급할 때는 소화기를 비치한다.
③ 차륜(바퀴)을 정비할 때는 잭과 스탠드를 고정하고 작업한다.
④ 전기장치 시험기를 사용 시 정전이 되면 스위치가 ON 인 상태에서 기다린다.

55 공구와 관련한 설명으로 틀린 것은?
① 공구는 안전한 장소에 보관한다.
② 작업에 적절한 공구를 선택하여 사용한다.
③ 공구의 올바른 취급 및 사용 방법을 익힌다.
④ 마모에는 강하나 충격에 약한 것을 선택한다.

56 아스팔트 믹싱 플랜트의 골재공급 장치 중 작업자의 신체 일부가 말려드는 위험을 막는 방호장치가 없어도 되는 부분은?
① 컨베이어 ② 진동 스크린
③ 벨트 및 롤러 ④ 체인과 스프로킷

57 게이지 블록의 정밀 측정 시 실내온도로 적절한 것은?
① 약 7℃ ② 약 20℃
③ 약 38℃ ④ 약 70℃

58 공구의 작업 안전에 대한 설명 중 맞는 것은?
① 플라이어를 이용하여 볼트 및 너트 등을 조인다.
② 스크루드라이버를 정이나 지렛대 대용으로 사용한다.
③ 망치, 정 또는 펀치를 사용할 경우 보안경을 착용한다.
④ 끝부분이 버섯 모양으로 퍼진 정은 망치로 퍼진 부분을 날카롭게 한다.

59 연삭, 연마 작업 시 주의사항으로 틀린 것은?
① 작업장에 가루가 유출되지 않도록 한다.
② 연삭기의 보수 점검은 매주 1 회 행하여 실시한다.
③ 연삭 액의 온도는 일정온도 이상으로 상승되지 않도록 한다.
④ 폭발성 가스가 있는 곳에서는 연삭기를 사용하지 않는다.

60 운반기구로 중량물을 옮길 때의 안전 사항으로 틀린 것은?

① 적절한 운반기구를 사용한다.
② 커브에서는 운반 속도를 줄인다.
③ 무게 중심을 유지하면서 운반한다.
④ 적재량을 준수하고 용적량은 초과할 수 있다.

제4과목　일반기계공학

61 숫돌이나 연삭 입자를 사용하지 않는 것은?
① 호닝　② 래핑
③ 브로치　④ 슈퍼 피니싱

62 그림과 같은 탄소강의 응력(σ)-변형률(ε)선도에서 각 점에 대한 내용으로 적절하지 않은 것은?

① A : 비례한도
② B : 탄성한도
③ E : 극한강도
④ F : 항복점

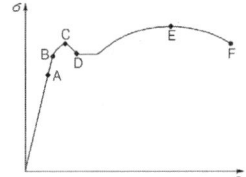

63 중앙에 집중하중 W를 받는 양단지지 단순보에서 최대 처짐을 나타내는 식은?(단, E= 세로탄성계수, I=2차 모멘트, l=보의 길이)

① $\dfrac{Wl^2}{48EI}$　② $\dfrac{Wl^3}{48EI}$

③ $\dfrac{Wl^2}{24EI}$　④ $\dfrac{Wl^4}{48EI}$

64 제품이 대형이고 제작 수량이 적은 경우 제품 형태의 중요 부분만을 골격으로 만들어 사용하는 목형은?
① 골격형　② 긁기형
③ 회전형　④ 코어형

65 공구강의 한 종류로 텅스텐(W) 85~95%, 코발트(Co) 5~6%의 소결합금이며, 상품명은 비디아, 탕갈로이, 카볼로이 등으로 불리는 것은?
① 스텔라이트　② 고속도강
③ 초경합금　④ 다이아몬드

66 비중이 1.74이고 실용 금속 중 가장 가벼우나 고온에서는 발화하는 성질을 가진 금속은?
① Cu　② Ni　③ Al　④ Mg

67 체결용 요소인 나사의 풀림 방지용으로 사용되지 않는 것은?
① 이중 너트　② 캡 나사
③ 분할 핀　④ 스프링 와셔

68 유체기계의 펌프에서 터보형에 속하지 않는 것은?
① 왕복식　② 원심식
③ 사류식　④ 축류식

69 용접에서 언더컷에 대한 설명으로 옳은 것은?
① 아크 길이가 짧을 때 생긴다.
② 용접 전류가 너무 작을 때 생긴다.
③ 운봉 속도가 너무 느릴 때 생긴다.
④ 용접 시 경계 부분에 오목하게 생기는 홈을 말한다.

70 원판 클러치에서 마찰면의 마모가 균일하다고 가정할 때 바깥지름 300mm, 안지름 250mm, 클러치를 미는 힘 500N, 마찰계수가 0.2라고 할 경우 클러치 전달 토크는 몇 N·mm인가?

① 11,390 ② 13,750
③ 17,530 ④ 18,275

71 미끄럼 키와 같이 회전 토크를 전달시키는 동시에 축 방향의 이동도 할 수 있는 것은?

① 묻힘 키 ② 스플라인
③ 반달 키 ④ 안장 키

72 유압펌프 중 피스톤 펌프에 대한 설명으로 옳지 않은 것은?

① 베인 펌프라고도 한다.
② 누설이 작아 체적효율이 좋다.
③ 피스톤의 왕복 운동을 이용하여 유압 작동유를 흡입하고 토출한다.
④ 작은 크기로 토출압력을 높게 할 수 있고 토출량을 크게 할 수 있다.

73 유압 기계에 사용하는 작동유가 갖추어야 할 특성으로 틀린 것은?

① 윤활성 ② 유동성
③ 기화성 ④ 내산성

74 밴드 브레이크 제동장치에서 밴드의 최소 두께 t(mm)를 구하는 식은?(단, 밴드의 허용 인장응력 σ(N/mm²), 밴드의 폭은 b(mm), 밴드의 최대 긴장측 장력은 F_1(N)이다.)

① $t = \dfrac{\sigma \cdot b}{F_1}$ ② $t = \dfrac{F_1}{\sigma \cdot b}$
③ $t = \dfrac{\sigma}{b \cdot F_1}$ ④ $t = \dfrac{b \cdot F_1}{\sigma}$

75 강재 원형봉을 토션바로 사용하고자 할 때, 원형봉에 발생하는 최대 전단응력에 대한 설명으로 틀린 것은?

① 최대 전단응력은 비틀림 각에 비례한다.
② 최대 전단응력은 원형봉의 길이에 반비례한다.
③ 최대 전단응력은 전단 탄성계수에 반비례한다.
④ 최대 전단응력은 원형봉 반지름에 비례한다.

76 그림과 같은 기어 열에서 각 기어의 잇수가 $Z_1=40$, $Z_2=20$, $Z_3=40$ 일 때 O_1기어를 시계방향으로 1회전시켰다면, O_3기어는 어느 방향으로 몇 회전하는가?

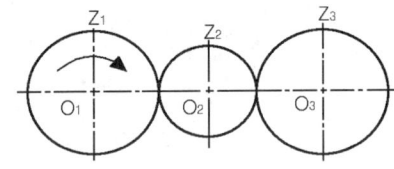

① 시계방향으로 1 회전
② 시계방향으로 2 회전
③ 시계 반대 방향으로 1 회전
④ 시계 반대 방향으로 2 회전

77 다음 중 손 다듬질 작업에서 일반적으로 쓰이지 않는 측정기는?

① 암페어미터 ② 마이크로미터
③ 하이트 게이지 ④ 버니어 캘리퍼스

78 그림과 같이 판, 원통 또는 원통 용기의 끝부분에 원형 단면의 테두리를 만드는 가공법은?

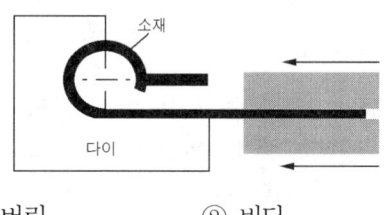

① 버링 ② 비딩
③ 컬링 ④ 시밍

79 재료의 인장강도가 3,200N/mm² 인 재료를 안전율 4로 설계할 때 허용응력은 약 몇 N/mm² 인가?

① 400 ② 600
③ 800 ④ 1,600

80 철강의 표면 경화법 중 강재를 가열하여 그 표면에 Al을 고온에서 확산 침투시켜 표면을 경화하는 것은?

① 실리콘나이징 ② 크로마이징
③ 세라다이징 ④ 칼로라이징

제8회 CBT 출제예상문제

▶ 정답 593쪽

제1과목 건설기계정비

1. 교류발전기의 구성품에 해당되지 않는 것은?
   ① 스테이터 ② 로터
   ③ 컷아웃 릴레이 ④ 정류기

2. 증발기 입구에 설치되어 건조기에서 보내온 고온·고압의 액체 냉매의 통로를 수축한 구멍에 분사하여, 급격히 팽창시켜 기화 작용에 의한 저온·저압의 안개 상태의 냉매를 만드는 역할을 하는 부품은?
   ① 쿨링 유닛 ② 팽창밸브
   ③ 증발기 ④ 건조기

3. 전조등의 필라멘트, 반사경, 렌즈 등 램프 유닛이 일체로 된 것은?
   ① 조립형 ② 실드빔형
   ③ 세미 실드빔형 ④ 더블 실드빔형

4. 트랙식 건설기계에서의 제동거리와 밀접한 관계가 없는 것은?
   ① 주행속도(km/h)
   ② 차량 중량(kg)
   ③ 노면마찰계수
   ④ 엔진출력(ps/rpm)

5. 전자제어 디젤엔진에서 입력 요소가 아닌 것은?
   ① 가속 페달 센서
   ② 배기 온도 센서
   ③ 오일 압력 스위치
   ④ 레일 압력 조절 스위치

6. 기동전동기의 회전 방향을 알기 위한 법칙은?
   ① 렌츠의 법칙
   ② 베르누이의 법칙
   ③ 플레밍의 왼손 법칙
   ④ 플레밍의 오른손 법칙

7. 펌프 준설선의 운선 시 흡입구에 장애물이 막혔을 때, 계기에 나타나는 현상을 올바르게 설명한 것은?
   ① 차압계 및 진공계는 내려가고, 압력계는 올라간다.
   ② 차압계 및 진공계는 올라가고, 압력계는 내려간다.
   ③ 차압계, 진공계, 압력계 모두 올라간다.
   ④ 차압계, 진공계, 압력계 모두 내려간다.

8 토크 컨버터를 부착한 도저의 동력 전달 순서는?

① 기관→토크 컨버터→자재이음→변속기→환향 클러치→환향 브레이크→스프로킷→트랙
② 기관→자재이음→변속기→토크 컨버터→환향 클러치→환향 브레이크→스프로킷→트랙
③ 기관→변속기→토크 컨버터→자재이음→환향 클러치→환향 브레이크→스프로킷→트랙
④ 기관→환향 클러치→토크 컨버터→자재이음→변속기→환향 브레이크→스프로킷→트랙

9 도저의 트랙 장력 조정 방법으로 틀린 것은?

① 지렛대를 상부롤러와 트랙 사이에 넣고 들어 올렸을 때 트랙 링크와 롤러 사이의 간극이 3~4cm 정도이면 정상
② 평탄한 지면에서 1번 상부롤러와 아이들러 사이의 트랙슈 처짐이 3~4cm 정도이면 정상
③ 아이들러 롤러와 2번 상부롤러 사이의 트랙 처짐이 5~8cm 정도이면 정상
④ 트랙 한쪽 세트를 올렸을 때 하부롤러와 트랙 링크 사이가 5~8cm 정도이면 정상

10 현가장치에서 판스프링의 절손 원인이 아닌 것은?

① U 볼트가 풀렸을 때
② 급제동, 급선회 시
③ 레벨링 밸브의 기능이 불량할 때
④ 쇽업소버의 기능이 불량할 때

11 기관의 실린더 마모량을 측정할 때 적당하지 않는 것은?

① 축 방향 쪽이 축의 직각 방향 쪽보다 더욱 마모된다.
② 최소 치수는 실린더 하부에서 알 수 있다.
③ 최대 마모 부분과 최소 마모 부분의 안지름 차이를 마모량 값으로 정한다.
④ 보통 실린더 상, 중, 하 3군데에서 각각 축방향과 축의 직각 방향으로 합계 6군데를 측정한다.

12 노상 안정기에 대한 설명으로 틀린 것은?

① 다짐 작업을 할 수 없다.
② 재료를 부설할 수 있다.
③ 기존 노면 위의 흙 등을 굴삭 분쇄한다.
④ 재료를 혼합실에 넣어 첨가제와 혼합이 가능하다.

13 건설기계용 CRDI 엔진에서 EGR율을 구하는 공식은?

① $EGR율 = \dfrac{EGR가스량}{배기가스량 + EGR가스량} \times 100\%$

② $EGR율 = \dfrac{EGR가스량}{흡입공기량 - EGR가스량} \times 100\%$

③ $EGR율 = \dfrac{EGR가스량}{흡입공기량 + EGR가스량} \times 100\%$

④ $EGR율 = \dfrac{EGR가스량}{배기가스량 - EGR가스량} \times 100\%$

14 기중기에서 상부에 권상 와이어용 시브가 있고 하부에 훅을 장치한 것은?

① 훅 블록 장치
② 붐 전도 방지 장치
③ 붐 과권 방지 및 경보 장치
④ 권상 과권 경보 장치

15 지게차가 적재중량의 화물을 들지 못하는 원인과 가장 거리가 먼 것은?

① 유압펌프의 마모
② 마스트 체인의 마모
③ 릴리프 밸브의 낮은 설정 압력
④ 유압회로 내에 공기혼입 또는 작동유 부족

16 블레이드의 폭 2m이고, 높이가 0.6m인 불도저의 블레이드 용량은 얼마인가?

① $1.2m^3$ ② $0.62m^3$
③ $0.72m^3$ ④ $0.83m^3$

17 경사 길을 올라가다 정지했을 때 클러치 페달을 밟고 있는 한, 브레이크 페달을 놓아도 휠 실린더의 유압이 그대로 남아 있도록 해주는 장치는?

① 앤티 롤 장치 ② 앤티 호크 장치
③ 앤티 홀더 장치 ④ 로드 센싱 밸브장치

18 서미스터(Thermistor)를 이용하는 센서가 아닌 것은?

① 엔진 수온 센서
② 엔진 회전계 센서
③ 경고등식 연료계 센서
④ 에어컨의 내·외기 온도센서

19 도저의 1시간당 작업량은 약 몇 m^3 인가?(단, 흙 운반거리 50m, 전진속도 3km/h, 후진속도 4.5km/h, 변속시간 20초, 블레이드 용량 $5m^3$/회 이고, 토량 환산계수 1, 작업효율 0.9 이다.)

① 108 ② 120
③ 135 ④ 152

20 동력 조향장치에서 소리가 나는 경우가 아닌 것은?

① V 벨트가 미끄러진다.
② 오일 수준이 낮다.
③ 펌프 베어링의 손상
④ 타이어 공기압력이 낮다.

제2과목 내연기관

21 피스톤 핀을 커넥팅 로드 소단부에 고정시키는 방법은?

① 반부동식 ② 전부동식
③ 고정식 ④ 3/4 부동식

22 윤활유의 주요 기능이 아닌 것은?

① 밀봉 작용 ② 발열 작용
③ 청정 작용 ④ 기밀 작용

23 압축비의 정의로 옳은 것은?

① 행정체적을 제곱한 값에 연소실 체적을 나눈 값이다.
② 연소실 체적과 행정체적을 뺀 값에 연소실 체적을 나눈 값이다.
③ 연소실 체적과 행정체적을 더한 값에 연소실 체적을 곱한 값이다.
④ 연소실 체적과 행정체적을 더한 값에 연소실 체적을 나눈 값이다.

24 4행정 사이클 기관에서 총배기량이 3.6L, 회전수가 3,400rpm, 도시 평균 유효압력이 0.8MPa일 때 도시마력은 약 몇 kW인가?
① 51.2 ② 61.6
③ 71.2 ④ 81.6

25 냉각장치의 냉각 효과에 영향을 크게 주는 요소가 아닌 것은?
① 방열기의 무게
② 냉각 매질의 종류
③ 냉각 팬의 송풍량
④ 방열기의 방열 표면적 넓이

26 직접 분사식 디젤기관의 장점이 아닌 것은?
① 열효율이 높다.
② 구조가 간단하고 연료소비율이 낮다.
③ 연소실 면적이 작아서 냉각손실이 적다.
④ 회전수가 낮아 노크가 잘 일어나지 않는다.

27 사바테 사이클에 대한 설명 중 틀린 것은?
① 복합사이클
② 가솔린 기관의 이론 사이클
③ 단절비가 1이면 정적 사이클
④ 폭발비가 1이면 정압 사이클

28 정압비열(C_p)과 정적비열(C_v)의 관계식으로 옳은 것은?(단, 기체상수는 R이라 한다.)
① $C_p + C_v = R$
② $C_p - C_v = R$
③ $C_p + C_v = 0$
④ $C_p - C_v = 0$

29 4행정 사이클 기관의 흡기량이 이론량(행정체적)보다 감소되어 흡입되는 이유로 거리가 먼 것은?
① 흡기다기관에서 진공이 누설되었다.
② 흡배기 밸브 개폐시기 조정이 불완전하다.
③ 흡배기의 관성이 피스톤 운동을 따르지 못한다.
④ 흡기압력은 대기압보다 낮고 실린더 온도는 대기압보다 높다.

30 디젤기관에서 노크를 경감시키는 조건으로 옳은 것은?
① 압축비를 작게 한다.
② 연소실 벽의 온도를 높인다.
③ 세탄가가 낮은 연료를 사용한다.
④ 착화지연 기간 중에 연료의 분사량을 많게 한다.

31 다음 중 디젤엔진 연료분사 노즐의 요구조건이 아닌 것은?
① 연료의 무화를 쉽게 할 것.
② 가혹한 조건에서 수명이 짧을 것.
③ 분무가 구석구석 뿌려지게 할 것.
④ 후적이 일어나지 않을 것.

32 과급기에 대한 설명으로 틀린 것은?
① 과급기는 기계 과급법과 배기터빈 과급법 등이 있다.
② 과급기로 인해 터보 래그 현상이 발생하여 출력이 떨어진다.
③ 과급기는 밀도를 높인 공기를 실린더에 공급하여 출력을 높이기 위하여 사용된다.
④ 과급기를 설치하면 압력이 높아지므로 기관 본체 구성부품의 보강이 필요하다.

33 블로다운에 대한 설명으로 옳은 것은?
① 밸브와 밸브시트 사이에서 가스가 누출되는 현상
② 압축행정 시 피스톤과 실린더 사이에서 공기가 누출되는 현상
③ 폭발행정 말기에 배기밸브가 열려 배기가스 자체 압력에 의하여 배기가스가 배출되는 현상
④ 피스톤이 상사점 근방에서 흡·배기 밸브가 동시에 열려 흡기가 잔류 가스를 배출시키는 현상

34 가스터빈 기관에 대한 설명으로 틀린 것은?
① 압축 터빈과 동력터빈으로 구성된다.
② 압축 터빈과 동력터빈이 회전 방향은 반대이다.
③ 연소실에 점화플러그와 분사노즐이 설치되어 있다.
④ 출력 중 상당 부분이 동력 터빈에 소요되고, 나머지 출력에 의하여 압축 터빈이 구동된다.

35 4행정 사이클 기관에서 크랭크축이 몇 회전할 때 1사이클을 마치는가?
① 1 회전   ② 2 회전
③ 3 회전   ④ 4 회전

36 디젤기관이 2시간 동안에 36 L의 연료를 소비하여 103kW의 동력을 얻었을 때 제동 연료소비량(g/kWh)은 약 몇 g/(kW·h)인가? (단, 연료의 비중은 0.8이다)
① 139.8   ② 174.8
③ 218.4   ④ 279.68

37 가솔린 기관에서 가솔린 분사 장치 중 연료계통이 아닌 것은?
① 연료 공급 펌프   ② 스로틀 밸브
③ 분사 밸브   ④ 연료 여과기

38 왕복기관의 기계효율을 향상시키는 방법으로 틀린 것은?
① 관성을 증가시킨다.
② 회전저항을 감소시킨다.
③ 구동 중 저항력을 줄인다.
④ 기관의 평형을 양호하게 한다.

39 가솔린 기관에 대한 설명으로 틀린 것은?
① 노크 방지를 위해 실린더 벽의 온도를 높인다.
② 가솔린 기관은 화염전파 거리가 길어지면 노크가 발생한다.
③ 가솔린의 옥탄가가 높을수록 비정상적인 점화가 잘 일어나지 않는다.
④ 이론 공연비상 가솔린과 완전 연소시키기 위한 공기의 비는 1 : 14.7 이다.

40 크랭크축의 구조에 대한 설명으로 틀린 것은?
① 메인 저널의 수는 실린더의 수보다 1 개 적다.
② 뒤쪽에는 오일 실과 오일 실링거 등이 설치된다.
③ 앞쪽에는 타이밍 기어 또는 타이밍 체인 스프로킷 등이 설치된다.
④ 회전 운동시 발생되는 관성력의 균형을 유지하는 밸런스 웨이트가 있다.

제3과목 유압기기 및 건설기계안전관리

41 다음 전환 밸브의 기호가 나타내는 포트 수와 위치 수로 옳은 것은?

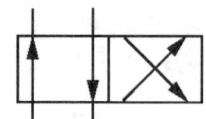

① 2포트 2위치 밸브
② 4포트 2위치 밸브
③ 2포트 4위치 밸브
④ 4포트 4위치 밸브

42 유압 작동유가 구비해야 할 조건으로 적절하지 않은 것은?

① 비압축성일 것
② 점도지수가 작을 것
③ 화학적으로 안정적일 것
④ 압력변화에 따른 체적변화가 작을 것

43 다른 수압 면적을 가진 유압실린더 등을 사용하여 시스템의 일부 압력을 높여주는 회로로 가장 적합한 것은?

① 증압 회로   ② 서지 회로
③ 감압 회로   ④ 무부하 회로

44 감압 밸브나 릴리프 밸브 등에서 밸브시트를 건드려 소음과 진동이 발생하고, 정상적인 압력제어가 어렵게 되는 일종의 자려진동 현상은?

① 크래킹 현상   ② 릴리핑 현상
③ 채터링 현상   ④ 스틱 슬립현상

45 다음 기호의 명칭은?

① 무부하 밸브
② 감압 밸브
③ 체크 밸브
④ 릴리프 밸브

46 펌프 토출량이 0.01m³/s이고, 사용하는 유압실린더의 피스톤 직경이 85mm일 경우, 이 유압실린더의 전진운동 속도는 약 몇 m/s인가?

① 0.88   ② 1.76
③ 3.52   ④ 5.28

47 펌프의 보조로 사용하며, 유압 에너지를 축적하고 압력을 보상해주는 기기는?

① 어큐뮬레이터   ② 스트레이너
③ 개스킷   ④ 오일 쿨러

48 실린더의 선정 시 주의사항으로 적절하지 않은 것은?

① 행정길이가 긴 경우는 로드의 강도를 고려한다.
② 충격에 대한 완충 능력이 부족하다면 외부 완충기의 설치를 검토한다.
③ 부하에 대한 실린더 길이의 선정 기준으로 좌굴 강도를 기준으로 할 수 있다.
④ 빠른 속도를 필요로 하는 경우 부하율을 크게 잡는다.

49 유압장치의 특징으로 적절하지 않은 것은?
① 무단 변속이 가능하다.
② 고압에서 누유의 위험이 있다.
③ 오일에 기포가 섞여 작동이 불량할 수 있다.
④ 먼지나 이물질에 의한 고장의 우려가 없다.

50 체크 밸브, 릴리프 밸브 등에서 압력이 상승하고 밸브가 열리기 시작하여 어느 일정한 흐름의 양이 인정되는 압력은?
① 오버라이드 압력 ② 오리피스 압력
③ 크랭킹 압력 ④ 리시드 압력

51 다음 중 안전의 3요소가 아닌 것은?
① 교육 요소 ② 기술 요소
③ 관리 요소 ④ 자본 요소

52 콘크리트 펌프 호퍼 내에서 콘크리트가 응결되거나 흡입구가 막히는 긴박한 상황이 자주 발생될 때 점검할 곳은?
① 혼합 장치 ② 교반 장치
③ 급수 장치 ④ 배송 장치

53 산업안전보건법상 안전·보건 표지의 용도별 색채로 틀린 것은?
① 녹색 - 안내 ② 파란색 - 경고
③ 빨간색 - 금지 ④ 노란색 - 경고

54 연료 보관용 드럼통의 올바른 보관 방법은?
① 드럼통을 세워 놓는다.
② 마개는 느슨히 잠근다.
③ 직사광선에 닿도록 보관한다.
④ 통풍이 잘되는 실내에 보관한다.

55 기관 조립 시 주의사항 중 옳지 않은 것은?
① 기관을 떼어낼 때는 기관 전용 걸이를 사용한다.
② 건식 라이너 삽입 시에는 해머로 때려 넣는다.
③ 피스톤과 커넥팅로드를 조립할 때는 조립 방향에 주의한다.
④ 크랭크샤프트에서 메인 베어링 캡은 토크 렌치를 사용하여 규정의 토크로 조인다.

56 다음 중 일반 수공구를 사용하여 작업을 할 때 안전 및 주의사항으로 가장 적합하지 않은 것은?
① 스패너를 사용할 때는 볼트나 너트의 크기에 알맞은 스패너를 선택하여 바르게 사용한다.
② 작업을 쉽게 한다는 생각으로 스패너에 다른 스패너 또는 쇠 파이프를 연결하여 사용해서는 안 된다.
③ 스패너나 렌치류를 사용하여 너트를 풀 때는 몸 바깥쪽으로 밀어서 풀어야 한다.
④ 조정 렌치를 사용할 때는 조정 조에 잡아당기는 힘이 가해져서 안 된다.

57 가스용접에서 토치 취급 방법으로 틀린 것은?
① 작업에 적당한 팁을 선택하고 산소와 아세틸렌의 압력을 조정 유지한다.
② 토치에 점화할 때는 성냥 등을 사용하여 점화한다.
③ 팁이 과열된 때는 적은 양의 산소만 통하게 하여 서서히 냉각시킨다.
④ 작업을 시작하기 전에는 호스나 토치의 연결부분이 완전히 체결되었는가를 확인하여 사용한다.

58 리프트의 유지 및 관리 시 유의 사항 중 틀린 것은?
① 리프트의 상태와 현장 실정에 적합한 정비 및 관리가 이루어지도록 한다.
② 방호장치를 제거하거나 기능을 정지시킨 후 사용 시 최저 속도로 조작한다.
③ 작업구역에 관계자 외에는 출입을 금지한다.
④ 적재하중을 초과하는 하중을 걸어서 사용해서는 안 된다.

59 드릴 작업 시 지켜야 할 사항이 아닌 것은?
① 보호안경을 착용한다.
② 공작물을 단단히 고정시킨다.
③ 작업 중 칩을 입으로 불어서 제거한다.
④ 공작물과 드릴을 수직으로 유지하며 작업한다.

60 안전모의 사용 방법 및 보관 방법 중 틀린 것은?
① 큰 충격을 받은 것과 외관에 손상이 있는 것은 사용을 피해야 한다.
② 안전모를 차에 싣고 다닐 때는 뒤창 밑에 두어서는 안 된다.
③ 통풍을 목적으로 모체에 구멍을 뚫을 경우에는 드릴로 구멍을 낸다.
④ 모체가 오염되어 유기 용제를 사용해야 하는 경우 강도에 영향이 없어야 한다.

제4과목 일반기계공학

61 다음 중 와셔의 사용 용도가 아닌 것은?
① 내압력이 낮은 고무 면일 때 사용
② 너트에 맞지 않는 볼트일 때 사용
③ 볼트 구멍이 볼트의 호칭용 규격보다 클 때 사용
④ 너트와 볼트의 머리 접촉면이 고르지 않을 때 사용

62 마찰판의 수가 4인 다판 클러치에서 접촉면의 안지름 50mm, 바깥지름 90mm, 스러스트 하중이 600N을 작용시킬 때 토크는 몇 kN·mm인가?(단, 마찰계수는 μ=0.3이다.)
① 25.2　② 252
③ 2,520　④ 25,200

63 밀폐된 용기의 정지 유체에 가해진 압력이 모든 방향으로 균일하게 전달되는 원리는?
① 벤츄리의 원리　② 파스칼의 원리
③ 베르누이의 원리　④ 토리첼리의 원리

64 그림과 같이 길이가 ℓ 인 보에 집중하중 P 가 작용할 때, 최대 굽힘 모멘트는?

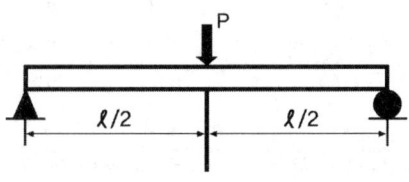

① $\dfrac{P\ell}{4}$　② $P\ell^2$
③ $\dfrac{P\ell^2}{2}$　④ $\dfrac{P\ell}{2}$

65 주형 주물사의 구비조건으로 옳지 않은 것은?
① 주물 표면에서 이탈이 용이할 것
② 가스 및 공기가 잘 빠지지 않을 것
③ 내열성이 크고 화학적인 변화가 없을 것
④ 반복 사용에 따른 형상 변화가 거의 없을 것

66 원통형 케이싱 안에 편심 회전자가 있고 그 회전자의 홈 속에 판 모양의 깃이 원심력 또는 스프링 장력에 의하여 벽에 밀착되면서 회전하여 액체를 압송하는 펌프는?
① 베인 펌프   ② 기어 펌프
③ 나사 펌프   ④ 피스톤 펌프

67 전동축에 전달하고자 하는 동력(H)를 2배로 증가시키면 이 축에 작용하는 비틀림 모멘트(T)의 크기는?(단, 회전수는 일정하다.)
① T   ② 1/2T
③ 2T   ④ 4T

68 다음 중 플렉시블 커플링의 특징으로 가장 거리가 먼 것은?
① 약간의 굽힘을 허용한다.
② 어느 정도의 진동에 견딜 수 있다.
③ 축 중심이 일치하지 않을 때 사용한다.
④ 마찰력으로 동력을 전달할 때 사용한다.

69 연삭숫돌의 구성 3요소가 아닌 것은?
① 조직   ② 입자
③ 기공   ④ 결합제

70 토크를 전달함과 동시에 보스를 축 방향으로 이동시킬 때 사용하는 키(key)는?
① 평 키   ② 안장 키
③ 페더 키   ④ 접선 키

71 다음 중 일반적인 플라스틱의 성질과 가장 거리가 먼 것은?
① 전기절연성이 좋다.
② 단단하나 열에는 약하다.
③ 무겁고 기계적 강도가 강하다.
④ 가공 및 성형성이 용이하다.

72 주조할 때 주형에 접한 표면을 급랭시켜 표면은 시멘타이트가 되게 하고, 내부는 서서히 냉각시켜 펄라이트가 되게 한 주철은?
① 백주철   ② 회주철
③ 칠드주철   ④ 가단주철

73 비틀림이 발생하는 원형 단면봉의 직경을 2배로 증가시킬 때 비틀림 각은 어떻게 되는가?
① $\frac{1}{2}\theta$ ② $\frac{1}{4}\theta$
③ $\frac{1}{8}\theta$ ④ $\frac{1}{16}\theta$

74 탄소강의 열간 가공과 냉간가공을 구분하는 온도는?
① 연성 온도   ② 취성 온도
③ 재결정 온도   ④ A1 변태온도

75 다음 중 펌프의 캐비테이션의 방지책이 아닌 것은?
① 펌프의 설치 높이를 가능하면 낮춘다.
② 펌프의 회전수를 높게 한다.
③ 편 흡입을 양 흡입 펌프로 고쳐서 사용한다.
④ 흡입 비속도를 적게 한다.

76 구조물의 AB 부재에 작용하는 인장력은 약 몇 N인가?

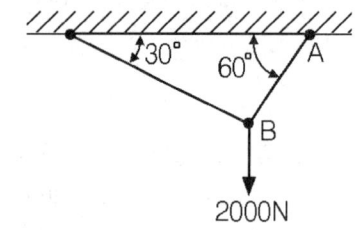

① 1,232 ② 1,309
③ 1,732 ④ 2,309

77 비철 합금의 설명으로 틀린 것은?
① 7 : 3 황동은 연신율이 크고 인장강도가 높다.
② 6 : 4 황동은 가공이 쉽고, 볼트, 너트, 밸브 등에 사용된다.
③ 델타 메탈은 해수 등에 대한 내식성이 우수하다.
④ 네이벌 황동은 6 : 4 황동에 1%의 Mn을 첨가한 것이다.

78 스폿용접의 3대 요소가 아닌 것은?
① 가압력   ② 열전도율
③ 용접전류   ④ 통전시간

79 6개가 합성된 겹판 스프링으로 각각의 폭 50mm, 두께 9mm, 스프링의 길이가 600mm, 하중이 70N이면 최대응력은 약 몇 MPa인가?
① 13.25   ② 10.37
③ 7.89   ④ 5.57

80 다음 중 원의 중심 위치를 표시하는데 사용하는 공구로 적절한 것은?
① 톱   ② 줄
③ 리머 ④ 펀치

CBT 출제예상문제

▶ 정답 597쪽

제1과목 건설기계정비

1 밸브 장치에서 소음이 심한 원인 중 맞지 않는 것은?

① 밸브 스프링의 결함
② 푸시로드 및 로커 암 결함
③ 타이밍 기어의 결함
④ 밸브 리프터의 결함

2 25톤급 불도저의 전진 2단에서 견인력이 7,500kgf이고, 이때 작업속도가 3.6km/h라고 하면 견인 출력은?

① 150PS
② 125PS
③ 100PS
④ 85PS

3 공기압축기의 작동 중 점검 사항을 기술하였다. 거리가 먼 것은?

① 저장탱크의 오일량을 점검
② 에어나 오일의 누출 여부 점검
③ 이상 음이나 진동 여부 점검
④ 계기판의 눈금 점검

4 축간거리가 2.5m이고 바깥쪽 바퀴의 조향각이 30°, 안쪽 바퀴의 조향각이 35°인 덤프트럭의 최소 회전 반경(m)은?(단, 바퀴의 접지면 중심의 킹핀과의 거리는 15cm이다.)

① 3.15
② 4.85
③ 5.15
④ 6.15

5 건설기계 유압회로에서 언로드 밸브에 대한 설명 중 맞는 것은?

① 출구측 압력을 입구측 압력보다 낮게 유지시킨다.
② 분기회로가 있는 유압회로에서 작동순서를 제어한다.
③ 회로 내의 압력이 일정치에 달하면 펌프를 무부하로 만든다.
④ 유압 액추에이터의 운동 방향을 결정해 준다.

6 교류 발전기의 유도 기전력의 크기와 관계 없는 것은?

① 전자석의 크기
② 전기자의 회전수
③ 다이오드의 크기
④ 전기자의 코일의 권수

7 타이어식 건설기계의 동력 전달 장치에서 자재 이음의 종류를 나타낸 것이다. 이 중 틀린 것은?

① 추진축 조인트
② 플렉시블 조인트
③ 조인트
④ 등속 조인트

8 엔진의 윤활 오일 압력이 낮아지는 원인은?
① 오일에 연료가 포함되어 있을 때
② 오일 압력 릴리프밸브가 닫힌 채로 고착될 때
③ 크랭크축과 베어링 사이의 간극이 작을 때
④ 사용하는 오일의 점도가 너무 높을 때

9 기관의 과열 원인이 아닌 것은?
① 기관 오일 부족 또는 불량
② 커넥팅 로드 베어링 마모
③ 냉각수 부족 또는 펌프 불량
④ 밸브간극 부적당

10 크레인의 붐이 상승하지 않는다. 고장원인으로 해당되지 않는 것은?
① 스윙 멈춤 브레이크가 미끄러질 때
② 붐 호이스트 클러치가 미끄러질 때
③ 붐 호이스트 브레이크가 풀리지 않을 때
④ 활차에서 케이블이 빠졌을 때

11 굴삭기의 시동 회로에 흐르는 전류(A)와 전압(V)을 측정하려고 한다. 축전지의 연결 방법으로 적합한 것은?
① 전류(A) - 직렬, 전압(A) - 직렬
② 전류(A) - 직렬, 전압(A) - 병렬
③ 전류(A) - 직·병렬, 전압(A) - 직렬
④ 전류(A) - 병렬, 전압(A) - 병렬

12 항타기에서 바운싱(bouncing)이 일어나는 원인은?
① 파일이 무거울 때
② 파일이 수직으로 박히지 않을 때
③ 항타의 간격이 일정치 않을 때
④ 가벼운 해머를 사용할 때

13 불도저의 트랙 마모 원인과 트랙이 벗겨지는 원인이 아닌 것은?
① 스프로킷과 아이들 롤러 상, 하 중심선이 일직선 된 상태
② 트랙 정렬이 안되어 있을 때
③ 크랙의 유격이 너무 클 때
④ 불도저 급회전시

14 모터그레이더 규격은 무엇으로 표시하는가?
① 작업 가능한 상태의 중량(t)으로 표시
② 최대로 배토 가능한 토사의 량(m^3)으로 표시
③ 배토판의 길이(m)로 표시
④ 시간당 작업 가능한 거리(m)로 표시

15 기중기의 방향지시등 4개가 각각 6Ω으로, 좌, 우측은 직렬로, 앞뒤는 병렬로 24V 배터리에 연결되어 있다. 회로에 흐르는 전류는 얼마인가?
① 0.25A ② 1A
③ 2A ④ 4A

16 굴삭기에서 버킷 실린더 내경이 80mm, 작용 압력이 35kgf/cm²일 때, 버킷에 작용하는 힘은?
① 280kgf ② 2,800kgf
③ 175.9kgf ④ 1,759kgf

17 토크 변환기(torque converter)의 구성요소와 관계가 없는 것은?
① 임펠러 ② 터빈
③ 스테이터 ④ 오일 쿨러

18 아스팔트 피니셔의 자동 스크리드 조정장치의 역할은?

① 피니셔 혼합재의 흐름을 일률적으로 조정한다.
② 피니셔의 포장 속도를 자동적으로 조정한다.
③ 피니셔의 혼합재 포장 두께를 일정하게 조정한다.
④ 피니셔의 혼합재 온도를 일정하게 조정한다.

19 전자제어 디젤기관의 연료 분사에서 주 분사 전에 예비 분사를 하는 이유로 틀린 것은?

① 분사 시기 지연
② 착화지연기간 단축
③ NOx 량을 줄임
④ 소음, 진동 줄임

20 건설기계의 전자제어 기관에서 안정된 공전 속도를 유지하기 위해 공전속도 제어 시스템이 있다. 공전속도 제어 시스템 작용에 영향을 주는 요소가 아닌 것은?

① 대기압의 상태
② 기관의 냉각수 온도
③ 공전 스위치의 접점 개폐
④ 에어컨의 부하

제2과목　　내연기관

21 기관의 흡기계통에서 충진 효율을 향상시키기 위한 설명으로 잘못된 것은?

① 흡기온도가 상승하지 않도록 흡기구를 엔진룸 밖에 설치한다.
② 흡기관의 굵게 하고 밸브를 멀티화 한다.
③ 흡·배기 밸브 저항을 저감하기 위하여 구부림 반경을 크게 한다.
④ 흡기 매니폴드의 길이를 저속에서는 짧게 한다.

22 총배기량 2,000cc, 회전수 4,500rpm인 4행정 사이클 기관의 축 마력이 80PS인 경우 제동 평균 유효압력은 몇 kgf/cm^2 인가?

① 4　　② 8
③ 12　　④ 16

23 정압 비열 정적 비열 및 비열비와의 관계식 중 옳은 것은?

① $C_v = \dfrac{AR}{k+1}$　　② $C_p = \dfrac{AR}{k-1}$

③ $C_v = \dfrac{k}{k-1}$　　④ $C_p = \dfrac{k}{k-1}AR$

24 가솔린 기관에서 노킹이 일어나기 쉬운 조건이 아닌 것은?

① 제동(정미) 평균 유효압력이 높을 때
② 흡기 온도가 높을 때
③ 실린더가 온도가 높을 때
④ 회전속도가 높을 때

25 기관을 시동할 때 특히 겨울철 시동 때에 농후한 혼합비가 되도록 하는 기화기의 장치는?

① 니들 밸브　　② 에어 블리더
③ 초크 밸브　　④ 벤투리 밸브

26 가솔린 연료가 완전 연소시 발생하는 생성물질로만 짝지어진 것은?
① CO_2, H_2O, N_2 ② CO_2, H_2O, CO
③ CO_2, H_2O, HC ④ CO_2, NO_2, HC

27 피스톤 링의 역할 중 틀린 것은?
① 기밀을 유지한다.
② 피스톤의 열을 실린더 벽에 전달한다.
③ 오일 링은 실린더 벽 오일의 점도를 제어한다.
④ 오일 링은 실린더 벽의 윤활유를 제어한다.

28 4행정 사이클 디젤기관의 성능에 영향을 미치는 인자로 가장 관계가 적은 것은?
① 부스트 압력 ② 흡기관 온도
③ 배기관 온도 ④ 배압

29 총배기량이 1,620cc인 4행정 사이클 엔진에서 회전수 2,000rpm, 도시평균 유효압력 8.0kgf/cm²일 때 축 마력이 23PS이다. 이 엔진의 기계효율은?
① 0.08% ② 77.5%
③ 79.9% ④ 83.7%

30 다음은 내연기관의 냉각 계통에 해당되는 부품 또는 부속품이다. 이 중에서 특히 공랭식에 속하는 것은?
① 물 재킷 ② 물 펌프
③ 냉각 핀 ④ 방열기

31 다음 중 피스톤 링의 특성에 대한 설명 중 틀린 것은?

① 실린더 내에 설치되어 있을 때보다 실린더 밖에서의 직경이 더 크다.
② 기관이 작동 중에는 압축 링의 경우 링의 장력 외에 링의 안쪽에 작용하는 가스 압력에 의해 실린더 벽에 대한 압착력은 더욱 증대된다.
③ 링의 장력이 너무 크면 마멸을 촉진시키며, 소결의 원인이 된다.
④ 링 엔드 갭이 너무 작으면 저온시에 링이 파손되거나 소결되기 쉽다.

32 터보 장착 기관에서 흡입 공기를 냉각시키기 위한 장치는?
① 배기 순환장치 ② 흡입 공기장치
③ 인터 쿨러장치 ④ 냉각 순환장치

33 기관 운전시 발생하는 소음과 관계가 없는 것은?
① 유체 소음 ② 연소 소음
③ 냉각 소음 ④ 기계 소음

34 가솔린 기관에서 윤활유 점도가 필요 이상으로 높아짐으로 나타나는 현상이 아닌 것은?
① 유압이 높아진다.
② 유막 형성이 잘 안된다.
③ 마찰계수가 증가한다.
④ 작동유 누출의 원인이 된다.

35 흡기밸브가 열려 있는 각도가 245°이고 흡기밸브의 열리는 시기는 상사점 전방 16°라면 흡기밸브의 닫힘의 시기는?
① 하사점 전방 49° ② 하사점 후방 49°
③ 하사점 전방 79° ④ 하사점 후방 79°

36 다음 중 가스 터빈에 사용되는 사이클은?
① 카르노 사이클 ② 스털링 사이클
③ 브레이턴 사이클 ④ 방겔 사이클

37 LPG 자동차의 과충전 방지 장치의 기준으로 적합하지 않은 것은?
① 액화석유가스에 견디는 화학적 성빌 및 충분한 기계적인 강도를 가지는 구조일 것.
② 설정점을 용이하게 변경할 수 있는 구조일 것
③ 눈으로 보아 사용상 유해한 홈, 균열 등의 결함이 없을 것.
④ 30kgf/cm² 이상의 내압 시험에 견딜 수 있을 것.

38 디젤기관의 직접 분사실식 연소실에 대한 설명으로 틀린 것은?
① 열 손실이 적고 연료 소비율이 낮다.
② 구조가 간단하여 열에 의한 변형이 적다
③ 분사 압력이 높아 분사펌프 및 노즐의 수명이 짧다.
④ 연료 분사 상태의 변화에 민감하게 반응하지 않는다.

39 기관의 배기량을 나타내는 것은?
① 연소실 체적 ② 실린더 체적
③ 크랭크실 체적 ④ 행정 체적

40 실제 자동차용 기관에서 최대 압력이 발생하는 시기는?
① 상사점
② 상사점 전 10~20° 지점
③ 상사점 후 10~20° 지점
④ 동력행정이 반쯤 진행되었을 때

제3과목 유압기기 및 건설기계안전관리

41 유압 액추에이터(actuator)의 기능 설명으로 가장 적절한 것은?
① 작동유의 압력에너지를 기계적 에너지로 바꾼다.
② 작동유를 일정한 장소에 저장한다.
③ 작동유의 유량을 조절하는 밸브의 일종이다.
④ 작동유의 압력을 축적하는 용기이다.

42 유압기기에서 동기 회로에서 두 개의 실린더가 같은 속도로 움직일 수 있도록 제어해 주는 밸브는?
① 정지 밸브 ② 체크 밸브
③ 분류 밸브 ④ 한계 밸브

43 단면 형상에 따라 V형, U형, L형, J형, SEA형 등으로 분류되고 누설 방지 기능을 발휘하며, 주로 왕복운동에 사용하는 것은?
① O 링 ② 개스킷
③ 컵 패킹 ④ 오일 실

44 보기와 같은 유체 조정기기의 유압 기호로서 맞는 것은?

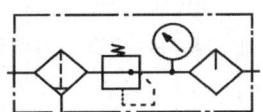

① 유량 계측 검류기
② 가열·냉각 온도조절기
③ 기름 분무 분리기
④ 공기압 조정 유닛

45 전기나 그 밖의 입력신호에 따라서 비교적 높은 압력의 공급원으로부터 기름의 유량과 압력을 상당한 응답속도로 제어하는 서보 유압 밸브의 특징이 아닌 것은?
① 제어되는 것은 기계적 변위이다.
② 단위 중량당의 출력이 크므로 소형으로써 대 출력을 얻을 수 있다.
③ 피드백(feed back) 제어이다.
④ 압력제어를 할 수 없다.

46 유압회로 중에 발생하는 서지압을 흡수할 목적으로 사용되는 회로는?
① 감압 회로
② 무부하 회로
③ 동조 회로
④ 축압기 회로

47 유압 기계에서 작업 장치로 유압 실린더의 압력을 천천히 빼어, 기계 손상의 원인이 되는 회로의 충격을 작게 하는 것을 무엇이라 하는가?
① 컷 오프
② 오일 미스트
③ 디컴프레션
④ 유압 드레인

48 다음 중에서 일반적인 유압 작동유의 구비 조건이 아닌 것은?
① 비압축성일 것
② 녹, 부식의 발생을 방지할 수 있을 것
③ 열을 방출시킬 수 없을 것
④ 장시간 사용하여도 화학적으로 안정할 것

49 유압 기어 모터의 1회전당 송출유량이 60cc, 공급 유량이 72 L/min이고, 출력축의 회전수는 1,100rpm이었다. 이 모터의 체적효율은?
① 82%
② 87%
③ 92%
④ 97%

50 압력 릴리프 밸브의 작동압력에 관한 특성을 설명한 것으로 가장 적합한 것은?
① 작동형 릴리프밸브에서 크랭킹 압력은 설정압의 10% 정도이다.
② 크랭킹 압력은 밸브의 포핏이 열리기 시작하는 압력으로 설정압보다 높을 수도 있다.
③ 작업 요소의 속도조정은 크랭킹 압력과 전개 압력과의 차이인 압력 오버라이드 구간에서는 불가능하다.
④ 일반적으로 간접 작동형(파일럿 조작형) 릴리프밸브의 크랭킹 압력이 작동형 보다 낮다.

51 작업장 통로 및 바닥 재해방지 대책 중 틀린 것은?
① 발이 빠지거나 중량물의 낙하 등 위험시는 신발 바닥이 두꺼운 운동화를 착용한다.
② 사용하지 않는 운반차 등은 통로에 방치하지 말고 지정된 장소에 두도록 한다.
③ 기계와 기계, 기계와 설비 사이의 통로 폭을 80cm 이상 확보 한다.
④ 재료 찌꺼기나 폐품은 그 종류별로 회수상자를 두어 수집 정리한다.

52 화재에서 연소의 기본 3요소란 무엇인가?
① 고온 + 연소 + 가연물
② 가연물 + 산소 + 가스
③ 산소 + 가연물 + 점화원
④ 산소 + 가연물 + 공기

53 안전모의 사용 방법 및 보관 방법 중 틀린 것은?

① 큰 충격을 받은 것과 외관에 손상이 있는 것은 사용을 피해야 한다.
② 안전모를 차에 싣고 다닐 때는 뒷쪽 창문 밑에 두어서는 안된다.
③ 통풍을 목적으로 모체에 구멍을 뚫을 경우는 드릴로 구멍을 낸다.
④ 안전모가 오염된 경우는 유기 용제를 사용해야 하지만 강도에 영향이 없어야 한다.

54 건설기계 전기배선도에서 주의할 점을 나열한 것이다. 이 중에 잘못된 것은?

① 배선 작업에서의 접촉과 차단은 신속히 하는 것이 좋다.
② 배선 차단시는 먼저 접지를 떼고 차단한다.
③ 배선 연결시는 우선 접지를 붙이고 연결한다.
④ 배선 작업장은 건조해야 한다.

55 유압 실린더의 정비에 대한 안전 및 주의 사항 중 잘못된 것은?

① 실린더를 탈거하기 전에 회로 내의 잔압을 완전히 제거한다.
② 실린더를 분해하기 전에 작동유를 배출시킨다.
③ 실린더와 피스톤에 손상이 가지 않도록 주의한다.
④ 부품을 세척할 때는 휘발성이 좋은 가솔린을 사용한다.

56 건설기계 차체 수리시 전기용접기를 사용함에 있어서 지켜야 할 수칙이다. 거리가 먼 것은?

① 용접기 내부에 절대로 손을 대지 않는다.
② 우천시 옥외 작업은 하지 않는다.
③ 작업시 보호 장구의 착용을 일부만 할 수 있다.
④ 피용접물은 코드를 완전히 접지시킨다.

57 건설기계의 취급 및 정비시 주의할 사항 중 거리가 먼 것은?

① 중량 부품을 들어 올릴 때는 적합한 호이스트 장치를 사용한다.
② 라디에이터의 캡, 그리스의 연결부 또는 유압장치의 캡을 열 때는 각별히 조심한다.
③ 건설기계의 세척이나 윤활유 주입시는 기관을 시동상태에서 한다.
④ 정비하는 장소는 환기가 잘 되는지 확인한다.

58 사고방지를 위한 시정책 중 근로자에게 해당하는 사항은?

① 기계 장비 및 시설의 개선
② 안전 제도 및 규칙 준수
③ 개인 기술의 미비점 개선
④ 교육과 훈련의 미비점 보완

59 다음 중에서 아크용접을 할 때 기공이 생기는 원인이 되는 것은?

① 용접봉이 가늘 때
② 용접봉이 굵을 때
③ 용접봉이 건조하였을 때
④ 용접봉에 습기가 있었을 때

60 수공구 사용 방법 중 올바른 것은?

① 렌치에 파이프를 끼워 사용한다.

② 해머의 타격면이 넓어진 것을 그냥 사용한다.
③ 잘 풀리지 않는 볼트는 파이프 렌치를 사용하여 푼다.
④ 볼트와 너트 조임 작업은 오픈 앤드 렌치보다는 복스 렌치를 사용한다.

제4과목 일반기계공학

61 일반적으로 열간 가공과 냉간 가공을 구분하는 온도는?
① 연성 온도
② 취성 온도
③ 재결정 온도
④ A_1 변태 온도

62 프레스 가공을 분류할 때 전단 가공의 종류에 속하지 않는 것은?
① 엠보싱
② 블랭킹
③ 트리밍
④ 셰이빙

63 기어에서 언더컷 현상이 일어나는 원인은?
① 잇수비가 아주 클 때
② 잇수가 많을 때
③ 이 끝이 둥글 때
④ 이 끝 높이가 낮을 때

64 인장강도가 4,200kgf/cm²인 연강봉이 있다. 안전율이 10이면 허용응력은 몇 kgf/cm²인가?
① 42,000
② 42
③ 280
④ 420

65 다음은 나사에 대한 설명이다. 틀린 것은?
① 나사를 1회전 시켰을 때, 축 방향으로 진행한 거리를 리드라고 한다.
② 오른나사는 시계방향으로 회전할 때 전진하는 나사이다.
③ 유효지름은 수나사의 최대지름이며, 나사의 크기를 나타낸다.
④ 사각나사는 힘이 작용하는 방향이 축선과 평행하며, 나사 효율이 좋다.

66 스프링 장치에 인장하중 P = 100N일 때 스프링 장치의 하중 방향의 처짐량은?(단, 스프링 상수 k_1 = 20N/cm이고, k_2 = 10N/cm이다.)

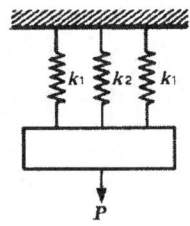

① 1.67cm
② 2cm
③ 2.5cm
④ 20cm

67 드릴링 머신에서 할 수 없는 작업은?
① 카운터 보링
② 리밍
③ 카운터 싱킹
④ 코킹

68 화염온도가 가장 높고 발열량에 비하여 가격도 저렴하여 가스용접에 많이 사용하는 가스는?
① 수소
② 프로판
③ 일산화탄소
④ 아세틸렌

69 냉간 가공의 특징이 아닌 것은?
① 가공 면이 매끄럽고 곱다.
② 가공도가 크다.
③ 연신율이 작아진다.
④ 제품의 치수가 정확하다.

70 압출가공에 대한 설명이다. 거리가 먼 것은?
① 속이 빈 용기를 만드는 데는 충격 압출이 적합하다.
② 압출에 의한 표면결함은 소재 온도와 가공 속도를 늦춤으로써 방지할 수 있다.
③ 단면의 형태가 다양한 직선, 곡선 제품의 생산이 가능하다.
④ 납 파이프나 건전지 케이스를 생산하는데 적합하다.

71 출력이 한 방향으로만 작용할 때 사용되는 것으로 주로 바이스, 압착기 등에 사용되는 나사로 가장 적합한 것은?
① 톱니나사   ② 너클나사
③ 볼나사   ④ 삼각나사

72 다음 중 유압의 기초적인 원리라 할 수 있는 파스칼의 원리에 대한 성명으로 틀린 것은?
① 유체의 압력은 면에 직각으로 작용한다.
② 각 점에서의 압력은 모든 방향으로 같다.
③ 가한 압력은 유체 각부에 같은 세기로 전달된다.
④ 유체의 압력은 압력을 직접 받는 면이 가장 크다.

73 기어의 각부 명칭에 대한 설명 중 틀린 것은?
① 피니언 : 서로 물리는 2개의 기어 중 작은 것
② 원주 피치 : 피치 원주에서 측정한 하나의 이에서 다음 이까지의 거리
③ 모듈 : 피치원 지름을 잇수로 나눈 값
④ 지름 피치 : 기어의 잇수를 이뿌리 원으로 나눈 값

74 황동에는 7 : 3 황동과 6 : 4 황동이 있다. 황동의 주성분으로 가장 적당한 것은?
① 구리(Cu)+망간(Mn)
② 구리(Cu)+아연(Zn)
③ 구리(Cu)+니켈(Ni)
④ 구리(Cu)+규소(Si)

75 와셔의 사용 목적으로 적합하지 못한 곳은?
① 볼트 구멍의 지름이 볼트보다 너무 클 때
② 볼트가 받는 전단응력을 감소시키려 할 때
③ 볼트 시트 면의 재료가 약해서 넓은 면으로 지지하여야 할 때
④ 진동이나 회전이 있는 곳의 볼트나 너트의 풀림 방지

76 50,000kgf-cm의 굽힘 모멘트를 받는 단순 보의 단면 계수가 100cm^3 이면 이 보에 발생되는 굽힘응력(kgf/cm^2)은?
① 250   ② 500
③ 750   ④ 1,000

77 길이 300mm의 봉이 인장력을 받아 1.5mm 신장 되었을 때 길이 방향 변형률은?
① 1.33×10^{-3} ② 5.0×10^{-2}
③ 5.0×10^{-3} ④ 1.33×10^{-2}

78 기어의 각부 명칭 중 피치원의 둘레를 잇수로 나눈 값을 무엇이라 하는가?
① 원주피치   ② 모듈
③ 지름피치   ④ 물림 길이

79 회전운동을 직선운동으로 변환시키는 기어는?
① 스큐우 기어   ② 래크와 피니언
③ 인터널 기어   ④ 크라운 기어

80 강을 열처리하는 방법 중에서 풀림의 일반적인 목적이 아닌 것은?
① 가공에서 생긴 내부 응력을 저하시킨다.
② 조직을 균일화, 미세화시킨다.
③ 담금질한 강을 경화시킨다.
④ 열처리로 인하여 경화된 재료를 연화시킨다.

CBT 출제예상문제

▶ 정답 610쪽

제1과목 건설기계정비

1 전자제어 디젤기관 시스템에서의 고장 발생 시 최소한의 운행이 가능하도록 하는 기능은?
① 타이머 기능
② 앵글라이히 기능
③ 페일 세이프 기능
④ 트랙션 컨트롤 기능

2 기동전동기의 종류별 특징에 대한 설명으로 틀린 것은?
① 직권식 전동기는 기동 모터에 주로 사용된다.
② 분권식 전동기는 계자 코일과 전기자 코일이 병렬로 연결되어 있다.
③ 분권식 전동기는 일반적으로 직권식 전동기보다 기동 회전력이 크다.
④ 직권식 전동기는 계자 코일과 전기자 코일이 직렬로 연결되어 있다.

3 덤프트럭에서 추진축이 진동하는 원인으로 틀린 것은?
① 추진축이 휘었다.
② 요크의 방향이 틀리게 조립되었다.
③ 유니버설 조인트 베어링이 파손되었다.
④ 슬립 조인트부에 그리스가 너무 많이 주유되었다.

4 기중기에 사용되는 와이어로프의 종류에서 소선과 스트랜드를 반대 방향으로 꼰 것은?
① S 꼬임
② Z 꼬임
③ 보통 꼬임
④ 랭 꼬임

5 배기가스 중 NOx를 감소시키기 위한 방법으로 가장 옳은 것은?
① 배기압력을 낮춘다.
② 흡기온도를 높인다.
③ 엔진 회전수를 낮춘다.
④ 연소실의 온도를 낮춘다.

6 준설선의 사용 동력에 따른 분류로 틀린 것은?
① 전동식
② 디젤식
③ 그래브식
④ 가스 터빈식

7 기관의 마력이 25PS일 때 1,000rpm에서 최대 토크를 나타낸다. 이때 클러치에 의해 전달되는 토크(kgf·m)는?
① 17.9
② 19.9
③ 28.6
④ 34.9

8 지게차 미스트 상승 높이를 측정한 결과 규정치보다 다르게 측정되었다면 어떻게 조정해야 하는가?

① 리프트 체인의 길이로
② 리프트 실린더의 길이로
③ 리프트 실린더 로드의 길이로
④ 인너 레일과 아웃 레일의 겹침으로

9 광도가 12,000cd인 전조등을 켰을 때 광축에 수직인 면의 조도가 480 lux였다. 전조등에서 수직면까지의 거리는?

① 0.5m   ② 1.5m
③ 5.0m   ④ 10.0m

10 EGR율(배기가스 재순환율)을 바르게 표시한 것은?

① $EGR율 = \dfrac{EGR가스량}{흡입공기량 + EGR가스량} \times 100\%$

② $EGR율 = \dfrac{총\ 배기가스량}{흡입공기량 + EGR가스량} \times 100\%$

③ $EGR율 = \dfrac{EGR가스량}{흡입공기량 - EGR가스량} \times 100\%$

④ $EGR율 = \dfrac{총\ 배기가스량}{흡입공기량 \times EGR가스량} \times 100\%$

11 축전지에 증류수를 자주 보충해야 되는 이유는?

① 정상적이다.
② 황산화되고 있다.
③ 과충전되고 있다.
④ 과부하가 걸리고 있다.

12 기중기에서 상부에 권상 와이어용 시브가 있고, 하부에 훅을 장치한 것은?

① 훅 블록 장치   ② 붐 전도방지 장치
③ 권과방지 장치 ④ 붐 기복정지 장치

13 트랙터 리코일 스프링의 역할로서 적당하지 않은 것은?

① 전진할 때 받은 충격을 흡수한다.
② 동력 조정장치(PCU)의 조작을 원활하게 한다.
③ 트랙에서 받은 충격을 흡수한다.
④ 쇽업소버와 비슷한 역할을 한다.

14 축간거리가 2.5m이고 바깥쪽 바퀴의 조향각이 30°, 안쪽 바퀴의 조향각이 35°인 덤프트럭의 최소 회전 반경(m)은?(단, 바퀴의 접지면 중심의 킹핀과의 거리는 15cm이다.)

① 3.15   ② 4.85
③ 5.15   ④ 6.15

15 건설기계용 토크 컨버터의 토크 변환율은?

① 1~1.5배   ② 2~3배
③ 4~5배   ④ 6~7배

16 감속 제동장치 중 엔진 브레이크식 제동장치에 관한 설명으로 옳지 않은 것은?

① 기관의 회전저항을 이용하는 제동이다.
② 흡·배기 행정시 발생하는 펌핑 손실을 이용한다.
③ 변속 단수는 최고 단수를 사용한다.
④ 엔진 브레이크 사용 시 변속 단수에 따라 제동력이 각각 달라진다.

17 굴삭기의 시동 회로에 흐르는 전류(A)와 전압(V)을 측정하려고 한다. 축전지의 연결 방법으로 적합한 것은?

① 전류(A)-직렬, 전압(V)-직렬
② 전류(A)-직렬, 전압(V)-병렬
③ 전류(A)-직·병렬, 전압(V)-직렬
④ 전류(A)-병렬, 전압(V)-직·병렬

18 타이어식 건설기계에 사용되는 자재 이음의 종류에 해당하지 않는 것은?

① 등속 조인트   ② 추진축 조인트
③ 플렉시블 조인트   ④ 트러니언 조인트

19 30℃에서 전해액 비중이 1.215일 때 20℃에서의 비중은 얼마나 되겠는가?

① 1.222   ② 1.232
③ 1.252   ④ 1.282

20 굴착기에서 시동 스위치를 off시켜도 엔진이 정지되지 않을 때 점검할 항목과 가장 거리가 먼 것은?

① 시동 스위치를 점검한다.
② 연료 차단 솔레노이드의 작동상태를 점검한다.
③ 시동 릴레이 연결 배선의 전류 흐름을 점검한다.
④ 연료 차단 솔레노이드와 연결된 배선의 전류 흐름을 점검한다.

제2과목 내연기관

21 피스톤 링 조립시 주의사항으로 맞지 않는 것은?

① 링의 순서가 바뀌지 않게 주의한다.
② 링의 면이 바뀌지 않게 주의한다.
③ 절개부가 120~180°의 각도를 두고 설치되도록 한다.
④ 절개부가 축 직각 방향에 설치되도록 주의하여 조립한다.

22 가솔린의 저위발열량이 50,000kJ/kg이고, 가솔린 1kg의 보유 에너지 중 30%가 유효한 일로 바꾸어진다면 40kN의 무게를 가진 물체를 이동시킬 수 있는 거리는?

① 280m   ② 375m
③ 420m   ④ 525m

23 내부에너지가 40kJ인 가스가 열을 받아 외부에 2,000N·m의 일을 하고, 내부에너지는 68kJ로 증가하였다면 받아들인 열량은 약 몇 kJ인가?

① 30   ② 35
③ 40   ④ 45

24 과급 장치의 장점에 대한 설명으로 틀린 것은?

① 모든 회전속도 영역에서 출력이 일정하다.
② 연료 품질 개선으로 유해 배출물 저감 효과가 있다.
③ 행정체적을 증가시키지 않고도 출력을 증대시킬 수 있다.

④ 과급에 의해 급기 중 산소량이 증대되어 착화지연이 단축된다.

25 유해 배기가스 저감장치 중 삼원촉매장치의 촉매로 사용되는 것이 아닌 것은?
① 백금
② 로듐
③ 파라듐
④ 황산염

26 디젤기관에서 연료의 연소를 위해 필요한 연료 분무 상태로 틀린 것은?
① 무화가 좋아야 한다.
② 후적이 있어야 한다.
③ 관통력이 커야 한다.
④ 분산이 골고루 이루어져야 한다.

27 밸브의 구조 중 실린더 헤드의 밸브시트와 직접 접촉하여 밸브 헤드의 열을 전달하는 부분은?
① 밸브 엔드
② 밸브 스템
③ 밸브 페이스
④ 밸브 가이드

28 내연기관에서 피스톤의 구비 조건으로 거리가 먼 것은?
① 내구력이 큰 재질일 것
② 열전도가 좋고 열팽창이 클 것
③ 내열성 및 내압성이 우수할 것
④ 중량이 가벼워 관성이 영향을 적게 받을 것

29 내연기관에서 가솔린 200cc의 완전연소를 위해 필요한 공기는 몇 kgf인가?(단, 가솔린 비중 0.8, 이론공연비 14.7 : 1이다.)

① 1.81
② 2.35
③ 2.81
④ 3.35

30 기관의 체적효율을 구하기 위해 필요한 항목은?
① 연료의 중량과 연소실 체적
② 연료의 중량과 실린더 행정체적
③ 실제로 흡입되는 공기 중량과 연소실 체적
④ 실제로 흡입되는 공기 중량과 실린더 행정체적

31 카르노 사이클에서 4.9kJ의 일을 얻기 위해 8.37kJ의 열을 공급했다. 저열원의 온도가 15℃ 일 때 고열원의 온도는 약 몇 ℃인가?
① 148
② 363
③ 421
④ 694

32 기관의 플라이휠에 대한 설명으로 틀린 것은?
① 중량이 가벼워야 한다.
② 원심력과 인장력이 작용한다.
③ 회전 중 회전관성이 작아야 한다.
④ 중심부는 얇으며 바깥쪽 주위는 두꺼워야 한다.

33 가솔린 기관에서 동력행정에 대한 설명으로 옳은 것은?
① 피스톤이 BDC에서 TDC로 운동한다.
② 플라이휠의 관성에 의해 동력이 발생된다.
③ 흡기와 배기밸브가 열려 있는 상태이다.
④ 열에너지가 기계적 에너지로 전환되는 행정이다.

34 최고압력 또는 최고 온도가 같을 경우, 이론 열효율이 가장 높은 사이클은?
① 사바테 사이클 ② 복합 사이클
③ 정압 사이클 ④ 정적 사이클

35 과급기가 장착된 디젤기관에서 흡입 공기를 냉각시키기 위한 장치는?
① 가변 흡기 장치
② 인터쿨러 장치
③ 흡입 공기 압축 장치
④ 배기가스 재순환 장치

36 기관성능 곡선에서 연료소비율을 나타내는 곡선은?

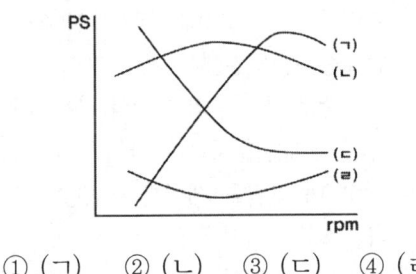

① (ㄱ) ② (ㄴ) ③ (ㄷ) ④ (ㄹ)

37 엔진의 냉각장치에서 공랭식과 비교한 수냉식의 장점으로 틀린 것은?
① 냉각 작용이 균일하다.
② 차량 실내의 난방이 용이하다.
③ 구조가 간단하여 경제적이다.
④ 기관의 연소 소음을 감소시킨다.

38 오토사이클에서 열을 공급하는 과정은?
① 정압과정 ② 단열과정
③ 정적과정 ④ 등엔트로피 과정

39 디젤기관에서 배기가스 배출 특성에 관한 설명으로 틀린 것은?
① HC는 연료분사의 후적에 의한 혼합 불충분으로 발생한다.
② NOx의 발생량을 줄이기 위해서 연소실의 온도를 높여야 한다.
③ 공기 과잉율이 높은 상태에서 연소하여 CO의 배출량이 적다.
④ 대기 중에 배출되는 PM의 저감을 위해 배기가스 후처리 장치를 사용한다.

40 밸브 오버랩에 대한 설명으로 옳은 것은?
① 매 사이클이 끝날 무렵, 상사점 부근에서 흡기밸브와 배기밸브가 함께 닫혀있는 구간
② 매 사이클이 끝날 무렵, 상사점 부근에서 흡기밸브와 배기밸브가 함께 열려 있는 구간
③ 매 사이클이 끝날 무렵, 하사점 부근에서 흡기밸브와 배기밸브가 함께 닫혀있는 구간
④ 매 사이클이 끝날 무렵, 하사점 부근에서 흡기밸브와 배기밸브가 함께 열려 있는 구간

제3과목 유압기기 및 건설기계안전관리

41 아래 기호의 명칭은?

① 단동 실린더 ② 공기압 모터
③ 유압 모터   ④ 유압 펌프

42 유동하고 있는 액체의 압력이 국부적으로 저하되어, 증기나 함유 기체를 포함하는 기포가 발생하는 현상은?

① 용해 현상   ② 맥동 현상
③ 액화 현상   ④ 공동 현상

43 내경 20mm의 관에 0.05m³/min의 작동유가 흐르고 있다. 관내의 유속은 약 몇 m/s인가?

① 1.65   ② 2.01   ③ 2.65   ④ 3.01

44 그림에서 실린더 B의 반지름은 실린더 A의 반지름의 3배이다. 힘 F_1과 F_2 사이의 관계는?

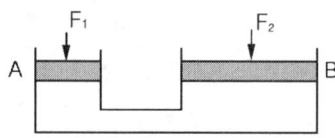

① $F_1 = 3F_2$ ② $F_1 = 9F_2$
③ $F_2 = 3F_1$ ④ $F_2 = 9F_1$

45 수압펌프, 주유소의 주유기 등에서 기름이나 물 등의 유체 위치 수두를 보존하기 위해 사용하는 기기로, 한쪽 방향의 흐름만 허용하고, 역류를 허용하지 않는 밸브는?

① 스로틀 밸브   ② 스톱밸브
③ 셔틀밸브   ④ 체크밸브

46 액추에이터 공급 쪽 관로에 설정된 바이패스 관로의 흐름을 제어하여 속도를 제어하는 회로로, 실린더에 유입되는 유량이 부하에 따라 변하므로 피스톤 이송을 정확하게 조절하기 어려운 회로는?

① 블리드 오프 회로   ② 카운터밸런스 회로
③ 미터-아웃 회로   ④ 미터-인 회로

47 다음 중 유압유의 구비 조건으로 거리가 먼 것은?

① 기름 중의 공기를 빠르게 분리시킬 수 있어야 한다.
② 장시간 사용하여도 화학적으로 안정하여야 한다.
③ 열을 방출시키지 않아야 한다.
④ 비압축성이어야 한다.

48 다음 중 시퀀스 회로에 대한 설명으로 가장 적절한 것은?

① 미리 정해진 순서에 따라 제어 작동의 각 단계를 순차 진행해 가는 제어회로
② 제어 동작이 밸브의 개폐와 같은 2개의 정해진 상태만을 취하는 제어회로
③ 회로 내 압력을 제어하는 것을 목적으로 하는 회로
④ 회로 내 흐름의 방향을 바꾸는 제어회로

49 유압공기압 기호의 표시 방법과 해석의 기본 사항에 대한 설명으로 틀린 것은?

① 포트는 관로와 기호 요소의 접점으로 나타낸다.
② 기호는 해당 기기의 외부 포트의 존재를 표시하나, 그 실제 위치를 나타낼 필요는 없다.
③ 복잡한 기호의 경우, 기능상 사용되는 접속구는 생략한다.
④ 기호는 기능, 조작 방법 및 외부 접속구를 표시한다.

50 유압회로의 최고 압력을 제한하여 회로 내의 과부하를 방지하는 압력 제어밸브는?
① 방향 제어밸브   ② 릴리프 밸브
③ 분류밸브   ④ 스로틀 밸브

51 효율적인 안전관리를 위한 4가지의 기본 관리 사이클(cycle)이 아닌 것은?
① 계획   ② 예산   ③ 실시   ④ 조치

52 산업안전보건법에 의한 금지표지의 종류가 아닌 것은?
① 출입 금지
② 보행 금지
③ 물체 이동 금지
④ 산화성 물질사용 금지

53 수공구 사용 방법에 대한 설명으로 맞는 것은?
① 렌치에 파이프를 끼워 사용한다.
② 해머의 타격면이 넓어진 것을 그냥 사용한다.
③ 잘 풀리지 않는 볼트는 파이프 렌치를 사용하여 푼다.
④ 볼트와 너트 조임 작업은 오픈엔드렌치보다는 옵셋 렌치를 사용한다.

54 화재 또는 폭발의 가능성이 있는 건설기계 작업장에서의 주의할 점으로 거리가 먼 것은?
① 화기의 사용을 금한다.
② 인화성 물질의 사용을 금한다.
③ 불연성 재료와 공구의 사용을 금한다.
④ 점화원이 될 수 있는 기계, 공구의 사용을 금한다.

55 눈에 배터리 액(묽은 황산)이 들어갔을 때 가장 먼저 취해야 할 안전조치는?
① 알코올로 소독한다.
② 암모니아수로 닦는다.
③ 중탄산 소다수로 닦는다.
④ 즉시 맑은 물로 씻어낸다.

56 재해 손실 비용의 계산방식 중 하인리히 방식으로 맞는 것은?
① 보험비용
② 직접 손실 비용
③ 보험비용+비보험비용
④ 직접 손실비용+간접 손실 비용

57 드릴링 머신을 사용하여 얇은 판에 구멍을 뚫을 때 안전대책으로 가장 거리가 먼 것은?
① 보안경을 착용한다.
② 장갑을 착용하지 않는다.
③ 목재 등을 밑에 받치고 작업한다.
④ 칩은 드릴링 가공 중 맨손으로 제거한다.

58 안전·보건 표지의 종류와 형태 중 바탕은 파란색이고 관련 그림이 흰색인 것은?
① 안내표지   ② 지시표지
③ 금지표지   ④ 경고표지

59 스패너 사용 시 주의 사항으로 틀린 것은?
① 스패너를 두 개로 잇거나 자루에 파이프를 끼워서 사용해서는 안 된다.
② 스패너를 너트에 억지로 끼워 밀면서 사용한다.
③ 스패너를 망치 대용으로 사용하지 않는다.

④ 스패너의 입이 너트 폭과 동일한 것을 사용하고 입이 변형된 것은 사용하지 않는다.

60 연삭 작업 시 숫돌 관련 유의 사항으로 틀린 것은?
① 숫돌은 축에 무리가 없도록 장착한다.
② 숫돌의 장착이나 시운전은 반드시 지정된 자가 실시한다.
③ 숫돌을 장착하기 전에 외관과 균열을 점검한다.
④ 휴대용 연삭기는 발로 누르거나 바이스에 물려서 연삭기 대용으로 사용해도 된다.

제4과목 일반기계공학

61 다음 중 기어펌프에 속하지 않는 것은?
① 로브 펌프   ② 트로코이드 펌프
③ 스크루 펌프   ④ 베인 펌프

62 공작물을 단면적 100cm²인 유압실린더로 1분에 2m의 속도로 이송시키기 위해 필요한 유량은 몇 L/min 인가?
① 10L/min   ② 20L/min
③ 30L/min   ④ 40L/min

63 원형 단면축이 비틀림 모멘트를 받을 때 생기는 최대 전단응력에 관한 설명으로 옳지 않은 것은?
① 극단면 계수에 비례한다.
② 비틀림 모멘트에 비례한다.
③ 극관성 모멘트에 반비례한다.
④ 축 지름의 3제곱에 반비례한다.

64 열응력에 대한 설명으로 옳지 않은 것은?
① 재료의 온도차에 비례한다.
② 재료의 단면적에 비례한다.
③ 재료의 세로 탄성계수에 비례한다.
④ 재료의 선팽창계수에 비례한다.

65 허용 인장응력이 100N/mm²인 아이볼트에 축 방향으로 1t의 화물을 들어 올리는 경우, 이 볼트의 골지름은 최소 몇 mm 이상이어야 하는가?
① 9.8   ② 11.2
③ 13.4   ④ 16.9

66 프와송 비에 대한 설명으로 옳은 것은?
① 종변형률과 횡변형률의 곱이다.
② 수직응력과 종탄성계수를 곱한 값이다.
③ 횡변형률을 종변형률로 나눈 값이다.
④ 전단응력과 횡탄성계수의 곱이다.

67 탄소강을 담금질했을 때 나타나는 다음 조직 중 경도가 가장 낮은 것은?
① 오스테나이트   ② 트루스타이트
③ 마텐자이트   ④ 소르바이트

68 유압회로에서 어큐뮬레이터(축압기)의 역할로 거리가 먼 것은?
① 회로 내 충격압력의 흡수
② 펌프 등에서 발생하는 맥동 제거
③ 유압을 일정하게 유지
④ 유압유의 여과 및 냉각

69 밀폐된 용기에 넣은 정지 유체의 일부에 가해지는 압력은 유체의 모든 부분에 동일한 힘으로 전달된다는 유압장치의 기초가 되는 원리 또는 법칙은?

① 뉴턴의 제1법칙
② 보일-샤를의 법칙
③ 파스칼의 원리
④ 아르키메데스의 원리

70 작은 입자의 숫돌로 작은 압력으로 일감을 누르면서 가공물에 이송을 주고, 동시에 숫돌에 진동을 주어 단시간에 원통의 내면이나 외면 및 평면을 다듬질 가공하는 것은?

① 슈퍼 피니싱   ② 브로칭
③ 호닝   ④ 래핑

71 판재를 굽힘 가공 시 탄성의 영향으로 굽힘각의 정밀도가 나지 않는 경우가 있는데 가장 큰 이유는?

① 가공경화   ② 이송 굽힘
③ 시효경화   ④ 스프링 백

72 다음 중 내식용 알루미늄 합금에 속하지 않는 것은?

① Al-Mn계의 알민
② Al-Mg-Si계의 알드리
③ Al-Mg계의 하이드로날륨
④ Al-Cu-Ni-Mg계의 Y합금

73 FRP라고도 하며 우수한 경량성 재료로 폴리에스테르와 에폭시가 수지 재료인 복합재료는?

① 섬유강화 금속
② 섬유강화 콘크리트
③ 섬화강화 세라믹
④ 섬유강화 플라스틱

74 선반 가공 중에 발생할 수 있는 구성 인선을 방지할 수 있는 대책으로 거리가 먼 것은?

① 절삭 깊이를 낮게 한다.
② 경사각을 작게 한다.
③ 절삭공구의 인선을 예리하게 한다.
④ 절삭 속도를 크게 한다.

75 다음 중 삼각 나사에 대한 일반적인 설명으로 옳은 것은?

① 동력 전달용으로 적합하다.
② 나사 효율이 좋다.
③ 마찰계수가 크다.
④ 자립 작용이 없다.

76 그림과 같이 균일 분포하중을 받는 단순보에서 최대 굽힘 응력은?

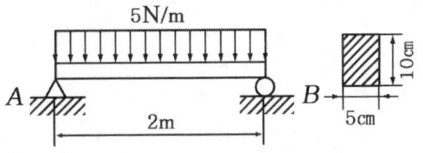

① 30kPa   ② 40kPa
③ 60kPa   ④ 80kPa

77 2줄 나사의 피치가 0.5mm일 때, 이 나사의 리드는?

① 1mm   ② 1.5mm
③ 0.25mm   ④ 0.5mm

78 비례한도 이내에서 응력과 변형률이 정비례 한다는 것은 다음 중 어느 법칙인가?

① 오일러의 법칙 ② 변형률의 법칙
③ 훅의 법칙 ④ 모어의 법칙

79 다음 용접부의 검사 중 비파괴 검사법에 해당하는 것은?

① 인장시험 ② 피로시험
③ 크리프시험 ④ 침투탐상시험

80 축열실과 반사로를 사용하여 장입물을 용해 정련하는 방법으로 우수한 강을 얻을 수 있고 다량 생산에 적합한 용해로는?

① 전로 ② 평로
③ 전기로 ④ 도가니로

정답 및 해설

제 1 회

01 ③	02 ②	03 ②	04 ③	05 ①
06 ①	07 ①	08 ③	09 ②	10 ①
11 ②	12 ③	13 ③	14 ③	15 ②
16 ③	17 ③	18 ②	19 ②	20 ③
21 ①	22 ②	23 ②	24 ④	25 ②
26 ②	27 ①	28 ①	29 ②	30 ④
31 ①	32 ③	33 ③	34 ②	35 ④
36 ③	37 ③	38 ③	39 ①	40 ③
41 ①	42 ④	43 ②	44 ②	45 ①
46 ③	47 ③	48 ④	49 ④	50 ③
51 ②	52 ③	53 ②	54 ④	55 ①
56 ③	57 ③	58 ③	59 ①	60 ①
61 ③	62 ①	63 ④	64 ①	65 ③
66 ③	67 ④	68 ④	69 ②	70 ④
71 ①	72 ②	73 ②	74 ④	75 ②
76 ②	77 ③	78 ④	79 ①	80 ④

01. 교류발전기의 유도기전력의 크기는 단위시간에 자른 자력선의 수에 비례한다. 즉 상대운동의 속도가 빠를수록, 자속의 밀도(전자석의 크기, 코일의 권수)가 클수록 커진다.

02. 기동전동기의 홀드인 코일은 플런저의 위치를 유지하는 역할 즉 플라이휠의 링 기어와 전기자의 피니언 물림상태 유지이다.

03. 펌프와 터빈의 회전속도가 같을 때 유체클러치의 토크 변환율은 1 : 0.98이다.

04. 교류발전기의 특징
 ① 소형·경량이며 출력이 크다.
 ② 저속에서의 충전성능이 우수하다.
 ③ 고속 회전에서도 견딜 수 있다.
 ④ 정류자가 없어 브러시 수명이 길다.
 ⑤ 실리콘 다이오드로 정류하므로 정류 특성이 좋다.
 ⑥ 전압조정기만 필요하다.

05. 사리채취기(자갈채취기)는 자갈, 모래 등을 선별하는 건설기계이며, 채취 기구를 구동하기 위한 기관을 설치한 것으로 버킷장치, 선별장치, 파쇄장치, 진동 장치 등이 탑재되어 있다.

06. 증발 압력 조절밸브는 열부하가 작은 운전조건에서 에어컨 증발기의 빙결 현상을 방지하기 위하여 둔다.

07. 전자제어 디젤기관의 연소과정
 ① 파일럿 분사(Pilot Injection, 착화 분사) : 주 분사가 이루어지기 전에 연료를 분사하여 연소가 원활히 되도록 하기 위한 것이며, 파일럿 분사 실시 여부에 따라 기관의 소음과 진동을 줄일 수 있다.
 ② 주 분사(Main Injection) : 파일럿 분사가 실행 되었는지 여부를 고려하여 연료 분사량을 계산한다. 주 분사의 기본값으로 사용되는 것은 기관 회전력의 양(가속페달 센서 값), 기관 회전속도, 냉각수 온도, 흡입 공기 온도, 대기압 등이다.
 ③ 사후분사(Post Injection) : 유해 배출가스 감소를 위해 사용되는 것이며, 연소가 끝난 후 배기행정에서 연소실에 연료를 공급하여 배기가스를 통해 촉매변환기로 공급한다.

08. 잔압을 두는 목적은 ①, ②, ④항 이외에 브레이크의 작동 지연을 방지한다.

09. 터닝(센터) 조인트는 상부 회전체의 중심부에 설치되어 있으며, 상부 회전체의 오일을 하부 주행체(주행모터, 트랙터)로 공급해 주는 역할을 한다. 또 이 조인트는 상부 회전체가 회전하더라도 호스, 파이프 등이 꼬이지 않고 원활하게 공급되도록 한다.

10. $T = 4D^2$ ∴ $4 \times 0.5^2 = 1$

11. 탠덤 드라이브 장치는 4개의 뒷바퀴를 구동시켜서 최대 견인력을 주며, 최종 감속작용을 한다. 상하로 움직여서 블레이드의 수평작업이 가능하도록 그레이더의 균형을 유지하고 주행할 때 직진성능을 주며, 완충작용을 도와준다.

12. $Cp = Cs \times St$ [Cp : 코일스프링을 압축(또는 늘리는데)하는데 필요한 힘, Cs : 스프링 정수, St : 코일스프링을 압축하는 길이]   ∴ 2kgf/mm×50mm=100kgf

13. 전자제어 디젤기관의 연료 장치
 ① **저압 연료펌프** : 연료펌프 릴레이로부터 전원을 공급받아 고압연료 펌프로 연료를 압송한다.
 ② **연료여과기** : 연료 속의 수분 및 이물질을 여과하며, 연료가열 장치가 설치되어 있어 겨울철에 냉각된 기관을 시동할 때 연료를 가열한다.

③ **연료 온도센서(FTS, fuel temperature sensor)** : 부특성 서미스터를 사용한다. 이 센서의 신호는 연료 온도에 따른 연료 분사량 보정신호로 사용된다.
④ **고압연료펌프** : 저압연료 펌프에서 공급된 연료를 약 1,350bar의 높은 압력으로 압축하여 커먼레일로 공급하며, 압력 제어밸브가 부착되어 있다.
⑤ **커먼레일(Common Rail)** : 고압연료펌프에서 공급된 연료를 각 실린더의 인젝터로 분배한다.
⑥ **연료 압력 센서** : 커먼레일에 설치되어 있으며, 과도한 압력이 발생할 경우 연료의 복귀통로를 열어 압력을 제어한다.
⑦ **연료 압력 조절밸브(압력제한밸브)** : 커먼레일에 설치되어 있으며 커먼레일 내의 연료압력이 규정 값보다 높아지면 열려 연료의 일부를 연료탱크로 복귀시킨다.
⑧ **인젝터** : 고압의 연료를 컴퓨터의 전류제어를 통하여 연소실에 미립형태로 분사한다.

14. 클램셀은 수직 굴토 작업, 토사 상차 작업에 주로 사용하며, 태크 라인(tag line)은 선회나 지브 기복을 행할 때 크램셀(버킷)을 와이어로프로 가볍게 당겨 흔들리거나 회전을 방지하여 와이어로프가 꼬이는 것을 방지하는 역할을 한다.

16. **부동액의 구비조건**
① 비등점이 물보다 높을 것
② 빙점(응고점)은 물보다 낮을 것
③ 물과 혼합이 잘 될 것
④ 휘발성이 없고, 순환이 잘 될 것
⑤ 부식성이 없고, 팽창계수가 적을 것
⑥ 침전물이 없을 것

17. 수온이 상승하면 서미스터의 저항값이 감소한다.

18. 휠 구동식 건설장비의 브레이크 계통에서 솔기가 들어갔을 때는 휠 실린더의 에어 블리드 스크루에서 배출시켜야 한다.

19. 리닝 장치는 회전반경을 작게 하기 위해 앞바퀴를 좌우로 20~30° 정도 경사 시키는 장치이다.

20. $Q = BH^2$ [Q : 블레이드 용량, B : 블레이드 폭, H : 블레이드 높이] ∴ $2 \times 0.6^2 = 0.72m^3$

21. $\eta e = \dfrac{3,600}{be \times Hu} \times 100$ [ηe : 제동열효율, be : 연료소비율, Hu : 연료의 발열량]
∴ $\dfrac{3,600}{0.34 \times 44,000} \times 100 = 24.06\%$

22. 윤활유 첨가제에는 산화방지제(부식방지제), 청정분산제, 응고점 강하제(또는 유동점 강하제), 점도지수 향상제, 기포방지제(소포제), 유성향상제, 유동점 강하제 등이 있다.

23. 저속 충진 효율을 향상시키기 위해서는 흡기 매니폴드의 길이를 저속에서는 길게 한다.

24. 디젤기관의 연료의 발화 촉진제에는 초산에틸, 질산에틸, 초산아밀, 아초산 에틸 등이 있다.

25. 기관에서 과급을 하는 주된 목적은 기관의 출력 증대이다.

27. 희박 연소 기관은 이론공연비보다 적은 양의 연료를 혼합하여 연소시키며, 연소 촉진을 위해 흡입 포트 내에 컨트롤 밸브를 설치하여 연소실에 스월을 발생시킨다. 또 공전 상태에서 매니폴드 스로틀 밸브를 닫아 급속 연소를 유도하여 기관의 회전수를 저하시킨다.

28. 링 플러터 현상 방지 방법은 피스톤 링의 장력을 높여서 면압을 증가시키고, 피스톤 링의 무게를 줄여 관성력을 감소시키며, 실린더 벽에서 긁어내린 윤활유를 배출시킬 수 있는 홈을 만든다.

29. 기관의 평형에 영향을 미치는 부품은 크랭크축, 플라이휠, 피스톤, 크랭크축 풀리 등이다.

30. 1kWh=860kcal

31. 카르노 사이클은 가역과정인 2개의 등온과정과 2개의 단열과정으로 이루어진다. 즉, 등온팽창→단열팽창→등온압축→단열압축으로 되어있다.

32. 디플렉터는 2행정 사이클 엔진에서 혼합기에 와류를 촉진시키고 압축비를 높게 하며, 잔류 가스를 배출시키기 위해 피스톤 헤드에 설치한 돌출 부분이다.

33. 중공으로 된 밸브 스템의 내부에 나트륨을 채워 냉각 효과를 돕는다.

34. 조속기는 기관의 회전속도나 부하의 변동에 따라서 자동적으로 제어 래크를 움직여 연료 분사량을 가감하는 장치이다.

35. **로터리 기관의 특징**
① 방켈 기관이라고도 부르며, 회전운동을 하므로 진동이 없다.
② 로터 1회전당 3사이클을 수행하며, 크랭크 기구가 없어 기계적 손실이 적다.
③ 구조가 간단해 경량화가 가능하며, 고속 회전이 용이하다.
④ 편심축이 필요하며, 회전력 변동 및 소음이 적다.
⑤ 연료소비율이 크며, 탄화수소 발생량이 많다.
⑥ 화염전파 거리가 길다.

36. 기관의 흡기량을 증가시키는 방법은 과급을 통한 방법, 흡기관 형상의 변경, 배기장치 배압의 감소, 밸브 개폐 시기의 제어 등이다.

37. 딜리버리 밸브의 구조와 작용
　① 플런저 배럴 내에 가압된 연료를 분사 파이프에 보내는 송출 밸브이다.
　② 플런저 배럴 위쪽에 밸브시트, 개스킷, 스프링, 스템 등으로 구성된다.
　③ 플런저의 유효행정 후 스프링에 의해 급속히 밸브가 닫혀져 연료의 역류를 방지한다.
　④ 분사노즐의 후적을 방지한다.
　⑤ 분사 파이프 내의 잔압을 유지한다.

38. 각종 압력
　① **게이지 압력** : 대기압을 기준으로 한 압력
　② **절대 압력** : 완전진공을 기준으로 한 압력. 즉 게이지 압력+대기압
　③ **진공 압력** : 대기압 이하의 압력, 즉 (음(-)의 게이지 압력

39. $W = P(V_2 - V_1)$
　∴ $50kPa \times (0.8m^3 - 0.5m^3) \times 10^3 = 15{,}000 N \cdot m$

40. $be = \dfrac{V \times \gamma}{B_{ps} \times h}$ [be : 연료소비율, V : 연료의 체적, γ : 연료의 비중, B_{ps} : 제동 마력, h : 시간]
　∴ $\dfrac{320 \times 0.9 \times 1{,}000}{150 \times 12} = 160 g/ps \cdot h$

42. 외접기어 펌프의 폐입 현상
　① 토출된 유량 일부가 입구 쪽으로 귀환하여 토출량 감소, 축 동력 증가 및 케이싱 마모, 기포 발생 등의 원인을 유발하는 현상이다.
　② 폐입 현상은 소음과 진동의 원인이 되며, 폐입된 부분의 유압유는 압축 시에는 고압이, 팽창 시에는 진공이 형성된다.
　③ 기어 측면에 접하는 펌프 측판에 토출 홈을 만들어 방지한다.

44. 유체 퓨즈는 회로 압력이 설정압력을 초과하면 막이 유체압력에 의해 파열되어 유압유를 탱크로 귀환시키고 동시에 압력상승을 막아 기기를 보호하는 역할을 하는 유압기기이다.

45. $\varepsilon = \dfrac{v}{P_2 - P_1}$ [ε : 압축율, v : 체적감소율, P_1, P_2 : 압력]에서 $v = \varepsilon(P_2 - P_1)$
　∴ $\dfrac{6 \times (200 - 0)}{1{,}000} = 1.2\%$

46. 베인 펌프의 특징
　① 정용량형과 가변용량형이 있다.
　② 토크가 안정되어 소음이 적다.
　③ 로터를 회전시키면 로터와 캠링의 내벽과 밀착된 상태가 되므로 기밀을 유지하게 된다.
　④ 카트리지 방식으로 보수가 용이하다.
　⑤ 소형·경량이며, 맥동과 소음이 적다.
　⑥ 구조가 간단하고 성능이 좋다.

47. 디컴프레션이란 유압 실린더의 압력을 천천히 빼어, 기계 손상의 원인이 되는 회로의 충격을 작게 하는 것이다.

48. 릴리프 밸브는 유압펌프와 제어밸브 사이에 설치되며, 유압회로 내의 압력상승을 제한하여 안정된 압력의 오일을 공급하는 유압 요소이다.

49. $V = \dfrac{Q}{A}$ ∴ $\dfrac{49 \times 10^3}{0.785 \times 10^2 \times 60} = 10.4 cm/s$

50. 플레어 이음은 본체와의 결합 각도가 37°및 45°의 2종류가 있다.

53. 색채가 나타내는 의미
　① **빨간색** : 위험, 방화(금지, 고압선, 폭발물, 화학류, 화재방지에 관계되는 물체에 표시)
　② **청색** : 조심, 금지(수리, 조절 및 검사 중인 그 밖의 장비의 작동을 방지하기 위해 표시)
　③ **흑색 및 백색** : 통로표시, 방향지시 및 안내표시
　④ **보라색** : 방사능의 위험을 경고하기 위한 표시
　⑤ **녹색** : 안전, 구급(안전에 직접 관련된 설비와 구급용 치료 설비를 식별하기 위해 표시)
　⑥ **노란색** : 주의(충돌, 추락, 전도 및 그 밖의 비슷한 사고의 방지를 위해 물리적 위험성을 표시)
　⑦ **오렌지색(주황색)** : 기계의 위험경고(기계 또는 전기설비의 위험 위치를 식별하고 기계의 방호 조치를 제거함으로서 노출되는 위험성을 인식하기 위해 표시)

60. 가스용접에 사용되는 고압 충전용기의 저장온도는 40℃ 이하이다.

61. 성능이 같은 2대의 펌프를 직렬로 연결하면 유량은 변화가 없고 양정이 2배로 되고, 병렬로 연결하면 양정은 변함이 없고 유량이 2배로 된다.

62. $\sigma = \dfrac{W}{A}$ ∴ $\dfrac{200 \times 1{,}000}{0.785 \times 40^2} = 159.23 N/mm^2$

63. 패킹재료의 구비조건은 강인하고 내구력이 클 것, 사용온도 범위가 넓을 것, 유연하고 탄력성이 있을 것, 내열성이 크고 및 화학적 변화가 없을 것

64. 알루미늄은 비중이 2.70이며, 합금원소를 첨가하여 강도를 높이고, 내부식성과 연성이 좋은 합금으로 개선하여 자동차 트랜스미션 케이스, 피스톤, 엔진 블록 등으로 사용한다.

65. $S = \dfrac{\sigma u}{\sigma a}$ [S : 안전율, σu : 인장강도, σa : 허용응력]

∴ $S = \dfrac{7,200}{900} = 8$

66. M5×0.8에서 M은 미터나사, 5는 바깥지름, 0.8은 피치를 나타내며, 나사를 180° 회전시키면 리드는 0.4mm이다.

67. SM35C은 탄소함유량이 약 0.35% 정도인 기계구조용 탄소강이다.

68. $Hv = \dfrac{v^2}{2g}$ [Hv : 속도수두, v : 유체속도,

g : 중력가속도(9.8m/s²)] ∴ $\dfrac{10^2}{2 \times 9.8} = 5.1 m$

69. 주물사의 시험 항목에는 입도, 점토분, 강도, 경도, 통기도 등이 있다.

70. 코일스프링이 인장 또는 수축될 때 감겨있는 코일 자체에 작용하는 응력은 비틀림 모멘트에 의한 전단응력이다.

71. 서피스 게이지(surface gauge) : 공작물에 금을 긋거나 공작물의 중심내기, 선반 가공에서의 바이트의 높이 조정 등 여러 가지 용도로 사용된다.

74. 체인전동의 특성
① 체인 길이를 쉽게 조절할 수 있다.
② 미끄럼이 없어 정확한 속도비를 유지할 수 있다.
③ 전동효율이 높고, 다축 전동이 용이하다.
④ 유지 및 수리가 쉽다.
⑤ 두 축이 평행하지 않으면 전동이 어렵다.
⑥ 고속 회전에는 부적당 하다.
⑦ 진동과 소음이 발생하기 쉽다.

75. 유압펌프에서 보내준 유압 에너지를 기계적 에너지로 변환하는 것을 액추에이터라 하며, 종류에는 회전운동을 하는 유압모터와 직선 왕복운동을 하는 유압실린더가 있다.

76. 소성가공의 종류 : 압연(rolling)가공, 압출가공(extrusion), 인발가공(drawing), 전조(component rolling)가공, 프레스 가공(press working), 전단가공(shearing work), 굽힘 가공(bending work), 드로잉 가공(drawing work), 엠보싱 가공(embossing work), 압인가공(coining work), 스피닝(spinning), 단조(forging), 벌징(bulging)

77. 서브머지드 아크 용접은 용접 이음의 표면에 쌓아 올린 미세한 입상의 플럭스 속에 비피복 전극 와이어를 집어넣고, 모재와의 사이에 생기는 아크열로 용접하는 방법이다. 피복제에는 용융형, 소결형, 본드 플럭스형 등이 있다. 이 방법의 장점은 큰 전류를 사용함으로써 능률이 커지고 용접금속의 품질이 좋아진다. 서브머지드 아크 용접은 주로 조선, 강관 제조, 압력용기, 저장탱크 등의 비교적 긴 아래보기 용접선으로 되어 있고, 연속용접이 가능한 판재의 용접에 적합하다.

79. 밀링머신은 원판 또는 원통의 둘레에 많은 날을 가진 밀링커터라는 절삭공구를 회전시켜 공작물을 이송하며 절삭하는 공작기계이다. 수평과 수직의 평면 깎기, T-홈 깎기 등을 빠르고 정밀도가 높게 가공할 수 있으며, 특별한 장치를 하여 기어 가공, 비틀림 홈 깎기, 정육면체의 외형 평면 깎기 등을 할 수 있다.

80. 베어링에 오일 실(oil seal)을 사용하는 이유는 기름이 새는 것과 먼지 등의 침입을 막기 위함이다.

제 2 회

01	②	02	①	03	③	04	④	05	①
06	②	07	①	08	④	09	②	10	①
11	④	12	①	13	③	14	②	15	③
16	③	17	①	18	③	19	④	20	④
21	①	22	②	23	①	24	②	25	①
26	③	27	②	28	③	29	③	30	③
31	④	32	①	33	②	34	①	35	①
36	②	37	②	38	③	39	③	40	①
41	③	42	②	43	③	44	①	45	①
46	④	47	②	48	③	49	⑤	50	①
51	②	52	③	53	④	54	④	55	③
56	①	57	④	58	④	59	②	60	①
61	②	62	②	63	②	64	③	65	③
66	③	67	③	68	⑤	69	②	70	①
71	③	72	③	73	①	74	①	75	④
76	④	77	④	78	②	79	②	80	①

01. 기동전동기의 홀드인 코일은 플런저의 위치를 유지하는 역할 즉 플라이휠의 링 기어와 전기자의 피니언 물림 상태를 유지한다.

02. 축전지에서 케이블을 분리할 때는 접지 케이블을 먼저 분리하고, 설치할 때는 접지 케이블을 나중에 설치한다.

03. 그래브(Grab) 준설선의 장점 및 단점

그래브 준설선의 장점	그래브 준설선의 단점
① 협소한 장소에서의 작업이 유리하다.	① 준설능력이 적고, 준설단가가 비싸다.
② 심도(深度)조정이 유리하다.	② 준설선의 가격이 비싸다.
③ 규모가 작은 공사에 유리하다.	③ 물 밑바닥을 고르게 작업하기 어렵다.

04. 와이어로프의 마모가 심한 원인
① 와이어로프의 급유 부족
② 활차(시브) 베어링의 급유 부족
③ 고열의 부하물을 걸고 장시간 작업한 경우
④ 활차의 지름이 적을 때
⑤ 와이어로프와 활차의 접촉면이 불량할 때
⑥ 와이어로프의 규격이 원래 규격과 상이할 때

05. 팽창밸브식 에어컨 시스템의 냉매 흐름: 압축기→응축기→건조기→팽창밸브→증발기

06. 유압 브레이크에서 제동이 잘되지 않는 원인은 ①, ③, ④항 이외에 라이닝의 마찰계수가 적은 경우이다.

08. 피스톤과 실린더 사이의 틈새가 작으면 피스톤과 실린더의 소결이 일어난다.

10. EGR 장치는 배출가스 중 NOx를 저감하기 위해 설치한 장치이다.

11. 트랜지스터의 장점은 ①, ②, ③항 이외에 내부에서의 전압강하가 매우 적다.

12. $Q = BH^2$ [Q: 블레이드 용량, B: 블레이드 폭, H: 블레이드 높이]에서 $H = \sqrt{\dfrac{Q}{B}}$

$\therefore \sqrt{\dfrac{1.28}{2}} = 0.8m$

13. 하부추진체는 프런트 아이들러, 상하 롤러, 스프로킷, 쿠션 스프링, 트랙 등으로 구성된다.

14. 트랜스퍼 케이스를 부착한 건설기계의 특징: 견인력이 커 작업이 원활하며, 습지대·활지대 및 사지대의 운전이 가능하고 속도는 감소하나 변속비를 증가시킬 수 있으며, 연료소비율이 크고, 마찰저항이 증가한다.

15. ① $rf = \dfrac{rz}{pz}$ [rf: 종감속비, rz: 링 기어의 잇수, pz: 구동 피니언의 잇수] $\therefore \dfrac{42}{6} = 7$

② $Tn = \dfrac{Pn}{rf} \times 2$ [Tn: 바퀴 회전수, Pn: 추진축 회전수] $\therefore \dfrac{2,100}{7} \times 2 = 600rpm$

17. 브레이크 계통에 공기가 들어갔을 때 휠 실린더의 공기 빼기 나사로 작업을 한다.

18. 드래그 링크(Drag Link)는 일체 차축 현가 방식의 조향 장치에서 피트먼 암과 너클 암 또는 센터 암을 연결하는 부품이다.

19. ① 작업 사이클 시간 $C_m = \dfrac{L}{V_1} + \dfrac{L}{V_2} + t$ [Cm: 작업 사이클 시간, L: 운반거리(m), V_1: 전진속도(m/분), V_2: 후진속도(m/분), t: gear 변속시간(초)]

$\therefore \dfrac{50 \times 3,600}{3 \times 1,000} + \dfrac{50 \times 3,600}{4.5 \times 1,000} + 20\sec = 120\sec$

② 작업량 산출 공식 $Q = \dfrac{3,600 \times q \times f \times E}{C_m}[m^3/h]$

[q: 블레이드 용량(m³), K: 버킷계수, f: 토량환산계수, E: 작업효율, C_m: 사이클 시간(초)]

$\therefore \dfrac{3,600 \times 4 \times 1 \times 0.9}{120\sec} = 108m^3/h$

21. 제동열효율 $\eta e = \dfrac{632 \times Le}{Hu \times B} \times 100(\%)$

22. 플라이휠은 폭발행정에 의해 발생되는 맥동회전을 관성력을 이용하여 원활한 회전으로 바꿔주는 역할을 한다.

23. 조기 점화(pre-ignition)란 압축 행정중 점화시기에 도달하기 전에 점화플러그 또는 배기밸브 등의 과열

24. 점화 순서를 정할 때 고려하여야 할 사항
   ① 폭발은 같은 간격으로 일어나게 한다.
   ② 크랭크축에 비틀림 진동이 일어나지 않게 한다.
   ③ 인접한 실린더에 연이어서 폭발이 발생하지 않도록 한다.
   ④ 혼합가스가 각 실린더에 동일하게 분배되게 한다.
   ⑤ 한 베어링에 연속적인 폭발하중을 받지 않도록 한다.

25. 디젤 노크를 방지하려면 실린더 벽의 온도, 흡입공기 온도, 압축비 등을 높여야 한다.

26. 압력비 $= \left(\dfrac{1}{1-0.368}\right)^{\frac{1.4}{0.4}} = 4.98$ 에 의하여 표면점화가 발생하는 현상이다.

27. 경유는 황(S) 함유량이 적어야 한다.

28. 밸브 오버랩 = 흡입밸브 열림 각도 + 배기밸브 닫힘 각도 ∴ 25° + 18° = 43°

29. 혼합비가 농후하거나 공기청정기가 막히면 배기가스 색이 흑색으로 된다.

30. 연소압력
   ① 직접분사실식 : 200~300kgf/cm²
   ② 예연소실 : 100~120kgf/cm²
   ③ 와류실, 공기실식 : 100~140kgf/cm²

31. $I_{ps} = \dfrac{Pmi \times A \times L \times N \times Z}{102 \times 60}$ [I_{ps} : 지시마력, Pmi : 평균유효압력(kg/cm²), A : 실린더 단면적(cm²), L : 피스톤 행정(m), N : 회전속도(rpm)<2행정 사이클=N, 4행정 사이클=$N/2$>, Z : 실린더 수]
   ∴ $\dfrac{20 \times 1.0204 \times 0.785 \times 10^2 \times 8 \times 3,000 \times 4}{102 \times 60 \times 2 \times 100} = 125.65 kW$
   ※ 1bar=1.0204kgf/cm²

32. 중속에서는 흡입 기간이 길어 체적효율이 향상되어 회전력이 크게 되지만 고속에서는 흡입 기간이 짧아 체적효율이 낮아짐으로써 회전력이 저하된다.

34. 피스톤의 종류
   ① 캠 연마 피스톤 : 상온에서 피스톤 보스 부분을 짧은 지름, 스커트 부분을 긴지름으로 하는 타원형으로 하고, 온도상승에 따라 보스 부분의 지름이 증대되어 기관의 정상 온도에서 진원에 가깝게 되어 전체 면이 접촉하게 되는 피스톤으로 알루미늄 합금 피스톤의 대표적이다.
   ② 솔리드 피스톤 : 스커트 부에 홈(slot)이 없고, 통형(solid)으로 된 형식이며, 기계적 강도가 높아 가혹한 운전조건의 디젤기관에서 주로 사용한다.
   ③ 인바 스트럿 피스톤 : 피스톤은 열팽창률이 매우 적은 인바제 스트럿(strut)이나 링(ring)을 스커트 부분에 넣고, 일체 주조한 피스톤이다.

35. $\eta e = \dfrac{3,600 \times H_{kW}}{B \times Hu} \times 100$
   [ηe : 제동열효율, H_{kW} : 제동마력, B : 연료소비량, Hu : 연료의 저위 발열량]에서 $B = \dfrac{3,600 \times H_{kW}}{\eta e \times Hu}$
   ∴ $\dfrac{3,600 \times 68}{35 \times 44,000} \times 100 = 15.9 kg/h$

36. 인터쿨러는 과급기와 흡기다기관 사이에 설치되어 과급된 공기를 냉각시켜 공기의 밀도를 증가시키는 효과를 얻기 위해 설치되어 있으며, 공기 온도가 높으면 밀도가 낮아져 노킹이 발생되고 체적효율이 저하되기 때문에 이것을 방지하기 위함이다.

37. 질소산화물(NOx) 발생과정 : 질소는 잘 산화하지 않으나 높은 온도·높은 압력 및 전기불꽃 등이 존재하는 곳에서는 산화하여 질소산화물을 발생시킨다. 특히 2,000℃ 이상의 높은 온도의 연소에서는 급격히 증가한다. 또 이론공연비 부근에서 최댓값을 나타낸다.

39. $dS = \dfrac{dQ}{T}$ ∴ $\dfrac{333}{273+0} = 1.22$

40. $Ag = \dfrac{Gv \times \rho \times AFr}{Av}$ [Ag : 필요한 공기량, Gv : 가솔린의 체적, ρ : 가솔린의 비중, AFr : 혼합비, Av : 공기의 밀도] ∴ $\dfrac{0.3 \times 0.73 \times 14.7}{1.206} = 2.67 m^3$

41. 실선의 용도는 주관로, 전기 신호선, 밸브 사이의 관로 등이다.

42. 압력의 단위는 kgf/cm², PSI, Pa(kPa, MPa), mmHg, bar, atm, mAq 등을 사용한다.

43. ① 누설(leakage) : 정상상태로는 흐름을 정지시킨 장소 또는 흐르는 것이 좋지 않은 장소를 통하는 비교적 적은 흐름
   ② 자유 흐름(free flow) : 제어되지 않은 자유로운 흐름
   ③ 복귀(drain) : 기기의 통로나 관로에서부터 탱크나 매니폴드(manifold) 등에 돌아오는 액체 또는 액체가 돌아오는 현상
   ④ 행정체적(displacement) : 용적형 펌프 또는 모터의 1회전마다 배출시키는 기하학적인 체적

44. 2단 베인 펌프는 용량이 같은 다단 펌프 2개를 1개의 본체 내에 직렬로 연결시킨 것으로 고압으로 대출력이 요구되는 곳에 주로 사용된다.

45. $\varepsilon = \dfrac{v}{P_2 - P_1}$ [ε : 압축율, v : 체적감소율, P_1, P_2 : 압력]에서 $v = \varepsilon(P_2 - P_1)$

∴ $\dfrac{6.8 \times (300 - 0)}{1,000} = 2.04\%$

46. 크랭킹 압력이란 릴리프 밸브에서 압력이 상승하여 밸브의 포핏이 열려 배출구로부터 기름이 탱크로 되돌아올 때의 압력이며, 크랭킹 압력은 설정 압력보다 높을 수도 있다.

48. ① P_A에서 발행하는 힘(F)=P×A
 [P : 유압, A : 실린더 단면적]
 ∴ $60 kgf/cm^2 \times 0.785 \times 5^2 = 1177.5 kgf$

② P_B의 유압 (P)=$\dfrac{F}{A}$

∴ $\dfrac{1177.5 kgf}{(0.785 \times 5^2) - (0.785 \times 2.5^2)} = 80 kgf/cm^2$

49. 바이패스 관로는 유압 관로에서 필요에 따라 유체의 일부 또는 전부를 분기시키는 관로이다.

50. 축압기의 주요 기능은 펌프의 맥동흡수, 서지압력 흡수, 충격압력의 완충, 압력에너지의 축적, 압력 및 체적 보상 등이다.

53. 수시 점검은 안전진단을 하기 위해서 경영자나 기술부서장 및 관리 감독자에 의하여 비정기적으로 실시한다.

55. 연천인율 : 1년 동안 1,000명의 근로자가 작업할 때 발생하는 사상자의 비율 즉 (연간재해자 수/연평균근로자 수)×1000

56. 차량의 허브 작업을 할 때는 잭으로 들어 올린 후 견고한 스탠드로 받치고 작업한다.

61. 유압펌프의 전효율 = $\dfrac{펌프동력}{축동력}$

62. 릴리프 밸브(relief valve)는 유압회로에서 유압이 규정 값에 도달하면 밸브가 열려서 유압유의 일부 또는 전체 양을 복귀하는 쪽으로 탈출시켜 회로 압력을 일정하게 하거나 최고압력을 규제하여 유압기기를 보호한다.

63. 토크의 크기가 큰 것부터 작은 순서는 스플라인→성크키→평키→새들키이다.

64. $L = nPR$ [L : 리드, n : 줄수, P : 피치, R : 회전수]
∴ 3×1.5mm×2=9mm

66. $C = \dfrac{M(Z_1 + Z_2)}{2}$ [C : 중심거리, M : 모듈, Z_1, Z_2 : 기어의 잇수] ∴ $\dfrac{4 \times (40 + 160)}{2} = 400$

67. 센터 게이지(center gauge)는 선반으로 나사를 절삭할 때 나사 절삭 바이트의 날 끝 각도를 점검하거나 바이트를 바르게 부착하는데 사용한다.

68. 켈밋 메탈(kelmet)은 구리에 납을 30~40% 첨가한 것이다.

69. 재결정이란 특정한 온도영역에서 이전의 입자들을 대신하여 변형이 없는 입자가 새롭게 형성되는 현상이다.

70. 비틀림을 작게 하려면 가로 탄성계수의 값과 축의 지름을 크게 한다.

72. 표면경화란 금속재료의 표면만 경화시키고 금속 내부는 원재료의 재질대로 있도록 하는 열처리 방법이며, 그 종류에는 침탄법(탄소 침투), 질화법(질소 침투), 청화법(탄소와 질소를 동시에 침투), 화염 경화법, 고주파 경화법 등이 있다.

74. $\delta = \dfrac{Pl}{AE}$ [δ : 늘어난 길이, P=하중, l =길이, A=단면적, E=세로탄성 계수]

∴ $\dfrac{1,600 \times 200}{0.785 \times 1^2 \times 210 \times 10^4} = 0.194 mm$

75. 압탕이란 주조에 주입한 쇳물의 압력을 증가하기 위하여 쇳물을 가득 채우는 빈 곳이다.

76. 0.65%C 이상의 고탄소강은 공구강, 핀, 레일, 스프링과 같은 내마모성, 경도, 높은 항복점을 요구하는 부품에서 사용된다.

77. 비틀림 모멘트 $T = \dfrac{\pi}{16} d^3 \tau$

78. 볼류트 펌프는 안내 깃이 없는 와류형 펌프 중에서 가장 간단한 것으로 스크류형으로 되어 있는 방과 프로펠러로 되어 있다. 프로펠러를 고속도로 회전시켜 그 원심력을 이용하여 물을 송출하는 것으로 소형으로 되어 있기 때문에, 양수 고도가 30m 이하의 경우에 가장 널리 사용된다.

79. ① $\theta_1 = \dfrac{32 Tl}{\pi d^4 G}$ [T : 축이 받는 토크, l : 축의 길이, d : 축의 지름, G : 횡탄성계수]

∴ $\dfrac{32 \times 850 \times 150}{3.14 \times 5^4 \times 8.3 \times 10^5} = 0.0025$

② $\theta_2 = \dfrac{\theta_1 \times 180}{\pi}$ ∴ $\dfrac{0.0025 \times 180}{3.14} = 0.143°$

80. 언더컷(under cut)은 용접전류가 너무 높을 때, 아크 길이가 너무 길 때, 용접봉 선택이 부적당할 때, 용접 속도가 너무 빠를 때 발생한다.

제 3 회

01	①	02	④	03	③	04	④	05	④
06	①	07	③	08	③	09	③	10	③
11	④	12	②	13	②	14	④	15	③
16	③	17	④	18	②	19	③	20	④
21	①	22	④	23	③	24	①	25	④
26	③	27	③	28	②	29	②	30	④
31	④	32	④	33	②	34	③	35	①
36	③	37	①	38	②	39	③	40	④
41	①	42	③	43	③	44	③	45	④
46	②	47	①	48	③	49	④	50	②
51	①	52	③	53	②	54	①	55	③
56	①	57	④	58	②	59	③	60	④
61	③	62	②	63	②	64	③	65	②
66	③	67	④	68	④	69	①	70	①
71	①	72	③	73	④	74	③	75	②
76	④	77	④	78	②	79	③	80	②

01. 배터리 전해액의 비중이 낮으면 전압이 낮아진다.

03. 전자제어 디젤기관의 장점
① 각 운전 영역에서의 최적 운전이 가능하다.
② 인젝터 분사량의 독립적인 제어가 가능하다.
③ 연비가 향상되며, 주행 특성이 개선된다.
④ 시동 성능 향상 및 유해 배출가스가 저감된다.

04. $B_{PS} = \dfrac{TR}{716}$ [B_{PS} : 기관의 출력, T : 토크, R : 회전수]

에서 $T = \dfrac{B_{PS} \times 716}{R}$ ∴ $\dfrac{25 \times 716}{1,000} = 17.9 kgf \cdot m$

05. 와이어 로프(Wire rope)의 마모가 심한 원인
① 와이어로프의 급유부족
② 활차(시브) 베어링의 급유 부족
③ 고열의 부하물을 걸고 장시간 작업한 경우
④ 활차의 지름이 적을 때
⑤ 와이어로프와 활차의 접촉면이 불량할 때
⑥ 와이어로프의 규격이 원래 규격과 상이할 때

06. 슬립률 : $\eta s = \dfrac{S_1 - S_2}{S_1} \times 100$

07. ① $P = EI$ ∴ $24V \times 220A = 5,280W = 5.28kW$

② 1PS는 0.736kW이므로 $\dfrac{5.28}{0.736} = 7.18PS$

08. 트랙이 벗겨지는 원인
① 트랙이 너무 이완되었을 때(트랙의 유격이 크다.)
② 트랙의 정렬이 불량할 때
③ 고속 주행 중 급선회하였을 때
④ 프런트 아이들러, 상부와 하부 롤러 및 스프로킷의 마멸이 클 때
⑤ 리코일 스프링의 장력이 부족할 때
⑥ 경사지에서 작업할 때

09. 허리꺾기 조향식(굴절식)의 특징
① 회전반경이 작다.
② 좁은 장소에서의 작업이 용이하다.
③ 작업시간을 단축시킬 수 있다.
④ 작업 능률을 향상시킬 수 있다.
⑤ 앞·뒤 차체 사이에 유압 실린더를 좌·우에 1개씩 설치되어 있으며, 조향 핸들을 작동하면 유압 실린더의 신축 작용으로 앞·뒤 차체 사이가 굴절되어 조향하는 방식이다.

10. 자동 스크리드 조정장치는, 아스팔트 피니셔의 혼합재료 포장 두께를 일정하게 조정한다.

11. 수온계에 사용하는 서미스터는 부특성 서미스터이다.

12. $T = \dfrac{B_{PS} \times 716 \times S_f}{R}$ [S_f : 안전계수]

∴ $\dfrac{40 \times 716 \times 1.4}{2,000} = 20 kgf \cdot m$

13. 냉동사이클은 증발→압축→응축→팽창 4가지 작용을 순환 반복한다.

14. 조향장치의 구비조건
① 조향 조작이 주행 중의 충격에 영향을 받지 않을 것
② 조향 조작이 경쾌하고 자유로울 것(방향 조작이 원활할 것)
③ 회전반경이 작아서 좁은 곳에서도 방향 변환을 할 수 있을 것
④ 타이어 및 조향장치의 내구성이 클 것
⑤ 노면으로부터의 충격이나 원심력 등의 영향을 받지 않을 것
⑥ 조향 핸들의 회전과 바퀴 선회차이가 크지 않을 것
⑦ 수명이 길고 다루기나 정비하기가 쉬울 것
⑧ 회전할 때 차체에 무리한 힘이 작용되지 않을 것

15. 페일 세이프 기능은 센서 및 액추에이터 등이 고장이 발생되더라도 시스템 자체는 안전하게 작동되도록 하여 안전성을 확보하는 기능이다.

16. 시동 스위치를 off 시켜도 엔진이 정지되지 않을 때는 시동 스위치 점검, 연료 차단 솔레노이드의 작동상태 점검, 연료 차단 솔레노이드와 연결된 배선의 전류 흐름을 점검한다.

17. 추진축의 진동원인
① 센터 베어링이 마모되었다.
② 유니버설 조인트 베어링이 파손되었다.
③ 추진축이 휘었다.
④ 밸런스 웨이트가 떨어졌다.
⑤ 요크 방향이 틀리게 조립되었다.
⑥ 플랜지 부분의 조임이 헐겁다.
⑦ 슬립 조인트의 스플라인이 마모되었다.

18. 포크의 상승 속도가 느린 원인
① 오일탱크 내의 작동유가 부족하다.
② 컨트롤 밸브가 손상되었거나 마모되었다.
③ 리프트 실린더 패킹이 손상되었다.
④ 리프트 실린더에서 로드 쪽으로 작동유가 누출된다.

19. 교류발전기의 구조
① 스테이터(stator) : 3상 교류가 유기된다.
② 로터(rotor) : 스테이터 내에서 회전하며, 자속을 형성한다.
③ 슬립링(slip ring) : 브러시와 접촉하며, 축전지의 여자전류를 로터코일에 공급한다.
④ 브러시(brush) : 로터코일에 축전지 전류를 공급하는 역할을 한다.
⑤ 실리콘 다이오드(silicon diode) : 교류를 정류하며, 역류를 방지한다.

20. NOx는 주로 고온·고압에 의하여 발생하므로 감소시키려면 연소실의 온도를 낮추어야 한다.

21. 디젤기관 노크 방지 방법
① 세탄가가 높은 연료를 사용한다.
② 압축비, 압축압력, 압축온도를 높게 한다.
③ 실린더 벽의 온도를 높게 유지한다.
④ 흡기온도 및 압력을 높게 유지한다.
⑤ 연료의 분사시기를 알맞게 조정한다.
⑥ 착화지연 기간 중에 연료 분사량을 적게 한다.
⑦ 착화지연 기간을 짧게 한다.

23. $\eta s = 1 - \left[\left(\dfrac{1}{\epsilon}\right)^{k-1} \dfrac{\rho\sigma^k - 1}{(\rho-1) + k\rho(\sigma-1)}\right]$

[ϵ : 압축비, k : 비열비, ρ : 폭발비(압력상승비)
σ : 체절비 또는 단절비]

$\therefore 1 - \left[\left(\dfrac{1}{16}\right)^{1.4-1} \times \dfrac{1.5 \times 2^{1.4} - 1}{(1.5-1) + 1.4 \times 1.5 \times (2-1)}\right]$
$= 0.625 = 62.5\%$

24. 내연기관의 기본 사이클
① 정적(오토) 사이클 : 가솔린 기관, 가스기관의 기본 사이클
② 정압(디젤) 사이클 : 저속 디젤기관의 기본 사이클
③ 복합(사바테)사이클 : 고속 디젤기관의 기본 사이클
④ 브레이턴 사이클 : 가스터빈의 기본 사이클
⑤ 카르노 사이클 : 이상적인 열기관 사이클

25. 터보차저는 배기가스의 에너지로 터빈을 회전시키면, 여기에 직결된 압축기가 실린더에 공기를 밀어 넣어 기관의 출력을 향상시키는 장치로, 배기터빈 과급기라고도 한다.

26. 오버랩은 4행정 사이클 기관에서 흡·배기밸브가 동시에 열려 있는 구간이다.

27. 윤활유의 기능에는 마찰감소 및 마멸 방지작용, 기밀(밀봉)작용, 냉각작용, 세척(청결)작용, 응력분산 (충격흡수)작용, 방청(부식방지)작용 등이 있다.

28. 전자제어 디젤기관의 입력신호 : 공기유량센서, 흡기온도센서, 연료온도센서, 수온센서, 크랭크축 위치센서, 캠축 위치센서, 가속페달 위치센서, 연료압력센서

29. 직접분사실식은 피스톤 헤드를 오목하게 하여 연소실을 형성시키며 디젤기관의 연소실 중 냉각손실이 가장 적고, 연료소비율이 낮으며 연소압력이 가장 높다. 다공형 분사노즐을 사용한다.

31. 평균 유효 압력을 증대시킬 수 있는 방법은 압축비의 증가, 흡기 손실의 저감, 과급 장치 적용 등이다.

33. $\eta o = 1 - \left(\dfrac{1}{\epsilon}\right)^{k-1}$ [ηo : 오토 사이클의 이론열효율,
ϵ : 압축비, k : 비열비] $\therefore 1 - \left(\dfrac{1}{8}\right)^{0.4} = 0.565 = 56.5\%$

34. 엔진의 팬벨트 장력이 규정보다 작으면 물 펌프의 회전속도가 느려져 엔진이 과열한다.

35. 피스톤 링의 플러터(Piston Ring Flutter) 현상 방지 방법
① 피스톤 링의 장력을 높여 면압을 증가시킬 것
② 피스톤 링의 무게를 줄여 관성력을 감소시킬 것
③ 피스톤 링 이음부분의 면압 분포를 높일 것
④ 실린더 벽에서 긁어내린 윤활유를 배출시킬 수 있는 홈을 링 랜드에 둘 것
⑤ 고온·고압에 견딜 수 있도록 내열성이 양호할 것
⑥ 실린더와의 접촉을 견딜 수 있도록 내마멸성이 양호할 것
⑦ 연소열을 실린더 벽으로 전달하여 냉각작용이 되도록 열전도가 양호할 것
⑧ 피스톤 링의 지름방향 폭을 넓혀 링의 장력을 증가시킬 것

36. 소구기관의 특징
① 구조가 간단하여 제작, 보수, 조작이 용이하다.
② 장시간 무부하 저속 운전을 할 수 있다.
③ 저질연료를 사용할 수 있다.
④ 수명이 길고 과부하에서 내구력이 크다.

⑤ 역전 장치가 필요 없다.
⑥ 연료소비율이 크다.

37. 1-3-4-2 점화 순서에서 3번 실린더가 압축행정을 할 때 1번 실린더는 폭발행정, 2번 실린더는 배기행정, 4번 실린더는 흡입행정을 각각 한다.

38. 체적효율
$$= \frac{\text{표준 대기압하에서 실제로 흡입한 새로운 공기의 체적}}{\text{행정체적}}$$

39. 회전속도가 증가함에 따라 감소하는 출력은 충진률을 개선하여 토크를 증가시킴으로서 보상할 수 있다.

40. 산소센서를 설치하는 이유는 배기가스 중의 산소농도를 측정하여 공기비를 제어하기 위함이다.

41. 적층식 필터의 특징
① 적층식 필터는 직물, 합성수지 등을 압축하거나 여러 층으로 만든 것이다.
② 단층식과 비교하여 미세입자의 여과능력이 우수하다.
③ 압력손실이 적으며, 비교적 고압용으로 사용한다.
④ 차지하는 용적이 비교적 크다.

42. 작동유의 구비조건
① 비압축성이며, 부식의 발생을 방지할 수 있을 것
② 산화 안정성이 있을 것,
③ 소포성(거품방지성)이 높고 윤활성이 좋을 것
④ 점도지수가 높을 것
⑤ 냄새가 없고 내화성이 크며, 열 방출이 잘 될 것
⑥ 장시간 사용하여도 화학적으로 안정될 것
⑦ 인화점 및 발화점이 높을 것

45. 집류 밸브는 2개의 유압회로에서의 유량을 일정비율로 합류하는 기능을 가진 밸브이며 이 밸브를 설치하면 실린더에서 내보내진 유압유를 동일 용량으로 집류하게 되어 2개의 실린더는 같은 속도로 되돌아오게 된다.

46. $V = \dfrac{Q}{A}$ $\therefore \dfrac{15 \times 10^5}{0.785 \times 60^2 \times 60} = 8.84 cm/s$

47. 피스톤 펌프의 장점 및 단점

피스톤 펌프의 장점	피스톤 펌프의 단점
① 플런저(피스톤)가 직선운동을 한다.	① 베어링에 가해지는 부하가 크다.
② 축은 회전 또는 왕복운동을 한다.	② 가격이 비싸고, 구조가 복잡하여 수리가 어렵다.
③ 가변용량에 적합하다. 즉 토출유량의 변화범위가 크다.	③ 흡입능력이 가장 낮다.
④ 최고 토출압력은 높은 편이다.	

49. 플러싱(flushing)에 대한 설명은 ①, ②, ③항 이외에 플러싱 작업을 할 때 플러싱 유(oil)의 온도는 유압 시스템의 유압유 온도와 같아야 한다.

50. $H_{kW} = \dfrac{PQ}{102 \times 60}$ [H_{kW} : 펌프의 소요동력 P : 토출압력, Q : 송출유량] $\therefore \dfrac{8 \times 10^2 \times 25}{102 \times 60} = 3.3 kW$

53. 역류 · 역화의 원인
① 산소공급이 과다할 때
② 토치의 성능이 불량할 때
③ 가스 압력과 가스량이 부족할 때
④ 팁이 과열되었을 때
⑤ 토치의 팁에 슬래그가 끼었을 때

59. 연천인율 $= \dfrac{\text{연간 재해자 수}}{\text{연평균 근로자 수}} \times 1,000$
$\therefore \dfrac{3}{100} \times 1,000 = 30$

61. 게이지 블록은 공업용으로 사용되는 여러 가지 측정기구의 비교 측정의 표준이 되는 게이지이며, 직사각형의 강편이다. 블록게이지는 여러 개가 1세트로 되어 있으며 가장 표준적인 것은 103개가 세트로 된 것을 사용하며, 이것을 사용하면 5μ 단위로 2~225mm까지의 길이를 조합할 수 있다. 그밖에 76개, 49개, 32개, 9개로 된 세트가 있다.

62. 절삭 속도 $V = \dfrac{\pi DN}{1,000}$

63. 코어 프린트(core print)는 속이 빈 모양의 목형을 주형 내부에서 지지할 수 있도록 목형에 덧붙여 만든 돌출 부분이다. 또 코어의 위치를 정하거나, 주형에 쇳물을 부었을 때 쇳물의 부력으로 코어가 움직이지 않도록 하거나 또는 코어에서 발생하는 가스를 배출하기 위해 부착한다.

64. $Q_{max} = \dfrac{6Pl}{bh^2}$ [P : 하중, l : 보의 길이, b : 보의 너비, h : 보의 높이]
$\therefore \dfrac{6 \times 2 \times 1,000 \times 50}{8.5 \times 8.5^2 \times 100} = 9.77 MPa$

65. 로크 너트에 의한 방법이란 2개의 너트를 사용하여 충분히 죈 다음 2개의 스패너를 사용하여 바깥쪽 너트를 스패너로 고정한 후 너트를 다른 스패너로 풀리는 방향으로 돌려 조여 너트의 풀림을 방지하는 것이다.

66. 언더컷은 이의 간섭으로 이 끝부분이 이뿌리 부분에 파고 들어갈 때 깎여지는 현상이며, 작은 기어의 잇수가 매우 적거나 또는 잇수비가 매우 클 때 발생한다.

67. 탄소 함유량이 3~5%이면 회주철로 분류한다.

68. 피복제의 역할
① 대기 중의 산소나 질소의 침입을 방지하고 용착금속을 보호한다.
② 아크를 안정되게 하며, 용융점이 낮은 가벼운 슬래그(slag)를 만든다.
③ 슬래그 제거가 쉽고, 파형이 고운 비드를 만든다.
④ 용착금속의 탈산 및 정련 작용을 한다.
⑤ 용착금속에 적당한 합금원소를 첨가한다.
⑥ 용적(globule)을 미세화하고, 용착효율을 높인다.
⑦ 모든 자세의 용접을 가능하게 하며, 용착금속의 응고와 냉각 속도를 지연시킨다.
⑧ 전기절연 작용을 한다.

70. 슬라이딩 베어링은 저널과 베어링이 직접 미끄럼에 의해 접촉하는 형식이다.

71. 훅의 법칙(Hooke's law)은 비례한도 이내에서 응력과 변형률이 정비례한다는 법칙이다.

72. 유압의 특징
① 윤활 성능, 내마모성, 내식성(방청성)이 좋다.
② 속도제어와 힘의 연속적 제어가 용이하다.
③ 소형장치로 큰 출력을 발생한다.
④ 과부하에 대한 안전장치가 간단하고 정확하다.
⑤ 충격을 완화하기 때문에 장기간 사용할 수 있다.
⑥ 전기·전자의 조합으로 자동제어가 용이하다.
⑦ 에너지 축적이 가능하며, 힘의 전달 및 증폭이 용이하다.
⑧ 유량의 조절로 무단변속이 가능하고, 정확한 위치 제어를 할 수 있다.
⑨ 미세조작 및 원격조작이 용이하다.
⑩ 입력에 대한 출력의 응답이 빠르다.
⑪ 회전 및 직선운동이 자유롭다.
⑫ 각종 제어밸브에 의한 압력·유량 및 방향제어가 간단하다.
⑬ 진동이 작고, 작동이 원활하다.
⑭ 열의 냉각장치(오일 쿨러)를 필요로 한다.

73. $d = \sqrt{\dfrac{2W}{\sigma a}}$
[d : 볼트의 지름, W : 하중, σa : 허용응력]
$\therefore \sqrt{\dfrac{2 \times 30 \times 1{,}000}{60}} = 31.6$, 따라서 M32를 선택한다.

74. 압출가공은 컨테이너 속에 있는 재료를 램으로 눌러 빼는 가공 방법으로 봉, 선, 파이프 등의 제작에서 사용된다.

75. $H = \dfrac{Pd - Ps}{\gamma} + y$ [H : 전양정, Pd : 송출압력, Ps : 흡입진공 압력, γ : 물의 비중량(9,800N/m³), y : 압력계와 진공계 사이의 높이차이]
$\therefore \dfrac{(0.2 + 0.05) \times 10^6}{9{,}800} + 0.6 = 26.1m$

76. 티탄은 비중이 4.5 정도이고, 단조 및 열간 가공이 가능하며 스테인리스강과 비슷한 내식성이 있다.

77. 충격응력은 단면적이나 길이를 증가시키면 감소한다.

78. 표면을 경화하는 방법
① 크로마이징(chromizing) - 크롬(Cr) 침투처리
② 칼로라이징(calorizing) - 알루미늄(Al) 침투처리
③ 실리콘나이징(siliconizing) - 규소(Si) 침투처리
④ 보론나이징(boronizing) - 붕소(B) 침투처리

80. 압력 제어밸브는 유압회로에서 압력에 따라 액추에이터로 작동순서를 제어하거나 일정한 배압을 형성시켜 안정을 도모하는 등의 기능을 담당하는 밸브이며, 그 종류에는 릴리프 밸브, 리듀싱(감압) 밸브, 시퀀스(순차) 밸브, 언로드(무부하)밸브, 카운터 밸런스 밸브 등이 있다.

제 4 회

01	②	02	③	03	①	04	③	05	①
06	③	07	③	08	①	09	③	10	①
11	③	12	④	13	②	14	②	15	②
16	①	17	②	18	②	19	①	20	②
21	④	22	①	23	①	24	②	25	①
26	②	27	③	28	②	29	③	30	④
31	③	32	②	33	④	34	③	35	②
36	④	37	②	38	③	39	④	40	①
41	④	42	④	43	①	44	④	45	④
46	①	47	①	48	②	49	③	50	②
51	②	52	③	53	①	54	③	55	④
56	④	57	④	58	②	59	②	60	①
61	④	62	④	63	①	64	①	65	②
66	①	67	③	68	④	69	①	70	③
71	④	72	①	73	②	74	②	75	①
76	①	77	①	78	③	79	④	80	②

01. 전자제어 디젤기관의 장점
  ① 각 운전 영역에서의 최적 운전이 가능하다.
  ② 인젝터 분사량의 독립적인 제어가 가능하다.
  ③ 주행 특성이 개선된다.
  ④ 시동성능 향상 및 유해 배출가스를 저감한다.

02. 직권식 전동기는 전기자 코일과 계자코일이 직렬로 접속된 것이며, 기동 회전력이 크고, 부하가 증가하면 회전속도가 낮아지고 흐르는 전류가 커지는 장점이 있으나 회전속도 변화가 큰 단점이 있다.

03. 타이로드(tie rod)의 길이를 변화시키면 토(toe)가 변화한다.

04. 와이어로프의 꼬임 방법
  ① **보통 꼬임(originary lay)** : 소선과 스트랜드의 꼬임 방향이 서로 반대인 것이며, 수명이 짧으나 킹크(kink: 비틀림)발생이 적다.
  ② **랭 꼬임(lang; lay)** : 소선과 스트랜드의 꼬임이 같은 방향인 것이며, 점 접촉면이 길고 킹크 발생이 크나 수명이 길다.
  ③ **S꼬임** : 스트랜드를 오른쪽으로 꼰 것이다.
  ④ **Z꼬임** : 스트랜드를 왼쪽으로 꼰 것이다.

05. 큰 구동력을 발생시키기 위한 유성기어의 작동조건은 링 기어 고정, 선 기어 구동, 캐리어 피동이다.

06. 준설선의 동력별 분류에 따른 분류에는 전동방식, 디젤기관 방식, 증기터빈 방식, 가스터빈 방식 등이 있다.

07. 직렬 접속의 특징
  ① 합성저항은 각 저항의 합과 같다.
  ② 어느 저항에서나 똑같은 전류가 흐른다.
  ③ 전압이 나누어져 저항 속을 흐른다. 즉, 각 저항에 가해지는 전압의 합은 전원전압과 같다.
  ④ 큰 저항과 매우 작은 저항을 연결하면 매우 작은 저항은 무시된다.

08. 지게차 마스트 높이 조정은 리프트 레인의 길이로 한다.

09. $E = \dfrac{I}{r^2}$ [E : 피조면의 조도(lux), I : 광원의 광도(cd), r : 광원으로부터 거리(m)] 에서 $r = \sqrt{\dfrac{I}{E}}$

∴ $\sqrt{\dfrac{12,000\text{cd}}{480\text{lux}}} = 5\text{m}$

11. 축전지가 과충전이 되면 증류수를 자주 보충하여야 한다.

12. 크레인의 최소 붐 제한 각도는 20°이고, 최대 붐 제한 각도는 78°이다.

13. 리코일 스프링의 역할은 전진할 때 트랙에서 받은 충격을 흡수하며, 쇽업소버와 비슷한 역할을 한다.

14. 작업량 산출 공식 $Q = \dfrac{60 \times q \times f \times E}{C_m}$

15. 토크 컨버터의 토크 변환율은 2~3배 이다.

17. 전류(A)와 전압(V)을 측정할 때는 전류(A)는 직렬, 전압(V)은 병렬로 측정한다.

19. $S_{20} = St + 0.0007 \times (t-20)$ [S_{20} : 표준온도로 환산한 비중, St : t℃에서 측정한 비중, t : t℃에서의 전해액 온도(℃)] ∴ $1.215 + 0.0007 \times (30-20) = 1.222$

20. 에어컨의 구조
  ① **압축기(compressor)** : 증발기에서 기화된 냉매를 고온·고압가스로 변환시켜 응축기로 보낸다.
  ② **응축기(condenser)** : 고온·고압의 기체냉매를 냉각에 의해 액체냉매 상태로 변화시킨다.
  ③ **리시버드라이어(receiver dryer)** : 냉매 속의 수분 및 불순물을 흡수하고, 응축기에서 보내온 냉매를 일시 저장하고 항상 액체 상태의 냉매를 팽창밸브로 보낸다.
  ④ **팽창밸브(expansion valve)** : 고온·고압의 액체냉매를 급격히 팽창시켜 저온·저압의 무상(기체)냉매로 변화시킨다.
  ⑤ **증발기(evaporator)** : 주위의 공기로부터 열을 흡수하여 기체 상태의 냉매로 변환시켜 저온화 시킨다.

⑥ **송풍기(blower)** : 직류 직권 전동기에 의해 구동되며 공기를 증발기에 순환시킨다.
21. 피스톤 링을 피스톤에 조립할 때 주의할 사항은 ①, ②, ③항 이외에 링 절개부가 축 방향이나 축 직각 방향을 향해서는 안 된다.
22. 로터리 기관의 특징
    ① 방켈 기관이라고도 부르며, 회전운동을 하므로 진동이 없다.
    ② 로터 1회전당 3사이클을 수행하며, 크랭크 기구가 없어 기계적 손실이 적다.
    ③ 구조가 간단해 경량화가 가능하며, 고속 회전이 용이하다.
    ④ 편심축이 필요하며, 회전력 변동 및 소음이 적다.
    ⑤ 연료소비율이 크며, 탄화수소 발생량이 많다.
    ⑥ 화염전파거리가 길다.
23. $dU = \delta Q - \delta W = 68kJ - (40kJ - 2kJ) = 30kJ$
24. 거버너는 기관의 회전속도에 따라 분사펌프로부터 분사되는 연료량을 제어하여 원활한 운전상태의 유지를 위해 공전 속도를 제어하며, 최고 회전속도를 제한하여 과도한 회전속도 상승으로 인한 손상을 방지한다.
25. 삼원촉매장치의 촉매로 사용되는 것은 백금, 로듐, 파라듐이다.
26. 연료 분무의 3요소는 무화, 관통력, 분산이다.
27. 흡입밸브의 밀착이 불량하면 역화나 실화가 발생한다.
28. 피스톤의 구비조건
    ① 강성이 있고 무게가 가벼울 것
    ② 고온·고압가스에 충분히 견딜 것
    ③ 열전도율이 좋을 것
    ④ 열팽창률이 적을 것
    ⑤ 마찰계수가 작을 것
29. $H_{kW} = \dfrac{TR}{974 \times 9.8}$ [H_{kW} : 출력, T : 축 토크, R : 회전수] ∴ $\dfrac{300 \times 2,500}{974 \times 9.8} = 78.5 kW$
30. 체적효율을 구하려면 실제로 흡입되는 공기 중량과 실린더 행정체적을 알아야 한다.
31. $T_1 = T_2 \times \dfrac{Q_1}{Q_1 - W}$
    ∴ $(273 + 15) \times \dfrac{8.37}{8.37 - 4.9} = 695K = 421°c$
32. 펠릿형은 왁스 케이스 내에 왁스 및 합성고무를 봉입한다.
33. 기관의 동력행정
    ① 흡기와 배기밸브는 닫혀있다.
    ② 피스톤은 TDC에서 BDC로 운동한다.
    ③ 열에너지가 기계적 에너지로 전환된다.
34. 1cal란 1g의 물의 온도를 14.5℃에서부터 15.5℃로 올리는데 필요한 열량을 말한다.
35. 인터쿨러는 과급기와 흡기다기관 사이에 설치되어 과급된 공기를 냉각시켜 공기의 밀도를 증가시키는 효과를 얻기 위해 설치되어 있으며, 공기의 온도가 높으면 밀도가 낮아져 노킹이 발생되고 체적효율이 저하되기 때문에 이것을 방지하기 위함이다.
37. 4행정 사이클 기관의 윤활 방식에는 비산식, 압력식, 비산 압력식 등이 있다.
38. 오토사이클에서 열을 공급하는 과정은 정적과정이다.
39. 직접 분사실식 연소실의 장점 및 단점

(1) 직접분사실식 연소실의 장점	(2) 직접분사실식 연소실의 단점
① 열효율이 높고, 연료 소비율이 작다.	① 분사압력이 가장 높아 분사펌프와 노즐의 수명이 짧다.
② 실린더 헤드(연소실)의 구조가 간단하다.	② 사용연료 변화에 매우 민감하다.
③ 연소실 체적에 대한 표면적 비율이 작아 냉각손실이 작다.	③ 기관의 회전속도 및 부하의 변화에 민감하고 노크 발생이 쉽다.
④ 기관 시동이 쉽다.	④ 분사 상태가 조금만 달라져도 기관의 성능이 크게 변화한다.
	⑤ 다공형 분사노즐을 사용하므로 값이 비싸다.
	⑥ 질소산화물(NOx)의 발생률이 크다.

42. 카운터밸런스 회로는 유압 시스템 회로 내에서 일정한 배압을 유지시켜 무거운 물체 등이 중력에 의하여 자유낙하는 것을 방지하는데 유효한 회로로 부하가 급격히 감소되더라도 피스톤이 급진하지 않도록 제어한다.
43. $V = \dfrac{Q}{A}$ [V : 유속, Q : 유량, A : 단면적]
    ∴ $\dfrac{0.05 m^3/min}{0.785 \times 0.02^2 \times 60} = 2.65 m/s$
44. 난연성 작동유는 화학적으로 합성하여 만든 것으로 인산에스텔 또는 인산에스텔에 염소계 탄화수소, 광물성 작동유를 첨가한 것이다. 유동성, 윤활성, 착화방지성이 우수하며, 금속성에 대한 부식성이 거의 없다.
45. 밸브의 기능
    ① **스로틀 밸브** : 밸브 내의 통로 면적을 외부로부터 바꾸어 유압유의 통로에 저항을 부여하여 유량을 조정하는 유량 제어밸브이다.

② **스톱밸브** : 유압유의 흐름 방향과 평행하게 개폐되는 유량 제어밸브이다.
③ **셔틀밸브** : 2개 이상의 입구와 1개의 출구가 설치되어 있으며, 출구가 최고 압력의 입구를 선택하는 기능을 지닌 방향 제어밸브이다.
④ **체크밸브** : 유압회로에서 역류를 방지하고 회로내의 잔류압력을 유지한다. 즉 유압유의 흐름을 한쪽으로만 허용하고 반대 방향의 흐름을 제어하는 방향 제어밸브이다.

46. 접촉형 실(seal)의 종류에는 셀프 실 패킹, 메커니컬 실, 다이어프램 실 등이 있다.

48. **유압 기호의 표시 방법**
① 기호에는 흐름의 방향을 표시한다.
② 각 기기의 기호는 정상상태 또는 중립 상태를 표시한다.
③ 오해의 위험이 없는 경우에는 기호를 회전하거나 뒤집어도 된다.
④ 기호에는 각 기기의 구조나 작용압력을 표시하지 않는다.
⑤ 기호가 없어도 바르게 이해할 수 있는 경우에는 드레인 관로를 생략해도 된다.
⑥ 기호는 해당 기기의 외부 포트의 존재를 표시하나 그 실제 위치를 나타낼 필요는 없다.
⑦ 포트는 관로와 기호 요소의 접점으로 나타낸다.

50. 릴리프 밸브는 유압펌프와 제어밸브 사이에 설치되며, 유압회로 내의 압력상승을 제한하여 안정된 압력의 오일을 공급하는 압력 제어밸브이다.

52. 가스용접 작업 중 역화가 발생하면 산소 밸브부터 잠그도록 한다.

53. **수공구 사용방법**
① 렌치에 파이프를 끼워서 사용해서는 안 된다.
② 해머의 타격면이 넓어진 것은 수정한 후 사용한다.
③ 잘 풀리지 않는 볼트는 오일을 넣어 스며들도록 한 후 푼다.

56. 하인리히는 재해 손실 비용을 직접 손실 비용과 간접 손실 비용으로 구분하여 그 비율이 1 : 4가 된다고 정의하였다.

58. **지시표지** : 보호구 착용을 지시하는 명령 표지이며, 바탕은 파란색, 관련 그림은 흰색이다.

60. **디젤기관 매연 측정 방법**
① 무부하 급가속 모드는 가속페달을 최대로 밟아 엔진 최고 회전수에 도달, 4초간 유지 후 공회전 상태에서 5~6초간 유지하는 과정을 3회 반복한다.
② 시료 채취관을 배기관 벽면으로부터 5mm 이상 떨어지도록 설치하고 5cm 이상의 깊이로 삽입한다.
③ 시료채취를 위한 급가속 시 가속페달을 밟을 때부터 놓을 때까지 소요 시간은 4초 이내로 한다.
④ 3회 연속 측정한 매연농도를 산술평균하여 소수점 이하는 버린 값을 최종 측정치로 한다.
⑤ 3회 측정 후 최대치와 최소치가 10%를 초과한 경우 재측정한다.

62. 최소눈금 $= 1 - \frac{19}{20} = \frac{20}{20} - \frac{19}{20} = \frac{1}{20} = 0.05mm$

63. 원형 단면축이 비틀림 모멘트를 받을 때 생기는 최대전단응력은 비틀림 모멘트에 비례하고, 극관성 모멘트와 축 지름의 3제곱에 반비례한다.

64. 오스테나이트(austenite)는 탄소를 고용하고 있는 γ철, 즉 γ고용체이며, 담금질강 조직의 일종이다. 결정구조는 면심입방격자(face-centered-cubic-lattice)로서 강을 A, 변태점 (726℃) 이상으로 가열하였을 때 이루어지는 조직이다. 탄소의 용해도는 1,140℃에서 2.1%이며, 탄소 함유량이 많은 오스테나이트일수록 경도가 커진다. 오스테나이트는 비자성체이며 전기저항이 크다. 경도는 마텐자이트보다 적지만 인장강도와 비교하면 연신이 크다. 또 상온에서는 불안정한 조직으로서 상온 가공을 하면 마텐자이트로 변화한다.

65. $d = \sqrt{\frac{2W}{\sigma a}}$
[d : 볼트의 지름, W : 하중, σa : 허용 인장응력]
∴ 골 지름은 바깥지름의 80% 정도이므로
$\frac{\sqrt{2 \times 1,000 \times 9.8}}{100} \times 0.8 = 11.2mm$

66. $\sigma = \frac{W}{A}$ [σ : 응력, W : 하중, A : 단면적]
∴ $\frac{20kgf}{5cm^2} = 4kgf/cm^2$

67. **미끄럼 베어링 재료의 구비조건**
① 열에 녹아 붙음이 일어나기 어려울 것
② 마멸이 적을 것
③ 면압 강도가 클 것
④ 내식성이 높을 것
⑤ 피로한도가 클 것

68. 어큐뮬레이터(축압기)는 유압유 저장용의 용기이며, 그 기능은 유압 에너지 압력의 맥동 제거, 압력 보상, 충격완화, 에너지 저장, 유압을 일정하게 유지 등이다.

69. 파스칼의 원리는 "유압기기의 압력은 밀폐된 공간이어서 유체의 일부에 압력을 가하면, 그 압력은 유체 내의 모든 곳에 같은 크기로 전달된다."
① 유체의 압력은 면에 직각으로 작용한다.
② 각 점에서의 압력은 모든 방향으로 같다.
③ 가한 압력은 유체 각부에 같은 세기로 전달된다.

70. 마찰차는 표면에 고무·가죽·섬유 등을 붙여 마찰계수를 증가시키며 기어와 다른 점은 두 축이 서로 맞물려 돌아가게 하는 이[齒]가 없다. 종류에는 두 축이 서로 평행할 때 사용하는 평 마찰차, 교차하는 두 축이 서로 만날 때 사용하는 원추 마찰차, 마찰차에 여러 개의 V자 홈을 만들어 접촉하는 면이 많게 해 회전력을 전달하는 V홈 마찰차, 직각으로 만나는 두 축 사이에서 원판과 롤러가 접촉해 힘을 전달하는 원판 마찰차 등이 있다.

71. 스프링 백(spring back)이란 소성 재료를 굽힘가공 할 때 재료를 굽힌 후 힘을 제거하면 판재의 탄성으로 인하여 탄성변형 부분이 원래의 상태로 복귀하여 그 굽힘 각도나 굽힘 반지름이 열려 커지는 현상이며, 프레스 작업이나 판금가공에서 주로 발생한다.

72. 베이클라이트(bakelite)는 페놀과 포름알데히드(실제는 그 수용액인 포르말린을 사용한다)와의 반응으로 생기는 열경화성수지로 헥시온(Hexion)사(社)의 상표이다. 전기절연성·기계적 강도·내열성이 우수하다. 제1차의 반응 때 산성으로 하면 노볼락수지가 되고, 알칼리성으로 하면 레졸계가 된다. 나무 분말이나 안료를 섞거나 종이에 침투시켜서 형틀에 넣고 가압·가열해서 성형시킨다.

73. 알루미늄은 원자량이 26.981g/mol, 녹는점은 660.32℃, 끓는 점 2519℃, 비중은 2.7이다. 은백색의 가볍고 무른 금속으로 지구의 지각을 이루는 주요 구성 원소 중 하나이다. 가볍고 내구성이 큰 특성을 이용해 원자재 및 재료로 많이 사용된다. 마그네슘(Mg)은 원자량 24.3050g/mol, 녹는점 650℃, 끓는점 1,100℃, 비중 1.7410이다.

74. 구성 인선 방지 방법
① 절삭 깊이를 얕게 한다.
② 상면 경사각을 크게 한다.
③ 절삭 속도를 고속으로 한다.
④ 마찰저항이 적은 공구를 사용한다.
⑤ 절삭공구의 인선을 예리하게 한다.

75. 평로(open-hearth furnace)는 제강에 사용되는 반사로의 일종이며 고로에 비해 모양이 납작하다. 노에서 나오는 가스를 이용하여 공기를 가열하는 축열실을 노 밑에 갖추고 1,800℃의 고온을 얻어, 선철을 강으로 만들 수 있다.

76. $\sigma_{max} = \dfrac{M_{max}}{Z} = \dfrac{\frac{Pl}{4}}{\frac{bh^2}{6}} = \dfrac{6Pl}{4bh^2}$ [σ_{max} : 최대 굽힘 응력, M_{max} : 최대 굽힘 모멘트, P : 하중, l : 스팬의 길이, b : 너비, h : 높이, $1Pa = 1N/m^2$]
∴ $\dfrac{6 \times 5 \times 2}{4 \times 0.05 \times 0.1^2} = 30,000 N/m^2 = 30 kPa$

77. $L = nP$ [L : 리드, n : 줄 수, P : 피치]
∴ 2×0.5mm = 1mm

78. 훅의 법칙은 비례한도 이내에서 응력과 변형률이 정비례한다는 법칙이다.

79. 용접 부분의 비파괴 검사방법에는 침투탐상검사, 외관 검사, 내압 검사, 자기탐상 검사, X선 검사, 초음파 탐상법 등이 있으며, 파괴검사에는 금속 조직검사, 분석 검사 등이 있다.

80. 스프링 상수
① **직렬 연결의 합성 스프링 상수** :
$k = \dfrac{1}{k_1} + \dfrac{1}{k_2}$
② **병렬 연결의 합성 스프링 상수** :
$k = k_1 + k_2$

제 5 회

01 ④	02 ③	03 ①	04 ④	05 ④
06 ④	07 ③	08 ④	09 ②	10 ③
11 ①	12 ③	13 ④	14 ③	15 ①
16 ③	17 ①	18 ③	19 ④	20 ①
21 ④	22 ④	23 ④	24 ①	25 ④
26 ①	27 ④	28 ①	29 ③	30 ②
31 ①	32 ③	33 ①	34 ③	35 ①
36 ①	37 ②	38 ②	39 ②	40 ②
41 ④	42 ①	43 ①	44 ②	45 ③
46 ④	47 ①	48 ④	49 ②	50 ②
51 ③	52 ②	53 ①	54 ②	55 ①
56 ②	57 ②	58 ②	59 ①	60 ④
61 ①	62 ①	63 ①	64 ③	65 ①
66 ①	67 ④	68 ②	69 ②	70 ②
71 ②	72 ③	73 ③	74 ①	75 ①
76 ②	77 ③	78 ①	79 ④	80 ④

01. 다짐용 포장기계
   ① 타이어 롤러 : 아스팔트 포장 2차 다듬질용
   ② 탠덤 롤러 : 아스팔트 포장면의 기초 및 마무리 다듬질용
   ③ 머캐덤 롤러 : 쇄석기층 다짐, 푸석푸석한 토양 다짐, 아스팔트 기초 다짐용.
   ④ 진동 롤러 : 도로 경사지 모서리 다듬질 쇄석, 모래, 자갈 다듬질용
   ⑤ 탬핑 롤러 : 기초지반 다짐용

03. 임펠러보다 터빈이 고속으로 회전하면 스테이터를 터빈과 같은 방향으로 회전시키고, 터빈에서 스테이터로 들어가는 흐름 속력은 점차 적어진다. 또 클러치 포인트 이상이 되면 토크 컨버터는 유체 클러치로 작동한다.

04. EGR 장치는 배출가스 중 NOx(질소산화물)를 저감하기 위해 설치한다.

05. 컷아웃 릴레이는 직류발전기 조정기에서 배터리의 전류가 발전기로 역류하는 것을 방지하는 역할을 한다.

07. 아스팔트 피니셔는 호퍼, 피더, 스프레더, 스크리드 등의 작업 장치로 이루어져 있다.

08. 가스 봉입식 쇽업소버는 장시간 사용하여도 오일에 기포가 발생하지 않아 감쇠효과가 저하가 없다.

09. 연료제어 항목에는 분사량 제어, 분사압력 제어, 분사시기 제어가 있다.

10. 그로울러 시험기로 전기자 코일의 단선, 단락, 접지에 대해 점검한다.

11. $S_{20} = St + 0.0007 \times (t-20)$ [S_{20} : 표준온도로 환산한 비중, St : t°C에서 측정한 비중, t : t°C에서의 전해액 온도(°C)] ∴ $1.240 + 0.0007 \times (40-20) = 1.254$

12. $E = \dfrac{I}{r^2}$ [E : 피조면의 조도(lux), I : 광원의 광도(cd), r : 광원으로부터 거리(m)]에서 $r = \sqrt{\dfrac{I}{E}}$

   ∴ $\sqrt{\dfrac{12,000\text{cd}}{480\text{lux}}} = 5\text{m}$

13. 탠덤장치는 작업할 때 직진성능을 향상시키고, 전·후 휠에 걸리는 하중을 같게 하며, 구동륜이 상하로 요동하여 충격을 완화한다.

14. ① $rf = \dfrac{rz}{pz}$ [rf : 종감속비, rz : 링 기어의 잇수, pz : 구동 피니언의 잇수] ∴ $\dfrac{42}{6} = 7$

   ② $Th = \dfrac{Pn}{rf} \times 2$ [Th : 바퀴 회전수, Pn : 추진축 회전수] ∴ $\dfrac{1,400}{7} \times 2 = 400\text{rpm}$

15. 압축기의 작동이 불량한 원인은 냉매가 없거나 부족할 때, 마그네틱 클러치 코일이 불량할 때, 에어컨 장치 파이프의 연결이 불량할 때

16. 트랙 롤러(track roller, 하부롤러)
   ① 트랙 프레임에 3~7개 정도가 설치되며, 건설기계의 전체 중량을 지탱하며, 전체 중량을 트랙에 균등하게 분배해 주고 트랙의 회전을 바르게 유지한다.
   ② 하부 롤러는 싱글 플랜지형과 더블 플랜지형을 사용하는데 싱글 플랜지형은 반드시 프런트 아이들러와 스프로킷이 있는 쪽에 설치한다.
   ③ 싱글 플랜지형과 더블 플랜지형은 하나 건너서 하나씩(교번) 설치한다.

17. 제어유닛은 센서로부터 입력된 정보들을 연산, 제어하여 전기적 출력신호로 변환시켜 액추에이터를 작동시킨다.

18. 토크컨버터는 기관의 크랭크축과 연결되는 펌프(임펠러), 변속기 입력축에 연결되는 터빈(러너), 오일의 흐름방향을 바꾸어 주는 스테이터로 구성되어 있다.

19. 리프트 체인(lift chain)은 포크의 상하운동을 도와주고 한쪽 끝은 핑거보드에 다른 한쪽 끝은 마스트 스트랩에 고정된다.

20. 볼(Bowl)은 스크레이퍼에서 토사를 담아 운반하는 작업 장치이다.

21. 피스톤 링에 대한 설명은 ①, ②, ③항 이외에 피스톤 링의 엔드 갭이 너무 작으면 고온에서 링이 파손되거나 소결되기 쉽다.

22. 방열기 캡에 있는 고압(압력) 밸브는 방열기의 내부 압력을 대기압보다 높게 유지시켜 냉각수 온도가 104~108℃가 되어도 냉각수가 비등하지 않도록 한다.

23. $H_{kW} = \dfrac{TR}{974}$ [H_{kW} : 제동마력, T : 회전력, R : 회전수]에서 $T = \dfrac{974 \times H_{kW}}{R}$

    ∴ $T = \dfrac{974 \times 60 \times 9.8}{1,600} = 358\text{N·m}$

24. 오버랩은 4행정 사이클 기관에서 흡·배기밸브가 동시에 열려 있는 구간이다.

26. 캠 플레이트(캠 디스크)는 플런저 스프링의 장력으로 롤러 홀더에 압착되어 플런저와 함께 회전하며, 캠 플레이트에 1개의 볼록 부분에 의해 구동축이 1회전할 때 플런저는 4회의 왕복 운동하며, 연료 분사량, 분사 압력, 분사 지속시간에 밀접한 관계가 있다.

27. 충진 효율을 개선하는 방법은 가변 흡기장치의 사용, 흡배기 저항 저감, 흡기온도의 상승 억제, 흡기 간섭을 방지하는 흡기관의 사용이다.

28. 가솔린 기관에서 압축비를 높이지 못하는 이유는 노킹이 발생하기 때문이다.

29. **밸브 재료의 구비조건**
    ① 고온에서 견딜 것
    ② 밸브 헤드 부분의 열전도율이 클 것
    ③ 고온에서의 장력과 충격에 대한 저항력이 클 것
    ④ 고온 가스에 부식되지 않을 것
    ⑤ 가열이 반복되어도 물리적 성질이 변화하지 않을 것
    ⑥ 관성을 적게 하기 위해 무게가 가볍고 내구성이 클 것
    ⑦ 흡·배기가스 통과에 대한 저항이 적은 통로를 만들 것
    ⑧ 열팽창률이 적을 것

30. **브레이턴(brayton) 사이클** : 정압 연소를 행하는 가스터빈의 기본 사이클이며 동작유체를 공기로 하고 손실은 없다고 가정하며 압축·팽창은 단열변화, 수열과 방열은 등압변화 아래에서 행해지는 이상적인 사이클이다.

31. **디젤기관 노크의 원인**
    ① 연료의 분사 상태가 나쁘고, 기관 온도가 낮다.
    ② 연료의 세탄값이 낮다.
    ③ 착화지연 기간(발화지연)이 길다.
    ④ 압축비·압축압력이 낮다.
    ⑤ 연료분사 시기가 틀리다.
    ⑥ 기관의 온도, 흡입공기의 온도가 낮다.

32. 과급기를 설치하면 기관의 출력이 35 ~ 45% 정도 향상된다.

33. **경유의 구비조건**
    ① 황(S)의 함유량이 적을 것
    ② 자연 발화점이 낮을 것
    ③ 세탄가가 높고, 발열량이 클 것
    ④ 점도가 적당할 것
    ⑤ 온도변화에 따른 점도 변화가 적을 것

34. $W = P_2(V_2 - V_1)$
    [W : 일(kgf·m), P_2 : 상태변화 후 압력(kgf/m²), V_1 : 최초의 체적(m³), V_2 : 상태변화 후의 체적(m³)]
    ∴ $22,500 = 2.5 \times 10^4 (V_2 - 0.3)$에서 $V_2 = 1.2\text{m}^3$

35. **내연기관의 기본 사이클**
    ① **정적(오토) 사이클** : 가솔린 기관, 가스 기관의 기본 사이클
    ② **정압(디젤) 사이클** : 저속 디젤 기관의 기본 사이클
    ③ **복합(사바테)사이클** : 고속 디젤 기관의 기본 사이클

36. **와류실식 연소실의 장점 및 단점**

와류실식 연소실의 장점	와류실식 연소실의 단점
① 연소가 급속하게 이루어지므로 회전속도 및 평균 유효압력이 높다.	① 실린더 헤드의 구조가 복잡하다.
② 열효율이 예연소실에 비해 약간 높다.	② 직접분사실식 보다 열효율이 낮다.
③ 운전이 정숙하고 고속운전 특성이 우수하다.	③ 시동보조 장치인 예열플러그를 사용하여야 한다.
④ 분사압력이 비교적 낮다.	④ 저속에서 노킹이 일어나기 쉽다.
⑤ 분사압력이 낮아도 와류로 혼합기 형성이 가능하다.	

38. 실린더 총체적은 연소실 체적(V_c)+행정체적(V_s)이다.

39. **가솔린의 구비조건**
    ① 퍼컬레이션이 일어나지 말 것
    ② 공기와 혼합이 잘 될 것
    ③ 인화점이 높을 것
    ④ 연소 후 유해 화합물을 남기지 않을 것
    ⑤ 적당한 휘발성(기화성능)이 있을 것
    ⑥ 연소속도가 빠르고, 온도에 관계없이 유동성이 클 것
    ⑦ 앤티노크성(내폭성 : 옥탄가)이 클 것
    ⑧ 체적 및 무게가 적고 발열량이 클 것
    ⑨ 연소 퇴적물의 발생이 적을 것
    ⑩ 내부식성이 크고 저장 안전성이 있을 것

40. 4실린더 기관은 크랭크축의 1/2회전마다 폭발이 일어난다.

42. 언로드 밸브(무부하 밸브)는 유압기기 중 불필요한 오일을 방출시켜 펌프에 부하가 걸리지 않도록 한다. 즉 외부 파일럿 압력이 정해진 압력에 도달하면 입구 쪽에서 탱크 쪽으로의 자유 흐름을 허락한다.
43. 압력 제어밸브는 유압회로에서 압력에 따라 액추에이터로 작동순서를 제어하거나 일정한 배압을 형성시켜 안정을 도모하는 등의 기능을 담당하는 밸브이며, 그 종류에는 릴리프 밸브, 리듀싱(감압) 밸브, 시퀀스(순차) 밸브, 언로드(무부하)밸브, 카운터 밸런스 밸브 등이 있다.
44. 축압기의 주요 기능은 펌프의 맥동 흡수, 서지 압력 흡수, 충격압력의 완충, 압력에너지의 축적, 압력 및 체적 보상 등이다.
45. $\varepsilon = \dfrac{v}{P_2 - P_1}$ [ε : 압축율, v : 체적 감소율, P_1, P_2 : 압력]에서 $v = \varepsilon(P_2 - P_1)$
  $\therefore \dfrac{6.8 \times (100-0)}{1,000} = 0.68\%$
46. 정출력 구동회로는 펌프의 송출 압력과 송출량을 일정히 하고 정변위 유압모터의 변량을 변화시켜 유압모터의 속도를 변화시키면서 정마력 구동이 얻어지는 회로이다.
47. $T = \dfrac{PQ}{2\pi}$ [T : 토크, P : 공급 압력, Q : 유량]
  $\therefore \dfrac{60 \times 20}{2 \times 3.14 \times 100} = 1.91 \text{N·m}$
48. 외접기어 펌프의 폐입 현상
  ① 토출된 유량 일부가 입구 쪽으로 귀환하여 토출량 감소, 축 동력증가 및 케이싱 마모, 기포 발생 등의 원인을 유발하는 현상이다.
  ② 폐입 현상은 소음과 진동의 원인이 되며, 폐입된 부분의 유압유는 압축 시에는 고압이, 팽창 시에는 진공이 형성된다.
  ③ 기어 측면에 접하는 펌프 측판(side plate)에 릴리프(토출) 홈을 만들어 방지한다.
50. 유량(속도)제어 회로
  ① 미터 인 회로 : 유량 제어밸브를 액추에이터의 입구 쪽에 설치한 회로로 공급 쪽 관로 내의 흐름을 제어함으로써 속도를 제어하는 회로이다.
  ② 미터 아웃 회로 : 부하가 급격히 감소하여 스핀들이 급진하는 것을 방지하기 위하여 유량 제어밸브를 액추에이터 출구 쪽에 설치한 회로로 펌프의 송출 압력은 유량 제어밸브에 의한 배압과 부하 저항에 따라 정해지는 회로이다.

③ 블리드 오프 회로 : 실린더 입구의 분기회로에 유량 제어밸브를 설치하여 실린더 입구 쪽의 불필요한 유압유를 배출시켜 작동효율을 증진시킨 속도제어 회로이다.
52. 광선식 안전장치 한 줄 또는 여러 줄의 빔(beam)을 설치해 두고 그 일부가 손 등에 의해 차단되면 기계가 움직이지 않게 되는 안전장치이다.
53. 핸들을 잡고 몸 안쪽으로 잡아당긴다.
59. 사고 예방 원리 5단계 순서는 조직→사실의 발견→평가 분석→시정책의 선정→시정책의 적용이다.
60. 색채가 나타내는 의미
  ① 빨간색 : 위험, 방화(금지, 고압선, 폭발물, 화학류, 화재방지에 관계되는 물체에 표시)
  ② 청색 : 조심, 금지(수리, 조절 및 검사 중인 그 밖의 장비의 작동을 방지하기 위해 표시)
  ③ 흑색 및 백색 : 통로표시, 방향 지시 및 안내표시
  ④ 보라색 : 방사능의 위험을 경고하기 위한 표시
  ⑤ 녹색 : 안전, 구급(안전에 직접 관련된 설비와 구급용 치료 설비를 식별하기 위해 표시)
  ⑥ 노란색 : 주의(충돌, 추락, 전도 및 그 밖의 비슷한 사고의 방지를 위해 물리적 위험성을 표시)
  ⑦ 오렌지색(주황색) : 기계의 위험경고(기계 또는 전기설비의 위험위치를 식별하고 기계의 방호 조치를 제거함으로서 노출되는 위험성을 인식하기 위해 표시)
61. 코터는 한쪽 또는 양쪽에 기울기를 갖는 평판 모양의 쐐기이며, 축의 토크를 전달하기 보다는 인장력이나 압축력을 받는 2개의 축을 연결하는 기계요소이다.
63. 용어의 정의
  ① 치우침(bias) : 참값과 모평균과의 차이
  ② 오차(error) : 측정치과 참값의 차이
  ③ 편차(deviation) : 측정치와 모평균과의 차이
  ④ 잔차(residual) : 측정치와 이론값의 차이
  ※ 참값이란 물체의 무게, 길이, 부피 등의 실제 값을 말한다.
  ※ 모평균 : 측정치를 모두 합한 다음 총수로 나눈 값으로서 측정치의 산술 평균을 말한다.
64. 무기 재료의 특징
  ① 전기 절연체이다. ② 내열성과 내식성이 높다.
  ③ 열전도율이 낮다. ④ 취성 파괴의 특성을 갖는다.
  ⑤ 강도와 경도가 크다.
65. 인발(drawing)은 드로잉이라고도 하며 다이(die)구멍에 재료를 통과시켜 잡아당기면 단면적이 감소되어 다이 구멍의 형상과 같은 단면의 봉(棒), 선(線), 파이프 등을 만드는 가공 방법이다. 인발의 가공도는 단면감소율로 나타낸다.

66. 제강법 및 제철법의 종류
① **평로** : 제강용 반사로를 말한다. 사각형 내화물을 붙인 얕은 노저와 곡면에 가까운 천장이 있고, 노저에 선철·고철·철광석 등을 배합해서 넣고 노의 좌우에 있는 풍구의 한쪽으로부터 주입되는 연료와 송풍에 의해 용철 속의 탄소나 불순물을 산화 제거하여 강을 만드는 제강법이다.
② **전기로** : 전류의 열 효과를 이용한 노를 말한다. 저항로, 아크로, 유도 전기로의 세 가지가 있으며 조작이 간편하며, 용도는 금속의 정련, 용융, 열처리 등 이용 범위가 넓은 제강법이다.
③ **전로** : 제강·제동에 사용되는 환원로서 형식은 제강용과 제동용이 있다. 제강용은 원통의 주입구를 오그라들게 하여 옆으로 비스듬히 열어 놓은 형태이고 제동(구리제련)용 전로는 원기둥을 옆으로 놓은 형태이다.
④ **도가니로** : 금속을 용해하는 노를 말하며, 금속이 연소가스에 직접 접촉되지 않으므로 금속의 성분은 변화를 거의 받지 않으나 열효율이 낮아서 용해비가 많이 든다. 정확한 성분을 필요로 하는 금속의 용해에 적합한 제강법이다.

67. 압력 제어밸브의 종류
① **릴리프 밸브(relief valve)** : 유압장치의 과부하 방지와 유압기기의 보호를 위하여 최고압력을 규제하고 유압회로 내의 필요한 압력을 유지하는 밸브이다.
② **감압 밸브(reducing valve)** : 유압 실린더 내의 유압은 동일하여도 각각 다른 압력으로 나눌 수 있으며, 유압회로에서 입구 압력을 감압하여 유압실린더 출구 설정 유압으로 유지한다.
③ **시퀀스 밸브(sequence valve)** : 2개 이상의 분기회로가 있을 때 순차적인 작동을 하기 위한 압력 제어밸브로 2개 이상의 분기회로에서 실린더나 모터의 작동순서를 결정하는 자동 제어 밸브이다.
④ **언로더 밸브(unloader valve)** : 유압회로의 압력이 설정 압력에 도달하였을 때 유압펌프로부터 전체 유량을 작동유 탱크로 리턴시키는 밸브이다.
⑤ **카운터 밸런스 밸브(counter balance valve)** : 유압실린더의 복귀 쪽에 배압을 발생시켜 피스톤이 중력에 의하여 자유 낙하하는 것을 방지하여 하강 속도를 제어하기 위해 사용된다.

68. 구름 베어링의 특징
① 마찰저항이 적어 기동 토크가 작다.
② 동력손실이 적다.
③ 밀봉 장치의 교정이 쉽고 윤활 방법이 편리하다.
④ 저널의 길이를 짧게 할 수 있다.
⑤ 윤활유 소비가 적다.
⑥ 표준형 양산품으로 호환성이 높다.
⑦ 지름이 크게 된다.

69. 변형률(Strain)의 종류
① **세로 변형률** : 재료의 길이 변화량의 비율
② **가로 변형률** : 재료의 굵기 변화량의 비율
③ **전단 변형률** : 전단 하중을 받는 두 평면 사이의 거리에 대한 미끄럼 변형량의 비율

70. ① 단면적 : $\dfrac{\pi \times D^2}{4} = \dfrac{3.14 \times 10^2}{4} = 78.5$

② 극관성 모멘트 : $\dfrac{\pi \times D^4}{16} = \dfrac{3.14 \times 10^4}{16} = 1962.5$

③ 단면계수 : $\dfrac{\pi \times D^3}{32} = \dfrac{3.14 \times 10^3}{32} = 98.13$

④ 2차 모멘트 : $\dfrac{\pi \times D^4}{64} = \dfrac{3.14 \times 10^4}{64} = 490.63$

71. $\sigma_t = E \times \alpha \times \Delta t$ [σ_t : 열응력, E : 탄성계수, α : 선 팽창계수, Δt : 온도 변화량]
$\sigma_t = 2,100,000 \times 0.000012 \times (40-20) = 504 \, N/cm^2$

72. 피복제의 역할
① 대기 중의 산소나 질소의 침입을 방지하고 용착금속을 보호한다.
② 아크를 안정되게 하며, 용융점이 낮은 가벼운 슬래그(slag)를 만든다.
③ 슬래그 제거가 쉽고, 파형이 고운 비드(bead)를 만든다.
④ 용착 금속의 탈산 및 정련 작용을 한다.
⑤ 용착 금속에 적당한 합금원소를 첨가한다.
⑥ 용적(globule)을 미세화하고, 용착효율을 높인다.
⑦ 모든 자세의 용접을 가능하게 하며, 용착금속의 응고와 냉각 속도를 지연시킨다.
⑧ 전기 절연 작용을 한다.

73. 밸브의 기능
① **셔틀 밸브** : 3포의 밸브로 자체의 압력에 의하여 자동적으로 선택한다. 2개의 입구 중 어느 쪽이든 유압이 높은 쪽이 출구와 통하고 낮은 쪽의 입구는 포핏 밸브에 의해 자동적으로 닫힌다.
② **체크 밸브** : 역류를 방지하는 밸브 즉, 한쪽 방향으로의 흐름은 자유로우나 역방향의 흐름을 허용하지 않는 밸브이다.
③ **교축 밸브** : 교축 밸브는 점도가 달라져도 유량이 그다지 변화하지 않도록 설치된 밸브이다.
④ **릴리프 밸브** : 유압장치의 과부하 방지와 유압 기기의 보호를 위하여 최고 압력을 규제하고 유압 회로 내의 필요한 압력을 유지하는 밸브이다.

74. 너트의 용도
    ① 캡 너트 : 나사의 틈이나 접촉면에서 유체의 유출을 방지할 경우에 사용한다.
    ② 나비 너트 : 손으로 돌려서 조일 수 있는 곳에 사용한다.
    ③ 홈 붙이 너트 : 너트의 위쪽에 분할 판을 끼워 너트의 풀림을 방지할 때 사용한다.
    ④ 원형 너트 : 6각 너트를 사용할 수 없을 때 사용되며 너트를 돌리기 위한 스패너를 걸 수 있게 되어 있다.

75. 밀링머신의 부속장치
    ① 분할대 : 주축대와 심압대가 한 쌍으로 되어 있어 이것을 테이블에 부착시킨 후 공작물을 지지하여 공작물의 주위를 임의의 수로 분할(차동 분할)할 수 있는 장치이다.
    ② 회전 테이블 : 보통 직선 이송만을 행하는 밀링머신에서 회전 이송을 할 수 있도록 만든 장치로 연속 정면 절삭이나 원주형 또는 반원형 모양의 윤곽 절삭을 가능토록 한 것이다.
    ③ 슬로팅 장치 : 수평 및 만능 밀링 머신의 주축에 부착시켜 슬로터와 같이 회전운동을 왕복 운동으로 변환시켜 커터를 상하로 움직여 키 홈을 절삭한다.
    ④ 밀링 바이스 : 밀링머신의 테이블에 고정시켜 공작물을 고정시키기 위하여 사용하는 바이스

76. $H_{kW} = \dfrac{T_e \times V}{102}$ [H_{kw} : 전달동력(kW), T_e : 유효장력(N), V : 벨트의 속도(m/s)]

$H_{kW} = \dfrac{(1{,}250N - 515N) \times 4m/s}{102} = 28.82 kW$

77. Fe-C 평형 상태도에서 공정점(1,145℃)의 탄소함유량은 4.3%C 이고 공석점(723℃)의 탄소 함유량은 0.8%이다.

78. $Q = AV$ [Q : 유량, A : 단면적, V : 흐름속도(유속)]
    ∴ $\dfrac{3.14 \times 0.6m \times 0.6m \times 3m/s}{4} = 0.8478 m^3/s$

79. 스프링 백(spring back)이란 소성 재료를 굽힘 가공을 할 때 재료를 굽힌 후 힘을 제거하면 판재의 탄성으로 인하여 탄성변형 부분이 원래의 상태로 복귀하여 그 굽힘 각도나 굽힘 반지름이 열려 커지는 현상이며, 프레스 작업이나 판금가공에서 주로 발생한다.

80. 두랄루민은 알루미늄, 구리, 마그네슘, 망간의 합금으로 강력 단련용으로 가볍고 강하며, 내식성이 별로 좋지 못하나 500~520℃에서 담금질하면 시효경화 하는 특징이 있다. 항공기, 자동차 보디의 재료로 사용된다.

제 6 회

01	③	02	③	03	②	04	④	05	④
06	①	07	④	08	①	09	①	10	④
11	③	12	③	13	④	14	③	15	③
16	②	17	②	18	③	19	①	20	①
21	④	22	④	23	②	24	④	25	①
26	②	27	③	28	②	29	②	30	③
31	③	32	③	33	①	34	③	35	③
36	③	37	②	38	③	39	②	40	②
41	③	42	①	43	②	44	④	45	④
46	①	47	①	48	③	49	②	50	③
51	①	52	③	53	①	54	①	55	②
56	④	57	②	58	④	59	②	60	④
61	③	62	③	63	①	64	③	65	②
66	②	67	①	68	③	69	①	70	②
71	④	72	④	73	①	74	②	75	③
76	①	77	①	78	①	79	④	80	②

01. 페일 세이프 기능은 시스템의 일부에 고장이나 오 조작이 발생해 자동적으로 안전한 가동을 할 수 있는 구조로 설계하는 사고방식을 말한다.

02. CRDI(common rail diesel injection system)는 초고압 직접분사 방식의 디젤엔진이다. 엔진 컴퓨터는 크랭크축 위치 센서와 캠축 위치 센서에서 입력된 데이터를 기초로 분사 압력을 필요에 따라 정밀하게 다시 조정하여 압축과 분사가 각각 독립적으로 발생할 수 있도록 한다. 연료분사 시기와 양을 조정하는 솔레노이드 밸브가 내장된 인젝터가 설치되어 있으며, 엔진 컴퓨터는 인젝터의 니들 밸브가 열리는 시간을 조정한다.

03. 교류발전기의 특징
    ① 3상 발전기로 저속에서 충전성능이 우수하다.
    ② 정류자가 없기 때문에 브러시의 수명이 길다.
    ③ 정류자를 두지 않아 풀리 비를 크게 할 수 있다.
    ④ 실리콘 다이오드를 사용하기 때문에 정류 특성이 우수하다.
    ⑤ 발전 조정기는 전압 조정기 뿐이다.
    ⑥ 경량이고 소형이며, 출력이 크다.

04. 냉매를 대기 중에 방출하면 지구온난화에 영향이 있으므로 냉매를 에어컨 사이클에서 뺄 때는 반드시 냉매 회수기를 사용하여야 한다.

05. 추진축의 진동원인
    ① 센터 베어링이 마모되었다.

② 유니버설 조인트 베어링이 파손되었다.
③ 추진축이 휘었다.
④ 밸런스 웨이트가 떨어졌다.
⑤ 요크 방향이 틀리게 조립되었다.
⑥ 플랜지 부분의 조임이 헐겁다.
⑦ 슬립 조인트의 스플라인이 마모되었다.

06. ① 작업 사이클 시간 $C_m = \dfrac{L}{V_1} + \dfrac{L}{V_2} + t$ [Cm : 작업 사이클 시간, L : 운반거리(m), V_1 : 전진속도(m/분), V_2 : 후진속도(m/분), t : gear 변속시간(초)]

$$\therefore \dfrac{50 \times 60}{50} + \dfrac{50 \times 60}{80} + 30\sec = 127.5\sec$$

② 작업량 산출 공식 $Q = \dfrac{3,600 \times q \times f \times E}{C_m} [m^3/h]$

[q : 블레이드 용량(m³), K : 버킷계수, f : 토량환산계수, E : 작업효율, C_m : 사이클 시간(초)]

$$\therefore \dfrac{3,600 \times 4 \times 1 \times 0.9}{127.5\sec} = 101.6 m^3/h$$

07. NOx는 혼합기가 고온에서 연소될 때 발생되는 가스이다. 배기가스 재순환장치(EGR)는 배기가스의 일부를 흡기다기관으로 다시 되돌려 보내어 혼합기가 연소할 때 최고 온도를 낮추어 NOx의 생성량을 저감시킨다.

08. $B_{PS} = \dfrac{TR}{716}$ [B_{PS} : 기관의 출력, T : 토크, R : 회전수]

$T = \dfrac{B_{PS} \times 716}{R}$ $\therefore \dfrac{25 \times 716}{1,000} = 17.9 kgf \cdot m$

09. ① **훅 블록** : 상부에 권상 와이어용 시브가 배치되어 있고 하부에 훅을 장치한 것으로 일반 기중용으로 사용되는 작업 장치이다.
② **붐 전도 방지 장치** : 기중 작업을 할 때 권상 와이어 로프가 절단되거나 험한 지형을 주행할 때 붐에 전달되는 요동으로 붐이 뒤로 넘어가는 것을 방지하는 장치이다.
③ **권과 방지 장치** : 권상 와이어로프를 너무 감으면 와이어로프가 절단되거나 훅 3블록이 시브와 충돌하여 기계를 파손시키게 된다. 이를 방지해 주는 장치이다.
④ **붐 기복 정지 장치** : 붐 권상 레버를 당겨 붐이 최대 제한 각에 달하면 붐 뒤쪽에 있는 붐 기복 정지 장치의 스톱 볼트와 접촉되어 유압 회로를 차단하거나 붐 권상 레버를 중립으로 복귀시켜 붐의 상승을 정지시키는 장치이다.

10. 프런트 아이들러(전부 유동륜)
① 앞뒤로 미끄럼 운동할 수 있는 요크에 설치된다.
② 트랙의 진로를 조정하면서 주행 방향으로 트랙을 유도한다.
③ 요크 축 끝에 조정 실린더가 연결되어 트랙 유격을 조정한다.

11. $R = \dfrac{L}{\sin\alpha} + r$ [R : 최소회전반경(m), L : 축간거리(m) $\sin\alpha$: 최외측 바퀴의 조향각도, r : 킹핀 중심에서부터 타이어 중심선 사이의 거리(m)]

$R = \dfrac{2.5m}{\sin 30} + 0.15m = \dfrac{2.5m}{0.5} + 0.15m = 5.15m$

12. 준설선의 기능
① **디퍼식 준설선** : 굳은 지반을 준설하기 위하여 고안된 것으로 육상에서 사용하는 셔블을 대선에 설치한 것으로 구조가 복잡하고 작업 능률이 비교적 낮아 특수한 목적 이외에는 사용하지 않는다.
② **버킷식 준설선** : 래더 상의 양 덤블러를 중심으로 버킷 라인이 회전하여 굴착하는 준설선으로 양쪽의 앵커에 의해 좌우로 스윙하며 작업한다.
③ **펌프식 준설선** : 해저의 토사를 물을 매체로 하여 절단기로 절취하며, 이것을 펌프로 빨아올려 파이프라인으로 장거리 배송하는 것이다.
④ **그래브식 준설선** : 소형이고 개폐가 자연스러운 그래브를 붐 끝에 설치하여 기관과 조립되어 있다.

13. 설페이션의 원인
① 축전지를 과방전하였을 경우
② 축전지의 극판이 단락되었을 때
③ 전해액의 비중이 너무 높거나 낮을 때
④ 전해액이 부족하여 극판이 노출되었을 때
⑤ 전해액에 불순물이 혼입되었을 때
⑥ 불충분한 충전을 반복하였을 때
⑦ 장기간 방전상태로 방치하였을 경우

14. 스크레이퍼의 작업 장치
① **보울** : 흙을 파서 담을 수 있는 적재함이며, 유압에 의해 상·하 운동한다.
② **커팅 에지** : 보울 앞부분에 설치되어 굴토력을 증가시킨다.
③ **에이프런** : 보울의 앞면을 형성해 주고 토사의 배출구를 닫아주는 문이다.
④ **이젝터** : 토사를 담을 때 보울의 뒷벽을 구성해 주고, 하역할 때 앞으로 이동하여 토사를 밀어내어 쏟아 주는 부분이다.

15. 엔진 브레이크는 가속페달을 놓았을 때 피스톤 헤드에 형성되는 압력과 부압에 의해 제동 효과가 발생된다. 효과가 크지 않기 때문에 긴 내리막길에서 변속 기어를 저속에 놓으면 브레이크 효과가 향상된다.

16. 자재 이음의 종류
    ① 십자축 조인트(훅 조인트)
    ② 플렉시블 조인트
    ③ 등속 조인트(CV 자재이음)
    ④ 볼 엔드 트러니언 조인트
17. 다이오드의 종류
    ① **실리콘 다이오드** : 교류 전기를 직류 전기로 변환시키는 정류용 다이오드이다.
    ② **제너 다이오드** : 전압이 어떤 값에 이르면 역방향으로 전류가 흐르는 정전압용 다이오드이다.
    ③ **포토 다이오드** : 접합면에 빛을 가하면 역방향으로 전류가 흐르는 다이오드이다.
    ④ **발광 다이오드** : 순방향으로 전류가 흐르면 빛을 발생시키는 다이오드이다.
18. 시동 스위치를 off 시켜도 엔진이 정지되지 않을 때는 시동 스위치 점검, 연료 차단 솔레노이드의 작동상태 점검, 연료 차단 솔레노이드와 연결된 배선의 전류 흐름을 점검한다.
19. 좌우 실린더 작동행정이 상이하면 리프트 실린더 캐리지 사이에 심(shim)을 넣어 조정한다.
20. 밸런싱(평형) 코일식 유압계는 계기 부분(2개의 코일로 구성)과 유닛 부분으로 구성되어 있다. 유닛 부분은 일종의 가변 저항기이며, 다이어프램에 설치되어 있는 이동 암의 움직임에 따라 저항값이 변화된다.
21. 밸브 개폐 시기에 대한 설명은 ①, ②, ③항 이외에 기관의 회전속도에 따라서 달라져야 한다.
22. $R = \dfrac{H_e \times \eta}{W}$ [R : 물체를 이동시킬 수 있는 거리, H_e : 가솔린의 저위발열량, η : 유효한 일로 바뀐 효율, W : 물체의 무게] ∴ $\dfrac{50,000 \times 0.3}{40} = 375m$
23. 로터리 기관의 특징
    ① 방켈 기관이라고도 부르며, 회전운동을 하므로 진동이 없다.
    ② 로터 1회전당 3사이클을 수행하며, 크랭크 기구가 없어 기계적 손실이 적다.
    ③ 흡배기밸브가 없고, 회전 피스톤과 편심축이 사용된다.
    ④ 구조가 간단해 경량화가 가능하며, 고속 회전이 용이하다.
    ⑤ 회전력 변동 및 소음이 적다.
    ⑥ 연료소비율 및 윤활유 소비가 크며, 탄화수소 발생량이 많다.
    ⑦ 화염전파거리가 길다.
24. 크랭크 각 센서는 피스톤의 위치를 감지하여 기관의 회전속도를 계산하고 연료분사 시기 및 점화 시기를 결정하는데 사용한다.
25. 과급 장치는 행정체적을 증가시키지 않고도 출력을 증대시킬 수 있고, 과급에 의해 급기 중 산소량이 증대되어 착화지연이 단축되며, 연료 품질 개선으로 유해 배출물 저감효과가 있다.
26. $Ag = Gv \times \rho \times A_{Fr}$ [Ag : 필요한 공기량, Gv : 가솔린의 체적, ρ : 가솔린의 비중, A_{Fr} : 혼합비]
    ∴ $0.2\ell \times 0.8 \times 14.7 = 2.35 kgf$
27. 밸브의 구조
    ① **밸브 헤드(valve head)** : 고온·고압가스에 노출되므로 특히 배기밸브는 열부하가 매우 크다. 헤드부분의 지름은 흡입효율을 증대시키기 위해 흡입밸브 헤드지름을 크게 한다.
    ② **밸브 페이스(valve face, 밸브 면)** : 밸브시트(seat)에 밀착되어 연소실 내의 기밀 유지 작용을 하며, 밸브 헤드의 열을 시트로 전달한다.
    ③ **밸브 스템** : 밸브 가이드 내부를 상하 왕복 운동하며 밸브헤드가 받는 열을 가이드를 통해 방출하고, 밸브의 개폐를 돕는다.
    ④ **밸브 가이드(valve guide)** : 밸브의 상하운동 및 시트와 밀착을 바르게 유지하도록 밸브 스템을 안내해 준다.
    ⑤ **밸브 스프링** : 밸브가 닫혀있는 동안 밸브시트와 밸브 페이스를 밀착시켜 기밀이 유지되도록 한다.
    ⑥ **밸브 시트(valve seat)** : 밸브 페이스 밀착되어 연소실의 기밀 유지 작용과 밸브 헤드의 냉각 작용을 한다.
28. 윤활유의 온도가 상승하면 점도는 낮아진다.
29. 배기가스 후처리 장치(DPF)는 배기가스 중 PM (particulate matter, 입자상 물질)을 여과기를 이용하여 물리적으로 포집한 후 연소시켜 제거하는 장치이다.
30. 퍼컬레이션(percolation)은 농후한 혼합 가스에 의한 엔진시동 불능의 고장으로, 자동차를 긴 시간 동안 주행한 후에 엔진을 일단 정지시켰다가 잠시 후 다시 시동하려고 하여도 연소가 전혀 일어나지 않는 현상이다.
31. 플라이휠은 관성의 법칙을 이용한 장치이므로 회전 중 회전관성이 커야 한다.
32. 전자제어 가솔린 기관은 공기 유량 센서에서 검출한 흡입 공기량을 기준으로 이론공연비가 산정된다.
33. 도시 연료소비율의 향상 방법은 압축비의 상승, 냉각손실 저감, 펌프 손실 저감, 작동시간 손실 저감, 착화지연시간 단축 등이다.

34. 최고압력 또는 최고 온도가 같을 경우 정압 사이클의 이론열효율이 가장 높다.
35. **피스톤 링의 플러터(fluttering) 현상 방지 방법**
    ① 피스톤 링의 장력을 높여 면압을 증가시킬 것
    ② 피스톤 링의 무게를 줄여 관성력을 감소시킬 것
    ③ 피스톤 링 이음 부분의 면압 분포를 높일 것
    ④ 실린더 벽에서 긁어내린 윤활유를 배출시킬 수 있는 홈을 링 랜드에 둘 것
    ⑤ 고온·고압에 견딜 수 있도록 내열성이 양호할 것
    ⑥ 실린더와의 접촉을 견딜 수 있도록 내마멸성이 양호할 것
    ⑦ 연소열을 실린더 벽으로 전달하여 냉각 작용이 되도록 열전도가 양호할 것
    ⑧ 피스톤 링의 지름방향 폭을 넓혀 링의 장력을 증가시킬 것
36. 수냉식의 장점은 냉각 작용이 균일하고, 차량 실내의 난방이 용이하며, 기관의 연소 소음을 감소시킨다.
37. 실린더 헤드는 고온·고압에서 강도와 열팽창률이 적어야 한다.
38. 기관효율이란 기관에 공급된 총열량 중에서 일로 변환된 열량이 차지하는 비율이다.
39. NOx의 발생량을 줄이기 위해서 연소실의 온도를 낮추어야 한다.
40. 밸브 오버랩이란 매 사이클이 끝날 무렵, 상사점 부근에서 흡기밸브와 배기밸브가 함께 열려 있는 구간이다.
42. 공동 현상(캐비테이션)은 유동하고 있는 액체의 압력이 국부적으로 저하되어, 증기나 함유 기체를 포함하는 기포가 발생한다.
43. 채터링(chattering)이란 감압 밸브나 릴리프 밸브 등에서 밸브시트를 두들겨서 비교적 높은 소음을 내는 자력 진동 현상이다.
45. **패킹재료의 구비조건**
    ① 오일의 누설을 방지할 수 있을 것
    ② 운동체의 마모를 적게 할 것
    ③ 사용온도 범위가 넓을 것
    ④ 마찰계수가 적을 것
    ⑤ 상대 금속을 부식시키지 말 것
    ⑥ 압축 영구 변형이 작고 탄성이 있을 것
46. 블리드 오프 회로는 액추에이터 공급 쪽 관로에 설정된 바이패스 관로의 흐름을 제어하여 속도를 제어하는 회로로, 실린더에 유입되는 유량이 부하에 따라 변하므로 피스톤 이송을 정확하게 조절하기 어렵다.
47. 시퀀스 회로는 유압회로에 발생하는 여러 가지 기계동작을 미리 정해진 순서에 따라 자동적으로 작동시키는 회로이다.
48. **유압유(작동유)의 구비조건**
    ① 비압축성이며, 부식의 발생을 방지할 수 있을 것
    ② 산화 안정성이 있을 것,
    ③ 소포 성능(거품 방지성능)과 윤활성이 좋을 것
    ④ 점도지수가 높을 것
    ⑤ 냄새가 없고 내화성이 크며, 열 방출이 잘 될 것
    ⑥ 장시간 사용하여도 화학적으로 안정될 것
    ⑦ 인화점 및 발화점이 높을 것
49. **유압장치의 장점**
    ① 윤활성, 내마멸성, 방청성이 좋다.
    ② 속도제어와 힘의 연속적 제어가 용이하다.
    ③ 작은 동력원으로 큰 힘을 낼 수 있다(소형장치로 큰 출력을 발생한다).
    ④ 과부하에 대한 안전장치가 간단하고 정확하다.
    ⑤ 운동방향을 쉽게 변경할 수 있다.
    ⑥ 전기·전자의 조합으로 자동제어가 용이하다.
    ⑦ 에너지 축적이 가능하며, 힘의 전달 및 증폭이 용이하다.
    ⑧ 무단 변속이 가능하고, 정확한 위치제어를 할 수 있다.
    ⑨ 미세조작 및 원격조작이 가능하다.
    ⑩ 진동이 작고, 작동이 원활하다.
50. **유압 기호의 표시 방법**
    ① 기호에는 흐름의 방향을 표시한다.
    ② 각 기기의 기호는 정상상태 또는 중립 상태를 표시한다.
    ③ 오해의 위험이 없는 경우에는 기호를 회전하거나 뒤집어도 된다.
    ④ 기호에는 각 기기의 구조나 작용압력을 표시하지 않는다.
    ⑤ 기호가 없어도 바르게 이해할 수 있는 경우에는 드레인 관로를 생략해도 된다.
    ⑥ 기호는 해당기기의 외부 포트의 존재를 표시하나 그 실제위치를 나타낼 필요는 없다.
    ⑦ 포트는 관로와 기호 요소의 접점으로 나타낸다.
    ⑧ 기호는 기능, 조작방법 및 외부 접속구를 표시한다.
51. **아웃트리거** : 타이어 기중기에서 전후, 좌우 방향에 안전성을 주어 기중 작업을 할 때 전도되는 것을 방지한다.
54. **금지표지의 종류** : 출입 금지, 보행 금지, 차량 통행 금지, 사용 금지, 탑승 금지, 금연, 화기 금지, 물체이동 금지

55. 이동식 크레인을 사용하여 작업을 하는 경우 이동식 크레인의 명세서에 적혀 있는 지브의 경사각(인양하중이 3톤 미만인 이동식 크레인의 경우에는 제조한 자가 지정한 지브의 경사각)의 범위에서 사용하도록 하여야 한다.

56. 역류 · 역화의 원인
    ① 산소공급이 과다할 때
    ② 토치의 성능이 불량할 때
    ③ 가스 압력과 유량이 부적당할 때
    ④ 팁이 과열되었을 때
    ⑤ 토치의 팁에 슬래그가 끼었을 때

57. 재해율의 정의
    ① **연천인율** : 1년 동안 1,000명의 근로자가 작업할 때 발생하는 사상자의 비율 즉 (재해자 수/평균근로자 수) × 1000
    ② **도수율** : 연 근로 시간에 대한 재해 발생 건수를 1,000,000시간당 발생한 재해의 빈도를 나타내는 것.
    ③ **강도율** : 연 근로 1,000시간당 재해로 인하여 근무하지 못한 총 근로 손실일수를 나타내는 것.

58. 칩은 드릴링 가공이 끝난 다음에 솔로 제거하여야 한다.

61. 오일리스 베어링(oilless bearing) : 주유가 필요 없는 베어링이다. 구리, 주석 및 흑연의 분말을 혼합시켜 성형한 후 가열하고 윤활유를 4~5% 침투시킨 후 소결한 베어링으로서 주유가 곤란한 부분에 사용한다.

62. Q = AV [Q : 유량, A : 단면적, V : 흐름속도(유속)]
    $$\therefore \frac{100cm^2 \times 2m/min}{10} = 20L/min$$

63. 슈퍼 피니싱은 매우 작은 입자의 숫돌 표면에 극히 작은 압력으로 가압하면서 가공물의 표면을 따라 축 방향으로 진동을 주면서 원통의 내면, 외면 및 평면을 가공하는 방법이다. 숫돌 입자의 재질은 알루미나(Al_2O_3)를 사용한다.

64. 보의 종류
    ① **정정보의 종류** : 외팔보, 단순보, 돌출보
    ② **부정정보의 종류** : 양단고정보, 고정 받침보, 연속보

65. 열응력은 세로 탄성계수, 온도차이, 재료의 선팽창계수에 비례한다.

66. 셔틀 밸브는 2개의 입구와 1개의 공동 출구를 가지고, 출구는 입구 압력의 작용에 의하여 입구의 한쪽 방향에 자동적으로 접속되는 밸브이다.

67. 각 조직의 경도 순서 : 시멘타이트>마텐자이트>트루스타이트>소르바이트>펄라이트>오스테나이트>페라이트

68. 묻힘 키는 축과 보스의 양쪽에 키 홈을 판 것으로 고정된 상태로 사용되며 가장 널리 사용되는 일반적인 키이다.

69. 프와송 비(poisson's ratio)란 횡(가로)변형률을 종(세로)변형률로 나눈 값이다.

70. $Z_a = \dfrac{M_{max}}{\sigma a}$ [Z_a : 단면계수의 최소값, M_{max} : 최대 굽힘모멘트, σa : 허용굽힘응력]
    $$\therefore \frac{1 \times 10^6}{60} = 16,667 mm^3$$

71. 섬유 강화 플라스틱(FRP, fiber reinforced plastics) : 플라스틱을 매트릭스로 하여 유리섬유, 탄소섬유, 알라미드 섬유 등으로 강화한 복합재료의 총칭. 보강재로는 유리섬유 · 탄소섬유 및 케블라(Kevlar)라고 하는 방향족 나일론 섬유가 사용되고, 매트릭스에는 불포화 폴리에스테르와 에폭시 수지 등의 열경화성수지 또는 폴리아미드, 폴리아세탈, 폴리에틸렌 등의 열가소성 수지가 사용된다.

72. 내식용 알루미늄 합금의 종류
    ① **하이드로날륨(Al-Mg계)** : 바닷물(해수), 알칼리성에 대한 내식성이 강하며, 용접성이 양호하다.
    ② **알민(Al-Mn 1~1.5%)** : 내식성과 용접성이 우수하다.
    ③ **알드리(Al-Mg-Si계)** : 강도와 인성이 있고 큰 가공변형에도 잘 견딘다.
    ④ **알클래드** : 강력 알루미늄 합금표면에 순수한 알루미늄 또는 내식성 알루미늄 합금을 피복한 것으로 내식성과 강도를 증가시킬 수 있다.

73. 다이얼 게이지는 회전축의 흔들림, 축 방향 흔들림, 평면도 검사, 기어의 백래시 등을 검사할 때 적합하다.

74. **판금가공(sheet metal working)의 종류** : 접합, 성형, 타출, 펀칭, 전단, 굽힘, 트리밍, 셰이빙 등이 있다.

75. **삼각나사(triangular thread)** : 나사산의 단면이 삼각형 나사의 총칭. 나사산의 꼭짓점을 편평하게 하고 골 부분을 둥글게 한다. 나사산의 각도는 60° 이외에 55°로 한 것도 있다. 주로 체결 부분의 나사로 사용하며 종류에는 미터나사 · 유니파이나사 등이 있다. 제작이 쉽고 사각나사나 사다리꼴나사에 비해 나사면의 마찰계수가 커서 고정하는데 적합하다.

76. 슈퍼 피니싱은 매우 작은 입자의 숫돌 표면에 극히 작은 압력으로 가압하면서 가공물의 표면을 따라 축 방향으로 진동을 주면서 원통의 내면, 외면 및 평면을 가공하는 방법이다. 숫돌입자의 재질은 알루미나(Al_2O_3)를 사용한다.

77. **캠 브레이크(cam brake)** : 전동축에 부착되어 있는 캠의 작용으로 한쪽 방향에서는 브레이크 작용을 일으키고, 반대 방향에서는 회전을 자유로이 허용하는 구조를 가진 브레이크이다.

78. 슈퍼 피니싱은 매우 작은 입자의 숫돌 표면에 극히 작은 압력으로 가압하면서 가공물의 표면을 따라 축 방향으로 진동을 주면서 원통의 내면, 외면 및 평면을 가공하는 방법이다. 숫돌입자의 재질은 알루미나(Al_2O_3)를 사용한다.

79. **두 축이 만나지도 평행하지도 않는 경우 사용하는 기어** : 하이포이드 기어, 스크루 기어, 웜과 웜기어

80. 평로(open-hearth furnace)는 축열실과 반사로를 사용하여 장입물을 용해 정련하는 방법으로 우수한 강을 얻을 수 있고 다량 생산에 적합하다.

제 7 회

01	②	02	③	03	③	04	②	05	④
06	③	07	③	08	①	09	②	10	③
11	①	12	①	13	④	14	①	15	③
16	④	17	②	18	④	19	③	20	①
21	③	22	③	23	②	24	④	25	①
26	④	27	②	28	②	29	③	30	①
31	①	32	②	33	④	34	②	35	①
36	③	37	③	38	②	39	①	40	②
41	①	42	①	43	④	44	①	45	④
46	①	47	③	48	④	49	②	50	②
51	④	52	④	53	①	54	③	55	④
56	②	57	②	58	③	59	②	60	④
61	③	62	②	63	②	64	③	65	③
66	④	67	②	68	①	69	④	70	②
71	②	72	②	73	③	74	②	75	③
76	①	77	①	78	③	79	③	80	④

02. 와이어로프의 꼬임 방법
① **보통 꼬임(originary lay)** : 소선과 스트랜드의 꼬임 방향이 서로 반대인 것이며, 수명이 짧으나 킹크(kink ; 비틀림)발생이 적다.
② **랭 꼬임(lang lay)** : 소선과 스트랜드의 꼬임이 같은 방향인 것이며, 점 접촉면이 길고 킹크 발생이 크나 수명이 길다.
③ **S꼬임** : 스트랜드를 오른쪽으로 꼰 것이다.
④ **Z꼬임** : 스트랜드를 왼쪽으로 꼰 것이다.

03. 부동액의 구비조건
① 비등점이 물보다 높을 것
② 빙점(응고점)은 물보다 낮을 것
③ 물과 혼합이 잘 될 것
④ 휘발성이 없고, 순환이 잘 될 것
⑤ 부식성이 없고, 팽창계수가 적을 것
⑥ 침전물이 없을 것

04. 유체 클러치형 지게차의 동력전달 순서는 기관→유체 클러치→변속기→추진축→구동차축→최종 구동기어→앞바퀴

05. 차동장치는 회전할 때 바깥쪽 바퀴의 회전속도를 증가시키는 작용을 한다.

06. 직렬 접속의 특징
① 합성저항은 각 저항의 합과 같다.
② 어느 저항에서나 똑같은 전류가 흐른다.

③ 전압이 나누어져 저항 속을 흐른다. 즉, 각 저항에 가해지는 전압의 합은 전원전압과 같다.
④ 큰 저항과 매우 작은 저항을 연결하면 매우 작은 저항은 무시된다.

07. 준설선의 동력별 분류에 따른 분류에는 전동방식, 디젤기관 방식, 증기터빈 방식, 가스터빈 방식 등이 있다.

08. 트랙 슈의 종류
① **단일돌기 슈**(single groused shoe) : 돌기가 1개인 것으로 견인력이 크며, 중하중용 슈이다.
② **2중 돌기 슈**(double groused shoe) : 돌기가 2개인 것으로 중 하중에 의한 슈의 굽음을 방지할 수 있으며, 선회성능이 우수하다.
③ **3중 돌기 슈**(triple groused shoe) : 돌기가 3개인 것으로 조향할 때 회전저항이 적어 선회성이 양호하며, 견고한 지반의 작업장에 알맞다. 굴삭기에서 많이 사용되고 있다.
④ **습지용 슈** : 슈의 단면이 삼각형이며, 접지 면적이 넓어 접지 압력이 작다.
⑤ **평활 슈** : 도로를 주행할 때 포장 노면의 파손을 방지하기 위해 사용한다.
⑥ **스노 슈** : 눈 위를 주행할 때 사용한다.

09. 스프로킷(Sprocket)의 종류에는 일체식, 분할식 및 분해식이 있으며, 최근에는 교환 및 정비가 쉬운 분해식이나 분할식을 주로 사용한다.

10. 공기압축기의 건설기계 범위는 공기 토출량이 매분당 2.83m³(매 cm²당 7kgf 기준) 이상의 이동식인 것이며, 크기는 압력이 7kgf/cm²인 공기의 매분 당 토출 능력(m³/min)으로 표시한다.

11. 정의 캠버이면 바퀴의 위쪽이 바깥으로 기운다.

12. ① $\dfrac{36km/h}{3.6} = 10m/s$

② $L = \dfrac{V^2}{2\mu g}$ [L : 제동거리, V : 제동 초속도, μ : 마찰계수, g : 중력가속도(9.8m/s²)]
∴ $\dfrac{10^2}{2 \times 0.4 \times 9.8} = 12.76m$

14. 포크의 상승 속도가 느린 원인
① 오일탱크 내의 유압유가 부족할 때
② 컨트롤 밸브가 손상되었거나 마모되었을 때
③ 리프트 실린더 패킹이 손상되었을 때
④ 리프트 실린더에서 로드 쪽으로 작동유가 누출되었을 때

15. 교류발전기의 구조
① **스테이터**(stator) : 3상 교류가 유기된다.
② **로터**(rotor) : 스테이터 내에서 회전하며, 자속을 형성한다.
③ **슬립링**(slip ring) : 브러시와 접촉하며, 축전지의 여자전류를 로터 코일에 공급한다.
④ **브러시**(brush) : 로터 코일에 축전지 전류를 공급하는 역할을 한다.
⑤ **실리콘 다이오드**(silicon diode) : 교류를 정류하며, 역류를 방지한다.

17. 작업량 산출 공식 $Q = \dfrac{60 \times q \times f \times E}{C_m}$

18. 에어컨의 구조
① **압축기**(compressor) : 증발기에서 기화된 냉매를 고온·고압가스로 변환시켜 응축기로 보낸다.
② **응축기**(condenser) : 고온·고압의 기체 냉매를 냉각에 의해 액체 냉매 상태로 변화시킨다.
③ **리시버드라이어**(receiver dryer, 건조기) : 냉매 속의 수분 및 불순물을 흡수하고 응축기에서 보내온 냉매를 일시 저장하며, 항상 액체상태의 냉매를 팽창밸브로 보낸다.
④ **팽창밸브**(expansion valve) : 고온·고압의 액체 냉매를 급격히 팽창시켜 저온·저압의 무상(기체)냉매로 변화시킨다.
⑤ **증발기**(evaporator) : 주위의 공기로부터 열을 흡수하여 기체 상태의 냉매로 변환하여 저온화시킨다.
⑥ **송풍기**(blower) : 직류 직권 전동기에 의해 구동되며, 공기를 증발기에 순환시킨다.

19. 뒤 차축이 과열하는 원인은 과부하 주행이 지속될 때, 기어의 백래시가 적을 때, 윤활유의 양과 질이 불량할 때 등이다.

20. $S_{20} = St + 0.0007 \times (t-20)$ [S_{20} : 표준온도로 환산한 비중, St : t℃에서 측정한 비중, t : t℃에서의 전해액 온도(℃)] ∴ $1.215 + 0.0007 \times (30 - 20) = 1.222$

21. 기계효율을 높이는 방법
① 윤활이 잘되도록 할 것
② 기관의 평형을 양호하게 할 것
③ 배기가스의 배출 저항을 줄일 것
④ 회전저항을 감소시킬 것
⑤ 구동 중 저항력을 줄일 것

22. ① $\epsilon = 1 + \dfrac{Vc}{Vc}$ [ϵ : 압축비, Vs : 행정체적, Vc : 연소실 체적] ∴ $1 + \dfrac{100}{20} = 6$

② $1 - \left(\dfrac{1}{6}\right)^{0.4} = 51.2\%$

23. 거버너는 기관의 회전속도에 따라 분사펌프로부터 분사되는 연료량을 제어하여 원활한 운전상태의 유지를 위해 공전 속도를 제어하며, 최고 회전속도를 제한하여 과도한 회전속도 상승으로 인한 손상을 방지한다.

24. Cp, Cv 및 k와의 관계식은 $Cp = \dfrac{k}{k-1}AR$

25. 점화 순서가 1-5-3-6-2-4에서 3번 실린더가 폭발행정을 시작하는 순간 5번 실린더는 폭발행정 끝, 1번 실린더는 배기행정 중, 4번 실린더는 흡입행정 시작, 2번 실린더는 흡입행정 끝, 6번 실린더는 압축행정 중을 각각 한다.

26. 태핏 밑면 한 부분만의 마모를 방지하기 위해 태핏 중심과 캠의 중심을 오프셋 시키고 있다.

27. $\eta_o = 1 - \left(\dfrac{1}{\varepsilon}\right)^{k-1}$ [ηo : 오토 사이클의 이론열효율, ε : 압축비, k : 비열비]

$\therefore 1 - \left(\dfrac{1}{9}\right)^{1.3-1} = 0.4827 ≒ 48.3\%$

28. $B_{ps} = \dfrac{Pmb \times A \times L \times N \times Z}{75 \times 60}$ [B_{ps} : 축마력, P_{mb} : 제동평균유효압력]에서 $Pmb = \dfrac{B_{ps} \times 75 \times 60}{A \times L \times N \times Z}$

$\therefore \dfrac{80 \times 75 \times 60 \times 2 \times 100}{2,000 \times 4,500} = 8 kgf/cm^2$

29. 2-질량 플라이휠의 장점
① 변속기와 차체의 소음 최소화(딸가닥거리는, 덜커덩거리는, 윙윙거리는 소음)
② 동기화 기구의 마멸이 적다.
③ 클러치-디스크에 비틀림 댐퍼가 필요 없다.
④ 동력전달기구 부품의 보호

30. 밸브 오버랩을 두는 목적 : 배기밸브를 상사점 후에 닫히게 하고 흡입밸브를 상사점 전에 열리도록 하여 잔류 가스를 완전히 배출하고 흡입 관성을 충분히 이용하여 흡입 및 배기 효율을 향상시킨다.

31. 복합사이클의 P-V 선도에서 3→4(정압연소) 과정 사이의 관계를 표시하는 공식은 $\dfrac{T_3}{T_4} = \left(\dfrac{V_4}{V_3}\right)^{k-1}$

32. $Ag = \dfrac{Gv \times \rho \times AFr}{Av}$ [Ag : 필요한 공기량, Gv : 가솔린의 체적, ρ : 가솔린의 비중, AFr : 혼합비, Av : 공기의 밀도] $\therefore \dfrac{0.3 \times 0.73 \times 14.7}{1.206} = 2.67 m^3$

33. 디젤기관 배기가스 후처리 장치는 대기오염물질을 줄이기 위해 설치하는 장치로 SCR(선택적 촉매 환원법 ; NOx, CO 저감), EGR(배기가스 재순환 장치 ; NOx 저감), DPF(디젤 미립자 필터 : PM 저감) 등이 있다. SCR은 촉매, EGR은 순환, DPF는 필터를 통해 배기가스를 줄이는 장치라 할 수 있다.

34. 가스터빈의 주요 구성요소는 압축기, 연소실, 터빈, 열교환기이다.

35. $\eta = \dfrac{1}{f \times H_\ell}$ 에서 kW와 h의 단위 관계에서

$\eta = \dfrac{60 \times 60}{f \times H_\ell}$ [η : 열효율, f : 연료소비율(g/kWh), H_ℓ : 저위발열량(kJ/g)

$f = \dfrac{3,600}{\eta H_\ell} = \dfrac{3,600}{0.45 \times 44} = 181.82$ (g/kWh)

36. 4행정 가솔린 기관에서 최대 폭발압력이 발생되는 시기는 동력행정에서 TDC후 10~15°이다.

37. 고위발열량은 총발열량이라고도 칭하며, 연소 후 열량계의 온도가 100℃ 이하로 낮아지기 때문에 연소가스 중의 수증기는 응축하여 물이 되고 이 과정에서 잠열을 방출하게 되는데, 그 잠열까지를 포함하여 열량을 계산한 것이 고위발열량이다.

38. 흡입 공기를 가열하는 장치는 예열 플러그이다.

39. 소기효율에 큰 영향을 주는 요소는 소기 압력, 기관의 회전속도, 행정 내경비이다.

40. 연료 분무의 3요소는 무화, 관통력, 분산이다.

41. 파스칼의 원리는 밀폐된 용기 속의 유체일부에 가해진 압력은 각부에 똑같은 세기로 전달된다는 원리이며, 유압장치에서 응용된다.

42. 오픈센터는 중립일 때 모든 포트가 통해져 있기 때문에 펌프를 무부하로 하여 실린더는 수동으로 자유로이 움직일 수 있다.

43. 유압기기에서의 백업 링(Back up ring)을 설치하는 주목적은 O-링이 빠져나오는 것을 방지하기 위함이다.

44. 제어밸브의 기능
① 일의 크기를 결정하는 압력 제어밸브
② 일의 속도를 결정하는 유량 제어밸브
③ 일의 방향을 결정하는 방향 제어밸브

45. 카운터 밸런스 밸브는 한쪽 방향의 흐름에는 설정된 배압을 부여하고 반대 방향의 흐름에는 자유 흐름이 되어 자유낙하를 방지하는 밸브이다.

46. Q = AV [Q : 유량, A : 공작물의 단면적, V : 흐름속도(유속)] $\therefore \dfrac{0.785 \times 150^2 \times 4}{1,000} = 70.65 l/min$

47. 시퀀스 밸브는 입구 압력 또는 외부 파일럿 압력이 정해진 값에 도달하면 입구 쪽에서 출구 쪽으로의 흐름을 허용하는 압력 제어밸브이다.

48. 서지압 흡수용으로 사용할 경우 서지압 발생원으로부터 가까이에 설치한다.
49. 차동 실린더란 피스톤 헤드 쪽과 로드 쪽의 수압면적을 이용하여 실린더 전진 행정에서 유압펌프의 토출유량과 피스톤 로드 쪽 토출 유량을 합류시켜 피스톤의 전진 속도를 높이는 실린더이며, 실린더 면적과 실린더와 피스톤 로드 사이의 고리형 면적의 비율이 회로 기능상 중요하다.
50. 일정한 유량으로 유체가 흐를 때 관의 안지름이 2배인 관으로 교체할 경우 유속은 1/4배가 된다.
51. 노란색은 주의(충돌, 추락, 전도 및 그 밖의 비슷한 사고의 방지를 위해 물리적 위험성을 표시)를 나타내는 색채이다.
61. 브로치(broach)는 가공하는 모양과 비슷한 많은 날이 차례로 치수를 늘리면서 축선 방향으로 배열되어 있는 봉 모양의 공구로, 이것을 브로칭머신의 축에 장치하고, 축방향으로 밀거나 끌어당겨서 가공한다. 다른 공작기계로는 가공하기 어려운 원형 이외의 구멍 등의 가공을 브로치를 통과시킴으로써 비교적 간단히 가공할 수 있기 때문에 자동차용 부품·전기 부품 등의 일반 가공용으로 널리 이용된다.
62. A : 비례한도, B : 탄성한도, C : 상항복점,
    D : 하항복점, E : 극한강도, F : 파괴강도
63. 보의 최대 처짐을 나타내는 값은 $\dfrac{Wl^3}{48EI}$이다.
64. 목형의 종류
    ① 회전형 : 제품을 중심축에서 직각 방향으로 절단하였을 때 단면이 둥근 원모양인 제품의 주형을 제작할 때 이용한다. 즉 제작하고자 하는 주물이 1개의 축을 중심으로 된 경우에 사용하며 비용과 시간을 절약할 수 있다.
    ② 긁기형(strickle pattern) : 주조 제품의 단면이 일정하고 가늘고 긴 모양일 경우에 사용한다. 즉, 직관이나 곡관 등 제품의 단면이 같을 때 안내판을 사용하여 주형으로 만든다.
    ③ 골격형(skeleton pattern) : 주물 형상이 크고 소량의 주조 제품을 요구할 때 그 형상의 골격을 제작한 후 그 간격의 공간을 점토 등의 물질로 메워 제작한다.
    ④ 코어형(core box) : 주물에 중공(中空) 부분을 만들 경우에는 목형을 이용하여 주형을 만들고 이 주형에 코어 목형으로 만든 코어(core)를 넣는다. 또 코어를 지지하기 위해 목형에는 코어 프린트를 부착한다.

65. 공구강의 종류
    ① 고속도강 : 표준성분은 탄소(C) 0.7~0.8%의 탄소강에 텅스텐(W) 18%, 크롬(Cr) 4%, 바나듐(V) 1%를 첨가한 것이다.
    ② 스텔라이트(stellite, 주조 합금 공구재료) : 비철합금 공구 재료의 일종이며, 탄소(C) 2~4%, 크롬(Cr) 15~33%, 텅스텐(W) 10~17%, 코발트(Co) 40~50%, 철(Fe) 5%의 합금이다.
    ③ 초경합금(hard metal) : 코발트(Co) 5~6%, 텅스텐(W) 85~95%, 크롬(Cr) 등의 분말형의 탄화물을 프레스로 성형하여 소결시킨 것이며, 상품명은 비디아, 탕갈로이, 카볼로이 등으로 불리며 WC-Co계열, WC-TiC-TaC-Co계열, WC-TiC-Co계열의 3종이 있다.
66. 마그네슘(Mg)은 비중이 1.74이고 실용 금속 중 가장 가벼우나 고온에서는 발화하는 성질이 있다.
67. 너트 풀림 방지 방법에는 분할 핀 사용, 이중 너트(로크 너트)사용, 스프링 와셔 사용, 고정나사(set screw) 사용, 철사 사용 등이 있다.
68. 터보형(Turbo type) 펌프의 종류
    ① 원심식 펌프 : 볼류트 펌프(volute pump), 터빈 펌프(turbine pump)
    ② 사류식 펌프(diagonal type pump)
    ③ 축류식 펌프(axial type pump)
69. 언더컷은 용접할 때 경계 부분에 오목하게 생기는 홈이며, 용접전류가 너무 높을 때, 아크 길이가 너무 길 때, 용접봉 선택이 부적당할 때, 용접 속도가 너무 빠를 때 발생한다.
70. $T = \left(\dfrac{r_1 + r_2}{2}\right) P\mu$
    [T : 전달 토크, r_1 : 바깥쪽 반지름, r_2 : 안쪽 반지름),
    P : 클러치를 미는 힘, μ : 마찰계수]
    ∴ $\left(\dfrac{150+125}{2}\right) \times 500 \times 0.2 = 13750\,N\cdot mm$
71. 스플라인은 4~20개의 이빨을 같은 간격으로 축에 깎은 것으로 매우 큰 회전력을 전달할 수 있으며, 축 방향으로 미끄럼을 하고 축과 보스와의 중심축을 정확하게 맞출 수 있다.
72. 피스톤 펌프는 피스톤의 왕복 운동을 이용하여 유압 작동유를 흡입하고 토출하며, 작은 크기로 토출압력을 높게 할 수 있다. 또한 토출량을 크게 할 수 있고, 누설이 작아 체적효율이 좋다.
73. 작동유가 갖추어야 할 성질은 윤활성, 유동성, 내산성, 부식 방지성 등이다.

75. 원형봉에 발생하는 최대 전단응력은 비틀림 각에 비례, 원형봉의 길이에 반비례, 원형봉 반지름에 비례한다.

76. $O_3 = O_1 \times \dfrac{Z_1}{Z_3}$ ∴ $1 \times \dfrac{40}{40} = 1$, ∴ O_3의 회전 방향은 O_1의 회전방향과 같기 때문에 시계방향으로 1회전이다.

78. 굽힘작업의 종류
① 버링(Burring) : 평판에 구멍을 뚫고 그 구멍보다 큰 지름의 펀치를 밀어 넣어서 구멍에 플랜지를 만드는 가공 방법이다.
② 비딩(beading) : 판금 성형 가공의 일종으로 편평한 판금 또는 성형된 판금에 줄 모양의 돌기(bead)를 넣는 가공 방법이다. 평판에 오픈 비딩을 연속적으로 넣으면 파형 성형이 된다.
③ 컬링(Curling) : 판 또는 용기의 가장자리 부분에 원형 단면의 테두리를 만드는 가공 방법이다.
④ 시밍(Seaming) : 2장의 판재의 끝부분을 굽히면서 겹쳐 눌러 접합하는 가공 방법이다.

79. $\sigma_a = \dfrac{W}{S}$ [σ_a : 허용인장응력, W : 인장강도, S : 안전율] ∴ $\dfrac{3,200\text{N/mm}^2}{4} = 800\text{N/mm}^2$

80. 표면을 경화하는 방법
① 크로마이징(chromizing) : 크롬(Cr) 침투처리
② 칼로라이징(calorizing) : 알루미늄(Al) 침투처리
③ 실리콘나이징(siliconizing) : 규소(Si) 침투처리
④ 보론나이징(boronizing) : 붕소(B) 침투처리

제 8 회

01	③	02	②	03	②	04	④	05	④
06	④	07	②	08	①	09	③	10	③
11	①	12	①	13	③	14	①	15	②
16	③	17	①	18	②	19	③	20	④
21	①	22	②	23	④	24	④	25	①
26	④	27	②	28	②	29	①	30	②
31	②	32	②	33	③	34	②	35	②
36	①	37	②	38	①	39	②	40	①
41	②	42	②	43	①	44	②	45	③
46	②	47	②	48	④	49	②	50	③
51	④	52	②	53	②	54	②	55	②
56	③	57	②	58	②	59	③	60	③
61	②	62	①	63	②	64	②	65	②
66	①	67	③	68	④	69	①	70	③
71	③	72	②	73	④	74	②	75	②
76	③	77	④	78	②	79	②	80	④

01. 교류발전기는 스테이터, 로터, 다이오드(정류기), 슬립링과 브러시, 엔드 프레임 등으로 구성된 타려자 방식의 발전기이다.

02. 에어컨 구성품의 기능
① **압축기** : 크랭크축에 의해 V벨트로 구동되며, 저온, 저압 기체의 냉매를 고온, 고압의 기체로 만들어 응축기로 보낸다.
② **응축기** : 라디에이터 앞에 설치되며 차량 주행속도와 냉각 팬에 의해 고온, 고압 기체 상태의 냉매를 응축시켜 고온, 고압의 액체 상태의 냉매로 만든다.
③ **건조기** : 냉매 속에 들어있는 수분을 흡수하여 냉매를 원활하게 공급할 수 있도록 냉매를 저장한다.
④ **팽창밸브** : 냉매를 급속 팽창시켜 저온·저압의 안개 상태로 만들어 증발기로 전달하며, 냉각된 공기를 차실 내로 보낸다.
⑤ **증발기** : 안개 상태의 냉매가 기체로 변하는 동안 냉각 팬의 작동으로 증발기 판을 통과하는 공기 중의 열을 통과하는 열을 빼앗는다.

03. 실드 빔 전조등은 렌즈, 반사경, 필라멘트가 일체로 된 구조이며, 내부에 불활성가스를 봉입하여 완전히 밀폐한 형식이다.

04. 트랙식 건설기계의 제동거리는 주행속도, 차량중량, 노면마찰계수 등과 관계가 있다.

06. 플레밍의 왼손 법칙이란 왼손의 엄지손가락, 인지 및 가운데 손가락을 서로 직각이 되도록 펴고, 인지를 자력선의 방향에, 가운데 손가락을 전류의 방향에 일치시키면 도체에는 엄지손가락 방향으로 전자력이 작용한다.

07. 펌프 준설선의 흡입구가 장애물로 막히면 차압계 및 진공계가 올라가고, 압력계는 내려간다.

08. 토크 컨버터를 부착한 도저의 동력 전달 순서는 기관→토크 컨버터→자재이음→변속기→환 향클러치→환향 브레이크→스프로킷→트랙

09. 아이들러 롤러와 1번 상부 롤러 사이의 트랙 처짐이 2.5~4cm 정도이면 정상

10. 판스프링이 절손되는 원인은 U볼트가 풀렸을 때, 급제동, 급선회할 때, 과적재를 하였을 때, 쇽업소버의 기능이 불량할 때

11. 실린더 마모는 축의 직각 방향 쪽이 축 방향 쪽보다 더욱 마모된다.

12. 노상 안정기는 노상에서 전진하여 토사를 파쇄 또는 혼합하며, 재료 부설작업 및 다짐 작업이 가능한 건설기계로 혼합 폭과 깊이를 유지할 수 있는 성능을 지니고 있다. 구조는 유제 탱크, 가열 장치, 로터, 푸드, 압송 펌프 등으로 구성된다.

13. EGR율 = $\dfrac{\text{EGR가스량}}{\text{흡입공기량}+\text{EGR가스량}} \times 100\%$

14. 훅 블록은 상부에 권상 와이어용 시브(sheave)가 있고 하부에 훅을 장치한 것이다.

16. $Q = BH^2$ [Q : 블레이드 용량, B : 블레이드 폭, H : 블레이드 높이] ∴ $2 \times 0.6^2 = 0.72 m^3$

17. 앤티롤 장치는 마스터 실린더와 휠 실린더 사이에 설치되어 있으며, 클러치 페달과 연동되어 작동한다. 언덕길에서 일시 정지 하였다가 다시 출발할 때 차량이 뒤로 구르는 것을 방지한다.

18. 서미스터는 온도 검출용으로 사용하며, 엔진 회전계는 크랭크 각 센서의 신호를 이용한다.

19. ① 작업 사이클 시간 $C_m = \dfrac{L}{V_1} + \dfrac{L}{V_2} + t$ [C_m : 작업 사이클 시간, L : 운반거리(m), V_1 : 전진 속도(m/분), V_2 : 후진 속도(m/분), t : 변속 시간(초)]

∴ $\dfrac{50 \times 3{,}600}{3 \times 1{,}000} + \dfrac{50 \times 3{,}600}{4.5 \times 1{,}000} + 20\sec = 120\sec$

② 작업량 산출 공식 $Q = \dfrac{3{,}600 \times q \times f \times E}{C_m}$ [m^3/h]

[q : 블레이드 용량(m^3), K : 버킷계수, f : 토량 환산계수, E : 작업효율, C_m : 사이클 시간(초)]

∴ $\dfrac{3{,}600 \times 5 \times 1 \times 0.9}{120\sec} = 135 m^3/h$

20. 타이어 공기압력이 낮으면 조향 핸들이 무거워진다.

21. 피스톤 핀의 설치 방법
① **고정식** : 피스톤 핀을 피스톤 보스에 볼트로 고정하는 방식이다.
② **반부동식(요동식)** : 피스톤 핀을 커넥팅 로드 소단부로 고정하는 방식이다.
③ **전부동식** : 피스톤 보스, 커넥팅 로드 소단부 등 어느 부분에도 고정하지 않는 방식이다.

22. 윤활유의 기능에는 마찰감소 및 마멸 방지 작용, 기밀(밀봉) 작용, 냉각 작용, 세척(청결) 작용, 응력분산(충격 흡수) 작용, 방청(부식 방지) 작용 등이 있다.

23. 압축비란 연소실 체적과 행정체적을 더한 값에 연소실 체적을 나눈 값이다.

24. ① 1MPa=10.197kgf/cm²

② $I_{ps} = \dfrac{P_{mi} \times A \times L \times N \times Z}{102 \times 60}$ [I_{ps} : 지시마력, P_{mi} : 평균유효압력, A : 실린더 단면적, L : 피스톤 행정, N : 회전속도(rpm)<2행정 사이클=N, 4행정 사이클=N/2>, Z : 실린더 수]

∴ $\dfrac{0.8 \times 10.197 \times 3{,}600 \times 3{,}400}{102 \times 60 \times 2 \times 100} = 81.6$kW

25. 냉각 효과에 영향을 주는 요소
① 방열기의 크기와 재질
② 냉각 매질의 종류
③ 냉각 매질과 피냉각 물체 사이의 온도 차
④ 냉각 팬의 송풍량과 냉각 매질의 유동속도
⑤ 방열기의 방열 표면적 넓이

26. 직접 분사실식 연소실의 장점 및 단점

직접 분사실식 연소실의 장점	직접 분사실식 연소실의 단점
① 열효율이 높고, 연료소비율이 적다.	① 분사압력이 가장 높아 분사펌프와 노즐의 수명이 짧다.
② 실린더 헤드(연소실)의 구조가 간단하다.	② 사용연료의 변화에 매우 민감하다.
③ 연소실 체적에 대한 표면적 비율이 작아 냉각 손실이 적다.	③ 기관의 회전속도 및 부하의 변화에 민감하고 노크 발생이 쉽다.
④ 기관 시동이 쉽다.	④ 분사상태가 조금만 달라져도 기관의 성능이 크게 변화한다.
	⑤ 다공형 분사노즐을 사용하므로 값이 비싸다.
	⑥ 질소산화물(NOx)의 발생률이 크다.

27. 사바테 사이클은 고속 디젤기관의 이론 사이클이며, 복합 사이클이라고 한다. 이 사이클은 단절비가 1이면 정적 사이클, 폭발비가 1이면 정압 사이클이다.

29. 흡기량이 이론량(행정체적)보다 감소되어 흡입되는 이유는 흡·배기 밸브의 개폐시기 조정이 불완전하고, 흡·배기의 관성이 피스톤 운동을 따르지 못하며, 흡기압력은 대기압보다 낮고 실린더 온도는 대기압보다 높기 때문이다.

30. 디젤기관 노크 방지 방법
① 세탄가가 높은 연료를 사용한다.
② 압축비, 압축압력, 압축온도를 높게 한다.
③ 연소실 및 실린더 벽의 온도를 높게 유지한다.
④ 흡기온도 및 압력을 높게 유지한다.
⑤ 연료의 분사시기를 알맞게 조정한다.
⑥ 착화지연기간 중에 연료 분사량을 적게 한다.
⑦ 착화지연기간을 짧게 한다.

31. 분사노즐의 구비조건은 ①, ③, ④항 이외에 가혹한 조건에서도 장기간 사용할 수 있도록 내구성이 클 것

32. 과급기는 기계 과급법과 배기터빈 과급법 등이 있으며, 밀도를 높인 공기를 실린더에 공급하여 출력을 높이기 위하여 사용된다. 과급기를 설치하면 압력이 높아지므로 기관 본체 구성부품의 보강이 필요하다.

33. 블로다운(blow down)이란 폭발행정 말기에 배기밸브가 열려 배기가스의 자체 압력에 의하여 배기가스가 배출되는 현상이다.

35. 4행정 사이클 기관은 크랭크축이 2회전, 캠축 1회전으로 1사이클(흡입, 압축 폭발, 배기)을 완성하며, 이때 흡입밸브와 배기밸브가 1번 개폐된다.

36. $be = \dfrac{V \times \gamma}{H_{kW} \times h}$ [be : 연료소비량, V : 연료소비율, γ : 연료의 비중, H_{kW} : 동력, h : 시간]

∴ $\dfrac{36 \times 0.8 \times 1,000}{103 \times 2} = 139.8 g/kWh$

38. 기계효율을 높이는 방법
① 윤활이 잘되도록 할 것
② 기관의 평형을 양호하게 할 것
③ 배기가스의 배출 저항을 줄일 것
④ 회전저항을 감소시킬 것
⑤ 구동 중 저항력을 줄일 것

39. 가솔린 기관에서 노크를 방지하려면 실린더 벽의 온도를 낮추어야 한다.

40. 메인 저널의 수는 실린더의 수보다 1개 더 많다.

42. 작동유의 구비조건
① 열전달율이 높고, 열팽창 계수가 작을 것
② 점도지수가 크고, 화학적으로 안정될 것
③ 비압축률(비압축성)이 높을 것
④ 증기압이 낮고, 비점이 높을 것
⑤ 마찰 면에 윤활성이 좋을 것
⑥ 이물질을 신속히 분리할 수 있을 것
⑦ 적정한 점도가 있을 것
⑧ 산화에 대하여 안정성이 있을 것
⑨ 유압장치에 사용되는 재료에 대하여 불활성일 것

44. 채터링(chattering)이란 감압밸브나 릴리프밸브 등에서 밸브시트를 두들겨서 비교적 높은 소음을 내는 일종의 자력 진동 현상이다.

46. $V = \dfrac{Q}{A}$ [V : 유속(m/s), Q : 유량(m³/s), A : 단면적(m²)] ∴ $V = \dfrac{0.01}{0.785 \times 0.085^2} = 1.76 m/s$

47. 어큐뮬레이터의 기능
① 대 유량의 작동유를 순간적으로 공급해 준다.
② 유압펌프의 맥동을 제거해 준다.
③ 충격압력을 흡수한다.
④ 유압 에너지를 축척하고 압력을 보상해 준다.

48. 빠른 속도를 필요로 하는 경우 부하율을 작게 잡는다.

49. 유압장치의 특징
① 과부하에 대한 안전장치가 간단하고 정확하다.
② 무단 변속이 가능하고 정확한 위치제어를 할 수 있다.
③ 부하의 변화에 대해 안정성이 크다.
④ 동력 전달을 원활히 할 수 있다.
⑤ 공기 압력유압 및 전기 신호 등으로 쉽게 원격조작을 할 수 있다.
⑥ 저속에서 큰 회전력의 기동이 쉽다.
⑦ 진동이 적고 작동이 원활하다.
⑧ 작동유에는 윤활성·방청성이 있어 마멸이 적고 내구성이 크다.
⑨ 동력의 분배와 집중이 쉽다.
⑩ 소형 장치로 큰 출력을 발생한다.
⑪ 에너지의 저장이 가능하다.

50. 크랭킹 압력이란 체크밸브 또는 릴리프 밸브 등에서 압력이 상승하여 밸브의 포핏이 열리기 시작할 때의 압력이며, 크랭킹 압력은 설정 압력보다 높을 수도 있다.

53. 안내표지(7종)
① **색채** : 바탕은 흰색, 기본 모형 및 관련 부호는 녹색 (바탕은 녹색, 기본 모형 및 관련 부호는 흰색)
② **종류** : 녹십자 표지, 응급구호 표지, 들것, 세안장치, 비상용기구, 비상구, 좌측 비상구, 우측 비상구

56. 스패너나 렌치류를 사용하여 너트를 풀 때는 몸쪽으로 당겨서 풀어야 한다.
57. 토치에 점화할 때는 산소 라이터를 사용하여 점화한다.
58. 방호장치를 제거해서는 안된다.
59. 작업 중 칩을 제거하는 경우는 솔을 이용하여 제거하여야 한다.
61. 와셔의 사용목적
    ① 볼트의 구멍의 지름이 볼트보다 너무 클 때
    ② 볼트 시트 면의 재료가 약해서 넓은 면으로 지지하여야 할 때
    ③ 진동이나 회전이 있는 곳의 볼트나 너트의 풀림 방지
62. $T = \dfrac{1}{2} \times P \times (r_1 + r_2) \times \mu \times n$
    [T : 토크, P : 전체 스프링의 힘, r_1, r_2 : 클러치판의 반지름, μ : 마찰계수, n : 마찰 면의 수]
    $\therefore \dfrac{1}{2} \times 600 \times (45 + 25) \times 0.3 \times 4$
    $= 25,200 \text{N·mm} = 25.2 \text{kN·mm}$
63. 파스칼의 원리는 밀폐된 용기의 정지 유체에 가해진 압력이 모든 방향으로 균일하게 전달되는 원리이다.
65. 주물사의 구비조건
    ① 가스 및 공기가 잘 빠질 것
    ② 반복 사용에 따른 형상 변화가 거의 없을 것
    ③ 내열성이 클 것
    ④ 화학적 변화가 생기지 않을 것
    ⑤ 주형제작이 용이할 것
    ⑥ 쇳물의 압력에 견딜 수 있을 것
    ⑦ 주물 표면에서 이탈이 용이할 것
66. 베인 펌프는 둥근 케이싱 속에 편심 된 로터(회전자)가 설치되어 있으며, 로터의 홈 속에 베인(날개)을 설치하고 베인이 케이싱 벽에 밀착하면서 회전하여 액체를 압송하는 형식이다.
68. 플렉시블 커플링은 축 중심이 일치하지 않을 때 사용하며, 어느 정도의 진동에 견딜 수 있고, 약간의 굽힘을 허용한다.
69. 연삭숫돌을 구성하는 3요소는 입자, 결합제, 기공이며, 5인자는 입자의 종류, 조직, 입도, 결합제의 종류, 결합도이다.
70. 페더 키는 미끄럼 키라고도 부르며, 회전력을 전달함과 동시에 보스가 축 방향으로 이동할 수 있다.
71. 플라스틱의 특징
    ① 가볍고 튼튼하며, 투명한 것이 많고 착색이 자유롭다.
    ② 내식성 및 전기절연성이 좋다.
    ③ 가공성이 크고, 성형이 간단하다.
    ④ 산, 알칼리, 유류, 약품 등에 강하다.
    ⑤ 열에 약하며, 표면 경도가 낮기 때문에 내마모성이나 내구성이 떨어진다.
72. 칠드주철은 주조할 때 주형에 접한 표면을 급랭시켜 표면은 시멘타이트가 되게 하고, 내부는 천천히 냉각시켜 펄라이트가 되게 한 것이다.
73. 원형의 단면 봉에 비틀림 모멘트(T)가 작용할 때 생기는 비틀림 각(θ)은 축 지름의 4제곱에 반비례한다.
74. 소성가공에서 재결정 온도 이상에서의 가공을 열간 가공이라 하고 재결정 온도 이하에서의 가공을 냉간가공이라 한다.
75. 펌프의 캐비테이션(공동현상) 방지책은 ①, ③, ④항 이외에 펌프의 회전수를 낮게 한다.
76. $Ta = \cos\alpha \times Wa$ [Ta : 인장력, $\cos\alpha$: 각도, Wa : 인장하중] $\therefore \cos 30° \times 2,000\text{N} = 1732\text{N}$
77. 네이벌 황동은 6 : 4 황동에 주석(Sn)을 첨가한 것이며 주석이 함유되어 있기 때문에 강도가 커짐과 동시에 내식성이 커져서 함선의 축, 기어, 플랜지, 볼트 등에 쓰인다.
78. 스폿(점)(spot welding)용접의 3대 요소는 용접전류 통전시간, 가압력이다.
79. $\sigma = \dfrac{6t}{nbt^2} P$ [σ : 최대응력, t : 스프링의 길이, n : 스프링 수, b : 스프링의 폭, t : 스프링의 두께]
    $\therefore \dfrac{6 \times 600 \times 70}{6 \times 50 \times 9^2} = 10.37 \text{MPa}$

제 9 회

01 ③	02 ③	03 ①	04 ③	05 ③
06 ③	07 ①	08 ①	09 ②	10 ①
11 ②	12 ④	13 ①	14 ③	15 ④
16 ④	17 ④	18 ③	19 ①	20 ①
21 ④	22 ②	23 ④	24 ④	25 ③
26 ①	27 ①	28 ③	29 ③	30 ③
31 ④	32 ③	33 ③	34 ④	35 ②
36 ③	37 ②	38 ②	39 ④	40 ③
41 ①	42 ②	43 ②	44 ③	45 ④
46 ④	47 ③	48 ③	49 ③	50 ②
51 ①	52 ③	53 ③	54 ③	55 ④
56 ③	57 ③	58 ③	59 ④	60 ④
61 ③	62 ①	63 ④	64 ④	65 ③
66 ②	67 ④	68 ④	69 ②	70 ③
71 ①	72 ④	73 ④	74 ②	75 ②
76 ②	77 ③	78 ①	79 ②	80 ③

01. 타이밍기어의 결함이 있는 경우에는 밸브개폐 시기가 틀려지기 때문에, 엔진의 출력이 저하되고 연료소비율이 증대된다.

02. $PS = \dfrac{F \times l}{75 \times t}$ F : 견인력(kgf), l : 이동거리, t : 시간

$PS = \dfrac{7,500 \times 3.6 \times 1,000}{75 \times 60 \times 60} = 100$

04. $R = \dfrac{L}{\sin \alpha} + r$

R : 최소회전반경(m), L : 축간거리(m)

$\sin \alpha$: 최외측 바퀴의 조향각도

r : 킹핀 중심에서부터 타이어 중심선 사이의 거리(m)

$R = \dfrac{2.5m}{\sin 30} + 0.15m$

$= \dfrac{2.5m}{0.5} + 0.15m = 5.15m$

05. 언로드 밸브는 무부하 밸브라고도 하며, 유압회로 내의 압력이 설정 압력에 도달했을 때, 유압펌프로부터 전체 유량을 작동유 탱크로 복귀시켜 펌프에 부하가 발생되지 않도록 하는 작용을 한다.

06. 교류발전기의 유도 기전력의 크기는 단위시간에 자른 자력선의 수에 비례한다. 즉, 상대운동의 속도가 빠를수록, 자속의 밀도(전자석의 크기, 코일의 권수)가 클수록 커진다.

07. 자재이음의 종류
㉮ 십자축 조인트(훅 조인트)
㉯ 플렉시블 조인트
㉰ 등속 조인트(CV자재이음)
㉱ 볼 엔드 트루니언 조인트

08. 오일 압력이 낮아지는 원인
㉮ 윤활유에 연료가 희석되었을 때
㉯ 유압조절밸브의 밀착 불량
㉰ 유압조절밸브의 스프링 파손
㉱ 크랭크축과 베어링 사이의 간극이 클 때
㉲ 사용하는 오일의 점도가 너무 낮을 때

09. 엔진이 과열되는 원인
㉮ 기관 오일 부족 또는 불량
㉯ 냉각수 부족 또는 펌프 불량
㉰ 밸브간극 부적당
㉱ 방열기 코어의 막힘
㉲ 팬벨트 장력이 느슨할 때

10. 스윙 멈치 브레이크가 미끄러지는 경우에는 상부 회전체가 선회 후에 정지되는 않는 원인이 된다.

12. 바운싱(bouncing)이 일어나는 원인
㉮ 파일이 장애물과 접촉할 때
㉯ 증기 또는 공기량을 많이 사용할 때
㉰ 2중 작동 해머를 사용할 때
㉱ 가벼운 해머를 사용할 때

13. 트랙이 벗겨지는 원인
㉮ 트랙이 너무 늘어진 경우
㉯ 트랙 정렬이 불량할 때
㉰ 고속 중행중 급회전시
㉱ 전부유동륜과 스프로켓 중심이 맞지 않을 때

14. 모터그레이더는 정지장치를 가진 자주식인 것으로, 규격은 블레이드(배토판)의 길이(m)로 나타낸다.

15. $\dfrac{1}{R} = \dfrac{1}{R_1 + R_2} + \dfrac{1}{R_3 + R_4}$

$\dfrac{1}{R} = \dfrac{1}{6+6} + \dfrac{1}{6+6} = \dfrac{2}{12} ohm$

$I = \dfrac{E}{R} = \dfrac{24}{6} = 4A$

16. $P = \dfrac{F}{A}$

P : 작용압력(kgf/cm²), F : 작용하는 힘(kgf)
A : 실린더 단면적(cm²)

$F = A \times P = \dfrac{\pi \times D^2 \times P}{4} = \dfrac{\pi \times 8^2 \times 35}{4} = 1,759 kgf$

18. 자동 스크리드 조정장치는 스크리드 기준면에 대한 가로, 세로의 변화를 감지할 수 있게 되어 있으며, 서보 기구에 의해 스크리드 암을 자동적으로 조절함으로써, 평탄한 포장 노면을 얻을 수 있고, 설정된 포장 두께를 유지할 수 있다.

19. 예비 분사(파일럿 분사)는 주 분사가 이루어지기 전에 연료를 분사하여, 주 분사의 착화지연 시간을 짧게 함으로써 연소가 잘 이루어지도록 하기 위한 것으로, 엔진의 소음과 진동을 감소시킨다.

20. 공전속도 제어시스템에 영향을 주는 요소
　㉮ 엔진의 냉각속도
　㉯ 에어컨의 부하
　㉰ 공전 스위치의 접점 개폐
　㉱ 파워스티어링의 부하

22. $N_e = \dfrac{Pme \times A \times S \times Z \times n \times a}{75 \times 60 \times 100}$

　Ne : 축마력(PS), A : 단면적(㎠)
　Pme : 제동평균유효압력(kgf/㎠)
　S : 행정(m),　Z : 실린더수
　n : 회전수(rpm)
　2a : 2행정 사이클=1, 4행정 사이클=0.5

$Pme = \dfrac{N_e \times 75 \times 60 \times 100}{A \times S \times Z \times n \times a}$

$Pme = \dfrac{80 \times 75 \times 60 \times 100}{2,000 \times 4,500 \times 0.5} = 8$

24. 가솔린 기관 노크의 원인
　㉮ 제동 평균 유효압력이 높을 때
　㉯ 흡기온도 및 압력이 높을 때
　㉰ 실린더가 온도가 높을 때
　㉱ 기관 회전수가 낮아 화연전파속도가 느릴 때
　㉲ 혼합기가 희박할 때

29. $IPS = \dfrac{P \times A \times L \times R \times N}{75 \times 60}$, $\eta = \dfrac{BPS}{IPS} \times 100$

　IPS : 도시마력(PS),　A : 단면적(㎠)
　L : 행정(m)
　R : 회진수(2행정=R, 4행정=R/2)
　Z : 실린더수, η : 기계효율
　BPS : 축마력(PS)

$IPS = \dfrac{8 \times 1,620 \times 2,000}{75 \times 60 \times 2 \times 100} = 28.8PS$

$\eta = \dfrac{23PS}{28.8PS} \times 100 = 79.86\%$

32. 인터쿨러는 펌프와 흡기다기관 사이에 설치되어 공기를 냉각시켜 공기의 밀도를 증가시키는 효과를 얻기 위해 설치되어 있으며, 공기의 온도가 높으면 밀도가 낮아져 노킹이 발생하고, 충진효율이 저하되기 때문에 이것을 방지하기 위한 것이다.

35. 흡기밸브 닫힘 시기 = 245°-180°-16°=49°

36. 사이클의 용도
　㉮ 카르노 사이클 : 이론적 열기관
　㉯ 스털링 사이클 : 외연기관의 기본 사이클
　㉰ 브레이턴 사이클 : 가스터빈의 기본 사이클

38. 직접 분사실식 연소실의 장점 및 단점

직접 분사실식 연소실의 장점	직접 분사실식 연소실의 단점
① 열효율이 높고, 연료 소비율이 작다.	① 분사압력이 가장 높아 분사펌프와 노즐의 수명이 짧다.
② 실린더 헤드(연소실)의 구조가 간단하다.	② 사용연료 변화에 매우 민감하다.
③ 연소실 체적에 대한 표면적 비율이 작아 냉각손실이 작다.	③ 기관의 회전속도 및 부하의 변화에 민감하고 노크 발생이 쉽다.
④ 기관 시동이 쉽다.	④ 분사상태가 조금만 달라져도 기관의 성능이 크게 변화한다.
	⑤ 다공형 분사노즐을 사용하므로 값이 비싸다.
	⑥ 질소산화물(NOx)의 발생률이 크다.

46. 축압기 회로(어큐뮬레이터 회로)는 유압펌프 출구 가까이에 어큐뮬레이터를 설치하고, 밸브를 변환할 때 발생하는 서지 압력을 흡수하고, 유압펌프의 순간적인 과부하 방지 및 회로에서의 진동소음 및 배관의 느슨함에 의해 발생 되는 누유 및 파손 등을 방지하는 회로이다.

47. 디컴프레션이란 유압 실린더의 압력을 천천히 빼어, 기계 손상의 원인이 되는 회로의 충격을 작게 하는 것이다.

48. 작동유의 구비 조건
　㉮ 열전달율이 높고, 열팽창 계수가 작을 것
　㉯ 점도지수가 크고, 화학적으로 안정될 것
　㉰ 비압축률(비압축성)이 높을 것
　㉱ 증기압이 낮고, 비점이 높을 것
　㉲ 마찰 면에 윤활성이 좋을 것
　㉳ 이물질을 신속히 분리할 수 있을 것
　㉴ 적정한 점도가 있을 것

㉮ 산화에 대하여 안정성이 있을 것
㉯ 유압장치에 사용되는 재료에 대하여 불활성일 것

49. 체적효율 = $\dfrac{송출유량 \times 회전수}{공급유량} \times 100$

체적효율 = $\dfrac{0.06 \times 1,100}{72} \times 100 = 91.7\%$

50. 크래킹 압력이란 체크 밸브 또는 릴리프밸브 등에서 압력이 상승하여 밸브가 열리기 시작할 때의 압력을 말한다.

61. 소성 가공 방법에는 냉간 가공과 열간 가공으로 분류되며, 재결정온도 이하의 낮은 온도에서의 가공을 냉간 가공, 재결정온도 이상의 높은 온도에서의 가공을 열간 가공이라 한다.

62. 프레스 전단 가공의 종류
㉮ 블랭킹 : 펀치로 판재를 필요한 치수의 모양으로 따내는 작업
㉯ 트리밍 : 판재를 드로잉 가공으로 만든 다음 둥글게 자르는 작업
㉰ 세이빙 : 뽑기나 구멍 뚫기를 한 제품의 가장자리에 붙어 있는 파단면 등이 편평하지 못하므로 제품의 끝을 약간 깎아 다듬질하는 작업

64. $\sigma_a = \dfrac{\sigma_u}{S}$

S : 안전율

σ_a : 허용응력($kgf/㎠$), σ_u : 인장강도($kgf/㎟$)

$\sigma_a = \dfrac{4,200}{10} = 420 kgf/㎟$

65. 호칭지름과 유효지름
㉮ 바깥지름 : 수나사의 산마루에 접하는 가상적인 원통의 지름
㉯ 골지름 : 수나사의 골에 접하는 가상적인 원통의 지름
㉰ 호칭지름 : 수나사의 바깥지름으로 나사의 크기를 나타낸다.
㉱ 유효지름 : 나사를 그 중심축에 따라 직각으로 잘랐을 때 나타나는 지름

66. ① 병렬연결이므로 $k = k_1 + k_2 + k_1$
∴ $20N/cm + 10N/cm + 20N/cm = 50N/cm$

② $\delta = \dfrac{W}{k}$ ∴ $\dfrac{100N}{50N/cm} = 2cm$

67. 드릴링 머신의 기본 작업
㉮ 드릴링 : 드릴로 구멍을 뚫는 작업
㉯ 스폿 페이싱 : 너트가 접촉되는 부분을 절삭하여 시트를 만드는 작업
㉰ 카운터 보링 : 작은 나사, 둥근 머리 볼트의 머리를 공작물에 묻히게 하기 위해 턱 있는 구멍 뚫기 가공
㉱ 카운터 싱킹 : 접시머리 볼트의 머리 부분이 묻히도록 원뿔자리 파기 작업
㉲ 보링 : 뚫린 구멍이나 주조한 구멍을 넓히는 작업
㉳ 리밍 : 뚫린 구멍을 리머로 다듬는 작업
㉴ 태핑 : 탭을 사용하여 암나사를 가공하는 작업

69. 냉간가공은 재결정온도 이하에서 작업하는 가공으로, 가공 면이 아름답고, 제품의 치수가 정확하며, 어느 정도 기계적인 성질을 개선시키고, 강도가 증가하는 장점이 있으나, 연신율이 감소하는 특징이 있다.

70. 압출 가공
㉮ 컨테이너 속에 있는 재료를 램으로 강력한 압력을 가하여 소재를 빼내는 가공법
㉯ 충격 압출은 치약 크림, 화장품, 약품 등의 용기, 건전지 케이스 등의 제작에 사용

74. 7·3황동은 구리 70%, 아연 30%인 합금으로 인장강도는 크지만, 연신율이 작다.

76. $M = \sigma_a \times Z$, $\sigma_a = \dfrac{M}{Z}$

M : 축의 굽힘 모멘트(kgf-cm)
σ_a : 축의 허용 굽힘응력($kgf/㎠$)
Z : 단면계수(cm^3)

$\sigma_a = \dfrac{M}{Z} = \dfrac{50,000}{100} = 500$

77. $\epsilon = \dfrac{\lambda}{l}$

ϵ : 변형률, λ : 신장량, ℓ : 길이

$\epsilon = \dfrac{\lambda}{l} = \dfrac{1.5mm}{300mm} = 0.005 = 5.0 \times 10^{-3}$

제 10 회

01	③	02	③	03	④	04	③	05	④
06	③	07	①	08	①	09	③	10	①
11	③	12	①	13	②	14	③	15	②
16	③	17	②	18	②	19	①	20	③
21	④	22	②	23	①	24	②	25	③
26	②	27	③	28	②	29	②	30	④
31	③	32	④	33	④	34	③	35	②
36	④	37	③	38	⑤	39	②	40	②
41	④	42	②	43	④	44	③	45	④
46	①	47	③	48	①	49	③	50	②
51	②	52	④	53	④	54	③	55	④
56	④	57	④	58	④	59	②	60	④
61	④	62	②	63	①	64	③	65	②
66	③	67	②	68	④	69	③	70	①
71	④	72	④	73	②	74	②	75	③
76	①	77	①	78	③	79	④	80	②

01. 페일 세이프 기능은 시스템의 일부에 고장이나 오 조작이 발생해 자동적으로 안전한 가동을 할 수 있는 구조로 설계하는 사고방식을 말한다.

02. 직권식 전동기는 전기자 코일과 계자코일이 직렬로 접속된 것이며, 기동 회전력이 크고, 부하가 증가하면 회전속도가 낮아지고 흐르는 전류가 커지는 장점이 있으나 회전속도 변화가 큰 단점이 있다.

03. 추진축의 진동원인
① 센터 베어링이 마모되었다.
② 유니버설 조인트 베어링이 파손되었다.
③ 추진축이 휘었다.
④ 밸런스 웨이트가 떨어졌다.
⑤ 요크 방향이 틀리게 조립되었다.
⑥ 플랜지 부분의 조임이 헐겁다.
⑦ 슬립 조인트의 스플라인이 마모되었다

04. 와이어로프의 꼬임 방법
① 보통 꼬임(originary lay) : 소선과 스트랜드의 꼬임 방향이 서로 반대인 것이며, 수명이 짧으나 킹크(kink: 비틀림)발생이 적다.
② 랭 꼬임(lang; lay) : 소선과 스트랜드의 꼬임이 같은 방향인 것이며, 점 접촉면이 길고 킹크 발생이 크나 수명이 길다.
③ S꼬임 : 스트랜드를 오른쪽으로 꼰 것이다.
④ Z꼬임 : 스트랜드를 왼쪽으로 꼰 것이다.

05. NOx는 혼합기가 고온에서 연소될 때 발생되는 가스이다. 배기가스 재순환장치(EGR)는 배기가스의 일부를 흡기다기관으로 다시 되돌려 보내어 혼합기가 연소할 때 최고 온도를 낮추어 NOx의 생성량을 저감시킨다.

06. 준설선의 동력별 분류에 따른 분류에는 전동방식, 디젤기관 방식, 증기터빈 방식, 가스터빈 방식 등이 있다.

07. $B_{PS} = \dfrac{TR}{716}$

[B_{PS} : 기관의 출력, T : 토크, R : 회전수]

$T = \dfrac{B_{PS} \times 716}{R}$

$\therefore \dfrac{25 \times 716}{1,000} = 17.9 kgf \cdot m$

08. 지게차 마스트 높이 조정은 리프트 레인의 길이로 한다.

09. $E = \dfrac{I}{r^2}$

[E : 피조면의 조도(lux), I : 광원의 광도(cd), r : 광원으로부터 거리(m)] 에서 $r = \sqrt{\dfrac{I}{E}}$

$\therefore \sqrt{\dfrac{12,000cd}{480lux}} = 5m$

11. 축전지가 과충전이 되면 증류수를 자주 보충하여야 한다.

12. ① 훅 블록 : 상부에 권상 와이어용 시브가 배치되어 있고 하부에 훅을 장치한 것으로 일반 기중용으로 사용되는 작업 장치이다.
② 붐 전도 방지 장치 : 기중 작업을 할 때 권상 와이어로프가 절단되거나 험한 지형을 주행할 때 붐에 전달되는 요동으로 붐이 뒤로 넘어가는 것을 방지하는 장치이다.
③ 권과 방지 장치 : 권상 와이어로프를 너무 감으면 와이어로프가 절단되거나 훅 3블록이 시브와 충돌하여 기계를 파손시키게 된다. 이를 방지해 주는 장치이다.
④ 붐 기복 정지 장치 : 붐 권상 레버를 당겨 붐이 최대 제한 각에 달하면 붐 뒤쪽에 있는 붐 기복 정지 장치의 스톱 볼트와 접촉되어 유압 회로를 차단하거나 붐 권상 레버를 중립으로 복귀시켜 붐의 상승을 정지시키는 장치이다.

13. 리코일 스프링의 역할은 전진할 때 트랙에서 받은 충격을 흡수하며, 쇽업소버와 비슷한 역할을 한다.

14. $R = \dfrac{L}{\sin \alpha} + r$

R : 최소회전반경(m)

L : 축간거리(m)

sin α : 최외측 바퀴의 조향각도

r : 킹핀 중심에서부터 타이어 중심선 사이의 거리 (m)

$$R = \frac{2.5m}{\sin 30} + 0.15m$$
$$= \frac{2.5m}{0.5} + 0,15m = 5.15m$$

15. 토크 컨버터의 토크 변환율은 2~3배 이다.

16. 엔진 브레이크는 가속페달을 놓았을 때 피스톤 헤드에 형성되는 압력과 부압에 의해 제동 효과가 발생된다. 효과가 크지 않기 때문에 긴 내리막길에서 변속 기어를 저속에 놓으면 브레이크 효과가 향상된다.

17. 전류(A)와 전압(V)을 측정할 때는 전류(A)는 직렬, 전압(V)은 병렬로 측정한다.

18. 자재 이음의 종류
① 십자축 조인트(훅 조인트)
② 플렉시블 조인트
③ 등속 조인트(CV 자재이음)
④ 볼 엔드 트러니언 조인트

19. $S_{20} = St + 0.0007 \times (t-20)$
[S_{20} : 표준온도로 환산한 비중, St : t℃에서 측정한 비중, t : t℃에서의 전해액 온도(℃)]
∴ $1.215 + 0.0007 \times (30-20) = 1.222$

20. 시동 스위치를 off 시켜도 엔진이 정지되지 않을 때는 시동 스위치 점검, 연료 차단 솔레노이드의 작동상태 점검, 연료 차단 솔레노이드와 연결된 배선의 전류 흐름을 점검한다.

21. 피스톤 링을 피스톤에 조립할 때 주의할 사항은 ①, ②, ③항 이외에 링 절개부가 축 방향이나 축 직각 방향을 향해서는 안 된다.

22. $R = \dfrac{H_e \times \eta}{W}$
[R : 물체를 이동시킬 수 있는 거리, H_e : 가솔린의 저위발열량, η : 유효한 일로 바뀐 효율, W : 물체의 무게]
∴ $\dfrac{50,000 \times 0.3}{40} = 375m$

23. $dU = \delta Q - \delta W = 68kJ - (40kJ - 2kJ) = 30kJ$

24. 과급 장치는 행정체적을 증가시키지 않고도 출력을 증대시킬 수 있고, 과급에 의해 급기 중 산소량이 증대되어 착화지연이 단축되며, 연료 품질 개선으로 유해 배출물 저감효과가 있다.

25. 삼원촉매장치의 촉매로 사용되는 것은 백금, 로듐, 파라듐이다.

26. 연료 분무의 3요소는 무화, 관통력, 분산이다.

27. 밸브의 구조
① 밸브 헤드(valve head) : 고온·고압가스에 노출되므로 특히 배기밸브는 열부하가 매우 크다. 헤드부분의 지름은 흡입효율을 증대시키기 위해 흡입밸브 헤드지름을 크게 한다.
② 밸브 페이스(valve face, 밸브 면) : 밸브시트(seat)에 밀착되어 연소실 내의 기밀 유지 작용을 하며, 밸브 헤드의 열을 시트로 전달한다.
③ 밸브 스템 : 밸브 가이드 내부를 상하 왕복 운동하며 밸브헤드가 받는 열을 가이드를 통해 방출하고, 밸브의 개폐를 돕는다.
④ 밸브 가이드(valve guide) : 밸브의 상하운동 및 시트와 밀착을 바르게 유지하도록 밸브 스템을 안내해 준다.
⑤ 밸브 스프링 : 밸브가 닫혀있는 동안 밸브시트와 밸브 페이스를 밀착시켜 기밀이 유지되도록 한다.
⑥ 밸브시트(valve seat) : 밸브 페이스 밀착되어 연소실의 기밀 유지 작용과 밸브 헤드의 냉각 작용을 한다.

28. 피스톤의 구비조건
① 강성이 있고 무게가 가벼울 것
② 고온·고압가스에 충분히 견딜 것
③ 열전도율이 좋을 것
④ 열팽창률이 적을 것
⑤ 마찰계수가 작을 것

29. $Ag = Gv \times \rho \times A_{Fr}$
[Ag :필요한 공기량, Gv : 가솔린의 체적, ρ : 가솔린의 비중, A_{Fr} : 혼합비]
∴ $0.2\ell \times 0.8 \times 14.7 = 2.35kgf$

30. 체적효율을 구하려면 실제로 흡입되는 공기 중량과 실린더 행정체적을 알아야 한다.

31. $T_1 = T_2 \times \dfrac{Q_1}{Q_1 - W}$
∴ $(273+15) \times \dfrac{8.37}{8.37-4.9} = 695K = 421℃$

32. 플라이휠은 관성의 법칙을 이용한 장치이므로 회전 중 회전관성이 커야 한다.

33. 기관의 동력행정
① 흡기와 배기밸브는 닫혀있다.
② 피스톤은 TDC에서 BDC로 운동한다.
③ 열에너지가 기계적 에너지로 전환된다.

34. 최고압력 또는 최고 온도가 같을 경우 정압 사이클의 이론열효율이 가장 높다.

35. 인터쿨러는 과급기와 흡기다기관 사이에 설치되어 과급된 공기를 냉각시켜 공기의 밀도를 증가시키는 효과를 얻기 위해 설치되어 있으며, 공기의 온도가 높으면 밀도가 낮아져 노킹이 발생되고 체적효율이 저하되기 때문에 이것을 방지하기 위함이다.
37. 수냉식의 장점은 냉각 작용이 균일하고, 차량 실내의 난방이 용이하며, 기관의 연소 소음을 감소시킨다.
38. 오토사이클에서 열을 공급하는 과정은 정적과정이다.
39. NOx의 발생량을 줄이기 위해서 연소실의 온도를 낮추어야 한다.
40. 밸브 오버랩이란 매 사이클이 끝날 무렵, 상사점 부근에서 흡기밸브와 배기밸브가 함께 열려 있는 구간이다.
42. 공동 현상(캐비테이션)은 유동하고 있는 액체의 압력이 국부적으로 저하되어, 증기나 함유 기체를 포함하는 기포가 발생한다.
43. $V = \dfrac{Q}{A}$ [V : 유속, Q : 유량, A : 단면적]

$\therefore \dfrac{0.05 m^3/min}{0.785 \times 0.02^2 \times 60} = 2.65 m/s$

45. 밸브의 기능
   ① 스로틀 밸브 : 밸브 내의 통로 면적을 외부로부터 바꾸어 유압유의 통로에 저항을 부여하여 유량을 조정하는 유량 제어밸브이다.
   ② 스톱밸브 : 유압유의 흐름 방향과 평행하게 개폐되는 유량 제어밸브이다.
   ③ 셔틀밸브 : 2개 이상의 입구와 1개의 출구가 설치되어 있으며, 출구가 최고 압력의 입구를 선택하는 기능을 지닌 방향 제어밸브이다.
   ④ 체크밸브 : 유압회로에서 역류를 방지하고 회로내의 잔류압력을 유지한다. 즉 유압유의 흐름을 한쪽으로만 허용하고 반대 방향의 흐름을 제어하는 방향 제어밸브이다.
46. 블리드 오프 회로는 액추에이터 공급 쪽 관로에 설정된 바이패스 관로의 흐름을 제어하여 속도를 제어하는 회로로, 실린더에 유입되는 유량이 부하에 따라 변하므로 피스톤 이송을 정확하게 조절하기 어렵다.
47. 유압유(작동유)의 구비조건
   ① 비압축성이며, 부식의 발생을 방지할 수 있을 것
   ② 산화 안정성이 있을 것
   ③ 소포 성능(거품 방지성능)과 윤활성이 좋을 것
   ④ 점도지수가 높을 것
   ⑤ 냄새가 없고 내화성이 크며, 열 방출이 잘 될 것
   ⑥ 장시간 사용하여도 화학적으로 안정될 것
   ⑦ 인화점 및 발화점이 높을 것

48. 시퀀스 회로는 유압회로에 발생하는 여러 가지 기계동작을 미리 정해진 순서에 따라 자동적으로 작동시키는 회로이다.
49. 유압 기호의 표시 방법
   ① 기호에는 흐름의 방향을 표시한다.
   ② 각 기기의 기호는 정상상태 또는 중립 상태를 표시한다.
   ③ 오해의 위험이 없는 경우에는 기호를 회전하거나 뒤집어도 된다.
   ④ 기호에는 각 기기의 구조나 작용압력을 표시하지 않는다.
   ⑤ 기호가 없어도 바르게 이해할 수 있는 경우에는 드레인 관로를 생략해도 된다.
   ⑥ 기호는 해당기기의 외부 포트의 존재를 표시하나 그 실제위치를 나타낼 필요는 없다.
   ⑦ 포트는 관로와 기호 요소의 접점으로 나타낸다.
   ⑧ 기호는 기능, 조작방법 및 외부 접속구를 표시한다.
50. 릴리프 밸브는 유압펌프와 제어밸브 사이에 설치되며, 유압회로 내의 압력상승을 제한하여 안정된 압력의 오일을 공급하는 압력 제어밸브이다.
52. 금지표지의 종류 : 출입 금지, 보행 금지, 차량 통행 금지, 사용 금지, 탑승 금지, 금연, 화기 금지, 물체 이동 금지
53. 수공구 사용방법
   ① 렌치에 파이프를 끼워서 사용해서는 안 된다.
   ② 해머의 타격면이 넓어진 것은 수정한 후 사용한다.
   ③ 잘 풀리지 않는 볼트는 오일을 넣어 스며들도록 한 후 푼다.
56. 하인리히는 재해 손실 비용을 직접 손실 비용과 간접 손실 비용으로 구분하여 그 비율이 1 : 4가 된다고 정의하였다.
57. 칩은 드릴링 가공이 끝난 다음에 솔로 제거하여야 한다.
58. 지시표지 : 보호구 착용을 지시하는 명령 표지이며, 바탕은 파란색, 관련 그림은 흰색이다.
62. Q = AV
   [Q : 유량, A : 단면적, V : 흐름속도(유속)]

$\therefore \dfrac{100 cm^2 \times 2 m/min}{10} = 20 L/min$

63. 축 지름의 3제곱에 반비례한다.
   원형 단면축이 비틀림 모멘트를 받을 때 생기는 최대 전단응력은 비틀림 모멘트에 비례하고, 극관성 모멘트와 축 지름의 3제곱에 반비례한다.
64. 열응력은 세로 탄성계수, 온도차이, 재료의 선팽창계수

에 비례한다.

65. $d = \sqrt{\dfrac{2W}{\sigma a}}$

[d : 볼트의 지름, W : 하중, σa : 허용 인장응력]
∴ 골 지름은 바깥지름의 80% 정도이므로

$\dfrac{\sqrt{2 \times 1,000 \times 9.8}}{100} \times 0.8 = 11.2 mm$

66. 프와송 비(poisson's ratio)란 횡(가로)변형률을 종(세로)변형률로 나눈 값이다.

67. 각 조직의 경도 순서 : 시멘타이트>마텐자이트>트루스타이트>소르바이트>펄라이트>오스테나이트>페라이트

68. 어큐뮬레이터(축압기)는 유압유 저장용의 용기이며, 그 기능은 유압 에너지 압력의 맥동 제거, 압력 보상, 충격완화, 에너지 저장, 유압을 일정하게 유지 등이다.

69. 파스칼의 원리는 "유압기기의 압력은 밀폐된 공간이어서 유체의 일부에 압력을 가하면, 그 압력은 유체 내의 모든 곳에 같은 크기로 전달된다."
① 유체의 압력은 면에 직각으로 작용한다.
② 각 점에서의 압력은 모든 방향으로 같다.
③ 가한 압력은 유체 각부에 같은 세기로 전달된다.

70. 슈퍼 피니싱은 매우 작은 입자의 숫돌 표면에 극히 작은 압력으로 가압하면서 가공물의 표면을 따라 축 방향으로 진동을 주면서 원통의 내면, 외면 및 평면을 가공하는 방법이다. 숫돌입자의 재질은 알루미나(Al_2O_3)를 사용한다.

71. 스프링 백(spring back)이란 소성 재료를 굽힘가공 할 때 재료를 굽힌 후 힘을 제거하면 판재의 탄성으로 인하여 탄성변형 부분이 원래의 상태로 복귀하여 그 굽힘 각도나 굽힘 반지름이 열려 커지는 현상이며, 프레스 작업이나 판금가공에서 주로 발생한다.

72. 내식용 알루미늄 합금의 종류
① 하이드로날륨(Al-Mg계) : 바닷물(해수), 알칼리성에 대한 내식성이 강하며, 용접성이 양호하다.
② 알민(Al-Mn 1~1.5%) : 내식성과 용접성이 우수하다.
③ 알드리(Al-Mg-Si계) : 강도와 인성이 있고 큰 가공변형에도 잘 견딘다.
④ 알클래드 : 강력 알루미늄 합금표면에 순수한 알루미늄 또는 내식성 알루미늄 합금을 피복한 것으로 내식성과 강도를 증가시킬 수 있다.

73. 섬유 강화 플라스틱(FRP, fiber reinforced plastics) : 플라스틱을 매트릭스로 하여 유리섬유, 탄소섬유, 알라미드 섬유 등으로 강화한 복합재료의 총칭. 보강재로는 유리섬유·탄소섬유 및 케블라(Kevlar)라고 하는 방향족 나일론 섬유가 사용되고, 매트릭스에는 불포화 폴리에스테르와 에폭시 수지 등의 열경화성수지 또는 폴리아미드, 폴리아세탈, 폴리에틸렌 등의 열가소성 수지가 사용된다.

74. 구성 인선 방지 방법
① 절삭 깊이를 얕게 한다.
② 상면 경사각을 크게 한다.
③ 절삭 속도를 고속으로 한다.
④ 마찰저항이 적은 공구를 사용한다.
⑤ 절삭공구의 인선을 예리하게 한다.

75. 삼각나사(triangular thread) : 나사산의 단면이 삼각형 나사의 총칭. 나사산의 꼭짓점을 편평하게 하고 골 부분을 둥글게 한다. 나사산의 각도는 60° 이외에 55°로 한 것도 있다. 주로 체결 부분의 나사로 사용하며 종류에는 미터나사·유니파이나사 등이 있다. 제작이 쉽고 사각나사나 사다리꼴나사에 비해 나사면의 마찰계수가 커서 고정하는데 적합하다.

76. $\sigma_{max} = \dfrac{M_{max}}{Z} = \dfrac{\frac{Pl}{4}}{\frac{bh^2}{6}} = \dfrac{6Pl}{4bh^2}$

[σ_{max} : 최대 굽힘 응력, M_{max} : 최대 굽힘 모멘트, P : 하중, l : 스팬의 길이, b : 너비, h : 높이, $1Pa = 1N/m^2$]

∴ $\dfrac{6 \times 5 \times 2}{4 \times 0.05 \times 0.1^2} = 30,000 N/m^2 = 30 kPa$

77. $L = nP$ [L : 리드, n : 줄 수, P : 피치]
∴ 2×0.5mm = 1mm

78. 훅의 법칙은 비례한도 이내에서 응력과 변형률이 정비례한다는 법칙이다.

79. 용접 부분의 비파괴 검사방법에는 침투탐상검사, 외관 검사, 내압 검사, 자기탐상 검사, X선 검사, 초음파 탐상법 등이 있으며, 파괴검사에는 금속 조직검사, 분석 검사 등이 있다.

80. 평로(open-hearth furnace)는 축열실과 반사로를 사용하여 장입물을 용해 정련하는 방법으로 우수한 강을 얻을 수 있고 다량 생산에 적합하다.

저자약력

김인호(金仁鎬)
- 금오공과대학교 대학원 기계공학과 공학석사
- 육군 공병 준위 전역(건설기계정비)
- 건설기계정비 기능장
- 前) 육군종합군수학교 건설기계정비 교관
- 現) 구미대학교 특수건설기계과 교수
- 現) 구미대학교 건설기계기술교육원 교수
- 現) 한국산업인력공단 건설기계정비 분야 NCS 자격 설계 자문위원

김기홍(金基弘)
- 경남대학교 대학원 기계공학과 공학박사
- 前) 두산모토롤[동명중공업(주)] 기술연구소 책임연구원
- 前) 구미대학교 특수건설기계과 학과장
- 現) 구미대학교 교무처장 겸 취업지원처장
- 現) 구미대학교 건설기계기술교육원 원장
- 現) 산업기술개발사업 평가위원
- 現) 국가기술자격 검정시험 검토위원

류상렬(柳相烈)
- 영남대학교 대학원 기계공학과 공학박사
- 前) 영남대학교 기계공학부 박사후(post-doc.) 연구원
- 前) 비피엔지니어링 대표
- 現) 중소기업기술개발 지원사업 평가위원
- 現) 구미대학교 특수건설기계과 교수
- 現) 구미대학교 건설기계기술교육원 교수

최만용(崔萬龍)
- 금오공과대학교 기계공학과 공학석사
- 前) 금오공과대학교 외래 강사
- 現) 건설기계정비 기능경기대회 실무위원
- 現) 구미대학교 특수건설기계과 교수
- 現) 구미대학교 건설기계기술교육원 교수

내용관련 Q&A

kih8049@hanmail.net

※ 이 책의 내용에 관한 질문은 위 메일로 문의해 주십시오.
질문요지는 이 책에 수록된 내용에 한합니다.
전화로 질문에 답할 수 없음을 양지하시기 바랍니다.

패스 건설기계정비 산업기사 필기

초판 발행 | 2023년 2월 1일
제2판5쇄발행 | 2026년 1월 10일

지 은 이 | 김인호, 김기홍, 류상렬, 최만용
발 행 인 | 김길현
발 행 처 | (주)골든벨
등 록 | 제 1987–000018 호
I S B N | 979-11-5806-637-6
가 격 | 28,000원

㉾ 04316 서울특별시 용산구 원효로 245(원효로1가 53-1) 골든벨빌딩 6F
• TEL : 도서 주문 및 발송 02-713-4135 / 회계 경리 02-713-4137
     편집 및 디자인 02-713-7452 / 해외 오퍼 및 광고 02-713-7453
• FAX : 02-718-5510   • http : // www.gbbook.co.kr   • E-mail : 7134135@ naver.com

본 도서의 내용(텍스트, 도해, 도표, 이미지 등)은 저작권자의 사전 서면 승인 없이 아래와 같은 행위는 금지되며, 위반 시 「저작권법」 제125조(손해배상의 청구) 및 관련 조항에 따라 민·형사상 책임을 질 수 있습니다.
① 개인 학습 목적을 넘어 도서의 전부 또는 일부를 무단 복제·배포하는 행위
② 학교·학원·공공기관·기업·단체 등에서 영리 또는 비영리 목적을 불문하고 허락 없이 복제·전송·배포하는 행위
③ 전자책, PDF, 스캔본, 사진 촬영본, 클라우드 공유, 온라인 커뮤니티 게시, SNS 업로드, 파일 공유 서비스 등을 통한 무단 이용
④ 기타 디지털 복제·전송 수단(USB, 디스크, 서버 저장, 스트리밍 등)을 이용한 무단 사용

※ 파본은 구입하신 서점에서 교환해 드립니다.